U0307407

中国石油地质志

第二版·卷二十二

吐哈油气区

吐哈油气区编纂委员会　编

石油工业出版社

图书在版编目（CIP）数据

中国石油地质志 . 卷二十二, 吐哈油气区 / 吐哈油气区
编纂委员会编 . —北京：石油工业出版社，2022.7
ISBN 978-7-5183-5079-7

Ⅰ. ①中… Ⅱ. ①吐… Ⅲ. ①石油天然气地质 – 概况
– 中国 ② 油气田开发 – 概况 – 新疆 Ⅳ. ① P618.13
② TE3

中国版本图书馆 CIP 数据核字（2021）第 245212 号

责任编辑：方代煊　马新福
责任校对：罗彩霞
封面设计：周　彦

审图号：GS 京（2022）0144 号

出版发行：石油工业出版社
　　　　　（北京安定门外安华里 2 区 1 号　　100011）
　　　　　网　　址：www. petropub. com
　　　　　编辑部：（010）64523583　图书营销中心：（010）64523633
经　　销：全国新华书店
印　　刷：北京中石油彩色印刷有限责任公司

2022 年 7 月第 1 版　2022 年 7 月第 1 次印刷
787×1092 毫米　开本：1/16　印张：41.75
字数：1150 千字

定价：375.00 元

《中国石油地质志》

（第二版）

总编纂委员会

主　编：翟光明

副主编：侯启军　马永生　谢玉洪　焦方正　王香增

委　员：（按姓氏笔画排序）

万永平	万　欢	马新华	王玉华	王世洪	王国力
元　涛	支东明	田　军	代一丁	付锁堂	匡立春
吕新华	任来义	刘宝增	米立军	汤　林	孙焕泉
杨计海	李东海	李　阳	李战明	李俊军	李绪深
李鹭光	吴聿元	何文渊	何治亮	何海清	邹才能
宋明水	张卫国	张以明	张洪安	张道伟	陈建军
范土芝	易积正	金之钧	周心怀	周荔青	周家尧
孟卫工	赵文智	赵志魁	赵贤正	胡见义	胡素云
胡森清	施和生	徐长贵	徐旭辉	徐春春	郭旭升
陶士振	陶光辉	梁世君	董月霞	雷　平	窦立荣
蔡勋育	撒利明	薛永安			

《中国石油地质志》

第二版·卷二十二

吐哈油气区编纂委员会

主　　任：梁世君

副主任：燕列灿　王玉成

委　　员：孙玉凯　梁　浩　钱　峰　雷　宇　罗劝生　张代生

陈　旋　刘德基　李　勇　王劲松

编　写　组

组　　长：张代生

副组长：陈　旋　李成明　刘俊田

成　　员：王劲松　文川江　范谭广　金　颖　苟红光　牛仁杰

张日供　杨爱生　高成全　张朝富　韩　成　徐雄飞

王兴刚　胡　军　李兴亮　何国貌　马　强　付国斌

刘文辉　胡前泽　张　华　任玉光　张李明　卿　忠

刘　刚　刘跃杰　梁桂宾　冯亚琴　武　超　李　杰

程　甜　李作全　王胜跃

序

三十多年前，在广大石油地质工作者艰苦奋战、共同努力下，从中华人民共和国成立之前的"贫油国"，发展到可以生产超过 1 亿吨原油和几十亿立方米天然气的产油气大国，可以说是打了一个大大的"翻身仗"，获得丰硕成果，对我国油气资源有了更深的认识，广大石油职工充满无限信心、继续昂首前进。

在 1983 年全国油气勘探工作会议上，我和一些同志建议把过去三十年的勘探经历和成果做一系统总结，既可作为前一阶段勘探的历史记载，又可作为以后勘探工作的指引或经验借鉴。1985 年我到石油勘探开发科学研究院工作后，便开始组织编写《中国石油地质志》，当时材料分散、人员不足、资金缺乏，在这种困难的条件下，石油系统的很多勘探工作者投入了极大的热情，先后有五百余名油气勘探专家学者参与编写工作，历经十余年，陆续出版齐全，共十六卷 20 册。这是首次对中华人民共和国成立后石油勘探历程、勘探成果和实践经验的全面总结，也是重要的基础性史料和科技著作，得到业界广大读者的认可和引用，在油气地质勘探开发领域发挥了巨大的作用。我在油田现场调研过程中遇到很多青年同志，了解到他们在刚走出校门进入油田现场、研究部门或管理岗位时，都会有摸不着头脑的感觉，他们说《中国石油地质志》给予了很大的启迪和帮助，经常翻阅和参考。

又一个三十年过去了，面对国内极其复杂的地质条件，这三十年可以说是在过去的基础上，勘探工作又有了巨大的进步，相继开展的几轮油气资源评价，对中国油气资源实情有了更深刻的认识。无论是在烃源岩、油气储层、沉积岩序列、构造演化以及一系列随着时间推移的各种演化作用带来的复杂地质问题，还是在石油地质理论、勘探领域、勘探认识、勘探技术等方面都取得了许多新进展，不断发现新的油气区，探明的油气田数量逐渐增多、油气储量大幅增加，油气产量提升到一个新台阶。截至 2020 年底（与 1988 年相比），发现的油田由 332 个增至 773 个，气田由 102 个增至 286 个；30 年来累计探明石油地质储量增加 284 亿吨、天然气地质储量增加 17.73 万亿立方米；原油年产量由 1.37 亿吨增至 1.95 亿吨，天然气年产量由 139 亿立方米增至 1888 亿立方米。

油气勘探发现的过程既有成功时的喜悦，更有勘探失利带来的煎熬，其间积累的经验和教训是宝贵的、值得借鉴的。《中国石油地质志》不仅仅是一套学术著作，它既有对中国各大区地质史、构造史、油气发生史等方面的详尽阐述，又有对油气田发现历程的客观分析和判断；它既是各探区勘探理论、勘探经验、勘探技术的又一次系统回顾和总结，又是各探区下一步勘探领域和方向的指引。因此，本次修编的《中国石油地质志》对今后的油气勘探工作具有新的启迪和指导。

在编写首版《中国石油地质志》过程中，经过对各盆地、各地区勘探现状、潜力和领域的系统梳理，催生了"科学探索井"的想法，并在原石油工业部有关领导的支持下实施，取得了一批勘探新突破和成果。本次修编，其指导思想就是通过总结中国油气勘探的"第二个三十年"，全面梳理现阶段中国各油气区的现状和前景，旨在提出一批新的勘探领域和突破方向。所以，在 2016 年初本版编委会尚未完全成立之时，我就在中国工程院能源与矿业工程学部申请设立了"中国大型油气田勘探的有利领域和方向"咨询研究项目，全国有 32 个地区石油公司参与了研究实施，该项目引领各油气区在编写《中国石油地质志》过程中突出未来勘探潜力分析，指引了勘探方向，因此，在本次修编章节安排上，专门增加了"资源潜力与勘探方向"一章内容的编写。

本次修编本着实事求是的原则，在继承原版经典的基础上，基本框架延续原版章节脉络，体现学术性、承续性、创新性和指导性，着重充实近三十年来的勘探发展成果。《中国石油地质志》修编版分卷设置，较前一版进行了拆分和扩充，共 25 卷 32 册。补充了冀东油气区、华北油气区（下册·二连盆地）两个新卷，将原卷二"大庆、吉林油田"拆分为大庆油气区和吉林油气区两卷；将原卷七"中原、南阳油田"拆分为中原油气区和南阳油气区两卷；将原卷十四"青藏油气区"拆分为柴达木油气区和西藏探区两卷；将原卷十五"新疆油气区"拆分为塔里木油气区、准噶尔油气区和吐哈油气区三卷；将原卷十六"沿海大陆架及毗邻海域油气区"拆分为渤海油气区、东海—黄海探区、南海油气区三卷。另外，由于中国台湾地区资料有限，故本次修编不单独设卷，望以后修编再行补充和完善。

此外，自 1998 年原中国石油天然气总公司改组为中国石油天然气集团公司、中国石油化工集团公司和中国海洋石油总公司后，上游勘探部署明确以矿权为界，工作范围和内容发生了很大变化，尤其是陆上塔里木、准噶尔、四川、鄂尔多斯等四大盆地以及滇黔桂探区均呈现中国石油、中国石化在各自矿权同时开展勘探研究的情形，所处地质构造区带、勘探程度、理论认识和勘探进展等难免存在差异，为尊重各探区勘探研究实际，便于总结分析，因此在上述探区又酌情设置分册加以处理。各分卷和分册按以下顺序排列：

卷次	卷名	卷次	卷名
卷一	总论	卷十四	滇黔桂探区（中国石化）
卷二	大庆油气区	卷十五	鄂尔多斯油气区（中国石油）
卷三	吉林油气区		鄂尔多斯油气区（中国石化）
卷四	辽河油气区	卷十六	延长油气区
卷五	大港油气区	卷十七	玉门油气区
卷六	冀东油气区	卷十八	柴达木油气区
卷七	华北油气区（上册）	卷十九	西藏探区
	华北油气区（下册）	卷二十	塔里木油气区（中国石油）
卷八	胜利油气区		塔里木油气区（中国石化）
卷九	中原油气区	卷二十一	准噶尔油气区（中国石油）
卷十	南阳油气区		准噶尔油气区（中国石化）
卷十一	苏浙皖闽探区	卷二十二	吐哈油气区
卷十二	江汉油气区	卷二十三	渤海油气区
卷十三	四川油气区（中国石油）	卷二十四	东海—黄海探区
	四川油气区（中国石化）	卷二十五	南海油气区（上册）
卷十四	滇黔桂探区（中国石油）		南海油气区（下册）

《中国石油地质志》是我国广大石油地质勘探工作者集体智慧的结晶。此次修编工作得到中国石油、中国石化、中国海油、延长石油等油公司领导的大力支持，是在相关油田公司及勘探开发研究院 1000 余名专家学者积极参与下完成的，得到一大批审稿专家的悉心指导，还得到石油工业出版社的鼎力相助。在此，谨向有关单位和专家表示衷心的感谢。

中国工程院院士　翟光明

2022 年 1 月　北京

FOREWORD

Some 30 years ago, under the unremitting joint efforts of numerous petroleum geologists, China became a major oil and gas producing country with crude oil and gas producing capacity of over 100 million tons and billions of cubic meters respectively from an 'oil-poor country' before the founding of the People's Republic of China. It's indeed a big 'turnaround' which yielded substantial results, allowed us to have a better understanding of oil and gas resources in China, and gave great confidence and impetus to numerous petroleum workers.

At the National Oil and Gas Exploration Work Conference held in 1983, some of my comrades and I proposed to systematically summarize exploration experiences and results of the last three decades, which could serve as both historical records of previous explorations and guidance or references for future explorations. I organized the compilation of *Petroleum Geology of China* right after joining the Research Institute of Petroleum Exploration and Development (RIPED) in 1985. Though faced with the difficulties including scattered information, personnel shortage and insufficient funds, a great number of explorers in the petroleum industry showed overwhelming enthusiasm. Over five hundred experts and scholars in oil and gas exploration engaged in the compilation successively, and 16-volume set of 20 books were published in succession after over 10 years of efforts. It's not only the first comprehensive summary of the oil exploration journey, achievements and practical experiences after the founding of the People's Republic of China, but also a fundamental historical material and scientific work of great importance. Recognized and referred to by numerous readers in the industry, it has played an enormous role in geological exploration and development of oil and gas. I met many young men in the course of oilfield investigations, and learned their feeling of being lost during transition from school to oilfields, research departments or management positions. They all said they were greatly inspired and benefited from *Petroleum Geology of China* by often referring to it.

Another three decades have passed, and it can be said that though faced with extremely complicated geological conditions, we have made tremendous progress in exploration over the years based on previous works and acquisition of more profound knowledge on China's oil and gas resources after several rounds of successive evaluations. New achievements have been made in not only source rock, oil and gas reservoir, sedimentary development, tectonic evolution and a series of complicated geological issues caused by different evolutions over time, but also petroleum geology theories, exploration areas, exploration knowledge, exploration techniques and other aspects. New oil and gas provinces were found one after another, and with gradual increase in the number of proven oil and gas fields, oil and gas reserves grew significantly, and production was brought to a new level. By the end of 2022 (compared with 1988), the number of oilfields and gas fields had increased from 332 and 102 to 773 and 286 respectively, cumulative proved oil in place and gas in place had grown by 28.4 billion tons and 17.73 trillion cubic meters over the 30 years, and the annual output of crude oil and gas had increased from 137 million tons and 13. 9 billion cubic meters to 195 million tons and 188.8 billion cubic meters respectively.

Oil and gas exploration process comes with both the joy of successful discoveries and the pain of failures, and experiences and lessons accumulated are both precious and worth learning. *Petroleum Geology of China*'s more than a set of academic works. It not only contains geologic history, tectonic history and oil and gas formation history of different major regions in China, but also covers objective analyses and judgments on discovery process of oil and gas fields, which serves as another systematic review and summary of exploration theories, experiences and techniques as well as guidance on future exploration areas and directions of different exploratory areas. Therefore, this revised edition of *Petroleum Geology of China* plays a new role of inspiring and guiding future oil and gas exploration works.

Systematic sorting of exploration statuses, potentials and domains of different basins and regions conducted during compilation of the first edition of *Petroleum Geology of China* gave rise to the idea of 'Scientific Exploration Well', which was implemented with supports from related leaders of the former Ministry of Petroleum Industry, and led to a batch of breakthroughs and results in exploration works. The guiding idea of this revision is to propose a batch of new exploration areas and breakthrough directions by summarizing 'the second 30 years' of China's oil and gas exploration works and comprehensively sorting out current statuses and prospects of different exploratory areas in China at the current stage. Therefore, before the editorial team was fully formed at the beginning of 2016, I applied to the Division of Energy and Mining Engineering, Chinese Academy of Engineering for the establishment of a consulting research project on 'Favorable Exploration Areas and Directions of Major Oil and Gas Fields in China'. A total of 32 regional oil companies throughout the country participated in the research project, which guided different exploratory areas in giving prominence to analysis on future exploration potentials in the course of compilation of *Petroleum Geology of China*, and pointed out exploration directions. Hence a new dedicated chapter of 'Exploration Potentials and Directions of Oil and Gas Resources' has been added in terms of chapter arrangement of this revised edition.

Based on the principles of seeking truth from facts and inheriting essence of original works, the basic framework of this revised edition has inherited the chapters and context of the original edition, reflected its academics, continuity, innovativeness and guiding function, and focused on supplementation of exploration and development related achievements made in the recent 30 years. This revised edition of *Petroleum Geology of China*, which consists of sub-volumes, has divided and supplemented the previous edition into 25-volume set of 32 books. Two new volumes of Jidong Oil and Gas Province and Huabei Oil and Gas Province (The Second Volume ·Erlian Basin) have been added, and the original Volume 2 of 'Daqing and Jilin Oilfield' has been divided into two volumes of Daqing Oil and Gas Province and Jilin Oil and Gas Province. The original Volume 7 of 'Zhongyuan and Nanyang Oilfield' has been divided into two volumes of Zhongyuan Oil and Gas Province and Nanyang Oil and Gas Province. The original Volume 14 of 'Qinghai-Tibet Oil and Gas Province' has been divided into two volumes of Qaidam Oil and Gas Province and Tibet Exploratory Area. The original volume 15 of 'Xinjiang Oil and Gas Province' has been divided into three volumes of Tarim Oil and Gas Province, Junggar Oil and Gas Province and Turpan-Hami Oil and Gas Province. The original Volume 16 of 'Oil and Gas Province of Coastal Continental Shelf and Adjacent Sea Areas' has been divided into three volumes of Bohai Oil and Gas Province, East China Sea-Yellow Sea Exploratory Area and South China Sea Oil and Gas Province.

Besides, since the former China National Petroleum Company was reorganized into CNPC, SINOPEC and CNOOC in 1998, upstream explorations and deployments have been classified based on the scope of mining rights, which led to substantial changes in working range and contents. In particular, CNPC and SINOPEC conducted explorations and researches under their own mining rights simultaneously in the four major onshore basins of Tarim, Junggar, Sichuan and Erdos as well as Yunnan-Guizhou-Guangxi Exploratory Area, so differences in structural provinces of their locations, degree of exploration, theoretical knowledge and exploration progress were inevitable. To respect the realities of explorations and researches of different exploratory areas and facilitate summarization and analysis, fascicules have been added for aforesaid exploratory areas as appropriate. The sequence of sub-volumes and fascicules is as follows:

Volume	Volume name	Volume	Volume name
Volume 1	Overview	Volume 14	Yunnan-Guizhou-Guangxi Exploratory Area (SINOPEC)
Volume 2	Daqing Oil and Gas Province	Volume 15	Erdos Oil and Gas Province (CNPC)
Volume 3	Jilin Oil and Gas Province		Erdos Oil and Gas Province (SINOPEC)
Volume 4	Liaohe Oil and Gas Province	Volume 16	Yanchang Oil and Gas Province
Volume 5	Dagang Oil and Gas Province	Volume 17	Yumen Oil and Gas Province
Volume 6	Jidong Oil and Gas Province	Volume 18	Qaidam Oil and Gas Province
Volume 7	Huabei Oil and Gas Province (The First Volume)	Volume 19	Tibet Exploratory Area
	Huabei Oil and Gas Province (The Second Volume)	Volume 20	Tarim Oil and Gas Province (CNPC)
Volume 8	Shengli Oil and Gas Province		Tarim Oil and Gas Province (SINOPEC)
Volume 9	Zhongyuan Oil and Gas Province	Volume 21	Junggar Oil and Gas Province (CNPC)
Volume 10	Nanyang Oil and Gas Province		Junggar Oil and Gas Province (SINOPEC)
Volume 11	Jiangsu-Zhejiang-Anhui-Fujian Exploratory Area	Volume 22	Turpan-Hami Oil and Gas Province
Volume 12	Jianghan Oil and Gas Province	Volume 23	Bohai Oil and Gas Province
Volume 13	Sichuan Oil and Gas Province (CNPC)	Volume 24	East China Sea-Yellow Sea Exploratory Area
	Sichuan Oil and Gas Province (SINOPEC)	Volume 25	South China Sea Oil and Gas Province (The First Volume)
Volume 14	Yunnan-Guizhou-Guangxi Exploratory Area (CNPC)		South China Sea Oil and Gas Province (The Second Volume)

Petroleum Geology of China is the essence of collective intelligence of numerous petroleum geologists in China. The revision received vigorous supports from leaders of CNPC, SINOPEC, CNOOC, Yanchang Petroleum and other oil companies, and it was finished with active engagement of over 1,000 experts and scholars from related oilfield companies and RIPED, thoughtful guidance of a great number of reviewers as well as generous assistance from Petroleum Industry Press. I would like to express my sincere gratitude to relevant organizations and experts.

Zhai Guangming, Academician of Chinese Academy of Engineering

Jan. 2022, Beijing

前 言

吐哈油气区包括吐哈盆地、三塘湖盆地、民和盆地、银额盆地以及总口子盆地，地理位置横跨新疆、内蒙古、甘肃和青海四个省（自治区）。吐哈盆地和三塘湖盆地是探区重点勘探盆地，两盆地中的台北、马朗富油凹陷勘探程度达到中等，其余盆地及凹陷均处于油气勘探的早期阶段。

吐哈盆地和三塘湖盆地历经半个多世纪的油气勘探，勘探历程大致可以分为初期勘探、煤成烃勘探、前侏罗系勘探、富油凹陷精细勘探、非常规油气勘探五个阶段，取得了丰富的油气勘探成果，截至 2018 年底，共发现 24 个油气田，累计探明油气当量地质储量 $7.1 \times 10^8 t$，投入开发的油气田 24 个，累计生产原油 $5403.78 \times 10^4 t$、生产天然气 $250.44 \times 10^8 m^3$。银额盆地近年油气勘探在北部居延海坳陷天草凹陷、务桃亥坳陷哈日凹陷和拐子湖凹陷获得工业油气发现，展现了良好的勘探前景。

吐哈盆地和三塘湖盆地均为中小型的叠合盆地，油气地质条件差异大，油气藏类型各具特色。

吐哈盆地由古生界断陷盆地和中—新生界类前陆盆地叠置而成，发育二叠系—三叠系以湖相烃源岩生烃的含油气系统和侏罗系—新近系以煤系烃源岩生烃的含油气系统。盆地油气勘探经历了早期勘探、侏罗系煤成烃勘探、前侏罗系稠油勘探、富油凹陷精细勘探四个阶段，以台参 1 井侏罗系油气发现和艾参 1、玉东 1 井前侏罗系稠油发现为节点，构成了两个主要的油气田（藏）勘探发现阶段。截至 2018 年底，共发现并探明 20 个油气田，累计探明油气地质储量 $5.4 \times 10^8 t$ 油当量，累计生产原油 $5079.36 \times 10^4 t$、生产天然气 $249.93 \times 10^8 m^3$。通过勘探实践和地质研究形成了吐哈盆地煤成烃地质理论，有效指导了盆地的油气勘探实践，既丰富了我国陆相盆地油气地质理论，又促进了吐哈盆地周边，乃至我国北方侏罗系聚煤盆地的油气勘探。二叠系—三叠系含油气系统发现了油源来自中二叠统湖相暗色泥岩的鲁克沁超深稠油油田（油藏埋深 2000～5000m）；稠油油藏的形成取决于两方面重要因素：一是湖相泥岩烃源岩在低成熟阶段大量生排烃，生成的原油具有较高的密度、黏度和胶质含量；二是成藏过程中轻质组分散失使油质进一步稠化，通过超深稠油油藏的勘探开发实践，形成了以井筒降黏举升、常温注水驱动、注水与注天然气驱动的超深稠油效益勘探开发技术体系。

　　三塘湖盆地也为古生界和中—新生界叠合盆地，形成演化主要经历了石炭纪—早二叠世弧后裂谷边缘、中二叠世弧后地块内部拉张断陷、中—新生代类前陆盆地三个沉降阶段，由古生界和中—新生界两大构造层叠置而成，发育上石炭统、中二叠统—上侏罗统、中三叠统—下侏罗统三套成藏组合，已发现油气藏均为非常规类型。盆地油气勘探经历了地质普查、砂岩油藏勘探、火山岩油藏勘探和致密油勘探四个阶段，截至 2018 年底，发现 3 个油田和 2 个含油气构造，探明石油地质储量近 $1.7 \times 10^8 t$，累计生产原油 $324.42 \times 10^4 t$。上石炭统—中二叠统火山岩系油气系统发育火山岩风化壳型油藏和火山"内幕型"油藏；风化壳油藏形成的重要因素之一是溢流相、爆发相的中基性玄武岩、安山岩抬升遭受风化淋滤，形成厚度 150～200m 的风化淋滤带；"内幕型"油藏形成的特殊条件是火山岩与火山喷发间歇期沉积的暗色烃源岩层间互分布，火山熔岩水下冷凝收缩和后期有机酸溶蚀，在火山岩层顶、底界面附近形成的熔岩裂缝—孔隙双重介质有效储层。中二叠统—上侏罗统是盆地主要的油气成藏系统，发育侏罗系低渗、低压砂岩油藏和二叠系致密油藏；以中侏罗统为主要储油层的低渗低压砂岩油藏压力系数一般在 0.8 左右，油藏超前温和注水、压裂投产是低压砂岩油藏有效的开发技术，直井、水平井大规模压裂可大幅度提升差油层产量；二叠系致密油藏发育两种类型，一是芦草沟组自生自储的云质岩类复杂岩性致密油藏，二是下生（芦草沟组）上储（条湖组）式的近源供油、储层自源润湿、断层与裂隙输导、凝灰岩储油的中高孔、特低渗、高含油饱和度的特殊型致密油藏，水平井结合大规模体积压裂与控压排采是有效的开发技术。

　　《中国石油地质志（第二版）·卷二十二　吐哈油气区》以新编为主。吐哈油气区所包含的诸盆地在 1993 年出版的《中国石油地质志》个别分册中有不同程度的涉及。其中，吐哈盆地作为《中国石油地质志·卷十五　新疆油气区（下册）塔里木、吐（鲁番）—哈（密）及其它主要盆地》中的"第四篇　吐鲁番—哈密盆地"编写，成果资料大多截止于 1991 年底，当时盆地油气勘探处于大规模发现的初始阶段，主要发现了鄯善弧形油气富集带，近 30 年油气勘探又发现了众多的油气富集带及油气田；三塘湖盆地作为"第五篇　其它主要盆地"中的"第四章　三塘湖盆地"编写，盆地当时还没有发现油气，以地质调查资料为基础简写；银额盆地作为《中国石油地质志·卷十二　长庆油田》"第二篇　外围盆地"中的"第六章　银根盆地"编写，涉及范围是现今银额盆地的中东部地区，另外作为《中国石油地质志·卷十三　玉门油田》"第五章　盆地各论"中的"第七节　巴丹吉林沙漠及马鬃山诸盆地"的部分内容编写，涉及范围包括现今银额盆地的中南部，同时也包括总口子盆地，两章、节的描述内容十分简单；民和盆地内容没有编写。

《中国石油地质志（第二版）·卷二十二 吐哈油气区》按照总编纂委员会对此次修编工作"学术性、承续性、创新性和指导性"的总体要求，力求全面总结和提炼吐哈盆地、三塘湖盆地油气勘探实践的主要成果、地质理论、勘探开发技术，本着使其具有学术性、参考性、借鉴性和指导性的目的开展编写；其他盆地现今仍处于油气勘探的早期阶段，志的编纂也力求详尽，以对后续勘探工作有所裨益。编纂中主要参考的文献、资料包括《吐哈盆地煤系油气田形成和分布》（吴涛、赵文智主编，1997 年石油工业出版社出版）、《吐哈盆地侏罗系煤成烃地球化学》（王昌桂、程克明、徐永昌、赵长毅等主编，1998 年科学出版社出版）、《吐哈盆地油气地质与勘探实践》（袁明生、梁世君、燕列灿等主编，2002 年石油工业出版社出版）、《低熟气及我国的低熟气区——吐哈油气区》（袁明生、梁世君、徐永昌等主编，2011 年科学出版社出版）、《新疆北部石炭系火山岩油气勘探》（杜金虎等主编，2010 年石油工业出版社出版）、《三塘湖盆地油气勘探前景分析与有利区带评价》（西北大学柳益群教授，2005 年）等以及多年来的油气勘探开发科研成果报告和技术总结等资料。本卷编写成果资料截至 2018 年底。

吐哈油田公司对本次修编工作高度重视，成立了吐哈油气区编纂委员会、专家组和编写组，吐哈油田公司总经理、党委副书记梁世君任编纂委员会主任，全面组织协调、策划和审定工作。编写组组长张代生，副组长陈旋、李成明、刘俊田具体组织提纲设计、编写、审稿、统稿工作，从而保证了编纂工作的顺利进行。

《中国石油地质志（第二版）·卷二十二 吐哈油气区》由四篇构成。第一篇吐哈油气区概况；第二篇吐哈盆地；第三篇三塘湖盆地；第四篇外围盆地。第一篇共 2 章，由李成明编写。第二篇共 10 章，第一、二章由付国斌、杨爱生、任玉光等编写；第三章由王劲松编写；第四章由金颖编写；第五章由徐雄飞、马强编写；第六章由李成明、胡军编写；第七章由高成全编写；第八章由张日供、张李明等编写；第九章由金颖等编写；第十章由李成明、文川江、胡前泽、王兴刚、张华、武超、程甜、李杰等编写。第三篇共 9 章，第一章由何国貌、杨爱生编写；第二章由付国斌、李兴亮编写；第三章由范谭广、王劲松编写；第四章由金颖编写；第五章由刘跃杰、刘俊田编写；第六章由刘俊田编写；第七章由刘文辉、冯亚琴、刘刚编写；第八章由金颖编写；第九章由李成明、韩成、范谭广、卿忠等编写。第四篇共 2 章，第一章由牛仁杰编写；第二章由苟红光、梁桂宾编写。审稿、统稿由张代生、陈旋、李成明、张朝富、刘俊田等完成。

在修编过程中，李兴亮、李作全、王胜跃等在图件编制清绘、基础数据整理统计中做了大量工作。

在本卷提纲拟定和修编过程中，得到了中国石油咨询中心翟光明院士、高瑞祺教授级高工，中国石油勘探与生产分公司范土芝高工，中国石油青海油田公司甘贵元高工，以及中国石油勘探开发研究院戴金星院士、顾家裕、宋建国、王大锐、李伟、陶士振、赵长毅、邓胜徽、池英柳、赵力民、方向等领导和专家的大力指导和帮助，在此一并致谢！

稿件虽几经修改，但限于编者水平，难免存在不足之处，敬请批评指正。

在此谨向关心和支持本卷编写的所有单位、个人以及本卷中所用资料的所属部门及个人表示衷心的感谢！

PREFACE

Turpan-Hami Oil and Gas Province consists of Turpan-Hami Basin, Santanghu Basin, Minhe Basin, Yingen-Ejinaqi Basin, and Zongkouzi Basin, and spans four provinces including Xinjiang, Inner Mongolia, Gansu, and Qinghai. Turpan-Hami Basin and Santanghu Basin are major exploration basins in the exploratory area. The oil-rich Taibei Depression in Turpan-Hami Basin and the oil-rich Malang Depression in Santanghu Basin have reached the medium degree of exploration. All the other basins and depressions in the exploratory area are at the early stage of hydrocarbon exploration.

The 50-plus-year hydrocarbon exploration history of Turpan-Hami Basin and Santanghu Basin can be roughly divided into five stages: preliminary exploration, coal-derived hydrocarbon exploration, pre-Jurassic exploration, fine oil-rich depression exploration, and unconventional hydrocarbon exploration, which have produced abundant hydrocarbon exploration results. By the end of 2018, a total of 24 oil and gas fields had been discovered and put into development, with the cumulative proven oil and gas reserves of 7.1×10^8t, the cumulative oil production of 5403.78×10^4t, and the cumulative gas production of 250.44×10^8m^3. In the north of Yingen-Ejinaqi Basin, Tiancao Sag in Juyanhai Depression and Hari Sag and Guaizihu Sag in Wutaohai Depression have been found to have commercial oil and gas flows with good exploration prospects in recent years.

As medium-and-small sized superimposed basins, Turpan-Hami Basin and Santanghu Basin are significantly different in geological conditions for hydrocarbon generation, with distinctive hydrocarbon reservoir types.

Turpan-Hami Basin came into being due to the superposition of a Paleozoic fault basin and a Middle Cenozoic paraforeland basin, with a Permian-Triassic hydrocarbon-bearing system based on lacustrine source rocks, and a Jurassic-Neocene hydrocarbon-bearing system based on coal-measure source rocks. The hydrocarbon exploration history of the basin consists of four stages: early exploration, exploration for Jurassic coal-derived hydrocarbon, exploration for pre-Jurassic heavy oil, and fine exploration for oil-rich depressions. The second and third stages are major hydrocarbon exploration stages that are characterized respectively by the discovery of Jurassic hydrocarbon in the well Taican-1 and the discovery of pre-Jurassic heavy oil in the wells Aican-1 and Yudong-1. By the end of 2018, a total of 20 oil and gas fields had been discovered, with the cumulative proven oil and gas reserves of 5.4×10^8t, the cumulative oil production of 5079.36×10^4t, and the cumulative gas production of 249.93×10^8m^3. A geological theory of coal-based hydrocarbon generation in Turpan-Hami Basin was developed through exploration practices and geological researches, thus effectively guiding the hydrocarbon exploration activities therein. It not only enriched China's geological theories about hydrocarbon generations in terrestrial basins but also promoted hydrocarbon explorations around Turpan-Hami Basin and even in Jurassic coal-accumulating basins in north China. As an ultra-deep (2,000~5,000m deep) heavy oil oilfield, Lukeqin Oilfield, whose hydrocarbon comes from the Middle Permian lacustrine dark mudstone, was discovered in the Permian-Triassic hydrocarbon-bearing system. The formation of the heavy oil reservoirs therein depends on two key factors: 1) the lacustrine mudstone, as the source rock, generated and expelled hydrocarbon in large quantities at the immature stage, and the generated oil featured high density, high viscosity, and high colloid content; 2) the light components were lost during the reservoir forming process so as to further thicken the oil. Through the exploration and development practices of the ultra-deep heavy oil reservoirs, a cost-effective exploration and development technology system, including wellbore viscosity-reduced lifting, normal temperature water injection, water injection, and gas injection, was brought into being.

Santanghu Basin is also a superposed basin consisting of a Paleozoic basin and a Middle Cenozoic basin. In its evolution process, it mainly experienced three subsidence stages: Carboniferous-Early Permian back-arc rift margin, Middle Permian back-arc intra-landmass tensional fault depression, and Middle Cenozoic paraforeland basin. It came into being due to the superposition of two large structures respectively in Paleozoic and Middle Cenozoic. There are three reservoir forming assemblages in this basin, including Upper Carboniferous, Middle Permian-Upper Jurassic, and Middle Triassic-Lower Jurassic. All the hydrocarbon oil and gas reservoirs found therein are unconventional. The hydrocarbon exploration history of the basin is divided into four stages: geological reconnaissance, sandstone reservoir exploration, volcanic rock reservoir exploration, and tight reservoir exploration. By the end of 2018, three oil fields and two hydrocarbon-bearing structures had been discovered, with the proven OIIP of nearly 1.7×10^8 t and the cumulative oil production of 324.42×10^4 t. In the Upper Carboniferous-Middle Permian hydrocarbon-bearing volcanic rock system, there are weathered volcanic rock crust reservoirs and intra-volcanic rock reservoirs. One of the key factors for developing a weathered crust reservoir is that the moderately basic basalt or andesite in the overflow or eruptive phase is uplifted, weathered, and leached to form a 150m~200m-thick weathering and leaching zone; the special condition for forming a intra-volcanic rock reservoir is that the volcanic rock alternates with the dark source rock deposited between volcanic eruptions and its lava ever undergoes condensation and shrink underwater as well as the later dissolution by an organic acid, with the result that effective reservoir beds with fissures and pores come into being at the top and bottom interfaces of the volcanic rock. The Middle Permian-Upper Jurassic system is the main hydrocarbon reservoir forming system in the basin where there are Jurassic low-permeability and low-pressure sandstone reservoirs and Permian tight reservoirs; the low-permeability and low-pressure sandstone reservoirs with Middle Jurassic strata as the reservoir beds, whose reservoir pressure coefficient being generally 0.8 or so, advance mild water injection and fracturing are effective development technologies for low-pressure sandstone reservoir, and in addition, large-scale vertical or horizontal well fracturing can dramatically improve oil productions of poor-quality reservoirs of such kind; the Permian tight reservoirs exist in two types: one is a dolomitic-rock, complex-lithology, self-generating, and self-accumulating tight reservoir in Lucaogou Formation, and the other is a special tight reservoir featuring near-source hydrocarbon delivery (generating hydrocarbon in Lucaogou Formation and accumulating hydrocarbon in Tiaohu Formation immediately above), self-wetting, diversion through faults and fissures, hydrocarbon accumulation in tuff, moderate to high porosity, ultra-low permeability, and high oil saturation, for which the use of horizontal wells combined with large-scale volume fracturing and pressure-controlled production is an effective development technology.

Petroleum Geology of China (Volume 22, Turpan-Hami Oil and Gas Province) is a new volume. The basins in Turpan-Hami Oil and Gas Province were covered to different degrees in the 1993 edition of the *Petroleum Geology of China*. Turpan-Hami Basin was discussed in Part 4 Turfan-Hami Basin of the *Petroleum Geology of China* (Volume 15, Xinjiang Oil and Gas Province, The second volume "Tarim, Turfan, Hami, and Other Main Basins"). Most of the then exploration results had been achieved by the end of 1991. Then, the hydrocarbon exploration activities in the basin were at the initial stage of the large-scale discoveries, and the Shanshan arcuate hydrocarbon-rich zone had been mainly discovered. Many hydrocarbon-rich zones and oil and gas fields have been discovered in the basin in the last nearly 30 years. Santanghu Basin was discussed in Chapter 4 Santanghu Basin in Part 5 Other Main Basins of the *Petroleum Geology of China* (Volume 15, Xinjiang Oil and Gas Province). Then, no hydrocarbon discoveries were made in the basin, and it was very briefly discussed on the basis of the available geological reconnaissance data. Yingen-Ejinaqi Basin was discussed in Chapter 6 Yingen Basin in Part 2 Peripheral Basins of the *Petroleum Geology of China* (Volume 12, Changqing Oilfield); the covered parts are the central and east parts of the current Yingen-Ejinaqi Basin. In addition, it was also discussed in Section 7 Badain Jaran Desert and Basins in Mazong Mountain in Chapter 5 Description of Basins of the *Petroleum Geology of China* (Volume 13, Yumen Oilfield); the covered parts are the central and south parts of the current Yingen-Ejinaqi Basin, and Zongkouzi Basin was also discussed. The descriptions of the basin in the two sections are very simple. Minhe Basin was not discussed in the 1993 edition.

According to the general requirement of the General Compilation Committee of the *Petroleum Geology of China*, i.e. "Technicality, Succession, Innovativeness, and Guidance", the *Petroleum Geology of China* (Volume 22, Turpan-Hami Oil and Gas Province) is compiled as an academic reference or guidance to present the main results, geological theories, and exploration and development technologies in the hydrocarbon exploration practices of Turpan-Hami Basin and Santanghu Basin through comprehensive summarization. The other basins are still in the early stages of hydrocarbon exploration, but the relevant descriptions therein are also as detailed as possible to offer benefits for the following exploration activities. The references used during its compilation mainly include *Formation and Distribution of Coal Measure Oil and Gas Fields in Turpan-Hami Basin* (Wu Tao, Zhao Wenzhi, et al. Petroleum Industry Press. 1997), *Geochemistry of Coal-generated Hydrocarbons in Jurassic System of Turpan-Hami Basin* (Wang Changgui, Cheng Keming, Xu Yongchang, Zhao Changyi, et al. Science Press. 1998), *Oil and Gas Geological and Exploration Practices of Turpan-Hami Basin* (Yuan Mingsheng, Liang Shijun, Yan Liecan, et al. Petroleum Industry Press. 2002), *Immature Gas & Immature Gas Provinces in China – Turpan-Hami Oil and Gas Province* (Yuan Mingsheng, Liang Shijun, Xu Yongchang, et al. Science Press. 2011), *Carboniferous Volcanic Rock Oil and Gas Explorations in North Xinjiang* (Du Jinhu. Petroleum Industry Press, 2010), *Analysis of Oil and Gas Exploration Prospect in Santanghu Basin and Evaluation of Prospective Zones* (Prof. Liu Yiqun, Northwest University. 2005), and oil and gas exploration and development research result reports and technical summaries obtained for many years. The results data used for compiling the *Petroleum Geology of China* (Vol. 22, Turpan-Hami Oil and Gas Province) had been obtained by the end of 2018.

Turpan-Hami Oilfield Company attaches great importance to this revision work and thus has established a compilation committee, an expert panel, and a compilation team. Liang Shijun, Turpan-Hami Oilfield Company CPC committee's executive deputy secretary in charge of oil and gas exploration, is the director of the compilation committee that shall be fully responsible for the organization of coordination, planning, and auditing works. Zhang Daisheng, the leader of the compilation team, Chen Xuan, the deputy leader of the compilation team, Li Chengming, and Liu Juntian are responsible for the outline design, preparation, proofreading, and final compilation of this *Petroleum Geology of China*. Thus, such arrangements made sure that its compilation was successfully made.

The *Petroleum Geology of China* (Vol. 22, Turpan-Hami Oil and Gas Province) is composed of four parts: Part 1 Overview of Turpan-Hami Oil and Gas Province, Part 2 Turpan-Hami Basin, Part 3 Santanghu Basin, and Part 4 Peripheral Exploratory Areas. Part 1 consists of two chapters, were written by Li Chengming. Part 2 consists of ten chapters: Chapter 1 and Chapter 2 were written by Fu Guobin, Yang Aisheng, Ren Yuguang, et al.; Chapter 3 by Wang Jinsong; Chapter 4 by Jin Ying; Chapter 5 by Xu Xiongfei and Ma Qiang; Chapter 6 by Li Chengming and Hu Jun; Chapter 7 by Gao Chengquan; Chapter 8 by Zhang Rigong, Zhang Liming, et al.; Chapter 9 by Jin Ying; Chapter 10 by Li Chengming, Wen Chuanjiang, Hu Qianze, Wang Xinggang, Zhang Hua, Wu Chao, Cheng Tian, Li Jie, et al. Part 3 consists of nine chapters: Chapter 1 was written by He Guomao and Yang Aisheng; Chapter 2 by Fu Guobin and Li Xingliang; Chapter 3 by Fan Tanguang and Wang Jinsong; Chapter 4 by Jin Ying; Chapter 5 by Liu Yuejie and Liu Juntian; Chapter 6 by Liu Juntian; Chapter 7 by Liu Wenhui, Feng Yaqin, and Liu Gang; Chapter 8 by Jin Ying; Chapter 9 by Li Chengming, Han Cheng, Fan Tanguang, Qing Zhong, et al. Part 4 consists of two chapters: Chapter 1 was written by Niu Renjie; Chapter 2 by Gou Hongguang and Liang Guibin. Its proofreading and final compilation are made by Zhang Daisheng, Chen Xuan, Li Chengming, Zhang Chaofu, Liu Juntian, et al.

In the revision process, Li Xingliang, Li Zuoquan, Wang Shengyue, et al. did a lot of work in drawing preparation and basic data collation and statistics.

In the process of determining the outline of this volume and revising it, we received helpful guidance and assistance from Zhai Guangming (CAS academician, CNPC Advisory Center), Gao Ruiqi (professor-level senior engineer, CNPC Advisory Center), Fan Tuzhi (senior engineer, CNPC Exploration and Production Company), Gan Guiyuan (senior engineer, CNPC Qinghai Oilfield Company), and leaders and experts from CNPC RIPED including Dai Jinxing (CAS academician), Gu Jiayu, Song Jianguo, Wang Darui, Li Wei, Tao Shizhen, Zhao Changyi, Deng Shenghui, Chi Yingliu, Zhao Limin, and Fang Xiang. Thanks to all the people above!

Due to our limited level, coupled with the tight schedule and heavy task, shortcomings and deficiencies are inevitable in spite of repeated modifications. Don't hesitate to criticize and correct.

I would like to express my heartfelt thanks to all the units and individuals who cared about and supported the preparation of this work, as well as to the departments and individuals to whom the data therein used belong!

目 录

第一篇　吐哈油气区概况

第二篇　吐哈盆地

第三篇　三塘湖盆地

第四篇　外围盆地

CONTENTS

Part 1 Overview of Turpan–Hami Oil and Gas Province

Part 2 Turpan–Hami Basin

Part 3   Santanghu Basin

Part 4　Peripheral Exploratory Areas

第一篇
吐哈油气区概况

第一章　吐哈油气区简况

吐哈油气区地处中国西北偏远地区，平面跨度大，由吐哈、三塘湖、银额、民和、总口子五个古生界—中新生界中小型叠合盆地组成。地处与古亚洲洋有关的多个板块会聚部位，晚古生代至今发育裂谷、断陷、前陆坳陷、山间断陷等多期、多类沉降，油气地质条件复杂多样。

吐哈油气区油气勘探研究历史悠久，但突破较晚，总体为一年轻的油气区。勘探层系包括古生界、中新生界，涉及海相、陆相沉积，岩性包括火山岩、碎屑岩、碳酸盐岩等，垂向上具有石炭系、二叠系、三叠系、侏罗系、白垩系等多套烃源岩，石炭系暗色泥岩、中二叠统湖相暗色泥岩、中—下侏罗统煤系是主要的烃源岩。自 1989 年台参 1 井科学探索井获得侏罗系煤成烃重大突破以来，已发现石炭系、二叠系、三叠系、侏罗系、白垩系、古近系等多个含油层系，以吐哈盆地侏罗系煤成烃与二叠系—三叠系超深稠油、三塘湖盆地古生界火山岩系含油气系统与二叠系凝灰岩致密油及侏罗系低压油藏等为主要特色。

第一节　吐哈油气区区划

吐哈油气区跨越新疆、内蒙古、甘肃和青海四个省（自治区），在其形成过程的不同阶段，有国家石油工业多个相关部门开展了油气勘探与研究，为油气区的发展奠定了良好的基础。

一、吐哈油气区自然地理简况

吐哈油气区涉及 5 个盆地，均为中小型盆地，包括吐哈、三塘湖、总口子、民和盆地主体及银额盆地的一部分（图 1-1-1、表 1-1-1）。其中吐哈盆地面积 $5.35 \times 10^4 km^2$，是探区油气发现主体分布区，其侏罗系油气属于典型的煤成烃；三塘湖盆地 $2.30 \times 10^4 km^2$，近年不断发现古生界油气源非常规油气藏；银额盆地总面积较大，为 $12.13 \times 10^4 km^2$，但是主体沉降区较小，由一系列断陷组成，大部分为隆起或沉积厚度小的凸起区，断陷沉降区总面积为 $2.9 \times 10^4 km^2$，勘探程度低；总口子盆地面积最小，仅 $0.53 \times 10^4 km^2$，与银额盆地类似属于断陷盆地；民和盆地面积 $1.13 \times 10^4 km^2$，整体勘探进展缓慢。

吐哈油气区居于新疆维吾尔自治区东部、内蒙古自治区西部、甘肃省中西部、青海省东北部等四省、自治区毗连地区，包括吐鲁番、哈密、阿拉善、兰州等地级市、盟，处于北纬 35°～45°、东经 88°～103°，东西跨度约 1600km，南北最大距离约 400km。自南向北，祁连山、觉罗塔格—北山、博格达—哈尔里克山、克拉美丽—麦钦乌拉山、阿尔泰山五排山脉多呈近似东西向展布，或小角度相交；山脉之间或山脉内部依次为民和盆地、银额盆地、吐哈盆地、巴里坤盆地、三塘湖盆地，盆地内部海拔一般为400～1200m,吐鲁番盆地海拔最低（–154.43m）,周围山地相对高差一般为400～3000m。

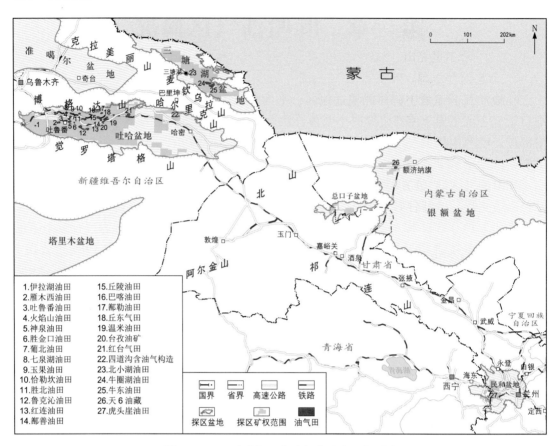

图 1-1-1 吐哈油气区含油气盆地地理交通图

表 1-1-1 吐哈油气区含油气盆地简单分类及其基本概况

盆地	面积/10^4km^2	盆地类型	沉积地层	主要目的层	主要勘探领域	备注
吐哈盆地	5.35	类前陆盆地	C、P、T、J、K、E、N、Q	J、T、P	侏罗系—古近系煤系油气层系 前侏罗系断陷—坳陷构造层	
三塘湖盆地	2.30	类前陆盆地	C、P、T、J、K、E、N、Q	J、P、C	侏罗系低压砂岩油气藏层系 石炭系—二叠系火山岩含油气系统 二叠系凝灰岩致密油气层系	
民和盆地	1.13	山间盆地	J、K、E、N、Q	J	侏罗系、白垩系断陷构造层	
银额盆地	12.13	山间盆地	J、K、E、N、Q	K、J	白垩系、侏罗系断陷构造层	C—P沉积厚,但已造山褶皱,热演化程度普遍高成熟—过成熟
总口子盆地	0.53	山间盆地	J、K、E、N、Q	J、K	侏罗系、白垩系断陷构造层	

油气区内部属典型的温带内陆性干旱气候，干燥少雨，夏季酷热，冬季严寒，昼夜温差大，春季多风，三塘湖、北山、吐鲁番等"百里风区"常年刮风，为全国光能、风能资源优越地区，春夏之交常有沙尘暴。

吐哈盆地、三塘湖盆地、银额盆地内部多为戈壁、沙漠；民和盆地为黄土塬地貌。博格达山—哈尔里克山、祁连山海拔高，其上分布常年冰川，冰川融水是山前盆地重要水源，依靠这些水源，吐哈盆地、三塘湖盆地、银额盆地发育多条内陆季节性河流，一般在河流出山口或者下游，发育绿洲。

人口主要聚居于各个绿洲，主要民族有汉族、维吾尔族、蒙古族、哈萨克族、回族等，主要从事农牧业生产。近年来随着西部大开发，当地的石油、天然气、煤电、风电、光电、金属矿产等基础工业发展较快。

油气区交通比较方便，以312国道、连霍高速、京新高速、兰新高铁以及其他省道组成的公路、铁路网，连通吐哈盆地、三塘湖盆地、银额盆地、民和盆地主要油气探区。

二、吐哈油气区沿革

吐哈油气区主体——吐哈盆地居于玉门油矿、独山子油矿之间，1949年前玉门油矿、独山子油矿和延长油矿是中国的三大油矿。1949年后，陆相油气勘探研究广泛开展，吐哈油气区油气地质研究与勘探深受玉门油田、独山子油田、克拉玛依油田的启发与激励，主要在北京石油勘探开发科学研究院、地球物理勘探局、玉门石油管理局、新疆石油管理局等单位长期耕耘及其油气勘探研究工作的基础上逐渐发展、壮大（表1-1-2），发展为现今拥有5个含油气盆地的吐哈油气区。

1954年3月，燃料工业部石油管理总局地质局组建吐鲁番地质大队，1955年由新疆石油管理局接收，并开始吐鲁番盆地全面勘探。1958年，玉门矿务局成立吐鲁番勘探大队，接替新疆石油管理局承担的吐鲁番盆地石油勘探工作，并于1959年3月更名为玉门石油管理局吐鲁番矿务局，1961年8月，改设吐鲁番勘探处。1965年1月，由于东部石油勘探会战的需要，吐鲁番勘探处撤销，勘探工作移交给新疆石油管理局。

直至1983年，邻近的地质条件类似的准噶尔盆地东部二叠系油气勘探取得突破，石油工业部决定"重上吐哈"。1986年，石油工业部决定由北京石油勘探开发科学研究院、玉门石油管理局和地球物理勘探局共同组成吐—哈盆地"七五"部级重点攻关项目组。1988年8月，石油工业部以玉门石油管理局为依托的吐哈项目组在哈密正式成立，对外称"新东石油勘探公司"。

1989年1月，吐哈盆地台参1井在侏罗系获得煤系油气突破，带动了西北地区侏罗系油气地质研究与勘探；7月，原吐哈项目组与新东石油勘探公司合并成立玉门石油管理局新东石油勘探开发前线指挥部；1991年2月25日，成立吐哈石油勘探开发会战指挥部。

1995年8月25日，吐哈石油勘探开发指挥部正式成立，标志着吐哈油气区正式独立运行。

1999年，吐哈油田公司取得三塘湖盆地、民和盆地探矿权；2000年，取得银额盆地大部分、总口子盆地的探矿权。

表 1-1-2　1949 年后吐哈油气区勘探研究机构沿革

吐哈油田公司沿革				外围盆地油气勘探研究单位		
勘探研究机构	成立时间	单位主体	油气勘探范围	三塘湖	民和	银额、总口子
吐鲁番地质大队	1954 年 3 月	石油管理总局地质局	吐鲁番盆地	新疆石油管理局	西北石油管理局、青海石油管理局、玉门石油管理局	玉门石油管理局
	1955 年	新疆石油管理局接收	吐鲁番盆地			
吐鲁番勘探大队	1958 年	玉门矿务局接替	吐鲁番盆地			
玉门石油管理局吐鲁番矿务局	1959 年 3 月	玉门石油管理局				
吐鲁番勘探处	1961 年 8 月	玉门石油管理局	吐鲁番盆地			
	1965 年 1 月	新疆石油管理局	吐鲁番盆地			
吐—哈盆地"七五"部级重点攻关项目组	1986 年	石油工业部勘探开发科学研究院、玉门石油管理局和地球物理勘探局	吐鲁番盆地			
新东石油勘探公司	1988 年 8 月	玉门石油管理局	吐哈盆地			
玉门石油管理局新东石油勘探开发前线指挥部	1989 年 7 月	玉门石油管理局	吐哈盆地			
吐鲁番石油勘探开发指挥部	1990 年 7 月	玉门石油管理局	吐哈盆地			
吐哈石油勘探开发会战指挥部	1991 年 2 月 25 日	玉门石油管理局	吐哈盆地	1993—1998 年，新区事业部、河南石油勘探局、新疆石油管理局	1993—1998 年，中原油田、新区西北项目经理部	1993—1999 年，新区事业部西北侏罗系油气勘探项目经理部
吐哈石油勘探开发指挥部	1995 年 8 月 25 日	吐哈石油勘探开发指挥部	吐哈盆地			
	1999 年	吐哈石油勘探开发指挥部	吐哈、三塘湖、民和盆地			
中国石油天然气股份有限公司吐哈油田分公司	1999 年 10 月 9 日	吐哈油田分公司	吐哈、三塘湖、民和盆地			
	2000 年至今	吐哈油田分公司	吐哈、三塘湖、民和、银额、总口子盆地			

第二节 吐哈油气区油气勘探成果

吐哈油气区在古生代—中生代处于古亚洲洋闭合及哈萨克斯坦板块、西伯利亚板块、塔里木—华北板块边缘及其会聚部位，历经晚古生代弧后拉张大陆边缘和中—新生代陆—陆板块碰撞，区域地质条件复杂，发育古生代与中—新生代叠合盆地，盆地类型包括前陆盆地（吐哈盆地、三塘湖盆地）和山间断陷盆地（银额盆地、民和盆地、总口子盆地）。油气区发育石炭纪、二叠纪、三叠纪、侏罗纪、白垩纪等多期沉降，沉降类型复杂多样，油气藏类型丰富，含油气领域众多（表1-1-3），尤以煤系油气、火山岩系油气、致密油、超深稠油等为鲜明特点。

表 1-1-3 吐哈油气区油气田一览表

盆地	生烃凹陷（沉降类型）	油气聚集带	油气田（含油气构造）	主要含油层系	储集类型	油藏类型	备注
吐哈盆地	台北凹陷J_{1-2}（类前陆坳陷）	鄯善弧形带	鄯善油田	J_2	辫状河三角洲前缘砂体	背斜	
			丘陵油田	J_2	辫状河三角洲前缘砂体	断背斜	
			温米油田	J_2、J_1	辫状河三角洲前缘砂体	背斜、断鼻	含萨克桑
			丘东气田	J_2	辫状河三角洲前缘砂体	背斜—岩性	气田
			巴喀油田	J_2、J_1	辫状河三角洲前缘砂体	背斜、断块	
		西部古弧形带	葡北油田	J_2	辫状河三角洲砂体	背斜	
			神泉油田	J_2、K、E	辫状河三角洲前缘砂体	背斜	
			吐鲁番油田	J_2、K、E	辫状河三角洲前缘砂体	背斜—不整合	
			雁木西油田	K、E	辫状河三角洲前缘砂体	背斜	
			玉果油田	J_2	辫状河三角洲前缘砂体	断鼻—断块	
			七泉湖油田	J_2	辫状河三角洲前缘砂体	断鼻	
			火焰山油田	J_2	辫状河三角洲前缘砂体	背斜	
		红连构造带	红连油田	J_2、K、J_3	辫状河三角洲前缘砂体	断块、背斜	
		红台—疙瘩台构造带	红台气田	J_2	辫状河三角洲前缘砂体	背斜—岩性	
		胜北构造带	胜北油田	J_3、J_2、K	辫状河三角洲前缘砂体	断背斜	
		台北北部山前带	鄯勒油田	J_2、E	辫状河三角洲前缘砂体	背斜、断鼻	
			恰勒坎油田	J_2	扇三角洲砂砾岩	背斜	
		火焰山构造带、七克台构造带	胜金口油田	J_2	辫状河三角洲砂体	背斜	未探明
			台孜构造	J_2	辫状河三角洲砂体	稠油封闭	地面油矿

盆地	生烃凹陷（沉降类型）	油气聚集带	油气田（含油气构造）	主要含油层系	储集类型	油藏类型	备注
吐哈盆地	托克逊凹陷 T₃（类前陆坳陷）	伊拉湖构造带	伊拉湖油田	T_{2-3}	辫状河三角洲前缘砂体	背斜	
	三堡凹陷 T₃（类前陆坳陷）	四道沟构造带	四道沟构造	T_{2-3}		背斜	含油气构造
	台北凹陷 P₂（断陷群）	库木复合鼻状凸起	鲁克沁油田	T_{2-3}、P_3	P 断陷扇三角洲砂体 T 辫状河三角洲砂体	断块、岩性、不整合	超深稠油
		（塔克泉鼻状凸起）	鄯善深层	T_{2-3}	辫状河三角洲前缘砂体	背斜	属鄯善油田
三塘湖盆地	条湖凹陷 T₃（类前陆坳陷）	条北斜坡带	北小湖油田	J_2	辫状河三角洲前缘砂体	背斜	
	条湖—马朗凹陷 P₂（断陷）	牛圈湖构造带	三塘湖油田	J_2、P_2	J 辫状河三角洲前缘砂体 P_2 灰云岩—混积岩	背斜	J 低压油藏
		（西峡沟鼻状凸起）	西峡沟构造	J_2	辫状河三角洲前缘砂体	断鼻、断背斜	划归三塘湖油田
		马中构造带	马中构造	P_2	凝灰岩、灰云岩—混积岩	鼻状构造、致密油	划归牛东油田
		南缘冲断带	石板墩构造	P_2	火山岩	断背斜	含油构造
			黑墩构造	P_2	火山岩	断背斜	含油构造
	条湖—马朗凹陷 C（裂谷边缘）	牛东构造带	牛东油田	C	火山岩	风化壳—不整合、岩性	火山岩系含油气系统
银额盆地	天草凹陷 K₁（断陷）	天草凹陷东斜坡	天草构造	K	扇三角洲前缘、前扇三角洲席状砂	岩性—构造	未探明
民和盆地	巴州凹陷 J₂（断陷）	马场垣构造带	虎头崖油田	K_1、J_{2-3}	三角洲前缘砂岩	断鼻、断背斜	

　　在吐哈、三塘湖、民和、银额等四个盆地中，已发现 12 个生烃凹陷（吐哈盆地的台北、托克逊、三堡等 3 个凹陷，三塘湖盆地的马朗、条湖等 2 个凹陷，银额盆地的天草、查干、哈日、拐子湖、路井等 5 个凹陷，民和盆地的巴州、永登等 2 个凹陷），其中吐哈盆地台北凹陷、三塘湖盆地马朗凹陷已证实为富油凹陷；在石炭系、二叠系、三叠系、侏罗系、白垩系中发现落实五大套烃源岩；在石炭系、二叠系、三叠系、侏罗系、白垩系、古近系 6 个层系获得工业油气流；吐哈油气区在台北、托克逊、三堡、马朗、条湖、天草、巴州等 7 个凹陷发现 17 个油气聚集带或聚集领域，找到了 24 个油气田，累计探明油气地质储量 $7.1 \times 10^8 t$（油当量）。

　　正是由于吐哈油气区具有多期不同的原型盆地与沉降类型，平面上发育多个生烃凹陷，垂向上多套生烃系统，储集类型多样，造就了吐哈油气区丰富的含油气领域，蕴含着多样化及比较独特的油气资源，包括吐哈盆地侏罗系煤成烃与二叠系—三叠系超深稠油，三塘湖盆地的古生界火山岩系含油气系统、二叠系凝灰岩致密油及侏罗系低压砂岩油藏等。可谓盆地虽小，但叠合盆地含油气领域多，多个含油气领域的不断突破和接力，保障了探区的稳定发展。

一、吐哈盆地油气勘探成果

从吐哈盆地的发展历史来看，其为吐哈地块之上发育的古生代与中—新生代叠合盆地。古生代，吐哈地块总体处于与古亚洲洋向哈萨克斯坦板块俯冲的弧后拉张环境，地块南、北方向发育康古尔、博格达裂谷，石炭纪地块南、北边缘靠近周围裂谷，部分接受沉积；中二叠世，地块内部还发育多个分隔性断陷。晚二叠世末期—早三叠世，洋壳俯冲完毕。中三叠世开始以后，由于持续的陆—陆碰撞和强烈的挤压作用，吐哈地块受周围裂谷回返影响控制形成前陆盆地，其中侏罗纪是前陆盆地沉降的鼎盛时期，北部台北凹陷是主要的前陆坳陷沉降区。侏罗纪末以后，盆地开始萎缩，燕山中晚期—喜马拉雅期，在北部博格达山持续抬升和向南挤压作用下，台北凹陷形成一系列冲断、滑脱构造。

吐哈盆地沉积盖层由石炭系、二叠系、三叠系、侏罗系、白垩系、古近系—新近系和第四系七套地层组成，最大沉积厚度超过9000m。石炭系—下二叠统主体分布于盆地南、北边缘；南、北边缘主要为海相环境沉积，包括火山碎屑岩、火山岩、石灰岩、碎屑岩；盆地内部主要为陆上火山岩。中二叠统桃东沟群为多断陷沉积，断陷区发育扇三角洲砂体和湖相暗色泥岩烃源岩，整体为正旋回沉积。上二叠统梧桐沟组一段也为断陷沉积，扇三角洲砂体发育。上二叠统梧桐沟组二段—下三叠统分布较广，但厚度普遍很小，岩性主要为棕色砂岩与泥岩互层，主要为洪泛平原沉积。中—上三叠统分布广泛，主要为辫状河三角洲—湖泊沉积，下部克拉玛依组发育大套粗碎屑岩，上部暗色泥岩较发育。侏罗系厚度大，分布广，水西沟群（下侏罗统八道湾组、三工河组与中侏罗统西山窑组下部）煤层广泛发育，煤层厚度大，是吐哈盆地主要烃源岩层系；具有下侏罗统、中侏罗统西山窑组、中侏罗统三间房组—七克台组、上侏罗统喀拉扎组等多个沉积正旋回，中—下侏罗统在缓坡辫状河三角洲砂体与湖相泥岩交互发育。白垩系主要分布在盆地中西部，为冲积扇相—湖泊相砂岩、泥岩正旋回沉积。古近系分布广，厚度稳定，为扇三角洲相—湖泊相砂岩、泥岩正旋回沉积。

吐哈盆地分吐鲁番坳陷、哈密坳陷、艾丁湖斜坡和了墩隆起四个一级构造单元；二级构造单元中，主要的叠置沉降凹陷有北部的台北凹陷、西南部的托克逊凹陷、东北部的三堡凹陷。台北凹陷是最主要的继承性沉降凹陷，二叠系、三叠系、侏罗系沉积厚度大，具有中二叠统湖相暗色泥岩、中—下侏罗统水西沟群煤系两大套有效烃源岩；托克逊凹陷、哈密凹陷均为三叠系—侏罗系叠置凹陷，上三叠统为有效烃源岩。吐哈盆地具有基底断裂和滑脱断裂两大断裂构造体系；滑脱断裂构造体系主要发育于台北凹陷侏罗系—第四系构造层，煤系是主要的滑脱面；基底断裂主要发育于前侏罗系和山前冲断带，前侏罗纪形成的基底断裂控制了前侏罗系的沉降格局和构造区带。主要受断裂构造体系、古构造和盆地演化影响，吐哈盆地构造区带类型有前隆斜坡（鼻状凸起）

带、复合正向带、滑脱逆冲带、滑脱背斜带、差异滑脱断裂带、山前冲断带等；盆地发育40个二级构造带，其中台北凹陷主体沉降区有15个，面向台北凹陷的艾丁湖斜坡有12个。

二叠系—古近系各层系均发育储层，其中，中侏罗统、中—上三叠统、上二叠统是主要的油气储层层位。中侏罗统、中—上三叠统辫状河三角洲砂体是最重要的储集体类型，其次是二叠系扇三角洲砂体。各层位储层岩石类型主要为岩屑砂岩和长石岩屑砂岩，储层物性普遍较差，以低孔、低渗为主要特点；辫状河三角洲储层物性相对较好，扇三角洲储层物性较差。平面上以台北凹陷物性较好，托克逊凹陷次之，三堡凹陷最差；台北凹陷西部古弧形带和南面斜坡部位的储层物性好，可达中孔、中渗甚至高孔、中渗。主要目的层储层成岩阶段为早成岩B期—晚成岩B期，储层常见的孔隙类型以原生粒间孔、次生粒间溶孔为主，各种孔隙类型常以混合孔的形式存在于储层中。侏罗系煤系储层成岩作用早期碳酸盐胶结作用弱，物性普遍较差。

吐哈盆地在中二叠统、中—上三叠统、中—下侏罗统水西沟群及中侏罗统七克台组发育四套有效烃源岩，另外，石炭系为潜在烃源岩。中—下侏罗统水西沟群煤系烃源岩和中二叠统桃东沟群断陷湖相暗色泥岩为盆地主力烃源岩，有效生烃区均位于台北凹陷；中侏罗统七克台组湖相暗色泥岩有效生烃区分布于台北凹陷西部深凹部位；托克逊凹陷、三堡凹陷的有效烃源岩为中—上三叠统湖相暗色泥岩。根据吐哈盆地煤成烃研究成果，相对富集富氢组分的煤具有生烃能力，这种煤的沉积环境为流水沼泽相；煤成油气的主要贡献组分是富氢基质镜质体及木栓质体，其次是孢子体、角质体和藻类体；树脂体、木栓质体、基质镜质体等在低成熟阶段已经开始大量生烃，煤成油气具有"早生早排"的特点。

吐哈叠合盆地在石炭系—下二叠统裂谷边缘构造层、中二叠统—三叠系断—坳复合构造层、侏罗系—第四系前陆构造层均有烃源岩沉积，形成下、中、上三套含油气系统，中、上含油气系统均已发现规模油气。上含油气系统分布于台北凹陷。中含油气系统分布主体为台北凹陷，其主力烃源岩为桃东沟群；小部分位于托克逊凹陷和三堡凹陷，其有效烃源岩为中—上三叠统。中、上含油气系统中发现二叠系、三叠系、侏罗系、白垩系、古近系五大套含油层系；侏罗系、三叠系、二叠系为主力含油层系；二叠系、三叠系以稠油为主，侏罗系及其以上层系以煤系稀油为主，天然气主要分布在侏罗系。

上含油气系统油气发育特点受控于前陆坳陷及其演化、煤系烃源岩特性：平面上，油气分布于台北前陆坳陷沉降主体区，油气藏以生烃凹（洼）陷为中心成环带分布；前陆坳陷鼎盛时期发育的中—上侏罗统区域性湖相泥岩盖层控制了油气主要分布于中—下侏罗统，以中侏罗统三间房组、西山窑组、七克台组为主力储层；受控于前陆坳陷结构与演化，油气主要赋存于南部缓坡辫状河三角洲沉积体系储集体，主要含油层位北老南新；受控于煤系烃源岩生排烃特点，煤系油气以轻质油气并存为特色，天然气主要以溶解气、气顶气、气藏气等多种形式赋存；滑脱断裂体系是油气运移主要通道，以滑脱构造带、冲断带和基底古构造带为主，油气藏成带富集分布；缓坡辫状河三角洲沉积体系前缘与大型正向构造叠置区易形成油气富集区，如南缓坡部位鄯善弧形带、西部缓坡部位的葡北—雁木西弧形带等油气富集带。

中含油气系统油气发育特点受控于断—坳原型盆地及其后期叠置改造：台北凹陷中二叠统—第四系连续沉积沉降区是中含油气系统主要分布区，其次是托克逊凹陷、三堡凹陷三叠系—侏罗系连续沉降区；断—坳构造层烃源岩及有效生烃区具有"点"式分布的特点，决定了油气呈点式分布与富集；断—坳复合构造层具有多个含油气层系和构造、岩性、地层等多种油气藏类型；有效生烃区及其附近的复式正向构造区易形成复式油气富集带，台北凹陷南面斜坡上的鲁克沁稠油富集带为二叠系三叠系古凸与古凹回返共同形成的大型鼻状构造带，发育大量的断块型、岩性—构造复合型、地层型等稠油油藏。

盆地经过六十多年的油气勘探，截至 2018 年底，在二叠系、三叠系、侏罗系、白垩系、古近系五套层系获得工业油气流；在台北凹陷、托克逊凹陷和三堡凹陷共发现了丘陵—温吉桑、葡北—雁木西、胜北—红连、红台—疙瘩台、七泉湖—鄯勒、火焰山—七克台、鲁克沁、伊拉湖和四道沟等九个含油气区带，发现并探明 20 个油气田，探明石油天然气地质储量约 5.4×10^8 t（油当量）。整体处于中等勘探程度，其中侏罗系勘探程度相对较高，二叠系—三叠系勘探程度相对较低。

在盆地油气勘探实践中，形成了侏罗系煤成烃地质理论和前侏罗系超深稠油油藏勘探开发技术体系。中—下侏罗统煤系油气地质研究，推动了煤成烃理论的发展和完善，助推了中国西北侏罗系的油气勘探。鲁克沁稠油富集区超深稠油油藏采用井筒加热、掺稀降黏、常温水驱等工艺技术，实现了效益开发，对类似油田有借鉴意义。

二、三塘湖盆地油气勘探成果

从三塘湖盆地的发展历史来看，其为古生代与中—新生代叠合盆地。盆地形成演化经历了石炭纪—早二叠世裂谷板缘、中二叠世断陷、三叠纪—第四纪类前陆盆地三大阶段，历经海西、印支、燕山和喜马拉雅期四次大的区域构造运动，形成现今东西狭长条带状叠合改造盆地。沉积盖层分为上古生界和中—新生界两大构造层，其中，上古生界勘探厚度大，分布广。

上古生界以海相—陆相火山岩、碎屑岩及碳酸盐岩薄互层沉积建造为主。上石炭统哈尔加乌组、卡拉岗组岩性分布广泛，主要为大套火山岩、火山碎屑岩夹泥岩、凝灰质泥岩，盆地南缘方向泥岩相对较多；其中的暗色泥岩为重要的烃源岩。二叠系主要残留于盆地南部，自下而上主要包括中二叠统芦草沟组、条湖组，岩性包括火山岩、碎屑岩等；芦草沟组分布范围小，主要在马朗凹陷和条湖凹陷的南部，火山岩较少，岩性主要为泥岩、混积岩，其中的暗色泥岩是盆地重要的烃源岩，由火山灰、碳酸盐岩、陆源细碎屑颗粒等成分组成的薄层混积岩是致密油气勘探的目的层之一；中二叠统条湖组分布范围较芦草沟组明显扩大，岩性主要为火山岩、火山碎屑岩与泥岩，其中的水体环境空落相凝灰岩利于形成高孔低渗储层。

中—新生界属陆相碎屑岩沉积建造，包括三叠系、侏罗系、白垩系、古近系—新近系及第四系，主要残留分布于盆地南部。三叠系—侏罗系为湖泊—三角洲环境下砂岩、泥岩为主的沉积，中—下侏罗统有煤层发育。

盆地分为东北冲断隆起带、西南逆冲推覆带和中央坳陷带三个一级构造单元；位于盆地南部的中央坳陷带呈东西狭长条状，凹陷、凸起相间，中部的马朗凹陷、条湖凹陷是古生界、中—新生界叠置沉降区，为油气勘探的主要部位。凹陷南缘受盆地界山挤压冲断，发育断阶；凹陷北部整体构造趋势为斜坡，其上发育鼻状构造；凹陷主体部位的断层比较发育，但断距普遍小。

三塘湖盆地发育四套烃源岩，即上石炭统火山喷发间歇期形成的暗色泥岩、中二叠统芦草沟组湖相暗色泥岩、中—上三叠统湖相暗色泥岩和侏罗系煤与暗色泥岩，其中侏罗系煤系烃源岩未成熟。上石炭统烃源岩分布较广，但分布不均；中二叠统芦草沟组烃源岩分布于马朗凹陷中南部和条湖凹陷南部；三叠系烃源岩主要分布于条湖凹陷和汉水泉凹陷。芦草沟组和上石炭统是盆地主要的烃源岩层系。条湖凹陷、马朗凹陷二叠系原油和马朗凹陷侏罗系原油均来自芦草沟组烃源岩；条湖凹陷、马朗凹陷石炭系原油主要来自上石炭统烃源岩；条湖凹陷北小湖油田下侏罗统油藏规模小，其原油来自中—上三叠统烃源岩。

盆地石炭系—侏罗系共发育多套储层，储层岩性有砂岩、碳酸盐岩、火山岩—火山碎屑岩三大类。上石炭统哈尔加乌组、卡拉岗组储层岩性主要为火山岩，抬升风化壳部位次生孔洞、裂缝发育，物性中孔低渗。中二叠统芦草沟组储层岩性以碳酸盐岩类和凝灰岩类为主，孔喉极其微小，物性普遍特低孔特低渗。中二叠统条湖组储层岩性以玻屑凝灰岩、玻屑晶屑凝灰岩为主，脱玻化孔有效地改善了储集空间，可形成中高孔特低渗储层。中—上三叠统、下侏罗统八道湾组、中侏罗统西山窑组与头屯河组、上侏罗统齐古组储层岩性以砂岩和砂砾岩为主；其中西山窑组为储层物性中低孔、低渗特低渗。总体上，西山窑组、卡拉岗组、条湖组、芦草沟组为主力储层层系。

三塘湖叠合盆地发育下、中、上三套油气成藏组合。下部为上石炭统火山岩系自生自储成藏组合；中部成藏组合以中二叠统芦草沟组为生烃层系，中二叠统、三叠系、侏罗系为储层系；上部成藏组合以中—上三叠统为生烃层系，侏罗系为储层系。下、中两套为主力成藏组合，分布于马朗凹陷、条湖凹陷；上成藏组合规模很小，仅分布于条湖凹陷。白垩纪末期的晚燕山运动，是三套油气成藏组合最主要的成藏期。马朗凹陷下、中两套成藏组合叠置分布，同时北部斜坡部位发育多个鼻状构造带，是盆地主要的富油凹陷。

马朗凹陷探明三塘湖油田和牛东油田，均位于凹陷北部斜坡，具有鼻状构造背景，鼻状构造带伸入凹陷生烃区，利于吸聚油气。三塘湖油田构造主体为牛圈湖大型鼻状构造，具有低幅度背斜，主力储层为西山窑组砂岩，油藏压力系数低，整体为低压砂岩油藏。牛东油田主要分石炭系、二叠系两套油藏，上石炭统卡拉岗组油藏为地层—不整合火山岩油藏；中二叠统条湖组凝灰岩致密油藏油层分布较稳定，储层岩性均匀，储层物性高孔、特低渗。总体上，三塘湖盆地的主力油藏都比较特殊。

截至2018年底，已落实马朗、条湖两个富油凹陷，在石炭系、二叠系、三叠系、侏罗系四套层系获得工业油气流，证实马朗凹陷北坡、条湖凹陷北部北小湖鼻状隆起和马朗凹陷—条湖凹陷南缘冲断带三个油气聚集区带，发现了三塘湖油田、牛东油田及北小湖油田，石板墩和黑墩2个含油气构造，探明石油地质储量近 $1.7 \times 10^8 t$，探明率约28%。中二叠统条湖组、芦草沟组的致密油，以及古生界巨厚石炭系，仍有较大的剩余资源量和勘探潜力。

在油气勘探开发实践中，发展形成中侏罗统西山窑组低渗低压砂岩油藏超前温和注水增压及压裂投产的增能开发技术；创新并形成中二叠统条湖组凝灰岩致密油"自源润湿、混源充注、断缝输导、甜点聚集"的成藏地质理论，形成"水平井＋大型体积压裂"及"控压排采"效益开发技术。

三、外围盆地油气地质研究成果

民和盆地是发育在祁连褶皱系东端的一个山间陆相断陷盆地，地形复杂，勘探程度低。盆地充填发育了侏罗系—第四系，最大残余沉积厚度达 7000m，岩性均以砂岩、泥岩为主，中侏罗统窑街组有煤层发育。中侏罗世—早白垩世为断陷沉降期，晚白垩世以后受挤压应力盆地萎缩。盆地周围为乐都隆起、马营隆起、皋兰隆起，中部为近南北走向的中央坳陷。中央坳陷内部的巴州凹陷、永登凹陷为盆地侏罗系的沉降主体区，两个凹陷以马场垣东断裂相隔；受北东倾向的马场垣东同生正断裂控制，北侧的永登凹陷还沉积了巨厚的下白垩统，但在晚白垩世以后回返抬升。永登凹陷、巴州凹陷落实了 9 个构造带，主要分布在凹陷边缘靠近隆起部位，主要为鼻状构造带。中侏罗统窑街组暗色泥岩、页岩为主要烃源岩，在盆地主体部位热演化程度为成熟—高成熟，估算石油资源量 $0.81 \times 10^8 t$。中侏罗统窑街组、上侏罗统享堂组、下白垩统大通河组与河口组、上白垩统民和组、古近系西宁群六套正旋回沉积发育了六套储盖组合，油气主要分布于上侏罗统享堂组和下白垩统大通河组。储层主要为辫状河三角洲、扇三角洲砂体，储层物性普遍较差，以低孔、低渗为主，在斜坡区及古隆起区局部为中孔、中渗。截至 2018 年，巴州凹陷、永登凹陷周缘发现虎头崖油田和盘道岭、武家等含油气构造。虎头崖油田位于盆地西缘的马场垣鼻状构造带，构造为小型高陡背斜，主要含油层系为上侏罗统享堂组，含油层段厚度约 900m，南北向辫状河三角洲分支河道砂体储层侧向连通性差，多个单砂油层叠合连片，总体分布于背斜高部位，整体属于岩性—背斜油藏，探明储量 $114 \times 10^4 t$。

银额盆地为北山古生界造山带内发育的山间盆地，由中—新生代陆相断陷群组成，受北东—南西走向剪切断层控制，在北西南东方向上具有三个坳陷夹两个隆起的构造单元格局，并在坳陷内发育大量主要呈北东—南西走向的断陷。银额盆地已发现 29 个断陷，断陷分隔性强，断陷面积 $114 \sim 2344 km^2$，其中超过 $1000 km^2$ 的有 11 个。断陷群中，少量在侏罗纪发育断陷，多数以白垩纪为断陷主要发育期，沉积厚度 $1800 \sim 6000m$。由于自然条件差，单个断陷面积较小，勘探研究程度低，主要在其中的查干、哈日、拐子湖、天草等凹陷获得了工业油气流。烃源岩主要为侏罗系和下白垩统巴音戈壁组半深湖—深湖暗色泥岩；巴音戈壁组在多数断陷普遍分布，是最重要的烃源岩。银额盆地主要发育白垩系、侏罗系储层，作为褶皱基底的古生界发现了二叠系火山岩风化壳储层；白垩系、侏罗系储层主要为扇三角洲砂体，碎屑岩储层物性普遍差，主要为特低孔、特低渗至低孔、低渗，白垩系储层物性好于侏罗系。下白垩统巴音戈壁组分布广泛，纵向上发育三个扇三角洲—湖泊正旋回沉积，利于形成多套区域性的储盖组合，加之该组内部发育盆地最重要的烃源岩，是盆地的主要的含油层系。已发现的油藏类型有构造型、构造—岩性复合型、潜山型等，多数油藏处于薄砂体发育的扇三角洲前缘、前扇三角洲相带与断层、构造结合的复合圈闭有利区。1995 年，在查干凹陷发现查干油田；2015—2016 年，在哈日凹陷、拐子湖凹陷、天草凹陷也先后取得工业油气流发现，勘探工作正有序展开。

第三节　吐哈油气区油气勘探简史

中国西北地区油苗丰富，玉门石油沟、克拉玛依黑油山与独山子、吐鲁番七克台等地面油苗发现及利用由来已久，地处西北的吐哈油气区油气勘探研究起步较早，但是由于地理位置偏远，环境恶劣，盆地小，油气地质情况复杂，油气勘探进程总体较慢（图1-1-2）。

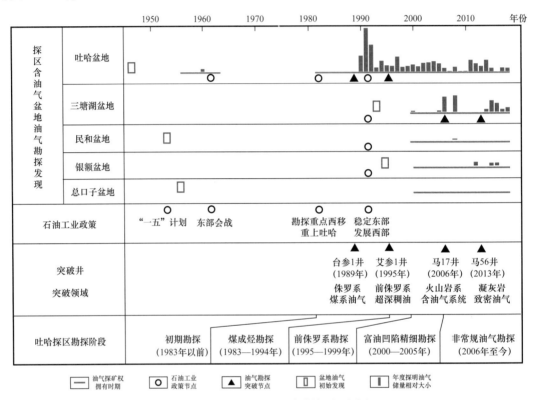

图 1-1-2　吐哈油气区油气勘探发展阶段

一、早期地质调查

主要是在民国时期，吐哈油气区范围内已经有国内外学者开展油气地质调查。

据史料记载，吐鲁番盆地鄯善县七克台乡民发现地表渗出原油，自1946年起，土法挖井5口，日产原油约50kg，油质甚佳，无须加工便可直接作润滑油和燃料，有人还作为治疗皮肤病的药物使用。民和盆地西缘窑街一带，自明代以来就有煤窑。

清光绪十八年（1892年），俄国地质学家开展祁连山、天山地质调查，进行地质填图。英国人斯坦因1901—1907年绘制1∶500000地形图。

1919年，地质学家翁文灏完成《中国矿产志略》（翁文灏，1919；薛毅，2005），提出"陕西侏罗纪砂岩中含有石油，渭北河西，皆其分布之地，西延至新疆，亦以产油着闻""就地史言之，侏罗纪之后，中国陆地业已巩固，所有内湖浅海，亦复蒸发干涸，而膏盐油矿，亦于是焉成最重要者"；1943年论述到"大致言之，中生代及新生代初期，在中亚尚闻有海侵逐步退出，其情形与高加索较为近似，陕北则地位偏东，离海更远，此亦为甘新二省胜于陕省之理由"，一方面从海相生油的角度推测吐哈油气区所在的甘（当时包括现在的内蒙古西部部分地区）新地区油气地质条件相对较好，另一方面结合陆相地层产油提出陆相地层也会成油。

1921年，中央地质调查所所长翁文灏组建西北地质考察组，对大西北河西走廊地区进行了中国人的首次科学考察，期间对甘肃—青海交界处的民和盆地西缘炭洞沟—连城—窑街—享堂—老鸦堡一带及其煤矿开展地质调查。

1927—1933年，中国—瑞典西北科学考察团对西北地区内蒙古—新疆开展地质、地理、考古、气象、地形、生物、人文等大型科学考察（王忱，2005；董明倬，2015），其中有当时的中国地质学家袁复礼等。其间，科考团从阿拉善旗分三队从巴丹吉林沙漠（银额盆地主体）北缘、中部、南缘向西，到达额济纳河流域南至酒泉金塔县、北至居延海一线（银额盆地西北部居延海坳陷），再并行向西，穿过北山（其中分布有总口子、公婆泉等盆地），到达哈密，接着东西向贯穿整个吐哈盆地、柴窝堡盆地，至乌鲁木齐；后期又沿兰新公路一线调研。其中，考察组沿途开展矿产调查，地图绘制，重力观察，地磁测量，对天山山脉地质情况进行研究等，在蒙甘一带搜集了大量的岩石和化石标本，在二叠纪地层发现与西伯利亚二叠系植物群相似的植物群。

1935年7月12日，抗战前夕，驻法公使顾维钧等政、经、财团要人联名呈文国民政府实业部，请求特许专探专采甘肃、新疆、青海三省石油，随即成立中国煤油探矿公司开始工作，甘、青交界的民和盆地是其重要范围。

抗战爆发，西北内陆成为油气钻探与普查重点地区（白寿彝，1999）。1935—1942年，中国及苏联地质学家对新疆东部的盆地进行多学科地质勘察；1937—1938年，孙健初、韦勒、萨顿等中美地质学家完成甘肃、青海石油地质普查，一开始就对民和盆地及其附近古生界—新生界露头进行了调研，认为二叠系煤层过熟，侏罗系窑街组黑色页岩有望为生油层。1941年8—12月，中央地质调查所所长黄汲清率队考察玉门油矿外围广大地区，期间到北山南缘龙首山（银额盆地南缘）、民和盆地窑街等地开展石油地质普查（任纪舜、谢广连，1989）。1942年9月—1943年2月，国民政府经济部西北工业考察团深入西北五省，考察了资源、水利、交通等，认为"西北地下资源之最丰富者为石油"。1944—1949年，新疆地质调查所与中央地质调查所合作，在南北疆一些重要油苗区进行石油地质调查。

至此，中外专家学者先后写下了诸多区域地质和矿产资源的专著与论文，奠定了吐哈油气区区域构造划分与多种资源勘查宏观指向，对后世地质学界影响甚深，也锻炼造就了一批重要的地质矿产勘探研究人才。

二、初期地面构造的钻探

主要在中华人民共和国成立初期，玉门矿务局等单位重点对盆地内部的地面构造进行钻探，发现少量的小油田。

中华人民共和国成立之后，国家"一五"计划就将石油工业、西部发展放在十分重要的位置，地质填图、重、磁、电及石油普查工作广泛开展；吐鲁番盆地石油地质调查项目列入国家计划，并实施二维地震。中苏石油股份公司、中央人民政府燃料工业部北京石油管理总局地质局、新疆石油公司先后进入吐鲁番盆地和三塘湖盆地展开工作。吐鲁番地质大队进行普查详查填图，构造细测，重磁力详查。先后钻井 11 口，总进尺 5048.6m，共发现地质构造 37 个。划分了两级构造单元，认定吐鲁番坳陷含油气远景良好，中侏罗统是主要储油岩系，盆地中央褶皱带为最有利的油气聚集带，取得了一批重要的阶段性地质调查成果。

1958 年 3 月，玉门矿务局组建吐鲁番勘探大队，接替石油工业部新疆石油管理局在吐鲁番盆地展开石油勘察；11 月，吐鲁番胜金口构造胜 4 井出油，勘探大队升格为吐鲁番勘探处；次年 3 月，石油工业部玉门石油管理局成立吐鲁番矿务局。在陆相成油理论指导下，以中侏罗统为主要目的层，以中央火焰山构造带为重点，累计完成二维地震 4702km，钻井 138 口，总进尺 13.8×10^4m，其中参数井和预探井 82 口，进尺 9.6×10^4m。在 7 个构造上见到油气显示，初步查明了吐鲁番盆地的地层与构造概况，发现和证实了胜金口小油田和台孜地面油矿，并发现 36 个地质构造和 9 个潜伏构造，证实吐鲁番盆地是一个具备工业勘探价值的含油气盆地。1958—1965 年，台北凹陷柯柯亚—台北构造带（相当于现今鄯善弧形带）以中侏罗统为目的层，钻探了柯柯亚、丘陵、鄯善、丘东构造，均发现油气显示。

与此同时，1956 年，玉门矿务局在总口子盆地钻浅井，在侏罗系试油见到了稠油；在民和盆地，1953—1960 年，西北石油管理局、青海石油勘探局、玉门矿务局等单位发现大量地面油苗，钻探发现虎头崖小油田。

总之，由于吐哈油气区及其邻区地面露头天然具有良好的油苗显示，催生了油气勘探研究起步早。通过初期的区域地质研究和油气普查，为以后的油气勘探研究打下了极为重要的基础；同时，初步钻探发现了七克台、胜金口、虎头崖等浅层构造小油田，加之总口子盆地侏罗系、吐鲁番盆地台北凹陷潜伏构造侏罗的油气显示，揭示了吐哈油气区油气勘探范围广，油气勘探势头良好。但是，1959 年开始，中国东部大庆油田及其后一系列大型油田的发现，国民经济大规模调整，同时西北地区的油气勘探研究力量参与东部的石油会战，1964 年 12 月，石油工业部决定，吐鲁番盆地石油勘探工作移交新疆石油管理局。直至 1983 年，吐哈油气区油气勘探研究工作基本处于停滞状态。

三、台参 1 井科探井侏罗系煤系油气的突破

1983 年 7 月，与吐鲁番盆地一山之隔的准噶尔盆地东部二叠系获得自生自储工业油流，吐鲁番盆地北缘也有二叠系、三叠系露头，吐哈油气区又一次迎来了发展的机遇。同年 8 月，石油工业部在克拉玛依召开"西北地区石油勘探会议"，会后国务委员康世恩到吐鲁番盆地考察，集中专家的意见，作出了重新开展吐鲁番盆地石油勘探的重大部署。石油工业部地球物理勘探局地质调查三处、玉门石油管理局地质调查处先后于 1984 年、1986 年进入吐鲁番盆地工区展开勘探工作。

1986 年 4 月，石油工业部北京石油勘探开发科学研究院（简称北京研究院）、地球物理勘探局（简称物探局）、玉门石油管理局共同组成吐鲁番盆地联合勘探研究队；8 月，提出了盆地首轮区域参数井，并把吐鲁番盆地和哈密盆地并列纳入勘探范围，统称为"吐哈盆地"。其时，正逢北京石油勘探开发科学研究院提出的科学探索井重大科技工程项项目正式获得石油工业部批准实施，把第一口科学探索井定在了吐哈盆地（翟光

明，2014；翟光明等，2016；王大锐，2016）。1987年9月22日，位于吐哈盆地台北凹陷的科学探索井台参1井开钻，目的是以了解侏罗系、三叠系、二叠系的生储油条件与含油性。

1989年1月5日，台参1井在侏罗系获得工业油流，发现鄯善整装背斜油田，吐哈盆地油气勘探取得重大发现与突破，当年成为石油系统十大发现之一。中国石油天然气总公司（简称总公司）作出"玉门石油管理局勘探工作重点转向吐鲁番盆地"的重大部署，在1990年决定在吐哈盆地进行一场勘探开发会战，并于7月21日批准成立"吐鲁番石油勘探开发指挥部"。截至1990年，吐哈油气区台北凹陷相继发现鄯善油田、丘陵油田和温吉桑含油气构造，控制石油地质储量 1.22×10^8t。

1991年2月25日，吐哈石油勘探开发会战指挥部在新疆鄯善县成立。在总公司统一部署下，以玉门石油管理局为主体，北京研究院、物探局、华北石油管理局、中原石油勘探局等23个单位的科技与专业化施工队伍汇集吐哈盆地，迅速形成石油会战的场面。截至1995年底，在鄯善弧形带及周边相继发现14个油气田和6个工业性含油气构造，累计探明石油地质储量 2.08×10^8t（含凝析油），天然气地质储量 731×10^8m³（含溶解气）。

吐哈盆地侏罗系发现的大规模油气，是中国乃至世界上罕见的煤系生烃形成油气藏的典型，激起了国内油气界强烈的反响，煤成烃油气地质理论得到长足的发展与完善，西北地区广泛分布的侏罗系煤系成为油气勘探研究热点。结合当时全国油气开发现状及西部地区油气勘探的良好形势，中共中央、国务院制定了石油工业"稳定东部，发展西部"战略，将塔里木、吐哈盆地石油勘探开发项目列入国家"八五"计划和《国民经济和社会发展十年规划》。

1993年7月8日，吐哈会战指挥部实施重大科研攻关课题"吐哈盆地煤成烃研究项目"。同年，总公司成立了新区勘探事业部西北侏罗系油气勘探项目经理部，对中国西北地区广泛的侏罗系开展了全面的调查和系统的评价，吐哈盆地外围一系列中小盆地的油气勘探得以启动或者重新开展。在三塘湖盆地，1993—1998年间由总公司新区事业部、河南石油管理局和新疆石油管理局三家联合成立"三塘湖盆地石油勘探项目经理部"，重点实施二维地震约1000km，并在条湖、汉水泉、马朗等重点凹陷钻探塘参1、塘参2、塘参3、塘参4等井，基本搞清构造格局及主要油气地质条件，其中，塘参1井于1993年在侏罗系首先获得突破发现北小湖油田，其后发现牛圈湖侏罗系油藏。在银额盆地，1993年由西北侏罗系项目经理部组织实施勘探；1994年初成立了银根—额济纳旗勘探项目经理部，开展了物化探、地震、钻井及盆地综合评价等综合勘探，确定盆地的隆坳格局和凹陷结构特征；1995年中原钻井三公司在查干凹陷完成盆地第一口石油探井——查参1井，该井试油获得0.34t/d的低产油流。

吐哈盆地外围的一系列盆地发现的油气虽然并非都来自侏罗系煤系烃源岩，发现的油气规模也小，油气地质条件也很复杂，但是，由吐哈盆地煤成烃油气藏的重大发现引发的勘探进程加速，使这些盆地获得了极其宝贵系统的油气地质要素资料，为多年以后的油气勘探突破奠定了基础。

四、艾参1井前侏罗系的突破

台参1井未能钻达的二叠系、三叠系也是吐哈盆地油气勘探的目的层之一。1994年，勘探部署针对二叠系、三叠系的参数井，首选艾丁湖斜坡古洼区的鲁克沁鼻状构造带高部位钻艾参1井，1995年，艾参1井钻遇三叠系油气显示和二叠系烃源岩，5月24—28日试油起管柱见稠油块；1996年5月8日到6月5日，在鼻状构造带下倾方向的玉东断背斜上钻探玉东1井，完钻后在三叠系2700.6～2721.6m井段试油，采用掺稀、气举等措施，获得工业性稠油，宣告了鲁克沁三叠系超深稠油聚集带的诞生。油源对比表明油气来源于二叠系。

吐哈盆地自艾参1井后，快速甩开评价，探明鲁克沁三叠系亿吨级稠油富集带，同时，研究表明，油源应来自北面的台北凹陷深埋区，台北凹陷二叠系、三叠系勘探潜力大。1998年，针对台北凹陷的二叠系、三叠系领域，中国石油天然气集团公司在吐哈盆地部署了第二口科学探索井——鄯科1井，该井与台参1井均处于鄯善背斜构造，并在1999年于三叠系获得轻质工业油流，油源为二叠系。此后在相对埋深较浅的构造钻探，均失利，加之台北凹陷埋深大，储层孔渗低，深层地震、非地震效果差，前侏罗系油气勘探、研究进展缓慢，主要表现在台北凹陷的二叠系油源及构造地层格架至今无法落实。

在吐哈盆地二叠系、三叠系油气勘探研究取得突破的同时，三塘湖盆地的二叠系也获得了突破。1996年，三塘湖盆地石油勘探项目经理部在三塘湖盆地马朗凹陷牛圈湖背斜钻探马1井，同年底在二叠系芦草沟组压裂试油获4.8t/d的工业油流，1997年8月26日在侏罗系西山窑组试油又获得工业油流，发现了三塘湖油田，油源对比表明，芦草沟组、西山窑组的油气均源于二叠系烃源岩。

五、富油凹陷的精细勘探

1999—2000年，吐哈油田分公司获得了三塘湖、民和、六盘山、银额、总口子等盆地探矿权；但是，除了三塘湖盆地，其他盆地地理、地表、气候等条件差，单个沉降区小，油气地质条件复杂，一时难有突破。同时，作为吐哈油气区主战场，吐哈盆地、三塘湖盆地的侏罗系、前侏罗系有利构造圈闭几乎都已钻探。

1999—2005年，吐哈油田分公司在加快准备民和、六盘山、银额盆地油气勘探的同时，坚持"以经济效益为中心，以商业储量为目标，夯实老区稳产基础""稳油、增气、提效，保持经济稳步增长""区域勘探和滚动勘探并举""立足台北凹陷开展精细勘探，加大岩性油气藏勘探力度，积极准备新区新领域"，强化"地质综合研究、地震前期准备、井筒技术攻关、勘探综合管理和勘探开发一体化"五项重点工作，以源控思想，开展以吐哈盆地台北凹陷、三塘湖盆地马朗凹陷两大富油凹陷的精细勘探，寻找优质、高效储量，促进吐哈油田分公司的稳步发展。勘探的主要方向是鼻状隆起下凹找油、富油气区带滚动扩边、复杂构造带目标落实、岩性复合油藏勘探、多层系油藏立体勘探、凹陷边缘顺油路找油等。

围绕台北凹陷生烃区，在东南部的红台—疙瘩台鼻状隆起北西下倾入凹部位、西缘的葡北—雁木西古弧形带东部倾伏端入凹方向、西南部的红连鼻状隆起向北倾伏入凹部位，开展多层系含油、构造岩性复合油藏精细勘探；在凹陷南、北边缘的火焰山逆冲构造带、北部山前冲断带构造复杂地区，通过构造研究发现或重新落实构造，扩展含油范围和含油层系；在凹陷中央的鄯善弧形带富油气区，精细滚动扩边扩大含油面积；在西部的胜北次凹区，通过多种方法开展浅层低幅度构造油藏发现与落实；在南面的鲁克沁大型鼻状隆起区，下倾部位持续扩展三叠系断块稠油油藏。

在马朗凹陷，自牛圈湖构造翼部下凹方向钻探马13、马14、马15、马16井普遍见油，揭示中侏罗统西山窑组大型岩性—构造复合油藏，同时在中、上侏罗统头屯河组、齐古组也获得工业油气流，总体形成近亿吨级含油气区。

从1999年到2005年，通过紧紧围绕台北、马朗两大生烃区开展构造—岩性复合油藏和多层系立体勘探，取得了富油凹陷良好的勘探效益，对增储上产、保障油田持续发展起到了决定性的作用。

六、非常规油气勘探的突破

2005年以后，吐哈油气区主要以古生界构造层为依托，火山岩系油气成藏组合、断控岩性油气藏、致密油气等非常规油气藏相继突破，三塘湖盆地侏罗系低压砂岩油藏大面积扩展，吐哈油气区非常规油气藏得到了长足的发展。

1. 三塘湖盆地石炭系火山岩系油气成藏组合突破

三塘湖盆地钻探初期的参数井、探井等揭示，石炭系—二叠系火山岩分布广，厚度大，并见到烃源岩和油气显示。2006年，三塘湖盆地开始新一轮的风险勘探，重点目的层为石炭系—下二叠统，在牛东鼻状构造上钻探的马17井加深至上石炭统卡拉岗组，发现大段气测高异常，试油获得高产，发现牛东火山岩风化壳油藏，油源来自于石炭系内部烃源岩，古生界石炭系含油气系统油气勘探获得重大突破；2008年，在牛东卡拉岗组风化壳油藏东南方向的马36井，钻至卡拉岗组之下的上石炭统哈尔加乌组时油气显示异常活跃，完井试油获得高产，发现火山岩内幕型油藏。石炭系累计探明含油面积35.99km^2，探明石油地质储量6519.27×10^{4}t。

结合此前准东石炭系火山岩地层天然气的规模发现，使三塘湖盆地石炭系—二叠系广泛分布且巨厚的火山岩系油气勘探前景豁然明朗，古生界为褶皱基底的认识彻底被打破，同时，由于几乎整个吐哈油气区古生界都具有类似的沉积条件，勘探研究范围急剧扩大。在吐哈盆地南部斜坡艾参1、鲁南1井早前就已揭示石炭系、二叠系含火山岩沉积地层，其中发育厚度较大的碳酸盐岩和暗色泥岩，烃源岩沉积条件应比三塘湖盆地好。银额盆地石炭系、二叠系巨厚，其中暗色泥岩、碳酸盐岩也广泛发育。由此掀起三塘湖盆地乃至整个吐哈油气区火山岩系油气勘探研究热潮。

2. 三塘湖盆地二叠系凝灰岩致密油突破

三塘湖盆地石炭系—二叠系巨厚火山岩系沉积地层中，中二叠统芦草沟组暗色灰质、凝灰质泥岩烃源岩平面分布相对连续稳定，是开展致密油气勘探的有利层系。2012年，对外与美国赫世公司开展合作，在马朗凹陷深凹部位探索芦草沟组致密油，总体勘探效果不佳。

但在同一时期，马朗凹陷马中地区二叠系条湖组获得凝灰岩致密油的突破。2013年钻探的马56井，在芦草沟组之上的条湖组火山岩系沉凝灰岩中，常规试油不供液，压裂后获得工业油流，并且产量很快降低，试采低产长期稳定，总体符合致密油的地质条件特点和产量变化特征；随即采用水平井体积压裂与控压排采措施提升了单井产量及稳产周期，并通过水平井钻井、体积压裂方案优化和控制成本，实现了效益动用。至此，基本明确发现了一种特殊岩性的致密油，2015年牛东油田条湖组凝灰岩致密油探明石油地质储量 $2961.9 \times 10^4 t$。

2018年，条湖凹陷南缘条34井在芦草沟组凝灰岩获得工业油流，使三塘湖盆地的凝灰岩致密油在层系上得到了扩展，在平面上则大范围扩展到了条湖凹陷。

3. 鲁克沁稠油富集带二叠系含油层系突破

在吐哈盆地库木鼻状凸起，鲁克沁稠油富集带前期主要在三叠系获得亿吨级油气发现，同时二叠系也在鼻状构造带上倾方向英也尔地区马1井见到较好的苗头。2006年，马1井下倾方向英2井、英4井二叠系获得工业油流；同时在库木复合鼻状凸起前缘次级鼻状构造带上甩开加深连4s井，在二叠系中获得低产油流，基本明确二叠系是一套重要的目的层。2009年，在英2井与连4井之间甩开钻探英11井二叠系获得成功；2012年，综合研究二叠系后，以"断陷控油源、扇体控规模、断块控油藏"认识为指导，在火焰山逆冲断裂下的玉北、鲁北甩开预探，玉北1、英15等井获得成功，并通过扩展评价，使库木鼻状凸起背景上的二叠系、三叠系断块—岩性复式稠油聚集带探明储量达到 $1.47 \times 10^8 t$。

4. 三塘湖盆地中侏罗统低渗低压砂岩油藏规模持续扩展

三塘湖盆地在突破和评价石炭系、二叠系油藏的同时，侏罗系西山窑组低压低渗岩性油藏也得到了评价与扩展。以牛圈湖构造及其翼部为核心的岩性油藏向四围不断延伸，东面的牛东地区、南面的马中地区、北面的马北斜坡、西面的西峡沟—条东均不断有发现，并有连片趋势，总体探明石油地质储量 $6380 \times 10^4 t$，预测剩余石油地质储量 $4290 \times 10^4 t$。

另外，吐哈盆地也积极开展中—下侏罗统水西沟群煤系自生自储致密油气勘探，并在鄯善弧形带获得了发现：2007年10月，丘陵构造带柯19井下侏罗统获得工业气流；2011年温吉桑构造带吉深1井在中—下侏罗统，通过分层、多段压裂等措施，获工业油气流。

在银额盆地，众多的白垩系、侏罗系小型断陷，以"断陷控源、断坡控砂、近源富集"的思路，多个断陷获得工业油气发现，包括：1996年地矿部在路井凹陷（额1井），2009年新区勘探项目部在查干凹陷（毛1井），2015年延长石油集团在哈日凹陷（延哈参1井），2016年中原油田公司在拐子湖凹陷（拐参1井），2016年吐哈油田分公司在天草凹陷（天6井）。

第二章 吐哈油气区区域油气地质

吐哈油气区包括吐哈盆地、三塘湖盆地、银额盆地、民和盆地、总口子盆地等多个盆地，涉及多个造山带和地块。随着近年来盆地内部石炭系—二叠系钻探资料的不断丰富，结合盆地周围山系露头资料，吐哈油气区成盆大地构造环境背景的认识也发生了巨大的变化，典型的就是古生代也是重要的沉降时期。

第一节 大地构造环境演化与沉降区

吐哈油气区总体处于哈萨克斯坦板块、西伯利亚板块、塔里木—华北板块三大板块边缘及其会聚部位，但是，在古生代直至中—新生代长期的地史时期中，各部位的次级大地构造环境及其控制的沉降性质不同，并在古生代至今具有不同的演化过程。

一、大地构造环境

吐哈油气区处于三大板块会聚部位（图 1-2-1）。塔里木—华北板块北界西部为觉罗塔格山南缘阿其克库都克断裂，属于塔里木—华北板块与哈萨克斯坦板块边界；向东在吐哈盆地东端逐渐进入北山的红石山一带过渡为哈萨克斯坦与西伯利亚板块的边界，穿

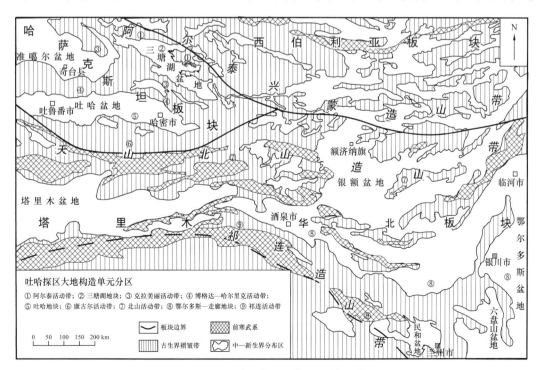

图 1-2-1 吐哈油气区及邻区区域地质图

过银额盆地北缘和邻近的二连盆地并一直向东。西伯利亚板块与哈萨克斯坦板块的边界则紧靠三塘湖盆地北侧阿尔泰山一线，阿尔泰山一线存在莫霍面深度陡变带。

银额盆地及北山地区属于华北—塔里木地台北缘，散布着许多10亿年前的古老微地块露头，前寒武系与华北—塔里木地台一致为古老变质结晶基底；同时，寒武系—奥陶系主要以普遍发育碳酸盐岩为特征，与华北—塔里木地台一致，只是泥盆纪—二叠纪在北山地区发育裂谷沉降导致北山地区与其隶属的华北—塔里木地台主体之间的沉积建造区别。

阿其克库都克断裂以北的吐哈地块、三塘湖地块同准噶尔地块均隶属哈萨克斯坦板块：吐哈盆地、准噶尔盆地及其周缘未发现前寒武系，奥陶系—志留系露头也极少，麦钦乌拉山附近见到最老地层为奥陶系并多已变质，见大理岩，原岩主要是沉积岩、火山岩及少量碳酸盐岩，与塔里木—华北板块差别较大；推测吐哈地块、准噶尔地块存在前寒武系结晶基底（袁明生等，2002）。分隔吐哈、三塘湖、准噶尔地块的博格达—哈尔里克山、克拉美丽—麦钦乌拉山古生界巨厚，其原型为古生代哈萨克斯坦板块内部裂谷。

克拉美丽山存在石炭纪蛇绿岩（李锦轶，1990），一般会被解读为石炭纪洋壳的关闭和板块边界，但国际上对蛇绿岩的研究认为蛇绿岩可以形成于威尔逊旋回的各个阶段（臧遇时，2013），包括拉张应力场，也包括非洋壳区。北山地区存在多条东西走向的古生代蛇绿岩带，有研究认为马鬃山附近及以南的蛇绿岩带均不代表古亚洲洋的位置，而是属于弧后拉张裂谷，并认为古亚洲洋在北山靠近中蒙边界的伊哈托里和大狐狸山一线以北（谢春林，2009；王国强，2016）；吐哈盆地南缘的康古尔蛇绿岩前身为弧后盆地（曹荣龙，1994）。

在石炭纪—早二叠世，天山以南的塔里木—华北板块古植物类型为华夏型，与天山以北的西伯利亚板块、哈萨克斯坦板块的安加拉型明显不同；晚二叠世开始，塔里木—华北板块与西伯利亚板块、哈萨克斯坦板块的古植物才相互混入（黄本宏，1998），表明晚二叠世时，塔里木—华北板块与其他板块之间的古亚洲洋才接近关闭。

二、主要大地构造单元及其地层组合

从北向南，从西到东，吐哈油气区现今主要大地构造单元包括阿尔泰造山带、三塘湖盆地、克拉美丽—麦钦乌拉造山带、博格达—哈尔里克造山带、吐哈盆地、觉罗塔格—北山造山带、塔里木—华北板块、祁连造山带，相邻构造单元古生界—新生界结构明显不同（图1-2-2）。需要指出的是，银额盆地断陷群属于北山造山带，民和断陷盆地属于祁连造山带。这些大地构造单元大致可归为稳定区和活动区两类：稳定区受稳定地块支撑，如吐哈盆地、三塘湖盆地、走廊地区；其他为活动带，其古生界巨厚，但是在中—新生代总体为造山带。

阿尔泰造山带位于中蒙边界附近，北西走向展布，为三塘湖盆地的北界，同时，三塘湖盆地北缘莫霍面明显陡变，因此属于西伯利亚板块与哈萨克斯坦板块边界碰撞造山带，现今出露地层主体由寒武纪至中奥陶世的半深海相复理石组成，上古生界保存不多。据北疆地区（含盆地）及蒙古石炭纪、二叠纪大范围剧烈的岩浆活动及其揭示的拉张环境，应是晚古生代末开始形成的造山带。

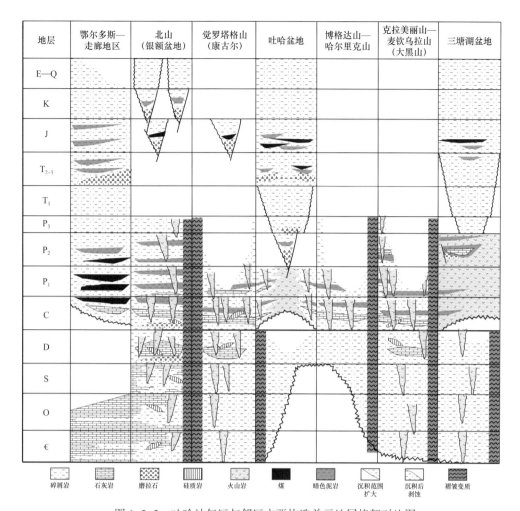

地层	鄂尔多斯—走廊地区	北山（银额盆地）	觉罗塔格山（康古尔）	吐哈盆地	博格达山—哈尔里克山	克拉美丽山—麦钦乌拉山（大黑山）	三塘湖盆地
E—Q							
K							
J							
T_{2-3}							
T_1							
P_3							
P_2							
P_1							
C							
D							
S							
O							
∈							

图例：碎屑岩　石灰岩　磨拉石　硅质岩　火山岩　煤　暗色泥岩　沉积范围扩大　沉积后剥蚀　褶皱变质

图 1-2-2　吐哈油气区与邻区主要构造单元地层格架对比图

　　三塘湖地块、吐哈地块深部构造形变与周围博格达—哈尔里克、克拉美丽—麦钦乌拉（含大黑山）、康古尔（属于觉罗塔格山）造山带相比，深部构造明显完整、简单，油气勘探资料表明，三塘湖、吐哈地块腹地石炭系、二叠系以陆相火山岩为主，厚度较小，周围造山带石炭系—二叠系为巨厚海相火山岩—碎屑岩—碳酸盐岩建造，显示裂谷沉积。而三塘湖、吐哈盆地地区，在晚古生代具有分割性地块性质，沉积陆上火山岩与海陆过渡相火山岩—碎屑岩；之前的早古生代则与准噶尔地块为一个整体并属于哈萨克斯坦板块。克拉美丽—麦钦乌拉造山带分隔了三塘湖盆地和准噶尔盆地，主要出露奥陶系—二叠系，石炭系为大套海相火山岩—碎屑岩建造，西段克拉美丽山有类似蛇绿岩套，综合分析其仍属古生代高度发展的裂谷环境。三塘湖、吐哈地块的三叠系—第四系广泛分布，而周围山系主体三叠系—第四系缺失，表明周围山系原型裂谷在三叠纪初回返造山。

　　北山造山带延伸较远，带宽，沿星星峡南—马鬃山—银额—二连一线展布，存在较明显的布格重力异常高值带（图 1-2-3），元古宇—古生界均很发育。其中，寒武系—奥陶系有碳酸盐岩发育，这与鄂尔多斯、塔里木盆地揭示的地层结构和岩性一致，因此，北山地区应与鄂尔多斯、塔里木盆地同属华北—塔里木地台。但是鄂尔多斯、塔里木盆地普遍缺失志留系—泥盆系，而北山地区志留系—二叠系则普遍发育巨厚沉积和火山岩，表明北山造山带在晚古生代为华北—塔里木板块北部的裂谷沉降活动带；三叠纪初，北山地区回返抬升造山，三叠系极少分布。鄂尔多斯地块在中晚石炭世才开始属于靠近北山裂谷沉降区边缘而发育海陆交互相沉积，三叠纪初在北山裂谷回返以来则形成类前陆盆地。发育于侏罗纪、白垩纪时期的银额盆地事实上为北山造山带内断陷群。

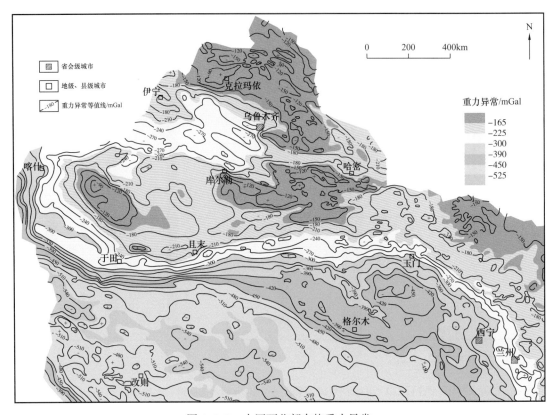

图 1-2-3　中国西北部布格重力异常

祁连造山带由古生代多期造山带组成，在三叠纪末全面形成；发育于侏罗纪、白垩纪的民和盆地属于祁连造山带内的断陷盆地。

三、大地构造演化阶段与各阶段沉降区

吐哈油气区隶属西伯利亚、哈萨克斯坦、塔里木—华北三大板块边缘及其会聚部位，古生代在三大板块之间为古亚洲洋（Frish W，2011），受洋壳—陆壳关系及三大板块会聚影响，吐哈油气区历经古生代大陆边缘、中—新生代陆陆碰撞的大地构造环境，大陆边缘时期进一步分为被动陆缘、主动陆缘阶段，总体具有被动陆缘沉降、主动陆缘弧后拉张裂谷、主动陆缘后期地块内部断陷、陆陆碰撞造山控制沉降共四大阶段沉降时期和烃源岩发育时期。

1. 被动陆缘阶段与主动陆缘弧后拉张阶段

吐哈油气区处于三大板块会聚部位，也就是三大板块的边缘，即二叠纪末—三叠纪初造山带形成之前长期处于板块陆缘大地构造环境。

吐哈油气区各大地构造单元的地层结构对比表明，塔里木—华北板块（鄂尔多斯、

塔里木与北山）上的寒武系—奥陶系分布广泛且台地碳酸盐岩发育，但其上的志留系—二叠系在地块内（鄂尔多斯、塔里木）广泛缺失或明显减薄，而北山、觉罗塔格山、博格达山、哈尔里克山、大黑山等造山带却沉积巨厚。这说明，寒武纪—奥陶纪属于被动陆缘时期，为稳定地台边缘，大陆架宽阔，因而浅海相碳酸盐岩、碎屑岩沉积范围广，火山碎屑岩较少，厚度在大范围内比较稳定；志留纪—二叠纪则属于主动陆缘时期（图1-2-4至图1-2-6），即北面的古亚洲洋洋壳向塔里木—华北板块陆壳俯冲时期，大陆边缘成为弧后拉张环境，在陆缘的北山及银额地区属于弧后裂谷，总体在寒武系—奥陶系之上连续沉积了志留系—二叠系巨厚火山碎屑岩、碳酸盐岩、碎屑岩，横向岩相变化很大，差异沉降明显。与此同时，靠近地台腹地的塔里木、鄂尔多斯地块因处于非裂谷区，基本缺失了志留系—泥盆系，并且在被动陆缘时期沉积的奥陶系还遭受部分剥

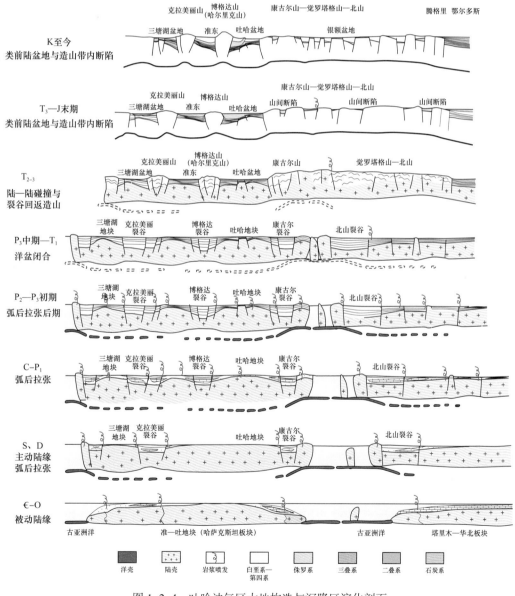

图 1-2-4　吐哈油气区大地构造与沉降区演化剖面

蚀，只是到了中石炭世，因板块北缘裂谷填平补齐及沉积范围不断扩大，逐渐波及到鄂尔多斯、塔里木地块开始接受沉积，广泛发育上石炭统—二叠系海陆交互相煤系或陆表海沉积。

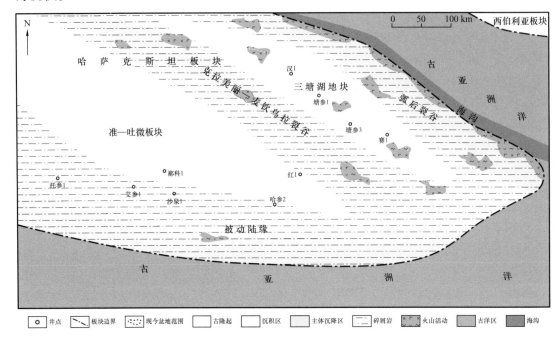

图 1-2-5 吐哈盆地—三塘湖盆地志留纪—泥盆纪沉积古地理图

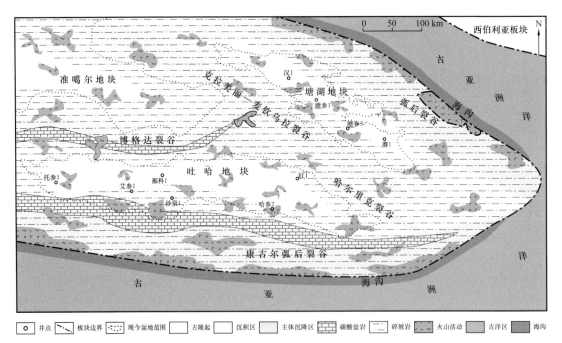

图 1-2-6 吐哈盆地—三塘湖盆地石炭纪沉积古地理图

北山地区分布的古老微地块群与多个早古生代蛇绿岩带，反映了洋壳俯冲导致的弧后拉张范围大，主动大陆边缘活动带比较宽阔，发育多排深大裂谷。处于哈萨克斯坦板块东部的吐哈—三塘湖地区也是如此，裂谷与地块相间，自南向北，依次为康古尔裂谷、吐哈地块、博格达—哈尔里克裂谷、准噶尔地块、克拉美丽裂谷、三塘湖地块等。在这些裂谷、地块中，石炭系—二叠系的火山岩均以钙碱性火山岩为主，并具有相同的岛弧型火山岩微量元素蛛网图，正好表明裂谷、地块都属于大陆边缘与洋壳俯冲有关的弧后拉张环境。

2. 主动陆缘弧后拉张后期

中二叠世属于弧后拉张后期。随着弧后拉张的继续，在地块内部也会继续产生裂谷或者裂谷的雏形—断陷。如北山地区存在多套蛇绿岩，揭示多期裂谷和新裂谷的形成。

就吐哈地块而言，中二叠世地块内部发育拉张断陷群（图1-2-7），但岩浆活动明显比早二叠世少，早二叠世则表现为广泛的陆上火山岩。

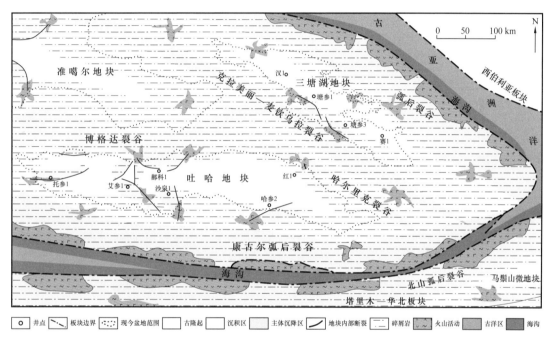

图1-2-7 吐哈盆地—三塘湖盆地中二叠世沉积古地理图

三塘湖地块中二叠世也开始具有拉张断陷的特点，中二叠统芦草沟组在马朗凹陷内部厚度变化快，差异沉降明显，并且砂砾岩、泥岩、灰云质沉积相带序列明显并具有环带趋势，也有火山岩发育，具有地块内部断陷沉降的特点。

北山及银额地区在北部的裂谷规模较大，南部则可能主要为陆内断陷。

地块内部的中二叠统断陷无疑有利于烃源岩的沉积，并且由于地块周围裂谷在中三叠世回返造山后将使地块区沉降，使地块内部的中二叠统断陷可以得到深埋并保存，成为油气勘探的重要方向，如三塘湖地块、吐哈地块内部部分的中二叠统断陷成为重要的有效生烃区。与地块区对应的裂谷区更是石炭系—二叠系烃源岩沉积有利区，并且范围广，但是由于中三叠世后成为挤压应力释放区全面回返，难以保存和二次深埋。

3. 陆陆碰撞、裂谷回返造山与中—新生代盆地的形成

晚二叠世中期，洋壳俯冲完全结束，洋盆完全关闭，弧后拉张机制消失，原裂谷区和地块区差异沉降不明显，裂谷和地块准平原化，地块区也开始广泛接受沉积。在晚二

叠世末至早三叠世，吐哈地块原始沉积的范围较前期明显扩大（图 1-2-8），但以"红层"为显著特点，以泥岩为主夹少量的砂岩、砂砾岩，横向分布稳定，岩性与厚度变化小，层序旋回和储盖组合不明显，不具有明显差异沉降的特点，可以谓之真正的"准平原化"；属于华北地台的鄂尔多斯在上二叠统—下三叠统也是类似分布的红层和岩性组合；此时，原裂谷沉降区的北山地区火山沉积很难见到，沉积相对较厚，泥岩颜色以灰色为主，但后期变为红色。

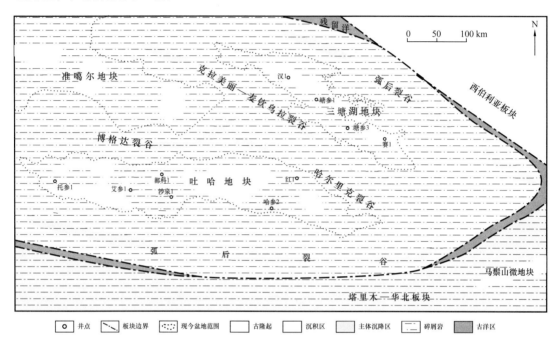

图 1-2-8　吐哈盆地—三塘湖盆地晚二叠世末—早三叠世沉积古地理图

在中二叠世末古亚洲洋关闭后，从洋—陆碰撞逐渐转变为陆—陆碰撞；中三叠世开始，由于陆—陆碰撞的加剧，先期沉积巨厚的陆缘裂谷成为挤压应力主要释放区并开始全面回返造山（图 1-2-9），原裂谷区几乎全面缺失三叠系沉积，并且古生界开始遭受剥蚀；而在地块区则相对沉降成为沉积主体区，吐哈、鄂尔多斯地块在中三叠世开始广泛沉积，同时发育磨拉石建造，大套砂砾岩广泛分布，泥岩颜色由先期的红层变为红色与灰色互层，再变为以灰色、深灰色为主。在吐哈盆地南面的康古尔裂谷回返造山带，存在东西向大规模深埋高温高压、弱应力条件下形成的韧性剪切带，下石炭统已测得韧性剪切变形最晚年龄 242.8Ma（即中三叠世初）（陈文，2005），恰好证明中三叠世初深埋和弱应力条件的终止，对应的是大规模回返变浅、强烈挤压造山。

随着裂谷回返造山的持续，晚三叠世末—侏罗纪，地块在靠近造山带部位形成山前坳陷（图 1-2-10），地块区从此开始了类前陆盆地阶段，发育以山前坳陷为主的多期沉降区，以及前陆冲断带等构造体系。当然，由于盆地周围有若干造山带，盆地边缘何处、何时、能否发育山前坳陷沉降区，取决于这些山前带的活动节奏及其之间的博弈。例如，吐哈盆地在中三叠世大规模粗碎屑沉积之后，晚三叠世—早侏罗世在东北部哈尔里克山前缘、西北部博格达山前缘、西南部觉罗塔格山前缘分别形成山前坳陷沉降区主体；中—晚侏罗世则是在盆地北部博格达山、哈尔里克山前形成山前坳陷沉降区主体。

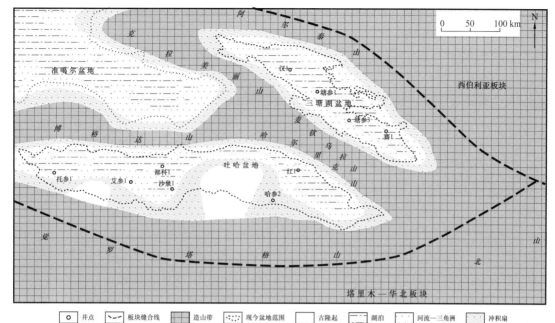

图 1-2-9 吐哈盆地—三塘湖盆地中三叠世沉积古地理图

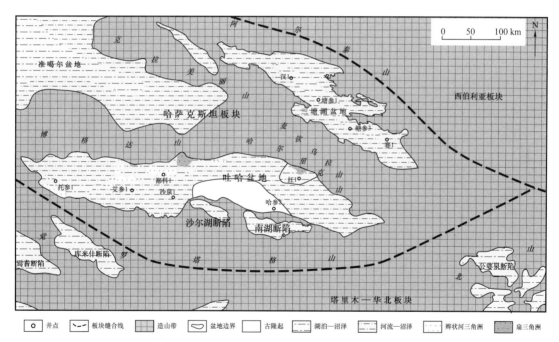

图 1-2-10 吐哈盆地—三塘湖盆地早—中侏罗世沉积古地理图

　　而在裂谷回返造山带内部，往往由于局部拉张可能发育山间局部断陷，甚至成群分布，比如觉罗塔格—北山造山带在侏罗纪、白垩纪发育焉耆、库米什、沙尔湖、南湖、公婆泉、中口子、扎格高脑以及所谓的银额盆地包括的大量分割性断陷，祁连造山带内部在侏罗纪、白垩纪发育民和、门源等断陷盆地。这些断陷虽然面积不大，但差异沉降明显，在断陷鼎盛期一般均发育良好的烃源岩，如沙尔湖断陷、南湖断陷中侏罗统煤层单层厚度可达 100m 以上，远超以煤系油气闻名的吐哈盆地主体；北山及银额盆地的白垩系断陷中，尽管沉积面积远不如东、西方向的鄂尔多斯盆地、吐哈盆地，但白垩系一般均发育烃源岩。

4. 区域应力场变化

就吐哈油气区地层格架与大地构造演化历史可以看到：

寒武纪—奥陶纪，吐哈油气区全面处于被动陆缘拉张应力环境；

志留纪—二叠纪，整体属于洋壳—陆壳碰撞挤压状态，但就吐哈油气区陆壳区来看，属于弧后拉张环境；

晚二叠世末—早三叠世，洋壳关闭后失去弧后拉张机制，属于陆壳内部的裂谷区与地块区平衡与准平原化的状态；

中三叠世至今，陆陆碰撞，裂谷回返造山，整体处于挤压应力状态，但造山带内部出现局部张性应力或者压扭应力环境。

另外，在北山对应的华北—塔里木地台部分，可能受西伯利亚板块与青藏高原弧顶对撞形成的祁连山西端右旋摆动与阿尔金断裂左旋剪切环境，也是造成局部拉张断陷形成的影响因素，导致银额地区的凹陷呈北北东向展布，同时使走廊地区大量白垩系断陷产生。

第二节　沉积盆地类型与油气勘探远景

前述表明，吐哈油气区处于三大板块边缘及其会聚部位，但至少可以进一步分为稳定区（地块及其上的盆地）和活动带（裂谷及其回返造山带），二者在大陆边缘时期进入陆—陆碰撞造山时期后沉降角色换位，并且在中—新生代应力状态也有所区别。因此，在不同阶段的大地构造环境条件下，沉降区的性质不同、位置不同，多期沉降叠置是现今盆地的基本特点，不同大地构造部位的盆地其叠置的原型盆地构成也就可能存在差别甚至完全不同；改造是盆地演化的重要旋律，继承性沉降区是重要的油气勘探地区。

一、叠合盆地分类及其原型盆地构成

就现今盆地而言，吐哈油气区盆地可以简单分为类前陆盆地和山间盆地，但是，古生代至今长期造就的叠合盆地则是由不同阶段不同类型的原型盆地叠置而成。

1. 叠合盆地分类

对于现今盆地，依据处于稳定地块或者活动带（裂谷回返造山带），可以将叠合盆地大致分为两类：类前陆盆地和山间盆地。

吐哈盆地、三塘湖盆地属于类前陆盆地，处于稳定地块区，基底构造相对简单。在古生代时，与周围裂谷发育的巨厚海相地层相比，其古生界厚度明显小甚至缺失，实际上整体是作为周围裂谷的物源区并且多为陆相沉积，在地块周围因相对靠近裂谷区沉积厚度变大；中三叠世以后，因周围裂谷巨厚沉积回返造山，并在地块区盆地靠近造山带一侧形成压陷沉降区，使地块区盆地具有类似于前陆盆地的结构。

觉罗塔格山—北山造山带上焉耆、库米什、沙尔湖、南湖、公婆泉、扎格高脑、总口子、银额等断陷盆地群，祁连造山带上的民和、门源，均属于山间盆地，其"基底"（前中生界）地层与造山带一致。

2.稳定地块区叠合盆地的原型盆地构成

稳定地块区的叠合盆地在中—新生代一般为类前陆盆地，在古生代时的原型盆地为裂谷沉降区边缘和（或）被动陆缘沉降区；因处于不同的地块（或陆壳板块），其具体的叠置构成可能有一些差别。

吐哈叠合盆地已发现三期原型盆地叠合：

（1）石炭纪—早二叠世，地块周围属于裂谷沉降区的边缘：此时在主动陆缘时期弧后拉张环境下，吐哈地块不是沉降主体区，大部为陆上火山岩，但在西南部艾丁湖—鲁南—塔南一线为台地碳酸盐岩和水陆过渡带火山岩，不同程度发育暗色泥岩，属于南面康古尔裂谷的边缘部位，海相碳酸盐岩和暗色泥岩可作为烃源岩。

（2）中二叠世—晚二叠世，发育陆内断陷：属于主动陆缘弧后拉张后期，吐哈地块大部分地方无沉积，但内部发育多个断陷沉降区，有暗色泥岩烃源岩沉积，同时在地块周围靠近裂谷的部位，原始沉积厚度较大并且烃源岩沉积条件好。

（3）中—新生代类前陆盆地：主要差异沉降时期为晚三叠世—中侏罗世，其中晚三叠世—早侏罗世的差异沉降区包括西南部的托克逊凹陷、北部的台北凹陷和东北部的三堡凹陷，中侏罗世的差异沉降区为台北凹陷和三堡凹陷。

三塘湖盆地与吐哈盆地有类似的多期原型盆地组合：

（1）石炭纪，地块周围属于裂谷沉降区边缘：在主动陆缘时期弧后拉张环境下，当时的三塘湖地块主体发育陆相火山岩，地块周围靠近裂谷区发育海相火山岩，其中，地块南部马朗—条湖地区靠近南面的考克塞尔盖—大黑山原型裂谷，在火山群岛环境下有暗色泥岩烃源岩沉积。

（2）中二叠世，三塘湖地块内部有断陷产生：属于弧后拉张后期，尽管三塘湖地块大部分地区无沉积，但地块内部发育多个断陷沉降区（已在马朗、条湖发现断陷沉积区），暗色泥岩烃源岩沉积条件好，在地块周围靠近裂谷的部位，原始沉积厚度较大。

（3）中—新生代为类前陆盆地：发育上三叠统—中侏罗统烃源岩。

3.造山带内叠合盆地的原型盆地构成

北山活动带在古生代发育多期裂谷，复合裂谷宽阔，三叠纪早期回返形成范围较大的造山带，具有高原化特点，其上发育断陷群；向西过渡到觉罗塔格山相对较窄，断陷较少。造山带内发育侏罗系、白垩系断陷盆地，其下一般为古生界已褶皱造山的原型裂谷沉降区沉积，普遍缺失三叠系沉积。

由于造山带形成前的古生代裂谷沉积巨厚，埋深大，加之岩浆活动和后期回返造山挤压，热变质、动力变质作用较强，成熟度普遍过高甚至变质，银额盆地及北山地区石炭系多数已过成熟，三塘湖盆地南面大黑山石炭系煤层可见石墨化。但是，古生代裂谷晚期的沉积在回返造山前埋藏相对较浅，成熟度相对较低，例如康古尔造山带内的南湖断陷中二叠统烃源岩仅低成熟，银额盆地及附近的中二叠统烃源岩在部分地区处于成熟—高成熟阶段。因此，原古生代裂谷区尽管因回返造山已普遍褶皱，但成熟度低的古生界烃源岩潜力值得留意。

南湖断陷盆地有两期原盆组合：（1）石炭纪—二叠纪裂谷边缘沉积盆地，其中石炭系—下二叠统为棕色泥岩、火山岩、少量灰色泥岩、灰质泥岩互层，中二叠统暗色泥岩发育；（2）侏罗纪为造山带内断陷盆地，发育巨厚煤层。

银额盆地纵向上可简化为两期原型盆地构成：（1）石炭纪—二叠纪裂谷盆地，暗色泥岩、石灰岩烃源岩原始沉积条件好，但普遍造山褶皱；（2）侏罗纪和／或白垩纪造山带内断陷盆地，有一到两期烃源岩沉积。

民和盆地前中生界为褶皱变质或者结晶基底，盆地发育侏罗纪、白垩纪两期断陷盆地。侏罗系分布相对较广，发育煤系和湖相暗色泥页岩烃源岩；白垩系在永登凹陷巨厚，属于典型的断陷差异沉降，推测在永登凹陷可能有白垩系烃源岩发育。

二、含油气远景分析

吐哈油气区含油气盆地均为中小型叠合盆地，正是由于不同的盆地在古生代至中—新生代各个阶段处于板块边缘的不同部位，导致油气地质条件复杂多变，并呈现出具有不同的含油气领域组合，部分领域还有待深入勘探与客观认识。从已掌握的叠合盆地构成，以及各期原型盆地发育的烃源岩等角度看，吐哈油气区还有较大的油气勘探前景。

1. 吐哈叠合盆地

（1）前陆盆地沉积层。

盆地西南部的托克逊凹陷、东北部的哈密三堡凹陷在晚三叠世—早侏罗世为类前陆坳陷优势沉降区，发育烃源岩，均已发现油气，其中三堡凹陷生烃区较大，针对特低渗油气，有待工程技术实现有效突破。台北凹陷上三叠统也应属于类前陆坳陷沉降区，靠近北部山前钻探揭示厚度大，尽管埋深较大，可以关注和兼探。

台北凹陷是晚三叠世—早侏罗世、中侏罗世两期前陆坳陷优势沉降叠置区，面积大，煤系—湖相暗色烃源岩发育，煤系油气丰富，煤系油气勘探程度较高；截至2018年，包括油田扩边以及低幅度、小断块、低饱和等油气藏的精细勘探发现已经很少，但剩余资源量还较大；致密油气、岩性油气藏等非常规油气勘探发现占比还极小；西部胜北洼陷发现油气偏少；中东部丘东洼陷与小草湖洼陷之间有烃源岩沉积，但油气发现几乎一片空白。

另外，作为典型的侏罗系含煤盆地，煤层气资源丰富，但勘探研究程度也很低。

（2）中二叠统断陷盆地沉积层。

作为弧后拉张后期地块内部的断陷，分布范围有限，多个断陷相互分隔，但断陷作为典型的差异沉降类型，利于烃源岩的沉积；台北凹陷地区为古生界至中—新生界继承性沉降区，利于中二叠统烃源岩的保存和深埋生烃；以中二叠统为烃源岩，已发现鲁克沁稠油富集带，但作为其油气源指向的台北凹陷深埋区断陷群还没有证实，针对大面积的台北凹陷区，可以考虑深井风险勘探，寻找断陷结构背景下的岩性、地层以及高成熟油气等油气藏。

（3）石炭系—下二叠统主动陆缘沉积层。

石炭系—下二叠统为主动陆缘时期沉积，在吐哈地块周围相对靠近裂谷边缘沉积区沉积厚度较大，烃源岩沉积相带相对较好。其中，在东部现今哈密坳陷周围已基本证实为大片陆上火山岩，前景很小；西南部有台地碳酸盐岩和大套的暗色泥岩沉积，但埋深偏小，普遍未成熟—低成熟，可以考虑在成熟度较高部位评价研究；北部在现今台北凹陷部位石炭系—下二叠统埋深普遍较大，还没有钻井揭示石炭系—下二叠统，烃源岩有利沉积相带不清，但埋深较小的构造值得关注。

2. 三塘湖叠合盆地

（1）中—新生界前陆盆地沉积层。

三塘湖盆地中—新生界类前陆构造层在条湖、马朗凹陷发育三叠系暗色泥岩、侏罗系煤系两套烃源岩，其中三叠系烃源岩在条湖坳陷有效生烃；同时在主体沉降区，中—新生界完全不整合覆盖了古生界及古生界烃源岩，可以依靠古生界油气源成藏。中—下侏罗统储盖组合条件好，已发现北小湖、岔哈泉、牛圈湖等构造为主的油气藏，条湖凹陷北坡具有岩性油气藏形成的条件。

（2）古生界裂谷边缘盆地沉积层。

三塘湖盆地叠合沉降区在南部，其古生界整体属于三塘湖地块靠近南面裂谷边缘的沉积，非地震、地震相、钻井等资料综合分析为水体环境下群岛式火山喷发沉积，水体有加深趋势，在石炭系发育烃源岩；中二叠世，进入弧后拉张后期，马朗、条湖地区局部发育芦草沟组断陷沉积，是烃源岩沉积有利和局部集中发育时期，烃源岩岩性包括灰云岩、暗色泥岩。以石炭系—二叠系为烃源岩，在石炭系—二叠系内部已发现储层类型有火山岩风化壳、内部火山岩—碎屑岩、凝灰岩（致密油）、灰云岩—混积岩（致密油）有效储层，上覆的中生界碎屑岩也提供了良好的储油空间等；其中，古生界火山岩风化壳油藏、灰云岩—混积岩致密油、上覆中生界碎屑岩油气藏相对整装，一旦发现，容易扩展评价其范围、规模，勘探效益好；古生界内部火山岩—碎屑岩油气藏、凝灰岩致密油大量存在，但因火山岩、碎屑岩储层非均质性极强，单个油藏范围小，勘探效益差，严重拖累了勘探和评价的进度。但是，古生界火山岩系体量巨大，烃源岩与火山岩在三维空间交错发育，油气显示普遍，应具有油气叠合连片的良好前景，这有待于应用地球物理资料有效识别火山岩体、火山岩系相带技术的成熟；近期则主要以芦草沟组断陷沉降烃源岩集中发育区为中心，开展与此相关的成藏体系勘探与研究。

3. 觉罗塔格山—北山造山带内侏罗系—白垩系断陷盆地群

觉罗塔格山—北山造山带内焉耆、库米什、沙尔湖、南湖、公婆泉、扎格高脑、总口子、银额等断陷盆地群，涉及 30 个以上小型侏罗系、白垩系断陷，均有利于烃源岩沉积，已有少数盆地获得突破。

东段银额盆地以白垩系突破为主，查干、哈日、拐子湖、天草等断陷白垩系获得工业油流，路井、居东、建国营、乌力吉已见油气显示；雅布赖盆地在侏罗系断陷构造层获得工业油流。中西部侏罗系断陷中，焉耆断陷油气发现较早，勘探程度较高；总口子西断陷钻井已见大段油气显示；沙尔湖、南湖断陷煤层巨厚，正进行煤层气等勘探与研究。

至于下伏古生界原型裂谷回返造山褶皱带构造层，暗色泥岩、石灰岩烃源岩原始沉积条件好，但成熟度普遍过高。其中，上部的二叠系成熟度相对偏低，南湖断陷中二叠统烃源岩仅低成熟，银额盆地的中二叠统烃源岩在部分地区处于成熟—高成熟阶段，值得关注。

总体上，觉罗塔格山—北山（银额）造山带内断陷盆地群中，除焉耆断陷盆地外，其他断陷盆地均处于初期研究或者初步钻探阶段；各断陷盆地发育历史和特点有所区别，主要是要把握好断陷盆地沉降鼎盛时期核心烃源岩层位与分布，开展断陷盆地油气成藏特点研究与油气勘探。

4. 民和侏罗系—白垩系断陷盆地

民和盆地侏罗系断陷煤系与湖相暗色泥页岩烃源岩发育，仅发现西北缘斜坡部位的虎头崖小油田，但整个盆地钻探揭示油气显示普遍，烃源岩分布较广，随着黄土塬地表地震资料品质差的难题的攻克，构造区带得以准确落实，以及油气成藏特点研究的深入，勘探潜力应较大。

第二篇
吐哈盆地

第一章 概　　况

吐哈盆地是吐哈油气区的主要含油气盆地，发现了以侏罗系水西沟群为烃源岩的煤成烃含油气系统和二叠系桃东沟群湖相泥岩为烃源岩的含油气系统，推动了西北侏罗系及煤成烃勘探，形成了侏罗系煤成烃地质理论和二叠系—三叠系超深稠油油藏勘探开发技术体系。

第一节　自 然 地 理

吐鲁番—哈密盆地（简称吐哈盆地）是新疆三大含油气盆地之一，呈东西向展布于新疆东部，是新疆天山东部南坡一个呈不规则的狭长型内陆盆地，地理坐标为东经87°37′～94°30′，北纬42°12′～43°27′，行政区划属新疆维吾尔自治区吐鲁番市和哈密市管辖。盆地四周环山，西北缘为喀拉乌成山，北以博格达山为界，东北以哈尔里克山为界，南缘为觉罗塔格山（图2-1-1）；盆地西北、西南分别与准噶尔盆地、塔里木盆地隔山相望。盆地东西长660km，南北宽60～130km，总面积53500km²。

盆地内部地势呈北高南低，东高西低，四周向西南部倾斜，地形高差悬殊，地貌主要为戈壁、丘陵及盐湖、冲沟等。东部地貌以丘陵、冲沟和风蚀残山为多，平原绿洲仅限于城市、村庄周围。西部有相对高差50～200m的火焰山横贯中央，将盆地西部分成南、北两个不同地貌区：北部博格达山南麓，以丘陵为主，地面海拔750～850m，地势较为平坦，戈壁砾石广布；南部除鄯善县城南库木塔格沙漠外，为一望无际的戈壁，地势低洼，海拔一般低于海平面，其西南部的艾丁湖海拔为 –154.43m，是我国最低、世界第二低的陆上洼地。

盆地气候属于典型的温带大陆性干旱气候，夏季干燥酷热，雨量稀少，年降水量仅15～32mm，而蒸发量则高达2800mm。夏季酷热，最高气温达50℃，6—8月平均气温25～35℃，故吐鲁番地区素以"火洲"之称而闻名全国；冬季寒冷，最低气温为 –30℃；昼夜温差大，极端温差20℃。3—6月是风季，最大风力可达八级以上。

盆地所在的吐鲁番市、哈密市居住民族以汉族、维吾尔族、哈萨克族和回族等民族为主。

吐鲁番市和哈密市是古丝绸之路上的重镇，有悠久的历史文化和闻名遐迩的自然景观与文化古迹。吐鲁番有四千多年的文化积淀，曾是西域政治、经济、文化的中心之一，是世界上影响深远的中国文化、印度文化、希腊文化、伊斯兰文化四大体系的交汇点，主要风景和世界文化遗产有火焰山、葡萄沟、坎儿井、吐峪沟、艾丁湖、苏公塔、阿斯塔那古墓群、柏孜克里克千佛洞、高昌古城、交河古城、沙山公园等。哈密位于新疆东部，是新疆通向内地的要道，自古就是丝绸之路的咽喉，有"西域襟喉，中华拱卫"和"新疆门户"之称，主要风景有东天山风景名胜区、鸣沙山、雅丹地貌五堡"魔鬼城"与了墩南"大海道"、哈密回王府和哈密回王陵等。

盆地区内由于得天独厚的气候条件，农业除生产粮食外，盛产棉花、葡萄、瓜果等经济作物，驰名中外。盆地内矿产资源十分丰富，主要有煤炭、石油、天然气、钾盐、黄金、铁、铜、镍、芒硝、花岗岩、钾硝石、钠硝石、膨润土、铀矿、石材等，部分矿产资源储量大、品位高，极具开发价值。同时，盆地内的光热资源丰富，日照时间长，气温高，昼夜温差大，为全国光能资源优越地区之一。

盆地内交通便利，是连接内地、中亚地区及新疆北部、新疆南部的交通枢纽。G312国道、G30连霍高速公路、兰新铁路、兰新客运高速铁路横贯盆地东西，南疆铁路在吐鲁番与兰新铁路交汇，高速铁路在盆地内主要城市已经通运，民航有吐鲁番机场和哈密机场连通疆内外，总体构成了"铁路、公路、航空"立体交通网。

第二节 勘探简况

吐哈盆地是新疆三大含油气盆地之一，以其率先在侏罗系快速、高效的发现大中型煤系油气田而闻名国内外。继煤系油气之后，又发现二叠系—三叠系大规模超深稠油油藏。侏罗系及其以上层系正处于精细勘探阶段，前侏罗系还有待大力开展区域研究与勘探。

一、勘探工作量及勘探程度

吐哈盆地油气勘探始于 20 世纪 50 年代，经历了艰难的勘探历程。1950—1960 年，按照"主攻中央地面背斜带"的勘探思路，以地面地质调查、重磁勘探和中浅钻井为主要勘探方法，在 9 个构造的侏罗系见到良好的油气显示，发现了七克台和胜金口两个小油田，证实了吐哈盆地是一个含油气盆地，有良好的勘探前景。20 世纪 60 年代中期至 80 年代早期勘探工作中断。1983 年重上吐哈盆地进行油气勘探，陆续开展了一系列地震勘探和地质研究。1987 年 9 月，位于盆地北部台北凹陷的第一口科学探索井——台参 1 井开钻，完井后于 1989 年 1 月 5 日在中侏罗统三间房组获得工业油气流，翻开吐哈盆地侏罗系油气勘探的新篇章，也促进了中国中西部含煤盆地油气勘探的进程。遵循"主攻台北，准备托克逊和哈密"的战略部署，首先快速高效的集中探明了丘陵—温吉桑油气富集带，取得了丰硕的成果；1996 年 6 月，盆地南部艾丁湖斜坡上的玉东 1 井在中—上三叠统小泉沟群获得工业稠油油流，发现了鲁克沁稠油富集带，开辟了前侏罗系油气勘探新领域。随着勘探的深入，依照"深化台北，扩展台南，甩开钻探托克逊、哈密"的部署思路，1999 年又突破了台北凹陷三叠系稀油工业油流关，前侏罗系勘探取得重要进展。在此基础上，按照"立足台北，深化前侏罗系，强化天然气勘探"勘探思路，红连、玉果、葡萄沟等一批台北优质稀油油藏获得持续发现，成为老区稀油稳产和效益勘探的基础；借鉴非常规油气勘探思路，推广水平井体积压裂技术，西山窑组低饱和度油藏获重要发现；鲁克沁稠油油田二叠系获得突破，进一步夯实了鲁克沁油田上产的资源基础。

吐哈盆地油气勘探取得的突破和进展，得益于创新石油地质理论的指导和先进勘探技术的应用。经过60多年的勘探历程，盆地勘探程度整体达到中等，其中台北凹陷中浅层达到较高勘探程度。

1. 石油地质调查

新疆西北石油局、甘肃玉门石油管理局和新疆石油管理局等单位先后开展了大规模的地面地质调查、油气苗调查。完成了全盆地1∶200000地质、水文地质普查23430km^2；吐鲁番坳陷重点构造区1∶25000地质详查4526km^2，1∶10000的地质细测2436km^2。同时，盆地持续开展地质综合研究与专题研究。截至2018年底，共开展了四轮油气资源评价，对盆地资源状况有了合理的定位。

2. 地球物理勘探

全盆地完成1∶200000与1∶100000重力和磁力勘探，详查面积18250km^2，高精度重磁勘探11675km^2（艾丁湖、哈密）；电法剖面5412km。二维地震完成70420km，测网密度1km×1km～4km×4km，平均单位面积密度1.316km/km^2；三维地震完成9660km^2，主要分布于台北凹陷，全盆地平均密度0.18km^2（图2-1-2、表2-1-1）。其中，台北富油气凹陷的中浅层已达到中后期勘探程度，大量翔实的地球物理资料为持续地质综合研究奠定了基础，对盆地类型、构造单元、侏罗系岩相古地理、沉积岩、烃源岩及砂体展布、生储盖组合和油气藏形成等基本石油地质条件都取得较为客观的认识。

表2-1-1　吐哈盆地地震与探井工作量统计表

项目		面积/km^2	地震		探井	
			二维/km	三维/km^2	井数/口	进尺/10^{4}m
吐鲁番坳陷	台北凹陷	10920	36076	7982	637	205.2
	托克逊凹陷 科牙依凹陷 布尔加凸起	6150	12604	151	15	5.4
哈密坳陷		14370	9744		22	6.3
艾丁湖斜坡		7410	7159	1527	151	48.5
了墩隆起		14650	4837		5	0.4
早期地质浅井					115	11.7
合计		53500	70420	9660	945	277.5

3. 钻探

截至2018年底，吐哈盆地钻探井945口，进尺277.5×10^{4}m（其中早期地质浅井115口，进尺11.7×10^{4}m；参数井11口，进尺4.5×10^{4}m），最大钻井深度为5500m（鄯科1井），钻探揭示的最老地层为石炭系（鲁南2井）。台北凹陷钻井数量最多，共637口，进尺205.2×10^{4}m。盆地内每百平方千米钻探井数1.8口。

截至2018年底，盆地内共发现构造（各类圈闭）613个，已钻探453个，不同领域的构造发育特征不大相同。已发现构造主要分布于勘探程度较高的台北凹陷，共计457个，已钻351个，占构造总数的76.8%。

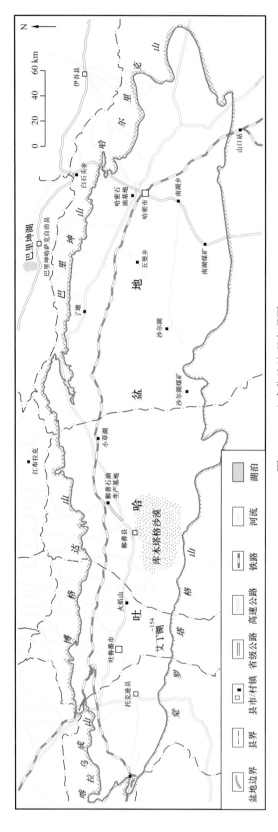

图 2-1-1　吐哈盆地地理地质交通图

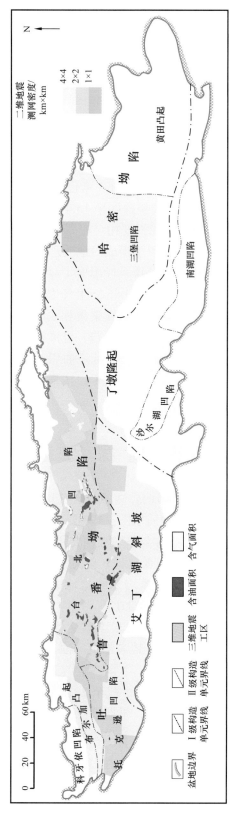

图 2-1-2 吐哈盆地地震勘探程度图

二、勘探主要成果

盆地经过六十多年的油气勘探，发现侏罗系水西沟群为烃源岩的煤成烃含油气系统和二叠系桃东沟群湖相泥岩为烃源岩的含油气系统，钻探也发现石炭系为烃源岩的潜在含油气系统。截至 2018 年底，在二叠系、三叠系、侏罗系、白垩系、古近系五套层系获得工业油气流；在台北凹陷、托克逊凹陷和三堡凹陷共发现了丘陵—温吉桑、葡北—雁木西、胜北—红连、红台—疙瘩台、七泉湖—鄯勒、火焰山—七克台、鲁克沁、伊拉湖和四道沟八个含油气区带，发现并探明 20 个油气田，见图 1-1-1、图 2-1-2，探明石油天然气地质储量约 5.4×10^8t（油当量）。据第四次资源评价，盆地石油地质资源量 10.09×10^8t，石油地质资源探明率 40.8%（包括凝析油），天然气地质资源量 $7522 \times 10^8 m^3$（含致密气），天然气地质资源探明率 15.4%（包括溶解气），整体处于中等勘探程度，各层系程度不均，侏罗系勘探程度相对较高。

在盆地油气勘探实践中，形成了侏罗系煤成烃地质理论和前侏罗系超深稠油油藏勘探开发技术体系。吐哈盆地中—下侏罗统煤系烃源岩（煤岩、煤系泥岩）中的高含量富氢基质镜质体以及孢子体、角质体等显微组分既能生气也能生油，且具有多组分多阶连续生烃、早生早排的特点，形成了大规模的油气聚集和油气藏，大大推动了煤成烃理论的发展和完善，不仅指导了吐哈盆地油气勘探实践，也助推了中国西北侏罗系的油气勘探（翟光明，1996，1997；王昌桂，2000）。鲁克沁油田超深稠油油藏采用井筒加热、掺稀降黏、水驱与天然气吞吐驱替结合等工艺技术，实现了效益开发，对类似油田具有重要的借鉴意义。

第三节 勘 探 历 程

早在 1892 年清朝光绪十八年，俄国地质学家就已经开展祁连山、天山地质调查，中外地质学者首次进入吐鲁番盆地进行地质填图。1901—1907 年，英国人斯坦因绘制新疆东疆地区 1∶500000 地形图。1928 年，中国—瑞典西北科学考察团开展准噶尔盆地和天山北麓矿产资源地质调查，调查期间贯穿吐哈盆地、柴窝铺盆地，考察活动至 1933 年结束。

1935—1942 年，中国及苏联地质学家对东疆盆地进行多学科地质勘察。1942 年 9 月国民政府经济部西北工业考察团深入西北五省考察。期间曾考察吐鲁番和哈密的资源、水利、交通等，认为"西北地下资源之最丰富者为石油"，考察工作至 1944 年结束。1946 年，新疆鄯善县七克台乡民发现地表渗出原油，通过土法挖井 5 口采捞，作为润滑油、燃料和治疗皮肤病的药物使用。

吐哈盆地实质性油气勘探始于 1954 年，截至 2018 年，经历了长达 64 年的勘探历史。将盆地勘探历程划分为以下四个阶段：早期勘探阶段、侏罗系煤成烃勘探阶段、前侏罗系稠油勘探阶段和精细勘探阶段（图 2-1-3）。

一、早期勘探阶段（1954—1983 年）

早期勘探阶段从 1954 年到 1983 年，主要在盆地西部的吐鲁番坳陷，开展了全面的地质调查、中央背斜带地面构造钻探和南部的斜坡、北部的台北凹陷柯柯亚隐伏构造带

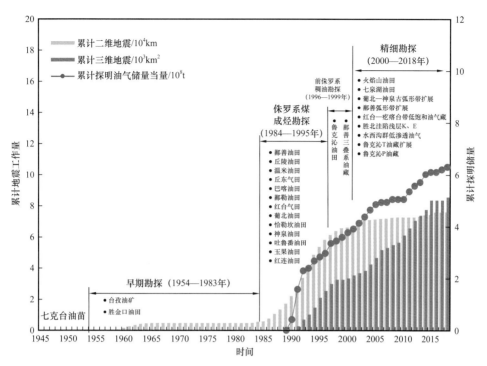

图 2-1-3　吐哈盆地油气勘探阶段划分

（现今的鄯善弧形带）钻探。

1. 区域地质普查（1954—1957年）

1954年3月，燃料工业部石油管理总局地质局组建吐鲁番地质大队，进入盆地工作，从调查区域地层、构造、含油气情况入手，以寻找有利含油构造为目的。在全盆地开展重、磁力面积详查18250km²；吐鲁番坳陷进行地质普查填图19414.2km²，在中央火焰山背斜带七克台、红山地区进行地质详查填图906.1km²，在雁木西、盐山口进行构造细测1347.0km²。同年4月，中苏石油股份公司对盆地进行踏勘。1955年5月，新疆石油公司地调处地质浅钻队在吐鲁番坳陷中央褶皱带东段的七克台配合地质调查进行浅层钻探；新疆石油管理局接收原吐鲁番地质大队，开始盆地全面勘探工作。

通过区域勘查，对盆地内沉积岩分布、厚度变化、基底起伏及区域构造面貌有了初步了解。发现了墩隆起将盆地分隔成吐鲁番坳陷与哈密坳陷。吐鲁番坳陷又可划出山麓褶皱带、北部向斜带、中央褶皱带和南部单斜带。发现地面局部构造37个；发现重、磁力异常7个，揭示了一批潜伏构造。同时，在中央火焰山背斜带的侏罗系中发现大量油气显示，证实中侏罗统为盆地储油层。预测油源来自侏罗系、三叠系，并各自具备生、储、盖组合条件；吐鲁番坳陷是最有远景的含油气单元。明确指出中央褶皱带是最有利的油气聚集带，其断裂下盘及南部单斜带为有利勘探区。准备出9个可供钻探的地面构造，其中胜金口背斜最有利，圈闭条件优越，中侏罗统目的层埋藏浅，地面油苗显示丰富，是寻找油气的良好构造，并提出钻探第一口预探井井位（胜1井）的建议。这些成果与认识，为盆地下步油气钻探提供了重要的地质依据。

2. 早期综合勘探（1958—1964年）

这一阶段以定坳、找隆为基础，以吐鲁番坳陷为勘探重点，以侏罗系为主要勘探对象，全面转入以钻探为主的综合性勘探。早期以火焰山背斜带为主要钻探找油区带；中、后期转战吐鲁番坳陷南北，对南部斜坡和台北凹陷地区，全面开展了地质调查并首次开展地震、电法勘探，进行参数井钻探和综合研究。该阶段钻参数井 10 口，钻探井 81 口，北部山前带、南部艾丁湖斜坡地质详查 3620km²，中央背斜带、北部山前带、南部艾丁湖斜坡重点构造细测 1088.9km²，水文地质普查 23430km²，"五一"型二维地震剖面 4720km，电法剖面 2556km。另外，盆地东部哈密坳陷完成地质普查 4015.8km²。

1958 年 3 月，玉门矿务局组建吐鲁番勘探大队，接替新疆石油管理局承担吐鲁番盆地石油勘探工作。首先把中央背斜带作为钻探发现油气的重点。1958 年 4 月—12 月，在火焰山中央背斜带东部的七克台地面油砂"墙"下倾部位发现台孜油矿，钻生产浅井 33 口，平均井深 433.52m，最浅井（台 1 井）94.3m，最深井（台 5 井）752.7m，均钻至中—上侏罗统，其中在 31 口浅井共捞油 54t，平均产油量 257kg/d，证实七克台背斜北翼油藏裸露油层为残余油藏，有一定生产能力，探明含油面积 0.22km²，因单井产量较低，无工业开采价值，决定移交地方进行土法捞油生产。1958 年 11 月 7 日，在火焰山背斜带西段的胜金口背斜钻预探井胜 4 井，钻进过程中发生井喷，喷高约 40m，喷出大量原油和天然气，完井后对中侏罗统七克台组—三间房组 591～808m 井段 17 层 48.8m 砂砾岩层试油，获 15.1t/d 油流，发现盆地第一个油田——胜金口油田。1959 年 3 月玉门石油管理局成立吐鲁番矿务局。

在发现胜金口油田后，为扩大战果，开展了中央背斜带苏巴什、连木沁、红山、热木坎、雁木西和北部的柯柯亚、南部的塔克泉等构造的钻探，其中中央背斜带仅红山构造见油气显示，总体上中央火焰山背斜带处于强烈挤压活动带上，油藏保存条件差，圈闭面积有限，缺乏形成大面积含油的地质条件。同期，北部山前的柯柯亚构造钻探见到油气显示，钻探过程中见黑色臭气泡沫。

1960—1962 年，把勘探重点转向南部斜坡区，同时兼顾台北凹陷。在南斜坡区，主要是考虑借鉴准噶尔盆地克拉玛依大油田的历史经验勘探斜坡勘探地层为主（不整合、超覆、尖灭）的圈闭，钻探证实，中侏罗统目的层自北向南厚度逐步减薄而缺失，艾丁湖斜坡带南半部即南单 2 井至卡东 1 井一线以南和塔克泉地区，均无进一步勘探价值。在台北凹陷，1960 年 2 月，吐鲁番矿务局部署在台北凹陷台北潜伏背斜（鄯善背斜）上的参数井台北 1 井开钻，1961 年 2 月完钻，井深 3122m，完钻层位中侏罗统三间房组，钻井中在中侏罗统见到油气显示，取出含油岩心，未试油。

1963 年，开始以台北凹陷为重点寻找"凹中构造"油气。当时认为，台北凹陷处在吐鲁番坳陷主体部位，是多套生油岩系发育的重要油源区，同时陆相沉积岩相、岩性变化大，油气运移以短距离运移，紧靠油源区的隆起和次级构造利于形成油气聚集。因此以台北凹陷东部为重点，围绕柯柯亚背斜带及其以东地区，逐步深入开展以地震、电法为主的地球物理勘探和综合研究，落实钻探了柯柯亚、丘陵和丘东等构造，均见良好油气显示。其中，1963 年在丘陵背斜钻探参数井丘 1 井，井深 3000m，完钻层位中侏罗统西山窑组，裸眼测试未获油流；1964 年 3—8 月丘东背斜钻探丘 2 井，井深 3000m，完钻层位中侏罗统西山窑组，裸眼测试未获油流。钻探中见油气显示，试油未获油流，初步认为与储层变差有关。

1964 年 12 月，石油工业部决定，吐鲁番盆地石油勘探工作移交新疆石油管理局。

1958—1964年，玉门石油管理局先后钻探了胜金口、苏巴什、红山、台孜（七克台）、鄯善、丘陵、柯柯亚、丘东、雁木西、热木坎和塔克泉等18个局部构造（其中13个地面构造，5个潜伏构造），共完成各类钻井138口，总进尺13.8×10⁴m；发现了七克台裸露油藏和胜金口小油田，前辈们对胜金口、七克台侏罗系油藏类型、成藏条件进行了研究，认为是受构造、岩性双重因素控制的构造—岩性油气藏，这一认识至今仍有指导意义。

3. 勘探停滞期（1965—1983年）

20世纪60年代初，因参加大庆石油会战，玉门石油管理局勘探队伍和设备大量东调，吐鲁番盆地的勘探移交新疆石油管理局，其后直至1983年，盆地油气勘探基本处于停滞状态。

在这期间，主要从事盆地历年勘探基础资料的系统整理，完成了"石油勘探基础资料汇编"，为之后的勘探研究提供了系统资料。为统一全疆地层划分对比，新疆石油管理局与新疆地质局合作编制"新疆区域地层表"，发现与证实盆地边缘存在较厚的二叠系，并在其中见到沥青脉。新疆石油管理局和北京研究院共同对盆地油气资源进行初步评价，明确了盆地油气资源和勘探前景，为恢复盆地油气勘探起到积极的促进作用。

早期勘探对盆地主体——吐鲁番坳陷作了全面的地质调查，并在其中的中央火焰山背斜带、南部斜坡、北部凹陷柯柯亚隐伏构造带开展了大范围的钻探，取得了大量地质资料，获取了地层、构造、储层、烃源岩等基本油气地质条件认识，呈现了不小的油气或油气显示分布范围，为以后调整勘探领域、重新开展勘探奠定了基础。

二、侏罗系煤成烃勘探阶段（1984—1995年）

根据前期地质调查成果，在盆地边缘发现有二叠系和地面油苗显示，确认与相邻准噶尔盆地二叠系已知烃源岩、储层的沉积成因有较好的可比性，有可能成为盆地的重要油源层和储层，这一重要认识引证出盆地为多油源的结论，从而提高了对盆地油气资源潜力的认识，扩大了找油领域，为恢复盆地再度进行石油勘探提供了科学依据。

1983年8月，石油工业部在西部勘探会议上作出重新开展吐鲁番盆地石油勘探，对其含油性重新认识和评价的重要战略决策，吐鲁番盆地油气勘探由此进入大发现阶段，油气地质综合研究和侏罗系煤成烃获得重大突破。该阶段普及采用数字地震，先进的钻井、录井、测井、分析化验技术及科学的评价研究，以及石油工业部科学探索井重大项目的实施及其首口科学探索井的鼎力支持，都成为盆地综合研究和油气突破的关键因素。

1. 定凹选带区域勘探突破（1984—1989年）

1984年，物探局率先进驻吐鲁番盆地，首次使用数字地震勘探技术，从区域全面展开逐步转到以吐鲁番坳陷为重点，重新进行面积性多次覆盖的地震勘探，提高了勘探精度，经历三年多时间，进一步查清盆地区域构造格局，发现与落实一批储油气圈闭，初步满足近期油气钻探的需要；1987年9月进入参数井钻探时期，坚持区域钻探并分期分批实施的部署原则，在吐鲁番坳陷的北部凹陷（台北凹陷）、托克逊凹陷和哈密坳陷的有利部位选定探索井、参数井三口（台参1、托参1和哈参1井），于1989年底前先后完钻，发现鄯善和伊拉湖两个新油田，取得重大突破。其中，台参1井首次在老区钻探中获得工业油流。

台参 1 井是北京研究院科学探索井重点项目实施的第一口井。1986 年，时任北京研究院院长的翟光明提出的"科学探索井"重点项目获石油工业部批准，该项目目的是立足于北京研究院的综合研究与技术力量优势，从陆上油气中长期战略发展出发，用最新研究成果探索油气勘探的新盆地、新层系和新区"三新"领域，以获得勘探上的最大突破，并解决石油地质理论与工程技术重大问题；石油工业部委托北京研究院负责全程实施科学探索井工程项目，由北京研究院全权组织井位选择、钻探施工、钻后测试等工作，北京研究院成立了科学探索井项目领导小组，全面负责地质评价、井位优选、队伍优选、钻探实施、投资管理等工作。同年，石油工业部决定将吐鲁番盆地的勘探交由玉门石油管理局开展。

北京研究院把吐鲁番盆地作为首批科探井的考虑对象，与物探局三处编写了《吐鲁番坳陷勘探远景评价报告》。1986 年冬天，北京研究院组织人员奔赴吐鲁番盆地进行野外踏勘，同时石油工业部指示物探局三处配合完成数字地震剖面 1730km，对 38 条测线重新处理解释，并在作为主要沉降区的台北凹陷落实了台北（鄯善）、胜金台、柯柯亚三个构造。经过近两个月的研究和论证，在以往长期勘探表明"西部侏罗系'不够朋友'"的形势下，北京研究院院长翟光明毅然提出"走出二叠系，突破侏罗系"，到台北凹陷去找油，并经过数次讨论后，考虑在台北凹陷深部位钻探。北京研究院、物探局、玉石油管理局共同研究，确定了台北构造台参 1 井井位。台参 1 井设计井深 5500m，目的层为侏罗系—二叠系。

台参 1 井井位确定后，北京研究院在科学探索井领导小组的指导下详细制定了地质、钻井、工程、钻机改造、成本概算等 5 套设计方案，提出采用当时 6 项最新的技术：采用先进综合录井仪，全面跟踪钻探录井的各项参数变化；采用灌顶气评价技术，系统采集罐装气，客观评价储集岩含油气性；采用阳离子聚合物钻井液体系，确保钻探工程顺利；采用近平衡钻井技术，最大程度保护油气层；采用先进测井技术，确保客观评价油气层；采用先进地层测试技术，严格工作规范与保障突破。

1987 年 9 月 22 日，台参 1 井开钻。该井由甲方北京研究院全面负责技术责任和相关费用，由乙方玉门石油管理局 6052 钻井队承钻。钻进在中侏罗统见良好油气显示，在 4466.88m 钻遇厚煤层卡钻而提前完钻。

1989 年 1 月 5 日，台参 1 井在中侏罗统三间房组 2934～2943m 和 2959～2972m 井段 22m/2 层测试获 29.6t/d 的工业性油流，发现鄯善油田。台参 1 井的突破，被总公司誉为 1989 年中国石油工业"第一支报春花"；这是吐鲁番坳陷台北凹陷鄯善弧形背斜带上第一口工业油流发现井，开创了侏罗系油气勘探的新局面，对重新认识盆地含油气性意义重大，从此翻开了吐哈盆地油气勘探的新篇章。

北京研究院对台参 1 井进行单井评价及油源对比，发现原油碳同位素比值与姥鲛烷／植烷比值高（母源有机质属含腐泥的腐殖型）、富 C_{27} 甾烷（主要来源于高等植物）、贫 C_{27} 甾烷，与中—下侏罗统煤样对比，认为油气源于中—下侏罗统水西沟群煤系沼泽相烃源岩，是一种典型的煤成油，水西沟群煤系是主力烃源岩。这一结论突破了石油勘探界长期认为侏罗系"不够朋友"的认识，打开煤系油气勘探之门，开创了西北地区侏罗系油气勘探新局面，带动了焉耆、三塘湖、库车、柴达木、准噶尔等盆地的新区勘探，取得了良好的勘探效益。

在台北凹陷台参1井计划钻探的过程中，还在另外两个凹陷部署了两口参数井，即吐鲁番坳陷托克逊凹陷托参1井和哈密坳陷三堡凹陷哈参1井；1988年8月，总公司批准成立以玉门石油管理局为主体的"吐哈石油勘探项目组"，在总公司勘探局的直接领导下，项目组实施这两口区域探井。托参1井于1989年8月18日在三叠系试油获得工业油气流，9mm油嘴产原油33.7t/d、产天然气4776m³/d，这是盆地区域勘探继台北凹陷后又一新凹陷新层系获得突破，发现了伊拉湖油田。同时，盆地东部的哈参1井在三叠系见到油气显示。

至此，"重上吐哈"初期即在台北凹陷、托克逊凹陷、三堡凹陷获得了区域勘探重大突破，发现了鄯善油田和伊拉湖油田。在此期间，由物探局和玉门石油管理局完成二维地震9434km，完成探井8口，进尺2.64×10⁴m。同时，北京研究院、物探局和玉门石油管理局投入多学科的专题研究和综合研究，认为盆地与相邻的准噶尔盆地早期发展上有一定亲缘关系，盆地内不仅有三叠系以上的中—新生界完整层序，且有二叠系；经地震查明，盆地沉积岩厚度巨大，最厚可达8700m；确认盆地存在上二叠统、中—上三叠统、下侏罗统和中侏罗统七克台组四套生油岩系，分布在台北、托克逊沟与哈密坳陷的三大生油区，油源较为丰富，资源潜力极为可观，仅下侏罗统初步测算资源量为10×10⁸～20×10⁸t；经过对鄯善、伊拉湖油田的油源对比，油气分别产自下侏罗统和上三叠统，估算地质储量超过亿吨。回顾盆地油气勘探取得的这些卓越成就，深刻体会到是依靠科学进步、引进先进技术和设备、实行现代化管理的综合结果。

2. 鄯善弧形带快速评价探明（1990—1992年）

台参1井的突破，明确了台北凹陷侏罗系烃源岩和储盖组合，中—下侏罗统水西沟群煤系为烃源岩，中侏罗统三间房组为主要含油层段，七克台组和西山窑组为次要含油层段，中燕山期以来继承性发育的断褶构造有利于捕获油气。鄯善弧形构造带由南东—北西走向的丘陵背斜构造带和北东—南西走向的温吉桑背斜断鼻构造带构成，因平面整体形态为宽缓"V"形，而简称为鄯善弧形构造带。台参1井出油之后，为迅速搞清油田规模，了解相邻构造的含油性，扩大了鄯善弧形带预探和评价井的钻探，1990—1992年，快速探明了鄯善油气富集带的鄯善、丘陵、温米、丘东、巴喀等5个油气田。

1990年，预探弧形带上的丘陵断背斜和温吉桑1号背斜，陵3井于1990年7月获得工业油气流，8mm油嘴产原油95.5t/d、天然气1.69×10⁴m³/d；同年10月温1井测试在短暂开井过程中油、气喷势十分强烈，次年3月获得高产油气流，发现温吉桑含油气构造。两口井的成功预示丘陵构造带和温吉桑构造带可能是连片的整装油气富集带。

随着鄯善、丘陵和温米油田的相继发现，在总公司领导下，以玉门石油管理局为主体，吸纳华北、中原石油勘探局和物探局等单位的作业队伍，由北京研究院和相关科研院所配合，吐鲁番—哈密石油勘探开发会战指挥部（简称吐哈石油会战指挥部）于1991年2月25日在鄯善成立。吐哈石油会战指挥部成立后，坚决贯彻总公司"稳定东部、发展西部"的战略方针，积极推行"两新两高"（即新体制、新技术、高水平、高效益）的新型管理体制。该阶段勘探部署按照"立足台北凹陷，主攻鄯善弧形带，甩开侦察哈密和托克逊凹陷"的战略构想有序展开。

在鄯善油田同一构造带上相继发现丘陵、温米油田，进一步肯定中侏罗统三间房组、西山窑组储油层的产油能力，证实油气分布严格受背斜带的控制，使勘探和油田评价有了明确方向。为此，总公司作出决定：迅速拿下鄯善—丘陵含油气区的评价钻探，力争短期内建成产能。具体提出"一年准备，二年抢建，三年建产"的目标。为实现这一目标，集中展开评价井钻探，在鄯善油田已建成一个先导试验开发区。温米油田温吉桑1号构造发现后，又相继发现了温吉桑2号岩性、温吉桑5号断鼻、温西1号背斜、温西3号断鼻和米登背斜等含油气圈闭，平面上三排背斜、断鼻构造群基本构成了连片含油态势。

1991年积极预探发现丘东气田和巴喀油田。1991年10月1日丘东背斜丘东3井试油获工业油气流，发现丘东气田；10月11日鄯善弧形构造带最西端的柯柯亚高陡断背斜柯7井，经试油获得工业油气流，发现巴喀油田。

鄯善弧形带上5个油气田发现后，新老资料相结合及时开展油藏早期描述，评价油田（藏）的规模与潜力，勘探整体部署，开发先导试验区及时跟进，整体解剖评价。比如鄯善油田发现后，油藏早期描述认识——七克台组和三间房组油层是具有统一压力系统及同一油水界面的背斜构造整装油藏，在背斜北部次高点、东翼、西翼和南翼部署评价井，在背斜主高点东侧部署开发先导实验区，油田于1990年底基本探明。

截至1992年底，用3年时间主攻鄯善弧形油气富集带，整体快速发现、评价、探明5个油气田，探明油气地质储量 $2.2 \times 10^8 t$（油当量），探明油气储量成本5.35元/t，为吐哈盆地快速建成年产 $300 \times 10^4 t$ 原油生产能力并成为新疆三大产油基地奠定了物质基础。

3. 煤成烃扩展勘探（1993—1995年）

该阶段是台北凹陷新区带、新层系战略展开阶段，台北凹陷西部、南部、北部、东部均发现了油气聚集带，发现并探明一批油气田（图2-1-4）。

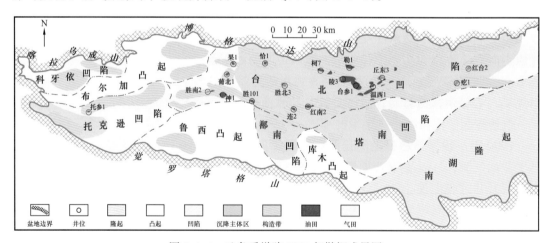

图2-1-4 吐鲁番坳陷1995年勘探成果图
台北凹陷发现的油气均来源于中—下侏罗统煤系烃源岩；托克逊凹陷发现的油气来源于三叠系烃源岩

鄯善弧形油气富集带探明之后，在区域上开展托克逊凹陷和哈密坳陷的勘探效果不尽人意，勘探接替的主攻方向尚不明确。此时，油气勘探部署首选南邻丘陵构造带且认为油气地质条件与之类似的北部山前鄯勒构造带；其次是优选台北凹陷东部的小草湖洼陷，以背斜构造发育的红台、疙瘩台构造带为主攻方向。实施结果仅发现鄯勒、红台两个小油气田。分析效果不佳的原因：一是山前带地表、地下地质条件复杂，地震资料品质差，构造细节难于落实，主要储层由鄯善弧形带的三间房组南物源辫状河三角洲砂体，变为西山窑组西Ⅰ、Ⅱ段扇三角洲砂体，储层分布稳定性与物性均变差；二是红台、疙瘩台构造带断背斜构造断层上通至古、今地表，圈闭保存条件差，早期形成的大型油气藏油气溢散殆尽；三是，主要含油气层三间房组储层以短水流、窄河道分布不稳定为特征，发现油气藏多为构造—岩性类型，规模小。

1992年旨在探索台北凹陷西部胜北洼陷的台参2井，于侏罗系钻遇良好油气显示，吐哈石油会战指挥部及时调整勘探思路，于1993年5月作出油气勘探重点向台北凹陷西部转移的方案。

1993年下半年，相继在胜北洼陷周缘的葡北1号、恰勒坎、七泉湖和神泉等构造开展预探。同年10月，葡北构造带葡北1井在三间房组3467.5～3473.5m井段测试获得高产油气流，8mm油嘴自喷产原油112.4t/d、天然气$3.36 \times 10^4 m^3/d$，发现葡北油田；相继在北部山前的恰勒坎构造带恰1井于三间房组获工业油气流，发现恰勒坎油田；12月，火焰山以南的神泉构造带神1井获得工业油气流，三间房组2514～2525m井段，地层测试6.35mm油嘴产原油42.6t/d、天然气$15.8 \times 10^4 m^3/d$，发现神泉油田。葡北和神泉油田发现后，综合研究逐步认识到台北凹陷西部葡北—神泉北东—南西向中晚燕山期形成的古鼻隆弧形带，自成独立的油气运聚系统，侏罗系储层物性普遍较好，油气产量高，找油潜力大。1994年11月，胜南2号构造胜南2井试油获高产油气流，产原油110.9t/d、天然气$15.0 \times 10^4 m^3/d$，发现吐鲁番油田；1995年3月七泉湖构造带玉果1号断块果1井获得工业油气流，产原油64.2t/d、天然气24700m^3/d，发现玉果油田。

在胜北洼陷腹部和南斜坡探索中侏罗统的同时，浅层获得重要发现。腹地胜北构造带台参2、胜北3和南斜坡红连构造带连2井，钻探目的层均为中侏罗统，尽管上侏罗统喀拉扎组钻遇良好油气显示，但仍未对浅层新构造引起足够的重视。在以中侏罗统为目的层的钻探过程，忽视了浅层白垩系及以上层系的录井，钻井速度快，储层疏松岩屑以散砂为特点，加之白垩系油藏压力低，溶解气含量也很低，录井和气测均未发现油气显示，延误了白垩系油藏的发现。连2井于1995年6月在白垩系试油获少量油流，引起地质研究人员的高度关注，随即开展浅层成藏条件分析与老井复查。分析认为连木沁2号、红南2号等构造白垩系具备良好成藏条件，有完整的背斜构造、优质的储盖组合，鼻状隆起构造背景上控制圈闭形成的断层沟通烃源岩和圈闭；测井复查发现，连2井、红南1井、红南2井在下白垩统三十里大墩组厚砂层顶部视电阻率曲线有明显的高阻异常。1995年7月，对连2井三十里大墩组1525～1540m井段进行地层测试，6mm油嘴产原油58.3t/d、天然气2618m^3/d，发现连木沁油田，打开了盆地浅层油气勘探的新局面。随后发现了神泉白垩系、古近系油藏；精细勘探红连构造带浅层，又发现喀拉扎组和古近系气藏；胜北洼陷腹部胜北构造带胜北3井等井发现浅层上侏罗统喀拉扎组、白垩系连木沁组油气藏。这一时期浅层累计探明优质石油储量上千万吨，取得很好的勘探效益。

1993—1995年，煤成烃勘探在走出鄯善弧形油气富集带后，相继发现了葡北—神泉、胜北—红连、七泉湖—鄯勒、红台—疙瘩台等4个油气聚集带，发现了葡北、神泉、吐鲁番、红连（红南油田、连木沁油田投入开发后合并变更为红连油田）、胜北、红台、鄯勒、恰勒坎、玉果等油气田，含油层系从中侏罗统扩展到上侏罗统、白垩系和古近系，新增探明油气地质储量$5318 \times 10^4 t$（油当量）。

三、前侏罗系稠油勘探阶段（1996—1999年）

该阶段是在侏罗系煤系主要油气田发现并基本探明之后，把前侏罗系作为油气勘探新的突破层系和主要的接替领域，在台北凹陷之南的艾丁湖斜坡发现鲁克沁三叠系稠油富集带，在台北凹陷内部的鄯善构造发现三叠系稀油油藏。

1.鲁克沁稠油突破发现

1994—1995年，在以台北凹陷侏罗系煤系油气为主要勘探领域的同时，在吐鲁番坳陷南部针对前侏罗系开展区域勘探，钻探了托参2、沙参1和艾参1等3口参数井。其中，艾丁湖斜坡鲁克沁鼻状构造带东端高部位的艾参1井发现三叠系稠油显示55m，并揭示二叠系桃东沟群烃源岩；1995年6月，对中—上三叠统克拉玛依组2135～2155m井段试油，产水10.64m³/d，含少量稠油。

1996年勘探总体思路是"扩展台南、深化台北、甩开钻探哈密坳陷和托克逊凹陷"，鲁克沁构造带勘探按照"稠油旁边找稀油"的思路展开，在艾参1井以西下倾方向相继部署钻预探井2口。其中，构造带中段玉东断背斜玉东1井于1995年11月开钻，在克拉玛依组上油组钻井取心发现46m稠油显示，油浸级达26m；1996年7月，玉东1井2700.6～2721.6m井段试油，采用掺稀油降黏、气举方式获18.8t/d工业稠油油流，原油密度0.9605g/cm³。同年8月，构造带西段吐玉克断背斜玉1井3328.4～3365.6m井段试油获工业稠油8.0t/d，原油密度0.9222g/cm³。至此发现鲁克沁超深稠油油田，盆地前侏罗系勘探获得重大突破。

2.鲁克沁稠油富集带评价

玉东1、玉1井发现后，在构造带中西段部署三维地震134km²，部署评价探井玉东2、玉2井。钻探结果玉东2井获得成功，玉2井打在油水边界处失利。在区带评价勘探中，通过三维地震精细解释，落实了构造带"棋盘式"的断块构造，不断深化地质认识，总结出鲁克沁构造带稠油油藏的形成条件和控藏要素：（1）晚印支—早燕山期继承性断褶构造背景与淋滤次生孔隙发育带为稠油油藏形成奠定了基础；（2）油源来自火焰山以北中二叠统桃东沟群，运聚方向由北西到南东；（3）低成熟度黏稠油源与运聚过程中轻质组分散失是稠油形成的主因；（4）重质原生油藏形成于中侏罗世早期（西山窑期），现今断块油藏油水分布是原生油藏追踪构造轴线由西北往东南经大规模调整的结果。控制油气勘探成功与否的关键因素有两条：一是油气运移路径和断块圈闭的落实程度，符合这两个条件者成功，否则失败；二是原油黏温特性要求油层有适度的埋藏深度，原油才能从地层流到井筒，也即油层埋深大于2000m（地层温度大于黏温曲线的拐点温度60℃）。这些规律性的认识有效地指导了玉东—吐玉克的勘探实践，玉东区块和吐玉克区块含油范围不断扩展。

1997年10月，构造带东段鲁2井在三叠系获工业稠油22.3t/d，发现了地层不整合油藏，三叠系稠油油藏勘探范围不断扩大。至此，玉东、吐玉克、鲁克沁区块稠油油藏构成连片含油的态势，鲁克沁三叠系稠油富集带基本明确，1997年提交稠油探明储量3512×10⁴t，吐哈油气区迎来了继鄯善弧形油气富集带之后的又一个储量增长高峰。此后，鲁克沁三叠系稠油不断滚动扩展，2000—2006年又新增稠油探明储量4889×10⁴t，至2013年鲁克沁三叠系累计稠油探明储量10905×10⁴t。

3. 台北凹陷三叠系稀油油藏发现

鲁克沁稠油富集带油源研究认为来自火焰山以北的台北凹陷胜北洼陷桃东沟群，因而环绕胜北洼陷的火焰山中央古隆起带、丘陵构造带、葡北构造带和恰勒坎构造带前侏罗系是勘探的有利区带。但台北凹陷三叠系埋藏深度大，水西沟群煤系对地震波的吸收屏蔽，以及山地、巨厚砾石层等复杂多变的地震采集条件，致使前侏罗系地震资料品质普遍差，地层展布和构造细节难以落实，制约了三叠系勘探的进程。为此，对深层进行地震资料采集、处理攻关和深化地质研究。

1996 年，总公司勘探局拟在台北凹陷部署一口针对前侏罗系的科学探索井，科探井井位论证由北京研究院和吐哈石油会战指挥部共同承担，有利目标集中在丘陵、葡北和玉北三个构造带上的鄯善、葡北 1 号和玉北 2 号局部构造；经过一年多论证，最终优选鄯善构造部署科学探索井——鄯科 1 井，旨在完成台参 1 井探索二叠系、三叠系的未尽事宜。该井于 1998 年 5 月 10 日开钻，主探中—上三叠统，兼探下侏罗统，最终钻穿三叠系后，直接进入下二叠统依尔希土组，1999 年 5 月 27 日于井深 5500m 完钻。该井在相当于台参 1 井完井层位以下的下侏罗统和三叠系发现 22 层 80.3m 的油气显示，1999 年 9 月对三叠系 4705～4713m 井段测试，获得 9.2t/d 的轻质工业油流，发现鄯善油田三叠系油藏，也是首次在台北凹陷发现三叠系稀油勘探新领域。

鄯科 1 井油源对比表明，油来自中二叠统桃东沟群，且是高成熟度的轻质油。台北凹陷是吐哈盆地二叠系、三叠系沉积沉降继承性最好的地区，桃东沟群残留烃源岩生烃中心分布于胜北和丘东洼陷，烃源岩有机质丰度较高，生油期长。鄯善三叠系油藏的发现说明，三叠纪之后的中晚燕山期乃至喜马拉雅期成藏不乏机遇，台北凹陷深层具有良好的勘探前景。不过，由于台北凹陷前侏罗系埋深大，地震资料品质差，地质认识程度低，油气勘探进展缓慢。

四、精细勘探阶段（2000—2018 年）

2000 年开始，吐哈盆地中浅层勘探程度高、深层勘探研究难度大。为此，主要是紧紧围绕台北生烃凹陷开展多层次的精细油气勘探和新领域探索，并取得了明显的效果：（1）中浅层围绕胜北、丘东、小草湖三个洼陷、开展岩性油气藏和已知油气富集带滚动扩边精细勘探，在葡北—雁木西、丘陵—温吉桑、胜北—红连等油气富集带显著扩展了优质稀油储量，为老油田增储稳产提供了重要基础；（2）中—下侏罗统水西沟群烃源岩层系积极开展自生自储低孔—低渗油气藏勘探研究，在巴喀、温米油田发现了水西沟群低孔—低渗油气藏，在红台发现了低饱和度油藏领域；（3）深层前侏罗系持续勘探，从艾丁湖斜坡逐渐向台北凹陷深入，在鲁克沁稠油富集带前缘突破发现二叠系规模稠油储量。该阶段新增探明油气地质储量 3.0×10^8t 油当量。

1. 中浅层精细勘探

随着勘探程度的提高，台北凹陷中浅层（中侏罗统西山窑组四段及以上层系）有利含油气区带大中型圈闭都已钻探，致使油气储量增长缓慢，勘探形势面临严峻挑战，从 2000 年开始，中浅层勘探主要是构造—岩性油气藏和已知油气富集区带的扩展。

作为前陆坳陷，台北凹陷南部缓斜坡聚油条件好，范围广，具有形成岩性和构造—岩性油藏的有利条件，因此把火焰山—七克台构造带北坡作为低幅度构造油藏和复合型油藏的有利部位，力争发现有一定规模的油气藏。围绕这一领域先后发现火焰山油田、红连油田连 3 井断块油藏和红台气田疙西 3 号岩性—构造油气藏等复合油气藏，但是油气田（藏）规模小。

自 2002 年起，学习借鉴我国东部盆地岩性油气藏勘探的成功经验，在"立足台北凹陷三大生烃洼陷，主攻富油洼陷斜坡区带，寻找新领域、新类型，积极探索岩性圈闭"的总体部署思路下，主要在已知油气富集带及其近洼侧翼开展油气成藏规律、精细目标研究和钻探，发现了一系列优质稀油油藏。

在胜北洼陷西缘的葡北—雁木西大型鼻状隆起油气聚集带，重视油气运移路径和油源断裂—砂岩储层—不整合面运移输导体系，精细研究落实构造脊线上的侏罗系—古近系多个层位有利圈闭，发现了一系列油藏和含油新区。该带西南高部位的雁木西油田于 1998 年发现，古近系、白垩系油藏滚动建产，先后部署 7 轮次开发井，随着低幅度背斜构造的进一步落实和扩大，探明石油地质储量由原来的 190×10^4t 增加到 1590×10^4t，同时，在向西南抬升方向滚动过程中，于 2005 年新发现大墩背斜油藏；在油气富集带中南部的葡萄沟鼻状构造，2003 年钻探葡 6 井发现火焰山油田主体；在油气富集带中部的葡北油田，2000 年在葡北 1 号背斜东翼发现葡北 6 号断块油藏，2017 年在葡北 1 号北面发现葡北 2 号低幅度背斜油藏；在油气富集带西北端，2008 年发现七泉湖油田；在油气富集带北部的玉果油田，2011 年开始在油田南部东部的构造下倾部位西山窑组中发现果 7 块、果 8 块、果 8 块等岩性—断块油藏；在神泉油田中侏罗统，背斜背景下的岩性—断块群油藏向东南翼持续滚动扩展。1998—2018 年，葡北—雁木西油气富集带新发现雁木西、七泉湖油田和火焰山油田主体，滚动扩展在神泉、玉果、葡北油田取得良好效果，整个油气富集带新增探明油气地质储量 6873×10^4t（油当量），成为吐哈油田增储稳产的重要地区。

在胜北洼陷中部和南部的胜北—红连油气富集区带，以油气源断裂为线索，在精细落实圈闭的基础上，深浅兼顾开展精细勘探和老井复查。在胜北构造带，1998 年，胜深 3 井在白垩系连木沁组发现胜北 3 号构造白垩系油藏；2002 年，胜北 402 井在白垩系试油自喷产原油 33.2t/d，发现了胜北 4 号构造白垩系油藏，后来构造精细解释胜北 3 号、胜北 4 号白垩系油藏连片含油。在红连构造带，成功地扩展出红南 2 块、红南 9 块、连 2 块等含油区块的喀拉扎组、白垩系、古近系油气藏。1998—2018 年，胜北—红连油气富集带稀油精细勘探新增探明优质油气地质储量 1967×10^4t（油当量）。

在丘东洼陷南斜坡鄯善弧形油气富集带，自 2012 年开始，按照重建层序地层、构造、沉积储层和油藏的"四个重构"的研究思路，油气并重，细化研究单元，深化成藏地质条件评价，以构造—岩性复合型油气藏为主要对象开展精细研究，主要围绕温米油田和丘东气田范围内的三排构造，在油田周边和油田内部含油区块之间寻找构造—岩性油气藏，发现温南、温 401、温 403、温 405、鄯南 3 等新含油气区块；在已发现含油区块通过精细研究扩边和油气藏系统扩展。1998—2018 年，通过已发现或新发现的近 40 个含油区块的 60 多个油气藏，鄯善油气富集带中侏罗统精细勘探新增探明油气地质储量 5554×10^4t（油当量），为老油田的稳产做出了积极贡献。

在小草湖洼陷东南缘，2002 年开始，利用三维地震资料精细落实断层、圈闭，开展红台西翼、疙瘩台北翼近洼部位的七克台组—三间房组构造—岩性油气藏勘探，发现红台6、红台8、红台15、疙8等区块岩性气藏，2003—2005年新增探明天然气储量$118 \times 10^8 m^3$。

2. 水西沟群特低渗透油气勘探

1）致密砂岩油气勘探

针对中—下侏罗统水西沟群煤系中广泛分布的烃源岩与砂岩频繁互层，致密砂岩油气形成条件优越，是吐哈盆地油气勘探的重要对象。2007年，以柯柯亚构造下侏罗统油气勘探为契机，主要在鄯善弧形带开展致密砂岩油气勘探研究，并获得了一些发现和认识。

2007年，借助中国石油天然气股份有限公司（简称股份公司）北部山前冲断带地震技术攻关科技项目，开展深浅层立体勘探，在丘陵构造带西端紧邻北部山前的柯柯亚构造部署钻探柯19井，当年10月16日在下侏罗统八道湾组3393.8～3410.0m井段试油，酸化后8mm油嘴自喷求产，产天然气30192m^3/d、油8.1t/d，之后对该层压裂改造，产天然气53682m^3/d、油15.3t/d，下侏罗统厚层块状砂岩天然气勘探取得重要突破。下侏罗统块状砂岩储层与烃源岩间互分布，储层物性为特低孔渗，初步认为所发现油气藏为致密砂岩气，从而拉开了盆地水西沟群致密砂岩气勘探的序幕。继柯19块发现后，又在柯柯亚地区陆续发现柯21、柯24、柯28等含气区块，探明天然气地质储量$132.35 \times 10^8 m^3$。

北部山前复杂构造区带突破后，依照致密砂岩气成藏理论，把勘探目标转向构造稳定的丘东洼陷南斜坡——丘东、温吉桑地区，按照洼陷斜坡区发育"岩性—孔隙型"致密砂岩气藏的认识，加强斜坡区储层有利相带、储层物性平面变化趋势及甜点区分布规律研究，2010年部署风险探井——吉深1井，完井后分别对三工河组、西山窑组一段各2层分四级实施斯伦贝谢TAP阀"分压合采"求产获得突破，一、二级压裂后产原油5.0t/d、天然气13000m^3/d，三、四级压裂后产原油9.6t/d、天然气15000m^3/d。2011年11月，吉3井三工河组4126.0～4182.0m井段块状厚砂层分2级直井分压，6mm油嘴求产，产原油58.0t/d、天然气20472m^3/d，PVT样品分析地下相态为液相油藏。按斜坡构造背景致密砂岩油气预测石油地质储量$1309 \times 10^4 t$、天然气地质储量$208.07 \times 10^8 m^3$，后经钻探证实构造低部位不含油气。

勘探实践证实，无论是北部山前复杂构造区带，还是洼陷南部缓坡带，已发现的水西沟群致密砂岩油气分布，均受局部背斜、断背斜、断鼻等类型的构造控制，不具有"连续型油气分布"的致密砂岩气特征，属于构造油气藏。

2）特低渗低饱和度油气勘探

特低渗低饱和度油气勘探主要在台北凹陷东部水西沟群勘探中有所发现。

针对水西沟群勘探程度低，储层物性差，把埋藏较浅的台北凹陷东部作为重点勘探区域。2013年，以陆相高分辨层序地层学研究为切入点，精细划分水西沟群层序，研究沉积体系与沉积相，认识油气地质条件和运聚规律，认为古今构造以及构造转换带与砂体叠合部位是有利的成藏区带。

2013年11月4日，位于红台2号断背斜构造东侧低幅度背斜构造上的红台23井，在西山窑组三段2715.0～2723.0m井段试油，压裂后产原油3.6t/d、天然气5448m^3/d，发现了红台23块气藏。之后按照非常规油气藏的勘探思路，推广应用体积压裂技术，红台 2301 井直井体积压裂产原油 47.6t/d、天然气 2900m³/d；红台 302H 水平井体积压裂产原油 61.1t/d、天然气 4882m³/d，发现了红台 2301 块油藏。红台 2 号构造老井复试和新井相继获得成功，扩展了红台 2 号西山窑组带气顶油藏的含油范围和油气藏规模。

红台地区西山窑组新发现油气藏经证实为特低孔渗低饱和度油气藏，储层以西山窑组三段为主，储层物性为特低孔渗，孔隙度一般 6.9%～11.2%，平均 8.4%；渗透率一般 0.05～4.2mD，平均 0.35mD，密闭取心分析含油饱和度一般 41%～53%，平均 45%，且含油饱和度的高低与孔隙度、渗透率成正相关；储层压裂改造后油、气、水同产，含水率高低与含油饱和度成正相关，一般为 30%～70%。红台地区低饱和度油藏的发现，加快了台北凹陷水西沟群资源潜力评价和该类型油气藏的勘探步伐，勘探向鄯善弧形带扩展。

鄯善弧形带以"继承性隆起找新层、构造转换带找断裂、东西两侧翼找尖灭"认识为思路，深化区带控藏要素研究和增产工艺技术攻关，获得新层系的发现。2013 年 7 月，位于温吉桑 1 号构造上的温 13 井，在原西山窑组顶部气藏之下的 3268～3278m 井段试油获工业油气流，压后抽汲产原油 6.1t/d、天然气 2000m³/d，在老油田已知油气藏之下发现新的油气藏；2015 年位于温西 1 号构造上的温 15 井在与温 13 井对应层段获得发现；2016 年位于鄯善背斜上的鄯 12 井在西山窑组原顶部油藏之下揭示两套低含油饱和度油层，其中 3336.0～3339.0m 井段直井体积压裂，获 19.0t/d 的工业油流。同时，通过二次加砂压裂"提液提产"工艺技术，能实现西山窑组低饱和度油气藏的效益动用，扩展出了西山窑组下含油气组合，丰富了老区增储勘探领域。

3. 稠油富集带扩展勘探

1）三叠系油藏的扩展

鲁克沁三叠系稠油富集带主体块探明之后，开展效益动用技术攻关，油藏评价与扩展终止了一段时间，伴随着水驱开发技术的逐渐形成，油藏的扩展又活跃起来。按照东西方向实现连片和南北方向扩块的思路，油藏扩展评价分为两个时段。首先东西方向上按照构造脊线控制运移路径，路径上断块含油不分高低的认识，二次三维地震资料精细解释与多方法断块圈闭落实，2004 年向富集带西北下倾方向扩展，部署玉西 1、玉西 2、玉西 101 获得成功；2005 年在玉东区块和鲁 2 块之间部署鲁 8 获得成功，基本实现了东西方向的连片含油。2012 年在玉东和吐玉克区块之间向北翼低断块扩展，部署玉 110 获得成功，然后向东西方向持续扩展。

1998—2013 年，鲁克沁三叠系稠油滚动扩展，新增探明石油地质储量 7393×10⁴t，累计探明石油地质储量 10905×10⁴t。伴随着超深稠油油藏效益开发技术的成熟和油藏规模的不断扩展，鲁克沁油田成为吐哈油田分公司"十二五"上产稳产的重要组成部分。

2）二叠系油藏发现及扩展

三叠系油藏发现后，二叠系油藏的探索一直在持续。

1998 年首先在玉北构造带东端（原划分为鲁克沁构造带东段）高部位马场南 1 号构造部署马 1 井，该区块在印支运动开始大幅度抬升，三叠系剥蚀殆尽，中侏罗统超覆于二叠系之上。马 1 井在中侏罗统七克台组、三间房组和上二叠统梧桐沟组发现稠油油砂，完井后试油 4 层，均获得低产稠油，失利原因是原油黏稠，地层温度（60℃）条件下原油黏度高达 8800mPa·s，稠油难以从地层流到井筒。

2006 年在马 1 井西北下倾方向部署英 2、英 4 井，英 4 井发现二叠系稠油油层，埋深 2164.4～2179.0m，地层温度 67℃，试油获得 2.6t/d 的工业油流。

深化鲁克沁稠油聚集带油气成藏条件研究，认为，克沁地区构造面貌为一大型复式鼻状凸起，从库木塔格沙漠部位跨火焰山到连木沁，北西向倾伏于台北凹陷，自南西向北东发育鲁克沁、玉北、马场南和连木沁四个北西走向的鼻状断褶构造带背景，可能构成油气自北向南运移路径，因此，在其中的连木沁构造带连西1号鼻状构造加深钻探连4井，连西2号断鼻上部署连23井，两口井在上二叠统梧桐沟组 4500～5100m 见到稠油显示，完井试油分别获得 0.73t/d、0.74t/d 的低产油流（连23井后于2013年压裂改造获 6.9t/d 的工业油流），证实了自北向南运移路径和输导层。2009年，在火焰山以南，英也尔大断层北侧下盘部署英11井，于梧桐沟组 3578.0～3589.0m 井段压裂改造试油，获 6.0t/d 的工业油流。

随着鲁克沁大型复式鼻状凸起的勘探实践，逐步明确了火焰山之下掩覆的玉北构造带位于胜北洼陷油源区油气向南面的鲁克沁三叠系稠油富集带运移的路径上，二叠系、三叠系均有成藏的条件，具有良好的勘探前景，在2012年6月27日举行的股份公司勘探半年例会上，将玉北带纳入"新疆大庆"建设重点区带。首先，部署山地地震攻关，搞清二叠系、三叠系地质结构，落实圈闭；首选目标是正对南侧鲁克沁构造带中西段油气富集部位的玉北1号断背斜，部署玉北1井，钻探目的层为三叠系、二叠系。玉北1井于2012年10月2日开钻，于梧桐沟组 3782.8～3796.4m 井段发现油斑级显示层；气测全烃含量 21.1%～55.3%，气测后效明显，全烃最高达 96.5%，钻井液池面见大量油花气泡，明显好于之前所发现的稠油油层；测井解释油层 14.5m/2层；完井后，对 3786.6～3796.6m 试油，应用油套环空掺稀工艺，4mm 油嘴自喷求产获 38.3t/d 的工业油流，二叠系勘探获得重大突破。

2013年5月24日，位于马场南构造带上的英15井在梧桐沟组压裂、掺稀，试油获 10.5t/d 的工业油流，扩展了二叠系稠油规模。

初步钻探证实，二叠系油藏受构造、岩性双重因素控制，结合二叠系油气地质条件，以"断陷控油源、扇体控规模、断块控油藏"的认识为思路，围绕玉北、马场南两大沉积扇体展开勘探与油藏评价。

针对玉北、马场南构造带地面、地下地质条件复杂，目的层埋藏深度大技术难题，开展了山地三维地震攻关，有效地改善了资料品质；通过大位移深井钻井提速攻关，大幅度缩短千米位移、5000m 深井的钻井周期；实施二次加沙压裂结合泵下掺稀举升工艺，玉北区块单井初产达到 50t/d，英15区块单井初产达到 64t/d，试采长期稳定在 20t/d 以上，奠定了鲁克沁规模上产的资源和技术基础，实现二叠系稠油规模增储、效益上产。

鲁克沁油气富集带二叠系油藏在玉北、马场南、连木沁均获得了油气突破，2014—2015年，在玉北1、玉北6、英15等区块探明石油地质储量 3666×10^4t。

第二章　地　层

吐哈盆地沉积盖层包括上古生界、中生界和新生界，由石炭系、二叠系、三叠系、侏罗系、白垩系、古近系—新近系和第四系等七套地层组成（表2-2-1）。

表2-2-1　吐哈盆地中生界—新生界地层系统简表

界	系	统	群	组	构造运动	年代/Ma	岩性简述
新生界	第四系	全新统—更新统		西域组 Q_1x	喜马拉雅运动Ⅱ	2.5	灰、灰绿色、杂色巨厚砾石层、砾岩层
	新近系	上新统		葡萄沟组 N_2p		5.3	浅棕、灰色砾岩夹土黄色、浅棕色泥岩
		中—渐新统		桃树园组（E_3—N_1）t	喜马拉雅运动Ⅰ	23.0	浅棕、棕红色砂质泥岩夹砂岩及石膏
	古近系	渐—始新统	鄯善群（K_2—E）sh	巴坎组 $E_{2-3}b$		55.8	褐色砂泥岩夹中砂岩，含石膏和脊椎动物化石
		古新统		台子村组 E_1t		65.5	棕红色砂岩夹厚层泥岩，含脊椎动物化石
中生界	白垩系	上白垩统		苏巴什组 K_2s	燕山运动Ⅲ		褐红色砾岩、砂岩夹泥岩，含脊椎动物化石
				库木塔克组 K_2k		99.6	灰色、棕红色砂砾岩夹紫红色泥岩条带
		下白垩统	吐谷鲁群 K_1tg	连木沁组 K_1l		119.0	棕红、灰色砂泥岩夹细砂岩
				胜金口组 K_1sh		130.0	灰绿色砂泥岩与粉砂岩，含鱼化石
				三十里大墩组 K_1s	燕山运动Ⅱ	145.0	棕色、紫红砂、砾岩夹砂泥岩，见泥裂
	侏罗系	上侏罗统		喀拉扎组 J_3k			棕红色块状砂岩夹泥岩，含钙质结核
				齐古组 J_3q		154.0	棕红色泥岩、粉砂质泥岩夹薄层粉、细砂岩，含轮藻化石
		中侏罗统		七克台组 J_2q			上部暗色泥岩，下部介壳砂岩夹碳质泥岩
				三间房组 J_2s	燕山运动Ⅰ		杂色砂泥岩夹灰白色砂岩
				西山窑组 J_2x		175.0	灰、深灰色砂泥岩夹灰白色砂岩、大套煤层含菱铁矿结核
		下侏罗统	水西沟群 $J_{1-2}sh$	三工河组 J_1s			上部多为灰绿色泥岩，下部多为灰色砂岩、砂砾岩
				八道湾组 J_1b	印支运动Ⅱ	203.0	灰、深灰色砂泥岩、砂砾岩及煤层、碳质泥岩

界	系	统	群	组	构造运动	年代/Ma	岩性简述
中生界	三叠系	上三叠统—中三叠统	小泉沟群 $T_{2-3}xq$	郝家沟组 T_3h			灰黄色砂砾岩与深灰色泥岩互层，夹煤线
				黄山街组 T_3hs			灰绿、深灰泥岩夹砂岩、碳质泥岩及菱铁矿结核
				克拉玛依组 $T_{2-3}k$	印支运动 Ⅰ	247.2	灰绿色、褐红色泥岩与砂岩互层，有大套灰绿色底砾岩
		下三叠统	上仓房沟群 T_1cf^b	烧房沟组 T_1s			灰绿色砂砾岩与紫红色砂泥岩互层
				韭菜园组 T_1j		252.2	棕红、褐红色泥岩夹紫灰色砂岩
上古生界	二叠系	上二叠统	下仓房沟群 P_3cf^a	锅底坑组 P_3g			紫红色、灰绿色砂泥岩不等厚互层
				梧桐沟组 P_3w			灰绿色泥岩与砂岩不等厚互层夹深灰色泥岩
				泉子街组 P_3q		260.4	灰、灰绿色砾岩与褐红色泥岩互层夹灰色泥岩
		中二叠统	桃东沟群 P_2td	塔尔朗组 P_2t			灰、灰黑色泥岩夹粉砂岩及泥灰岩薄层，底部为砾岩
				大河沿组 P_2d	海西运动 Ⅲ	277.0	杂色砂砾岩夹红色砂泥岩
		下二叠统		依尔希土组 P_1y / 艾丁湖组 P_1ai	海西运动 Ⅱ	295.0	火山岩、火山碎屑岩与砂泥岩/海陆过渡相碎屑岩
	石炭系	上石炭统		奥尔土组 C_2a / 苏穆克组 C_2s			浅海陆源碎屑岩/浅海碎屑岩夹砂质、生物灰岩
				祁家沟组 C_2q / 底坎尔组 C_2d		315.0	上部、下部以石灰岩为主，中部为砂岩、凝灰质砂岩/中部碎屑岩夹碳酸盐岩，上部为生物碎屑灰岩、下部为厚层石灰岩
				柳树沟组 C_2l / 白鱼山组 C_2b	海西运动 Ⅰ	318.1	大套中—基性火山岩、火山碎屑岩/碎屑岩、碳酸盐岩
		下石炭统		雅满苏组 C_1y			海相火山碎屑岩、碳酸盐岩，凝灰质砂岩、粉砂岩
				小热泉子组 C_1x	天山运动	359.5	火山喷发岩、集块岩、凝灰岩

地面露头、钻井与地震资料综合分析表明，吐哈盆地石炭系—下二叠统在南、北边缘为海相碎屑岩、碳酸盐岩、火山岩、火山碎屑岩沉积，厚度较大；盆地内部主要为火山岩，地层厚度较小。中—上二叠统在盆地内部为断—坳陆相湖盆沉积，分布局

限，分割性较强，岩性以碎屑岩为主，中二叠统有少量的火山岩和碳酸盐岩。三叠系—第四系属于陆相类前陆盆地沉积，岩性绝大多数为碎屑岩，其中中—下侏罗统煤层发育。石炭系、中二叠统、上三叠统、中—下侏罗统发育烃源岩，中—上二叠统、三叠系、侏罗系、白垩系和古近系—新近系碎屑岩储层丰富，为吐哈盆地的油气成藏奠定了良好的基础。

第一节　上古生界

吐哈盆地石炭纪—二叠纪分割性强，沉积类型与岩性多样（图 2-2-1）。

石炭系—下二叠统主要分布于现今盆地的南、北边缘，向周围山系露头区急剧增厚，以碎屑岩、海相碳酸盐岩、海相火山岩为主；盆地内部不属于沉降主体，主要发育陆相火山岩，西南边缘见海相沉积。因此，大致以现今盆地中央为界，石炭系—下二叠统南、北分带性明显，分北部"博格达型"和南部"觉罗塔格型"两种。"博格达型"以上石炭统—下二叠统为主，"觉罗塔格型"则是石炭系和下二叠统齐全。

"博格达型"石炭系地表露头分布于盆地北缘桃西沟、二塘沟、七角井东侧一碗泉和哈密北缘西山、白杨沟、库莱等地，自下而上分为柳树沟组（C_2l）、祁家沟组（C_2q）和奥尔吐组（C_2a）（表 2-2-1）。"觉罗塔格型"石炭系出露于盆地南部边缘底坎尔南、阿齐山至哈密雅满苏一带，下石炭统自下而上可分为小热泉子组（C_1x）、雅满苏组（C_1y）；上石炭统自下而上可分为白鱼山组（C_2b）、底坎尔组（C_2d）和苏穆克组（C_2s），发育时代分别与北缘"博格达型"上石炭统柳树沟组、祁家沟组和奥尔吐组同期。与"博格达型"石炭系比较，"觉罗塔格型"石炭系的碳酸盐岩沉积偏厚。盆地南部艾 1、艾参 1、鲁南 1 等井钻遇上石炭统，属于南缘"觉罗塔格型"上石炭统。

下二叠统继承了石炭系的南北分带性。在盆地北缘博格达—哈尔里克山前带，向南延伸到盆地中央，早期沉积了博格达裂谷发育期的陆相火山岩、火山碎屑岩及碎屑岩，晚期普遍沉积了湖相暗色泥岩，含淡水陆相叶肢介、双壳类及植物等化石，为"博格达型"下二叠统，称之为依尔希土组（P_1y）。盆地南缘与之对应的"觉罗塔格型"下二叠统为海陆交互相及陆相的砂岩、泥岩、凝灰岩沉积，含海相腕足类、珊瑚、苔藓类等化石，称之为艾丁湖组（P_1ai）。

中二叠统沉积时，吐哈地区内部发育分割性断陷湖盆，断陷区普遍沉积了桃东沟群（P_2td），岩性下粗上细，为一套扇三角洲相→湖相的正旋回沉积。下部大河沿组（P_2d）为区域性砾岩、砂砾岩；随后在温湿气候条件下，水体逐渐扩大，沉积了塔尔朗组（P_2t）湖相暗色泥岩，为重要烃源岩层系。桃东沟群含丰富的安加拉植物群、双壳类、介形虫、叶肢介及新疆特有的古鳕鱼化石。

上二叠统—下三叠统沉积期，气候转为炎热、干旱，发育上、下仓房沟群 $[(P_3—T_1)cf]$，岩性为从灰绿逐渐变红、从粗—细—粗变化的砂砾岩—砂泥岩—砂砾岩，这种沉积环境一直延续到早三叠世。

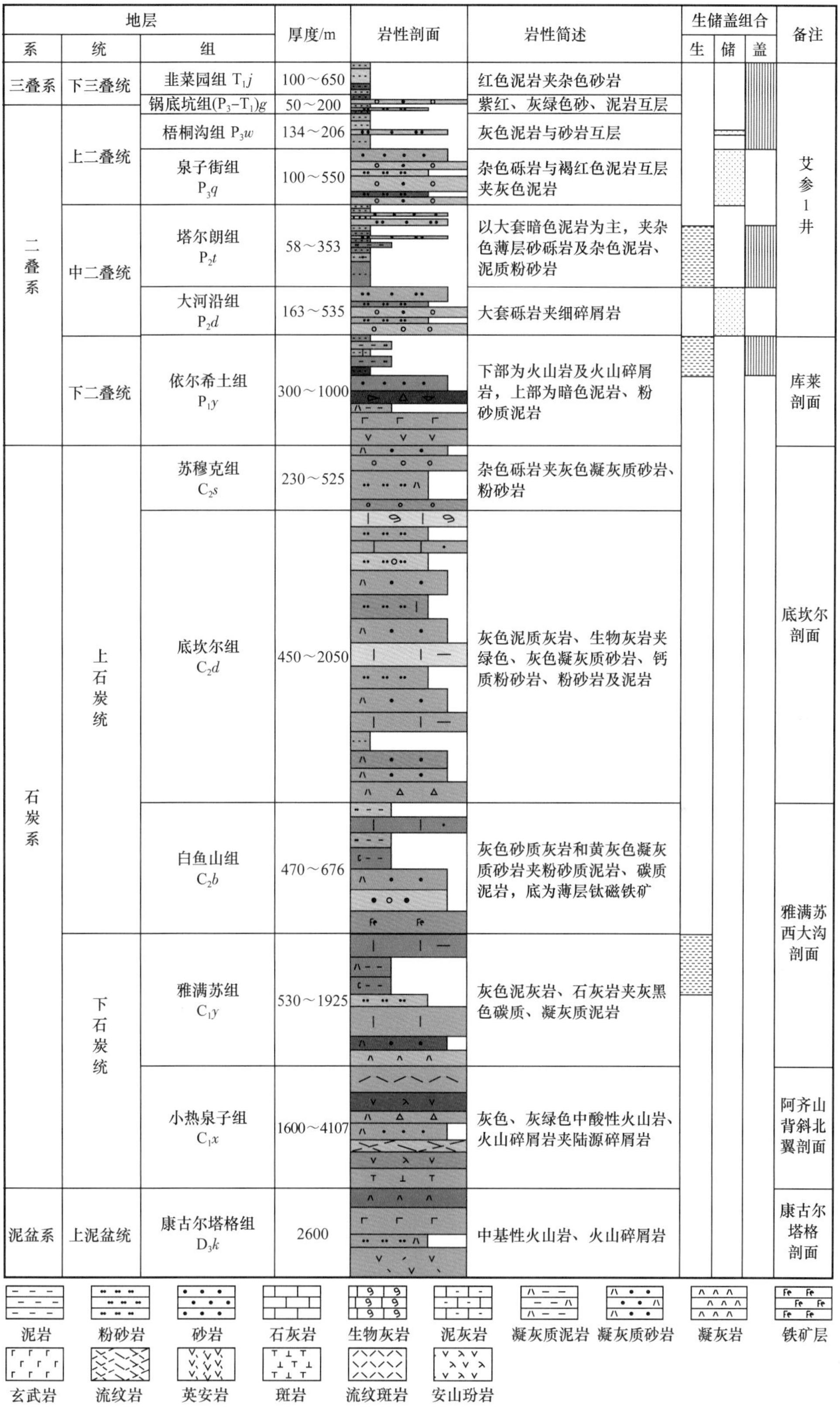

地层			厚度/m	岩性剖面	岩性简述	生储盖组合			备注
系	统	组				生	储	盖	
三叠系	下三叠统	韭菜园组 T_1j	100~650		红色泥岩夹杂色砂岩				艾参1井
		锅底坑组$(P_3-T_1)g$	50~200		紫红、灰绿色砂、泥岩互层				
二叠系	上二叠统	梧桐沟组 P_3w	134~206		灰色泥岩与砂岩互层				
		泉子街组 P_3q	100~550		杂色砾岩与褐红色泥岩互层夹灰色泥岩				
	中二叠统	塔尔朗组 P_2t	58~353		以大套暗色泥岩为主，夹杂色薄层砂砾岩及杂色泥岩、泥质粉砂岩				
		大河沿组 P_2d	163~535		大套砾岩夹细碎屑岩				
	下二叠统	依尔希土组 P_1y	300~1000		下部为火山岩及火山碎屑岩，上部为暗色泥岩、粉砂质泥岩				库莱剖面
石炭系	上石炭统	苏穆克组 C_2s	230~525		杂色砾岩夹灰色凝灰质砂岩、粉砂岩				底坎尔剖面
		底坎尔组 C_2d	450~2050		灰色泥质灰岩、生物灰岩夹绿色、灰色凝灰质砂岩、钙质粉砂岩、粉砂岩及泥岩				
		白鱼山组 C_2b	470~676		灰色砂质灰岩和黄灰色凝灰质砂岩夹粉砂质泥岩、碳质泥岩，底为薄层钛磁铁矿				雅满苏西大沟剖面
	下石炭统	雅满苏组 C_1y	530~1925		灰色泥灰岩、石灰岩夹灰黑色碳质、凝灰质泥岩				
		小热泉子组 C_1x	1600~4107		灰色、灰绿色中酸性火山岩、火山碎屑岩夹陆源碎屑岩				阿齐山背斜北翼剖面
泥盆系	上泥盆统	康古尔塔格组 D_3k	2600		中基性火山岩、火山碎屑岩				康古尔塔格剖面

泥岩	粉砂岩	砂岩	石灰岩	生物灰岩	泥灰岩	凝灰质泥岩	凝灰质砂岩	凝灰岩	铁矿层
玄武岩	流纹岩	英安岩	斑岩	流纹斑岩	安山玢岩			

图 2-2-1　吐哈盆地上古生界综合柱状图

一、石炭系

1. 下石炭统

1）小热泉子组（C_1x）

小热泉子组总体为浅海相中性、酸性火山岩夹火山碎屑岩，岩性主要为紫红色、灰绿色霏细斑岩、钠长斑岩、石英斑岩、石英角斑岩、安山玢岩及同质火山碎屑岩夹少量石灰岩、泥质硅质岩，其上部多为酸性火山岩、火山碎屑岩，下部以中性火山岩为主。小热泉子组与下伏康古尔塔格组（D_3k）呈角度不整合接触，视厚度 1600～4107m。

小热泉子组主要分布于盆地南缘觉罗塔格山，包括西部的底坎尔、托克逊县苏巴什、阿齐山及东部的哈密雅满苏、小黄山等地，呈北西—南东向展布。在阿其克布拉克泉，岩性为灰绿色斜长玢岩、霏细岩、灰绿色安山玢岩、英安玢岩、英安玢岩质凝灰岩、凝灰砂岩、粉砂岩、砾岩等，与上覆雅满苏组整合接触，下部未见底，视厚度 3336m。向西至托克逊以南地区，粗面岩、流纹岩等熔岩类增多，凝灰质碎屑岩减少，夹石灰岩透镜体，含珊瑚 *Cyseldendropora* sp.，视厚度 4102m。

该组沉积时期吐哈地区大部分是古陆，南部托克逊—艾丁湖—雅满苏一带为海相火山碎屑岩、火山岩建造。在底坎尔西南小热泉子一带产腕足类 *Spirifer incertus*、*S. aff. kasak*、*S. cf. imberx*、*Avonia* sp.（阿翁贝属）、*Waagenoconcha* sp.（瓦刚贝属）、*Reticularia pseudolincata*（网格贝）、*Productus* sp.（长身贝属）等，阿齐山一带发现少量珊瑚。

哈密小黄山小热泉子组分别在凝灰岩和闪长玢岩中获得锆石 U-Pb 329.4±7.9Ma、328.3±8.1Ma、390±4～357±3Ma 年龄值；哈密雅满苏东大沟获得锆石 U-Pb379±4～365±3Ma 年龄值，其地质年代为早石炭世，与西欧维宪阶下部相当。

2）雅满苏组（C_1y）

雅满苏组沉积期，是新疆北部地区海侵最广泛的时期之一，主要以岛弧环境下浅海—半深海火山岩—碳酸盐岩相的沉积建造为主，相序上表现为水体由浅—深—浅的演变过程。在雅满苏西大沟一带，雅满苏组岩性主要为灰色、灰黑色厚层状石灰岩、生物碎屑灰岩、泥质灰岩和灰绿色厚层状钙质、凝灰质砂岩，下部火山碎屑岩多，上部碳酸盐岩增多，从西向东，火山岩、火山碎屑岩逐渐减薄，碳酸盐岩相对增厚。雅满苏组与下伏小热泉子组整合或平行不整合接触，厚度 530～1925m。

该组分布于觉罗塔格山，呈近东西向延伸，出露于西端托克逊苏巴什、阿齐山、石板沟及东部哈密雅满苏西大沟、北大沟等地。西大沟雅满苏组上部和下部发育有两套生物碎屑灰岩、珊瑚礁灰岩，可作为区域地层划分与对比的标志岩性；向西，在底坎尔地区相变为火山碎屑岩；向东至东大沟，石灰岩发育明显减少，相变为以火山碎屑岩发育为主；再向东到小黄山地区，仅发育上部石灰岩层，下部石灰岩则相变为火山碎屑岩。

雅满苏西大沟剖面浅海相化石丰富，有腕足类 *Gigantoproductus edelburgensis*（爱得堡大长身贝）-*Striatifera striata*（细线细线贝）组合带、头足类 *Platygoniatites*（宽棱菊石未定种）-*Dombarites*（多姆巴菊石未定种）组合带、珊瑚 *Palaeosmilia*（古剑珊瑚）-*Gangamophyllum*（圆蛤珊瑚）组合带。其中，腕足类主要具有以 *Gigantoproductus*（大长身贝）和 *Striatifera* 两属的高分异度为主要特征。*Gigantoproductus* 类由下至上连续分布，属种繁多（高金汉，2003），特征分子主要有 *Gigantoproductus edelburgensis*、*G. latissimus*、*G.* cf. *striatosulcatu*、*G.* sp 等；*Striatifera* 下部较少发育，中—上部集中发育，数量极为丰富，但属种单调，主要为 *Striatifera striata*、*S.* cf. *magna*、*Striatifera* sp. 等，还有 *Brachythyrina strangwaysi* Verneuil（斯壮卫准腕孔石燕）、*Spirifer* sp.（小石燕）等（图 2-2-2）。

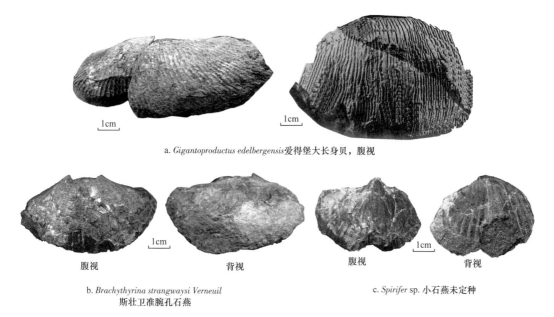

a. *Gigantoproductus edelbergensis* 爱得堡大长身贝，腹视

腹视　　　　背视　　　　腹视　　　　背视

b. *Brachythyrina strangwaysi* Verneuil
斯壮卫准腕孔石燕

c. *Spirifer* sp. 小石燕未定种

图 2-2-2　吐哈盆地南缘下石炭统雅满苏组腕足类化石

2. 上石炭统

1）盆地南缘"觉罗塔格型"上石炭统

（1）白鱼山组（C_2b）。

白鱼山组为海水逐渐变浅的海退期潮间—潮上带沉积。在雅满苏西大沟，其岩性二分性明显。下段下部为灰绿、灰色凝灰质砂岩，夹少量砂质灰岩和泥灰岩条带，底部夹有 1～2 层厚 30cm 的钛磁铁矿条带，可作为划分标志；下段上部以浅灰色厚层状泥灰岩、砂质灰岩、生物碎屑灰岩为主，夹凝灰质砂岩。上段以海退滨岸相的土黄色、灰黄色砂岩、粉砂岩、凝灰质砂岩、砂砾岩为主，夹少量凝灰岩，厚度为 410m，与下伏雅满苏组整合接触。

该组岩性、岩相变化较大。在雅满苏东大沟底部出现深灰色枕状玄武岩，至小黄山地区已相变为灰、灰绿、灰黑色凝灰岩夹硅质岩，厚度为 470～676m。

该组含有丰富的菊石、腕足类、珊瑚、腹足类、牙形刺、苔藓虫等多门类化石：下部产牙形类 *Decliognathodus noduliferus* 组合带，顶部产菊石 *Branneroceras-Gastrioceras*（腹菊石）组合带、腕足类 *Weiningia* 组合带等。

（2）底坎尔组（C_2d）。

底坎尔组为浅海相凝灰质碎屑岩、碳酸盐岩沉积，以整合形式覆盖在白鱼山组（东部）或以不整合形式覆盖在雅满苏组（西部）之上，与上覆苏穆克组或下二叠统假整合或不整合接触。在命名地底坎尔一带，底坎尔组岩性三分特征明显，下段为中—薄层质纯石灰岩、泥灰岩、生物碎屑灰岩夹凝灰质砂岩、薄层砾岩；中段是由凝灰质砂岩、粉砂岩和泥岩组成的韵律性很强的较深水—深水相沉积；上段为浅灰色台地相碳酸盐岩沉积，厚度为1210～2050m，产蜓Fusulinella（小纺锤蜓）-Fusulina（纺锤蜓）带。

在盆地南缘，底坎尔组在西起吐鲁番阿其克布拉克、底坎尔输油管线、底坎尔西南的水泉沟，东至雅满苏南大沟、北大沟一带的范围内均有分布；西段以碳酸盐岩为主，火山岩、火山碎屑岩较薄，而东段以火山碎屑岩和火山岩为主，碳酸盐岩较薄。盆地南部鲁南1井（3047～3500m）、艾参1井（3640～4222m）、艾1井（1180～2022m）等钻遇底坎尔组，岩性均为浅海相细砂岩、砂质泥岩夹石灰岩及火山碎屑岩，3口井均产丰富的化石，蜓类属Fusulinella-Fusulina带，层位相当于露头底坎尔组中—上部（图2-2-3）。与地表剖面对比，岩性变细，火山岩增多。

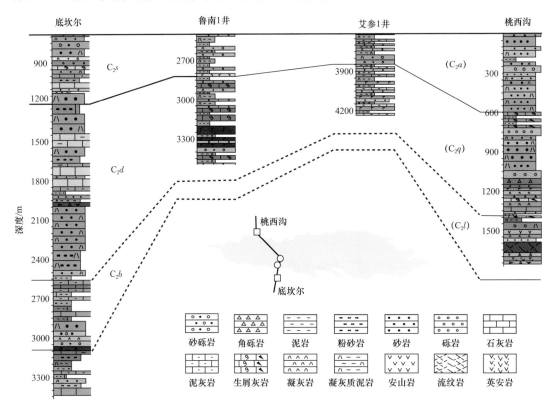

图2-2-3　吐哈盆地钻井及南北缘露头上石炭统对比图

该组产有丰富的蜓类、腕足类、珊瑚类、海百合茎及少量的苔藓虫、头足类和牙形刺化石。底坎尔输油管线附近的露头剖面上腕足类化石丰富，自下而上有三个组合：① Echinoconchus fasciatus（簇形轮刺贝）-Brachythyris（腕孔贝）组合，主要产在该组下段的泥灰岩；② Choristites mosquensis-Linoproductus lineatus（细丝线纹长身贝）组合，见于底坎尔组中段含凝灰质的钙质砂岩、砂质灰岩和泥灰岩中；③ Echinoconchus punctatus-Linoproductus planata 组合，主要见于底坎尔组上段的泥灰岩、石灰岩中，并可上延至苏穆克组。此外，在底坎尔西南40km处、鲁南1井3446～3448m井段和艾参1井3795～3805m井段也产有一定数量的腕足类化石，属种类似。

珊瑚产自南缘底坎尔剖面和盆地北缘桃西沟剖面，主要分子有 Pseudozaphrentoides

minor sp. nov.（小型假似内沟珊瑚）、*Bothrophyllum* sp.（沟珊瑚，未定种）、*Caninophyllum* yui（俞氏似犬齿珊瑚）、*Bothrophyllum ellipticum* Z. J. Wang（椭圆沟珊瑚）等（图2-2-4）。

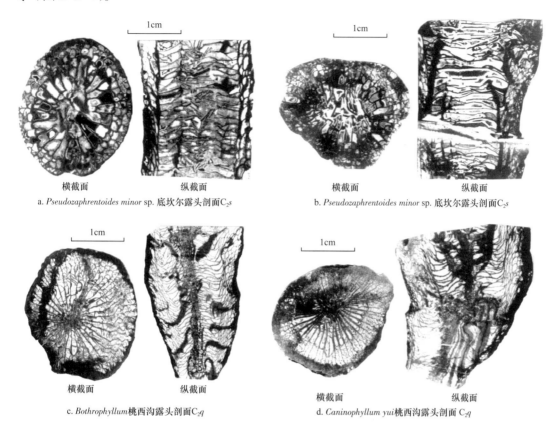

横截面　　　　纵截面　　　　　　　　　　横截面　　　　纵截面

a. *Pseudozaphrentoides minor* sp. 底坎尔露头剖面 C_2s　　　b. *Pseudozaphrentoides minor* sp. 底坎尔露头剖面 C_2s

横截面　　　　纵截面　　　　　　　　　　横截面　　　　纵截面

c. *Bothrophyllum* 桃西沟露头剖面 C_2q　　　　　d. *Caninophyllum yui* 桃西沟露头剖面 C_2q

图2-2-4　吐哈盆地晚石炭世珊瑚化石

泥灰岩、石灰岩中还产有丰富的苔藓虫化石，类型多样，保存完好，主要属种有 *Fenestella* sp.（窗格苔藓虫未定种）、*Nikiforovella* sp.（小尼基福洛娃苔藓虫）、*Polypora* sp.（多孔苔藓虫未定种）、*Meekopora lentiformis*（米克氏苔藓虫）等。艾参1井3795～3805m井段和鲁南1井3448m处发现 *Goniocladia* sp.（角板苔藓虫）、*Otenodiscus* sp. 及 *Stenopora* sp.（窄管苔藓虫未定种）等。

雅满苏南大沟、北大沟一带，石灰岩透镜体含䗴类，有 *Ozawainella* sp.（小泽䗴，未定种）、*O. vozhgalica*（伏芝加尔小泽䗴）、*Pseudostaffella subquadrata* var.（亚方形假史塔夫䗴伏芝加尔亚种）、*Profusulinella pseudorhomoides*（假近斜方原小纺锤䗴）、*P. prisca*（古代原小纺锤䗴蒂曼亚种）、*Eofusulina* sp.（始纺锤䗴），层位较 *Fusulinella–Fusulina* 带低，属莫斯科早期至巴什基尔晚期的地层。

（3）苏穆克组（C_2s）。

苏穆克组岩性以灰绿色、灰黑色凝灰质碎屑岩为主，夹有少量薄层石灰岩和泥岩。底部以灰黑色厚层底砾岩与底坎尔组厚层生物碎屑灰岩平行不整合接触，顶部与下二叠统艾丁湖组底灰黑色凝灰质砾岩平行不整合接触，厚度为230～525m。

苏穆克组零星分布于底坎尔南苏穆克和西南的觉罗塔格山北坡，底坎尔输油管线剖面岩性较粗，缺乏厚层碳酸盐岩。该组产有腕足类、螆类、珊瑚类、双壳类、腹足类动物化石，含少量植物化石。其中，在凝灰质砂岩、钙质粉砂岩中发现丰富的珊瑚化石，有 *Pseudozaphrentoides minor* sp.nov.（小型假似内沟珊瑚，未定种）、*P. paramapingensis* Z.J.Wang，*P.* sp. 等。

井下在艾1井935～1180m、鲁南1井2527～3047m、玉东1井3478～3800m、鲁东5井等钻遇苏穆克组，岩性为黑灰色砂质泥岩夹凝灰质砂岩及凝灰岩，与露头比较，火山碎屑岩成分增多，泥质岩增多，砂岩变少；所产的 *Triticites*（麦螆）种类较露头丰富，在玉东1井3480～3579m和鲁南1井2689～2888m井段，主要分子有 *Triticites parvulus*（小麦螆）、*T. amushanensis*、*T. parafusiformis*（拟纺锤形麦螆）、*T. primigenius*.*T. acutus*（短尖麦螆）、*T. fusiformis*、*T. ohioensis*（俄亥俄麦螆）、*T. variabilis*、*T.* sp.，可与国内外同名带相对比，时代为卡西莫夫晚期至格舍尔期。

2）盆地北缘"博格达型"上石炭统

（1）柳树沟组（C_2l）。

柳树沟组为海相中—基性火山岩、火山碎屑岩夹碎屑岩沉积，岩性为灰绿色英安岩、辉绿玢岩、霏细岩，夹薄层灰色粉砂岩、凝灰质砂岩。

该组主要出露于博格达山西部，近东西向延伸，在盆地西北缘桃西沟背斜核部，厚度大于60m，岩性主要为黄绿色中性火山岩（英安岩），向东、向北发育巨厚火山岩，厚度大于2000m；盆地东北缘七角井—碗泉北—哈密西山乡一带有零星出露。桃西沟剖面下部未出露下伏地层，接触关系不明。一碗泉北凝灰砂岩夹石灰岩透镜体中产珊瑚 *Caninophyllum*（似犬齿珊瑚）、*Amplexoides*（与拟包珊瑚）、*Caninia cf.omata* 和菊石 *Gastriceras* sp. 等。该组发育时代与盆地南缘白鱼山组同期。

（2）祁家沟组（C_2q）。

祁家沟组以碎屑岩、凝灰质碎屑岩、石灰岩为主。在桃西沟露头剖面厚度为806m，岩性三分性明显，下部石灰岩段，为中厚层状生物灰岩；中部碎屑岩段，以灰色、灰绿色砂砾岩、凝灰质砂岩为主，夹凝灰岩、石灰岩及少量玄武岩；上部石灰岩段，为灰白色中—薄层状石灰岩，夹深灰色泥岩。与下伏柳树沟组不整合接触。主要出露于盆地北缘的桃西沟、恰勒坎、二塘沟、柯柯亚北和哈密西山白杨沟、天山乡头道沟一带。

该组岩性、岩相较为稳定，易于横向对比，特别是上部石灰岩中发育的腕足类 *Uncinunellina wangenheimi*（王恩汉准小钩形贝动物群），是重要的划分对比标志，主要属种有 *Unlinunellina wangenheimi* Pander、*Dictyoclostus* sp.、*Martinia* sp.、*M. shanxiensis*（Chao）（山西马丁贝）等。此外，祁家沟组普遍产有丰富的螆类、苔藓虫、珊瑚、腕足类、海百合类等化石，发现的螆类化石属 *Fusulinella-Fusulina* 带。祁家沟组发育时期与盆地南缘的底坎尔组同期。

（3）奥尔吐组（C_2a）。

奥尔吐组岩性较为单一，为浅海相陆源细碎岩沉积。该组与祁家沟组伴生，见于盆地北缘西段桃西沟、二塘沟和东段哈密西山乡东六道沟一带，与下伏祁家沟组石灰岩整合或假整合接触。自西向东，由桃西沟剖面的凝灰质砂岩、钙质砂岩、砂砾岩变为哈密六道沟一带的薄—厚层状凝灰粉砂质泥岩夹细砂岩，厚度为120～596m，由西向东厚度逐渐增大，岩性变细。

乌鲁木齐祁家沟剖面产有丰富的腕足类、珊瑚及菊石化石。地质时代为晚石炭世最晚期卡西莫夫期—格舍尔期，与盆地南缘的苏穆克组同期。

二、二叠系

1. 下二叠统

根据吐哈盆地早二叠世沉积类型、岩性组合及生物群建立了北部"博格达型"依尔希土组和南部"觉罗塔格型"艾丁湖组，分别代表盆地北部陆相碎屑岩、火山岩及火山碎屑岩沉积和盆地南部海相、海陆交互相碎屑岩夹火山岩沉积（图2-2-5）。

1）依尔希土组（P_1y）

依尔希土组建组剖面在哈密天山乡依尔希土村的库莱剖面，厚度为715m，可分三个岩性段：下段为砂泥岩夹凝灰岩，中段为基性火山岩，上段为黑色泥岩夹泥灰岩。三个岩性段在盆地北缘桃西沟、照壁山、七角井等地也出露，厚度一般300～1000m。该组与下伏地层为假整合或不整合接触。

在盆地内，北部、中部和东部的大多数探井钻遇火山岩、火山碎屑岩，与盆地北缘露头中段的中基性火山岩沉积类型相似，同属陆内断陷—裂谷型火山岩系（邢秀娟，2004）。

该组含有丰富的植物（图2-2-6）、叶肢介、双壳类化石，集中产于上段的黑色泥岩中，其生物时代为早二叠世（廖卓庭，1999）。

2）艾丁湖组（P_1ai）

艾丁湖组是盆地南部鲁克沁地区南缘觉罗塔格西段的早二叠世海相、海陆过渡相碎屑岩夹凝灰岩沉积。岩性主要为浅灰色、灰绿色及青灰色细碎屑岩，产腕足类、双壳类、腹足类等动物及植物化石，所产动物化石个体较小，属残留海相环境，与其下伏产有 *Triticites*（麦蜓）带的上石炭统苏穆克组为连续沉积。艾丁湖组在盆地内部厚度较小，艾参1井厚度135m；向南至觉罗塔格山前逐渐增厚，在底坎尔露头剖面厚度695m；盆地东南缘下二叠统完全相变为海相沉积，岩性主要为碳酸盐岩、碎屑岩夹中基性火山岩。该组与下伏地层为整合或假整合接触。

盆地南部鲁南1、玉东1和艾参1井等井钻遇艾丁湖组。鲁南1井岩性为深灰色泥岩、杂色砂砾岩、凝灰质砂岩夹薄层泥灰岩、玄武岩，含菊石、腕足类等化石。腕足类有 *Attenuatella* sp.（窄顶贝，未定种）、*Parallelodon* sp.（显齿蚶）、*Wilkingia* sp.（变带蛤，未定种）等；掘足类有 *Artalis* sp.；腹足类有 *Gastripoda gen et* sp. indet.；菊石类有 *Neoaganites* sp.（新缓菊石）等。化石特点是门类繁多，属种单一，个体属小或微小的侏儒型分子，如 *Neoaganites* 仅绿豆大小，腕足类的戟贝类则长宽不到5mm，与地面露头完全相似。该井艾丁湖组与下伏产麦蜓的石炭系整合接触。鲁南1井和艾参1井产丰富的孢粉化石，其组合为 *Calamospora*（芦木孢属）–*Protohaploxypinus*（单束多肋粉属）–*Striatoabieites rugosus*（皱体冷杉多肋粉）。

2. 中二叠统

中二叠统整体划分为桃东沟群（P_2td），为断陷沉积，盆地内部分布较局限，残余地层分隔性较强（图2-2-7）；岩性组合总体下粗上细，自下而上分为大河沿组（P_2d）和塔尔朗组（P_2t）。

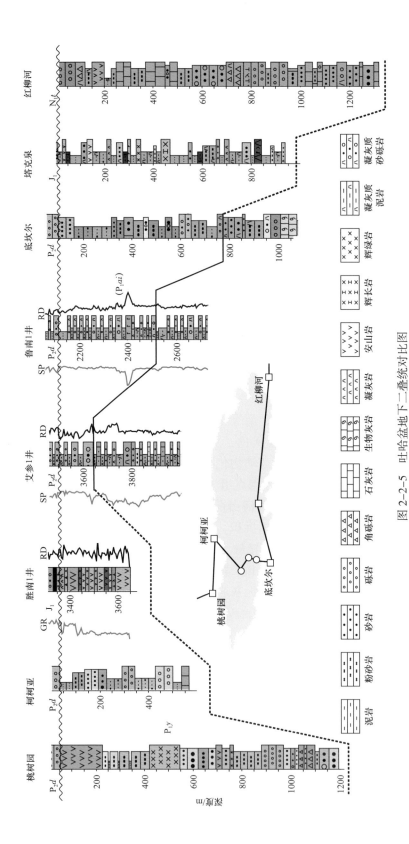

图 2-2-5 吐哈盆地地下二叠统对比图

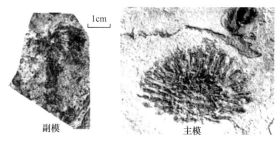

a. *Vojnovskya hamiensis* sp.nov. 哈密伏氏穗(新种)　　　　b. *Nephropsis hamiensis* sp.nov. 哈密拟肾叶(新种)

c. *Rufloria derzavinii* (*Neub.*) *Meyen*德氏弗洛林叶

图 2-2-6　吐哈盆地北缘库莱露头早二叠世晚期植物化石

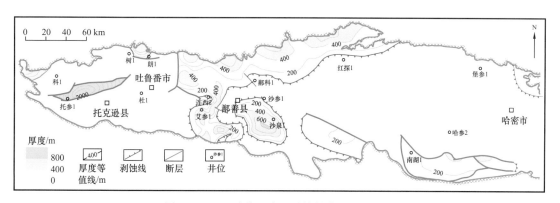

图 2-2-7　吐哈盆地中二叠统桃东沟群厚度图

大河沿组岩性为紫红色、灰绿色厚层块状砾岩，含砾粗砂岩，中—下部有火山岩夹层，露头厚度为162.7～534.5m；底部以不整合面与下二叠统或石炭系接触，顶部以粗碎屑结束，细碎屑出现为界，与塔尔朗组整合过渡。在桃树园露头剖面，砂砾岩裂缝中见有沥青脉。

塔尔朗组以陆源细碎屑岩沉积为主，岩性主要为灰绿、灰黑色泥岩、砂质泥岩夹泥灰岩和少量砂岩及砾岩，露头厚度为58.0～352.6m；底与大河沿组整合接触。在塔尔朗沟露头剖面，灰黑色泥岩中发育大量含油结核。该组发育的暗色泥岩是盆地主要的烃源岩之一。

桃东沟群出露于盆地北缘桃树园、塔尔朗沟、二塘沟、柯柯亚、库莱、西缘艾维尔沟、南缘大南湖等地。在东北缘库莱一带，桃东沟群为浅灰、灰黄、灰黑色细砾岩、砂岩、泥岩呈韵律性互层（图 2-2-8），厚度为逾400m，其大河沿组与塔尔朗组岩性不易区分，与盆地北缘中西部桃树园—七角井一带对比，该区塔尔朗组岩性变粗，大河沿组

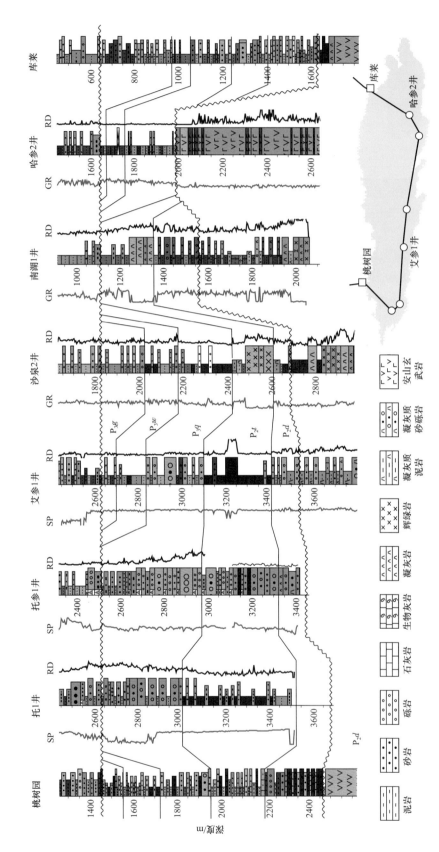

图 2-2-8 吐哈盆地中—上二叠统对比示意图

则岩性变细，大河沿组基本不发育厚层块状砾岩。在盆地东南缘大南湖一带，缺失大河沿组砾岩段，主要发育塔尔朗组，岩性为灰黑、深灰色泥岩、页岩夹细砂岩、碳质泥岩及泥灰岩，厚度约 420m，其层序结构、沉积类型与盆地西北缘桃树园一带非常相似，在下部泥灰岩中发现 *Megasitum* sp.（大疱叶肢介）化石，与准噶尔盆地南缘芦草沟组、吐哈盆地北缘塔尔朗组所产叶肢介属种相同。

在盆地内部，主要是在南部钻遇桃东沟群，在西南部托克逊凹陷有托参 1、伊 3、托北 1、盐 1 等井，在南部艾丁湖斜坡有艾参 1、鲁南 1、马 1 井、英 15、沙泉 1、沙泉 2 等井，在东南部了墩隆起有南湖 1 井；钻井揭示了桃东沟群沉积分隔性强，湖盆之间水体连通性差。在盆地北部，尚无井揭示桃东沟群，但已间接证明台北凹陷为沉积区，推测厚度为 200～700m。

在托克逊凹陷，托参 1 井及邻井钻遇桃东沟群大河沿组，厚度一般 200～1600m，岩性为灰绿色、深灰色巨厚层块状砾岩、砂砾岩夹薄层砂、泥岩，与艾维沟、塔尔朗沟剖面大河沿组上段的灰绿色砾岩可对比，井下大河沿组顶部出现了较多的灰绿、灰黑色泥岩，所产的特征孢粉（*Cordaitina*、*Hamiapollenites* 等）与区域上桃东沟群的孢粉组合一致。

艾丁湖斜坡桃东沟群钻遇厚度一般 300～600m。艾参 1、鲁南 1 井的桃东沟群以塔尔朗组灰黑色泥岩为主，底部（或下部）大河沿组砾岩段不甚发育；马 1 井桃东沟群下部杂色砾岩属大河沿组，上部灰黑色泥岩（页岩）夹薄层粉砂质泥岩、砂岩属塔尔朗组。

桃东沟群产有吐鲁番古鳕鱼、鱼鳞、双壳类、介形、孢粉等化石，主要分布于塔尔朗组。其中，*Turfania taoshuyuanensis Ziu et Na*（桃树园吐鲁番鳕）主要产自桃树园露头剖面泥灰岩。双壳类有 *Anthraconauta*（炭蚌）-*Mrassiella*（木拉斯蚌）-*Microdontella*（小微齿蚌）组合。植物化石有 *Callipteris altica*（阿尔泰美羊齿）、*Comia dentata*（锯齿异脉羊齿）、*C.vichunensis*（伊春异脉羊齿）、*Compsopter iswongii*（翁氏焦羊齿）等。孢粉组合为 *Cordaitina uralensis*（乌拉尔科达粉）-*Striatoabieites striatus*（条纹冷杉多肋粉）-*Hamiapollenites*（哈姆粉属）。

3. 上二叠统

1）泉子街组（P_3q）

泉子街组基本继承了中二叠统的沉降格局，但分布范围变小（图 2-2-9）。

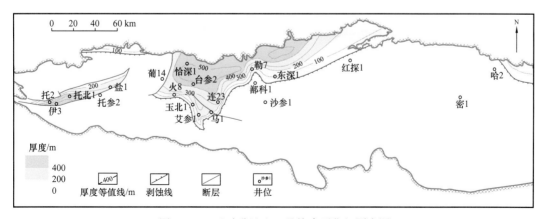

图 2-2-9　吐哈盆地上二叠统泉子街组厚度图

区域上，该组为一套下粗上细的正旋回沉积，形成二叠系主要的储盖组合；岩性多为暗紫色、紫红色、杂色砂砾岩、砂岩与紫红色、灰绿色泥岩的不等厚互层，常夹薄层石灰岩及泥灰岩透镜体和条带，局部含菱铁矿结核及少量煤线。厚度一般为100～550m，与下伏地层呈整合或假整合接触。

泉子街组岩性在不同地区有一定变化。在盆地北缘桃树园、塔尔朗沟一带，岩性基本一致，为大套的紫红色、褐色泥岩、泥质粉砂岩夹细砂岩和粉砂岩，底部见底砾岩，厚度较大（318～540m）；往东在二塘沟至一碗泉地区岩性变粗、厚度减薄。在哈密库莱剖面，岩性为灰绿色砂岩与灰绿色、紫红色泥岩互层，厚度为195m；在盆地南部大南湖地区相变为红色泥岩夹薄层粉细砂岩，厚度100m左右。盆地中部马1、连23等井揭示的泉子街组岩性较粗，以杂色砂砾岩夹薄层紫红色泥岩为主，为扇三角洲、冲积扇等沉积，厚度100m左右。

泉子街组含丰富的介形类、双壳类、脊椎动物及植物化石。双壳类有 *Palaeanodonta cf.subcastor*（近海狸古无齿蚌比较种）、*P. fischeri*（费希尔古无齿蚌）、*P. ovalis*（卵形古无齿蚌）、*Palaeomutela neglecta*（未选古米台蚌）、*P. ovalis*（卵形古米台蚌）等，构成 *Palaeanodonta–Palaeomutela* 双壳组合；介形类以 *Darwinula fragiliformis*（脆弱达尔文介）和 *D.lubimovae*（柳氏达尔文介）等晚古生代属种的达尔文介为主。脊椎动物化石在盆地北缘剖面广泛发现，爬行类以 *Jimusaria taoshuvuanensis*（桃树园吉木萨尔兽）、*Turfanodon bogdaensis*（博格达吐鲁番兽）等二齿兽为主。植物化石以真蕨和种子蕨纲的 *Callipteris*（美羊齿）、*Comia* sp.（异脉羊齿）、*Pecopteris*（栉羊齿）及 *Pursongia*（蒲逊格羊齿）等晚古生代属种为主。

2）梧桐沟组 ❶（P₃w）

梧桐沟组为冲积平原—滨浅湖亚相的沉积，下部岩性为灰绿色砂岩、含砾砂岩夹泥岩及薄层石灰岩和泥灰岩透镜体，局部含菱铁矿结核，上部岩性为灰绿色砂质泥岩与灰褐色、灰绿色砂岩和粉、细砂岩呈不等厚互层，厚度134～206m，与下伏泉子街组呈整合接触。

该组在盆地南缘、北缘均有出露，盆地内部分布于北部台北凹陷、南部艾丁湖斜坡和东部三堡凹陷，总体厚度分布稳定，但岩性变化较大。二塘沟—照壁山地区岩性较粗，下粗上细的沉积旋迴特征十分清晰，向东、西方向岩性渐细。西部桃树园为泥岩与粉砂岩薄互层，夹较多薄层石灰岩；东部库莱和大南湖以西地区，主要为泥岩、砂质泥岩夹粉、细砂岩，含钙质团块。盆内艾丁湖斜坡岩性与桃树园剖面类似。

该组含较丰富的动植物化石。介形类以 *Darwinula elongata*（伸长达尔文介）、*D.lucida*（光亮达尔文介）、*D.futshiki*（伏氏达尔文介）、脆弱达尔文介相似种等晚古生代的达尔文介属种占优势，也可见少量的 *Suchonella*（苏克介）等中生代先驱分子；双壳类主要为 *Palaeanodonta*（古无齿蚌）-*Palaeomutela*（古米台蚌）-*Netschajewia*（聂氏蚌）组合。植物以真蕨和种子蕨纲的美羊齿、异脉羊齿、*Compsopteris*（焦羊齿）和 *Supaia*

---

❶ 勘探生产中使用的"梧桐沟组"含义：为方便油气勘探生产，油田内部使用了三分的"梧桐沟组"地层单元，包括上述传统的泉子街组、梧桐沟组、锅底坑组和下三叠统。其具体对应关系为：梧桐沟组一段（P₃w₁）对应区域上泉子街组；梧桐沟组二段（P₃w₂）对应区域上梧桐沟组和锅底坑组；梧桐沟组三段（P₃w₃）对应区域上的下三叠统，特此说明。

（苏柏羊齿）等晚古生代属种为主，并有少量具中生代色彩的属种，如 *Pterophyllum*（侧羽叶）、*Taeniopteris*（带羊齿）和匙叶等。孢粉组合为 *Lophotriletes-Gardensporites xingjiangsis-Alisporotes*。

3）锅底坑组（P_3g）

锅底坑组为河流冲积平原亚相的沉积，岩性主要为褐色、灰绿色泥岩、泥质粉砂岩、粉砂岩与中细砂岩的互层，间夹薄层泥灰岩，含钙质结核，平面上岩性无明显的分区性。露头上，锅底坑组以"红绿间互"的颜色特征与下伏绿色梧桐沟组和上覆红色韭菜园组相区别。锅底坑组分布与梧桐沟组相似，厚度较薄，一般50～200m，与下伏地层呈整合或假整合接触。

该组中—上部产有较为丰富的介形类、叶肢介和孢粉化石，局部地区也见植物及双壳类。介形类属种单调，达尔文介、三角形舒可介和新疆盘县介是最典型的分子。叶肢介为 *Falsisa beijiangensis*（北疆伪转叶肢介）-*Falsisa-Aquilonglypta*（北方雕饰叶肢介）组合。孢粉组合为 *Protohaploxypinus*（单束多肋粉属）-*Taeniaesporites*（宽肋粉属）-*Lundbldispora*（伦德布莱孢属），在艾参1井的锅底坑组上部，孢粉中以早三叠世典型分子 *Limalulasportes*、*Lundbladispora* 的含量急剧上升最具时代意义，说明上部已进入早三叠世，与上覆下三叠统韭菜园组更为接近（刘兆生，2000），这与区域上二叠系、三叠系连续沉积以及岩性地层穿时是一致的。

上二叠统三个组岩性组合具有相似而又渐变的特征，从下至上由粗变细、由灰变红，中部灰（绿）红夹杂，上部完全为红层，因此整体称为下仓房沟群（P_3cf^a）。该群除托克逊凹陷、了墩隆起缺失外，其他地区出露和分布基本同下伏的桃东沟群，艾丁湖斜坡、台北凹陷和三堡凹陷已有多口井钻遇。在台北凹陷、艾丁湖斜坡，该群继承了桃东沟群的沉积面貌，地层仍呈现北厚南薄的态势，主要沉降中心位于凹陷北缘的巴喀—照壁山一线，最大沉积厚度超过900m。在盆地东部哈密坳陷，下仓房沟群在南北两侧均有发现，北部库莱剖面厚度为655m，三堡凹陷堡参1井厚度88m；南部大南湖剖面、共堡1井、哈参2井有出露或揭示。

第二节　中　生　界

中生界（图2-2-10）是盆地最主要的沉积充填，厚度大、分布广泛。

下三叠统岩性组合与分布类似于上二叠统上部；中—上三叠统为周围山系隆升下的一套冲积扇—辫状河三角洲—湖泊正旋回沉积，分布广泛；侏罗系整体为前陆坳陷鼎盛时期的三角洲—湖泊正旋回沉积，厚度巨大，其中，中—下侏罗统水西沟群煤系建造是吐哈盆地最重要的烃源岩层系，上侏罗统湖相巨厚泥岩是盆地至为重要的区域性盖层；白垩系为前陆坳陷开始萎缩期的一套正旋回沉积。

一、三叠系

三叠系总体为下红、中杂、上绿的砂砾岩、砂岩、泥岩沉积，上部、下部总体较细，中部砂砾岩相对发育。下三叠统整体划分为上仓房沟群（T_1cf^b）；中—上三叠统整体划分为小泉沟群（$T_{2-3}xq$），包括克拉玛依组（$T_{2-3}k$）、黄山街组（T_3hs）和郝家沟组（T_3h）。

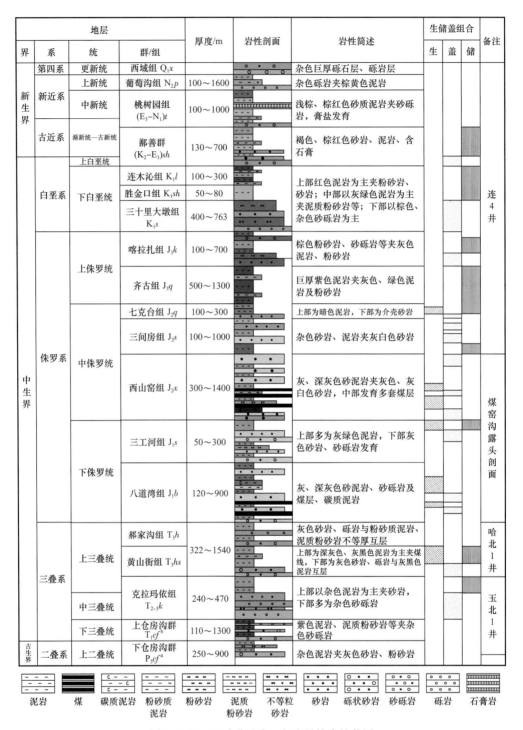

地层				厚度/m	岩性剖面	岩性简述	生储盖组合			备注
界	系	统	群/组				生	盖	储	
新生界	第四系	更新统	西域组 Q₁x			杂色巨厚砾石层、砾岩层				
	新近系	上新统	葡萄沟组 N₂p	100~1600		杂色砾岩夹棕黄色泥岩				
		中新统	桃树园组 (E₃–N₁)t	100~1000		浅棕、棕红色砂质泥岩夹砂砾岩，膏盐发育				
	古近系	渐新统—古新统	鄯善群 (K₂–E₃)sh	130~700		褐色、棕红色砂岩、泥岩、含石膏				
中生界	白垩系	上白垩统								连4井
		下白垩统	连木沁组 K₁l	100~300		上部红色泥岩为主夹粉砂岩、砂岩；中部以灰绿色泥岩为主夹泥质粉砂岩等；下部以棕色、杂色砂砾岩为主				
			胜金口组 K₁sh	50~80						
			三十里大墩组 K₁s	400~763						
	侏罗系	上侏罗统	喀拉扎组 J₃k	100~700		棕色粉砂岩、砂砾岩等夹灰色泥岩、粉砂岩				
			齐古组 J₃q	500~1300		巨厚紫色泥岩夹灰色、绿色泥岩及粉砂岩				
		中侏罗统	七克台组 J₂q	100~300		上部为暗色泥岩，下部为介壳砂岩				煤窑沟露头剖面
			三间房组 J₂s	100~1000		杂色砂岩、泥岩夹灰白色砂岩				
			西山窑组 J₂x	300~1400		灰、深灰色砂泥岩夹灰色、灰白色砂岩，中部发育多套煤层				
		下侏罗统	三工河组 J₁s	50~300		上部多为灰绿色泥岩，下部灰色砂岩、砂砾岩发育				
			八道湾组 J₁b	120~900		灰、深灰色砂泥岩、砂砾岩及煤层、碳质泥岩				
	三叠系	上三叠统	郝家沟组 T₃h	322~1540		灰色砂岩、砾岩与粉砂质泥岩、泥质粉砂岩不等厚互层				哈北1井
			黄山街组 T₃hs			上部为深灰色、灰黑色泥岩为主夹煤线；下部为灰色砂岩、砾岩与灰黑色泥岩互层				
		中三叠统	克拉玛依组 T₂₋₃k	240~470		上部以杂色泥岩为主夹砂岩，下部多为杂色砂砾岩				玉北1井
		下三叠统	上仓房沟群 T₁cf^b	110~1300		紫色泥岩、泥质粉砂岩等夹杂色砂砾岩				
古生界	二叠系	上二叠统	下仓房沟群 P₃cf^a	250~900		杂色泥岩夹灰色砂岩、粉砂岩				

| 泥岩 | 煤 | 碳质泥岩 | 粉砂质泥岩 | 粉砂岩 | 泥质粉砂岩 | 不等粒砂岩 | 砂岩 | 砾状砂岩 | 砂砾岩 | 砾岩 | 石膏岩 |

图 2-2-10 吐哈盆地中—新生界综合柱状图

三叠系断续出露于盆地北缘的艾维尔沟、阿拉沟、可尔街、桃树园、柯柯亚、照壁山和库莱等地区，剖面厚度变化大，为80（艾维尔沟）～2138m（柯柯亚）。钻探证实盆内三叠系广泛分布，与下伏下仓房沟群为整合接触，与上覆侏罗系为不整合或假整合接触。

1. 下三叠统

下三叠统上仓房沟群厚度普遍较小，主要在露头上自下而上进一步划分为韭菜园组（T_1j）和烧房沟组（T_1s）。

1）韭菜园组（T_1j）

韭菜园组岩性为河流冲积平原亚相的细碎屑岩，主要是厚层状的紫红色、灰褐色泥岩、粉砂质泥岩夹紫红色、灰黄色薄层砂砾岩、细砂岩或砂岩透镜体，局部可见薄层石灰岩或透镜体，平面上岩性变化小。区域上，大套紫红色、灰褐色泥岩是识别的良好标志，与下伏锅底坑组的分界以"灰绿色层"结束为标志，两者呈整合过渡。

韭菜园组有台北—台南和哈密两大沉积区，地层厚度变化较大，一般100~650m，以东部的哈密坳陷最为发育。

在盆地西部，该组总体表现为北厚南薄，沉降中心位于照壁山南侧，最大厚度逾300m。北缘桃东沟、照壁山露头剖面岩性组合较为典型，厚度为108~276.5m（图2-2-11）；南部艾参1井钻遇厚度仅84m，岩性为大套灰紫色泥岩夹薄层灰色砂岩及泥质粉砂岩（图2-2-12）。

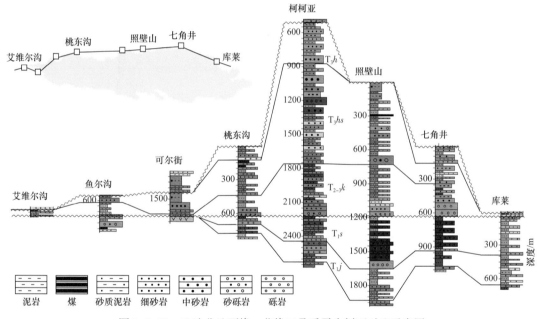

图2-2-11　吐哈盆地西缘—北缘三叠系露头剖面对比示意图

在盆地东部，总体表现为南厚北薄，厚度中心在南部哈参2井附近，其厚度为613.5m，岩性为紫灰、褐色泥岩与灰色细砂岩的不等厚互层，向中部密1井附近岩性变细，厚度减薄。

韭菜园组含丰富的脊椎动物化石和少量介形类、腹足类、孢粉化石。脊椎动物化石主要产自桃树园和库莱剖面，有 *Lystrosaurus hedini*（郝氏水龙兽）（图2-2-13）、*L.latifrons*（宽额水龙兽）、*L.robustus*（粗壮水龙兽）、*L.youngi*（杨氏水龙兽）、*Chasmatosaurus yuani*（袁氏加斯马吐龙）和假鳄类，是北疆地区标准的早三叠世水龙兽动物群代表性的化石（赵喜进，1980）。介形类、腹足类发育单调，腹足类有 *Hydrobia*

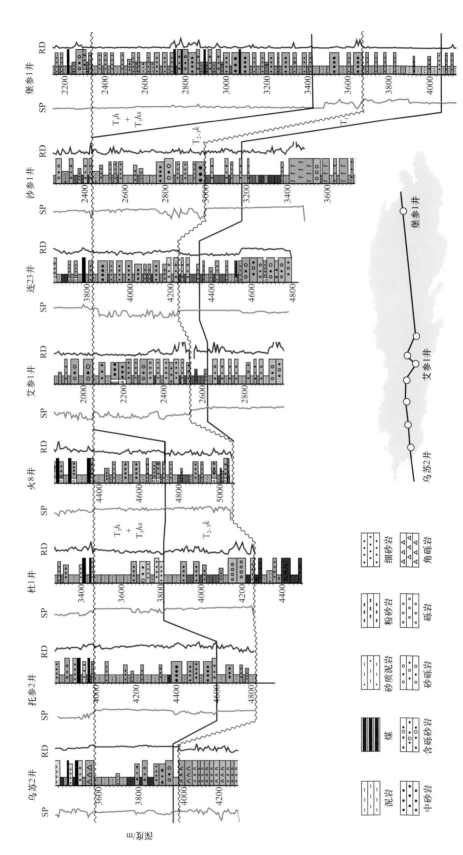

图 2-2-12 吐哈盆地三叠系钻井地层对比示意图

turpanensis（吐鲁番水生蚌），介形虫有 *Darwinula elongata*（长达尔文虫）。孢粉化石在井下相对丰富，以台孜 1 井、哈北 1 井最具代表性，可称之为 *Limatulaspoyites*（背光孢属）-*Lundbladispora*（伦德布莱孢属）-*Taeniaesporites*（宽肋粉属）组合，其中 *Lundbladispora* 为早三叠世的标志分子，*Limatulaspoyites* 于早三叠世最为发育，是早三叠世的特征分子之一。

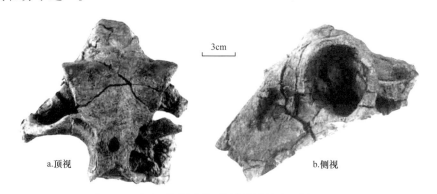

Lystrosaurus hedini 赫氏水龙兽，桃树园露头剖面 T₁*j* 底部

图 2-2-13　吐哈盆地早三叠世的动物化石

2）烧房沟组（T₁*s*）

烧房沟组是以河流相为主的粗碎屑岩，局部可见湖相碎屑岩沉积。岩性主要为紫红色砂质泥岩、褐紫色砂砾岩夹蓝绿色砾岩、砾状砂岩，在照壁山剖面发育钙质"砂球"。该"砂球"有放射状、层状、同心圆状和均质状四类，区域上多有分布，可作为识别标志。该组分布基本和韭菜园组一致，岩性与下伏韭菜园组的宏观区别是前者粗，以砂砾岩为主，后者细，以红色泥岩为主，两者为整合接触；与上覆克拉玛依组存在不整合面，界限以克拉玛依组底部的灰绿色"城墙砾岩"出现为标志。

台北凹陷北缘柯柯亚、照壁山一带岩性较粗，厚度较大，在照壁山剖面以灰紫红色砾岩为主，含"砂球"，厚度为 445m；向东至七角井略有减薄（304m）；向西至桃树园岩性有所变细，厚度大幅减薄至 86m；向南至台南岩性更细，为棕红、灰紫色泥岩夹薄层灰白色石膏，厚度减至 50m。在盆地东部，北缘库莱剖面岩性为紫红色泥岩、砂质泥岩夹同色的砂岩、砾岩，厚度约 175m，南部岩性与库莱地区基本类似，但厚度可达 400m。

烧房沟组古生物化石贫乏，只在共堡 1 井、哈北 1 井发现有效的孢粉化石，为 *Limatulaspoyites*（背光孢属）-*Taeniaesporites*（宽肋粉属）-*Alisporite*（阿里粉属）组合，继承了韭菜园组孢粉组合的基本特征。

韭菜园组与烧房沟组岩性、颜色相似相续，分布范围均与下仓房沟群十分相似，因此合并称为上仓房沟群（T₁*cf*ᵇ），地表主要出露于盆地北缘的桃树园、柯柯亚、照壁山、库莱等地，盆内有艾参 1、鄯科 1、沙参 1、沙泉 2、哈参 1 和哈参 2 等井钻遇，厚度 193～981m。

据钻井和地震资料分析，整个仓房沟群主要分布于台北—台南地区和哈密坳陷（图 2-2-14），以哈密坳陷最为发育，哈参 2 井附近最大厚度逾 1200m。

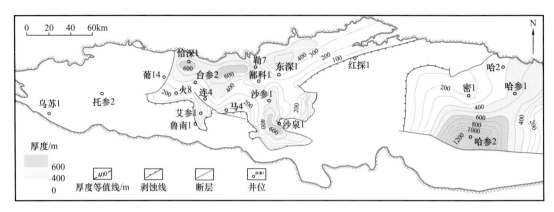

图 2-2-14　吐哈盆地仓房沟群（下三叠统—上二叠统）厚度图

2. 中—上三叠统

中—晚三叠世，克拉玛依运动使周围山系隆升，盆地内部广泛沉积了小泉沟群。早期沉积的克拉玛依组发育区域性的底砾岩，随后沉积巨厚的河湖相砂岩、泥岩地层，纵向上构成一个正旋回。小泉沟群自下而上分为克拉玛依组、黄山街组和郝家沟组，下部克拉玛依组颜色主要为杂色、红色，向上普遍变为灰绿色，岩性具有粗—细—较粗的明显变化。小泉沟群广泛出露于吐鲁番坳陷西北缘的艾维尔沟、阿拉沟、鱼儿沟、可尔街、桃树园、柯柯亚、照壁山、七角井和哈密坳陷北缘的库莱等地区。盆地内除西北部布尔加凸起—葡北凸起、南部了墩隆起、东部黄田凸起部分剥蚀缺失外，其他地区均有探井钻遇（图 2-2-15）。

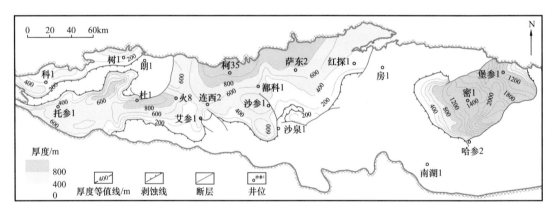

图 2-2-15　吐哈盆地中—上三叠统小泉沟群厚度图

在盆地西缘科牙依凹陷，地层保存不完整，仅发育中—下段，厚度为 200～400m；在盆地西南部托克逊凹陷，地层分布广泛，厚度一般 200～600m，盐山口沉降中心厚度逾 800m；在北部的台北凹陷，北缘柯柯亚—照壁山沉降中心厚度逾 1700m，地层向东、南、西三个方向逐渐减薄；盆地东部的三堡凹陷，地层分布普遍，厚度一般为200～1800m，凹陷周边厚度相对小。

1）克拉玛依组（$T_{2-3}k$）

克拉玛依组为冲积扇—河流相的粗碎屑岩，岩性下粗上细，是吐哈盆地重要的储层层位。岩性为浅灰色砂岩、泥质砂岩与灰绿色、紫红色泥岩互层，底部常发育厚层状的灰绿色、灰黄色砾岩，砾岩胶结致密、抗风化能力强，地表常形成陡崖地貌，像高耸的城墙，俗称"城墙砾岩"。厚度一般240～470m，与下伏烧房沟组呈不整合或假整合接触，在托克逊凹陷则与下伏古生界不整合接触。

该组岩性、岩相在不同地区变化较大。在吐鲁番坳陷，除布尔加凸起、葡北凸起剥蚀缺失外分布稳定；在台北—台南，岩性较粗，岩石颜色较杂，底砾岩发育（103～137m），以冲积扇相—辫状河三角洲相沉积为主；向西至托克逊凹陷西部及科牙依凹陷岩性变细，底砾岩减薄（40～50m）。在哈密坳陷主要分布于北部三堡凹陷，岩性与台北—台南非常相似。

古生物化石有脊椎动物、哈萨克虫、植物、孢粉及少量的叶肢介等。脊椎动物产于桃树园剖面"城墙砾岩"之上的紫红色泥岩中，主要为二齿兽类 *Sinokannemeyia* sp.（中国肯氏兽）、*Kannemeyeriidae gen.et sp.indet*（兽科未定属种）和假鳄类 *Turfanosuchus dabanensis*（达坂吐鲁番鳄）、*Vjushkovia sinensis*（中国武氏鳄）以及谜齿类 *Parotosaurus turfanensis*（吐鲁番耳曲龙）等，该组合系北疆中三叠世肯氏兽动物群的重要成员。哈萨克虫主要产于克拉玛依组中—上部，属种较多，其代表时代为晚三叠世，是该组跨世的主要依据。叶肢介常与哈萨克虫相伴生，显示了晚三叠世的面貌，主要属种有 *Darwinula cf.parafragiliformis*（脆弱达尔文介相似种）、*D.cf.abstrusa*（隐蔽达尔文介相似种）、*D.aff.breviata*（短达尔文介亲近种）以及与其共生的 *Liolimnadia kumulensis*（哈密光滑渔乡叶肢介）、*L.orbicula*（圆形光滑渔乡叶肢介）、*Mesolimnidiopsis sp.*（中似渔乡叶肢介）等。植物属种比较丰富，包括石松类、有节类、真蕨类、种子蕨类和银杏类等，如 *Danaeopsis fecunda*（多实丹尼蕨）、*Bernoullia zeilleri*（蔡氏贝尔瑙蕨）、*Neocalamites carcinoides*（蟹形新芦木）、*Equisetites sarrani*（沙似木贼），显示了中晚三叠世的植物面貌。露头和井下均产丰富的孢粉化石，孢粉组合为 *Calamospora-Aratrisporites-Alisporites*（芦木孢属—犁形孢属—阿里粉属）组合。

2）黄山街组（T₃hs）

黄山街组是以湖相为主的碎屑岩地层。下部为浅灰色、灰色砂岩、砾状砂岩、砾岩与灰绿色、灰—灰黑色泥岩互层，上部为灰绿色、灰—灰黑色泥岩夹灰白色、浅灰色砂岩及煤线。厚度为100～896m（柯柯亚），横向变化大。与下伏克拉玛依组呈整合接触。

黄山街组分布于科牙依凹陷、托克逊凹陷、鲁西凸起、台北凹陷、三堡凹陷五个区域。在托克逊、科牙依凹陷，岩性下粗上细，下部为灰色砂岩、砾岩与灰色泥岩不等厚互层，上部为灰黑色泥岩夹煤线，厚度为200～600m；向凹陷边缘岩性变粗，灰绿色砾岩增多，厚度减薄。在台北凹陷，岩性为黄绿色、灰绿色泥岩与浅灰色砾岩互层，围绕柯柯亚—照壁山沉降中心，地层向东、南、西三个方向逐渐减薄，厚度为196～896m。在三堡凹陷，黄山街组普遍发育，为暗色砂岩、泥岩构成的正旋回沉积，砂岩、砾岩以片沸石胶结为主，岩性稳定，地层北厚南薄，最大厚度可达1000m以上。

该组生物化石十分丰富、门类繁多，主要有双壳类、哈萨克虫、叶肢介、昆虫和植物、孢粉等。双壳类有 *Ferganoconcha sibirica*（西伯利亚费尔干蚌）、*Sibireconcha anodontoides*（无齿形西伯利亚蚌）、*S.shensiensis*（陕西西伯利亚蚌）、*Utshamiella yenchuanensis*（延川乌恰姆蚌）等。哈萨克虫在露头和井下普遍发育，属种有 *Almitiumgusevi*、*Jeanrogerium sornayi*（索氏延洛格虫）、*Paracathocaris ketmenica*（凯特蒙刺甲虫）、*Ketmenidae*（凯特蒙刺科），与克拉玛依组属种基本一致，是北疆克拉玛依组—黄山街组划分对比的区域性标志。叶肢介也普遍发育，种类繁多，数量丰富，其中以北方雕式叶肢介和准噶尔叶肢介最为发育。昆虫类在可尔街地区最为发育，共有19属27种（林启彬，1992；廖卓庭，1993），以鞘翅目占优势，反映的时代为晚三叠世。植物属种比较丰富，包括石松类、有节类、真蕨类、种子蕨类和银杏类等，以 *Danaeopsis fecunda*（多实拟丹尼蕨）-*Bernouillia zeilleri*（蔡氏贝尔瑙蕨）植物群为主。孢粉组合为 *Cyclogranisporites*（圆形粒面孢属）-*Duplexisporites*（旋脊孢属）-*Aplisporites* 组合，可与大龙口剖面黄山街组—郝家沟组对比，时代为晚三叠世。

3）郝家沟组（T_3h）

郝家沟组是以湖相沉积为主的碎屑岩，与下伏黄山街组相比岩性变粗、砂层变厚，在局部地区有一定的生储能力。岩性主要为灰色、灰黄色砂岩、砾岩与灰色、灰绿色泥岩、砂质泥岩互层，局部夹薄层碳质泥岩和煤线；地层厚度变化较大，露头厚度122～540m；与下伏黄山街组呈整合接触。

郝家沟组因印支运动影响，在托克逊凹陷西北部、科牙依凹陷、台北凹陷南部、艾丁湖斜坡和三堡凹陷南部基本剥蚀殆尽。在托克逊凹陷伊拉湖断层以东，以及台北凹陷，岩性与下伏黄山街组基本类似，除桃树园剖面界限清楚外，其他地区较难划分。在三堡凹陷，岩性与下伏黄山街组界限清楚，分布北厚南薄，向南至密1井区完全剥蚀。

生物化石与下伏黄山街组相似，主要有哈萨克虫、叶肢介和植物、孢粉等，但哈萨克虫、昆虫种类大减。孢粉组合为 *Cyclogranisporites*（圆形粒面孢属）-*Alisporites*（阿里粉属）-*Cycadorites*（桫椤孢属）组合，反映时代仍为晚三叠世。

二、侏罗系

侏罗系包括三统一群七组，下侏罗统至中侏罗统下部称为水西沟群（$J_{1-2}sh$），包括八道湾组（J_1b）、三工河组（J_1s）和西山窑组（J_2x）；中侏罗统上部包括三间房组（J_2s）、七克台组（J_2q）；上侏罗统包括齐古组（J_3q）和喀拉扎组（J_3k）（新疆维吾尔自治区区域地层表编写组，1981；邓胜徽，2003）。其中以西山窑组厚度大、分布最广，最大揭穿厚度超过1000m。岩性组合纵向变化反映古气候由温暖潮湿渐变为炎热干旱，即中—下侏罗世为煤系沉积，中侏罗世中晚期为杂色砂泥岩沉积，晚侏罗世则是干旱气候下的红色砂泥岩沉积（图2-2-16）。侏罗系生物化石极为丰富，包括脊椎动物、双壳类、腹足类、介形类、叶肢介、昆虫、轮藻、古植物、孢粉、大孢子等十大类。

侏罗系是盆地内发育最全、分布最广、厚度最大的以河湖相碎屑岩和湖沼、河沼相煤系建造为特征的沉积地层，是盆地最重要的源岩层系和勘探目的层系，地层广泛出露于盆地南北山前、中央火焰山—七克台逆冲带，除了墩隆起及南部斜坡带不甚发育或遭受剥蚀外，普遍分布于吐鲁番坳陷、哈密坳陷，井下普遍钻遇，最大厚度超过4000m。

1. 下侏罗统

下侏罗统分布于盆地的北部和西南部，具有托克逊、台北、三堡三个沉降中心，在盆地东端、东南部缺失。平面上厚度变化较大，厚度一般为200～800m，托克逊凹陷最大厚度1050m，台北凹陷最大厚度850m，三堡凹陷最大厚度超过900m（图2-2-17）。

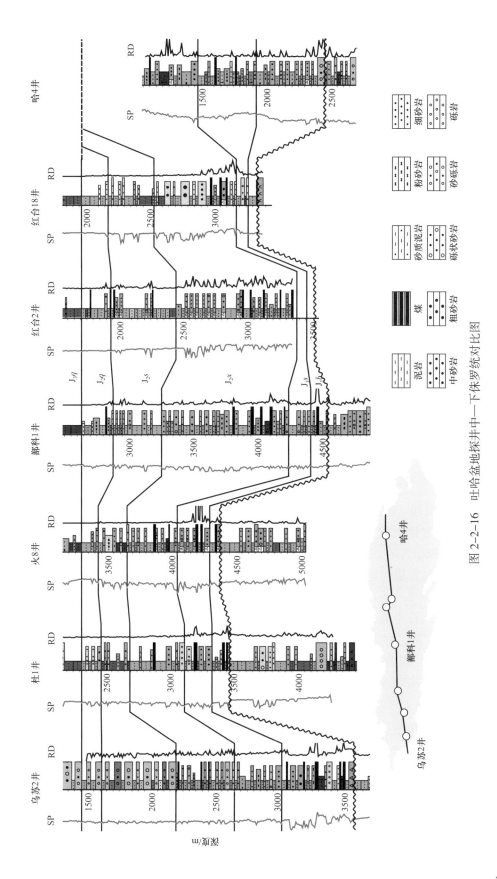

图 2-2-16 吐哈盆地探井中—下侏罗统对比图

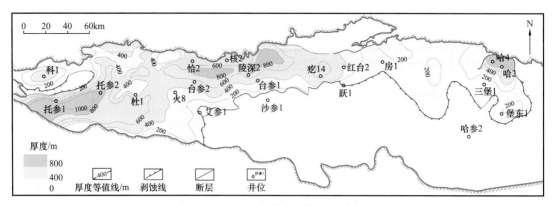

图 2-2-17 吐哈盆地下侏罗统厚度图

1）八道湾组（J_1b）

八道湾组是以河流、三角洲和沼泽相为主的下粗上细的含煤碎屑岩建造，系盆地煤成烃的主要贡献者之一。岩性为灰白、浅灰色中粗砂岩、砾状砂岩、粉砂岩与灰黑色泥岩、碳质泥岩及煤层，局部含菱铁矿结核，常发育石英质或花岗质的底砾岩。与下伏地层呈整合或平行不整合接触。

八道湾组平面上厚度变化较大，厚度一般为100～400m，托克逊凹陷最大厚度超过500m，台北凹陷最大厚度约400m，三堡凹陷最大厚度逾500m。

八道湾组岩性横向变化较大，总趋势是自凹陷中心向边缘岩性变粗、厚度减小，颜色由灰黑变为黄绿。托克逊凹陷西缘艾维尔沟岩性偏粗，砾岩常见，向东至可尔街一带变细，以砂质沉积为主；垂向上表现为"粗—细—粗"的沉积特点，岩性为灰色砂岩、砾岩和泥岩、煤的互层；泥岩、煤的发育中心均在托参2井附近，泥岩最大厚度达300m以上，煤最大厚度超过100m；煤有两套，两套煤之间有稳定的湖相泥岩。在台北凹陷，北缘桃树园、柯柯亚一带岩性粗，以细砾岩为主，向凹陷中央砂质成分增多，南部沉积边缘区岩性也较粗；与托克逊凹陷相比，泥质沉积和煤发育较差，最大厚度分别在200m和30m左右。三堡凹陷八道湾组岩性最粗，以砾岩为主，泥质沉积和煤层发育更差；暗色泥岩最大厚度可达200m，但分布范围非常局限；煤层累计厚度一般小于10m。

该组生物化石丰富，主要包括植物、孢粉化石和小型的动物（双壳类、叶肢介）。植物化石非常丰富，称为 *Neocalamites*（新芦木）–*Coniopteris*（蕨叶孢属）–*Cladophlebis*（枝脉蕨）组合，以真蕨类和银杏类繁盛，楔叶类和松柏类常见，种子蕨和苏铁类不甚发育，真蕨类如托克逊可尔街地区的双扇蕨科 *Dictyophyllum* cf.*nathorstii*（那托斯特网叶蕨相似种）、*Clathropteris elegans*（雅致格子蕨）和 *Matoniaceae*（马通蕨科）*Phlebopteris microphylla*（小叶异脉蕨）等（图2-2-18），松柏类有 *Podozamites bullus*（美丽苏铁杉）、*Cycadocarpidium erdmannii*（爱德曼准苏铁果）等（吴舜卿，1986）。孢粉化石极为丰富，孢粉组合为 *Osmundacidites*（紫萁孢属）–*Piceites*（拟云杉粉属）–*Cycadopites*（拟苏铁粉属）。双壳类仅发现于桃树园地区，有 *Tutuella crassa*（宽顶图土蚬）、*T.*sp.（图土蚬，未定种）、*Unio* sp.（珠蚌未定种）、*Ferganoconcha* sp.等。叶肢介产于艾维尔沟、桃树园剖面，有 *Euestheria shandanensis*（山丹真叶肢介）、*E.orientalis*

（东方真叶肢介）、*E.sp.*，其中前两种是我国早侏罗世白田坝古渔乡叶肢介动物群（*Palaeolimnadia baitianbanen*）的重要分子。

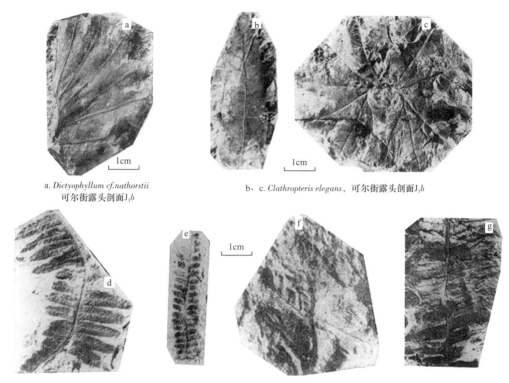

a. *Dictyophyllum cf.nathorstii*
可尔街露头剖面J₁b

b、c. *Clathropteris elegans*，可尔街露头剖面J₁b

d、e、f、g. *Matoniaceae Phlebopteris microphylla*，可尔街露头剖面J₁b

图 2-2-18　吐哈盆地早侏罗世的植物化石

2）三工河组（J₁s）

三工河组是以三角洲相和湖相沉积为主的细碎屑岩。下部为浅灰色砂岩、砾状砂岩及砂砾岩；上部为灰绿色泥岩、粉砂质泥岩，局部夹有薄层泥灰岩，页理发育；整体构成下粗上细的正旋回，局部地区发育煤线或薄煤层；与下伏八道湾组呈整合接触。该组分布范围与八道湾组相当，厚度一般 100～300m，在托克逊凹陷最大厚度超过 300m，在台北凹陷北部山前最大厚度 400m，三堡凹陷最大厚度逾 400m。

区域上，三工河组岩性横向上变化较小，总体上沉积物以细粒为主。北部在桃树园—煤窑沟、柯柯亚—鄯勒一带，露头砂岩发育较稳定（厚度一般大于 60m）；丘陵—鄯善一带、疙瘩台和四道沟附近三角洲砂岩、砂砾岩较发育。三工河组上部的暗色泥岩在区域上稳定分布，厚度一般 60～100m，反映该组沉积晚期处于广泛的湖侵期；该段泥岩是划分对比标志层之一，地表露头风化面像绿色的地毯，俗称"毯子层"；电性特征为高伽马、低电阻，与上下地层明显有别。

生物化石有较多的昆虫类、少量的叶肢介和种类繁多的植物、孢粉化石。昆虫类主要发现于煤窑沟剖面，称为 *Rhipidoblattina-Liassogmphitr*s 组合，主要有 *Liassogomphites xinjiangicus*（新疆似里箭蜓）、*Rhipidoblattina robusta*（强壮扇蜚蠊），代表时代为早侏罗世。植物化石基本保持了下伏八道湾组的面貌，孢粉组合为 *Cyathidites*（桫椤孢属）-*Cycadopites*（拟苏铁粉属）-*Quadraeculina*（四字粉属）。

2.中侏罗统

1）西山窑组（J_2x）

西山窑组是以河流、三角洲、湖泊和沼泽相为主的含煤碎屑岩建造，是水西沟群第二套含煤层系，是盆地煤成烃的又一主要贡献者，上部砂岩段是重要的储层。岩性自下而上分为四段：西一段（J_2x_1）岩性由深灰色、浅灰色砂岩、含砾砂岩夹灰绿色泥岩组成；西二段（J_2x_2）由浅灰色砂岩、灰黑色泥岩、碳质泥岩及多个煤层组成，含菱铁矿结核；西三段（J_2x_3）为浅灰色砂岩、粉砂岩与深灰色泥岩不等厚互层；西四段（J_2x_4）由灰色块状砂岩、含砾砂岩及灰绿色泥岩组成，储集性能良好。与下伏地层呈整合或假整合接触。

该组地层划分对比的主要标志是发育以湖沼相沉积为主的大套煤，煤层单层厚度小，层数多，顶底板岩性较细，一般为碳质泥岩、泥质砂岩及砂岩；在地震剖面上表现为强振幅"双轨"反射波阻，区域上易于识别、追踪。

西山窑组是盆地内分布范围最为广泛的沉积地层，除盆地主体沉降区以外，了墩隆起边缘、南部的沙尔湖、大南湖也接受了沉积。这一时期盆地主要的沉降沉积中心已由前期的托克逊凹陷迁移至台北凹陷。该组平面上厚度变化剧烈，一般300～1200m。在托克逊凹陷沉降中心位于托参1井西南，最大厚度大于500m；在台北凹陷沉降中心位于胜北—丘陵—巴喀—鄯勒—小草湖一带，最大厚度近1400m；在哈密坳陷沉降中心在哈2井的西南地区，最大厚度超过900m（图2-2-19）。

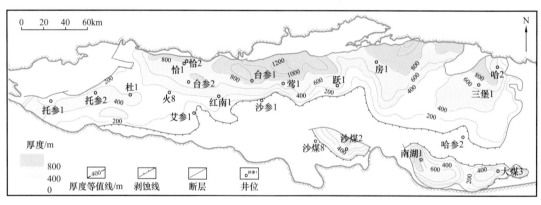

图2-2-19 吐哈盆地中侏罗统西山窑组厚度图

该组岩性在平面上变化显著。托克逊凹陷岩性为灰色砂泥岩互层夹薄煤层或煤线，几乎不发育具开采价值的煤层；台北凹陷岩性分段性最为清楚，煤层主要发育在西二段，厚度大，层数多，最大厚度逾100m，在凹陷北部七泉湖、恰勒坎一带岩性最粗，砂砾岩发育，向凹陷中央岩性变细，南部沉积边缘主要为砂砾岩；三堡凹陷岩性相对较粗，但也发育一定量的泥质沉积和煤岩，煤累计厚度一般在20m左右；盆地东南部的沙尔湖凹陷和大南湖凹陷，煤层十分发育，如沙尔湖凹陷煤层累计最大厚度258m，单层最大厚度可达212m。

西山窑组含丰富的植物、孢粉化石和少量的双壳类化石。

植物组合为 *Coniopteris*（锥叶蕨科）-*Phoenicopsis*（拟刺葵），产地主要为哈密三道岭露天煤矿，植物化石不但丰富，而且保存精美，以真蕨类和银杏类为主，共40余属

90 余种（商平，1999；邓胜徽，2010），分属八个大类：苔藓类 *Thallites clarus*（清洁似叶状体）；石松类 *Lycopodites falcatus*（镰形似石松）；真蕨类 *Hymenophyllites* sp.（海拉尔似膜蕨，未定种）、*Todites williamsoni*（威廉姆逊似托第蕨）、*Coniopteris burejensis*（布莱雅锥叶蕨）（图 2-2-20a）、*C.hymenophylloides*（膜蕨型锥叶蕨）（图 2-2-20b）、*C.murayana*（默里锥叶蕨）、*C.spectabilis*（美丽锥叶蕨）、*C.tatungensis*（大同锥叶蕨）、*Cladophlebis*（枝脉蕨）（图 2-2-20c）等；苏铁类 *Pterophyllum mentougouensis*（门头沟侧羽叶）、*P.*sp.、*Nilssoniopteris pristis*（图 2-2-21a）、*Anomozamites nilssonia*（图 2-2-21b）、*Williamsonia*？ sp.、*Williamsoniella cf.sinensis* 等；楔叶类 *Equisetites lateralis*（侧生似木贼）（图 2-2-21c）、*E.*sp.、*Neocalamites hoerensis*（霍尔新芦木）、*N.carcinoides*（蟹形新芦木）、*Radicites* sp.（似根，未定种）、*Annulariopsissimpsoni*（辛浦生拟轮叶）（图 2-2-22a）；银杏类中，狭型裂片的 *Baiera gracilis*、*B.furcata Sphenobaiera longifolia*，较宽裂片的 *Ginkgo longifolius*、*Ginkgoite sibiricus*（图 2-2-22c、d）、*Eretmophyllum* 及线型裂片的 *Phoenicopsis* 和 *Czekanowskia* 均普遍发育；松柏类有松型叶 *Pityophyllum*、*Pityocladus* 及裸子植物种子等。这是一个以银杏类和真蕨类为主，松柏类和苏铁类有相当比例，而楔叶类、石松类较少的植物化石组合，多数显示了中侏罗世的色彩。

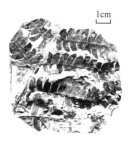

a. *Coniopteris burejensis*
布莱雅锥叶蕨

b. *Coniopteris hymenophylloides*
膜蕨型锥叶蕨

c. *Cladophlebis hirta Moeller*
毛点状枝脉蕨

图 2-2-20　吐哈盆地三道岭中侏罗统西山窑组露头植物化石（Ⅰ）

孢粉组合为 *Cyathidites-Deltoidospora*（三角孢属）-*Quadraeculina*。双壳类仅在哈密三道岭一带发现，有 *Unio* sp.（珠蚌，相似种）、*Ferganoconcha* sp.（费尔干蚌，未定种）等，这些化石地理上几乎遍及中国北方的侏罗系成煤盆地，与煤系温暖潮湿的气候关系密切。

上述八道湾组、三工河组、西山窑组合称为中—下侏罗统水西沟群（$J_{1-2}sh$），地表出露广泛，盆地北缘艾维尔沟、阿拉沟、可尔街、桃树园、塔尔朗沟、煤窑沟、二塘沟、柯柯亚、照壁山等地均有分布；盆地中央火焰山—七克台逆冲带和三道岭剖面基本呈连续出露；盆地南缘觉罗塔格山前、沙尔湖和大南湖地区也有零星出露；仅在布尔加凸起、了墩隆起和黄田凸起缺失。地层厚度总体北厚南薄，以北部山前带厚度最大，其次是托克逊和哈密，自西向东发育了托克逊、台北和三堡凹陷三大沉降沉积区。

a. *Nilssoniopteris vittata*狭带蕉带羽叶

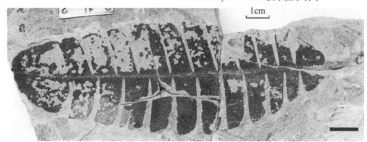

b. *Anomozamites* sp. 异羽叶 （未定种）

c. *Equisetites* sp. 似木贼属

图 2-2-21　吐哈盆地三道岭中侏罗统西山窑组露头植物化石（Ⅱ）

a. *Annulariopsissimpsoni* 辛浦生拟轮叶

b. *Eboracia lobifolia* 裂叶爱博拉契蕨

c. *Ginkgo digitata* 指状银杏

d. *Ginkgoites lepidus* (Heer) Florin
清晰似银杏

图 2-2-22　吐哈盆地三道岭中侏罗统西山窑组露头植物化石（Ⅲ）

2）三间房组（J_2s）

三间房组是以冲积扇、河流三角洲、扇三角洲和滨浅湖亚相为主的碎屑岩建造，中—上部河流三角洲、扇三角洲砂体形成了盆地最重要的储层。岩性自下而上分为三段：一段（J_2s_1）主要为厚层棕红色泥岩；二段（J_2s_2）为浅灰色砂岩夹紫红色、灰绿色泥岩，单砂层厚度较大；三段（J_2s_3）为紫红色、灰绿色泥岩夹灰白色砂岩、粉砂岩。岩性剖面颜色整体较杂，前人称之为"杂色条带层"，是划分对比的主要标志，在盆地局部地区（小草湖、柯柯亚、阿克塔什等）发育薄煤层，红层少见。与下伏地层为整合或假整合接触。

该组主要出露于盆地中央的火焰山—七克台逆冲带和北缘的七泉湖、煤窑沟等地，覆盖区主要在托克逊凹陷、台北凹陷、了墩隆起北部以及哈密坳陷的西部（图 2-2-23）。岩性在区域上变化较快。托克逊凹陷岩性较粗，以砂砾岩夹紫红色泥岩为主，沉降中心位于凹陷的西部，最大厚度近 800m。台北凹陷发育恰勒坎—鄯勒、小草湖两个沉降区，地层最大厚度超过 1000m，岩性组合可分为三种剖面类型，第一种以丘陵、鄯善和温米油田区最具代表性，岩性以灰色砂岩和灰绿色泥岩互层为主；第二种以丘东 3、丘东 4 等井最具代表性，主要为暗紫色泥岩夹薄层细砂岩、粉砂岩；第三种以北部的红旗坎、萨克桑为代表，岩性为厚层杂色砂砾岩夹紫红色泥岩。在了墩隆起北部以及三堡凹陷的西部，该组较薄，岩性变粗。

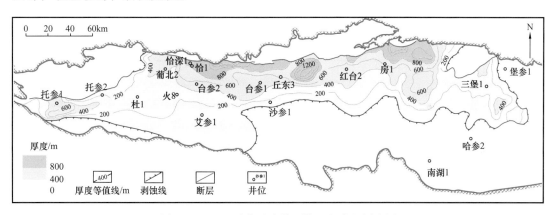

图 2-2-23　吐哈盆地中侏罗统三间房组厚度图

生物化石产双壳类、叶肢介、昆虫类和植物、孢粉等化石。双壳类主要集中分布在火焰山—七克台一带，主要属种有 *Pseudocardinia yumenensis*、*P.carinata*、*Psilunio parallela*、*P.sp.* 等，其中 *Pseudocardinia* 是东亚古陆中侏罗世常见的淡水蚌。叶肢介产于火焰山中部的连木沁沟、台子村，井下岩心中也发现许多叶肢介化石及碎片，种属有 *Euestheria* sp.、*E.jingyuanensis*、*Sinokontikia szei*、*S.cf.szei*、*S.clinorbita*、*Pseudograptus*？*tuhaensis* sp.nov.，该化石群中 *Euestheria* 类是中生代广泛分布的一类陆相淡水—半咸水节肢动物。昆虫类个体较多，但属种较少，称为 *Mesobaetis sanjianfangensis*（三间房中四节蜉）–*Tuhanectes*（吐哈龙虱）组合，种属为 *Mesobaetis sanjianfangensis*、*M.sibirica*（西伯利亚中四节蜉）、*M.maculata*（黑斑中四节蜉）、*Tuhanectes xinjiangensis*（新疆吐哈死龙虱）等，其中 *Mesobaetis* 属是该组合的主要分子，也是东亚古陆中侏罗世代表性的类群，*Tuhanectes* 和 *Mesobaetis* 的时代一致，均生存在东亚古陆，具有中侏罗世的共同时代色彩，本地方性组合为中侏罗世中期三间房组这个时代昆虫组合的特色（洪友崇，1995）。植物产与西山窑组类似的 *Coniopteris-Phoenicopsis* 组合，但数量少，属种贫乏。孢粉组合为 *Piceaepollenites*（云杉粉属）-*Cyathidites*-*Classopollis*（克拉梭粉属），其中以 *Classopollis* 粉含量急剧上升（平均 19.4%）区别于下伏地层。

3）七克台组（J_2q）

七克台组是以湖泊相为主的碎屑岩建造，岩性明显可以分为上、下两段。下段（J_2q_1）也叫"七克台砂层"或"蚌壳砂岩段"，岩性以灰白色石英长石砂岩为主，局部夹灰黑色碳质泥岩、薄煤层或煤线，含丰富的双壳类化石，厚度为 70m 左右，是盆地侏罗系的次要储层；上段（J_2q_2）岩性以灰色、深灰色泥岩为主，局部夹薄层泥灰岩，顶部有 15～40m 的灰绿色、紫红色泥岩的过渡层，上段厚 100～200m，该套泥岩在胜北洼陷泥质纯，有机质丰度高，是重要的烃源岩之一。该组上部的灰绿色泥岩和底部富含双壳类化石的灰白色砂岩可作为地层划分对比的标志层，砂岩层视电阻率曲线呈中—高阻双尖峰状；地震剖面上，该组底部界面为强振幅、连续性好的"双轨"反射波阻的下相位，在区域上分布稳定，可追踪识别，为七克台组与三间房组的分界。该组与下伏三间房组呈整合接触。

地层出露情况类似于三间房组，分布范围较三间房组略小。岩性基本稳定，厚度一般 100～300m，以胜北、三堡等地厚度最大（图 2-2-24）。在台北凹陷北部的恰勒坎、核桃沟、阿克塔什、十三间房等地区，岩性较粗，为砾岩和泥岩的互层；在台北凹陷南部分段特征清楚，但底部砂岩在横向上分布不均，厚度变化大。

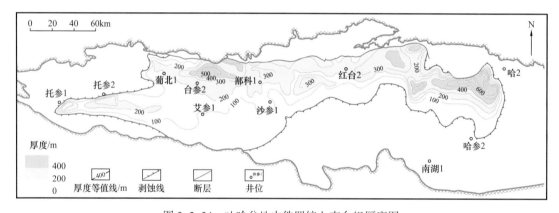

图 2-2-24　吐哈盆地中侏罗统七克台组厚度图

七克台组生物化石丰富，有双壳类、腹足类、叶肢介、介形类、轮藻类和植物、孢粉等。

双壳类主要分布于底部的滨岸、滩砂沉积的灰白色砂岩中，所发现的属种主要有 *Pseudocardinia cf. asiatica*、*P. turfanensis*（吐鲁番假铰蚌）、*Cuneopsis tuyukeensis*（吐玉克楔蚌）、*Eolamprotula turfanensis*（吐鲁番古丽蚌）（图 2-2-25）等，其中以 *Pseudocardinia*（假铰蚌）和 *Cuneopsis*（楔蚌）为主，这些化石是西北地区中侏罗世淡水双壳类中的重要分子（魏景明，1982）。腹足类仅在连木沁地区较为丰富，井下丘东 1、柯 7、陵深 1 等井也发现零星碎片，种属主要有 *Bithynia* sp.、*Valvata helicoides*、*V.* sp.、*Viviparus qiketaiensis*、*Lioplacodes xinjiangensis* 等，这些腹足类化石是我国北方中侏罗世腹足类的主要组成分子（朱祥根，1994），其中的 *Viviparus qiketaiensis*、*Lioplacodes xinjiangensis* 等显示出中侏罗世中—晚期的面貌。叶肢介产地为连木沁沟，化石主要有 *Sinokontikia youngi*、*S.lianmuqiensis*、*E.ziliujingensis*、*Triglypta cf.pingquanensis*、*T.yingzueish-igouensis*、*T.tianshanensis*、*Turfanograpta huoyanshensis*、*Qaidamestheria turfanensis*、*Q.shanshanensis* 等（陈丕基，1985），该化石群以 *Sinokontikia* 和 *Triglypta* 的属种类型丰富多样为特色。介形类 *Darwinula impudica-Timiriasevia* 亚组合主要产于台北凹陷的露头和井下（邓胜徽，1993），平面分布以凹陷中部丰度最高，数量最丰富的有 *Darwinula impudica*、*D.oblonga*、*D.changxinensis*、*Timiriasevia* 等。轮藻为 *Aclistochara*（开口轮藻）组合，几乎都是由清一色的 *Aclistochara* 分子组成，是一个世界范围内特征十分鲜明的中侏罗世轮藻组合，*A.lufengensis cf.minor*、*A.microsphaera*、*A.usitata*、*A.microturbinata*、*A.abshirica* 为主要分子，尤其以 *A.lufengensis* 最为丰富。植物化石组合与三间房组类似。孢粉组合为 *Cyathidites-Classopollis-Pinuspollenites*，裸子植物花粉占绝对优势（平均83.6%），裸子植物花粉又以 *Classopollis* 占绝对优势（平均36.9%），较三间房组含量进一步升高。

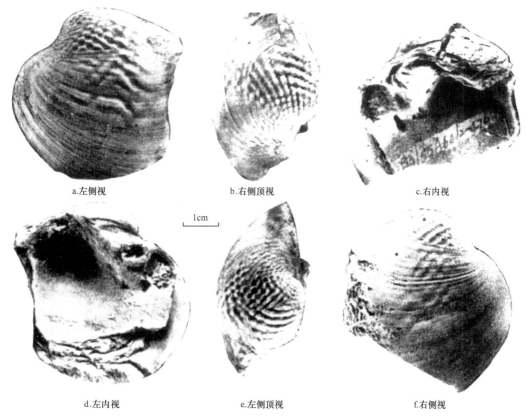

a.左侧视　　　　　　　b.右侧顶视　　　　　　　c.右内视

1cm

d.左内视　　　　　　　e.左侧顶视　　　　　　　f.右侧视

图 2-2-25　吐哈盆地中侏罗统七克台组吐鲁番古丽蚌化石

3.上侏罗统

晚侏罗世盆地湖面宽阔，但差异沉降不明显，广泛沉积了一套巨厚湖相泥岩，但北部有北物源扇三角洲逐渐向盆地内部推进，加之晚期湖盆萎缩，岩性变粗，总体呈现反旋回沉积特点（图 2-2-26）。自下而上，上侏罗统分为齐古组和喀拉扎组。

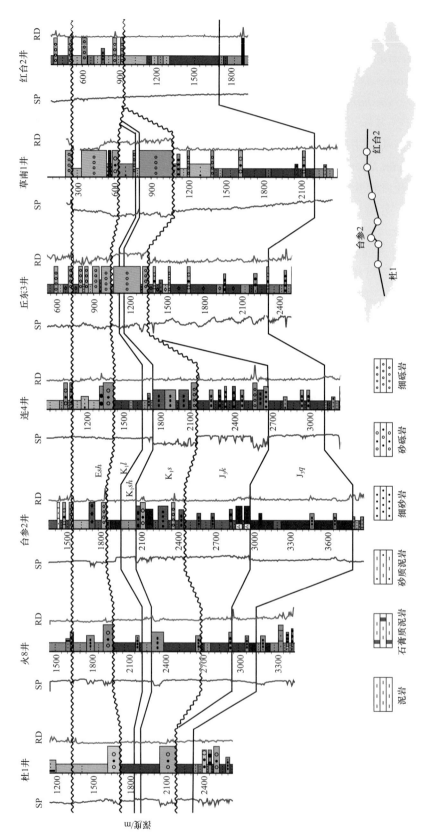

图 2-2-26 吐鲁番凹陷钻井上侏罗统—古近系对比图

1）齐古组（J₃q）

齐古组是在炎热、干旱的气候条件下沉积的以滨浅湖亚相、河流泛滥平原为主的细碎屑岩建造，岩性为大套棕红色、褐红色泥岩，局部夹薄层灰绿、浅灰色砂质泥岩、粉砂岩、砂岩，是盆地重要的区域性盖层。该组与下伏七克台组呈整合接触。

地层主要出露于盆地中部的火焰山—七克台逆冲带；井下厚度一般为 500～800m，以胜北—柯柯亚—小草湖地区最厚，最大厚度近 1200m（图 2-2-27）。岩性比较稳定，凹陷中心岩性较细；在北部山前陡坡带发育冲积扇，岩性较粗，含有不同程度的砾岩夹层。

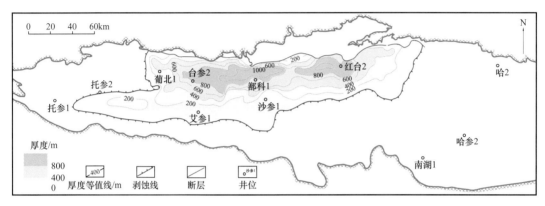

图 2-2-27　吐哈盆地上侏罗统齐古组厚度图

生物化石有脊椎动物、叶肢介、介形类、轮藻类和孢粉等。脊椎动物在鄯善莺嘴石沟、南湖青山根剖面发现，有原始食肉类恐龙巨齿龙科的零星肢骨、原始虚骨龙科的肢骨及龟鳖类等。介形类基本是下伏七克台组的延续分子，但种数和个体数量明显减少，且集中分布于中—下部。轮藻类主要产于中—下部，类型丰富，组合为 Aclistochara-Mesochara（中生轮藻）-Porochara（孔轮藻），以 Aclistochara 占绝对优势，组合面貌为 Aclistochara microsphaera、A.umbonata（凸顶高加索开口轮藻）、A. brevis（短开口轮藻）、A.cf.umbonata（凸顶高加索开口轮藻比较种）等（图 2-2-28），相应的层位为晚侏罗世。齐古组孢粉组合为 Classopollis-Pinuspollenites（双束松粉属），裸子植物花粉占绝对优势（平均 91.9%），其中又以中侏罗世晚期至早白垩世繁盛的 Classopollis 占绝对优势（平均 64%），Classopollis 高含量是世界各地晚侏罗世孢粉组合的重要标志，反映齐古组地质时代为晚侏罗世。

2）喀拉扎组（J₃k）

喀拉扎组是以三角洲—湖泊相为主的正旋回砂泥岩建造，是侏罗系的局部储层层位。岩性为紫红色、灰紫色块状砂岩、砾岩与棕红色泥岩，含有钙质结核，其岩性、厚度在横向上变化较大。该组在火焰山—七克台带中西段出露，与下伏齐古组呈整合或假整合接触。

喀拉扎组分布仅限于台北凹陷中南部的火焰山—七克台附近、胜北洼陷和丘东洼陷局部，向四周剥蚀尖灭，鄯善、温吉桑构造高部位遭受剥蚀。该组厚度一般为100～700m，胜北洼陷保存最为完整（图 2-2-29），岩性为棕红色泥岩与棕褐色砂岩、含砾不等粒砂岩、砂砾岩互层，整体下粗上细，构成了较好的储盖组合；在连木沁、红山一带，岩性以厚层状含砾砂岩为主；在鄯善莺嘴石沟出露较好，岩性为暗棕、棕红、浅灰绿色中—细砂岩夹红色泥岩及薄层砾岩。

a. *Aclistochara (Caucasuella) umbonata* 凸顶高加索开口轮藻

b. *Aclistochara brevis* 短开口轮藻

c. *Aclistochara (Caucasuella) cf. umbonata* 凸顶高加索开口轮藻比较种

图 2-2-28 吐哈盆地连木沁沟露头剖面上侏罗统齐古组轮藻藏卵器照片

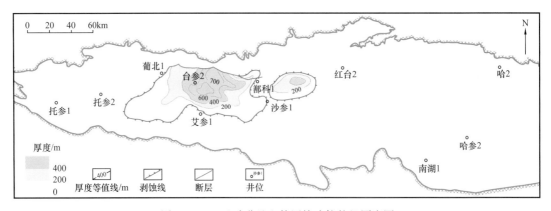

图 2-2-29 吐哈盆地上侏罗统喀拉扎组厚度图

喀拉扎组含大量的脊椎动物化石和少量的孢粉化石。脊椎动物化石主要发现于七克台逆冲带的莺嘴石沟和南湖青山根剖面，产龟鳖类、*Mesosuchia* indet.（鳄类）、*Chiayusaurus lacustris*（蜥脚类恐龙）、*Hudiesaurus sinojapanorus*（中日蝶龙）（Dong zhiming，1997）、*Camarasauridae* indet.（园顶龙）、*Mamenchisaurus* indet.（马门溪龙）、肉食类恐龙 *Cf. Szechuanosaurus campi*（似甘颇四川龙）等，脊椎动物属我国晚侏罗世马门溪龙动物群的重要分子，时代为晚侏罗世。孢粉为 *Classopollis* 组合，特征与齐古组基本类似，只是出现了白垩世繁盛的 *Concavissimisporites*（凹边孢属）分子。

三、白垩系

白垩系是盆地内又一构造、气候旋回下的沉积地层，岩性组合以粗—细—粗的完整沉积旋回组成。下统整体划分为吐谷鲁群（K_1tg），进一步分为三个组，由下至上为三十里大墩组（K_1s）、胜金口组（K_1sh）、连木沁组（K_1l）；上统自下而上划分为库木塔克组（K_2k）和苏巴什组（K_2s）。在油田生产实践中，白垩系一般指下白垩统；而上白垩统细分较难，通常与部分古近系合并为鄯善群。

吐谷鲁群沉积早期，物源区活动强烈，气候干燥、生物稀少、氧化程度高，形成了以红色粗碎屑岩为主的三十里大墩组；到中期胜金口组沉积期，气候变得湿润，沉积速度变缓，水体明显扩大，出现了短暂的湖泊环境，岩性为浅水湖相的灰绿色砂泥岩组合；连木沁组沉积期，湖盆已基本填平，水体再度萎缩，气候也变得干燥，在胜北洼陷—火焰山一带，沉积了以浅湖相为主的红色地层。

吐谷鲁群（K_1tg）主要出露于盆地中部的火焰山—七克台构造带，盆地内主要分布在以火焰山为中心的台北—台南，在托克逊凹陷东南部、三堡凹陷南部有残留分布；厚度一般 100～700m，最大厚度约 900m（图 2-2-30）。生物化石有鱼类、翼龙及翼龙蛋、叶肢介、介形类及孢粉；哈密五堡西南"魔鬼城"一带吐谷鲁群湖泊风暴沉积中发现丰富的 *Hamipterus tianshanensis*（天山哈密翼龙）及大量三维立体保存的翼龙蛋化石（Wang X L，2014；杨智，2014；汪筱林，2016），同时还发现了大量恐龙和少量龟鳖类等脊椎动物化石；孢粉组合中以裸子植物花粉占优势，裸子植物花粉以 *Classpollis* 为主（20%～51%），蕨类植物孢子以早白垩世的典型分子 *Lygodiumsporites* 为主。

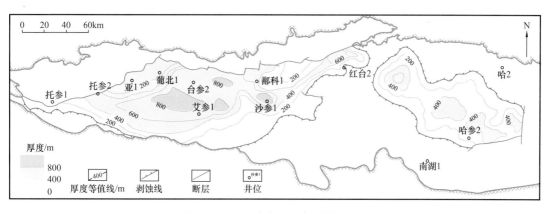

图 2-2-30　吐哈盆地下白垩统厚度图

1. 下白垩统

1）三十里大墩组（K_1s）

三十里大墩组是以冲积扇—河流相为主的碎屑岩，在台北凹陷西部为良好的储层。该组在连木沁沟露头剖面厚度为 763m，岩性主要为棕红、灰紫色块状厚层砂岩与砾岩互层，夹紫红色泥岩，有数层泥裂层，底砾岩分布较稳定，为紫红色不等粒、半棱角状砾石组成的砾岩，夹红褐色砂岩透镜体；含介形类 *Rhinocypris cirrita*（卷刺星介）、*Darwinula* sp.（达尔文介，未定种）等化石。

该组岩性横向变化较大，基本以连木沁地区为界，东粗西细，东部以大套的砂砾岩为主，向西砂砾岩逐渐减薄，泥岩显著增厚；沉积中心位于胜南地区，岩性主要为紫红色泥岩夹薄层砂岩、砂砾岩，厚度最大可达400m，向西至亚1井附近尖灭。

2）胜金口组（K₁sh）

胜金口组由浅湖相细碎屑岩组成，以灰色、灰绿色泥岩为主，与下伏三十里大墩组砂岩构成良好的储盖组合。该组岩性单一，厚度稳定，电性上具相对的高伽马特征，是白垩系的对比标志层。与下伏三十里大墩组为整合接触。

该组厚度一般为50～80m，在胜南地区最厚不超过80m，在托克逊、三堡凹陷缺失。横向上，在胜北洼陷为稳定的湖相泥岩；自连木沁沟剖面向东岩性略有变粗之势，在红山、三十里大墩地区，以粉砂岩为主夹细砂岩；在沙墩子地区底部出现薄层砾岩。

灰绿色泥岩中含有丰富的介形类、叶肢介和鱼类化石。介形类主要有 *Cypridea koskulensis*（科斯库女星介）、*Cypridea unicostata*、*C.tuguluensis*（吐谷鲁女星介）、*Mongolianella* sp.（蒙古介，未定种）；叶肢介有 *Turfanograpta chowmincheni*（周氏吐鲁番叶肢介）、*T.chankei*（张氏吐鲁番叶肢介）；鱼类有 *Siyuichthys ornatus*（美鳞西域鱼）、*S.tuguluenis*（吐谷鲁西域鱼）、*Turfanichthys Pulcher*（美丽吐鲁番鱼）、*Wukungia huoyanshania*（火焰山悟空鱼）、*Uighuroniscus*（维吾尔鳕）等。

3）连木沁组（K₁l）

连木沁组是以河流泛滥平原和滨浅湖亚相为主的碎屑岩，岩性主要为紫褐色、褐红色细砂岩与棕红色、褐红色泥岩互层，含石膏脉；与下伏胜金口组整合接触。在胜北洼陷—火焰山一带发育良好，厚度一般100～300m，在托克逊凹陷、三堡凹陷缺失该组；横向上岩性向东变粗，厚度显著减薄。该组产介形类化石 *Cypridea koskulensis*、*Rhinocypris echiaata*（女星介）、*Mongolianella* sp. 等。

2. 上白垩统

上白垩统仅在露头上进行了划分。

1）库木塔克组（K₂k）

库木塔克组岩性主要为灰色、浅棕红、棕黄色厚层状细砂岩、砾状砂岩、中—细砂岩夹紫红色泥岩条带，底部为灰色细砾岩；分布范围非常局限，仅出露于火焰山及鄯善以南的库木塔克（沙墩子）地区，向东在五道沟以南有零星分布，区域厚度20～123m；含介形类化石，重要分子有 *Crislocypridea amoena*（愉快冠女星介）、*C.gemma*、*Ziziphocypyis simakovi*（西氏枣星介）。

2）苏巴什组（K₂s）

苏巴什组底部为灰白色石灰质砾岩，往上为棕红、紫红、灰白、橘黄色砾岩、砾状砂岩、砂岩组成不等厚互层，上部为褐色砂泥岩，含方解石脉及钙质结核，厚度为215m；与下伏下白垩统呈不整合接触。

该组含大量介形类、脊椎动物类、龟鳖类化石。介形类有 *Cypridea mosowanensis*（网类女星介）、*Cristocypridea amoena*（愉快冠女星介）、*Rhinocypris cirrita*（卷刺星介）、*Ziziphocypris simakovi*；脊椎动物类有 *Shanshanosaurus houyanshanensis*（火焰山鄯善龙）、*Tyrannosaurus turfanensis*（吐鲁番霸王龙）、*Nemegtosaurus pachi*（耙齿纳魔盖特龙）、*Oolithes elongatus*（长恐龙蛋）；龟鳖类有 *Mongolemys turfanensis*（吐鲁番蒙古龟）。

第三节 新 生 界

古近系沉积时，随着喜马拉雅期构造运动的强烈作用，盆地四周山系持续抬升，沉积范围不断扩大；至新近系沉积时，几乎遍及整个吐哈盆地。同时，伴随着博格达山的持续抬升，沉降沉积中心与白垩系相比进一步向盆地西南部迁移。新生界主要是冲积扇相—河湖相为主的红色碎屑岩建造，沉积中心发育的蒸发岩、泥岩可以作为浅层油气藏的重要盖层。富含丰富的脊椎动物、介形类及少量轮藻化石。

一、古近系—新近系

古近系—新近系是亚热带半干旱—干旱气候下形成的大套红色碎屑岩和盐湖沉积，自下而上划分为台子村组（E_1t）、巴坎组（$E_{2-3}b$）、桃树园组 [（E_3–N_1）t]、葡萄沟组（N_2p）。生产实践中，将台子村组（E_1t）、巴坎组（$E_{2-3}b$）与钻井不易划分的上白垩统苏巴什组（K_2s）合并为鄯善群 [（K_2–E）sh，生产中简写为 Esh]。

1. 古新统—渐新统

古新统—渐新统在盆地中央的七克台逆冲带露头划分出了台子村组和巴坎组，但在油田生产中未应用。

1）台子村组（E_1t）

台子村组为河流相沉积，岩性主要为棕红、紫红、灰白色砾岩、砂岩夹褐红色中—厚层砂泥岩，自东向西，岩性变细，厚度由 28.4m 增厚为 93m。含脊椎动物化石，有 *Tienshanilophus lianmuqinensis*（连木沁天山兽）、*T.subashiensis*（苏巴什天山兽）、*Prodinoceras turfanensis*（吐鲁番原恐角兽）、*Jiaoluotherium turfanensis*（吐鲁番觉罗兽）、*Houyanotherium primigenus*（早火焰山兽）等。

2）巴坎组（$E_{2-3}b$）

巴坎组岩性主要为褐、红褐、灰绿色厚层砂岩、泥岩夹棕红色中砂岩，厚度为 76m，泥岩含石膏脉及动物化石。动物化石包括脊椎动物和介形类，脊椎动物类有 *Lophialetes expeditus*（脊齿獏）、*Teleolophus liankanensis*（连坎全脊兽）、*Rhinotitan* sp.（长鼻雷兽）、*Xinjiangmeryx parvus*（新疆异鹿）；介形类有 *Eucypris aduncita*（近丰富真金星介）、*Limnocythere* sp.（湖花介未定种）、美丽真金星介等。

2. 鄯善群 [（K_2–E）sh]

鄯善群岩性主要是以冲积扇—滨浅湖沉积为主的碎屑岩，为由粗到细的正旋回沉积，在台北凹陷形成了较好的储盖组合，底部为灰白色砂砾岩，向上由棕红、紫红、灰白、橘黄色砾岩、砾状砂岩、砂岩等不等厚互层组成，顶部主要为褐、红褐、灰绿色厚层状泥岩，发育石膏脉或石膏层；大部分地区直接覆盖于白垩系或侏罗系之上，呈不整合或假整合接触。

鄯善群出露于盆地中央的火焰山—七克台逆冲带，三道岭、盆地北侧山麓地带、南部山前也有零星分布。盆地内广泛分布，除了墩隆起、外，井下均已钻遇；恰勒坎一带厚度最大（400～700m），台北凹陷中央厚度一般为 300～400m，向南逐渐减薄，哈密坳陷厚度一般为 130～300m（图 2-2-31）。

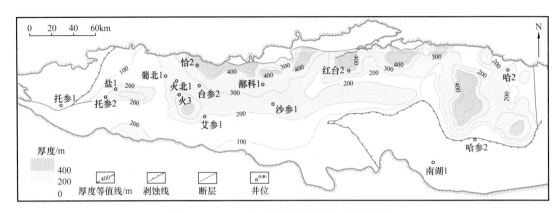

图 2-2-31　吐哈盆地古近系鄯善群厚度图

鄯善群岩性横向上较为稳定，盆地边缘地区以砂砾岩为主，向盆地中心逐渐变细。

鄯善群产脊椎动物、介形类、轮藻类及孢粉化石，含有古新世—始新世特有的哺乳动物化石、梅球轮藻、克氏轮藻及晚白垩世特有的恐龙蛋等化石，其生物组合为 *Prodinoceras*（原恐角兽）-*Shanshanosaurus*（鄯善龙）-*Ephedripites*（麻黄粉属）-*Nitrariadites*-*Labitricolpites*，脊椎动物化石产于胜金口、连木沁、台子村、大步等剖面，孢粉化石产于盐 1 井钻孔剖面。

脊椎动物化石有 *Prodinoceras turfanensis*（吐鲁番原恐角兽）、*Pseudictops*（哺乳类，名称未查出）、*Coryphodon*（冠齿兽属）*dabuensis*、*Pyrodon xinjiangensis*、*Anatolostylops dubius*、*Shanshanosaurs huoyanshanensis*、*Tyrannosaurus turpanensis*、*Mongolemys turfanensis*、*Tianshanilophus shengjinkouensis* 等；介形类有 *Eucypris*？sp.、*Limnocythere* sp.、*Cypridea mosowanensis*、*Cristocypridea amoena* 等；轮藻类在台参 2 井（1684m）发现有 *Chara cf.longovata Papp.*、*Chara* sp. 等。上述脊椎动物化石反映的时代为晚白垩世晚期和古新世、始新世的跨纪时代。介形类和轮藻类为古近纪的特征。

孢粉组合中，被子植物中的三沟及三孔类花粉占据优势，木本植物花粉 *Nitrariadites*，*Meliaceoidites* 含量增加，其特征与准噶尔盆地、华南地区、青海、西藏等地古新世、始新世孢粉组合特征相似，反映地质时代为古新世—始新世。

3. 中新统—上新统

1）渐—中新统桃树园组［（E_3–N_1）t］

桃树园组是持续干旱气候下形成的盐湖、河湖沉积，盐湖相分布在盆地中部和西部。岩性主要为棕红色、橘红色泥岩、砂质泥岩和厚层白色石膏及石膏脉，底部常具有杂色砂砾岩、砾岩；岩性分布较稳定，东部略粗，石膏层在盆地中西部较发育，为本组的标志性岩性。

该组分布广泛，出露于盆地中部火焰山、七克台、了墩、三道岭及盆地边缘地带。井下钻孔除北部丘陵构造带局部遭受剥蚀外，大多数井均有钻遇，神泉构造带厚度最大，一般 800～1000m，向周围减薄；台北凹陷中央厚度一般 500～800m；哈密坳陷较薄，一般 100～200m。

桃树园组产有脊椎动物、介形类和孢粉化石，含有美丽大巨犀哺乳动物化石，发育生物组合 *Dzungariotherium turfanensis*-*Piceaepollenites*-*Tsugaepollenites*（铁杉粉属）-

Chenopodipollenites，反映的地质时代总体上为渐新世—中新世。

2）上新统葡萄沟组（N_2p）

葡萄沟组岩性主要为土黄色砂岩、泥质砂岩及厚层杂色砾岩和少量灰白色细砂岩、土黄色泥岩，是在盆地周缘发生强烈抬升运动背景下形成的冲积扇和河湖相沉积，冲积扇沉积主要分布于北部山前，多为褐色含砾粉砂质泥岩与块状砾岩、含砾砂岩不等厚互层，其南部则为河湖相的浅褐色粉砂质泥岩夹细砂岩及少量砾岩。

该组主要出露于伊拉湖至火焰山、红山、七克台、红台及哈密三堡一带，盆地北缘可尔街至桃树园地区及哈密东南部大面积出露，沿盆地南部边缘有零星出露。盆地内分布较为广泛，仅塔克泉、疙瘩台及了墩地区缺失，厚度以胜北洼陷台参 2 井—胜北 1 井—葡北 1 井一带最厚，一般 500～1600m；山前带厚度一般 300～600m，向东、南逐渐减薄；哈密坳陷较薄，一般 100～250m。

葡萄沟组含有斗星介、环星介等介形类化石，具体种属主要有 *Candona neglecta*、*C.maturis*、*Paracandona euplectella*、*Cypridopsis vidua*、*Subulacypris subtilis*、*Zonocypris memberanae*、*Encypris concinna*、*Ilyocypris evidens*、*I.Cornae*、*I.tuberculata*、*I.hradyi* 等。这些介形类化石与准噶尔盆地上新统独山子组和塔里木盆地库车坳陷上新统库车组产的介形类种属基本相似，时代为上新世。

二、第四系

第四系是在博格达山持续抬升、火焰山—七克台逆掩推覆带强烈活动的大背景下，从成岩到未成岩之间的地层，主要为冲积扇和河流沉积，晚期发育风成相沉积和局部的盐碱沼泽相沉积；岩性下粗上细，下部以块状灰黑色砾岩为主，上部以卵石、砂质黏土、细粉沙为主。与下伏新近系呈不整合接触（新疆维吾尔自治区区域地层表编写组，1981）。

第四系由下至上为下更新统西域组（Q_1x）、中更新统乌苏群（Q_2ws）、上更新统新疆群（Q_3xn），还有全新统未立地层名，共四个地层单元。

因油田生产中不涉及第四系的详细划分和对比，故将第四系统称为西域组，厚度 0～800m，常见于盆地北部山前及火焰山周缘。

第三章 构　　造

吐哈盆地为古生界与中—新生界叠合盆地（何登发等，2004）。晚古生代在拉张应力环境下，基底断裂控制了中二叠世的一系列断陷，进而控制了多个断陷的湖相烃源岩的分布；中三叠世开始，在挤压应力作用下，周围的前期主体沉降区隆起造山，吐哈盆地进入类前陆盆地演化阶段，控制了台北、托克逊、三堡等前陆坳陷沉降区，影响了这些沉降区在早—中侏罗世主要沉降时期沉积了重要的煤系烃源岩；侏罗纪末以后，盆地在南北挤压应力持续作用下消减萎缩，一系列挤压、滑脱构造与构造带形成，为油气藏的形成提供了重要空间。台北凹陷是最主要的继承性沉降凹陷，基底断裂、滑脱断裂、山前冲断等断裂体系以及与其相关的构造与区带均很发育。总体上，吐哈盆地构造活动变化大，晚古生代以来的构造运动控制了盆地的形成、类型和演化，控制了油气地质基本要素的时空分布，进而对油气分布具有关键的影响作用（袁明生等，2002）。

第一节　盆地的形成与演化

综合分析吐哈盆地钻揭的石炭系—第四系地层结构以及盆地周围露头资料表明，吐哈盆地在石炭纪—早二叠世为非沉降主体区，属于周围裂谷沉降区的边缘或者物源区；中二叠世具有多个张性断陷沉降区；中三叠世开始受周围山系挤压抬升影响，进入类前陆盆地期。

一、构造层

1.不整合面与构造运动期次

吐哈盆地自晚古生代至今，应力、盆地性质变化大，经历了海西、印支、燕山、喜马拉雅期等多期构造运动，并形成多个不整合面。地震剖面、钻井和野外露头资料揭示，从二叠系—第四系发育9个区域不整合面（表2-3-1）。

9个区域性不整合面（图2-3-1）分别是：下二叠统与下伏地层的角度不整合，代表海西运动Ⅱ幕；中二叠统与下伏地层的角度不整合，代表海西运动Ⅲ幕；上二叠统与下伏地层的角度不整合，代表海西运动Ⅳ幕；中三叠统与下伏地层的不整合面，代表印支Ⅰ幕；侏罗系与前侏罗系的角度不整合，代表印支运动Ⅱ幕；白垩系与下伏地层的角度不整合，代表燕山运动Ⅱ幕；古近系与下伏地层的角度不整合，代表燕山运动Ⅲ幕；新近系与下伏地层的角度不整合和假整合，代表喜马拉雅期构造运动Ⅰ幕；第四系与下伏地层的角度不整合，代表喜马拉雅期构造运动Ⅱ幕。不同构造运动在盆地内的表现形式不同，同一期构造运动在盆地不同地区表现出不同的地层接触关系。

2.构造层划分

综合合区域性不整合面和沉降沉积充填特点，将吐哈盆地沉积盖层（石炭系—第四系）划分出七个构造层。

表 2-3-1　吐哈盆地构造运动表

地质时代			地层名称	接触关系	构造运动	运动性质	构造层	盆地类型
代	纪	世						
新生代	第四纪	全新世—更新世	西域组	不整合	喜马拉雅期Ⅱ	挤压褶皱逆冲		类前陆盆地
	新近纪	中新世—上新世	葡萄沟组					
			桃树园组					
	古近纪	古新世—渐新世	鄯善群	不整合	喜马拉雅期Ⅰ	挤压褶皱逆冲	第七构造层	
中生代	白垩纪	晚白垩世	库木塔克组	不整合	燕山运动Ⅲ	挤压褶皱逆冲	第六构造层	
		早白垩世	吐谷鲁群					
	侏罗纪	晚侏罗世	喀拉扎组	不整合	燕山运动Ⅱ	挤压褶皱逆冲		
			齐古组					
		中侏罗世	七克台组	局部不整合	燕山运动Ⅰ	挤压	第五构造层	
			三间房组					
			西山窑组					
		早侏罗世	三工河组					
			八道湾组					
	三叠纪	中—晚三叠世	小泉沟群	不整合	印支运动Ⅱ	挤压	第四构造层	
		早三叠世	上仓房沟群	不整合	印支运动Ⅰ	挤压	第三构造层	准平原化
古生代	二叠纪	晚二叠世	下仓房沟群	不整合	海西运动Ⅳ	松弛拉张	第二构造层	南、北裂谷边缘，内部断陷
		中二叠世	桃东沟群	不整合	海西运动Ⅲ	松弛拉张 拉张		
		早二叠世	阿其克布拉克群	不整合	海西运动Ⅱ 海西运动Ⅰ		第一构造层	南、北裂谷边缘
	石炭纪	晚石炭世						
		早石炭世						

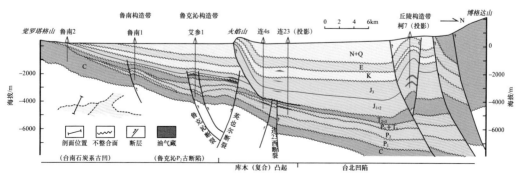

图 2-3-1　吐哈盆地过鲁克沁、柯柯亚南北向地质剖面

构造单元按照前侏罗系划分方案

（1）第一构造层：由石炭系—下二叠统组成。地层向周围山系增厚，吐哈地块内部厚度小，并以陆相火山岩为主，表明吐哈地块还没有作为沉降主体，地块南、北为裂谷区。

（2）第二构造层：由中二叠统组成，为海西运动Ⅲ幕和Ⅳ幕控制。区域上为一正旋回沉积充填，分割性强，断层对沉积边界有控制作用，碎屑岩岩性变化大，有湖相暗色泥岩发育，也有火山岩沉积，代表拉张环境下断陷格局。

（3）第三构造层：由上二叠统与下三叠统组成。是中二叠世断陷基础上的调整，与中二叠统之间为不整合—整合接触关系，总体为断—坳复合结构，后期分布范围明显扩大，上超明显。

（4）第四构造层：由中—上三叠统组成。沉积范围广，底部粗碎屑沉积广布，但印支运动Ⅱ幕使其褶皱变形，区域上抬升剥蚀范围较大。

（5）第五构造层：由侏罗系组成。沉积厚度向山前增大，其中，西南部托克逊凹陷下侏罗统向南部山前变厚，北部台北凹陷、东北部三堡凹陷下侏罗统向北部山前明显增厚；中—上侏罗统沉积向北部博格达山方向急剧增厚。燕山运动Ⅱ幕大范围褶皱变形，逆冲褶皱、滑脱等构造发育，盆地东部抬升明显。

（6）第六构造层：由下白垩统和上白垩统库木塔克组组成。盆地西部厚度较大，燕山运动Ⅲ幕产生褶皱变形，逆冲褶皱、滑脱等构造加强。

（7）第七构造层：由古近系组成。分布范围广，喜马拉雅期构造运动形成褶皱变形，上覆新近系、第四纪以砾石层为主的沉积物。

二、盆地演化及其阶段

根据已有的资料和研究认识程度，可将盆地沉积充填和盆地演化划分为七个阶段（图2-3-2），各阶段的构造形迹与应力性质、沉积充填特点及其反映的盆地性质如下。

1. 裂谷边缘阶段（石炭纪—早二叠世）

石炭纪—早二叠世，吐哈盆地雏形尚未形成。

由于整个准—吐微板块属于弧后拉张环境，南部边缘发育康古尔裂谷，内部发育博格达—哈尔里克裂谷，两个裂谷之间的吐哈地块主要属于剥蚀区，为南、北的裂谷提供物源。同时，由于火山活动活跃，吐哈地块南缘、北缘靠近两大裂谷的部分，接受了火山岩—海相沉积，沉积厚度向裂谷区增大；吐哈地块内部则可以"沉积"陆相火山岩（图2-3-3）。

盆地南部的艾参1井石炭系厚度为582m，下二叠统厚度为137m，岩性为深灰色凝灰岩、凝灰质砂岩、杂色不等砾砂岩夹泥灰岩。向盆地南缘，石炭系与下二叠统厚度急剧增加，南缘露头为具有火山活动的海陆交互相沉积，岩性主要为碳酸盐岩、凝灰岩、灰黑色泥岩、凝灰质碎屑岩等，其中的灰黑色泥岩、生屑灰岩具有一定的生烃能力，石炭系碳酸盐岩厚度一般350～1200m。

盆地北缘博格达山广泛出露石炭系—下二叠统，岩性包括火山碎屑岩、碳酸盐岩、碎屑岩、火山岩等，但盆地北部埋深大，岩性岩相不清，尚待进一步研究。

2. 裂谷边缘及陆内断陷阶段（中二叠世）

随着吐哈地块南、北裂谷继续发育，中二叠世，拉张机制使地块内部形成了一系列的断陷。

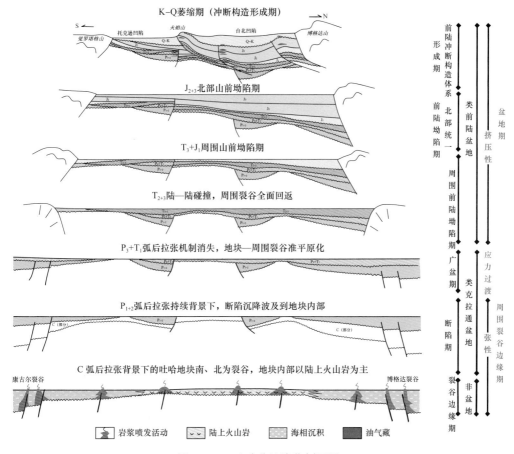

图 2-3-2 吐哈盆地演化剖面图

中二叠统桃东沟群断陷包括鲁克沁、伊拉湖凹陷、火北、连木沁、南湖、库莱等凹陷，从整个盆地范围看，基本呈现离散分布。其中伊拉湖、鲁克沁、火北、连木沁、南湖等凹陷已基本落实了断陷的控制断裂，这些断裂都具有先正后逆的特点，一般在三叠纪末开始明显回返，并对前侏罗系构造区带有重要的控制作用。

中二叠统断陷以断崖扇体粗碎屑沉积→深湖泥岩沉积旋回组合为主，夹少量火成岩，岩性岩相横向变化大，其中的暗色湖相泥岩是前侏罗系最重要的一套烃源岩层系。受三叠纪末以后应力性质及构造格局的变化，主要是南部断陷的二叠系遭受了复杂的改造甚至不同程度的剥蚀。中二叠统桃东沟群在吐哈盆地南部揭示残余厚度一般200～600m，推测台北凹陷古生界—中生界持续沉降区保存应较全。

3. 地块与周围裂谷准平原化阶段（晚二叠世—早三叠世）

晚二叠世，火山活动基本消失，吐哈地块所在的哈萨克斯坦板块与南面的塔里木—华北板块之间的大洋正式完全消减，洋壳俯冲及弧后拉张裂谷机制停止，吐哈地块与周围前期裂谷之间处于准平原化状态，吐哈地块不再单纯地作为周围原裂谷的剥蚀物源区，自身沉降沉积范围明显扩大，但总体上厚度变化不大，后期为广泛的红色泛滥平原沉积。

吐哈盆地的上二叠统—下三叠统合称仓房沟群，在了墩隆起和盆地西部、西南部缺失，盆地中北部（鲁克沁古凹、沙泉凹陷、台北凹陷）、东部分布较广，东南部（南湖凹陷）沉积厚度相对较大。

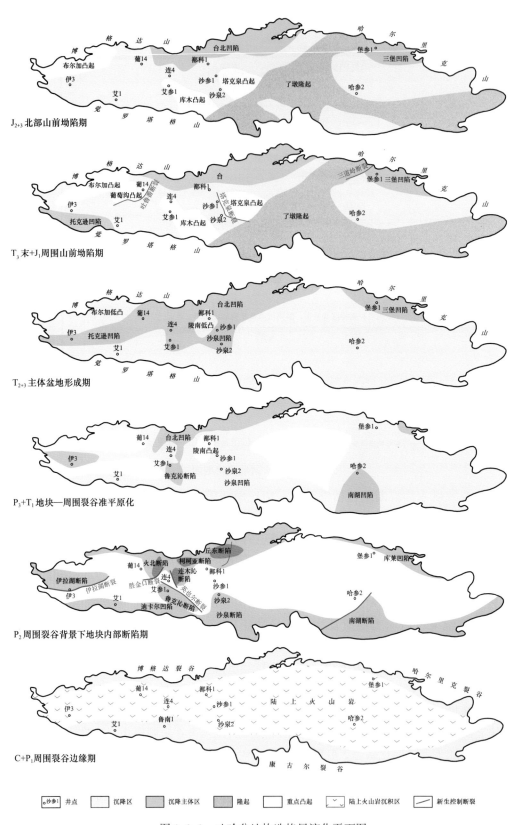

图 2-3-3　吐哈盆地构造格局演化平面图

4. 类前陆盆地初期阶段（中晚三叠世）

中晚三叠世，哈萨克斯坦板块与塔里木—华北板块正式碰撞消减，板块内部应力古生代的张性变为挤压性。吐哈地块南、北的康古尔裂谷、博格达—哈尔里克裂谷在挤压应力作用下，开始全面回返造山，吐哈盆地正式形成，吐哈地块几乎全面接受了沉积，但在陵南、鲁西一带存在低凸起，现今的了墩隆起一带估计原始沉积厚度也较小。

初期形成了一套广泛分布的粗碎屑建造，底部发育巨厚砾岩，与前期泥岩为主的沉积构成反旋回，具有磨拉石的特点；后期湖盆范围扩大，沉积了一套以湖泊沉积为主的河湖相碎屑岩，岩性为暗褐色、灰绿色泥岩、砂质泥岩夹砂岩、砾岩及薄煤层或煤线，其中东北部的三堡凹陷与西南部的托克逊凹陷发育有效烃源岩。

由于三叠纪末印支运动影响，部分地区遭受抬升剥蚀，残余厚度一般400～800m，具有多个残余厚度中心，如盆地东部三堡凹陷、北部台北凹陷、西南部托克逊凹陷等。

5. 周围类前陆坳陷阶段（晚三叠世末—早侏罗世）

晚三叠世末，盆地挤压应力增强，山前坳陷形成，吐哈盆地进入类前陆坳陷时期，早侏罗世的山前坳陷包括西南缘的托克逊凹陷、东北缘的三堡凹陷、北部的台北凹陷，具有"周围"前陆坳陷分布格局。

同时，挤压运动也造成了基底断裂的形成和活动。一方面形成了吐鲁番断裂、塔克泉断裂、三道岭断裂等基底断裂，控制了塔克泉凸起、葡萄沟凸起（低凸）的形成；了墩隆起因三道岭断裂得以向北扩展，盆地在东西方向上被分为哈密、吐鲁番两个坳陷。另一方面，在挤压应力作用下，中二叠世形成的张性正断裂开始回返，如英也尔断裂回返控制了库木凸起的形成；伊拉湖断陷因断裂回返，不再作为沉降区主体。

晚三叠世末—早侏罗世的类前陆坳陷时期，是一次重要的差异沉降，在温暖潮湿的气候环境下，沉降区主体湖相暗色泥岩或者煤层等发育条件好，是重要的烃源岩发育区。在托克逊凹陷，钻井与地震剖面揭示上三叠统和下侏罗统向南部山系方向加厚，下侏罗统煤层在整个吐哈盆地的厚度最大。三堡凹陷上三叠统与下侏罗统厚度向北部哈尔里克山方向也急剧增厚。

伴随"周围"前陆坳陷的形成，盆地内地形高差变大，基底断裂上盘三叠系、二叠系等遭受不同程度的剥蚀，侏罗纪早期沉积厚度小甚至缺失沉积。

6. 北部类前陆坳陷阶段（中—晚侏罗世）

中侏罗世开始，由于北部博格达山的继续隆升，盆地北部台北凹陷成为主要的山前坳陷沉降区。从沉积的地层厚度变化来看，台北凹陷沉积厚度大，其煤层厚度在整个盆地中最厚，湖盆及其周围三角洲发育，南部缓坡以辫状河三角洲为主，北缘陡坡发育扇三角洲沉积体系。

其中，中侏罗世开始的西山窑组沉积早期，气候温暖湿润，盆地内广泛发育湖沼及滨浅湖亚相为主的第二套含煤沉积建造，与八道湾组构成盆地内两套煤系生烃层系。

随着湖盆的范围不断扩大，从中侏罗世末—晚侏罗世，湖盆范围几乎包括整个台北凹陷，广泛沉积了巨厚的区域性湖相泥岩，该套泥岩是盆地内最重要的一套区域性盖层。

7. 类前陆盆地冲断构造形成与盆地萎缩阶段（白垩纪及其以后）

侏罗纪末以后，随着盆地北缘博格达山向盆地的不断推进，在台北前陆坳陷主体区形成了大量挤压构造，类前陆盆地进入萎缩期。博格达山的抬升具有由东向西脉动的特点，致使盆地内部构造形成的时期东早西晚，沉积中心向西、向南迁移，加之气候逐渐干旱，主要发育粗碎屑冲积扇沉积以及干旱湖盆膏盐、泥岩沉积。

由于侏罗系两套区域性煤层的影响，台北凹陷形成了近东西向展布的一系列盖层滑脱冲断相关构造带，包括南缘的七克台—火焰山带逆冲带、北缘山前推覆带、凹陷中心的鄯善弧形带等，其中，处于滑脱前锋位置的七克台—火焰山滑脱逆冲带冲出地表，东西方向上绵延 200km，其滑脱面几乎波及整个台北凹陷。

另外，在强烈的区域挤压应力作用下，前侏罗纪形成的基底断裂、正向构造单元在该时期表现出了复活的特点。但是，在台北凹陷区，类前陆构造层的表皮滑脱构造掩盖了前侏罗系与基底断裂有关的构造和区带。例如，葡北古凸的复活形成了葡北—吐鲁番—雁木西弧形构造带，其中北部卷入台北前陆凹陷以及火焰山逆冲带而受到部分掩盖；塔克泉凸起北部伸入温吉桑—丘东一带的部分受到了七克台逆冲带的掩盖；库木复合凸起伸入胜北洼陷的前沿部分受到了火焰山逆冲带的掩盖，等等。这些构造单元内的构造仍然主要受制于前期的基底断裂，与前陆构造层的盖层滑脱冲断构造明显有别。

虽然吐哈盆地历经了 7 个充填具有明显区别的时期，但是，二叠纪至今大致可以分为两个大的时期。一个是二叠纪—早三叠世，代表应力拉张松弛—应力转换时期的断—坳复合时期；第二个阶段是中三叠世至今，在挤压应力作用下，形成类前陆坳陷及前陆褶皱冲断构造。

第二节　构造单元划分

吐哈盆地在东西方向上总体分为两坳一隆（图 2-3-4）一斜坡，但是，由于盆地经历了多期成盆阶段，不同阶段的原型盆地性质与沉降格局差别较大，因而很难用一套划分方案把原型盆地特点及凹凸格局客观地反映出来（陶明信，2010）。

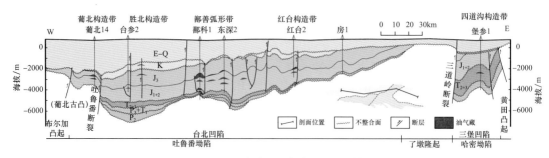

图 2-3-4　吐哈盆地北部东西向地质剖面

根据吐哈盆地生成与演化的具体情况，盆地构造单元的划分采用了前侏罗系和侏罗系—第四系两大构造层构造单元划分的方案，前者考虑了晚二叠世拉张至三叠纪松弛应力作用下断—坳复合的盆地构造格局，有利于前侏罗系构造层的地质研究与油气勘探；后者则主要反映侏罗纪以来挤压性类前陆盆地构造格局。

一、前侏罗系构造单元划分方案

对于前侏罗系构造单元的划分，综合考虑了中—上二叠统断陷和三叠系凹凸分布，以及其在侏罗纪以来类前陆盆地期的叠置改造。结合重力、磁力、地震、露头等资料，前侏罗系构造单元可划分为一个隆起、一个斜坡和两个坳陷（图 2-3-5）。

一个隆起即了墩隆起，在盆地中部和东南部，主要呈南北向贯穿盆地，把盆地分隔为东、西两大沉降区，面积 15690km² （表 2-3-2），其南部有沙尔湖、南湖两个残余凹陷。

表 2-3-2　吐哈盆地前侏罗系构造单元划分表

一级构造单元	二级构造单元	面积 /km²
Ⅰ.吐鲁番坳陷	台北凹陷	8120
	托克逊凹陷	2980
	葡北凸起	1190
	布尔加凸起	1890
	科牙依凹陷	1110
		总面积: 15290
Ⅱ.艾丁湖斜坡	塔克泉凸起	1410
	沙泉凹陷	1830
	库木凸起	3680
	鲁西凸起	1230
		总面积: 8150
Ⅲ.了墩隆起	沙尔湖凹陷	1130
	南湖凹陷	2670
		总面积: 15690
Ⅳ.哈密坳陷	三堡凹陷	3490
	黄田凸起	7150
	火石镇凹陷	3730
		总面积: 14370

一个斜坡即艾丁湖斜坡，位于盆地中南部，整体北倾，面积 8150km²，自东向西分为塔克泉凸起、沙泉凹陷、库木凸起、鲁西凸起。其中，库木凸起部位在二叠纪时发育断陷，但三叠纪末后大幅回返形成凸起；沙泉凹陷为二叠系、三叠系残余凹陷。

两个坳陷指东部的哈密坳陷和西部的吐鲁番坳陷。吐鲁番坳陷总面积 15290km²，又分为台北、托克逊、科牙依三个凹陷和葡北、布尔加两个凸起；台北凹陷是主要的二叠系、三叠系沉降区，面积 8120km²，内部二叠系构造地层格架有待进一步落实；托克逊凹陷主要为三叠系沉降区；科牙依凹陷为三叠系残余凹陷。哈密坳陷面积 14370km²，分

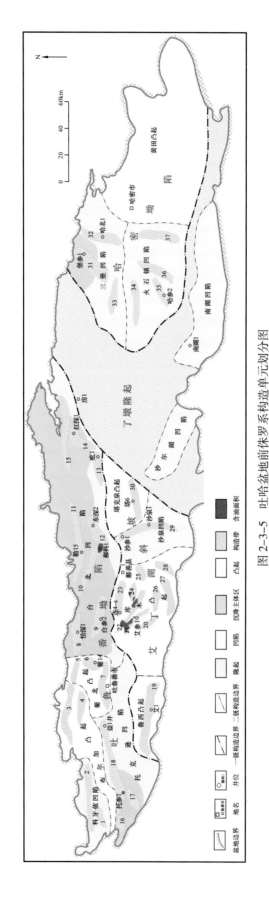

图 2-3-5　吐哈盆地前侏罗系构造单元划分图

构造带名称：1—科牙依构造带；2—可尔尔街构造带；3—卡拉图构造带；4—肯德克构造带；5—七泉湖构造带；6—葡北构造带；7—神泉构造带；8—恰勒坎构造带；9—胜北构造带；10—丘陵构造带；11—鄯勒构造带；12—鲁克沁构造带；13—疙瘩台构造带；14—红台构造带；15—大步构造带；16—鱼儿沟构造带；17—乌苏构造带；18—伊拉湖构造带；19—卡尔构造带；20—鲁南构造带；21—鲁克沁构造带；22—玉北构造带；23—连木沁构造带；24—马场南构造带；25—沙墩子构造带；26—鲁东南构造带；27—库木南构造带；28—库木东构造带；29—塔西南构造带；30—塔克泉构造带；31—四道沟构造带；32—哈北构造带；33—四道沟构造带；34—堡南构造带；35—乔喀构造带；36—五堡南构造带；37—堡东构造带

为东部的黄田凸起、西北部的三堡凹陷、西南部的火石镇凹陷，三堡凹陷主要为三叠纪的沉降区，火石镇凹陷主要为上二叠统—下三叠统的残余凹陷区。

二、侏罗系—第四系构造单元划分方案

侏罗纪—第四纪以来的盆地构造单元的划分，以侏罗系构造层特征为主，兼顾新生代的构造特征，将盆地划分为四个一级构造单元和八个二级构造单元（图2-3-6）。

四个一级构造单元即吐鲁番坳陷、艾丁湖斜坡、了墩隆起、哈密坳陷（表2-3-3）。

表 2-3-3 吐哈盆地侏罗系—第四系构造单元划分表

一级构造单元	二级构造单元	面积 /km²
Ⅰ. 吐鲁番坳陷	台北凹陷	10920
	托克逊凹陷	3150
	布尔加凸起	1890
	科牙依凹陷	1110
		总面积: 17070
Ⅱ. 艾丁湖斜坡		总面积: 7410
Ⅲ. 了墩隆起	沙尔湖凹陷	1130
	南湖凹陷	2670
		总面积: 14650
Ⅳ. 哈密坳陷	三堡凹陷	7220
	黄田凸起	7150
		总面积: 14370

吐鲁番坳陷面积17070km²，分为台北凹陷、托克逊凹陷、科牙依凹陷和布尔加凸起。台北凹陷是盆地最大的沉降区，面积10920km²，是侏罗纪以来持续性沉降区；托克逊凹陷主要是侏罗纪早期的沉降区；科牙依凹陷为残余凹陷。

艾丁湖斜坡是侏罗纪盆地发育鼎盛时期的斜坡区，侏罗系整体向南东部位上超，侏罗系厚度小甚至部分沉积缺失。

哈密坳陷分为黄田凸起和三堡凹陷。其中，三堡凹陷在整个侏罗纪沉降区，但侏罗纪末以后抬升，中—上侏罗统剥蚀严重。

三、主要构造单元特点

1. 吐鲁番坳陷（Ⅰ）

该坳陷是吐哈盆地主体，呈东西向展布，面积约 $1.7 \times 10^4 km^2$。其主要特征是坳陷内地层发育齐全，发育了石炭系、二叠系、三叠系，以及巨厚的侏罗系—第四系，吐鲁番坳陷又分为托克逊凹陷、台北凹陷、科牙依凹陷、布尔加凸起等。台北凹陷、托克逊凹陷是古生界、中—新生界主体沉降区。

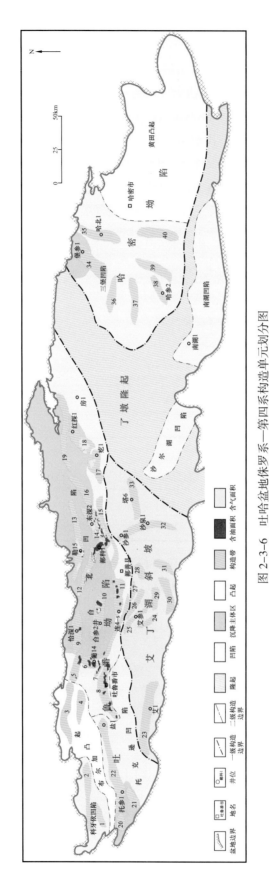

图 2-3-6 吐哈盆地侏罗系—第四系构造单元划分图

构造带名称：1—科牙依构造带；2—可尔街构造带；3—卡拉图构造带；4—肯德克构造带；5—七泉湖构造带；6—葡北构造带；7—火焰山构造带；8—神泉构造带；9—恰勒坎构造带；10—胜北构造带；11—红连构造带；12—丘陵构造带；13—鄯勒构造带；14—温吉桑构造带；15—七克台构造带；16—金水构造带；17—疙瘩台构造带；18—红台构造带；19—大步构造带；20—鱼儿沟构造带；21—乌苏构造带；22—鱼克南构造带；23—卡尔乐构造带；24—鲁南构造带；25—鲁克沁构造带；26—玉北构造带；27—马场南构造带；28—沙墩子构造带；29—鲁东构造带；30—库木南构造带；31—库木东构造带；32—塔南构造带；33—塔克南构造带；34—四道沟构造带；35—哈北构造带；36—二股泉构造带；37—堡南构造带；38—乔喀构造带；39—五堡构造带；40—堡东构造带

台北凹陷自二叠纪以来一直是继承性连续沉降沉积区，其中，中二叠世发育多个断陷，且断陷充填保存完整（图2-3-1）；中侏罗世及其以后则是吐哈盆地的统一沉降区主体；中二叠统桃东沟群和中—下侏罗统水西沟群煤系两大套烃源岩分布广，厚度大，埋深大，使台北凹陷成为吐哈盆地主要的油气分布区。

托克逊凹陷西北部曾发育二叠纪伊拉湖古断陷及湖相烃源岩，但三叠纪末以来强烈回返（图2-3-7）；晚三叠世—早侏罗世，托克逊坳陷西南部成为盆地前陆坳陷沉降主体区之一，发育上三叠统、下侏罗统烃源岩，但由于侏罗纪末以后托克逊凹陷总体抬升，仅西南一隅成为有效生排烃区。

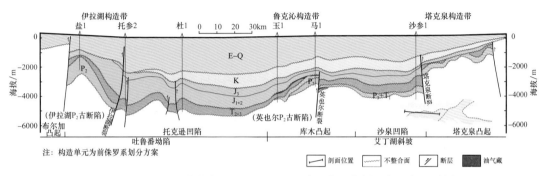

图2-3-7　吐哈盆地布尔加凸起—托克逊凹陷—艾丁湖斜坡东西向地质剖面

2. 艾丁湖斜坡（Ⅱ）

艾丁湖斜坡是侏罗纪以来的斜坡区，但在古生代是重要的沉降区。

在石炭纪时，南部靠近康古尔裂谷，迪卡尔、沙尔湖一带发育石炭系海相沉积（图2-3-1至图2-3-3）；中二叠世，北部新增了鲁克沁断陷沉降区。

三叠纪末开始，南部随觉罗塔格山持续抬升，艾丁湖斜坡形成，南部石炭系、二叠系、三叠系大范围剥蚀甚至缺失，形成塔克泉凸起、鲁西凸起，仅在沙泉子形成残余凹陷；鲁克沁断陷也大幅度回返形成库木凸起；艾丁湖斜坡侏罗系厚度普遍较小，下侏罗统、中侏罗统依次向东南南部上超。

3. 了墩隆起（Ⅲ）

了墩隆起面积$1.6 \times 10^4 km^2$，南北贯穿吐哈盆地，把吐哈盆地总体分割成东、西两大坳陷；其形成时间较早、发育历史长，石炭纪至今大部分时期、大部分区域处于抬升背景（图2-3-2），而区别于东、西两主体坳陷。在沉积层序上表现出发育不全与层薄的特点，主要发育厚度较小的侏罗系、新生界，南部残余二叠系；在构造发展上表现为以抬升为主、局部可见泥盆系等老地层出露和局部构造不发育等特点；基底埋深是盆地最浅的部位。了墩隆起的产生有深部地质背景，沿隆起带是莫霍面上隆区，因而对东西坳陷的分隔比较明显。

二叠纪—三叠纪，南部为沉降区，沉积地层包含了中二叠统烃源岩层系，北部仅小范围沉积了中—上三叠统。

三叠纪末开始，南部随觉罗塔格山持续抬升，北部因处于近南北向三道岭基底断裂的上盘大幅度逆冲抬升，了墩隆起基本定型，整个了墩隆起二叠系、三叠系几乎完全剥蚀。侏罗系、白垩系、新生界在层系上、平面上发育不全，主要集中于北部局部分布，各层系厚度小。南部几乎被卷入觉罗塔格造山带，整体一直处于隆升状态，仅在中侏罗世早期局部发育了沙尔湖断陷和南湖断陷（图2-3-8），沉积了西山窑组，西山窑组煤层厚度大，单层厚度可达100m以上；同时，中—下二叠统的地层也在这两个断陷得到了部分保留。

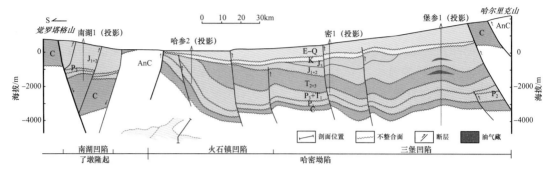

图 2-3-8 吐哈盆地过哈密坳陷南北向地质剖面

4. 哈密坳陷（Ⅳ）

哈密坳陷面积 $1.4 \times 10^4 km^2$，是盆地中除吐鲁番坳陷以外的另一个主体沉积区。哈密坳陷与吐鲁番坳陷在许多方面表现出不同，哈密坳陷的主发育期为晚二叠世—侏罗纪，最大沉积岩厚度超过4000m，而侏罗纪末以来的发展则呈抬升趋势。其中，东部抬升剧烈，三叠系、侏罗系大面积剥蚀，形成黄田凸起；西部沉积地层保存相对较厚，但南、北两侧保存的主要地层不同，北侧的三堡凹陷是三叠系、侏罗系的主体沉降区，南侧的火石镇凹陷上二叠统沉积较厚、保存较全。

第三节　断 裂 构 造

吐哈盆地历经石炭纪、二叠纪的张性环境和侏罗纪以来的挤压环境。二叠纪发育张性断裂，三叠纪末产生挤压性断裂并且伴随二叠纪张性断裂的回返，侏罗纪末以来则以前陆坳陷挤压冲断构造体系为主要特点。依据断面与地层的接触关系，吐哈盆地具有基底断裂和滑脱断裂两大类断层体系。滑脱断裂主要发育于台北凹陷沉积巨厚区，湖相泥岩和侏罗系广泛分布的煤层等作为滑脱面。基底断裂是深层和山前带的主要断裂样式，断面切割了基底（申晨等，2012）。

一、滑脱断裂构造体系

由于台北凹陷北缘博格达山的持续隆升与侧向挤压，使台北凹陷沿煤系或者湖相泥岩等多个应力薄弱面产生滑脱，并形成完整的滑脱冲断构造体系（图2-3-9）。

1. 滑脱断层

盖层滑脱断层主要发育在前陆坳陷主体区——台北凹陷，侏罗纪以来沉积厚度大，有八道湾组、西山窑组煤系以及湖相泥岩等多个滑脱系统。两套煤系厚度大、分布范围广，滑脱面甚至可以波及几乎整个台北凹陷，其冲断前锋带位于台北凹陷南缘，受到煤系应力薄弱面终止或者受到古构造的阻挡，冲断面切割了八道湾组以上的多套地层，形成东西绵延200km以上的火焰山—七克台滑脱冲断带（图2-3-10）。侏罗系、二叠系、三叠系内部湖相泥岩等也可以作为滑脱面，形成一些局部构造，如胜北1号、金水、三十里大墩等。

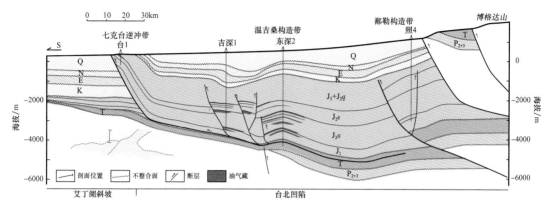

图 2-3-9　吐哈盆地台北凹陷过丘东洼陷南北向地质剖面

图 2-3-10　吐哈盆地台北凹陷滑脱构造体系

在台北前陆凹陷主体区，由于前陆盖层滑脱冲断构造体系的影响，中浅层前陆构造体系构造复杂化，与深部构造层及基底形态极不相称，从地震剖面上看，基底较平缓完整，但侏罗系及其以上地层中燕山期、喜马拉雅期各期盖层构造很发育。

已发现滑脱面不一定是单一的层位，还存在多阶滑脱。如煤窑沟滑脱断裂，前锋部位滑脱面为下侏罗统煤系，后方断面还切穿了三叠系，至少存在两个冲断面。再如鄯善深层三叠系构造，由三叠系冲断面—下侏罗统滑脱面转折部位形成的断层转折背斜，这条滑脱断层除了三叠系冲断面，还在南面七克台附近冲断出地表。

2. 滑动褶皱

台北凹陷滑脱断层的滑动断面不一定是水平的或者是单斜，也有穿层和弯曲的，因此也形成了滑动褶皱（李成明等，2005），特别是侏罗纪末以来多期滑动，滑动褶皱的特点更明显，造成了盖层中复杂的地层结构，可以根据这种结构恢复滑动过程，进而确定滑脱断层的形成时间、演化过程和断层规模。如鄯善、丘东、温吉桑、疙瘩台一带的滑动褶皱比较发育。

3. 撕裂断层

撕裂断层是滑脱断层在向前发展过程中，由于滑脱面终止位置的不一致，或者推挤速度不一，而产生的在平面上带有走滑性质的破裂线，断裂面可近直立，也可倾斜或弯曲，但一般为高角度，其下端终止于滑脱面。台北凹陷较大的撕裂断层有草南断层、红台2断层、丘陵断层、胜北3、胜北4断层等，这些断层两侧的地层水平相对错断可达到数千米，纵向上各个层位的错断经常出现不一致；此外还有很多小型的撕裂断层。

受发育时间东早西晚的影响，撕裂断层一般具有左旋扭动（吴涛等，1996）的特点。

二、基底断裂

基底断裂切割了前石炭系基底，盆地演化不同时期形成的基底断裂（图2-3-11）体现出不同的特点，具有不同的控制作用。总体上，盆地内部的基底断裂发育时间早，对深层二叠系、三叠系隆坳格局影响大；盆缘基底断裂一般形成时间晚，属于侏罗纪以来类前陆盆地期山前冲断构造。

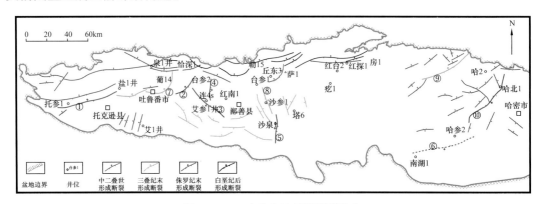

图2-3-11　吐哈盆地基底断裂分布

主要断裂：①伊拉湖断裂；②胜金口断裂；③英也尔断裂；④连23西断裂；⑤沙泉子断裂；
⑥南湖断裂；⑦吐鲁番断裂；⑧塔克泉断裂；⑨三道岭断裂；⑩共堡断裂

1. 中—晚二叠世基底断裂

该期断裂属于张性基底断裂，控制了岩浆喷发部位，控制了断陷的形成及其沉降沉积，控制了分割性凹陷以及凹—凸相间的盆地格局。

该期断裂在后期挤压应力作用下，有不同程度的回返，这是识别二叠纪断裂很重要的标志。钻井地层表现为断裂上盘有中二叠统，下盘没有；对于没有完全回返的断裂，逆断层的上盘在重力剖面、电性剖面上反而表现为低值，等等。

重要的二叠纪断裂有伊拉湖断裂（已完全回返）、英也尔断裂（东部完全回返）、胜金口断裂（少量回返）、连23西断裂（部分回返）等（图2-3-1、图2-3-7）。

其中，英也尔断裂在三叠纪末大幅回返抬升，使鲁克沁古洼并入了库木鼻状凸起区；伊拉湖断裂在三叠纪末—侏罗纪末大幅回返，使伊拉湖二叠纪古洼失去了生烃凹陷的角色。台北凹陷属于前陆坳陷主体沉降区，其中的二叠纪断陷得被继承性深埋，成为重要的二叠纪生烃区。

2. 三叠纪末基底断裂

中三叠世开始，吐哈地块周围裂谷挤压回返造山，吐哈盆地开始整体沉降。晚三叠世末，盆地受到的挤压应力越来越强，盆地内部一批挤压性基底断裂形成，重要的基底断裂有吐鲁番断裂、塔克泉断裂、三道岭断裂等，控制和影响了侏罗纪以来的隆起、凸起（含低凸）的形成，对侏罗纪的沉降、沉积有控制、分割作用。

吐鲁番断裂位于台北凹陷西缘，断面西倾，控制了上盘北东—南西走向的葡北—雁木西古凸（低凸）的形成（图2-3-4），古凸主体三叠系几乎遭受完全剥蚀；该古凸也控制了早—中侏罗世西物源沉积体系；侏罗纪末以来，台北凹陷北缘地层受博格达山挤压向南推进过程中，受该古凸北缘阻挡，在古凸北面形成近东西走向的七泉湖构造带以及煤窑沟滑脱冲断带。

塔克泉断裂呈南北走向，断面东倾；断裂东侧抬升，导致三叠系剥蚀殆尽和下侏罗统缺失，形成塔克泉古凸，是北面丘东洼陷重要的物源区，也影响了北面丘东、温吉桑正向构造区的形成；断裂西侧三叠系保存较全，中侏罗统沉积厚度比断裂以东明显增厚，因此塔克泉断裂属于同沉积逆断裂（图2-3-7）。

三道岭断裂呈北东—南西走向，断面西倾，东侧下盘为晚三叠世和侏罗纪的沉降区；断裂西侧三叠系完全剥蚀，下侏罗统沉积不全，形成了墩隆起北半部分（图2-3-4）。

三叠纪末的挤压运动，也是造成二叠纪正断裂回返的重要时期。譬如，英也尔中二叠世正断裂南侧的古洼区在东部持续回返，三叠系、二叠系依次遭受剥蚀，而西部下倾方向下侏罗统、中侏罗统依次上超；断裂北侧下盘的三叠系保存齐全，侏罗系沉积较全。因此，英也尔断裂既体现为张性断裂在后期挤压应力作用下的回返，又是属于早—中侏罗世的同生逆断裂。

3. 侏罗纪末的基底断裂

侏罗纪末，盆地受到南北向挤压应力作用越来越强，前陆坳陷开始萎缩，也产生了一系列的基底断裂。

台北凹陷重要的基底断裂有丘东断裂、柯柯亚断裂、大步断裂、七泉湖断裂等，山前带分布较多，以东西走向为主，并控制形成了一系列的构造带。盆地东部哈密坳陷形成大量的基底断裂，最大的为东部南北走向的共堡断裂，使断裂东侧整体上升为黄田凸起。盆地西南部斜坡区基底断裂数量、规模较小；盆地西北部布尔加基底断裂则基本决定了布尔加凸起的形成。

该时期，前期的基底断裂也有明显的活动，如吐鲁番断裂西侧再次抬升，上侏罗统遭受大量剥蚀；塔克泉断裂向北延伸，东侧上升盘倾伏部位形成温吉桑、丘东构造带。

4. 白垩纪—第四纪基底断裂

该时期，前期基底断裂有活动；新产生的基底断裂主要发育于盆地北缘，近东西走向，控制北部山前冲断带的持续演化。

三、博格达山山前冲断带

台北凹陷北缘的博格达山是吐哈盆地性质和演化的控制因素，侏罗纪以来，博格达山持续抬升并向南挤压，在盆地一侧的博格达山前缘形成山前冲断带，山前冲断带可以被细分为以下三个带。

1. 基底消减带

随博格达山的持续隆升，盆缘基底受挤压山系牵引抬升冲断，并最终导致盆地消减。该带的构造直接承载于冲断隆升基底之上，主要是垂向隆升形成，在深、浅层位的形变基本一致，构造相对简单。

2. 盖层滑脱带

在基底消减带往盆地方向，受盆缘山系或山前基底冲断带的侧向挤压，产生一系列盖层构造，简单的构造如卡拉图，但一般变形较复杂，如红旗坎的三角带构造样式，小草湖北缘的叠瓦状构造（图2-3-12），其中包括了大量的盖层滑脱相关构造，导致深浅构造形态不一致。

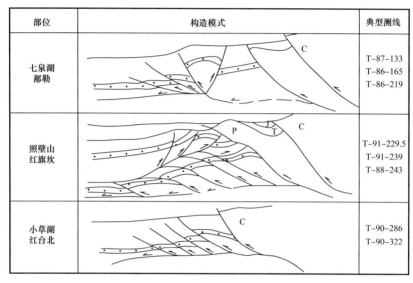

图2-3-12　博格达山山前构造带模式图

3.卷入构造

在盆缘山系向盆地推进的过程中，先期偏向盆地内部的构造（包括盖层构造和基底构造）被卷入山前带并复杂化，此类构造与前二者的重要区别就是明显具有古构造的背景。如七泉湖构造带、巴喀构造带西端、鄯勒构造等。

第四节　构　造　区　带

吐哈盆地构造复杂多样，下面主要从局部构造及构造区带特点等方面进行论述。

一、局部构造

吐哈盆地发生发展过程中经历了多期构造运动，形成了各种各样的局部构造，如背斜、断鼻和断块等，为油气的聚集提供了圈闭条件。根据构造形态和成因机制，可将局部构造划分为挤压背斜等10种类型（表2-3-4）。

表2-3-4　吐哈盆地局部构造类型

类型	成因类型	平面特征	剖面特征	典型构造
背斜	挤压作用			十三间房构造
	牵引作用			葡萄沟构造
	压扭作用			伊拉湖构造

类型	成因类型	平面特征	剖面特征	典型构造
背斜	扭动作用			丘陵构造
	背冲作用			鄯勒构造
	滑脱作用			胜北构造 红台构造
	泥拱作用			四十里大墩构造
	披覆作用			杜光湖构造顶部
断鼻	断裂作用			温吉桑构造
断块	断裂作用	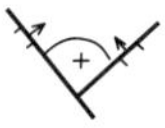		柯柯亚构造

1. 背斜构造

吐哈盆地背斜构造按成因可划分为 8 种类型。

1）挤压背斜

地层受到顺层挤压作用发生弯曲形成的背斜。这类背斜形态简单，走向与区域主压应力方向垂直，在盆地内呈北东东向展布，如十三间房构造等，而且很少甚至没有受到断裂作用破坏。

2）牵引背斜

系指逆冲断裂沿断面滑动时，断层两盘间的摩擦力使地层拖曳形成的背斜构造。这类背斜与逆断层伴生，轴向与断裂方向一致，如火焰山断裂上盘发育的葡萄沟构造等。

3）压扭背斜

由于挤压应力作用方向与断层斜交，地层在受挤压作用时又受剪切作用，经常与走滑断层伴生，背斜轴与断层走向斜交。这类背斜以伊拉湖断裂所形成的伊拉湖构造最为典型。

4）花状构造

在压扭性构造应力作用下，主干断裂压扭走滑，断面上缓下陡直通基底，在主干断裂上部形成分枝断裂，与主干断层组合成花状构造。分枝断裂间所夹地层受断裂逆冲作用的影响形成背斜构造，如柯柯亚构造。

5）上突构造

地层在顺层挤压力作用下，形成背冲断裂组合，夹持在断裂之间的地层发生挠曲形成背斜构造。这类构造剖面形态与花状构造类似，但断裂向下变缓逐渐变为顺层滑脱，背斜轴向与断裂平行，主要发育在山前构造带前缘，如鄯勒构造。

6）滑脱背斜

沿早、中侏罗世煤系滑脱而形成，发育在凹陷内部，以胜北构造、红台构造为典型。

7）泥拱背斜

在泥岩发育区，在挤压作用下，泥岩发生塑性流动，使上覆地层拱曲形成背斜。四十里大墩构造即是三间房组泥岩塑性流动并配合逆断层作用而形成的背斜构造。

8）披覆背斜

吐哈盆地的披覆背斜具有顶薄褶皱的特点，由同沉积背斜构造控制形成。这种构造在古近系、白垩系中比较发育，如葡北构造古近系披覆背斜。

2. 断鼻—断块构造

1）断鼻构造

吐哈盆地受北部博格达山向南挤压，发育大量北倾逆断层，在台北凹陷南部斜坡区，容易形成向北倾伏的鼻状构造，如温吉桑构造带的鼻状构造成排成带发育。

2）断块构造

倾斜层在上倾方向被两条或多条断层交叉切割夹持形成断块构造。例如丘陵构造带的丘陵、柯柯亚的主体构造被断块化。

3. 局部构造发育特征

吐哈盆地局部构造以背斜、断背斜和断鼻为主，断块构造次之，在已发现的 252 个局部圈闭中，背斜 48 个，占总数的 19%；断背斜 86 个，占总数的 34%；断鼻 65 个，占总数的 26%；断块和地层圈闭共 53 个，占总数的 21%。

局部构造与断裂伴生，彼此互为依附，主体走向基本相似，多数局部构造与断层同期形成。在平面上，沿断裂带呈东西向、北东向和北西向带状展布。在具压扭性质的断裂带上，局部构造呈雁行状排列，如胜北构造带、温吉桑构造带。台北凹陷局部构造发育，托克逊凹陷、哈密坳陷相对不发育；断裂上盘局部构造发育，而下盘因挤压作用弱而不发育或构造幅度小。

由构造应力推挤形成的背斜具有两翼不对称特点。由于挤压力主要来自北边，盆地中部和北部的背斜表现为南翼陡、北翼缓，并在南陡翼发育逆冲断层，如火焰山背斜带、巴喀背斜、盐山口背斜及丘东背斜等。

已发现的局部构造分布层位主要集中于中侏罗统七克台组、三间房组和西山窑组。在 252 个圈闭中，中侏罗统圈闭 167 个，占圈闭总数的 66%，其余的分布在下侏罗统、三叠系和二叠系等。

局部构造的圈闭面积相对较大，面积大于 $10km^2$ 的圈闭数占总圈闭数的 37.6%，其合计面积占圈闭总面积的 75%；面积 5～$10km^2$ 的圈闭占圈闭总数的 20.5%，其合计面积只占圈闭总面积的 14.2%；面积小于 $5km^2$ 的圈闭占圈闭总数的 41.9%，其合计面积只占圈闭总面积的 10.8%。因此，大圈闭的个数虽然相对较少，但拥有的圈闭面积却占绝对优势。

局部构造发育具有多期性和继承性，尽管海西—印支运动、燕山运动和喜马拉雅期构造运动都形成了局部构造，但盆地中大多数构造的形成和发育期是在燕山期和喜马拉雅期。

局部构造类型空间分布具有规律性，牵引构造、压扭背斜、花状构造、上突构造都与逆冲断裂密切相关，主要分布于山前构造带；挤压背斜、泥拱背斜和滑脱背斜则多分布于各凹陷内部。

二、构造区带

1. 吐哈前陆盆地构造区带类型与划分

断裂是控制构造区带的主要因素，由于吐哈盆地具有基底断裂、滑脱断裂、山前冲断三大类断裂体系，形成了基底构造体系、盖层滑脱冲断构造体系与山前冲断带构造体系（表2-3-5）。

基底构造体系在前陆坳陷缓坡和前隆区是重要的构造样式，由于前陆盆地期前陆坳陷持续性沉降，基底构造体系大多向前陆坳陷方向斜坡化、鼻状凸起化。依据卷入前陆坳陷的程度不同，向前陆坳陷方向可以划分为前隆、前隆斜坡（鼻状凸起）、复合正向带等。

盖层滑脱冲断构造体系主要分布于前陆坳陷主体沉降区，又分为前缘滑脱逆冲带、凹中滑脱背斜带、差异滑脱断裂带等。

表2-3-5　吐哈前陆盆地构造区带类型划分

类型		基底构造体系			盖层滑脱构造体系			山前冲断带构造体系
		前隆	前隆斜坡（鼻状凸起）带	复合正向带	前缘滑脱逆冲带	凹中滑脱背斜带	差异滑脱断裂带	山前冲断带
特点	构造部位		前陆坳陷缓坡边缘	部分位于前陆坳陷主体	前隆斜坡	前陆坳陷主体	前陆坳陷主体	控制山系前缘
	构造特点		属于基底构造，呈鼻状凸起	属于基底构造，属凹中古凸	盖层滑脱构造	盖层滑脱构造	盖层扭动断裂相关构造	盖层滑脱与基底构造并存
	形成时间		前陆坳陷期前	前陆坳陷期前	前陆坳陷中后期	前陆坳陷中后期	前陆坳陷中后期	晚
	圈闭发育		鼻状凸起背景上的断块、断鼻、断背斜、地层不整合、地层圈闭	古凸背景上的背斜、地层、不整合圈闭等	滑脱相关的背斜、断背斜等	滑脱—滑动相关的背斜、断背斜，构造—岩性复合圈闭	背斜、断背斜等	断块、断背斜、断鼻等
	烃源及关键烃源通道		位于生烃区周围，鼻状凸起汇油，基底断裂、滑脱断裂沟通烃源	紧靠生烃区，古凸汇油，基底断裂沟通烃源	位于生烃区及凹陷缓坡，滑脱面大范围扰动烃源岩	位于生烃区，滑脱断裂沟通烃源岩	位于生烃区，差异滑脱断裂垂向沟通烃源岩	一般为烃源岩沉积中心，基底断裂、滑脱断裂沟通烃源岩
	含油构造层		前陆构造层和克拉通构造层	前陆构造层和克拉通构造层	前陆构造层	前陆构造层为主	前陆构造层浅层为主	前陆构造层和克拉通构造层

类型		基底构造体系			盖层滑脱构造体系			山前冲断带构造体系
		前隆	前隆斜坡（鼻状凸起）带	复合正向带	前缘滑脱逆冲带	凹中滑脱背斜带	差异滑脱断裂带	山前冲断
特点	沉积体系		缓坡辫状河三角洲	缓坡辫状河三角洲为主	缓坡辫状河三角洲	缓坡辫状河三角洲为主	陡坡扇三角洲和缓坡辫状河三角洲	陡坡扇三角洲为主
	储层物性		埋藏较浅，成岩流体会聚方向，利于原生孔隙保存和次生孔隙形成，储层物性好	成岩流体会聚方向，利于原生孔隙保存和次生孔隙形成，储层物性较好	储层物性较好	储层物性一般	浅层储层物性较好	储层基质物性差，裂缝一般较发育
	油气聚集		斜坡鼻状凸起复式油气聚集带	古凸油气富集带	复杂高陡构造油气聚集带	背斜油气富集带	中浅层油气聚集带	复杂冲断油气聚集带
	勘探特点		利于深层勘探	深、浅层立体勘探	寻找相对较完整圈闭	油气富集，长期滚动	浅层找油气	多层系双重介质油气藏
实例			鲁克沁构造带，塔克泉构造带	葡北—雁木西古弧形带	火焰山构造带，七克台构造带	鄯善弧形带	胜北构造带	鄯勒构造带，恰勒坎构造带

山前冲断构造体系位于前陆坳陷控制山系前缘，是盆地及基底消减部位。

需要强调的是，属于盖层滑脱冲断构造体系的前缘逆冲带与属于基底构造体系的前隆斜坡鼻状凸起构造位置近似，但由于滑脱断裂并未深入基底，二者并未相互切割，二者控制的构造区带在平面上可以交会。不过，前缘逆冲带的形成受到了前隆斜坡的阻挡，跨越了前隆斜坡上的多个基底鼻状凸起；而基底鼻状凸起则受到了盖层滑脱构造的掩盖影响。

根据局部构造所处位置、构造类型、成因机制和形成时间等因素，将吐哈盆地划分出 40 个二级构造带（图 2-3-5、图 2-3-6）。

吐鲁番坳陷共有构造带 22 个。其中科牙依凹陷 2 个，包括科牙依构造带和可尔街构造带；台北凹陷 15 个，包括七泉湖、恰勒坎、葡北、胜北、鄯勒、丘陵、温吉桑、金水、大步、红台、疙瘩台、神泉、火焰山、红连和七克台构造带；布尔加凸起 2 个，即卡拉图构造带和肯德克构造带；托克逊凹陷 3 个，包括伊拉湖、乌苏和鱼儿沟构造带。

艾丁湖斜坡有构造带 11 个。其中鲁西凸起 1 个，即卡尔构造带；库木凸起 8 个，包括鲁克沁、玉北、马场南、鲁南、沙墩子构、鲁东、库木南、库木东构造带；沙泉凹陷 1 个，即塔西南构造带；塔克泉凸起 1 个，即塔克泉构造带。

哈密坳陷有构造带 7 个。其中三堡凹陷 3 个，包括四道沟、哈北和二股泉构造带；火石镇凹陷 4 个，包括堡南、堡东、五堡和乔喀构造带。下面对主要二级构造带进行描述。

2. 重点构造带特点

1）丘陵构造带

丘陵构造带呈北西向展布于台北凹陷中部（图 2-3-1、图 2-3-4、图 2-3-6），长约 60km，宽约 9km，包括三个含油气构造，即鄯善、丘陵和巴喀油田。该带由两条或多条背冲断裂所夹持的背斜组成，并受到不同序次的走滑断裂切割。构造样式以基底扭冲断裂系及扭压褶皱组合为主，构造类型以断背斜和断块为主。受南北向走滑断层切割，东段丘陵、鄯善构造幅度明显比西段小，改造作用也弱，因此使背斜得以完整保存。构造带于白垩纪末期开始形成，地层褶皱幅度较小，古近纪时，受基底卷入型压扭断裂控制形成花状构造带。

2）温吉桑构造带

温吉桑构造带北东向展布于台北凹陷东部（图 2-3-6、图 2-3-9），位于丘陵构造带东侧，长约 42km，宽约 12km。该构造带受马红断裂带控制，由三排构造构成，即北排、中排的挤压背斜和南排断鼻、断块构造。马红断裂带是压扭性断裂，由一条北倾主逆冲断层与几条南倾断裂组成，在南北向区域挤压应力作用下，形成左行雁行排列的背斜、断鼻构造带，伴生的逆冲断层也呈雁行状排列，逆冲幅度比较小。该带在中燕山期开始活动并形成构造雏形，喜马拉雅期以褶皱作用为主，构造幅度加强定型。圈闭以背斜、断鼻为主，保存条件好。构造带上中侏罗统发育南东—北西向的辫状河三角洲河道砂体，利于构造—岩性复合型圈闭形成。该构造带已发现温米油田和丘东气田。

3）红台构造带

红台构造带位于台北凹陷东端（图 2-3-4、图 2-3-6），北东向延伸，长约 35km，宽约 14km，主体由 3 个背斜构造及断鼻组成。该构造带于侏罗纪末在南北向挤压应力作用下，以中—下侏罗统煤系滑脱形成两排北东东向构造；西端受南北向左行走滑断裂扭动影响而呈北东向展布，褶皱核部八道湾组明显加厚，并有背冲断层发育，构造顶部被剥蚀；后期受喜马拉雅期构造运动影响微弱；其圈闭类型以断背斜为主。

4）胜北构造带

胜北构造带位于台北凹陷西部中央（图 2-3-4、图 2-3-6），为凹中低隆，长约 44km，宽约 21km。其构造形态南陡北缓，5 个北西西向局部构造成雁行排列组成北西向延伸的中—低幅度的构造带；在南北向剖面上，构造幅度在中间层位大，向浅部和深部变小。构造带东端受北北东向走滑断裂系的切割、制约，使构造带由西向东呈撒开趋势。该构造带的北西向断裂断面为犁式，断距中间大，向浅部和深部变小，是沿西山窑组煤系滑脱形成的盖层滑脱型断裂；北西向断裂控制的局部构造于燕山中期形成构造雏形，燕山末期构造幅度进一步加强，喜马拉雅期变化较小；局部构造圈闭以挤压背斜为主，断块、断鼻次之。

5）红连构造带

红连构造带位于胜北洼陷东南侧，由东西走向滑脱型逆冲断层控制，并受南北向走滑断裂系切割而形成背斜、断块、断鼻构造组成，长约 34km，宽约 12km。侏罗纪末期，在该构造带顺侏罗系煤系滑脱形成褶皱，并使侏罗纪地层遭受剥蚀，形成与白垩纪地层之间的角度不整合；白垩纪末及古近纪，构造活动微弱，使白垩系和古近系发生轻微褶皱；喜马拉雅晚期，断裂几乎没有活动，因此使红连构造带油气保存条件较好。总体上，由于燕山、喜马拉雅期构造运动多期活动早强晚弱，红连构造带的侏罗系圈闭以断鼻、断块为主，白垩系及以上层系圈闭以背斜为主。

6）葡北构造带

葡北构造带位于胜北构造带西侧（图2-3-4、图2-3-6），长约23km，宽约11km；由北东向、北北东向低幅度背斜组成南北向展布的雁行褶皱带；单个背斜东翼陡、西翼缓。该构造带是在南北向区域挤压应力作用下，南北走向基底走滑断裂左行扭动在盖层中所形成的雁行褶皱带，在侏罗纪末期形成雏形，喜马拉雅期改造定型。圈闭类型以完整背斜为主，并发育断鼻、断块构造。由于东侧即为胜北洼陷生烃区，该构造带有利于油气聚集。

7）神泉构造带

神泉构造带呈北东东向展布于北西向火焰山构造带西段南侧，长约61km，宽约11km；位于吐鲁番断裂上盘（北盘），中部被北西西向雁木西断裂切割；构造带由南西向北东分布着大墩、雁木西、胜南和神泉构造，圈闭类型主要为背斜。与葡北构造带相同，对构造带起控制作用的断裂为吐鲁番断裂，该断裂走向北东，呈弧形展布，断面倾向北西；断裂上盘缺失中、上二叠统和三叠系，侏罗系直接覆盖在下二叠统之上，断裂下盘却保留有较厚的中三叠统克拉玛依组，因此从两盘地层发育情况判断，断裂在海西—印支期就已形成，燕山、喜马拉雅期改造定型。

8）鄯勒构造带

鄯勒构造带发育在博格达山前带东段（图2-3-6、图2-3-9），长约120km，宽约14km；由向南逆冲断裂控制的上突构造和断裂下盘断鼻构造等组成。白垩纪末期，构造带在南北向挤压应力作用下，巨厚地层以背冲方式调整水平位移量而形成上凸构造，并于喜马拉雅期改造定型；圈闭类型以背斜、断鼻构造为主。

9）火焰山构造带

火焰山构造带位于火焰山断裂的上盘（图2-3-1、图2-3-6），其形成演化受向南滑脱逆冲的火焰山断裂控制。火焰山断裂位于胜北洼陷南界，西起桃儿沟、东到热木坎，全长123km，总体呈北西西向延伸，在马场南附近转为近东西向，断面形态为上陡下缓，侏罗系最大垂直断距达1500m，由东向西断距变小。火焰山断裂上盘一般发育1条或2条反冲断层。

侏罗纪末，在台北凹陷北缘的博格达山向南挤压作用下，台北凹陷内部大量顺煤层的滑脱断层形成，在凹陷南缘煤系滑脱面消失部位，则形成滑脱逆冲构造带，其中，东部的七克台滑脱逆冲构造带在中燕山期首先形成，西部的火焰山滑脱逆冲构造带主要在晚燕山—喜马拉雅期形成。七克台—火焰山滑脱逆冲构造带呈东西走向横亘于盆地中央，中、东段的侏罗系已冲出地表。

由于火焰山断裂走向与区域主压应力方向斜交，断裂具有右旋走滑性质，产生与主断裂斜交的北东、北东东向伴生平移断裂和褶皱。

火焰山断裂上盘构造以牵引背斜、断鼻构造为主，因断层逆冲幅度不同，造成东部构造保存差，西部构造则较完整。火焰山断裂下盘构造以低幅度挤压背斜和断鼻构造为主。

10）鲁克沁构造带

鲁克沁构造带位于库木凸起北部（图2-3-1、图2-3-6、图2-3-7），为一宽缓的鼻状构造带，南陡北缓，东高西低，呈北西走向，长约41km，宽约14km。其走向平行于南缘的鲁克沁断裂和北侧的火焰山断裂，是迄今为止吐哈盆地所发现的前侏罗系油气最富集的构造带。

鲁克沁构造带在中二叠统沉积时，处于鲁克沁古断陷的沉降中心；晚印支期—早燕山期挤压运动使断陷回返，由凹变隆，形成了西低东高的古地貌，三叠系、二叠系向东逐渐被剥蚀，中—下侏罗统依次向东上超；中燕山期—喜马拉雅期，西低东高的构造趋势得到加强。

该鼻状构造带发育北西和北北东向断裂，北西向断裂控制着构造带和局部构造的形成与展布；北北东向断裂起调节作用，与北西向断层一起将斜坡鼻状构造带切割成大量断块。在此背景下，三叠系鼻状构造带自西向东发育吐玉克低幅度断背斜、玉东低幅度断背斜和鲁克沁地层不整合三个局部有利构造。

11）伊拉湖构造带

伊拉湖构造带位于托克逊凹陷西北部（图2-3-6、图2-3-7），长约80km，宽约10km。构造带处于伊拉湖断裂的上盘，形成演化受伊拉湖断裂控制。

伊拉湖断裂是多期活动的基底卷入型压扭性断裂带，由一条主断裂—伊拉湖断裂和2～3条次级断裂组成。在断裂上盘，由压扭作用和牵引作用形成背斜构造，背斜轴向北东东向，与断裂斜交，反映断裂的扭动性质。三叠纪末，背斜构造形成雏形，晚燕山期—喜马拉雅期，背斜继承性发育并最终定型。该构造在侏罗纪末遭受强烈剥蚀，缺失中—上侏罗统，但下部地层保存完好，使油气聚集成为可能。其圈闭类型以背斜为主，断鼻、断块次之。

12）四道沟构造带

四道沟构造带位于哈密坳陷三堡凹陷北部（图2-3-4、图2-3-6），长约42km，宽约18km，由四道沟背斜构造和三堡背斜构造组成，呈北东向展布。白垩纪末，其受北西向挤压作用形成背斜构造，于喜马拉雅期改造定型。该构造带既受到北西向构造应力作用，又受到北东向挤压应力的叠加，使构造带中单个背斜的轴向北西延伸。其圈闭类型为背斜型。

第五节　构造与油气分布关系

吐哈盆地构造活动对油气分布具有关键性的控制作用。大地构造活动决定盆地的类型与沉降演化特点，控制了油气地质要素的空间分布，控制了烃源岩沉积有利区与有效生烃区；基底断裂影响了凹凸格局、构造区带、沉积体系，影响了油气运移方向和油气富集领域；滑脱相关构造形成大量的构造区带与圈闭，是油气赋存的主要空间；多期构造活动影响了多期盆地格局及其沉积沉降特点，影响了油气的多期成藏与调整。

一、多构造旋回盆地控制多套含油气系统的形成

吐哈盆地是一个典型的多构造运动旋回盆地。其中，海西Ⅰ幕构造运动时，吐哈地块南、北发育裂谷，地块周缘海相烃源岩比较发育；海西Ⅲ幕构造运动时，地块内部发育张性断陷群，是断陷湖相泥岩烃源岩发育的关键时期；印支运动晚期—燕山运动早期，吐哈盆地进入山前坳陷沉降时期，加之气候湿润，发育了中—下侏罗统煤系烃源岩。这三期重大的构造运动，控制了三期截然不同的原型盆地和沉降类型，形成了三套烃源岩，成为三套含油气系统的关键要素。

二、不同构造背景下的沉降类型控制基本油气地质要素空间分布

石炭纪—中二叠世，现今吐哈盆地范围属于弧后拉张环境的稳定地块区。其中，石炭纪—早二叠世在地块周围边缘靠近裂谷区有碎屑岩及海相沉积，并发育暗色泥岩、石灰岩等潜在有利烃源岩；中二叠世地块内部发育分割性断陷，断陷内部湖相暗色泥岩发育，决定了二叠系烃源的油气藏围绕断陷集中"点式"分布，分割性断陷决定了断控扇体及多方向的沉积体系，构造岩性复合圈闭的形成条件好。

晚三叠世末—侏罗纪，受控于周围山系的隆升，在盆地内发育了山前坳陷主体沉降区，主要有台北凹陷、托克逊凹陷、三堡凹陷，这些优势沉降区是烃源岩的主要沉积区和有效生烃区，决定了油气在这三个凹陷的分布。其中，台北凹陷面积最大，为早侏罗世、中晚侏罗世两期山前坳陷叠置区，烃源岩厚度大，埋藏深，生烃强度大；同时，南部缓坡沉积体系利于优质储层的发育，湖盆面积大有利于区域性湖相泥岩盖层的发育；前陆坳陷后期广泛的挤压滑脱构造体系形成大量的构造区带和圈闭，诸多有利条件使台北凹陷成为富油凹陷。

三、多期原型盆地叠置区控制了主要的有效生烃区和油气分布

台北凹陷是吐哈盆地最主要的中新生界前陆坳陷区，也是多期叠置沉降区，石炭系—第四系连续沉降，有利于石炭系、中二叠统、三叠系、侏罗系等多套烃源岩的沉积与热演化，是吐哈盆地主要烃源岩区和油气分布区。例如，二叠纪张性断陷及其湖相烃源岩沉积在中三叠世以来的挤压构造运动下，经历了不同程度的回返改造，其中台北凹陷断陷回返幅度小，并受侏罗纪前陆坳陷构造层的叠置，具备持续沉降的条件，成为有效生烃区，已证实是二叠系烃源岩的生烃区和鲁克沁油气富集带的油源区；如果不属于侏罗纪前陆坳陷叠置部位，二叠纪张性断陷沉积回返幅度大，一般就失去了深埋生烃条件，如南部的伊拉湖古断陷、鲁克沁古断陷、沙泉子断陷等。

吐哈盆地南缘是石炭系海相烃源岩沉积有利相带，但是由于三叠纪末以来长期抬升，并成为盆地北部前陆坳陷沉降区的物源区，埋深普遍较小，失去了深埋生烃的条件。在吐哈盆地北部，石炭系沉积相带不清，但是在靠近博格达山石炭纪原型裂谷的部位，应该是烃源岩沉积的有利相带，在三叠纪末以来台北前陆坳陷主体沉降区深埋作用下，有利于持续热演化生烃。

四、不同期次的基底断裂影响油气地质要素

不同期次的基底断裂影响了构造单元、沉积体系、烃源岩分布、构造区带等油气地

质要素。

中二叠世的张性断裂控制了断陷的形成，控制了断陷湖相烃源岩的沉积，控制了陡岸扇体和多方向沉积体系；同时也控制了凸起区的分布。中二叠世张性断裂在三叠纪末以来挤压应力作用下，可能回返并形成构造带，或者成为凸起区的一部分，如果靠近有效生烃区，可以成为油气会聚的有利方向，如鲁克沁断洼回返区为二叠系、三叠系油气富集区。

三叠纪末形成的挤压性基底断裂控制了主要凸起的形成，如果处于侏罗纪坳陷主体及其边缘，一般以大型低凸与古构造的形式成为油气会聚的重要方向（如台北凹陷西缘的葡萄沟古凸弧形油气富集带），或者在其前缘有利于侏罗纪末以来滑脱构造体系构造区带和圈闭的形成（如塔克泉凸起北翼，即温吉桑构造带）。

侏罗纪末以来形成的基底断裂，形成了基底构造带，如台北凹陷内部的温吉桑构造带、丘陵构造带、七泉湖构造带等，是前陆坳陷区主要的构造带和油气聚集带形成的有利部位。

五、滑脱相关构造提供了油气分布的主要场所

在台北凹陷沉降区，滑脱断层首先形成了大量的构造带及相关构造，包括断层转折褶皱、断层传播褶皱、断层滑动褶皱，为油气藏形成提供了重要的圈闭场所；其次，滑动面波及台北凹陷大部分地区，大范围扰动了煤系，有效沟通了烃源岩；由于滑脱差异性造成的撕裂断层断开了浅层的白垩系、古近系等，为浅层油藏的形成提供了烃源通道和相关构造圈闭。

六、继承性正向复合构造单元控制了油气富集区

在前陆坳陷主体区，由于盖层挤压滑脱构造的特殊性，导致构造形变在不同的构造层并不一定存在叠加效应，相反，浅层构造形变强于深层构造的情形比比皆是，浅层构造带的存在不一定表明其深层就是正向构造带。

但是，形成较早、由深部构造层基底或基底断裂控制的构造带，如果在前陆盆地期仍然活动，促使前陆构造层也形成正向构造带，这样的多构造层复合正向带，属于继承性的构造带，只要烃源具备，就长期处于油气运移聚集方向上，构造、地层等圈闭类型多样，前陆构造层甚至其下的构造层均有利于聚油、富油，如葡北三叠纪古凸背景对侏罗系油气富集带的形成具有重要的控制作用。

另一方面，对于台北前陆坳陷南部边缘的古构造单元，如库木凸起、塔克泉凸起等，由于处于前陆坳陷区边缘，已经被持续地斜坡鼻状凸起化，因而长期处于油气的运聚方向上；同时，这些鼻状凸起对于盖层侧向挤压滑脱的阻挡，有利于在古凸前缘形成滑脱断层控制的盖层构造带并富集油气，比如丘陵构造带、温吉桑构造带、红连构造带等。

值得注意的是，二叠系、三叠系的古构造中，二叠系张性断陷回返也普遍形成古构造带或古凸的一部分，如鲁克沁二叠纪古洼回返形成库木鼻状凸起的一部分，其中复杂的地层结构蕴含着与地层、岩性相关的圈闭，加之鼻状凸起伸入台北凹陷有效生烃区，烃源条件好，形成了大型斜坡鼻状凸起复式油气富集带。

第四章　烃　源　岩

吐哈盆地发育了中二叠统、中—上三叠统和中—下侏罗统水西沟群及中侏罗统七克台组四套烃源岩。其中,以中—下侏罗统水西沟群煤系烃源岩、中二叠统桃东沟群湖相烃源岩为主要烃源岩。在盆地主要油气分布区台北凹陷及其周缘,侏罗系及其以上地层已发现的油气田几乎都来源于水西沟群煤系烃源岩,三叠系、二叠系油藏的油气几乎都来源于桃东沟群断陷湖湘烃源岩。

第一节　煤相及烃源岩沉积环境

吐哈盆地中—下侏罗统水西沟群煤系烃源岩是盆地最主要烃源岩。成煤环境发育干燥森林沼泽相、潮湿森林沼泽相、流水沼泽相和开阔水体沼泽相四种相带,其中流水沼泽相和开阔水体沼泽相是主要成烃相带。

一、烃源岩沉积环境及演变

吐哈盆地从中二叠世开始古气候经历了干旱—潮湿—半干旱—干旱三大演化旋回。

第一大沉积旋回:中二叠世,海水已完全从吐哈盆地中退出,盆地转入了陆相沉积阶段。大河沿期,气候干燥,动植物稀少,沉积物以粗碎屑岩为主;至塔尔朗期,气候变得潮湿,盆地四周河流发育,水量不断注入盆地形成汇水区,形成了3~4个相对独立的湖区(托克逊、台北—台南、大南湖;第一大成湖期),发育了一套盆地重要烃源岩,为鲁克沁稠油富集带形成奠定了物质基础。至下仓房沟期,气候向半干旱转变,转为以河流—三角洲沉积占主导。进入三叠纪早期(上仓房沟期),气候干燥炎热,沉积了一套以河流相为主的红色碎屑岩。

第二大沉积旋回:克拉玛依期,气候又转变为半干旱—半潮湿,在沉积中心区水体开始聚积,至黄山街期,水体不断扩大变深,形成了两个颇具规模的湖区(托克逊—台北—台南、哈密;第二大成湖期),发育了一套以湖泊相泥岩为主的沉积。到郝家沟期,湖水变浅萎缩,发育了一套湖退式的三角洲相沉积。

第三大沉积旋回:侏罗纪时期水侵范围空前扩大,气候经历了由温暖潮湿(J_1—J_2x)向半干旱—半潮湿(J_2s—J_2q)再到炎热干燥(J_3)的演变,而沉积相序始以河流相、过渡为沼泽相和湖泊相,最后又以河流相沉积而告终的多旋回性。由于陆源补给甚为充足,沉积补偿作用强,湖盆汇水不深,多属浅水型沉积,生物极其繁盛,从而为盆地侏罗系成煤、成油创造了良好的地质条件。

二、侏罗系成煤环境及相带

吐哈盆地中—下侏罗统水西沟群煤系是盆地的主要煤系烃源岩层。但不同成因的煤其富烃性差异较大。煤的富烃性取决于成煤原始植物，即形成泥炭的植物群落、沉积环境、植物的堆积方式、介质的水动力条件与养分供给、沼泽水的 pH 值与细菌活动、介质的氧化还原电位等因素。因此，煤相决定了煤的富烃程度。

1. 煤相概念及划分标志

煤相的概念最早是由热姆丘日尼可夫（1951）提出。其后，德国煤岩学家 Teichmüller（1974，1977，1982）将古植物学和煤岩学相结合，对煤相的概念进行了重新探讨，明确表达为"煤相是指煤的原始成因类型，它取决于形成泥炭的环境"，并建立四种煤相。国内学者谢家荣早在 1932 年进行了煤相研究，马兴祥（1988）、赵师庆（1991）等分别对我国南方和华北石炭系、二叠系煤开展煤相研究。

多数学者认为，煤相是成煤植物、沉积环境、水动力条件、介质酸碱度与 pH 值、氧化还原性等的综合反映。结合煤的类型、显微组分成因与沉积环境等各项指标，将吐哈盆地中—下侏罗统水西沟群煤相划分为（赵长毅等，1994）"干燥森林沼泽相、潮湿森林沼泽相、流水沼泽相和开阔水体沼泽相"（表 2-4-1）。

表 2-4-1 吐哈盆地煤相划分标志

	干燥森林沼泽相	潮湿森林沼泽相	流水沼泽相	开阔水体沼泽相
煤相	干燥森林沼泽相　潮湿森林沼泽相　流水沼泽相　开阔水体沼泽相			
宏观煤类型	丝炭、暗煤	镜煤、亮煤	亮煤、暗煤	暗煤
显微煤类型	微惰煤 贫壳质暗煤	微镜煤 微暗煤	微亮煤 微暗煤	微三合煤 富壳质暗煤
显微组分	丝质体 半丝质体	结构镜质组、均质镜质组、粗粒体	基质镜质组 碎屑壳质体	藻类体 孢子体
氧化还原性	氧化	弱氧化—还原	还原—弱氧化	弱还原
水动力条件	潜水面以上	潜水面附近	潜水面以下	潜水面以下
植物组合	裸子植物	裸子植物及蕨类植物	蕨类植物及裸子植物	蕨类植物及裸子植物
沉积环境	辫状河	上三角洲 平原沼泽	下三角洲间湾 沼泽、分流间湾	水下三角洲
凝胶化指数 GI	<5	2～12	>4	5～10
植物结构保存指数 TPI	<1.0	0.6～2.5	<1.0	<0.2
镜惰比 V/I	<1.5	>1.5	>3.5	<4
森林指数 WI	>1.0	>0.5	<0.5	
流动指数 MI		<0.1	>0.4	>1.0

2.成煤环境及有利相带

不同煤沼有机相形成的烃源岩其生烃潜力差距较大（表2-4-2）。

表2-4-2 吐哈盆地不同煤相生烃潜量对比表

煤相	干燥森林沼泽相	潮湿森林沼泽相	流水沼泽相	开阔水体沼泽相
氢指数 HI/（mg/g）	<150	150～380	280～500	350～500
生烃潜量 S_1+S_2/（mg/g）	<120	120～250	180～300	200～350
有机质类型	III$_2$	III$_1$	II、III$_1$	I、II
生油潜量	非—差	差—中等	中等—好	好—极好
生气潜量	差	好	好	好
油气贡献	无	小—中等	大	小

干燥森林沼泽相：泥炭沼泽表面长期处于潜水面以上，暴露于氧化环境中，以富含惰质组分为特征，原始有机质富碳贫氢，其生烃潜量在120mg/g以下，一般为非—差烃源岩。

潮湿森林沼泽相：泥炭沼泽表面长期处于潜水面以下，但属于浅覆水，水流动性差，细菌等微生物作用强烈，其生烃潜量在120～250mg/g范围内，一般为差—中等烃源岩。

流水沼泽相：泥炭沼泽表面长期处于潜水面以下，覆水较深，水体流动，细菌性等微生物降解强烈，凝胶化作用彻底，以具有高含量的基质镜质组和碎屑壳质体为特征。有机质富氢性较好，生烃潜量在180～300mg/g范围内，为好烃源岩，亦是吐哈盆地煤成烃最有利的相带。

开阔水体沼泽相：以富含壳质组为特征，覆水更深，是腐泥煤或腐殖—腐泥煤富集的相带，其生烃潜量在200～350mg/g，为好烃源岩（王昌桂等，1998）。

大量探井及剖面煤分析表明，河流沼泽化形成的煤成烃潜力低。由于辫状河及其三角洲体系发育于构造活动期，沉积环境不稳定，泥炭沼泽表面常置露于潜水面之上，泥炭层形成于氧化环境，因此煤层惰质组含量常常很高，形成干燥森林沼泽相。成煤植物中裸子植物高于60%，蕨类植物低于40%。而由湖泊淤积堵塞而形成的泛盆沼泽其沼泽水位较高，泥炭表层在潜水面以下，湖岸芦苇类的水生蕨类植物发育。成煤植物中，裸子植物在50%以下，而林下蕨类植物可达50%以上。因蕨类多属草本植物，次生木质不发育，残体更易破碎降解，与河沼相比，沼泽水介质更趋于还原，厌氧细菌极其繁育，泥炭沼泽表层菌解作用强烈，因而形成高含量的具荧光的基质镜质组，利于成烃（姚素平等，1997）。

介于河沼与湖沼之间形成的河湖混成沼泽，河湖二者影响比例不同，所形成的煤性质也有别。如由上三角洲平原上的岸后沼泽和泛滥盆地沼泽形成的煤，成煤植物仍然以裸子植物和蕨类植物为主，且裸子植物丰度高于蕨类植物。泥炭表层常在潜水面以下，但覆水不深，形成的煤镜质组含量高，但以结构镜质组和均质镜质组为主，属潮湿森林沼泽相，成烃性也介于河沼与湖沼之间，但更靠近河沼的一端，为差至中等烃源岩；而下三角洲间湾沼泽，其水介质偏碱性，利于细菌等微生物的繁殖，富氢的菌类对高等植物改造改质，凝胶化作用强烈，所形成的煤以高含量的基质镜质组为特征，同时河流和溪流所携带的上游中未被分解的富氢组分在此堆积，碎屑壳质体富集，因而由下三角洲分流间湾沼泽化形成的煤层的成烃性好，为流水沼泽相。

由于沉积环境稳定，有利于成煤，下三角洲分流间湾沼泽（即流水沼泽相）应是煤成烃勘探最有利的场所（图 2-4-1、图 2-4-2）。

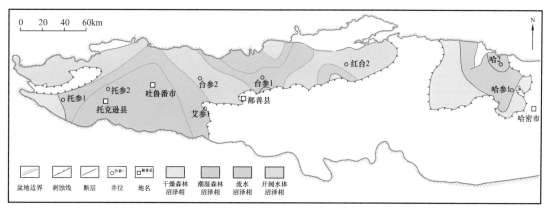

图 2-4-1　吐哈盆地下侏罗统八道湾组煤相图

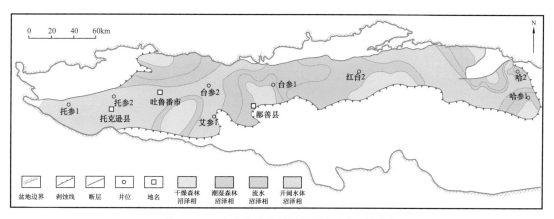

图 2-4-2　吐哈盆地中侏罗统西山窑组煤相图

第二节　烃源岩分布特征

吐哈盆地中二叠统桃东沟群烃源岩主要分布于台北凹陷，中—上三叠统烃源岩在盆地内广泛分布，中—下侏罗统水西沟群煤系烃源岩主要分布于台北凹陷和托克逊凹陷，中侏罗统七克台组湖相烃源岩主要分布于台北凹陷。

一、中二叠统桃东沟群烃源岩分布特征

中二叠统桃东沟群烃源岩以咸化湖相暗色泥岩、云灰质泥岩为主，主要分布在台北凹陷和台南的鲁克沁古凹，其余地区零星分布（图 2-4-3）。烃源岩厚度一般

在50～200m之间，台南地区烃源岩厚度50～150m，台北凹陷烃源岩厚度推测在100～200m之间。

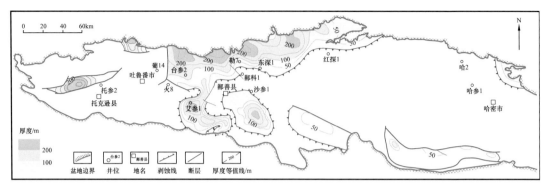

图 2-4-3　吐哈盆地中二叠统烃源岩残余厚度图

二、中—上三叠统烃源岩分布特征

中—上三叠统烃源岩以半深湖相暗色泥岩为主，在盆地内广泛分布，并存在多个厚度中心（图 2-4-4）。其中，台北凹陷烃源岩厚度中心位于北部山前带，最厚达到500m以上，向南逐渐减薄；托克逊凹陷烃源岩厚度一般为200～300m，在乌苏1井和托参2井区厚度达300m以上；台南地区西部缺失，仅在东部的沙参1井区发育，厚度约300m。三堡凹陷在哈2井区最厚，达600m以上，向西南逐渐减薄。

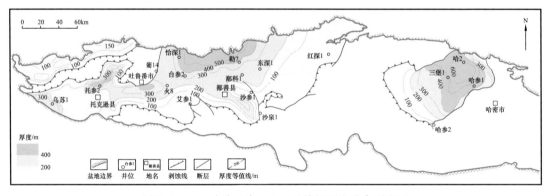

图 2-4-4　吐哈盆地中—上三叠统烃源岩残余厚度图

三、中—下侏罗统水西沟群烃源岩分布特征

中—下侏罗统水西沟群煤系烃源岩岩性包括暗色泥岩和煤两大类。

1. 下侏罗统烃源岩分布

下侏罗统暗色泥岩在盆地各凹陷内广泛发育，且以托克逊凹陷托参1井以东、台北凹陷胜北洼陷中心与丘东洼陷北部和三堡凹陷哈2井一带暗色泥岩最发育，厚度最大可达500～600m，表现出多个湖沼沉积中心的特点（图 2-4-5）。

下侏罗统煤主要分布于托克逊凹陷西南部和台北凹陷西部胜北洼陷，尤以托克逊凹陷厚度最大，可达100m以上（托参1井区），胜北洼陷最大厚度40m，其余地区一般厚20m，三堡凹陷该套煤层不发育（图 2-4-6）。

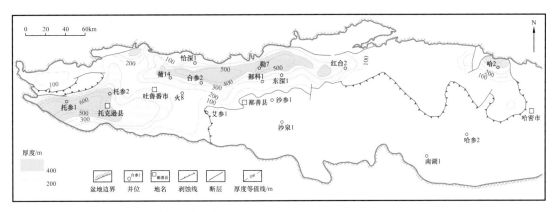

图 2-4-5　吐哈盆地下侏罗统暗色泥岩残余厚度图

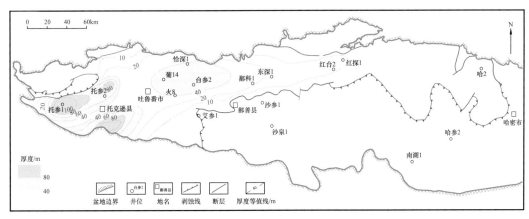

图 2-4-6　吐哈盆地下侏罗统煤残余厚度图

2. 西山窑组烃源岩分布

西山窑组暗色泥岩在盆地各凹陷内广泛发育，且以托克逊凹陷托参 1 井以东、台北凹陷胜北洼陷中心、丘东洼陷北部、红台地区和三堡凹陷哈 2 井以南一带暗色泥岩最发育，厚度可达 500～600m，仍表现出多湖沼沉积中心的特点（图 2-4-7）。

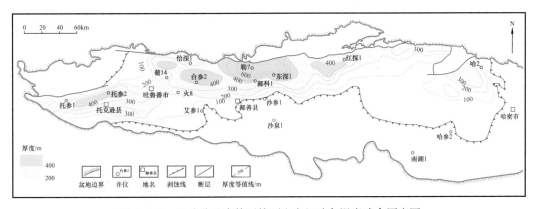

图 2-4-7　吐哈盆地中侏罗统西山窑组暗色泥岩残余厚度图

西山窑组煤主要分布于台北凹陷，以柯柯亚—鄯勒地区厚度最大，可达 100m 左右，其余地区一般厚 40m。三堡凹陷煤普遍在 10～20m。托克逊凹陷该套煤不发育（图 2-4-8）。

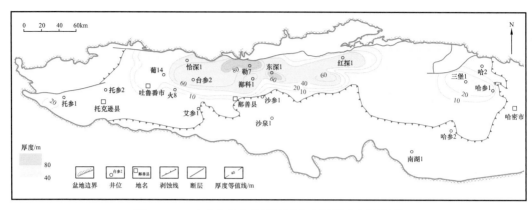

图 2-4-8　吐哈盆地中侏罗统西山窑组煤残余厚度图

四、中侏罗统七克台组烃源岩分布特征

中侏罗统七克台组湖相暗色泥岩烃源岩主要分布于台北凹陷，厚度一般为100～200m，其中又以胜北洼陷北部最发育，最大厚度可达300m以上，三堡凹陷和托克逊凹陷呈零星分布（图2-4-9）。

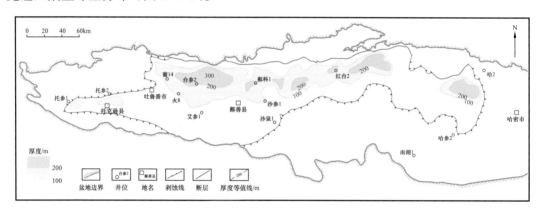

图 2-4-9　吐哈盆地中侏罗统七克台组烃源岩残余厚度图

第三节　烃源岩地球化学特征

烃源岩的生烃能力主要以有机质丰度、类型、热演化程度三个方面开展综合评价，并结合不同层系烃源岩抽提物生物标志化合物特征的差异判断其沉积环境及成烃特征。

一、煤系及湖相烃源岩评价标准

烃源岩的有机质丰度及其生烃潜量是衡量烃源岩优劣的直接标志，同时其又与沉积环境、有机母源输入及生源构成密切相关。因此，对吐哈盆地不同层系、不同沉积环境的烃源岩评价采用不同的标准。

中二叠统桃东沟群、中—上三叠统以及中侏罗统七克台组烃源岩采用陆相湖盆烃源岩的评价体系——陆相烃源岩地球化学评价方法（SY/T 5735—1995《烃源岩地球化学评价方法》）。

煤系烃源岩和湖相烃源岩由于古环境、古气候尤其是有机母源输入的差异性较大，导致两者在有机质丰度及生烃潜量等方面存在许多的差别，故采用的烃源岩评价标准也有较大的差异。

吐哈盆地中—下侏罗统水西沟群煤系泥岩大量试验和统计分析，当煤系泥岩有机碳含量为 0.75% 时，其生烃潜量仅 0.5mg/g；当有机碳含量为 1.5% 时，其生烃潜量达到 2.0mg/g（较好烃源岩下限）；只有当有机碳含量在 3% 以上，其生烃潜量方达到 6mg/g（好烃源岩标准）。根据以上特点，建立有机碳含量与氯仿沥青"A"、可溶烃、生烃潜量（S_1+S_2）的相关关系，即建立适合吐哈盆地水西沟群煤系泥岩的有机质丰度评价标准（表 2-4-3）（程克明，1994）。

表 2-4-3　吐哈盆地煤系泥岩有机质丰度评价标准

烃源岩级别	好	较好	差	非
有机碳 TOC/%	>3.0	3.0～1.5	1.5～0.75	<0.75
氯仿沥青"A"/%	>0.06	0.06～0.03	0.03～0.015	<0.015
总烃 HC/（µg/g）	>300	300～120	120～50	<50
生烃潜量（S_1+S_2）/（mg/g）	>6.0	6.0～2.0	2.0～0.5	<0.5

二、有机质丰度与生烃潜量

1. 中二叠统桃东沟群

中二叠统桃东沟群烃源岩是盆地主力烃源岩之一，在托克逊凹陷、台南古凹、沙泉子凹陷、南湖凹陷有探井钻遇。根据实测数据评价为一套极好烃源岩（表 2-4-4），但分析数据多来源于台南，推测台北凹陷该套烃源岩有机质丰度更高。

表 2-4-4　吐哈盆地前侏罗系烃源岩有机质丰度评价表

地层	凹陷	有机碳 TOC/%	氯仿沥青"A"/%	总烃 HC/µg/g	生烃潜量（S_1+S_2）/mg/g	丰度评价
中—上三叠统	托克逊	1.38	0.0389	255	2.68	好
	台南（古凹）	1.25	0.0403	221	0.63	好
	台北	0.87	0.0164	110	0.35	较好
	三堡	0.91	0.0161	136	0.84	较好
桃东沟群		2.58	0.0466	189	2.89	极好

2. 中—上三叠统

中—上三叠统小泉沟群烃源岩在盆地内广泛发育，托克逊凹陷、台南古凹评价为好烃源岩，台北凹陷、三堡凹陷评价为较好烃源岩。综合来看，该套烃源岩分布较稳定，有机质丰度差异较小，托克逊凹陷有机质丰度相对较高，台北凹陷相对较低。

3. 中—下侏罗统水西沟群

中—下侏罗统水西沟群煤系烃源岩是吐哈盆地主力烃源岩之一，也是独具特色的一套烃源岩。该套烃源岩从下至上可分为八道湾组、三工河组和西山窑组；从岩性上分为暗色泥岩和煤；从平面上由西向东分为托克逊凹陷、台北凹陷、三堡凹陷。台北凹陷发育三个次一级生烃洼陷，即西部的胜北洼陷、中部的丘东洼陷和东部的小草湖洼陷，受侏罗纪气候、沉积环境和构造变化的影响，烃源岩在各洼陷有机质富集程度不同（表2-4-5）。

表2-4-5 吐哈盆地侏罗系烃源岩有机质丰度评价表

| 地层 | 岩性 | 托克逊凹陷 | | 台北凹陷 | | | | | | 三堡凹陷 | |
| | | | | 胜北洼陷 | | 丘东洼陷 | | 小草湖洼陷 | | | |
		有机碳 TOC/ %	生烃潜量 (S_1+S_2)/ mg/g	有机碳 TOC/ %	生烃潜量 (S_1+S_2)/ mg/g	有机碳 TOC/ %	生烃潜量 (S_1+S_2)/ mg/g	有机碳 TOC/ %	生烃潜量 (S_1+S_2)/ mg/g	有机碳 TOC/ %	生烃潜量 (S_1+S_2)/ mg/g
七克台组	泥岩			1.33	4.29	2.07	7.54	1.49	3.16		
西山窑组	泥岩	1.34	1.26	1.65	2.35	1.43	1.76	1.51	1.62	2.46	3.09
	煤	46.43	162.11	46.44	104.46	47.66	116.16	55.54	136.98	63.01	110.3
下侏罗统	泥岩	1.65	1.95	1.44	2.6	1.51	2.96	1.27	1.83	1.81	2.28
	煤	58.03	147.55	57.14	159.42	38.71	103.92	61.55	122.60	35.08	106.4

1）下侏罗统

下侏罗统煤系泥岩有机质丰度分布趋势为西部略高、东部略低，整体属于较好烃源岩。托克逊凹陷、丘东洼陷和三堡凹陷评价为较好烃源岩，胜北洼陷和小草湖洼陷评价为较差烃源岩。

煤从有机质丰度指标来看，总体属于差烃源岩，但在平面上与煤系泥岩有相似的特征，即西部略高、东部略低。

2）中侏罗统西山窑组

西山窑组煤系泥岩总体表现为西部略低、东部略高的特点，整体属于较好烃源岩。托克逊凹陷和丘东洼陷评价为较差烃源岩，胜北洼陷、小草湖洼陷和三堡凹陷评价为较好烃源岩。

煤从丰度指标来看，总体属于差烃源岩，平面上与煤系泥岩表现出相似的特征，即西部略低、东部略高。

4. 中侏罗统七克台组

七克台组湖相烃源岩分布于台北凹陷，总体评价为一套好烃源岩。从平面展布来看，其有机质丰度总体具有丘东洼陷略高、胜北洼陷和小草湖洼陷略低的特点。

三、有机质类型

为突出侏罗系煤系烃源岩类型之间差异，采用三类五分法划分标准（黄第藩等，1984）。

1. 干酪根元素

根据干酪根元素分析结果，二叠系烃源岩有机质具有较高的H/C，以I_1型为主（图2-4-10）；三叠系烃源岩有机质与侏罗系烃源岩类似，具有较低的H/C，为III_1—III_2型，极小部分达到II型，反映其有机质输入以高等植物为主；侏罗系煤以低H/C为特征，有机质类型以III_2型为主，部分III_1型；水西沟群煤系泥岩与煤类似，有机质以III_1型为主，部分III_2型；中侏罗统七克台组泥岩具有较高的H/C，以II型为主，部分I_2型。

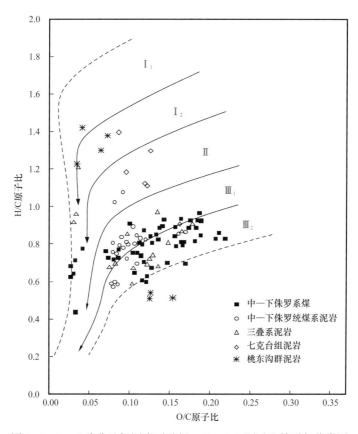

图2-4-10 吐哈盆地烃源岩干酪根 H/C—O/C 原子比关系与分类图

2. 显微组分

1）前侏罗系烃源岩

各层系烃源岩的显微组分在不同凹陷有明显的差异（表2-4-6）。中二叠统桃东沟群烃源岩在台南为富含腐泥无定形，有机质类型以I_1型为主，托克逊凹陷略差，有机质类型以II型为主，台北凹陷样品多来源于盆地周缘，有机质类型较差，以III_2型为主。三叠系烃源岩显微组分中镜质组含量较高，其次为腐泥组，总体以III_1—III_2型为主，局部有II型烃源岩。

表 2-4-6 吐哈盆地前侏罗系烃源岩显微组分特征表

凹陷	层位	干酪根显微组分 /%				类型
		腐泥组	壳质组	镜质组	惰质组	
托克逊	T_3	38.42	5.01	50.46	6.11	III_1
	P_2td	40.98	13.11	36.07	9.84	II
台北	T_3	26.2	16.97	35.67	21.24	III_1—III_2
	P_2td	8.9	32.05	39.84	19.22	III_1
台南古凹	T_3	17.54	3.51	58.6	20.35	III_1
	P_2td	78	5	14	3	I_1
三堡	T_3	30	0	60	10	III_1—II

2) 侏罗系烃源岩

中—下侏罗统煤系泥岩：样品点分布较散，以相对富集镜质组为主要特征，有机质总体以III_1型为主（图 2-4-11）。显微组分中镜质组多以碎屑镜质组为主；壳质组分与腐泥组不丰富但见有大量的矿物沥青基质；惰性组中以丝质体、半丝质体和碎屑惰质体多见。镜质组分布范围较宽，反映了有机质原地输入与异地搬运双重性质。

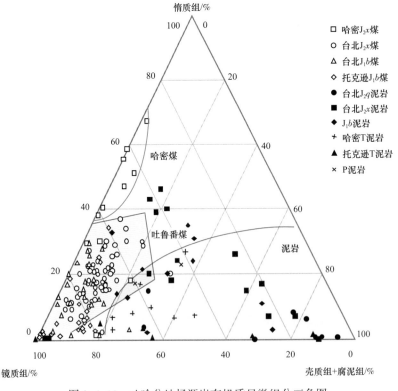

图 2-4-11 吐哈盆地烃源岩有机质显微组分三角图

中—下侏罗统煤：煤显微组分以镜质组为主，可达50%~90%，平均70%，惰质组含量从2%~67%之间分布，平均达20%，壳质组和腐泥组含量低于10%，平均7%。样品多分布于镜质组端元附近，总体以Ⅲ₂型为主，但下侏罗统煤镜质组更富集，略优于西山窑组煤。

中侏罗统七克台组泥岩：有机显微组分占全岩体积的2%~20%，平均可达10%，以腐泥组分为主，为Ⅱ型干酪根，具较强的荧光，壳质组＋腐泥组占主导地位（图2-4-12）。

3. 岩石热解参数

岩石热解中氢指数（HI）和氧指数（OI）表明不同层位烃源岩有机质类型存在差异。下侏罗统煤系泥岩氢指数均值为100mg/g，反映烃源岩类型以Ⅲ₁型为主，少量为Ⅲ₂型；中侏罗统西山窑组煤系泥岩氢指数普遍小于100mg/g，反映烃源岩类型以

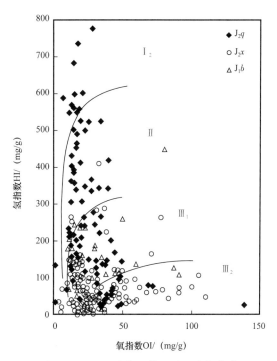

图2-4-12 吐哈盆地侏罗系泥岩氧指数与氢指数关系图

Ⅲ₂型居多，部分Ⅲ₁型；中侏罗统七克台组泥岩氢指数分布范围较广，均值为350mg/g，以Ⅱ型为主，部分Ⅰ₂型。

结合干酪根元素、显微组分以及岩石热解参数等多种方法的综合对比分析，吐哈盆地中二叠统泥岩以Ⅱ—Ⅰ型为主；中—上三叠统泥岩为Ⅲ—Ⅱ型母质；中—下侏罗统水西沟群煤系泥岩和煤均为Ⅲ型母质，泥岩略优于煤；中侏罗统七克台组湖相泥岩为Ⅱ型母质。

四、有机质热演化程度

沉积岩石中分散有机质的丰度和成烃母质类型是油气生成的物质基础，有机质的热演化程度则是油气生成的关键。确定有机质成熟度的指标较多，其中以镜质组反射率（R_o值）为主，其次为岩石最高热解峰温（T_{max}）。

1. 托克逊凹陷

根据岩石热解、干酪根红外、生物标志化合物、实测镜质组反射率R_o值等资料的综合分析，托克逊凹陷烃源岩成熟门限在2000~3400m之间。从托参1井烃源岩R_o值资料（图2-4-13）分析，该井2000m以浅，即侏罗系烃源岩处于未成熟阶段；2000~2750m，三叠系及中二叠统烃源岩顶部处于低成熟阶段，大部分二叠系烃源岩处于成熟阶段。从凹陷沉积中心至托参2井一带，门限深度约为3400m，下侏罗统烃源岩部分进入生烃门限，推测三叠系烃源岩可达成熟阶段，二叠系烃源岩达成熟—高成熟阶段。

2. 台北凹陷

台北凹陷以丘陵构造带为界，东部丘东洼陷、小草湖洼陷古、今地温梯度均高于西

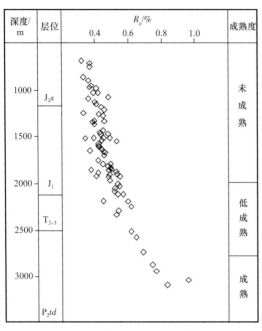

图 2-4-13　托克逊凹陷托参 1 井烃源岩
R_o 值随深度变化图

部胜北洼陷。

　　受地温场的影响，台北凹陷烃源岩生烃门限差异大，一般在 1300~3360m 之间变化，总体上呈现东部浅、西部深的特点。从位于台北凹陷中部的台参 1 井 R_o 值随深度变化图（图 2-4-14）可以看出，烃源岩从七克台组底部进入生烃门限，西山窑组和下侏罗统处于大量生烃阶段。平面上，台北凹陷东部七克台组处于未成熟阶段，西山窑组烃源岩处于低成熟—成熟阶段，下侏罗统烃源岩处于成熟—高成熟阶段。

　　台北凹陷西部生烃门限一般分布在 2310~3360m 之间，对应层位在胜北洼陷中心一带为上侏罗统喀拉扎组底部，在胜南、葡北一带为中侏罗统西山窑组中—下部，在雁木西地区为下侏罗统八道湾组底部。从台参 2 井 R_o 值随深度变化图可以看出，中侏罗统七克台组烃源岩处于低成熟阶段，推测下侏罗统烃源岩处于高成熟阶段。

4100m 以深的中侏罗统烃源岩处于成熟阶段，

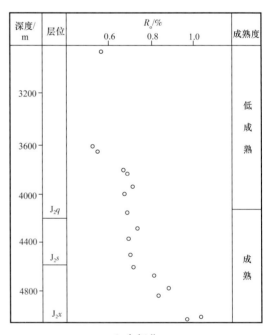

图 2-4-14　台北凹陷台参 1 井和台参 2 井烃源岩 R_o 值随深度变化图

3. 台南地区

　　台南地区早—中侏罗世广泛抬升，烃源岩成熟度较低，中—上三叠统烃源岩处于未成熟阶段，中二叠统桃东沟群烃源岩处于低成熟阶段，石炭系烃源岩处于成熟阶段（图 2-4-15）。

4. 三堡凹陷

哈密坳陷三堡凹陷烃源岩生烃门限普遍浅（1200～1500m），且具等深性特点，在四道沟一带对应层位为中侏罗统西山窑组底部，在哈参 1 井区对应层位为下侏罗统八道湾组底部。从哈 2 井来看（图 2-4-16），中侏罗统处于低成熟阶段，下侏罗统及上三叠统处于大量生烃阶段，推测其下地层烃源岩处于高成熟阶段。

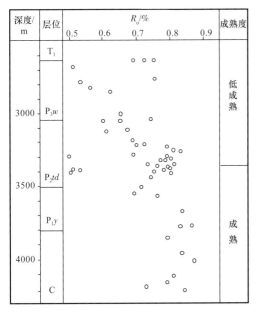

图 2-4-15　台南地区艾参 1 井烃源岩
R_o 值随深度变化图

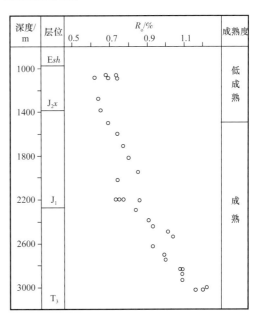

图 2-4-16　三堡凹陷哈 2 井烃源岩
R_o 值随深度变化图

综上所述，中侏罗统七克台组烃源岩整体成熟度较低，仅在胜北洼陷进入生烃门限，埋深较大的沉积中心进入成熟阶段；中—下侏罗统水西沟群烃源岩在台北凹陷整体处于成熟阶段，在胜北洼陷沉积中心局部处于高成熟阶段，在托克逊凹陷及三堡凹陷处于低成熟—成熟阶段；中—上三叠统烃源岩整体处于成熟阶段，在胜北洼陷推测处于高成熟阶段；中二叠统桃东沟群烃源岩在台南地区处于低成熟—成熟阶段，台北凹陷推测处于高成熟阶段。

五、烃源岩抽提物地球化学特征

烃源岩评价结果表明，盆地内存在多套烃源岩，不同层系的烃源岩由于其沉积环境、原始母质构成及热演化程度不同，导致生物标志化合物的分布及组成特征也有明显的差异。因此，识别不同层系烃源岩生物标志化合物特征的差异，对确定油源及判定母质的沉积环境及成烃特征无疑都具有重要意义。

1. 中二叠统

中二叠统桃东沟群烃源岩生物标志化合物以低姥 / 植比（Pr/Ph）（多小于 1.5），高含量的 β- 胡萝卜烷、三环萜类、γ- 蜡烷（伽马蜡烷指数大于 0.2）、孕甾烷、升孕甾烷

及 C_{28} 甾烷（相对含量 30%～40%）为特征（图 2-4-17）。规则甾烷一般呈现上升型，而且具有较轻的碳同位素组成（沥青碳同位素为 -32‰，饱和烃碳同位素约为 -36‰），显示出其成烃贡献以藻类为主的特征。这与准噶尔盆地和三塘湖盆地同层位烃源岩中生物标志化合物的分布与组成特征完全一致，表明在整个北疆地区中二叠统烃源岩均形成于咸化湖相环境（王志勇等，2007）。

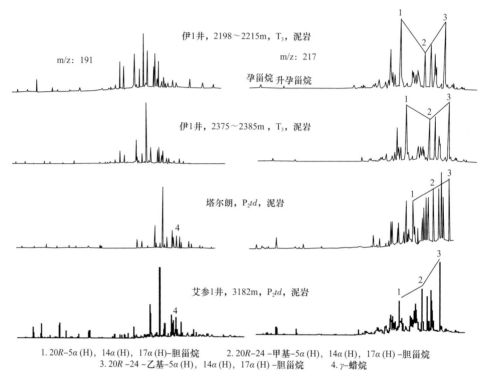

1. 20R-5α (H), 14α (H), 17α (H)-胆甾烷　　2. 20R-24-甲基-5α (H), 14α (H), 17α (H)-胆甾烷
3. 20R-24-乙基-5α (H), 14α (H), 17α (H)-胆甾烷　　4. γ-蜡烷

图 2-4-17　吐哈盆地上三叠统与中二叠统桃东沟群烃源岩甾、藿烷分布特征

2. 中—上三叠统

中—上三叠统烃源岩生物标志化合物特征以较高 Pr/Ph 和高含量的 C_{27} 甾烷为特征，Pr/Ph 一般在 2.0 左右，C_{27} 甾烷相对含量多在 35% 以上，并具有相对较低的三环萜烷、γ-蜡烷含量，反映出淡水—微咸水的半深湖相沉积特点。

3. 中—下侏罗统水西沟群

中—下侏罗统水西沟群烃源岩主要分布于台北凹陷，形成于沼泽相与浅湖相交替演变的沉积环境。

1）正构烷烃分布

正构烷烃分布有三种类型：（1）单峰形分布，主峰碳为 nC_{15} 或 nC_{17}，以丘东洼陷烃源岩为代表，表现出较多藻类输入的特征；（2）单峰形分布，主峰碳为 nC_{23} 或 nC_{27}，以胜北洼陷烃源岩为代表，表明主要为高等植物输入的典型陆相沼泽成煤环境；（3）双峰形分布，前主峰碳为 nC_{15} 或 nC_{17}，后主峰碳为 nC_{23} 或 nC_{25}，碳数分布范围一般从 nC_{11} 到 nC_{37}，以小草湖洼陷为代表，表现出陆生植物与水生生物混合来源的特征。

2）类异戊二烯烃类组成

煤系烃源岩普遍具有较高的 Pr/Ph，而很少检测得到较高含量的 β-胡萝卜烷。其中煤系泥岩 Pr/Ph 一般在 3.0 左右，煤则普遍大于 3.0，极端值可达 13.0，表明烃源岩沉积时处于淡水氧化环境，成煤沼泽环境较非成煤期时的浅水环境氧化性更强。

3）萜类化合物组成

煤系烃源岩相对比较简单，主要富含倍半萜类和五环三萜类，三环萜类含量较低，且多呈 $C_{19} > C_{20} > C_{21} > C_{23}$ 系列分布，C_{24} 四环萜烷异常富集，与 C_{26} 三环萜烷的比值常大于10；五环三萜烷中升藿烷类含量较高，而伽马蜡烷丰度很低，伽马蜡烷指数多小于 0.1。

4）甾烷化合物组成

煤系烃源岩明显以富集高含量的 C_{29} 甾烷为特征（图 2-4-18）。其中煤 C_{29} 甾烷相对含量达到 70%～80%，而煤系泥岩除了表现出富集 C_{29} 甾烷这一特征外，还富含一定数量的 C_{27} 甾烷，含量 10%～30% 不等，说明在成煤期和非成煤期这两个不同的沉积时期内，水生生物的输入量也有一定的差异。

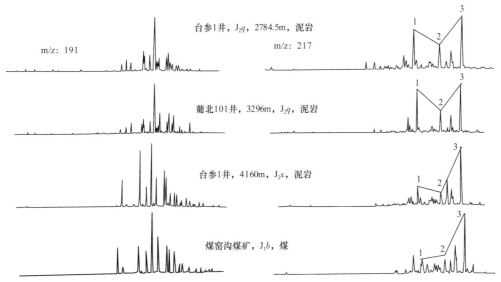

1.20R-5α(H)，14α(H)，17α(H)-胆甾烷　　2.20R-24-甲基-5α(H)，14α(H)，17α(H)-胆甾烷
3.20R-24-乙基-5α(H)，14α(H)，17α(H)-胆甾烷

图 2-4-18　台北凹陷侏罗系烃源岩甾、藿烷分布特征

5）干酪根碳同位素组成

煤干酪根碳同位素组成 $\delta^{13}C$ 分布为 –26.5‰～–22.5‰，平均为 –24.21‰，煤系泥岩干酪根 $\delta^{13}C$ 为 –28‰～–21‰，平均为 –23.86‰，均明显重于其他层系烃源岩。

单体烃碳同位素组成上，煤系烃源岩均值分布 –24.5‰～–27‰，其中煤大部分样品平均为 –25.5‰左右，与陆生植物的碳同位素组成相吻合，反映出其母质主要为陆原高等植物输入的特点。在分布上，煤系泥岩在 nC_{13}—nC_{21} 之间单体烃碳同位素值比煤低 2‰左右，介于 –26‰～–28‰ 之间，接近浮游生物碳同位素组成，可能反映了藻类等水生生物部分输入的特点，nC_{21} 后正烷烃碳同位素与煤相近，主要为陆源植物输入的贡献。

总之，中—下侏罗统煤系烃源岩以高 Pr/Ph、C_{29} 甾烷含量、C_{24} 四环萜烷丰度及重碳同位素组成分布等特征而区别于其他层系烃源岩。但煤系泥岩比煤具有较低的 Pr/Ph 比，较高的 C_{27} 甾烷、甾/藿比值及三环萜烷含量，较轻的单体烃碳同位素组成，反映了煤系泥岩的沉积环境较成煤环境水体还原性强，并有较多的水生生物输入。此外，由于烃源岩中煤和煤系泥岩频繁交替出现，也会造成二者在沉积上具有一定的继承性，局部地区的一些煤也会富集浅水湖相发育的藻类体，如柯柯亚煤矿样品中发现有大量的藻类体等，而大大地改善煤的成烃性能。同时煤中大量富集 8β- 锥满烷、8β- 升锥满烷、升藿烷类等细菌先质来源的化合物，也表明在成煤期曾有强烈的细菌、微生物活动，这些细菌、微生物的改造及其死亡遗体的堆积，均会大大改善煤质结构，使之向有利于成烃的方向转化。

4. 中侏罗统七克台组

七克台组烃源岩主要分布于台北凹陷的胜北洼陷和丘东洼陷。生物标志化合物的分布与组成明显有别于煤系烃源岩：Pr/Ph 一般小于 2.0；三环萜类化合物丰度低，呈 $C_{21} > C_{23} > C_{20} > C_{24} > C_{19}$ 的近正态分布；C_{24} 四环萜烷的丰度较高，一般大于 C_{26} 三环萜烷；甾烷组成上，尽管仍以 C_{29} 甾烷含量占优势，但与煤系烃源岩相比，C_{27} 甾烷的相对含量明显增大（>35%），表现出藻类等低等水生生物对沉积母质输入贡献的增加（图 2-4-18）。

第四节　煤系烃源岩成烃模式与成烃机理

戴金星（1999）和傅家谟等（1990）为代表的学者根据吐哈盆地侏罗系煤系烃源岩演化特征、生烃规律，总结并建立了吐哈盆地煤系烃源岩成烃模式与成烃机理。

一、煤系烃源岩有机质演化特征

1. 氯仿沥青"A"和总烃随深度的变化

台参 1 井煤系泥岩中有机质向氯仿沥青"A"和总烃的转化明显出现两个高峰区，最高值出现在低成熟阶段（镜质组反射率 R_o 值仅 0.55%），而第二高峰对应该井正常的生油高峰（R_o 值为 0.75%～0.80%）。两条曲线在低成熟阶段出现较高转化率，可能反映高等植物为主的有机质中含有一定数量的早期生烃物质（图 2-4-19）。

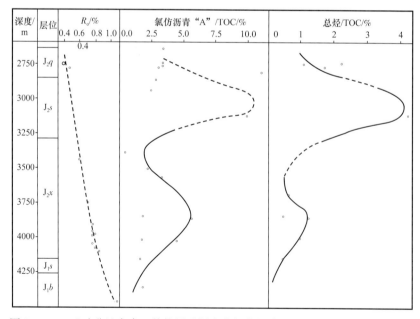

图 2-4-19　吐哈盆地台参 1 井侏罗系泥岩中氯仿沥青"A"及总烃的转化率曲线

煤中有机质向烃类转化过程中同样也明显出现两个高峰区（图 2-4-20），最高值出现在褐煤—长烟煤阶段（R_o 值为 0.4%～0.6%）。其中，氯仿沥青"A"最高转化率达4.6%，总烃最高转化率约 1.38%。这一转化率值比湖相泥岩要低，同时也低于煤系泥岩。但煤的有机碳含量是一般泥岩的 40～80 倍，因此其所产出烃的绝对数量十分可观。这也表明煤在气肥煤阶之前具有很大的生烃潜量。

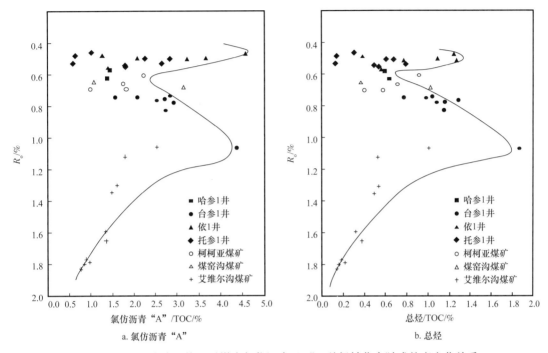

a. 氯仿沥青"A"　　　　　　　　　b. 总烃

图 2-4-20　吐哈盆地侏罗系煤中氯仿沥青"A"、总烃转化率随成熟度变化关系

而另一个高峰则出现在 R_o 值为 1.0%～1.2% 之间。这显然与煤的不同显微组分生烃阶段不同有关。前峰为基质镜质组、木栓质体等早期生烃物质所作的贡献，而后峰则主要为团块镜质组、角质体和孢子体等组分所做的贡献。

煤中沥青和总烃的演化规律还说明，低煤阶（R_o 值为 0.35%～0.80%）是煤的生油最有利时期。这一时期一方面有早期生烃物质生成大量烃类，使烃源岩中烃浓度增高而易于形成油相运移，另一方面又由于在煤化作用早期中，还存在大量的大孔隙（一般大于 20%）和大量的内在水（一般大于 20%），使已生成烃类能够顺利地被排出。

2. 显微组分产烃量及其演化特征

孢子体起源于孢子和花粉的外层细胞壁，其生物先质被认为是二个类胡萝卜色素的氧化共聚物，类异戊二烯是孢子花粉结构的重要成分（Brooks et al，1978），但 Given等（1984）利用 FTIR（傅里叶变换红外光谱仪）和 ^{13}C NMR（碳核磁共振）谱研究认为，类异成二烯不是孢子花粉的主要成分。事实上，孢子花粉是含有未支化的或轻微支化的高脂肪族带有少数多糖交联或缩合的多聚物。已经证明，现代孢粉的 H/C 值在1.5～1.86 之间，裸子植物花粉的热解产物中，链烷烃、环烷烃和芳香烃的比例大致为1：1.1：1，而链烷烃中正烷烃和支链烷烃比例为 1.8：1（Guennel，1981）。

角质体来源于植物的陆生高等植物的角质层，而角质层由蜡和角质组成，前者是可溶的，主要由高碳数脂肪醇构成的酯组成，在煤化过程中消失损失较早，转化为褐煤蜡，构成泥炭褐煤阶段主要可溶物；后者为角质体的主要生物先质，主要是 C_{16} 和 C_{18} 羧基脂肪酸单体以脂链、醚基等连结构成。但 Nip 等（1986）则认为角质体由蜡、角质和高度脂肪性的生物聚合物（HAB）及多糖四部分组成，并指出，角质体中角质已不存在，主要由 HAB 和蜡组成，HAB 是其主体。同时，HAB 可能是高蜡原油的母质（Tegelaar et al, 1989）。

通常，镜质体的主要前身物是木质素与纤维素。木质素是三维交联的天然聚合物，其基本结构单元为被羟基与甲氧基取代的丙烯醇，例如香豆醇、松柏醇与芬子醇等。基质镜质体主要来源于植物的木质纤维组织，是强烈凝胶化作用的产物。在生物化学凝胶化作用过程中，蛋白质、脂肪以及细菌和真菌的代谢产物参与了基质镜质体的形成。依细菌物质代谢产物参与的程度，可分别形成正常无荧光的基质镜质体和具荧光的富氢基质镜质体，前者基本表现为贫氢富氧的木质素三维交联聚合特性，其二单元结构体系中的大分子网络相发育而分子流动相缺乏，基本为成气的母质而成油性较差；后者则由于泥炭沼泽具碱性的还原条件，细菌物质代谢产物的参与强烈，改造了木质素的结构骨架，更由于纤维素成分的保留，使得基质镜质体分子流动相发育，显示可见的荧光，成为生油成气的母质。

丝质体的前身物与镜质体相似，但在泥炭表层置露于潜水面之上而遭受氧化或发生森林火灾的过程中，已使得原本就贫氢的凝胶化组分进一步失氢富氧并发生碳化作用，使其在泥炭化作用期间便成为芳构化和缩聚程度最高的组分，因此生烃潜量便是所有显微组分中最低的，为非生油气母质。尽管存在其他成因的惰质组分，如煤化丝质体（Rank-Inertinite）（Teichmüller，1982），其成烃性不能简单评价，但这已属于显微组分成烃演化的产物，在此不予讨论。

木栓质体为植物栓化细胞壁，木栓细胞壁由纤维素、木质化纤维素和木栓质组成并夹有蜡（Teichmüller，1982）。木栓质体是由高分子孢和脂肪酸与不饱和脂肪酸及含氧脂肪酸的甘油脂组成，交联程度明显低于角质，因此具有较低的生烃活化能而在早期成熟阶段便开始生烃。木栓质体在低热演化阶段（R_o 值为 0.3%～0.6%）荧光的快速蚀变便证明了这点。

利用 CDS—820 热解色谱仪对吐哈盆地不同煤系烃源岩样品分离出的 5 种显微组分，即：孢子体、角质体、基质镜质组、丝质体与木栓质体，按 7 个温度段分别进行热解气相色谱测试。

对比 5 种显微组分的各温度段的产油气量，显微组分总生气量由大到小顺序为：孢子体＞基质镜质组＞角质体＞木栓质体＞丝质体；进入最大生气高峰时间先后顺序为：基质镜质组→角质体→木栓质体→孢子体；总油气比由大到小顺序为：基质镜质体→丝质体→孢子体→木栓质体→角质体。生气高峰时生气量占总气量的百分比为 30%～50% 之间。

显微组分总生油量由大到小顺序为：孢子体→角质体→基质镜质组→木栓质体→丝质体；最早进入生油高峰的顺序为：基质镜质组→角质体→木栓质体→孢子体（丝质体生油极少、已不显生油高峰）；生油高峰时各显微组分生油量占总生油量百分比由大到小顺序为角质体（53%）、孢子体（46%）、木栓质体（35%）、基质镜质组（28%）。

另外，对比300℃时各显微组分的热解生烃量，丝质体的生烃量最大（气1.43mg/g，油11.61mg/g）；其次为基质镜质组（气1.19mg/g，油4.31mg/g）；而其他壳质组分，气一般为0.1mg/g左右，油在2mg/g左右，远低于丝质体。300℃时热解烃的产生，一方面是组分本身内部存在低活化能物质，在低温时化学键破坏释放烃类；丝质体、基质镜质组分子结构中含氧等杂原子官能团，较壳质组丰富，而氧等杂原子与碳键的结合远低于C—C或C—H键，因此易于破坏降解；另一方面，是显微组分的孔隙中储集吸附前期生成的烃类释放的结果。煤显微组分物性研究表明，丝质体孔隙较多，高于壳质组分，而煤中的中—大孔是烃类储集的有利场所。因此从煤成烃的运移角度，丝质体及半丝质体的存在有利于烃类释放（赵长毅等，1997a）。

3. 杂原子和非烃对煤成烃的贡献

镜质组化学结构以富含芳环和氮、氧、硫杂原子为特征，含氧官能团及杂原子的存在，降低了离解活化能，使其在镜质组反射率 R_o 值为0.4%～0.6%时发生断裂而生烃，因此以生气为主。基质镜质组中由于细菌物质代谢产物的加入，对基质镜质组的流动相内容进行了改造，使其结构中存在较长链的脂肪结构，因此低温时杂原子与碳相连之键断裂结果，不但生气，而且也生成一定量的石油。同时，木栓质体低成熟情况下烃类释放，也与木栓质体分子结构中所富含的酚类脂族侧连 β 位断裂易于发生相关。

煤中杂原子等官能团的数量，在低变质煤尤其在泥炭及褐煤中最为发育，随着成熟度的增加，杂原子官能团数量下降，至长焰煤—气煤时，其数量已经很少。在煤化作用的早期，富杂原子的显微组分如基质镜质组、木栓质体等分子结构内部杂原子与碳原子键离解所需的活化能小，易于破坏，形成烃类的同时，也生成非烃类。并随煤固体结构中杂原子含量下降，其可溶物质中的非烃物质逐渐增加，直至煤分子固体结构中的极性分子含量消耗时（大约在长焰煤与气煤的分界处，对应 R_o 值在0.6%左右），煤大分子结构中的极性原子含量基本呈定值。因此，煤中可溶有机质中非烃成分含量在 R_o 值为0.6%时达最大，随后，由于热演化的继续，因极性分子的存在，非烃不断向两极离解而被消耗，离解产物一端为小分子烃类，而另一端向沥青质分子靠拢，因而在 R_o 值>0.6%以后，煤中非烃含量不断减少，而沥青质含量不断增加，非烃类物质构成进一步成烃演化时的母质之一。吐哈盆地煤可溶沥青中非烃与沥青质的演化说明了这点（钟宁宁等，1995）。

综合显微组分的荧光演化性质以及显微组分 Py-GC（热裂解—气相色谱）油气演化性质，在原有的成烃模式基础上（赵长毅等，1994，1996）进一步完善了吐哈盆地煤显微组分成烃模式（图2-4-21）。

二、烃源岩热压模拟生烃演化规律

通过对中—下侏罗统煤样、碳质泥岩样的热压模拟实验，可以掌握吐哈盆地煤系烃源岩的热演化生烃规律。

1. 煤的烃产率及热演化规律

1）气态烃产率及变化规律

哈密地区大南湖煤矿中侏罗统西山窑组煤在热模拟过程中，烃类气体的产率均表现为随成熟度增高而增大，当其达贫煤及无烟煤阶时，大南湖煤烃类气体产率达323m³/（t·TOC）（图2-4-22）。

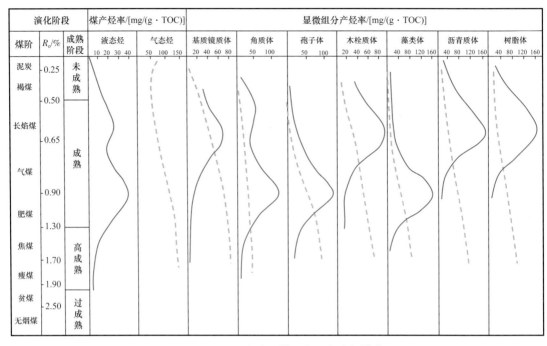

图 2-4-21　吐哈盆地煤显微组分成烃模式

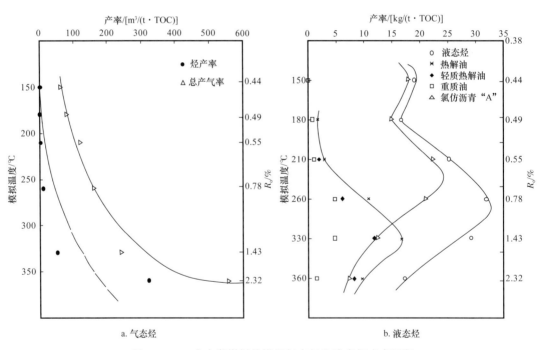

a. 气态烃　　　　　　　　b. 液态烃

图 2-4-22　大南湖煤样热模拟气态烃和液态烃产率图版

2）液态烃产率及其变化规律

大南湖煤最高液态烃产率为 31kg/（t·TOC），值得注意的是大南湖煤样在 R_o 值为 0.44% 时便出现了第一个生烃高峰［液态烃产率高达 19kg/（t·TOC）］，而第二生烃高峰也仅在 R_o 值为 0.78% 时，表明大南湖煤样中较富含早期生烃物质（基质镜质组、树脂和木栓质体等）。

2. 碳质泥岩烃产率及热演化规律

1）气态烃产率及其变化规律

地湖剖面碳质泥岩在 R_o 值<0.93%以前气态烃产率低（图2-4-23），一般不超过15m³/（t·TOC），当 R_o 值>1.3%后，气态烃产率增大，当 R_o 值达2.59%时，气态烃产率高达510m³/（t·TOC）。

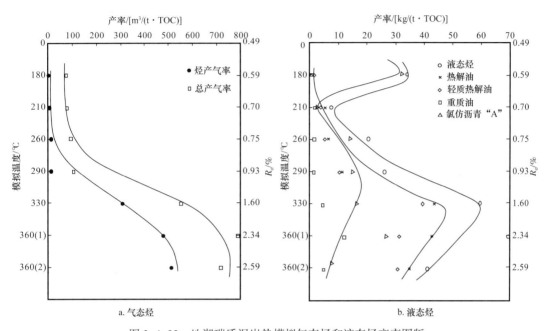

图2-4-23　地湖碳质泥岩热模拟气态烃和液态烃产率图版

2）液态烃产率及其变化规律

地湖剖面碳质泥岩液态烃产率并不算高，生烃高峰值仅69kg/（t·TOC），但比较特殊的是在 R_o 值为0.59%时，出现第一个生烃高峰，生烃产率高达34kg/（t·TOC），说明碳质泥岩中同样具有相当多的早期生烃物质。该烃源岩的另一特点是残余烃的高峰期出现较晚（ R_o 值在0.93%~1.6%之间），这可能与碳质泥岩中具较丰富的高等植物中的类脂母源有关。

三、煤成油机理

煤成油机理研究早期，学者多从有机岩石学的观点出发，关注煤中的富氢组分，即更多地从煤的产烃潜量与煤中显微组分（包括富氢的基质镜质组、壳质体等）开展相关研究。20世纪末，S.D.Kilops（1997）从煤的化学结构观点出发，提出煤成油的主要成分是煤中的聚亚甲基（polymethylene），并通过新西兰塔拉纳基白垩系含煤盆地煤成油研究，建立了沥青系数（BI）与表征聚亚甲基相关的氢指数（HIPM）的关系，提出了煤的生烃门限（BI≥10‰ HC/TOC）和排烃门限（BI≥40‰ HC/TOC），这一结果对于衡量一个含煤盆地的煤能否形成商业价值的油提供了重要的判别依据。

关于煤的化学结构研究也是影响煤成油机理认识的重要问题之一。长期以来，煤化学家对煤的化学结构进行了大量研究，以M.L.Gorbaty（1979）为代表的煤化学家提出了煤的共价键交联的三维大分子化学结构模型，认为：煤主体结构为各种共价键交联而成的大分子网络，网络中包络有溶剂可抽提组分。20 世纪 80 年代以来，煤化学家（NishioKa，1997）已经注意到煤结构中非共价键缔合作用力的存在，并对煤结构的结合形式有重大影响。分子间形成氢键是发生缔合的主要原因。此外，极性分子间偶极的相互作用也可能引起分子的缔合。缔合是放热过程，升高温度会减弱分子的缔合倾向甚至完全消失。煤中存在的非共价键作用力包括范德华力、分子间氢键、π—π 相互作用力、电荷转移作用力。

王江洪（2000 年）用超强混合溶剂——CS_2/NMP（二硫化碳 /N- 甲基 -2- 吡咯烷酮）抽提研究山西繁峙褐煤，获得该煤的平均抽出率为 414.63mg/（g·TOC），认为繁峙褐煤中存在大量的非共价键缔合的物理结构，这部分结构对低成熟煤成油气的形成将产生重要贡献。随着热解温度的增高，繁峙褐煤热解残渣的总抽出率、总烃量和非烃总量均逐渐降低，烃类分子的百分组成逐渐减少，而非烃类分子的百分组成逐渐增大。它表明繁峙褐煤在热演化过程中，非共价键结构在数量上逐渐减少，而在组成上逐渐"重质化"。繁峙褐煤的热演化过程还发现，其可分为早期非共价键物理离解生成未成熟及低成熟煤成油气和晚期共价键化学降解生成常规油气两个阶段，这正好是对干酪根晚期降解生烃理论的补充和完善。

值得注意的是，秦匡宗等（1998）、郭绍辉等（2000）对低阶煤、低成熟烃源岩、油页岩中有机质的非共价键缔合结构进行了有益的探索，进一步提出煤和沉积有机质中存在大量的非共价键缔合结构，由于破坏非共价键所需的能量比共价键的能量一般小 1～2 个数量级（黄第藩等，1995）。因此，在达到破坏共价键所需的地温之前，已有大量的非共价键受破坏而大量离解生烃。这一认识不仅进一步提示了煤和沉积有机质中未成熟及低成熟油气的生成机制，而且对煤成油最有利排驱时期的确定提出了更具科学价值的认识。

国内外许多聚煤盆地发现工业油气田的事实以及煤的生烃机制研究表明：煤和油气都是可燃有机矿产，尽管它们在沉积环境、生成机制、成矿条件有较大差别，但它们也绝非截然对立的两种矿产。不仅如此，它们在形成过程中，还受着环境的制约，在某些方面存在着相互转化和密不可分的成因联系。如低等生物在相对弱氧化条件下，经腐殖化作用和凝胶化作用可形成镜质组，而在强还原条件下，经腐殖化作用可形成无定型干酪根，这是十分有利的成油母质。同样由高等植物为主要生源的有机母质，在相对较还原的沉积环境中，亦可受到细菌的改造，而部分转变为贫氢无定型母质，它既可生成部分石油，又可生成大量的天然气。

河流沼泽及湖沼环境下，高等植物死亡后易堆积和埋藏，发生腐殖化、凝胶化和丝碳等煤化作用。在这一过程中，如果沼泽覆水较深，造成一定还原环境，细菌得以繁衍，高等植物得以改造。在流水沼泽环境下，细菌参与的凝胶化过程中，腐殖质明显降解，产生大量基质镜质组，而宽条带的均质镜质组相对较少，西北中—下侏罗统煤中基质镜质组具富氢性，一般具红褐色荧光，吐哈盆地中—下侏罗统煤中基质镜质组更富氢，且普遍呈现荧光。

据赵长毅等（1994）研究，吐哈侏罗系煤中基质镜质组随成熟度增加，其荧光强度（I546）逐渐减弱，荧光由红褐色至暗褐色，最大荧光波长 λ_{max} 逐渐红移，荧光光谱由最初的三峰形向单峰形演变，红绿商（Q）值逐渐增大，至镜质组反射率（R_o值）0.7%时，其原始荧光强度已降至最小值，随后又有所增强，但这也属次生荧光，与原生荧光性截然不同。基质镜质组荧光性质在R_o值0.46%～0.70%热演化阶段的演变，表明基质镜质组分子结构中存在较多的脂族成分，随热演化程度增加，其分子结构中的脂链成分逐渐脱落，此演化阶段基质镜质组有大量液态烃生成。

煤中除基质镜质组生烃之外，显然，稳定组分（孢子、角质、木栓、树脂、藻类、沥青质体等）也是煤成油的重要来源。实际上煤中的矿物沥青基质和沥青质体就是高等植物中的类脂组分（稳定组）在煤化作用阶段所发生沥青化作用的产物，这也是煤成油的例证之一。不仅如此，煤镜下观察常见油滴、油膜，这也是煤成油的微观证据。煤矿开采过程中常见原油流出，如甘肃兰州窑街煤矿（中侏罗统窑街组，陶明信，1996），这也是煤成油的宏观例证。

上述事实证明，成煤、成油绝非截然对立的产物，成煤过程及煤成油机制研究表明，所谓煤成油系指在成煤过程中，在有利煤相条件下，尤其是在煤化作用的凝胶化和丝碳化作用过程中，在成煤的同时，高等植物中的类脂组分也在发生着沥青化作用和聚甲基降解，成煤的同时，也伴随着煤成烃的产生，煤成烃达一定浓度［BI ≥ 40‰ mgHC/（g·TOC）］，在有利排驱时期、有利的储集和圈闭条件下形成煤成油气藏。

四、煤成油排烃机理

烃类的排驱研究一直以来争议较大，而煤的烃类排驱研究相对更为薄弱。Horsfield等（1988）提出煤成油"沥青网络"的运移机制。吴俊（1989）提出煤成油是以"气驱油"的方式运移的。Clayton（1991）认为煤成油是以油为主含少量溶解气的连续体相运移机制。黄第藩（1995）则将煤成油划分为三个阶段，未成熟时以水溶、水驱为主，有CO_2助运的压实排驱阶段；成熟时以油为主，含少量溶解气的油相运移网络的连续整体油相运移阶段；高成熟时以凝析气为运移方式的气溶形式运移阶段。

程克明等（1997）认为，烃源岩所生烃类排出母体取决于两个方面：一方面为烃源岩所具有的固有内在属性，它包括两个含义，其一是烃源岩原始有机质丰度与类型等，它决定了烃源岩生烃能力的大小、所生烃类性质及达到含油饱和度的难易程度；其二是烃源岩分子排列格架及分子质点表面性质，它决定了烃类储存空间大小与烃类流动的难易程度。另一方面，外生地质营力的存在是烃源岩发生排烃作用的必要条件，适当的构造挤压应力及存在通过烃源岩的输导层（如断裂、层理面、剥蚀面等等）以便形成差异应力，为烃类排驱与运移提供了外在条件。这两方面缺一不可。吐哈盆地煤成油的排驱亦正是煤内在属性与外部构造挤压力共同作用的结果。

研究煤的孔隙有助于了解烃类分子在煤层内的赋存和运移特征。煤中微孔隙对烃类具有较强的表面吸附，这是影响煤成烃排驱的关键因素之一。王昌桂等（1998）根据李昌贤、秦廷武对煤质活性炭比表面积的研究，假设煤的平均比表面积为$100m^2/g$，原油密度平均按$0.86g/cm^3$计，原油分子平均厚度按0.5nm计，并按双分子层吸附处理，则每克煤微孔中吸附烃量 = 比表面积 × 吸附层 × 单个原油分子厚度 × 密度。计算结果表明，每克煤微孔隙饱和吸附需要86mg烃。即每克煤所生成的烃类中需有86mg用于煤微孔隙吸附的消耗。据张新民等的实验，不同煤阶（褐煤—无烟煤）对甲烷的吸附一般

为 $13\sim33cm^3/g$。按照此值折合成油量约为 $13\sim33cm^3/g$。

煤是亲油性物质，煤中烃类的排驱相态一般以烃相运移为主，生烃增压所产生的微裂隙及节理应是地下煤成烃初次运移的通道之一。实践证明，煤层既是烃源岩层，又是储层，但与砂岩和碳酸盐岩相比，煤具有孔隙率低、渗透性差、微孔发育、比表面积大等特点。这些特点与煤成烃类的排驱密切相关。

1. 煤的孔隙特征

煤中孔隙直径变化很大，有大至微米级的裂隙，而小的则连氦分子也无法通过，孔隙大小之差可达 $5\sim6$ 个数量级。因此，对于煤的孔隙分类，不同学者出自不同目的而提出了不同的分类方案。其中，以霍多特（1966）的分类方案影响最大，因为他是在工业吸附剂基础上提出的。研究表明，煤的孔隙分布与煤阶以及煤显微组分组成关系密切。霍多特的研究发现，煤中大孔和中孔的孔隙体积随煤阶的增高而有规律的减小，当镜质组反射率 R_o 值为 0.70% 时，大孔和中孔的孔隙体积占总孔隙体积的 55%，以后迅速降低，而小孔和微孔的孔隙体积则随煤阶的增高而增大，当 R_o 值大于 0.70% 时，微孔体积迅速增大。需要强调的是 R_o 值为 0.70% 这个突变点，它不仅是煤孔隙分布的变化拐点，也是煤各类水分（孔隙水、内在水分）的突变点。

2. 煤的孔隙分布及含水变化

吐哈盆地西山窑组和八道湾组煤的孔隙度与煤的演化程度密切相关（图 2-4-24）。泥炭阶段由于沉积物处于地表浅层，颗粒之间胶结疏松，成岩作用尚未发生，因此具有较高的孔隙度；煤中孔隙度的快速降低和由此而伴随的脱水作用是褐煤煤化作用期间发生的最重要的物理过程；随着煤化作用的增高，煤的孔隙度逐渐降低。当 R_o 值为 $0.7\%\sim0.8\%$ 时，其大孔和中孔降至 10% 以下，并在肥煤—焦煤阶段表现为最小值，瘦煤之后则稍有提高。煤的内在水分随 R_o 值的变化趋势与其大、中孔隙度变化相一致，在 R_o 值为 $0.7\%\sim0.8\%$ 之前脱水迅速，这不仅与煤化作用有关，而且与煤的压实亦有联系（程克明等，1997）。

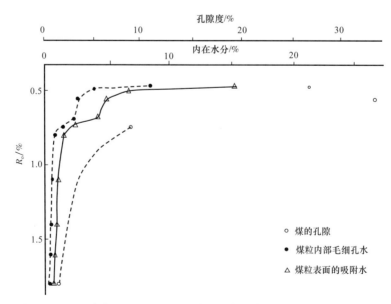

图 2-4-24　吐哈盆地西山窑组、八道湾组煤孔隙度及水分与 R_o 值的关系

3. 煤成油排驱有利时期

煤的孔隙分布及其随煤化作用的变化规律表明，中低演化阶段（气煤阶早期 R_o 值小于 0.8%），煤中孔隙直径小于 100nm 的孔隙体积较低，而大、中孔隙含量相对较高，一般大、中孔隙率在 10% 以上，最高可达 25%～30%。而在气煤阶晚期至焦煤阶，煤中微孔体积迅速增大，一般可达 50% 以上，大、中孔隙体积降至 40% 以下，孔隙度降至 2%～10%。对烃类与煤孔隙相互作用机理研究表明，具有相同生烃量的煤，在中低演化阶段，由于煤的微孔不甚发育，生成的烃类易于满足微孔吸附的最低量，剩余烃类易排出煤母体；另一方面，中低演化阶段煤内的大、中孔隙比较发育，虽然大孔隙中烃类除第一分子吸附层与孔壁结合较强外，其他润湿中心的烃类分子较易流动与脱附，利于烃类的运移；尤其重要的是，吐哈盆地中—下侏罗统的煤中尚有大量的早期生烃组分，如基质镜质组、木栓质体及超微类脂体（刘德汉等，1996）等，它们在煤中占有较大比例（如基质镜质组含量高达 20%～50%），且在 R_o 值为 0.6% 已达大量生烃的高峰。值得注意的是，低演化阶段既是早期生烃组分的大量生烃期，同时也是煤中各类孔隙水的大量排出期，从相渗透共流关系也表明这一阶段是煤中烃类的最有利排驱时期（赵长毅等，1997b；徐永昌等，2001）。

综合煤的孔隙分布随煤化作用的变化规律，煤中各类水分的变化规律以及煤孔隙发育对烃类的吸附规律研究表明，煤成油的最有利排驱时期应是气煤阶早期之前，即 R_o 值小于 0.8%。值得注意的是，高演化程度的煤烃源岩由于大量生气作用容易形成孔隙流体超压，并进而形成微裂缝，生成的烃类气体很容易通过微裂缝向外排出，因此，高演化阶段是煤成气有利排出的时期。

4. 煤具有更强的地质色层效应

烃源岩中烃类的运移、排驱的地质色层效应，既与烃类物质的分子大小和极性强弱有关，也与烃源岩本身的有机质丰度和孔隙分布特征相关。煤在煤化作用过程中所生成的烃类，首先被煤颗粒质点表面所"捕捉"，当煤中含有大量的富氢显微组分，并能生成足够量的烃类物质时，这些烃类依次被煤中微孔—过渡孔—中孔—大孔各级孔隙所吸附，然后是溶解和游离析出。过渡孔隙对于煤中烃类具有双重效应，即对于烃类中低分子量的链烷烃和环烷烃及芳烃等已不表现为微孔效应，而对于烃类中的大分子，如非烃和沥青质等仍然表现为微孔效应。这意味着占煤孔隙体积近 50% 左右的过渡孔优先吸附非烃和沥青质等大分子，而与烷烃和芳香烃类小分子的作用力相对较弱，即烷烃和芳香烃易于排驱出母体。由于煤的孔隙是相对连续的变化，煤生成烃的分子孔宽也相对地有一个连续变化，因此不同级别的孔隙对于不同孔宽尺寸的烃类分子所表现的微孔特性是具选择性的。一定级别孔宽分子与不同级别孔隙间的相互作用不同；同样，一定级别孔隙对于不同孔宽烃类分子所表现的效应也存在差异，从而产生色层效应。同系物中，分子量越大越易被吸附；极性化合物中，极性越大越易被吸附。相应吸附顺序为：极性化合物＞芳香烃＞异构烷烃＞正构烷烃。这就是煤储集体对所生烃类滞留效应的本质。也正缘于此，煤成油常常以轻质油产出。

第五节　原油特征与油源对比

油、气源对比就是通过原油（天然气）与可能烃源岩之间，在尽可能考虑到油气生成、演化及运移过程中所发生变异的前提下，进行有机母源输入成分的地球化学特征对比，从而追溯其间的亲缘关系，找到油气的烃源岩。

一、原油性质及地球化学特征

吐哈盆地的原油物理性质差异甚大，有轻质凝析油、正常原油；还有高密度、高黏度稠油。不同地区或在同地区不同部位，原油物性复杂多变。而不同的原油物性往往也代表其具有不同的地球化学特征。

1. 原油物性

颜色：原油产出的层系不同，其颜色也表现出一定的差异。二叠系、三叠系及中侏罗统七克台组烃源岩产出的原油以黑色为主，侏罗系煤系烃源岩产出的原油为不透明或半透明的褐色、棕色、墨绿色，部分凝析油（轻质油）呈透明状的橙色、棕黄色、浅黄色，个别样品甚至接近无色。

密度：原油密度分布范围较大，从 $0.673\sim0.99g/cm^3$ 均有分布，但主体在 $0.80\sim0.90g/cm^3$ 之间。从含油层系来看，凝析油和轻质油主要分布于侏罗系，而稠油主要分布在二叠系、三叠系。从平面来看，凝析油主要分布于台北凹陷的鄯善弧形带及红台、疙瘩台、胜北构造带，轻质油在全盆地广泛分布，而稠油主要分布于鲁克沁、玉北构造带。

黏度：原油密度与黏度呈指数相关，侏罗系原油黏度普遍较低，50℃时的黏度一般低于 $10mPa\cdot s$，而二叠系和三叠系原油黏度普遍较高，50℃时的黏度普遍高于 $50mPa\cdot s$，主频分布在 $500\sim2000mPa\cdot s$ 之间。

含蜡量：原油含蜡量分布范围广，整体呈现近正态分布趋势，平均为15.75%，主频分布在10%～15%之间，占总样品数的28.72%，以高蜡油为主。从产油层系来看，侏罗系和二叠系、三叠系原油表现出相似的特征，均以高蜡油为主。但从成因来看有差异，侏罗系高含蜡与富含陆源高等植物的先质有关，而前侏罗系可能与原油遭受生物降解有关。

凝固点：从 $-25\sim47$℃均有分布，但主要分布在 $5\sim25$℃之间，属于中凝油。从层系来看，侏罗系原油凝固点主要集中于 $5\sim25$℃之间，而二叠系和三叠系原油凝固点在 $-10\sim40$℃之间相对分散，缺乏明显的集中段。

总之，吐哈盆地的原油侏罗系原油具有颜色相对浅，密度较低，黏度低，高含蜡，中等凝固点的特点；而二叠系和三叠系原油具有颜色较深，密度较高，黏度高，中等凝固点等特点。

2. 原油组成特征

吐哈盆地侏罗系原油饱和烃分布范围为50%～95%，芳香烃2%～25%，非烃＋沥青质1%～20%。凝析油的饱和烃都在95%以上，主要分布在台北凹陷东部的温吉桑以及红台构造带（图 2-4-25）。二叠系、三叠系原油遭受降解饱和烃含量较低，除了托参 1、哈 2、哈 5H 及鄯科 1 井的原油之外，台南地区原油饱和烃普遍低于 60%，芳香烃 5%～35%，非烃 + 沥青质含量较高，分布于 13%～49% 之间，表现出明显的降解特征。

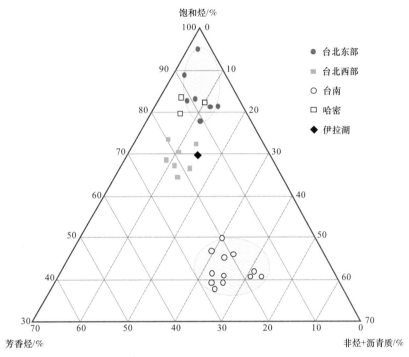

图 2-4-25　吐哈盆地原油族组成三角图

饱和烃是原油的重要组成部分，蕴涵着母质类型、成熟度、油源等许多信息。侏罗系原油饱和烃形态完整，主峰碳偏重，姥植比较高，明显表现出以高等植物输入为主的特征。前侏罗系原油大多遭受生物降解，正构烷烃含量明显较低，姥植比较低，β- 胡萝卜烷含量较高，明显表现出湖相浮游生物输入的特征（表 2-4-7、图 2-4-26）。

表 2-4-7　吐哈盆地原油饱和烃色谱参数表

层位	主峰碳	Pr/Ph	Pr/nC_{17}	Ph/nC_{18}	（C_{21}+C_{22})/(C_{28}+C_{29}）	$\sum C_{21-}$/$\sum C_{22+}$	CPI	OEP
J_3k	19	2.4	0.44	0.19	2.91	1.44	1.2	1.05
J_2q	18	3.82	0.47	0.12	3.72	1.85	1.22	1.01
J_2s	18	3.94	0.52	0.13	3.69	1.69	1.24	1.00
J_2x	20	4.62	0.54	0.11	3.59	1.41	1.24	1.05
J_1	17	3.26	0.30	0.09	3.96	1.91	1.19	0.99
T_2k	17	1.83	1.11	0.98	3.08	2.01	1.11	0.98
P_3w	19	1.25	1.17	1.11	2.53	1.19	1.27	1.11

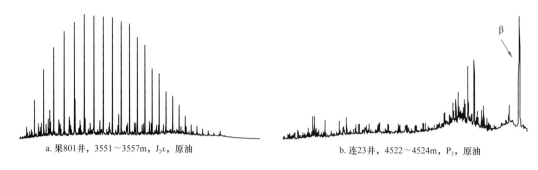

a. 果801井, 3551～3557m, J₂x, 原油   b. 连23井, 4522～4524m, P₃, 原油

图 2-4-26　吐哈盆地原油饱和烃色谱图

3. 原油碳同位素组成特征

原油是有机母质在自然条件下成烃演化的产物，因此原油的碳同位素组成与母质类型、沉积环境等因素关系密切。

根据原油族组分的碳同位素组成 $\delta^{13}C$ 值分布可以将吐哈盆地原油分为两大类（图 2-4-27），即前侏罗系和七克台组原油为一类，表现为轻碳同位素组成特征，反映其原油母质类型较好，以浮游生物或菌藻类输入为主；另一类以侏罗系三间房组和水西沟群原油为代表，表现为重碳同位素组成的特征，反映其原油母质类型较差，以高等植物输入为主。

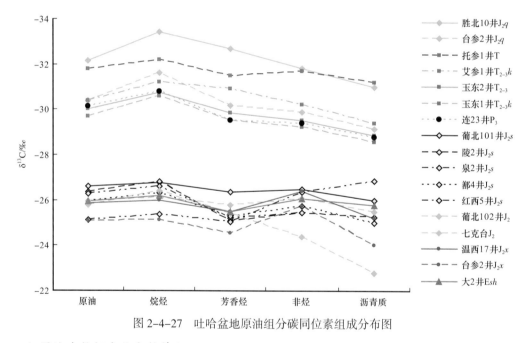

图 2-4-27　吐哈盆地原油组分碳同位素组成分布图

4. 原油生物标志化合物特征

1）甾、萜烷化合物特征

从生物标志化合物（以下简称"生标"）散点图（图 2-4-28、图 2-4-29）上可以清楚看出，吐哈盆地原油大致可分为四种类型。

A 类是台北凹陷中侏罗统产出的原油，多属轻质油或凝析油，以重碳同位素组成、高姥植比（Pr/Ph＞3.0）、高 C_{29} 甾烷含量为特征，反映母质主要为陆源高等植物来源。萜烷类组成上，升藿烷类含量相对富集，升藿烷指数 C_{31} 藿烷 /（C_{29}+C_{30}）藿烷多分布于

0.8～1.2 之间，三环萜、伽马蜡烷含量极低，三环萜 / 藿烷类多小于 0.7，伽马蜡烷指数小于 0.1，C_{24} 四环萜烷含量丰富，远高于 C_{26} 三环萜烷。

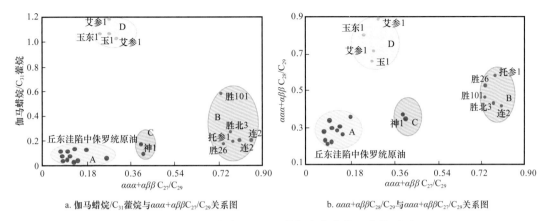

a. 伽马蜡烷/C_{31}藿烷与$ααα+αββ C_{27}/C_{29}$关系图　　b. $ααα+αββ C_{28}/C_{29}$与$ααα+αββ C_{27}/C_{29}$关系图

图 2-4-28　吐哈盆地原油生物标志化合物组成关系图

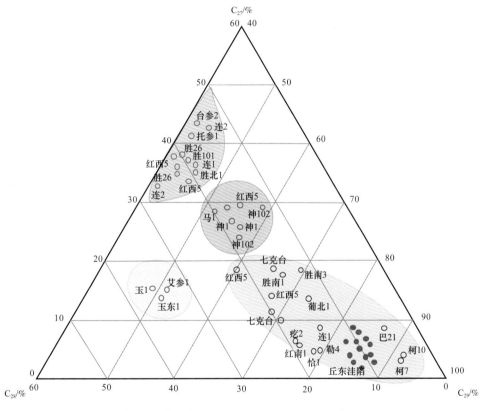

图 2-4-29　吐哈盆地原油规则甾烷组成三角图

B 类是台北凹陷浅层产出的原油与伊拉湖、四道沟等油田产出的原油，密度较 A 类偏高，以较轻碳同位素组成、较低姥植比（Pr/Ph＜3.0），富含 C_{27} 甾烷为主要特征，具有典型湖相原油特征；萜烷类组成上，三环萜类、伽马蜡烷含量较低，而升藿烷类却有较高的含量，升藿烷指数为 0.5～0.9，总体反映母质中有较多水生生物来源的特点。

C 类是台北凹陷神泉、红西等油田的部分样品，则介于 A、B 两者之间，为混合来源的原油。

D类是台南凹陷的原油，以稠油为主，普遍遭受低—中等程度的生物降解，以较轻碳同位素组成、相对富集C_{28}甾烷、较高伽马蜡烷和$\beta-$胡萝卜烷为典型特征，而明显区别于其他原油。从生物标志化合物特征来看，原油母质处于咸化湖相的沉积环境，在强还原环境下有机质的快速堆积，反映母质中有较多水生生物来源的特点。

2）原油成熟度

甲基菲指数是计算原油成熟度效果较好的经典指标，台北凹陷侏罗系原油的成熟度普遍偏低，一般都位于中等成熟度范围之内，对应的镜质组反射率R_o为0.6%～1.0%，仅托参1井原油成熟度较低，R_o为0.5%～0.7%，属于低成熟原油。

甾类化合物组成中，$\alpha\alpha\alpha C_{29}S/（S+R）$参数与热演化程度具有良好的对映关系，吐哈盆地不同凹陷、不同层系产出的原油该参数值彼此差异较大。台北凹陷中侏罗统产出的原油，$\alpha\alpha\alpha C_{29}S/（S+R）$分布一般为0.43～0.52，位于成熟原油范围之内，而台北凹陷西部浅层产出的原油，该值仅为0.27～0.35，反映出低成熟原油的特征。

台南凹陷稠油中C_{29}甾烷异构体比值相对较低，在生物降解作用没有明显影响到其分布与组成特征的吐玉克和艾参1井稠油中，C_{29}甾烷异构体比值大多小于0.40，显示出较低成熟度，属于低成熟的原油；但对于遭受深度降解的马1井稠油而言，由于生物降解优先消耗生物构型20R，结果导致该原油的$C_{29}20S/（20S+20R）$比值异常高（>0.60）。如果考虑不同原油中生物降解程度对甾烷分布与组成特征影响，可以预料台南凹陷稠油的成熟度应该是相似的。

三堡凹陷哈2和哈3井原油的C_{29}甾烷异构体比值是所分析的原油中最高的，C_{29}甾烷构体比值都大于0.52，已达到了平衡终点，显示出高成熟度特点。

托克逊凹陷托参1井原油的C_{29}甾烷异构体比值高于台南的稠油，又低于三堡凹陷原油，其$C_{29}20S/（20S+20R）$和$C_{29}\beta\beta/（\beta\beta+\alpha\alpha）$比值分别为0.43及0.37，表明该原油也已成熟。$C_{29}\beta\beta/（\beta\beta+\alpha\alpha）$较$C_{29}20S/（20S+20R）$比值低，似乎反映出该原油没有经历较长距离的运移。

石蜡指数和庚烷值是较常用的轻烃成熟度参数。程克明等（1994）分别把石蜡指数小于1.0和庚烷值20%的原油划分为未成熟油，把石蜡指数介于1～3和庚烷值20%～30%的原油划分为成熟原油，把这两个参数大于3和30%原油划分为高成熟（3～10及30%～40%）与过成熟（>10%及>40%）原油。总体上看，吐哈盆地原油的石蜡指数和庚烷值差别不大，其中石蜡指数介于1～3之间，庚烷值介于15%～30%之间，属于成熟原油的范畴。利用Mango参数计算得到的折算镜质组反射率介于0.75%～0.95%之间，也属成熟原油范畴，而且台北凹陷东西部原油用Mango参数计算的折算镜质组反射率并不存在明显差异，表明台北凹陷原油的成熟度总体上是相似的。台南凹陷的原油由于遭受了生物降解的改造，其轻烃组成已难以反映稠油的演化程度。

二、油源对比

1. 台北凹陷中—下侏罗统油源

台北凹陷中—下侏罗统原油与中—下侏罗统煤系烃源岩关系密切，其中台北凹陷东部产出的原油主要来源于煤和煤系泥岩，而西部原油则主要来源于煤系泥岩。

在对台北凹陷原油油源开展大量研究的基础上，发现台北凹陷东部的原油与中—下侏罗统煤具有极高的相似性（图2-4-30、图2-4-31）。台北凹陷西部的原油与东部的原油生物标志化合物组成也有一定的可比性，只是在族组成、Pr/Ph分布及C_{27}规则甾烷含量上与东部原油有一定差异，反映其烃源岩沉积环境比东部还原程度强，母质中有较多的水生生物输入，这一特征与煤系泥岩生物标志化合物组合类似，说明该类原油可能主要来自煤系中的泥岩（卫延召等，2001）。

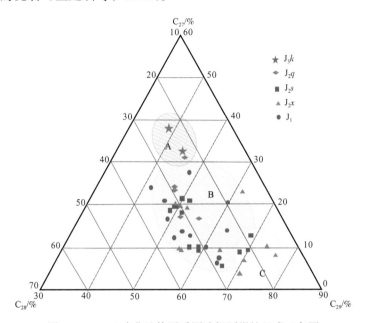

图2-4-30　吐哈盆地侏罗系原油规则甾烷组成三角图

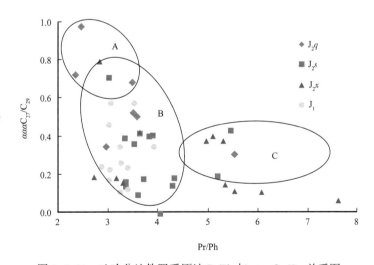

图2-4-31　吐哈盆地侏罗系原油 Pr/Ph 与 $\alpha\alpha\alpha C_{27}/C_{29}$ 关系图

油、烃源岩饱和烃单体烃同位素组成上，这一特征表现得更为明显，东部的温吉桑、丘陵、鄯勒、红台及七克台等构造带上的原油单体烃同位素组成与煤饱和烃具有较好的可比性；西部的吐鲁番（王大锐等，1997）、神泉及葡北等油田原油则与煤系泥岩饱和烃对比性较好，而与东部原油对比性较差（图2-4-32）。

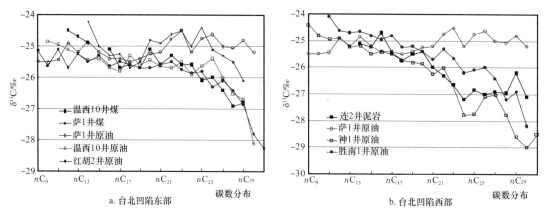

a. 台北凹陷东部　　　　　　　　　　b. 台北凹陷西部

图 2-4-32　吐哈盆地侏罗系油/源单体烃碳同位素组成对比

2. 胜北洼陷浅层油源

台北凹陷西部上侏罗统、白垩系、古近系（包括胜金口、红连、胜北、红西等油气田或含油气构造）产出的原油与中侏罗统湖相泥岩关系密切。

台北凹陷浅层产出的原油生物标志化合物组成相似，普遍具有湖相原油特征，与中侏罗统产出的原油差别较大。在与可能的烃源岩对比中，该类原油与七克台组泥岩具有一定的可比性（图 2-4-33），而与西山窑组煤及泥岩相关性较差，表明该类原油来源于七克台组湖相烃源岩。

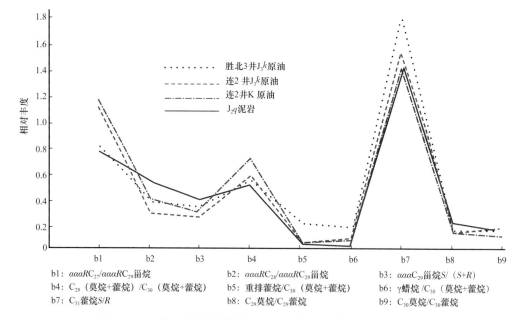

b1: $aaaRC_{27}/aaaRC_{29}$ 甾烷　　　　　b2: $aaaRC_{28}/aaaRC_{29}$ 甾烷　　　　　b3: $aaaC_{29}$ 甾烷 $S/(S+R)$
b4: C_{29}（莫烷+藿烷）/C_{30}（莫烷+藿烷）　　b5: 重排藿烷/C_{30}（莫烷+藿烷）　　b6: γ 蜡烷 /C_{30}（莫烷+藿烷）
b7: C_{31} 藿烷 S/R　　　　　　　b8: C_{29} 莫烷/C_{29} 藿烷　　　　　　b9: C_{30} 莫烷/C_{30} 藿烷

图 2-4-33　胜北洼陷浅层原油与中侏罗统七克台组烃源岩对比图

胜北洼陷七克台组暗色泥岩厚度大、丰度高、类型好，已具备了良好的生烃条件。从埋藏史与生排史分析，七克台组湖相泥岩于古近纪即开始生油，正处于大量生油阶段，因而从另一个角度论证了浅层原油来源于七克台组烃源岩。

3. 托克逊凹陷、三堡凹陷油源

托克逊凹陷伊拉湖油田三叠系克拉玛依组（T_2k）原油为黑色轻质油，从生物标志化合物分布特征来看，托参 1 井原油具有低姥植比（Pr/Ph）、规则甾烷呈"V"形分布，无 γ- 蜡烷特征（图 2-4-34），表明原油来源于淡水湖相沉积烃源岩，与二叠系烃源岩特征相差较远，而与上三叠统烃源岩相似。原油成熟度参数 $C_{29}S/（S+R）$ 为 0.35，反映低成熟油的特征，与上三叠统烃源岩成熟度接近。综合判断伊拉湖原油来源于上三叠统烃源岩。

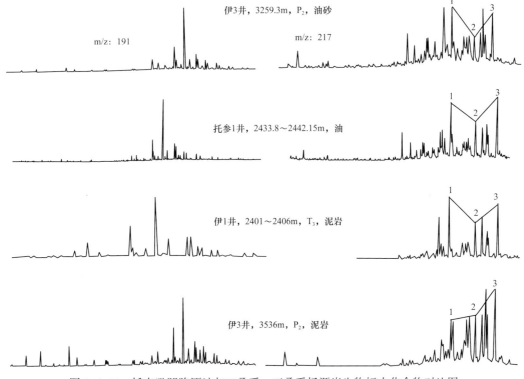

图 2-4-34 托克逊凹陷原油与二叠系、三叠系烃源岩生物标志化合物对比图

1—20R-5α（H），14α（H），17α（H）- 胆甾烷；2—20R-24- 甲基 -5α（H），14α（H），17α（H）- 胆甾烷；
3—20R-24- 乙基 -5α（H），14α（H），17α（H）- 胆甾烷

三堡凹陷已发现油气主要分布于四道沟构造上，以轻质油为主。从原油地球化学特征上看，哈 2 井原油明显具有湖相原油的特征，与三叠系烃源岩具有较好的可比性，说明原油来源于三叠系烃源岩（图 2-4-35）。热演化程度上，哈 2 井原油显示出较高成熟的特征，与三叠系烃源岩的热演化程度相吻合。

4. 鲁克沁地区油源

鲁克沁地区和鄯科 1 井的原油主要来源于中二叠统桃东沟群烃源岩。该类原油中普遍检测出高含量的伽马蜡烷、C_{28} 规则甾烷、三环萜类及 β- 胡萝卜等特征标记化合物，与二叠系烃源岩组成极为类似（图 2-4-36），说明原油主要来源于中二叠统桃东沟群烃源岩。

鄯科 1 井是以探索台北凹陷深层为目的一口科学探索井，其原油生物标志化合物组成上与台南凹陷原油特征相似，但成熟度较高，说明该井原油同样来源于二叠系烃源岩。

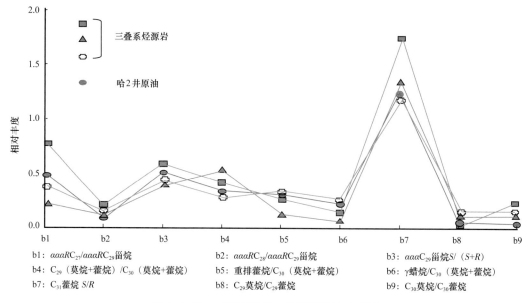

b1: $aaaRC_{27}/aaaRC_{29}$甾烷　　　　b2: $aaaRC_{28}/aaaRC_{29}$甾烷　　　　b3: $aaaC_{29}$甾烷$S/$（$S+R$）
b4: C_{29}（莫烷+藿烷）/C_{30}（莫烷+藿烷）　　b5: 重排藿烷/C_{30}（莫烷+藿烷）　　b6: γ蜡烷/C_{30}（莫烷+藿烷）
b7: C_{31}藿烷 S/R　　　　　　　　b8: C_{29}莫烷/C_{29}藿烷　　　　　　b9: C_{30}莫烷/C_{30}藿烷

图 2-4-35　三堡凹陷哈 2 井油源指纹对比图

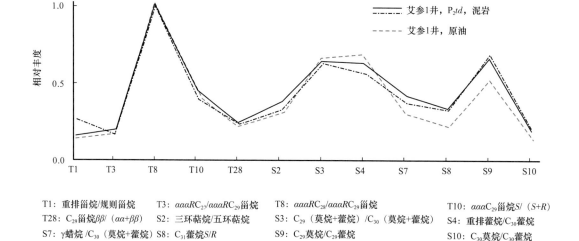

T1: 重排甾烷/规则甾烷　　　T3: $aaaRC_{27}/aaaRC_{29}$甾烷　　　T8: $aaaRC_{28}/aaaRC_{29}$甾烷　　　　T10: $aaaC_{29}$甾烷$S/$（$S+R$）
T28: C_{29}甾烷$\beta\beta/$（$\alpha\alpha+\beta\beta$）　　S2: 三环萜烷/五环萜烷　　S3: C_{29}（莫烷+藿烷）/C_{30}（莫烷+藿烷）　　S4: 重排藿烷/C_{30}藿烷
S7: γ蜡烷/C_{30}（莫烷+藿烷）S8: C_{31}藿烷S/R　　　　　　　S9: C_{29}莫烷/C_{29}藿烷　　　　　　　　S10: C_{30}莫烷/C_{30}藿烷

图 2-4-36　台南地区艾参 1 井原油与二叠系烃源岩指纹对比图

第六节　天然气特征与气源对比

　　吐哈盆地天然气主要以凝析气和原油溶解气两种形式赋存于油气藏，凝析气主要分布于丘东洼陷及小草湖洼陷东、南部，而溶解气则广泛分布于盆地的各油气藏中（除鲁克沁稠油油藏之外）。从储层层位来看，气藏主要分布于侏罗系，白垩系、古近系也有少量分布。前侏罗系仅个别井产少量溶解气，尚不具规模。

一、天然气地球化学特征

1. 天然气组分特征

　　组分含量是天然气地球化学的主要特征之一，主要可分为烃类气体和非烃气体两大类。烃类气体主要包括甲烷及其同系物，非烃气体包括 CO_2、N_2、H_2、H_2S、Hg 及稀有气体等。

吐哈盆地天然气组分主要以烃类气体（C_1—C_5）为主，只有及少数天然气样品的烃类气体含量小于 50%。其中烃类气体在天然气中的百分含量大于 90% 的样品占样品总数的 81% 左右；百分含量在 50%～90% 的样品占样品总数的 14% 左右；含量小于 50% 的样品占样品总数的 5% 左右。

吐哈盆地天然气中烃类气体中以甲烷为主，绝大部分天然气中甲烷含量大于 50%（图 2-4-37），占天然气样品总数的 85% 以上。

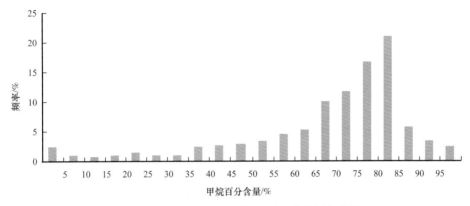

图 2-4-37　吐哈盆地天然气甲烷百分含量频率图

吐哈盆地天然气非烃组分中以氮气和二氧化碳气体为主，其中氮气百分含量的分布范围非常广泛，最低的不到 0.1%，最高的达 88%。其中大部分样品的氮气含量小于 5%，占样品总数的 66.7%。而二氧化碳百分含量全部小于 10%，大部分样品的二氧化碳百分含量小于 0.5%，小于 0.5% 的样品占 84.3%。

吐哈盆地天然气干燥系数分布范围非常广，最低的不足 0.1，最高的接近 1，其中干气较少，占 12.1%，其余均是湿气，干燥系数的主频分布在 0.7～0.9，占 59%。

2. 轻烃组分特征

应用轻烃 C_5—C_7 的正构烷烃，异构烷烃和环烷烃的组合关系可以判识天然气的成因类型。据 Leythaeuser 等（1979）研究认为：源于腐泥型母质的轻烃组分中含丰富的正构烷烃；源于腐殖型母质的轻烃组分则富含异构烷烃和芳香烃；而富含环烷烃组分是陆源母质的重要特征。

吐哈盆地天然气中的 C_5，C_6 和 C_7 脂烃族组分特征如图 2-4-38 所示，天然气样品主要分布在图左下侧，富含异构烷烃（35%～65%），其次是正构烷烃（25%～50%），环烷烃含量最低（5%～25%）。天然气具富含异构烷烃的特征表明其成烃母质为腐殖型，即从轻烃的组分说明盆地中天然气主要是煤系烃源岩形成的煤型气。

C_7 轻烃系列中正庚烷、甲基环己烷和各种结构的二甲基环戊烷可应用于天然气来源的判识。甲基环己烷主要来自高等植物木质素，纤维素和醇类等，其热力学性质相对稳定，是指示陆源母质类型的良好参数；各种结构的二甲基环戊烷主要来自水生生物的类脂化合物，正庚烷主要来自藻类和细菌，对成熟度作用十分敏感。戴金星（1992）、张义纲等（1992）都将这类化合物用于判识煤型气和油型气。从 C_7 轻烃化合物三角图（图2-4-39）可见，吐哈盆地天然气中甲基环己烷含量最高，在35％～60％之间，主要集中在50％左右，而各种结构的二甲基环戊烷含量均较低，在25％以下，即吐哈天然气的生源主要来自陆源高等植物，其母质为腐殖型，天然气应是与煤系有关的煤型气。

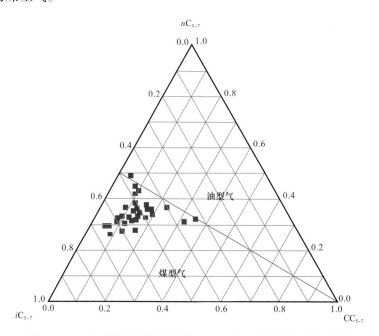

图2-4-38　吐哈盆地天然气轻烃C$_5$，C$_6$和C$_7$脂烃族组分三角图

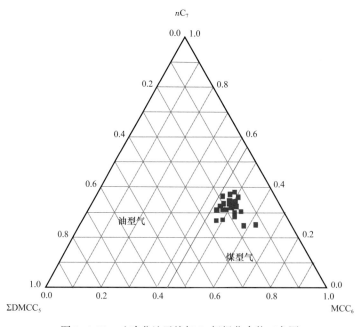

图2-4-39　吐哈盆地天然气C$_7$轻烃化合物三角图

轻烃组分特征研究表明，与吐哈盆地天然气伴生的轻烃是腐殖质母质形成，结合吐哈盆地的地质背景，它们应当与盆地的侏罗系煤系相关。

3. 天然气碳、氢同位素组成特征

1）碳同位素组成特征

吐哈盆地天然气烃类气体碳同位素组成对于确定其类型、成熟度是极为关键的资料。根据分析，天然气甲烷碳同位素组成分布在 –45.5‰～–33.5‰之间，平均为 –40.4‰。其中胜北洼陷天然气的甲烷碳同位素组成分布范围最广，在 –45.5‰～–33.5‰之间，丘东洼陷分布在 –44.5‰～–38.5‰之间，小草湖洼陷分布在 –42.5‰～–36.0‰之间，相对较重。

天然气乙烷碳同位素组成是天然气成因类型划分的重要参数。吐哈盆地天然气乙烷碳同位素组成分布在 –36‰～–10‰之间，90%左右的样品乙烷碳同位素组成分布在 –30‰～–24‰之间。三堡凹陷的哈 2 井和托克逊凹陷的托参 1 井及台北凹陷胜北洼陷的火 801 天然气乙烷碳同位素组成轻于 –30‰。台北凹陷的三个洼陷的天然气乙烷碳同位素组成差别不大，其中小草湖洼陷天然气乙烷的碳同位素组成主峰略重于其他两个洼陷，胜北洼陷和丘东洼陷天然气乙烷碳同位素组成分布特征基本相同。

2）氢同位素组成特征

天然气氢同位素组成分布特征可能与成熟度及环境有关。吐哈盆地天然气甲烷氢同位素组成分布在 –300‰～–112‰之间，除了个别样品以外，多数天然气甲烷氢同位素组成轻于 –219‰。

乙烷氢同位素组成分布在 –250‰～–130‰之间，大多样品乙烷氢同位素组成轻于 –180‰。在平面上，台北凹陷三个洼陷的天然气乙烷氢同位素组成存在一定的差异，丘东洼陷天然气的乙烷氢同位素组成相对较轻，大部分样品分布在 –231‰～–210‰之间，小草湖洼陷次之，其天然气乙烷氢同位素组成分布在 –219‰～–204‰之间。胜北洼陷天然气的乙烷氢同位素组成相对较重，在 –204‰～–186‰之间。

二、天然气成因类型及气源对比

天然气乙烷碳同位素组成是判识天然气成因及其来源的重要依据，一般认为，腐泥型母质形成的天然气，乙烷碳同位素组成相对较轻，在 –45‰～–29‰之间，而腐殖型母质形成的天然气乙烷的碳同位素组成相对较重，在 –29‰～–15‰之间。因此天然气乙烷碳同位素组成是判识天然气母质类型的良好指标（徐永昌，1994）。

从图 2-4-40 可以看出，吐哈盆地大多数天然气样品的乙烷碳同位素组成重于 –29‰，可以认为吐哈盆地台北凹陷天然气主体属于腐殖型有机质形成的天然气。三堡凹陷哈 2 井（T_3h）、托克逊凹陷托参 1 井（T_2k）和胜北洼陷火 801 井（J_1s）天然气样品的乙烷碳同位素组成轻于 –30‰，而且除火 801 井外，储层均为三叠系，应不属于煤型气，结合地质背景，这些气井的天然气应属油型气。火 801 井天然气甲、乙烷碳同位素组成的特征都明显与油型气有关。

吐哈盆地台北凹陷天然气甲烷碳同位素组成分布在 –45.5‰～–33.5‰之间，主频分布在 –43‰～–38‰之间为"生物—热催化过渡带气"到热解作用初期的产物。按照刘文汇等（1999）提出的我国煤型气甲烷碳同位素组成二阶模式判识，吐哈盆地内天然气相应烃源岩的热演化程度 R_o 为 0.58%～1.14%，主频分布在 0.66%～0.83%之间，也就是说吐哈盆地的天然气主体属于低成熟气范畴。

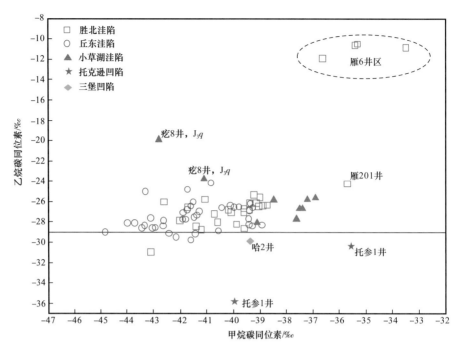

图 2-4-40　吐哈盆地天然气甲烷、乙烷碳同位素组成关系图

再结合吐哈盆地天然气氢同位素组成分布特征（图 2-4-41）可以看出，甲烷的碳、氢同位素组成具有较好的线性关系，甲烷氢同位素组成越重的样品，其碳同位素组成也相应较重。吐哈盆地天然气甲烷碳氢同位素组成均较轻，同样体现了低成熟的特征（袁明生等，2011）。

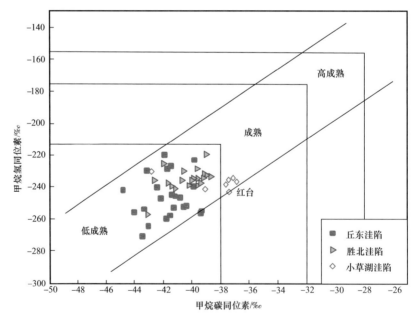

图 2-4-41　吐哈盆地天然气甲烷碳、氢同位素组成相关关系图

结合吐哈盆地发育多套烃源岩的类型特征以及热演化程度，综合判断吐哈盆地的天然气主体来源于侏罗系煤系烃源岩，个别井（托参 1、哈 2）天然气来源于三叠系烃源岩。

第五章　沉积相与储层

吐哈盆地自下而上在二叠系至古近系均获得油气发现，储层层位包括上二叠统梧桐沟组，中—上三叠统克拉玛依组，下侏罗统八道湾组、三工河组，中侏罗统西山窑组、三间房组和七克台组，上侏罗统喀拉扎组，下白垩统三十里大墩组、连木沁组，以及古近系鄯善群等，储集岩均为陆相砂岩、砂砾岩。在中二叠世断陷湖盆、中三叠世以来的类前陆坳陷湖盆沉降沉积环境下，储层沉积相主要为辫状河三角洲、扇三角洲，其次为冲积扇和湖相。中侏罗统辫状河三角洲砂体、中—上三叠统辫状河三角洲砂体和上二叠统扇三角洲砂体是盆地三大主力储集体，储层岩性以长石岩屑砂岩为主，物性多为中—低孔、中—低渗，中—粗砂岩含油性相对较好。中—下侏罗统煤系储层物性普遍较差。

第一节　沉积环境及沉积相类型

吐哈盆地沉积相主要受控于中二叠世断陷湖盆、中三叠世以来的类前陆盆地及其演化的影响，主要发育湖泊、辫状河三角洲、扇三角洲、冲积扇等沉积相类型；在早—中侏罗世沉降鼎盛时期，在温暖湿润气候的配合下，湖泊—沼泽环境尤为典型，沉积了水西沟群煤系。

一、沉积环境与演变

吐哈盆地的形成与演化特点对盆地的沉降、沉积起着至关重要的控制作用。石炭纪在弧后拉张大地构造环境下，吐哈地块周围发育裂谷，主要是地块周缘有沉积；中二叠世，拉张断陷机制扩展到吐哈地块内部，发育一系列的分割性断陷；中三叠世，周围裂谷在挤压应力作用下回返隆起成山，形成广盆坳陷。侏罗纪，北面博格达山总体持续隆升，直接控制着盆地北部物源的供应和类前陆坳陷沉降带的发育，但由于挤压作用强弱的周期性活动，一直处于忽高忽低、时宽时窄的波动演化之中；南面觉罗塔格山褶皱与盆地南部总体上一起隆升，使盆地南部形成了一个宽泛的斜坡区，觉罗塔格山成为长期物源供给区。白垩纪以来，由于盆地北缘山系的持续抬升以及构造活动自东向西迁移，古地形东高西低、北高南低，导致了沉降沉积中心和湖盆水体自东向西、自北向南的逐渐迁移（袁明生等，2002）。

气候环境作为控制沉积作用的主要因素之一，对物源区剥蚀物的组成、水体的大小、沉积物的性质等都有很强的控制作用。吐哈盆地从中二叠世开始，经历了潮湿、干旱—半干旱、潮湿、半干旱—干旱四大阶段（图2-5-1）。在中二叠世、晚三叠世至早—中侏罗世气候温暖潮湿时期，沉积了以灰色泥岩、碳质泥岩、煤、菱铁矿等为标志的沉积构造；晚二叠世—早三叠世、晚侏罗世—第四纪两个大的半干旱、干旱气候环境，沉积了以红色碎屑岩、石膏、岩盐、钙质结核为标志的沉积构造。正是由于古构造、古地理和古气候的相互作用和制约（唐祥华，1999；张代生等，2002），从而形成了湖盆从沉降—扩张—收缩的五大沉积旋回和丰富多彩的沉积构造，奠定了吐哈盆地油气地质条件的基础。

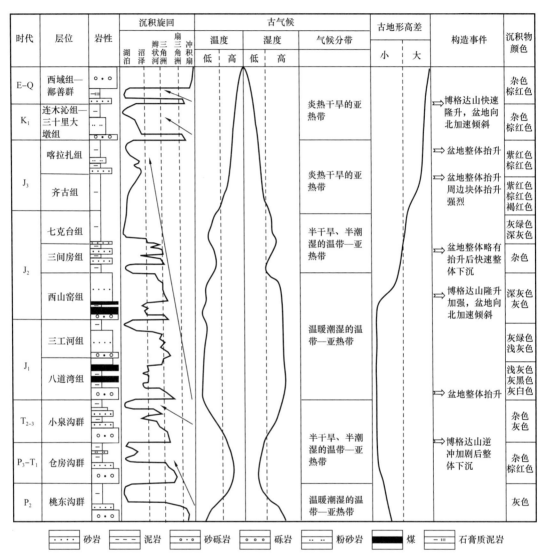

图 2-5-1 吐哈盆地古气候、古地形、沉积环境演化图

第一大沉积旋回（中二叠世—早三叠世）：中二叠世，吐哈地块内部发育伊拉湖、台南、胜北、柯柯亚、丘东等多个断陷，断陷控制断裂伴随有岩浆活动，断陷分割性较强，沉降幅度较大，地形较陡，造就了二叠系桃东沟群一套粗碎屑与湖相暗色泥岩沉积旋回，是重要的烃源岩发育期。至晚二叠世，断陷再次沉降并有所调整，沉积物供应丰富，但气候向半干旱转变，发育陡岸扇三角洲和缓坡河流—三角洲沉积体系。此后，沉降微弱，早三叠世，总体准平原化，气候干燥炎热，总体发育了一套红色碎屑沉积。

第二大沉积旋回（中—晚三叠世）：中三叠世克拉玛依组沉积期，周围山系隆升，为盆地内提供了充足的物源，广泛发育了一套粗碎屑沉积，在沉积中心区水体开始聚积，水体周围发育辫状河三角洲；至晚三叠世黄山街组沉积期，周围山系持续隆升，三堡、台北、托克逊等山前坳陷主体沉降区形成，发育以辫状河三角洲相、湖泊相为主的碎屑岩组合；到晚三叠世末郝家沟组沉积期，构造沉降速度减缓，初期湖水相对较广，后期发育湖退式沉积。

第三大沉积旋回（侏罗纪）：侏罗纪在周围山系持续挤压隆升的作用下，发育山前坳陷沉降区，累积沉降幅度大，沉积巨厚，是吐哈盆地最重要的沉降沉积期；加之气候总体湿润，利于煤层发育，巨厚湖相泥岩分布范围广，形成了盆地最广泛的区域性生储盖组合。其中，早—中侏罗世气候湿润，植物繁盛，河流广布，是煤层和暗色泥岩发育的重要时期，发育了八道湾组和西山窑组两大套煤层，煤层分布范围广，但主体沉降区的煤层和暗色泥岩厚度明显较大。

早侏罗世八道湾组沉积期，气候温暖潮湿，雨水充沛。早期普遍沉积了正粒序、交错层理发育的河流相砂砾岩。中晚期经高能沉积补偿后，水体逐渐平静，沼泽环境扩大，发育了一套含煤沉积构造，成为侏罗纪第一成煤期。由于八道湾期继承了晚三叠世的沉降沉积格局，三堡凹陷、托克逊凹陷、台北凹陷均是重要的沉降区，其沉积厚度较大，并且托克逊凹陷的煤层厚度明显较大。

早侏罗世三工河组沉积期，盆地汇水面扩大而环境稳定，适于水下生物繁殖，双壳类、鱼类相继出现，末期在静水环境下沉积以暗灰、灰绿色砂泥岩和页岩、夹叠锥石灰岩为主的浅水湖相沉积。

中侏罗世西山窑组沉积期，盆地北缘博格达山—哈尔里克山隆升幅度大，盆地北部台北凹陷、三堡凹陷成为山前坳陷主体沉降区，盆地北陡南缓，湖泊主体分布于台北凹陷中北部，煤层、暗色泥岩厚度大，湖泊南、西、东三个方位发育辫状河三角洲沉积体系，北部则以扇三角洲沉积体系为特点。

中侏罗世三间房组沉积期，继煤系沉积之后，湖盆继续扩大，气候趋于半潮湿，随着周围山系的周期性活动，陆续出现了河湖交替沉积的碎屑岩组合。其中三间房组沉积早期水体相对较广，在台北凹陷大部分地区沉积了一套杂色泥岩；三间房组沉积中期，随着较强的沉积补偿作用，地势趋于平坦，出现平原河流的古地理面貌，河床、浅滩沉积相序发育，并在河流侧向迁移和改造频繁的影响下，与之相配套的河漫滩、牛轭湖相序出现，构成完整的河流与河流三角洲沉积体系。

中侏罗世七克台组沉积期，气候潮湿，水量充沛。早期，在之前平原河流背景上，水体有所变深，气候趋于潮湿，浅水生物大量繁殖，出现腹足类、双壳类、介形类和少量鱼类等生物，沉积物以含大量介壳的反粒序河口三角洲相砂岩为特点。后期湖盆水域面积扩大，水体逐渐变深，沉积环境更加稳定，水下生物进入大量繁殖期。此时，湖盆已发展到壮年期，沉积了一套以半深湖—浅湖相为主的暗色泥质岩，这套暗色泥质岩有机质丰富，是盆地侏罗系第二套烃源岩。

晚侏罗世齐古组沉积期，气候逐渐向干旱转变，水体变浅，湖盆进入老年期，沉积了一套较为稳定的、以河流—湖泊相沉积为主的红色砂泥岩组合。至喀拉扎组沉积期，随着湖盆边缘上升，水盆不断往北退缩，直至最后枯竭，沉积物为红色粉砂岩及砾岩的交替沉积，从而结束了侏罗纪沉积范围由小到大再到小的变迁历史。

第四大沉积旋回（白垩纪）：早白垩世，盆地经历了一次较强的挤压构造运动，使沉降主体区的地层产生了断褶构造形变，台北凹陷构造活动总体东强西弱，东部总体挤压抬升幅度大，沉积中心向凹陷西部以及凹陷以南转移。其中，三十里大墩组沉积时期，物源区活动强烈，气候干燥、生物稀少、氧化程度强烈，形成了以红色粗碎屑岩为主的沉积组合；胜金口组沉积时期，随着沉积补偿速度变缓，气候变得湿润，水体扩大，出现了短暂的湖泊环境，介形类、甲壳类和鱼类等水生生物大量繁殖，沉积了一套浅水湖相的暗色砂泥岩组合；连木沁组沉积时期，湖盆已基本填平，再度萎缩，气候变为干燥，在鄯善以南、火焰山一带，沉积了一套以红色为主的浅水湖泊与河流相地层。

第五大沉积旋回（新生代）：古新世，由于燕山运动末幕的影响，北部博格达山大幅度隆升，沉积中心进一步向南、向西移到火焰山至雁木西一带。气候较为干燥，脊椎动物活动旺盛，沉积物普遍以红色碎屑建造为主。中新世，喜马拉雅期构造运动序幕拉开，北部博格达山快速隆升，盆地相对下沉，水体不断往南迁移，沉积范围达到空前未有的规模；中部了墩以南及觉罗塔格山北麓相继沉降，接受了以河流相为主的沉积；由于气候更加炎热干燥，雨量稀少，而水体较浅，加上湖盆的分割，在湖盆内由于蒸发量大而含盐量增加，陆生脊椎动物繁盛，沉积了一套半咸水湖相红色碎屑岩和蒸发岩（硬石膏）交替的沉积建造。上新世，处于喜马拉雅期构造运动主幕，地壳活动相对频繁，尤其北部博格达山上升幅度加大，使盆地周边剥蚀区与沉积高差加大，剥蚀作用加剧，沉积了一套巨厚的粗碎屑岩建造。

二、沉积相类型与特征

吐哈盆地自形成独立的盆地以来，一直处于相对封闭的陆相沉积环境，由于呈东西向长条形展布，多发育近物源、浅水、以快速堆积为特点的沉积体系。根据沉积物的岩石类型、岩性组合、沉积构造、粒度特征、生物化石及含有物和测井曲线特征，将盆地沉积相划分为6种相、17种亚相（表 2-5-1）。扇三角洲相、辫状河三角洲相是主要储集体的相类型，湖泊相、沼泽相是烃源岩发育的相类型。

表 2-5-1　吐哈盆地沉积相类型分类表

相	亚相	微相
冲积扇	扇根	辫状河道、河道间
	扇中	辫状河道、河道间
	扇缘	冲积平原等
扇三角洲	平原	水上分流河道、河道间
	前缘	水下分流河道、河道间、河口坝、前缘席状砂
	前扇三角洲	前扇三角洲泥
辫状河	河床	河床滞留沉积、心滩
	泛滥平原	泛滥平原

相	亚相	微相
辫状河三角洲	平原	水上分流河道、河道间
	前缘	水下分流河道、河道间、河口坝、前缘席状砂
	前三角洲	前三角洲泥
湖泊	滨湖—浅湖	滩坝、泥坪、湖湾等
	半深湖—深湖	泥坪
沼泽	干燥森林沼泽、潮湿森林沼泽、流水沼泽、开阔水体沼泽	

1. 冲积扇

中二叠世断陷格局以及中三叠世以来盆地由于四面环山，河流出山口往往发育冲积扇，根据气候条件可以将冲积扇分为两类：一类是气候干旱或半干旱条件下形成的旱地扇，另一类是气候潮湿条件下形成的湿地扇。但由于盆地后期构造运动复杂强烈，特别是在北部山前，经过后期多次运动的抬升、逆冲、剥蚀，存留的扇体相带大部分不全，有的地区甚至整个扇体都剥蚀殆尽。

1）旱地扇

中二叠世以来吐哈盆地周边都不同程度有旱地扇发育，其中，以白垩纪以来保存完整，从山口向外，扇体的厚度和砂砾岩层的单层厚度均由厚变薄，冲积扇可进一步分为扇根、扇中、扇缘三个亚相带（冯增昭，1993；赵澄林等，2000）。

扇根沉积坡度很大，形成泥石流沉积，岩性以厚度大的杂色块状砾岩、角砾岩和砾状砂岩为主，其内夹有少量的砂岩和泥岩，也可见不明显的交错层理，岩石的成分和结构成熟度均很低。扇中亚相以中到较低的沉积坡角和发育辫状河道为特征；砂岩百分比一般高于20%，根据沉积物岩性又可分辫状河道和河道间沉积，岩性为厚层块状砾岩、砂砾岩夹紫色、棕色及杂色、褐色等泥岩；岩体由一系列彼此叠置的透镜体组成，侧向上变化很快；砾径一般1~6cm，分选较差，磨圆度呈次圆—次棱角状，较大的砾石常见叠瓦状排列；砾石表面可见油脂光泽及擦痕，为长期暴露于地表；可见河道冲刷—填充构造，大型板状交错层理及平行层理；砂体泥质含量高，胶结致密，自然电位曲线起伏不大，电阻率曲线起伏明显（图2-5-2）。扇缘主要为洪水漫流沉积的砂、粉砂及泥质沉积物，可见波状、水平及块状层理。

冲积扇沉积物的粒度总体特征是分选极差，大小混杂，沉积物中各种粒径的成分均有，呈混杂堆积，岩石类型以砂砾岩为主，并有少量的泥质砾岩、含砾泥岩。据统计，沉积物中砾石含量一般0.28%~49.84%，平均16.78%；砂含量一般3.36%~51.72%，平均21.61%；粉砂含量一般13.38%~65.84%，平均38.4%；泥质含量13.2%~39.94%，平均22.04%，反映了一种快速卸载的沉积环境。粒度概率累计曲线以两段式为主，有少量三段式，其中有一种包括宽广粒级范围的平缓曲线；C—M图也总体反映了一种具有多种水动力条件的沉积环境。

2）湿地扇

湿地扇主要发育于中—下侏罗统中，坡降不大，但气候潮湿，雨水充沛，堆积以辫

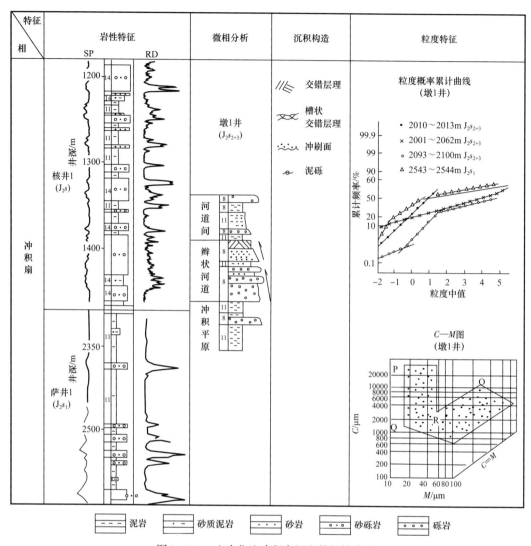

图 2-5-2 吐哈盆地冲积扇沉积特征综合图

状河道为主的沉积体。剖面上表现为由一系列呈正旋回的河道沉积叠加的厚层砂砾岩体，夹层多为灰、灰黑色泥岩、碳质泥岩及薄煤层。湿地扇由扇根、扇中和扇缘三个亚相构成。

扇根一般为巨厚的块状砾岩组成，沿扇而下，沉积规模减小，槽状和板状交错层所占比例增大，泥岩含量增加。

扇中亚相岩性主要为杂色及浅灰—绿灰色块状砾岩、砂砾岩、砾状砂岩及砂岩，夹扇端亚相的绿灰色粉砂岩、粉砂质泥岩及少量的碳质泥岩、煤及煤线。单砂层最厚可达 80m，砾径一般 0.5～2cm，最大可达 20cm。砂岩的突出特征是发育板状、槽状交错层理及平行层理，也可见波状层理、小型交错层理及小型透镜状层理，并普遍发育冲刷面；垂向上可见岩性的正韵律变化；岩层可见植物屑、植物根、大量的植物化石及直立虫孔，代表了潮湿气候条件下的产物。扇中亚相粒度概率累计曲线以两段式为主。电阻率曲线为不规则锯齿状高阻，其异常幅度是在剖面中除煤系以外最高的；自然电位曲线微齿化箱形负异常，幅度不高。受物源的岩屑含量及煤酸性环境的控制，湿地扇砂体物性普遍较差。

艾维尔沟、桃树园子、煤窑沟、柯柯亚等剖面都发育有中—下侏罗统湿地扇沉积，艾维尔沟的八道湾组和三工河组底部是典型的扇中亚相及扇缘亚相沉积。

2. 扇三角洲

三叠纪以来的前陆坳陷陡岸以及中—晚二叠世的断陷，扇三角洲（图 2-5-3）较为发育。扇三角洲具有三层结构：河流作用的扇三角洲平原、河湖共同作用的扇三角洲前缘和湖泊作用的前扇三角洲泥亚相。

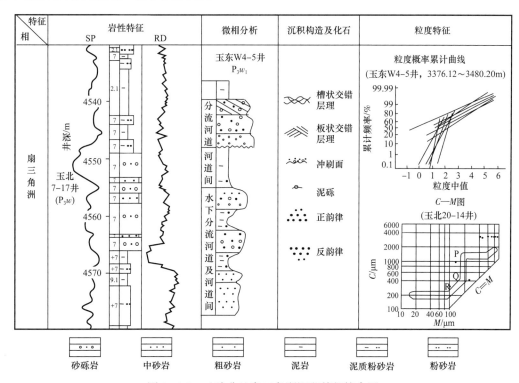

图 2-5-3 吐哈盆地扇三角洲沉积特征综合图

扇三角洲前缘是主体，可以细分水下分流河道、河道间、河口坝和前缘席状砂四个微相。岩性组合为灰绿色、灰白色、浅灰色砂砾岩、砾状砂岩、含砾不等粒砂岩及各种砂岩与灰绿色、灰色、深灰泥岩、砂质泥岩不等厚互层。由于盆地湖泊发育的各个时期总以滨浅湖为主，河流可以在湖泊内向前推进较远，形成呈条带状垂直岸线分布的水下分流河道砂岩沉积；岩性剖面多为多层正韵律叠合，单个层序最厚不超过 5m，从冲刷面开始向上依次为含泥砾的砾岩或砾状砂岩，具斜层理的粗中砂岩、具平行层理的中—粗砂岩、顶部为泥质粉砂岩；自然电位曲线以箱形至钟形、微齿底部突变为主。河口坝总体上不发育，原因是盆地湖水浅、坡度大、河流作用强；岩性主要是浅灰色的砂岩。席状砂位于水下分流河道的前缘及侧翼，这里地势较平坦，携带大量沉积物的水流在此处迅速扩散；同时湖浪和湖流也可以把部分砂级物质改造重新分配，形成席状砂体。

前扇三角洲沉积主要为灰色、深灰色及灰黑色泥岩、粉砂质泥岩；局部层位和地区也可能发育了少量的滑塌及浊流沉积。

由于扇三角洲沉积紧邻沉降主体和湖盆凹陷中央，利于储盖组合的发育，如属于断陷扇三角洲—湖泊沉积的上二叠统是鲁克沁稠油富集带的主力含油层系之一。

3. 辫状河

吐哈长条型盆地横向河发育，河流流程短，坡降大，流量变化大，搬运碎屑粗，主要为辫状河，多发育于南侧和东、西两侧缓坡。辫状河主要包括河床滞留沉积、心滩沉积及泛滥平原等微相。

河床滞留沉积一般是来自于源区的砾石级颗粒及塌岸沉积不同规模形状的泥质砾石。

心滩沉积（河道沙坝）是辫状河沉积的主体，岩性主要为砾岩、砾状砂岩、含砾砂岩以及砂岩；岩层中可见多层杂乱角砾岩透镜体，砾径通常小于 1cm，最大 25cm；河道砂体厚度较大，有时厚达 100m 左右，具平行层理、板状及槽状交错层理、波状交错层理，并含植物化石碎片，粒度概率累积曲线以两段式为主；辫状河道沉积自然电位曲线呈箱形，顶底界面一般多为突变型，少数呈钟型，底部突变型和顶部渐变型，但不论是箱型或者是钟型，都反映厚层粗粒河道沉积。

泛滥平原沉积一般为泥质及粉砂质沉积物，可见植物根及植物化石，在潮湿条件下发育煤及碳质泥岩，在干旱条件下，发育干裂及钙质结核。

4. 辫状河三角洲

三叠纪、侏罗纪是前陆盆地鼎盛时期，前陆坳陷湖盆缓坡广泛发育辫状河三角洲，主要以河流作用为主，湖泊波浪作用弱。形态基本上为伸长状（鸟足状），向湖内伸入较远；平面上多个砂体常成群分布，垂向上各个时期三角洲沉积具有一定的继承性。辫状河三角洲相又分为辫状河三角洲平原、前缘及前三角洲三个亚相。

平原亚相可细分为水上分支河道和河道间微相。典型的平原亚相有台子村剖面、鄯2 井三间房组等，其岩性主要为厚层状的紫红色、黄绿色砾岩、砂砾岩、粗—细砂岩与杂色泥岩不等厚互层，局部见少量的沼泽化沉积的深灰色泥岩、碳质泥岩及煤线。河道砂岩底部冲刷极为发育，层理有块状层理、斜层理及大型交错层理。可见钙质、铁质结核、植物化石及顺层分布的植物炭化茎等。

前缘亚相可细分为水下分支河道、河口坝、席状砂及河道间等微相（图 2-5-4）。岩性主要为浅灰色砾状砂岩、含砾砂岩、砂岩与浅灰、深灰色泥岩及砂质泥岩互层。根据岩性在垂向上的变化规律可将辫状河三角洲前缘的沉积物分为以下四种沉积韵律：正韵律、反韵律、复合韵律及交互韵律。正韵律是岩性向上变细的韵律，分布广泛，岩性粒级宽广，反映辫状河道沉积逐渐消亡的过程；反韵律是岩性向上变粗的韵律，代表了三角洲前缘河口坝和浅滩沉积；复合韵律多与河口部位水下分流河道迁移有关；交互韵律是主要是三角洲前缘河口沙坝和滨湖浅滩的沉积特点。

辫状河三角洲前缘岩石类型主要为长石岩屑砂岩，分选中—好，磨圆度呈次圆—次棱角状。沉积构造主要有斜层理、槽状交错层理、波状层理、水平层理及冲刷—充填构造等。生物实体化石较少，但遗迹化石较丰富，有垂直居住迹、垂直觅食迹、"U" 形管、逃逸迹、潜穴系统、停息迹以及 Ⅰ、Ⅱ类植物根等，整体代表了沿岸浅水环境的特征。

辫状河三角洲前缘粒度概率累积曲线复杂多样，但主要以两段式为主，C—M 图的基本形态包括 OP—PQ—QR—RS 段，总体反映了一种牵引流性质的较强的水动力环境，这种强动力的河流就是辫状河。混合度的存在也表明它受一定的波浪影响。自然电位曲

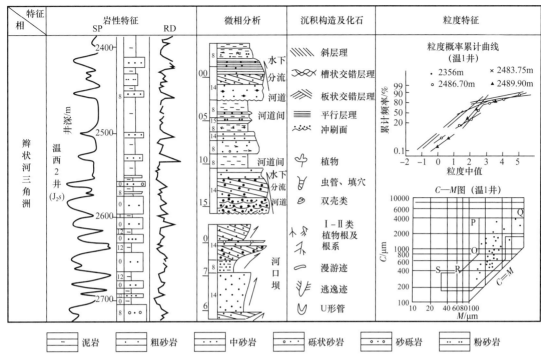

特征相	岩性特征 SP　　RD	微相分析	沉积构造及化石	粒度特征

图 2-5-4　吐哈盆地辫状河三角洲沉积特征综合图

线以钟状或箱状为主，底部有突变和渐变两种，突变是水下分流河道沉积的特征，渐变一边代表河口坝的沉积。

总之，盆地的辫状河三角洲主要分布在南部缓坡地带，其中尤以台北凹陷中侏罗统三间房组南部沉积体系最为典型，是台北凹陷油气勘探的主要目的层。这类砂体平面上个数多，向湖内延伸距离远，距生烃中心近，物性好，是油气首先聚集的场所，如鄯善弧形油气富集带中的丘陵、鄯善和温米油田三间房组油藏储层沉积相就是辫状河三角洲前缘亚相。

5. 湖泊

吐哈盆地自中二叠世以来，各时代都有湖泊发育，受盆地演化、地理和气候等条件的制约及影响，各时期湖泊的位置、规模各不相同。在二叠纪、三叠纪、侏罗纪三大湖盆发育时期，盆地类型不同，沉积了三大套重要的烃源岩，均发育区域性的湖相泥岩盖层。

中二叠世，盆地发育多个分割性张性断陷，具有多个小型湖盆，但水体一般较深，晚期暗色泥岩发育。晚二叠世，基本上继承了中二叠世的断陷格局，但总体有所扩大，气候已经比较干旱，晚期以褐色泥岩与暗色泥岩互层为主。

中晚三叠世，盆地属于广盆坳陷，水体北深南浅，湖泊中心靠北部山前一侧的坳陷带；晚三叠世湖盆水体扩展加深，暗色泥岩分布较广。

侏罗纪，盆地属于类前陆坳陷，同时气候湿润，是盆地最最重要的一次湖盆发育时期。其中，早侏罗世，湖盆水体位于托克逊、台北、三堡三个前陆坳陷主体部位，也是煤层发育中心，至三工河组沉积期，湖盆明显扩大。中侏罗世西山窑组沉积期开始，台北凹陷是盆地最重要的前陆坳陷沉降区，湖盆水体较深处位于凹陷的中北部，煤层、碳质泥岩发育条件好；此后，湖盆水体不断扩大，至七克台组沉积期盆地大部分地区为湖相环境，沉积了区域性巨厚暗色泥岩，既是良好的烃源岩，又是分布稳定的区域性盖层。

侏罗纪末以后，随着北缘博格达山的推进，以及挤压构造运动自东向西迁移，湖盆水体也不断向南、向西迁移。其中，白垩纪的湖盆中心在台北凹陷西部胜北洼陷—火焰山一带；古近纪，湖盆中心在火焰山以南，有膏盐层发育；至今，湖盆中心移至盆地西南部艾丁湖一带。

湖泊相可以划分为滨浅湖亚相及半深湖亚相。

滨浅湖亚相沉积是吐哈盆地最主要的湖泊沉积，地震上反映为内部结构比较混乱、反射振幅弱、连续性较差，是水动力较强、成层性差的反应。滨浅湖亚相岩性主要为紫红色、棕红色、褐色、杂色、灰绿色、浅灰色泥岩、泥质粉砂岩与薄层细砂岩、粉砂岩及细砾岩的互层，局部地区滩坝砂发育，有时可见薄层的石灰岩、泥灰岩、煤线、碳质泥岩。砂岩分选中—好、磨圆度呈次圆状为主，常为钙质胶结，层理为水平、波状和小型交错层理等。动植物化石及遗迹化石丰富。

半深湖及深湖亚相岩性以灰黑色、深灰色、浅灰色及深褐色泥岩为主，含自生黄铁矿晶粒，发育微细水平层理，可有浊积砂体出现，浮游生物、游泳生物较多。半深湖及深湖亚相地震反射特征为外部形态呈席状，内部结构平行，顶底接触关系整一，弱振幅、低频、连续。

从主要勘探层系看，中二叠世塔尔朗组沉积期、晚三叠世黄山街组沉积期、早侏罗世三工河组沉积期以及中侏罗世七克台组沉积期是湖泊最为发育的四个时期。

6. 沼泽

吐哈盆地沼泽相主要集中发育在温暖潮湿、植被繁茂的早侏罗世八道湾组沉积期和中侏罗世西山窑组沉积期，在晚三叠世、中侏罗世七克台组沉积期也有局限的成煤沼泽环境。沼泽相的沉积可以出现在多种有关的沉积体系内，由于吐哈盆地成煤期水体普遍较浅，因而从盆缘到中央湖区中心均有可能出现，实际上可广泛发育于从冲积扇、扇三角洲至河流、三角洲再到湖泊的所有亚相中。根据沼泽与水体（水位）的关系可以将沼泽相划分为干燥森林沼泽、潮湿森林沼泽、流水沼泽和开阔水体沼泽四种亚相类型。

干燥森林沼泽亚相发育于水上较高部位，泥炭沼泽面长期处于潜水面之上，成煤植物以高大的乔木为主，其围岩常为较粗的砂砾岩。干燥森林沼泽亚相常分布于盆地的周边（保存有限），在托克逊凹陷西部（如乌苏1井）、台北凹陷东部（如房1井）和三堡凹陷南部八道湾组以及吐鲁番以南、四道沟和沙尔湖地区的西山窑组均有出露和揭示。

潮湿森林沼泽亚相发育于水上较低部位，泥炭沼泽面长期处于潜水面附近，成煤植物以低矮的灌木为主，其顶底板常以砂岩或粉砂岩为主。潮湿森林沼泽亚相常分布于湖泊周边岸线以上，在八道湾组分布较广泛，在西山窑组主要分布于了墩隆起西北侧。典型剖面有胜南1、玉1井八道湾组以及疙1、三堡1井西山窑组等。

流水沼泽亚相发育于湖泊边缘水下部分，成煤植物以低矮的灌木和水草为主，其顶底板常为粉砂岩或泥岩。流水沼泽是湖泊沼泽沉积的主体，是吐哈盆地分布最为广泛的一种沼泽亚相，亦是吐哈盆地煤成烃最有利的相带。

开阔水体沼泽亚相发育于湖泊深覆水的部分，成煤植物以水草为主，聚煤有利程度差，其顶底板常为泥岩。

第二节　沉积相与沉积体系展布

一、中—上二叠统

中—上二叠统有北部和南部两个沉降沉积带，发育多个断陷湖盆，其中，南部沉降带在后期遭受大幅度抬升剥蚀，残留断陷规模较小。

1. 大河沿组（P_2d）

中二叠统大河沿组是断陷湖盆早期接受的一套由冲积扇向扇三角洲发展的水进型沉积系列，下部主要为冲积扇相粗碎屑建造，向上水体扩张，扇三角洲发育。

大河沿组沉积平面上受南北两大物源的控制，由于盆地坳陷较深，因此主要发育短轴向的冲积扇—扇三角洲—湖泊相沉积体系（图 2-5-5）。从现有的资料推测，大河沿组沉积体系相当不完整，在北部冲积扇相仅在桃树园地区有保留，而在南部基本已剥蚀殆尽。总体看来现存的该套地层主要以扇三角洲前缘亚相为主，湖泊相分布范围总体较小。扇三角洲广泛发育于艾维尔沟、托克逊南部、台南、台北南部、哈密北侧等，形成南、北山前两大扇裙；湖泊相以滨浅湖亚相为主，发育于托克逊盐 1 井附近、台北凹陷中部等。

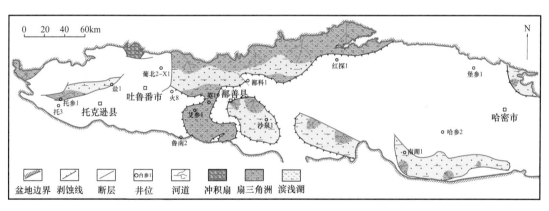

图 2-5-5　吐哈盆地中二叠统大河沿组沉积相平面图

冲积扇相仅以桃树园剖面为代表，岩性主要为紫色、褐色和红色的砾岩、砂砾岩和砂岩，其中尤以其底部红色分选差的坡积砾岩最具指相意义。扇三角洲前缘亚相以托参 1 井最典型，岩性为灰色厚层砂砾岩、砾岩和砂岩夹薄层灰色泥岩。

2. 塔尔朗组（P_2t）

塔尔朗组是吐哈盆地第一次具有重要意义的湖侵沉积，其原始沉积范围比现今分布范围大，其沉积体系由凹陷边缘向中心变化的趋势是：扇三角洲—滨浅湖—半深湖亚相（图 2-5-6）。盆地内原始沉积的边缘相（扇三角洲）已大部分被剥蚀。该期湖泊水体较深，盆地最西端的艾维尔沟、北缘的塔尔朗、恰勒坎以及台南均发现了黑色泥页岩；托克逊凹陷北部可能存在一个独立的闭塞湖区，沉积物以白云质泥岩为主。

扇三角洲相在哈密坳陷北缘库莱露头发现，而且以前缘亚相为主，岩性主要为浅灰、灰绿色薄—中层状砂岩夹深灰色、灰黑色泥岩、粉砂质泥岩，含丰富的钙质结核及

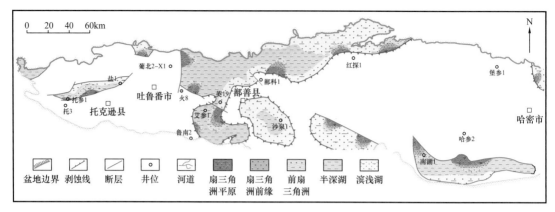

图 2-5-6 吐哈盆地中二叠统塔尔朗组沉积相平面图

巨大硅化木；滨浅湖亚相沉积以台北凹陷北缘照壁山露头最为典型，岩性以灰绿、黄绿色泥岩为主；半深湖亚相则以恰勒坎露头最具代表性，岩性颜色深、粒度细、泥质纯、页理发育。

3. 梧桐沟组（P_3w）

上二叠统梧桐沟组的残留区为台北凹陷和艾丁湖斜坡前缘鲁克沁一带。鲁克沁及其附近钻井较多，沉积体系以扇三角洲—浅湖亚相为主，沉积物源主要来自于东南部库木低凸起和西南部的鲁西低凸起，自下而上发育冲积扇、扇三角洲、湖泊沉积相类型，纵向上表现为早期陡坡断陷湖盆沉积向后期缓坡坳陷沉积的演化。

梧桐沟组沉积早期，沉积区范围小，主要为断陷区，分布于鲁克沁以及台北凹陷中西部（图 2-5-7），发育近物源快速水下扇沉积；岩性以厚层杂色砂砾岩为主，粒度粗，中间夹薄层灰色泥岩。随着沉积充填，古地形坡度变缓以及湖水变浅，该期末的沉积物有一定距离的搬运，扇三角洲前缘水下分流河道较发育，形成了一套储集物性相对较好的砂砾岩，是鲁克沁地区主力含油层系。

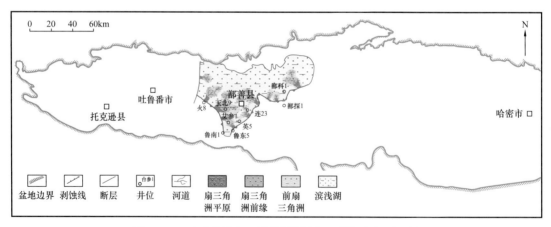

图 2-5-7 吐哈盆地上二叠统梧桐沟组二段沉积相平面图

梧桐沟组沉积中期，古地形继续变缓，湖盆深度变小，在季节性洪水的作用下，该区形成了一套冲积扇沉积，岩性以中厚层灰色砂砾岩和紫红色泥岩、灰色泥岩互层，物性差，钻井普遍见到油气显示，但还未取得突破。

梧桐沟组沉积末期，古地形进一步变缓，水深相对浅，湖水面积扩大，主要以前扇三角洲沉积为主，砂体发育较差；仅在湖盆边缘发育扇三角洲前缘水下分流河道砂岩，是鲁克沁二叠系含油层系的主力储层。

二、三叠系

1. 克拉玛依组（T$_{2-3}$k）

克拉玛依组沉积早期构造活动强烈，吐哈盆地进入了新一轮的构造沉降和湖盆扩张期，南北山体隆升，物源供应充足，在南侧山前（或隆起前缘）缓坡广泛发育辫状河三角洲（图2-5-8）；北部山前地形较陡，发育扇三角洲，广泛发育的扇三角洲在侧翼交叉重叠形成了颇为壮观的"裙体"；湖盆水体范围较小。南侧缓坡辫状河三角洲相以艾参1井、托参1井为代表，下部岩性为大套的杂色砂砾岩夹灰色细砂岩及浅灰色薄层泥岩，属于辫状河三角洲平原—前缘分支河道沉积；上部岩性较细，泥岩与砂岩互层，主要属于前辫状河三角洲与滨浅湖沉积（图2-5-9）。

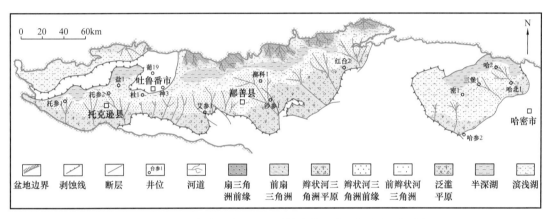

图 2-5-8 吐哈盆地中—上三叠统克拉玛依组沉积相平面图

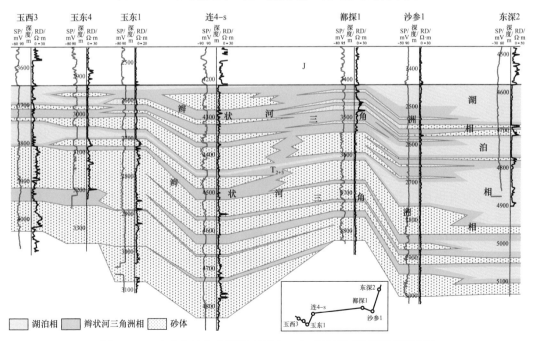

图 2-5-9 吐哈盆地台北凹陷南部中—上三叠统沉积相剖面示意图

2. 黄山街组—郝家沟组（T_3hs—T_3h）

上三叠统黄山街组—郝家沟组是吐哈盆地第二次具有重要意义的湖侵沉积层序，具有吐鲁番、哈密两个坳陷，纵向上从黄山街组至郝家沟组为一水退沉积序列。沉积环境较之盆地第一次湖侵沉积—二叠系塔尔朗组沉积时的水体扩大，水深和深水区范围明显减小，沉积物源充足，砂体范围明显扩大。黄山街组—郝家沟组原始的沉积范围较现今的残留分布区更大，现今的地层分布区基本全被原始的湖泊所覆盖。平面上黄山街组—郝家沟组发育双向的三角洲—湖泊相沉积体系，北侧为扇三角洲，南侧为辫状河三角洲（图 2-5-10）。

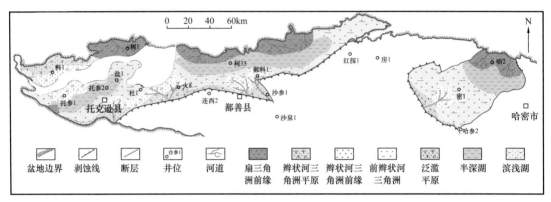

图 2-5-10 吐哈盆地上三叠统黄山街组—郝家沟组沉积相平面图

辫状河三角洲在托克逊凹陷、台北凹陷南部分布较广，前缘向北可延伸至杜 1 井南—郝科 1 井一线；盆地北侧扇三角洲在三堡凹陷北部最为发育，向南可达三堡 1 井一带，其中哈 2 井岩性主要为厚层状灰色含砾砂岩、细砂岩与灰色、深灰色泥岩互层，分别作为四道沟含油气构造主力储层和烃源岩；湖泊相主要以滨浅湖亚相为主，以杜 1 井为典型，岩性主要为厚层状灰色泥岩夹灰色细砂岩、含砾砂岩等；半深湖亚相以托参 2 井为例，岩性为灰黑色泥岩夹薄层的灰色细砂岩，并在细砂岩中普遍可见在深水浊积岩中常见的粒序层理。

三、侏罗系

1. 八道湾组（J_1b）

八道湾组沉积期是盆地沼泽相极其发育的时期之一，有托克逊凹陷、台北凹陷、三堡凹陷三个沉积中心。该沉积时期，由于构造运动的影响，早期的一些低隆起已都被剥蚀夷平，一些低洼处多被填平补齐，沉积区内地形趋于平缓；气候温暖潮湿，植物茂盛；盆内河流纵横交错，发育河流—浅水辫状河三角洲—湖泊沉积体系，在三角洲平原、三角洲侧翼及滨浅湖区沼泽广布，沉积了一套含煤碎屑岩建造。台北凹陷北缘陡岸一侧恰深 1 井区、柯柯亚、鄯勒、照壁山和大步等地区发育扇三角洲沉积体系，南部缓坡在火焰山、连木沁、温吉桑和疙瘩台以及西部葡北等地区发育大型辫状河三角洲体系（图 2-5-11）。

2. 三工河组（J_1s）

三工河组是盆地又一次分布较为广泛的湖侵沉积序列。这次湖侵尽管波及了吐鲁番坳陷大部分地区，但是湖盆水体深度不大，以浅湖相和浅水辫状河三角洲为主。其

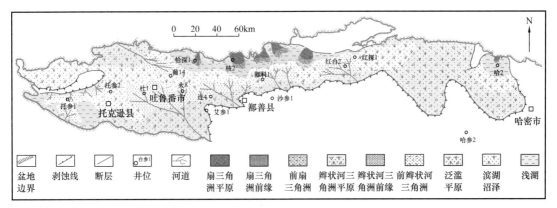

图 2-5-11 吐哈盆地下侏罗统八道湾组沉积相平面图

中，三工河组下段沉积主体位于北部山前带的七泉湖、恰勒坎、柯柯亚和鄯勒地区及台北凹陷南部斜坡的温吉桑地区，上段在台北凹陷南、北两侧发育大面积的浅水辫状河三角洲，在三工河组沉积末期出现短暂的湖侵期，持续时间较短，整个台北凹陷沉积了40～50m厚的泥岩，这套泥岩可成为下侏罗统的区域性盖层。

3. 西山窑组（J_2x）

西山窑组沉积期，北面博格达山隆升幅度较大，北部山前坳陷沉降幅度大，主要沉降中心为盆地北部的台北凹陷、三堡凹陷（图 2-5-12），同时在盆地南缘前隆位置发育沙尔湖、大南湖断陷湖泊沉积。

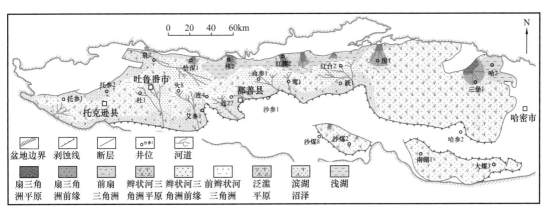

图 2-5-12 吐哈盆地中侏罗统西山窑组沉积相平面图

西山窑组一段沉积期，湖盆在三工河组沉积末期湖侵的背景上继续发育，碎屑物质供给相对充分，盆地南、北两侧分别发育浅水辫状河三角洲、扇三角洲沉积。台北凹陷南斜坡红台、温吉桑、连木沁和火焰山火 8 井等地区，是最主要的浅水辫状河三角洲发育区；台北凹陷北部扇三角洲主要分布在恰勒坎和柯柯亚—鄯勒地区，而东部的红旗坎地区以湖泊相为主。

西山窑组二段沉积期，气候温暖潮湿，降水量充沛，植被繁盛，构造活动性较稳定，盆地南北母岩区与湖盆高差小，入湖碎屑物较少，缓慢沉降与适量碎屑物供给平衡，形成以湖泊和沼泽交替为主的沉积，煤层发育，是吐哈盆地第二套煤系建造，也是吐哈盆地煤系油气的主要烃源岩层系。

西山窑组三、四段组沉积期，盆地开始快速沉降，物源区与湖盆之间高差加大，大量碎屑物质入湖，湖盆中心略向南迁移，沉积中心位于连木沁、四十里大墩、小草湖一线北侧，南部缓坡形成了大面积分布的浅水辫状河三角洲沉积，规模较大的主要位于台北凹陷南部温吉桑、红台—疙瘩台地区及西北部七泉湖—葡北地区，胜北南斜坡连4—连27井区和火焰山地区也有浅水辫状河三角洲发育，规模相对较小。这一时期北部博格达山的隆起有所加强，盆地向北加速倾斜，改变了南部觉罗塔格山长期提供物源的主宰时代，博格达山成为了盆地北部的一个主要物源区。此时气候逐渐向半干旱—半潮湿转化，基本结束了广盆沼泽化沉积时期。

4. 三间房组（J_2s）

三间房组沉积早期，台北凹陷构造应力场松弛，山体降低，凹陷反转隆升，准平原化，同时古气候开始向干热方向转化，湖盆沉积范围及水体萎缩，发育了一套含叶肢介化石的洪泛平原亚相以及滨浅湖亚相的杂色、棕红色、灰色泥岩（俗称"红泥脖子"），构成了台北凹陷一套良好的区域性盖层，恰勒坎、丘陵—温吉桑、以及红台构造带及其以北区域则以残留的扇三角洲沉积为主。

三间房组沉积中期，博格达山脉再次隆升向南推挤，台北凹陷北部的尤孜、恰勒坎、核桃沟—柯柯亚、鄯勒—萨克桑、小草湖洼陷北侧一带古地貌明显增高，发育了水上环境的冲积扇—河泛平原沉积，间或有扇三角洲沉积；台北凹陷南部前缘隆起带以辫状河三角洲平原或河泛平原沉积为主，坡折带以北则往往砂体突然增多增厚，在滨浅湖背景下堆积了大量的河口沙坝、水下分支河道及前缘席状砂等辫状河三角洲前缘砂体，成为本区独具特色的砂体类型，其中发育于南部的辫状河三角洲砂体有葡北、胜北、红山、鄯善—丘陵—温吉桑和疙瘩台—红台等；凹陷内则以滨浅湖沉积为主，由于水体不深，一般发育规模较小的滩坝或前缘席状砂体。

三间房组沉积后期，台北凹陷湖水范围明显扩大（尤其是胜北洼陷、丘东洼陷），受北陡南缓古地理的控制，凹陷北侧湖水扩张范围有限，基本继承了三间房组二段沉积格局。南部缓坡区湖水范围扩展，碎屑物质向盆地内的输入量减少，形成了葡萄沟、胜北、丘陵、温吉桑、疙瘩台—红台5个辫状河三角洲沉积（图2-5-13）。

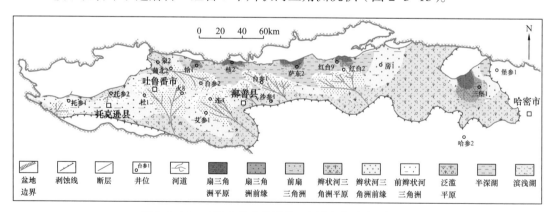

图2-5-13 吐哈盆地中侏罗统三间房组沉积相平面图

三间房组沉积期是吐哈盆地侏罗系最重要的储油气砂体发育时期，辫状河三角洲相在台北凹陷南部普遍发育，优质储层以前缘亚相最为重要，西部的胜金口、红连，中部的丘陵、鄯善、温吉桑以及东部的疙瘩台等含油砂体都是典型的前缘亚相沉积；台北凹陷西缘七泉湖—葡北辫状河三角洲为西北物源沉积体系，水流和沉积物搬运距离较长，在玉果、葡北和火焰山油田区沉积相带为前缘亚相，伴随着北部博格达山的持续隆升和凹陷沉降沉积中心向南迁移，辫状河三角洲沉积体系主河道由三间房早期的玉果地区逐渐向南迁移至七克台早期的葡萄沟地区，因而在玉果油田、火焰山油田都形成了一些上倾方向砂体尖灭的构造岩性复合型油藏（图2-5-14）；台北凹陷北部扇三角洲相岩性总体为杂色砾岩夹红色泥岩，杂色砾岩成分杂、粒径粗、分选差，储集性能极差，如萨克桑、红台北部的冲积扇、扇三角洲沉积体系（图2-5-15）。

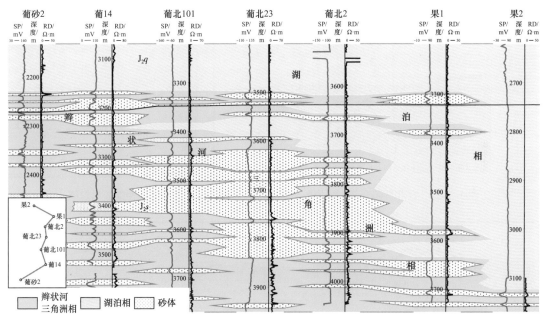

图 2-5-14　台北凹陷西缘中侏罗统七克台组—三间房组南北向沉积相剖面示意图

5. 七克台组（J_2q）

七克台组下段沉积时，构造活动最弱，古地貌总体上更趋平缓，略呈南高北低、东高西低的态势，古气候再次转向温湿，随着湖盆向凹陷周边地区湖侵的范围逐渐扩大，沉积物向陆岸退积，河口沙坝向陆方向生长。凹陷北部发育了玉果、恰勒坎、核桃沟、鄯勒、萨克桑、红台北和大步等一系列冲积扇—扇三角洲复合体；凹陷中央、南部碎屑物供应缺乏，南部仅发育了葡北、胜金口、连木沁、丘陵—温吉桑和疙瘩台等小型的辫状河三角洲（图2-5-16）。

七克台组上段沉积亚期，湖水进一步扩张、加深，台北凹陷已基本被湖水完全覆盖，仅在北部山前带的恰勒坎、核桃沟、萨克桑、小草湖北缘零星发育小型扇三角洲沉积体系，而台北凹陷大部主要以湖泊相沉积体系为主，以胜北洼陷水体最深，为浅—半深湖亚相，其他各地多以滨浅湖亚相为主。稳定的沉积环境、大套的泥岩沉积不仅形成了一套次要的烃源岩，而且也为油气成藏构成了良好的区域性盖层。

6. 齐古组（J_3q）

齐古组沉积时，构造活动较弱，地势比较平缓，为浅水广盆，同时气候转为半干

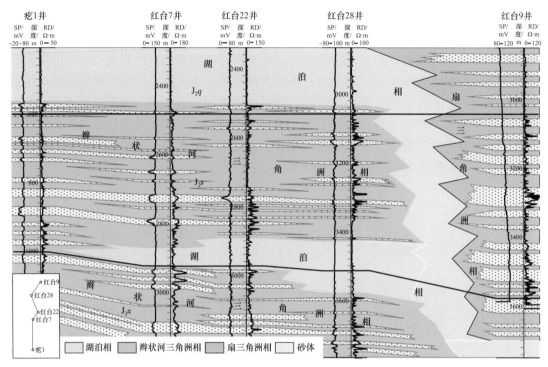

图 2-5-15　台北凹陷东部中侏罗统七克台组—西山窑组南北向沉积相剖面示意图

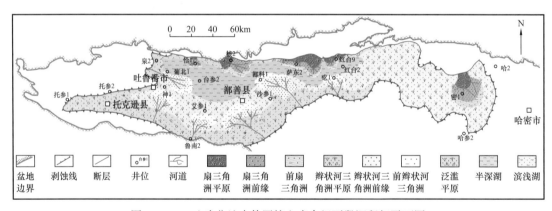

图 2-5-16　吐哈盆地中侏罗统七克台组下段沉积相平面图

旱，沉积时期长，总体发育巨厚红色泥岩为主的碎屑岩沉积建造，与下伏七克台组上段湖相泥岩一起构成中—下侏罗统最重要的区域性盖层。齐古组粗相带不发育，仅在台北凹陷北部山前陡坡带发育扇三角洲沉积体系，凹陷内以滨浅湖和河泛平原沉积为主（图 2-5-17）。

7. 喀拉扎组（J_3k）

喀拉扎组沉积期，古气候更趋干旱，凹陷北缘博格达山体进一步隆起，北物源沉积体系继续向南推进，湖泊向南迁移，台北凹陷主体以北物源扇三角洲沉积体系为主（图 2-5-18）。由于侏罗纪末强烈的构造运动，台北凹陷四周尤其是东北部抬升剧烈，盆地东部以及台北凹陷周围沉积被大范围剥蚀，残余中心位于台北凹陷西部胜北洼陷，其中已发现油气藏储层主要属于扇缘亚相。

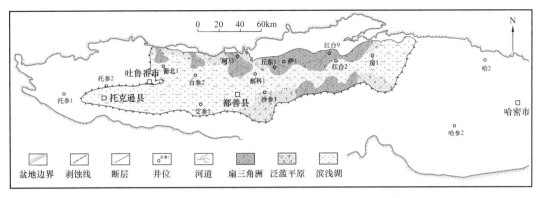

图 2-5-17 吐哈盆地上侏罗统齐古组沉积相平面图

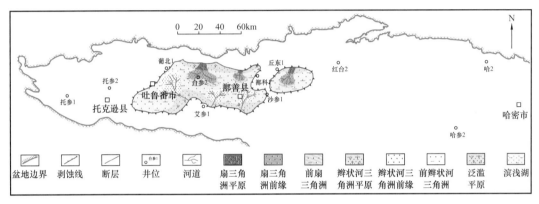

图 2-5-18 吐哈盆地上侏罗统喀拉扎组沉积相平面图

四、白垩系

经过晚侏罗世末的中燕山运动以后，吐哈盆地进入了又一轮的构造沉降和湖盆扩张期，地势北高南低，湖泊中心向南、向西方向迁移至火焰山一带（图 2-5-19）。白垩系在胜北洼陷发育最全，在丘东洼陷和小草湖洼陷普遍遭受抬升剥蚀，现今残留地层多为粗相带沉积。三十里大墩早期的特点与喀拉扎组基本类似，但由于山体隆起幅度更大，气候更为干燥，台北凹陷以北物源冲积扇为主；胜金口期，气候转向半干旱—半潮湿，台北凹陷短暂湖侵，沉积一套滨浅湖亚相灰绿色泥岩（胜金口组厚约 50m）；湖侵结束以后，湖盆收缩，沉积的连木沁组为一套水退型泛滥平原沉积。

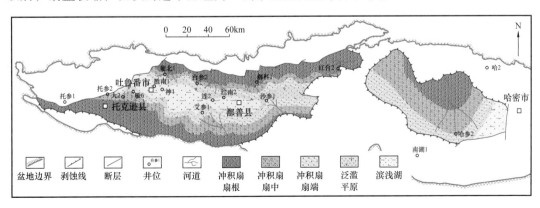

图 2-5-19 吐哈盆地下白垩统沉积相平面图

五、古近系—第四系

古近纪基本继承了白垩纪的古地理格局，地势北高南低，气候干燥，湖泊中心向西南迁移至神泉—胜南一带，沉积范围扩大。台北凹陷沉积持续受北部物源的控制（图2-5-20），沉积相主要为冲积扇和冲积平原，湖泊主体部位有膏盐发育；纵向上具有粗—细—粗的旋回性变化特点，因而形成了区域性的储盖组合。冲积扇体系扇中—扇缘亚相辫状河道微相砂砾岩体岩性成熟度相对较高，具备一定的储集性能，是一套次要的储层，也是台北凹陷已发现最浅的含油气层位。

新近纪中新世—渐新世桃树园组沉积期，湖盆扩张，地层分布面积广，石膏层较发育；除了以火焰山为中心分布的盐湖相沉积外，其他广大地区仍以冲积扇体系为主。葡萄沟组沉积期湖泊区已大为收缩，且以季节性的湖泊为主，水体浅，沉积物颜色红。

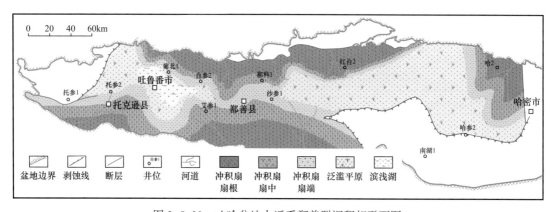

图 2-5-20　吐哈盆地古近系鄯善群沉积相平面图

第四纪沉积范围广，总体上以了墩隆起为界分吐鲁番和哈密两大沉积区。由于盆地北缘博格达山继续大幅度隆升，盆地内北高南低、东高西低的地势持续增强，盆地最低处已迁移到西南部艾丁湖一带。由于气候干旱，盆地北部主要为冲积扇沉积体系，岩性粗，相带发育完整；盆地南部则主要是以细粒为主的泛滥平原或盐湖相沉积。

第三节　前侏罗系储层

吐哈盆地已发现二叠系、三叠系、侏罗系、白垩系、古近系共五套含油层系。重要的储油气层段有上二叠统梧桐沟组，中—上三叠统克拉玛依组，中侏罗统西山窑组、三间房组和七克台组，以及下白垩统三十里大墩组、古近系鄯善群。在台北富油气凹陷，中侏罗统是已发现油气藏和储量的主要储层层位，西部也发现一定数量和规模的上侏罗统、白垩系及古近系油气藏，深部的中—上三叠统也见油气；艾丁湖斜坡库木凸起鲁克沁稠油富集带主要储层层位是中—上三叠统克拉玛依组，其次是上二叠统梧桐沟组；托克逊凹陷、三堡凹陷发现油气少，主要的油气储层层位为中—上三叠统。

一、上二叠统梧桐沟组储层

吐哈盆地在二叠纪为分割性断陷湖盆，发育扇三角洲沉积，具有中二叠统桃东沟群、上二叠统梧桐沟组两套正旋回沉积，形成两套区域性储盖组合。其中，上二叠统梧桐沟组已在库木凸起前缘鲁克沁稠油富集带获得油气重大突破，但油气藏主要分布在中—上部的次级储盖组合中，储层主要为扇三角洲前缘、前三角洲亚相砂体，这些砂体厚度较薄，有利于在斜坡部位形成岩性—构造复合型油藏。

1. 储层分布

梧桐沟组在库木鼻状凸起前缘的鲁克沁、玉北、连木沁有大量钻孔揭示。主要受断陷和东南、西南两大物源区影响，自下而上发育冲积扇、扇三角洲及湖泊沉积，纵向上从梧一段—梧三段呈现正旋回沉积旋回特点。

梧一段岩性为厚层块状砂砾岩夹薄层细颗粒岩性，砂砾岩厚度一般 100~150m，平面上发育东北部连木沁、东南部英也尔、西北部玉北、南部艾参 1 等多个局部厚度中心。该段顶部由于沉积时坡度变缓、湖水变浅，发育了扇三角洲前缘水下分流河道砂体，物性相对较好，已在鲁克沁构造带中段和玉北构造带东段发现油层。

梧二段岩性为砂砾岩与泥岩不等厚间互，砂地比明显减小，单砂体以中等厚度为主，砂砾岩厚度一般 20~50m，与梧一段类似，平面上有多个扇形的高值分布区，该段储层油气显示较为丰富，但还未获得工业油流。

梧三段岩性总体为泥岩夹砂岩，砂地比进一步减小，粒度总体变细；砂岩厚度一般 5~30m，含油砂层一般 12m 左右，平面上砂层总体由东南或西南向中部、北部减薄（图 2-5-21）。中—下部砂岩夹于紫红色泥岩中，砂岩分布较为稳定，属于三角洲前缘、前三角洲砂体，分选、磨圆度均较好，储集物性较好，是鲁克沁油田二叠系油藏主力油层。

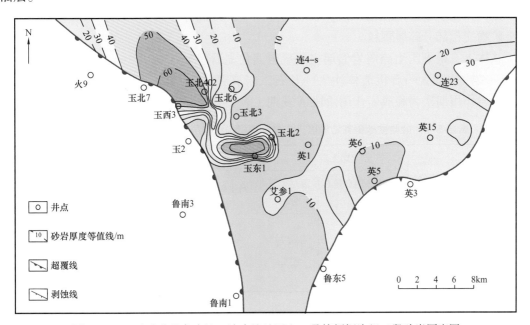

图 2-5-21 吐哈盆地鲁克沁—连木沁地区上二叠统梧桐沟组三段砂岩厚度图

2. 储层特征

1）岩石学特征

梧桐沟组砂岩岩石类型为长石岩屑砂岩和岩屑砂岩；颗粒粒径以粗砂、中砂粒级为主，其次为细砂、细粉砂粒级。成分成熟度低，石英含量3.1%～37.4%，平均16.8%；长石含量2.0%～19.8%，平均11.5%；岩屑含量42.8%～94.9%，平均71.7%。颗粒磨圆度较差，主要为次圆—次棱角状，其次为次棱角状；分选以中等为主。颗粒接触方式以点—线接触为主，支撑类型为颗粒支撑。泥质含量低，泥质杂基含量一般低于10.0%，平均3.8%，泥质成分主要为黏土；胶结物成分主要为方解石、高岭石，含量1.0%～16.0%，平均含量6.3%，胶结类型为孔隙型。

2）成岩作用特征

梧桐沟组储层的成岩作用主要是压实、胶结、溶蚀和交代作用。

压实作用表现为颗粒之间广泛的点—线接触及刚性颗粒受挤压破碎现象，导致孔隙减小，制约了粒间喉道的发育，是造成储渗能力较差的根本原因。最明显的结果是导致原始粒间孔隙减少，随着埋深的增加，砂岩、砂砾岩、砾岩的孔隙度都有不同程度的减小。

胶结作用也是储层孔隙度和渗透率降低的主要原因。不同含油层段主要胶结物成分有一定的差别，梧三段主要为方解石和沸石，梧二段主要为伊利石和伊/蒙混层，梧一段主要为方解石和高岭石。胶结类型以孔隙式胶结为主，还有少量的薄膜型、压嵌型和连晶型胶结。硅质胶结物次生加大现象也有呈现，扫描电镜下自生石英次生加大级别为Ⅱ级。

溶蚀作用的主要对象是碎屑颗粒、岩屑以及部分碳酸盐胶结物。主要表现为颗粒内部沿解理面被淋滤溶蚀而形成蜂窝状或不规则形状的溶孔，碎屑颗粒边缘被溶蚀呈不规则状，颗粒间碳酸盐胶结物被溶蚀，使储层孔隙度增加。

交代作用主要出现在梧一段。表现为连晶型胶结的方解石强烈交代碎屑颗粒，以及黏土矿物交代部分碎屑颗粒。

总体上，梧桐沟组碎屑岩储层主要成岩演化先后序列为：机械压实作用→方解石胶结→石英次生加大→有机流体注入→长石、岩屑颗粒溶解→黏土矿物转化→方解石溶解。成岩作用期次为晚成岩作用阶段A亚期（表2-5-2）。

表2-5-2 吐哈盆地鲁克沁地区上二叠统梧桐沟组储层成岩阶段划分及鉴定标志

成岩阶段		砂岩固结程度	黏土岩		砂岩中自生矿物	石英加大级别	溶解作用	接触类型	孔隙类型
期	亚期		I/S中S的含量/%	混层类型分带					
晚成岩	A	固结	16～96	有序混层带	高岭石伊利石伊/蒙混层绿泥石	Ⅱ	长石及碳酸盐岩溶解	点—线	原生孔、次生孔

3）储集空间类型

储集空间类型主要为剩余粒间孔、溶蚀粒内孔、构造缝及少量泥质杂基微孔隙，孔隙连通性较好（图2-5-22）；泥质杂基呈薄膜状分布，隐—微晶高岭石、方解石和泥质杂基充填孔隙，石英次生加大Ⅱ级；面孔率1.0%～11.0%，平均3.4%。

| a. 英503井，1905.81m，中粒岩屑砂岩，剩余粒间孔发育 | b. 玉北7-17井，4548.7m，含砾不等粒岩屑砂岩，剩余粒间孔、粒内溶蚀孔 | c. 玉北20-9井，3906.1m，含砾不等粒岩屑砂岩，剩余粒间孔、粒内溶蚀孔、晶间微孔 |

图 2-5-22　吐哈盆地鲁克沁油田上二叠统梧桐沟组储层储集空间类型典型照片

4）物性与孔喉结构特征

储层孔隙度一般 8.0%～20.0%，平均 12.5%，渗透率一般 0.18～102.0mD，平均 57.3mD，为低—中孔、中—低渗储层（表 2-5-3）。

表 2-5-3　吐哈盆地鲁克沁油田上二叠统梧桐沟组物性统计表

区块	层位	孔隙度 /%			渗透率 /mD		
		最小	最大	平均	最小	最大	平均
玉北西区	P_3w_3	2.8	22.0	11.5	0.1	946.0	93.2
	P_3w_1	4.4	17.0	10.5	0.03	18.8	6.4
鲁克沁中西区	P_3w_2	10.7	14.4	12.3	0.06	23.3	6.34
	P_3w_1	4.7	16.9	10.9	0.01	5.05	0.63
玉北东区	P_3w_2	11.9	19.7	16.2	0.1	102.0	29.3
	P_3w_1	8.6	34.6	27.8	0.1	2420.0	247.6

储层孔喉半径一般 0.03～1.04μm，平均 0.30μm；排驱压力 0.10～2.72MPa，一般小于 1.5MPa；中值压力 5.52～82.4MPa，平均 23.57MPa；中值半径 0.01～0.13μm，平均 0.05μm；平均分选系数 1.13，歪度系数 3.02。分选好的砂岩、砂砾岩排驱压力较小，孔喉半径大，对应中孔、中渗储层；泥质含量高的储层孔喉发育差，物性也较差。

储层物性与岩性密切相关，细砂岩和砂砾岩物性较好，相同埋藏深度下，细砂岩的物性要好于砂砾岩。随埋深变大，储层物性变差。

二、中—上三叠统克拉玛依组储层

中三叠世开始，盆地四周山系隆升，湖盆南、北坡发育辫状河三角洲、扇三角洲相砂体，中—上三叠统广盆沉积完全覆盖了二叠系分隔性断陷沉积，有利于形成以下部的二叠系为烃源岩、以中—上三叠统为储层层段的成藏组合。其中，克拉玛依组储层分布最为广泛，累计和单层厚度大，粒度较粗，储集物性好，是三叠系最主要储油层，已发现库木鼻状凸起前缘鲁克沁稠油富集带。

1. 储层分布

储层广泛分布于托克逊凹陷、艾丁湖斜坡、台北凹陷和三堡凹陷，以台北凹陷南缘、艾丁湖斜坡（图2-5-23）、托克逊凹陷最为典型。

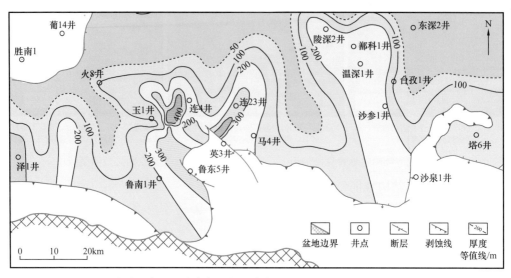

图2-5-23　吐哈盆地台北凹陷南部及艾丁湖斜坡中—上三叠统克拉玛依组砂岩厚度图

艾丁湖斜坡库木凸起鲁克沁构造带、台北凹陷西南缘连木沁一带砂体发育，累计厚度一般为200～400m，砂地比普遍大于70%；纵向上为由粗变细的正旋回，油层主要分布于上部，岩性以细砂岩为主，储集条件良好；砂体相类型为辫状河三角洲砂体水下分支河道微相，砂体分布广，厚度变化比较稳定。台北凹陷中南部陵深2井、鄯科1井揭示的砂体厚度均超过200m，分布较稳定，向东北方向东深2井厚度减小到50m以下。

托克逊凹陷砂体相类型以辫状河三角洲砂体为主，从凹陷西部向东部砂岩百分比有降低的趋势。托参1井砂岩累计厚度90.5m/8层，砂地比57%，单砂层最厚60.5m，向东至杜1井砂岩累计厚度147m，砂地比33.4%。

2. 储层特征

1）岩石学特征

克拉玛依组砂岩岩石学类型为成分成熟度较低的岩屑砂岩，偶夹长石岩屑砂岩。岩屑含量47.8%～58.8%，成分主要为中酸性火山岩和凝灰岩碎屑，局部富含同生泥砾；石英含量22.9%～27.7%；长石含量17.5%～24.8%。砂岩普遍具有分选好、磨圆度高（次圆—次棱角状）、陆源杂基含量少、胶结物以泥质为主、胶结疏松的特点。

2）成岩作用主要特征

成岩作用主要有压实作用（包括正常压实和构造挤压）、胶结作用和溶蚀作用。

压实强度在平面上变化较大，与埋深、埋藏过程有关。其中，马场南、鲁克沁、托克逊凹陷中部和台北凹陷腹部为正常成岩压实；盆地南、北边缘的乌苏1井、托参1井、照1井、勒7井和三堡凹陷为过成岩压实，与早期深埋、后期抬升的过程有关；欠成岩压实仅见于七克台构造带的东湖1井，与正常压实相比，同深度下的成岩压实明显减弱，相应地孔隙度得以明显地保存，与长期浅埋有关。

胶结作用总体较弱，对孔隙保存影响小，方解石、硅质胶结物含量很低，一般为0.1%～2.0%。由长石蚀变生成的自生高岭石自浅而深增加，在鲁克沁稠油富集带2150～2340m深度为0.5%～2.5%，2660～2958m为3.0%～7.5%，大于3300m为3.0%～

11.5%。局部地区见了少量沸石胶结物，含量一般小于2%。

溶蚀作用较普遍，主要表现为长石、岩屑的溶蚀，但溶蚀增孔量总体较小，平均0.5%～2.5%，少数4.6%～7.3%。

3）储集空间类型

孔隙类型有残余原生粒间孔、溶蚀孔和微孔隙（图2-5-24），以残余原生粒间孔和微孔隙为主，不同地区孔隙类型占比变化较大。

a. 玉10-7井，3405.14m，中粒岩屑砂岩，剩余粒间孔、溶蚀粒内孔、高岭石晶间孔

b. 托2井，2787.89m，粗中粒长石岩屑砂岩，剩余粒间孔不发育

c. 哈6井，3355.26m，细粒长石岩屑砂岩，未见孔缝

图2-5-24 吐哈盆地中—上三叠统克拉玛依组储集空间类型典型照片

原生粒间孔在鲁克沁构造带最发育，绝对含量6.3%～15.9%，相对含量35.4%～59.0%，且构造带东段较西段发育；台北凹陷南缘斜坡较发育（七克台、连木沁和马场南构造带），绝对含量10.8%～11.2%，相对含量46.8%～58.6%；托克逊凹陷发育程度低，绝对含量3.8%～7.1%，相对含量28.6%～44.2%；台北凹陷山前带和三堡凹陷不发育，绝对含量0.1%～0.5%，相对含量小于10%。

溶蚀孔隙平均含量0.42%～7.25%，发育规律与原生粒间孔相似。

微孔隙含量一般2.6%～14.2%，其发育规律与原生粒间孔相反，台北凹陷山前带和三堡凹陷最发育，相对含量高达70%以上。

4）物性与孔喉结构特征

储层物性在平面上变化较大（图2-5-25）。

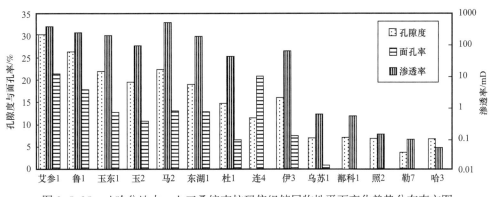

图2-5-25 吐哈盆地中—上三叠统克拉玛依组储层物性平面变化趋势分布直方图

艾丁湖斜坡鲁克沁构造带储层物性好，储层埋深2148～3423m，平均孔隙度23.5%，最高孔隙度达34.0%，平均面孔率达13.5%。构造带东段（艾参1、鲁1、鲁2、鲁3、鲁4和马2井等）孔隙度平均25.0%～31.0%，渗透率平均100～400mD，属于

高孔、中渗储层；构造带西段孔隙度平均 20.0%～25.0%，渗透率平均 12～95mD，以中孔、中低渗储层为主。孔隙度在纵向上的变化规律以埋深 2650m 为界，小于 2650m 的孔隙度梯度为 1.5%/100m，大于 2650m 的孔隙度梯度为 0.67%/100m。

台北凹陷南部斜坡储集物性较好。东湖 1 井（3786.4～3792.5m）孔隙度平均 19.2%，渗透率平均 192.6mD，以中孔、中渗储层为主；连 4 井孔隙度 4.5%～19.2%，渗透率 0.05～284.0mD，主要为中孔、中渗到低孔、低渗储层。

托克逊凹陷主体区物性差。如托参 2 井孔隙度仅 4.3%，渗透率仅 0.07mD；杜 1 井渗透率平均仅 1.7mD。构造抬升区及东、南斜坡区物性较好，如伊 3 井上三叠统（2865.47～3307.42m）孔隙度平均 13.7%，渗透率平均 23.6mD；托参 1 井孔隙度平均 15.8%，渗透率平均 108.6mD，属中孔、低渗储层到中孔、中渗储层。

台北凹陷中部、北部山前带以及三堡凹陷储集物性差，这些区带埋藏史一般为持续深埋或者早期深埋，导致物性差。如凹陷中心的鄯科 1 井孔隙度仅 7.4%，渗透率仅 0.68mD，为特低孔、特低渗型；山前带照 2、勒 7 井孔隙度 5.0%～8.0%，渗透率一般小于 1.1mD，多在 0.6mD 左右，属于特低孔、特低渗储层。

储层物性与孔喉结构呈正相关。以鲁克沁中区为例，砂岩的孔喉偏粗，孔喉半径值多大于 3μm，总平均孔喉半径均值大于 4μm，中值半径以大于 2μm 为主；排驱压力相对较低，多小于 0.2MPa，中值压力较低，一般 0.5～4.0MPa；最大进汞饱和度较高，一般 62%～92%，平均达 80%；退汞效率较低，一般 15%～30%，平均为 21%。平面上，玉东 201—玉东 203 井区孔喉最好，孔喉半径均值较大，平均为 5.38μm，最大进汞饱和度达 82%。

3. 储层物性影响因素

1）原始沉积条件对储层物性的影响

（1）粒径对储层物性的影响。粒径对储层物性的控制主要表现在其抗压强度上，即相同沉积背景或同一沉积体系相似深度下，粗粒级砂岩的抗压性能强于细粒级砂岩，压实减孔量相对较低。在 2200～3500m 深度区间，粉细砂岩的压实减孔量比中粗砂岩高 4.3%～7.8%。砂岩粒径与孔隙度、渗透率之间存在明显的相关性，当粒径大于 0.25mm 时，粒径对物性的影响作用明显减弱。

（2）沉积相对储层物性的影响。沉积相从宏观上控制了砂体的分布和储层的岩性，是决定储层物性最根本的因素之一。辫状河三角洲前缘砂岩分选、磨圆度属中—好、次圆—次棱角状，且粒度以中细粒砂岩和砂砾岩为主，物性较好。辫状河三角洲平原砂岩分选较差，泥质含量偏高；湖泊相砂体以粉砂岩为主；二者的物性均较差。

2）成岩作用对储层物性的影响

压实作用是控制克拉玛依组储层物性的主要因素。压实减孔量一般为 12%～30%，占总孔隙损失量的 80% 以上。

胶结作用对储层的影响总体较小。砂岩中的胶结物含量一般小于 6%，少量可达 8%～10%，在局部地区或层段可见胶结致密的砂岩。

长石等颗粒的溶蚀较普遍，溶蚀增孔量总体较小。溶蚀孔隙占总孔隙空间的比例一般小于 10%。各地区的平均溶蚀增孔量为 0.5%～2.5%，少数为 4.6%～7.3%，其中鲁克沁构造带较高，为 2.0%～3.0% 之间，其他地区均小于 2.0%。

另外，机械压实作用下，地层破裂可形成构造缝，对孔隙间可形成较好的连通性，有利于储层物性的改善。

3）不整合面的表生淋滤作用对储层物性的影响

克拉玛依组遭受抬升剥蚀，与上覆地层呈广泛的不整合面接触，不整合面的表生淋滤作用对储层的改造作用大，这也是其物性较之其他层系明显偏好的重要原因。表生淋滤作用在台北凹陷各地区的平均溶蚀增孔量为 0.5%～2.5%，少数 4.6%～7.3%；其中鲁克沁构造带较高，一般为 2.0%～3.0%，艾参 1 井可达 7.3%；发生大规模表生淋滤作用的时期是中—下侏罗统煤系发育期。

4）埋藏方式对储层物性的影响

埋藏方式是影响储层物性的重要因素。早期缓慢埋藏—晚期快速深埋或早期缓慢埋藏—晚期构造推覆加载型埋藏方式对孔隙保存最为有利，储层在该埋藏方式下表现为欠压实，与正常压实区比较，同深度下该类型的成岩压实明显减弱，相应地，砂岩原生孔隙得以保存；渐进型埋藏或早期深埋—晚期抬升作用下，储层表现为正常的压实强度，物性相对较差。

第四节　侏罗系及其以上层系储层

一、侏罗系储层

侏罗系是吐哈盆地沉降鼎盛时期的沉积，储层发育。受东西长条状沉降格局影响，主要发育南、北向近物源三角洲沉积体系，储层碎屑成分成熟度低，同时受煤系演化成岩流体影响，煤系碎屑岩储层物性普遍较差。其中，中侏罗统西山窑组上部、三间房组、七克台组物性相对较好，是侏罗系的主力储层。

1. 储层分布

1）台北凹陷侏罗系主要储层分布

侏罗系沉积厚度大，受多旋回湖盆演化影响，发育多套储盖组合。其中，中侏罗统西山窑组、三间房组、七克台组是主要储油气层段；下侏罗统埋藏深度较大，储层物性较差，在个别区带获得发现；上侏罗统喀拉扎组储层分布局限于胜北洼陷腹部。

中—下侏罗统在南部缓坡发育及西部发育多个大型南物源辫状河三角洲，北部陡岸发育扇三角洲。受博格达山抬升侧向挤压的影响，北物源沉积体系不断向南推进，南物源沉积体系不断向后退缩。凹陷南部缓坡和西部缓坡的大型辫状河三角洲发育最重要的储集体。

（1）下侏罗统八道湾组—三工河组。

八道湾组—三工河组沉积时期，地势平缓，气候潮湿，发育河流—三角洲—湖泊沉积体系。北部发育恰勒坎、柯柯亚、鄯勒、照壁山和大步等扇三角洲沉积体系；南部缓坡自西向东发育火焰山、连木沁、温吉桑和疙瘩台辫状河三角洲沉积体系，台北凹陷西缘发育北西物源的七泉湖—葡北辫状河三角洲体系。

八道湾组含煤碎屑岩建造时期，三角洲沉积体系相对较小，砂体厚度明显小于三工河组。

三工河组下段砂岩最厚处位于北部山前带，在七泉湖、恰勒坎、柯柯亚和鄯勒地区，最大厚度大于80m；在南部斜坡温吉桑地区砂岩最大厚度可达60m；在小草湖东南斜坡和胜北洼陷南斜坡砂岩厚度较薄。三工河组上段砂体分布规律与下段类似，呈北厚南薄的趋势，柯柯亚地区和勒15井区，最厚可达120m，温吉桑地区砂岩最厚达80m。

（2）中侏罗统西山窑组。

砂体主要发育于西三、四段（图2-5-26），北部山前发育恰勒坎、萨克桑等扇三角洲砂体；南部缓坡区范围扩大，从东到西发育疙瘩台—红台、温吉桑—丘陵等大型辫状河三角洲；西北部发育七泉湖—葡北大型辫状河三角洲。南部、西部斜坡大型辫状河三角洲个体面积一般在700km²以上。

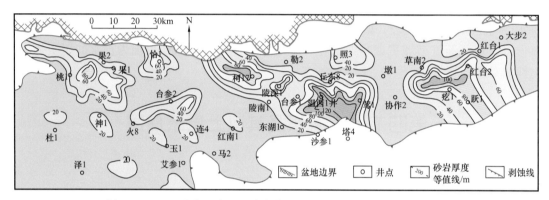

图2-5-26 吐哈盆地台北凹陷中侏罗统西山窑组西四段砂岩厚度图

七泉湖—葡北辫状河三角洲：面积约1200km²，物源来自北西方向的低缓隆起带，砂岩厚度一般40～100m，砂体厚度变化趋势从物源区到前缘、从主河道相侧缘逐渐变薄，如朗1井98m、桃1井40m、葡北103井84m、葡北101井80m，单砂层最大厚度达40m。

温吉桑—丘陵辫状河三角洲：面积约700km²，物源来自其南部的艾丁湖斜坡及了墩隆起，砂岩累计厚度一般100～350m，自东南向北西逐渐变薄，如温西2井350m、米1井352m、红胡1井268m、温西1井256m、台参1井188m、陵深1井248m、柯13井186m、巴北2井132m，单砂层最大厚度达70m；该砂体是温米油田、丘陵油田的重要储层，是丘东气田主力储层。

疙瘩台—红台辫状河三角洲：面积约900km²，物源来自其东南部了墩隆起及艾丁湖斜坡，砂岩累计厚度100～300m，厚度变化趋势南厚北薄，如疙1井280m、跃1井230m、红台2井188m、房1井108m，单砂层最大厚度达110m。

（3）中侏罗统三间房组。

三间房期盆地北侧博格达山持续抬升，盆地北部的扇三角洲沉积体系增多，自西向东主要发育恰勒坎、核桃沟、小草湖、红台1等扇三角洲砂体（图2-5-27）。

盆地南部、西部继承性发育疙瘩台、温吉桑—丘陵、连木沁—胜北、葡北等辫状河三角洲砂体，砂体分布向南后退。三间房组的砂体是台北凹陷中侏罗统油气主要的储集体。

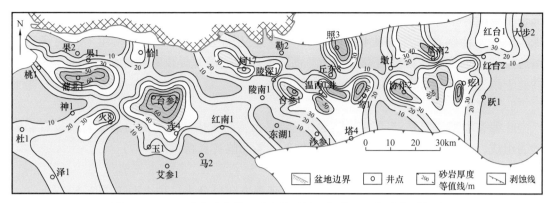

图 2-5-27 吐哈盆地台北凹陷中侏罗统三间房组三段砂岩厚度图

温吉桑—丘陵辫状河三角洲西起陵南 1 井，东到莺 1 井，北至米登、丘陵地区，东西宽 65km，南北延伸 26km，面积约 1000km²。该三角洲砂体是已发现的鄯善油田、丘陵油田、温米油田等的主力储层，一般厚度 40～100m。偏北部的砂体减薄尖灭，在丘东气田形成构造—岩性等油气藏；同时，砂岩与湖相泥岩互层，在三间房组二段、三段分别形成储盖组合，利于纵向上形成较多的油气藏。

疙瘩台辫状河三角洲砂体面积 1100km²，相较于前期，砂体分布向南、向西迁移。在油气分布主要部位的红台 2 井—疙瘩台北部一线，主要为辫状河三角洲前缘砂体，砂地比小，单砂层厚度小，利于构造—岩性油气藏的形成。

台北凹陷西部的葡北辫状河三角洲砂体与前期一样仍为自西向东展布，但分布中心向南迁移至葡北，成为葡北油田油气的主力储集体，其中葡北 1 号构造的单砂层厚度可达 70m；砂体在北部侧翼的玉果一带变薄、尖灭，利于构造—岩性油藏的形成。

（4）中侏罗统七克台组。

砂岩储层主要发育在七克台组下段。在七克台组沉积早期，构造活动变弱、古地貌趋于平缓。气候湿润，盆地普遍沼泽化，沉积了一套厚度不足 100m 的滨浅湖滩砂及小型三角洲，含薄煤层。台北凹陷古地形继承了三间房末期北陡南缓、北高南低的面貌。北部山前发育恰勒坎、核 1 井扇三角洲和萨克桑等扇三角洲砂体；西部发育葡萄沟—胜金口三角洲砂体（面积约 900km²）；南部发育鄯善（面积约 700km²）和疙瘩台（面积约 150km²）辫状河三角洲砂体。

总体上，相较于三间房组，台北凹陷南部、西部七克台组缓坡沉积体系大幅退缩，砂岩分布面积小，厚度薄，主要发育滨浅湖滩砂，砂岩厚度一般 10～20m，单砂层厚度一般 2～5m。

（5）上侏罗统喀拉扎组。

喀拉扎组分布于胜北洼陷及丘东洼陷东部，含油气有效储层仅分布于胜北洼陷腹部胜北—红连油气聚集带，储层主要为扇三角洲前缘分支河道细砂岩，单砂层厚度一般 2.5～20m，平均厚度 6.7m，单井砂岩累计厚度 75～100m，平面上北东方向发育，向西南方向砂层变少减薄。

2）三堡凹陷侏罗系砂体展布

三堡凹陷侏罗系主要发育水西沟群，其上的地层被大量剥蚀，三间房组仅残留于凹陷的西南部。扇三角洲沉积体系分布于凹陷的北部、西北部。八道湾组扇三角洲位于北部，主要发育平原亚相和前缘亚相，四道沟构造上的哈 2、哈 3 井一带处于扇三角洲前缘，单井累计砂岩厚度一般 400～490m，平均砂层厚度 450m。西山窑组—三间房组残留地层的扇三角洲迁移至西南部，为北西方向墩隆起隆起提供物源的沉积体系，三堡 1 井处于扇三角洲前缘的前端，砂岩较为发育。

2. 岩矿特征

吐鲁番坳陷侏罗系储层的岩石类型主要是由富含火山碎屑岩的岩屑砂岩或长石岩屑砂岩组成，总体矿物成分和结构成熟度较低，各凹陷各具特色。

1）台北凹陷

台北凹陷侏罗系岩矿特征根据沉积物的来源方向可分为三种类型（图 2-5-28）。

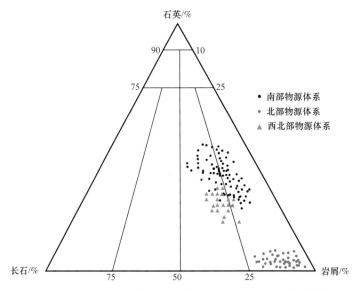

图 2-5-28　吐哈盆地台北凹陷侏罗系砂岩组分三端元图

第一类储层物源来自于南部的觉罗塔格山和了墩隆起，代表地区如胜金口、鄯善油田和红台气田（表 2-5-4）。该类储层岩石类型主要为中—细粒岩屑砂岩，其次为长石岩屑砂岩。岩屑含量较低，平均 33%～49%，成分以酸性火山岩和花岗岩为主，次为变质岩和沉积岩；石英含量是台北凹陷最高的，平均 31%～43%；长石含量平均 20%～24%。填隙物以泥质为主，含量 5%～11%，其次为碳酸盐，含量 4%～6%，杂基含量较低，一般在 3%～5% 之间。岩石分选性中等，磨圆度以次棱角状为主，其次为次圆状。该类储层岩石矿物和结构成熟度均较高，离物源区较近。

第二类储层物源来自北部的博格达山，代表地区如鄯勒、四十里大墩等。该类储层岩石类型全部为中—粗粒砾状或含砾岩屑砂岩、砾岩。岩屑含量很高，平均达 86%～89%，成分以中性喷出岩和沉积岩为主；石英含量是台北凹陷最低的，平均 5%～6%；长石含量也很低，平均 5%～8%。填隙物以泥质为主，含量 5%～8%，几乎全为杂基，很少能见碳酸盐。储层颗粒粗细混杂，分选、磨圆度较差。该类储层岩石矿物和结构成熟度均很低，是一套近源快速堆积的碎屑岩，原始孔隙差、抗压能力低，导致储层物性普遍较差。

第三类储层来自于西北部，代表地区为葡北，尽管物源区仍为博格达山，但由于碎

表2-5-4 吐哈盆地台北凹陷中侏罗统岩石特征对比表

地区	层位	主要岩石类型	碎屑成分含量/%			岩石特征	重矿物特征	物源方向	填隙物成分含量/%						分选	磨圆度	胶结类型
			石英	长石	岩屑				泥质	方解石	铁方解石	高岭石	硬石膏	其他			
台北	J_2q J_2s	长石岩屑砂岩为主，岩屑砂岩次之	28	26	46	酸性喷出岩为主	ZRT一般在20%左右，最高可达35%	西北物源	1~3		残留	4~1	J_2x有少量		好—中	次圆—次棱角	孔隙
胜北	J_2q J_2s J_2x	长石岩屑砂岩、岩屑砂岩	43	24	33	酸性喷出岩为主，次为变质岩		南	6	4	<5	<4		硅质普遍<4	好—中	次棱角	孔隙
丘陵	J_2s J_2x	长石岩屑砂岩、岩屑砂岩	23	24	53	以酸性喷出岩、花岗岩为主，个别层段为中性喷出岩和沉积岩	ZRT变化大，平均17%，绿帘石含量8%~60%，平均28%	南北混源	6	5					中	次圆—次棱角	孔隙—接触
鄯善	J_2	长石岩屑砂岩	36	23	41	酸性喷出岩、花岗岩为主，次为变质岩	ZRT12%，绿帘石含量为1%	南	11	6		常见			中	次棱角	孔隙
红台	J_2	长石岩屑砂岩、岩屑砂岩	31	20	49	酸性喷出岩为主，次为沉积岩		南	10	6					差—中	次圆—次棱角	孔隙
鄯勒	J_2s J_2x	岩屑砂岩	5	5	89	为中性喷出岩和沉积岩		北	5	2					中—差	次棱角	孔隙
丘东—墩1井	J_2s J_2x^4	岩屑砂岩	6	8	86	以中性喷出岩和沉积岩为主	ZRT<3%，绿帘石含量普遍>50%	北	7.5	局部		常见			中—差	次圆—次棱角	孔隙—接触

屑物经过了较长距离的搬运，因而特点也不同。该类储层岩石类型也主要为中—细粒岩屑砂岩，其次为长石岩屑砂岩，特点介于一、二类之间，对储层孔隙较为有利。

2）托克逊凹陷

托克逊凹陷侏罗系储层岩矿特征在纵横向上变化不大。岩石类型为含砾和砾状长石岩屑砂岩和岩屑砂岩，其中石英占20%～39%，长石占15%～25%，岩屑占31%～64%，矿物成熟度0.25～0.65，总体较低。储层填隙物以泥质、碳酸盐为主，但含量变化都较大，泥质为5%～35%，碳酸盐达2%～35%，相比仍以泥质含量较多，在泥质中杂基含量一般占三分之二以上。该区储层分选中—差，磨圆以次棱角—次圆状为主，砂岩结构成熟度较低，表明该区沉积物搬运距离较短。

3）三堡凹陷

三堡凹陷中—下侏罗统砂体主要属于北、西北物源近源扇三角洲快速堆积，矿物成熟度总体低，纵向上层位越高、矿物成熟度较高，平面上由北向南矿物成熟度具有逐渐增高趋势；分选中—好，磨圆以次棱角—次圆状为主，砂岩结构成熟度不高。

储层岩石类型主要为中—细粒岩屑砂岩，其次为长石岩屑砂岩。西山窑组石英平均含量19%～27%，长石平均含量17%～25%，岩屑平均含量51%～63%；下侏罗统石英平均含量13%～31%，长石平均含量10%～23%，岩屑平均含量45%～76%。长石类型主要为正长石，含少量斜长石和微斜长石，岩屑类型主要为酸性喷出岩岩屑，占岩屑总量的80%，其次为中基性喷出岩、花岗侵入岩和千枚岩、石英变质岩岩屑及少量的泥岩、砂岩沉积岩岩屑。

储层中填隙物含量较高，平均在12%左右，泥质和碳酸盐含量相当，其中泥质中主要以杂基为主。胶结物主要为绿泥石、碳酸盐和少量硅质。岩石结构哈2井、哈3井胶结类型以孔隙型为主，其次为接触型、孔隙—接触型和基底型。哈参1井胶结类型以接触型为主，少量孔隙—接触型和基底型，三堡1井胶结类型以孔隙型为主，其次为接触型和基底型。

3. 储层物性及孔隙结构

1）储层物性

侏罗系主要含油气层为中—下侏罗统，纵向上储层物性以三间房组最好，西山窑组和七克台组次之，而一般埋深较大的三工河组（J_1s）和八道湾组（J_1b）相对较差；平面上以台北凹陷最好，托克逊凹陷次之，三堡凹陷最差。

（1）台北凹陷。

中侏罗统是吐哈盆地最主要含油气层系，下侏罗统主要在北部山前带、鄯善弧形带、葡北—雁木西古弧形带等区带钻揭。

① 中侏罗统七克台组。

七克台组储层物性普遍较差，多属低—特低孔、低—特低渗储层（表2-5-5），孔隙分布多呈单峰型，峰位在特低孔渗位。储层孔隙度一般7%～13%，均匀分布，无明显的峰值；渗透率分布范围较宽，一般为1～40mD之间，分布频率呈高低两端峰值。

葡萄沟、葡北地区等少量地区物性较好，以中孔、低—中渗为主，平均孔隙度16.5%～19.9%，平均渗透率35.3～375.4mD。

其次是胜金口油田、台孜油矿、温吉桑油田，以低孔、低渗为主，平均孔隙度

12.3%～13.7%，平均渗透率 9.4～29.7mD。其他地区储层物性普遍较差，孔隙度多低于 10%，渗透率多低于 3mD。储层物性在平面上由凹陷边缘向中央变差的趋势，且具有南部明显好于北部、西部好于东部的特点。

表 2-5-5　吐哈盆地台北凹陷中侏罗统七克台组下段储层物性统计表

地区		样品数/个	井数/口	孔隙度 /%		渗透率 /mD	
				范围	均值	范围	均值
鄯善弧形带	温吉桑	223	13	5.6～19.5	12.8	0.05～36.0	9.4
	米登	80	3	4.5～17.0	11.6	0.05～44.0	8.8
	丘东	15	5	1.3～7.5	4.6	0.05～2.5	1.2
	丘陵	18	2	3.8～16.0	11	0.05～8.8	1.1
	鄯善	94	5	2.0～16.6	9.7	0.05～7.9	0.4
	巴喀	34	6	2.7～13.9	7.4	0.05～2.6	0.3
西部古弧形带	葡北	208	7	7.5～21.4	16.5	0.08～113.6	35.3
	葡萄沟	402	9	5.8～25.3	19.9	0.05～1978.0	375.4
	七泉湖	5	1	3.9～23.9	9.7	7.5～47.1	9.4
东部边缘	红台	133	11	3.6～21.7	11.2	0.05～11.3	1.8
火焰山北坡	红连	267	11	2.2～15.3	9.3	0.05～8.4	1.6
北部山前带	鄯勒	28	5	9.5～18.6	11.2	0.1～6.3	2.1
南缘	火焰山东段	44	3	4.0～27.6	13.7	4.8～2033.0	29.7
	火焰山西段	369	4	2.0～25.3	12.3	0.006～543.0	19.6

② 三间房组。

储层物性以中—低孔、中—低渗为主，中孔中渗仅分布于西部古弧形带（表 2-5-6）。平均孔隙度在 6.1%～20.2% 之间，平均渗透率在 1.5～266.9mD 之间；孔隙分布频率以不对称的单峰及部分双峰为主。

储层物性平面上以台北西缘七泉湖—葡北辫状河三角洲体系以及西缘南部神泉构造带南物源薄储层最好，其中七泉湖油田、玉果油田和葡北油田孔隙度平均15.7%～20.2%，渗透率平均 25.5～266.9mD；神泉油田孔隙度平均 18.0%，渗透率平均200.0mD。台北凹陷东部鄯善—丘陵、温吉桑—丘东、疙瘩台、红台的南物源辫状河三角洲体系储层物性较好，孔隙度频率图呈近似对称的单峰型，峰位在 10%～15% 之间，渗透率以对称的单峰为主，峰位分布于 2～23mD 之间；部分三角洲分流河道也常常出现较好的储层，如米 1、鄯 2、鄯 8-4、鄯 5-9 等井，孔隙度平均 8.4%～13.1%，最高达18.4%（鄯 8-4 井），渗透率平均 15.9～18.9mD，最高达 137mD，且自南向北有逐渐变差的趋势。北部山前带以冲积扇—扇三角洲为主的沉积体系储层物性较差，还有胜北洼陷中央胜北构造带埋深大于 4000m 的地区，以及红连构造带泛滥平原亚相滩砂发育区也较差，孔隙度多低于8%，渗透率多低于1mD，大于10mD的样品很少见，多属特低孔、特低渗储层。

表 2-5-6　吐哈盆地台北凹陷中侏罗统三间房组储层物性统计表

地区		样品数 /个	井数 /口	孔隙度 /%		渗透率 /mD	
				范围	均值	范围	均值
鄯善弧形带	鄯善	1169	13	2.4～26.4	11.9	0.05～173.0	7.8
	丘陵	1588	16	2.3～24.4	12.4	0.02～925.2	23.0
	巴喀	418	12	2.9～16.3	11.3	0.05～20.8	4.6
	温吉桑	4156	28	3.8～21.2	14.8	0.05～374.0	21.1
	米登	144	4	2.1～23.8	11.1	0.05～77.0	4.2
	丘东东北区	175	2	3.8～8.2	6.1	0.05～2.9	1.3
	丘东西南区	66	1	3.9～17.5	12.3	0.05～219.0	66.5
西部古弧形带	七泉湖	56	1	15.7～24.6	20.2	0.05～2846.0	266.9
	葡萄沟	120	6	3.1～22.8	19.5	0.07～167.0	116.5
	葡北	855	12	3.0～21.3	16.6	0.05～173	104.3
	神泉	75	4	6.0～28.0	18.0	0.2～2127.0	200.0
东部边缘	红台	366	16	5.8～20.4	10.1	0.05～26.0	2.2
	疙瘩台	533	10	5.4～225	13.2	0.05～186.0	41.4
小草湖洼陷	小草湖	50	1	3.8～10.3	8.4	0.05～0.4	0.2
	萨克桑	27	1	6.3～16.5	10.8	0.3～18.0	3.9
	四十里大墩	15	1	1.8～12.3	6.0	0.05～5.3	2.7
胜北洼陷	胜北	185	6	0.4～8.3	6.2	0.1～4.4	0.3
南缘	七克台	40	3	0.4～21.3	18.7	15.9～1433.0	113.3
	红胡子坎	12	1	8.4～14.1	10.6	0.05～19.0	2.1
	巴东	53	1	7.4～22.6	15.4	0.05～816.0	95.6
	火焰山	517	4	2.1～24.2	10.3	0.01～475.0	15.7
北部山前	煤窑沟	3	1	3.2～13.8	9.6	0.14～8.7	2.5
	恰勒坎	78	1	2.1～15.3	9.7	0.05～25.0	1.5

由此可见，三间房组储层物性具有南部体系好，北部体系差，且有由凹陷南部边缘向中央变差的趋势。物性的好坏受控于沉积相，以各类三角洲分流河道砂体最好，埋深大的胜北洼陷腹地明显比埋深较浅地区差。

③ 西山窑组。

储层以低孔、低渗为主，孔隙度多集中在 10%～15% 之间，渗透率多小于 10mD，仅局部地区和井段出现中孔、中渗储层（表 2-5-7）。储层物性在平面上的变化与三间房组相似，鄯善弧形带和葡北—雁木西古弧形带相对较好，平均孔隙度 7.6%～15.4%，平均渗透率 19.3～242.1mD；北部山前带、红台及胜北洼陷主体等地区普遍较差，孔隙度多在 10% 以下，渗透率多低于 1mD，甚至不足 0.1mD。纵向上以西四段物性最好，向下物性明显变差。

表 2-5-7 吐哈盆地台北凹陷中侏罗统西山窑组西四段储层物性统计表

地区		样品数 / 个	井数 / 口	孔隙度 /%		渗透率 /mD	
				范围	均值	范围	均值
鄯善弧形带	鄯善	193	4	3.0～13.1	12.2	0.05～16.9	5.1
	丘陵	111	4	2.1～18.1	11.9	0.05～41.5	10.4
	温吉桑	892	17	3.89～17.2	10.1	0.05～964.0	6.0
	米登	81	3	5.0～18.0	11.6	0.05～50.0	8.8
	丘东西南区	257	4	1.0～11.0	8.6	0.05～47.0	1.8
	丘东东北区	91	1	1.5～12.4	7.1	0.05～8.3	0.7
	巴喀	521	6	2.0～16	8.8	0.03～4.3	0.4
西部古弧形带	七泉湖	54	1	2.6～16.7	11.7	0.06～37.5	6.2
	葡萄沟	8	1	3.1～16.7	10.9	0.07～167.0	50.1
东部边缘	红台	1903	28	1.6～12.5	7.6	0.05～12.0	0.6
	疙瘩台	206	8	4.3～17.1	9.9	0.05～283.0	9.5
小草湖洼陷	小草湖	11	1	3.5～5.8	5.1	0.05～0.4	0.1
	萨克桑	5	1	1.9～8.2	6.6	0.05～0.1	0.1
胜北洼陷	胜北			7.0～7.1	7.2	6.5～7.0	6.8
南缘	巴东	45	1	8.2～23.0	15.4	0.05～903.0	209.6
	七克台	47	3	0.1～13.5	7.6	2.03～1520.3	242.1
	红胡子坎	32	1	3.0～11.5	7.5	0.05～1.7	0.5
	火焰山	48	1	3.4～20.4	11.2	0.009～80.2	3.3
北部山前	煤窑沟	16	1	4.5～16.1	11.7	0.05～8.9	1.7
	恰勒坎	30	1	2.5～7.8	4.9	0.05～0.4	0.1

④ 下侏罗统八道湾组、三工河组。

八道湾组、三工河组储层物性在台北凹陷西缘和南缘相对较好，其他地区普遍较差，以特低孔、特低渗为主（表 2-5-8）。

表 2-5-8　吐哈盆地台北凹陷下侏罗统八道湾组、三工河组储层物性统计表

区块	油田 / 典型井	孔隙度 /%			渗透率 /mD		
		最小	最大	平均	最小	最大	平均
鄯善弧形带	温吉桑油田	3.4	7.6	5.2	0.05	0.8	0.4
	巴喀油田	1.9	8.4	4.5	0.005	11.1	0.3
西部古弧形带	吐 2 井	14.0	21.0	18.6	1.8	758.0	111.6
	葡北 22 井	3.2	12.6	9.6	0.16	7.7	2.5
	泉 901 井	7.8	11.5	10.3	0.10	6.9	1.9
	泉 1 井	7.0	9.0	7.8	0.21	0.8	0.4
红台构造带	红台 306	4.3	7.6	6.4	0.19	0.7	0.4
南部	连 4 井	2.5	9.6	5.8	0.05	0.9	0.2
	火 8 块	5.1	10.9	9.0	0.10	20.9	4.0

在台北凹陷西缘古弧形带和南缘，除吐 2 井外，孔隙度平均 7.8%～10.3%，渗透率平均 0.4～4.0mD；吐 2 井 2916～2961m 井段孔隙度平均 18.6%，渗透率平均 111.6mD，比较特殊。

鄯善弧形带、红台构造带与北部山前带物性普遍很差，孔隙度一般小于 8.0%，渗透率一般小于 0.5mD。

⑤上侏罗统喀拉扎组。

胜北地区喀拉扎组储层岩心分析孔隙度 6.0%～20.0%，平均 15.2%，渗透率 0.23～301.0mD，平均 51.3mD，为中—低孔、中渗型储层。

（2）托克逊凹陷。

托克逊凹陷侏罗系储层物性以低—特低孔、特低渗为主，平均孔隙度 9.5%～12.6%（表 2-5-9），平均渗透率一般 0.5～6.0mD，以七克台组最好，其次八道湾组较好。

表 2-5-9　吐哈盆地托克逊凹陷侏罗系储层物性统计表

层位	有效孔隙度 /%			水平渗透率 /mD			样品数 / 个
	最小	最大	平均	最小	最大	平均	
七克台组（J_2q）	10.9	11.7	11.6	84.6	354.7	297.5	
三间房组（J_2s）	4.7	11.7	9.9	0.3	10.2	3.5	
西山窑组（J_2x）	6.0	15.8	9.5	<0.1	4.0	0.5	26
三工河组（J_1s）	2.6	23.6	12.6	<0.1	1.5	0.6	10
八道湾组（J_1b）	4.8	20.0	11.4	<0.1	45.3	6.0	27

注：J_2q、J_2s 为大 1 井测井解释资料；J_2x、J_1s、J_1b 为托参 1 井岩心资料。

平面上以靠近湖盆中心区的伊拉湖油田、大1井区较好，其他地区尤其是西南缘乌苏地区相对较差，反映出位于凹陷湖泊背景下的各类砂体的物性好，而远离湖泊的陆上砂体物性相对较差的特点，这主要是因为位于湖相背景中的砂岩成分和结构成熟度较高、抗压能力较强、易形成溶蚀孔所致。

（3）三堡凹陷。

储层主要为中—下侏罗统水西沟群，物性总体很差，以特低孔、特低渗为主。平面上南好北差、东好西差。

西山窑组储层平均孔隙度3.5%～10%，渗透率普遍小于0.05mD，最大3.8mD；八道湾组孔隙度平均2.6%～10.4%，渗透率普遍小于0.05mD，最大9mD。

2）孔隙类型及组合

侏罗系储层常见的孔隙类型有原生粒间孔、微孔隙、粒内溶孔、粒间溶缝、粒间溶孔、晶间孔和构造缝等，多以混合孔的形式存在于储层中（图2-5-29、图2-5-30）。

a. 温10井，3355.26m，J_2x，粗粒长石岩屑砂岩，剩余粒间孔、粒间溶孔

b. 红台304井，2915.19m，J_2x，中粗粒长石岩屑砂岩，剩余粒间孔、粒间溶孔、粒内溶孔、晶间孔

c. 红台2301井，2844.24m，J_2x，细中粒长石岩屑砂岩，构造缝

图2-5-29　吐哈盆地台北凹陷中侏罗统西山窑组储集空间类型典型照片

a. 泉201井，1931.28m，J_2s，中粗粒长石岩屑砂岩，剩余粒间孔、溶蚀粒内孔

b. 葡18井，2328.01m，J_2q，粗中粒长石岩屑砂岩，剩余粒间孔、溶蚀粒内孔

c. 红台204井，2307.88m，J_2s，中粗粒长石岩屑砂岩，溶蚀粒间孔、剩余粒间孔

图2-5-30　吐哈盆地台北凹陷中侏罗统三间房组、七克台组储集空间类型典型照片

台北凹陷中侏罗统储层孔隙类型以原生粒间孔和粒间溶孔占优，多在60%～90%（表2-5-10），其次是粒内溶孔和晶间孔。纵向上三间房组和西山窑组三、四段处于次生孔隙发育带，以溶蚀孔和原生粒间孔为主；七克台组则以原生孔和压实缩小的粒间微孔为主；西山窑组一、二段以次生微孔为主。下侏罗统从山前部分井和陵深1井、台参1井资料看，主要是残余的次生孔隙。

托克逊凹陷孔隙类型以原生孔为主，其次是溶蚀孔隙。

表 2-5-10　吐哈盆地丘陵油田中侏罗统孔隙类型分布表

井号	层位	样品数/个	各类孔隙所占百分比 /%				
			粒间孔	粒间溶孔	粒内溶孔	晶间孔	裂隙
陵 2 井	J_2s	48	61.1	27.9	9.3	0.6	0.1
陵 3 井	J_2s	17	15.1	14.2	23.1	30.8	30.8
陵 4 井	J_2s	31	38.0	53.6	2.2	6.2	
	J_2x	14	22.3	55.3	1.8	20.6	
陵 5 井	J_2s	11	53.9		23.1	23.1	
陵 25 井	J_2s	57	29.2	30	11.5	14.2	6.1

　　吐哈盆地储层孔隙组合主要有四种：（1）以原生粒间孔为主，与粒间溶孔、晶间孔、微孔隙组成的组合，主要分布于台北凹陷中侏罗统，托克逊凹陷部分井区；（2）以原生粒间孔、微孔、少量晶间孔组成的组合，主要分布于七克台组和侏罗系其他层位的细砂岩储层中；（3）以粒间溶孔、粒内溶孔为主，与原生孔、构造裂缝构成的组合，分布特征与第一类相似，但多发育于构造活动强烈部位；（4）以粒间溶孔、微孔为主，与少量粒间溶缝和晶间孔组成的组合，主要分布于三堡凹陷、台北凹陷的下侏罗统中。

　　3）孔喉分布特征

　　（1）喉道类型。

　　常见的喉道有五种类型：点状喉道、缩颈状喉道、片状喉道、弯月状喉道和管束状喉道（图 2-5-31）。

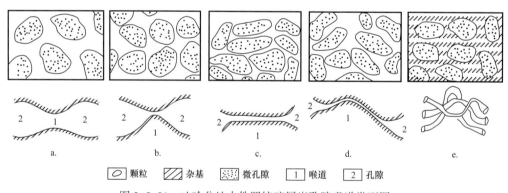

图 2-5-31　吐哈盆地中侏罗统碎屑岩孔隙喉道类型图

a.喉道是孔隙的缩小部分；b.可变断面收缩部分是喉道；c.片状喉道；d.弯片状喉道；e.管束状喉道

　　台北凹陷储层主要的喉道类型是以管束状、片状和片弯状喉道为主，但在中侏罗统，特别是三间房组和西山窑组三四段的中粗砂岩中也发育一些点状和缩颈状喉道（表 2-5-11）。

　　（2）喉道分布。

　　台北凹陷中侏罗统储层排驱压力变化较大（表 2-5-12），但多以中高型为主，最大孔隙直径和平均孔隙直径也较低，偏向细孔喉一侧，同时该区储层孔隙体积有近半数左右已被束缚水所饱和，因而主要表现为细孔喉带粗尾和少量的中粗孔喉带细尾的特点。

表 2-5-11 吐哈盆地丘陵油田陵 25 井中侏罗统三间房组储层岩石类型与喉道类型

岩石类型	喉道类型占比 /%			样品数 / 个
	缩颈喉道 + 点状喉道	片状喉道 + 弯片状喉道	管束状喉道	
砾岩	2.6	11.6	85.8	6
粗砂岩	27.7	41.9	30.4	8
中砂岩	24.7	31.2	44.1	24
细砂岩	18.3	23.3	58.4	3
流体流动难易程度	易流动孔喉	中等流动孔喉	难流动孔喉	41

表 2-5-12 吐哈盆地台北凹陷中侏罗统储层排驱压力表

层位	地区	样品数 / 个	孔隙度 / %	渗透率 / mD	排驱压力 / MPa	最大孔隙直径 / μm	平均孔隙直径 / μm
J_2q	鄯善	26	5.9	0.09	5.04	14.66	3.01
	丘东	9	7.3	0.1	0.13	6.91	0.19
	七克台	10	15.8	370.3	0.26	12.87	3.05
	连木沁	7	10.7	0.1	0.67	1.11	0.68
	十三间房	3	25.3	167.1	0.05	12.50	4.24
	台孜	6	11.1	12.0	0.06	12.51	1.59
	胜 101	36	11.2	52.7	0.41	5.62	2.89
J_2s	丘陵	21	11.3	15.1	0.09	33.32	4.81
	鄯善	11	8.0	1.1	3.44	6.74	1.55
	温吉桑	19	17.2	81.0	0.08	9.81	3.29
	连木沁	4	10.1	—	3.13	1.43	0.53
	七克台	31	7.5	212.1	3.5	6.31	1.71
	鄯善	—	9.4	9.5	0.7	—	0.16
	红台	—	11.8	4.1	0.27	—	0.45
J_2x	丘陵	24	11.3	15.1	0.09	33.32	4.81
	鄯善	11	8.0	1.1	3.44	6.74	1.55
	温吉桑	19	14.7	—	0.91	9.81	3.29
	连木沁	4	10.4	3.13	1.43	0.52	
	七克台	31	7.5	212.1	3.02	6.31	1.71
	鄯善	—	5.1	0.2	2.10	—	0.45
	红台	—	9.6	1.7	0.40	—	0.31

孔喉分布多以单峰型为主，喉道半径小于 0.1μm 的极细孔喉约占总孔隙体系的 38.6%～54%，其余的孔喉则主要分布于中细孔喉区，其中喉道半径在 0.1～15μm 之间的喉道占 45%～55%，大于 15μm 的仅占 5% 左右，反映了储层喉道以细至微细为主的特点。但各区不同层段的孔喉分布是不尽一致的（表 2-5-13），纵向上以三间房组孔喉较粗，粗孔喉所占比例较高，西山窑组和七克台组较细。平面上以火焰山构造带、疙瘩台等局部地区孔喉最粗，大于 0.1μm 的有效孔喉占 52%～82%，且各级喉道分布较均匀，从细喉到粗喉几乎平均分配；其次是丘陵、温吉桑等地区，喉道半径大于 0.1μm 的占 50%～60%；鄯善等地较细，大于 0.1μm 的仅占 40% 左右；而丘东等大部分地区的前缘席状砂、滨湖滩砂和北部山前带、萨克桑—四十里大墩—金水冲积扇砂砾岩储层，孔喉多分布在微细的范围内，孔喉半径小于 0.1μm 的占 80% 左右。

表 2-5-13　吐哈盆地台北凹陷中侏罗统储层孔喉半径分布表

地区或剖面	层位	各级喉道所占百分比 /%							样品数 / 个	井数 / 口
		>15μm	15～7.5μm	7.5～4μm	4～1.5μm	1.5～0.75μm	0.75～0.1μm	<0.1μm		
丘陵	J_2s	11.09	4.52	4.59	9.44	5.61	15.41	51.22	86	3
	J_2x	2.58	1.97	3.99	11.90	7.98	21.04	50.56	27	3
鄯善	J_2q	4.11	0.76	0.85	1.30	3.37	11.02	78.80	10	2
	J_2s	5.65	1.08	1.85	8.77	14.70	20.10	47.60	83	1
丘东	J_2q	1.32	0.26	0.24	0.80	1.02	10.26	82.28	5	1
	J_2s	5.23	0.65	0.33	0.65	1.78	13.03	72.80	4	1
	J_2x	3.81	0.78	2.58	9.90	11.52	22.12	49.28	18	1
温吉桑	J_2s	1.30	1.20	12.60	16.10	6.70	13.60	48.60	13	1
	J_2x	6.90	1.80	11.0	19.90	7.10	15.20	37.50	31	1
胜 101	J_2q	8.79	5.42	5.75	8.60	9.52	32.33	31.40	21	1
	J_2x	6.07	5.00	6.56	11.11	9.06	30.80	30.50	42	1
七克台剖面	J_2q	8.43	10.69	5.52	9.11	13.14	23.34	24.16	10	1
	J_2s	7.90	7.93	4.06	6.80	4.21	29.12	17.17	11	1
	J_2x	4.00	4.97	6.56	11.11	9.06	26.82	48.68	31	1
全区	J_2q	4.21	4.28	3.09	5.03	8.84	20.49	54.03		
	J_2s	6.21	3.03	4.60	8.35	6.60	18.25	38.06		
	J_2x	4.67	2.58	6.14	12.78	9.00	23.20	43.39		

台北凹陷下侏罗统八道湾组、三工河组以及西山窑组一、二段储层孔喉分布主要集中在细至微细孔喉。八道湾组储层普遍以微细孔喉为主。但在胜北洼陷西部和南部斜坡带的吐 2 井、玉东地区以中孔喉为主，排驱压力分别为 0.07MPa、0.21MPa，玉东地区最大连通吼道半径平均 6.64μm，吐 2 井孔喉中值半径平均 0.47μm。

三工河组以微细喉道为主，其次是细喉道，少量中喉道。温吉桑地区以细喉为主，吉深 1、吉 101 井排驱压力分别为 0.42MPa、0.47MPa，中值半径分别为 0.23μm、0.06μm；温吉桑坡折以下及红台—疙瘩台、北部山前带以细喉为主。胜北洼陷西部和南部斜坡带孔喉相对较粗，以中喉或细喉为主，泉 2、泉 5、葡北 22、神东 3、火 8 井区排驱压力基本小于 0.5MPa，最大连通吼道半径基本小于 1.0μm。

（3）孔隙结构特征参数。

台北凹陷中侏罗统储层的孔隙结构以三间房组最好，其面孔率平均 5.15%，最高达 33%，平均孔隙半径 54.18μm，多集中在 42.2～83.1μm 之间，平均喉道半径 3.07μm，最大喉道半径 14.91μm。而七克台组和西山窑组相对较差。面孔率 1.6%～18%，平均孔隙直径 41.6～54.05μm，平均喉道半径 1.8～2.52μm，最大喉道半径均值为 8.35μm（表 2-5-14）。其下伏的下侏罗统资料较少，面孔率平均 9%，孔隙直径 58.35μm。

表 2-5-14　吐哈盆地台北凹陷中侏罗统储层孔隙结构特征参数统计表

层位	样品数 / 个	井数 / 口	面孔率 / %	孔隙直径 / μm	平均喉道半径 / μm	最大喉道半径 / μm	孔隙分选系数	孔喉体积比	有效孔隙体积占比 / %
J_2q	97	8	5.08 / 1.6～7.0	54.06 / 32.5～71.4	2.52	8.40	2.75	5.74	41.94
J_2s	260	11	5.15 / 1.4～33.0	54.18 / 42.4～93.1	3.07	14.91	2.78	3.83	44.25
J_2x	184	10	3.12 / 1.8～18	41.76 / 27.7～80	1.81	8.29	3.58	1.63	51.25

4. 储层物性控制影响因素

1）沉积条件对储层物性的影响

（1）成分成熟度对储层物性的影响。

台北凹陷北部山前带侏罗系沉积时地形陡，沉积相为扇三角洲，物源近，成分成熟度和结构成熟度低，塑性凝灰岩岩屑和浅变质泥质岩岩屑含量高，大大降低了砂岩的抗压性，使砂岩在埋深 3200m 左右即达到压实极限，3200m 以下孔隙度普遍在 5% 左右，储层物性差。

台北凹陷南部和西部沉积区物源母岩主要为中酸性火山岩与石英质变质岩，砂岩刚性碎屑含量整体较高，明显高于凹陷北部与东部，并且由于沉积时地形较缓，主要为大型辫状河三角洲沉积体系，成分成熟度和结构成熟度较高，因此物性明显比台北凹陷北部北物源沉积体系好。

（2）沉积微相对储层物性的影响。

辫状河三角洲水下分流河道砂岩一般呈条带状分布，厚度大，粒度粗，连通性好，压实后保留一定数量的粒间孔，为酸性流体进入砂体提供了良好的通道，有利于颗粒的溶蚀，形成次生孔隙，面孔率、孔隙度均较大。

河道间沉积的砂岩粒度细、厚度薄，压实后致密，次生孔隙不发育，孔隙度低。河道间沉积的砂岩粒度细、厚度薄，压实后致密，次生孔隙不发育，孔隙度低。

河口坝和席状砂岩粒度细，而粒间孔又压实殆尽，成岩流体不易通过溶蚀形成次生孔隙，面孔率小，孔隙度小。

（3）粒径对储层物性的影响。

粗粒岩相的泥质含量低，原生孔隙相对较大，抗压性能强于细粒岩相，更有利于成岩流体的流动和颗粒的溶蚀。统计表明，中粗砂以上粒级的砂岩面孔率和孔隙度较高，而且溶蚀孔主要为粒内溶孔，细砂岩及其以下粒级的砂岩溶蚀程度低，孔隙度、渗透率均较差。

三间房组、七克台组埋深尽管相对较小，但因多属细—粉砂级砂岩，孔渗性均较差。

2）成岩作用对储层物性的影响

（1）煤系碎屑岩储层成岩作用对储层物性的影响。

吐哈盆地侏罗系存在正常碎屑岩储层和与煤系有关的碎屑岩储层两种剖面类型，因而相应地也形成了两种不同的成岩演化模式：正常碎屑岩储层成岩演化模式、煤系碎屑岩储层成岩演化模式。

正常碎屑岩储层成岩作用（图2-5-32）有以下几个特点：

① 压实作用强烈。侏罗系储层岩石碎屑组分中以火山岩为主的塑性成分含量普遍较高，平均50%左右，尤其是受北部物源体系控制的砂体火山岩含量更高，可达80%以上。在后期埋藏过程中，大量抗压程度低的塑性颗粒易泥化或呈假杂基，导致储层孔隙度迅速减少，成为储层物性普遍较差的重要原因。综合统计结果表明，压实作用可以使孔隙度减少11%左右（表2-5-15）。

② 胶结作用以黏土胶结为主。侏罗系储层的胶结作用主要包括黏土矿物胶结作用、碳酸盐胶结作用、石英和长石加大胶结作用以及其他特殊组分的胶结作用等。从填隙物的组成看，储层中以黏土矿物为主，含量平均约5%，其次为碳酸盐，含量平均约3%，但变化范围较大，局部层段呈致密胶结。反过来也就是黏土胶结使储层孔隙度减少约5%，碳酸盐胶结使孔隙度减少3%左右。

③ 交代作用不强。主要是碳酸盐对其他颗粒的交代，对储层整体影响不大。

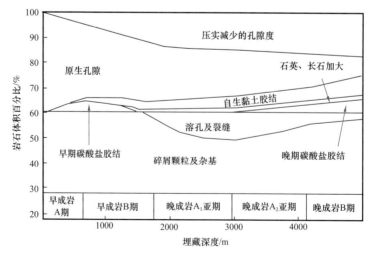

图2-5-32 吐哈盆地侏罗系正常碎屑岩储层成岩演化模式图

表 2-5-15　吐哈盆地侏罗系储层成岩作用综合表

成岩作用类型		主要成岩变化	对孔隙的影响
压实作用		颗粒接触关系发生变化，由点—线—凹凸； 塑性颗粒变形，刚性颗粒破碎、焊接； 总孔隙度（原始孔隙度）迅速减少	使孔隙度减少11% 左右
胶结作用	黏土矿物胶结	高岭石、蒙皂石、伊利石、绿泥石、伊/蒙混层 和少量绿/蒙混层的充填胶结	使孔隙度减少约5%
	碳酸盐胶结	早期准同生的泥晶碳酸盐沉淀； 基底式胶结的隐晶方解石； 晚期亮晶方解石（铁白云石）胶结	使孔隙度减少约3%
	石英、长石加大	常见Ⅰ、Ⅱ、Ⅲ级加大（尤其是石英）	影响不大
	特殊组分的胶结	主要是黄铁矿、少量的硬石膏和沸石等	影响不大
溶蚀作用（含淋滤）		铝硅酸盐类的溶解； 火山岩岩屑的溶解； 方解石等胶结物的溶解	一般可使孔隙度增加5% 左右
交代作用		碳酸盐对不稳定组分的交代； 晚期碳酸盐交代早期碳酸盐； 黏土和石英交代长石	影响不大
不稳定组分的蚀变		长石向高岭石转化； 凝灰岩岩屑等向绿泥石等黏土矿物转化； 黏土矿物的自身转化	

④ 溶解作用总体不强。溶解作用主要包括铝硅酸盐类的溶解、火山岩岩屑的溶解和方解石等胶结物的溶解等，但纵横向上变化十分剧烈。据统计，溶解作用一般可使孔隙度增加5% 左右。

⑤ 黏土矿物转化以伊/蒙混层系列为主，盆地北缘可见少量绿/蒙混层系列。

煤系碎屑岩储层成岩作用（图 2-5-33）和正常碎屑岩储层成岩作用相比，成岩作用类型基本相似，但成岩特点又有其独特的表现：

a. 煤系一直处于酸性的成岩环境，这与正常碎屑岩早期弱碱性、晚期弱酸性的成岩环境不同，正是这一点导致了煤系早期碳酸盐胶结作用弱，压实作用更为强烈、持久，因而造成了煤层附近的储层物性普遍较差。

b. 自生高岭石和石英加大发育：煤系有机酸丰富，煤层及围岩中的铝硅酸盐类尤其是长石遭到了大量的溶解，从而以自生高岭石和石英加大的形式沉淀于储层孔隙中，成为煤系储层物性普遍较差的又一重要因素。

（2）成岩演化阶段与埋藏历史对储层物性的影响。

吐鲁番坳陷侏罗系埋藏深度变化大、成岩环境也不同，因此不同层位、不同地区成岩阶段差异较大（图 2-5-34）。

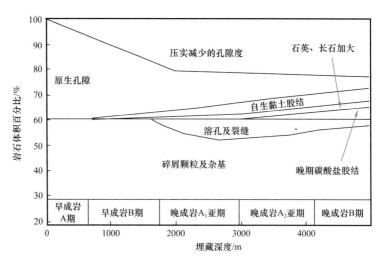

图 2-5-33 吐哈盆地侏罗系煤系碎屑岩储层成岩演化模式图

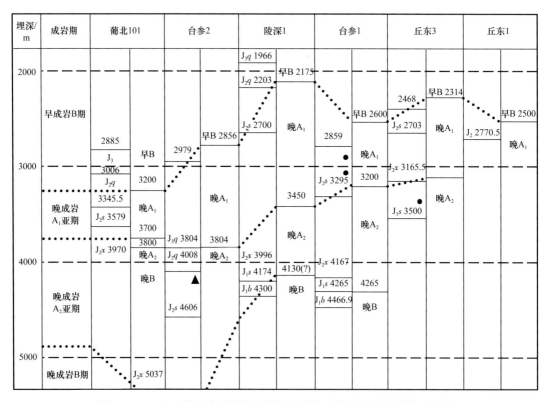

图 2-5-34 吐哈盆地台北凹陷主要构造带代表井侏罗系成岩期对比图

葡北构造带（代表井葡北 101 井）。该构造带从七克台组进入晚成岩 A_1 亚期，西山窑组则达到晚成岩 A_2 亚期。从孔隙类型看，西山窑组以次生粒间溶孔为主，粒内溶孔和铁方解石溶孔次之。其间三间房组也以次生粒间溶孔（长石与方解石溶蚀）为主，但原生粒间孔明显较其下的西山窑组保存较多。总之中侏罗统已具备晚成岩 A_1 阶段特征和部分晚成岩 A_2 阶段特征。

胜北构造带（代表井台参 2 井）。该构造带从齐古组进入晚成岩期 A 阶段。三间房组为粒间溶孔、粒内溶孔、裂缝并存，I/S混层比为28～41（平均35.4）；西山窑组以裂缝与残余次生孔为主，粒间溶孔次之，I/S混层比为26～44（平均31.67），石英次生加大也由Ⅱ级进入Ⅲ级，自上而下伊利石含量基本稳定。虽然孔隙类型和自生矿物上已反映出具有晚期B阶段的特征，但镜质组反射率R_o值井底最高值仅0.69%～1.03%。因此，综合判断中侏罗统定为A阶段为宜。

丘陵构造带（代表井陵深1井）。该构造带三间房组、西山窑组仍在晚期A阶段，次生孔隙发育，而八道湾组可能已进入晚成岩B阶段。西山窑组下部（3450m）R_o值为1.3%，孢粉的热变指数3.4～3.6；八道湾组4130m的R_o值已达1.6%，孢粉的热变指数3.6～4.1，石英次生加大为Ⅲ级，而且向下孔隙很差，由此可见，井底八道湾组已达到晚成岩期B阶段。位于同一构造带上的台参1井在进入三工河组时，自生矿物中出现了大量的白云石、铁白云石与菱铁矿，I/S值也显示出超点阵有序混层的特征，八道湾组孢粉颜色也由浅棕色转换为棕色，热变指数也达到3.9，因此也可以认为该构造带中侏罗统为晚期A阶段，而下侏罗统已进入晚成岩期B阶段。

温吉桑构造带（代表井丘东3井）。该构造带三间房组—三工河组仍处于晚成岩期A阶段。其孔隙构成由上向下溶孔逐渐占主导。三间房组次生孔隙占78%～90%，原生孔占10%～22%；西山窑组次生粒间溶孔和粒内溶孔占95%。虽然向下石英次生加大为Ⅲ级，长石次生加大为Ⅱ级，并见有生长很好的晶体，I/S混层比也偏小（最大15%），反映出晚成岩期B阶段的特点。但在3359m处（三工河组）测得的R_o值仅为0.61%和最大的孢粉热变指数仅为3.01，说明热成熟度仍然较低，总体分析三工河组尚未超过晚成岩A阶段。

葡北构造带虽然埋藏深度较大，但成岩作用阶段偏早，物性较好。事实上，其所在的台北凹陷西缘七泉湖—葡北—神泉—胜南—雁木西古弧形带基本都具有这样的成岩阶段特点，其中一个重要的原因是埋藏历史特点，属于早期缓慢埋藏、晚期快速深埋，早期在侏罗纪末急剧抬升并且巨厚的上侏罗统剥蚀殆尽，利于原生粒间孔的保存，同时也成为成岩流体和油气会聚的方向，有利于溶蚀次生孔隙的形成。与此不同的埋藏历史有渐进型，砂岩压实程度中—强，一般埋深3200～4000m孔隙已发育很差，储层性质明显较差，此类埋藏方式主要为胜北洼陷、丘东洼陷和小草湖洼陷。还有一种埋藏史类型为前期持续正常埋藏、后期抬升或停滞的，八道湾组、三工河组砂岩在侏罗纪末或白垩纪末已埋藏较深，现今埋深接近其最大埋深，2500～3200m孔隙发育已很差，储层性质明显较差，此类埋藏方式主要为温吉桑、红台—疙瘩台地区，其次是北部山前带。

（3）三堡凹陷侏罗系储层成岩演化阶段。

三堡凹陷侏罗系储层成岩作用比较特殊，主要表现在侏罗系埋藏浅（2300m以上），但岩石都十分致密，砂岩孔隙度异常偏低，孔隙度仅有3.0%～5.0%。分析其原因主要有以下两点：① 储层岩屑中火山岩含量高，抗压能力差；② 储层曾经经历过较大的埋深，根据哈2、哈3井埋藏史恢复，侏罗系底最大埋深曾经达到3800m以上，这又大大增加了压实程度。根据计算，压实作用使三堡凹陷侏罗系储层降低的孔隙度可达30%左右。各井成岩阶段具体划分如下：哈2、哈3井西山窑组处于早成岩B期，三工河组—八道湾组处于晚成岩A_1亚期；哈参1井西山窑组、三工河组—八道湾组都处于早成岩B期；三堡1井三工河组—八道湾组处于晚成岩A_1亚期。

3）构造破裂作用对储层物性的影响

侏罗纪以来，博格达山持续抬升至今，吐哈盆地经历了侏罗纪末、白垩纪末、新近纪—第四纪三期大的南北向挤压构造运动，有利于裂缝的形成，对于烃源条件具备但储层物性致密的领域，这些裂缝的产生成为油气成藏、具备有效产能的重要前提。

构造运动使断裂带、构造带及其高部位容易产生裂缝，裂缝的形成为已经较致密的砂岩层提供地层水的流动通道，促使碎屑颗粒的溶蚀，为颗粒溶蚀型储层的形成提供条件。铸体薄片分析表明，裂缝对应的岩心段粒内溶孔是面孔率的主要贡献者，说明裂缝对颗粒的溶蚀是具有较大贡献的。而裂缝的发育区常常位于古构造的高部位，古构造的高部位受到挤压应力较强，易于形成裂缝，且古构造高部位是地层流体运移的优势区，这就更加促使了颗粒溶蚀的发生。

对于北物源沉积体系、凹陷中央、中—下侏罗统水西沟群较深层位的储层，一般物性都比较致密。但裂缝的产生使这些领域形成了油气藏。例如，萨克桑西山窑组属于典型的北物源扇三角洲沉积体系，其中砂砾岩储层致密，但形成了裂缝—孔隙油藏；凹陷中央的温吉桑构造带、丘陵构造带西段（巴喀）等中—下侏罗统水西沟群储层致密，也发现了油气藏。

二、白垩系及古近系储层

1. 白垩系储层

白垩系主要储层段为下白垩统三十里大墩组，是台北凹陷西部包括神泉、火焰山、红连和胜北等构造带的重要储层。连木沁构造带储层类型为滨湖相的厚层块状细砂岩，岩性纯，砂层厚度大，连2井该套砂体厚度达340m，单砂层最大厚度达150m。向西至神泉油田和雁木西油田储集体类型相变为滨浅湖滩砂，岩性仍以细砂岩为主，但砂体、砂层厚度大大减薄，神泉油田三十里大墩组砂层以薄层状夹于泥岩之中，砂层累计厚度不超过30m，单砂层厚度1.0～8.5m，平均厚度2.5m。

储层岩石矿物成熟度和成分成熟度极低—中等，结构成熟度低—中，成岩强度较弱—中等，砂岩中各碎屑成分含量变化大，石英含量7%～37%，长石含量5%～31%，岩屑含量35%～89%；颗粒分选差—好，磨圆度呈次棱—棱角状，颗粒间以点接触为主，其次为点—线接触。杂基和胶结物含量的稳定性较差，尤其是杂基含量的变化较大，反映出沉积物沉积时水动力条件变化较明显。

储层储集类型为孔隙型，储集空间以剩余原生粒间孔为主，其次为粒内溶孔及构造缝。剩余粒间孔面孔率0～6.1%，平均3.1%，溶蚀粒内孔面孔率0%～0.4%，平均0.3%，构造缝面孔率0～1.5%。剩余粒间孔及溶蚀粒内孔中多充填方解石、方沸石，堵塞孔隙与喉道，降低了储层渗透性；由于储层埋藏浅，物性、孔喉结构均较好。

胜北洼陷及其周围白垩系储层平均孔隙度17.5%～26.4%，平均渗透率36.4～189.8mD，主要属于中孔、中渗储层；排驱压力一般小于1.0MPa，最大连通孔喉半径一般小于1.5μm。物性与岩性密切相关，总体表现为由砂砾岩到细砂岩粉砂岩，物性逐渐变好。

2. 古近系储层特征

古近系鄯善群是台北凹陷西部浅层的重要储层，其岩性以滨湖亚相的粉细砂岩为主，底部常发育砂砾岩储层，厚度一般 30～50m，由南向北略有变薄，泥质含量逐渐增加。

储层岩石矿物成熟度和成分成熟度低—高，结构成熟度低—高，成岩强度较弱。储层岩石类型为长石岩屑砂岩，岩石成分含量变化较大，可能是由于在干旱条件下不连续的水动力所造成。石英含量 16%～63%，长石含量 7%～34%，岩屑含量 8%～76%；杂基和胶结物含量均较高，杂基主要为含铁泥土、黏土，胶结物为碳酸盐胶结物和膏盐等；碎屑颗粒分选中—差，从下向上分选性变好，磨圆度为次棱角状，孔隙式胶结，点接触，储集空间以原生粒间孔为主。

储层物性变化大，孔隙度一般 12.0%～28.0%，渗透率一般 0.32～640mD，主要属于中—高孔、中—高渗型储层。其中，神泉油田孔隙度平均 22%，渗透率平均 169mD；雁木西油田孔隙度平均 22%，渗透率平均 20.2mD。孔喉结构好，有效孔喉半径主要分布于 0.1～10.0μm，具有一定量的大孔喉，有效孔隙体积占总孔隙的 50%～70%。孔隙喉道形态多呈点状，喉道大小以中细喉道为主、细喉道其次。

第六章 油气田水文地质

吐哈盆地油气主要分布于中侏罗统、三叠系等，区域性盖层条件好，总体受地表水影响小。在台北凹陷沉降主体区，地层水主要以压实离心流为主，靠近北部山前等部位有渗入水的影响；油田水水型绝大多数为 $CaCl_2$ 型和 $NaHCO_3$ 型，靠近北部山前以 $NaHCO_3$ 型为主，南部油气富集区多为 $CaCl_2$ 型。

第一节 区域水文地质

吐哈盆地远离海洋，是典型的大陆性气候。冬季严寒，夏季酷热，温差大，干旱少雨，蒸发量远远大于降水量。侏罗系、三叠系等主要层位油气藏几乎不受地表水影响。

一、吐哈盆地水资源

吐哈盆地水资源包括地表水和浅层地下水。

1. 地表水

吐哈盆地地表水均属内陆河系，绝大多数分布在盆地北缘，即博格达山—哈尔里克山南坡，主要河系共 30 条，单条河流年径流量 $0.04 \times 10^8 \sim 1.14 \times 10^8 m^3$，源近流短，流量受季节影响很大，河水一出山口便入渗戈壁。在吐鲁番市、哈密市开凿坎儿井将水从山前戈壁潜流引到中下游平原农业区的灌溉利用已有两千多年的历史。在盆地西部，主要河系向南流向西南部艾丁湖地势低洼区，艾丁湖有季节性湖水。

地表水的主要来源为高山积雪融水和山区降水，同时在盆地平原区分布少量由泉水形成的地表水。盆地地表水年径流总量约为 $14.57 \times 10^8 m^3$。

在盆地中西部，由于盆地中央部位火焰山逆冲带抬升，形成以泉为源头的火焰山水系，并继续向南运流，其水量均为水资源的重复量。

2. 潜水与浅层承压水

1）盆地东部

了墩隆起以东的水文地质条件较简单，地下水赋存条件良好，地下水资源分区如下：

（1）补给区。主要分布于北部山前一带，地下水的来源主要是冰雪融水和一部分降水。含水层主要是上古生界基岩裂隙，部分为构造裂隙。水资源量约 $0.95 \times 10^8 m^3/a$。

（2）径流区。分布于北部的倾斜平原地区，是地下水的径流区。含水层主要为第四系砂砾石潜水和新近系孔隙裂隙水，地下水资源量约为 $0.95 \times 10^8 m^3/a$。

（3）排泄区。主要分布在南部的土质平原地带，排泄方式主要为蒸发，水质较差。含水层主要为第四系砂、含砂土的潜水和浅层承压水以及下伏新近系孔隙、裂隙水。

总体上，矿化度由北向南逐渐增大，大部分地区矿化度小于 1g/L，水化学类型为

Na–Ca–HCO$_3$ 型和 Na–Ca–SO$_4$–HCO$_3$ 型。大部分为良好的生活用水和工农业用水。

2）盆地西部

盆地西部地下水系统规模大，条件多变，承压水与潜水共存，水文地质条件较复杂。根据盆地结构和地下水的赋存条件，将地下水以火焰山为界分为北部和南部两大系统。

（1）北部地下水。分布在火焰山以北的倾斜平原区。含水层主要是第四系冲洪积砂砾石，局部为含砂土和新近系孔隙裂隙。北部地下水系统具有良好的补给径流条件，北部山前一带为主要补给区，山前倾斜平原为径流区，排泄区主要分布在靠近火焰山隆起的一带地区，排泄方式以人工开采、浅埋深地下水蒸发为主，同时也以泉水排泄和河谷潜流补给火焰山以南。

北部地下水水化学类型一般为 Na–Ca–SO$_4$–HCO$_3$ 和 Na–Ca–HCO$_3$ 型。大部分地区水质良好，矿化度小于 1g/L，在地下水的排泄区或浅埋区，水质有所恶化，矿化度为 1~3g/L。

（2）南部地下水。分布在火焰山以南的以艾丁湖为中心的封闭区内。地下水主要赋存于冲积砂砾层、含砂土中。地下水的补给主要为通过火焰山构造缺口而来的北部侧向径流、人工渠系渗漏和南部及西部山区的河系渗漏。排泄方式在主要农业区为人工开采，而在艾丁湖等浅埋区主要以蒸发为主，以至形成以艾丁湖为代表的盐渍沼泽。南部地下水水质在靠近火焰山及西部山区等补给区的地带较好，矿化度小于 1g/L，向艾丁湖方向逐渐恶化，由淡水逐渐过渡到咸水直至盐卤水。

盆地西部地下水总补给量为 $13.70 \times 10^8 m^3/a$，天然资源为 $7.79 \times 10^8 m^3/a$，允许开采量为 $7.71 \times 10^8 m^3/a$，考虑回渗补给量则允许开采量为 $10.17 \times 10^8 m^3/a$。盆地西部地下水资源的时空分布极不均匀，开发利用相对集中，并经过多次转化及重复利用，供用水矛盾比较突出。

二、油田水基本特点

1. 油田水基本性质

吐哈盆地已发现油气主要分布于台北凹陷及其邻近地区的侏罗系、三叠系等。台北凹陷油田水具有典型的陆相沉积地层水特征。油田水地表密度多为 1.01~1.05g/cm^3，颜色多为微黄色—无色透明，pH 值多为 6~8。

油田水按苏林分类，则以 CaCl$_2$ 为主，其矿化度多为 15~205g/L，主要分布于台北凹陷南部和凹陷中心；NaHCO$_3$ 型油田水分布较广，其矿化度多在 0.2~4.1g/L 之间，多分布于台北凹陷北部，靠近凹陷中心走滑断裂发育等部位也有（如丘陵油田、胜北油田等）；Na$_2$SO$_4$ 型水与 MgCl$_2$ 型水很少，主要集中在火焰山—七克台断褶带的地层中（李伟，1994）。

油田水中不仅有丰富的无机盐及微量元素，而且还溶解了较多的有机物，如烃类、有机酸、苯、酚和多环芳香烃化合物等。

1）油田水水溶气态烃特点

烃类气体在水中的溶解度随烃类碳数的增加而减小（表 2–6–1），甲烷含量是反映油田水与油气藏关系最灵敏的参数，与非油田水相比，其含量升高最明显。

表 2-6-1　吐哈盆地台北凹陷油田水水溶气组分含量数据表

井号	层位	C_1/ μL/L	C_2/ μL/L	C_3/ μL/L	iC_4/ μL/L	nC_4/ μL/L	iC_5/ μL/L	nC_5/ μL/L	C_2—C_5/ μL/L	C_3—C_4/ μL/L	备注
胜101	J_2q	3165	852	503	121	169	89	74	1808	793	含油水层
台10	J_2q	4197	1607	781	173	151	89	45	2846	1105	水层有油花
温1	J_2s	1716	368	149	72	96	132	78	895	317	油气水同出
温西1	J_2s	1386	974	620	125	120	42	19	1900	865	油水同层
陵9	J_2s	264	36	27	15	11	18	14	121	53	水层
陵25	J_2s	2004	872	632	192	203	117	86	2102	1027	含油水层

按照刘崇禧对油田水气态烃含量分类，C_3+C_4 大于 100μL/L 为高烃类，10～100μL/L 为中烃类，小于 10μL/L 为低烃类；油田水中轻烃含量高，且高烃类型油田水与油气同层，中烃类型油田水远离油气。

台北凹陷油田水水溶气含量大都为高烃类，一般 317～1027μL/L（仅陵 9 井为 53μL/L）。含油水层或含水油层中的油田水，C_1—C_3 的含量都很高；含气水层仅 C_1 含量较高；纯水层的各种烃类含量都很低。

2）油田水芳香烃组分特征

油田水中不仅含有苯及其同系化合物，还有酚类及多环芳香烃化合物。

台北凹陷油田水的苯系化合物含量较高（表 2-6-2），总量可达 8.529mg/L，一般为 0.534～6.182mg/L，其中，甲苯及苯的含量相对较高，陵 9、陵 25 井中还检测出较多的乙苯。

表 2-6-2　吐哈盆地台北凹陷油田水酚及苯类化合物含量数据表

井号	层位	苯/ mg/L	甲苯/ mg/L	乙苯/ mg/L	1-甲基-2乙基苯/ mg/L	三甲基苯/ mg/L	苯系/ mg/L	酚/ mg/L	备注
胜101	J_2q	1.971	2.497	—	0.045	0.374	6.182	1.115	含油水层
台10	J_2q	0.243	0.589	—	0.057	0.026	1.209	0.280	水层有油花
温1	J_2s	0.505	0.721	—	0	0.005	1.755	1.050	油气水同出
温西1	J_2s	0.344	0.039	—	0.0001	0.002	0.534	0.810	油水同层
陵9	J_2s	0.050	0.109	1.037	0.025	（丙苯）0.793	2.025	0.110	水层
陵25	J_2s	1.501	4.037	1.836	0.0005	0.001	8.529	0.245	含油水层

含油气地层水具有较高酚含量，多大于 0.25mg/L，显示出油田水与油气关系密切。不含油气地层水酚含量很低。

陵 9 井水样中检测出乙苯含量为 1.037mg/L，是苯含量的 20 倍以上，甲苯含量的 10 倍以上，说明陵 9 井曾经含油，但后期散失。

3）油田水有机酸特征

台北凹陷油田水中的低碳脂肪酸随碳数增加，含量减少。甲酸含量多为 18～140μg/g，乙酸含量多为58～221μg/g，丙酸含量12～76μg/g，丁酸含量5～14μg/g，戊酸4～12μg/g。

甲酸含量偏低，与其挥发性强有关。油田水中的双元低脂肪酸也有此特征，乙二酸含量多为58～163μg/g，丙二酸6～137μg/g，丁二酸2～33μg/g，戊二酸含量2～25μg/g。总单元酸比总双元酸含量略高。

台北凹陷凝析油气藏油田水中的低脂肪酸含量比油藏高。凝析油气藏地层水的低脂肪酸含量较高，为629μg/g；油藏地层水中的低脂肪酸含量多为329～580μg/g，平均444μg/g。

2. 油田水化学剖面

由于吐哈盆地西部托克逊凹陷、东部的哈密坳陷采集水样少，涉及层位少，对于区带水性规律研究来说不具备代表性，于是主要介绍油气分布的主体——台北凹陷及其周缘水化学剖面特点。

台北凹陷及其周缘从二叠系到古近系均有油气藏发现。总体上，下部的二叠系—中侏罗统水矿化度变化范围相对较小，但西部矿化度大于中东部；向上部的白垩系、古近系变化较大。由此明显分化出两类水化学剖面：西部负向水化学剖面和中东部正向水化学剖面（图2-6-1）。前者以台北凹陷西缘葡北—雁木西古弧形带、西南缘鲁克沁为代表；后者以台北凹陷中心的西部胜北构造带、中部鄯善弧形带、东部红台—疙瘩台为代表。

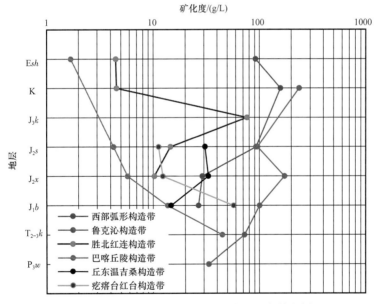

图 2-6-1 吐哈盆地台北凹陷油田水矿化度散点剖面

1）负向水化学剖面区

典型代表是西部弧形带（葡北—神泉—吐鲁番—雁木西），自古近系向下侏罗统，地层水矿化度具有由大逐渐变小的趋势。地层水矿化度整体较高，地层水矿化度中值由古近系—白垩系的91.75～158.21g/L向侏罗系减小到26.62～92.95g/L（表2-6-3）；地层水水型均为CaCl₂型；从水中Na⁺与Cl⁻的毫克当量比值（r_{Na}/r_{Cl}）平均值看，自古近系到侏罗系为0.86～0.98，地下水变质程度高，地层封闭性整体均好（表2-6-4）。

表 2-6-3 吐哈盆地台北凹陷油田油水矿化度统计表

项目	西部弧形带		鲁克沁		胜北、红连		巴喀、丘陵、鄯善		丘东、温吉桑		疙瘩台、红台	
	样品个数	矿化度/g/L	样品个数	矿化度/g/L	样品个数	矿化度/g/L	样品个数	矿化度/g/L	样品个数	矿化度/g/L	样品个数	矿化度/g/L
Esh	13	11.76~183.83 (91.75)	—	—	3	3.42~5.55 (4.48)	3	1.29~2.08 (1.69)	—	—	—	—
K	17	68.43~247.01 (158.21)	1	235.54	13	1.18~40.03 (4.56)	—	—	—	—	—	—
J$_3$$k$	—	—	—	—	33	11.17~280.37 (76.20)	—	—	—	—	—	—
J$_2$$s$	59	11.04~337.71 (92.95)	13	8.67~176.74 (95.57)	21	5.23~272.62 (14.51)	89	1.33~29.47 (4.26)	79	6.89~121.77 (30.66)	53	1.28~103.96 (11.24)
J$_2$$x$	3	11.04~46.76 (28.90)	5	12.10~176.74 (171.91)	5	5.48~16.26 (10.26)	45	2.22~21.02 (5.75)	27	9.99~120.63 (33.12)	39	1.50~77.83 (12.31)
J$_1$$b$	9	6.60~165.71 (26.62)	3	84.95~114.87 (99.91)	—	—	15	6.02~46.83 (13.62)	11	10.54~20.81 (14.74)	3	54.23~59.83 (57.03)
T$_{2+3}$$k$	—	—	35	24.85~209.89 (71.81)	—	—	3	19.00/65.28 (44.70)	—	—	—	—
P$_3$$w$	—	—	17	3.86~328.37 (33.25)	—	—	—	—	—	—	—	—

① 矿化度数值含义为"最小值~最大值（均值）"。

表 2-6-4　吐哈盆地台北凹陷油田水 r_{Na}/r_{Cl} 统计表

项目	西部弧形带		鲁克沁		胜北、红连		巴喀、丘陵、鄯善		丘东、温吉桑		疙瘩台、红台	
	样品个数	r_{Na}/r_{Cl}	样品个数	r_{Na}/r_{Cl}	样品个数	r_{Na}/r_{Cl}	样品个数	r_{Na}/r_{Cl}	样品个数	r_{Na}/r_{Cl}	样品个数	r_{Na}/r_{Cl}
Esh	13	0.75~0.93 (0.86)	—	—	3	1.04~1.44 (1.24)	3	0.78~1.68 (1.24)	—	—	—	—
K	17	0.71~0.96 (0.90)	1	0.89	13	0.87~1.47 (1.12)	—	—	—	—	—	—
J_3k	—	—	—	—	33	0.02~0.96 (0.81)	—	—	—	—	—	—
J_2s	59	0.77~1.00 (0.93)	13	0.69~0.87 (0.81)	21	0.02~1.80 (1.01)	89	0.46~10.7 (2.06)	79	0.02~1.15 (0.81)	53	0.49~2.87 (1.15)
J_2x	3	0.97~1.00 (0.98)	5	0.85~0.87 (0.86)	5	0.72~1.80 (1.28)	45	0.50~6.13 (1.67)	27	0.34~1.00 (0.81)	39	0.52~2.87 (1.16)
J_1b	9	0.71~0.96 (0.86)	3	0.66~0.81 (0.73)	—	—	15	0.52~7.44 (1.74)	11	1.00~1.21 (1.10)	3	0.70~0.80 (0.75)
$T_{2+3}k$			35	0.48~0.98 (0.77)	—	—	3	0.73~2.40 (1.19)	—	—	—	—
P_3w			17	0.06~0.90 (0.57)	—	—	—	—	—	—	—	—

① r_{Na}/r_{Cl} 数值含义为"最小值~最大值（平均值）"。

另一个典型的负向水化学剖面在鲁克沁构造带。鲁克沁构造带地层水矿化度整体也较高，自白垩系向前侏罗系，地层水矿化度具有由大逐渐变小的趋势，地层水矿化度中值由白垩系的235.54g/L，逐渐降低到三叠系的71.81g/L，以及二叠系梧桐沟组的33.25g/L；地层水水型均为$CaCl_2$型；r_{Na}/r_{Cl}平均值为0.57～0.86，地下水变质程度高，地层封闭性整体均好。

2）正向水化学剖面区

（1）胜北—红连地区。该区地层水矿化度自古近系向中侏罗统，整体具有由小变大的趋势。地层水矿化度中值在古近系为4.48g/L，白垩系4.56g/L，喀拉扎组76.2g/L，三间房组14.51g/L，西山窑组10.26g/L。r_{Na}/r_{Cl}平均值范围0.81～1.28，变质程度较高，$CaCl_2$与$NaHCO_3$型地层水共存。

（2）丘陵构造带。丘陵构造带地处凹陷腹地，地层水矿化度整体较低。自古近系向前侏罗系，具有由小逐渐变大的趋势，侏罗系矿化度中值为4.26～13.62g/L；克拉玛依组44.7g/L。r_{Na}/r_{Cl}相对偏高，古近系0.78～1.68，三间房组0.46～10.7，西山窑组0.50～6.13，八道湾组0.52～7.44，克拉玛依组0.73～2.40。水型在北部的丘陵、巴喀以$NaHCO_3$型水为主，南部的鄯善油田以$CaCl_2$为主。

（3）疙瘩台—红台构造带。该构造带地层水矿化度中等，油气分布于侏罗系中，侏罗系地层水矿化度向深部层系有变大的趋势。同时，北东部位的红台地区地层水矿化度偏低，偏向南面斜坡高部位的疙瘩台矿化度较高，水型以$CaCl_2$与$NaHCO_3$共存为特点。

（4）温吉桑构造带。该构造带地层水矿化度中等，自三间房组向西山窑组有逐渐变大的趋势，但整体上变化范围小。北部的丘东、米登地层水矿化度较低，南部斜坡与高部位矿化度较高；r_{Na}/r_{Cl}平均值为0.81～1.10，变质程度较高，封闭条件好；$CaCl_2$型与$NaHCO_3$型地层水共存。

3）两种水化学剖面差异的主要原因

形成两种不同趋势水化学剖面的主要原因在于浅层白垩系、古近系沉积环境在平面上的差异性较大。

在侏罗纪时期，气候温暖湿润，整个台北凹陷沉降主体涵盖范围广，自东部的红台一直到西部的葡北古弧形带，湖盆水体较深较广，古盐度低。但是，侏罗纪末之后，沉降中心向西、向南迁移，湖盆萎缩，白垩纪湖盆中心在西部胜北洼陷附近，古近纪的湖盆中心则在西南部的现今火焰山一带。同时，由于侏罗纪末之后，气候逐渐向干旱转变，封闭湖盆中心的盐度较高，因此西南部的白垩系、古近系沉积时的古盐度就比较高，导致西南部的浅层白垩系、古近系地层水矿化度高于侏罗系，形成反向水化学剖面。

3. 盆地地下水结构

吐哈盆地油田水性质及其与地表水（含潜水、泉水）的明显差异表明，主要油层层位封闭性较好，绝大多数地区受地表水的影响很小，仅北部山前以及切穿地表的断裂受地表水的影响较明显。

结合地层结构、储层格架，吐哈盆地台北凹陷侏罗系—第四系地下水具有三层结构（图2-6-2）。

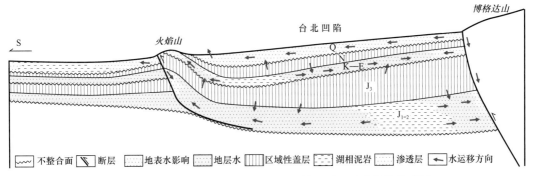

图 2-6-2　吐哈盆地台北凹陷侏罗系—第四系地层水结构模式图

1）第四系潜水

台北凹陷第四系整体为砾石、沙砾覆盖，以膏盐发育的下伏新近系桃树园组为底板隔层，形成台北凹陷广泛的潜水层，供水区为北部山前雪山融水，泄水区在南部火焰山逆冲带一线。

2）白垩系、古近系压实离心流

新近系桃树园组湖相泥岩、膏盐分布较广，成为白垩系、古近系地下水的顶部隔板。

古近系、白垩系以北物源沉积体系为主，南物源沉积体系范围较小，南、北沉积体系砂体之间为湖相泥岩非渗透区或者弱渗透区。受此影响，台北凹陷主体区地层水以压实离心流为主，北部山前有地表水渗入形成局部重力流。

3）侏罗系压实离心流

上侏罗统发育区域性巨厚泥岩盖层，封闭性好，中—下侏罗统形成独立水动力单元：储层主要为南物源沉积体系砂体，北物源沉积体系砂体范围小；南、北沉积体系砂体之间为湖相泥岩成岩作用较强的非渗透区，受此影响，侏罗系主要为压实离心流；靠近北部山前可有地表水渗入形成局部重力流，但主要影响北物源沉积体系；南物源沉积体系在凹陷南缘逆冲带受到地表水的影响形成局部重力流。重力流区与离心流区交汇地带为阻滞区。

值得注意的是，有的南物源沉积体系砂体北缘所在的部位，因靠近北部山前冲断抬升带，例如鄯善弧形带西部巴喀—丘陵段，有直通地表的断裂带沟通凹陷北部的地表水，部分受到了地表水渗入的影响，在南物源沉积体系北部形成了局部重力流。

第二节　油田水化学平面特点

总体上，盆地北部边缘为大气水下渗—向心流淡化区，中央凹陷带各洼陷区为泥岩压实排水—离心流区，盆地南部则为越流—蒸发泄水区，现阶段整个盆地处于压实流—重力水流阶段（王建荣等，1997），影响了油田水化学特点。

一、油田水化学平面特点

中—下侏罗统、三叠系等重点含油层系的地层水矿化度在平面上的变化趋势基本一致，具有北低南高、东低西高的总体特征。盆地北部边缘局部地区，由于大气水下渗作用影响的参与，降低了油田水的矿化度。

1. 古近系油田水化学平面特点

古近系地层水矿化度实验数据局限于西部弧形带、红连斜坡区、北部山前鄯勒构造带和丘陵构造带，平面上具有西高东低、南高北低的特征（图2-6-3），总体受到沉积时古盐湖中心位于西南部的影响。

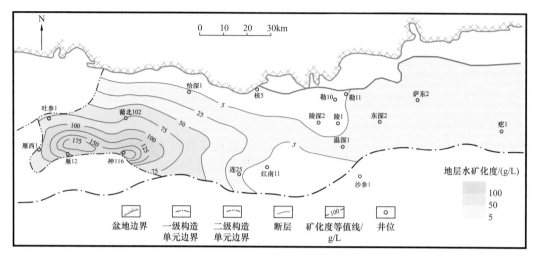

图2-6-3　吐哈盆地台北凹陷古近系地层水矿化度等值线平面分布图

胜北洼陷和西部弧形构造带均为 $CaCl_2$ 型水。在西部弧形带，地层水矿化度自北向南明显升高，由北部的七泉湖—玉果地区向中部的葡萄沟地区，矿化度由11g/L升高至75g/L，r_{Na}/r_{Cl} 值在0.97左右；向南到胜南—雁木西地区，矿化度最高可达183.8g/L，r_{Na}/r_{Cl} 值为 0.79～0.97。红连、丘陵、鄯勒地区以 $NaHCO_3$ 型水为主，矿化度为 1.2～6.0g/L，r_{Na}/r_{Cl} 值分别在 1.04～1.44、0.78～1.68、1.05～1.51 之间。

2. 白垩系水化学平面特点

数据集中分布于胜北洼陷及其周缘，自东北向西南，地层水矿化度逐渐升高（图2-6-4）；除红连斜坡区以 $NaHCO_3$ 型地层水为主以外，其西南方向均为 $CaCl_2$ 型水。

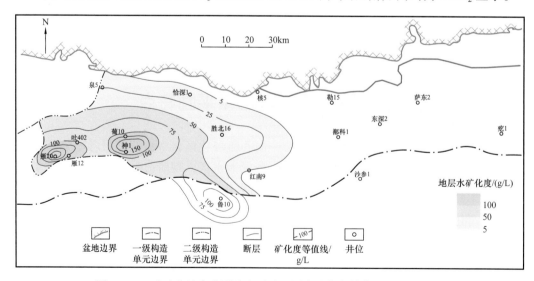

图2-6-4　吐哈盆地台北凹陷白垩系地层水矿化度等值线平面分布图

红连地区地层水矿化度为 1.2～5.6g/L，r_{Na}/r_{Cl} 值为 0.88～1.48。向西至胜北构造带，矿化度升高至 22.0～40.0g/L，r_{Na}/r_{Cl} 值为 0.90～0.94。向西南至雁木西—神泉—鲁克沁一线，地层水矿化度最高，其中，雁木西构造带矿化度最高达 247.0g/L，r_{Na}/r_{Cl} 值为 0.86～0.93；神泉地区矿化度最高 164.7g/L，r_{Na}/r_{Cl} 值为 0.71～0.97。

3. 上侏罗统喀拉扎组水化学平面特点

喀拉扎组地层水样品主要分布于胜北洼陷及其南缘红连斜坡区，喀拉扎组油气藏集中分布于该区。地层水矿化度为 11.2～280.4g/L，矿化度高值区位于胜北构造带南部（图 2-6-5）；水型均为 $CaCl_2$ 型水，地层封闭性好。其中，胜北构造带地层水矿化度为 20.72～280.4g/L，r_{Na}/r_{Cl} 值为 0.02～0.96；红连斜坡区地层水矿化度为 11.17～132.48g/L，r_{Na}/r_{Cl} 值为 0.35～0.96。

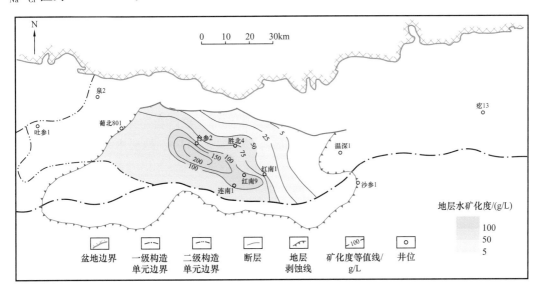

图 2-6-5　吐哈盆地台北凹陷上侏罗统喀拉扎组地层水矿化度等值线平面分布图

4. 中侏罗统三间房组水化学平面特点

中侏罗统水样多，实验数据丰富，西部弧形带—鲁克沁构造带、温吉桑构造带、疙瘩台—红台构造带为三个地层水矿化度相对高值区，具有北低南高的典型特征（图 2-6-6）。

北部山前地层水矿化度一般小于 10g/L。

在胜北洼陷及其周缘，胜北构造带北部、红连构造带北部一带矿化度为 10～30g/L，r_{Na}/r_{Cl} 值为 0.83～1.80，以 $NaHCO_3$ 型水为主，其次为 $CaCl_2$ 型水；向南到葡萄沟构造带、胜北构造带南部地区，为 $CaCl_2$ 型水，矿化度升高，一般为 34～90g/L，r_{Na}/r_{Cl} 值为 0.87～0.99。地层水矿化度高值区位于南部的雁木西—神泉—鲁克沁一带，其中，雁木西地区最高 245.2g/L，r_{Na}/r_{Cl} 值为 0.86 左右；神泉地区最高 338g/L，r_{Na}/r_{Cl} 值为 0.86～0.96；鲁克沁地区最高 176g/L，r_{Na}/r_{Cl} 值为 0.69～0.87。

丘东洼陷及其周缘，由西北部的巴喀地区向东南部的温吉桑地区，地层水矿化度逐渐升高。其中，巴喀—丘陵—鄯善—鄯勒一带矿化度一般小于 10g/L，水型均为 $NaHCO_3$ 型水，r_{Na}/r_{Cl} 值为 1.02～10.70。向南东方向，丘东—温吉桑构造带矿化度明显升高，最

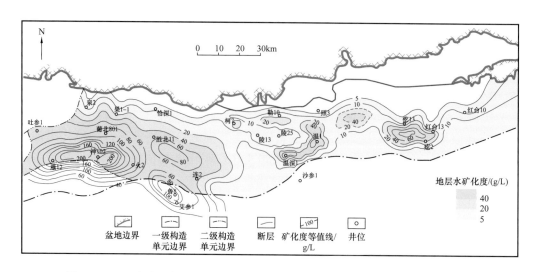

图 2-6-6 吐哈盆地台北凹陷中侏罗统三间房组地层水矿化度等值线平面分布图

高可达 60g/L 以上，r_{Na}/r_{Cl} 值为 0.02～1.15，主要为 $CaCl_2$ 型水，其次为 $NaHCO_3$ 型水。

在小草湖洼陷及其周缘，红台构造带北部水型均为 $NaHCO_3$ 型，地层水矿化度为 1.5～20.8g/L，r_{Na}/r_{Cl} 值为 1.04～2.87；红台构造带南部、疙瘩台主体构造带以 $CaCl_2$ 型水为主，地层水矿化度为 1.2～103.9g/L，r_{Na}/r_{Cl} 值为 0.49～0.99。地层水高值区位于疙瘩台北面靠近洼陷部位，最高达 104g/L，r_{Na}/r_{Cl} 值 0.73。

5. 中侏罗统西山窑组水化学平面特点

西山窑组地层水样品主要集中分布于台北凹陷西部弧形带的葡北—玉果地区、巴喀—丘陵—鄯善—温吉桑地区和疙瘩台—红台构造带，矿化度总体具有北低、南高的趋势（图 2-6-7）。

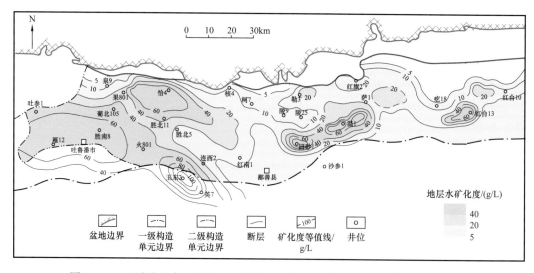

图 2-6-7 吐哈盆地台北凹陷中侏罗统西山窑组地层水矿化度等值线平面分布图

在胜北洼陷及其周缘，西北缘的七泉湖地区矿化度小于 10g/L；西缘的葡北—玉果地区矿化度为 8～46g/L，r_{Na}/r_{Cl} 值为 0.70～1.44，有 $CaCl_2$ 和 $NaHCO_3$ 两种水型，以 $CaCl_2$ 型水为主；洼陷中心矿化度一般为 30～70g/L；东南缘的红连斜坡区矿化度为

5～16g/L，均为 NaHCO$_3$ 型水，r_{Na}/r_{Cl} 值为 1.22～1.80。

在丘东洼陷及其周缘，西北部的巴喀—丘陵地区 CaCl$_2$、NaHCO$_3$ 型水并存，CaCl$_2$ 型水矿化度为 5.5～21.0g/L，r_{Na}/r_{Cl} 值为 0.50～0.98；NaHCO$_3$ 型水矿化度为 9.6～13.1g/L，r_{Na}/r_{Cl} 值为 1.15～6.13。北部的鄯勒地区也为 NaHCO$_3$ 型水，矿化度略高于巴喀—丘陵地区，为 2.2～21.4g/L，r_{Na}/r_{Cl} 值为 1.01～14.94。向南到丘东—温吉桑地区地层水矿化度升高，为 9.9～120.6g/L，r_{Na}/r_{Cl} 值为 0.34～0.99，均为 CaCl$_2$ 型水。

小草湖洼陷及其周缘，样品主要分布在红台构造带，CaCl$_2$、NaHCO$_3$ 型水并存。其中，CaCl$_2$ 型水主要分布在红台西部靠近洼陷部位，矿化度为 10.0～77.8g/L，r_{Na}/r_{Cl} 值为 0.52～1.00；NaHCO$_3$ 型水主要分布在红台东南部，矿化度为 1.5～20.8g/L，r_{Na}/r_{Cl} 值为 1.01～2.87。

6. 下侏罗统八道湾组水化学平面特点

八道湾组地层水样品主要分布在丘东洼陷及其周缘，胜北洼陷、小草湖洼陷样品较少。

在胜北洼陷及其周缘，七泉湖、葡北、胜北地区为 NaHCO$_3$ 型水，矿化度一般在 6～16g/L 之间（图 2-6-8），r_{Na}/r_{Cl} 值为 1.07～1.59；至南部雁木西—神泉—火焰山—鲁克沁一带达到地层水矿化度最高，均为 CaCl$_2$ 型水，一般在 20～60g/L 之间，r_{Na}/r_{Cl} 值为 0.66～0.95。

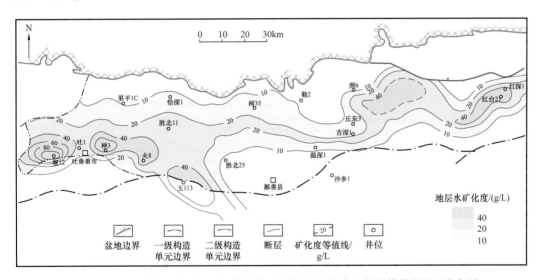

图 2-6-8　吐哈盆地台北凹陷下侏罗统八道湾组地层水矿化度等值线平面分布图

丘东洼陷及其周缘，地层水样品分布在巴喀、鄯勒、照壁山和丘东—温吉桑地区。其中巴喀—鄯勒地区矿化度为 6.0～46.8g/L，r_{Na}/r_{Cl} 值为 0.64～7.44，NaHCO$_3$、CaCl$_2$ 型水并存；红旗坎—照壁山地区为 NaHCO$_3$ 型水，矿化度为 7～29g/L，r_{Na}/r_{Cl} 值为 1.02～1.68；丘东—温吉桑地区地层水矿化度有所增加，在 10.5～20.8g/L 之间，r_{Na}/r_{Cl} 值为 1.00～1.21，为 NaHCO$_3$ 型水。

7. 中三叠统克拉玛依组水化学平面特点

克拉玛依组地层水样品集中分布在鲁克沁构造带（图 2-6-9）和丘陵—鄯善地区。

鲁克沁构造带均为 CaCl$_2$ 型水，矿化度为 24～210g/L，r_{Na}/r_{Cl} 值为 0.47～0.98；矿化

度高值区在中东部玉东 6—鲁 12—鲁 203—鲁 10 一线，矿化度为 105～210g/L，r_{Na}/r_{Cl} 值为 0.47～0.81。

丘陵—鄯善地区均为 $CaCl_2$ 型水，矿化度为 19～65g/L，r_{Na}/r_{Cl} 值为 0.52～0.75。

8. 上二叠统梧桐沟组水化学平面特点

二叠系梧桐沟组地层水样品集中分布在鲁克沁构造带，地层水矿化度为 13.8～122g/L，均为 $CaCl_2$ 型水，r_{Na}/r_{Cl} 值为 0.06～0.90。其中，东南部英也尔地区矿化度为 13.8～82.5g/L，r_{Na}/r_{Cl} 值为 0.12～0.90；西部吐玉克地区矿化度为 21.9～33.3g/L，r_{Na}/r_{Cl} 值为 0.06～0.63；北部玉北地区矿化度为 26.2～122g/L，r_{Na}/r_{Cl} 值为 0.32～0.83。

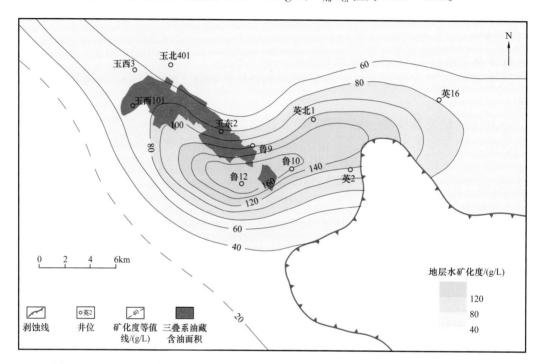

图 2-6-9　吐哈盆地库木鼻状凸起前缘中—上三叠统克拉玛依组地层水矿化度等值线图

二、油田水化学类型及其与油气保存的关系

在台北凹陷区，油田水水型有 $CaCl_2$ 型、$NaHCO_3$ 型、$MgCl_2$ 型、Na_2SO_4 型，但绝大多数为 $CaCl_2$ 型和 $NaHCO_3$ 型，总体上，凹陷北部以 $NaHCO_3$ 型为主，$CaCl_2$ 型主要分布于凹陷中心和凹陷南部（图 2-6-10）。油田水水型主要与地层封闭条件有关；凹陷南部正向构造带越流—蒸发泄水区易形成高矿化度 $CaCl_2$ 型水。

中侏罗统在凹陷中心埋深大，油气藏盖层厚度大，总体上受地表水影响小，水型以 $CaCl_2$ 型水为主，在台北凹陷中心有胜北洼陷、丘东洼陷、小草湖洼陷三个 $CaCl_2$ 型水分布区。胜北洼陷东部、南部、西部油田水水型均为 $CaCl_2$ 型；中北部有 $NaHCO_3$ 型呈条带状伸入洼陷中心，与近南北走向数条平移断层附近浅层水局部渗入有关。丘东洼陷中心及南部的丘东—温吉桑油气富集带水型主要为 $CaCl_2$ 型；西缘的丘陵油田水型主要为 $NaHCO_3$ 型，与丘陵背斜高点部位近南北中心的平移大断裂连通地表有关，有地表水渗入影响。在小草湖洼陷，洼陷中心和南部的疙瘩台水型主要为 $CaCl_2$ 型；洼陷东北部的

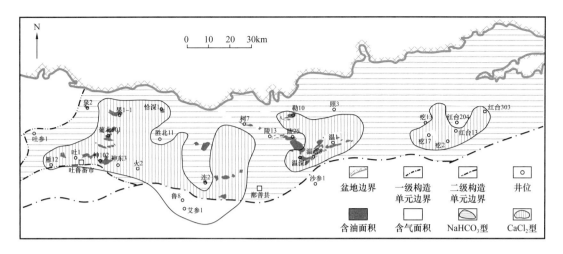

图 2-6-10　吐哈盆地台北凹陷中侏罗统地层水类型平面分布图

红台 1 号、红台 2 号构造因断裂规模较大，洼陷西部因发育近南北走向的草南平移大断裂，油田水水型均主要为 $NaHCO_3$ 型。

在凹陷北部，因靠近山前断裂带部位和盆地北缘大气供水区，有地表水渗入影响，油田水水型主要为 $NaHCO_3$ 型，矿化度也较低。凹陷南缘火焰山逆冲带上盘的胜金口油田，油藏层位为中侏罗统，构造受到强烈挤压抬升，构造埋深仅 200m，控制构造的断裂直通地表，地层封闭性差，受地表水影响严重，油田水多为 $CaCl_2$ 型，也有 $NaHCO_3$ 型、$MgCl_2$ 型及 Na_2SO_4 型，矿化度值区间大，为 10～78g/L。

在凹陷南部斜坡和东、西边缘的正向构造带，多属于地层水越流—蒸发泄水部位，地层水矿化度明显较高，并且以 $CaCl_2$ 型水为主。

在丘东洼陷南部的温吉桑构造带，于侏罗纪末开始形成，中侏罗统三间房组、西山窑组构造发育，埋深 2100～3100m，北深南浅。北部的丘东、米登为完整背斜构造，七克台组上段—齐古组巨厚泥岩盖层完整；南部的温吉桑、红胡等构造为断背斜、断鼻，七克台组上段—上侏罗统区域性盖层残余厚度相对较小。南部的温吉桑—红胡一带处于地层水越流—蒸发泄水主要部位，油田水矿化度较高；总体上，北部的总矿化度主要为 6～70g/L，南部的总矿化度为 23～99g/L。

在小草湖洼陷中南部的疙瘩台大型北倾鼻状构造，开始形成于侏罗纪末，中—上侏罗统区域性盖层发育；在构造高部位地层水越流—蒸发泄水区，油田水矿化度高于北部倾伏部位，如疙 17 井最高达 104g/L。

在胜北洼陷西缘的西部大型古弧形构造带，自三叠纪末开始发育，长期处于成岩流体会聚方向，中南部较高部位的神泉背斜—吐鲁番背斜—雁木西背斜一线为地层水越流—蒸发泄水主体部位，形成中侏罗统油田水矿化度高值区，最高可达 338g/L。

在库木大型鼻状凸起前缘的鲁克沁鼻状构造带，三叠系构造北西低、南东高，埋深 1800～3800m，上覆地层构造形变小；研究表明油气来自北面的胜北深洼区。在鼻状构造带北西低部位，三叠系油田水矿化度相对较低，约 52g/L；向南东方向的越流—蒸发泄水区，矿化度依次增高，至艾参 1 井附近，可高达 183g/L。

第三节　水动力场特征与油气运聚

吐哈盆地煤系烃源岩处于低成熟—成熟阶段，地层水是烃类运移的主要载体。在台北凹陷主体沉降区，中—下侏罗统等主要目的层封盖条件较好，各洼陷地层水以压实离心流为主，在离心流方向上的圈闭和区带，有利于油气藏和油气富集带的形成。

一、地下水动力场演化

地下水动力场与流体输导的储层格架、断裂有关，也与水文地质旋回、流体势场有密切的关系。

1. 水文地质旋回特征

吐哈盆地石炭纪末以来发生了六次大规模的构造运动，即海西晚期构造运动、克拉玛依期构造运动（印支早期）、印支晚期构造运动、燕山中期和晚期构造运动以及喜马拉雅期构造运动。这六次构造运动决定了盆地的六期主要水文地质旋回，即早二叠世、中晚二叠世、三叠纪、侏罗纪、白垩纪和古近纪，各旋回又进一步分为压榨水离心流阶段和大气水渗入阶段（图2-6-11）。沉积埋藏压实排水的压榨水离心流阶段大致相当于地层沉积阶段，而抬升剥蚀阶段导致大气水下渗向心流。

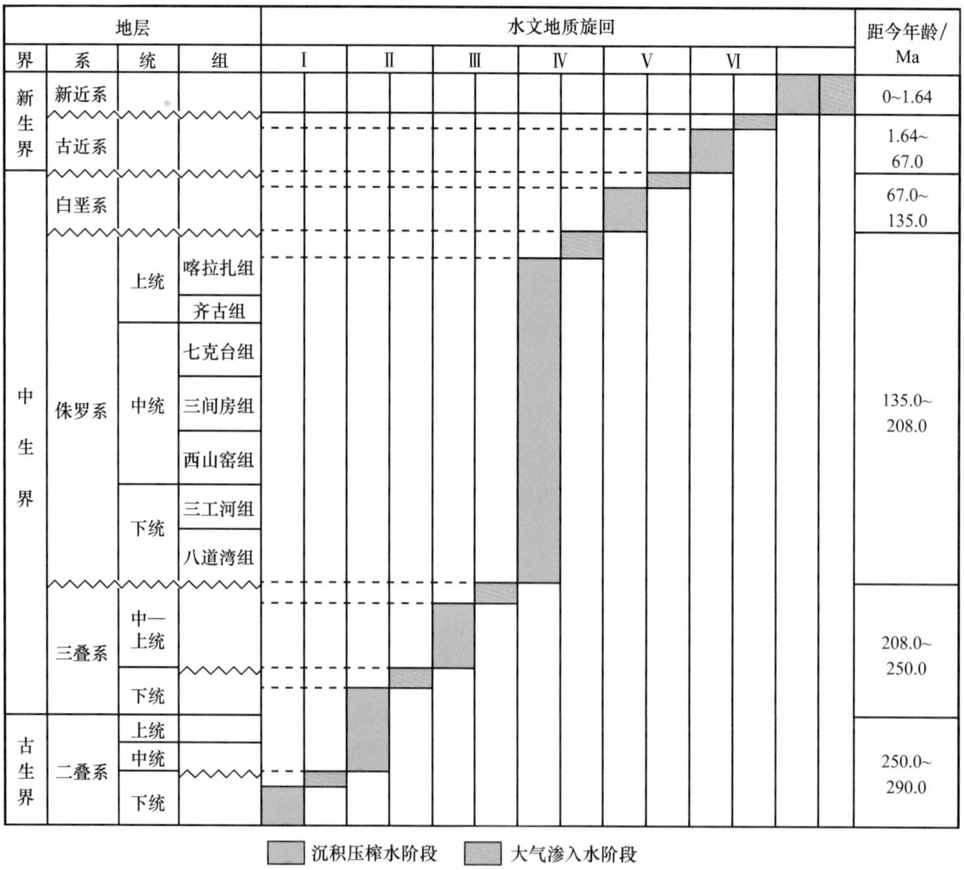

图 2-6-11　吐哈盆地水文地质旋回图

水文地质旋回的周期性决定了油气和泥岩压榨水运移、流动的阶段性，使油气从生烃中心往边缘阶段式运移，导致阶梯式或环带状分布的油气运移、聚集规律。

侏罗纪、白垩纪和古近纪吐哈盆地三次水文地质旋回时期，也是吐哈盆地侏罗系油气藏主要的成藏期，因此对吐哈盆地侏罗系油气藏的形成、保存有影响。但是，对于中—下侏罗统主力油层，由于七克台组上段—齐古组巨厚泥岩盖层保存一直比较完整，封盖性能好，地表水下渗影响小，长期以沉积压榨水离心流为主，有利于中—下侏罗统油藏的形成和保存。

2. 地层埋藏压实与离心流特征

中—下侏罗统泥（煤）岩的压实排水作用可以反映吐哈盆地侏罗系含油气系统中水动力场的基本特征，即离心流的性质和油气运移方向。在沉积至侏罗纪末时，其压出水水水头分布特征较简单，在博格达山前带的沉积中心带发育高值区，离心流的方向由凹陷中心呈放射状展布。燕山运动以后，盆地北部博格达山和盆地内部的局部构造带如丘陵—温吉桑构造带等的抬升，遭受剥蚀，同时沉积中心南移，凹陷分割成多个独立洼陷。在燕山期末和喜马拉雅期，离心流分割成分别以沉积洼陷为中心的不规则放射状流动特点，水动力体系也随之分化成以洼陷为中心，包括相邻的隆起或斜坡带的多个小的水动力体系，离心流中心区逐渐南移，并与现今构造面貌相匹配（图2-6-12）。

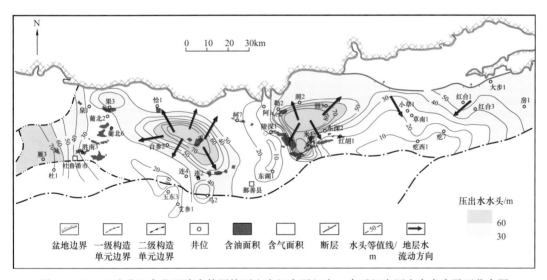

图2-6-12　吐哈盆地台北凹陷中侏罗统西山窑组白垩纪末—古近纪末压出水水头平面分布图

3. 地层超压特征

泥（煤）岩超压引发的流体势能差驱使流体运移。中—下侏罗统在各关键时期，胜北洼陷、丘东洼陷和小草湖洼陷的沉积中心带是超压发育区，向周缘压力差逐渐降低（图2-6-13），胜北洼陷超压规模和影响范围比丘东洼陷和小草湖洼陷大得多。

晚侏罗世末开始，凹陷中心开始大量生烃，生成的油气在水动力的驱动和携带下，沿流体势降低的方向运移，在合适的圈闭中形成油气藏。就中、下侏罗统含油气系统而言，已发现的油气藏都位于流体运移的途径上，如在胜北洼陷的四周形成环带状油气田分布；巴喀—丘陵构造带处于胜北洼陷和丘东洼陷之间的越流带上，而在丘东洼陷和小草湖洼陷之间的越流带上有温吉桑、米登、丘东等一系列油气田的分布。

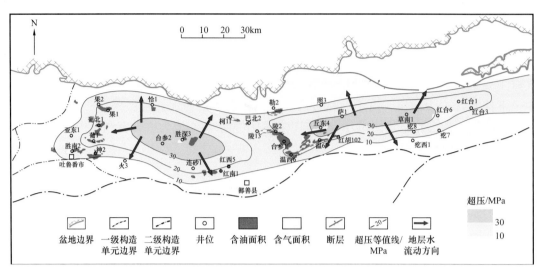

图 2-6-13 吐哈盆地台北凹陷古近纪末中侏罗统西山窑组超压平面分布图

二、现今地下水动力场特征

1. 压力场分布

平面上，台北凹陷以正常地层压力为主，地层压力系数由凹陷中心向盆地边缘逐渐降低，且具有由北往南，由西向东逐渐降低的趋势。丘东洼陷、小草湖洼陷、胜北洼陷中心区压力系数相对较高；台北凹陷北部山前带、凹陷东南部压力系数普遍较低（图 2-6-14）。

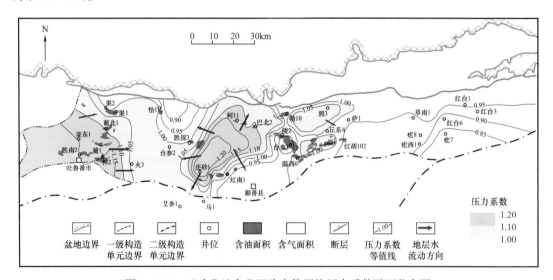

图 2-6-14 吐哈盆地台北凹陷中侏罗统压力系数平面分布图

在台北凹陷中侏罗统，除了丘东洼陷、胜北洼陷存在一定范围的高压，凹陷西南部的葡北—神泉构造带也存在高压，凹陷东部则有低压分布。纵向上，七克台组高压分布范围较广，三间房组和西山窑组高压分布范围变小。

2. 流体势

台北凹陷中侏罗统储层水头（图 2-6-15）变化趋势均从各凹陷中心向周边地区呈

环状降低，在各洼陷形成相对独立的高值区；同时，由山前推覆带—凹陷带往南逐渐降低，构成了由北往南的区域性地下水动力场。

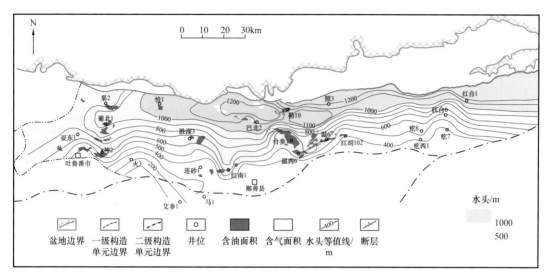

图 2-6-15 吐哈盆地台北凹陷中侏罗统现今水头平面分布图

中侏罗统现今油势（图 2-6-16）在胜北洼陷、丘东洼陷、小草湖洼陷中心均是高值区。在煤窑沟构造带、七泉湖构造带、神泉—葡北构造带、火焰山构造带、红南构造带、七克台构造带、丘陵—温吉桑构造带、疙瘩台构造带等盆地边缘或构造隆起区则形成相对低值区。从演化角度来看，各期压出水水头的高值区位于盆地北部山前带—凹陷沉积中心，且伴随燕山运动和喜马拉雅期构造运动，北部博格达山推覆隆升，沉积中心南移，离心流轴心线由北往南移动。现今流体势的分布规律基本上体现了各期压出水水头的分布趋势，具有良好的继承性。在燕山期—喜马拉雅期，尽管沉积中心发生南移，但凹陷轴心继承性地偏向盆地北部山前带，凹陷中心向北部山前带流动的离心流范围相对较窄。

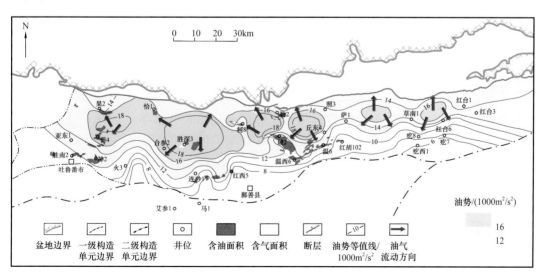

图 2-6-16 吐哈盆地台北凹陷中侏罗统油势平面分布图

三、地下水动力场模式及其对油气运聚的影响

1. 台北凹陷地下水动力场模式

综合侏罗系的沉积体系储层格架、流体势、水化学特点，台北凹陷胜北洼陷、丘东洼陷、小草湖洼陷等以各洼陷中心为压力系数、水头相对高值区，以压实离心流为主；主要在盆地北部边缘局部地区为大气水下渗向心流。受此影响，凹陷北部山前的构造带主要为下渗水—压实水混合越流泄水区，凹陷南部的火焰山构造带、红南构造带、七克台构造带、东部红台—疙瘩台构造带、西部的葡北—神泉构造带和中部的丘陵构造带、温吉桑构造带、胜北构造带则主要为压实水越流、越流—蒸发泄水区（图 2-6-17）。

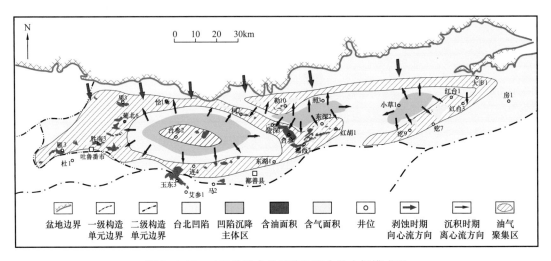

图 2-6-17　吐哈盆地台北凹陷地下水动力场模式图

2. 油气运聚与地下水动力场的关系

侏罗系的地下水动力场影响了油气的分布和富集。在台北凹陷，各洼陷中心压实水以离心流为特点，同时携带油气向洼陷周围和凹陷南部流体低势区运移，运移过程中遇到圈闭、构造带形成油气藏和油气聚集带，其油气分布特点和富集程度受到泄水区特点的影响。

鄯善油田—丘陵油田—巴喀油田位于丘东洼陷与胜北洼陷之间，属于两侧洼陷的压实水共同排泄部位，加之丘陵背斜、鄯善背斜构造完整且圈闭较大，形成台北凹陷两个规模最大的含油气构造。

凹陷南面缓斜坡部位的西部古弧形带、红南—连木沁构造带、丘东—温吉桑构造带、疙瘩台—红台构造带等正向构造部位，均紧邻其北面的洼陷区，压实水会聚量大，也是地层水越流—蒸发泄水的重要部位，一方面使油气会聚形成油气富集带，另一方面地层水浓缩使矿化度增高。

北部山前带恰勒坎、鄯勒、红旗坎等构造主要属于压实水—渗入水混合排泄区，来自南侧洼陷区的压实水排泄量较小，油气聚集规模一般较小。

处于胜北洼陷中心部位的胜北构造带，平移断层较发育，在平移断层部位的深部压实水排泄以越流泄水为主要的特点，容易形成浅层的油气藏。

位于艾丁湖斜坡倾伏部位的鲁克沁二叠系、三叠系鼻状凸起，其北西部位伸入胜北

洼陷二叠系生烃区，是洼陷压实水离心流向南流动会聚的主要部位，利于鲁克沁二叠系、三叠系油气富集带的形成。压实水自鼻状凸起北西倾伏部位进入，然后向鼻状凸起构造带南东抬升部位运移，北西倾伏部位地层水矿化度约为52g/L，南东高部位靠近越流—蒸发泄区的地层水浓缩使矿化度升高，可达183g/L，水型均为$CaCl_2$型。

第七章 油气藏形成与分布

吐哈盆地自古生代以来一直属于稳定的地块区，除了石炭纪—早二叠世盆地在边缘局部有海相沉积外，盆地主体属于陆相盆地沉积；陆相盆地的演化历经了中二叠世的张性断陷和中三叠世以来的挤压性前陆盆地阶段，油气藏的形成与分布既有典型的陆相含油气盆地特征，又有典型的叠合盆地含油气特点。

第一节 油气藏形成的基本条件

从原型盆地及其充填旋回的角度，吐哈叠合盆地纵向上大致可分为三大构造层，即石炭系—下二叠统裂谷边缘海相沉积构造层、中二叠统—三叠系陆相断—坳复合充填构造层和侏罗系—第四系前陆坳陷构造层。三个构造层均有烃源岩沉积，形成下、中、上三套含油气系统（图2-7-1）。其中，下含油气系统石炭系海陆交互相烃源岩在盆地边缘出露，盆地内部仅在南部艾丁湖斜坡艾参1、玉东1、艾1等井揭示厚度明显小于南缘露头的石炭系碳酸盐岩、暗色泥岩等烃源岩，且埋藏普遍较浅，尚未发现油气，不赘述。

中、上含油气系统均发现丰富的油气，这两个含油气系统又具有各自的油气藏形成与分布特点。

中含油气系统的烃源岩主要为中二叠统张性断陷沉积，湖相泥岩发育，生油岩条件优越，尤以台北凹陷主体发育较好，并且在后期叠置沉降深埋；另外，上三叠统烃源岩是中含油气系统的次要烃源岩，是托克逊凹陷、三堡凹陷的有效烃源岩。

上含油气系统主要烃源岩为中—下侏罗统水西沟群煤及湖相暗色泥岩，分布范围广，厚度大，有效生烃区位于台北凹陷主体沉降区；次要烃源岩为七克台组湖相暗色泥岩，分布范围也很广，但成熟度低，有效生烃范围仅限于台北凹陷西部胜北洼陷部分地区，为上含油气系统次要烃源岩。

一、上含油气系统油气地质条件

上含油气系统分布在台北凹陷，已找到的侏罗系及白垩系、古近系油气藏几乎均属这套含油气系统。

1. 前陆坳陷煤系烃源岩热演化生烃多阶连续，既能生油也能生气

早—中侏罗世，吐哈盆地及其周边地区气候温暖潮湿，煤层分布广泛；吐哈盆地恰好进入前陆盆地发育阶段，在周围山系抬升挤压作用下，发育台北、三堡、托克逊山前坳陷，差异沉降明显，一方面煤、暗色泥岩发育厚度大，另一方面辫状河三角洲、扇三角洲沉积体系伴生，为上含油气系统大量油气生成及各种类型油气藏的形成提供了有利的油气地质条件。

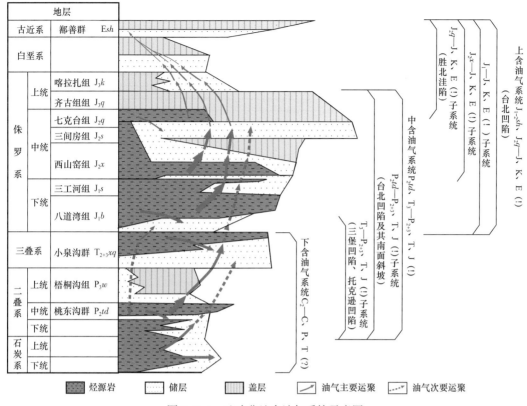

图 2-7-1 吐哈盆地含油气系统示意图

上含油气系统烃源岩分布在中—下侏罗统，以水西沟群为主，七克台组为辅。其中水西沟群烃源岩主要发育在八道湾组中—上部、三工河组和西山窑组二段。平面上水西沟群烃源岩以托克逊凹陷、胜北洼陷、丘东洼陷、小草湖洼陷和三堡凹陷等为中心，其中八道湾组煤系烃源岩西厚东薄，西山窑组则相反呈现东厚西薄的格局。七克台组湖相烃源岩只分布于台北凹陷，包括胜北洼陷、丘东洼陷和小草湖洼陷。

从生烃母岩看，有煤系泥岩、碳质泥岩及煤三种；从显微组分看，有壳质组、镜质组、惰质组及腐泥组，它们还可细分为孢子体、角质体、树脂体、木栓质体、沥青质体和基质镜质体、结构镜质体和均质镜质体等。这种多元复合生烃母质的存在，使热演化生烃多阶连续的特点；热模拟结果表明，从镜质组反射率 R_o 值为 0.4%～1.3% 均有液态烃生成。早期低成熟阶段（R_o 值为 0.4%～0.8%）以煤中富氢组分基质镜质体和木栓质体及沥青质体生烃为主，晚期成熟阶段则以煤及暗色泥岩中的角质体、孢子体和腐泥质等组分生烃为主。由于壳质组以生油为主，基质镜质体既生油又生气，其他镜质组以生气为主，因此使盆地既富油也富气。流水沼泽是本区煤的主要沉积环境，此种环境下形成的煤中基质镜质体和碎屑角质体含量特别高，这也是本区煤成油生成较多的原因，而且成烃期长（R_o 值为 0.4%～1.3%）。

研究结果表明，台北凹陷是吐哈盆地中—新生界连续沉降区，上含油气系统水西沟群现今成熟有效的烃源岩集中发育在台北凹陷，侏罗系底部 R_o 值一般为 0.8%～1.1%，最大不超过 1.3%；在其中的胜北洼陷、丘东洼陷、小草湖洼陷主体范围内，大约从中燕山期（晚侏罗世）起即已进入有效生烃门限（图 2-7-2）。自中燕山运动以来，台北凹陷上含油气系统发生了中燕山、晚燕山和晚喜马拉雅期等三次大的成藏事件。

中侏罗统七克台组有效烃源岩则只分布在胜北洼陷主体（图 2-7-3），在新近纪—第四纪进入生烃时期。

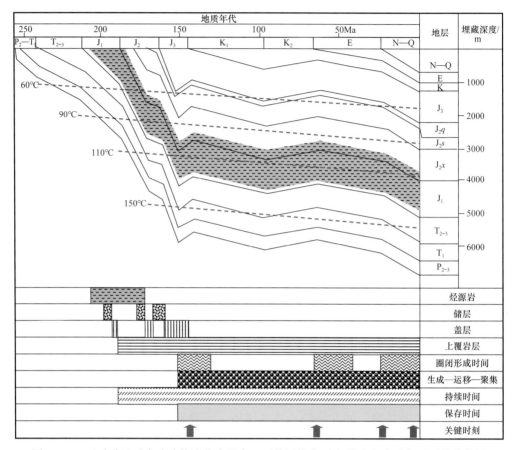

图 2-7-2 吐哈盆地丘东洼陷热演化史及中—下侏罗统水西沟群（！）含油气子系统事件图

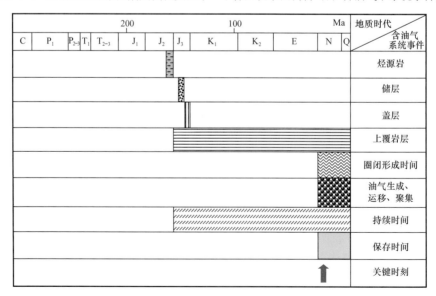

图 2-7-3 吐哈盆地胜北洼陷七克台组—喀拉扎组（！）含油气子系统事件图

2. 多旋回前陆盆地发育多套储盖组合

侏罗纪以来的类前陆盆地演化阶段，在博格达山的多期挤压作用下，又可以分为早侏罗世、西山窑组沉积期、三间房组沉积期—七克台组沉积期、晚侏罗世、白垩纪、古近纪等多个旋回，形成多套区域性储盖组合（图 2-7-4）。其中，中侏罗统七克台组上段与上侏罗统齐古组湖相泥岩组成的区域型盖层分布范围广，且厚度巨大（一般600～1000m），封盖条件优越（图 2-7-5），使上含油气系统烃源岩生成的油气主要分布在中—下侏罗统；在中—下侏罗统内部，三间房组下部、三工河组上部湖相泥岩也是重要的区域性盖层。

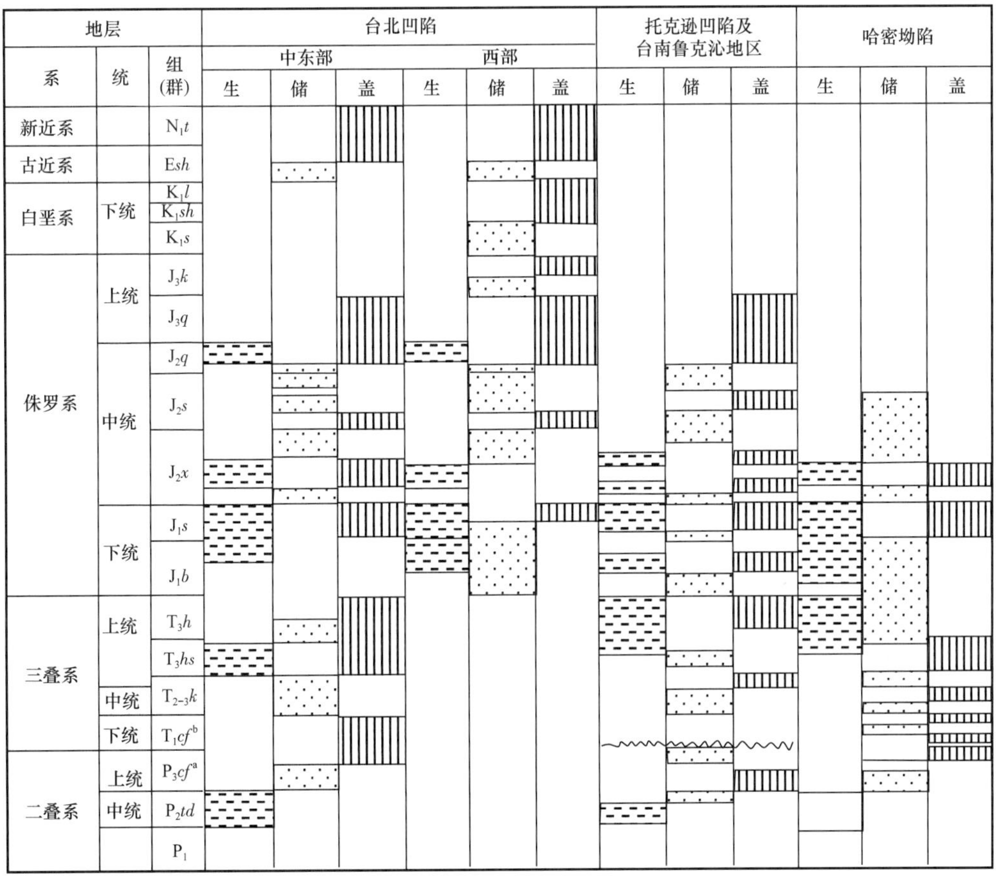

地层			台北凹陷						托克逊凹陷及台南鲁克沁地区			哈密坳陷		
			中东部			西部								
系	统	组(群)	生	储	盖	生	储	盖	生	储	盖	生	储	盖
新近系		N_1t												
古近系		Esh												
白垩系	下统	K_1l / K_1sh / K_1s												
侏罗系	上统	J_3k / J_3q												
	中统	J_2q / J_2s / J_2x												
	下统	J_1s / J_1b												
三叠系	上统	T_3h / T_3hs												
	中统	$T_{2-3}k$												
	下统	T_1cf^b												
二叠系	上统	P_3cf^a												
	中统	P_2td												
		P_1												

图 2-7-4　吐哈盆地生储盖组合示意图

早—中侏罗世为主要沉降时期，周围山系挤压作用不太强烈，间歇的逆冲时而向盆地扩张、时而又向山体中心回缩，形成广盆和窄盆叠置但沉积中心相对稳定的格局，水西沟群煤系主要发育于辫状河三角洲平原和沼泽环境中。在这两个相带中，分流河道、三角洲前缘及滩坝等砂体往往与煤系侧向上呈指状交错，在垂向上互相叠置，利于烃源岩中生成的油气直接进入储层，就近聚集或进入储层后再二次运移成藏。

同时，由于湖盆范围的局限性，湖侵扩展有限，导致良好的储盖组合多沿主要沉降区的湖盆岸线附近分布，这些部位有利于形成多含油气层系、油气藏类型多样的复式油气富集区。

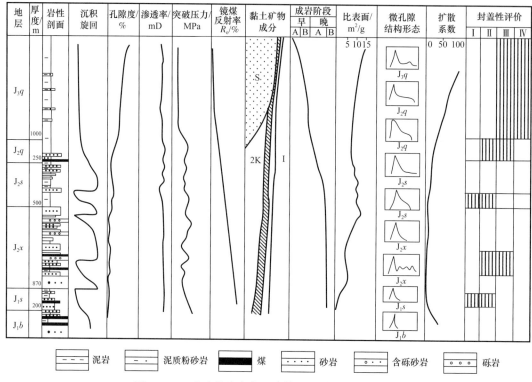

图 2-7-5 吐哈盆地台北凹陷侏罗系盖层综合评价图

3. 前陆坳陷缓坡发育良好的辫状河三角洲储集体

侏罗纪以来的吐哈前陆盆地具有南缓北陡的古地貌和多向物源，中—下侏罗统辫状河三角洲及扇三角洲沉积体系砂体发育，它们的发育程度及位置影响了油气富集程度。

受博格达山多期逆冲控制的多旋回演化前陆盆地，多期逆冲伴随着多期粗碎屑沉积，纵向上分布在八道湾组中—下部、西山窑组一段与三—四段、三间房组二—三段、七克台组下段和喀拉扎组等。侏罗纪沉积中心始终处于现今台北凹陷中北部，构造地层格架为箕状，相对而言，中南部缓坡接受源远流长的辫状河三角洲沉积，北部（现今山前带）陡坡带则主要为近物源、短流水的扇三角洲。这些辫状河三角洲和扇三角洲砂体构成主要的储层。

由于盆地的物源主要是短轴方向（南北）的，物源区母岩以中基性、中酸性火成岩为主，因此，沉积体具有近物源沉积的特点，岩石的结构成熟度和成分成熟度均低，岩石类型以岩屑砂岩和长石岩屑砂岩为主，岩石中柔性的岩屑含量高，抗压实作用弱，导致了储层的物性普遍较差，但南北差异明显。

其中，南部和西北部辫状河三角洲砂体岩石组分中刚性的石英、长石含量相对较高，分别为 20%～25%、10%～25%，岩屑相对较低，为 40%～60%，多为长石岩屑砂岩，储层物性相对较好，一般孔隙度 12%～15%，渗透率 10～36mD；而北部扇三角洲砂体岩石颗粒分选、磨圆度差，且岩屑含量占绝对多数，多为 70%～90%，以岩屑砂岩为主，岩石在压实作用下易弯曲变形，形成颗粒紧密堆积，使岩石的原始孔隙度在成岩早期就已大部分损失（达 80% 以上），晚期由于缺乏溶蚀空间，也不易形成溶蚀孔，导致了储层物性很差，孔隙度多不足 10%，渗透率多不足 2mD。

煤系中砂岩多属低孔、低渗—特低渗储层，仅西部古弧形带、南部温吉桑构造带等个别地区发育中孔、中渗储层。纵向上，侏罗系有利的储层分布在三间房组二、三段，次为西山窑组四段和七克台组下段，其他层更次。平面上，温吉桑和葡北构造带最好，次为丘陵构造带，其他区带要么尽管物性好但储层欠发育（如玉果和神泉—吐鲁番地区），要么储层发育但物性差（如胜北构造带），最差的是红连和山前带中侏罗统，储层既不发育物性还差。

上侏罗统有利储层仅分布在胜北洼陷主体，砂泥间互，一般为低孔、低渗储层，埋深多在 3000m 以内。白垩系有利储层纵向上主要分布在下白垩统三十里大墩组，其他组段偶有发育，平面上亦集中分布在胜北洼陷及其周缘，以火焰山西段为沉积中心，东南红连和西南雁木西地区最好，砂层厚物性好（中高孔中渗为主），其他地区间夹有个别较好储层，但普遍岩性粗、分选差、物性不好。古近系鄯善群自成一下粗上细的正旋回储盖组合，储集物性仍为西北和南物源体系控制的区域，如葡北古弧形带为佳，其他地区虽然不乏有效储层但总体评价稍次，主要是岩性粗、分选差，孔隙结构不好，一般为中高孔、低渗—特低渗储层。

有利的沉积成岩相带控制了潜在的储量丰度（储层厚度、储层孔隙度）和产液能力（渗透率），决定了油气藏的富集程度和勘探效率。

4. 前陆坳陷区多期挤压滑脱构造运动利于区带圈闭形成和油气运移

吐哈盆地台北凹陷上含油气系统从水西沟群烃源岩沉积伊始，先后经历三次较大的断褶构造运动（中燕山、晚燕山和晚喜马拉雅期构造运动），都与博格达山的块断逆冲作用息息相关，在由北往南挤压为主导的构造作用下，形成了成排成带展布的断褶构造带，局部构造的发育直接或间接地受控于断层，圈闭类型以断背斜、断鼻和断块为主，少数圈闭为基底逆冲的挠曲背斜。

中—下侏罗统水西沟群煤系烃源岩是本区的主要烃源岩，由于煤系岩性变化快和砂岩层普遍具有致密、低孔低渗的储层特点，煤系烃源岩中的油气不可能长距离侧向运移，只能沿断层面向上垂向运移和沿输导层短距离侧向运移，而油气要从水西沟群烃源岩向上运移到三间房组中—上部和七克台组下部等主力储层砂岩中，三间房组下段的湖相泥岩是必然屏障，只有断层才能疏通下部的烃源岩层和上部的储层（李伟等，1997）。台北凹陷侏罗系的煤厚度大、分布广，属于抗侧向应力薄弱面，成为应力释放的主要部位，在横向挤压构造运动作用下，形成大范围的滑脱断面，与冲断层配合，成为烃源岩生成油气侧向、垂向向外运移的关键通道。

盆地已发现所有的油气藏在其内部或边缘均有连接油源层与储层的断裂存在。

断裂活动控制二级构造带和局部构造的形成与分布，构造与断层相伴生；断裂活动也使岩石产生微裂隙，改善了储层的渗流能力，造就了沿断裂带油气富集程度高。温吉桑（图 2-7-6）、丘陵两个油气富集带就是典型的例子。温吉桑油气富集带是由 3 条近北东向断裂控制着的 3 排呈阶梯状的构造带，丘陵油气富集带也是由两条北西向的断裂挟持，其间又被多条近南北向断层切割成由南东向北西逐渐升高的多个阶梯状的断块或断鼻。

另一方面，断褶构造的活动期是油气运聚成藏的重要时刻，多期活动的油源断裂能够多期供油。所以，继承性的构造与多期活动油源断裂匹配，就具有了多期成藏的优越性。

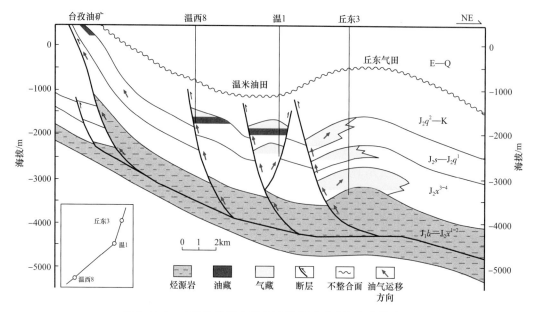

图 2-7-6　吐哈盆地温吉桑构造带侏罗系油气成藏模式图

二、中含油气系统油气地质条件

中二叠世，吐哈地块内部发育一系列分割性的断陷，断陷沉降区成为烃源岩发育部位，并在中—晚二叠世发育断陷近源扇三角洲储集体；中—晚三叠世为广盆沉积，几乎完全沉积覆盖了二叠系断陷群，使二叠系断陷得到了良好的保存，同时，也广泛发育辫状河三角洲储集体，并在晚三叠世发育区域性湖相泥岩盖层，局部地区的湖相泥岩还可以作为烃源岩。以二叠系、三叠系的烃源岩和储集体为核心，构成了中含油气系统的主体要素。但是，由于后期多期构造运动影响以及侏罗纪以来前陆盆地发育的不均衡性，只有那些继承性沉降的中二叠统断陷区、上三叠统沉积区，才能持续深埋演化生烃，促使有效的中含油气系统主体的形成和保存。

中含油气系统在托克逊凹陷、台北凹陷、三堡凹陷均有发育，已找到的油气主要分布于中—上三叠统砂层中，其次为上二叠统。盆地东端三堡凹陷、西端托克逊凹陷以三叠系自生自储油藏为主，燕山期成藏，已发现的四道沟含油气构造、伊拉湖油田油气藏规模小；台北凹陷是中含油气系统主要分布区，南面已发现鲁克沁二叠系、三叠系稠油富集带，凹陷内部发现鄯善深层三叠系油藏，但总体上勘探程度还很低，勘探潜力很大。

1. 台北凹陷继承性沉降区二叠系断陷烃源岩持续深埋生烃

二叠系桃东沟群属于分割性断陷沉积，断陷湖盆有利于有机质的富集和烃源岩的集中发育。尽管二叠系断陷较多，但残留烃源岩有效生烃中心集中分布于后期前陆坳陷继承性沉降区——台北凹陷。

台北凹陷内部还未揭示二叠系桃东沟群有效烃源岩，但南面的鲁克沁稠油富集带经油源对比、烃源岩生烃演化史研究和油气运聚分析，油气来自火焰山断裂以北的台北凹陷西部（胜北洼陷）桃东沟群。其后鄯科 1 井也首次在台北凹陷前侏罗系获得稀油，连北 4-s 井和连 23 井在上三叠统试油获得低产油流。这些信息充分展示了台北凹陷前侏罗系良好的勘探前景。

　　现有地震、大地电磁测深和重磁资料推测，台北凹陷桃东沟群具有分割性断陷的分布格局，沉积中心具有点多面广的特点，包括胜北洼陷、丘东洼陷和小草湖洼陷，其中胜北洼陷可能进一步分为三个厚度中心，推测烃源岩厚度一般 50～225m；丘东洼陷和小草湖洼陷主体可能不超过 300m 和 200m。三叠系小泉沟群中—上部（T_3）分布稳定，暗色泥岩厚度一般为 100～300m。

　　参考台北凹陷周围钻井、露头资料，台北凹陷桃东沟群烃源岩有机质丰度较高，有机碳含量一般为 1.0%～4.0%，总体属于中—好烃源岩；演化程度高（图 2-7-7），现今凹陷主体前侏罗系顶镜质组反射率 R_o 为 0.7%～1.3%，推测二叠系桃东沟群底部 R_o 为 1.0%～1.6%，桃东沟群烃源岩处于成熟—高成熟阶段。埋藏史与热演化史分析表明，早侏罗世凹陷主体桃东沟群烃源岩已部分进入有效生排烃门限（$R_o \approx 0.6\%$），生烃期跨逾两亿年，期间历经多次断褶构造运动，可有多期成藏机遇。

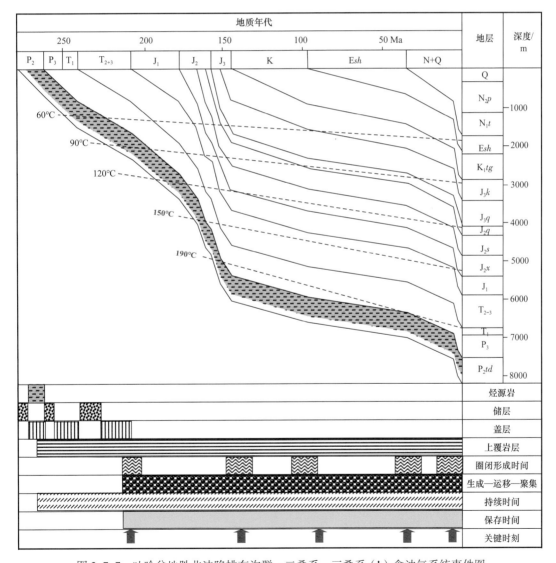

图 2-7-7　吐哈盆地胜北洼陷桃东沟群—二叠系、三叠系（！）含油气系统事件图

盆地南部的艾丁湖斜坡区，二叠纪曾经发育鲁克沁、塔南等古凹，但由于三叠纪末以来一直靠近了墩隆起，二叠系、三叠系抬升被不同程度剥蚀，侏罗纪以来累计沉积厚度小，一直未能有效生排烃。

盆地东、西两端的三堡凹陷、托克逊凹陷上三叠统烃源岩在侏罗纪曾经持续深埋生烃，但是，侏罗纪末经过大幅抬升，并且后期沉积厚度小，生烃基本上处于停滞状态，仅在三叠系分别发现四道沟、伊拉湖小油藏。

2. 断—坳复合沉降发育扇三角洲与辫状河三角洲储集体

由于经历了中二叠世陆相断陷型沉积和三叠纪坳陷型盆地，吐哈盆地沉积相类型和储层特点多样化。

早期二叠纪陆相断陷型盆地以近物源、短水流、快速堆积的扇三角洲沉积体系为主，沉积物多以大粒径、分选较差的沉积颗粒为主，如砾岩、砂砾岩和砾状砂岩等，颗粒物分选和储层物性均较差，在鲁克沁油气富集带上孔隙度为10%～13%，渗透率为1～10mD。

三叠纪在南部以远物源、长水流、缓慢堆积辫状河三角洲沉积体系为主，沉积物多以小粒径、分选较好的沉积颗粒为主，如砾状砂岩、中粗砂岩和细砂岩，分选较好。台北凹陷南缘斜坡部位相对浅埋区储层物性较好，其中，鲁克沁油气富集带孔隙度为12%～30%，渗透率为5～500mD；在连4井上三叠统4300～4500m井段孔隙度为10%～17%，平均为12.5%；推测4000～5000m埋深的细砂岩孔隙度一般介于7%～15%之间。台北凹陷叠合沉降主体区物性较差，鄯科1井揭示上三叠统砂岩孔隙度为6%～12%，平均孔隙度7.4%，平均渗透率0.68mD。

台北凹陷北部三叠系发育北物源扇三角洲砂体，岩石岩屑组分含量高（其中还不乏再沉积的沉积岩岩屑，如照2井），储层物性普遍较差，推测在3800～4500m井深处细砂岩储层孔隙度一般在6%～9%之间。

3. 断—坳盆地演化发育多套储盖组合

吐哈盆地在中二叠世桃东沟期、晚二叠世、中晚三叠世发育三大套正旋回沉积，各旋回后期均发育区域性的湖相泥岩，形成三大套区域性储盖组合。

中二叠统、上二叠统为两期分割性断陷式沉积，均为正旋回，断陷湖盆扇三角洲沉积体系储集体发育，与湖相泥岩共同形成两套区域性的储盖组合。在断陷湖盆中，扇三角洲砂体横向变化块，砂体与湖相泥岩交叉叠置，易形成多套局部储盖组合；同时，各个断陷周围发育多方向的沉积体系，岩性复合圈闭形成背景较好，由于受断陷主控断裂的切割和湖相泥岩的分隔影响，容易形成大型孤立储集体，因此，二叠系断陷构造层勘探前景较好。

中—上三叠统属于坳陷式广盆沉积，储盖组合分布稳定，范围大，特别是上三叠统郝家沟组湖相泥岩厚度一般100～300m，加之上覆有水西沟群巨厚煤系，共同组成了区域性盖层；并且由于下伏二叠系属于分割性断陷，使披覆其上的中—上三叠统成为整个盆地二叠系、三叠系最重要的区域性储盖组合，同时也充当阻挡二叠系烃源岩生成油气直接向三叠系之上运移的重要屏障。

4. 多期断褶运动控制区带圈闭和油气藏形成

从控制二叠纪断陷的张性应力到中三叠世开始的挤压应力，以及博格达山在侏罗纪—第四纪的中燕山期、晚燕山期、喜马拉雅期对盆地持续的挤压应力，使中含油气系统的构造具有多期发育、叠合改造的特点，形成了不同类型的构造样式和断褶构造圈闭，并对沟通烃源岩有重要的作用。

二叠纪张性断陷的控制断裂本身就控制了以沉积体系为单元的大型独立储集体，并在从二叠纪至今的持续性沉降区（如台北凹陷）保存比较完整。这些张性断裂在三叠纪末以后的挤压应力作用下，可以回返形成大型的二叠系、三叠系断褶构造带，如伊拉湖构造带、玉北构造带、鲁克沁构造带等，如果靠近充足的油源，有利于形成油气富集带，如鲁克沁构造带、玉北构造带自三叠纪末以来一直处于胜北洼陷二叠系生烃区南面斜坡部位，形成了二叠系—三叠系油气富集区。

三叠纪末挤压性的晚印支运动强烈，由于与二叠纪的张性应力形成明显的反差，在盆地内又形成了新的挤压性基底断裂，控制了新的大型断褶构造和凸起区，凸起有塔克泉凸起、葡北凸起等。晚印支运动也造成了二叠系—三叠系与侏罗系的区域性不整合面，并在凸起区较高部位形成二叠系—三叠系角度不整合圈闭，如鲁克沁、玉北构造带东部。

侏罗纪末以来的挤压性构造运动，除了使前期形成的构造幅度加强以外，在台北前陆坳陷北部形成了一系列的山前冲断带；同时，在台北凹陷广泛的滑脱冲断也部分波及到了深部的二叠系、三叠系，如丘陵构造带、煤窑沟构造带等。

断裂是沟通中二叠统烃源岩与其上储盖组合的关键因素。中含油气系统主力烃源岩为中二叠统桃东沟群湖相泥岩，其上的三叠系和上二叠统发育最重要的储盖组合，烃源岩排烃和油气运聚成藏必须依靠油源断裂的纵向沟通。因此断褶构造运动控制了烃源岩的排烃和油气运移成藏，有商业价值的油气聚集也只能发生在断褶构造波及有效烃源岩的时期。

台北凹陷二叠系桃东沟群烃源岩自印支末期—早燕山期起进入有效排烃门限，该期及其后发生的中燕山运动、晚燕山运动和晚喜马拉雅期构造运动断褶构造运动均可能成为油气成藏的动因。早期（印支末期—早燕山期）生成的低成熟油较黏稠，如鲁克沁富集带以稠油为主，鄯科 1 井油藏储层镜下见大量干沥青；推测现今沉积埋藏中心桃东沟群烃源岩镜质组反射率 R_o 为 1.3%～1.6%，所生成排运的是密度较低的轻质油和天然气，这在相当大的程度上减小了对于深部储层的苛刻要求，如鄯科 1 井在 4700m 深处获得稀油油流。

5. 大规模复合正向区有利于油气运聚富集

作为中含油气系统主力烃源岩层系的中二叠统，虽在全盆地呈分割性断陷群分布，但是只有在侏罗纪以来持续性前陆坳陷沉降区—台北凹陷才得以良好保存并大量有效生烃，因此，台北前陆坳陷叠置区及其附近成为中含油气系统的主要分布区。

在台北凹陷，二叠系、三叠系及其断凸、断凹构造格局被前陆坳陷构造层叠置改造，使凹陷中心的二叠系、三叠系深埋，凹陷四周则相对抬升斜坡化（图 2-3-3）。其中，南部斜坡宽缓，自三叠纪末以来斜坡持续加强，发育塔克泉、库木大型鼻状凸起；西部则发育葡北大型鼻状凸起。这些鼻状凸起靠近并倾伏于台北凹陷中二叠统烃源岩有效生烃区，油气运聚条件有利。

其中，南部的库木鼻状凸起向北倾伏于台北凹陷有效生烃区，其叠置改造形成要素包含了二叠纪张性应力时期的古凸起（鲁西古凸起、连西古凸起）、二叠系张性断陷的回返抬升（鲁克沁二叠系古断陷在三叠纪末开始持续回返）以及侏罗纪以来持续加强的斜坡（艾丁湖斜坡），因此属于典型的大型复合鼻状凸起（图2-3-1、图2-3-7），其地层格架复杂，圈闭类型众多。该带所在的地区在中晚二叠世时，发育鲁克沁古断陷、连木沁古断陷以及相邻的鲁西古凸起、连西古凸起、马场南古凸起等，断陷区近源扇三角洲砂体发育，断陷区岩性圈闭和上超地层圈闭发育条件好；中晚三叠世发育填平补齐后的广盆式大型辫状河三角洲；晚印支—早燕山期，处于台北前陆坳陷南面缓坡，其中水西沟群沉积期鲁克沁断陷回返抬升，并与二叠系古凸起等复合，形成玉北、鲁克沁复式断褶构造带，发育断块、断鼻、剥蚀地层不整合等圈闭；断褶带形成之时，适逢背面胜北洼陷二叠系主力烃源岩开始进入生排烃期，造就了完美的圈源配置关系；因三叠纪末开始的抬升，二叠系的扇三角洲砂体、三叠系的辫状河三角洲砂体因地表水次生淋滤溶蚀作用形成大量的次生溶蚀孔隙，普遍发育中—高孔、中渗储层。正是由于具备了充足的烃源、良好的储层和密集的多种形式圈闭（背斜、断块—岩性、地层、不整合等）等匹配良好的成藏条件，才形成了鲁克沁稠油富集带（图2-7-8）。

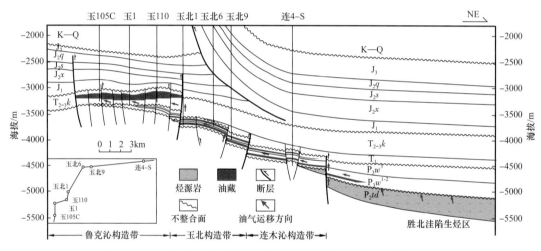

图2-7-8　吐哈盆地鲁克沁二叠系—三叠系稠油富集带成藏模式图

第二节　油气藏的类型

吐哈叠合盆地在前陆坳陷构造层、断陷构造层均发现大量油气藏，其圈闭类型多样；同时，侏罗系煤系轻质油气、前侏罗系超深稠油极具特色。因此，油气藏的分类主要考虑了圈闭和油气性质与烃类相态。

一、油气藏的圈闭成因及形态分类

按照圈闭成因、形态、类型及油气封堵条件，将已发现的油气藏分为构造型、岩性型、地层型和复合型油气藏四大类，再可分为背斜、断背斜、断块、断鼻及岩性—构造、构造—岩性和岩性、地层共八个亚类（图2-7-9），以构造型和岩性—构造型油气藏为主。这些圈闭虽然圈闭要素不同，但均需要断层对烃源岩的有效沟通。

油气藏类型		模式图		油（气）藏特征	实例或主要分布	个数
类	亚类	平面图	剖面图			
构造型	背斜型	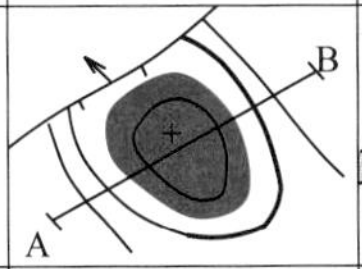	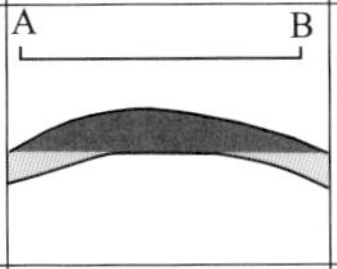	背斜的闭合幅度控制油气分布	鄯善油田中侏罗统，葡北油田、红连油田、神泉油田、雁木西油田的K、E油藏	69
	断背斜型	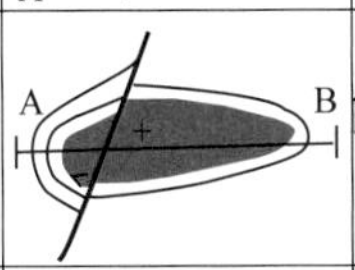	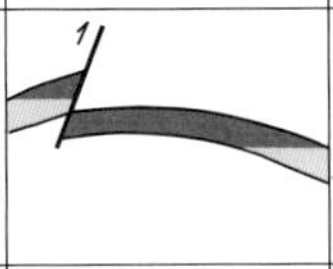	断背斜中的断层对油气分布有控制作用	丘陵油田中侏罗统油藏，温米油田温1块、温西1块中侏罗统油藏	45
	断鼻型	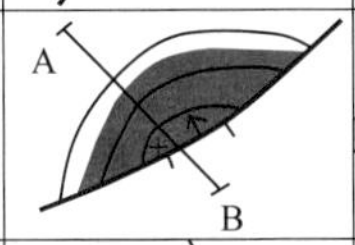	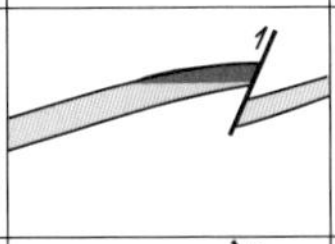	断层在上倾方向对油气有封堵作用	温米油田南部的温5块、温西2块、红胡等中侏罗统油气藏	52
	断块型	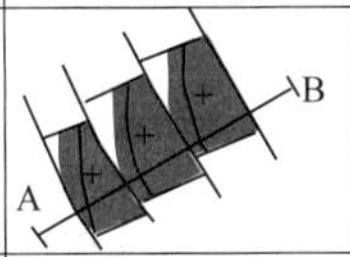	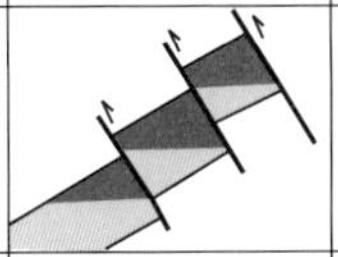	多个方向的断层对油气有侧向封堵作用	鲁克沁油田T、P油藏，神泉油田中侏罗统	256
地层型		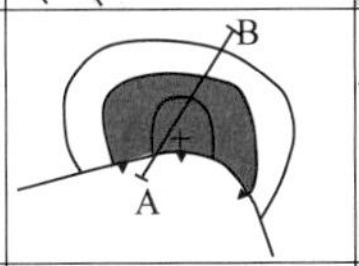	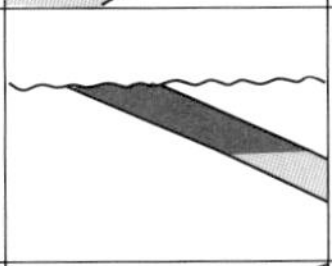	高部位油气边界受地层缺失控制	连北401块J₃k油藏	1
岩性型		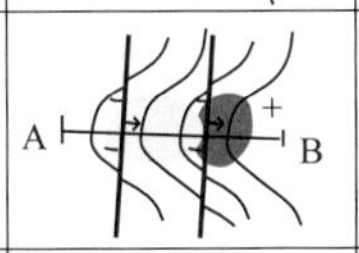	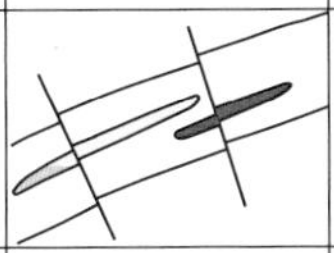	油气分布主要受储层分布控制	红台西斜坡J₂s油藏	2
复合型	构造—岩性型	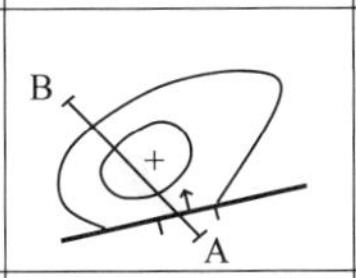	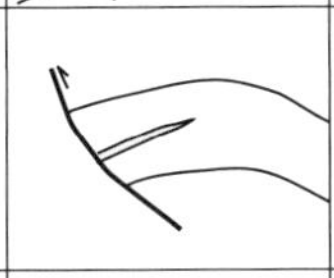	油气分布主要受储层分布控制，同时受构造影响	丘东气田J₂q、J₂s气藏，温米油田中侏罗统等	8
	岩性—构造型	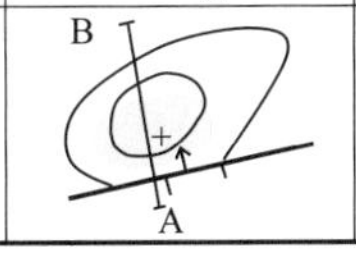	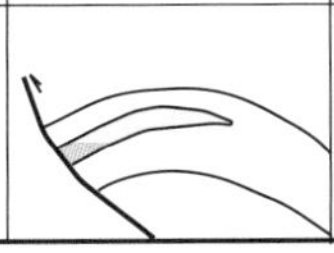	油气分布主要构造控制，同时受储层分布影响	丘东气田J₂x气藏，神泉油田、玉果油田中侏罗统等	58

图 2-7-9 吐哈盆地油气藏圈闭成因类型示意图

1. 构造型油气藏

构造型油气藏其圈闭主要受构造活动如褶皱、断裂等作用而形成，包括背斜、断背斜、断鼻、断块等圈闭所形成的油气藏，这些圈闭在台北凹陷前陆坳陷主体区大量发育。自侏罗纪末以来博格达山多期隆升挤压作用下，除在北部山前形成冲断构造以外，在台北凹陷内部形成了与煤系滑脱相关的相关断褶构造，包括凹陷南缘的逆冲构造、凹陷内部成排成带以背斜为主的滑脱相关构造；另外，控制葡北—雁木西西部古弧形带等的前侏罗系基底断裂在侏罗纪末以来的挤压作用下，也重新活动，形成一系列的断褶构造。

吐哈盆地已发现的 491 个油气藏中，构造型油气藏约占油气藏总数的 86%，是最为重要的类型，占探明石油地质储量的 91% 以上（截至 2018 年底）。

1）背斜油气藏

背斜的闭合幅度控制着油气分布，具有统一的油（气）水界面、统一的流体压力系统，油气分布可呈层状或块状。背斜油气藏占已发现油气藏总数的 14%，油气储量约占 24%，如鄯善油田中侏罗统七克台组、三间房组油藏，连木沁、红南、雁木西、神泉的白垩系、古近系油藏，葡北 2 号的三间房组油藏等。比较典型的为鄯善油田背斜油藏。

2）断背斜油气藏

此类油气藏早期类型一般为背斜圈闭，后期被断层切割成断背斜，也可能是逆断层上盘在上冲过程中发生弯曲而形成的断背斜。断背斜油气藏的油气水关系变化较大。丘陵油田、温 1 块、温西 1 块、温西 3 块等中侏罗统油气藏属此种类型。此类油气藏占已发现油气藏总数的 9%，储量约占 20%。

3）断鼻油气藏

断鼻油气藏油气分布受断鼻闭合高度和上倾方向断层遮挡条件控制，断鼻内具统一的油气水界面。断鼻油气藏占已发现油气藏总数的 10%，占储量的 9%。如丘陵油田西区、温米油田温西 2 块、温 5 块、红胡、红南 1 号、红南 3 号等的中侏罗统油气藏都属于断鼻油气藏。

4）断块油气藏

这类油气藏分布在断块构造的多个方向受断层侧向封堵控制，每个断块各具独立的油水系统。断块油藏占已发现油藏总数的 52%，占储量的 38%。主要油藏有巴喀油田的柯 7、柯 10、巴 21 中侏罗统油藏，温西 10、温南 2 中侏罗统油藏，神泉油田中侏罗统油藏，鲁克沁油田三叠系断块油藏。其中，鲁克沁油田三叠系油藏属于典型的断块型稠油油藏，斜坡背景下的含油断块群属于逆断层下盘的断块，形成了断块含油不分高低的油气分布规律，油质重稠是关键因素。

2. 岩性型油气藏

吐哈盆地发现的岩性油气藏少而且小，如温西 3 号中的温西 Ⅱ 区块三间房组 S Ⅰ 油组岩性油藏、米登油田三间房组 S Ⅱ 油组岩性油藏及红台西斜坡油气藏等。

3. 地层型油气藏

该类油气藏主要是地层不整合面上、下非渗透层构造封堵所形成的油气藏。例如艾参 1 井重质油藏为地层剥蚀不整合油藏，从录井剖面上看，含油层段顶部有几米泥质岩层封盖，推测向东上倾方向储层在不整合面上是开启的，沥青封堵因素应起一定作用。该类油气藏主要依赖地层剥蚀线与地层构造线相交构成的圈闭条件。红连油田的喀拉扎组油藏、吐鲁番油田胜南 1 井七克台组油气藏也属于此类。

4. 复合型油气藏

在台北凹陷主体沉降区，自中二叠世以来就在凹陷周边发育不同方向的沉积体系，沉积体系前缘、侧翼等部位，砂体与泥岩频繁互层，同时砂体变薄尖灭，与后期构造搭配，有利于形成岩性与构造复合型的圈闭。

1）岩性—构造复合型油气藏

岩性—构造复合型油气藏以构造圈闭为主，岩性又使圈闭复杂化，往往造成油水界面或油气边界不在同一等高线上。属于岩性—构造油气藏的有丘东气田西山窑组气藏，米登油田七克台组下段—三间房组三段及西山窑组四段油气藏，葡北油田七克台组油藏，玉果油田三间房组油藏等，温米油田的一些局部构造七克台组—三间房组油藏也属于岩性—构造油藏；其中丘东、米登位于中侏罗统南物源沉积体系的前缘，玉果油田位于西物源沉积体系的北翼，油气藏的分布均受到砂体分布的影响。此类油气藏可占到油气藏总数的12%，占储量的7%。其中比较典型的是丘东气田西山窑组三段气藏。

2）构造—岩性复合油气藏

构造—岩性复合型油气藏是指在一定构造背景上以岩性为主的圈闭中形成的油气藏。属于这类油藏的有丘东气田七克台组下段—三间房组三段气藏，温2块七克台组下段—三间房组三段油藏。此类油气藏可占到油气藏总数的2%。

二、油气藏的烃类相态及油气性质分类

按照地层条件下油气藏的相态，把吐哈盆地油气藏分为油藏、气顶油藏、气藏等类型，再按油气性质分为轻质油藏、稠油油藏、干气气藏、凝析气藏等（表2-7-1），以轻质油藏、稠油油藏、凝析气藏为主要类型。

表2-7-1　吐哈盆地油气藏烃类相态与油气性质分类

油气藏类型		个数	实例或主要分布
油藏	轻质油藏	309	台北凹陷J、K、E、T；托克逊凹陷T
	稠油油藏	94	鲁克沁油田T、P
气顶油藏	凝析气顶油藏	24	温米油田J_2q—J_2s，丘陵油田J_2q—J_2s
气藏	干气气藏	4	鄯勒Esh，柯13块J_2s
	凝析气藏	60	丘东气田，温米油田J_2x，红台气田，胜北气田J_3

1. 油藏

吐哈盆地发现油藏403个，占油气藏总数的82%，占储量的88%。

1）轻质油藏

侏罗系及其以上地层发现的煤系油气藏，油质都比较轻，绝大多数油藏地面原油密度为0.77～0.83g/cm³，总体为轻质油藏；多数油藏溶解气油比较高，一般为150～300m³/t，最大可超过900m³/t。

除鲁克沁稠油富集带以外，在三叠系中发现的伊拉湖、鄯善油藏，也属于轻质油藏，伊拉湖三叠系油藏地面原油密度0.84m³/t，鄯善三叠系油藏为0.83m³/t，这两个油藏的规模小。

轻质油藏个数309个，占油藏总数的63%，储量占盆地油气储量的61%，其中的溶解气占盆地天然气总储量的48%。

2）稠油油藏

鲁克沁油气富集带的二叠系油藏、三叠系油藏均属于稠油油藏，地面原油密度为0.89～0.99g/cm³。稠油油藏个数占油气藏总数的19%，储量占盆地油气储量的28%。

圈闭条件对稠油油藏形成的重要因素。鲁克沁油气富集带整体位于斜坡鼻状凸起构造背景上，构造以断块、断鼻为主，三叠系、二叠系主要储集体单层厚度大、储层物性好，油气轻质组分保存条件差，油气主要是以稠油的形式保存下来。

2. 气顶油藏

气顶油藏主要分布于丘陵油田、温米油田的七克台组、三间房组，另外吐鲁番油田的七克台组油气藏也是气顶油藏。气顶油藏个数占油气藏总数的5%，储量占比较小。这些气顶油藏整体属于煤系轻质油气藏，气顶气均为凝析气。

3. 气藏

气藏分布于台北凹陷的侏罗系及其以上地层，主要是中侏罗统，少量分布于下侏罗统、上侏罗统和古近系，整体属于煤系轻质油气藏。气藏占油气藏总数的13%，占盆地油气储量的11%。其中绝大多数为凝析气藏，少量为干气气藏。

在煤系轻质油气背景下，气藏形成的主要原因是油、气的分异。一种是背斜构造背景下的油气差异聚集，形成下气、上油或者近源气、远源油的油气藏组合，其中的气藏均为凝析气藏；另一种是圈闭或盖层条件相对较差，例如断鼻、断块、断背斜等构造中，天然气相对容易向上逸散，在上部的储盖组合中形成气藏，包括凝析气藏和干气气藏。另外，在北部山前煤系烃源岩高成熟局部部位，烃源岩进入主要生气阶段，可以直接形成气藏，如巴喀油田水西沟群气藏。

1）凝析气藏

台北凹陷侏罗系绝大多数的气藏为凝析气藏，主要分布于丘东气田、红台气田中侏罗统等，温米油田的多个局部构造中侏罗统西山窑组多数也是凝析气藏。凝析气藏占气藏总数的94%，占储量的92%。

2）干气气藏

干气气藏数量很少，均分布于多层系含油气构造的上部储盖组合中，典型的是鄯勒油田古近系气藏、巴喀油田柯13块三间房组气藏。

第三节　油气聚集带

吐哈盆地已在上含油气系统、中含油气系统发现规模油气。其中，上含油气系统主要在台北凹陷发现一系列煤系油气聚集带，包括丘陵—温吉桑、葡北—雁木西、胜北—红连、红台—疙瘩台、北部山前、火焰山—七克台等油气聚集带；中含油气系统主要在台北凹陷南面斜坡发现鲁克沁稠油富集带，在托克逊凹陷西部发现规模小的伊拉湖油气聚集带。

一、类型与主控因素

在基本油气地质条件具备的前提下，油气聚集带的类型及其形成主要受控于其中某项因素，这些因素又往往与盆地自身特点及其决定的区带类型等有密切的关系。

作为典型的叠合盆地，吐哈盆地中含油气系统与上含油气系统分别具有各自的油气地质条件特点：上含油气系统的主体为侏罗系及其以上地层，属于前陆构造层；中含油气系统的主体为二叠系、三叠系，则属于断—坳构造层。显然，两个含油气系统中决定区带的因素明显不同，因此，两个含油气系统中的油气聚集带类型及其主控因素也具有较大的差别（表2-7-2）。

表 2-7-2　吐哈盆地油气聚集带类型

油气聚集带形成背景			油气聚集带类型	油源	油气聚集带关键影响因素	实例
叠合盆地	上含油气系统（侏罗系及其以上）（前陆构造层）	前陆坳陷滑脱冲断构造体系	凹中构造带	成熟烃源岩主体区	类型好的圈闭大量发育	丘陵—温吉桑油气富集带
			前缘逆冲带	面向整个凹陷生烃区	横亘于前陆坳陷缓坡最长的构造带，大面积捕获油气	火焰山—七克台构造带
			山前冲断带	烃源岩沉积主体区	断裂带规模大，沟通多层系	北部山前构造带
			差异滑脱断裂带	前陆坳陷主体部位，烃源条件好	撕裂断层沟通浅层与油源	胜北—红连油气聚集带浅层油气藏区
		受叠合盆地深层基底古凸起影响	古构造带	前陆坳陷主体及其附近，油源条件好	基底断裂影响的古凸起规模大、宽缓	葡北—雁木西古弧形带油气富集带
		沉积体系前缘	岩性圈闭带	前陆坳陷主体沉降区边缘，烃源条件好	沉积体系前缘，砂体尖灭与上倾构造匹配	葡北—雁木西古弧形带玉果—七泉湖地区
			断块群		砂地比小，砂层薄，易形成断块圈闭	葡北—雁木西古弧形带神泉油田断块群
	中含油气系统（二叠系、三叠系）（断—坳构造层）	基底构造体系	断褶构造带	成熟烃源岩区或边缘	圈闭类型好	伊拉湖、四道沟
			古鼻状凸起	前陆坳陷主体周围，面向前陆坳陷叠置区（烃源岩持续深埋生烃），长期汇烃	大量非背斜圈闭、非常规油（稠油、斜坡断块群、岩性—断块复合圈闭、上超地层圈闭、不整合地层圈闭等）	鲁克沁稠油富集带
		二叠系分割性断陷群充填	岩性油气藏	叠合盆地沉降主体区，烃源条件较好	物源方向多，断控砂体，断—坳复合，易形成大量岩性、地层圈闭	

　　侏罗系及其以上的前陆构造层中，前陆坳陷滑脱冲断构造体系可以成为影响油气聚集带形成的重要因素。其中，台北凹陷中央的挤压—滑脱构造带，圈闭发育，构造完整，油源、储盖组合等条件优越，易形成油气富集带，如丘陵—温吉桑构造带（图 2-7-10）；台北凹陷南缘的火焰山—七克台前缘逆冲带，属于大规模的构造带，东西长 260km，横亘于油气向南运移的方向上，只要圈闭类型好，就易形成油气藏；台北凹陷北缘的山前冲断带，断裂带成排成带，位于烃源岩沉积主体区，在构造形变适度的部位，易形成油气藏；凹陷中央的差异滑脱撕裂断层控制的构造带，如胜北构造带—红

连构造带，由于撕裂断层断开浅层，形成了一系列的浅层油气藏。

吐哈盆地同时也是典型的叠合盆地，前陆构造层的构造区带也受到深部基底构造的影响，如玉果—葡北—雁木西古弧形带，呈南北走向，占据了台北凹陷整个西缘，三叠纪末以来长期持续抬升，一直是胜北洼陷油气向西会聚的有利部位，形成了南北绵延55km的油气聚集带。

沉积体系前缘也容易形成岩性复合油气藏带。例如神泉构造为背斜，但是由于七克台组—三间房组处于辫状河三角洲前缘—前三角洲部位，砂体薄，砂地比小，油气源方向为东面，因此，在背斜东翼形成一系列断块—岩性油藏，油水界面西高东低，整体相差300多米，并且油水系统复杂。七泉湖鼻状构造带呈东西走向，西高东低，七克台组—三间房组处于西物源的葡北辫状河三角洲沉积体系北侧翼，砂体在构造带南翼上倾减薄尖灭，与东南方向油源配合，形成一系列岩性—断块油气藏。

吐哈叠合盆地深部的二叠系—三叠系断—坳充填构造层，其构造及构造区带总体受基底形变控制，但侏罗纪以来受到前陆构造层的叠置改造。在中含油气系统分布主体区——台北凹陷，由于受前陆坳陷构造层叠置的影响，二叠系—三叠系构造层在凹陷周围明显地被斜坡化。因此，断—坳充填、斜坡化等是二叠系—三叠系重要的油气地质条件特点，在这样的条件下，形成了具有其自身特点的油气富集带。例如，鲁克沁油气富集带发育在库木大型斜坡鼻状凸起上，由于三叠纪末以来斜坡持续加强，一直位于台北凹陷生烃区南面，油源条件优越，三叠系储层巨厚、物性好，常规油气难以保存，但凭借斜坡断块群和稠油等，形成了亿吨级三叠系稠油富集带；二叠系原油相对较轻、较稀，但是依靠二叠系断陷充填及其扇三角洲前缘较薄砂体以及后期改造等，在斜坡部位形成了断块—岩性、上超地层、不整合地层等多种圈闭类型油气藏组成的复式油气富集区。

二、典型油气聚集带

1. 丘陵—温吉桑油气富集带

丘陵—温吉桑油气富集带由丘陵、温吉桑两个油气富集构造带组成，因台参1井的突破而获得发现。该带位于台北凹陷的中央，西起核桃沟，经巴喀、丘陵、鄯善、温吉桑、红胡、萨克桑，向东至四十里大墩一带，是吐哈盆地油气最富集的区带（图 2-7-11），油气储量规模近 2.0×10^8t。

丘陵—温吉桑油气富集带西邻胜北洼陷、东临丘东洼陷，中—下侏罗统水西沟群烃源岩条件好；中侏罗统以南物源为主的缓坡大型辫状河三角洲前缘沉积发育多套储盖组合；"凹中隆"大型背斜断褶构造带自侏罗纪末开始多期活动，圈闭发育，断裂沟通储盖组合。这些为油气富集带的形成提供了优越的条件。

（1）该油气富集带呈弧形横亘于主力生烃凹陷中央，油气源条件得天独厚。

丘陵—温吉桑油气富集带，因其由丘陵和温吉桑两个以140°夹角的二级构造带组成，平面展布呈弧形，弧顶位于鄯善构造，故简称鄯善弧形带，区带面积约750km²。尽管台北凹陷主力烃源岩水西沟群沉积时胜北洼陷和丘东洼陷均位于前渊主体，水体相连，但在习惯上以丘陵构造带西南缘边界断层将台北凹陷分为胜北洼陷和丘东洼陷两个主力生烃洼陷。丘陵构造带开始形成于印支期，燕山期定型，喜马拉雅期继承发展，是

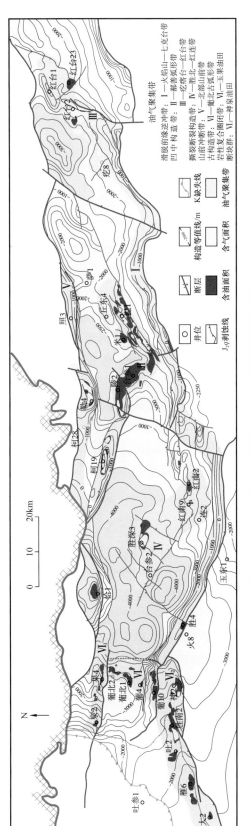

图 2-7-10 吐哈盆地台北凹陷上含油气系统油气聚集带分布图

① J₃q 剥蚀线内构造图层位为 J₃q；② 含气面积为煤系油源油气藏（包括侏罗系、白垩系、古近系等层位的油气藏）的含油气面积

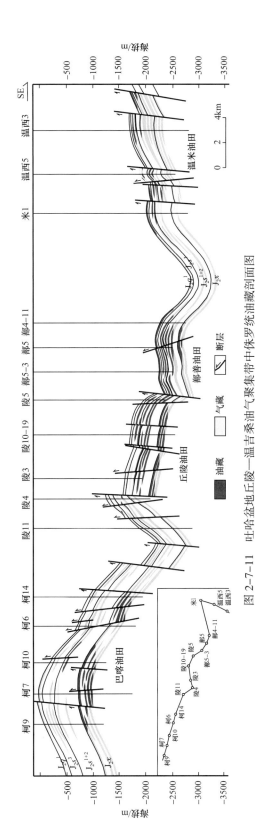

图 2-7-11 吐哈盆地丘陵—温吉桑油气聚集带中侏罗统油藏剖面图

典型的凹中之隆，具备得天独厚的油气成藏条件，是前侏罗系和侏罗系两套含油气系统亿吨级复式油气聚集带，分布着鄯善、丘陵和巴喀三个油田。温吉桑构造带则位于丘东洼陷的南斜坡，是油气运移的优势方向，同样具有良好的油气成藏条件，油气田分布于构造带的西段，构造成排展布，油藏和气藏共存。

鄯善弧形带中晚燕山期具有雏形，因其整体处于由博格达山逆冲产生的台北前陆凹陷的南部宽缓斜坡带，聚油范围北以丘东洼陷前渊构造轴线（同时也是中—下侏罗统沉积中心）为限，南至弧形带南缘边界断层（巴喀—丘陵西段西南边界断层、鄯善南界断层和马红断层），即丘东洼陷主体之南半部分。聚油范围内主要发育中—下侏罗统水西沟群烃源岩，推测上三叠统和中二叠统桃东沟群在丘陵—丘东一线以北具有一定的生烃潜力。供油范围内水西沟群由南向北加厚，一般可达 1500～2000m，其中煤、高碳泥岩和暗色泥岩厚度多在 1000～1500m 之间，生排烃潜量大，烃源条件好。

（2）该油气富集带多期构造活动，由中央向两侧、自南而北迁移改造，断控圈闭发育。

鄯善弧形带是一个基底卷入、多期构造活动的断褶构造带，不同时期构造形迹有继承和改造。鄯科 1 井揭示晚海西和晚印支期构造运动较为剧烈，鄯善构造中—上二叠统缺失、上三叠统部分剥蚀；晚侏罗世末的中燕山运动中，依附于巴喀南界、鄯善南界、马—红三条逆冲断裂，分别形成巴喀、鄯善和温吉桑南排等断背斜，但彼此并不相连；晚燕山运动断褶构造向北扩展，新生了丘陵和温吉桑第二排断褶构造，中燕山古构造也有所加强；晚喜马拉雅期断褶构造从中央鄯善—温西一带由南往北、自中央向东北和西北两个方向急剧扩展，丘陵构造主体和米登—丘东构造产生，并最终连绵相接组成巨型的弧形构造带。圈闭类型有背斜、断背斜、断鼻、断块和复合型等。目的层埋深由弧顶向东西两端翘倾抬升，抬升幅度西大东小，如七克台组埋藏深度西部巴喀油田为 900m，鄯善油田 2800m，东部温吉桑油田为 2000m。

（3）多期断裂活动促成了油气垂向和短距离侧向运移。

丘东洼陷主力烃源岩为中—下侏罗统水西沟群，最有利的储盖组合为其上部的中—上侏罗统，烃源岩及储层呈下生上储式集中发育。由于水西沟群煤系烃源岩以湖沼相为主；储层砂砾岩多为孤立透镜体、横向连通性差，加之成岩作用早期煤沼酸性水淋滤而缺乏碳酸盐胶结，晚成岩 A_1 亚期没有溶蚀的物质基础，物性很致密，不允许油气作侧向运移。因此，烃源断裂是油气运聚成藏的必要条件。

鄯善弧形带由一组多期活动的逆冲断裂褶皱叠加复合而成，卷入断褶构造的范围向北延伸到洼陷主体，聚油气面积可达 2000km^2，且构造破碎集中于中—下侏罗统烃源岩层段，伴随着燕山和喜马拉雅期等周期性构造运动，承上启下的油气源断层使油气以垂向运移和短距离侧向运移方式向构造带富集。

鄯善弧形带聚油范围内烃源岩在晚侏罗世—早白垩世就有排烃潜力，中晚燕山期断褶构造运动就大量成藏；晚喜马拉雅期也是重要的成藏时期。前者如鄯善油田、温米油田南部等。后者如丘陵油田的绝大部分油气和米登—丘东油气藏，米登—丘东油气藏圈闭完全形成于喜马拉雅期，丘陵油田圈闭可容空间的绝大部分形成于晚喜马拉雅期。

鄯善弧形带上三叠统油气源同样由丘东洼陷主体提供，油气运移的总方向是自下而上经断裂将桃东沟群塔尔朗组油气源引导至上三叠统有利的砂岩储层中，然后由凹中向南循砂岩上倾方向运移，进入构造带后追踪构造轴线寻找有利的构造聚集成藏。如鄯科 1 井在上三叠统 4705～4713m 段试油获 9.2t/d 的工业油流，油源对比确认其不仅来自上二叠统桃东沟群，而且是高成熟—过成熟的轻质油。鄯科 1 井的成功说明，三叠系在中晚燕山乃至晚喜马拉雅期成藏不乏机遇，弧形带仍是寻找前侏罗系油、气藏的有利场所。

（4）中—上侏罗统储层发育、封盖层分布稳定，为有利成藏组合，小泉沟群次之。

中—晚三叠世和早—中侏罗世，鄯善弧形带在南高北低的缓坡上，处于南物源控制的塔克泉—温吉桑—丘东—鄯善—丘陵大型辫状河三角洲沉积体系上，三角洲前缘砂体发育，仅西北部核桃沟地区为北物源体系的扇三角洲；晚侏罗世以后，总体为北物源控制的扇三角洲、冲洪积扇和河流沉积体系。

由于中侏罗统七克台组下段、三间房组中—上段以及西山窑组三、四段砂岩分布广、厚度大，同时上覆七克台组上段—齐古组巨厚（800～1200m）湖相泥岩盖层，储盖组合条件优越。同时，在这套巨厚盖层之下的中—下侏罗统，由于处于三角洲前缘，砂岩、泥岩交互叠置，还发育下侏罗统三工河组泥岩、中侏罗统三间房组下段泥岩等区域性湖相泥岩盖层以及其他次级局部盖层，组成了多套成藏组合。

此外，本区上三叠统郝家沟组发育湖相泥岩盖层，与其下的克拉玛依组也形成了一套储盖组合。

（5）构造带富油富气，油气藏类型多样。

鄯善弧形带位于主力生烃洼陷中央，烃源岩厚度大、类型好，热演化程度较高；断褶构造成排成带；中—上侏罗统发育多套区域性储盖组合；加之多种构造样式与砂体的交互配置，形成了多层系、多种油气藏并存的复式油气富集带。既发育背斜型油气藏（鄯善），也发育断背斜（丘陵、巴喀）、断鼻（温 5 块、温西 3 块、红胡）、断块型（巴喀东翼）油气藏，同时还发育构造—岩性（丘东）和岩性—构造（米登）复合型油气藏；流体性质以轻质油为主，也有凝析油、凝析气（丘东气田、丘陵 J_2q^1—J_2s 油藏气顶）和干气（柯 13 断块 J_2s 气藏）藏等。

2. 葡北—雁木西油气聚集带

葡北—雁木西油气聚集带位于台北凹陷侏罗系、前侏罗系有效生烃区西缘；该油气聚集带构造总体为北低南高的大型古鼻状凸起，凸起自三叠纪末以来多期活动，一直处于生烃区油气向西会聚有利部位。该油气聚集带由葡北 1 井的突破而获得发现，现已探明七个油田，自北向南为七泉湖玉果、葡北、火焰山、神泉、吐鲁番、雁木西等油田。北部含油气层位为中侏罗统；向西南方向中—上侏罗统不同程度剥蚀，白垩系、古近系也是重要的含油气层位（图 2-7-12）。油气藏圈闭以背斜为主，其次为断块、断鼻、岩性—构造等。已发现油气均为侏罗系煤系轻质油气，除吐鲁番油田、神泉油田为气顶油藏，其他均为油藏；侏罗系油藏的溶解气油比都较高。

（1）多期活动基底断裂控制大型古鼻状凸起，完整圈闭多。

葡北—雁木西油气聚集带所在的葡北古凸起构造背景由东缘的吐鲁番基底断裂控制。该断裂呈北—南西走向展布，延伸距离 60km 以上，是三叠纪末因盆地西北缘喀拉乌成山和博格达山的挤压作用下形成的弧形基底断裂，并形成了葡北大型古凸起，古凸起主体三叠系遭受剥蚀；侏罗纪末，古凸起再次大规模抬升，上侏罗统不同程度遭受剥蚀，南西部位因抬升幅度大导致中侏罗统也被部分剥蚀；白垩纪至今也有活动，但幅度

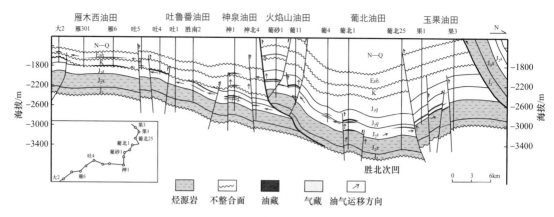

图 2-7-12　吐哈盆地葡北—雁木西油气聚集带油气运移聚集过程示意图

相对较小。历经三叠纪末以来的多期活动，总体形成了向北倾伏的大型鼻状凸起，称之为西部古弧形带。

由于控制古弧形带的吐鲁番基底分段接续，可分为葡北、神泉、胜南、雁木西、大墩等多段。其中，中北部葡北段为南北走向，控制了南北走向的葡北构造带；从中部神泉开始，转为南西方向，包括神泉、胜南、雁木西、大墩等多段，形成神泉构造带；在古弧形带北端，受博格达山抬升挤压、冲断，形成了东西走向、向东倾伏的七泉湖断褶鼻状构造带。另外，古弧形带中部受东西向火焰山断裂西段切割，西南部受东西向雁木西断裂切割，但因这两条断层均属于水西沟群煤系滑脱断裂，不影响基底断裂控制的古弧形带的完整性。

因此，该弧形带上发育了七泉湖、葡北、神泉三个构造带，分段的吐鲁番基底断裂控制形成了玉果、葡北 1 号、葡萄沟、神泉、胜南、雁木西等重点构造；由于属于基底构造，圈闭一般比较完整，以背斜为主，但圈闭幅度相对较小；中北部主要在侏罗系内部圈闭明显（葡北 1 号等），南西部位构造活动幅度相对较大，在侏罗系、白垩系、古近系均有圈闭（神泉、胜南、雁木西等）。

由于西部古弧形带紧邻台北凹陷有效生烃区，油气源条件优越，完整圈闭发育，为油气富集带的形成奠定了良好的基础。

（2）油气源条件好，古弧形带形成早，长期捕获油气。

由于西部古弧形带南北延伸距离远，整个占据了台北凹陷西部（即胜北洼陷）有效生烃区西缘，甚至向南、向北延伸出有效生烃区，因此，有效生烃区向西运移的油气都要首先进入古弧形带。

胜北洼陷中二叠统烃源岩在三叠纪末—早侏罗世开始生排烃，其时前侏罗系古弧形带已经形成；侏罗纪末，侏罗系煤系烃源岩开始成熟生排烃，此时古弧形带复活抬升，上侏罗统剥蚀殆尽，正向构造带幅度显著加大；白垩纪—第四纪，胜北洼陷成为台北前陆坳陷的主体沉降区，煤系烃源岩处于主生烃期，同时古弧形带幅度加大，并且北端因卷入山前带形成东西走向的断褶构造带。

因此，西部古弧形带形成时间早，并在后期持续加强，早于中二叠世、侏罗纪煤系两套烃源岩生烃期，加之古弧形带横亘于胜北有效生烃区西缘，生烃区各期生成的油气向西运移的过程中，悉数进入西部古弧形带，油气源条件得天独厚。

（3）东坡次级鼻凸聚敛油气，带内远距离侧向调整成带。

虽然古弧形带整体呈向北倾没的大型鼻状凸起，但是，由于其规模大，南、北两端延伸出有效生烃区，造成仅中北部的东坡与胜北有效生烃区直接接触。中北部自南向北发育了神泉、葡北1号、葡北2号背斜和玉果鼻状构造等，这些构造的东翼以鼻状倾没于胜北有效生烃区，成为古弧形带吸聚汇油气的重要部位，即胜北洼陷生排出的油气向西运移，通过吐鲁番断裂调整到中侏罗统，向东坡这些鼻状倾没端会聚，再遵循构造脊线和输导层在古弧形带内部侧向运移。

神泉背斜位于神泉构造带东端，紧邻胜北洼陷生烃区，是西部弧形带中南部的油气源进入主要部位。神泉背斜所在的神泉构造带位于弧形带南部，呈北东—南西走向，自东向西发育神泉、胜南、雁木西和大墩2号背斜，各构造在纵向上的侏罗系、白垩系、古近系均有圈闭；构造带埋深总体西高东低，并且由于西部侏罗系剥蚀较多，西高东低的构造趋势更为明显。胜北有效生烃区油气从低部位的神泉背斜东翼会聚，然后沿构造带脊线，自北东向南西依次到达神泉、胜南、雁木西、大墩等背斜，并在过断裂、不整合面等配合下，形成侏罗系、白垩系、古近系等油气藏。处于构造带脊线的斜坡部位的断块、断鼻等类型圈闭，也利于成藏，如神泉东翼低部位的神2、神103断块油藏、神泉与胜南之间鞍部胜南3—胜南6断块油藏等。从神泉背斜东翼到大墩2号侧向油气运移路径长达46km。

葡北1、2号背斜总体上位于古弧形带北部倾没部位，东翼则正对胜北生烃区，是西部弧形带中部葡北油田、火焰山油田的油气源进入主要部位。油气自胜北洼陷向葡北1、2号背斜东翼运移聚集成藏，如葡北2号背斜油藏、东翼葡北11井古油藏、葡北1号背斜、东翼葡北6断块油藏。这些圈闭充注装满溢出顺古弧形带的脊线向南部高部位运移，在运移路径上圈闭聚集成藏，如火焰山油田的葡4块、葡萄沟区块油藏。葡萄沟背斜受控于火焰山滑脱断裂西段，由于火焰山滑脱断裂西段形成较晚，主要在第四纪形成，因此在白垩纪、古近纪时期，在滑脱断裂断距较小时，葡萄沟背斜溢出的油气继续向南高部位运移，通过神北到达神泉构造带的胜南构造，汇入神泉构造带的油气运移路径。总体上，从葡北东翼起始的油气侧向运移，先自东向西，自北向南运移，在葡北1、2号背斜东翼断鼻、背斜、葡萄沟北翼断鼻、葡萄沟背斜、神北断鼻等构造形成油气藏，油气运聚绵延约25km。

在古弧形带北端，受博格达山的抬升挤压，被冲断抬升形成东西向的七泉湖构造带断褶鼻状构造带。该鼻状构造带西高东低，东部倾没端伸入胜北生烃区西北部，成为主要的油气会聚部位。进入构造带的油气，自东向西，向七泉湖鼻状构造带高部位运移，已经在尤孜、玉果、七泉湖发现油气藏。这条东西向油气运移路径长达25km以上。

三条侧向油气运移路径形成的油藏，在七泉湖—玉果—葡北—葡萄沟—神泉—胜南—雁木西—大墩一线形成油气聚集带，长达90km以上。

由于古弧形带油气主要是侧向运移，油气主要在具有油气源的古弧形带鼻状凸起或者构造带脊线部位成藏和富集，稍偏离脊线，有的钻孔没有油气显示，特别是古弧形带的西翼、西南翼，对应非有效生烃区，一般没有油气显示。

（4）受多构造层、断裂、沉积相带影响，具复式油气聚集带特点。

葡北—雁木西油气聚集带发育五套大的储盖组合：① 八道湾组下部砾岩、砂岩为储层，八道湾组上部和三工河组泥岩为盖层；② 西山窑组上部砂岩为储层，三间房组一段泥岩为盖层；③ 三间房组二、三段及七克台组下段为储层，七克台组上段及齐古组泥岩为盖层；④ 下白垩统三十里大墩组砂岩为储层，胜金口、连木沁组泥岩为盖层；⑤ 古近系鄯善群底部砂砾岩为储层，上部石膏及泥岩为盖层。葡北和葡萄沟地区以第三套组合为主，向南变差；神泉—吐鲁番地区各套组合都有程度不同的分布，但砂体厚度普遍很小，优势组合不突出；雁木西地区则以第五套组合为主，第四套次之。第二套—第五套储盖组合中已发现油气藏，总体而言具有成藏组合由北往南层位逐渐变新的特点，这跟断裂、运移输导层（储层、不整合面）对油气的调整有关。

由于古弧形带多期活动且南部抬升剥蚀厚度较大，在胜南构造向南西高部位，中侏罗统储层开始遭受剥蚀，形成背斜—不整合圈闭油气藏，同时导致中侏罗统储层与不整合面之上的白垩系储层直接连通，使中侏罗统中运聚的油气转向白垩系储盖组合；并向西南调整运移到雁木西、大墩白垩系、古近系背斜成藏。

吐鲁番断裂、火焰山断裂是油气垂向运移的主要途径。吐鲁番断裂在三叠纪末以来持续活动，其中三叠纪末、侏罗纪末两期活动强烈，使古弧形带基本定形；由于古弧形带以吐鲁番断裂与东侧的胜北生烃洼陷连接，胜北生烃洼陷水西沟群生成的油气通过这条断裂和输导层调整到储集性能好的中侏罗统。火焰山断裂从开始形成到大幅滑脱冲断的过程中，北部上盘的中侏罗统油气也向南部下盘对接的白垩系、古近系等较新地层中调整，致使火焰山以南形成白垩系、古近系油藏。

中侏罗统沉积体系展布则影响七泉湖构造带、火焰山构造带西段岩性—构造、构造—岩性油气藏的形成。在西部弧形带中北部，发育七泉湖—葡北西物源大型辫状河三角洲沉积体系，从西山窑期—七克台早期，主河道由北部葡北2井一带向南迁移葡萄沟一带。因此，在沉积体系北翼部位，七泉湖鼻状构造带东南翼的三间房组下部砂体向北上倾减薄尖灭，与断鼻、断块组合，形成上倾砂体尖灭构造—岩性圈闭带，如玉果油田；在沉积体系的南翼，葡萄沟构造带整体南高北低，与东西走向的河道砂体和向南减薄尖灭的砂体结合，形成了七克台组一段岩性—构造复合圈闭。

在古弧形带南部的神泉油田，西山窑组上部—七克台组整体处于辫状河三角洲前缘—前三角洲亚相，单砂层厚度小，砂地比小，呈现"泥包砂"岩性组合。同时，由于紧邻吐鲁番基底断裂，神泉背斜及东翼发育大量小断层，易错断一系列的薄储层，形成众多的小断块圈闭，形成了断块群油藏，油藏埋深、油水界面东低西高。

正是由于西部弧形带油气源条件好，加之多种圈闭类型、多套储盖组合、多种输导方式等条件，形成了葡北—雁木西复式油气聚集带：

一是圈闭类型多样，油气藏类型丰富。按控制因素划分二大类六种类型，即构造型和复合型两大类。构造型油气藏主要有背斜、断块及断鼻型，背斜型有葡北油田七克台组、三间房组油藏，神泉油田古近系、白垩系油藏，吐鲁番油田白垩系气藏，雁木西油田白垩系、古近系油藏；断块油藏有神泉油田东翼七克台组、三间房组油藏，玉果油田西山窑组油藏，吐鲁番油田胜南3、胜南6断块、断鼻型油藏。复合型油气藏主要有构造—岩性、岩性—构造、岩性—地层三种类型，神泉油田高部位油藏、葡北油田西山窑组油藏为岩性—构造型，火焰山油田七克台组油藏为构造—岩性油藏，吐鲁番油田胜南2块七克台组—三间房组油气藏为岩性—地层油气藏。

二是多层系含油，自北向南、自东向西含油层位逐渐变新，油水界面依次抬高。沿着葡北—吐鲁番、神泉—吐鲁番，再到雁木西的油气运移路径，含油层位和油藏埋深及油水界面呈现渐变的特点。北部葡北油田含油层位为七克台组—西山窑组上部，纵向上有 6 套油水系统，向南到火焰山油田，含油层位为七克台组—三间房组上部，再到吐鲁番油田含油层位为古近系、七克台组和三间房组上部，从葡北油田—吐鲁番油田油藏最低油水界面海拔为 –3298m → –2815m → –2262m；从东向西，神泉油田含油层位为古近系、白垩系、七克台组和三间房组，纵向上发育 4～6 套油水系统，到吐鲁番油田含油层位为古近系、七克台组和三间房组上部，再向西到雁木西油田为古近系和白垩系；油水界面海拔从最东部神 104 块 –2756m，向西神 2 块 –2507m，神 102 块 –2395m，到吐鲁番油田为 –2262m，到雁木西油田为 –1825m。整体上，古弧形带油水界面自东向西抬高 900 多米。

三是油气相态多样，从北向南、从东向西，随着埋深的减小，具有油藏—油气藏—油藏的变化特点。从葡北油田—吐鲁番油田—雁木西油田和从神泉油田—吐鲁番油田—雁木西油田，具有两端油藏，中间吐鲁番油田以及神泉油田中西部为油气藏的油气分布特点。形成这种油—气—油分布的原因：古弧形带吸聚的油气总体上为油气并存，在从低部位向高部位运移的过程中，低部位的葡北中侏罗统背斜由于埋深和地层压力大，天然气主要以溶解气的形式赋存，油藏原始溶解气油比高达 548m³/t；到达较浅部位神泉、胜南背斜，由于埋深和地层压力的依次降低，中侏罗统油藏溶解气油比分别为 400m³/t、200m³/t 左右，因此一部分溶解气析出，形成气藏或气顶；到最浅部位的雁木西背斜，由于白垩系、古近系泥岩盖层的成岩程度低，封盖能力变差，造成天然气的逸散，白垩系、古近系背斜油藏溶解气油比仅为 101m³/t、8m³/t，不仅气藏不能保存，溶解气也难以保存。

3. 胜北—红连油气聚集带

胜北—红连油气聚集带包括位于胜北洼陷中央的胜北构造带和东南部斜坡上的红连构造带，处于煤系烃源岩有效生烃区，是一个以浅层油气藏为主的油气聚集带（图 2-7-13）。该带由红南 1 井的突破而获得发现，主要含油气构造有红南 1、红南 2、连 2、红南 9、连南 1、胜北 2、胜北 3、胜北 4 等，含油气层位包括中侏罗统七克台组、三间房组、上侏罗统喀拉扎组、白垩系、古近系等。

（1）胜北—红连油气聚集带位于生烃洼陷中央和东南部斜坡，油气源条件好。

胜北—红连油气聚集中的胜北低幅度箱状隆起背斜带位于胜北洼陷中央；红连构造带地处洼陷东南斜坡，发育连木沁、红南两个由南往北倾没于生烃洼陷的鼻状构造；整体具有近油源的有利条件。胜北洼陷水西沟群煤系是盆地上含油气系统最主要烃源岩；七克台组湖相泥岩在胜北洼陷中央已进入低成熟阶段，也可提供一定量油源。该区发育近东西走向逆断层和近南北走向的两组断裂，断切烃源岩层和侏罗系、白垩系、古近系储盖组合，中、浅层都具有良好的油源条件。

（2）中晚燕山和晚喜马拉雅期断褶构造叠加，中浅层发育多类型圈闭。

红连构造带处于七克台和火焰山两大逆冲断裂带的交接转换区，构造应力场复杂。中燕山期伴随着盆地北部博格达山的强烈抬升并向南侧向挤压，中—下侏罗统煤系滑脱在红山—连木沁一带产生多个局部向上冲断褶皱，由北往南、由东向西形成红山、红南

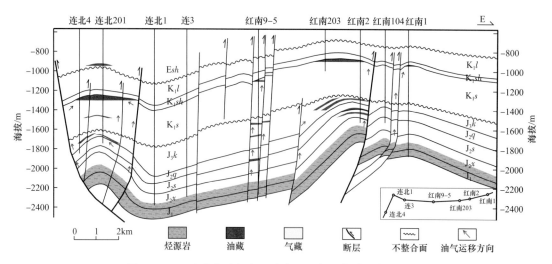

图 2-7-13　吐哈盆地红南—连木沁油气聚集带成藏模式图

1 号、红南 3 号、红南 2 号、连木沁 2 号等高陡断鼻，并且在白垩系沉积前被削顶，上侏罗统被大量剥蚀；晚燕山期断褶构造形变弱，有同沉积披覆断褶；晚喜马拉雅期，在中燕山期形成的老断层复活，在红南 1、2、3 和连木沁 2 号中—上侏罗统秃顶构造上形成白垩系—新生界低幅度断背斜。

胜北构造带位于胜北洼陷中央，被水西沟群及中侏罗统滑脱断层广泛扰动，并且由于胜北洼陷是晚燕山期、喜马拉雅期台北凹陷构造活动最活跃的部位，造成浅层圈闭比较发育，如胜北 1 号、2 号等。同时，由于滑脱的差异性造成南北向撕裂断层广泛存在，虽然大部分撕裂断层横向断距小，但一般切穿至古近系、新近系，使上侏罗统、白垩系、古近系均沟通了侏罗系煤系烃源岩；另一方面，依附撕裂断层也形成了一些圈闭，如胜北 3 号、胜北 4 号等。

（3）中—上侏罗统—古近系区域性储盖组合发育齐全。

胜北—红连地区中浅层发育良好的区域性储盖组合。晚侏罗世喀拉扎期，台北凹陷广泛发育了一套正旋回沉积，形成了一套区域性的储盖组合，但是由于侏罗纪末的构造运动，台北凹陷东部大部分被剥蚀，而胜北洼陷在侏罗纪末以后成为台北凹陷沉降主体，上侏罗统及其储盖组合保存完整。胜北地区上侏罗统的储层段在喀拉扎组下部，其岩性组合为褐色、灰褐色薄层细砂、粉砂岩与紫红色泥岩互层，储层沉积相带为北物源扇三角洲前缘亚相，喀拉扎组中—上部大套红色泥岩为盖层；红连构造带的储层段发育在中—下部，岩性组合为泥岩夹砂岩，储层相带为南物源辫状河三角洲前缘至前三角洲亚相。

晚侏罗世末以后的白垩纪、古近纪等，胜北洼陷成为湖盆主体部位，储盖组合发育条件好。红连地区白垩系三十里大墩组为一套厚度为 300～450m 的巨厚滨湖环境砂岩储层，横向分布稳定，储层物性以高孔高渗为特点，其上覆的胜金口组和连木沁组发育湖相泥岩厚度 250～400m，构成了良好的储盖组合。古近系则处于北物源冲积扇扇缘河道砂体与浅湖泥岩互层部位，储盖组合稳定发育。

相对于浅层，胜北—红连地区中—下侏罗统储盖组合条件相对较差。红连地区在早—中侏罗世沉积古地理环境独特，西南部为玉北—鲁克沁前隆复式断褶带—库木凸起，阻隔了南部物源的快速进入和该地区辫状河三角洲主体的形成，砂体发育差，主要是低能环境下的曲流河、河漫滩和决口扇等沉积，中、薄层砂岩与泥岩和煤层间互，砂泥比低，主要在七克台组上段和齐古组区域性盖层下，形成多套泥包砂的局部储盖组合。在胜北地区，中侏罗世处于西物源的葡北辫状河三角洲沉积体系前缘，砂体发育，但是由于晚侏罗世以后一直处于盆地沉降主体部位，上覆地层厚度和埋深大，成岩作用强，储层物性差。

因此，胜北—红连地区主要是浅层储盖组合条件好，并且圈闭及油气源断裂发育，成为该地区的重要含油层系。

（4）晚喜马拉雅期剧烈断褶活动使古断裂复活、平移断裂形成，促成油气运聚。

胜北洼陷主体中—下侏罗统烃源岩从晚侏罗世后期递次进入有效排烃门限，具备中燕山运动和晚喜马拉雅期构造运动两期成藏的潜力。

红连构造带在中燕山运动时就已形成红南1、红南2、连2等挤压滑脱断背斜、断鼻构造，水西沟群滑脱断裂沟通了胜北洼陷的烃源岩有效生烃区，在这些构造的中侏罗统中形成油藏，连1井、红南1井三间房组原油甾烷分布特征分析，油气主要来源于水西沟群煤系烃源岩。在白垩纪、古近纪、新近纪，胜北洼陷一直是盆地沉降主体区，沉降幅度大，水西沟群烃源岩进入主生烃期，中侏罗统七克台组湖相泥岩也开始进入低成熟演化阶段；晚喜马拉雅期构造运动时，油气经由红—连鼻状隆起背景的侧向会聚作用和断裂的垂向沟通，运移聚集于中—上侏罗统、浅层白垩系三十里大墩组与古近系圈闭中，连2井白垩系油藏原油混相特征明显（同时具有水西沟群煤系和七克台组湖相泥岩油源）。

胜北构造带为箱状复式低幅度背斜构造，西南部胜北1、2号背斜依附滑脱断层形成于晚燕山运动期，晚喜马拉雅期构造幅度进一步加大，中侏罗统圈闭具备晚燕山期成藏的条件；东北部胜北3、4号背斜则主要形成于晚喜马拉雅期。晚喜马拉雅期构造运动时，由于自北向南的多个滑脱存在差异性，形成一系列近南北走向的撕裂断层，断面垂直，同时晚燕山期滑脱断层复活，两种类型断裂连通了水西沟群煤系源岩、七克台组湖相烃源岩与上侏罗统、白垩系、古近系等，恰逢处于生烃高峰期的烃源岩大量排烃，油气通过垂向断层快速运移到上侏罗统、白垩系、古近系中形成油气藏。台参2井齐古组原油和胜北3井喀拉扎组原油也具有明显的混相特征。

（5）受圈闭类型和储层发育的控制，油藏以背斜底水块状和背斜层状为主。

红连地区中侏罗统圈闭为背冲式断夹块，油藏类型以断鼻层状油藏为主；白垩系、古近系为背斜，背斜幅度低，储层厚度大，油藏类型以背斜底水块状为主。胜北构造带圈闭则以滑脱相关或依附撕裂断层的低幅度背斜为主，单砂层厚度也比较小，油藏类型则多为背斜边水层状油藏。

4. 红台—疙瘩台油气聚集带

红台—疙瘩台油气聚集带位于台北凹陷东部小草湖洼陷煤系生烃区东南缘斜坡部位，包括疙瘩台、红台两个构造带，整体属于鼻状—背斜断褶构造群。该带由红台2井的突破而获得发现；受三角洲前缘砂体发育较差影响，三间房组—七克台组油气藏以岩性—构造复合型气藏为主；受储层物性差影响，西山窑组则以低饱和度油藏为主（图2-7-14）。平面上，油气主要分布于红台背斜构造带，含油气层位为中侏罗统西山窑组、三间房组、七克台组；红台—疙瘩台地区的北西翼倾伏部位，主要是在三间房组发育构造—岩性油气藏。

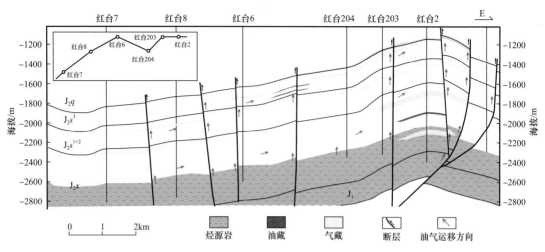

图 2-7-14　吐哈盆地红台油气聚集带成藏模式图

（1）构造带呈弧形展布于小草湖生气洼陷东南缘，气源条件较好。

小草湖洼陷水西沟群煤系烃源岩（暗色泥岩、高碳泥岩、煤）厚度大，其中西山窑组煤厚度一般 20～60m，高碳泥岩厚度 10～40m。烃源岩分布稳定，古地温梯度高（大于 3.5℃/100m），烃源岩热演化程度相对较高，常规天然气地质资源量 $300×10^8～400×10^8m^3$，致密砂岩气地质资源量约 $3000×10^8m^3$，煤层吸附气地质资源量约 $2170×10^8m^3$，是一个以天然气为主的洼陷。

红台构造带呈北西—南东走向位于小草湖生烃洼陷东缘缓坡，疙瘩台构造带则呈东西向展布于小草湖洼陷南缘缓坡，两个构造带烃源条件好，共同形成小草湖洼陷边缘的油气聚集带。

（2）局部构造依附于一系列倾向洼陷的逆断层，断背斜、断鼻型圈闭发育。

疙瘩台—红台地区位于台北凹陷东部，具有早期构造活动较强、晚期相对较弱的特点。侏罗纪末，台北凹陷中东部水西沟群煤系滑脱活动较强，并波及凹陷南北，凹陷内部已经形成红台 1 号、2 号、3 号等局部滑脱断褶高陡背斜构造，组成红台构造带，构造带及其主控断裂主要呈北西—南东走向；南缘疙瘩台—飞跃—十三间房一带则为滑脱构造体系前缘冲断带（属于火焰山—七克台前缘冲断带的东段部分），主控断裂呈东西走向。晚燕山期—喜马拉雅期，该区持续抬升，但局部构造的构造形变小。

疙瘩台构造为一较大鼻状构造，向北倾没于小草湖洼陷；红台构造带的红台 1 号、2 号、3 号背斜的近洼侧翼也呈较缓的鼻状构造倾伏于小草湖凹陷。受晚喜马拉雅运动影响，在这些近洼的鼻状构造部位，发育一系列低幅度断鼻或者断块。

（3）三角洲前缘储盖组合发育，岩性复合圈闭多。

红台—疙瘩台地区中—下侏罗统均为相对独立的南东物源辫状河三角洲沉积体系前缘沉积，西山窑组上部、三间房组、七克台组均发育区域性储盖组合；同时，南东—北西走向砂体被北东—南西向断裂切割，容易形成岩性复合圈闭。

西山窑组三段位于三角洲前缘，砂体普遍发育；西山窑组四段在红台 2 号构造北西方向处于砂体明显减薄尖灭的部位，岩性—断鼻、断块圈闭发育条件好。西山窑末期和三间房早期沉积的湖相泥岩成为区域性盖层。西山窑组三、四段的砂体储层物性相对较差，油气显示丰富，低饱和度油藏为主要特点。

三间房组则普遍为三角洲前缘—前三角洲亚相沉积，砂体微相主要为水下分支河道、河口沙坝、席状砂，砂地比小，砂体之间连通性差，岩性—断鼻、断块圈闭在三间房组二段、三段都比较发育。

平面上，疙瘩台地区砂体相对发育，三间房组、七克台组为主要含油气层位，因埋藏较浅，储层物性较好。红台构造带埋藏较深，物性差，七克台组—三间房组砂体发育相对较差，以岩性圈闭为主；西山窑组在北西部位主要为独立砂体形成岩性圈闭，南东部位的红台2号、红台3号构造等砂体发育区则以低饱和度油藏为主。

（4）断裂影响范围大，古鼻状构造背景控制油气优势运聚。

疙瘩台—红台弧形断裂带自中燕山运动以来多期活动，特别是晚喜马拉雅期的逆冲，拖弋断裂卷入的地层系统往东南方向运动，伴随着构造运动的周期性活动，激活了鼻状构造伸入的洼陷主体，与有利于生气且成熟度较高的烃源岩匹配，构建了多期成藏事件。红台2号构造西侧、疙瘩台构造北侧的古鼻状构造控制了从生烃洼陷吸聚油气的规模，成为油气运移的优势方向，同时洼陷东南缘燕山期就已形成的红台、疙瘩台构造带提供了油气聚集的最后场所，从而形成了红台—疙瘩台油气聚集区带。

5. 北部山前油气聚集带

北部山前油气聚集带位于台北凹陷北部博格达山前逆冲推覆带。整个山前带东西长210km，南北宽8～15km，区带面积2050km²。鄯勒构造勒1井在西山窑组的油气发现拉开了山前带找油的序幕，自东向西已发现鄯勒、恰勒坎、玉果、七泉湖油田；含油气层系包括下侏罗统、中侏罗统和古近系，油气藏埋藏深度600～4500m，跨度约4000m；油气藏流体类型有深层凝析气藏、轻质油藏，还有浅层次生干气藏；已发现油气的烃源岩基本为中—下侏罗统水西沟群。山前带各段的油气地质条件有所区别，整体油气藏规模小，勘探难度大。

（1）构造带处于烃源岩沉积主体部位，各段具有独立的油气运聚系统。

北部山前带自西向东分布着七泉湖、恰勒坎、鄯勒和大步四个构造带，已在前三个构造带发现4个油田。鄯勒构造带位于丘东洼陷北部山前，恰勒坎、七泉湖构造带位于胜北洼陷北部山前；大步构造带为小草湖洼陷北部山前。

二叠纪、三叠纪、侏罗纪时，该带处于盆地沉降最深部位，地层厚度大，为二叠系、三叠系、侏罗系等烃源岩厚度中心；其中水西沟群沉积环境靠近沉降沉积中心，岩性组合以暗色泥岩、煤层和砂岩互层为特点。总体上，山前带的烃源岩沉积条件好，埋深大，热演化程度高。北部山前逆冲推覆带毗邻受博格达山抬升逆冲控制的东西走向继承性前渊，供油气区包括前渊轴线以北的山前断褶带及其围斜地区，自成一个油气运聚系统，占据台北凹陷有效生烃面积的五分之一。加之山前带逆冲断层多期发育，断开层位多，沟通了深、中、浅层。

（2）局部构造依附于基底卷入的多排逆冲断裂，低台阶断背斜和断块圈闭发育。

山前带自晚二叠世以来始终处于逆冲前渊靠山一侧，主要由于中晚燕山期、晚喜马拉雅期博格达山强烈隆升的侧向挤压，发育一系列基底卷入型的叠瓦状断裂，构造面貌十分复杂。山前带地质结构由近凹低台阶带、中间断阶带和近山高台阶带三部分组成，构造样式主要有背驮式背斜、叠瓦状构造和三角带构造三种类型，已发现的含油气构造处于低台阶带上断层复杂化的断背斜内。山前带主要圈闭在中晚燕山期形成雏形，喜马拉雅期构造运动对其加强和改造，圈闭形成和油气生成、运移匹配关系良好。

（3）北物源扇体、砂砾岩横向变化快，储层成岩作用强，储集物性差。

山前带上二叠统及其以上地层物源主要来自博格达山，沉积体系以南北向近源的扇三角洲和冲积扇为主，骨架砂体横向多变；西部七泉湖构造带发育物源西北方向的辫状河三角洲体系。北物源近源沉积体系砂体岩石成分成熟度普遍很低，塑性岩屑含量一般大于70%，加之沉降埋深大，成岩压实作用强烈，储层物性普遍差。中侏罗统及其以上层系储层以中低孔（小于15%）、低渗—特低渗的常规近致密和非常规储层为主；下侏罗统储层则以致密砂岩储层为主，孔隙度一般小于8%，渗透率一般小于0.5mD。山前带要么泥岩巨厚、储层不发育；要么储盖层发育但储集物性差；要么砂体发育、盖层缺乏或厚度小。总体而言，储盖组合配置差。

（4）多期构造活动叠加，形成含油层系多、油气分散的油气聚集带。

北部山前带处于水西沟群烃源岩沉积中心，烃源岩发育条件好；侏罗纪末，该带处于沉降主体部位，埋深大，烃源岩处于成熟大量生烃阶段。此时，恰逢中燕山运动，形成北部山前带，鄯勒、恰勒坎、七泉湖等主要断褶构造带基本成型，鄯勒、照壁山4号、恰勒坎等以背斜为主的构造在中侏罗统西山窑组、下侏罗统中形成油藏。

在晚燕山、早喜马拉雅、晚喜马拉雅期，冲断带多期抬升，但南侧压坳部位埋深持续增大，烃源岩进入中—高成熟演化阶段，山前冲断带仍然具有优越的油气源条件。一方面，在水西沟群形成气藏；另一方面，由于毗邻博格达山南界，多期冲断构造活动叠置，侧向挤压强烈，断层发育、构造破碎，前期形成的西山窑组、下侏罗统油藏油气散失，通过断层向上部地层运移，在三间房组、七克台组、甚至古近系中形成油气藏。

由于山前带储盖组合差且横向多变，缺乏集中发育、覆盖整个构造带的成油组合，纵向上从下侏罗统到古近系可以有多套储盖组合分布，并且由于构造破碎和断裂的沟通，油气显示和含油层系多，如鄯勒油田三工河组、西山窑组、三间房组、七克台组和古近系均有油气层分布，其中勒3井七克台组1091～1242m井段就发育6个独立压力系统的背斜层状小油藏。这种状况造成山前带纵向含油气层系多、聚而不富、油藏规模小的特点，油气水分布也十分复杂。

断褶构造波及的范围及其周全程度控制了吸聚油气的范围，决定了油气运聚的规模。恰东、阿克塔什和照南—红旗坎等叠瓦状单斜断阶带，基本不存在会聚油气的条件，难以成藏；七泉湖、恰勒坎和鄯勒等断背斜或者鼻状构造波及范围大、汇流面积广，形成了小规模的油气藏。

6.火焰山—七克台油气聚集带

火焰山—七克台油气聚集带分布于台北凹陷南缘，其所在的火焰山—七克台滑脱逆冲带占据了整个台北凹陷南缘。该逆冲带在平面上呈近东西向长条状分布，西至葡萄沟构造、东至十三间房东，东西长260km。该带又分为西部的火焰山逆冲带、东部的七克台逆冲带两段，西段长110km，东段长150km，其中东部侏罗系已逆冲出露地表，西段呈山脉形式，总体组成地貌与构造上显著的弧形正向带，是盆地早期油气勘探的重点部位，于 20 世纪 50—60 年代发现了胜金口小型油田和七克台油砂矿。1998 年 6 月在逆冲带西端的葡萄沟构造下倾部位葡 4 井七克台组获工业油气流，之后在葡萄沟构造发现火焰山油田，包括葡 5、葡 6、葡 9、葡 10、葡 11 等小型高产油气藏，含油层位为七克台组和三间房组。

总体上，火焰山—七克台滑脱逆冲构造带整体占据了台北凹陷南部缓坡边缘，缓坡向南运移运移的油气，最终几乎尽数进入该带，其油气源条件好。但是，由于冲断幅度大，圈闭条件总体较差，主要在构造带西段构造活动相对较弱、保存较好的背斜圈闭中形成油气藏。

（1）大型滑脱前缘逆冲带面向整个台北凹陷生烃区，油气源条件优越。

侏罗纪末以来，在台北凹陷北缘博格达山多期抬升挤压作用下，形成了以水西沟群煤系为应力薄弱面的大规模滑脱，几乎波及整个凹陷，并在凹陷南缘煤系缺失处或者古凸起前缘等部位冲断穿层至地表，从而在滑脱冲断前缘形成了东西长达 260km 的大型滑脱断褶带。受滑脱前缘冲断因素差异的影响，形成多个走向不同的段被错断，但总体可以分为明显错断的七克台、火焰山两大段，两段错断部位在鄯善县城附近，该处错断约 10km，七克台段西端在火焰山段东端的北面。整个逆冲带形成东早西晚，七克台段在侏罗纪末就已形成并持续增强，火焰山段主要形成于白垩纪末—第四纪。

由于火焰山—七克台滑脱逆冲构造带横亘于台北凹陷南缘，面向整个台北凹陷生烃区，成为油气继续向南逸散的重要屏障。同时，逆冲带所在的台北凹陷南部属于前陆坳陷的缓坡，汇油面积大，油气源丰富；另外，顺煤系滑脱面从侏罗纪末至今扰动了整个台北凹陷的煤系烃源岩，是主要的油气运移通道。因此，火焰山—七克台滑脱冲断构造带油气源条件优越。

（2）冲断幅度大，背斜圈闭少，形成油藏少。

火焰山—七克台逆冲带规模、冲断幅度大，圈闭条件总体不好。在东段七克台段，侏罗纪末至今持续冲断，中侏罗统主要目的层已出露地表，整体呈单斜，仅东端的疙瘩台为冲断背斜。西段火焰山段在胜金口沟以东中侏罗统目的层也出露；胜金口沟以西出露的最老地层为上侏罗统，中侏罗统保存齐全，在南北向剖面上，滑脱断层转折背斜比较完整，发育胜金口、葡萄沟等背斜。

因此，火焰山—七克台滑脱逆冲带仅西端的中侏罗统主要目的层保存较好，并且发育背斜圈闭，适合于油藏的形成和保存，已发现葡萄沟、胜金口两个背斜油藏。中东部单斜难以形成圈闭和油气藏，仅在七克台、疙瘩台有小油藏发现，其中七克台油藏层位为中侏罗统顶部七克台组，油层直通地表，靠地面沥青封堵，为残余小油藏；疙瘩台油气藏分布在冲断背斜构造后方相对完整的次级小断鼻构造上，为残留小油气藏，其原始大规模油气藏被破坏殆尽。

（3）冲断幅度较小与古鼻隆叠合部位，成藏条件相对较好。

火焰山—七克台滑脱冲断带发现油藏少，但毕竟冲断带规模大，油源气条件好，仍然有一定潜力，较为有利区是冲断幅度较小、与古鼻隆叠合部位。

在台北凹陷南部缓斜坡向北倾伏的古鼻隆，一般是油气会聚的优势方向，火焰山—七克台逆冲带与这些鼻隆叠合部位，一方面有利于背斜或者鼻状构造的形成，另一方面借助鼻隆汇油优势油气源充足，一定程度上弥补圈闭条件差的劣势，在圈闭条件较好的部位或者逆冲构造北部倾伏部位形成油气藏。例如，七克台小油藏所在的七克台逆冲带处于塔克泉古鼻隆前缘，温吉桑油气富集区的形成也与塔克泉古鼻隆背景利于油气会聚有关，并为七克台油藏的形成提供油源；葡萄沟油藏则处于葡北古鼻状凸起背景上的葡北—雁木西弧形油气聚集带；胜金口鼻隆向北倾伏伸入胜北生烃区利于汇油，为胜金口油藏的形成提供了油源；疙瘩台油气藏则处于向小草湖洼陷倾伏的疙瘩台鼻隆上。

（4）油气聚集带的形成过程。

侏罗纪末期，东部七克台滑脱逆冲带已初步形成，自东向西发育了飞跃、疙瘩台、七克台、红山等滑脱冲断背斜，上侏罗统遭受部分剥蚀，七克台组上段与齐古组巨厚泥岩盖层保存较好，因此中侏罗统圈闭条件好。其时，丘东洼陷、小草湖洼陷水西沟群煤系烃源岩开始大量生排烃，向南部运移至温吉桑、红台构造带中侏罗统圈闭形成油藏之后，继续通过中侏罗统砂体向南运移，到达七克台逆冲带；同时，水西沟群烃源岩生成的油气，也可顺水西沟群发育的滑脱断面，直接向南运移到七克台逆冲带，并在疙瘩台、七克台、红山等中侏罗统背斜聚集油藏。

白垩纪，台北凹陷东部沉积很少，南缘七克台滑脱逆冲带处于持续活动阶段，有利于油气的运移、区带圈闭的增强和油气藏的形成。与此同时，台北凹陷西部则成为白垩纪的沉降主体区。

白垩纪末，晚燕山运动导致火焰山段滑脱逆冲带的形成，且由东向西逐渐波及发育，胜金口等滑脱冲断背斜形成，中侏罗统圈闭完整，上侏罗统、白垩系区域性泥岩盖层保存良好。由于胜北洼陷在晚侏罗世—白垩纪连续沉降，白垩纪末，水西沟群烃源岩埋深大并大量生排烃，主要通过水西沟群煤系滑脱断面，为邻近的火焰山逆冲构造带提供充足的油气源，在胜金口等中侏罗统背斜中形成整装油气藏。另外，在晚侏罗世—新近纪，火焰山逆冲带处于形成初始阶段，构造幅度较小，胜北洼陷生烃区的油气可向逆冲带以南运移，形成如胜金口构造下盘油藏以及神泉构造带的油藏。

晚喜马拉雅期构造运动时，逆冲带最西端的葡萄沟逆冲背斜形成，东北部胜北洼陷生烃区持续沉降，水西沟群煤系烃源岩和七克台组湖相泥岩烃源岩都可提供油气源，葡萄沟背斜中侏罗统油气藏得以形成。

通过中晚燕山和喜马拉雅期构造运动，火焰山—七克台滑脱逆冲带演化定型。在此过程中，逆冲带东部、中部由于形成时间早和活动时期长，抬升冲断幅度持续增强，大部分已冲断、抬升剥蚀、单斜化，圈闭条件相对较好的疙瘩台、红山、七克台等构造已被改造为断层复杂化的高陡断鼻，且中—上侏罗统区域性泥岩盖层遭受大量剥蚀，红山、七克台的中侏罗统目的层段已出露地表，导致先期形成的油藏破坏殆尽。疙瘩台、胜金口、红山等构造仅在侧翼断层较少的部位残余了岩性—构造油气藏，七克台中侏罗统油藏则靠地面沥青封堵。

7. 鲁克沁稠油富集带

鲁克沁二叠系、三叠系稠油富集带位于台北凹陷南面的艾丁湖斜坡鲁克沁复式鼻状凸起构造上，由艾参1、玉东1井的突破而获得发现。该鼻状凸起向北西倾伏伸入胜北洼陷中二叠统桃东沟群烃源岩生烃区，油源充足；复式鼻状凸起在斜坡构造背景上发育大量断块、断鼻；二叠系—三叠系断—坳充填、复杂的地层结构导致岩性—地层复合圈闭的大量形成；加之油质黏稠等因素的共同影响，有利于在斜坡鼻状凸起背景上形成大型稠油富集带。

（1）紧邻台北凹陷，油源条件好。

油源对比、烃源岩生烃演化史研究和油气运聚分析表明，鲁克沁油气富集带的稠油均来自火焰山断裂以北的胜北洼陷中二叠统桃东沟群湖相泥岩（赵文智，1998）。台北凹陷内尚无钻孔揭示该套烃源岩，但在艾丁湖斜坡的艾参1井钻遇暗色泥岩255m，处于台北凹陷与鲁克沁古断陷过渡部位（现今掩覆于火焰山逆冲带之下）的英17井揭示暗色泥岩厚度175m；北缘桃东沟群露头剖面有较厚的暗色泥岩出露，如二塘沟剖面厚665m，桃东沟剖面厚300m，照壁山剖面厚369m。综合露头、钻孔、地震及电磁测深等资料推测，胜北洼陷桃东沟群湖相暗色泥岩厚度一般为100～200m，受二叠纪至今的连续叠置沉降深埋，从三叠纪末开始持续演化生排烃。

（2）鲁克沁复式鼻状凸起形成早，为前侏罗系油气聚集提供了良好构造背景。

鲁克沁复式鼻状凸起由多个北西倾伏的断褶鼻状构造带复合而成，自西向东、自南向北为鲁克沁、玉北、马场南鼻状构造带，涵盖范围东西长30km，南北宽15km。

这些断褶带在三叠纪末开始形成，处于台北前陆坳陷沉降区南面的艾丁湖斜坡上，并使复式鼻状凸起整体北倾，伸入胜北洼陷二叠系生烃区；此后，复式鼻状凸起持续加强，胜北洼陷持续沉降，复式鼻状凸起一直是胜北洼陷二叠系有效生烃区油气向南运移会聚的指向，复式鼻状凸起前沿在西至胜金口、东至红山一线约50km正对胜北洼陷，汇油范围大，油气源条件优越。

（3）二叠系、三叠系储盖组合发育齐全，三角洲沉积体系砂体储集条件好。

鲁克沁稠油富集带主要发育三套含油储盖组合。

第一套是以上二叠统梧桐沟组冲积扇相砂砾岩或扇三角洲前缘亚相水下分流河道微相砾状砂岩为储层，梧桐沟组湖相泥岩为盖层的组合。这套储盖组合属于断陷格局下的沉积，厚度变化较大，但沉积范围较广。玉北构造带东段油层段储层孔隙度20%～27%之间，渗透率达50～100mD，是好储层。玉北构造带中西段、马场南构造带油层段孔隙度13%～15%，渗透率5～100mD，是较好储层。

第二套是以中—上三叠统克拉玛依组辫状河三角洲前缘水下分流河道沉积的巨厚中细砂岩为储层，上覆湖相泥岩为盖层的组合，是稠油富集带最主要储盖组合，其平面分布稳定，在东南高部位被剥蚀。由于三叠纪末至早侏罗世（主要在八道湾组煤系沉积时期）地表水次生淋滤溶蚀作用形成大量的次生溶蚀孔隙，鲁克沁油田发育了盆地内难得一见高孔、中—高渗优质储层，艾参1井克拉玛依组油层段埋深2135～2333m，平均孔隙度达31.8%，平均渗透率达395.0mD；平面上自东向西随埋深增大物性逐渐变差，玉101井克拉玛依组油层段埋深3466～3579m，平均孔隙度13.4%，平均渗透率4.8mD。

第三套是以中侏罗统七克台组下段辫状河三角洲前缘水下分流河道沉积的细砂岩为储层、以七克台组上段湖相泥岩为盖层的组合，仅在玉北构造带东段含油。

（4）克拉玛依组油藏在鼻状构造带轴部富集，整体为断块群稠油。

在鲁克沁复式鼻状凸起斜坡背景上，三叠系基本没有背斜等较好类型的圈闭，加之三叠系储层厚度大、稳定发育、孔渗性好，因此油气只能以重质稠油（地面原油密度一般0.96～0.97g/cm³）的形式存在（李伟等，2006），并主要分布在鲁克沁鼻状构造带的脊线位置。

鲁克沁鼻状构造带是由三条北西向断层夹持的东高西低的构造带，在东端高部位三叠系被剥蚀形成地层辫状河圈闭，中部发育玉东断背斜，西部低部位发育吐玉克断背斜，这三个局部构造之间的斜坡被断距一般小于20m的大量北东走向逆断层切割，形成50多个断块，这些断块基本属于低断块，即位于主控逆断层的下掉盘。鲁克沁三叠系稠油富集带稠油油藏就分布在鲁克沁、玉东、吐玉克三个局部构造和其间的大量断块中，东西方向上基本连片含油（图2-7-15）；各油藏油柱高度一般大于60m，油藏埋深从东南向西北由2200m逐渐加深到3750m；油水界面自西向东依次抬高，自南向北依次降低。油藏类型以断块型底水块状稠油油藏为主，部分为断块型边水层状稠油油藏。

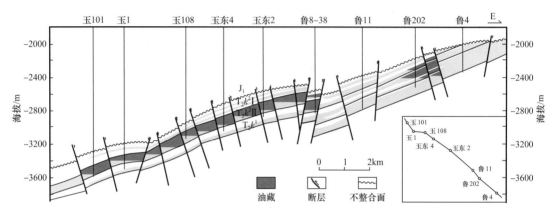

图2-7-15　吐哈盆地鲁克沁油田三叠系克拉玛依组油藏剖面示意图

（5）二叠系稠油油藏以构造—岩性、地层复合型为主。

二叠系的油气主要分布在北部的玉北、马场南等斜坡断褶构造带上。

二叠系重质稠油油藏分布在玉北构造带东端高部位的英也尔地层—不整合圈闭中，含油层位为上二叠统梧桐沟组一段，砂体厚度大。

其他二叠系油藏分布于玉北构造带中西部和马场南构造带，油藏原油属于普通稠油，密度较重质稠油明显较小，为0.87～0.94g/cm³，其要求的圈闭条件相对比较严格，在斜坡鼻状构造带缺乏背斜等圈闭背景下，主要是在有利构造部位的岩性—构造或者上超—地层圈闭中形成普通稠油油藏。其中，玉北构造带西部的玉北6块油藏分布于上二叠统梧桐沟组二、三段，其为扇三角洲前缘—前三角洲沉积，砂地比较小，总体为泥岩夹水下分流河道砂岩、砂砾岩，在断层的配合下，容易形成岩性—断块复合圈闭油藏。另外，整个上二叠统属于断陷沉积，沉积范围逐渐变大，在断陷缓坡发育上超地层圈闭，利于油藏的形成和保存，如马场南英11块油藏。

正是由于具备了充足的烃源、良好的储盖组合和多种类型圈闭（断块、岩性—构造、地层等）等成藏条件，才形成了鲁克沁二叠系、三叠系稠油富集带。

（6）稠油富集带的形成过程。

中、晚三叠世，鲁克沁构造带的古构造面貌为西北高东南低，小泉沟群东厚西薄。三叠纪末印支末期运动开始，形成了鲁克沁、玉北等断褶构造带，受东南方向库木凸起隆升影响，整体面貌由早期的西北高东南低演变为东南高西北低，鲁克沁复式鼻状凸起形成并继承性发展至今。

早燕山期，鼻状凸起东南部三叠系地层部分遭受削蚀，水西沟群整体向东南方向上超尖灭；在此背景下，煤沼淡水、酸性介质沉积环境下所形成的酸性还原性泥炭水通过断裂和不整合面与层间水发生作用，造成了大规模的淋滤溶蚀，广泛分布的克拉玛依组储层形成了次生溶蚀孔隙发育带，为稠油提供了良好的储集条件。与此同时，北面胜北洼陷的中二叠统桃东沟群烃源岩开始生排烃，油气自北向南运移进入鲁克沁复式鼻状凸起。在运移过程中，首先进入复式鼻状凸起倾伏部位的上二叠统梧桐沟组，并在扇三角洲岩性圈闭、上超地层圈闭中聚集成藏；然后，油气继续向复式鼻状凸起高部位运移，其间，通过断裂的调节，三叠系成为主要的油气输导层。

由于鲁克沁复式鼻状凸起持续增强，高差持续增大，圈闭条件变差，伴随着轻质组分的大量散失，油质普遍较稠；同时，由于断块掀斜、高点迁移、断层封堵失衡，稠油油藏自西向东、由北往南调整，形成鲁克沁以断块油藏群为主要特点的稠油聚集带。

8. 伊拉湖油气聚集带

吐哈盆地西南部的托克逊凹陷和盆地东部的三堡凹陷是两个比较重要的前侏罗系与侏罗系叠置沉降区，这两个凹陷在晚三叠世、早侏罗世均处于烃源岩沉积中心，并在晚侏罗世达到最大埋深并演化生烃；但是，因在侏罗纪末大幅度抬升，并且后期沉积厚度小或者缺失沉积，烃源岩上覆地层厚度较小，热演化基本处于生烃停滞状态，仅分别发现小油藏或者见到油气。其中，靠近托克逊凹陷沉降主体部位的伊拉湖背斜小油田就是在这样的背景下形成的（图2-7-16），其上的托克逊凹陷第一口探井——托参1井获高产油流。

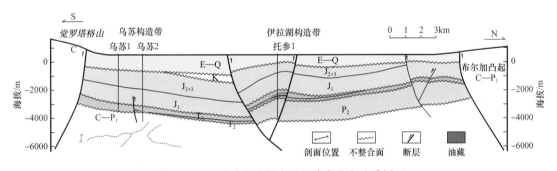

图 2-7-16 吐哈盆地托克逊凹陷南北向地质剖面

（1）托克逊凹陷油气地质基本特点。

托克逊凹陷西南一隅是二叠系、三叠系、侏罗系沉积沉降叠置区，并且对应发育三套烃源岩，但是历经了大幅度的改造，油源对比表明，仅上三叠统提供油源，其有效生烃区面积约 900km²。该区被北东—南西走向的伊拉湖断裂分为南、北两部分，北部为依附伊拉湖断裂形成的伊拉湖断褶构造带；伊拉湖断裂下盘的南部三叠系埋深较大，上三叠统有效烃源岩即分布于此，向南整体抬升。

伊拉湖断褶带在二叠纪为断陷沉降区，在侏罗纪末大幅度回返，中二叠统烃源岩现今埋深一般小于3000m，已基本停滞生烃。南部沉积缺失中—上二叠统，但晚三叠世、早侏罗世为连续沉积沉积中心，上三叠统湖相暗色泥岩发育，下侏罗统和其中的煤层厚度大；在侏罗纪末，处于托克逊凹陷三叠系埋深最大部位，上三叠统烃源岩演化生排烃；侏罗纪末的构造运动使该区整体抬升，上侏罗统剥蚀殆尽；白垩纪开始以后，处于非沉降主体区，沉积厚度小，上三叠统烃源岩大部分停滞生烃；现今仅西部靠近山前的鱼儿沟部位，因多阶冲断叠置覆盖导致埋深较大，是生排烃的主体区。

伊拉湖小油田位于伊拉湖构造带的西南端伊拉湖背斜，油藏层位为上三叠统，二叠系油气显示较丰富。因伊拉湖断裂断距大，伊拉湖构造带的中二叠统、三叠系在断裂部位均高于下盘的上三叠统有效烃源岩，构成三叠系自生自储、二叠系新生古储的成藏组合；但是，由于构造带及控制断层处于区域北倾地层的倾没端，非油气运移优势方向，供油气范围小，仅伊拉湖背斜三叠系形成小油藏。

伊拉湖油田三叠系沉积相带处于辫状河三角洲前缘，砂岩与暗色泥岩间互分布，发育三套储盖组合；同时由于侏罗纪末就持续抬升，储层物性较好。

南部属于相对开阔的北倾斜坡，汇油气面积大，在生烃主体区东南部发育北西—南东走向的乌苏鼻状构造带，钻井油气显示丰富，但三叠系埋深较大，储层致密，未获得油气流。

（2）伊拉湖油气聚集带油气藏形成过程。

三叠纪末，伴随着晚印支构造运动，二叠纪形成的伊拉湖断裂由正转逆，伊拉湖断陷回返形成伊拉湖断褶构造带雏形；伊拉湖断裂南面成为侏罗纪主体沉降区，并且三叠系、侏罗系整体南倾。侏罗纪末的中燕山运动，使伊拉湖构造带再次大幅度抬升并基本定型，伊拉湖背斜形成；同时，南西主体沉降区上三叠统烃源岩已成熟生烃，油气向北面上倾方向的伊拉湖构造带运移会聚成藏，伊拉湖构造三叠系断背斜油藏形成。晚喜马拉雅期，由于南面觉罗塔格山的进一步挤压冲断，南部生烃区随之抬升并且倾角反转，地层整体北倾，南部成为油气运移的主要方向，北面伊拉湖构造带失去了油气运聚的优势；同时，伊拉湖构造带进一步增强，但由于油气源不足，先期形成的油藏进行调整，仅伊拉湖断背斜顶部保存小油藏。

第四节　吐哈盆地油气分布特点

吐哈盆地是典型的古生界、中—新生界叠合盆地，侏罗系以上、前侏罗系两大构造层均具有独立的含油气系统，油气分布特点也存在显著的差异。其中，中、上含油气系统均发现规模油气。上含油气系统以中—下侏罗统水西沟群煤系为烃源岩，已在侏罗系、白垩系、古近系获得油气发现，其中侏罗系是主要的含油气层系；中含油气系统以中二叠统湖相暗色泥岩为烃源岩，已在上二叠统、三叠系发现规模油气，另外，少量油气可以通过大断裂等通道运移到侏罗系中。总体上，吐哈盆地油气分布具有典型的叠合盆地含油气特点。

（1）两大有效构造层。从二叠纪到侏罗纪，吐哈盆地经历了张性断陷盆地到挤压性前陆盆地的发展历程，属于一个典型的叠合盆地，在二叠系—三叠系、侏罗系—第四系两大构造层均发育良好的烃源岩并有效生排烃。

（2）三个有效生烃凹陷。由于不同盆地时期发育不同的主体沉降区，历经叠合改造以后，形成了三大沉降有效生烃区：台北凹陷中—下侏罗统煤系烃源岩与中二叠统桃东沟群湖相暗色泥岩有效生烃区，为盆地主要的有效生烃区；托克逊凹陷上三叠统烃源岩有效生烃区，局限于凹陷西南一隅；三堡凹陷上三叠统烃源岩有效生烃区。

（3）五大含油气层系。吐哈盆地以中二叠统、三叠系、侏罗系为有效烃源岩，发育二叠系、三叠系、侏罗系、白垩系、古近系五大套含油气层系。其中侏罗系、三叠系、二叠系为主力含油层系。

（4）九套区域性储盖组合。吐哈盆地受两期原型盆地及其多旋回沉积控制，在中二叠统桃东沟群、上二叠统—下三叠统、中—上三叠统、下侏罗统、中侏罗统西山窑组—三间房组一段、中侏罗统三间房组二段—上侏罗统齐古组、上侏罗统喀拉扎组、白垩系、古近系中发育了九套湖泊—三角洲环境下形成的区域性储盖组合，其中上三叠统、中侏罗统七克台组上段—上侏罗统齐古组盖层厚度大，分布广，为两大构造层中最主要的区域性盖层。

吐哈盆地油气显示从二叠系到古近系都有不同程度的分布，表现出极不均一性。从发现的491个油气藏看，除二叠系5个、三叠系89个、古近系6个、白垩系10个、上侏罗统喀拉扎组6个、下侏罗统9个外，其余均分布在中侏罗统；中侏罗统和三叠系是主要含油层系；从油气性质、相态看，二叠系、三叠系以稠油为主，侏罗系及其以上层系以煤系稀油为主，天然气主要分布在侏罗系，中侏罗统西山窑组具有较多的气藏分布。

一、上含油气系统油气发育与分布特点

上含油气系统主要发育在前陆坳陷主体沉降区—台北凹陷，已找到的侏罗系及白垩系、古近系油气藏几乎均属这一套含油气系统。前陆坳陷及其演化、煤系烃源岩特性等决定了上含油气系统的主要特点。

1. 轻质油与天然气并存，天然气以多种形式赋存

由于中—下侏罗统水沟群煤系烃源岩既生油又生气，且主要生烃区均处于成熟阶段；加之煤层微孔发育，吸附性强，决定了煤排烃以轻质油与天然气并存为主。

上含油气系统原油多为不透明或半透明状的褐色、墨绿色，部分凝析油（或轻质油）呈透明状橙色、棕黄色、浅黄色、甚至有的近于无色。原油密度较轻，主要分布范围为 $0.70\sim0.84 g/cm^3$，最大频率分布带为 $0.80\sim0.82 g/cm^3$。盆地富含凝析油，其密度小于 $0.76 g/cm^3$，最大频率分布范围在 $0.73\sim0.75 g/cm^3$。凝析油在平面上主要分布台北凹陷中东部的温米油田、丘东气田、红台气田，在台北凹陷西部的神泉油田、吐鲁番油田、胜北油田也有少量分布。

由于多种因素影响，天然气以多种形式赋存。有的以气顶形式存在，如丘陵油田和温米油田局部含油构造的凝析气顶；在背斜为主的构造中，有的因为油气差异聚集，在近油气源的构造或者下部的储盖组合中形成气藏，如靠近油气源的丘东气田在中侏罗统多个储盖组合均为气藏，温米油田偏下部的西山窑组中主要为气藏；在断鼻、断背斜等圈闭的多套储盖组合中，上部的储盖组合往往形成气藏，如台北凹陷东部红台气田纵向上的多个储盖组合中主要表现为下油上气的特点，鄯勒油田浅层的古近系中为干气藏。但是，在整个台北凹陷，有大量的天然气多是以溶解气的形式存在于地层原油中，侏罗系油藏溶解气油比普遍大于 $200 m^3/t$，台北凹陷西部因埋深和地层压力大，溶解气油比高，其中葡北油田可达 $548 m^3/t$。

2. 油气藏以生烃凹（洼）陷为中心成环带分布

台北凹陷进一步分为胜北、丘东和小草湖三个洼陷沉降沉积中心，油气聚集主要是在生烃洼陷的湖盆岸线附近，以生烃洼陷为中心呈环带状分布（赵文智等，1995；吴涛等，1997）。且环带还可分为外环、中环、内环。中环带由于生储盖及构造在垂向上组合好，油气最富集；外环由于油气运移距离较远，油气富集程度较差；内环则由于构造平缓，局部地区储层发育不佳，因此油气富集程度低。

但是这种环带状分布又是不完整和不对称的，具体表现是生烃中心北部油气田贫乏，而南部则发育良好。究其原因：其一，含油气盆地油气运移具有指向最大主压应力的优势取向，具体到台北凹陷就是由北往南是油气运移的优势方向；其二，作为一个箕状前陆凹陷，中南部缓坡占有绝对优势的潜在资源量；其三，凹陷中南部储集输导层相对发育，加之在南斜坡背景上产生的逆冲断层的倾向与地层倾角趋势一致，有利于油气垂向与侧向接续运移，其间也可有垂向油气源的补充（如丘东→米登→温1→温西3→红胡→温西6→温南→七克台，又如葡北→葡萄沟→神北→胜南→神泉→亚尔湖→雁木西）。北部山前带由于有利的储层不发育且横向连通性差、单个圈闭聚油气范围小，以及油气运聚路径曲折等原因，致使油气零星分布，规模小。

3. 前陆坳陷鼎盛时期发育的盖层控制油气主要分布

台北凹陷上含油气系统在下侏罗统顶部、中侏罗统三间房组一段、中侏罗统七克台组上段—上侏罗统齐古组、上侏罗统喀拉扎组上部、白垩系上部、古近系上部发育六套稳定的区域性盖层，并多存在超压（李伟等，1997），封盖条件好。其中七克台组上段—齐古组为前陆坳陷鼎盛时期发育的区域性盖层，湖相泥岩厚度大、分布广，成为中—下侏罗统煤系油气的主要盖层，加之其下的中—下侏罗统发育三套区域性储盖组合，圈闭发育，为煤系油气提供了大量的聚集保存空间，使煤系油气主要分布于中—下侏罗统（王昌桂，2000a，2000b）。

在台北凹陷西部由于断层切穿到浅层白垩系、古近系，其中的湖相泥岩和膏盐成为浅层次生油气藏的重要盖层。

4. 平面上，油气主要分布于缓坡沉积体系

作为不对称箕状前陆坳陷，台北凹陷南部、西部、东部缓坡面积大，聚油气面积大，同时，缓坡区发育辫状河三角洲沉积体系，这套沉积体系坡度较缓、水流相对较长、沉积物颗粒分选较好、储层物性较好、分布面积大，成为盆地上含油气系统主要的储集空间。已发现的油气藏90%以上分布于辫状河三角洲沉积体系中。北部陡坡区主要发育以北部母源区控制的冲积扇沉积体系，这套沉积体系坡度大、水流短、沉积物颗粒分选较差、储层物性较差、分布面积小（主要分布于北部山前带），在这套沉积体系中已发现的油气藏非常有限，如鄯勒、恰勒坎等小型油藏。

5. 主要含油层位北老南新

由于前陆坳陷发育过程中，北缘博格达山不断向南推进，使北物源沉积体系不断向南推进，南物源缓坡沉积体系不断后退，导致南物源缓坡沉积体系中的储盖组合具有北老南新的特点，主要含油层位向南逐渐抬升。

比如，在丘东洼陷，从北向南，北部山前的照南主要含油气层位为三工河组，鄯勒为三工河组—西山窑组二段；到洼陷中部的丘东构造，主要油气藏层位为西山窑组二

段—西山窑组四段；再向南，温吉桑油田的主要含油气层位为西山窑组四段、三间房组、七克台组；再到坳陷南缘的七克台逆冲带七克台油藏，含油层位为七克台组—三间房组。

6. 断裂是油气运移重要通道，影响油气空间分布

台北凹陷是吐哈盆地断裂最发育的地区，断裂类型多、数量大、分布广、演化时间长，在油气运移和聚集过程中扮演了主要角色。

台北凹陷上含油气系统从水西沟群烃源岩沉积伊始，先后遭遇三次大的断褶构造运动（中燕山、晚燕山和喜马拉雅期构造运动），在由北往南挤压为主导的构造运动作用下，形成了影响广泛的煤系为主的滑脱断裂体系，加之山前冲断以及前侏罗纪基底断裂的复活，控制形成了成排成带的断褶构造带和大型古构造带，局部构造的发育直接或间接地受控于断层，圈闭类型以断背斜、断鼻和断块为主，少数圈闭为背斜。

断层可以作为油气运移的通道，特别是一些与烃源岩及储层沟通的深大断裂，起到了油气运移的良好作用。中—下侏罗统水西沟群煤系烃源岩是本区的主要烃源岩，由于煤系具有岩性变化快和砂岩层普遍致密、低孔低渗的储层特点，煤系烃源岩中的油气不可能作长距离的侧向运移，只能沿断层面向上作垂向运移和沿输导层作短距离的侧向运移。而油气要从水西沟群向上运移到三间房组二、三段、七克台组下段、白垩系以及古近系的砂岩层中，三间房组一段、七克台组上段、齐古组、喀拉扎组上段、胜金口组等区域性泥岩是必然屏障，只有断层才能疏通下部的烃源岩层和上部的储层。已发现的所有油气藏在其内部或边缘均有连接烃源岩层与储层的断裂存在（王武和等，1999）。相反，如果圈闭的主控断层没有沟通烃源岩层，就难以形成油气藏，如金水构造带，由于主控断层没有断至水西沟群有效烃源岩层，没有油气藏形成，仅金1井见少量油气显示。

断褶构造的活动期是油气运聚成藏的重要时刻。台北凹陷内部的滑脱构造体系顺煤系滑动，并几乎扰动了整个煤系生烃区，从侏罗纪末至第四纪，多期、长期影响了烃源岩生成油气的排运，决定了多期成藏的优越条件。

断至浅层的断裂对浅层油气藏的形成起到了至关重要的作用。在山前构造带的鄯勒构造，喜马拉雅期断层纵向切割至第四系，在古近系形成次生气藏。在台北凹陷内部，因滑脱差异性形成的大量撕裂断层，容易切割浅层，尤其在西部的胜北洼陷主体区，因在浅层同时发育良好的储盖组合，形成了主要的白垩系、古近系等浅层油气藏。

7. 以多种挤压构造区带为主，油气藏成带分布

由于多期挤压构造形迹的叠加和改造，在台北凹陷形成了南北分带、东西分块的沉积和构造格局，条块分割产生了多个独立油气运聚单元。

从南北向看，由侏罗纪末以后南北向挤压形成的台北前陆坳陷冲断构造体系，在南北方向上分为三大构造区带：一是北部山前冲断带，包括七泉湖、恰勒坎、鄯勒和大步构造带，已找到七泉湖玉果、恰勒坎、鄯勒4个小油田；二是中部断褶构造带，包括丘陵、温吉桑、金水、红台、红连和胜北构造带，是主要的油气分布区，已发现鄯善、丘陵、温米、丘东、红台、红连和胜北等油气田；三是南缘滑脱逆冲前锋带，包括火焰山、七克台和疙瘩台构造带，已发现火焰山油田、胜金口油田台孜油矿和疙瘩台油藏等。

从东西向看，受南北走向基底古构造与撕裂断层等影响，使台北凹陷在东西方向上分块形成构造带。在基底古构造中：西缘的葡北古凸起控制了葡北—雁木西大型弧形带，其上已发现玉果、葡北、火焰山、神泉、吐鲁番、雁木西等油田；塔克泉古鼻状凸起前缘，已发现受其影响形成的温吉桑构造带油气富集区；库木古鼻状凸起前缘，断褶构造发育，形成了红连构造带；疙瘩台鼻状凸起前缘，影响了疙瘩台油气会聚区的形成。在撕裂断层中，陵南、草南等大型撕裂断裂基本将台北凹陷在东西方向上分成了胜北洼陷、丘东洼陷、小草湖洼陷；在胜北洼陷中，依附一系列的小型滑脱和撕裂断层等形成了胜北构造带，以形成浅层上侏罗统、白垩系、古近系油气藏为重要特点。

台北凹陷共15个构造带，除了金水、大步构造带，各构造带均已发现油气藏，探明了18个油气田。

8. 缓坡三角洲沉积体系前缘与大型正向构造叠置区易形成油气富集区

台北前陆坳陷缓坡面积大，是主要的油气资源分布区；缓坡形成的辫状河三角洲储层发育、储集物性好；辫状河三角洲前缘储盖组合丰富、岩性复合圈闭多，含油层位多，油气藏类型丰富；大型正向构造汇油气面积大，同时其埋藏史和成岩流体会聚通过有利于储集空间的保存和发育。因此，缓坡三角洲沉积体系前缘与大型正向构造叠置区有利于形成油气富集区。这些大型正向构造则往往与基底古构造有关，如，鄯善弧形带、葡北—雁木西古弧形带、红连构造带等。

鄯善弧形带位于三叠纪末形成的塔克泉古鼻状凸起前方，受其阻挡影响，滑脱与冲断形成了一系列的构造，如鄯善、丘陵这两个台北凹陷内部最大的背斜或断背斜；弧形带东部温吉桑构造带上圈闭则成排成带，由北向南呈近东西向的三排背斜或断鼻圈闭。同时，弧形带主要含油气层位——中侏罗统整体主要位于辫状河三角洲前缘，在西山窑组—三间房组一段、三间房组二段、三间房组三段、七克台组发育四套区域性储盖组合和其他的局部储盖组合；近洼的丘东、米登还以岩性—构造复合圈闭为主。在这些因素的共同影响下，形成了多个油田组成、多含油气层系、多油气藏类型、油气藏并存的鄯善复式油气富集带。

台北凹陷西缘的葡北—雁木西大型古弧形带受控于三叠纪末形成的葡北大型古凸起，整体为南北走向，该大型古凸起在燕山期、喜马拉雅期又有活动，在其上形成了七泉湖、葡北、神泉等构造带，发育葡北、神泉、吐鲁番、雁木西等背斜构造；古弧形带中北部的中侏罗统主要目的层发育西物源大型辫状河三角洲沉积体系，三角洲主体储层发育、储集物性好，南、北侧翼的葡萄沟、玉果砂体分别向南、北上倾方向尖灭形成构造岩性复合圈闭；古弧形带南段的神泉、胜南中侏罗统属于辫状河沉积体系前缘，砂体厚度小，砂地比小，在断层的配合下，形成大量的断块—岩性复合圈闭；古弧形带西南端的雁木西背斜构造，白垩系、古近系滨浅湖沉积均发育良好的储盖组合。在东侧胜北洼陷提供充足油气源的配合下，葡北古弧形带上形成了七泉湖、玉果、葡北、火焰山、神泉、吐鲁番、雁木西七个油田，含油层位包括西山窑组、三间房组、七克台组、白垩系、古近系，油气藏类型有背斜、断块、岩性、不整合等，含油范围从南到北跨越90km，属于典型的复式油气富集带。

二、中含油气系统油气发育与分布特点

在中含油气系统，由于二叠系、三叠系总体为断—坳复合构造层，并且中二叠统主力烃源岩为多断陷式沉积分布，以及二叠系—三叠系构造层经历了侏罗纪以来前陆盆地构造层的叠置改造，因此，中含油气系统油气分布特点受控于断—坳原型盆地自身油气地质条件及其后期叠置改造的影响。

1. 继承性沉降区基本控制有效的含油气系统

主要烃源岩层系桃东沟群在多个断陷分布，次要烃源岩层系上三叠统呈坳陷式分布，但由于侏罗纪以来前陆构造层演化的改造，只有继承性的台北凹陷、托克逊凹陷、三堡凹陷沉降区才成为了有效生烃区，形成三个含油气系统。其中台北凹陷为全层系继承性沉降区，为主力生烃区。

托克逊凹陷、三堡凹陷在侏罗纪作为前陆坳陷鼎盛时期的重要沉降区，上三叠统烃源岩均持续深埋生烃并成藏，形成了上三叠统—三叠系（！）含油气子系统（图2-7-1）。但是，侏罗纪末以后总体上均大幅抬升，烃源岩生排烃基本处于停滞状态。

台北凹陷是桃东沟群主力烃源岩的主要沉积和保存区，自三叠纪末直至第四纪连续沉降，桃东沟群烃源岩持续深埋，烃源岩演化程度高，自三叠纪末以来长期生排烃，台北凹陷及其南面的艾丁湖斜坡区成为油气运移聚集有利部位，形成桃东沟群—上二叠统、三叠系、侏罗系（！）含油气子系统（图2-7-1）。吐哈盆地中含油气系统的油气藏绝大部分分布于该含油气子系统中。

盆地南面的沙尔湖、大南湖、鲁克沁等桃东沟群烃源岩分布区，在三叠纪末以来处于持续抬升的部位，均未成熟排烃。

因此，总体上，中含油气系统油气主要分布于台北凹陷全层系持续沉降区及其周围。

2. 油气呈"点"式分布与富集

桃东沟群主力烃源岩为多断陷分布的特点，以及二叠系—三叠系被印支末期、燕山期、喜马拉雅期多期构造运动改造分区，有效供烃区具有"点"式分布的特点，决定了油气的"点"式分布与富集。

桃东沟群主力烃源岩虽然仅分布于局部的断陷，但断陷利于有机质的富集，暗色湖相泥岩烃源岩集中发育，利于油气分布"点"式富集。

就整个盆地而言，中含油气系统油气分布于托克逊凹陷、台北凹陷、库木凸起、三堡凹陷四个二级构造单元，涉及面广，但是仅发现伊拉湖、鲁克沁、鄯深、四道沟四个相互距离远、油气藏特点差别很大的油田或含油气构造。伊拉湖油田主体为三叠系背斜常规油藏，位于托克逊凹陷西南一隅较小的上三叠统烃源岩有效生烃区，三叠系储层较好；四道沟三叠系背斜含油气构造位于三堡凹陷，储层致密，以气为主，作为油气源的上三叠统烃源岩已停滞生烃；鲁克沁油田位于艾丁湖斜坡库木鼻状凸起，鼻状凸起紧邻台北凹陷西部桃东沟群有效生烃区，为二叠系—三叠系大型鼻状凸起复式稠油富集带，已发现两亿吨级石油地质储量；鄯深三叠系油藏油气源来自台北凹陷中部的丘东洼陷桃东沟群有效生烃区，为成熟度较高的稀油，埋深较大，储层物性较差，构造为滑脱冲断相关背斜。

由此可以看出，已发现的四个油田或含油气构造分别位于不同的二级构造单元，油气源来自不同的主生烃洼陷，油藏性质与油气地质条件差别大，并造成了油气"点"式

分布或富集的特点。

3. 断—坳复合多含油气层系、多油气藏类型

在二叠系—三叠系断—坳复合构造层，中—晚三叠世广盆式沉积基本上完全覆盖了二叠系烃源岩层系分割性断陷沉积，即使经历了侏罗纪以来前陆盆地时期的改造，在继承性沉降区一般均有这样的地层格架，使二叠系有效生烃区得到三叠系及其储盖组合的良好覆盖和封存，下侏罗统煤系生烃高压层系也对中含油气系统有良好的分隔和封存作用，加之断—坳构造层内部桃东沟群、上二叠统、中—上三叠统发育三大套区域性储盖组合，使桃东沟群烃源岩生排的油气主要在二叠系、三叠系形成油气藏。

在二叠系—三叠系中，已发现上二叠统、中—上三叠统两大套含油层系，其中，中—上三叠统层位的油藏居多，这与中—上三叠统储盖组合分布范围远远大于中—上二叠统有关。

中—上三叠统油藏中，鲁克沁油气富集带整体位于鼻状凸起斜坡上，主要为一系列断块、断鼻稠油油藏；盆地内其他的三个出油气点则均为背斜，包括伊拉湖小油田、鄯深含油构造、四道沟含气构造，含油气规模小。

上二叠统油藏仅在鲁克沁油田发现，已发现的油藏以断陷扇三角洲前缘薄砂层背景下的断鼻—断块、断块—岩性复合油藏为主，其次为上超—地层油藏。从二叠系的多断陷沉积格局看，断控沉积体系控制的大型岩性复合圈闭、断—坳结构下的大型上超地层圈闭也应是中—上二叠统有利的成藏圈闭模式，潜力较大。

从台北凹陷桃东沟群烃源岩已进入成熟—高成熟演化阶段来看，在深凹区，气藏也应是重要的油气藏类型。

4. 近源复式正向构造区易形成复式油气富集带

在台北凹陷主力生烃区及其周围，与侏罗系构造层大量发育滑脱相关构造及构造区带不同，二叠系—三叠系的构造区带主要由基底相关形变控制。同时，在侏罗系—第四系前陆构造层的叠置下，二叠系—三叠系构造层主要被改造成中间低、四周高的凹形，二叠纪、三叠纪时期形成的古构造区带多被斜坡化、鼻状凸起化。

所幸的是，中—上二叠统多断陷格局、多方向沉积体系、复杂的地层格架蕴育了大量的岩性复合圈闭机会，并且在斜坡化改造过程中，也可产生新圈闭。同时，二叠系在从二叠纪的张性应力到三叠纪末以来的挤压应力转变过程中，也有断陷回返的构造形成机制。因此，二叠系—三叠系在被斜坡化过程中，尤其是二叠系，具有大量的圈闭形成和保存机会。

因此，有二叠系断陷沉积参与的二叠系—三叠系复式正向构造区，既是油气会聚的有利方向，又具有构造与圈闭发育的有利条件，利于油气富集带的形成。

典型的是鲁克沁复式鼻状凸起。鼻状凸起的形成主要依靠鲁克沁桃东沟群古断陷在三叠纪末的全面回返，形成了玉北、鲁克沁构造带，并与连木沁古断陷回返以及二叠纪时期的鲁西古凸起、马场南古凸起等复合，形成了鲁克沁大型复式鼻状凸起。

鲁克沁大型复式鼻状凸起在三叠纪末形成以来，斜坡趋势持续加强，一直是北面桃东沟群有效生烃区生成油气运聚的有利方向，并且伴随着斜坡趋势加强及其构造变动，油气长期在地层结构复杂的二叠系以及三叠系中输导、调整，形成了现今多含油气层系、多圈闭类型的复式斜坡鼻状凸起油气富集带。

第八章　油气田各论

　　截至 2018 年底，吐哈盆地油气勘探发现了二叠系—三叠系和侏罗系两套含油气系统；在台北凹陷、托克逊凹陷和三堡凹陷发现 9 个含油气区带，发现并探明 20 个油气田，即鄯善油田、丘陵油田、巴喀油田、温米油田、丘东气田、葡北油田、火焰山油田、神泉油田、吐鲁番油田、雁木西油田、玉果油田、七泉湖油田、胜北油田、红连油田、红台气田、鄯勒油田、恰勒坎油田、胜金口油田、鲁克沁油田、伊拉湖油田，以及七克台油矿；三个含油气凹陷中，台北凹陷是最主要的富油气凹陷，以台北凹陷为生烃区，在台北凹陷及其南侧紧邻的艾丁湖斜坡分布着 7 个含油气区带和 19 个油气田（图 2-8-1），其中，鲁克沁油田为超深稠油油田，含油层位主要为二叠系—三叠系，其他油气田均为煤成烃油气田，以轻质油气为特色，分布于侏罗系—古近系。除了油田规模小、开发效果差或者未投入开发的伊拉湖、恰勒坎、吐鲁番和七泉湖 4 个油气田，本章对 16 个油气田进行论述。

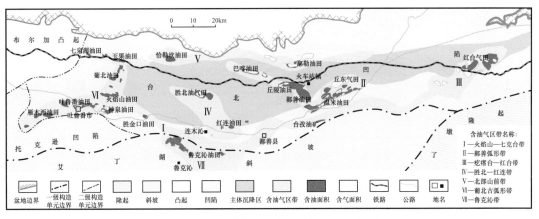

图 2-8-1　吐哈盆地台北凹陷油气田分布图

第一节　鄯善油田

一、概况

　　鄯善油田（图 2-8-2）是吐哈盆地油气勘探首先获得重大突破的油田，先后在侏罗系煤系油气和前侏罗系稀油领域获得突破。油田位于吐鲁番市鄯善县境内，西距鄯善县城 30km，东北距鄯善火车站 5km。

　　鄯善背斜于 1961 年钻第一口参数井——台北 1 井，在中侏罗统七克台组和三间房组发现油气显示，但由于受当时地质认识和技术的局限，没有试油。1987 年 9 月 22 日

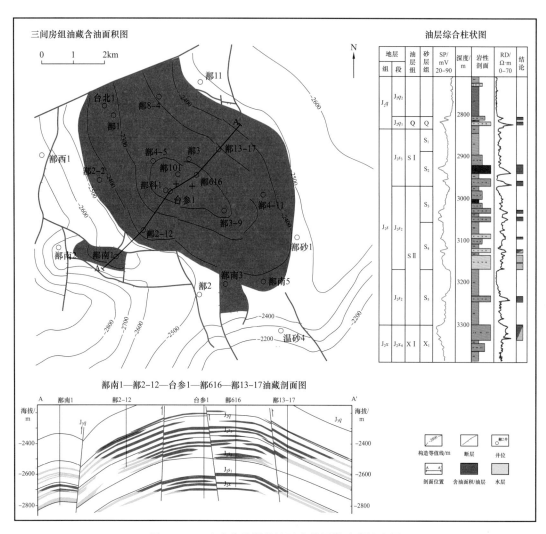

图 2-8-2　吐哈盆地鄯善油田中侏罗统油藏综合图

钻科学探索井——台参 1 井，在中—下侏罗统 2808～4352m 井段发现油气显示 24 层 300m；1988 年 12 月 5 日至 10 日对西山窑组 3236.0～3247.4m 井段钻杆地层测试，获得 2.07t/d 的油流；1989 年 1 月 1 日至 6 日对三间房组 2935.0～2972.0m 井段测试，获产原油 29.6t/d、天然气 4245m³/d 的工业油气流，发现鄯善油田，盆地油气勘探获重大突破，揭开了油气勘探开发会战的序幕。

　　油田发现后，早期油藏描述认为七克台组和三间房组为一套油水系统，油柱高度与背斜闭合幅度基本一致，为整装背斜油藏，油藏评价和开发先导实验同时展开。在背斜北部台北 1 井旁部署鄯 1 井，南翼部署鄯 2 井，之后又相继在背斜东、西两翼及轴部部署评价井；在台参 1 井东侧部署开发先导试验区。1989—1990 年底共钻井 24 口，除南翼鄯 2 井打在圈闭之外未见油层，其余井均获成功，主体油藏基本探明；之后加深评价并探明西山窑组油藏；油田周边滚动勘探于 1998 年、2012 年在背斜的西侧和南翼发现了鄯南 1 块、鄯南 3 块两个断鼻型小油藏。

　　1999 年，在背斜顶部部署针对二叠系、三叠系的科学探索井——鄯科 1 井，发现了中—上三叠统克拉玛依组稀油油藏，突破了台北凹陷中含油气系统的稀油关；2013 年，钻三叠系油藏评价井鄯101井。因鄯科1、鄯101井试油、试采产量均未达商业价值，三叠系油藏没有探明。

鄯善油田中侏罗统油藏探明含油面积31.96km²，探明石油地质储量3769.35×10⁴t。1992年底建成年产80.0×10⁴t生产能力，1993年油田进入全面开发时期。截至2018年底，油田累计生产原油917.19×10⁴t，产溶解气18.48×10⁸m³；初期年产原油54.50×10⁴t，1993年最高产量93.03×10⁴t。2018年生产原油2.02×10⁴t，油井数246口，开井92口；注水井210口，开井109口；平均单井产油0.68t/d，综合含水率高达95.01%，综合递减率8.09%。

二、构造特征

鄯善背斜位于鄯善弧形带弧顶部位，位于丘陵构造带的东南端。西北部以北东—南西走向、断面北西倾的逆断层与丘陵断背斜相隔，分隔逆断层断距300m，延伸长度5.5km；东南面与温吉桑构造带以平缓鞍部过渡相连。

中侏罗统构造为一北西—南东走向的穹隆背斜，各层组构造特征基本一致。七克台组—三间房组油藏顶面（七克台组砂层顶）长轴9.2km，短轴5.2km，圈闭面积38.0km²，闭合幅度328m，高点埋深2800m，轴部相对平缓；西山窑组油藏顶面圈闭面积15.2km²，闭合幅度110m，高点埋深3235m。构造轴部被数条南北走向、断距20～30m、延伸长度0.5～1.8km的小断层切割，对构造形成和油水分布无明显的控制作用。

三叠系构造是一个受南翼北东倾逆断层控制的不对称背斜，背斜走向北西—南东向，油层顶面长轴7.7km，短轴长3.4km，圈闭面积20.2km²，闭合幅度350m，高点埋深4705m。背斜高点偏南，构造北西翼陡，东翼较缓；背斜主体部位发育8条东西向、南北向高角度小断层，断距一般15～20m，使背斜断块化。

三、储层特征

1. 油层划分与对比

鄯善油田所在的丘陵—温吉桑油气富集带含油层系（表2-8-1）为中—下侏罗统和中—上三叠统。中—下侏罗统包括5个含油段8个油层组，含油气段跨度达1700m；中—上三叠统划分出一个油组，即克拉玛依组，仅揭示出鄯善三叠系油藏，含油段厚度120m。

鄯善油田主要含油层段为中侏罗统，共包括四个油层组，即七克台油组（Q）、三间房上油组（SⅠ）、三间房下油组（SⅡ）和西山窑上油组（XⅠ）。

2. 沉积相与砂体展布

1）中侏罗统

中侏罗统沉积相主要有辫状河三角洲和湖泊两大类。中侏罗统垂向序列由两个从辫状河三角洲—湖泊的Ⅰ级正旋回构成，即西山窑组—三间房组一段正旋回、三间房组二段—七克台组上段正旋回，并形成两大套区域性储盖组合。其中三间房组一段、七克台组上段主要为湖相泥岩沉积，厚度大分布稳定为良好的盖层；西山窑组、三间房组二段—七克台组下段两套储层段为辫状河三角洲沉积。由于湖进和湖退的频繁交替，在Ⅰ级沉积旋回内又可分为两个到三个Ⅱ级旋回，以及多个Ⅲ级旋回，Ⅲ级旋回是砂层组的基本单元。

表 2-8-1 吐哈盆地丘陵一温吉桑油气富集区带油层划分表

含油层系	油层划分			对应地层
	含油段	油层组	砂层组	
中侏罗统含油层系	七克台组含油段	七克台油层组 Q	Q	七克台组下段 J_2q_1
	三间房组含油段	三间房上油组 S I	S_1	三间房组三段 J_2s_3
			S_2	
		三间房下油组 S II	S_3	三间房组二段 J_2s_2
			S_4	
			S_5	三间房组一段 J_2s_1
	西山窑组含油段	西山窑上油组 X I	X_1	西山窑组四段 J_2x_4
			X_2	
			X_3	
		西山窑中油组 X II	X_4	西山窑组三段 J_2x_3
			X_5	
		西山窑下油组 X III	X_6	西山窑组二段 J_2x_2
			X_7	
下侏罗统含油层系	三工河组含油段	三工河组油层组		三工河组 J_1s
	八道湾组含油段	八道湾组油层组		八道湾组 J_1b
中一上三叠统含油层系	克拉玛依组含油段	克拉玛依组油层组	T_{2+3}	克拉玛依组 $T_{2+3}k$

三间房组和七克台组分为 6 个 III 级沉积旋回或砂层组，构成 3 个油层组。其中，S II 油层组砂体主要为三角洲平原分流河道、三角洲前缘亚相水下分流河道沉积，砂体发育南厚北薄、东厚西薄，平原分流河道分布于背斜轴部及南翼，前缘分流河道分布于背斜北翼及西部；S I 油层组砂体也主要为三角洲平原分流河道和前缘水下分流河道沉积，平原亚相分布于背斜东南部，前缘亚相主要分布于背斜西北部；S I ＋ S II 油组砂体厚度 70～120m，南东厚、北西薄，单井平均砂岩厚度 90.2m，储层岩性主要为中粗砂岩、中细砂岩。Q 油层组砂体属三角洲平原分流河道和前缘沙坝沉积，岩性主要为中细砂岩；砂岩厚度 0～12m，主要分布于背斜南部，中北部多呈透镜状。

西山窑组 X I 油层组为辫状河三角洲平原一前缘沉积，背斜中部、东南部砂体属于三角洲平原分支河道沉积，西北边缘属于三角洲前缘水下分流河道沉积，砂体多为厚层一块状，单层最大可达 30m，砂岩岩性下粗上细；砂体展布东南厚西北薄，平均砂层厚度 27.5m。

2）上三叠统

三叠系油气藏以中—上三叠统下部砂岩为储层、中—上部泥岩为盖层。油气源来自北部中二叠统生烃区，构成下生上储式生储盖组合。

据鄯科1井与其南面的台孜1、沙参1、东湖1、马4、连4等井对比，上三叠统储层在平面上分布广，厚度稳定，并呈现自南向北逐渐减薄的趋势，沉积物源来自南面，沉积相为辫状河三角洲，油层段砂体属于三角洲前缘水下分流河道沉积。

3. 岩石学特征

中侏罗统储层岩石类型以长石岩屑砂岩为主（占比75%），其次为混合砂岩（占比15%）和岩屑砂岩（占比10%）。岩石碎屑中石英平均含量为24.0%，长石平均含量为30.0%，岩屑平均含量为44.8%。胶结物总量平均为12.2%，由上往下总体呈现降低趋势；胶结物以泥质胶结为主，平均含量为10.2%；次为碳酸盐胶结，平均含量为2.0%。储层粒级分散，分选差，成熟度低，分选系数平均为2.2；自上而下粒度逐渐变粗，七克台组和三间房组岩性以中细砂岩为主，西山窑组则以粗砂岩及细砾岩为主。颗粒磨圆度差，多为棱角状、次棱角状—次圆状。颗粒接触关系主要有点、线、点—线与线—凹凸等几种，随着埋深的增大，线—凹凸接触增多。储层成岩作用有压实、压溶、胶结和溶蚀作用等类型，其中以压实作用和溶蚀作用为主，胶结作用次之，成岩演化阶段为晚成岩A亚期。

上三叠统储层岩石类型为混合砂岩和长石岩屑砂岩。岩石碎屑中石英平均含量为29.9%，长石平均含量为24.0%，岩屑平均含量为46.1%。胶结物为方解石和自生黏土，胶结类型为孔隙型。颗粒接触关系为线接触和凹凸接触，碎屑颗粒磨圆度呈次棱角状，分选中等。

4. 储集空间与孔隙结构

中侏罗统储集类型为砂岩孔隙型。储集空间以次生粒间溶孔、溶缝为主，其次为粒内溶孔、溶缝，有少量的晶间孔、杂基内孔和原生粒间孔。七克台组为原生、次生混合孔隙型；三间房组和西山窑组为次生孔隙型。次生粒间溶孔由方解石等胶结物、石英和长石溶解而成，孔径最大为100μm，一般为30～50μm，连通性好，是主要的储油空间。粒间溶缝由粒间胶结物或颗粒边缘溶解而成，孔径最大为15μm，一般5～10μm，起沟通微孔的作用。

三叠系储层储集类型为砂岩孔隙型，孔隙类型以溶蚀粒间孔为主，部分为原生粒间孔，孔隙连通性一般—较好。

5. 储层物性

中侏罗统储层物性为低孔、低渗—特低渗。七克台组油层平均孔隙度为11.6%，平均渗透率为1.86mD；三间房组油层平均孔隙度为13.5%，平均渗透率为15.96mD；西山窑组油层平均孔隙度为12.8%，平均渗透率为11.02mD。对主力油层段三间房组429个样品分析，孔隙度在10%～15%之间的占52.7%，渗透率在0.05～10mD之间的占84.1%。储层物性的好坏主要受沉积相和岩性控制，三角洲平原、三角洲前缘分支河道砂体物性较好；中、细砂岩物性好，粗砂岩次之，粉砂岩最差；泥质含量增加，物性变差。孔隙度和渗透率与粒度中值（Φ值）呈线性关系，随着Φ值减小而增大。

三叠系储层物性为特低孔、特低渗，平均孔隙度为 8.0%，平均渗透率为 0.78mD。

四、油藏类型及流体性质

1. 油藏类型

鄯善构造主体的中侏罗统、上三叠统油藏类型为背斜型油藏（表 2-8-2），控制油水分布的主要因素是背斜圈闭。

表 2-8-2 吐哈盆地鄯善油田油藏特征数据表

区块	层位	岩性	油气	油气层厚度/m	油气藏中部埋深/m	油柱高度/m	孔隙度/%	渗透率/mD	原油密度/g/cm³	地层水矿化度/mg/L	水型	油气藏类型
主体	J₂q—J₂s	砂岩	油	52.3	2960	320	12.4~13.1	7.00	0.809~0.835	4000~18000	NaHCO₃ CaCl₂	背斜型
	J₂x	砂岩	油	12.0	3270	60	11.9	7.00	0.840	10000~25000	CaCl₂	背斜型
鄯南 1	J₂s	砂岩	油	9.6	3366	35	13.3	9.70	0.815	—	CaCl₂	断鼻型
鄯南 3	J₂s	砂岩	油	21.5	2948	105	14	22.50	0.818	—	CaCl₂	岩性—断鼻型
鄯科 1	T₂₋₃k	砂岩	油	50.2	4761	112	8.0	0.78	0.801	17000~20000	CaCl₂	背斜型

中侏罗统油藏包括 Q—SⅡ 油藏、XⅠ 油藏和 XⅡ 油藏，它们有各自的油水系统和压力系统。Q—SⅡ 油藏是背斜形态控制的整装背斜底水块状油藏，油水界面为海拔 -2500m，含油面积 24.4km²，油藏埋深为 2800~3215m，油柱高度为 415m，充满度为 91%。背斜北部的东、西两翼由于受来自北部侵入水的破坏，油水层分布比较复杂，油水界面略有抬升，界面海拔分别为 -2440m、-2460m。鄯南 1 块、鄯南 3 块三间房组油藏为受断鼻控制的边水层状油藏。

西山窑组 XⅠ 油藏总体为背斜形态控制的油藏，背斜高部位含油；轴部南北向断层对油藏有分隔作用，断层西侧油水界面为海拔 -2660m，断层东侧油水界面为海拔 -2680m；含油面积为 3.9km²，油柱高度为 60m，油藏充满度只有 15%，油藏埋深为 3235~3295m。

三叠系油藏为背斜型底水块状油藏，油水界面为海拔 -4197m，油柱高度为 112m，油藏埋深为 4705~4817m。

2. 油藏地层压力和温度

Q—SⅡ 油藏地层压力为 29.51MPa，压力系数为 0.97，为正常压力系统油藏；原油饱和压力为 17.82~18.73MPa，地饱压差为 9.02~10.18MPa，为未饱和油藏。油藏的原始驱动能量为弹性—溶解气驱。

XⅠ 油藏压力为 30.73MPa，原油饱和压力为 20.01MPa，地饱压差为 10.72MPa，为未饱和油藏。

Q—SⅡ油藏和ⅪⅠ油藏的构造特征基本一致，其油藏规模上大下小，其主要原因是ⅪⅠ油藏的盖层（三间房组一段）较薄，在成藏后的构造运动作用下断层切穿盖层，使其封盖性能变差，油气向上调整运移所致。

三叠系油藏压力系数明显高于侏罗系，油藏中部地层压力为54.10MPa，压力系数为1.15，属正常偏高压力系统油藏。

油藏温度为异常低温系统，地温梯度为2.50℃/100m。七克台组—三间房组油藏中部地层温度为85℃；西山窑组油藏中部地层温度为93.4℃；三叠系油藏中部地层温度为123.0℃。

3.油藏流体性质

侏罗系、三叠系油藏原油均为轻质油。

1）侏罗系油藏流体性质

地面原油具有"低密度、低黏度、低含硫、低饱和压力，高凝固点、高体积系数、高原始气油比、高压缩率，中等含蜡量"的"四高、四低、一中"特点。原油密度为0.806～0.841g/cm³，平均0.823g/cm³；50℃时原油黏度为1.80～9.23mPa·s，平均3.59mPa·s；烷烃含量为55.61%～86.23%，平均68.81%；胶质加沥青质含量为2.50%～12.31%，含蜡量为9.31%～18.13%。

地层原油性质随埋藏深度有明显变化。七克台组—三间房组油藏地层原油密度为0.633～0.691g/cm³，平均0.660g/cm³；原油黏度为0.33～0.44mPa·s，平均为0.39mPa·s；原始溶解气油比为155～213m³/t；饱和压力为17.81～18.72MPa，地饱压差为10.64MPa。西山窑组油藏地层原油密度为0.684g/cm³；原油黏度为1.24mPa·s；原始溶解气油比为148m³/t；饱和压力为20.01MPa，地饱压差为10.72MPa。

溶解气相对密度为1.036，C_1含量平均为67.81%，C_2—C_5含量平均为30.92%。

七克台组—三间房组油藏存在$CaCl_2$、$NaHCO_3$两种性质的地层水，$NaHCO_3$型地层水主要分布于背斜的北部。$CaCl_2$型地层水总矿化度为10170～17052mg/L，其中K^++Na^+含量为3248～5607mg/L，Ca^{2+}含量为449～1759mg/L，Cl^-含量为5594～9127mg/L，HCO_3^-含量为588～1343mg/L；$NaHCO_3$型地层水总矿化度为4943～9690mg/L，其中K^++Na^+含量为1593～3243mg/L，Ca^{2+}含量为59～217mg/L，Cl^-含量为1617～4224mg/L，HCO_3^-含量为180～1931mg/L。

西山窑组油藏地层水为$CaCl_2$型，总矿化度在10000～25000mg/L之间，其中K^++Na^+含量为3040～7869mg/L，Ca^{2+}含量为494～4391mg/L，Cl^-含量为5260～18941mg/L，HCO_3^-含量为254～1176mg/L。

2）三叠系油藏流体性质

三叠系油藏地面原油具有"四低二高"的特点，即低密度（0.801g/cm³）、低黏度（2.51mPa·s）、低沥青质含量（4.98%）、低凝固点（38℃）、高汽油含量（28%）、高含蜡量（11.78%）。

溶解气相对密度为1.020，甲烷含量为69.19%，乙烷含量为9.25%。

油藏地层水型为$CaCl_2$型，总矿化度为17299～19008mg/L，其中K^++Na^+含量为5057～5746mg/L，Ca^{2+}含量为3010～4418mg/L，Cl^-含量为9620～10884mg/L，HCO_3^-含量为682～914mg/L。

第二节 丘陵油田

一、概况

丘陵油田（图 2-8-3）位于吐鲁番市鄯善县境内，西南距鄯善县城 25km，南东与鄯善油田相邻，北西以构造鞍部与巴喀油田相邻。

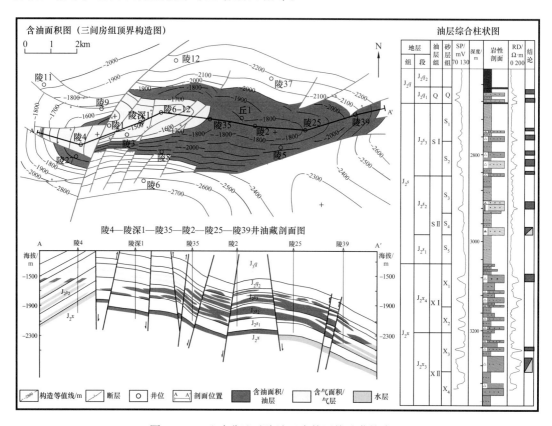

图 2-8-3 吐哈盆地丘陵油田中侏罗统油藏综合图

丘陵构造于 20 世纪 50 年代发现，1963 年 4 月—1964 年 1 月钻第一口井——参数井丘 1 井，在中侏罗统七克台组和三间房组发现油气显示，受当时钻井、试油技术条件限制和地质认识的局限，没有试油。

1989 年初鄯善油田发现后，对丘 1 井重新对比解释，认为七克台组和三间房组的渗透性砂岩均为油层。同时应用 0.5km×0.5km～2km×2km 数字地震资料落实丘陵背斜构造。1990 年 2 月 13 日，丘陵构造陵 3 井开钻，自古近系鄯善群至中侏罗统三间房组（505～2592m）发现油气显示 35 层 209m；1990 年 7 月 3 日至 8 月 25 日，对三间房组 2405.4～2420.4m 井段 2 层 10.2m 油层试油，7 月 13 日获高产油气流，8mm 油嘴产原油 95.5t/d、天然气 $1.69×10^4m^3/d$，发现了丘陵油田。

丘陵油田中侏罗统西山窑组、三间房组断背斜油藏探明含油面积 24.11km²，探明石油地质储量 $4832.17×10^4t$，探明天然气地质储量 $35.79×10^8m^3$。1995 年，三间房组

油气藏建成年产 120×10^4t 的原油生产能力；1998 年，西山窑组油藏建成年产 10×10^4t 的原油生产能力。1999 年 3 月投入注水开发。截至 2018 年底，油田已累计生产原油 1029.05×10^4t，累计生产天然气 $45.32 \times 10^8m^3$；初期年生产原油 53.71×10^4t，1994 年最高产量 125.01×10^4t。2018 年生产原油 3.57×10^4t；油井数 294 口，开井 92 口；注水井数 245 口，开井 92 口；平均单井产油 1.08t/d，综合含水 91.86%，综合递减率 2.91%。

二、构造特征

丘陵构造位于丘陵构造带的中段，东南部以断层与鄯善背斜北翼相接，西部以鞍部与巴喀构造过渡。丘陵构造总体为东西走向、被断层切割复杂化的长轴断背斜。

背斜长轴 14.5km，短轴 2.5～5.0km，背斜翼部南陡北缓，南翼倾角 27°～34°，局部达 40°，北翼倾角 18°～22°，东翼平缓倾没，倾角 14°～18°。背斜的高点偏西，在高点部位被近南北向平移大断层切割，分成东、西两个半背斜；东半背斜是构造的主体，东西长约 10km，南北宽 4～5km，东西方向较为宽缓，并在其东部存在次高点。丘陵断背斜三间房组油层顶面圈闭面积 53.0km²，高点埋深 2200m，圈闭幅度 700～850m。西山窑组圈闭面积 53.4km²，高点埋深 2600m，圈闭幅度 750～800m；其中东半背斜圈闭面积 36.0km²，圈闭幅度 800m；西半背斜圈闭面积 17.4km²，幅度 750m。

丘陵构造断层十分发育，可分为两组，即东西向逆断层和北北东向平移断层。东西向断层主要分布于构造的中西部，发育于背斜的南、北两翼，组成对倾逆断层，平面延伸至巴喀构造，垂直断距一般 100～300m，切割丘陵西半背斜成东西向条状断块。北北东向断层具有平移性质，主要分布于东半背斜；高部位的主断层即分割东、西半背斜的平移断层，延伸长度 13km，垂直断距南大北小，最大断距 600m，平移距离约 300m；另有四条规模较大的北北东向断层切割东半背斜成五块，这些断层延伸长度 4～5km，垂直断距一般小于 50m。

三、储层特征

1. 油层划分

丘陵油田中侏罗统含油岩系与鄯善油田一致，发育七克台组—三间房组和西山窑组两套组合。

油层纵向上也划分为七克台组—三间房组含油岩段和西山窑组含油岩段；包括五个油层组，即 Q、SⅠ、SⅡ、XⅠ和 XⅡ 油层组。三间房组 SⅠ、SⅡ 油层组为主力油层段。划分出 S_1、S_2、S_3、S_4、S_5 共 5 个砂层组；西山窑组 XⅠ、XⅡ 为次要油层段，划分出 X_1、X_2、X_3、X_4 共 4 个砂层组。

2. 沉积相与砂体展布

丘陵油田中侏罗统储层沉积体系和鄯善油田为同一个南物源辫状河三角洲体系，距离物源区稍远。

三间房组砂体沉积相主要为辫状河三角洲前缘亚相水下分流河道微相，具有东、西两个河道中心。东部以丘 1—陵 2—陵 25 井为中心，西部以陵 4—陵 3 井为中心，两个河道中心发育不完全同步。单井累计砂岩平均厚度 65.3m，累计油层平均有效厚度 49.2m。

西山窑组油层段砂体较三间房组发育，属于辫状河三角洲前缘水下分流河道沉积，东部及东北翼为河道中心，砂体展布呈东厚西薄的特点，厚度40～100m，平均砂岩厚度59.6m。主体东区块单井平均油层厚度24.2m。

3. 岩石学特征

储层岩石类型以长石岩屑砂岩为主，少量混合砂岩和岩屑砂岩。三间房组砂岩碎屑成分岩屑、石英和长石含量平均分别为45.5%、29.5%和24.5%。胶结物以泥质胶结为主，平均含量10.7%；次为碳酸盐胶结，平均含量2.5%；胶结物总量平均为13.2%，由上往下总体呈现降低趋势。

储层碎屑颗粒粒级分散，分选差，成熟度低，分选系数平均2.2，岩性自上而下粒度逐渐变粗，S_1砂层组细粒级加粉粒级占65.7%，中、粗粒级只占8.6%；而S_4砂层组粉、细粒级占21.4%，中、粗粒级增加到35.7%；西山窑组则以粗粒及砾石级为主。颗粒磨圆度差，多为棱角状、次棱角状—次圆状。颗粒接触关系主要有点、线、点—线与线—凹凸等几种，随着埋深的增大，线—凹凸接触增多。

4. 储集空间与孔隙结构

储层储集空间为砂岩孔隙。三间房组孔隙类型以次生粒间溶孔和残余原生孔为主，占总孔隙的84%；孔隙大，连通性好，孔径一般10～60μm，最大可达130μm；孔隙结构为中孔细喉，喉道半径在1～10μm之间的孔隙体积占50%左右；最大连通孔喉半径37μm，喉道均值半径1.0～4.5μm，主要流动孔喉半径一般为4.0～16.0μm，主要流动孔喉半径均值一般为2.5～24.0μm。西山窑组孔隙类型以次生粒间溶孔和粒内溶孔为主；孔隙结构为小孔细喉，孔喉分选差，非均质性较强。

5. 储层物性

储层物性为低孔、低渗—特低渗。三间房组平均孔隙度13.8%，平均渗透率14.1mD；西山窑组平均孔隙度11.6%，平均渗透率4.2mD。储层层间较均质，层内均质性中等，平面非均质性较强。

四、油藏类型及流体性质

1. 油藏类型

丘陵油田油气藏类型和气、油、水的分布较为复杂，主要受构造演化、断层等因素的影响。

七克台组—三间房组发育J_2q_1-J_2s_3、J_2s_2两套气油水系统，三间房组是丘陵油田主力含油气层位，上、下油组气油界面基本一致，油气藏类型整体为一个被断层复杂化的带气顶断背斜油藏（表2-8-3），气顶位于断背斜的高部位。但是，受平移大断层分隔，东、西半背斜具各自独立的气、油、水分布，东半背斜为断鼻型带气顶油藏，西半背斜则主要为断块型带油环凝析气藏。由于断层的影响，平面上各个断块的气油界面、油水界面有差异，总的趋势是西高东低，北高南低；气油界面在−1530～−1680m之间变化；上油组最高油水界面海拔−1580m，最低−2400m，相差820m；下油组油水界面最高为−1580m，最低为−2490m，相差910m。

表 2-8-3　吐哈盆地丘陵油田油藏特征表

层位	岩性	油气层厚度 / m	油气藏中部埋深 / m	油气柱高度 / m	孔隙度 / %	渗透率 / mD	原油密度 / g/cm³	地层水矿化度 / mg/L	水型	油气藏类型
J_2q-J_2s	砂岩	38.0	2678	1230	13.8	14.10	0.806	2000～6000	NaHCO₃	断背斜气顶油藏
J_2x	砂岩	20.6	2985	610	11.4	3.70				断背斜油藏

东区三间房组气顶埋藏深度 2195～2490m，气柱高度 295m，油藏埋深 2490～3235m，整体油柱高度 745m。西区三间房组气藏埋深 2045～2298m，气柱高度 253m；油藏埋深 2292～2319m，油柱高度 27m。

西山窑组油藏主要分布在东半背斜，被断层切割成众多边底水断块油藏，油水界面由西到东依次下降，分布在 −2065～−2460m 之间，油藏埋深 2680～3290m，整体油柱高度 610m。

2. 地层压力与温度

油气藏属于正常压力系统。三间房组油气藏中部地层压力东区为 27.5MPa，压力系数 0.99；西区地层为 26.1MPa，压力系数 1.15；西山窑组东区油藏中部地层压力 28.5MPa，压力系数 0.95。

油气藏温度为异常低温系统。地温梯度 2.50℃ /100m，三间房组油气藏中部温度东区 81℃，西区 74℃；西山窑组东区油藏中部温度约 86℃。

3. 流体性质

丘陵油田原油为弱挥发油。原油具有低密度、低黏度、中等凝固点的特点，地面原油密度 0.806g/cm³，地面原油黏度 2.38mPa·s，含蜡量 5.0%，凝固点 12℃。

地层原油密度 0.535～0.629g/cm³，地层原油黏度 0.23～2.09mPa·s，体积系数 1.643～1.911，溶解气油比 193～301m³/t，饱和压力 18.8～24.0MPa。

油藏溶解气 C_1 含量平均 67.5%，C_{2-5} 含量平均 31.8%，气体相对密度 1.002。

凝析气藏（或气顶）的露点压力 23.43MPa，地露压差 1.94MPa，凝析气相对密度 0.682；凝析油含量 263g/m³，凝析油地面密度 0.742g/cm³。

丘陵油田地层水为 NaHCO₃ 型，总矿化度 2040～5904mg/L，具有自西向东、自北向南逐渐升高的趋势。其中，K^++Na^+ 含量 488～1037mg/L、Ca^{2+} 含量 12～358mg/L、Cl^- 含量 67～2425mg/L、HCO_3^- 含量 59～3040mg/L。

第三节　巴　喀　油　田

一、概况

巴喀油田位于吐鲁番市鄯善县境内，距离鄯善县城正北方向约 30km，东南面与丘陵油田相邻。

巴喀构造（原名柯柯亚构造）于20世纪50年代发现，当时西北地质局、新疆石油管理局进行了地面地质调查，玉门石管理局实施物探、钻井及综合研究，其中，钻井5口（柯1、柯2、柯3、柯4、柯5），只有柯5井钻入中侏罗统目的层，该井在中侏罗统录井见到较好的油气显示，由于受技术条件和地质认识的局限，没有获得突破。

1991年5月31日，柯7井开钻，该井中侏罗统发现较好油气显示。1991年10月7—8日，对西山窑组1645.3～1675.7m井段试油，用8.3mm油嘴求产，获产原油43.5t/d、天然气5187m³/d的工业油气流，发现巴喀油田（图2-8-4）。

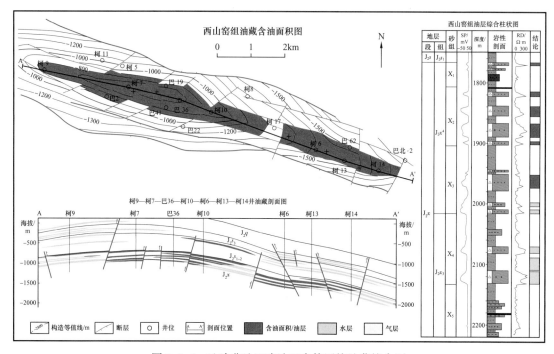

图2-8-4 吐哈盆地巴喀油田中侏罗统油藏综合图

巴喀油田总体为高陡背斜—断块构造油田，主要含油区块为巴喀背斜及其东翼的柯6、柯13、柯14等断块；含油气层系包括中侏罗统西山窑组、三间房组和下侏罗统，西山窑组是主要含油层位，三间房组油藏、气藏并存，下侏罗统为气藏并主要分布于巴喀背斜主体。

油田累计探明含油面积7.79km²，探明石油地质储量1263.82×10⁴t，探明天然气地质储量102.25×10⁸m³。1995年12月建成15.0×10⁴t的年生产能力。截至2018年12月，油田累计生产原油67.97×10⁴t，累计生产天然气2.26×10⁸m³；初期年生产原油1.18×10⁴t，1998年最高产量13.34×10⁴t。2018年生产原油0.70×10⁴t；油井数49口，开井15口；注水井13口；平均单井产油1.29t/d，综合含水87.91%。

二、构造特征

巴喀构造位于丘陵构造带的西段，紧靠盆地北缘，是受博格达山隆升所产生的向南侧向挤压形成的高陡长轴背斜，背斜被南北两翼对冲逆断层夹持，呈北西—南东向展布，又被数条北东—南西向断层切割分块。南北两翼四条主要断层平面延伸长度 20～40km，最大垂直断距 150～800m，断面陡倾，倾角 45°～80°。西山窑组顶界主体背斜长轴 15km、短轴 1.2～2.5km，圈闭面积 30km²，构造两翼地层陡倾，南翼倾角达 34°～45°，北翼倾角 30°～35°，高点埋深 1622m，最大闭合高度 800m。两组断层将构造切割成多个断块，自东向西呈"阶梯"状抬升，断块面积 0.4～1.5km²，幅度 250～500m；七克台组—三间房组构造特征与西山窑组基本相似，但随着构造层位变浅，背斜短轴逐渐加宽，面积增大，三间房组油层顶面背斜东部柯 10、巴 50 和巴 7-1 等几个含油断块的圈闭面积 0.4～0.9km²，幅度 200～250m。巴喀背斜东翼下倾方向也被两组断裂切割成"田"字型断块，主要有柯 13、柯 14、柯 6 等断块，断块面积 0.8～1.0km²，幅度 200～250m。

下侏罗统气藏构造为一近东西向的长轴背斜，剖面上呈现为高陡冲起构造，构造幅度大，整个构造带被四条近东西走向的主断层和多条近南北走向的调节断层复杂化，局部高点构造包括巴喀构造主体的柯 19 块断鼻、西面较高部位的柯 24 断鼻和东面较低部位的柯 23 断背斜。

三、储层特征

巴喀油田中侏罗统含油气岩系划分为中侏罗统三间房组、西山窑组和下侏罗统 3 个含油气岩段。西山窑组是主要含油层段，进一步划分为 X_1、X_2、X_3、X_4 共 4 个砂层组。

1. 沉积相

巴喀油田区中侏罗统沉积时靠近台北凹陷北部山前沉降沉积中心区，沉积相主要有湖泊相和辫状河三角洲相两大类。湖泊相主要发育在三间房组一段和七克台组，以滨浅湖亚相为主，形成主要盖层。辫状河三角洲沉积主要发育在西山窑组和三间房组二、三段，属于南物源的鄯善—丘陵辫状河三角洲沉积体系；砂体微相主要有三角洲前缘分流河道、席状砂和前三角洲滩坝砂体；其中西山窑组砂体分布广、厚度大，为油田的主要储层，主要为三角洲前缘水下分支河道沉积，分支河道中心在巴喀背斜柯 7 井附近；三间房组沉积时分支河道中心向东南迁移，油田范围内砂体发育较差。

西山窑组储层主要为厚层灰色细砂岩及薄层砾状砂岩、粉砂岩，单砂层厚度一般 15～20m，最厚达 57m，单井累计砂层最大厚度 154m，平均 97m。在油田范围内广泛分布，由于砂层层数多，平均厚度大，成为巴喀油田的主力储层。

下侏罗统三工河组砂岩厚度 40～80m，砂地比 40%～60%；核 2 井区砂岩厚度大于 100m，砂地比 60% 以上。下侏罗统八道湾组一段砂岩厚度 70～120m，砂地比 40%～60%；八道湾组二段砂岩厚度 100～200m，砂地比 50%～70%。

2. 岩石学特征

储层岩石学类型以长石岩屑砂岩、岩屑砂岩为主。岩屑成分主要为酸性喷发岩，其次为变质岩、中基性喷发岩、花岗岩和沉积岩，反映出受南部物源的控制。

西山窑组储层碎屑颗粒中，石英、长石、岩屑平均含量分别为 29.5%、26.2%、43.8%。填隙物主要为云母、绿泥石、碳酸盐岩和黏土，占比分别为 2.1%、2.6%、3.1%；胶结类型为孔隙—基底式。颗粒分选中等，磨圆度呈次棱角—次圆状；颗粒接触关系为线—凹凸接触。

三间房组碎屑颗粒中，石英、长石、岩屑平均含量分别为 27.7%、23.7%、48.2%。

填隙物以黏土为主，占 14%，其次是碳酸盐岩占 2%；胶结类型为接触—孔隙式。颗粒分选中—差，磨圆度呈次棱角—次圆状；颗粒接触关系以线—凹凸接触为主。

3. 储集空间与孔隙结构

储集空间类型为砂岩裂缝—孔隙双重介质，孔隙类型以粒间孔隙为主，其次为粒内孔隙和微裂缝。孔隙喉道以弯片状、片状喉道为主，占喉道总数的 90%，喉道微细，排驱压力高，最大连通喉道半径 0.49～0.82μm，平均 0.64μm。喉道半径均值低，主要流动喉道半径均值在 1.0μm 以下，与丘陵油田相比，排驱压力、中值压力高出丘陵油田 1～2 数量级。储层主要渗流通道是微裂缝。

西山窑组油藏储层裂缝较为发育。裂缝类型以受挤压应力场作用的剪性缝为主，裂缝分布与储层岩性、厚度、埋深以及断裂状况有关，以细砂岩、粉砂岩和泥质含量高的岩石裂缝最为发育，裂缝线密度在砂岩中为 3.4 条 /m，在泥岩中为 2.23 条 /m。储层裂缝发育方向分为北西西、北北东、北西和北东向四组，其中以北西西和北北东方向为主；裂缝以高角度缝为主，裂缝倾角大于 70° 的占 33.6%，30°～70° 占 61.9%；半充填裂缝占 56.6%，全充填裂缝占 24.0%；切穿深度小于 2.0m，一般在 0.6m 左右；裂缝开度宏观缝 0.1mm 左右，微观缝的开度平均 30μm，微裂缝延伸长度 0.2～2.1m；裂缝间距 383mm。

4. 储层物性

储层物性以低孔—特低孔、特低渗和致密砂岩为特征。纵向上三间房组相对较好，西山窑组次之，下侏罗统最差。三间房组平均孔隙度 9.6%，平均渗透率 1.38mD。西山窑组平均孔隙度 8.9%，平均渗透率 0.41mD；宏观裂缝孔隙度 0.01%，裂缝渗透率为 39.1mD；微观裂缝孔隙度 1.57%，微观裂缝渗透率 1.03～15.20mD，平均 8.45mD。三工河组和八道湾组储层平均孔隙度 4.4%，平均渗透率 0.20mD，为致密砂岩储层。

四、油气藏类型及流体性质

1. 油气藏类型及特征

巴喀油田油藏类型主要为断块型，其次是构造—岩性复合型。

三间房组油气藏分布于背斜东翼，主控因素为上倾岩性尖灭和断层。含油区块被近东西向和南北向断层分割为局部小型断块油气藏，油气藏埋深 1300～1636m，油气柱高度 34～222m。

西山窑组油藏为背斜构造背景上的断块油藏，由西向东油水界面逐渐降低，埋深逐渐加大。在背斜主体部位有五个断块油藏，自西向东，油水界面海拔巴 6 块 –950m、柯 7 块为 –1010m、巴 21 块为 –1040m、柯 10 块为 –1100m、巴 7 块为 –1160m；油藏埋深 1630～2300m，油藏油柱高度 80～350m。在背斜东翼下倾方向，柯 13 块油藏油水界面海拔 –1570m，柯 14 块海拔 –1763m；油藏埋深 2278～2562m，油柱高度 123～221m。

三工河组、八道湾组气藏分布在局部高点构造，自西向东包括柯 24 断背斜、柯 19 断块、柯 23 断块，含气范围局部受岩性尖灭或储层物性致密控制；气藏均为凝析气藏。三工河组气藏在西部的柯 24 块、柯 19 块分布，气水界面海拔分别为 –1998m、–2312m，气柱高度分别为 375m、285m，气藏顶深分别为 2740m、3110m。八道湾组气藏在柯 24 块、柯 19 块、柯 23 块均有分布，气水界面海拔分别为 –2300m、–2925m、–3260m，气柱高度分别为350m、650m、180m，气藏顶深分别为3090m、3350m、3990m。

2. 地层压力与温度

巴喀油田油藏为正常偏高压力系统，压力系数略高于相邻油田对应层位油藏。西山窑组各块油藏中，巴喀背斜西部的柯7块地层压力20.1MPa，压力系数1.13，饱和压力16.8MPa，地饱压差3.3MPa；背斜东部的柯10块地层压力21.0MPa，压力系数1.11，饱和压力16.8MPa，地饱压差4.2MPa；背斜东翼下倾方向的柯13及柯14断块油藏地层压力分别为25.1MPa和27.6MPa，压力系数分别为1.050及1.095，柯13块油藏饱和压力为21.0MPa，地饱压差4.0MPa，属未饱和油藏。三间房组油藏地层压力在15～19MPa之间，压力系数1.09～1.20，各断块具有独立的油水系统。

油藏温度属异常低温系统，温度偏低的原因是外来可动水侵入，动水压力及侵入吸热所致。三间房组油藏温度40～50℃，地温梯度2.06℃/100m；西山窑组油藏温度53～73℃，地温梯度2.55℃/100m。

3. 流体性质

地面原油具有一高四低的特点。密度是盆地煤成油中最高的（0.847g/cm³），四低即低黏度（2.95mPa·s）、低凝固点（10℃）、低含蜡（5.9%）和胶质沥青质含量低（4.3%）。

地层原油密度平均0.738g/cm³，地层油黏度平均为1.27mPa·s，体积系数平均为1.255，原始溶解气油比平均为113m³/t。

溶解气相对密度为0.751～0.899，平均为0.812；甲烷含量75.1%～89.2%，平均83.1%；乙烷含量6.5%～18.7%，平均11.1%；中间烃含量较低。

三工河组、八道湾组天然气组分甲烷含量为76.7%～80.4%，乙烷含量9.2%～9.4%，丙烷含量4.0%～4.2%。

地层水为$NaHCO_3$型，总矿化度为5000～13000mg/L，其中$K^+ + Na^+$含量为1837～4007mg/L，Ca^{2+}含量为5～85mg/L，Cl^-含量为849～2683mg/L，HCO_3^-含量为741～4313mg/L。

第四节　温米油田

一、概况

温米油田（图2-8-5）位于吐鲁番市鄯善县境内，地处鄯善县城东北35km，北距鄯善火车站17km。西与鄯善油田相邻，东北与丘东气田为邻。

温吉桑构造带发现于20世纪50年代，1964年在丘东背斜钻第一口区域预探井丘2井，在中侏罗统七克台组和三间房组发现油气显示，由于受当时地质认识和工艺技术限制，未能获得突破。

1990年7月18日，温吉桑1号构造上预探井温1井开钻，完钻后对西山窑组2764.00～2781.60m和2808.00～2819.60m井段试油，在1991年3月20日用15mm油嘴产原油47.3t/d、天然气38.34×10⁴m³/d，发现温吉桑油田。1991—1992年相继发现了温5、温西1、温西3、温西6、温西7、米登等含油气构造，基本查明了油田的分布范围和规模。

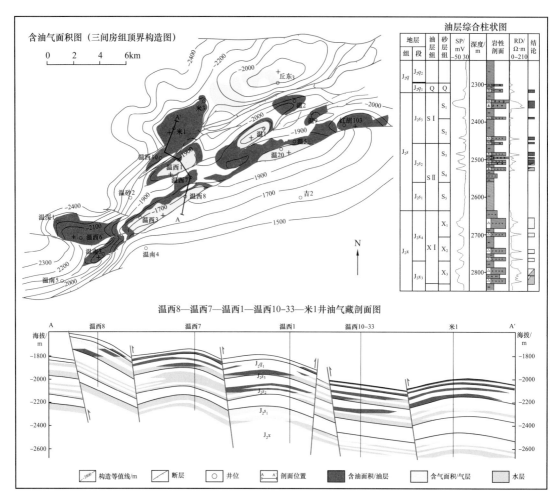

图 2-8-5　吐哈盆地温米油田中侏罗统油藏综合图

温米油田由三排北东—南西向背斜、断鼻等含油气构造组成，包括 10 个含油气区块，含油气层位为中侏罗统七克台组、三间房组、西山窑组，轻质油藏、凝析气藏或气顶并存。

油田探明含油面积 52.29km²，探明石油地质储量 6062.57×10⁴t，探明天然气地质储量 263.56×10⁸m³（含溶解气）。1993 年建成 70×10⁴t 原油年生产能力，1994—1998 年进入注水稳产阶段。截至 2018 年底，累计产原油 1044.52×10⁴t，天然气 60.21×10⁸m³；初期年产原油 1.79×10⁴t，1995 年产量最高，为 90.64×10⁴t；2004 年年产气量最高，为 4.94×10⁸m³。2018 年产原油 13.95×10⁴t，天然气 1.61×10⁸m³；油井数 481 口，开井 266 口；注水井 257 口，开井 116 口；平均单井产原油 1.92t/d，综合含水率 87.05%，综合递减率 12.67%。

二、构造特征

温米油田构造位于温吉桑构造带西段，南面为七克台构造带，西与鄯善背斜相邻，东至四十里大墩。温吉桑构造带呈南西—北东方向展布，自南向北主要由三排南西—北东走向的北倾逆断层控制的圈闭组成。

南部断裂为马红断层，是构造带的控制断裂，断距150～400m，油田范围内延伸30km，侏罗纪末开始形成；依附该断裂在上盘形成四个断鼻，自西向东为温西Ⅱ号（典型井温西6井）、温西Ⅲ号（典型井温西3井）、温吉桑Ⅱ号（典型井温5井）、红胡，此外，在温西Ⅲ号北侧为温西7背斜。在马红断层南侧下盘形成温南3断鼻等构造。

中部断裂为温吉桑断裂，延伸长度15km，断距30～90m，控制了温西Ⅰ号背斜（典型井温西1井）、温吉桑Ⅰ号背斜（典型井温1井）构造。另外，温西Ⅰ号背斜北翼还发育温西10断鼻。

北部断裂为米登—丘东断裂，延伸长度15km，断距75～100m，控制了两个背斜构造，包括米登背斜、丘东背斜（属于丘东气田）。

温米油田局部构造具有面积较小，闭合幅度较低，规模小等特点，三排含油气构造由南向北埋深逐渐增加。七克台组油层顶面圈闭面积1.1～9.9km²，闭合幅度50～230m，高点埋深2148～2533m；西山窑组油层顶面圈闭面积0.4～10.5km²，闭合幅度40～260m，高点埋深2554～3054m。

三、储层特征

1. 油层划分

温米油田油气层纵向分布于中—下侏罗统，划分为七克台组—三间房组、西山窑组和下侏罗统三个含油岩段，其中三间房组和西山窑组上部是主要含油气层段。

油层组、砂层组划分方案见表2-8-1。

2. 沉积相

温吉桑地区中侏罗统发育辫状河三角洲、湖泊两种沉积相；辫状河三角洲砂体广泛发育，湖泊相泥岩主要发育在三间房组一段、三间房组二段顶部、七克台组上段，并形成三个主要的储盖组合。

西山窑组沉积以发育厚层中粗砂岩和砂砾岩为特征，缺少细粒过渡层，砂体的顶面与泥岩直接接触，发育反韵律和复合韵律，自然电位曲线多呈复合箱状、箱状和钟状，砂体微相主要为辫状河三角洲前缘水下河道。西山窑组顶部含油气层段（厚度130～160m）内，砂体累计厚度一般40～70m，在温吉桑Ⅰ号构造以北、以东减薄明显。

三间房组一段普遍为湖相泥岩。三间房组二段厚度120～150m，中—下部砂体属于辫状河三角洲前缘水下分支河道砂体，上部砂体属于河口坝、席状砂；砂体累计厚度30～55m，总体向北、东减薄，在丘东构造及其东北部位尖灭。三间房组三段厚度135～155m，下部辫状河三角洲前缘分支河道砂体发育总体弱于三间房组二段，上部砂体为河口坝、席状砂沉积；砂体累计厚度一般25～40m，向北、东变薄，向丘东构造高点及北翼、东翼尖灭。

七克台组一段厚度26～32m，砂体厚度一般5～15m，为三角洲前缘河口沙坝、席状砂沉积，向北、东变薄，丘东构造仅在南翼有分布。

3. 岩石学特征

储层岩石学类型以长石岩屑砂岩为主，岩屑平均含量46%，石英平均含量27%，长石平均含量27%，岩石成分成熟度较低。胶结物含量一般7%～12%；以泥质胶结为主，泥质含量一般5%～10%；灰质胶结物含量一般小于5%，个别层段灰质胶结物含量可达 15% 以上，呈亮晶或混晶方解石形式出现。

中侏罗统砂岩颗粒磨圆度较差，呈次圆—次棱角状；分选中—差，岩石蚀变程序中—深，长石的高岭石化、岩屑颗粒和泥质充填物的绿泥石化非常普遍；泥质岩屑常被压成假杂基，充填于孔隙中。胶结类型三间房组从浅到深有基底—孔隙型、接触—孔隙型、压嵌—孔隙型等；颗粒多呈点接触、线接触和凹凸接触；西山窑组以压嵌胶结为主，自生高岭石充填孔隙，石英和长石颗粒次生加大现象普遍。从胶结类型亦反映随着深度的增加，压实作用的增强，颗粒接触愈紧密，自生矿物的形成作用、组分的交代作用和溶蚀作用愈强烈。

4. 储集空间与孔隙结构

储集空间为孔隙型，孔隙类型主要为粒间孔、粒间溶孔、粒内溶孔，局部偶见闭合或半闭合微裂缝。粒间孔主要是遭受成岩作用后残留的颗粒间原生孔隙，孔径一般为 $20\sim50\mu m$，喉宽多小于 $10\mu m$，是主要储集空间；粒间溶孔主要是颗粒间胶结物及颗粒边缘被溶解，孔径为 $50\sim200\mu m$，在强溶环境时颗粒可全部溶蚀，有的尚有颗粒残留体；粒内溶孔是砂岩中的长石颗粒被溶蚀，多呈网状或筛孔状，该区长石含量高，此类孔隙亦常见，是本区储油气的重要空间。

储层孔喉以微细—细喉为主，喉道弯曲变化大，分选性差，非均质性较严重。

5. 储层物性

中侏罗统储层物性为中—低孔、中—特低渗。三间房组最佳，储层孔隙度为 $10.2\%\sim23.2\%$，平均为 14.4%；渗透率为 $0.86\sim1151.00mD$，平均为 $51.31mD$；油层平均孔隙度为 16.0%，平均渗透率为 $68.92mD$。西山窑组次之，储层孔隙度为 $9.1\%\sim18.5\%$，平均 11.3%；渗透率 $0.49\sim90.21mD$，平均 $6.62mD$；油层平均孔隙度 14.4%，平均渗透率 $10.13mD$。七克台组最差，平均孔隙度 11.2%，平均渗透率 $1.31mD$；油层平均孔隙度 14.8%，平均渗透率 $3.13mD$。

四、油气藏类型及流体性质

1. 油气藏类型及特征

温米油田与东北面的丘东气田一起构成了轻质油与凝析气的富集区，三排北东向展布的含油气带包括 10 个局部含油气构造，在 Q—SⅠ、SⅡ、ⅪⅠ 三个油组发育二十多个油气藏，油气藏类型按圈闭成因类型划分为背斜型、断鼻型、断块型和构造—岩性复合型，按流体性质划分为油藏、凝析气藏、带气顶油藏和带油环凝析气藏。

1）油气分布规律

（1）下气上油、北气南油的分布规律。纵向上，自下而上，西山窑组基本全部为凝析气藏；三间房组—七克台组以油为主，主要是油藏或者带气顶的油藏。平面上，自北向南，北面的丘东构造各层位基本为凝析气藏，米登构造 Q—SⅠ 为油藏，SⅡ 为小气藏；中部温吉桑Ⅰ号和温西Ⅰ号等油藏、气藏共存，温吉桑Ⅰ号 Q—SⅠ 为带油环凝析气藏，温西Ⅰ号 Q—SⅠ 为带气顶油藏，SⅡ 为油藏；南排构造 Q—SⅠ 为带气顶油藏或油藏，SⅡ 均为油藏。

（2）自北往南含油层位逐渐变新，气水、油水界面逐渐抬升。最低含油层位北带为丘东的 XⅢ，中带为 ⅪⅠ，南带为 SⅠ；最低的气水、油水界面从丘东到南面的温吉桑

Ⅰ号、温吉桑Ⅱ号一线分别为海拔 –2895m、–2344m、–1983m，从米登到南面的温西Ⅰ号、温西Ⅲ号一线分别为海拔 –2603m、–2358m、–1909m。

2）油气藏类型

从圈闭类型看，南排的温西Ⅱ、温西Ⅲ、温南3、温吉桑Ⅱ号、红胡等区块均为断鼻油气藏；中排以背斜油气藏为主，包括温西Ⅰ号、温吉桑Ⅰ号，在背斜围斜部位有温西10块断鼻油气藏和温2等岩性油气藏；北排米登、丘东则为背斜油气藏或者岩性—构造、构造—岩性油气藏。

层位上西山窑组油气藏几乎均为凝析气藏，包括北排的米登背斜、中排的温吉桑Ⅰ号背斜、温西Ⅰ号背斜、温西10块断鼻、南排的温西Ⅲ号断鼻、温吉桑Ⅱ号断鼻等；三间房组SⅡ油层组，除了南部的红胡、温南3、温西Ⅱ号外均为油藏；Q—SⅠ油层组在所有区块中均发育油气藏，其中，在温西Ⅰ号背斜、温吉桑Ⅰ号背斜、温西Ⅲ号断鼻、温吉桑Ⅱ号断鼻为带气顶的油藏。

总体上，温西Ⅰ号背斜、温吉桑Ⅰ号背斜、温西Ⅲ号断鼻、温吉桑Ⅱ号断鼻、米登背斜、温西10断鼻等区块含油面积较大，纵向上发育三套油气藏，是主力的含油气区块。

各油气藏中，七克台组—三间房组油气藏油水界面海拔 –1773～–2280m，油气藏埋深 2123～2793m，油气柱高度 45～211m；西山窑组油气藏油水界面海拔 –2112～–2800m，油气藏埋深 2593～3335m，油气柱高度 32～137m（表2-8-4）。

3）地层压力与温度

油气藏压力基本为正常压力系统。七克台组—三间房组油气藏中部地层压力 20.6～27.3MPa，压力系数 0.95～1.03；西山窑组油气藏中部地层压力 22.6～33.8MPa，压力系数 0.97～0.98。

油藏温度为低温系统。地温梯度 2.56℃/100m，其中七克台组—三间房组油气藏中部温度 60.0～84.0℃；西山窑组油藏中部温度 75.0～102.2℃。

2. 流体性质

1）地面原油性质

油藏地面原油具有低密度、低黏度、低含硫、低含蜡等特点。密度 0.802～0.852g/cm³，50℃时黏度 1.71～5.58mPa·s，凝固点 7～14℃，胶质、沥青质含量 2.1%～6.2%。

2）地层原油性质

地层原油密度 0.577～0.694g/cm³，黏度 0.24～1.54mPa·s，体积系数 1.339～1.834，原始溶解气油比 138～329m³/t，饱和压力 4.5～24.1MPa。地层油气性质受油藏类型及保存条件的影响，在背斜型的米登、温吉桑1号、温西1号和断鼻型温吉桑5号构造体积系数、气油比、饱和压力值大，而在断鼻、断块型的温西6、温西3、温南1、红胡构造则较小。

3）天然气性质

温米油田天然气赋存形式有气藏气、气顶气和溶解气三种。气藏气相对密度 0.760～0.801，甲烷含量 80%～85%，乙烷含量 10% 左右；气顶气相对密度为 0.769～0.927，甲烷含量 80% 左右，不含 CO_2 及 H_2S 气体；溶解气原始气油比较高，一般大于 200m³/t，溶解气相对密度 0.762～1.125，甲烷含量 55%～85%，平均 70% 左右，C_5^+ 含量小于 1.0%。

表2-8-4 吐哈盆地温米油田中侏罗统油藏特征数据表

位置	区块	层位	油气层厚度/m	油气藏中部埋深/m	圈闭面积/km²	油/气柱高度/m	孔隙度/%	渗透率/mD	原油密度/g/cm³	地层水矿化度/mg/L	水型	油气藏类型
北排	米登	J_2q~J_2s	3.7~28.2	2745	—	57~162	12.8~14.7	5.5~27	0.811~0.819	—	—	背斜油藏
		J_2x	25.0	3364	—	103	11.3~12.8	14.8	0.706	45000	CaCl₂/NaHCO₃	岩性—背斜凝析气藏
	温西10	J_2q~J_2s	40.3~51.9	2726	—	66~150	14.4~14.6	37.7	0.814	—	—	断鼻油藏
		J_2x	17.4	3058	10.5	200	13.1	14.8	0.706	—	—	断鼻凝析气藏
中排	温西I	J_2q~J_2s	9.9~38.3	2424	5.5~5.8	182	16.0~16.5	14.9~50.3	0.812~0.823	8800~70000	CaCl₂/NaHCO₃	背斜气顶油藏
		J_2x	22.6~23.2	2654	4.08	118~202	11.3~12.7	6.6	0.746	30000~45000	CaCl₂	背斜凝析气藏
	温吉桑I号	J_2q~J_2s	17.9~53	2355	4.3~4.9	271	15.0~16.5	6.6	0.811	35000~70000	CaCl₂	背斜气顶油藏
		J_2x	13.1~16.5	2943	3.52	36~137	10.7~12.9	2.9~28.1	0.741~0.733	36000	CaCl₂	背斜凝析气藏
	温西II	J_2q~J_2s	2.8~28.3	2580	1.1~1.2	193	12.5~16.3	22.5	0.818	5000~45000	CaCl₂/NaHCO₃	断鼻油藏
南排	温西III	J_2q~J_2s	4.0~32.6	2231	9.6~9.9	215	13.0~16.0	18.8~58.7	0.819~0.832	20000~30000	CaCl₂	断鼻气顶油藏
		J_2x	93.0	2472	2	32~181	13.6	6.6	0.746	70000	CaCl₂	断鼻气藏
	温吉桑7	J_2s	24.3	2386	1.8~1.9	88~113	14.8~15.2	27.5~32.5	0.822	—	—	背斜油藏
	温吉桑II号	J_2q~J_2s	5.1~31.7	2334	7.5~7.7	281	9.9~15.3	9.3~31.7	0.820~0.825	27000~71000	CaCl₂	断鼻气顶油藏
		J_2x	11.7~15.3	2722	0.34~2.34	40~67	11.2~13.5	6.6	0.724	60000~100000	CaCl₂	断鼻凝析气藏
	红胡	J_2q~J_2s	5.0~16.2	2230	—	127	11.4~15.7	27.3	0.811~0.818	—	—	断鼻油藏
	温南3	J_2s	17.8	2553	—	149	15.3	14.8	0.825	42000	CaCl₂	断鼻油藏

4）地层水性质

油田存在两种类型的地层水，即中高矿化度的 $CaCl_2$ 型和中低矿化度的 $NaHCO_3$ 型，西北部的米登和温西 1 号构造以 $NaHCO_3$ 型为主，其他区块以 $CaCl_2$ 型为主。纵向上，Q—SⅠ油气藏地层水一般为 $NaHCO_3$ 型，SⅡ油气藏及西山窑组油气藏为 $CaCl_2$ 型。

$NaHCO_3$ 型总矿化度一般 3787～13064mg/L，其中 K^++Na^+ 含量 1215～4895mg/L、Ca^{2+} 含量 22～297mg/L、Cl^- 含量 1414～7000mg/L、HCO_3^- 含量 233～1767mg/L。

$CaCl_2$ 型总矿化度具北低南高特征，北带总矿化度一般 6000～70000mg/L，其中 K^++Na^+ 含量 1821～15910mg/L、Ca^{2+} 含量 435～12425mg/L、Cl^- 含量 3263～40572mg/L、HCO_3^- 含量 156～1979mg/L；南带总矿化度 23761～99578mg/L，其中 K^++Na^+ 含量 3052～36993mg/L、Ca^{2+} 含量 711～9240mg/L、Cl^- 含量 13094～59847mg/L、HCO_3^- 含量 193～1693mg/L。

第五节 丘 东 气 田

一、气田概况

丘东气田（图 2-8-6）位于吐鲁番市鄯善县境内，西南距鄯善县城 40km，西距鄯善火车站 10km，南面紧邻温米油田。

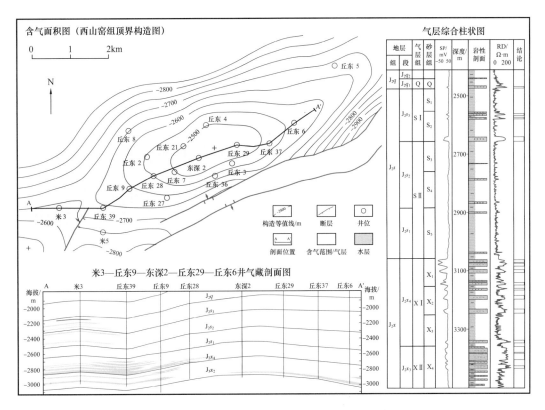

图 2-8-6 吐哈盆地丘东气田中侏罗统气藏综合图

丘东气田勘探始于 20 世纪 50 年代，1964 年 3 月 5 日在丘东背斜西翼钻预探井丘 2 井，完钻井深 3000m，由于受当时技术条件限制和对轻质油特征认识不足等原因影响，裸眼测试未获油流。1989 年 5 月在丘东背斜顶部钻探丘东 1 井，1989 年 7 月钻至三间房组完钻，因未钻遇好的储层而失利。1990 年 10 月在南面温吉桑 1 号背斜西山窑组获得工业油气流后，分析认为丘东背斜南翼西山窑组储层发育，于 1991 年 4 月 14 日在背斜南翼钻探丘东 3 井，该井在中侏罗统 2427.5～3498.0m 井段发现 41 层 182.5m 的荧光显示，取得 33.61m 的含油岩心。油气显示主要在西山窑组，七克台组只有一层，三间房组无砂层。1991 年 10 月 1 日，在对丘东 3 井西山窑组 3382.0～3434.0m 井段试油过程中，用 15mm 油嘴产天然气 36000m³/d、原油 9.6t/d，发现丘东气田。

丘东气田属于完整背斜构造背景下的凝析气田，含气层位包括中侏罗统西山窑组、三间房组、七克台组，西山窑组是主力含气层位；受砂岩储层分布影响，气藏主要分布于背斜构造中南部。

丘东气田累计探明含气面积 16.37km²，探明天然气地质储量 118.71×10⁸m³、凝析油地质储量 278.56×10⁴t；探明石油地质储量 121.14×10⁴t。1998 年建成年产天然气 3.3×10⁸m³ 生产能力。截至 2018 年 12 月底，已累计生产天然气 36.67×10⁸m³，生产凝析油 46.37×10⁴t。初期年产天然气 0.47×10⁸m³，2012 年产量最高为 2.93×10⁸m³。2018 年产天然气 0.98×10⁸m³，气井数 50 口、开井 46 口；平均单井产天然气 5841m³/d，综合含水率 72.13%。

二、构造特征

丘东气田位于温吉桑构造带西段的北部，其所在的丘东构造是一个完整的宽缓背斜，西南与米登背斜以低幅度鞍部相连。丘东背斜走向北东，南陡北缓，构造南翼受控于丘东逆断层；从七克台组到西山窑组，背斜构造面积上大下小，南北两翼地层倾角由下至上逐渐变缓，由于储层由南向北逐渐尖灭，有效圈闭面积小于构造面积。

七克台组砂层顶界构造面积 31.1km²，高点埋深 2415m，闭合幅度 280m，长轴 11km，短轴 3.3km；西山窑组顶界构造面积 18.0km²，高点埋深 3015m，闭合幅度 190m，长轴 10.0km，短轴 2.8km。

背斜南翼发育两条北东向的分界断层，对构造的形成与展布起控制作用。北侧北倾逆断层控制丘东背斜的形成展布，断面倾角 70°～80°，延伸长度 8km，断距 50～80m；南侧南倾逆断层，是丘东背斜和温吉桑 1 号背斜的分界断层，控制地层产状变化，断面倾角 70°～80°，延伸长度 12km，断距 50～100m。

三、储层特征

1. 油层划分

丘东气田与南邻的温米油田是一个含油气整体，含油气层位完全一致，所不同的是主力油气层段由温米油田的三间房组变为西山窑组，而且含油气层段更长。油气层划分对比方案见表 2-8-1。七克台组—三间房组气藏砂体欠发育，岩性组合为"泥包砂"特点；西山窑组砂体发育，是主力含气层段，纵向上砂体主要发育于 X_1、X_2 和 X_4 砂层组，Q、S_1、S_2、S_3 和 X_3 砂层组相对较差。

2. 沉积相

丘东气田与南面的温米油田中侏罗统整体属于南物源沉积体系，但离物源区更远，沉积物更细。西山窑组沉积相主要为辫状河三角洲前缘亚相，三间房组—七克台组主要为辫状河三角洲前缘亚相—湖相。

西山窑组发育厚层中粗砂岩和砂砾岩，缺少细粒过渡层，发育反韵律和复合韵律，属于辫状河三角洲前缘水下分流河道沉积，砂体总体上在背斜南部较发育。X_1 砂层组分支河道砂体仅分布在构造的西翼丘东 7—丘东 8 井一线，厚度 0～30m；X_2 砂层组砂体分布在构造的西南翼，厚度 0～50m，向北、东方向尖灭；X_3 砂层组砂体分布与其他砂层组有差异，砂层厚度自东向西北方向加厚，厚度 10～60m，丘东 8 井最厚为 64.5m；X_4 砂层组自南向北逐渐减薄，厚度 90～50m。

三间房组以中细砂为主，S_2 砂层组砂体主要为辫状河三角洲前缘亚相河道沉积，S_1、S_3 砂层组砂体为席状砂。砂体分布于构造的西南翼，由南向北、向东减薄尖灭，累计厚度 5～50m，自上而下砂层减少、变薄，向北延伸缩短。S_1 仅丘东 2 井有一个砂层；S_2 在构造自南向北减薄，至丘东 2—东 3 井一线厚度在 0～15m 之间变化，砂体走向近东西向；S_3 砂组只有丘东 7 井钻遇一层厚度 13.8m 的砂层，向东、北部尖灭；S_4 在丘东构造主体部位无砂层，只在东西两翼零星分布。

七克台组砂体为辫状河三角洲前缘河口坝、席状砂。平面上自南往北逐渐减薄，单井最大厚度 16.4m，最小厚度 2.2m，平均厚度 9.6m，钻遇率 92%。

3. 岩石学特征

储层岩石类型以混合砂岩、长石岩屑砂岩为主。石英含量平均 28.8%，长石含量平均 32.8%，岩屑含量平均 45.3%，岩石成分成熟度较低。碎屑磨圆度呈次圆—次棱角状，分选中—差，岩石蚀变程度中—深，长石的高岭石化、岩屑颗粒和泥质充填物的绿泥石化非常普遍。泥质岩屑常被压成假杂基，充填于孔隙中。

储层的胶结物含量一般在 6%～13% 之间，以泥质胶结为主，个别层段为灰质胶结，有的灰质含量可达 15%，呈亮晶或泥晶方解石形式出现。从浅到深，三间房组胶结类型有基底—孔隙式、接触—孔隙式、压嵌—孔隙式等，颗粒多呈点接触、线接触和凹凸接触。西山窑组以压嵌式接触为主，自生高岭石充填孔隙、石英和长石颗粒次生加大现象普遍。

4. 储集空间与孔隙结构

储集空间为砂岩孔隙，孔隙类型主要为粒间溶孔，次为粒内溶孔。孔喉类型与岩石颗粒的接触类型有关，三间房组孔喉类型以片状细—微细喉道为主；西山窑组孔喉类型以片状微细喉道为主，喉道半径 0.1～1.0μm，平均 0.28μm，喉道大多为直片状，部分为弯片状。

储层段局部裂缝较为发育，如在钻井中多次发生钻井液漏失，漏失量从数十立方米至数百立方米，最高漏失量达 420m³（丘东 4 井），发生漏失的层段主要在西山窑组。

5. 储层物性

储层物性比温米油田差。七克台组储层平均孔隙度为 15.9%，平均渗透率为 9.09mD，属于中—低孔、低渗；三间房组平均孔隙度 16.3%，平均渗透率 12.25mD，属中—低孔、低渗储层；西山窑组储层平均孔隙度为 11.0%，平均渗透率 3.03mD，属低孔、特低渗储层。

四、气藏类型及流体性质

1. 气藏类型及特征

丘东气田气藏受背斜构造和岩性双重因素控制，构造控制因素自上而下逐渐增强，而岩性控制因素则相反。七克台组—三间房组含气层段发育多个岩性气藏，气藏主要分布于背斜构造的西南翼；西山窑组上气藏为构造—岩性气藏，下气藏为岩性—构造气藏（表 2-8-5）。

表 2-8-5 吐哈盆地丘东气田气藏特征数据表

层位	气藏	气层厚度 / m	气藏中部埋深 / m	气柱高度 / m	孔隙度 / %	渗透率 / mD	凝析油密度 / g/cm³	地层水矿化度 / mg/L	水型	气藏类型
J_2q	Q	2.1～4.3	2579	100～270	14.0	9.09	0.75	—	—	岩性凝析气藏
J_2s	S I	0.7～6.9	2707	50～310	15.0	12.25	0.75	—	—	岩性凝析气藏
J_2x^4	X I	20.1	3155	250	11.4	3.67	0.75	10503	NaHCO₃	构造—岩性凝析气藏
J_2x^3	X II	36.7	3393	200～245	10.5	2.13	0.75	5003～10830	NaHCO₃	岩性—构造凝析气藏

Q 气藏、S I 气藏：均为岩性凝析气藏。规模小，主要分布于背斜西南翼局部部位，由砂体向北上倾尖灭和向东、西侧向尖灭控制，气藏埋深 2400～2950m，气柱高度 50～310m。

X I 气藏：为构造—岩性凝析气藏。含气边界南翼受背斜形态控制，而向北至背斜轴部及东翼则受砂体尖灭控制，西南边界气水界面为海拔 -2700m，气藏埋深 3030～3280m，气柱高度 250m。

X II 气藏：为岩性—构造凝析气藏。含气边界在构造北翼和东翼部分受岩性尖灭或储层物性变差控制，气藏气水界面南低北高，这与砂体分布和油气运移路径相关。来自下部烃源岩的油气经南界断层垂向运移，进入储层中运聚时，首先在南翼物性好、毛细管阻力小的储层中聚集，随着烃柱的增大，烃柱浮力逐渐加大，油气逐渐越过高点进入物性较差的北翼，北翼下倾方向减薄尖灭砂体孔隙中的水被油气封闭，保存下来，形成了北部较高的气水界面。背斜南翼气水界面海拔 -2895m，北翼气水界面海拔 -2811m，气藏埋深为 3280～3470m，气柱高度 290m。

丘东气田气藏压力属正常压力系统，气藏平均压力系数为 1.00～1.02。温度为低温系统，地温梯度 2.54℃/100m。

2. 气藏相态与流体性质

丘东气田的气藏属于典型的凝析气藏（图 2-8-7），地层压力均大于露点压力，气藏处于未饱和状态；另一方面，地饱压差小，在 0.10～2.53MPa 之间，趋近于饱和状态。

七克台—三间房组气藏甲烷含量一般 60%～70%，乙烷含量 12% 左右，相对密度 0.971～1.103；西山窑组气藏甲烷含量一般为 80%～90%，乙烷含量一般为 5%～11%，相对密度 0.751～1.012。生产气油比 2776～7756m³/t。

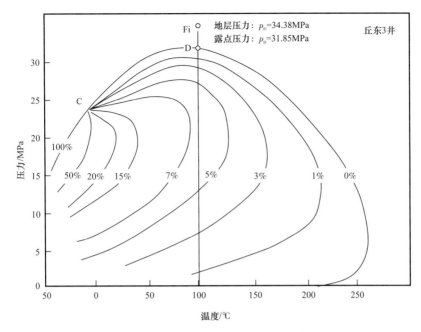

图 2-8-7 吐哈盆地丘东油气田 XⅡ气藏地层流体拟合相态图

据 PVT 分析，丘东气田凝析气藏凝析油含量为 190～260g/m³，平均 226g/m³。凝析油地面密度平均为 0.750g/cm³，50℃时黏度 1.01～4.02mPa·s，凝固点 –20～3℃，具有低密度、低黏度、低凝固点的特点，属于典型的凝析油。

气藏地层水水型均为 NaHCO₃ 型，总矿化度 5003～10830mg/L。其中，$K^+ + Na^+$ 含量 1550～4140mg/L、Ca^{2+} 含量 24～221mg/L、Cl^- 含量 603～4282mg/L、HCO_3^- 含量 134～1922mg/L。

第六节 葡 北 油 田

一、概况

葡北油田（图 2-8-8）位于吐鲁番市郊，因地处著名旅游景点"葡萄沟"以北而得名，北望海拔 5445m 的天山博格达峰，南临火焰山。

葡北油田油气勘探始于 20 世纪 90 年代。1993 年，在葡北 1 号背斜构造高点钻预探井葡北 1 井，同年 10 月，该井在三间房组 3467.5～3473.5m 井段试油获得高产油气流，8mm 油嘴自喷产原油 112.4t/d、天然气 $3.36 \times 10^4 m^3/d$，发现葡北油田；2000 年 7 月在东翼断块上钻探葡北 6 井，发现了葡北 6 号油藏；2017 年，葡北 25 井在三间房组获得油流，发现葡北 2 号三间房油藏。

葡北油田由葡北 1、葡北 2、葡北 6、葡北 26、葡北 23 等 5 个含油区块组成，葡北 1 号、葡北 2 号低幅度背斜为主力含油区块；含油气层位有中侏罗统七克台组、三间房组和西山窑组，其中三间房组是主要的含油层位。

油田探明含油面积 11.73km²，探明石油地质储量 671.27×10⁴t，探明溶解气地质储

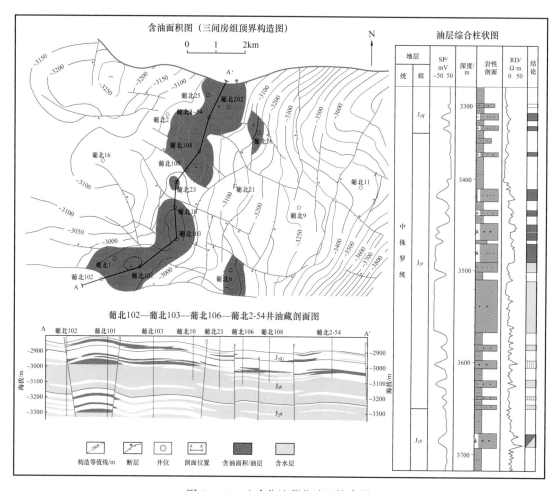

图 2-8-8　吐哈盆地葡北油田综合图

量 $36.94 \times 10^8 \text{m}^3$。1998 年 8 月建成 $14 \times 10^4 \text{t/a}$ 原油生产能力。截至 2018 年底，累计生产原油 $140.80 \times 10^4 \text{t}$、溶解气 $9.00 \times 10^8 \text{m}^3$；初期年产原油 $9.81 \times 10^4 \text{t}$，2002 年达最高产油量 $18.51 \times 10^4 \text{t}$。2018 年生产原油 $1.95 \times 10^4 \text{t}$；油井数 29 口，开井 18 口；注水井 21口，开井 6 口；平均单井产油 2.41t/d，综合含水率 51.13%。

二、构造特征

葡北构造带位于台北凹陷西部胜北洼陷中央向西斜坡过度的挠曲部位，是向北倾伏的鼻状低隆起上继承性发育的低幅度构造群，局部构造形成于燕山中晚期，喜马拉雅期得到进一步改造和加强。

构造带呈南北走向，总体北低南高，其上发育低幅度背斜和断块构造；低幅度背斜含油构造包括葡北 1 号（典型井葡北 1 井、葡北 103 井）、葡北 2 号（典型井葡北 106 井、葡北 25 井）；东部倾伏部位的葡北 6、葡北 26 含油区块为断块。葡北 1 号在三间房组为较完整的短轴背斜，呈近北东走向，长轴 4.5km，短轴 1.4km，受东西向小断层影响具有南、北两个次高点；圈闭面积为 6.6km^2，闭合幅度为 95m，高点埋深 3310m。葡北 2 号构造总体为背斜—断块，南、北边界为近东西走向断裂，受中部的近东西向断裂影响形成南、北两个次级背斜—断块；三间房组圈闭面积 4.6km^2，圈闭幅度 45m，高点埋深 3717m。

构造区发育两组逆断层。一组呈东西走向，延伸距离 2.2~6.5km，西山窑组最大垂直断距 45m；东西向断层使葡北 1 号、葡北 2 号构造背斜形态复杂化，对油水分布有控制作用，如葡北 2 号背斜中部断层使葡北 106、葡北 25 块具有不同的油水系统。另一组为近南北走向的断层，切割构造并错断东西走向断层，垂向断距约 15m，平面延伸距离 3.5km 以上；在构造带东翼是形成断鼻、断块圈闭的重要因素。

三、储层特征

1. 油层划分

油层分布于中侏罗统，按其分布特点划分为七克台组—三间房组和西山窑组两个含油岩段；进一步划分为七克台油层组、三间房油层组和西山窑油层组，三间房油层组是主力含油层。受低幅度构造控制，油藏油柱高度小，七克台油层组分布于七克台组下段，三间房油层组分布于三间房组三段，西山窑油层组分布于西山窑组四段。

2. 沉积相

葡北地区中侏罗统沉积主要受控于北西物源的七泉湖—葡北大型辫状河三角洲沉积体系，包括辫状河三角洲前缘和湖泊沉积，整个中侏罗统为一个 I 级辫状河三角洲—湖泊正旋回，在 I 级旋回内又可分为西山窑组、三间房组和七克台组三个 II 级正旋回，形成三套主要的储盖组合。

西山窑组四段为三角洲前缘亚相沉积，岩性为细—中砂岩与泥岩互层，上部为泥岩夹砂岩，在葡北 1 号构造形成了多个局部储盖组合；砂岩属于水下分支河道沉积，自然电位曲线形态以箱状 + 漏斗状 + 钟状复合形态或单一箱状形态常见；单砂层厚度 2.0~27.0m，自构造西北向东南有砂体减薄、岩性变细的趋势。

三间房组一段为三角洲前缘亚相沉积，砂岩、泥岩频繁互层。三间房组二段岩性为大套砂岩夹泥岩，底部河道进积在自然电位曲线上呈漏斗状；中—上部主要为多期分流河道叠置加积发育的厚砂层，自然电位曲线形态为叠加箱状。三间房组三段为砂岩、泥岩互层，三角洲前缘水动力条件向上减弱，上部以湖相泥岩为主，与一段、二段构成完整的储盖组合；砂岩主要为水下分流河道沉积，上部为席状砂。三间房组含油段储层岩性以灰色细—中—粗及砾状砂岩为主，单层厚度 2.0~70.5m，砂体自西北向东南有减薄趋势，分布稳定。

七克台组下段砂岩岩性较细，以灰色细砂岩和粉砂岩为主，主要为三角洲前缘席状砂，南部有分支河道砂体，北部砂体零星分布，相较于三间房组，辫状河三角洲前缘分支河道中心向南迁移；砂岩累计厚度 0~21.0m，自西南向东北逐渐减薄。

3. 岩石学特征

岩石类型主要以混合砂岩为主，其次为长石岩屑砂岩，碎屑颗粒中石英含量一般约 27%，长石含量约 28%，岩屑含量约 45%。岩石成分成熟度较低，岩屑成分以火山岩碎屑为主，占总岩屑成分的 80%~90%。胶结物含量一般 2%~4%，以泥质胶结较普遍，其次为钙质胶结。

碎屑磨圆度呈次圆—次棱角状，颗粒分选中等偏好。岩石蚀变程度为中深度，长石高岭石化、岩屑颗粒和泥质充填物的绿泥石化较为普遍。胶结类型以孔隙型为主，其次为孔隙—压嵌型，颗粒之间以点—线接触为主。

4. 储集空间与孔隙结构

储集类型为砂岩孔隙型，局部偶见少量开启和半充填裂缝。孔隙类型主要有原生粒间孔、次生粒间孔、粒内溶孔、微裂缝和溶蚀裂隙及少量晶间孔。原生粒间孔主要是遭受成岩作用后残留缩小的颗粒间孔隙，孔径 30～60μm，喉宽多小于 15μm，是重要的储集空间；次生粒间溶孔是颗粒间胶结物及颗粒边缘被溶解而成，孔径 60～220μm，是主要储集空间；粒内溶孔是砂岩中的长石颗粒被溶蚀，多呈网状或筛孔状，此类孔隙也常见，是重要的储集空间。

孔隙微观结构以中孔隙中—细喉道为主，喉道半径 0.5～10μm 的孔隙体积占 50% 左右；最大连通半径 ＜20μm，平均为 11.15μm，喉道半径均值 1.0～5.0μm；主要流动孔喉半径 4～15μm，均值 3.0～20μm。岩石物性与孔喉均匀程度呈正比，即孔喉分选好的储层物性也好；储层孔喉下限为 0.5μm，在此孔喉以下的储集空间充满束缚水，孔喉半径小于 0.5μm 的占总孔隙体积的 20%～30%，说明束缚水饱和度较低。

5. 储层物性

葡北油田储层物性是盆地中中侏罗统较好的，孔隙度一般 12%～20%，渗透率一般 10～300mD。纵向上以三间房组最好，平均孔隙度 16.3%，平均渗透率 90.5mD，属中孔、中渗储层；其次是七克台组，油层孔隙度 16.5～18.4%，平均渗透率 37.5mD，属中孔、低渗储层；西山窑组最差，平均孔隙度 12.2%，平均渗透率 6.8mD，属低孔、低渗储层。

四、油藏类型及流体性质

1. 油藏类型

葡北油田油藏受低幅度背斜、岩性、断层等因素控制，主体油藏为背斜型，也存在断块油藏、岩性油藏等类型（表 2-8-6）；葡北 1 号、葡北 2 号为低幅度背斜油藏，葡北 23、葡北 6、葡北 26 为断鼻、断块油藏。

葡北 1 号背斜有三个层位的油藏控制因素略有差别。七克台组油藏主要受背斜控制，北部含油边界受到砂体尖灭影响，中南部的多个油层叠合连片，油藏埋深 3310～3420m，油水界面海拔 -2879m；三间房组油藏总体为背斜油藏，南部边界受断层控制，油藏埋深 3400～3523m，油水界面海拔 -2984m，油柱高度 90m，油藏充满度高；西山窑组四段砂岩、泥岩互层形成多个局部储盖组合，发育 3 个单砂层小油藏，油藏埋深 3660～3830m，油柱高度 25～70m。

葡北 2 号断背斜油层分布于七克台组、三间房组。三间房组油藏总体为断背斜油藏，油水分布主要受构造控制，同时受多个局部分布的砂体影响，但整体叠合连片含油；受断层分割影响，又分为葡北 106 井块（含葡北 108 井块）和葡北 25 井块油藏，油藏埋深为 3626～3750m，葡北 25 井块油水界面海拔 -3045m，葡北 106 井块油水界面海拔 -3030m；油柱高度 40～76m，油藏充满度高。七克台组油藏受砂体分布控制，分布于葡北 25 块南部。

2. 地层压力与温度

葡北油田油藏地层压力属正常偏高的压力系统。葡北 1 号七克台组和三间房组油藏压力分别为 35.1MPa、37.5MPa，压力系数 1.07～1.10；葡北 2 号三间房组油藏地层压力 38.1MPa，压力系数 1.08；压力系数偏高的原因是地层水矿化度较高所致，地层水密度约 1.08g/cm^3。

表 2-8-6 吐哈盆地葡北油田油藏特征数据表

区块		油藏	油气层厚度 / m	油气藏中部埋深 / m	圈闭面积 km²	油柱高度 / m	孔隙度 %	渗透率 / mD	原油密度 / g/cm³	地层水矿化度 / mg/L	水型	油气藏类型
葡北 1		J_2q	15.3	3390	6.9	66	16.5	37.5	0.793	43446～84000	CaCl₂	岩性—构造油藏
		J_2s	21.7	3460	6.6	90	17.5	103.4	0.803	61000～92946	CaCl₂	背斜油藏
		J_2x	24.0	3750	2.1	70	12.6	12.4	0.849	62984～74239	CaCl₂	背斜油藏
葡北 6		J_2q	17.0	3500	1.8	70	16.5	37.5	0.824	—	CaCl₂	断块油藏
葡北 2	葡北 25	J_2q	5.2	3610	3.8	56	17.2	—	0.813	—	—	构造—岩性油藏
		J_2s	10.4	3721	3.4	76	15.7	18.3	0.813	—	—	断背斜油藏
	葡北 106	J_2s	6.6	3650	3.9	40	16.2	—	0.813	—	—	断背斜油藏
葡北 23		J_2q	5.1	3523	1.9	6	16.6	—	0.813	—	—	构造—岩性油藏
葡北 26		J_2q	5.3	3670	0.8	41	18.4	—	0.813	—	—	断块油藏
		J_2s	5.2	3765	0.5	6	16.0	—	0.813	—	—	断块油藏

油藏温度属低温系统，油藏温度 88～100℃，平均地温梯度 2.35℃/100m。

3. 流体性质

1）地面原油性质

葡北油田地面原油具有低密度、低黏度、低凝固点、低含蜡量、低沥青质含量、低非烃含量和高汽油烃含量的"六低一高"的特点。原油密度 0.796～0.832g/cm³；黏度 50℃时 0.69～2.22mPa·s，凝固点 −5～12℃，含蜡量 1.8%～11.7%，非烃含量 4.3%～8.8%，沥青质含量 2.8%～8.0%；汽油含量 36.0%～47.5%。纵向上原油密度、黏度、凝固点、含蜡量自上而下升高。

2）原油组成与地层原油性质

据七克台组、三间房组油藏 PVT 全组分分析，油藏流体组分 C_1 和中间烃组分 C_{2-6} 的含量高。C_1 含量 56.4%～61.5%，C_{2-6} 含量 21.8%～24.4%；高碳烃组分含量低，C_{7+} 含量为 14.6%～19.0%。

七克台组、三间房组地层原油普遍具有低密度（0.513～0.562g/cm³）、低黏度（0.306～0.765mPa·s）、高原始气油比（439～600m³/m³）、高体积系数（2.210～2.742）、高原油饱和压力（29.4～34.1MPa）及小地饱压差（5.82～9.85MPa）的特点。

3）原油相态特征与油藏流体类型

葡北油田三间房组油藏原始气油比高达 548m³/t，在 PVT 分析数据拟合的 $p—T$

相图上（图 2-8-9），其临界点温度为 252～295℃，最大凝结温度 297～364℃；地层温度 88.0～89.3℃，位于临界温度左侧；泡点压力低于油层原始压力（地饱压差 7.90～9.85MPa），说明油藏流体在原始地层条件下为单相油藏，并处于不饱和状态。

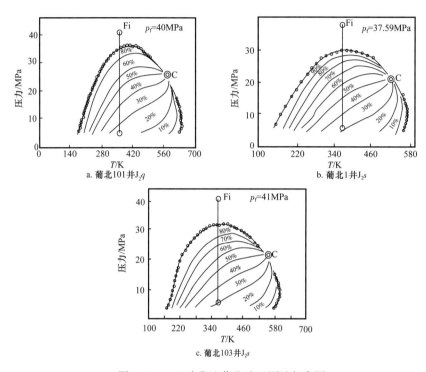

图 2-8-9　吐哈盆地葡北油田原油相态图

根据油藏流体组分、原油性质与国外典型挥发性油藏对比，葡北油田七克台组、三间房组油藏原油属挥发性原油；西山窑组油藏与台北凹陷内其他油藏相类似，为轻质原油。

4）溶解气性质

七克台组、三间房组油藏溶解气相对密度较高，为 0.7888～1.3106，平均 0.9744；甲烷含量偏低，为 42.0%～81.8%，平均 68.3%；乙烷含量较高，平均含量 13.3%。

5）地层水性质

地层水水型为 $CaCl_2$ 型，总矿化度较高，为 43446～92946mg/L，其中 $K^+ + Na^+$ 含量 15660～34532mg/L，Ca^{2+} 含量 591～2071mg/L，Cl^- 含量 24759～54179mg/L，HCO_3^- 含量 120～1330mg/L。

第七节　火焰山油田

一、概况

火焰山油田（图 2-8-10）位于吐鲁番地市境内，西距吐鲁番市 18km，北距葡北油田 8km。

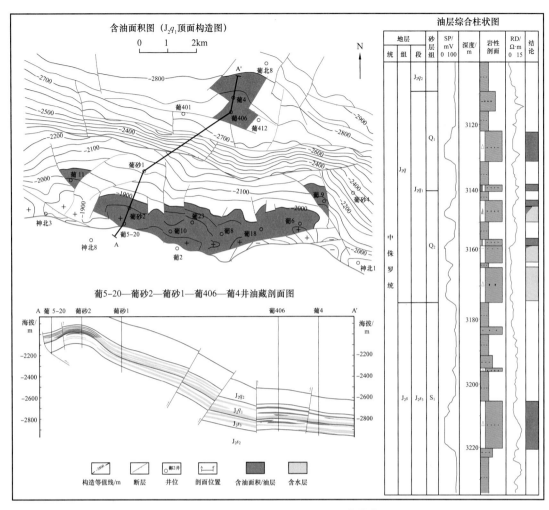

图 2-8-10　吐哈盆地火焰山油田油藏综合图

1998 年在火焰山构造带西部葡萄沟段葡北 10 号低幅度断块钻探葡 4 井，该井在七克台组、三间房组发现良好油气显示，6 月对七克台组 3150.0～3140m 井段试油，获产原油 23.9t/d、天然气 4146m³/d 的工业性油气流，发现葡萄沟油田（2005 年更名为火焰山油田）。2003 年 7 月在葡萄沟 6 号构造钻探葡 6 井，试油获得 34.3t/d 的工业油流，发现葡 6 块七克台油藏。其后又相继发现葡 5 块、葡 10、葡 11、葡 9 等油藏。

火焰山油田是断块化的鼻状构造背景下一系列的断块油藏组成的油田，含油气层位为中侏罗统七克台组和三间房组，其中七克台组为主力含油层位。

油田累计探明含油面积 12.38km²，探明石油地质储量 783.84×10⁴t。油田于 2004 年 6 月投入开发和滚动建产。截至 2018 年底，累计生产原油 87.94×10⁴t、溶解气 3.85×10⁸m³；初期年产原油 11.54×10⁴t，2006 年达最高产油量 13.28×10⁴t。2018 年生产原油 2.63×10⁴t；油井数 66 口，开井 31 口；注水井 38 口，开井 16 口；平均单井产油 2.3t/d，综合含水率 56.22%。

二、构造特征

火焰山油田构造是由特征各异的两部分构成。其一是依附于火焰山逆冲断层上盘的断鼻构造，断鼻构造又被与火焰山逆冲断层走向垂直的多条衍生断层分割成"断夹片"构造，其中断鼻高部位发育葡5、葡6、葡10等局部背斜高点，翼部又有葡9、葡11等三角形断块；其二是依附于葡萄沟北坡转折部位南倾逆断层的低幅度断鼻构造，断鼻构造又被两组小断层切割成多个小断块，鼻状构造高点有低幅度的向南回倾。鼻状构造背景和局部背斜、断块对油气分布均有控制作用。

葡萄沟5号断背斜东西向较缓，南北向较陡，其长轴2.9km，短轴1.3km，圈闭面积2.6km²，闭合幅度170m，高点埋深2280m；葡萄沟6号断背斜形态较为完整，东西方向较缓，南北方向较陡，长轴2.5km，短轴1.3km，圈闭面积2.6km²，闭合幅度90m，高点埋深2433m；葡萄沟10号为三面受断层夹持的断块，圈闭面积2.6km²，闭合幅度190m，高点埋深2050m；葡萄沟9号断块被三条逆断层夹持，圈闭面积1.4km²，闭合幅度270m，高点埋深2531m；葡萄沟11号为"Y"字形断层夹持的断块，圈闭面积0.5km²，闭合幅度140m，高点埋深2294m；葡4井块断鼻构造圈闭面积6.1km²，闭合幅度170m，高点埋深3270m。

三、储层特征

火焰山油田油层主要分布于七克台组下段，其次是三间房组上段。七克台组下段划分为Q_1和Q_2两个砂层组，三间房组油层则分布于三段的S_1砂层组。

储层属于辫状河三角洲前缘亚相沉积。七克台组储层为水下分流河道、河口坝及席状砂沉积，岩性以细砂岩为主，从下至上岩性由粗变细，呈现正旋回沉积韵律；砂体具有北西—南东向条带状展布特点；Q_1、Q_2砂层组各有2个小层，分布较为稳定，Q_1两个砂层平均厚度3～4m；Q_2两个砂层平均厚度7～9m，为主力油层。S_1砂层组储层主要为席状砂沉积，平面上连通性差，以粉、细砂岩为主，非均质性较强。

储层岩石类型以混合砂岩为主，次为长石岩屑砂岩。岩石石英含量27.7%，长石含量29.7%，岩屑含量42.6%。碎屑颗粒分选中—好，磨圆度为次棱角状；胶结物以方解石和高岭石为主，孔隙式胶结，颗粒接触关系主要为点—线式接触。

储集类型为砂岩孔隙型，储集空间以溶蚀粒间孔隙和溶蚀粒内孔隙为主，部分为原生粒间孔。孔隙微观结构具有排驱压力小（0.02～0.06MPa）、中值压力小（0.03～0.6MPa）、最大连通孔喉半径大和最大进汞饱和度大的特征，最大进汞饱和度一般大于80%，孔喉半径大于0.1μm的孔隙体积平均占84.9%，表明储层具有较好的储液能力和产液能力。

储层物性好，各块平均孔隙度为16.0%～26.3%，平均渗透率为114.61～805.02mD，属于中孔、中—高渗储层。

四、油藏类型及流体性质

1. 油藏类型及特征

火焰山油田控制油藏的主要因素是鼻状构造背景上的局部背斜、断块圈闭，除葡萄沟区块葡5、葡6为背斜型，其余为断块型；葡5、葡6、葡10、葡9、葡4等块为油藏主体分布区；油藏主要分布层位是七克台组，三间房组仅在葡406、葡18等块有油藏（表2-8-7）。

表 2-8-7　吐哈盆地火焰山油田油藏特征数据表

区块	层位	岩性	油气层厚度 / m	油气藏埋深 / m	圈闭面积 / km²	油柱高度 / m	孔隙度 / %	渗透率 / mD	原油密度 / g/cm³	地层水矿化度 / mg/L	水型	油气藏类型
葡4	J_2q	砂岩	3.8	3130~3260	15.2	80	20.9	301.1	0.832	110896	CaCl₂	断鼻—岩性型油藏
葡406	J_2q—J_2s	砂岩	13.9	3143~3223	6.10	80	20.9	301.1	0.832	66000	CaCl₂	断背斜型油藏
葡11	J_2q	砂岩	12.1	2290~2402	0.49	30~95	21.3	368.0	0.811	93921	CaCl₂	断块型油藏
葡5	J_2q	砂岩	12.4	2237~2269	2.64	52	22.7	585.0	0.817	87101	CaCl₂	背斜型油藏
葡502	J_2q	砂岩	18.2	2192~2287	1.30	95	22.7	585.0	0.798	108012	CaCl₂	断块型油藏
葡10	J_2q	砂岩	24.3	2045~2138	2.66	93	22.7	585.0	0.812	108012	CaCl₂	断块型油藏
葡18	J_2q—J_2s	砂岩	11.1	2258~2365	1.90	35	20.6	188.0	0.782	110345	CaCl₂	断块型油藏
葡6	J_2q	砂岩	9.8	2432~2485	2.63	53	19.9	60.3	0.817	44641	CaCl₂	背斜型油藏
葡9	J_2q	砂岩	14.6	2545~2629	1.36	84	18.9	417.7	0.810	108012	CaCl₂	断块型油藏

葡 5 块七克台油藏为背斜型油藏，埋深 2237~2269m，油水界面海拔 -1890m，油柱高度 52m。葡 6 块七克台油藏为背斜油藏，油藏埋深 2432~2485m，油水界面海拔 -2003m，油柱高度 53m。葡 10 块七克台油藏为断块油藏，油藏埋深 2045m，油水界面海拔 -1890m，油柱高度 93m。葡 9 块七克台油藏为断块油藏，油藏埋深 2545~2629m，油水界面海拔 -2125m，油柱高度 84m。葡 4 块七克台油藏为断鼻—岩性复合型油藏，油藏埋深 3130~3260m，油水界面海拔 -2820m，油柱高度 80m；葡 406 块断背斜油藏，油藏埋深 3143~3223m，油水界面海拔 -2768m，油柱高度 80m。

七克台组油藏原始地层压力为 25.7~27.8MPa，压力系数 1.04~1.17，地温梯度 2.19~2.50℃ /100m，属于正常压力、异常低温系统。

2. 流体性质

七克台组油藏地面原油具低密度、低黏度、高气油比、低凝固点、中等含蜡量的特点，为未饱和油藏。地面原油密度 0.798~0.832g/cm³，50℃时黏度 1.80~3.72mPa·s，凝固点 6~12℃，含蜡量 8.9%~22.3%。

地层原油密度 0.621~0.712g/cm³，黏度 0.32~1.39mPa·s，体积系数 1.252~1.911，原始气油比 115~304m³/t；溶解气相对密度 1.023~1.131，甲烷含量 36.9%~60.5%，

乙烷含量 8.6%～11.2%，丙烷含量 7.9%～13.0%。

地层水水型为 $CaCl_2$ 型，总矿化度为 44641～110896mg/L，其中 $K^+ + Na^+$ 含量 18656～34532mg/L，Ca^{2+} 含量 695～2071mg/L，Cl^- 含量 30007～54179mg/L，HCO_3^- 含量 120～1330mg/L。

第八节 神 泉 油 田

一、概况

神泉油田位于吐鲁番市北东方向约 8km 处，312 国道从油田附近通过。

油田勘探开发历程分为两个阶段，1993—1996 年为油田发现阶段，1996 年以后为滚动勘探及滚动建产阶段。

1993 年在神泉背斜上钻探井神 1 井，在中侏罗统三间房组 2514.0～2525.0m 井段试油自喷产原油 42.6t/d、天然气 15800m³/d 的油气流，发现神泉油田侏罗系油气藏。1995年 8 月和 1996 年 6 月，先后对神 102 井白垩系和古近系试油获工业油流，其中白垩系2050.0～2562.0m 井段试油 3mm 油嘴自喷产原油 4.7t/d，古近系 1922.0～1928.0m 井段试油 5mm 油嘴自喷产原油 34.9t/d，发现神泉油田白垩系油藏和古近系油藏。

1997 年以后持续滚动勘探开发，在中侏罗统陆续发现一批小断块油气藏，其中背斜东南翼是扩展的主要部位。

神泉油田含油层位包括古近系鄯善群、白垩系吐谷鲁群和中侏罗统七克台组、三间房组，中侏罗统是主要含油层位；中侏罗统由于单砂层厚度小以及泥岩夹砂岩的岩性组合，在背斜构造被大量小断层断块化的背景下，形成垂向上多油水系统、平面上大量断块油气藏的油气分布格局（图 2-8-11）。

神泉油田探明叠合含油面积 13.87km²，探明石油地质储量 1159.34×10⁴t，探明溶解气地质储量 34.75×10⁸m³。其中，中侏罗统油藏含油气面积 13.41km²，石油地质储量 875.55×10⁴t，溶解气地质储量 30.27×10⁸m³；白垩系油藏含油面积 2.67km²，石油地质储量 105.22×10⁴t；古近系油藏含油面积 2.90km²，石油地质储量 178.57×10⁴t。1998 年开始正式投入开发，累计建成产能 15.33×10⁴t/a。截至 2018 年 12 月，累计生产原油 231.9×10⁴t，溶解气 12.32×10⁸m³；初期年产原油 1.06×10⁴t，2004 年达最高产油量 19.49×10⁴t。2018 年，侏罗系和白垩系油藏生产，古近系油藏已停产，年生产原油 7.74×10⁴t；油田采油井 169 口，开井 90 口；平均单井产原油 2.3t/d，综合气油比606m³/t，综合含水率 51.87%。

二、构造特征

神泉背斜位于台北凹陷西缘神泉构造带东段，西与吐鲁番背斜以低幅度鞍部相连，北与火焰山断层上盘的葡萄沟构造相邻。背斜受控于南翼呈北东—南西走向的吐鲁番断裂。

在侏罗系，神泉构造是被多条断层切割的东西向短轴背斜，闭合幅度 110m，圈闭面积 8.6km²，高点埋深 2330m；构造东、南翼发育多个断块圈闭，断块群总面积

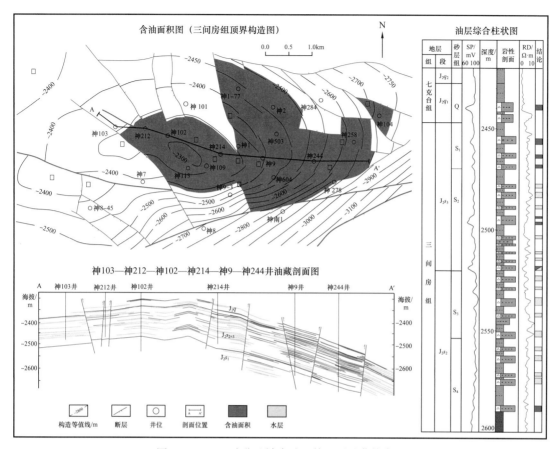

图 2-8-11　吐哈盆地神泉油田侏罗系油藏综合图

21.9km²。神泉背斜整体南陡北缓，南翼倾角 15°～20°，北翼倾角 5°～10°。局部构造圈闭受早期形成的近东西走向逆断层与晚期形成的北北西走向调解断层互相切割，形成众多的断块构造；断块构造与薄储层匹配构成有效的断块圈闭，大部分断块圈闭具有各自独立的气油水系统。

浅层白垩系和古近系构造较之侏罗系相对简单，断层不甚发育。白垩系油层顶面构造为东西走向的短轴背斜，长轴 6.7km，短轴 3.3km，圈闭面积 16.2km²，闭合幅度 80m，高点埋深 2045m。古近系鄯善群构造也为东西走向的短轴背斜，长轴 9.0km，短轴 4.0km，圈闭面积 18km²，闭合幅度 135m，高点埋深 1797m，构造南翼倾角 9° 左右，北翼 7° 左右。

三、储层特征

油层纵向上分布于侏罗系、白垩系和古近系三套层系中。其中，中侏罗统七克台组—三间房组储层段发育 5 个砂层组 68 个小砂层，含油层段岩性组合以泥岩夹薄层砂岩为特点；白垩系吐谷鲁群油层分布于其中—上部，储层为一套砂层组，岩性组合为细砂岩、粉砂岩、泥质粉砂岩与泥岩的薄互层；古近系鄯善群下部发育三个油藏，仅底部 Esh^3 油藏投入开发，油层段岩性组合以泥岩夹砂砾岩、细砂岩和粉砂岩为特征。

1. 沉积相

七克台组—三间房组沉积环境为南物源辫状河三角洲沉积体系前缘，砂体主要为河口坝和水下分流河道沉积；砂层纵向上发育程度由下而上逐渐变好。砂岩岩性以灰色细砂岩为主，层数多而薄，单砂层厚度1～14m，平均厚度2m左右，并与泥岩频繁互层；砂体连通性差，垂直于分支河道方向，砂体延伸相对短。砂层总体呈现叠置连片的特征，平面上主力油气层段砂岩厚值区分布在油田东部，砂体呈条带状、席状自南东向北西逐渐变薄。

吐谷鲁群沉积相主要为滨浅湖，含油砂体沉积微相为滩坝，分布比较稳定；单砂层厚度1.0～8.5m，平均厚度2.7m，厚度展布趋势在构造高部位较厚，向南翼逐渐减薄。

鄯善群下部含油砂体主要属于滨浅湖滩坝沉积，单砂层厚度3.5～7.0m，平均厚度5.7m，厚度展布趋势由北西至南东逐渐减薄。

2. 储层基本特征

七克台组—三间房组储层岩性以细砂岩和粉砂岩为主，不等粒砂岩次之；胶结物含量少，以泥质为主；结构成熟度中—差，颗粒磨圆度为次棱角—次圆状，颗粒之间点—点线接触。储集空间为砂岩孔隙型，主要以次生孔隙为主，包括粒间溶孔、粒内溶孔及晶间孔，以前两类为主，其次为残余原生粒间孔。三间房组储层物性以中孔、中渗为主，其次为中孔低渗，储层平均孔隙度18.0%，平均渗透率201.31mD。其中，S_1砂层组孔隙度为8.0%～26.5%，平均16.9%，渗透率为0.21～323.12mD，平均65.33mD；S_2砂层组孔隙度4.8%～26.6%，平均19.6%，渗透率0.20～2127.31mD，平均265.41mD；S_3砂层组孔隙度平均16.6%，渗透率，平均202.81mD。

吐谷鲁群储层岩性为粉细砂岩；胶结物以方解石为主，胶结类型为孔隙式胶结；颗粒磨圆度呈次棱角—棱角状，分选中—好。储层储集空间为孔隙型，孔隙类型为原生粒间孔，连通性较好。储层物性为中孔、低渗，孔隙度22.5%～24.9%，平均22.3%，渗透率19.64～56.81mD，平均39.72mD。

鄯善群储层岩性为砾状砂岩、细砂岩及粉细砂岩。储层储集空间以原生粒间孔为主，胶结疏松；储层物性好，为中孔、中渗储层，孔隙度为13.6%～35.8%，平均22.6%；渗透率为3～2390mD，平均393.61mD。

四、油藏类型及流体性质

1. 油藏类型及特征

七克台组—三间房组油水关系较为复杂，油气藏类型总体为背斜背景上的断块油气藏群，泥岩夹薄砂层和大量断层的切割是形成断块油气藏群的重要影响因素。油气藏主要特征（表2-8-8）：（1）已探明21个断块，这些断块油藏主要分布于背斜高部位和背斜东、南翼；（2）各断块具有独立的油水系统，平面上，各断块油气藏的油水界面变化趋势为西高东低、北高南低；（3）纵向上，局部断块内发育多套油水系统，多数断块有2～3套油水系统；（4）在背斜的东翼和南翼含油段长，油柱高度大，油水关系简单，而背斜的高点及西北翼油柱高度小，油水关系复杂；（5）断块内存在孤立的含水砂体或含油砂体；（6）油气藏油水（气水）界面海拔 -2324～-2657m，整体油气柱高度357m，油气藏埋深2350～2700m。

表 2-8-8　吐哈盆地神泉油田油藏特征数据表

层位	岩性	油气	油气层厚度 /m	油气藏中部埋深 /m	圈闭面积 /km²	油柱高度 /m	孔隙度 /%	渗透率 /mD	原油密度 /g/cm³	地层水矿化度 /mg/L	水型	油气藏类型
Esh	砂岩	油	14	1890	18	18	21.5	169.00	0.792	120000	CaCl₂	边底水层状背斜油藏
K₁	砂岩	油	11	2065	16.2	30	22.3	39.70	0.806	150000	CaCl₂	边底水层状背斜油藏
J₂q	砂岩	油	2.7	2430	17.20	185	20.5	250.00	0.798	185000	CaCl₂	边水层状断块油藏
J₂s	砂岩	油	15	2490	18.0	190	19.6	265	0.808	195000	CaCl₂	边水层状断块油藏

白垩系油藏为背斜边底水油藏，油水界面海拔 –2015m，油藏埋深 2045～2085m，油柱高度 30m，背斜充满度低。

古近系下部三套薄砂层中分别形成充满度低的背斜油藏，油柱高度仅 11～25m，油藏埋深 1797～1925m，从上至下的三个油藏油层厚度分别为 5.9m、3m、2.7m。

油藏地层压力为正常和偏高的压力系统。古近系油藏地层压力 18.4MPa，压力系数 0.98；白垩系油藏地层压力 20.3MPa，压力系数 1.02；侏罗系油藏神 1 块油藏地层压力 25.5MPa，压力系数 1.18。

油藏温度属于异常低温系统。古近系油藏地层温度 60℃，地温梯度 2.64℃ /100m；白垩系油藏地层温度 62℃，地温梯度 2.54℃ /100m；侏罗系神 1 井块油藏地层温度 81℃，地温梯度 2.86℃ /100m。

2. 油藏流体性质

1）地面原油性质

地面原油性质具有"三低、一中、两高"的特点，即低密度、低黏度、低凝固点、中等含蜡量、高气油比、高收缩率。

古近系油藏地面原油密度为 0.781～0.803g/cm³，50℃时黏度为 1.57～2.10mPa·s，沥青质含量为 3.9%～9.8%，含蜡量为 10.5%～15.7%，凝固点为 9～10℃。

白垩系油藏地面原油密度为 0.806g/cm³，50℃时黏度为 2.13mPa·s，凝固点 11.5℃。

侏罗系油藏地面原油密度为 0.798～0.808g/cm³，50℃时黏度 1.10～1.98mPa·s，凝固点 –13（凝析油）～11℃，含汽油量 205℃馏出体积 28%～54%。

2）地层原油性质

古近系油藏地层原油密度为 0.698g/cm³，黏度 0.50mPa·s，体积系数 1.396，原始溶解气油比 148m³/t；井流物组分 C₁ 含量为 16.8%，C₂₋₆ 含量 41.58%，C₇₊ 含量 39.2%，具有轻组分含量低、中间烃和重组分含量高的特点。

白垩系油藏地层原油密度 0.717g/cm³，黏度 1.01mPa·s，体积系数 1.406，气油比 174m³/t；井流物组分 C₁ 含量为 21.2%，C₂₋₆ 含量 41.1%，C₇₊ 含量 34.8%。

侏罗系油藏地层原油密度 0.562～0.615g/cm³，黏度 0.41～0.83mPa·s，体积系数为

1.656～2.106，原始气油比 346～451m³/t；井流物组分 C_1 含量为 47.0%～54.5%，C_{2-6} 含量 24.3%～30.8%，C_{7+} 含量 19.8%～20.9%，C_{7+} 相对密度 0.802～0.818。侏罗系油藏原油为弱挥发油。

3）天然气性质

侏罗系油藏溶解气甲烷含量一般 66%～76%，乙烷含量一般为 10%～13%，C_{5+} 含量小于 2.0%，相对密度 0.929～1.048。

白垩系油藏溶解气甲烷含量 62.6%，乙烷含量 18.8%，相对密度 1.031。

4）地层水性质

神泉油田各油藏层位的地层水水型均为 $CaCl_2$，总矿化度高。

侏罗系油藏地层水总矿化度 161320～204841mg/L，其中 $K^+ + Na^+$ 含量为 58395～74643mg/L，Ca^{2+} 含量 2949～5869mg/L，Cl^- 含量 98287～122819mg/L，HCO_3^- 含量 121～1040mg/L，属封闭型地层水。

古近系油藏地层水总矿化度为 125280mg/L，其中 $K^+ + Na^+$ 含量 45506mg/L，Ca^{2+} 含量 2609mg/L，Cl^- 含量 76207mg/L，HCO_3^- 含量 86mg/L，属封闭型地层水。

第九节　雁木西油田

一、概况

雁木西油田位于吐鲁番市西南约 13km 处。构造位置处于台北凹陷西缘的最南端，是以古近系油藏为主的浅层油田，也是迄今所发现侏罗系煤成烃油气运移路径最长的油田。

油气勘探始于 1958 年，当时结合地面构造，在雁木西山钻探雁 1、雁 2 井，见油气显示。1998 年利用三维地震资料变速成图，重新落实雁木西低幅度背斜构造，并在构造的高部位钻探雁 6 井，在古近系鄯善群、白垩系吐谷鲁群试油获得成功，吐谷鲁群 1794.0～1798.0m 井段产油 10.7t/d，鄯善群 1617.0～1625.0m 井段产油 13.1t/d，发现雁木西油田。之后向西南方向扩展，相继发现雁 201 岩性油藏和大墩背斜油藏（图 2-8-12）。

雁木西油田探明含油面积 10.78km²，探明石油地质储量 1773.06×10⁴t。其中，雁 6 块探明含油面积 6.21km²，探明石油地质储量 1328.29×10⁴t；雁 201 块探明含油面积 2.73km²，探明石油地质储量 262.23×10⁴t；大 2 块探明含油面积 1.84km²，探明石油地质储量 182.54×10⁴t。油田于 2000 年 9 月投入开发和滚动勘探，累计建成产能 16.5×10⁴t/a。截至 2018 年 12 月，累计生产原油 208.1×10⁴t，溶解气 0.20×10⁸m³；初期年产原油 1.70×10⁴t，2004 年最高原油产量 19.29×10⁴t。2018 年生产原油 2.15×10⁴t；油田采油井 52 口，开井 45 口；平均单井产原油 1.3t/d，综合含水 94.08%。

二、构造特征

雁木西油田构造位于神泉构造带西南端，由雁木西低幅度背斜、大墩背斜以及平缓鞍部构成。

雁木西构造在古近系为近东西走向的低幅度复合长轴背斜，由东、西两个短轴背斜

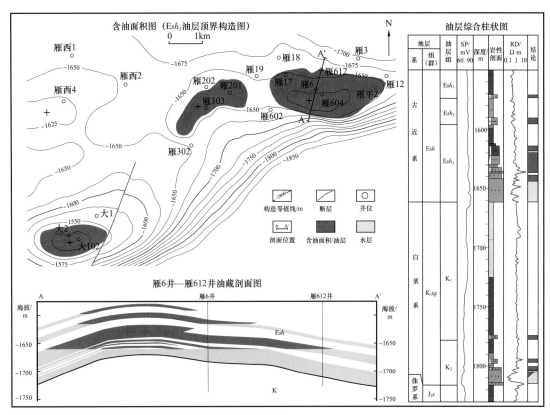

图 2-8-12　吐哈盆地雁木西油田古近系油藏综合图

复合而成。东部短轴背斜为构造主体，为东西走向，长轴 4.5km，短轴 1.8km，圈闭面积 6.2km²，闭合幅度 45m，高点埋深 1580m；西部低幅度短轴背斜转变为北东—南西走向，长轴 3.7km，短轴 1.3km，圈闭面积 4.7km²，闭合幅度 25m，高点埋深 1600m。

雁木西构造在白垩系的特点与古近系相似，轴向也基本一致，但断层较为发育；背斜在被中部、南缘两条东西走向的北倾逆断层切割的基础上，又被 7 条南北走向的断层切割，使背斜形态复杂化；背斜长轴 6.3km，短轴 1.9km，圈闭面积 9.8km²，闭合幅度 40m，高点埋深 1750m。

大墩构造在古近系为近北东东走向、南陡北缓的简单短轴背斜，断层不发育，圈闭面积 18.5km²，闭合幅度 105m，高点埋深 1464m。

三、储层特征

1. 油层划分与对比

古近系鄯善群厚约 350m，储层段发育于下部的 100m，该段由三个砂泥岩正旋回组成，从上至下对应划分为 Esh₁、Esh₂、Esh₃ 三个油层组；雁木西、大墩构造的三个油层组中均有油藏，下部的 Esh₃ 是主力含油段。油层厚度自上而下逐渐变厚，油层平均厚度 Esh₁ 为 3.0m，Esh₂ 为 5.8m，Esh₃ 为 18.1m。

白垩系吐谷鲁群三十里大墩组的储层集中发育于下部。由两个砂泥岩正旋回构成，从上至下对应划分为 K₁、K₂ 油层组；雁木西构造的两个油组均有油藏。K₁ 油层厚度 2.0~5.5m，平均 2.9m；K₂ 油层厚度 2.0~12.1m，平均 3.5m。

2. 沉积相与砂体展布

白垩系三十里大墩组 K_1 油层组储层岩性为粉细砂岩，沉积微相为滨湖滩砂；砂体平面上分布较稳定，南厚北薄，厚度 3～10m。K_2 油层组储层为一套厚约 30m 的砂岩、砂砾岩，沉积微相为冲积平原河道及河漫滩沉积，砂体分布较为稳定，南厚北薄。

古近系部善群 3 个油层组的储层岩性为粉砂岩、细砂岩、砂砾岩，自下而上由粗变细，平面上南粗北细，南部以滨湖滩砂沉积为主，北部浅湖席状砂较多；砂层累计厚度 40～60m，由南向北减薄，其中 Esh_1 砂层在雁木西构造北部尖灭。

3. 储层基本特征

古近系储层岩石类型主要为岩屑长石砂岩和混合砂岩，石英含量平均为 46.4%，长石含量平均 35.8%，岩屑含量平均 16.6%；碎屑颗粒结构疏松，分选中—差，上部储层分选较好，下部分选较差；磨圆度呈次棱角状；颗粒之间点式接触；胶结物以方解石为主，胶结类型为孔隙式。储集类型为砂岩孔隙型，储集空间以原生孔隙为主；孔隙总体以中孔隙、细喉道、细歪度、分选性较差为特征；孔隙直径均值 58.20μm，孔喉直径均值 8.04μm；排驱压力 0.28MPa，中值压力 4.09MPa，最大进汞饱和度 77.30%，孔喉的相对分选系数 2.97，分选性较差。油层段平均孔隙度 23%，平均渗透率 195.05mD，为中孔、中渗储层。

白垩系储层岩石类型为混合砂岩，石英含量平均 32.8%，长石含量平均 27.8%，岩屑含量平均 38.3%；碎屑颗粒分选中—好，磨圆度呈次棱角状；颗粒之间点式接触；胶结物以方解石和自生黏土矿物为主，胶结类型为孔隙型胶结；储集类型为砂岩孔隙型，储集空间以压实后残余原生孔隙为主；排驱压力 0.15MPa，孔喉直径均值 8.64μm，孔喉分选系数 2.51。平均孔隙度 22.0%～28.3%，平均渗透率为 30.72～709.23mD，为中—高孔、中—高渗储层。

四、油藏类型及流体性质

雁木西油田纵向上发育 Esh_1、Esh_2、Esh_3、K_1、K_2 五套油藏。其中，雁木西东部主体雁 6 块发育五套油藏，雁木西西部雁 201 块发育 Esh_3、K_1、K_1 三套油藏，大 2 块仅有 Esh_3 油藏。

1. 油藏类型及特征

古近系油藏类型以背斜型为主，油柱高度 20～40m，油藏埋深 1464～1640m。雁 6 块 Esh_3 油藏为背斜底水块状油藏，油水界面海拔 -1650m，油柱高度 40m；Esh_2 油藏为背斜边水层状油藏；Esh_1 为岩性—构造边水层状油藏，北部含油边界受砂体尖灭控制。雁 201 块 Esh_3 油藏为岩性—构造油藏。大 2 块 Esh_3 油藏为背斜底水块状油藏。

白垩系油藏分布在雁 6 块、雁 201 块。K_1 油藏总体为断背斜边水层状油藏；K_2 油藏为断背斜底水块状油藏，油柱高度 20～35mm，埋深 1750～1825m（表 2-8-9）。

2. 流体性质

原油性质总体具有低气油比、低黏度、低凝固点、中等含蜡量的特点。白垩系油藏原油密度偏低；古近系油藏原油几乎不含溶解气，原油密度偏高，大 2 块地面原油密度高达 0.913g/cm^3。

表 2-8-9 吐哈盆地雁木西油田油藏特征数据表

区块	层位	岩性	油气层厚度 /m	油气藏顶部埋深 /m	圈闭面积 /km²	油柱高度 /m	孔隙度 /%	渗透率 /mD	原油密度 /g/cm³	地层水矿化度 /mg/L	水型	油气藏类型
雁 6 块	Esh_1	砂岩	3.1	1553	6.2	20	26.0	—	0.847	—	—	边水岩性—背斜油藏
	Esh_2	砂岩	5.7	1571	6.2	25	24.0	—	0.847	—	—	边水背斜油藏
	Esh_3	砂岩	15.4	1600	6.2	40	21.0	195.05	0.831	140357	CaCl₂	边底水背斜油藏
	K_1	砂岩	3.0	1750	6.3	35	25.0	—	0.794	—	—	边水断背斜油藏
	K_2	砂岩	7.5	1795	6.3	30	25.0	709.00	0.794	206303	CaCl₂	边底水断背斜油藏
雁 201 块	Esh_3	砂岩	8.3	1598	4.7	40	23.0	—	0.849	—	—	边水岩性—背斜油藏
	K_1	砂岩	2.4	1750	3.5	20	23.0	—	0.791	—	—	边底水断背斜油藏
	K_2	砂岩	4.4	1763	3.5	20	25.0	—	0.791	—	—	边底水断背斜油藏
大 2 块	Esh_3	砂岩	10.3	1464	18.5	32	16.0	162.87	0.9131	89781	CaCl₂	边底水背斜油藏

古近系油藏地面原油密度 0.831~0.913g/cm³，黏度 3.574~3.873mPa·s，凝固点 3~4℃，初馏点 38.7~65℃，汽油含量 28%~38%，含蜡量 9.55%~14.28%；地层原油密度 0.801~0.809g/cm³，黏度 2.29~3.66mPa·s，原始溶解气油比 6.65~8.64m³/t，体积系数 1.045~1.060，地饱压差 14.11MPa，为低饱和油藏；溶解气相对密度 2.08，甲烷含量 0.91%，乙烷含量 1.23%，丙烷含量 32.84%，丁烷、戊烷含量 54.3%，具有典型的重烃气特点。

白垩系油藏地面原油密度 0.788~0.800g/cm³，黏度 1.704~1.768mPa·s，凝固点 2~12℃，初馏点 34~39.8℃，汽油含量 45%~48.2%，含蜡量 10.6%~13.02%；地层原油密度 0.652g/cm³，黏度 0.45mPa·s，原始溶解气油比 101m³/t，体积系数 1.323，地饱压差 13.05MPa，为低饱和油藏溶解气相对密度 1.33，甲烷含量 37.43%，乙烷含量 19.50%，丙烷含量 18.33%。

油藏地层水水型为 CaCl₂ 型，为高矿化度地层水，并且古近系地层水矿化度高于白垩系。总矿化度 104086~208499mg/L，其中，K⁺+Na⁺ 含量 27332~70815mg/L，Ca²⁺ 含量 1881~8868mg/L，Cl⁻ 含量 52081~127247mg/L，HCO₃⁻ 含量 31~339mg/L。

第十节 胜 北 油 田

一、概况

胜北油田地处吐鲁番市境内，位于鄯善县连木沁乡西北约 15km，南距国道 312 线约 16km。构造位置位于胜北洼陷中央的胜北低幅度复式背斜构造带。

1992 年 7 月，胜北 2 号构造上钻探台参 2 井，在中侏罗统西山窑组到上侏罗统喀拉扎组发现丰富的油气显示，试油多层获低产油流。1994 年在胜北 3 号构造上钻探胜北 3 井，完井前对喀拉扎组 2815.0.0～2996.0m 井段测试，获产原油 0.6t/d、天然气 $4.95 \times 10^4 m^3/d$ 的工业油气流，发现胜北 3 号喀拉扎组凝析气藏。1998 年 6 月在胜北 3 号构造钻胜深 3 井，对白垩系 1786.5～1797.2m 井段试油，获产原油 4.3t/d、天然气 1018m³/d 的工业油气流，发现胜北 3 号白垩系油藏。2002 年 1 月，胜北 4 号构造上的胜北 402 井在白垩系试油获产原油 13.9t/d、天然气 8664m³/d 的工业油气流，发现胜北 4 号白垩系油藏。

后经滚动勘探开发落实了胜北 3 号、胜北 4 号构造，二者在下白垩统是一个完整的低幅度背斜，上侏罗统则是以胜北 3 号为主体的背斜。含油气层位主要为下白垩统连木沁组（图 2-8-13），其次为上侏罗统喀拉扎组。

胜北油田探明叠合含油面积 $14.30 km^2$，探明石油地质储量 $483.98 \times 10^4 t$，探明天然气地质储量 $10.24 \times 10^8 m^3$。2002 年，胜北油田白垩系油藏建产能 $3.00 \times 10^4 t$；2014 年胜北 3 上侏罗统喀拉扎组气藏投入开发。截至 2018 年 12 月，累计生产原油 $5.0 \times 10^4 t$、溶解气 $0.31 \times 10^8 m^3$、气藏气 $2.25 \times 10^8 m^3$；初期年原油 $0.28 \times 10^4 t$；2013 年产油量最高，为 $0.60 \times 10^4 t$；2015 年产气量最高，为 $0.79 \times 10^8 m^3$。2018 年生产原油 $0.36 \times 10^4 t$；油田采油井 23 口，开井 12 口；注水井 8 口、开井 8 口；平均单井产油 0.8t/d，综合含水 73.79%。

二、构造特征

胜北油田位于胜北洼陷腹地胜北构造带，该构造带为一复式低幅度背斜构造带。构造带开始形成于侏罗纪末，受控于在中—下侏罗统发育的自南向北的滑脱构造，这样的滑脱在东西方向上被分为四段，各段的滑脱距离因存在差异又产生一系列南北向的走滑断层；由滑脱相关背斜构造和依附走滑断裂形成的背斜、断背斜等构造等组成了胜北构造带。其中，滑脱形成的相关构造一般为比较完整的背斜；走滑断层垂向断距较小，但几乎切穿侏罗系水西沟群煤系烃源岩及其以上所有地层，是油气垂向运移的主要通道，利于浅层油气藏的形成。

胜北背斜构造带东北部的胜北 3、4 号构造主要由走滑断裂控制。在白垩系连木沁组油层顶面，胜北 3、4 号构造共同组合为东西走向的长轴背斜，长轴 12.1km，短轴长 6.0km，圈闭面积 $35.0 km^2$，闭合幅度为 50m，构造发育东、西两个背斜高点；西高点埋深 1780m、闭合幅度 50m；东高点埋深 1785m、闭合幅度 40m。在上侏罗统喀拉扎组油层顶面，胜北 3 号为背斜构造，圈闭面积 $5.2 km^2$，高点埋深 2930m，闭合幅度 60m。

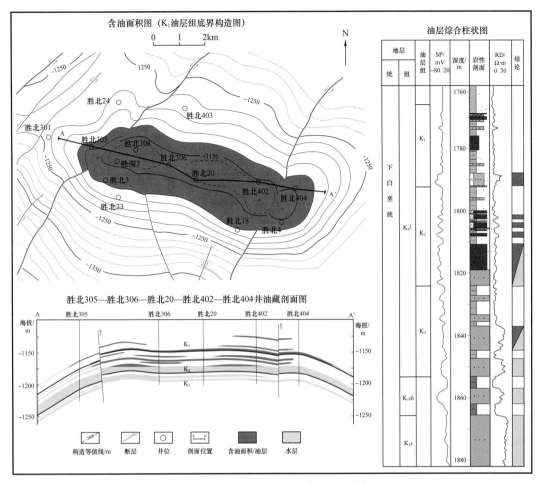

图 2-8-13　吐哈盆地胜北油田白垩系油藏综合图

胜北背斜构造带西南部的胜北1、2号背斜主要受控于中—下侏罗统滑脱断层，在中侏罗统形成断层转折背斜，在上侏罗统形成断层传播背斜；构造形成于燕山期，加强定型于喜马拉雅期。

三、储层特征

纵向上发育两套含油组合，即下白垩统连木沁组和上侏罗统喀拉扎组。连木沁组含油组合划分为3个油层组（K_1、K_2、K_3），其中K_2是主要储油层段。喀拉扎组含油层段划分为一个油层组。

1.沉积相

下白垩统连木沁组—胜金口组地层厚度160m，纵向上油层分布于中部储层发育段的顶部。储层沉积相为冲积扇，连木沁组顶部砂体主要是扇缘漫流沉积，连木沁组底部和胜金口组砂体主要是扇中辫状河道沉积；砂层厚度3～15m，平面上砂体连通性较差，但叠置连片分布，累计厚度一般50m左右，总体呈现东厚西薄、北厚南薄的特征。

喀拉扎组地层厚度550m，下部储层相对集中发育段为油气分布层段，沉积相为辫状河相三角洲前缘亚相，沉积物源来自北偏东方向。储层多以薄层砂岩夹于泥岩中，砂体主要是前缘席状砂和分流河道沉积；砂岩厚度自北东向西南方向逐渐减薄。

2. 储层基本特征

连木沁组—胜金口组储层岩石学类型以岩屑砂岩为主（>60%），碎屑颗粒成分以岩屑为主，其次为石英、长石，岩屑又以岩浆岩屑为主。胶结物含量一般2%～4%，主要为方解石、方沸石，还有少部分黏土，胶结类型主要为孔隙型。碎屑颗粒磨圆度呈次棱角—棱角状，磨圆度中—差；接触方式为点、点—线接触。储集空间为溶蚀粒间孔和原生粒间孔，储层孔喉以小孔、细喉道为主，孔喉分选差，加之圈闭幅度小，油气成藏时的驱水效率低，导致油气层的含油饱和度低；储层平均孔隙度22.3%，平均渗透率17.20mD，为中孔、低渗储层。

喀拉扎组含气层段储层岩石类型为长石岩屑砂岩，岩屑成分为流纹岩、凝灰岩、玄武岩、安山岩等。胶结物含量一般4%～7%，以粉晶方解石和方沸石为主，胶结类型为孔隙型。碎屑颗粒磨圆度呈次棱角—棱角状，磨圆度中—差；接触方式以点—线接触为主。储集空间主要为次生溶孔、其次为残余原生粒间孔，孔喉特征与白垩系基本相似；储层平均孔隙度14.0%，平均渗透率21.65mD，为低孔、低渗储层。

四、油藏类型及流体性质

1. 油气藏类型

下白垩统、上侏罗统油气藏均为背斜型。其中，喀拉扎组气藏为背斜型带油环底水块状凝析气藏，气油界面 −2371m，油水界面海拔 −2381m，油气柱高度54m，气藏埋深2930～2984m。白垩系油藏为低幅度背斜型边水层状油藏，油藏油柱高度小，油水分异程度低，具有统一的油水界面，油水界面海拔 −1168m，油柱高度50m，油藏埋深1780～1830m。由于地面海拔的差别，油藏底界埋深在西侧深，向东变浅。白垩系油藏为浅层次生的反凝析而形成的轻质油藏（表2-8-10）。

表2-8-10　吐哈盆地胜北油田油藏特征数据表

区块	层位	岩性	油气藏类型	油气层厚度/m	油气藏中部埋深/m	油/气柱高度/m	孔隙度/%	渗透率/mD	原油密度/g·cm^3	地层水矿化度/mg/L	水型
胜北	K_1l+K_1sh	砂岩	背斜油藏	5.8～9.7	1805	60	23.0～25.0	17.20	0.775	21953～40032	CaCl$_2$
胜北3	J_3k	砂岩	背斜凝析气藏	11.3	2957	54	14.0	21.65	0.750	25218～90850	CaCl$_2$

2. 油藏地层压力与温度

连木沁组油藏中部地层压力13.69～13.75MPa，压力系数0.77；地层温度57.2℃，地温梯度2.52～2.53℃/100m，为异常低压、低温系统。

喀拉扎组气藏中部地层压力25.89MPa，压力系数0.874；地层温度93.50℃，地温梯度2.61℃/100m，为异常低压、低温系统。

3. 流体性质

1）地面原油性质

连木沁组油藏地面原油具有"三低、两中"特点，即低密度、低黏度、低凝固点、中低沥青质含量、中等含蜡量的轻质油。地面原油密度 0.753～0.784g/cm³，平均 0.778g/cm³；原油黏度 20℃时平均为 1.17mPa·s；含蜡量平均 7.27%，烷烃含量平均 74.58%，沥青质和非烃含量极低，具有挥发性原油的特点。喀拉扎组气藏凝析油地面密度 0.778～0.779g/cm³，黏度 50℃时为 0.53～0.82mPa·s，凝固点 -30℃，沥青质含量 4.2%～6.4%，含蜡量 1.2%～9.7%。

2）地层原油性质

连木沁组油藏地层原油密度 0.543～0.587g/cm³，地层原油黏度 0.22mPa·s，原始溶解气油比 291～611m³/t，体积系数 1.982～2.699。

3）天然气性质

喀拉扎组气藏天然气组分中，甲烷含量 80.51%，乙烷含量 10.20%，相对密度 0.857。气藏气相对密度 1.156，甲烷含量 36.44%，乙烷含量 16.57%，丙烷含量 5.31%，氮气含量 35.22%。

连木沁组油藏溶解气相对密度 1.09～1.55，甲烷含量 20.33%～59.08%，乙烷含量 10.09%～33.90%，丙烷含量 11.08%～27.64%。

4）地层水性质

喀拉扎组和连木沁组地层水均为 $CaCl_2$ 水型，地层封闭条件好。喀拉扎组地层水总矿化度 25218～90850mg/L，其中 $K^+ + Na^+$ 含量 8537～25430mg/L、Ca^{2+} 含量 1132～7583mg/L、Cl^- 含量 14698～53679mg/L、HCO_3^- 含量 117～478mg/L；连木沁组地层水总矿化度 21953～40032mg/L，其中 $K^+ + Na^+$ 含量 7098～13470mg/L、Ca^{2+} 含量 745～2731mg/L、Cl^- 含量 11884～22941mg/L、HCO_3^- 含量 118～398mg/L。

第十一节 红 连 油 田

一、概况

红连油田地处吐鲁番市鄯善县连木沁镇。油田由自东向西展布的红南 1、红南 2、红南 9 和连 2 块等含油区块组成（图 2-8-14），含油层位包括中侏罗统三间房组、七克台组、上侏罗统喀拉扎组、下白垩统三十里大墩组、古近系鄯善群。

1993 年在侏罗系红南 2 号断鼻上钻探红南 2 井，1994 年 9 月对七克台组显示层中途测试，获产原油 50.1t/d、天然气 20000m³/d 的高产油气流，发现红南 2 号中侏罗统油藏。1994 年 3 月，侏罗系红南 1 号断鼻上的红南 1 井在三间房组压裂试油获得工业油流，发现红南 1 号中侏罗统油藏。

1994 年 10 月，在连木沁 2 号背斜构造上钻探连 2 井，对下白垩统三十里大墩组 1525.0～1540.0m 井段试油，获产原油 58.3t/d、天然气 2618m³/d 的高产油气流，发现连木沁 2 号下白垩统油藏。

随后持续评价勘探，相继发现红南 1 号与红南 2 号白垩系三十里大墩组油藏、红南 2 号喀拉扎组与鄯善群油藏、红南 9 号喀拉扎组与三十里大墩组油藏。

红连油田探明含油气面积 11.60km²，探明石油地质储量 2278.63×10⁴t，探明天然

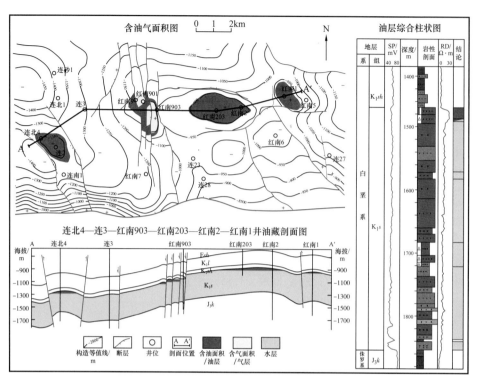

图 2-8-14　吐哈盆地红连油田白垩系油藏综合图

气地质储量 $12.72 \times 10^8 m^3$，白垩系是主力含油层系。油田于 1996 年整体投入开发。截至 2018 年 12 月底，累计生产原油 $423.09 \times 10^4 t$，溶解气 $3.81 \times 10^8 m^3$；初期年生产原油 $7.75 \times 10^4 t$，2006 年产油量最高，为 $39.20 \times 10^4 t$。2018 年生产原油 $4.83 \times 10^4 t$；油井数 137 口，开井 67 口；注水井 34 口，开井 22 口；平均单井产原油 1.97t/d，综合含水率 84.77%。

二、构造特征

红连油田构造位置属于胜北洼陷南斜坡高部位的红连构造带，夹持于七克台构造带西端与火焰山构造带东端之间，构造带呈东西向展布，长约 20km，宽约 10km。红连构造带由多期构造运动形成，中—上侏罗统构造形成于中燕山期，加强定型于喜马拉雅期，下白垩统及古近系构造形成于喜马拉雅期。构造带上发育三组主要断裂，第一组为平行于南北夹持构造带的近东西走向的逆断层，第二组为受左旋应力作用形成的北西—南东走向的逆断层，这两组断裂控制构造带及局部构造的形成与演化，也是油气垂向运移的主要通道；第三组是近南北走向、切穿上侏罗统和白垩系的平移断层，平面上主要分布于红南东西走向构造与连木沁北西走向构造的转换区，使红南 9 块构造复杂化。

中—上侏罗统与下白垩统构造样式上下各异。中—上侏罗统构造以断背斜、断块为主，断层发育，构造高陡，上侏罗统构造高点有不同程度的削蚀现象，如连南 1、红南 2 块喀拉扎组构造；下白垩统和古近系浅层构造以背斜为主，披覆于上侏罗统之上，形态相对简单。

下白垩统构造圈闭是主要的含油气圈闭。红南 1 号为北西—南东走向的低幅度短轴背斜，长轴 2.1km，短轴 0.9km，圈闭面积 1.8km²，闭合幅度 30m，高点埋深 1393m，主控断层与红南 2 号南翼断层是同一条。红南 2 号为近东西走向的短轴背斜，南北两翼相对较缓，长轴 4.3km，短轴 2.3km，圈闭面积 8.0km²，闭合幅度 90m，高点埋深 1290m，南、北两翼低部位近东西走向的两条对倾逆断层控制构造的形成演化。红南 9 号构造整体为一个向西倾没、东西向展布的断鼻，被四条近南北走向的平移正断层切割为低幅度断块群，红南 9 号整体圈闭面积 2.0km²，闭合幅度 50m，高点埋深为 1110m。连木沁 2 号为断背斜构造，长轴 2.5km，短轴 1.5km，圈闭面积 2.50km²，闭合幅度 52m，高点埋深 1505m，构造西南翼逆断层控制构造的形成。

上侏罗统喀拉扎组断裂系统整体较为复杂，圈闭类型以断背斜和断块为主。其中，红南 2 号为断背斜圈闭，长轴长 4.0km，短轴 1.7km，圈闭面积 7.1km²，闭合幅度 150m，高点埋深 1702m；红南 9 号构造形态与白垩系基本一致，其中含油的红南 901 井块圈闭面积 1.6km²，闭合幅度 40m，高点埋深 1860m；连南 1 号四周被断层围限的断块构造，断块西高东低，圈闭面积 1.8km²，闭合幅度 60m，高点埋深 2008m。

中侏罗统断裂较为发育且切割深度大，圈闭类型以高陡断块为主。在七克台组砂层顶面构造图上，红南 2 号为近东西走向两条逆断层夹持的锐角断块，向西南方向倾没，圈闭面积 2.4km²，闭合幅度 410m，高点埋深 2560m；红南 1 号是依附于南界北倾逆断层的断鼻，圈闭面积 0.6km²，闭合幅度 300m，高点埋深 2720m。

三、储层特征

红连油田纵向上发育四套含油气岩系四套含油气组合。（1）中侏罗统七克台组—三间房组含油气组合：三间房组、七克台组下段砂岩为储层，七克台组上段湖相泥岩为区域性盖层，三间房组、七克台组下段内部泥岩为局部盖层；（2）上侏罗统喀拉扎组含油组合：喀拉扎组下部砂岩为储层，喀拉扎组上部和内部泥岩为盖层；（3）下白垩统含油组合：下白垩统三十里大墩组为储层段，其上的胜金口组湖相泥岩为盖层；（4）古近系鄯善群含油气组合：鄯善群下部为储层层段，上部和内部泥岩为盖层。

1. 沉积相

红连地区中侏罗统三间房组—七克台组沉积环境主要为辫状河三角洲前缘和滨浅湖。三间房组岩性总体为不纯的泥岩夹砂岩，砂地比低，自下而上由细变粗，为水退反旋回序列沉积，处于东南方向物源的辫状河三角洲前缘，砂体主要为水下分流河道沉积，单砂层厚度多小于 5m，累计砂岩厚度向北减薄。七克台组是一套自下而上由粗变细的水进正旋回序列沉积，七克台组下段为储层层段，砂体为辫状河三角洲前缘水下分流河道与滨浅湖滩砂，单砂层厚度 1.0～9.0m，累计砂岩厚度向北减薄。

喀拉扎组在红南 2 块只发育下段，上段大部剥蚀。砂体为南物源辫状河三角洲前缘河口坝沉积，岩性主要为泥质粉砂岩。

三十里大墩组沉积期湖盆沉降沉积中心偏西南，红连地区处于滨浅湖环境，发育巨厚砂岩，岩性以细砂岩为主。

2. 储层特征

中侏罗统三间房组、七克台组储层岩石学类型以长石岩屑砂岩为主，岩性主要为细砂岩及粉砂岩。胶结物以高岭石为主，次为铁方解石，胶结类型为孔隙型。颗粒之间以点接触为主，颗粒磨圆度差，呈次棱角状，分选中等到好。储集空间主要为次生粒间溶孔。红南 1、红南 2 块三间房组平均孔隙度 16.3％，平均渗透率 12.21mD；七克台组平均孔隙度 17.2％，平均渗透率 19.58mD，属中孔、低渗储层。

喀拉扎组储层岩石学类型为混合砂岩为主，部分为长石岩屑砂岩，岩性以细砂岩、粉砂岩、砂砾岩为主。胶结类型为孔隙型，颗粒之间以点—线接触为主，分选性差—好。储层物性一般较好。红南 2 块平均孔隙度 23.5％，平均渗透率 433.2mD；红南 9 块平均孔隙度 15.4％，平均渗透率 36.74mD；连南 1 块平均孔隙度 20.9％，平均渗透率 240.9mD。

三十里大墩组储层岩石学类型为混合砂岩，岩性以细砂岩为主。胶结类型为薄膜型，颗粒之间以点接触为主，颗粒分选中—好，储层物性好，为中—高孔、中—高渗储层。红南 2 块平均孔隙度 27.1％，平均渗透率 821.5mD；红南 1 块平均孔隙度 25.6％，平均渗透率 843.0mD；红南 9 块平均孔隙度 24.0％，平均渗透率 130.0mD；连 2 块平均孔隙度 22.8％，平均渗透率 288.0mD。

鄯善群储层岩性以细砂、粉砂岩为主，岩性细，泥质胶结物含量较高，储层物性较好。平均孔隙度 23.0％，平均渗透率 602.2mD。

四、油藏类型及流体性质

1. 油藏类型及特征

红连油田油藏类型以构造型为主。中—上侏罗统油气藏以断块、断背斜油气藏为主，而白垩系、古近系以背斜油藏为主（表 2-8-11）。

红南 1 块中侏罗统油藏包括七克台组油藏、三间房组上油藏及三间房组下油藏，油藏类型为断块边水层状油藏，纵向上未发现水层，用油藏压力梯度图计算三个油藏界面海拔分别为 –2405m、–2505m、–2580m，油柱高度分别为 217m、100m、73m，油藏埋深分别为 2650～2867m、2867～2967m、2967～3040m。白垩系油藏为低幅度背斜底水块状油藏，油水界面海拔 –945m，油柱高度 15m，油藏埋深 1393～1408m。

红南 2 块中侏罗统油藏类似红南 1 块，包括七克台组油藏、三间房组上油藏及三间房组下油藏，油藏类型为断块油藏。喀拉扎组油藏为背斜边水层状油藏，油水界面海拔 –1369m，油柱高度 45m，油藏埋深 1711～1795m。三十里大墩组油藏类型为背斜底水块状油藏，油水界面海拔 –902m，油柱高度 34m，油藏埋深 1292～1326m。

红南 9 块受多条断层切割，油藏主要为断块油藏。喀拉扎组油藏为断块型，油水界面海拔 –1891m，油柱高度 25m，油藏中部埋深 1940m。三十里大墩组油气藏总体为断背斜气顶油藏，受三条主要断层切割为背斜、断鼻等小块，油水界面海拔 –1127m，油柱高度 18m，油藏埋深 1470.0～1488.0m。

连 2 块三十里大墩组油藏为背斜型底水块状油藏，油水界面海拔 –1265m，油柱高度 56m，油藏埋深 1508～1564m。古近系油藏低幅度背斜边底水油藏，油水界面海拔为 –862m，油柱高度 26m，油藏埋深 1127～1153.0m。

红连油田油藏地层压力为正常压力系统，压力梯度从深到浅有变低趋势，红南 1 块、红南 2 块七克台组、三间房组油藏压力系数在 1.050～1.096 之间，连南 1 块、红南 9 块喀拉扎组油（气）藏压力系数为 0.930。油气藏温度属异常低温系统，地温梯度约 2.5℃ /100m。

表 2-8-11 吐哈盆地红连油田油藏特征数据表

区块	层位	岩性	油气藏类型	油气层厚度 / m	油气藏中部埋深 / m	圈闭面积 / km²	油柱高度 / m	孔隙度 / %	渗透率 / mD	原油密度 / g/cm³	地层水矿化度 / mg/L	水型
连2	E*sh*	砂岩	背斜边水层状油藏	9.3	1140	6.74	26	23	602.2	0.791	5548	NaHCO₃
	K₁*s*	砂岩	背斜底水块状油藏	18.9	1536	2.50	56	20.0	288.00	0.771	—	—
连南1	J₃*k*	砂岩	断块边水层状气藏	19.9	2008	1.80	36	22.0	240.90	0.773	112079	CaCl₂
红南1	K₁*s*	砂岩	背斜底水块状油藏	8.7	1400	1.50	15	27.0	843.00	0.802	—	—
	J₂*q*	砂岩	断块边水层状油藏	2.0	2720	2.10	217	13.0	19.58	0.812	113084	CaCl₂
	J₂*s*₃	砂岩	断块边水层状油藏	2.0	2917	2.10	100	16.0	12.21	0.812	—	—
	J₂*s*₂	砂岩	断块边水层状油藏	4.6	3003	2.10	73	15.0	12.21	0.812	—	—
红南2	K₁*s*	砂岩	背斜底水块状油藏	14.1	1309	8.00	34	27.0	821.50	0.801	—	—
	J₃*k*	砂岩	背斜边水层状油藏	21.5	1753	7.11	45	22.2	433.20	0.808	17062	CaCl₂
	J₂*q*	砂岩	断块边水层状油藏	7.4	2679	2.40	210	16.0	19.58	0.815	113084	CaCl₂
	J₂*s*₃	砂岩	断块边水层状油藏	10.3	2778	2.40	184	16.0	12.21	0.812	—	—
	J₂*s*₂	砂岩	断块边水层状油藏	5.2	2831	2.40	184	17.0	12.21	0.812	—	—
红西5	J₂*q*—J₂*s*₃	砂岩	断块边水层状油藏	1.6~4.2	460	2.50	51	12.4~32.4	307.70	0.883	48004	CaCl₂
红南9	K₁*s*	砂岩	断背斜边水气顶油藏	3.5~15.8	1479	2.04	18	18.8~24.0	130.00	0.795	6779	NaHCO₃
	J₃*k*	砂岩	断块边底水油藏	4.2~13.9	1940	1.60	25	17.0	36.74	0.842	106443	CaCl₂

2. 流体性质

红连油田地面原油具有低密度、低黏度、低沥青质含量、低凝固点的特点。地面原油密度 0.786~0.842g/cm³，原油黏度 0.8~5.1mPa·s（50℃），凝固点 5.5~20℃，汽油含量 40%~129.5%，含蜡量 11.8%~24.9%，沥青质含量 0.19%~10.3%，多为轻质油藏，其中白垩系、古近系的原油密度最小。

地层原油密度 0.664～0.794g/cm³，原始溶解气油比 2～170m³/m³，原油体积系数 1.024～1.504，地层原油黏度 0.66～2.86mPa·s，地层压力 10.55～29.29MPa，相应饱和压力 2.02～18.78MPa，为未饱和轻质油藏。其中，古近系油藏、红南 1 与红南 2 的白垩系油藏几乎不含溶解气。

各层位溶解气性质差别大，相对密度整体较高，平均相对密度 0.905～1.536，溶解气甲烷平均含量 26.23%～82.13%，乙烷平均含量 4.51%～23.53%。其中，古近系、白垩系油藏溶解气轻质组分含量低。

油田地层水水型为 $NaHCO_3$ 和 $CaCl_2$ 型，浅层古近系—白垩系以 $NaHCO_3$ 型为主，侏罗系以 $CaCl_2$ 型为主。连 2 块古近系地层水型为 $NaHCO_3$ 型，总矿化度 5548mg/L，其中 $K^+ + Na^+$ 含量 1808mg/L，Ca^{2+} 含量 30mg/L，Cl^- 含量 1930mg/L，HCO_3^- 含量 1528mg/L。白垩系地层水水型为 $NaHCO_3$ 型，总矿化度 6779mg/L。中—上侏罗统地层水总矿化度为 106443～113084mg/L，其中 $K^+ + Na^+$ 含量 14187～41925mg/L，Ca^{2+} 含量 3710～22770mg/L，Cl^- 含量 60819～77334mg/L，HCO_3^- 含量 28～134mg/L。

第十二节 红 台 气 田

一、概况

红台气田（图 2-8-15）位于吐鲁番市鄯善县与哈密市伊州区交界处，西距鄯善县十三间房乡约 35km，北距国道 312 线约 15km，兰新铁路从红台气田中部穿过，交通便利。

红台气田构造位于台北凹陷东部小草湖洼陷的东、南斜坡。1993 年，在小草湖洼陷东斜坡红台构造带红台 2 号背斜钻探的红台 2 井，于中侏罗统七克台组、三间房组和西山窑组发现油气层，并分别获得工业油气流，发现了红台气田。

1999 年，在洼陷南斜坡疙瘩台构造带疙西 3 号断鼻钻探疙 8 井，在三间房组试油获高产气流，发现了疙 8 井块三间房组气藏。

2011 年开始，加强了红台 2 号背斜以东的勘探，2013 年在红台 3 号背斜的红台 2301 井西山窑组发现了油藏。

红台气田由三个含油气区块构成，即红台 2 号、红台 3 号和疙瘩台区块。红台 2 号区块含油气层位为七克台组、三间房组和西山窑组，包括红台 2 号断背斜主体气藏块、西翼红台 6 井七克台组气藏和三间房组油气藏块，以及西翼倾末端的红台 8 井三间房组气藏。红台 3 号区块含油层位为西山窑组。疙瘩台区块含油层位为齐古组、七克台组和三间房组，包括疙 8 井块齐古组和三间房组气藏，以及疙 11 井块齐古组气藏。

红台气田探明叠合含油气面积 44.9km²，探明天然气地质储量 124.21×10⁸m³，探明石油地质储量 613.22×10⁴t，红台 2 号三间房组气藏为气田主体。红台气田于 2005 年 12 月投产。截至 2018 年底，红台气田累计生产天然气 26.39×10⁸m³、凝析油 44.55×10⁴t；初期年产天然气 1.53×10⁸m³，2012 达到最高年产量 2.99×10⁸m³。2018 年产天然气 0.97×10⁸m³；开发井 172 口，开井 44 口；平均单井产天然气 0.60×10⁴m³/d、原油 2.09t/d。

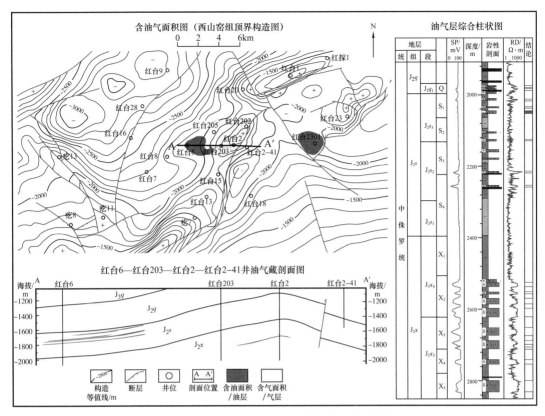

图 2-8-15　吐哈盆地红台气田中侏罗统油气藏综合图

二、构造特征

红台气田位于北东—南西走向的红台构造带和北东东走向的疙瘩台构造带，发育疙瘩台、红台 2 号、红台 1 号、红台 3 号等背斜构造；此外，在红台构造带的西翼和疙瘩台构造带的北翼发育断鼻、断块构造。

红台 2 号构造在三间房组为不对称断背斜，长轴 5.5～6.5km，短轴 2～3km，构造圈闭面积 9.3km²，闭合幅度 60m，高点埋深 2093m。断背斜西翼平缓，东翼陡倾，西半背斜是构造的主体，圈闭受构造、岩性双重因素控制，有效圈闭面积与构造圈闭面积存在差异。

红台 3 号构造为受东南部位逆断层控制的宽缓低幅度复式背斜，其上发育红台 21、23、2301 三个背斜高点，作为主力含油块的红台 2301 背斜在西山窑组圈闭面积 3.5km²，闭合幅度 60m，高点埋深 2805m。

疙瘩台背斜北翼总体为向北倾伏的鼻状构造区，被南北向、东西向断层切割为断块、断鼻等。在齐古组，含气的疙 8、疙 11 局部井块为断块圈闭；疙 8 井块圈闭面积 9.0km²，闭合幅度 210m，高点埋深 1130m；疙 11 井块圈闭面积 5.9km²，闭合幅度 125m，高点埋深 1170m。在三间房组，疙 8 井块断块圈闭面积 16.9km²，闭合幅度 325m，高点埋深 1788m。

三、储层特征

红台气田含油气层位为上侏罗统齐古组和中侏罗统七克台组、三间房组、西山窑组。中侏罗统含油气层系按照沉积旋回和沉积韵律，七克台组、三间房组划分五砂层组，即 Q、S_1、S_2、S_3、S_4，西山窑组划分出五个砂层组，即 X_1、X_2、X_3、X_4、X_5。

1. 沉积相

西山窑组为南东物源的辫状河三角洲前缘沉积，砂岩与泥岩互层发育，储层岩性主要为细砂岩。砂体属于水下分支河道沉积，平面上分布有 3 个河道中心，一是红台 18—红台 15—红台 7 井分支河道，二是红台 2301—红台 2—红台 20 井分支河道，三是红台 23—红台 21—红台 25 井分支河道，各分支河道沉积砂体连续性较好。五个砂层组各组砂岩厚度 80～120m，除 X_1、X_5 砂层相对欠发育，其余砂层组发育 3～5 个砂层，砂岩厚度一般 70～100m。

三间房组为南东物源辫状河三角洲前缘和浅湖沉积，岩性组合总体为泥岩夹砂岩。砂体属于三角洲前缘水下分流河道及河口坝沉积；砂岩累计厚度 40～60m，发育 3～5 个厚度不等的砂层，单砂层厚度 5～20m；单砂体侧向尖灭快，横向宽度一般 200～800m；纵向上 S_1、S_2 砂层最发育。

七克台组的下段 Q 砂层组在红台构造带发育 2～3 个薄层细砂岩，为滨浅湖沉积。

疙瘩台区块齐古组含气层段地层厚度 180m 左右，岩性组合以巨厚层红色泥岩夹薄层浅灰色细砂岩、粉砂岩为特点；砂体为滨浅湖滩坝沉积，砂体分布范围相对较广，厚度较稳定。

2. 储层特征

红台气田中侏罗统储层岩石类型主要为混合砂岩，其次为长石岩屑砂岩，岩屑成分以凝灰岩、流纹岩为主，多为方解石、高岭石充填孔隙，少数为黏土杂基或菱铁矿充填。胶结物主要为方解石，石英次生加大Ⅱ级；胶结类型为孔隙型和孔隙—压嵌型。碎屑颗粒以次棱角状为主，其为次圆状—次棱角状，风化蚀变和颗粒分选程度中等；颗粒间以点—线接触为主，部分为线接触，颗粒型支撑。

储集空间包括原生孔隙（完整粒间孔隙、剩余粒间孔隙）、溶蚀孔隙（溶蚀粒间孔隙、溶蚀粒内孔隙、火山物质溶蚀孔隙）和混合孔隙，主要储集空间为溶蚀粒内孔、剩余粒间孔；孔隙连通性一般，岩心面孔率仅 0.5%～3.5%；西山窑组储层在构造主断层附近和轴部裂缝较为发育。

中侏罗统储层属特低孔、特低渗储层。孔隙度 6%～14%，平均 9.8%；渗透率一般 0.05～18.0mD，平均 1.9mD；储层非均质性强—较强，纵向上自上而下物性逐渐变差。红台 2301 块西山窑组油层孔隙度 8%～10%，渗透率 0.1～0.5mD；密闭取心分析含油饱和度一般 42%～50%，常规试油没有自然产能，一般都需要体积压裂才能获得工业产能，且为油水同出，含油率高低与储层物性及含油饱和度成正比，一般为 30%～70%。

疙瘩台区块三间房组储层物性相对较好，平均孔隙度 14.2%，平均渗透率 8.74mD。

四、油藏类型及流体性质

1. 气藏类型及特征

红台气田三个区块的油气藏中，以气藏为主并且均为凝析气藏，油藏主要分布在红台 3 号构造，以及红台 2 号构造的少量砂层组中；油气藏主要集中分布在背斜部位，但多为岩性—背斜型油气藏，此外，在红台 2 号背斜西翼和疙瘩台背斜北翼有较多的岩性、岩性—断块或岩性—断鼻油气藏。

红台2号区块七克台组—西山窑组主要以砂层组为单位形成10套油气藏组合。背斜构造主体Q、S_1、S_2、S_3、S_4、X_1、X_2、X_3、X_5均为岩性与构造复合型凝析气藏（表2-8-12），只有X_4为复合型油藏；构造西翼红台6井块S_1、S_2为岩性油藏，红台8井块为岩性气藏；各油气藏含油气范围不尽相同，平面上叠合连片。红台2号背斜主体的Q、S_1、S_2、S_3气藏为背斜—岩性气藏，受砂体分布影响，气藏分布范围除了背斜主体外，还在背斜周围各个方向不同程度地延伸到背斜圈闭之外的部位，导致整体气柱高度明显比构造幅度大，为415～680m；X_1、X_2、X_3、X_4、X_5气藏或油藏均为岩性—背斜型，油气藏分布范围主要在背斜高部位，南、北边界受砂体尖灭控制，油气柱高度小，为30～143m。

表2-8-12　吐哈盆地红台气田油气藏特征数据表

区块	层位	油气藏名称	储层岩性	油气	油气层厚度/m	油气藏高点埋深/m	圈闭面积/km²	油气柱高度/m	孔隙度/%	渗透率/mD	地层水矿化度/mg/L	水型	油气藏类型
红台2	J_2q	J_2q	砂岩	气	3.1	1905	9.3	675	13.1	0.10	11123	$NaHCO_3$	背斜—岩性
	J_2s	S_1	砂岩	气	6.0	1930	9.3	600	13.9	3.64	12000	$NaHCO_3$	背斜—岩性
		S_2	砂岩	气	9.2	1980	9.3	680	12.4	2.07	12115	$NaHCO_3$	背斜—岩性
		S_3	砂岩	气	4.3	2055	9.3	505	11.5	1.41	8694	$NaHCO_3$	背斜—岩性
		S_4	砂岩	气	6.6	2205	9.3	415	10.9	17.99	—	—	背斜—岩性
		红台6井块S_1	砂岩	油	3.9	2364	2.2	95	12.9	0.23	—	—	岩性
		红台6井块S_2	砂岩	油	8.2	2384	2.2	155	12.5	3.64	—	—	岩性
		红台6井块S_3	砂岩	气	2.5	2645	2.2	92	12.6	0.23	—	—	岩性
		红台8井块S_4	砂岩	气	13.0	2752	4.0	118	11.0	3.64	9429	$NaHCO_3$	岩性
	J_2x	X_1	砂岩	气	10.7	2527	9.7	143	11.6	0.66			岩性—背斜
		X_2	砂岩	气	12.9	2599	9.7	125	9.3	—			岩性—背斜
		X_3	砂岩	气	20.3	2657	9.7	119	9.7	—			岩性—背斜
		X_4	砂岩	油	9.9	2802	9.7	30	7.5	—			岩性—背斜
		X_5	砂岩	气	18.6	2916	9.7	91	7.9	—	16188	$NaHCO_3$	岩性—背斜
		红台203井块X_1	砂岩	油	10.3	2621	0.6	113	10.6	—			岩性—断鼻
		红台203井块X_2	砂岩	油	19.9	2675	0.6	75	9.8	—			岩性—断鼻

区块	层位	油气藏名称	储层岩性	油气	油气层厚度/m	油气藏高点埋深/m	圈闭面积/km²	油气柱高度/m	孔隙度/%	渗透率/mD	地层水矿化度/mg/L	水型	油气藏类型
红台2301	J_2x	J_2x	砂岩	油	19.5	2880	3.5	200	9.8	0.38	11444	NaHCO₃	背斜—岩性
疙8	J_3q	J_3q I	砂岩	气	4.3	1128	9.0	35	27.0	380.00	39482	CaCl₂	岩性—断鼻
		J_3q II	砂岩	气	3.5	1210	9.0	70	25.8	—	39650	CaCl₂	岩性—断鼻
	J_2s	J_2s_2	砂岩	气	5.2	1953	16.9	103	16.0	3.74	25021	CaCl₂	断鼻
疙11	J_3q	J_3q I—II	砂岩	气	3.7	1093	5.9	76	24.1	—	—	—	岩性—断块
		J_3q III	砂岩	气	3.6	1190	5.9	136	19.6	—	37194	CaCl₂	岩性—断块

红台3号红台2301井块西山窑组油藏含油范围为低幅度背斜的中南部，为背斜—岩性油藏。

疙瘩台区块主要为断块、断鼻型气藏。疙8井块七克台组和三间房组各有一个小型断鼻型气藏，西南界断层为主要遮挡条件；齐古组有两套岩性—断鼻型小气藏，气柱高度40～60m，气藏埋深1128m～1280m。疙11井块齐古组岩性—断块型小气藏气柱高度76～136m，气藏埋深1093～1326m。

红台气田气藏压力属正常偏低压力系统，气藏压力系数0.84～0.98。温度为正常地温系统，地温梯度2.74℃/100m。红台2号三间房组气藏地层压力19.63～22.03MPa，地层温度79.0～83.2℃。

2. 油气藏流体性质

1）地面天然气性质

红台区块气藏地面天然气相对密度0.762～0.941，甲烷含量75.9%～87.5%，乙烷含量6.7%～8.8%，不含硫。

疙瘩台区块齐古组气藏气体相对密度0.720～0.820，甲烷含量86.99%～91.25%，乙烷含量0.40%～4.13%，不含硫。

2）地层天然气性质

红台2号气藏井流物摩尔组分中C_1含量78.48%～83.71%，C_{2-6}含量13.45%～15.30%，C_{7+}含量0.01%～1.48%。据红台204井S_1气藏2306.2～2322.8m井段PVT样品，气体摩尔组分中C_1含量81.06%、C_{2-6}含量为15.19%、C_{7+}含量为1.49%，凝析油含量123.3g/m³；地层压力19.05MPa，露点压力17.88MPa，地露压差1.17MPa，即气藏已基本饱和。

疙瘩台齐古组气藏井流物摩尔组分中C_1含量89.21%，C_{2-6}含量1.74%，C_{7+}含量0.07%，属于甲烷含量较高、中间烃含量低的凝析气藏。

3）凝析油

红台区块凝析油密度0.715～0.783g/cm³，汽油含量70%～90%，组分中烷烃含量75.84%；芳香烃含量15.0%，沥青质含量0.78%，为典型的凝析油。

疙瘩台区块三间房组凝析油地面密度 0.740～0.743g/cm³，30℃时黏度 0.607～0.628mPa·s，凝固点一般小于 –20℃，沥青质含量 0.69%～1.10%，含蜡量 2.08%～2.22%，具低密度、低黏度、低凝固点、低沥青质含量和低含蜡量的特点，属于典型凝析油。

4）地面原油性质

红台区块油藏为常规轻质油藏，具有低密度、低黏度、低凝固点、低含蜡、含汽油变化大的特点。地面原油密度 0.807～0.821g/cm³，凝固点 10～15℃，含蜡量 10%左右，初馏点 50～60℃。原油性质在纵向上具有自下而上变好的特点，三间房组原油密度、含蜡量、初馏点均较西山窑组低。

5）地层水性质

红台区块地层水水型为 $NaHCO_3$ 型，总矿化度 9000～16000mg/L，平均 11000mg/L，其中 $K^+ + Na^+$ 含量 2973～5740mg/L、Ca^{2+} 含量 58～443mg/L、Cl^- 含量 2136～8272mg/L、HCO_3^- 含量 668～2962mg/L。

疙瘩台区块地层水型为 $CaCl_2$ 型，总矿化度 25021～39650mg/L，其中 $K^+ + Na^+$ 含量 7458～11500mg/L、Ca^{2+} 含量 1662～3366mg/L、Cl^- 含量 14517～23395mg/L、HCO_3^- 含量 65～904mg/L。

第十三节　鄯　勒　油　田

一、概况

鄯勒油田地处吐鲁番市鄯善县境内，南邻丘陵油田，是北部山前带最早发现的油田。

1992年2月，在鄯勒1号断背斜构造上钻探勒1井，完钻后对西山窑组 2677.0～2687.0m 井段试油，6.35mm 油嘴自喷获产原油 17.7t/d、天然气 3875m³/d 工业油气流，发现鄯勒油田。1993—2004年又相继发现了勒1块三间房组油藏、勒3块七克台组油藏、勒10井西山窑组油藏和古近系气藏。

鄯勒油田含油气层位为中侏罗统西山窑组、三间房组、七克台组和古近系鄯善群，油层埋藏深度 520～3500m，纵向跨度约 3000m，主力含油层段为西山窑组二段（图 2-8-16）。

鄯勒油田中侏罗统探明含油面积 8.76km²，探明石油地质储量 1080.16×10⁴t；古近系探明含气面积 20.60km²，探明天然气地质储量 47.86×10⁸m³。2003年正式投入开发；截至 2018年12月底，鄯勒油田累计生产原油 59.17×10⁴t、天然气 1.32×10⁸m³；初期年产原油 1.57×10⁴t，2008年最高产量为 8.59×10⁴t。2018年产原油 1.04×10⁴t；采油井 88 口，开井 53 口；注水井 12 口；平均单井产油 0.53t/d，综合含水 72.96%。

二、构造特征

鄯勒油田位于台北凹陷北部山前鄯勒构造带的西段。鄯勒构造是中燕山—喜马拉雅期继承发育的背斜构造，发育东西走向和南北走向的两组断裂，把背斜构造复杂化。东西走向断层主要发育在背斜构造的南北两翼，控制构造的形成演化，是区域性断裂，延伸远，油田区最大垂直断距 1000m，断面上陡下缓，具有一定的滑脱性质；南北向断层

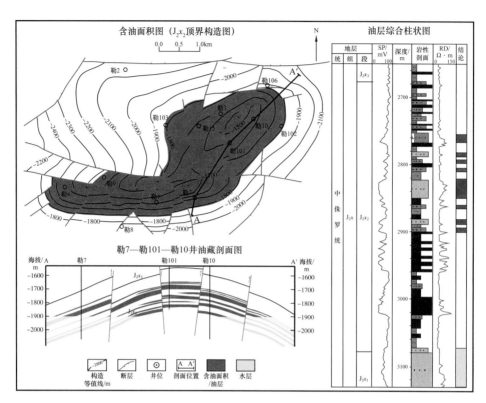

图 2-8-16　吐哈盆地鄯勒油田中侏罗统西山窑组油藏综合图

是具有一定平移性质的撕裂断层，断距相对较小，最大垂直断距小于 100m，平面延伸距离一般小于 10km，断面倾角较大。

鄯勒构造从深到浅有较好的继承性，西山窑组油层顶面构造整体为被断层复杂化的长轴断背斜，呈北东—南西走向；北东部位的勒 10 断背斜为构造主体；长轴背斜西南翼被近东西走向的勒 9 北、勒 1 北两条大断层从背斜主体分割，并进一步被南北向断层切割形成勒 4—勒 9—勒 1 井高陡逆冲断块群。勒 4—勒 9—勒 1 断块群呈东西向展布，整体圈闭面积 8.3km²，闭合幅度 800m，各小断块油水关系复杂，断块控油特征明显；北界勒 9 井北断层断面向南陡倾，倾角约 60°，对圈闭及油藏均起控制作用。勒 10 块断背斜圈闭面积 9.7km²，闭合幅度 400m。三间房组、七克台组构造特征与西山窑组近似。

古近系构造整体为长轴背斜（图 2-8-17），轴向呈北东—南西走向，背斜基本上受北界断裂控制；西南部受近东西走向小断层影响形成次级背斜，整体具有南背斜、北断鼻、中部鞍部过度的构造面貌。长轴背斜整体最低圈闭闭合线海拔 180m，高点埋深 516m，圈闭面积 60.4km²，闭合幅度 380m。

三、储层特征

鄯勒油田纵向上发育三套含油气组合，即古近系鄯善群、七克台组—三间房组和西山窑组组合。鄯善群组合以底部砂岩为储层，中—上部泥岩为盖层；七克台组—三间房组组合以七克台组下段砂岩和三间房组二、三砂岩为储层，七克台组上段和齐古组巨厚纯泥岩为盖层；西山窑组组合以西山窑组二段砂岩为储层，以三间房组下段及西山窑组三、四段泥岩为盖层。

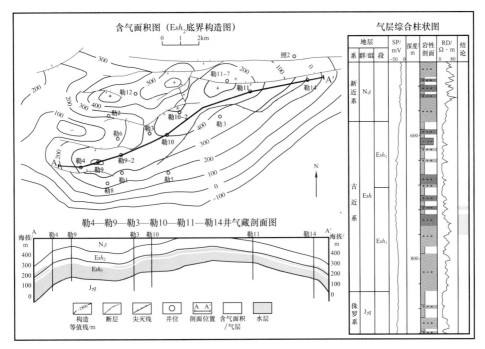

图 2-8-17 吐哈盆地鄯勒油田古近系气藏综合图

1. 沉积相

鄯善群储层沉积相为北物源的冲积扇扇中亚相，沉积微相以辫状河道砂体为主，岩性为砂砾岩，平面上砂体发育相对稳定。

七克台组与三间房组以泥岩为主夹少量砂砾岩、砂岩，沉积相为北物源扇三角洲前缘亚相，砂体为分支河道、河口坝沉积，多为薄层的砂岩、砂砾岩，连通性差，单砂层厚度一般 2～4m。

西山窑组二段岩性为深灰泥岩、煤层、碳质泥岩与灰色细砂岩、粗砂岩不等厚互层，沉积相为辫状河流相、湖沼相，砂体主要为河道沉积。含油段厚度 250m 左右，砂岩发育好，砂岩累计厚度 43～160m，平面上南厚北薄；砂层 5～12 层，单砂层厚度一般 4～16m，平均 11.1m。

2. 储层特征

西山窑组二段储层岩性为细砂岩、粉砂岩，砂岩岩石学类型主要为岩屑砂岩和长石岩屑砂岩，石英含量 11%～33%，平均 20.5%；长石含量 13%～25%，平均 18.7%；岩屑含量 45%～85%，平均 57%。胶结物以泥质为主，胶结类型为孔隙式胶结；颗粒间以点线式接触关系为主；碎屑颗粒主要呈次棱角状，分选差。储集空间主要为长石和岩屑粒内溶孔、粒间溶孔与胶结物晶间孔等次生溶孔，其次为少量微裂缝和高岭石晶间微孔；粒内溶孔占 80%～85%，次生粒间溶孔占 15%～20%；粒内溶孔中主要为长石质内晶间溶孔，达 60% 以上。各井块储层基质平均有效孔隙度为 7.2%～11.8%，平均渗透率 0.21～1.02mD，基质属特低孔、特低渗储层；钻井取心及测井解释裂缝发育，裂缝多数分布在含泥质的细粒砂岩与泥岩、煤层的界面处，储层表现为双重介质的特点。

三间房组—七克台组储层岩性为砂砾岩和岩屑砂岩为主。胶结物以泥质为主，胶结类型为孔隙式胶结，颗粒间为点线式接触关系。碎屑颗粒主要呈棱角状，分选差。储集空间以溶蚀孔隙为主，其次为压实后残余原生孔隙。储层平均孔隙度 11.0%～14.0%，平均渗透率 1.20～1.73mD，属低孔、特低渗储层。

古近系鄯善群储层岩性为砂砾岩。胶结物以泥质为主；碎屑颗粒主要呈次棱角状—次圆状，分选差。储层段岩性疏松，无法进行储层岩心分析化验；测井解释孔隙度 18.0%～26.0%，地层测试有效渗透率 0.20～0.98mD，属于中孔、特低渗储层。

四、油气藏类型及流体性质

1. 油气藏类型

鄯勒侏罗系构造特点是背斜被断层复杂化和分割成多个断块和背斜，各块的油水系统一般存在差别，油气藏类型主要为断块型、断鼻、背斜型（表 2-8-13）。

表 2-8-13　吐哈盆地鄯勒油田油气藏特征表

区块	层位	岩性	油气	油气层厚度 / m	油气藏中部埋深 / m	油气柱高度 / m	孔隙度 / %	渗透率 / mD	原油密度 / g/cm³	地层水矿化度 / mg/L	水型	油气藏类型
勒 10 块	J_2x	砂岩	油	40.5	2778	280	7.2	0.21	0.809	22657	NaHCO₃	背斜型
勒 1—勒 4 块	J_2x	砂岩	油	29.7～40.1	2500	560	9.1	1.02	0.806	—	—	断鼻型
勒 9 块	J_2x	砂岩	油	152.1	2680	460	9.3～11.8	1.02	0.806	21358	NaHCO₃	断块型
勒 3 块	J_2q	砂岩	油	12.0	1166	150	11.0	1.20	0.828	10863	NaHCO₃	背斜型
勒 1 块	J_2s	砂岩	油	8.0	1200	50	14.0	1.73	0.824			断块型
勒 9—勒 10 块	Esh	砂岩	气	16.5～17.8	654	245	23.0	0.20～0.53		5953	NaHCO₃	岩性—背斜型

西山窑组油藏分为东北部勒 10 块、南翼勒 1 块、中部勒 9 块三个区块，各区块具有各自的油水系统。勒 10 块具有统一的油水界面，整体为背斜层状边水油藏，油水界面海拔 -1900m，油柱高度 280m，油藏埋深 2600～2925m。南翼勒 1 块断鼻被数条近南北向的小断层切割成多个小断块，但具有统一的油水系统，整体为断鼻边水层状油藏，油水界面海拔 -1795m，油藏埋深 2230～2790m。勒 9 块油藏类型为边底水断块型油藏，油水界面海拔 -1850，油藏埋深 2450～2910m。

七克台组—三间房组油层主要分布于勒 1 块和勒 3 井块。勒 1 井块三间房组油藏为断块边水层状油藏，勒 1 井 1185～1242m 井段发育 4 个薄油层，以 1237～1242m 井段为主要油层；勒 3 井块七克台组油藏为背斜型边水层状油藏，勒 3 井 1091～1242m 井段共发育 6 个油层，油柱高度 150m，油藏埋深 1090～1242m。

鄯善群气藏自上而下分为 Esh_1、Esh_2 两个气藏，上气藏为岩性—背斜边水层状气藏，气水界面海拔 275m，含气高度 245m，东南部含气边界受勒 3 井砂体尖灭控制；下气藏分布于南西部位的背斜次高点，气水界面海拔 239m，气柱高度 83m。鄯善群气藏埋深 521～740m。

2.地层压力与温度

油气藏压力为正常压力系统。西山窑组勒1井块油藏中部地层压力26.49MPa，压力系数1.034。七克台组—三间房组勒3井块油藏中部地层压力10.75MPa，压力系数为0.92。鄯善群气藏中部压力6.17MPa，压力系数1.068。

油气藏温度为异常低温系统，地温梯度2.46℃/100m。其中鄯善群气藏中部地层温度28.0℃；三间房组勒1井油藏中部温度38.6℃；西山窑组油藏中部温度80.7℃。

3.流体性质

1）古近系气藏天然气性质

古近系气藏天然气甲烷含量均超过90%，最高达97.15%，主要为干气。

2）侏罗系油藏油气性质

地面原油具有两低两高特点，即低密度（0.806～0.850g/cm^3）、低黏度（2.31～4.45mPa·s/50℃）、高凝固点（13～24℃）、高含蜡量（5.9～30%）。

地层原油密度0.773g/cm^3，原油黏度1.33mPa·s，体积系数1.249，溶解气油比103m^3/t，饱和压力5.8MPa。

溶解气相对密度0.758～1.090，甲烷含量75.12%，乙烷含量10.91%。

3）地层水性质

西山窑组油藏地层水为NaHCO$_3$型水，总矿化度21358～22657mg/L，其中K$^+$+Na$^+$含量5946～6339mg/L，Ca^{2+}含量20～23mg/L、Cl$^-$含量637～648mg/L、HCO$_3^-$含量14610～14862mg/L。七克台组—三间房组地层水为NaHCO$_3$型水，总矿化度10863mg/L。

古近系地层水为NaHCO$_3$型水，总矿化度5953mg/L。其中K$^+$+Na$^+$含量1974mg/L、Ca^{2+}含量111mg/L、Cl$^-$含量2094mg/L、HCO$_3^-$含量802mg/L。

第十四节　玉　果　油　田

一、概况

玉果油田（图2-8-18）位于吐鲁番市七泉湖镇，西南距吐鲁番市约26km，南邻葡北油田约8km。

油气勘探始于20世纪90年代初。1995年，果1井在中侏罗统三间房组3576.2～3589.0m井段试油获产原油64.2t/d的高产油流，发现中侏罗统三间房组油藏；与此同时，发现果4块三间房组油藏。2010年开始，滚动勘探发现了一系列新的含油区块；其中，果8块果801评价井于2011年在西山窑组气举排液产原油9.8t/d，发现西山窑组油藏。

玉果油田构造为一系列断块，位于北部山前向东倾伏的七泉湖鼻状构造带南翼，主要受中侏罗统三间房组、西山窑组砂体上倾尖灭影响形成断块与岩性复合型油藏，油藏储层物性好，油层产量高，是迄今北部山前带开发效果最好的油田。油田主力含油层位是中侏罗统三间房组，其次是西山窑组；油田包括8个区块，自西向东为果901块、果9块、果4块、果7块、果1块、果8块、果8-28块、果807块。

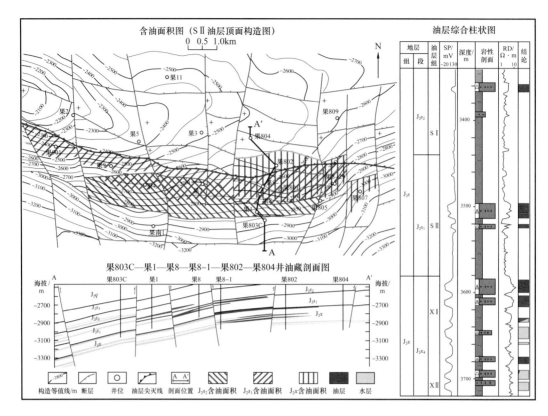

图 2-8-18　吐哈盆地玉果油田中侏罗统油藏综合图

玉果油田探明含油面积 11.98km²，探明石油地质储量 714.46×10⁴t。油田于 2006 年开始投入开发。截至 2018 年 12 月底，累计生产原油 64.92×10⁴t、溶解气 1.80×10⁸m³；初期年产原油 1.70×10⁴t，2011 年最高产量为 10.58×10⁴t。2018 年产原油 5.57×10⁴t；油井数 92 口，开井 50 口；注水井 32 口，开井 23 口；平均单井产油 3.0t/d，综合含水 49.4%。

二、构造特征

玉果油田构造位于七泉湖构造带中段，七泉湖构造带整体为一东西走向的鼻隆带，自东向西快速抬升，构造带发育东西走向的逆冲断裂和南北走向的走滑断层，两组断裂互相切割构成断块群构造格局。

玉果油田位于向东倾伏的鼻隆构造带南翼，构造圈闭类型均为小断块。控制断块的东西走向断层以北倾逆断层为主，断距一般 40～90m；南北向断层断距一般 20～40m。三间房组油藏范围内断块圈闭面积 1.3～3.7km²，高点埋深 3100～3740m，闭合幅度 140～480m；西山窑组油藏范围内断块圈闭面积 0.6～2.8km²，高点埋深 3160～3410m，闭合幅度 150～500m。

由于玉果油田处于三间房组、西山窑组砂体向北减薄甚至尖灭的部位，与整体南倾构造趋势结合，容易形成砂体向北上倾尖灭圈闭；同时，泥岩夹砂岩的岩性组合，有利于东西走向、南北走向的两组断层切割并侧向封堵，断块一般都能形成有效圈闭。因此，在北部较高部位的断块，控制油气成藏的圈闭条件一般包括砂体尖灭和断层；在南部较低部位的断块，圈闭的条件主要是断层。

三、储层特征

玉果油田油气分布于三间房组下部和西山窑组上部。三间房组下部以三间房组一段或二段内部的少量砂岩为储层，以内部的大套泥岩为盖层，形成两套局部储盖组合；西山窑组上部的储层层段与三间房组下部的大套泥岩构成一套区域性储盖组合。

三间房组一段、二段自上而下划分为两个油层组（SⅠ、SⅡ），共包括两个砂层组（S_1、S_2），SⅡ是主力油层。

西山窑组西四段油层划分为2个油层组（XⅠ、XⅡ），4个砂层组（X_1、X_2、X_3、X_4）。

1. 沉积相

在台北凹陷西缘，中侏罗世发育北西西—南东东走向的大型辫状河三角洲沉积体系，并且从西山窑期到七克台期逐渐向南侧向迁移；玉果油田处于该辫状河三角洲沉积体系的北东侧翼，三间房组、西山窑组主要为辫状河三角洲—湖泊沉积。

西山窑组岩性组合为砂岩与泥岩互层，砂体主要属于三角洲前缘水下分流河道沉积，砂层分布较为稳定，单砂层厚度一般5~15m，最厚25m，砂层组砂层数一般3~5层；主力油层段 X_1 砂层全区分布，由南西向北东方向逐渐减薄，果4-1井钻遇砂岩最厚达74.6m。X_2 砂层全区分布，由于钻穿井较少，变化趋势不明显。

三间房组岩性组合为泥岩夹砂岩，砂体属于三角洲前缘水下分流河道和河口坝沉积，单砂层厚度一般4~10m，最厚达15m，砂层数一般1~3层；单井砂岩累计厚度0~40.3m，砂岩厚值区分布在油田南部，砂体呈条带状或席状自南向北逐渐变薄至尖灭，自西向东分布稳定，有减薄趋势。

2. 储层特征

储层岩石学类型以长石岩屑为主（占49.5%），其次为长石砂岩（占23.6%）和石英砂岩（占26.8%），岩性以灰色中细砂岩为主。胶结物以次生方解石及硬石膏为主；自生黏土矿物以高岭石为主，长石风化程度中等。颗粒接触关系为点、点线式，碎屑颗粒磨圆度呈次棱角—次圆状，分选中等—好。

储集空间有原生孔隙（完整粒间孔、剩余粒间孔）、溶蚀孔隙（溶蚀粒间孔、溶蚀粒内孔）和混合孔隙三大类，以剩余粒间孔和溶蚀粒内孔为主；储层孔隙结构以中孔隙、中细喉道为主。

三间房组储层平均孔隙度15.7%，平均渗透率25.5mD，为中孔、中低渗储层；西山窑组储层平均孔隙度13.4%，平均渗透率8.1mD，为低孔、低渗储层。

四、油藏类型及流体性质

1. 油气藏类型

三间房组油藏主要分布在西部和西南部，油藏类型主要为断块—岩性边水层状油藏；西山窑组油藏主要分布在东部和东北部，油藏类型为断块—边水层状油藏（表2-8-14）。

表 2-8-14 吐哈盆地玉果油田油藏特征数据表

区块	油藏层位	油气	油气层厚度 / m	油气藏高点埋深 / m	圈闭面积 / km²	油柱高度 / m	孔隙度 / %	渗透率 / mD	原油密度 / g/cm³	地层水矿化度 / mg/L	水型	油气藏类型
果 901	SⅡ	油	10.8	3050	1.3	90	16.9	13.83	0.820			断块—岩性边水层状油藏
果 9	SⅡ	油	12.4	3180	1.5	170	16.5	39.30	0.801			断块—岩性边水层状油藏
果 4	SⅠ	油	5.0	3328	4.7	180	16.7	8.72	0.826			断块—岩性边水层状油藏
	SⅡ	油	16.5	3380	4.7	90	16.5	27.60	0.801			断块—岩性边水层状油藏
果 7	SⅡ	油	14.2	3465	1.8	110	16.8	18.70	0.807			断块—岩性边水层状油藏
果 1	SⅠ	油	9.9	3436	1.9	150	15.1	12.65	0.786	44610	CaCl₂	断块—岩性边水层状油藏
果 8	SⅡ	油	13.0	3400	1.8	180	15.2	39.3	0.804			断块—岩性边水层状油藏
	XⅠ	油	12.2	3435	1.8	180	12.8	8.10	0.833	45478	CaCl₂	断块边水层状油藏
	XⅡ	油	6.2	3585	1.8	110	12.8	8.10	0.833			断块边水层状油藏
果 8-28	SⅡ	油	13.5	3470	0.7	195	12.1	13.83	0.804			断块—岩性边水层状油藏
	XⅠ	油	25.3	3695	0.7	130	10.4	11.10	0.833			断块边水层状油藏
果 807	XⅠ	油	7.1	3775	0.7	110	12.1	11.10	0.833			断块边水层状油藏

三间房组 SⅡ 油藏含油范围最大，自西向东包括果 901、果 9、果 7、果 8、果 8-28 等块；其含油边界在北侧上倾方向主要由砂体上倾尖灭控制，东、西两侧含油边界为断层，南侧含油边界一般由油水界面控制；油柱高度 90～195m，油藏埋深 3050～3665m。三间房组 SⅠ 油藏分布在偏西南部的果 1、果 4 块，其含油边界控制因素与 SⅡ 油藏类似在，各断块油藏油柱高度 150～180m，油藏埋深 3328～3586m。

西山窑组 XⅠ 油藏分布在东部的果 8、果 8-28、果 807 块，在南北方向上，其含油范围比三间房组油藏偏北；含油边界主要由断层控制，其次为油水界面，各断块油藏油柱高度 110～180m，油藏埋深 3435～3885m。西山窑组 XⅡ 油藏仅分布在东部高部位的果 8 块，断块油藏油柱高度 110m，油藏埋深 3585～3695m。

2. 地层压力与温度

油藏地层压力为正常压力系统。三间房组油藏中部地层压力 33.89～34.56MPa，西山窑组东块油藏中部地层压力 34.3～34.86MPa，压力系数 0.983～1.008。

油藏地层温度为正常温度系统。地温梯度 2.98℃/100m，其中三间房组油藏中部温度 84.6～92.2℃，西山窑组油藏中部温度 87.8～95.2℃。

3. 流体性质

1）地面原油性质

地面原油具有低密度、低黏度、低沥青质含量、低凝固点、中含蜡量的"四低、一中"特点。三间房组油藏地面原油密度 0.739～0.832g/cm³，50℃时黏度 1.978～6.677mPa·s，平面上原油性质自东向西变好；西山窑组油藏地面原油密度 0.824～0.842g/cm³，50℃时黏度 4.684～8.952mPa·s，均明显高于三间房组油藏。凝固点 8～18℃，含蜡量 4.57%～29.28%，沥青质含量 0.06%～0.77%。

2）地层原油性质

地层原油密度 0.614～0.638g/cm³，黏度 0.271～0.347mPa·s，溶解气油比 325～569m³/t，饱和压力 23.19～29.28MPa，地饱压差 6.59～7.35MPa。

3）天然气性质

溶解气相对密度 0.85～1.07，甲烷含量 59.56%～78.89%，乙烷含量 9.86%～15.14%，C_{7+} 含量 0.08%～0.90%。

4）地层水性质

三间房组、西山窑组油藏地层水为 $CaCl_2$ 型水，总矿化度 44610～45478mg/L，其中 $K^+ + Na^+$ 含量为 15120～16474mg/L，Ca^{2+} 含量 642～1052mg/L，Cl^- 含量 23725～26996mg/L，HCO_3^- 含量 315～453mg/L。

第十五节　鲁克沁油田

一、概况

鲁克沁油田位于吐鲁番市鄯善县，南距鲁克沁镇约 8km，北东距连木沁镇 20km。

1994 年底，艾丁湖斜坡上的参数井——艾参 1 井在三叠系发现良好稠油显示，同时钻遇二叠系良好烃源岩；1995 年在鲁克沁构造带艾参 1 井北西下倾方向钻探玉东 1 井，完钻后在三叠系克拉玛依组 2700.6～2721.6m 井段试油，采用掺稀油降黏、气举方式获 18.8t/d 稠油工业油流，发现鲁克沁三叠系稠油富集带；2012 年 10 月，玉北构造带玉北 1 号构造钻探玉北 1 井，完钻后在上二叠统梧桐沟组 3786.6～3796.6m 井段采用套管环空油层段附近掺稀试油工艺技术，4mm 油嘴自喷求产，获产原油 38.3t/d 的工业油流，发现二叠系梧桐沟组油藏。

鲁克沁油田处于向北西倾伏的大型鼻状构造上，由一系列断块稠油油藏组成，含油层位主要为中—上三叠统克拉玛依组（图 2-8-19）和上二叠统梧桐沟组，克拉玛依组是主力含油层。油田原油性质重稠，油藏埋深 1700～5000m，为超深稠油油田。平面上稠油分布在鲁克沁（吐玉克、玉东、鲁 2 等区块）、玉北（玉北 1、马 1 等区块）、马场南—连木沁（连 23、英 15 等区块）三个区带，前者含油层位为克拉玛依组，后二者含油层位主要为梧桐沟组。

鲁克沁油田探明含油面积 45.73km²，探明石油地质储量 14658.06×10⁴t。油田于 1997 年投入试采，2004 开始投入正式开发，2014 年二叠系油藏投入开发。截至 2018 年 12 月底，累计生产原油 647.79×10⁴t；初期年生产原油 2.9×10⁴t，2015 年最高产量 81.39×10⁴t。2018 年生产原油 65.56×10⁴t；油井数 642 口，开井 602 口；注水井 228 口，开井 217 口；平均单井产油 2.9t/d，综合含水 58.33%。

二、构造特征

鲁克沁油田构造位置处于向北西倾伏的库木大型鼻状凸起前缘，自南西向北东方向可划分为鲁克沁构造带、玉北构造带、连木沁—马场南构造带，各构造带均呈北西—南东向展布的鼻状构造带，向北西方向倾伏并伸向胜北二叠系烃源岩有效生烃区。属于侏罗系表皮滑脱构造的火焰山逆冲背斜构造带，呈东西走向交叉叠置于玉北、连木沁—马场南构造区带之上，对前侏罗系构造格局和稠油聚集成藏基本不具控制作用，但增加了油气勘探开发的难度。

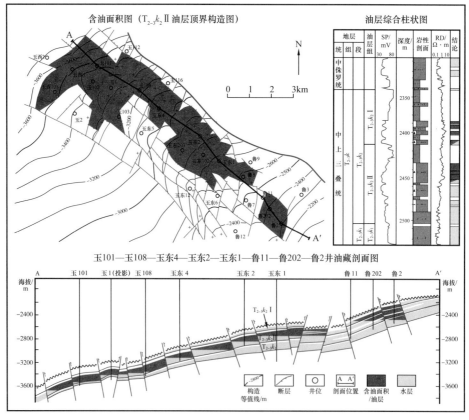

图 2-8-19　吐哈盆地鲁克沁油田三叠系油藏综合图

鲁克沁构造带在三叠系为南东高、北西低的鼻状构造带，东西长 20km，南北宽 5km。鼻状构造带东西方向上高差超过 2000m，东端三叠系被逐渐剥蚀；构造带主要由三条北西走向断层所夹持，同时发育北东向小断层，两组断层在鼻状构造带上切割形成50多个断块；其中，在鼻状构造背景下有三个局部相对较缓的构造，自东向西分别为鲁克沁地层—不整合构造、玉东低幅度断背斜、吐玉克低幅度断背斜，油气分布以这三个局部构造为中心，形成三个断块油气藏片区；吐玉克片区由20多个断块组成，断块圈闭总面积22.1km^2；玉东片区由15个断块组成，断块圈闭总面积20.4km^2；鲁克沁片区由9个断块和1个地层圈闭组成，圈闭总面积31.4km^2；单断块面积0.4~5.2km^2，断块闭合幅度50~350m，埋深1800~3800m。

玉北构造带位于鲁克沁构造带北侧，在二叠系整体为东高西低、南高北低的鼻状构造带（图2-8-20），东端二叠系被剥蚀；构造带被四条北西向走向逆断层和一系列北东走向次级断层切割为网格式的断块群；共发育13个小断块或断鼻，各断块、断鼻面积1.6~9.96km^2，埋深3090~4340m。构造带北西低部位的玉北1—玉北6油气富集区构造整体为依附于一条北东走向、断面西北倾逆断层的断鼻型构造，被北西—南东走向的断层分为玉110、玉北1、玉北6等三个断块，埋深3100~3600m，面积15.3km^2。东南高部位马1区块整体为北西倾伏的断鼻，南东高部位二叠系被剥蚀，形成地层—不整合圈闭；又被北西走向、北东走向两组断层切割形成多个断块圈闭。

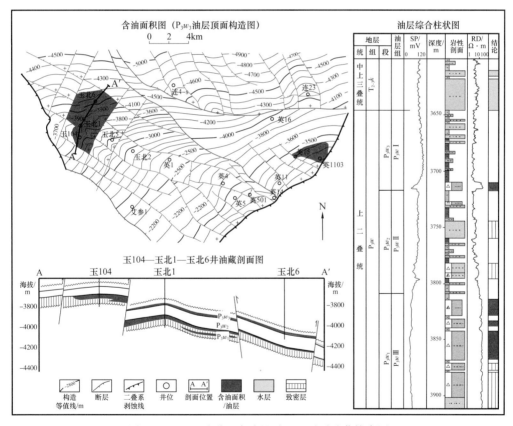

图2-8-20　吐哈盆地鲁克沁油田二叠系油藏综合图

连木沁—马场南区带主要由英15、连23、连4共三个大型断鼻（进一步分为断块群）构成，英15在二叠系含油区块构造整体为向南东上超的地层圈闭，但圈闭条件受砂体尖灭影响。

三、储层特征

1. 油层划分与对比

鲁克沁油田油层主要分布于上二叠统梧桐沟组、中—上三叠统克拉玛依组，少量分布于中侏罗统七克台组，油源均来自北面胜北洼陷的中二叠统桃东沟群烃源岩。

梧桐沟组岩性整体下粗上细，构成一套区域性储盖组合；其中梧桐沟组一段岩性为大套砂岩夹少量泥岩，作为储层层段；上覆的梧二段、三段岩性为大套泥岩夹砂岩，作为区域性盖层。同时，在梧二段、三段可以形成局部储盖组合，以其中的少量砂岩为储层，大套泥岩为盖层。因此，把梧桐沟组含油段自上而下划分为 $P_3wⅠ$、$P_3wⅡ$、$P_3wⅢ$ 三个油层组，分别对应梧三段、二段、一段。

克拉玛依组油层分布于克拉玛依组一、二段。克一段仅在构造带东部高部位见油，岩性为大套砂砾岩，仅顶部小于20m的泥岩作为局部盖层。克二段岩性下粗上细，自上而下划分为 $T_{2-3}k_2Ⅰ$、$T_{2-3}k_2Ⅱ$ 两个油层组；$T_{2-3}k_2Ⅰ$ 油层组以下部砂岩为储层，上部泥岩为盖层，形成一套局部储盖组合，该油层组为一套剥蚀残留地层，同时砂体储层分布不稳定，主要分布于鲁克沁构造带中段（玉东）和东段（鲁克沁区块）；$T_{2-3}k_2Ⅱ$ 油层组岩性以大套砂岩为主，是三叠系油藏主力储层层段，以 $T_{2-3}k_2Ⅰ$、$T_{2-3}k_2Ⅱ$ 两个油层组之间12～66m的湖相泥岩为盖层。

七克台组含油层段只有一个油层组，仅分布于玉北构造带东段马1块，不赘述。

2. 沉积相

梧桐沟组沉积主要受控于东部和西南部两大物源区，自下而上发育扇三角洲及湖泊相沉积，反映早期深水断陷湖盆向后期浅水坳陷湖盆的沉积环境演变过程；在西南缘、东南缘分别发育玉北、马场南两大扇体。$P_3wⅢ$ 油层组发育扇三角洲扇中亚相，砂体为扇中水道沉积，岩性以砂砾岩为主，夹中细砂岩，砂层累计厚度37.0～140.0m，平均90m左右，平面上砂层由扇根向扇缘方向逐渐减薄。$P_3wⅠ$、$P_3wⅡ$ 油层组主要发育扇三角洲前缘亚相，砂体主要为水下分流河道沉积，岩性为砂砾岩、砂岩；$P_3wⅠ$ 油层组砂体在西南部的玉北扇体比较发育，砂层累计厚度2.0～39.0m，平均14m左右，平面上由西向东逐渐减薄。

克拉玛依组二段自下而上依次为辫状河三角洲、滨浅湖，构成一套较为完整的正旋回序列。$T_{2-3}k_2Ⅱ$ 油层组下部砂体主要为辫状河三角洲平原分支河道沉积，上部砂体主要为辫状河三角洲前缘水下分支河道沉积，分支河道砂体叠置，单砂层厚度一般较大，最厚可达60m以上；$T_{2-3}k_2Ⅰ$ 油层组砂体主要为辫状河三角洲前缘水下分支河道沉积。克拉玛依组砂层发育，砂层累计厚度109.8～405.0m，平均300m左右，平面上由东向西逐渐减薄。$T_{2-3}k_2Ⅱ$ 油层组中—上部和 $T_{2-3}k_2Ⅰ$ 油层组储层多为细砂岩。

3. 储层特征

梧桐沟组储层岩石类型以岩屑砂岩为主，少量长石岩屑砂岩，石英平均含量17.76%，长石平均含量12.1%，岩屑平均含量70.12%。杂基含量高，风化蚀变程度中等，分选中等—差，磨圆度多呈次圆—次棱角状；胶结类型为孔隙型，颗粒间以点—线接触为主，胶结物主要为方解石、铁方解石和沸石，少量高岭石和硅质。储集空间类型主要有原生粒间孔、粒内溶孔、胶结物溶孔和杂基晶间微孔，原生粒间孔是主要储集空间，其次有少量粒内溶孔和杂基晶间微孔。孔喉类型中细—细喉道为主，平均孔喉半径 0.13～0.69μm，排驱压力 0.25～1.56MPa。孔隙度平均 12.3%～18.5%，渗透率平均 52.70～99.90mD，为中—低孔、中渗储层。

克拉玛依组储层岩石类型为长石岩屑砂岩和岩屑砂岩，石英平均含量 23.0%，长石平均含量 20.4%。碎屑颗粒分选中—好，磨圆度呈棱角状—次棱角状；胶结物以泥质胶结为主，胶结类型为孔隙式，颗粒间以点—线接触为主。克拉玛依组储层储集空间包括剩余粒间孔、溶蚀粒内孔为主，以溶蚀孔隙为主，孔隙连通性较好；孔喉类型以粗中—中喉道为主，孔喉半径 5.36～10.7μm，排驱压力 0.07～0.14MPa，储层物性总体好。储层物性在鲁克沁构造带由东南向西北逐渐变差；东段物性最好，平均孔隙度 27.4%，平均渗透率 394mD，为高孔、中—高渗储层；中段平均孔隙度 22.0%，平均渗透率 120.97mD，为中孔、中渗储层；西段平均孔隙度 17.5%，平均渗透率 82.43mD，为中孔、中渗储层。

四、油藏类型及流体性质

1. 油藏类型

克拉玛依组油藏类型以断块型底水块状油藏为主，梧桐组油藏类型以岩性与构造复合型边水层状油藏为主（表 2-8-15）。

表 2-8-15　吐哈盆地鲁克沁油田油藏特征数据表

区块	层位	岩性	油气	油层厚度 / m	油藏高点埋深 / m	油柱高度 / m	孔隙度 / %	渗透率 / mD	原油密度 / g/cm³	地层水矿化度 / mg/L	水型	油气藏类型
鲁克沁	$T_{2-3}k_2$ I	砂岩	油	7.4～30.6	2207～2597	79～120	19.2～28.0	—	0.969	83341～183701	$CaCl_2$	断块
	$T_{2-3}k_2$ II	砂岩	油	8.8～51.8	2248～2685	20～153	19.0～27.0	116.00～394.00	0.967		$CaCl_2$	断块
玉东	$T_{2-3}k_2$ I	砂岩	油	6.3～24.4	2693～3041	36～130	16.4～20.9	11.60～41.60	0.965～0.977	52834～132694	$CaCl_2$	断块
	$T_{2-3}k_2$ II	砂岩	油	6.9～59.2	2670～3060	73～145	14.3～25.0	120.97	0.960～0.997		$CaCl_2$	断块
吐玉克	$T_{2-3}k_2$ II	砂岩	油	21.0～53.3	3440	70～190	17.1	82.43	0.966	80000	$CaCl_2$	断块
玉北	P_3w I	砂岩	油	13.2～13.8	3597～4183	295～505	13.3～14.5	52.70～57.30	0.899～0.936	23153～42747	$CaCl_2$	岩性—断块
	P_3w III	砂岩	油	16.0～32.3	3477～3626	250～390	13.9～16.0	52.70	0.922		$CaCl_2$	岩性—断块
英15	P_3w	砂岩	油	7.8	3472	305	21.0	99.90	0.925	36539	$CaCl_2$	构造—岩性

1）三叠系克拉玛依组油藏类型

鲁克沁鼻状构造带三叠系稠油分布于鲁克沁、玉东和吐玉克三个区块，但几乎连片分布，组成三叠系稠油富集带，共包含 49 个含油断块，东西向绵延 13km；纵向上，发育 $T_{2-3}k_2$ Ⅰ、$T_{2-3}k_2$ Ⅱ、$T_{2-3}k_1$ 三套油藏，其中 $T_{2-3}k_2$ Ⅱ 为主力油藏，$T_{2-3}k_2$ Ⅰ 油藏仅分布在玉东局部井块和鲁克沁，$T_{2-3}k^1$ 仅在鲁 2 块见油。

$T_{2-3}k_2$ Ⅱ 油藏在三个主要区块均有分布，顺鼻状构造带轴部，自东向西，一系列断块油藏的油水界面依次降低，界面海拔 −2325～−3558m，油藏埋深 2248～3658m，单油藏油柱高度 20～190m，一般大于 60m。油藏为具边、底水的断块油藏，油藏油层平均有效厚度 8.8～59.2m，鼻状构造带较缓部位的油藏油柱高度一般较大。

2）二叠系梧桐沟组油藏类型

梧桐沟组在 P_3w Ⅰ 和 P_3w Ⅲ 两个油层组中获得工业油流，有玉北、马场南两个含油区块。

玉北含油区块在玉北鼻状构造带北西倾伏部位，总体为断鼻构造，由玉 116、玉北 1、玉北 6 三个含油断块组成。玉北 1、玉北 6 断块发育 P_3w Ⅰ 和 P_3w Ⅲ 两套油藏；玉 116 断块只有 P_3w Ⅲ 油藏；油藏类型总体为岩性—断块油藏。油藏埋深 3477～4688m，油柱高度 250～505m。

马场南含油区块在马场南鼻状构造带南东高部位，英 15 井块只有 P_3w Ⅰ 一套油藏，为岩性油藏，含油边界受砂体尖灭控制，油藏埋深 3320～3625m，油柱高度 305m。

2. 地层压力和温度

克拉玛依组油藏地层压力 22.7～37.7MPa，压力系数 0.98～1.08；油藏地层温度 64.2～101.6℃，地温梯度 2.87℃ /100m。属正常压力与异常低温系统。

梧桐沟组玉北区块油藏地层压力 41.8～44.8MPa，压力系数 1.179～1.183，油藏地层温度为 91.5～116.6℃，地温梯度 2.28℃ /100m；马场南区块油藏地层压力 41.80MPa，压力系数为 1.18，油藏中部温度 91℃。属正常压力与异常低温系统。

3. 流体性质

1）克拉玛依组油藏

克拉玛依组油藏原油具有高密度、高黏度、高凝固点、高非烃含量和中等含蜡量的"四高一中"特点，属典型的芳香型稠油。地面原油密度 0.960～0.997g/cm³，凝固点 16～42℃；黏度 4735～72940mPa·s，自西向东黏度逐渐增大，烷烃及芳香烃含量逐渐降低，沥青质含量逐渐增高，反映出油质逐渐变差的特点。

据玉东 2 井井下稠油取样（取样层深度 2774m，温度 83.8℃）实验及模拟计算，饱和压力 4.1MPa，溶解气油比 12.2m³/t，体积系数 1.032。

地层水为 $CaCl_2$ 型，总矿化度 52834～183701mg/L，其中，$K^+ + Na^+$ 含量 14823～50383mg/L、Ca^{2+} 含量 5250～11253mg/L、Cl^- 含量 32377～96911mg/L、HCO_3^- 含量 14～138mg/L。总矿化度在平面上变化趋势是自西向东逐渐升高。

2）梧桐沟组油藏

梧桐沟组油藏原油具有中高密度、中凝固点、中等含蜡量的普通稠油特点。地面原油密度 0.899～0.936g/cm³，凝固点 −10～35℃，黏度 165.7～4067mPa·s。地层条件下，原油密度 0.852～0.877g/cm³，原油黏度 9.69～26.82mPa·s，具普通黑油特点。

地层水为 CaCl$_2$ 型，总矿化度 23153～42747mg/L，其中 K$^+$+Na$^+$ 含量 4826～11146mg/L、Ca^{2+} 含量 3354～6394mg/L、Cl$^-$ 含量 15021～25655mg/L、HCO$_3^-$ 含量 156～483mg/L。

3）稠油黏温曲线

原油黏度与温度关系密切，随温度降低黏度升高，黏温曲线可分为两段，拐点为 55～60℃；温度高于此值时，黏度变化较慢；温度低于此值时，黏度迅速上升，50℃时，黏度一般超过 10000mPa·s（图 2-8-21）。但是，随温度的升高，稠油的升温曲线与降温曲线有明显区别，相同的温度条件下，前者黏度大，且随温度的变化率也较大。玉 1、玉东 1、鲁 2 井升温曲线比较一致，玉 1、玉东 1 井降温曲线近似，克拉玛依组油藏吐玉克、玉东、鲁克沁三个区块原油黏—温特征基本一致。

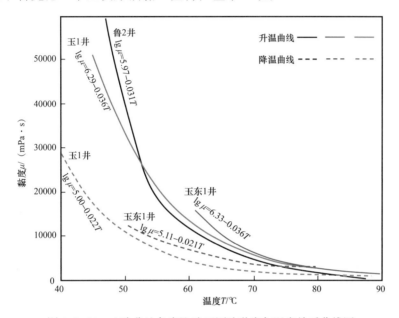

图 2-8-21　吐哈盆地鲁克沁油田原油黏度与温度关系曲线图

相对于温度，压力在稠油开采过程中对稠油黏度影响较小，随压力下降，黏度减小，黏度与压力亦具有良好的关系。在油藏条件下，从吐玉克区块到鲁克沁区块油质变化小，但略有变差，主要表现在轻重组分有变少的趋势。

梧桐沟组油藏原油黏度与温度关系密切，随温度降低黏度升高，没有明显的拐点。

第十六节　胜金口油田

一、概况

胜金口油田位于吐鲁番市胜金口乡，构造位于火焰山逆冲带中段。油田西距吐鲁番市 40km，东距鄯善县 60km。1958 年 5 月，在胜金口背斜钻探第一口预探井胜 1 井，在井深 322m 发现油气显示，提捞获 1L 原油，因工程事故而报废。11 月 3 日又在背斜东鞍部钻探胜 4 井，7 日在钻至井深 613m（七克台组）发生井喷，喷出大量油气，获产 15.1t/d 的工业油流，发现胜金口油田（图 2-8-22），而后转入油田评价详探阶段。

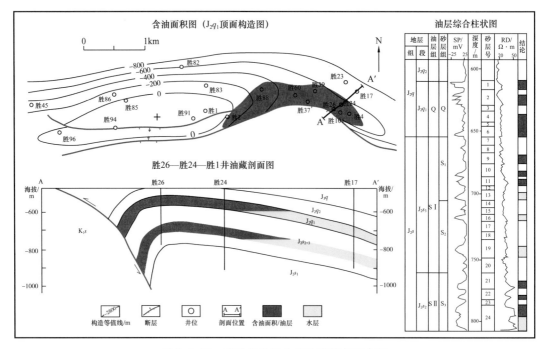

图 2-8-22 吐哈盆地胜金口油田油藏综合图

1959 年钻评价井 24 口，7 口井试油达到工业油流标准，产原油 3～10t/d。1960 年为查明油藏范围，继续详探，钻井 10 口（其中详探井 8 口），9 口井进行了试油，当年采出原油 5856t，累计采出原油 10660t，明确了油田范围。截至 1964 年，胜金口油田试油 23 口井，9 口井投入生产，累计生产原油 23508t，产水 16746t，天然气 4025.5×10⁴m³；平均年产原油 4701t，平均年递减率 55%，含水率 42.8%，平均气油比 225m³/t，平均单井日产原油 0.95～2.40t。1964 年底，油田全面关井，地面设施全部拆除；停产前只有 6 口抽油井生产，平均日产原油 1t 左右，综合含水率 72.7%。

1989 年，玉门石油管理局决定重新对胜金口油田进行勘探开发，加深对油田的认识。组织钻探了胜 101 等新井，恢复了胜 24、胜 26 等 6 口老井的生产，由玉门局井下处对恢复的 6 口老井实施生产管理，以抽油为主，初期平均产原油 5t/d 左右，后来递减到了产原油 2t/d，最后因含水较高，部分井被水淹，两年后全部被迫关井。期间对 5 口井（胜 24、胜 26、胜 37、胜 38、胜 101 井）进行了捞油，均见油流。两年后，胜金口油田再次全部关井。

2004 年，吐哈油田分公司对胜金口油田的井况进行了普查，共有 9 口井可以找到井口及套管头，于 8 月 24 日上修，清理了 6 口井的井筒。但因各井见油甚微，没有生产价值而地质关井。

胜金口油田含油层位为中侏罗统七克台组、三间房组，埋藏浅，油藏分布于胜金口背斜的东翼，属于构造—岩性油藏，含油面积 1.437km²。

二、构造特征

胜金口油田构造为北倾逆冲断层控制的短轴背斜。背斜走向北西西，闭合面积 8km²，闭合幅度约 800m，背斜高点埋深约 200m；控制断层为背斜构造南翼的火焰山逆冲断层，垂直断距约800m；含油范围及钻井油气显示均位于主控断层以北。地表上盘地层为上侏罗统齐古组或下白垩统，下盘为新近系，背斜轴部和东西围斜有许多平行轴线的高角度张性断层，垂直断距十几米至百余米，断裂深度已达中侏罗统油层层位，造成背斜顶部破碎带无油藏保存。

背斜内部北东—南西走向的断层断距较小，具有一定的封挡作用。油田含油范围位于背斜东南翼低部位，实际控制油气分布的主要遮挡条件是砂体向背斜高点方向的尖灭。

三、储层特征

胜金口油田含油层系为中侏罗统七克台组下段、三间房组二段和三段，油层埋深600～880m；背斜高部位胜新2、胜2井油层埋深200～400m。七克台组下段划分为Q油层组和Q砂层组，为油田主要的产油层段，以上覆的七克台组上段湖相泥岩为盖层，形成区域性储盖组合。三间房组二段、三段分别划分为SⅡ、SⅠ油层组；SⅠ进一步划分为S_1、S_2砂层组；SⅡ未钻穿，仅钻揭S_3砂层组；SⅡ油层组是油田的次要产油层，以下部的砂砾岩为储层层段，上部的泥岩为盖层，形成局部储盖组合。

七克台组下段为辫状河三角洲前缘沉积，厚度40～60m，砂体属于分支河道、河口坝沉积，岩性为灰白色中细砂岩夹砂质泥岩。砂体多为透镜状，累计厚度9.2～25.6m，砂层多而薄，砂层平均厚度7.4m，东部油区内砂体相对较发育，向西变薄、变细甚至尖灭；纯油层平均有效厚度8.3m。砂岩岩石学类型以岩屑砂岩为主；胶结物为泥质、钙质，颗粒排列致密，见石英、长石被钙质胶结物交代。岩心分析孔隙度13.0%～14.5%，渗透率2.18～5.01mD；油层孔隙度15.8%～25.7%，平均20.1%。

三间房组为辫状河三角洲前缘沉积，岩性为厚层—块状砂岩、砾质砂岩与泥岩；揭示厚度102～166m，砂层厚度12.6～71.8m。其中S_3砂层组砂层累计厚度11.0～29.0m，砂体主要属于分支河道沉积，稳定性较七克台组差，平均砂层厚度8.30m；东部油区内砂岩较西部发育。砂岩岩石学类型为长石岩屑砂岩、岩屑长石砂岩和岩屑砂岩，成熟度低，颗粒磨圆度呈次棱角状；胶结物以泥质为主。岩心分析孔隙度11.7%～12.4%，渗透率为4.30～18.71mD；油层孔隙度平均15.7%。

四、油藏类型及流体性质

1.油藏类型

胜金口油田发育有七克台组、三间房组两套油藏，两套油藏均分布于背斜构造的东翼，属于水头海拔附近的构造—岩性油藏。

背斜西围斜与油田区油层同一海拔的层位均无油气分布；构造顶部无油气或只有重质油，是由于盖层变薄又遭张性断裂破坏而封闭条件变差，同时还由于油层层位高出水头海拔，居于无压区所致；在含油范围内同一层位，有的井产油，有的井无油，是由于不同砂岩透镜体所致。

在油田的东部和北部有明显的油水界面，七克台组油藏油水界面海拔 -590m 左右，三间房组油藏油水界面海拔在 -730m 左右；油柱高度大致600m；油层埋深237～913m。在油田区的南部与西部无油水界面，属断层遮挡和无压区重力平衡所控制。

油层压力 0.048～6.08MPa，一般为 2.45～5.87MPa；油层压力系数一般小于 1，主要为 0.622～0.818，为异常低压系统，唯有 60 至 88 井区的七克台组油层压力系数高达 1.87，可能是透镜体储层的反映。油层地温梯度 2.60～3.00℃ /100m，为正常地温梯度。

2. 流体性质

胜金口油田油藏原油性质为轻质油，具有低密度（0.80～0.85g/cm^3）、中等凝固点（7.50～19℃）、中高含蜡量（3.96%～12.85%）的特点；在构造高部位原油性质发生变化，原油密度增加到 0.88～0.94g/cm^3，凝固点 –12℃以下。构造位置越高，原油密度越大，轻质成分减少，说明构造高点的油藏已经遭到破坏。

地层原油密度 0.71g/cm^3，黏度 0.62mPa·s，易于流动。溶解气相对密度 0.730～1.006，甲烷含量 49.22%～68.93%，乙烷含量 13.46%～24.80%。地层水水型大多数为 $CaCl_2$ 型，少数为 $MgCl_2$ 型，个别为 $NaHCO_3$ 或 Na_2SO_4 型。总矿化度 10538～77883mg/L，其中 K^++Na^+ 含量 3908～23242mg/L、Ca^{2+} 含量 22～5617mg/L、Cl^- 含量 6246～48080mg/L、HCO_3^- 含量 62～967mg/L。

第九章　典型油气勘探案例

吐哈盆地发现的油气藏类型丰富，既有煤成烃轻质油藏、凝析气藏，又有超深稠油油藏。本章重点对鄯善弧形带煤系油气富集带及鲁克沁大型复合鼻状凸起稠油富集带这两个典型勘探实例进行分析解剖，总结经验，以供参考。

第一节　鄯善弧形油气富集带勘探

鄯善弧形油气富集带是台北凹陷规模最大的凹中背斜构造带，是吐哈盆地最早发现的亿吨级煤成烃富油气区带。对于凹陷中央的大型构造带，在确定烃源的基础上，科学分析基本油气地质条件特点和目的层沉积相带及变化，有助于高效解剖多含油气层系、多油气藏类型的复式油气富集带。

一、概况

1. 油气地质简况

鄯善弧形带居于台北凹陷中央，位于胜北和丘东两个主力生烃洼陷之间，呈宽缓"V"形展布的大型挤压断褶背斜构造带（图 2-9-1 和图 2-9-2），弧顶为鄯善背斜，向西依次为丘陵、巴喀背斜构造，向东依次为温吉桑背斜与断鼻构造群、米登背斜、丘东背斜等。断褶构造带在侏罗纪末基本定型，白垩纪至第四纪有所加强；与构造带走向一致，背斜、断背斜、断鼻为主的圈闭成排成带展布。构造带的控制断裂沟通了中—下侏罗统水西沟群烃源岩。

弧形带主要目的层为中—下侏罗统、中—上三叠统。三叠纪—侏罗纪沉积时，构造带所处部位总体位于台北凹陷南面斜坡，三叠系与侏罗系均属于南物源沉积体系，并以辫状河三角洲前缘沉积为主，发育多套储盖组合。中—上侏罗统（J_2q_2—J_3q）发育湖相巨厚泥岩（$800 \sim 1200m$）盖层，侏罗系煤成烃油气藏均位于这套区域性盖层之下。

2. 勘探简况

1958—1965 年，弧形带曾经有过油气钻探，发现了丰富的油气显示，但受技术水平和认识上的限制，未能发现油气田。

1987 年 9 月 22 日，"重上吐哈"后盆地第一口科学探索井——鄯善构造上的台参 1 井正式开钻，1989 年 1 月 5 日，台参 1 井在中侏罗统三间房组获得工业油气流，发现鄯善背斜整装油田。

台参 1 井突破后，以中侏罗统三间房组、七克台组、西山窑组为主要目的层，向东、西两个方向的目标快速开展钻探，用四年的时间高效探明弧形带主体油藏。其中，1989 年向东、向西钻探丘东背斜、丘陵背斜，丘陵背斜陵 3 井于次年获得高产油流，发现盆地内侏罗系最大的油田——丘陵油田；1990 年，钻探温吉桑区带，温 1 井获高产油

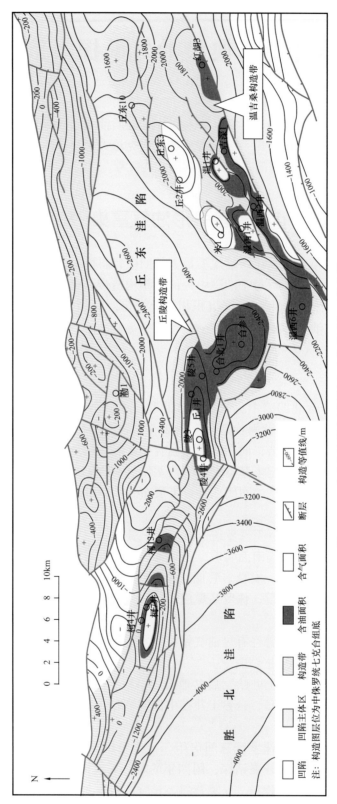

图 2-9-1 吐哈盆地鄯善弧形油气富集带带油气田分布图

注：构造图层位为中侏罗统七克台组底

	凹陷		凹陷主体区		构造带		含气面积		含油面积
	构造等值线/m		断层						

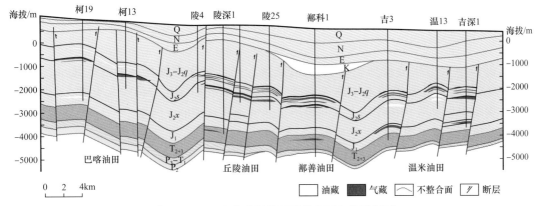

图 2-9-2　吐哈盆地鄯善弧形带东西向地质剖面

气流，发现温米油田；1991 年 2 月 25 日，吐鲁番—哈密石油勘探开发会战指挥部成立，全盆地油气勘探与研究全面开展，同时，鄯善弧形带加快了勘探、解剖与评价步伐，当年，继续向东、西方向的目标进一步钻探又发现盆地内最大的气田——丘东气田和巴喀油田。

截至 1992 年底，基本探明了鄯善弧形油气富集带的 5 个油气田，为吐哈盆地快速建成年产 300×10⁴t 原油生产能力奠定了基础。

1993 年以后，主要是滚动扩边、新层系扩展和非常规油气藏探索。其中，1996 年中国石油天然气总公司勘探局优选鄯善构造，部署了二叠系、三叠系的科学探索井——鄯科 1 井，并于 1999 年 9 月在三叠系试油获得工业轻质油流，发现了鄯善油田三叠系油藏；2007 年在柯柯亚背斜柯 19 井首次发现了水西沟群致密砂岩气藏；2010 年 11 月 12 日，吉深 1 井在丘东洼陷南斜坡温吉桑构造带上探索致密油气，发现水西沟群源内致密砂岩气藏。

至 2018 年底，鄯善弧形带在侏罗系、三叠系两大层系、五个层组（J_2q、J_2s、J_2x、J_1、T）发现油气藏，探明石油地质储量 $1.59×10^8$t，探明溶解气地质储量 $374.97×10^8$m³，探明气藏天然气地质储量 $413.66×10^8$m³，侏罗系是主要的含油气层系，已探明油气储量均在中—下侏罗统；中侏罗统七克台组、三间房组、西山窑组是主要含油气层组，也是油气开发的主体。平面上，油气藏主要分布于巴喀、丘陵、鄯善、温米、丘东等含油气区块。纵向上，多套油气藏叠置，油气藏类型包括构造、复合型及岩性油气藏，其中，七克台组、三间房组以构造及岩性油气藏为主，西山窑组以构造型及复合型油藏为主；下侏罗统油气藏主要受构造控制，分布于巴喀、温米地区相对完整的断背斜、断鼻构造，规模较小；三叠系油藏仅在鄯善构造获得发现，且未探明。

鄯善弧形带从获得油气突破开始，仅用 4 年时间就基本高效探明了亿吨级复式油气富集带，并使吐哈盆地油气地质研究翻开了崭新的一页，此后，油气勘探向全盆地快速推进；煤成烃理论也得到了长足的发展和完善，吐哈盆地周边的侏罗系中、小盆地油气勘探研究也掀起一轮高潮。

同时，鄯善弧形带创造了吐哈盆地油气勘探的诸多第一：发现盆地最大的整装油田（鄯善油田）、最大的侏罗系煤系油气含油气构造（丘陵油田）、最大的单一构造凝析气田（丘东气田），首次发现二叠系油源稀油油藏（鄯善背斜深层三叠系油藏），首次发现水西沟群致密砂岩油气藏（柯19井）。

二、凹陷中央油气富集带勘探实践

鄯善弧形大型构造带在1958年就已发现，并且钻探发现良好的油气显示，但是，直到1983年重上吐哈搞清基本油气地质条件后，油气勘探才获得重大突破，大型复式油气富集带得以高效快速探明，其间经历了油气地质认识的大转变。

1. 初探鄯善弧形带大型油气显示带的发现

由于盆地中央七克台—红山一带侏罗系露头的油矿、油苗发现早，吐哈盆地在"一五"时期就成为油气勘探重点盆地。初期的油气勘探是以火焰山—七克台一线的中央褶皱带为重点。通过该带钻探地层和盆地北缘露头的对比，发现中—下侏罗统在盆地边缘发育较厚的煤层，而在盆地中央发育暗色泥岩，认为盆地中央偏湖相环境，应是烃源岩沉积最有利的相带。鄯善弧形带属于北部坳陷区，虽未在盆地中央及烃源岩沉积有利相带区，但距离不远，有一定的勘探潜力，因此从1958年开始，一度作为勘探研究的重点之一。

通过重力、电法与少量"五一"型地震结合，落实了柯柯亚、丘陵、鄯善、丘东四个大型构造，构成了现今称之为"鄯善弧形带"的雏形。自1958年到1965年，以中侏罗统为目的层，先后钻探柯柯亚、鄯善、丘陵、丘东构造，均见油气显示（表2-9-1）。

表2-9-1 吐哈盆地鄯善弧形带早期钻探情况

井位	钻探目标	开钻日期	完钻日期	完钻井深/m	完钻层位	备注（油气显示）
柯1	柯柯亚	1958.7.19	1958.9.18	701.63	J₃q	无，事故报废
柯2	柯柯亚	1958.9.18		994	J₃q	至904m时见大量油气显示
柯3	柯柯亚	1959.3.12	1959.5.10	1402.75	J₂s	413.5m井壁取心，灰白色细砂岩夹少许细砂砾，胶结疏松含油；400m、630m、984m发现大量的黑色臭气泡沫
柯4	柯柯亚	1959.5.16	1959.6.16	974.51	J₂q	井深225m因钟条漏机油，池内混入大量机油，同时井内发现气味出现；840m时，井内黑沫不断涌现，而且有气泡；完井后见气外涌，可以点燃
台北1	鄯善	1960.2.15	1961.2.19	3122	J₂s	J₂s取心含油较好，分析为水层或者含油水层
丘1	丘陵	1963.4.23	1964.1.23	3000	J₂x	J₂s岩屑有油气味，解释为水层或者以水为主的贫油层，石油工业部指示不试油
丘2	丘东	1964.3.5	1964.8.22	3000	J₂x	J₂q、J₂s均见油气显示并试油，J₂q干层，J₂s产液少性质不清
柯5	柯柯亚	1964.10.8	1965.5.4	2761.9	J₂x	961m、1146.5m有黑色气泡，1144m、1180m气测升高。完钻认为J₂s—J₂q没有必要再探

1958—1959年，柯柯亚构造主体钻探柯1、柯2、柯3、柯4井，完钻井深701～1402m，完钻层位齐古组—三间房组，显示情况特殊，未试油，当时判断为失利，

主要总结为：（1）普遍见到黑色泡沫或者气泡，认为属于钻遇煤层及其伴生气；（2）测井解释储层致密；（3）柯4井倾角变化大，结合电法分析所在构造存在高阻基岩隆起，甚至综合分析认为七克台组主要目的层不存在；（4）柯2井有大量油气显示，但未到主要目的层七克台组，测井遇阻失利，无法准确对比地层。

1960年钻探鄯善构造台北1井。通过重力高落实了鄯善基岩隆起构造；三间房组取心含油较好，未试油。当时认为：（1）中侏罗统砂层有效厚度可观，孔隙度与渗透率较好，录测井解释为水层或含油水层；（2）井斜资料分析台北1井在构造东北翼，油藏应在西南方向的构造主体；（3）已落实的丘陵构造重力低、位置高，表明丘陵构造为鄯善重力高基岩隆起的表皮褶皱。

1963年在丘陵构造钻丘1井，完钻层位三间房组，钻后总结：（1）七克台组砂岩不如盆地中央（胜金口）较发育的储油砂岩，变为薄层致密低渗透层，没有任何油气显示；（2）三间房组储层渗透性中等，岩屑有油气味，解释为水层或者以水为主的贫油层，石油工业部指示不试油。

1964年钻探丘东构造丘2井：（1）七克台组、三间房组均有油气显示；（2）试油两层，三间房组产量很小排出液体未进入钻杆，产液性质不清，七克台组判断为干层。

1965年回到柯柯亚构造，钻柯5参数井。显示情况类似柯3井见黑色气泡，录测井分析渗透性较好的储层为低矿化度水层。完钻认为柯柯亚构造中侏罗统没有必要再探。

此后，直至1987年台参1井开钻，其间22年没有钻探。

总结弧形带初期的钻探，基本上是以火焰山—七克台逆冲带上的胜金口油田、七克台油矿为参照，中侏罗统目的层及其特点很明确；构造带是落实的，构造带上的四个大型构造圈闭是可靠的，并都已见到油气显示，形成一个大型油气显示带，但却与揭开大型油气富集带失之交臂，原因有：

（1）油气源中心不明确，煤系烃源岩不看好。根据北缘露头煤层厚、盆地中央火焰山—七克台一线煤层少，判断湖相泥岩中心在盆地中央带，北部坳陷油气源不如中央带，导致对鄯善弧形带的信心不足；柯柯亚5口井钻遇黑色泡沫和气泡，同时发现炭屑，把气泡与煤层瓦斯挂钩，似乎是坐实了烃源岩相带不利条件。

（2）测井油层解释误判。相比于胜金口油田，鄯善弧形带储层孔渗性较差；油质轻，岩屑录井显示弱；地层水矿化度低。这些变化，导致了油层综合解释出现误判。

（3）技术条件限制。当时主要靠重磁和少量的"五一"型地震资料能够落实弧形带的所有大型构造，并认识到丘陵构造属于鄯善基岩隆起前的表皮褶皱，已经难能可贵；但是柯柯亚构造高陡，加之柯柯亚位置偏北，中侏罗统的沉积相带出现了较大的变化，导致地层对比和构造落实难。另外，受当时试油技术限制和储层低渗的影响，地层供液不足，试油效果不好。

2. "重上吐哈"科学探索井的突破

1983年，根据石油工业部"勘探重点西移"的战略部署，重启吐哈盆地油气勘探工作，石油物探局三处地震队首先进入盆地开展数字地震勘探，为定凹选带打下坚实基础。

1986年10月，石油工业部指示玉门局立即开展吐鲁番—哈密盆地的油气勘探工作，责成北京研究院、石油物探局、玉门局负责完成吐鲁番—哈密盆地的油气资源及勘探方向研究工作。

北京研究院开展了吐鲁番坳陷含油气远景评价的综合研究，确定了台北凹陷是最深、最大的中新生界沉积凹陷；确定了二叠系、侏罗系两套烃源岩；根据凹陷内部七克台组、水西沟群烃源岩层位地震反射波组稳定、连续性好，推测凹陷中心为烃源岩沉积有利相带；明确了南物源为主的中侏罗统河流相、湖泊相砂岩储层；评价弧形带生储盖组合最好；决定在鄯善构造部署台参1井，目的为探侏罗系、三叠系、二叠系，查明地层层序及其划分对比依据，提供生烃资料及含油气性资料。

1987年9月22日，吐哈盆地第一口科学探索井——台参1井开钻。通过运用先进的录井技术（法国TDC综合录井仪）、801系列综合测井、复杂岩性程序和碎屑岩气层识别程序、VSP测井、中途钻杆测试，取得了全面的地质、钻井、测井、地球物理、分析化验、中途测试和试油等各项科学实验资料和数据，对认识和评价油气层及整个盆地的地质综合评价提供了可靠的依据。

台参1井钻探过程中，在2567.9～2849.0m及2567.9～2981.48m井段两次中途测试未成功，但有一定产能，测试后循环后效槽面见油花。台参1井完钻后，1989年1月5日，对三间房组2934～2972m井段试油获产原油29.6t/d，宣告鄯善油田发现。

台参1井试采期间，三间房组主力油层平均产原油16t/d。鄯善构造转入评价勘探和开发试验阶段，一方面复查认识台北1、丘1井，原先钻遇的七克台组、三间房组显示层均重新认识为油层，勾画出一个大的含油轮廓；另一方面，应用台参1井录测井和试油资料分析油水系统与油水界面，综合油水层"四性"特征及其纵向分布、油层压力和地层流体性质等资料判断，鄯善背斜中侏罗统纵向上存在七克台组—三间房组和西山窑组两套油水系统。通过6口评价井钻探，均在七克台组、三间房组发现油层；通过23口井钻探和开发试验区试油试采，证实鄯善油田是一个完整的穹隆背斜油藏，探明石油地质储量3504×10^4t。

3. 鄯善复式油气富集带的高效解剖

台参1井发现后，加密二维地震测网进一步落实构造，到1990年10月，基本完成全区地震普查、局部工业区带详查和部分构造精查。柯柯亚—鄯善、丘东—四十里大墩组成的鄯善"V"形弧形带构造进一步落实，弧形带油气勘探自鄯善油田向东、西两端由近及远快速扩展。

1）就近扩展丘陵、丘东大型构造，发现丘陵油田

台参1井发现当年，油气勘探向弧形带东、西两个方向的丘东、丘陵大背斜扩展。丘陵、丘东背斜于1963年、1964年分别钻探的丘1、丘2井均见油气显示，老井复查表明这些显示层为油气层。

1989年5月，丘东背斜开始钻探丘东1井，结果与丘2井类似，七克台组—三间房组砂体少，砂层薄，物性差；钻井见油气显示，测井解释仅一个差油层，裸眼完井，但1989年底发现井口有油气溢出。

1989年7月，丘陵断背斜高部位开始钻探陵1井，在七克台组以上地层见大量的油气显示，因工程事故未钻达目的层；随后整体部署4口探井，其中在背斜东部部署陵2、陵3和陵5井，在背斜西部高点部署陵4井。1990年7月13日，陵3井三间房组试油自喷产原油95.5t/d、天然气$1.6919 \times 10^4 \text{m}^3$/d，是当时盆地内单井产量最高的井，由

此发现丘陵油田；1991 年 5 月 2 日，陵 4 井三间房组 2300.4～2308.5m 井段试油发生强烈井喷，上返 2156.0～2162.8m 井段试油，自喷产原油 29.2t/d、天然气 194000m³/d。其后，加快了丘陵油田评价钻探，后续部署评价井 9 口，基本探明丘陵油田石油地质储量 8041×10⁴t，含油范围与鄯善油田连片。

2）寻找有利储集相带，发现温吉桑复式油气区

台参 1 井开展储层评价后，主要目的层三间房组—西山窑组储集相带的认识发生了大的转变，由台参 1 井钻前的河流相，纠正为南物源的三角洲相，包括三角洲平原亚相及前缘亚相。

丘东背斜于 1964 年钻探的丘 2 井三间房组砂体少，区域对比砂体不稳定，当时认为是河流相。这种认识致使丘东 1 井部署时，对目的层储层的预测较为乐观，但钻后丘东 1 井的三间房组砂体也很少。此时参考台参 1 井中侏罗统储层研究，意识到丘东 1 井及所在丘东背斜部位为前三角洲亚相的可能性较大。因此，丘东背斜南面可能是三角洲前缘有利储集相带！

1990 年，对丘东构造及其南面进行构造解剖与落实，发现了由三排近东西向断裂带控制的一系列背斜、断鼻圈闭组成的温吉桑构造带，首选温吉桑 1 号背斜，于 7 月 18 日开始钻探温 1 井。该井完钻后测井解释油层 9 层 90m，当射开西山窑组 2764～2819m 井段时，大量油气猛烈涌喷，未能计量，发现温吉桑油田（后与米登油田合并为温米油田），同时也发现首个凝析气藏。

当年，通过快速扩展钻探温吉桑构造带上的一系列圈闭，发现温吉桑Ⅰ号、温西Ⅰ号、温西Ⅱ号、温西Ⅲ号、米登等主要含油气构造，搞清了七克台组、三间房组三段、三间房组二段、西山窑组等多套油气藏。至 1992 年底，基本探明了温米油田，揭示了一个由三排构造构成、多层系成藏、油气并存的复式油气区。

至此，1989 年、1990 年两年连续发现鄯善、伊拉湖、丘陵、温吉桑 4 个新油田，前三个油田成为石油系统 1989 年十个重大发现之二和 1990 年四个重大发现之一。1991 年 2 月 25 日，吐鲁番—哈密石油勘探开发会战指挥部成立，整个盆地的油气勘探与研究全面展开。

3）以三角洲前缘发育多套储盖组合为思路，发现丘东气田

温吉桑油田发现后，其中一个重要的认识是三角洲前缘亚相分流河道砂体和湖相泥岩互层，有利于形成多套储盖组合和多套油气藏。七克台组、三间房组及其内部可以形成多套储盖组合；另外，西山窑组也是重要的目的层，其上覆盖三间房组一段湖相泥岩"脖子"，构成单独的储盖组合。

此前台参 1 井完钻后，首先试油的是西山窑组，当时抽汲产原油 2.0t/d，认为是期望值不高的低产层。1990 年，在评价钻探过程中发现鄯善油田西山窑组也有厚油层，且为独立的油气藏；丘陵油田西山窑组也被证实具有独立的油水系统。

回顾丘东背斜的钻探结果，虽然三间房组、七克台组储层欠发育，但西山窑组砂体可能发育，因为南面温吉桑油田西山窑组砂体单层厚度大，向丘东构造完全尖灭的可能性较小。1991 年 4 月 14 日，丘东 3 井在丘东构造南翼开钻，以探索七克台组、三间房组、西山窑组等多套储盖组合的含油气性；该井完井后于 9 月 19 日开始试油，10 月 1 日在对西山窑组 3382～3434m 井段可疑层试油过程中，获得高产凝析油气流，产原

油 9.6t/d、天然气 36000m³/d，地面原油密度 0.749g/cm³；其后于 11 月 23 日对西山窑组 3105～3114.5m 与 3118～3141.5m 共 2 层 33m 井段试油，又获高产凝析油气流，产原油 14.2t/d、天然气 113000m³/d，发现了盆地最大的单一构造气田——丘东凝析气田。

后续评价表明，丘东气田七克台组、三间房组、西山窑组气藏砂体主要分布于构造南翼，向北翼减薄或者尖灭，砂岩体沉积相带为三角洲前缘—前三角洲亚相。

4）进一步扩展勘探，发现巴喀油田

鄯善、丘陵、温米、丘东四个紧靠的规模油气田的发现，展示了弧形带成藏条件优越。东、西两端的柯柯亚、萨克桑成为下一步扩展的有利目标。

柯柯亚背斜构造位于弧形带西北端，曾是 1958—1964 年勘探的重点。1991 年 5 月 31 日，部署在构造高点的柯 7 井开钻。实钻表明，由于柯柯亚构造位置偏北，中侏罗统沉积相带类似于丘东构造，三间房组南物源砂体很少，西山窑组为主要目的层。1991 年 10 月 11 日，在对柯 7 井西山窑组 1645.3～1675.7m 井段试油过程中，获得自喷工业油流，产原油 43.5t/d、天然气 5186m³/d，由此发现了巴喀油田。随后在构造的东南翼钻探柯 6 井、柯 8 井，在构造西北翼钻探柯 9 井，但相继失利；其后，评价钻探部署内缩，在近构造高点钻探柯 10 井、柯 11 井获得成功，探明了巴喀油田的主体区。

1993 年 3 月 7 日，部署在弧形带东北端萨克桑背斜构造的萨 1 井开钻。实钻油气显示普遍，但中侏罗统已相变为北物源扇三角洲沉积体系，储层主要为砾岩，物性差；中侏罗统无明显的区域性储盖组合。通过对萨 1 井西山窑组 2950～2978m 井段试油，产原油 9.5t/d，综合分析为裂缝—孔隙双重介质储层油藏；随后在萨 1 井南、北两个方向钻探评价井，由于储层变化快、缺乏有效储层以及油源条件不好等原因而失利。

柯柯亚、萨克桑的钻探，进一步证实南物源沉积体系砂体向北逐渐变薄、尖灭，甚至转变为北物源。

4. 基础油气地质研究的突破与煤成烃理论的发展

台参 1 井的突破以及鄯善弧形带的扩展勘探与研究，带来吐哈盆地油气地质条件的新认识。

1）凹陷结构认识由对称型边缘转变为箕状坳陷主体沉降区

通过台参 1 井与数字地震剖面结合，明确了侏罗系构造层及其中的七克台组、水西沟群两套烃源岩标志反射层，台北凹陷为侏罗系主体沉降区得以确立；侏罗纪为箕状凹陷，北厚南薄，向南上超，早、中侏罗世主要沉降期沉积了两套烃源岩；侏罗纪末以来的挤压构造运动形成了成排成带的断褶构造带。

2）烃源岩认识由湖相泥岩转变为煤系

台参 1 井单井评价和油源对比表明，油气来源于中—下侏罗统水西沟群煤系沼泽相烃源岩，是典型的煤成油。水西沟群有机质主要以煤形式出现，有机质含量高且相对集中，由于煤、泥与砂岩互层，是理想的烃源岩；泥、煤互层或含煤层中的有机质多属含腐泥的腐殖型，有较高的生烃潜量，在侏罗系可能是主力烃源岩。

1992 年，北京研究院对鄯善弧形带 18 个原油及凝析油样品进行油—油、油—岩对比研究，原油富含 C_{29} 豆甾烷，贫 C_{27} 胆甾烷，姥植比高，碳同位素偏重，与西山窑组、八道湾组的煤和泥岩有相关性，具典型的煤成烃特征；煤成烃具有油质轻、胶质及沥青质含量低、凝析气多等特点。该带的原油属低密度（0.707～0.830g/cm³）、低凝固点（-20～18℃）、中含蜡量（5.2%～18.0%）、高饱和烃（83.0%～96.0%）、低芳香烃（3.0%～16.7%）、低胶质及沥青质（1.4%～16.0%）的轻质原油。

1993年7月8日，吐哈石油勘探开发会战指挥部实施重大科研攻关课题"吐哈盆地煤成烃研究项目"。

3）储集相带认识由河流相转变为以三角洲相为主

研究表明，弧形带中侏罗统主要属于辫状河三角洲相与湖相沉积，其中三角洲砂岩与湖相泥岩互层，利于多套储盖组合的发育，易于形成多套油气藏和复式油气富集区；同时，储集相带和储层变化规律也易于把握。

5. 深层探索的突破

1995年鲁克沁三叠系稠油富集带被发现，分析其油源来自台北凹陷二叠系，但台北凹陷无井揭示深层前侏罗系烃源岩和含油层系；1998年，中国石油天然气总公司勘探局、北京研究院和吐哈石油勘探开发会战指挥部优选具有古隆起背景的鄯善构造，部署科学探索井——鄯科1井，主探三叠系，兼探下侏罗统，了解深层前侏罗系地层结构和油气地质条件。

鄯科1井于1998年5月10日开钻，1999年5月27日完钻，完钻层位为下二叠统（P_1）；在侏罗系之下钻遇中—上三叠统（T_{2-3}）及其储盖组合，但钻缺中二叠统（P_2）及烃源岩。1999年9月，对鄯科1井三叠系4705.0～4713.0m井段试油，折算产原油9.2t/d，发现鄯善油田三叠系轻质油藏；油源对比表明，油气来源于二叠系桃东沟群烃源岩，吐哈盆地首次获得二叠系油源轻质油流。

鄯科1井的发现间接证实台北凹陷二叠系烃源岩的存在，说明前侏罗系有较大勘探潜力。

6. 非常规致密油气的勘探

吐哈盆地水西沟群煤系烃源岩分布广泛，生烃强度大，与煤系烃源岩间互发育的砂岩总体为特低孔、特低渗储层，具备形成致密砂岩油气的地质条件。鄯善弧形带位于凹陷中央，烃源岩成熟度较高，同时水西沟群的埋深相对较浅，是探索致密油气的有利区带。

2007年5月12日，柯柯亚背斜上的柯19井开钻；岩心分析表明，该井下侏罗统储层为特低孔、特低渗致密砂岩；2008年5月，对柯19井下侏罗统八道湾组3393.8～3405.0m井段压裂试油，获得工业油气流。以柯19井为起点，水西沟群发现了受构造与储层甜点共同控制的致密砂岩油气藏。

2010年7月，温吉桑构造带实施风险探井吉深1井，主探水西沟群致密砂岩油气；2010年11月对下侏罗统实施直井分层大型压裂，获得工业油气流。2011年，同一构造带的吉3井在水西沟群通过直井层内分段压裂，获得工业油气流。

7. 精细滚动勘探

鄯善弧形油气富集带油气田主体探明后，在明确油气富集区主控因素基础上，利用三维地震或高精度二次三维地震，重构地质体，开展精细构造描述和储层预测，寻找小断块和复合型油气藏，结合低阻油层、薄油层老井复查，在含油构造周边、主力油藏层位上下滚动勘探取得了良好效果，实现了老油田区油气储量的持续增长。

温米油田从1993年开始滚动勘探，在温米油田含油气构造周边持续发现断鼻、断块和构造岩性复合型油气藏，如温 2 块、温西 10 块、温 406 块油气藏等，也使温米油田温吉桑Ⅰ号、温吉桑Ⅱ号、温西Ⅰ号、温西Ⅲ块以及米登含油气构造基本实现叠合连片含油。在丘陵油田至巴喀油田间的鼻状斜坡区，滚动勘探发现了柯 13、柯 14、巴 52、陵 27 等 8 个小断块油气藏。另外还在丘陵油田与鄯善油田之间的断夹片和鄯善油田西南翼的鄯南断块发现新的含油区块，实现了温米油田与鄯善油田的含油连片。

三、经验与启示

1. 科探井管理新模式是油气突破的重要保障

科探井是 20 世纪 80 年代在我国西部石油地质条件复杂、亟需寻找新的战略资源接替区的背景下，由北京勘探院提出的重点项目，目的是立足于北京勘探院的综合研究与技术力量优势，从陆上油气中长期战略发展出发，用最新研究成果探索油气勘探的新区、新层系与新盆地的"三新"领域，以获得勘探方面的最大突破，并解决石油地质理论与工程技术重大问题。

台参 1 井是科探井项目实施的第一口井，北京勘探院独资负责、全程实施，包括全面负责地质评价、井位优选、队伍优选、钻探实施、投资管理等工作，带来了石油地质综合研究认识飞跃、工程技术进步，是实现吐哈盆地油气勘探突破的重要保障。

2. 找准烃源岩与定凹选带是关键

凹陷主体沉降区及烃源岩发育是盆地中需要首要把握的油气地质条件。

早期火焰山—七克台一线的中央褶皱带被认为是侏罗纪沉积中心，发育湖相暗色泥岩，盆地北缘的煤层则被作为湖盆边缘沉积。同时，受煤系不是有利烃源岩的普遍认识影响，对偏北的台北凹陷烃源条件缺乏信心，即使弧形带大型构造带普遍发现油气显示，也未引起足够重视。台参 1 井部署时，应用详查二维地震测网资料，基本查清了台北凹陷为沉降主体区，落实了凹陷中央鄯善弧形正向构造带基本轮廓和大型背斜构造的基本面貌，在准确定凹选带的基础上科学部署参数井。

3. 按程序勘探有助于高效解剖复式油气聚集带

陆相盆地中，无论河流相还是三角洲相，岩相变化较快，储盖组合和含油层系也在平面上发生变化。鄯善弧形带在获得突破后，始终遵循逐步扩展、及时调整的原则和节奏，抓住有利沉积相带和储盖组合发育的有利层位，得以在短期内高效解剖复式油气聚集带。

4. 技术进步是重要支撑

重上吐哈盆地开展油气勘探获得突破，一系列新技术应用发挥了重大作用。

首先是 20 世纪 80 年代发展起来的数字地震勘探技术，为查明盆地构造地层格架提供了可靠的资料。应用二维地震资料基本落实台北凹陷主体沉降区结构及其演化；落实侏罗系内部地震强反射连续的两套烃源岩，推测台北凹陷中部烃源岩有利相带；落实弧形带及其圈闭的特点；进一步评价油气地质基本特点，定凹选带，优选参数井。同时，数字地震属性分析与储层反演，缩短了沉积格架及油气地质要素认识周期，提高了目标评价的可信度和钻探成功率。

科学的综合分析、先进的工程技术对有效、及时认清油气地质条件与成藏特点发挥了重要的作用。台参 1 井储层综合研究中侏罗统发育三角洲相储集体，为三角洲前缘多套储盖组合油气藏的立体勘探提供了依据；油源对比油气来自煤系烃源岩，改变了传统的认识，使油气勘探向烃源岩广布的全盆地展开；综合录井、测井储层评价技术有效识别轻质油低渗油气层；分段、分层体积压裂助推致密砂岩油气藏的勘探突破。

5. "两新两高"模式是重要保障

1990 年 7 月 21 日，中国石油天然气总公司办公厅印发《关于组织吐鲁番盆地勘探开发会战的会议纪要》，要求会战指挥部要按照"两新两高"（新体制、新技术，高水平、高效益）的要求，统一领导勘探开发工作。

会战指挥部领导成员由玉门局、华北石油管理局、石油物探局、北京研究院及总公司有关部门的负责同志组成，全面组织指挥由玉门局负责，并组成三支队伍：

（1）地震队伍：石油物探局和玉门局各上 4 个地震队，玉门局上一个物化探队。

（2）钻井队伍：玉门局上 11 个钻井队，以及相应的后勤配套队伍；华北石油管理局上 5 个钻井队，以及必要的辅助队伍。华北石油管理局参战队伍，采取区块任务承包制，并根据总公司成本控制指标，实行资金切块。

（3）综合研究大队：由玉门局、北京研究院和石油物探局组成，主要任务是负责全盆地的石油地质综合研究及资源评价，提供油气勘探部署方案和优质钻探井位，油气藏分析与储量计算；油田地质研究、先导性开发方案研究和开发方案编制。

关于资金问题，根据工程进展情况，需要增加的投资原则上在原勘探开发切块投资中调整，由总公司计划部、财务部研究落实。对总公司下拨的资金，统由玉门局按完成的工作量，分期拨付各作业单位。

在新体制的保障下，通过集中各参战单位，广泛引进、应用国内外油气勘探开发新技术，促进和保证了油气勘探开发的高水平和高效益。

第二节　鲁克沁大型复合鼻状凸起稠油富集带勘探

在吐哈盆地，尽管二叠系烃源岩的有效生烃区还未能落实，但是在台北凹陷继承性沉降区南面斜坡的鲁克沁大型复合鼻状凸起，已发现鲁克沁稠油富集带，对比油源为二叠系烃源岩，含油层系包括三叠系、二叠系、侏罗系，油藏埋深 1700～5000m，属于超深稠油油藏。

一、概况

1. 油气地质简况

鲁克沁二叠系、三叠系大型鼻状凸起面积约 1000km^2（图 2-9-3），属于基底断裂控制的构造，向北北西向倾伏，倾末端伸入台北凹陷沉降区及二叠系烃源岩有效生烃区，鼻状凸起中部被东西向火焰山侏罗系表皮滑脱逆冲带掩盖。

鲁克沁大型鼻状凸起为一个复式鼻状凸起，主控断层为北西西走向的英也尔断裂，其在二叠纪为南倾正断层，控制了南侧鲁克沁二叠系古沉降凹陷，该古沉降凹陷在三叠纪继承性沉降（图 2-3-1 和图 2-3-2）；但三叠纪末在挤压应力作用下，古沉降凹陷回返，古沉降凹陷东部大幅抬升，并在侏罗纪以来一直持续发展，形成北西倾没的大型鼻

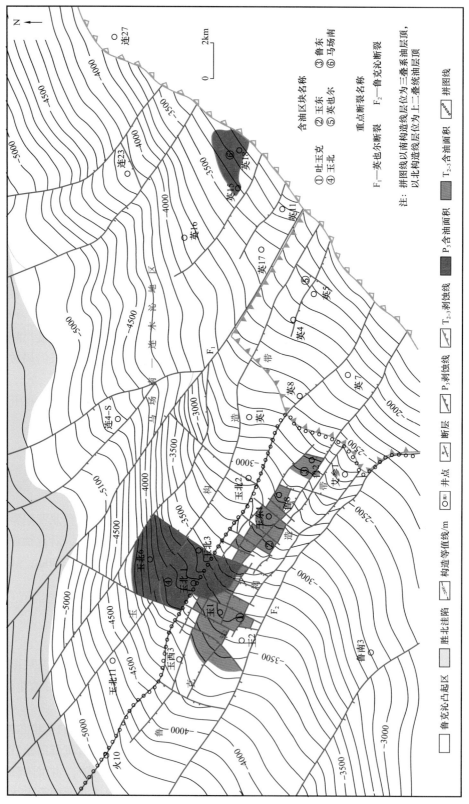

图 2-9-3 吐哈盆地鲁克沁二叠系—三叠系稠油富集油带勘探成果图

状凸起。现今英也尔断裂东段已由正转逆，最大断距高达 1700m。在鼻状凸起东部抬升方向，三叠系、二叠系依次被剥蚀，直至三叠系—中二叠统完全缺失；同时中—下侏罗统自鼻状凸起倾没端向东依次上超（图 2-3-7），至三间房组沉积期末才完全被沉积覆盖。

依附于英也尔断裂发育的构造带为玉北鼻状构造带；在英也尔断裂上盘方向（即南面），靠近艾参 1 井南侧，发育与英也尔断裂走向相同的鲁克沁反向断裂，控制了鲁克沁构造带，该带中部和西部分别有玉东、吐玉克小幅度背斜。

在英也尔断裂以北，相当于早期英也尔正断裂的上升盘，为马场南—连木沁地区，东部马 4 井、西部连 4 井已经证实为缺失中二叠统沉积，其间钻揭有中二叠统；受到北北西走向的两条断裂（连 4 东断裂、连 23 东断裂）控制，在后期的构造活动影响和改造下，形成了两个北北西走向的次级鼻状构造带，分别有连 4-s 井、连 23 井钻探。

总体上，鲁克沁鼻状凸起在中二叠世—三叠纪为断—坳复合沉降沉积。其中，中晚二叠世为张性断陷湖盆，发育中二叠统、上二叠统两个正旋回沉积组合，鲁克沁构造带和连木沁—马场南中部是沉降区，早期旋回沉积有暗色湖相泥岩，但本地没有大量成熟生烃；储层属于扇三角洲砂体。中晚三叠世为坳陷式沉积正旋回沉积组合，分布广，发育辫状河三角洲相储层，砂岩单层厚度大，叠合连片分布，沉积晚期湖相泥岩相对发育，是三叠系油藏的重要盖层。三叠纪末，断洼回返，其中东部回返抬升幅度大，向北西倾伏的鲁克沁鼻状凸起形成，东部二叠系—三叠系遭受部分剥蚀或者缺失；鼻状凸起在侏罗纪及其以后持续加强。油气源来自北面的台北凹陷沉降区。

2. 勘探概况

1994 年底，部署在艾丁湖斜坡的参数井艾参 1 井在三叠系见良好油气显示，同时也揭示了二叠系烃源岩层系湖相暗色泥岩；1995 年在鲁克沁鼻状构造带艾参 1 井下倾方向部署玉东 1 井，三叠系获稠油工业油流，自此发现鲁克沁三叠系稠油富集带，通过多年的解剖，落实了吐玉克—玉东—鲁克沁连片富油区块，至 2018 年底，已累计探明含油面积 24.3km²，探明石油地质储量 1.09×10^8t。

2006 年，在马场南—连木沁地区西北部的连 4-s 井发现了二叠系油气输导层，加强了二叠系油气勘探；2009 年，在东部钻探英 11 井，于上二叠统中获工业油流。之后，二叠系油气勘探向英也尔断裂南侧扩展，2012 年底，在玉北构造带玉北 1 号断鼻上钻玉北 1 井，发现了玉北二叠系油藏；2013—2016 年，实施勘探开发一体化整体评价玉北含油区块，落实了玉北二叠系油气富集带。至 2018 年底，二叠系探明含油面积 30.9km²，探明石油地质储量 3666×10^4t。

鲁克沁稠油富集带累计发现稠油三级石油地质储量 2.55×10^8t，其中探明石油地质储量 1.46×10^8t，建成产能 180×10^4t/a；含油层位主要为三叠系、二叠系，东端在侏罗系有少量稠油；已发现 5 个工业油层组（P_3wⅠ、P_3wⅢ、$T_{2+3}k$Ⅰ、$T_{2+3}k$Ⅱ、J_2q）。稠油分布在鲁克沁（吐玉克、玉东、鲁 2）、玉北（玉北 1、马 1）、马场南—连木沁（连 23、英 15）三个区带。鲁克沁构造带以三叠系块状砂岩断块群超稠油为特点，玉北构造带中西部、连木沁则主要为二叠系岩性—断块常规稠油油藏，玉北构造带东段二叠系油藏类型为剥蚀不整合地层稠油油藏，马场南则以二叠系上超地层型构造—岩性油藏为特色。总体上，构成了大型鼻状凸起复式稠油富集区带。

二、鼻状凸起高部位艾参 1 井三叠系稠油的突破

艾参 1 井是在开展吐哈盆地二叠系、三叠系深层勘探攻关过程中，部署在盆地南部艾丁湖斜坡背景上的鼻状凸起高部位的参数井，取得了三叠系稠油的突破性发现。

20 世纪 60—80 年代，区域地质调查证实吐哈盆地北缘二叠系—三叠系齐全，中二叠统桃东沟群烃源岩厚 250～400m，岩石裂缝中有沥青细脉，据此判断二叠系—三叠系是主力油气勘探层系。20 世纪 80 年代初准噶尔盆地东部火南 1 井在二叠系平地泉组获得自生自储的工业油流，发现火烧山油田，二叠系生油量占全盆地的 87.3%。吐哈盆地与噶尔盆地仅一山之隔，应有相似的油气地质条件。

1983 年重上吐哈盆地，1987—1988 年在台北、哈密和托克逊三个重点凹陷部署的第一批参数井—台参 1 井、哈参 1 井和托参 1 井，均把二叠系、三叠系作为重要目的层，但是，三口井均未发现二叠系油源的油气和二叠系有效生烃区。1989—1992 年，在对台北凹陷侏罗系煤系油气勘探会战之时，在台北凹陷以外的相对浅埋区，也加大了二叠系、三叠系区域勘探的力度，但未取得实质性进展，1993 年，哈密坳陷和托克逊凹陷油气钻探一度停止。

随着侏罗系煤系油气勘探程度的提高，吐哈石油勘探开发会战指挥部组织开展了解放思想、开拓创新的大讨论，在 1994 年初达成了共识：要补基础研究的课；要甩开勘探托克逊凹陷、哈密坳陷及艾丁湖斜坡，争取有突破；要向二叠系、三叠系深层进军，增强勘探后劲。1994 年 7 月，中国石油天然气总公司领导到吐哈油田现场办公，发出了向吐哈盆地二叠系、三叠系进军的总动员令："侏罗系对我们够意思，还要继续够意思；二叠系、三叠系现在不够意思，要让它够意思！"勘探系统随即下达"吐哈盆地二叠系、三叠系油气前景研究"任务，决定当年后四个月针对二叠系、三叠系打 1～2 口参数井。

艾丁湖斜坡鲁克沁构造带艾参 1 井是选择之一。艾参 1 井虽处于前侏罗系古洼部位，但侏罗纪以来已经持续抬升，埋藏浅，构造背景整体属于火焰山以南的艾丁湖斜坡，从盆地持续沉降角度看，对生烃并不利。但在全盆地，斜坡区前侏罗系地震资料反射品质好，能清晰反映前侏罗系的地层结构，且前侏罗系有多个构造层；该区东缘有二叠系暗色泥岩露头。艾参 1 井钻探目的是查明新领域、新层系地层结构、烃源岩分布及可能的含油气性。1994 年 12 月艾参 1 井开钻，在 1995 年新年来临之际，在三叠系2141～2214m 井段钻遇油浸和油斑显示 55m，储层为高孔、中渗优质储层，揭示了较完整的二叠系、三叠系，在中二叠统桃东沟群发现 255m 的暗色泥岩，首次在盆内钻遇可与盆地北缘塔尔朗露头剖面媲美的烃源岩；1995 年 5 月 8 日—24 日，对艾参 1 井克拉玛依组 2135～2155m 井段试油出水，但起油管见稠油块，刮下约 700L 稠油。油源对比来自中二叠统桃东沟群烃源岩；但艾参 1 井本地的烃源岩未达到热演化成熟大量生排烃阶段，说明油源并非来自本地烃源岩。

与此同时，在艾丁湖斜坡西面埋深更大的托克逊凹陷，与艾参 1 井同步钻探的托参2 井未钻达中二叠统，但是地质研究发现，靠近托克逊凹陷东北部的神泉油田侏罗系原油混有二叠系湖相原油，提振了勘探信心。紧接着，在托克逊凹陷同时部署杜 1 井、乌苏 1 井、伊 3 井，但遗憾的是，仅伊 3 井钻遇桃东沟群见油气显示，控制托克逊凹陷主

体的杜1、乌苏1井证实没有中二叠统烃源岩地层。直至2018年，吐哈盆地仍极少井钻遇桃东沟群，结合钻井、地震、电磁测深等资料研究已基本证实中二叠统为断陷沉积，分割性强，足见二叠系、三叠系勘探的复杂性，艾参1井的钻探发现实在是来之不易、弥足珍贵。

三、鼻状凸起下倾方向稀油的探索与三叠系超深稠油富集带的发现

鼻状凸起高部位艾参1井发现稠油后，沿鼻状凸起下倾方向部署找稀油，但却发现了三叠系超深稠油富集带。

1. 主要局部构造超深稠油油藏的发现

艾参1井钻探证实了吐哈盆地二叠系、三叠系发育良好的油气地质条件。

鲁克沁构造带总体为北西向倾伏的斜坡鼻状构造带，艾参1井所在的鲁克沁三叠系构造为鼻状构造带南东高部位的剥蚀地层不整合，三叠系储层为高孔、中渗巨厚砂岩，其中原油为超重稠油的原因可能是侏罗系、三叠系不整合顶板封盖条件不好。因此，在鼻状构造带下倾方向三叠系较全的部位成为寻找稀油的重要方向。

在鲁克沁鼻状构造带中、西部低部位，在斜坡背景上发育玉东、吐玉克两个低幅度断背斜。其中，中部的玉东断背斜构造幅度较大，地层较全，并且位于斜坡相对较高部位，成为首选上钻目标。

玉东1井承担着二叠系、三叠系找稀油，落实桃东沟群有效烃源岩的期望，于1995年11月16日开钻，钻探结果表明，该井缺失桃东沟群烃源岩地层，但在三叠系也获得了稠油。该井在中—上三叠统克拉玛依组取心发现46m稠油显示；1996年5月18日，在对2700.6～2721.6m井段起射孔管柱发现稠油，按液面折算产原油15t/d，说明地层原油能流入井筒；29日正替稀油70m³，返出80m³，折算产原油35t/d；31日气举排液折算产原油20t/d；接着对2732～2780m井段也试获稠油工业油流。

玉东1井突破后，随即部署实施覆盖构造带的三维地震133km²，落实了鲁克沁鼻状构造带构造特点。找稀油的重任又落在了下倾方向更低部位的吐玉克低幅度背斜，其上覆侏罗系沉积较全，三叠系保存齐全。1996年6月5日，玉1井开钻，意外的是玉1井三叠系揭示的又是稠油，对3328.4～3365.6m和3370～3388m井段试油，分别获产8.0t/d和5.3t/d的稠油油流。玉东1和玉1井的突破被列为中国石油1996年重要发现，为吐哈盆地开辟了找油新领域。

至此，鲁克沁构造带东、中、西部位最好的圈闭中均为稠油，并且为一个超深稠油聚集带。

2. 以斜坡断块群稠油油藏模式解剖稠油富集带

1996年下半年，开始评价吐玉克、玉东三叠系稠油油藏。玉东断背斜西翼低部位钻井揭示的油水界面明显较低；逐渐外扩，远离背斜的斜坡区，也是类似的特点。通过三维地震资料精细解释发现，吐玉克构造与玉东构造之间的斜坡发育一系列的小断距断块，断距远小于油层储层厚度，虽无法形成常规断块圈闭，但对于稠油有一定的调节作用，"断块稠油不分高低"，总体规律是斜坡高部位油水界面高，斜坡低部位油水界面低，斜坡断块群含油特征明显（图2-9-4）。

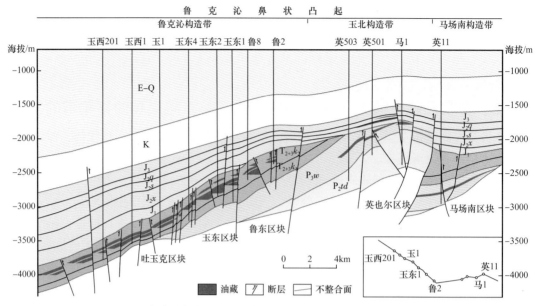

图 2-9-4 吐哈盆地鲁克沁稠油聚集带东西向二叠系—三叠系油藏地质剖面

吐玉克与玉东构造之间断块群稠油油藏的发现，宣告了鲁克沁稠油富集带的诞生。1997 年 6 月 8 日，鲁 2 井开钻，解剖玉东构造以东斜坡高部位的断块群，在玉东与艾参 1 井之间的鲁东发现一系列断块稠油油藏；在东北方向玉北构造带高部位二叠系剥蚀不整合部位，马 1 井在上二叠统发现了稠油。2003 年 5 月 29 日，钻探玉西 1 井，解剖吐玉克构造以西下倾方向，发现新的断块群稠油分布区，直至 2013 年最低部位钻探的玉西 3 井仍见大段油气显示。

至此，评价解剖鲁克沁构造带三叠系斜坡断块群稠油油藏基本含油连片，在东西方向上绵延 13km，探明石油地质储量 $1.09 \times 10^8 t$。

二叠系、三叠系找稀油的地质研究一直在持续。

四、构造地层格架的解剖与二叠系油气输导层的发现

二叠系、三叠系常规油可能在哪里？只能走出鲁克沁区带！邻近有鲁南、玉北、马场南、连木沁等区带。

1. 初步走出鲁克沁构造带，明确烃源方向为台北凹陷

当查明整个鲁克沁构造带均为稠油后，在南面的鲁南构造带钻探鲁南 1 井，未见油气显示；在解剖玉东稠油断块群时，玉北构造带东端的马 1 井三叠系剥蚀殆尽，在上二叠统剥蚀不整合地层圈闭中发现的也是稠油油藏。

马 1 井所在构造属于英也尔大型逆断裂上盘，也揭示了中二叠统桃东沟群。于是，走出鲁克沁构造带和玉北构造带，在英也尔断裂北侧的马场南地区钻探马 2 井、马 4 井。井位部署时认为马场南地区处于英也尔大型逆断裂下盘，三叠系、二叠系应保存较全。但实钻出人意料，马 2 井侏罗系加厚，加深钻探未达二叠系；马 4 井缺失中—上二叠统，直接进入下二叠统火山岩。钻孔反映英也尔断裂在桃东沟群沉积时为同生正断层，在侏罗纪沉积时为同生逆断层。鲁克沁中二叠世古洼应为断洼，仅分布于英也尔断裂以南，断裂以北的马场南—连木沁地区在桃东沟群沉积时为相对凸起区，桃东沟群的

分布范围比推测大为缩小。

烃源岩研究表明，鲁克沁中二叠世古洼残留区现今埋藏较浅，其中艾参1井的中二叠统烃源岩层系未见油气显示，烃源岩未成熟。结合鲁克沁构造带演化特点和该带断块群稠油油藏油水界面整体西低东高、北低南高的特征，油气源方向应为北面被火焰山逆冲带隔开的胜北洼陷，即台北凹陷才可能是真正的油气源区！1998年5月10日，前侏罗系科探井——鄯科1井在台北凹陷中东部开钻；同时，在胜北洼陷南缘连木沁地区部署连4井。

连木沁地区总体在鲁克沁构造带北面下倾方向，以火焰山逆冲带与鲁克沁—玉北—马场南地区相隔，总体为向北倾伏的鼻状隆起构造，直接面对推测的台北凹陷生烃区，前侏罗系埋藏相对较浅。1998年10月21日，连4井开钻，目的层为三叠系。测井解释三叠系储层发育，物性较好，但无油气显示。

又一次出人意料，难道胜北洼陷没有烃源岩！鄯科1井也缺失桃东沟群烃源岩，但在三叠系发现源于桃东沟群的轻质原油。之后于2000—2003年在台北凹陷主要构造带的大型构造钻探的东深2井、陵深2井、恰深1井、葡北2-x1井相继失利，其中葡北2-x1井钻缺桃东沟群烃源岩，其他井因二叠系埋深大未钻达。二叠系地层格架确实复杂，加之地震资料品质差，导致地层分布认识不清！

2. 解剖大型鼻状凸起构造地层格架，发现二叠系油气输导层

2000年，开始了新一轮的吐哈盆地前侏罗系区域构造地层格架研究，重新解剖鲁克沁大型鼻状凸起。

首先分解构造期次，剥离侏罗系煤系广泛发育的滑脱型构造与滑脱断裂，理清前侏罗系基底构造及其主控断裂，使鲁克沁大型鼻状凸起（以下简称"鼻凸"）整体面貌得以呈现。"鼻凸"包括火焰山南、北的鲁克沁—马场南、连木沁地区及火焰山掩覆的部分，整体向胜北洼陷倾伏，三叠系、二叠系不受火焰山表皮滑脱断裂的影响，英也尔基底断裂及其控制的玉北构造带直接延伸到火焰山以北（图2-3-1）。至2004年，基本落实"鼻凸"由鲁克沁、玉北、连西（连4井）、连东（后钻连23井成功）等至少4个次级鼻状凸起构造带构成，玉北、鲁克沁是原二叠系古洼回返形成的构造带，连西、连东为连木沁—马场南二叠系古凸起上的构造带，因此，"鼻凸"为一个大型复合鼻状凸起。

其次，结合对二叠系、三叠系基本充填特点的认识，建立油气成藏基本模式。二叠系—三叠系整体为断—坳复合结构，中二叠世断陷分割性强，之后沉积范围逐渐扩大，地层逐渐上超；三叠纪末，在挤压应力作用下，断陷回返，"鼻凸"形成，直至第四纪持续增强；而三叠纪末至今，"鼻凸"北面的台北前陆凹陷继承性连续沉降，其中的桃东沟群烃源岩热演化程度持续生排烃。因此，"鼻凸"利于长期会聚油气，围绕古凸起的地层上超、断陷回返褶皱、不整合、断陷扇体等有利于形成多种复合圈闭，基本勾勒出"鼻凸"复式油气聚集带的基本成藏特点。至2003年，"鼻凸"成藏模式基本建立，并预测英也尔断裂下盘马场南—连木沁地区二叠系—三叠系可以成藏，古凸起前缘地层型油藏是主要的成藏模式之一。

"鼻凸"地层格架与区带基本理清，但鉴于连4井失利，转向玉北、鲁克沁构造带下倾方向。2000年10月20日，火焰山滑脱逆冲带掩覆下的玉北2号构造开钻火6井，目的层为三叠系，钻探失利（原因为火焰山掩覆构造落实误差太大）。2004年，在鲁克沁构造带倾没端的火焰山掩覆深层构造上钻探火 8 井，三叠系、二叠系发现油气显示，但综合分析和试油均无油层，但据此进一步明确了鲁克沁稠油富集带的油气主要来源于北西方向；2006 年 5 月，在火 8 井以东上倾方向的火东构造钻火 9 井，三叠系同样见油气显示，但综合分析也没有油层。

至此，主要的常规构造圈闭基本钻完，勘探研究方向又回到了勘探程度低的连木沁地区。连木沁地区成藏模式在三年前已建立，古凸起侧翼的二叠系目的层是选项之一。于是，2006 年 2 月开始在连 4 井加深钻探连 4-s 井。连 4-s 井完钻井深 5095m，不出所料缺失了中二叠统，证实为古凸起，上二叠统—下三叠统见油气显示；2006 年 7 月 16 日，对上二叠统 4966.6~4971.6m 井段测试时，管柱回收稠油 0.73t，原油黏度在 20℃时为 7955mPa·s。紧接着，2006 年 9 月 5 日，在与连西构造带等同地位的连东鼻状构造带上钻探连 23 井，2007 年 3 月在上二叠统 4522~4529m 测试，酸化、热洗后抽汲产稠油 0.74t/d（2013 年压裂、掺稀抽汲产稠油 6.9t/d）。

连 4-s 井、连 23 井上二叠统获得油流，成藏模式得以证实，表明连木沁地区的油气输导层重点为二叠系，"鼻凸"油气成藏规律认识获得长足进展，油气勘探方向逐渐明朗。

五、二叠系油气富集区的探索与成功发现

连 4-s 井之前的马 1 井已发现上二叠统稠油，但连 4-s 井、连 23 井的发现意义不同。马 1 井上二叠统稠油的油源方向此前被解读为下倾方向的鲁克沁富集带或者是玉北构造带北西下倾方向。但连 4-s 井上二叠统发现油流后，其所在的连木沁鼻状凸起上倾方向正对马 1 井二叠系稠油油藏。这说明"鼻凸"油气来源既有北西方向，也包括北面，整体呈向南会聚之势。同时，油气从胜北洼陷中二叠统烃源岩经断层垂向调节到上二叠统后，一部分在连木沁地区成藏，然后顺斜坡向上倾方向的马场南、玉北、鲁克沁运移，其间在英也尔断裂处再次调整输导层位，在鲁克沁、玉北构造带的二叠系—三叠系成藏。以此认识展开勘探，终获较大发现。

首先，钻探马场南构造带获发现。连 4-s 井、连 23 井向南正对英也尔断裂上、下盘的玉北构造带、马场南地区。马 4 井缺失中—上二叠统，而其向北正对连 23 井所在鼻状构造带，那么，连木沁与马场南之间就存在上二叠统的尖灭带。2009 年 4 月 6 日，在连 23 井与马 1 井之间钻探英 11 井，目的层为二叠系，钻至上二叠统，在巨厚砂岩见到超过 100m 厚的油气显示；2009 年 9 月 28 日，对 3578.0~3589.0m 井段压裂、掺稀气举求产，产原油 6.0t/d，发现了马场南上二叠统上超地层油藏。2013 年 1 月，在英 11 井和连 23 井之间部署英 15 井，上二叠统梧桐沟组 3563.0~3573.0m 井段井筒掺稀试油，5mm 油嘴自喷产原油 10.5t/d，后续评价为岩性油藏。

接着，钻探玉北构造带获突破。连 4-s 井所在连西鼻状构造带向南上倾正对玉北构造带英 1 井，该井钻遇三叠系—上二叠统，上二叠统见油气显示，三叠系无显示，说明玉北构造带上二叠统是油气输导层，且油气从北面向南跨过英也尔断裂后继续运移。通过山地二维、三维地震技术攻关，使地震资料品质明显改善，由此较为准确地落实了构造带及局部圈闭；2012 年 10 月，玉北构造带玉北 1 号构造开始钻探玉北 1 井，设计目的层是三叠系，钻探期间在鲁克沁构造带有滚动评价井发现上二叠统油气显示，于是玉

北 1 井加深钻探至上二叠统，在梧桐沟组钻遇 11m 油斑砂砾岩，荧光系列对比为 11 级，气测全烃含量高达 55%，完钻后对 3786.6～3796.6m 井段试油，掺稀后用 4mm 油嘴求产，获自喷原油 38.3t/d 的工业油流，由此在玉北构造带西段发现二叠系稠油油藏。值得注意的是，该处稠油明显比三叠系稠油的黏度低得多。

2013 年，按照"整体研究、整体部署、加快评价"的方针，在玉北地区实施勘探开发一体化，主攻二叠系，落实整装规模储量，兼探三叠系，扩展含油范围，共落实 6731.51×10^4t 的效益储量。2013—2015 年相继钻探探井、评价井 10 口，有 4 口井获得成功；陆续部署钻探开发井 50 口，当年就有 40 口井试油或直接投产获得成功。地质研究逐步查明鼻状隆起背景控制油气运移、砂砾岩扇体控藏的构造—岩性油藏的控藏要素和油藏特征。玉北地区二叠系油藏范围不断向北、向更深扩展，2015 年，井口位于火焰山北坡的玉北 9 井钻探火焰山掩覆下的二叠系，在 4758～4793m 井段测井解释差油层 16.7m，试油产原油 3.0t/d。2016 年在玉北 9 井东南面钻探玉北 10H 井，完钻井深 5210m，水平井段长 557m，对水平段分 8 级 24 簇压裂求产，产原油 18.1t/d。

至此，从复合鼻状凸起成藏概念模型到大部分细节落实，历经 13 年，"鼻凸"复杂的构造地层格架与油藏分布才基本搞清。

截至 2018 年底，鲁克沁油田探明叠合含油面积 45.73km²，探明石油地质储量 1.46×10^8t。

六、超深稠油的效益动用

鲁克沁油田超深稠油的勘探开发依靠思路创新、技术进步，强化勘探与开发、地质与工程的联合攻关，实现了整体效益动用，形成了独具特色的超深稠油勘探开发配套技术系列。

1. 井筒降黏举升工艺

鲁克沁稠油地面脱气原油黏度 50℃时一般大于 10000mPa·s，属于特稠油，凝固点高，最高超过 40℃，地层稠油流到井筒再到地面，随温度降低，流动性显著降低甚至凝固。

从勘探发现稠油开始，就不断摸索稠油增产与动用方法，玉东 1 井就是依靠注液氮气举、稀油降黏、混气油排液等方法实现突破。

经过大量实践和井筒工艺攻关，还探索出空心抽油杆越泵电加热、泵上掺稀降黏等有效井筒降黏举升技术。

二叠系稠油黏度相对降低，经过改进，采用高温环空掺稀降黏后，甚至可以达到自喷的效果。

2. 常温水驱提高采收率

2000 年，鲁 2、玉东 203 块开始衰竭式开发，但压降快，效果不佳，亟需稠油驱动开发提高采收率的技术方法。

地层温度下玉 1、玉东 2 和鲁 2 块原油黏度分别为 154mPa·s、286mPa·s 和 526mPa·s。按稠油分类标准，属于普通稠油 B 类。这类油藏如果埋深小于 2000m，尚可采用热驱。但鲁克沁构造带油层埋深 2000～3700m，热采"水土不服"。必须寻找其他的稠油驱动方式。

首先针对鲁2块开展室内驱替模拟试验。虽然天然气、二氧化碳和烟道气段塞等方式优于纯水驱，但气源有限；模拟蒸汽驱，地层状态下实为热水驱，模拟200℃热水驱，但热利用率太低。模拟日注80m³不同温度水（10℃、40℃、65℃、100℃），发现到达井底后的油层温度均在40～50℃之间，效果相差无几。鉴于水驱驱油效率能达42%，结合稠油黏温曲线拐点在60～65℃，决定尝试常温注水开发。2003年，鲁2块开展注常温水开发现场试验，地层压力逐步恢复，含水和自然递减得到有效控制，水驱采收率可达15%。这一成功经验迅速在鲁8和玉东区块推广，发展成熟了适用于油层埋深2000～3500m衰竭式开发一年、转入注常温水驱的开发方式。

2000年，开发思路以鲁2块年生产原油10×10⁴t为基础，以玉东、吐玉克为接替，保持10×10⁴t初稳产。2003年产油量6.36×10⁴t。2004年，开发玉东4和玉东202块等难动用储量，以"简化流程、优化设计、优化工艺、降低投资"为指导，整合钻井、采油、井下作业等技术力量，采用压裂增产、掺稀降黏等成熟配套技术，同时简化井身结构，减少投资和降低操作成本。2007年，鲁克沁油田年产油量上升到20.65×10⁴t；并且通过深化一体化攻关，优化适用技术，在玉东形成了水驱与天然气吞吐结合采油为主体的增产技术路线；在吐玉克的超深层稠油天然气吞吐开采见效，具备经济有效动用条件。

玉北构造带东段二叠系稠油埋藏相对较浅，油层温度低，稠油黏度大，地层原油难流动，鲁克沁稠油成熟的井筒降黏举升工艺无法实现商业开采。因此，勘探开发一体化开展增产工艺研究和矿场试验。2006年开始，钻探9口水平井，取得一定增油效果，英2H、英4H井分别获产原油6.2t/d和14.7t/d的工业油流，提高产量2～3倍；2009年尝试亚临界蒸汽吞吐，未能收效；2011年，再对英4平1井实施超临界蒸汽吞吐，注汽压力28MPa，温度387℃，吞吐后初期20天产原油11t/d，有效生产期108天，平均产原油6t/d，日增产3倍，将稠油热采深度推进到2000m以下；英501井直井超临界蒸汽吞吐也见效，吞吐前无自然产能，吞吐后初期产原油6t/d，12天后稳产3t/d；开发试验区开展注热水试验，增产效果欠佳。增产工艺试验虽然能提高产量，但难于整体效益动用。

3. 长裸眼大位移定向井钻井技术

玉北构造带西段被火焰山逆冲带覆盖，针对火焰山浅表层井漏、大断层穿越、高陡地层、井深等难题，自主攻关形成山地大位移定向井钻井技术及钻井提速技术。

大位移大斜度井优化井身结构，从三层套管优化为二层套管，合理设计表层套管下深和套管尺寸；研发突破深层强研磨地层提速技术瓶颈的高性能钻头；自主设计的双扶强稳钻具稳斜定向钻进效果良好，大幅降低了轨迹调整和钻具更换次数；试验形成了大斜度井"高携带、高润滑、高造壁性"的新型钻井液体系；充分利用地层倾角"直井斜打"轨迹控制思路实现轨迹控制，保证长裸眼、大斜度井眼安全。

集成应用山地大位移定向井钻井技术及钻井提速技术，成功钻成位移超千米大位移水平井——英18H，靶前距750m，水平位移1044m，刷新了深层稠油大位移钻井2项纪录。玉北12-12井深4870m，水平位移达2279.2m。玉北14-19井深4603m，钻头数量仅使用4只；钢体PDC钻头突破深层上二叠统提速瓶颈，单只钻头进尺达1258.7m，机械钻速5.54m/h，创同区块同地层钻头使用最佳指标；首次引进并成功集成应用旋转导向钻井与双保型钻井液技术，实现了井深5100m与裸眼段长3800m的安全快速钻进。

七、勘探经验与启示

1. 以叠合盆地多含油气层系思路坚定深部构造层找油气信心

二叠系、三叠系属吐哈叠合盆地深部的构造层。周缘露头出露二叠系—三叠系，二叠系烃源岩发育，盆地性质与邻近的准噶尔盆地一致，准噶尔盆地二叠系不断取得突破，坚定了吐哈盆地二叠系、三叠系找油气信心。

1983 年重上吐哈盆地后，初期虽在托克逊凹陷、三堡凹陷三叠系获得油气发现，但规模小或者品位低，且油气源不属于二叠系烃源岩；其后至 1993 年，在台北凹陷以外相对浅埋区的二叠系、三叠系钻探，尽数失利。但接连失利并未动摇二叠系、三叠系构造层找油气的信心；1994 年终于在台北凹陷南面斜坡上的鲁克沁构造带取得突破，发现了油气富集带。

2. 明确油气源方向是鼻状凸起持续拓展的关键

发现鲁克沁三叠系稠油富集带后，在认识到本地未成熟的二叠系烃源岩不能为油气富集带提供油气源后，把油气源方向转向了大型鼻状凸起下倾方向的台北凹陷。随后于 1998 年在台北凹陷钻探鄯科 1 井，尽管没有钻遇二叠系烃源岩，但在三叠系发现了以二叠系为油气源的稀油油藏，进一步证明了二叠系烃源岩的存在。

在坚定台北凹陷是前侏罗系油气源区认识的基础上，2000 年，开始新一轮前侏罗系区域构造地层格架研究，重新解剖鲁克沁大型鼻状凸起前缘靠近台北凹陷油气源的部位。首先重点落实鲁克沁、玉北、连西（连 4 井）、连东（连 23 井）等至少 4 个次级鼻状凸起，并以之为钻探突破口；然后井震结合落实了地层格架。在此基础上，对油气通过断层、输导层、鼻状构造运聚轨迹的认识逐渐清晰，从次级鼻状凸起构造带有利区到构造岩性复合圈闭有利区，从三叠系目的层到二叠系目的层，研究认识和油气发现持续获得突破和拓展。

3. 鼻状凸起复式油气富集带形成条件

1）复杂的地层结构

大型鼻状凸起整体为斜坡，少见背斜类圈闭并聚集规模油气甚至形成常规油气藏，复杂的地层结构蕴育了大量的非背斜圈闭，为油气藏的形成创造条件。

鲁克沁大型鼻状凸起首先是一个复合鼻状凸起，由先期的二叠纪古沉降凹陷回返与先期的二叠纪古凸起复合而成，并在三叠纪末后持续增强。二叠纪古断陷本身发育扇三角洲砂体，断陷多方向物源沉积体系在后期斜坡构造有上倾尖灭的条件；二叠纪—三叠纪断—坳复合时期沉积范围扩大，向古凸起的上超普遍存在；侏罗系/三叠系不整合面发育大型的上超、顶削地层不整合；古沉降凹陷回返断褶造成地层对接关系复杂，油气输导层多样化。这些都为鼻状凸起斜坡部位形成圈闭、油藏甚至油气富集带创造了诸多有利因素。

2）长期充足的油气源

鼻状凸起斜坡汇油气条件好，但圈闭成藏条件先天不利，要形成油气富集带，就需要长期会聚油气，给非常规复合圈闭、不同的输导层、不同时期形成的圈闭提供长期的油气源机遇。鲁克沁鼻状凸起自三叠纪末形成以来持续加强，鼻状凸起倾没端一直面对和伸入持续沉降的胜北洼陷二叠系生烃区，一直是油气会聚的重要方向。

3）多复合油藏与特殊油藏

鼻状凸起斜坡常规圈闭油藏少，复合油藏、特殊油藏是重要特点。

三叠系砂岩巨厚、物性好、连续性强，同时，斜坡低断块群断距小、斜坡地层倾角陡，如果是常规油气，是难以形成圈闭的，因此，三叠系的油藏以超重稠油的形式才得以保存了下来，其轻质组分散失殆尽，黏度高，凝固点高，流动性差，小断距的低断块群连片成藏，因此是一种特殊形式的油藏，同时也需要大量的油气源供给。玉北构造带西段、连木沁地区的二叠系油藏稠油黏度相对较低，油藏圈闭几乎都是构造—岩性复合型。

4. 完善复杂构造地层格架的认识是持续开展有效勘探的保障

1994—2013 年，鲁克沁大型鼻状凸起油气分布才基本查清，说明认识的迂回曲折和油气地质条件的复杂。其中，明确构造地层格架基本特点很重要。

1997 年，英也尔回返断裂被发现后，通过全盆地区域地质研究进一步明确了二叠系为断陷；分解了构造层以研究盆地性质与构造特点，剥离了侏罗系表皮滑脱构造体系的影响，恢复了二叠系、三叠系断—坳构造层经后期挤压改造的演化过程，于 2000 年建立了鲁克沁大型鼻状凸起及其构造地层基本格架，理顺了其构造区带构成，并于 2003 年建立相应成藏模式及基本特点，这些地质认识推动了勘探的突破发现。

鲁克沁大型鼻状复式油气聚集带勘探程度不均衡，还有一些勘探程度较低的区带或者构造与沉积体系落实程度较低的区块，待以后勘探挖潜。

5. 技术进步是复杂油气藏区带深化扩展的重要支撑

鲁克沁稠油富集带油质重稠，难以开采，钻井、压裂、增产工艺等技术不断提升和创新，常温水驱、水驱和天然气吞吐为主体技术的开采技术，以及薄层稠油藏长水平段与环空掺稀结合试采技术等的成功摸索，促使稠油储量有效动用升级，促进了稠油勘探的持续扩展。

针对地表及地下地质构造复杂，形成了三维地震以偏移基准面的选取、网格层析速度建模、叠前逆时偏移处理技术为核心的复杂地质条件的偏移成像处理技术流程，提高了勘探成功率。针对火焰山逆冲带之下的掩覆构造，形成了深层大位移井优快钻井技术，为发现油气新区和评价油气分布提供了重要条件。

第十章 油气资源潜力与勘探方向

吐哈盆地历经多年勘探，截至 2018 年底，已在古近系至二叠系多套层系中发现油气储量。在中国石油四次资源评价中，采用最新的油气资源评价方法和技术，对吐哈盆地油气资源潜力开展客观评价，为油气勘探战略决策和规划部署提供科学依据（资料和数据应用时限截至 2015 年底）。

第一节 油气资源评价与预测

吐哈盆地油气分布层系较多，油气资源丰富，客观、准确的开展盆地的油气资源预测意义重大。下面主要从油气资源评价方法、参数选取、生烃量及资源量计算等方面进行论述。

一、油气资源评价方法与参数体系

1. 方法体系

依据评价对象的级别、范围、勘探程度、认识程度和油气储量探明程度等多因素综合分析，结合油气资源评价各方法的适用范围，来确定吐哈盆地不同级别构造单元油气资源的评价方法体系。对于凹陷级别的常规油气资源评价，采用盆地模拟法和资源丰度类比法；对于勘探程度、认识程度和资源探明程度高的区带，采用以统计法为主，运聚单元法和丰度类比法为辅进行综合评价；其余勘探程度较低的区带以类比法为主，结合统计法、运聚单元法开展资源评价（表 2-10-1）（郭秋麟等，2015）。

表 2-10-1 吐哈盆地油气资源评价方法与应用对象

方法分类	方法名称	应用对象
成因法	运聚单元法	凹陷或区带
	盆地模拟法	盆地、坳陷
统计法	油藏规模预测法	区带
	油藏发现过程法	
	广义帕莱托法	
	探井进尺法	
类比法	丰度类比法	区带

吐哈盆地是一个富含油气的聚煤盆地，台北凹陷侏罗系是我国煤成烃研究获得丰硕成果的地区。通过在台北凹陷建立凹陷、洼陷、区带三级煤成烃刻度区，为油气资源评

价奠定了良好的基础（王志勇等，2004）。

2. 参数体系

吐哈盆地常规油气资源评价参数体系主要评价油气成藏的地质条件和控制因素，具体包含烃源岩、圈闭、储层、盖层和配套等五项，以及各项中的子因素共23项（表2-10-2）。该五项条件是决定一个区带是否具有油气藏的五个独立事件，缺一则区带不能形成油气藏。

表 2-10-2　吐哈盆地油气资源评价参数体系

参数类型	参数名称	参数类型	参数名称
圈闭条件	圈闭类型	烃源条件	烃源岩厚度（单位：m）
	圈闭面积系数		有机碳含量（单位：%）
	圈闭幅度（单位：m）		有机质类型
盖层条件	盖层厚度（单位：m）		成熟度
	盖层岩性		供烃面积系数
	断裂破坏程度		供烃方式
储层条件	储层沉积相		生烃强度（单位：$10^6 t/km^2$）
	储层百分比（单位：%）		生烃高峰时间
	储层孔隙度（单位：%）		运移距离（单位：m）
	储层渗透率（单位：mD）		输导条件
		配套条件	时间匹配
	储层埋深（单位：m）		生储盖配置

二、油气资源预测

1. 吐哈盆地侏罗系生烃量

采用盆地综合模拟系统 BASIMS6.0（郭秋麟等，2006）对吐哈盆地侏罗系开展盆地模拟，侏罗系各层烃源岩总生油量 $208.48 \times 10^8 t$，总生气量 $256641.08 \times 10^8 m^3$（表2-10-3）。从生油量和生气量构成来看，侏罗系主力生烃层系为中—下侏罗统水西沟群煤系烃源岩。

表 2-10-3　吐哈盆地侏罗系各层烃源岩生油、气总量一览表

烃源岩层	J_2q	J_2s	J_2x		J_1		合计
岩性	泥岩	泥岩	泥岩	煤	泥岩	煤	
生油量 /$10^8 t$	23.59	7.01	55.15	41.05	52.01	29.67	208.48
生气量 /$10^8 m^3$	13994.81	3396.84	37214.94	60966.19	67367.58	73700.72	256641.08

2. 区带划分

区带是指由一组圈闭或油气田组成的具有共同石油地质成因的、介于含油气盆地（或油气系统）与圈闭之间的地质单元。它包括共同的生烃、排烃、运移、聚集史及其构成的同一个油气聚集区，较二级构造单元的内涵更为灵活、广泛，同时又是根据区性战略部署规划需要，具体用于生产实践的评价单元。区带资源评价需在区带划分的基础上进行。

吐哈盆地已发现油气资源分布于中、上两个含油气系统。从已发现和探明的油气资源分布看，上含油气系统明显受控于凹陷或中央的正向地质单元，每个单元具有相同的发育史及相似的成藏条件。依据这些规律，结合烃源条件，上含油气系统划分为8个评价区带进行资源评价（表2-10-4），即西部弧形带、火焰山带、胜北带、红连—七克台带、鄯善弧形带、北部山前带西段、北部山前带东段、环小草湖带，最后将区带资源量归总作为吐哈盆地常规油气资源。

吐哈盆地前侏罗系中含油气系统油气运聚规律认识较为清晰，依据区带划分的基本原则和勘探认识程度，将前侏罗系中含油气系统划分为六个评价区带，即乌苏—伊拉湖带、北部山前带、鲁克沁—红连带、鄯善弧形带、环小草湖带和四道沟带。

表 2-10-4　吐哈盆地评价单元划分表

含油气系统	坳陷/凹陷	区带	区带面积/km²
上含油气系统	台北凹陷	西部弧形带	604
		火焰山带	432
		胜北带	375
		红连—七克台带	780
		鄯善弧形带	841
		北部山前带西段	401
		北部山前带东段	693
		环小草湖带	969
中含油气系统	台北凹陷	北部山前带	998
		环小草湖带	1032
		鄯善弧形带	538
		鲁克沁—红连带	1176
	托克逊凹陷	乌苏—伊拉湖带	718
	三堡凹陷	四道沟带	576

3. 油气资源预测结果

吐哈盆地资源评价采用自下而上的方式进行，即先对各区带进行资源评价，然后全区汇总得出全盆地的资源。

区带资源量估算主要使用类比法，对于勘探程度相对较高、有一定规模的油气藏发现探明的区层还使用了统计法（油藏规模序列法、发现过程法、广义帕莱托法等）和成因法。

以类比法为核心，结合统计法、成因法，应用特尔菲法进行加权平均后，吐哈盆地石油地质资源量 $10.09 \times 10^8 t$。其中，上含油气系统石油地质资源量 $4.84 \times 10^8 t$，占总资源量的47.92%；中含油气系统石油地质资源量 $5.25 \times 10^8 t$，占52.08%。盆地常规天然气主要分布于上含油气系统，天然气地质资源量 $2434.58 \times 10^8 m^3$（表2-10-5）。

表2-10-5 吐哈盆地常规石油、天然气资源量汇总表

含油气系统	区带	面积/km²	石油资源量/10⁴t		天然气资源量/10⁸m³	
			探明	地质资源量	探明	地质资源量
上含油气系统	西部弧形带	604	4929.48	8343.33	99.33	225.90
	红连—七克台带	780	2257.70	3258.62	32.19	282.60
	胜北带	375	499.00	2835.00	26.37	251.52
	鄯善弧形带（上）	841	16313.52	22677.80	651.68	929.68
	北部山前带西段	401	889.00	2777.75	21.46	129.90
	北部山前带东段	693	1080.16	3270.36	65.20	162.38
	环小草湖带（上）	969	358.85	3403.50	125.79	327.80
	火焰山带	432		1788.30		124.80
	小计	5095	26327.71	48354.66	1022.02	2434.58
中含油气系统	鲁克沁—红连带	1176	14658.06	30944.90		
	北部山前带	998		8234.50		
	鄯善弧形带（中）	538		6429.20		
	环小草湖带（中）	1032		4108.50		
	乌苏—伊拉湖带	718	84.02	1658.00		
	四道沟带	576		1174.00		
	小计	5038	13873.71	52549.10		
合计			41069.79	100903.76	1022.02	2434.58

4. 历次资源评价结果对比

自台参1井油气勘探获得突破以来，吐哈盆地先后进行过五轮油气资源评价（表2-10-6）。资料基础不断丰富，从早期的少量钻井资料、二维地震格架控制，到探井密度达 3.76 口 /100km²、全凹陷的大连片的三维地震覆盖；评价方法从早期单一的成因法到现今统计法、类比法、成因法综合使用。总体上说，随着勘探程度的增加，地质认识不断深化，地质资料不断丰富，以及资源评价方法的不断完善，对盆地资源潜力的认识也不断趋于合理。

表 2-10-6　吐哈盆地历次油气资源评价方法及结果对比简表

资源评价轮次	完成时间	石油资源量 /10⁸t	天然气资源量 /10⁸m³	研究方法
全国第二次资源评价	1993 年	15.75	3650	成因法　统计法
中国石油第三次资源评价	2002 年	7.39	2046	成因法　统计法　类比法
油田资源评价	2008 年	8.93	1738	成因法　统计法　类比法
全国油气资源动态评价	2013 年	8.99	2763	成因法　统计法　类比法
中国石油第四次资源评价	2015 年	10.09	2435	成因法　统计法　类比法

从历次资源评价方法来看，二次资源评价以成因法为核心结合统计法，2002 年三次资源评价以来三大类方法均有使用，仅侧重不同，导致二次资源评价结果明显偏高。除方法之外，三次资源评价引入地质资源量的概念，即最终可探明的油气资源总量，与二次资源评价的资源量为远景资源量存在较大差异，也是影响结果的重要因素。虽然方法、定义均有所不同，但对盆地资源整体的认识差别不大，这是资源评价结果波动不大的根本原因。

从历次资源评价中对含油气系统或烃源岩评价的对比看，均认为中—下侏罗统水西沟群煤系烃源岩、中二叠统桃东沟群湖相泥岩是盆地主要烃源岩。但受地震资料等条件限制，中二叠统桃东沟群烃源岩落实程度较低，一直未开展盆地模拟，这也是盆地油气资源波动的主要影响因素。

第二节　油气资源潜力分析

吐哈盆地油气资源潜力较大，但各层系和区带的油气资源是多少，油气资源探明了多少，还剩余多少等，下面从层系和区带等方面进行论述。

一、各凹陷油气资源潜力

吐哈盆地石油、天然气地质资源分布于台北凹陷、托克逊凹陷和三堡凹陷（表2-10-7）。平面上资源分布具有明显的不均衡性。其中，台北凹陷为主要的石油、天然气资源分布区，石油地质资源量 $98072 \times 10^4 t$，占盆地的 97.19%，天然气地质资源量 $2435 \times 10^8 m^3$，占盆地的 100%。托克逊凹陷和三堡凹陷石油、天然气资源占比较低，其中托克逊凹陷石油地质资源量 $1658 \times 10^4 t$，占盆地的 1.64%；三堡凹陷石油地质资源量 $1174 \times 10^4 t$，占盆地的 1.16%。

从油气资源探明率来看，盆地石油地质资源总量 $100904 \times 10^4 t$，截至 2018 年全盆地常规油气分别探明 $41070 \times 10^4 t$、$1022 \times 10^8 m^3$，油气探明率分别为 40.70%、41.97%。比较各二级构造单元，石油、天然气资源探明率仅台北凹陷大于 40%，托克逊凹陷石油探明率仅 5.07%，三堡凹陷尚无油气探明储量。

从油气剩余资源角度来看，台北凹陷虽然探明率高，但剩余资源潜力也相对最大，剩余石油地质资源量 $57086 \times 10^4 t$、天然气地质资源量 $1413 \times 10^8 m^3$，分别占盆地剩余地质资源量的 95.41% 和 100%。而托克逊凹陷和三堡凹陷剩余石油地质资源量分别为 1574×10^4t 和 1174×10^4t，占盆地剩余石油地质资源量的 2.63% 和 1.96%，也就是说台北凹陷将是未来中长期勘探的主要领域。

表 2-10-7　吐哈盆地常规石油、天然气资源分布表

二级构造单元	面积 / km^2	探明资源量		地质资源量		剩余资源量		探明率 /%	
		石油 / 10^4t	天然气 / 10^8m^3	石油 / 10^4t	天然气 / 10^8m^3	石油 / 10^4t	天然气 / 10^8m^3	石油	天然气
台北凹陷	10100	40986	1022	98072	2435	57086	1413	41.79	41.97
托克逊凹陷	2593	84	0	1658		1574		5.07	
三堡凹陷	2366	0	0	1174		1174		0	
合计		41070	1022	100904	2435	59834	1413	40.70	41.97

二、各层系油气资源潜力

吐哈盆地石油地质资源量 100904×10^4t。其中，侏罗系分布 42982×10^4t，占总量的 42.60%；三叠系分布 30614×10^4t，占总量的 30.34%；二叠系分布 21935×10^4t，占总量的 21.74%；白垩系和古近系相对较少，分别为 3321×10^4t 和 2052×10^4t，占总量的 3.29% 和 2.03%。

常规天然气资源仅对上含油气系统进行了计算，天然气总地质资源量 $2435 \times 10^8m^3$。其中，侏罗系分布 $2273 \times 10^8m^3$，占总量的 93.35%；白垩系和古近系相对较少，分别为 $88 \times 10^8m^3$ 和 $74 \times 10^8m^3$，占总量的 3.61%、3.04%。

从石油和天然气资源在纵向层系的分布看，呈现单峰近正态分布特征，侏罗系油气资源量最大，其次为三叠系和二叠系，白垩系、古近系资源量相对最少（表 2-10-8）。

表 2-10-8　吐哈盆地层系油气资源分布表

层系	石油				天然气			
	探明资源量 / 10^4t	地质资源量 / 10^4t	剩余资源量 / 10^4t	探明率 / %	探明资源量 / 10^8m^3	地质资源量 / 10^8m^3	剩余资源量 / 10^8m^3	探明率 / %
E	1617	2052	435	78.80	52	74	22	70.27
K	2658	3321	663	80.04	47	88	41	53.41
J	22053	42982	20929	51.31	923	2272	1349	40.63
T	11076	30614	19538	36.18				
P	3667	21935	18268	16.72				
合计	41070	100904	59834	40.70	1022	2435	1413	41.97

从石油资源探明率来看，探明率依次为白垩系80.04%、古近系78.80%、侏罗系51.31%、三叠系36.18%和二叠系16.72%。天然气资源探明率有着相似的规律，即古近系最高70.27%，白垩系其次53.41%，侏罗系最低40.63%。

从剩余油气资源来看，侏罗系、三叠系和二叠系剩余石油资源量相近，均为$2 \times 10^8 t$左右，而白垩系和古近系剩余油气资源量极少，主力含油层系油气仍有较大的资源潜力和勘探潜力。

总体来看，随着层系的加深，勘探程度也随之降低，难度增大，资源探明率也呈现降低的趋势。前侏罗系是剩余油气资源的主要分布层系，因此紧邻二叠系生烃凹陷周缘的古凸起前缘是前侏罗系的有利勘探方向。

三、区带优选评价

吐哈盆地上含油气系统划分为8个评价区带，中含油气系统划分为6个区带。区带优选评价主要包括区带地质风险评价、剩余未探明资源总量。

地质评价值以油气成藏五大项26小项打分综合加权获得，并经过归一化获得地质评价系数a；资源评价系数b以区带内剩余未探明资源量归一化获得。

综合评价系数按下式计算获得：

$$R = \left[(1-a)^2 + (1-b)^2 \right]^{1/2}$$

按综合评价系数$R > 0.6$、$0.6 \geq R > 0.25$、$R \leq 0.25$将区带划分为Ⅰ、Ⅱ、Ⅲ三类有利区带。其中Ⅰ、Ⅱ、Ⅲ三类有利区带分别为3个、6个和5个（表2-10-9）。

表2-10-9 吐哈盆地区带综合评价排队表

区带名称	层系	剩余地质资源量/10^4t	地质评价值	综合评价值	综合排队	有利区类型
鄯善弧形带（上）	J	6364.28	0.31	0.96	1	Ⅰ
鲁克沁—红连带	T+P	16286.84	0.28	0.85	2	
西部弧形带	E—J	3413.85	0.28	0.64	3	
北部山前带西段	J	1888.75	0.16	0.39	4	Ⅱ
北部山前带东段	J	2190.20	0.14	0.38	5	
环小草湖带（上）	J	3044.65	0.1	0.38	6	
胜北带	K—J	2336.00	0.11	0.35	7	
红连—七克台带	E—J	1000.92	0.18	0.33	8	
鄯善弧形带（中）	T+P	6429.20	0.07	0.26	9	
北部山前带	T+P	8234.50	0.04	0.25	10	Ⅲ
火焰山带	J	1788.30	0.07	0.24	11	
乌苏—伊拉湖带	T	1573.98	0.11	0.2	12	
四道沟带	T	1174.00	0.11	0.19	13	
环小草湖带（中）	T	4108.5	0.02	0.13	14	

Ⅰ类有利区带 3 个，分别是上含油气系统的鄯善弧形带、西部弧形带；中含油气系统的鲁克沁—红连带。这三个区带均有相对规模的油气发现，同时，经过长期的勘探，对这三个区带油气成藏控制因素规律把握相对清楚，地质风险较低，评价值在 0.28 以上，结合较多的剩余地质资源量，其综合评价值在 0.6 以上，是盆地中长期有利的勘探目标区。

Ⅱ类有利区带有 6 个，依次是北部山前带西段、北部山前带东段、环小草湖带（上）、胜北带、红连—七克台带、鄯善弧形带（中）。这些区带剩余待探明油气资源总量 $0.15 \times 10^8 \sim 0.65 \times 10^8 t$，地质评价值 0.07～0.16。相对Ⅰ类区带而言，剩余待探明油气资源总量较少，探井密度相对较低，地质评价偏低，油气成藏控制因素规律尚未把握清楚，但已有油气田发现，是较有利的勘探区，具有一定的资源和勘探潜力。

Ⅲ类有利区带有 5 个，按评价高低依次是北部山前带、火焰山带、乌苏—伊拉湖带、四道沟带、环小草湖带（中）。这些区带剩余待探明油气资源总量 $0.12 \times 10^8 \sim 0.82 \times 10^8 t$，地质评价值 0.02～0.11，虽然相对Ⅱ类有利区带剩余地质资源量并不低，但探井密度低，已发现油气储量少，油气成藏控制因素尚不清楚，地质评价低，是盆地长期勘探的远景区。

第三节　重点勘探领域与方向

吐哈盆地油气资源丰富，资源潜力较大，除了已探明的油气资源外，还有很多剩余的油气资源待发现，如何去寻找这些剩余油气资源，下面重点从勘探层系、重点领域和有利区带等方面进行论述。

一、有利油气勘探方向

吐哈盆地经历了多期构造运动，造就了多旋回性叠合型盆地，发育多套生储盖组合。不同的储盖组合由于自身的发育特征及受烃源条件的制约，吸纳和保存油气的能力有差别。结合地质评价以及油气剩余资源的层系分布，盆地油气勘探主要有两大方向。

1. 侏罗系

根据层系多因素地质评分，侏罗系石油地质资源量最大，勘探潜力最佳。常规油气石油地质资源量 $4.2982 \times 10^8 t$，占盆地石油地质资源量的 42.6%；天然气地质资源量 $2272.34 \times 10^8 m^3$，占盆地地质资源量的 93.32%。另外，水西沟群低渗透砂岩气地质资源量 $5087.66 \times 10^8 m^3$，可采资源量 $1940.6 \times 10^8 m^3$。

从剩余地质资源量来看，侏罗系仍然是盆地资源潜力最大的层系。经过数十年的勘探，截至 2018 年底，侏罗系共探明石油地质储量 $2.2449 \times 10^8 t$，占盆地探明石油地质储量的 53.69%；探明天然气地质储量 $923.00 \times 10^8 m^3$，占盆地天然气探明储量的 90.31%。从未探明资源序列来看，侏罗系剩余地质资源最大，未探明石油地质资源量 $2.0929 \times 10^8 t$，占盆地上含油气系统常规油气剩余未探明石油地质资源量的 95.02%；未探明天然气地质资源量为 $1349.00 \times 10^8 m^3$，占盆地上含油气系统常规油气未探明天然气地质资源的 95.47%，是盆地有利勘探领域，也是主要勘探方向。

2. 二叠系和三叠系

依据现有地质资料的认识和近几年的勘探发现，对二叠系和三叠系成藏地质条件的综合评价和资源量估算，三叠系石油地质资源量 $3.0614 \times 10^8 t$，截至 2018 年底探明石油地质储量 $1.1076 \times 10^8 t$，剩余石油地质资源量 $1.9538 \times 10^8 t$；二叠系石油地质资源量 $2.1935 \times 10^8 t$，截至 2018 年底探明石油地质储量 $0.3667 \times 10^8 t$，剩余石油地质资源量 $1.8268 \times 10^8 t$。总体来看，二叠系和三叠系石油地质资源量 $5.2549 \times 10^8 t$，截至 2018 年底探明石油地质储量 $1.4743 \times 10^8 t$，探明率仅 28.06%，剩余资源量多，勘探潜力大，是盆地较有利的勘探领域和方向。

二、重点勘探领域与有利区带

依据区带地质评价和剩余未探明资源量两项参数，综合评价进行区带的优选排队，确定未来的重点勘探领域和区带。盆地优选评价出 I 类有利区带三个，分别为鄯善弧形带（上）、鲁克沁—红连区带和西部弧形带。

1. 鄯善弧形带

鄯善弧形带为台北凹陷中部的富油气区带，紧邻或处于桃东沟群和水西沟群两套主力生烃洼陷，区带面积约 840km²，中—上两套含油气系统总资源量 $29107 \times 10^4 t$。

上含油气系统石油地质资源量 $22677.80 \times 10^4 t$，截至 2018 年底探明石油地质储量 $16313.52 \times 10^4 t$，剩余区带油气资源丰度为上含油气系统最高的区带，仅次于中含油气系统的鲁克沁—红连稠油富集带，石油地质资源丰度为 $26.97 \times 10^4 t/km^2$。鄯善弧形带油藏类型多样，为典型的复式油气聚集带，主力油气藏为中侏罗统三间房组及西山窑组。由于三间房组构造油藏勘探程度高，剩余油藏类型上以单砂体、砂体尖灭、构造—岩性油藏为主，油气勘探的关键是精细沉积微相和储层研究，精细砂体展布规律与改造的匹配关系；层系上中侏罗统西山窑组下段和下侏罗统勘探程度低，潜力大，是未来的主要接替层系。地质条件上该区紧邻生烃中心，烃源充足，南物源河道砂体发育，纵向上发育五套目的层，多口井在水西沟群潜力层段见油流或油气显示。丘陵构造带是继承性构造发育带，是构造—岩性油藏扩展的主要区域。晚燕山期是鄯善弧形带主要成藏期，温吉桑构造带晚喜马拉雅期构造被强烈改造，古油藏被改造调整，天然气充注，形成气藏，调整后的油气向古构造两翼重新调整聚集，古构造两翼是侏罗系岩性油气藏发育的有利部位，也是油气精细勘探的有利地区。

中含油气系统剩余石油地质资源量 $6429.20 \times 10^4 t$，已发现鄯善深层三叠系油藏，丘陵断背斜上的陵深 2 井三叠系获得低产油流，米登背斜上的吉 3 井也发现油气显示，已证实鄯善弧形带三叠系具备良好成藏条件，有较大的勘探潜力。

中—上两套含油气系统兼顾资源潜力和勘探潜力大。

2. 西部弧形带

西部弧形带即葡北—雁木西古弧形带，石油地质资源量 $8343.33 \times 10^4 t$，截至 2018 年底探明石油地质储量 $6028.41 \times 10^4 t$，剩余石油地质资源量 $3413.85 \times 10^4 t$，石油探明率为 59.08%。虽然该区带石油地质资源量探明率较高，但油气资源丰度较高，为 $13.81 \times 10^4 t/km^2$，在上含油气系统中仅次于鄯善弧形带，油气性质以轻质油、气为主，原油密度 0.80～0.83g/cm³，黏度 1.1～6.7mPa·s，气油比较高，含油气层中侏罗统西山窑组—七克台组、白垩系、古近系埋藏浅，一般1600～3500m。储层物性好，地层压力较高，压力系数一般1.0～1.15，油井单井产量高，一般20～100t/d，一旦获得发现即可成为高效建产区块，是近期油气勘探增储上产的重要领域。

该区带发育三排构造，西缘外带发育地层岩性复合型圈闭，以亚尔湖—胜南—雁木西一带为代表；斜坡区以构造—岩性圈闭为主，以神泉—葡萄沟—葡北一带为代表；内缘以水西沟群低幅度构造—岩性为主，以火焰山—火北一带为代表。该区下步工作以"两宽一高"（宽方位、宽频带、高分辨率）三维地震资料为基础，井震结合，持续开展巨厚砾石层低降速带、变速成图和精细砂体预测等研究，精细落实低幅度构造与岩性砂体，落实有效圈闭，扩大勘探成果。

3. 鲁克沁—红连区带

鲁克沁—红连区带位于库木凸起前缘，是中含油气系统最有利的区带，石油地质资源量30944.90×10^4t，截至2018年底探明石油地质储量14658.06×10^4t，剩余石油地质资源量16286.84×10^4t，探明率47.37%。

该区带是盆地油气资源丰度最高的超深稠油富集区带，资源丰度28.44×10^4t/km²，油层厚度一般为80～100m，储量丰度高达200×10^4～500×10^4t/km²，原油为较高密度的稠油，地面原油密度0.90～0.98g/cm³，50℃时黏度一般大于1000mPa·s，油层埋深1700～5000m。中—上三叠统克拉玛依组和上二叠统梧桐沟组为主力油层段，油藏类型梧桐沟组以构造—岩性油藏为主、三叠系克拉玛依组以断块油藏为主。

该区带中—上二叠统成藏条件较好，库木凸起前缘鲁克沁大型复式鼻状凸起北部紧邻中二叠统桃东沟群生烃中心，烃源充足（王昌桂等，2004），沿鼻状构造背景会聚；鲁西、马场两大古凸起前缘断坡发育扇三角洲沉积体系砂体，湖相泥岩与砂体间互分布，储盖匹配关系好；鼻状隆起构造背景上易于形成断鼻型、构造—岩性复合型等类型圈闭；原油在地面条件下为稠油，但在地层条件下，原油密度0.852～0.877g/cm³，原油黏度9.69～26.82mPa·s，为普通黑油，易于开发。

二叠系油气成藏基本规律可概括为"断陷控源、古凸控砂、鼻隆控藏"。已发现玉北和马场南两个含油的扇三角洲砂体，效益开发工艺技术已成熟，因而区带扩展勘探有较大潜力（苟红光，2015）。

三叠系已经探明了鲁克沁稠油富集带，该带中—上三叠统克拉玛依组成藏条件优越，发育广覆式半深—浅湖、辫状河三角洲前缘交互沉积，储层整体发育，下段发育厚层砂砾岩、砂岩，上段灰色、深灰色泥岩与细砂岩不等厚互层，储盖组合良好；自晚印支期以来持续发育古鼻状隆起，北部凹陷桃东沟群油气沿早期控制鼻状隆起背景的深大断裂自北向南运移调整运聚，于古鼻状隆起背景聚集成藏，后期沿三叠系克拉玛依组储集输导层自西向东调整；早燕山期成藏，早期浅埋，储层原生孔隙较为发育，上覆水西沟群煤系沉积期，储层产生酸性水淋滤溶蚀孔隙发育带，储层物性进一步变好；油气沿大型继承性鼻状隆起脊线运移，并在断块、断鼻及地层型圈闭聚集成藏。三叠系油气成藏基本规律可概括为"古今鼻隆背景控富集、上倾断层封堵是关键"。成藏规律和控藏要素已经明确，剩余资源量大，深化勘探仍有较大的潜力。

第三篇
三塘湖盆地

第一章 概　　况

　　三塘湖盆地是位于新疆维吾尔自治区东北部的中型含油气盆地。油气勘探始于20世纪50年代，50—80年代开展了地质调查和研究工作，90年代开始大规模的油气钻探，二十多年来，盆地在石炭系—侏罗系发现三套油气成藏组合，以低压砂岩油藏、火山岩油藏、凝灰岩油藏等为特色，探明油气地质储量约 $1.68×10^8t$。

第一节　自　然　地　理

　　三塘湖盆地是一狭长型不规则山间盆地。其西邻准噶尔盆地，南与吐哈盆地隔山相望，呈北西—南东走向。行政区划属新疆维吾尔自治区哈密市巴里坤哈萨克自治县（以下简称巴里坤县）和伊吾县管辖，地理坐标介于东经 $91°30′\sim95°45′$ 和北纬 $43°35′\sim45°00′$ 之间。盆地四周环山，南北以麦钦乌拉山和苏海图山为界，西起姜库都克，东至下马崖乡，东西长500km，南北宽 $40\sim70$km，面积 $2.3×10^4km^2$，第四系覆盖面积约 $1.8×10^4km^2$（图3-1-1）。盆地北界与中蒙边界紧邻，中蒙老爷庙口岸位于盆地边界与国界的交会处。

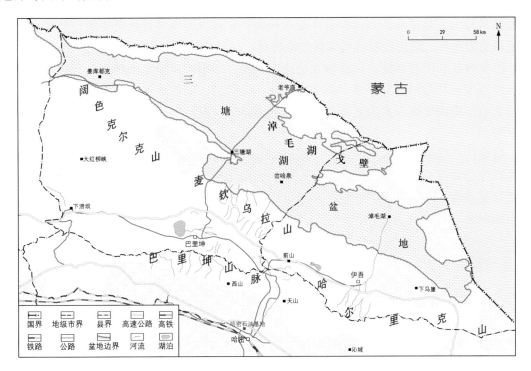

图 3-1-1　三塘湖盆地地理交通图

盆地地势总体西北高、东南低，南北方向呈南高北低。盆地南界山系高耸峻拔，海拔一般2000～3000m，北界大哈甫提克山及苏海图山海拔2000～2500m，向东降低，老爷庙以东界山经风化剥蚀，几乎被夷为平地，基岩准平原化，海拔一般600～800m。盆地内大部分区域地表水资源缺乏，植被稀少，基本为戈壁荒滩，发育数条自南而北的现代冲沟，地势整体起伏小。

盆地气候属典型的温带大陆性干旱气候，干旱少雨，年平均降水量仅35mm，蒸发量则高达3900mm。夏季酷热，最高温度40℃，时有6级以上强风。冬季严寒，温度最低 -32℃。昼夜温差大，极端温差67℃。盆地周缘部分山系常年积雪，南部有英格库勒湖、伊吾河，水质类型为NaCl—NaHCO$_3$—NaSO$_4$型。第四纪以来，气候总体较为干旱，盆地沉积中心集中于条湖、马朗和淖毛湖一带，早期有大气降水或地表水形成的地表浅水湖泊，现今还零星分布干芦苇地。此外，盆地南部巴里坤北山年降水量大于200mm，岩石裂隙发育，地下水接受大气降水的一定补给；白依山年降水量25～50mm，地下水补给相对匮乏，周缘山系冰雪融化后对盆内地下水有一定补充。

盆地所在的巴里坤县和伊吾县，居住民族主要有汉族、哈萨克族、维吾尔族、蒙古族和回族等，其中汉族、哈萨克族人数最多。巴里坤县三塘湖乡取名于南北走向丘陵中分布的三片水草地，自古以来，是古丝绸道上驼商的必经之地，有巴里坤"草原哨卡"之称。

盆地南部的巴里坤县和东部的伊吾县农业有晚熟哈密瓜、小麦、豌豆等。淖毛湖牌哈密瓜在2000年度被中国农业发展促进工程组委会评定为"中国农业精品"。牧业有牛、羊、马、骆驼等。

盆地及周边矿产资源丰富，主要有煤炭、石油、黄金、铁矿、膨润土等。这些矿产资源储量较大、品位高，多已探明并投入开发，光和风能也是盆地重要的自然资源，已建成风力发电厂；煤炭资源也向清洁能源转化，已建成淖毛湖煤气化工厂。

巴里坤县和伊吾县旅游风景和文化遗产丰富。巴里坤草原是新疆第二大草原，盆地东部伊吾胡杨林是国内分布最为集中、地球上树龄最长的胡杨林。其他风景和文化遗产有哈密至三塘湖烽燧、天山老爷庙、哈尔力克冰川、巴里坤鸣沙山、苇子峡谷、老爷庙口岸等。

盆地所在区域交通较为便利。主要公路有哈密市口岸公路G575，连通哈密市到老爷庙口岸，横穿盆地，与G7、G30、G312相接；此外，巴里坤到伊吾县级公路及乡间公路纵贯盆地。淖毛湖镇至甘肃红柳河运煤铁路与甘肃河西走廊相接。哈密市民航机场与内地相通。

第二节　勘　探　简　况

三塘湖盆地自20世纪50年代开展地质调查，大规模的石油地质勘探始于1992年。二十多年以来，进行了地质调查、地球物理勘探、钻探及油田开发，获取了丰富、翔实的资料。落实了盆地地质特征与油气地质条件，发现了3个油田，30多个油气藏与含油气构造。油田自1999年开始逐步投入开发，截至2018年底，累计生产原油329.4×10^4t。

一、勘探工作量及勘探程度

三塘湖盆地完成 1∶200000、1∶50000 地质图，重、磁、电全覆盖，条湖和马朗凹陷二维地震测网密度 0.5km×0.5km～1km×1km，其他地区 1km×2km～2km×4km，马朗凹陷三维地震全覆盖，条湖凹陷大部分三维地震覆盖（图 3-1-2）。盆地钻井集中于马朗凹陷和条湖凹陷。

1. 石油地质调查

盆地地质调查完成 1∶200000、1∶50000 的地质测量，完成覆盖全盆地 1∶200000 地质调查报告和图件，编制了 1∶100000 地质矿产图。

2. 地球物理勘探

截至 2018 年底，完成 1∶200000 的重磁电普查、马朗凹陷高精度重力、磁力、建场测深施工，其中重力基线 300km，普线 3106km；磁力测线 3106km；建场测深测线 108km；完成 TEM613.2km、时频电磁 70km。完成二维地震长度 15994.32km，三维地震 17 块满覆盖面积 3041.68km²，其中马朗凹陷 1591.1km²，条湖凹陷 828.2km²，汉水泉凹陷 161km²，岔哈泉凸起 133.9km²，方方梁凸起 294.7km²（表 3-1-1、图 3-1-2）。

表 3-1-1　三塘湖盆地勘探工作量统计表

勘探工作量	二维地震 /km	三维地震 /km²	探井数 / 口	探井进尺 /10⁴m
合计	15994.32	3041.69	238	62.85

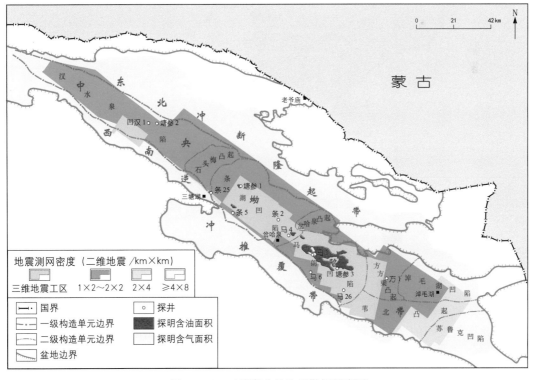

图 3-1-2　三塘湖盆地地震勘探程度图

3. 钻探

1993—2018 年，盆地内共钻探井 238 口，总进尺 62.85×10⁴m。其中马朗凹陷 184 口，进尺 44.6×10⁴m，出油 67 口；条湖凹陷 49 口，进尺 14.46×10⁴m，出油 11 口；汉水泉凹陷 4 口，进尺 1.99×10⁴m，未发现油气显示；淖毛湖凹陷 2 口，进尺 0.5×10⁴m，未发现油气显示；苇北凸起 3 口，进尺 1.1×10⁴m，方方梁凸起 2 口，进尺 0.79×10⁴m，未发现油气显示。

二、勘探主要成果

经勘探，查明盆地构造格局和基本石油地质条件，落实了马朗、条湖两个富油凹陷，发现了下部（上石炭统）、中部（二叠系—侏罗系）和上部（三叠系—侏罗系）三套油气成藏组合；在石炭系、二叠系、三叠系、侏罗系四套层系获得工业油气流，证实条山凸起前缘、北小湖鼻状隆起和马朗—条湖南缘冲断带三个油气聚集区带，发现了三塘湖油田、牛东油田及北小湖油田，石板墩和黑墩 2 个含油气构造（图 3-1-3），探明石油地质储量约 1.68×10⁸t；形成了侏罗系低渗低压砂岩油藏、火山岩油藏和凝灰岩致密油藏的成藏地质理论和勘探开发技术。

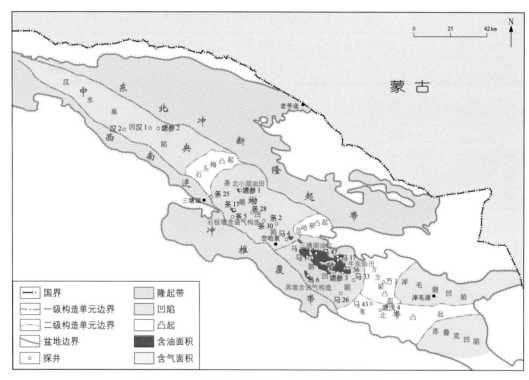

图 3-1-3 三塘湖盆地油气田及含油气构造分布图

在油气勘探开发实践中，发展形成中侏罗统西山窑组低渗低压砂岩油藏超前温和注水增压及压裂投产的增能开发技术；创新并形成中二叠统条湖组凝灰岩致密油"自源润湿、混源充注、断缝输导、甜点聚集"的成藏地质理论，形成"水平井＋大型体积压裂"及"控压排采"效益开发技术。

第三节　勘　探　历　程

盆地油气勘探在 20 世纪 50—80 年代开展了地质调查和地球物理普查。1992—1998 年，中国石油天然气总公司勘探局新区事业部、新疆石油管理局及河南石油勘探局三家联营，成立新疆三塘湖盆地石油勘探项目经理部，开展规模油气勘探，发现北小湖油田和牛圈湖油田（李溪滨，1994；李溪滨等，1997）；1999 年至今，由中国石油吐哈油田分公司承担油气勘探工作，发现西峡沟油田、牛东油田和黑墩含油气构造、石板墩含油气构造，并将牛圈湖油田、西峡沟油田合并变更为三塘湖油田。油气勘探经历四个阶段（图 3-1-4），后三个勘探阶段均获得重大突破。

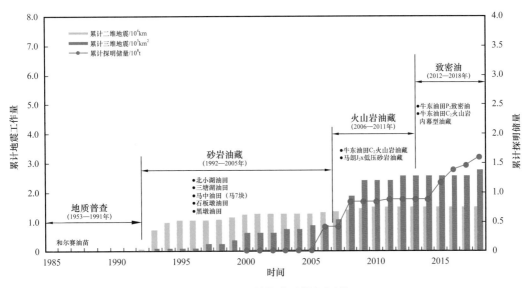

图 3-1-4　三塘湖盆地勘探历程

一、地质普查阶段（1953—1991 年）

该阶段早期以地质调查为主，后期开展地球物理重、磁、电普查勘探。

1. 地质调查

地质调查始于 20 世纪 50 年代中后期，新疆石油管理局地调大队开展石油地质调查和 1:200000、1:50000 的地质测量工作，著名爱国将领杨虎城的女儿杨拯陆（任勘探队长）和她的队友张光智同志，1958 年在野外调查时，因遭遇沙尘暴和寒流，牺牲在三塘湖乡附近（烙岑几，2011）。新疆煤炭管理局在巴里坤至三塘湖一带进行以煤田地质为主的普查找矿工作，开展了本区及周边中、新生代的研究。新疆地质局、新疆石油管理局、新疆煤炭管理局、独山子矿务局及冶金局，都在盆地中开展过区域地质调查。野外石油地质调查先后在淖毛湖西北盐池中二叠统碳质泥岩中发现了含沥青砂岩，淖毛湖西北 25km 处地面露头见到油浸砂岩，发现侏罗沟和尔赛油苗。

20 世纪 60 年代开始，新疆地矿局区调大队开展 1:200000 的区域调查，全面调查地层、构造、火山岩和矿产等。综合性地质调查断续进行了 20 多年，至 20 世纪 80 年代，完成覆盖三塘湖盆地1：200000的地质调查报告和图件。其后，新疆维吾尔自治区人民政府国家305项目在上述资料基础上，编制了1：100000地质矿产图。

经地质调查，形成较为详尽的地质调查报告，初步查明盆地周边地层分布、地层系统、生储油层，为盆地油气勘探提供了基础地质资料。

2.地球物理普查

1960—1991年进行重、磁、电普查。完成1：200000重力普查、1：200000航磁测量、1：400000电法勘探，通过研究，将盆地划分为东北冲断隆起带、中部坳陷带和南部逆冲推覆带。中部坳陷带是油气勘探的有利地区，南部逆冲推覆带是油气勘探的远景地区。同时发现了乌同苏、窨库都克、北窨库都克、拯陆、广智、石板墩等6个地面局部背斜构造。

二、砂岩油藏勘探阶段（1992—2005年）

盆地大规模油气勘探开始阶段，是由新疆三塘湖盆地石油勘探项目经理部和吐哈油田分公司分阶段承担勘探工作，大批量实施二维和三维地震勘探，区域甩开钻探汉水泉、条湖、马朗凹陷，发现北小湖、牛圈湖和西峡沟油田，油田探明并投入开发。

1.勘探发现

基于吐哈盆地侏罗系油气勘探的突破和煤成烃理论的形成，从1992年开始，石油物探局对盆地含油气远景较好的条湖凹陷实施地震勘探，完成二维地震20条849.75km，测网密度4km×4km，发现北小湖、下湖北等9个局部构造。1993年，新疆三塘湖盆地石油勘探项目经理部定凹选带，认为条湖凹陷侏罗系厚度大，综合评价北小湖构造油气地质条件好，部署盆地第一口参数井——塘参1井。

塘参1井于1993年6月30日完钻，完钻井深3845m，揭示古近系、白垩系、侏罗系、二叠系和石炭系，在中生界、古生界发现良好油气显示。对下侏罗统八道湾组2082.7～2087m井段压裂后抽汲产油16.0t/d，发现北小湖油田。其油源来自三叠系，证实了条湖凹陷三叠系—侏罗系油气成藏组合。

1994年，侦查汉水泉凹陷和马朗凹陷，甩开钻探塘参2井、塘参3井，但均告失利。

1996年，在马朗凹陷牛圈湖背斜和西峡沟断鼻部署马1井、马2井。马2井先于4月23日开钻，5月17日完钻，完钻井深966m，在662～933m井段的侏罗系砂岩和古生界火山岩发现大量油气显示。钻进中于侏罗系653.5～677.31m井段取心，见富含油、油浸—荧光级含油岩心13.43m，并对651.47～670.16m井段中途测试，结果为干层。马1井于6月19日开钻，在侏罗系和二叠系见丰富油气显示。首先对中二叠统芦草沟组试油获工业油流，又对中侏罗统西山窑组1530.0～1555.0m井段油基压裂试油，抽汲产油5.6t/d，累计产油84.3t，发现牛圈湖油田。随后，在牛圈湖背斜南、北两翼钻探马3井、马5井，西山窑组均见良好油气显示，油基压裂试油获工业油流。

西峡沟3号构造钻探马4井，西山窑组816.9～822.4m和824.6～831.8m井段试油，产稠油1.0t/d，发现西峡沟含油气构造。

截至1998年，牛圈湖油田西山窑组油藏控制含油面积23.5km²，控制石油地质储量2011×10⁴t；西峡沟油田西山窑组油藏预测含油面积47km²，预测石油地质储量1436×10⁴t。

油源对比表明，芦草沟组和西山窑组所产原油均来于芦草沟组，证实了马朗凹陷二叠系—侏罗系油气成藏组合。

2. 油藏评价扩展

1999年吐哈油田分公司接管三塘湖盆地油气勘探后，首先对已发现的北小湖、牛圈湖和西峡沟油田（藏）展开评价。1999年8月14日，北小湖油田构造高部位评价井北1井开钻，获得成功；在构造北西、东南翼钻探北101井、北102井，均因钻井位于圈闭之外而失利。1999—2000年北小湖油田钻开发井7口，基本探明小型断背斜油藏，建成产能 1.2×10^4t，成为盆地最早投入开发的油田。

1999年6月21日，牛圈湖油田评价井牛101开钻，完井后对西山窑组1578.0～1588.0m井段油基压裂试油，初期自喷产油20.6t/d，半个月后降至1.6t/d。2000年4月9日，水平井牛102开钻，采用筛管完井，对水平段1697.0～2007.0m试油，初期产油9.0t/d，后气举、抽汲产油3～5t/d，未能解决低压油藏低产的难题，油田评价勘探暂停。

1999年，马朗凹陷甩开预探马中断背斜构造，马7井于1999年5月7日开钻，钻探目的层为西山窑组、芦草沟组。该井在中二叠统和侏罗系发现丰富的油气显示，1999年9—10月，先对芦草沟组2232.0～2250.0m井段试油，获2.8t/d的工业油流；后对2210.0～2250.0m井段试油，获13.6t/d的工业油流，发现马中油田。2000年4月，对西山窑组1476.0～1488.0m井段测试试油，获得0.1t/d的低产稠油，发现西山窑组油藏。

2004年，对牛圈湖油田实施先期注水开发试验，方案有直井组和水平井组。首先在马1井区实施直井正方形井网，井距200m，完钻井7口，采用四注三采方式，单井日均注水量42m³，实施注水7个月后，累计注水量42467m³，地层压力由12.6MPa上升到17MPa，注水增压效果显著。在压力系数保持1.2时，油井能够连续自喷生产。牛103井压裂前实测地层压力16.84MPa，开井后稳定产油为1.8t/d。压裂后自喷生产，初期产油11t/d，增产6.1倍，油压2.0MPa。压裂投产后，稳定产油9.63t/d，油压1.6MPa。牛圈湖油田经油藏评价和开发先导试验，基本查明背斜构造油藏规模，并形成低压油藏先期注水增压、压裂投产的开发方式。

2005年，按照大型构造—岩性油藏思路实施风险勘探，在牛圈湖背斜的东、西两翼较低部位部署风险井马13井、马14井，并先后上钻湖201井等12口评价井。

马13井西山窑组1816.0～1822.0m井段试油见油后，又对中侏罗统头屯河组1392.6～1399.2m井段压裂抽汲求产，获2.1t/d的工业油流。随后浅层老井复查，牛101、马1等井头屯河组、上侏罗统齐古组解释有油气层，牛101井头屯河组1182.6～1193.0m井段试油，压后12mm油嘴求产，获产油1.8t/d、天然气 3.2×10^4m³/d的工业油气流，随后齐古组1073.0～1089.2m井段试油，获4523m³/d的工业气流，首次在盆地发现天然气藏，拓展了勘探层系；进一步扩展老井复查范围，牛圈湖背斜东侧小背斜上的马8井，齐古组721.4～726.8m井段试油，压后产天然气27061m³/d。

该阶段，基本明确了二叠系—侏罗系油气成藏组合，形成了低压砂岩油藏勘探评价技术以及先期注水增压、压裂投产的开发方式，通过勘探实施，探明石油地质储量 4477.16×10^4t，累计生产原油 6.65×10^4t。

三、火山岩油藏勘探阶段（2006—2011 年）

按照"评价马朗大型构造—岩性圈闭东部含油性，兼探下部成藏组合"的部署思路，马 17 井自牛圈湖区块向东扩展侏罗系，未发现油层，加深钻探石炭系，试油获得自喷高产油气流，发现牛东火山岩油藏。在主攻石炭系火山岩油藏的同时，坚持多层系立体勘探，寻找效益增储建产区块。

1. 甩开钻探发现牛东油田

2006 年，在马朗凹陷牛圈湖构造带东段牛东 2 号断鼻构造部署重点预探井马 17 井，主要目的层为西山窑组。该井齐古组、西山窑组油气显示较差，分析古生界有良好成藏条件，随即确定加深钻探古生界。钻进中在二叠系和石炭系见良好油气显示，对上石炭统哈尔加乌组 2503.26～2583.74m 井段中途测试，取样器中见原油 150mL、水 1800mL 及天然气 0.017m³。完井后对上石炭统卡拉岗组 1515.0～1543.0m 井段试油，5mm 油嘴自喷求产，获产油 24.1t/d、天然气 3912m³/d 高产油气流，三塘湖盆地首口井自喷高产轻质油气，发现牛东油田石炭系火山岩系风化壳油藏，勘探获重大突破（邹才能等，2011）。为评价牛东石炭系含油规模，从马 17 井向东部署预探井马 18 井、马 19 井，钻探结果石炭系油层分布稳定，马 18 井卡拉岗组 1423～1445m 井段试油，获得 2.1t/d 的工业油流，马 19 井在哈尔加乌组、卡拉岗组均获得工业油流。

油源对比哈尔加乌组、卡拉岗组油藏油源均来自哈尔加乌组，证实了盆地上石炭统油气成藏组合。

2. 整体评价快速探明牛东油田

2007 年，按照主攻马朗凹陷石炭系火山岩，扩展牛东油田储量规模，促进产能建设的思路。油气预探、油藏评价和油田开发三位一体，整体解剖牛东油田。

油气预探在牛东 2 号断鼻东块靠近剥蚀线高部位部署马 20 井，在北部牛东 3 号构造部署马 21 井，在牛东 2 号断鼻构造南翼和北块分别部署马 24 井和马 27 井。马 20 井在石炭系见大量油气显示，试油 2 层均为干层，其中一层见少量稠油，是油藏遭破坏所致；马 21 井在三叠系 857.5～860.4m 井段试油获产油 2.9t/d，863.2～878.0m 井段试油，获产天然气 1700～4500m³/d；马 24 井、马 27 井在卡拉岗组获工业油流。

油田开发早期介入，从构造高部位高产区块由内到外扩展建产，有 2 口开发井初产超过百吨，如牛东 9-9 井产油量达 109t/d。

2008 年，持续展开对牛东油田火山岩油藏的评价，部署评价井 8 口均获得成功；开发持续建产，截至 2008 年底，牛东油田卡拉岗组火山岩风化壳油藏探明石油地质储量 4315.14×10⁴t。共钻各类井 124 口，建成产能 26.5×10⁴t/a。

3. 甩开勘探火山岩油藏

火山岩油藏勘探以条山凸起前缘复式油气聚集带为重点甩开探索。2007 年 7 月，牛圈湖构造马 3 井卡拉岗组老井复试，获 0.45t/d 的低产油流；新钻的马 25 井石炭系见油气显示 140.8m/31 层，试油 3 层，其中 1 层油水同出，产油 0.9t/d。同年 8 月，牛东 1 号背斜构造上马 8 井中二叠统条湖组获得工业油流。2008 年 8 月，西峡沟断鼻构造马 208 井条湖组 1211～1249m 井段氮气欠平衡钻进，中途气举求产获 24.0t/d 的工业油流。2008 年 10 月，马中构造带东部马 33 井发现火山岩系内碎屑岩储层油藏。上述含油气构造均因火山岩油藏的复杂性，控藏要素难以把握，没有构成规模勘探场面。

2008 年 5 月，在牛东卡拉岗组风化壳油藏东南方向的马中构造带 4 号构造上钻探马 36 井。该井在哈尔加乌组见油气显示 44m，气测异常十分活跃，其中 3191～3280m 井段全烃高峰达 100.0%、钻井液槽面气泡面积占 70%，见团块状油花，随钻三次点火成功，淡蓝色火焰高 4.0～4.5m，持续时间 50～55min，钻井液密度由 1.20g/cm³ 下降至 0.89g/cm³，出现油气侵现象；在井深 3208m 循环返出大量原油，槽面原油密度 0.866g/cm³、黏度 11.34mPa·s（50.0℃），完井试油 6mm 油嘴自喷产油 31.3t/d，且与马 19 井哈尔加乌组火山岩内幕型油藏呈连片含油趋势，证实了火山岩系内幕型油藏的勘探潜力。

2009 年，区域甩开钻探条湖凹陷北部斜坡鼻隆区和西南逆冲推覆带。条 16 井位于北部斜坡兔南鼻状构造带断鼻构造，该井在下侏罗统八道湾组、中二叠统条湖组和上石炭统钻遇油气显示 64.0m/17 层，以哈尔加乌组显示最好，2009 年 6—10 月对哈尔加乌组 3210.0～3218.0m 井段试油，压裂、酸化获 1.0t/d 的低产油流。2010 年 5 月，发现条湖凹陷北部斜坡火山岩系内幕型油藏。条 17 位于条湖凹陷南缘石板墩构造带三塘泉 1 号构造，该井在中二叠统条湖组—上石炭统钻遇油气显示 135m/29 层，完井后对条湖组 2140.0～2154.0m 井段试油，无油嘴自喷产油 9.2t/d，发现石板墩条湖组火山岩系风化壳油藏，后经评价探明石油地质储量 143.23×10⁴t。

2010 年 7 月，部署于西峡沟构造东翼低台阶断鼻圈闭上的马 49 井，在条湖组 2210.0～2215.0m 井段试油，压裂后获 12.8t/d 的工业油流，发现马 49 块条湖组火山岩系风化壳油藏，经评价探明储量 193.57×10⁴t，增加了建产区块。

4. 立体勘探西山窑组油藏

在一个含油气盆地或含油气凹陷纵向上发育多套（两套以上）含油气系统或含油气层系叠置分布时，油气勘探同时兼顾多套目的层系，以达到提高勘探效率和经济效益的目标。比如马朗凹陷部署探井时，同时兼顾侏罗系、二叠系和石炭系三套目的层。

条山凸起前缘（西峡沟—马中地区），上石炭统、二叠系—侏罗系两套油气成藏组合和石炭系、二叠系、侏罗系三套含油岩系在纵向上互相叠置。马 17 井发现石炭系火山岩系油藏后，总体勘探思路是主攻马朗凹陷石炭系火山岩油藏，多层系兼顾立体勘探，寻找效益增储建产区块。

西峡沟区块西山窑组油藏评价与扩展。2007 年开展马 2 井组蒸汽吞吐试验，3 口井吞吐产油量 2.1～4.6t/d；2008 年开展注水开发试验，采油井单井平均产油 1.64t/d；2010 年在断鼻南翼钻评价井马 213 井、在西翼低断块钻马 214 井，两口井在西山窑组压裂试油，分别获 2.5t/d、2.2t/d 的工业油流。2010 年西峡沟马 201 块探明石油地质储量 302×10⁴t。2011 年在西翼较低位置钻探马 215 井，压裂试油产油 1.6t/d，油藏规模进一步扩大。

牛圈湖区块西山窑组油藏评价获重要进展。2009 年 2 月 14 日，部署于牛圈湖背斜东翼低部位的湖 218 井开钻，完井后对西山窑组 1569.0～1576.0m 井段试油，压裂后获 10.2t/d 的工业油流，推动了该区块的开发动用，也促进了向牛圈湖构造带东段马北区块的扩展。2009 年 8 月 25 日，部署于马北断块上的马 46 井开钻，该井钻遇西山窑组油层，完井后对 766.0～779.0m 井段压裂试油，获得 1.1t/d 的工业油流，产量低的主要原因是地层压力低、油质稠，地面原油密度 0.899g/cm³，50℃时黏度 126.1mPa•s。针对马北湖 219 块、马 46 块油质稠、产量低、难以稳产的难题，采用牛圈湖区块超前注水开发经验，部署马北 101 注水试验井组，同时在湖 220 井、马北 103 井、马 46 井先后开展 1～2 轮次的二氧化碳吞吐试验，湖 220 井、马北 103 井产油量稳定在 1.2t/d。

该阶段，三塘湖盆地储量、产量的增长较快，期间基本明确了上石炭统油气成藏组合，形成了火山岩风化壳、火山岩内幕型油藏的勘探评价技术，开展立体勘探，落实了多个建产区快，通过勘探实施，探明石油地质储量 4505.14×10⁴t，累计生产原油 93.83×10⁴t。

四、致密油勘探阶段（2012—2018 年）

借鉴北美以及国内致密油地质理论和勘探技术，为三塘湖盆地勘探带来新机遇。从 2012 年开始研究盆地芦草沟组致密油地质条件，充分利用马 1 井、马 7 井、马 50 井等一批获得工业油气流和油气显示老井划分出致密油勘探的有利区带，马朗凹陷芦 1 井、马 55 井、马 56 井条湖组凝灰岩储层、条湖凹陷条 34 井凝灰岩储层获得工业油气流，拉开了盆地致密油勘探的序幕（朱如凯等，2019）。

1. 马朗凹陷马 56 块致密油勘探

芦草沟组致密油勘探与对外合作稳步推进。2012 年吐哈油田分公司先后与赫世公司、壳牌公司分别对马朗凹陷、条湖凹陷芦草沟组致密油勘探开展合作。2012 年 7 月，与赫世公司的马朗凹陷中南部芦草沟组合作项目正式启动，双方共同研究部署马芦 1（ML1）资料井，2013 年 9 月 3 日开钻，2013 年 7 月，对芦草沟组 3499.0～3505.0m 井段压裂试油，抽汲求产获 1.3t/d 低产油流。

2012 年 5 月，部署于马朗凹陷北部斜坡区致密油自营区块的芦 1 井开钻，目的层是芦草沟组致密油。条湖组钻遇良好油气显示，芦草沟组系统取心，分析研究芦草沟组二段发育上下 2 个甜点段，估算资源量约 2.5×10⁸t，勘探潜力大。对芦 1 井 3125.0～3128.0m、3082.5～3085.2m 两段射孔分级压裂，长期排液求产，仅见油花，加之合作区马芦 1 仅获低产油流，芦草沟组致密油勘探遭遇挑战。芦 1 井条湖组良好显示层测井解释为油层，在其东南 2.7km 处钻探马 55 井，以条湖组为目的层，该井测井解释油层 1 层 21m，储层岩性为凝灰岩。

2012 年 12 月，马 55 井对 2278.0～2288.0m 井段常规压裂，获 2.7t/d 的工业油流。初步分析芦 1、马 55 块条湖组油藏类型为地层岩性油藏。

2013 年，在马 55 东面构造背景稳定的斜坡区部署马 56 井，目的是探索条湖组岩性油藏和卡拉岗组风化壳油藏含油性，测井解释条湖组油层 1 层 22m，对 2143.0～2151.0m 井段常规压裂，产油 11.7t/d。后对芦 1 井条湖组试油，常规试油地层不供液，压裂后初期产原油 13.5t/d，快速递减后稳定产油 1t/d 左右。分析凝灰岩油层以直井"小排量、小液量"常规压裂改造初期产量较高，产油 10～15t/d，一周后快速下降至 2～3t/d，半年后仍可以保持 1～1.5t/d，且持续稳定，结合凝灰岩储层特低渗特点，认为具有典型的致密油特征。基于新的油藏认识，系统开展条湖组老井复查，解释马 1 井、马 7 井等 16 口井有油层，地质评价勘探潜力大，从而拉开了条湖组致密油勘探的序幕。

按照致密油勘探技术，探索水平井＋大型体积压裂增产技术。2013 年在马 56 井南 500m 处钻马 57H 水平井，水平段长 412m，采用固井滑套 7 级分段体积压裂（成功 5 级），施工排量 6～12m³/min，入井总液量 6992m³、加砂 345m³，总改造体积 777.3×10⁴m³。最高产原油 21.9t/d，后期稳定产原油 13t/d 左右，产量达到直井常规压裂的 7～10 倍，致密油增产工艺获得实质性进展。

按照井组排采的思路，在马 57H 以南 400m 钻马 58H 井，井水平段长 804m，解释油层 746m，油层钻遇率 92.8%，采用套管完井速钻桥塞 8 段 24 簇体积压裂，施工排量 10m³/min，入井总液量 8201m³、加砂量 602.3m³，返排率 1% 时见油，含油迅速上升到 80%，初期最高产油 117.0t/d，后期稳定产油 10～40t/d，产量达到直井的 10～20 倍。马 58H 井实现初期百吨高产，之后长期稳产，基本确立了致密油的勘探开发技术路线。

2014 年，向西扩展钻探芦 101H 井，水平段长 1100m，钻遇油层 1000m，采用速钻桥塞 12 段 36 簇体积压裂，施工排量 12m³/min，入井总液量 14366m³，砂量 836.6m³，返排率 1.3% 时见油，3mm 油嘴自喷求产，最高产油 64.6t/d，自喷期 174 天，累计产油 4305t，平均产量 25.2t/d，该井获得成功并扩展了致密油规模。

继马 56 区块成功后，积极向外围扩展。2014 年向东南方向扩展马 7 区块，钻探马 706H 井获得成功，纵向上发现条湖组 Ⅱ、Ⅲ号致密油藏，与马 56 区块 Ⅰ号油藏叠置连片；2015 年向北扩展钻探芦 104H 井获得成功，扩展了 Ⅰ号油藏的含油范围。

截至 2018 年底，牛东油田马 56 等 3 个区块条湖组致密油探明并投入开发的石油地质储量 3698.35×10⁴t。

2. 条湖凹陷致密油勘探

继马朗凹陷条湖组凝灰岩致密油勘探获成功以后，围绕芦草沟组混积岩致密油的勘探研究也没有停止。

2000 年 3 月，条湖凹陷石板墩构造带上钻条 5 井，上石炭统卡拉岗组 3674.5～3692m 压裂，产油 16.5t/d，中二叠统芦草沟组 3411～3418.2m 与 3425.8～3436.2m 产油 0.4t/d 的低产油流。其后，钻探的条 7 井、条 25 井均在芦草沟组获低产。

2017 年 10 月，条湖凹陷南缘冲断带部署条 34 井，目的是探索条湖组、芦草沟组岩性油藏含油性，钻进中在侏罗系、三叠系及二叠系见到油气显示 240.9m/18 层，测井解释芦草沟组油层 56.12m/10 层，对芦草沟组第 1 层 3346～3349m 井段采用一级压裂，入井总液量 727m³、入井净液量 698.9m³、加砂 50.2m³，产油 18.1t/d；对芦草沟组第 2 层 3291.0～3294.0m 井段采用二次压裂，入井总液量 1400.8m³、入井净液量 1393.5m³、加砂 22.1m³，产油 22.5t/d。认为该区块芦草沟组油层纵向上分布在凝灰岩储层中，发育上下两套凝灰岩油层，平面上不受构造控制，具大面积分布特征，属于均匀分布、近源聚集的凝灰岩油藏。

基于新的油藏认识，为拓展条湖凹陷南缘冲断带的储量规模，相继部署条 3401H 井、条 3404H 井两口预探井和条 3402H 井、条 3403H 井两口评价井，钻进中 4 口井在二叠系条湖组和芦草沟组均揭示较好油气显示。条 3401H 井测井解释油层 6 层 29.58m，对芦草沟组 3624～4270m 井段，水平段长 646m，采用固井滑套 7 级 27 簇分段体积压裂，入井总液量 6011.8m³、入井净液量 5813.0m³、加砂 333.2m³，产油 13.1t/d；条 3402H 井测井解释油层 3 层 22.5m，差油层 10 层 92.7m，对芦草沟组 3376～4042.5m 井段，水平段长 666.5m，采用固井滑套 7 级 35 簇分段体积压裂，入井总液量 8661.1m³、入井净液量 8440.8m³、加砂 393.3m³，产油 17.2t/d；条 3403H 井测井解释油层 3 层 27.58m，对芦草沟组 3347.5～3349.5m 和 3356.5～3358.5m 井段 2 层 4.0m 实施体积压裂，分两簇射孔，合层压裂，入井总液量 998.0m³、入井净液量 957.5m³、加砂 80.4m³，产油 2.6t/d；条 3404H 井对条湖组 3308.1～3317.4m 井段采用单层一级压裂，入井总液量 853.6m³、入井净液量 811.2m³、加砂 75.7m³，产油 1.2t/d。

截至 2018 年底，条湖凹陷条 34 区块中二叠统预测含油面积 23km²，预测石油地质储量 2206×10⁴t。

3. 立体勘探

1）砂岩油藏扩展

立体勘探马中地区。2014 年在马 56 块南面部署马 61H 井，向南扩展条湖组致密油范围，该井直导眼条湖组未发现油层，而西山窑组解释有油层，直井完井后对 2029.0～2032.0m 和 2035.0～2040.6m 井段体积压裂试油，获 8.0t/d 工业油流，将牛圈湖区块西山窑组油藏含油范围向东南扩展出来。同年牛圈湖背斜南翼部署马 62H 井，芦草沟组有良好油气显示，测井解释有致密油层；对芦草沟组钻探水平井，对水平井段实施 7 段 21 簇体积压裂，结果为高产水层；之后对直井段西山窑组 1848.0～1857.0m 井段压裂获 16.9t/d 的工业油流，且较长期稳产。2015 年自马 62H 井向北西方向钻探马 6201 井，压裂后自喷产油 33.8t/d，为"三低"砂岩油藏的效益动用提供了新的技术方案。借鉴马 6201H 井成功的经验，在牛圈湖西区开发低效区块钻湖 2010H 井，压裂后最高产油量达 43.8t/d，盘活了低效区块的已探明储量。

2）火山岩油藏扩展

甩开预探条湖凹陷石炭系火山岩油藏获重要进展。2012 年在条湖凹陷南部条中 1 号圈闭钻探条 28 井，该井在条湖组、卡拉岗组见油气显示 51.35m/6 层，2012 年 6 月对卡拉岗组 3496.0～3510.0m 井段常规试油，机抽产油 2.8t/d；压裂初期 3mm 油嘴自喷产油 34.5t/d。2012 年 7 月，在其东侧的条中 2 号圈闭钻探条 30 井，在卡拉岗组目的层段欠平衡钻井，对 3439～3469.46m 井段中途测试产油 16.9t/d。

2015 年，在牛圈湖构造马 3 井卡拉岗组火山角砾岩储层获得低产的油层部位钻探马 301H 井，水平段长 700m，油层钻遇率 100%，采用速钻桥塞 6 段 18 簇体积压裂，施工排量 14m³/min，总液量 12198m³，总砂量 256.9m³，初期 8mm 油嘴自喷产油 14.5t/d，77 天累计产油 529t。

牛东油田卡拉岗组火山岩风化壳油藏的构造南翼低部位，直井单井产量低，借鉴致密油"水平井＋大型体积压裂"工艺技术，单井产油量大幅度提升。2015 年继续向南扩展钻探牛东 110 井，卡拉岗组见油气显示 294m/23 层，对 1776.0～1862.0m 井段分簇体积压裂，获 18.3t/d 的工业油流。牛东 2 号东界断层钻探牛东 202 井也获成功。牛东油田卡拉岗组风化壳油藏东、南方向扩展新增探明石油地质储量 2120.7×10⁴t。

围绕马 36 块哈尔加乌组火山岩内幕型油藏开展评价，相继部署的马 38、马 40、马 45、牛东 109、马 361 和牛东 201 井，在哈尔加乌组均见良好油气显示，牛东 109 井获工业油流，马 38、马 361、牛东 201 井获低产油流。在深化油藏描述基础上，2015 年，在马 36 块岩体南部钻探马 67H 井（直导眼井获得成功，未实施水平井），对哈尔加乌组 3286.0～3294.0m 井段常规试油，获自喷 51.4t/d 的高产油流。其后评价该区块，8 口井投产获得工业油流，落实了马 36 块油藏的含油范围。

　　该阶段是三塘湖盆地储量、产量的增长高峰期，借鉴国内致密油地质理论和勘探技术，实施勘探开发一体化、地质工程一体化技术，致密油、低压砂岩油藏以及火山岩油藏均获得新进展，形成了一系列勘探评价技术，落实了多个建产区快，通过勘探实施，探明石油地质储量 $7873.15 \times 10^4 t$，累计生产原油 $228.88 \times 10^4 t$。

第二章　地　层

三塘湖盆地是在前古生界—泥盆系基底上发育起来的以上古生界、中生界为主体的类前陆盆地。受海西、印支、燕山、喜马拉雅期等多期构造运动的强烈影响，盆地地层间存在多个区域性不整合，沉积盖层主要发育上古生界和中—新生界两大沉积建造（表3-2-1、图3-2-1）。其中，上古生界属海—陆相火山岩、火山碎屑岩、碎屑岩及碳酸盐岩薄互层沉积建造，包括石炭系、二叠系，两套地层间为不整合接触；中—新生界属陆相碎屑岩沉积建造，包括三叠系、侏罗系、白垩系、古近系—新近系及第四系五套地层。

表 3-2-1　三塘湖盆地地层简表

界	系	统	群	组	代号	厚度/m	岩性简述
新生界	第四系				Q	40~100	灰黄色含砾黏土与砂砾岩
	古近系—新近系				E—N	30~160	杂色砂砾岩与棕红、灰黄色泥岩、泥质粉砂岩互层
中生界	白垩系	下统	吐谷鲁群		K_1tg	700~1500	棕褐色泥岩、砂质泥岩夹灰色细粉砂岩，底部为杂色砾岩
	侏罗系	上统	石树沟群	齐古组	J_3q	150~500	上部深灰、棕褐色砂岩夹灰、紫红色泥岩；下部灰紫色泥岩与灰绿色细、粉砂岩不等厚互层
		中统		头屯河组	J_2t	200~500	灰、紫红色泥岩、粉砂岩夹薄层灰色砂岩，底部为灰色砂、砾岩
			水西沟群	西山窑组	J_2x	100~350	灰色砂岩与灰色泥岩、煤层互层，底部多为砂砾岩
		下统		三工河组	J_1s	0~100	灰色砂岩、粉砂岩夹深灰色泥岩
				八道湾组	J_1b	0~250	灰色砂岩与深灰色泥岩互层夹碳质泥岩及薄煤层
	三叠系	中—上统	小泉沟群	黄山街—郝家沟组	T_3hs—T_3h	0~150	灰色泥岩与砂岩不等厚互层
				克拉玛依组	$T_{2-3}k$	100~400	泥岩与粉砂岩、砂岩不等厚互层，底部多为砾岩、砂砾岩
上古生界	二叠系	中统	上芨芨槽群	条湖组	P_2t	200~1800	上、下为一套火山岩建造，中间为凝灰质泥岩及凝灰岩沉积
				芦草沟组	P_2l	0~1000	灰色凝灰质白云岩、灰质泥灰岩互层夹钙质砂岩

地层					代号	厚度/m	岩性简述
界	系	统	群	组			
上古生界	石炭系	上统		卡拉岗组	C_2k	500～1300	棕褐色玄武岩、安山岩、火山角砾岩
				哈尔加乌组	C_2h	400～1500	灰色玄武岩、安山岩、角砾岩互层，中间夹碳质泥岩
				巴塔玛依内山组	C_2b	1000～2150	以灰、灰绿色玄武岩、安山岩为主，夹薄层灰色砂岩、泥岩
		下统		姜巴斯套组	C_1j	600～1900	灰色凝灰质泥岩夹粉砂岩、砂岩、生物灰岩、薄层火山岩
				东古鲁巴斯套组	C_1d	1000～2200	海相碎屑岩，石灰岩、粉砂岩、粉砂质泥岩等夹火山岩

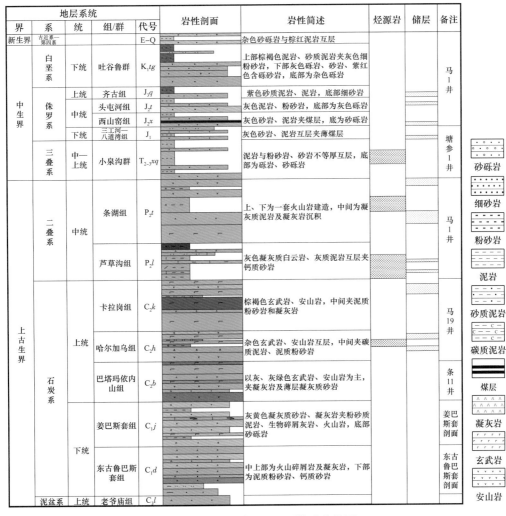

图 3-2-1　三塘湖盆地地层综合柱状图

第一节 上古生界

盆地上古生界火山岩较发育，包括石炭系、二叠系，两套地层之间为不整合接触。其中，石炭系发育较全，下石炭统底部为薄层碎屑岩，中—上部及上石炭统为火山岩、火山碎屑岩夹薄层碎屑岩；二叠系发育中二叠统芦草沟组和条湖组沉积，上二叠统仅盆地局部出露。

一、石炭系

盆地石炭系下统、上统发育齐全，分布范围广泛，是全盆地分布最广、厚度最大、保存相对完整的一套地层，属于海—陆相的火山喷发岩、火山碎屑岩以及陆相碎屑岩沉积。自下而上划分为下石炭统东古鲁巴斯套组和姜巴斯套组，上石炭统巴塔玛依内山组、哈尔加乌组和卡拉岗组。盆地内有 60 余口探井钻遇上石炭统卡拉岗组和哈尔加乌组；方 1 井、马 32 井和赛 1 井等钻遇下石炭统。

1. 下石炭统

下石炭统在盆地周边广泛出露，主要为火山碎屑岩与碎屑岩互层沉积。地表主要出露于盆地南缘克拉麦里—莫钦乌拉山等山系，以盆地西南缘纸房北东古鲁巴斯套剖面最典型，为一套海相碎屑岩沉积，含有大量腕足类、珊瑚、海百合茎等动、植物化石。

1）东古鲁巴斯套组（C_1d）

东古鲁巴斯套组主要为一套海相碎屑岩及火山碎屑岩组成的沉积岩系，夹少量生物碎屑灰岩，与下伏泥盆系不整合接触，厚度 1000～2200m。

该组在东古鲁巴斯套剖面划分三个亚组：下亚组以正常浅海相泥质粉砂岩、钙质砂岩为主，下部含砂屑灰岩及结晶灰岩透镜体，中部和上部则以火山碎屑岩及凝灰岩为主，富含多门类浅海相动物化石。中、上亚组则以火山碎屑岩发育为特点，即含有较为丰富的海相动物化石、植物化石及其碎片，反映了海陆交互相向陆相环境的过渡特点，厚 2095m。在该剖面安山岩中获得一组锆石 U—Pb 年龄为 390±10～371±5Ma，结合地层层序，其时代为早石炭世早期。

该套地层广泛分布于盆地的西南缘，盆地东北一带仅发育东古鲁巴斯套组的下部地层，且火山岩增多，向东延伸，在绵脊梁山一带主要出露东古鲁巴斯套组中、下段，岩性与东古鲁巴斯套地区相似，为一套灰绿、灰黑色凝灰质砂岩、凝灰岩；向东在白依山、麦钦乌拉山一带缺失。已钻井未钻遇该套地层。

2）姜巴斯套组（C_1j）

姜巴斯套组以海相碎屑岩、火山碎屑岩夹生物碎屑灰岩沉积为主，底部为浅灰绿色中厚层至厚层砾岩。中—下部以碎屑岩沉积为主，含有较为丰富的海相动物化石；上部以碎屑岩、火山碎屑岩沉积为主，含植物化石，反映了由滨浅海相向陆相过渡的特点。该套地层轻微变质，片状层理十分发育，与下伏东古鲁巴斯套组为角度不整合或假整合接触，厚度 600～1900m。含有丰富的动、植物化石。

该组在考克赛尔盖山、绵脊梁山、白依山、麦钦乌拉山、伊吾大黑山一带均有分布，向东地层厚度加大，以发育在大黑山一带较为封闭的水体环境下的大套薄层状灰黑色泥岩夹生物碎屑灰岩、沉凝灰岩为特征，尤其在大黑山剖面灰黑色泥质粉砂岩与灰色、深灰色介壳灰岩（风暴层）、凝灰岩薄互层中含丰富的海相腕足类、双壳类、珊瑚、海百合茎等化石。其中，在考克塞儿盖山一带为灰绿、灰、灰黄色碎屑岩、火山碎屑岩，轻微变质，片状层理十分发育。在绵脊梁一带，岩性为一套灰绿、灰黑色凝灰质砂岩夹凝灰岩。在三塘湖乡以南，白依山大断裂南侧一带，岩性为滨浅海相碎屑岩夹少量火山碎屑岩。麦钦乌拉山一带主要为凝灰质砂岩、含碳凝灰质泥岩。向东南经苇子峡至下马崖一带，岩性均为火山碎屑岩夹正常碎屑岩。

盆地东南部方1井、马32井和赛1井等钻遇。其中，方1井岩性以灰色、灰绿色凝灰岩为主夹少量灰色、灰绿色玄武岩、安山岩，中—上部发育一套较厚的灰色凝灰质泥岩，三口井均钻遇深灰色凝灰岩为主的地层，横向上可对比。另外，赛1井1661.16～1662.45m井段灰紫色英安质含火山角砾熔结凝灰岩，锆石年龄平均为330.9±3.7Ma，时代为早石炭世中晚期，相当于下石炭统姜巴斯套组，凝灰质砂岩中获得锆石U—Pb年龄326.68±0.66Ma，时代为早石炭世，层位与姜巴斯套组相当。

2. 上石炭统

上石炭统发育齐全，以陆相火山熔岩、火山碎屑岩和碎屑岩为主。地表主要出露于盆地南缘、条湖—马朗凹陷以北，大黑山、淖毛湖和伊吾地区缺失上石炭统卡拉岗组。马朗、条湖凹陷多井钻遇上石炭统，汉水泉凹陷、岔哈泉凸起和方方梁凸起有少量井钻遇，岩性主要为陆相的灰色、灰褐色玄武岩、安山岩、凝灰岩，夹碎屑岩沉积，马朗、条湖凹陷发育灰黑色凝灰质泥岩、碳质泥岩，厚度总体趋势是西厚东薄、南厚北薄。

1）巴塔玛依内山组（C_2b）

巴塔玛依内山组以陆相火山岩夹火山碎屑岩、正常碎屑岩沉积为主，早—中期以基性火山岩为主，晚期以中基性—酸性火山岩为主夹火山碎屑岩，与下伏地层为不整合接触关系，厚度1000～2150m。

该组主要出露于盆地东南部麦钦乌拉山一带和盆地东北缘，发育中基性火山岩。考克赛尔盖山北部和干柴沟附近岩性为玄武玢岩、酸性火山岩及火山碎屑岩；白依山断裂以南的南北大沟至三塘湖乡一带岩性为陆相火山岩和火山碎屑岩；二道沟上游下部岩性为杏仁状玄武岩、角斑岩，中部为安山玄武岩、安山玢岩，上部为安山质火山角砾岩；大黑山剖面岩性为灰绿色、灰褐色凝灰岩、安山玢岩、凝灰质砂岩、安山质英安斑岩。向东至苇子峡至下马崖北一带，岩性为灰绿、紫红、灰色杏仁状、块状安山玢岩、凝灰岩、凝灰质角砾岩。东北缘却勒明岗南一带，岩性为陆相中基性火山岩，特征具玛瑙杏仁体。

条湖凹陷塘参1井、条11井、条13井、条18井等钻遇。其中，条11井地层较全，上部岩性为棕色、灰色玄武岩，灰色凝灰岩，中部黑色碳质泥岩、灰色粉砂质泥岩与灰色玄武岩、灰色凝灰岩不等厚互层；下部为灰色、绿色玄武岩、灰色凝灰岩和棕色安山岩，局部有凝灰质砂岩。

马朗凹陷马22井、马17井、马32井、马34井和方1井等钻遇。其中，马17井揭示厚度1000多米，岩性主要是灰色凝灰质泥岩、凝灰质粉砂岩及凝灰岩不等厚互层，与大黑山北坡出露地层基本一致；而条山突起上岩性为灰色、紫色玄武岩、安山岩与灰色、灰绿色凝灰岩及灰色泥岩、凝灰质泥岩、凝灰质砂岩不等厚互层，以火山岩为主；马中以南、以东地区岩性为灰色、紫色玄武岩、安山岩与灰色凝灰质砂岩、灰色及灰绿色凝灰岩不等厚互层。

汉水泉凹陷汉 1 井上部岩性主要为一套绿色安山岩与薄层灰色泥岩不等厚互层；下部为大套的灰绿色凝灰岩与灰色凝灰岩的互层。

条 11 井 3271.37～3273.40m 井段中酸性火山角砾熔岩获得年龄 317±27Ma、马 32 井 2386.68～2388.65m 安山玢岩获得 304～308Ma 的年龄值，时代均为晚石炭世。

2）哈尔加乌组（C_2h）

哈尔加乌组以火山岩夹碎屑岩沉积为主，岩性主要为灰、灰绿色玄武岩、灰色角砾岩、薄层灰色凝灰岩夹灰黑色碳质泥岩（图 3-2-2），含植物及丰富的孢粉化石，与下伏巴塔玛依内山组整合接触，厚度 400～1500m。

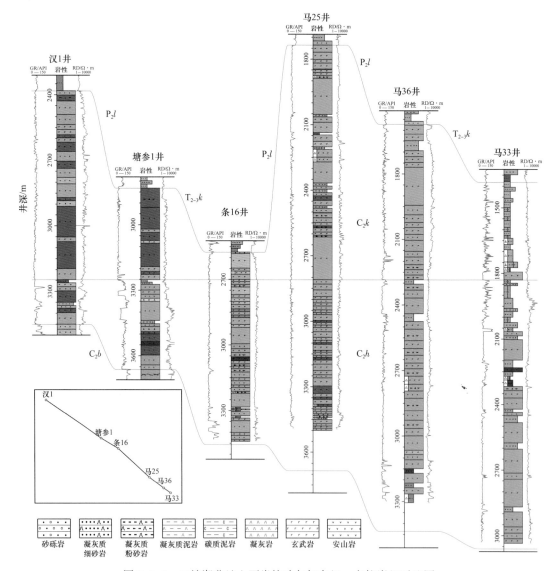

图 3-2-2　三塘湖盆地上石炭统哈尔加乌组—卡拉岗组对比图

盆地周缘广泛出露，马朗凹陷南大黑山东一带岩性主要为灰绿色中厚层安山岩、凝灰岩夹火山角砾岩、凝灰质砂岩、凝灰质粉砂岩。以白依山—三塘湖盆地南缘断裂为界，南北岩性、岩相存在明显差异，南部麦钦乌拉山—伊吾大白杨沟一带为灰绿色、灰黑色砂泥岩。马朗凹陷和条湖凹陷多井钻遇，为厚层火山岩夹碳质泥岩，但马朗凹陷比条湖凹陷厚度大。

马朗凹陷整体岩性以火山碎屑岩和火山熔岩互层为主，中—上部夹碳质泥岩与凝灰质泥岩，厚度535～1472m，沿北西—南东向厚度较稳定，由西南向东北厚度变薄。火山熔岩以中基性玄武岩为主，安山岩次之；火山碎屑岩以凝灰岩为主，其次为火山角砾岩，以中基性为主，少量中酸性。马中—牛东—马33井区以湖相暗色泥岩夹碳质泥岩、沉凝灰岩或凝灰质砂岩为特点。

条湖凹陷该组主要分布于中南部，厚度400～600m，从南向北逐渐减薄。条16、条21、塘参1井等钻遇，岩性主要为灰、褐、紫色玄武岩和棕红色安山岩以及灰色凝灰岩互层，夹少量薄层碎屑岩。深色火山岩厚，浅色火山岩薄。

汉水泉凹陷该组主要分布于南部。汉2井钻遇，厚度达206m，岩性主要为深灰、紫色玄武岩和紫、灰绿、深灰色泥岩、粉砂岩及杂色砾岩互层。

该组发育火山熔岩—火山碎屑岩两个旋回，喷发间歇休眠期沉积一套湖相碳质泥岩，揭示碳质泥岩厚度几米至几十米，分布稳定，是哈尔加乌组的对比标志层，盆地内塘参3井、条2井、马19井、马20井、马21井、马22井、马23井、马68井等钻遇，其中塘参3井厚度66m。

3）卡拉岗组（C_2k）

卡拉岗组以中基性玄武岩、安山岩为主，岩性主要为灰、褐灰、灰绿色玄武岩、安山岩和灰、紫红色凝灰岩、含角砾凝灰岩，夹灰、紫、杂色凝灰质角砾岩、火山角砾岩（图3-2-2），与下伏哈尔加乌组假整合接触，厚度500～1300m。

该组出露范围较哈尔加乌组广，主要出露于盆地西南缘的石头梅、三塘湖乡至岔哈泉、西峡沟、东沟一带，并呈北西—南东向条带状分布，在伊吾大黑山地区缺失。石头梅一带地层发育较全，岩性为大套褐红色中酸性火山岩夹火山碎屑岩和少量碎屑岩。白依山—盆地南缘断裂以北地区发育一套陆相中酸性火山岩、火山碎屑岩。盆地东北缘条山、黑园山及鸭子泉北一带也有分布。

盆地内主要分布于西南缘（图3-2-3），马朗凹陷东北部及方方梁凸起以东缺失，淖毛湖凹陷钻井未揭示。

条湖凹陷该组主要分布于凹陷南部，厚度150～800m，最厚可达1300m，呈南厚北薄的趋势。岩性主要为灰色、褐色和紫色玄武岩和棕红色、紫色安山岩夹少量薄层碎屑岩。

在马朗凹陷，该组分布较广，顶部为发育一套玄武质火山熔岩和棕色泥岩，分布于马73井、马71井以西，火山熔岩厚度70～100m，向东构造抬升剥蚀，至马33井以东全部缺失；棕色泥岩厚度50～220m，向东逐渐剥蚀减薄。中部发育一套灰色泥岩，厚度170～200m，全区分布稳定。底部发育大套灰色凝灰质泥岩、灰质泥岩和凝灰岩互层，厚度200～270m，全区分布稳定。

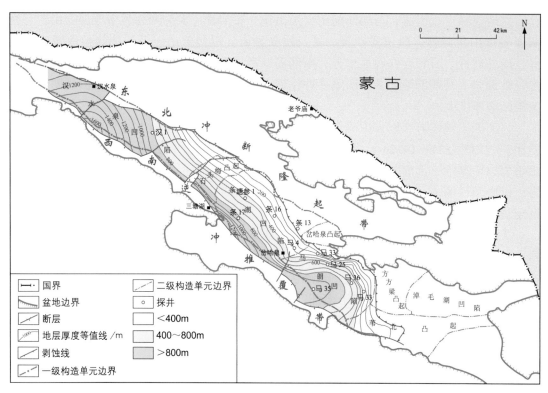

图 3-2-3　三塘湖盆地上石炭统卡拉岗组残余厚度图

在汉水泉凹陷，该组主要分布于凹陷南部，汉 1 井厚度达 853m，岩性主要为紫色、灰绿色、紫红色、灰色玄武岩和安山岩以及顶部灰色凝灰岩。

二、二叠系

二叠系主要发育中二叠统芦草沟组和条湖组，上二叠统下仓房沟群仅局部出露，下二叠统卡拉岗组为一套中—基性火山岩及火山碎屑岩，油田生产中将下二叠统卡拉岗组统归到上石炭统。中二叠世芦草沟组沉积时期，盆地火山活动较弱，沉积一套湖相碎屑岩夹火山岩；中二叠世晚期，火山活动又进入活跃期，条湖组发育厚层的火山熔岩夹火山碎屑岩。晚二叠世末，盆地整体抬升，上二叠统基本剥蚀殆尽。

1. 中二叠统

地表主要出露于跃进沟及三塘湖乡一带，呈北西—南东向带状分布。

1）芦草沟组（P_2l）

芦草沟组为一套半深湖—滨浅湖碎屑岩、碳酸盐岩和火山碎屑岩沉积，岩性为厚层暗色泥岩、凝灰质泥岩、白云质泥岩夹白云质泥晶灰岩、凝灰岩、白云岩（图 3-2-4），在暗色泥岩、凝灰质泥岩中普遍发育吐鲁番鳕鱼、双壳类、叶肢介、介形虫等化石（柳益群，2010），与下伏地层呈假整合或不整合接触，厚度 0～1000m。

该组主要出露于奎苏煤矿南跃进沟和三塘湖乡一带。奎苏煤矿南跃进沟一带，厚度达 966.4m，下部以灰白色凝灰岩为主，底部凝灰质钙质含砾粉砂岩；中—上部以灰绿与灰色砂岩、细砂岩、粉砂岩为主，夹多层砂质碎屑白云岩、硅质碳质泥灰岩、高碳质泥岩，含古鳕鱼（*Turfania taoshuyuanensis*）化石。古鳕鱼化石是北天山地区中二叠世的标准化石，是区域划分对比的良好标志。三塘湖乡一带，该组厚度仅218m，下部为褐黄色硅质粉砂岩、黑灰色石灰岩夹硅质细砂岩；中—上部以灰色细砂岩、深灰色硅质石灰岩为主，夹辉石安山玢岩，与上覆条湖组整合接触。

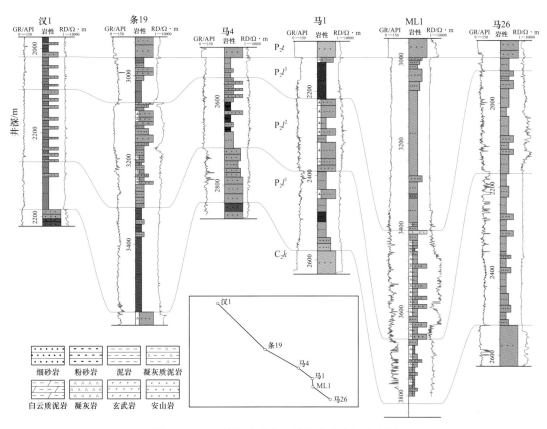

图 3-2-4　三塘湖盆地中二叠统芦草沟组对比图

盆地内芦草沟组主要分布于马朗凹陷和条湖凹陷，汉水泉和淖毛湖凹陷钻井均未揭示（图3-2-5）。

该组最大厚度位于马朗凹陷，达800m，在盆地北部发育不全，自条28—条26—马4—马49—马801—塘参3井一线向北快速减薄至剥蚀尖灭，向北快速减薄至剥蚀尖灭，厚度0~170m，岩性主要为湖相灰色白云质泥岩、凝灰质泥岩与灰色凝灰质粉砂岩。

该组自下而上分为三段，平面上具有西厚东薄特征，芦草沟组一段（P_2l_1）岩性主要是一套灰褐、灰色砂泥岩；芦草沟组二段（P_2l_2）岩性以泥灰岩、灰质白云岩、灰质、白云质泥岩和凝灰质泥岩为主；芦草沟组三段（P_2l_3）岩性为灰黑色灰质泥岩夹火山岩，至东北斜坡区已经剥蚀殆尽。

马朗凹陷芦草沟组广泛分布，岩性主要有白云质凝灰岩、灰质凝灰岩、凝灰质白云岩和灰质砂岩，芦一段以砂泥岩为主，夹少量泥灰岩，总体以下粗上细的正粒序沉积为主要特征；芦二段岩性以泥灰岩、泥质云岩等碳酸盐岩为主，夹少量碳质泥岩、凝灰质泥岩等，分布相对稳定，厚度100~300m；芦三段以泥岩为主夹薄层泥灰岩。凹陷内厚度呈南厚北薄的特点，沉积厚度最大区域位于马9—马12井西南、黑墩构造带一线，大致沿推覆带北西—南东向展布，沉积厚度向东北方向减薄，随着后期北部抬升转为遭受剥蚀。

条湖凹陷北部的塘参1井、条32井等缺失芦草沟组，而在南部条5井、条8井等钻遇，厚度最大达600m。芦草沟期沉积范围比现今大，受晚海西运动的影响，盆地西部（岔哈泉以西）和北部抬升剥蚀强烈，致使该地区北部缺失，仅凹陷南部残留地层。

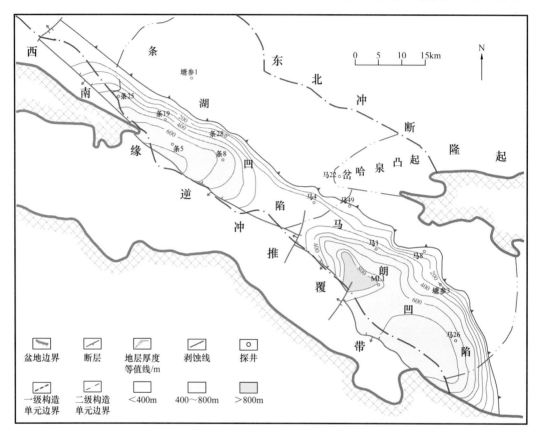

图3-2-5　条湖凹陷—马朗凹陷中二叠统芦草沟组残余厚度图

2）条湖组（P₂t）

条湖组是在经历芦草沟期相当长的火山活动宁静期湖相沉积之后，火山活动再次活跃而形成的一套火山熔岩、火山碎屑岩夹碎屑岩沉积组合，岩性主要以巨厚的中—基性喷发岩、凝灰岩及灰色凝灰质砂砾岩、凝灰质泥岩为主，夹少量辉绿岩（图3-2-6），与下伏芦草沟组呈整合接触，局部见假整合，厚度200~1800m。

条湖组主要出露于跃进沟及三塘湖乡一带。其中，跃进沟地区厚649m，下部为河流相的灰色砂砾岩、砾状砂岩、粗砂岩不等厚互层，夹粉砂岩及粉砂质泥岩；中—上部为灰绿、灰黑色火山喷发岩（玄武岩和粗面岩）。三塘湖乡附近厚210m，以深绿色安山质英安斑岩夹玄武安山玢岩为特征。

条湖组主要分布于马朗凹陷和条湖凹陷，厚度南厚北薄，向北剥蚀尖灭。条湖凹陷分布较广，厚度一般大于900m，马朗凹陷分布与芦草沟组相似，但范围略广，最大厚度达1800m。

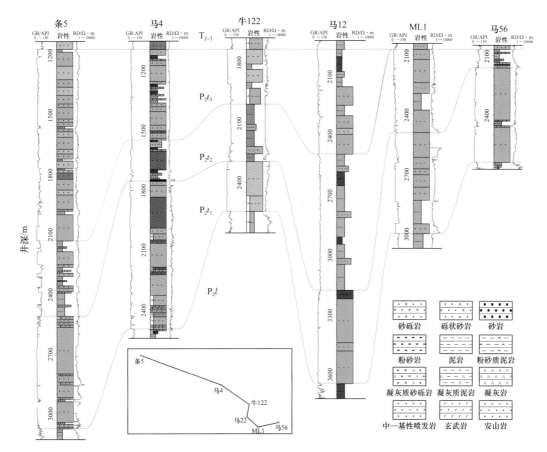

图 3-2-6　条湖凹陷—马朗凹陷中二叠统条湖组对比图

该组为湖相环境伴随火山喷发形成的火山碎屑与陆源碎屑混杂沉积，火山活动强烈时期，以火山岩为主，火山活动较弱时期，以陆源碎屑沉积为主；同时，沉积早期、晚期火山活动较强，中期火山活动较弱，对应火山活动强弱条湖组自下而上划分为三段。

条湖组一段（P_2t_1）以广泛分布的厚层玄武岩为主，夹少量湖相泥岩或者凝灰质泥岩。

条湖组二段（P_2t_2）主要以火山碎屑岩、湖相沉积岩及二者混杂沉积为主，包括火山角砾岩、凝灰岩、沉凝灰岩、晶屑玻屑沉凝灰岩、凝灰质砂岩以及灰色、灰黑色泥岩、凝灰质泥岩等；在离火山口较远的稳定湖盆区，泥质与火山尘混合沉积，形成较纯净的火山尘沉凝灰岩，盆地北部变为以玄武岩和安山岩为主；厚度由南向北快速减薄，南部石板墩—黑墩地区厚 600～900m，中部西峡沟—牛圈湖地区厚 60～200m，向北至条 19—条 28—条 14—马 493—马 49—牛 101—马 54—马 8—塘参 3—马 10 一线以北基本缺失。

条湖组三段（P_2t_3）以火山熔岩、火山碎屑岩为主，夹灰色、深灰色凝灰质泥岩、细砂岩、粉砂质泥岩及少量侵入岩。

马朗凹陷条一段、条三段喷溢亚相火山岩，电性为低伽马、高电阻率、低声波时差、高密度；条二段以火山间歇期泥岩及凝灰岩为主，电性为中高伽马、高—低电阻率、中—高声波时差。各段厚度均呈南厚北薄特征，条一段分布较广，条二段分布区域向北延伸至马8井附近，区域对比性较强，条三段受二叠纪末期晚海西构造运动影响抬升剥蚀，分布区域较窄。

条3井（1860m）和马8井（2376.5m）的安山岩中测得 ^{40}Ar—^{39}Ar 同位素年龄分别为261.9Ma和274.3Ma，在条4井（1880.97m）、马8井（1293.42m）、塘参1井（2940m）和塘参2井（2208.32m）的玄武岩中测得 ^{40}Ar—^{39}Ar 同位素年龄分别为265.8Ma、265.6Ma、272.8Ma及273.0Ma，在塘参2井（1902m）和牛101井（2499.5m）的玄武安山岩中测得 ^{40}Ar—^{39}Ar 同位素年龄分别为262.7Ma及273.8Ma。该套火山岩 ^{40}Ar—^{39}Ar 同位素测年应属于中二叠世。

2. 上二叠统

上二叠统下仓房沟群（P_3cf_1）分布较局限，仅见于盆地西北部三个泉、乌通苏一带；岩性为河流相粗碎屑沉积的灰黄色砾岩、砂砾岩和灰绿色泥岩夹碳质泥岩及薄煤层。

第二节　中—新生界

盆地中—新生界包括三叠系、侏罗系、白垩系、古近系—新近系和第四系。其中，侏罗系发育较厚，分布较广；三叠系发育中—上三叠统小泉沟群，下三叠统上仓房沟群仅局部出露，钻井未揭示；白垩系发育下白垩统，缺失上白垩统；古近系—新近系和第四系相对较薄。

一、三叠系

三叠系分布较为局限，盆地内发育中—上三叠统小泉沟群，由于晚海西运动盆地整体抬升，沉积局限，盆地内大部分地区缺失仓房沟群。

1. 下三叠统

下三叠统上仓房沟群（T_1cf_2）分布十分局限，盆地内无井钻遇，地面仅出露于盆地西部乌通苏依至三个泉一带，岩性为干燥气候环境下的紫红色砾岩夹少量砂泥岩为主的河流相沉积，化石罕见，也未见孢粉化石，三个泉北剖面存在水龙兽类脊椎动物的骨骼化石，这类骨骼化石在准噶尔盆地南缘吉木萨尔大龙口剖面、吐哈盆地桃东沟剖面的上仓房沟群韭菜园组下部发现较多，区域上可对比（廖卓庭，1998）。

2. 中—上三叠统

中—上三叠统小泉沟群（$T_{2+3}q$）较上仓房沟群分布广泛，下部以砾岩、含砾砂岩和紫红色泥岩为主，中—上部以灰褐色泥岩和粉砂岩为主，含叶肢介、哈萨克虫类、植物、孢粉等化石。

1）克拉玛依组（$T_{2-3}k$）

克拉玛依组为扇三角洲到湖沼相碎屑岩沉积。下部为砂砾岩与泥岩互层；上部主要为湖相泥岩与砂岩不等厚互层，夹碳质泥岩与薄煤层；含孢粉和植物化石，与下伏地层呈不整合接触。

克拉玛依组主要出露于侏罗沟剖面（372m）和托浪岗东（75m）。侏罗沟剖面底部为厚172m的紫红、棕红色砾岩，夹含砾砂岩，其上以黄绿、灰绿、棕红色泥岩和砂岩为主，夹浅灰色泥岩和砂砾岩，与下伏二叠系不整合接触，与上覆黄山街组整合接触。托浪岗剖面与下伏上仓房沟群不整合接触，与上覆黄山街组整合接触。底部紫红、棕红色厚层状砾岩中常含有大小不等的各色玛瑙砾石，是底界识别标志，盆地内克拉玛依组在条湖凹陷沉积较厚，一般在200m以上，岩性主要为灰、灰白、灰绿色砂泥岩互层。

2）黄山街组（T_3hs）—郝家沟组（T_3h）

黄山街—郝家沟组岩性主要为灰色泥岩与砂岩不等厚互层，与克拉玛依组上部岩性无明显区别，呈整合接触。

主要出露于盆地东缘侏罗沟剖面和西缘托浪岗东剖面，仅发育黄山街组。侏罗沟剖面（未见顶）底部为15m厚的灰白色砂砾岩，其上以浅灰、灰黑色泥岩为主，夹砂砾岩、砂岩、粉砂岩及薄煤层或煤线。剖面韵律结构，自下而上由粗变细的多个旋回构成，而每个韵律顶部多以薄煤层或煤线结束。托浪岗东剖面下部为淡黄色、黄绿色粉砂质泥岩，含丰富的哈萨克虫类及其卵粒、昆虫、叶肢介、鱼鳞及植物化石等，厚120m；上部则以黄灰色含砾砂岩、砂岩为主，夹煤线，出露厚度60m（未见顶），盆地内主要分布于条湖凹陷，塘参1、塘浅1、塘浅2和条1井等钻遇，岩性主要为深灰、灰黑色泥岩夹粉砂岩，偶夹碳质泥岩和薄煤层。

小泉沟群在盆地内分布广，汉水泉凹陷和条湖凹陷发育较厚，马朗凹陷和淖毛湖凹陷相对较薄（图3-2-7），岩性为河流相和湖泊相的正常碎屑岩沉积，具"下红上灰"的特点。

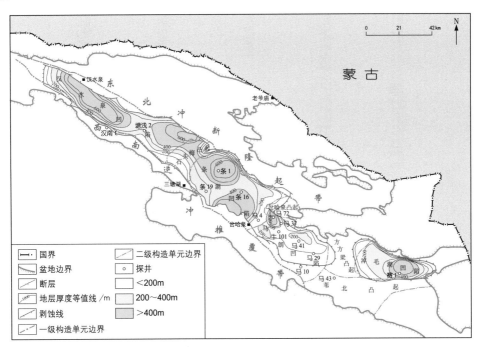

图3-2-7　三塘湖盆地三叠系小泉沟群残余厚度图

二、侏罗系

侏罗系在盆地周缘出露广泛，以中—下侏罗统较多，盆地东缘淖毛湖西北出露最好，连片分布，上统出露零星。盆地侏罗系发育齐全，中侏罗统西山窑组和头屯河组在盆地广泛分布。

1.下侏罗统

下侏罗统主要分布在条湖、汉水泉和淖毛湖凹陷，包括八道湾组和三工河组。马朗凹陷分布局限，厚度较薄，仅塘参3井、马17井、马19井等钻遇。

1）八道湾组（J_1b）

八道湾组为滨湖—河流沼泽相沉积，下部为河流相灰白色砂砾岩、粗砂岩夹粉砂岩、泥岩；上部为湖沼相灰色粉砂岩或泥岩夹薄煤层、煤线，底部以较稳定的灰白色砾岩与下伏小泉沟群呈假整合或微角度不整合接触（图3-2-8），盆地内厚度0～250m。

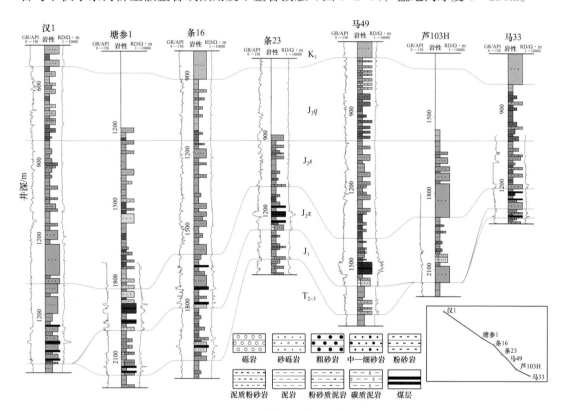

图3-2-8 三塘湖盆地侏罗系对比图

八道湾组仅出露于盆地南缘麦钦乌拉山南坡的巴里坤煤矿，岩性为黄绿色岩屑砂岩与灰色泥岩互层夹煤层，厚402m，盆地内主要分布于条湖凹陷，多井钻遇。沉积相以滨湖相—河流沼泽相为主，岩性为灰色、灰白色、灰绿色砂泥岩互层，夹碳质泥岩和煤层；个别井揭示大套砂砾岩，如条1井、条10井，厚度80～120m。北小湖地区上部以煤为主，中—上部为灰色泥岩，中—下部为砂岩，下部为泥岩。

2）三工河组（J_1s）

三工河组主要为浅湖相深灰色泥岩、粉砂质泥岩夹灰色泥质粉砂岩、薄层粉砂岩沉积，底部为灰色砂岩、粉砂岩夹泥岩，常见水平层理及微波状层理，盆地内厚度0～100m，一般40～50m，与下伏八道湾组整合接触。

三工河组出露于巴里坤煤矿及盆地西北缘一带，主要为黄绿色岩屑砂岩、砾岩夹粉砂岩、煤线，厚766～958m，与下伏八道湾组整合接触，盆地内主要分布于条湖凹陷。

2. 中侏罗统

中侏罗统包括西山窑组和头屯河组。西山窑早期以河流、冲积扇和扇三角洲相砂砾岩，中晚期湖水变浅出现明显的沼泽化。头屯河早期气候逐渐由潮湿转变为干旱—半干旱，快速堆积了厚度较大的冲积扇—扇三角洲相砂砾岩，晚期湖水扩张，砂砾岩体退积，沉积物岩性变细，颜色变杂，沉积了滨浅湖亚相—辫状河三角洲前缘亚相的泥岩、粉砂岩与细砂岩薄互层岩性。

1) 西山窑组（J_2x）

西山窑组为滨浅湖—河流沼泽相的含煤碎屑岩。底部为河流、冲积扇和扇三角洲相灰色砂岩、杂色砂岩；中—下部为河湖、沼泽相深灰、灰色泥岩、粉砂质泥岩、碳质泥岩、煤层和粉砂岩、砂岩互层；上部为河流、滨浅湖亚相灰、灰绿色砂岩、杂色砂砾岩与灰、灰紫色泥岩、粉砂质泥岩互层。与下伏地层呈整合或假整合接触，含大量植物和孢粉化石。

地表主要出露于盆地西部小青居羚山东南、奎苏煤矿和东部淖毛湖西煤矿等地，盆地内分布范围较广，厚度100～350m（图3-2-9）。马朗凹陷厚度50～200m，条湖凹陷厚度100～300m。自下而上分为两段，西山窑组一段（J_2x_1）底部为一套分布稳定厚15～30m的灰色砂岩夹砂砾岩；中—上部为深灰色泥岩与粉砂岩互层夹碳质泥岩及薄煤层；顶部为一层稳定分布厚5～60m的煤层，马北地区煤层相对较厚；西山窑组二段（J_2x_2）岩性在西峡沟和牛东—马中地区主要为灰、深灰色泥岩、泥质粉砂岩夹灰、深灰色细砂岩，底部发育碳质泥岩和薄煤层；牛圈湖地区岩性由南往北，由灰色凝灰质砂砾岩与灰色泥岩互层，逐渐变为灰色泥岩夹灰色凝灰质粉砂岩，顶部和底部发育碳质泥岩和薄煤层；条湖凹陷西山窑组岩性为灰色泥岩、粉砂质泥岩夹灰色泥质粉砂岩，中部夹灰黑色碳质泥岩、煤岩；底部发育一套灰白色细砂岩。从条2井至条11、条18等井厚度增大。

2) 头屯河组（J_2t）

头屯河组为滨浅湖亚相—辫状河三角洲前缘亚相为主的沉积。岩性为灰、紫红色泥岩、粉砂质泥岩夹灰色砂岩、粉砂岩，底部为灰色砂、砾岩，与下伏西山窑组呈整合接触，含孢粉、植物和硅化木等化石。地表出露范围与下伏西山窑组相同。

盆地内分布范围较广，沉降中心位于坳陷北缘，马朗凹陷厚度约450m，条湖凹陷厚度250m。马朗凹陷底部发育灰色砂砾岩，在牛东—马中区块分布稳定，厚约20m，与下伏西山窑组灰色泥岩、粉砂质泥岩有明显区别，为划分对比标志层。这套砂砾岩在牛圈湖地区变厚，至西峡沟减薄。条湖凹陷岩性为灰绿、深灰、黑色泥岩与碳质泥岩，含煤线或薄煤层，下部为灰色砂岩与泥岩互层。

3. 上侏罗统

上侏罗统发育齐古组（J_3q），齐古组沉积时期，继承了头屯河组上部地层的沉积环境，湖水范围小，为河流、三角洲相的红色粗碎屑沉积，岩性以灰、灰白色砂岩、粉砂岩、杂色砂砾岩与紫红、棕红、灰黄、灰紫色泥岩、砂质泥岩互层为特点，自下而上红色逐渐增多，岩性变粗（邓胜徽，2010）。分布范围小于头屯河组，厚度一般小于500m，条湖凹陷厚度300～400m；马朗凹陷厚度200～400m。与下伏头屯河组整合接触，产硅化木化石。

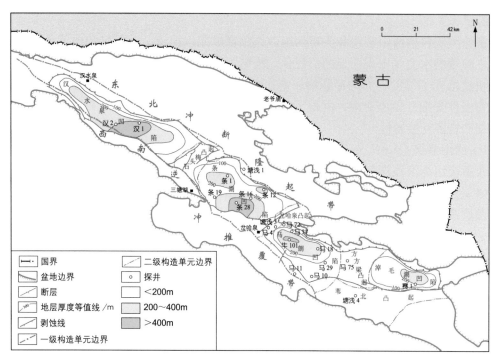

图 3-2-9　三塘湖盆地中侏罗统西山窑组残余厚度图

三、白垩系—第四系

早白垩世以发育冲积扇—湖泊相红色碎屑岩沉积，晚白垩世由于晚燕山期强烈的挤压—走滑构造作用，白垩统基本缺失。始新世末期，由于板—陆碰撞，致使卡拉麦里—麦钦乌拉山再次造山，沉积沉降中心在中央坳陷带南部，最大厚度达 1000m 以上，南北褶皱带上也接受了古近系—新近系、第四系沉积。

1. 白垩系

白垩系发育下白垩统吐谷鲁群（K_1tg），缺失上白垩统（K_2）。吐谷鲁群以河流相红色粗碎屑岩为主，下部为冲积扇—辫状河相粗碎屑岩，与下伏地层呈不整合接触关系。岩性为杂色砾岩、砂砾岩及砂岩夹棕红色砂质泥岩；上部为滨浅湖亚相细碎屑岩，岩性为紫红、棕红色泥岩夹薄层灰色粉砂岩。沉积韵律为一套下粗上细的正旋回，与下伏地层呈不整合接触。

该群岩性与下伏齐古组差异较大，前者为大套砂砾岩，后者砂泥岩居多，与上覆古近系—新进系的灰黄、紫红色泥岩容易区分。

吐谷鲁群在坳陷内广泛分布，呈现边缘薄中间厚、东厚西薄的特征，主要分布于条湖凹陷和马朗凹陷。

条湖凹陷最大厚度可达 1400m，凹陷南北边缘，主要为一套冲积扇、扇三角洲相沉积；凹陷内，岩性上部为棕红色厚层泥岩、含砾泥岩，下部为灰绿、杂色砂砾岩、砾岩与薄层棕红、紫红色粉砂质泥岩、泥岩互层，反映早白垩世后期湖盆的水体有所扩大。

马朗凹陷最厚可达 1000m，凹陷西南边缘岩性主要为灰绿、杂色厚层砂砾岩、砾岩夹薄层棕红、紫红色泥岩、含砾泥岩，反映了由冲积扇到辫状河相沉积。凹陷内，岩性上部为厚层灰绿、灰紫、棕红色泥岩与紫色粉砂质泥岩互层，下部为深灰、紫红色砂砾岩，薄层灰绿、紫红色泥岩、粉砂质泥岩与灰绿、棕黄色粉砂岩、砂岩互层，反映早白垩世后期马朗地区湖盆范围有所扩大，属相对稳定的沉积环境。

在方方梁—岔哈泉凸起的马 2 井、马 4 井一带也有分布，厚度相对较薄，岩性上部为棕红、紫色泥岩与灰绿色粉砂质泥岩互层，下部为一套灰绿、杂色砂砾岩、砾岩与薄层棕红色泥岩互层。

2. 古近系—第四系

古近系—第四系为半干旱—干旱氧化环境下沉积的冲积扇—洪积相粗碎屑岩。地表零星出露，盆地内不发育，与第四系松散沉积物难以区分，岩性主要为杂色砂砾岩与棕红、灰黄色泥岩、泥质粉砂岩、砂岩不等厚互层，与下伏吐谷鲁群呈假整合接触。

第四系主要为灰黄色含砾黏土与砂砾岩，砾石成分复杂，为老地层岩石风化产物，砾石磨圆度极差，为棱角状，分选性较差，其大小由山麓向低洼处逐渐变小，与下伏地层呈角度不整合接触。第四系广泛分布于山前和山间凹地内，在坳陷主体有 100 多米厚的沉积。

第三章 构　造

三塘湖盆地处于哈萨克斯坦板块边缘，紧靠哈萨克斯坦板块与西伯利亚板块拼接部位，由拼接前石炭纪—二叠纪弧后拉张环境构造层和拼接后三叠纪—第四纪挤压前陆盆地构造层叠置而成，经海西、印支、燕山和喜马拉雅多期构造运动，形成现今东西狭长条带状叠合改造盆地。

第一节　盆地形成与演化

一、构造层划分

1. 不整合面与构造活动期次

三塘湖盆地石炭系—第四系总体上可以分为两大构造层，即古生界构造层和中新生界构造层。两大构造层之间为广泛的三叠系与二叠系区域角度不整合面，对应广泛缺失上二叠统—下三叠统，反映中三叠统沉积前早印支运动影响范围大，应力性质发生了显著的变化。

根据地层接触关系和分布变化，可识别五个不整合面，共反映七期主要的构造运动（表3-3-1）。

2. 构造层划分

在古生界、中—新生界两大构造层的基础上，进一步把盆地内的地层分为六个构造层。

1）石炭系

虽然与南面露头相比，盆地内部厚度偏小，但原始沉积厚度变化小，基本为连续沉积，仅地震反射特征有变化，上部强反射波组异常体较多，对应沉积为海相火山—沉积岩系。

2）下二叠统—下三叠统

中二叠统下部为芦草沟组，在前期沉积的基础上，分布范围缩小，但连续强反射延伸远，反映连片水体范围较大，为断陷湖盆沉积，暗色泥岩、碳酸盐岩较发育。上部条湖组为海陆过渡相火山岩与碎屑岩沉积，其中下二叠统和下三叠统盆地分布非常局限，仅在盆地边缘局部可见。

3）中—上三叠统

中—上三叠统底部与下伏地层广泛角度不整合，是重要的对比追踪标志。中—上三叠统厚度变化较大，沉积厚度中心在条湖凹陷、汉水泉凹陷，为一个正旋回沉积，底部砾岩发育，上部以湖相暗色泥岩为主，内部反射连续性中等—好。

表 3-3-1　三塘湖盆地构造运动表

代	纪	世	地层名称	接触关系	构造运动	运动性质	构造层	盆地类型	
新生代	第四纪	全新世—更新世	〰〰〰	不整合	喜马拉雅期Ⅱ	挤压	第六构造层	类前陆盆地	萎缩期
	新近纪	中新世—上新世			喜马拉雅期Ⅰ	挤压			
	古近纪	古新世—渐新世		不整合	燕山运动Ⅲ	挤压			
中生代	白垩纪	早白垩世	吐谷鲁群	不整合	燕山运动Ⅱ	挤压	第五构造层		
	侏罗纪	晚侏罗世	齐古组		燕山运动Ⅰ	挤压	第四构造层		
		中侏罗世	头屯河组						
			西山窑组						
		早侏罗世	三工河组						
			八道湾组						
	三叠纪	中—晚三叠世	小泉沟群	不整合 局部不整合	印支运动Ⅱ	挤压	第三构造层		
		早三叠世	上仓房沟群		印支运动Ⅰ	挤压			
古生代	二叠纪	晚二叠世	下仓房沟群		海西运动Ⅳ	松弛	第二构造层	裂谷边缘断陷	
		中二叠世	条湖组			拉张			
			芦草沟组	不整合	海西运动Ⅲ				
	石炭纪	晚石炭世	卡拉岗组				第一构造层	裂谷边缘	
			哈尔加乌组						
			巴塔玛依内山组						
		早石炭世	姜巴斯套组						

4）侏罗系

侏罗系为河—湖相碎屑岩、泥质岩和煤系的岩石组合，总体为一套正旋回。其下部八道湾组、西山窑组煤层发育，地震剖面上反映为两套强反射，是重要标志层；上部地震反射明显较弱。

5）白垩系

白垩系为河湖相碎屑岩，地震剖面上呈多组中频—中振幅连续反射，与侏罗系上部的弱反射相比反差明显。

6）古近系—第四系

晚燕山期及喜马拉雅期构造运动较强，古近系—第四系发育粗碎屑岩，底部与白垩系为大范围角度不整合，内部地震反射杂乱。

二、盆地的形成与演化

盆地内钻井揭示最老地层为下石炭统（未穿），岩性为火山碎屑岩夹少量碎屑岩。盆缘露头以泥盆系—二叠系为主，南缘克拉美丽—麦钦乌拉造山带出露最老地层为奥陶系并多已变质，见大理岩，其原岩主要是火山岩与碎屑岩、碳酸盐岩。因此，盆地结晶基底为前寒武系（张恺，1993）。

随着哈萨克斯坦板块与西伯利亚板块间古亚洲洋在石炭纪—二叠纪的俯冲、关闭以及三叠纪以来的碰撞造山，三塘湖地块从弧后拉张环境到挤压环境，历经弧后裂谷边缘、弧后拉张断陷、类前陆盆地的沉降演化历史（图1-2-4）。

1. 石炭纪—早二叠世裂谷边缘

三塘湖盆地、吐哈盆地及其周缘山系的石炭系、下二叠统火山岩广泛发育，火山岩微量元素蛛网图均反映与洋壳俯冲的活动陆缘环境有关，表明石炭纪—早二叠世整体为弧后拉张环境。

三塘湖地块总体为相对凸起区，主体沉降区为南面、北面的裂谷区。其中南面的克拉美丽裂谷发育巨厚的石炭系，包括海相火山岩、火山碎屑岩、碎屑岩等地层，盆地地块南部靠近克拉美丽裂谷边缘，发育海陆过渡环境的火山岩系，在火山锥之间水体环境发育暗色泥岩为主的烃源岩。

三塘湖地块内部腹地作为剥蚀物源区，但是由于岩浆喷发广泛，也大范围"沉积"了陆相火山岩。

2. 中二叠世（裂谷边缘）断陷

中二叠世火山活动减弱，但火山岩仍较发育，反映地块边缘海陆过渡环境的扩大。

同时，弧后拉张机制在地块区表现为芦草沟期断陷的产生，沉积充填多个断陷，断陷沉降区水体相对长期发育，沉积了以暗色泥岩、灰云质泥岩为主的地层，成为盆地的主力烃源岩。

重要的断陷沉降区包括马朗凹陷（中南部）、条湖凹陷（南部）等。

中二叠世晚期条湖组沉积期，经历断陷的填平补齐后，广泛沉积了海陆过渡环境的火山岩与碎屑岩。

3. 三叠纪—白垩纪前陆盆地

二叠纪末，古亚洲洋盆完全关闭，洋壳俯冲与弧后拉张沉降机制消失，岩浆活动停止，三塘湖地块少见晚二叠世—早三叠世沉积。

中三叠世，随着哈萨克斯坦板块与西伯利亚板块的进一步靠近和碰撞，应力由先期的拉张转变为挤压，三塘湖地块南、北的先期裂谷开始回返与造山，三塘湖地块成为统一的湖盆沉降区。

中三叠世初期普遍为粗碎屑沉积，沉积范围以条湖凹陷为主；晚三叠世，前陆坳陷沉降区范围明显扩大到汉水泉凹陷、马朗凹陷、淖毛湖凹陷，沉积以暗色泥岩为主，条湖凹陷北小湖油田下侏罗统油藏的原油来自这套烃源岩。

侏罗纪—白垩纪为前陆盆地的鼎盛时期，沉降区范围进一步扩大，侏罗纪—白垩纪均为河湖相沉积。中—下侏罗统水西沟群是温暖潮湿的气候条件下广泛沉积的一套煤系地层。

4. 古近纪以后萎缩类前陆盆地

随着盆地南、北山系的持续隆升，盆地内部受南北向强烈挤压，南缘普遍形成逆冲推覆带；盆地北部大范围隆升，侏罗系—白垩系剥蚀殆尽，石炭系—白垩系主体多保存分布于盆地南部东西向狭长坳陷带；新生界为粗碎屑堆积。

第二节　构造单元划分

三塘湖盆地一级构造单元呈现北西向分布的两隆夹一坳的宏观格局，即东北冲断隆起带、西南逆冲推覆带和中央坳陷带（图3-3-1）。中央坳陷带在东西方向上凹、凸相间，自西向东分别为汉水泉凹陷、石头梅凸起、条湖凹陷、岔哈泉凸起、马朗凹陷、方方梁凸起、淖毛湖凹陷、苇北凸起、苏鲁克凹陷（孙自明等，2001）。

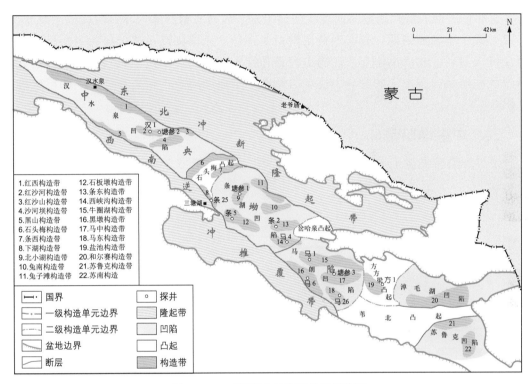

图 3-3-1　三塘湖盆地构造单元划分图

一、东北冲断隆起带

东北冲断隆起带位于盆地东北部，其南以向南西方向逆冲的汉水泉大断裂为界与中央坳陷带邻接，北抵哈甫提克山—克孜勒塔格山，向东延入蒙古，面积6400km²。

隆起带在石炭纪—二叠纪为三塘湖地块腹地凸起区，火山岩发育；晚二叠世开始，岩浆活动停止，晚二叠世—早三叠世有沉积（西北边缘见到），但在早三叠世末开始的挤压褶皱中大范围改造；中三叠世，三塘湖盆地形成，现今的北部隆起区作为盆地统一沉降区的一部分，应有中三叠统—白垩系的沉积，中央坳陷带的三叠系—侏罗系向北部隆起方向普遍有增厚的趋势；但是侏罗系齐古组沉积末期，条湖凹陷—汉水泉凹陷北缘开始翘倾抬升，表明北部隆起雏形形成；在白垩世末期晚燕山运动强烈挤压作用下，中央坳陷带北缘以翘升冲断运动形式为主，冲断隆起带依附汉水泉—兔北—槽水泉—淖毛湖大断裂广泛褶皱隆升，三叠系—白垩系以及部分石炭系大量遭受剥蚀，其上仅覆盖十几米到几十米不等的古近系—第四系，局部残留二叠系和中生界。

隆升演化对其南面的中央坳陷带构造格局的形成演化、油气运聚成藏有非常重要的影响。如延伸到马朗凹陷北部斜坡的条山凸起前缘鼻状隆起带，延伸到条湖凹陷北部斜坡的北湖凸起前缘鼻状隆起带。

二、西南逆冲推覆带

位于盆地南缘，北面以向北东逆冲的石板墩—黑墩大断裂与中央坳陷带分隔，南抵莫钦乌拉山，包括了科克塞尔克山—大黑山，面积3500km²。东段出露地层主要为巨厚的下石炭统，西段出露石炭系和二叠系，中段主要为中—新生界覆盖。

逆冲带的形成演化东段与西段有明显差别。以石头梅凸起为界，西段以冲断为主，主要形成于中晚燕山期，尤以晚燕山期最为强烈。东段则以逆冲推覆为主，早印支期至今持续活动，尤以早印支、晚燕山和喜马拉雅期构造运动最为强烈。推覆带最近的强烈活动期是白垩纪末的晚燕山运动，影响了中央坳陷带古近系—第四系的粗碎屑岩沉积。

三、中央坳陷带

中央坳陷带夹持于东北冲断隆起带和西南逆冲推覆带之间，宽15～40km，面积约1.0×10⁴km²，是三塘湖盆地的主体含油气区，东西方向上分为5个凹陷、4个凸起（图3-3-2）。

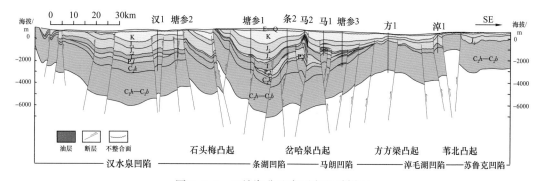

图3-3-2 三塘湖盆地东西向地质剖面

西部汉水泉凹陷和中部条湖凹陷古生界保存较全、中生界沉积厚度较大，中部马朗凹陷向东古生界剥蚀较多，中—新生界沉积相对较薄。上三叠统烃源岩在汉水泉凹陷、条湖凹陷沉积厚度较大，但仅条湖凹陷深埋成熟。古生界烃源岩沉积相带在中、东部最好，但东部遭受剥蚀，中部马朗凹陷最好，其次为条湖凹陷南部。总体上马朗凹陷、条湖凹陷古生界—中生界油源条件较好。

1. 汉水泉凹陷

汉水泉凹陷位于中央坳陷带的西北部，为一北西向狭长凹陷，面积约1640km²，发育地层主要为石炭系、中二叠统、三叠系、侏罗系和白垩系。地层产状总体南倾斜坡，中—新生界厚度可达3500m，总体南厚北薄，但三叠系小泉沟群、侏罗系水西沟群明显向北加厚，反映凹陷北部是这两套地层的沉降沉积中心（图3-3-3）。

2. 石头梅凸起

石头梅凸起介于汉水泉凹陷与条湖凹陷之间，属于逆冲断裂凸起，面积约370km²。

地层总体南东倾，白垩系及以上地层剥蚀严重，北部可见侏罗系露头，侏罗系以下地层齐全。凸起于晚燕山期形成，主要受喜马拉雅期形成的两条北东走向逆冲断层控制。

3. 条湖凹陷

条湖凹陷位于中央坳陷带中段，呈北西向分布，面积约 2450km²。古生界、中—新生界厚度均较大，地层相对最全，古生界构造层与中—新生界构造层之间缺失晚二叠世—早三叠世沉积。中—新生界最大厚度达 3600m，包括中—上三叠统、下侏罗统、中侏罗统三套暗色泥岩或煤；中二叠统芦草沟组烃源岩主要分布于南部。凹陷南倾斜坡化，但与汉水泉凹陷相似，小泉沟群和水西沟群仍向北加厚（图 3-3-4）。

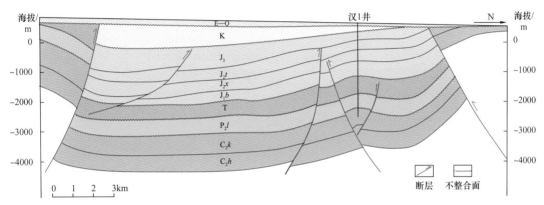

图 3-3-3　三塘湖盆地汉水泉凹陷南北向地质剖面

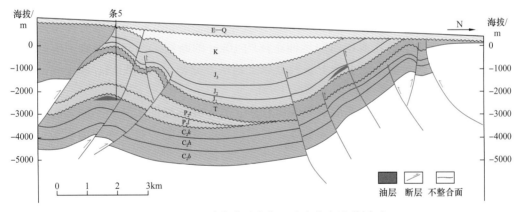

图 3-3-4　三塘湖盆地条湖凹陷南北向地质剖面

4. 岔哈泉凸起

岔哈泉凸起是北部冲断隆起带伸入中央坳陷带的一个鼻状凸起，晚燕山期褶皱，喜马拉雅期加强定型，顶部中生界被削蚀，面积约 300km²。凸起从石炭纪至早白垩世并未对两侧条湖凹陷和马朗凹陷的沉积起分隔作用。

5. 马朗凹陷

马朗凹陷东、西两边受岔哈泉凸起与方方梁凸起分隔，呈北西向分布，面积约 2300km²，地层发育较全，包括石炭系、二叠系、三叠系、侏罗系和白垩系。中—新生界厚度达 2000m 以上，向东至方方梁凸起方向厚度变薄，古生界向东遭受剥蚀，二叠系剥蚀殆尽。

马朗凹陷主体呈复式向斜，南缘推覆体下断褶构造发育，北部斜坡发育一系列北东向为主的断层，并形成一系列鼻状构造带（图3-3-5）。

古生界烃源岩形成条件好。其中，芦草沟期断陷分布于凹陷中南部，暗色泥岩、云质泥岩发育；晚石炭世哈尔加乌组—卡拉岗组海陆过渡环境下，在火山岩体之间发育暗色泥岩，特别是晚石炭世哈尔加乌组沉积后期岩浆活动相对较弱，是暗色泥岩及碳质泥岩发育的有利时期。

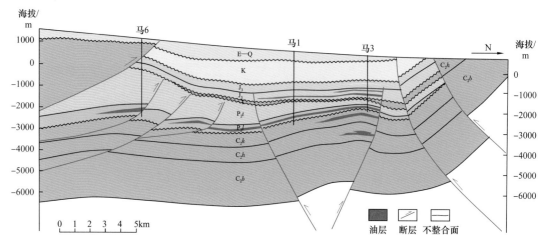

图3-3-5　三塘湖盆地马朗凹陷南北向地质剖面

6. 方方梁凸起

方方梁凸起界于马朗凹陷与淖毛湖凹陷之间，面积880km²，总体为大型宽缓穹隆构造，内部发育5条南北或东西向延伸距离约10km的断层。凸起剥蚀缺失上石炭统卡拉岗组—二叠系，石炭系之上侏罗系及其以上地层，分割了马朗凹陷、淖毛湖凹陷三叠纪—第四纪沉积，中—新生界最大厚度1200m。

地震剖面显示石炭系内部反射异常体较多，方1井钻探证实其为不同岩相或不同性质火山岩之间的差别反映。这些异常体主要在凸起、背斜的中央，表明为石炭纪长期持续发育的大型火山岩体。

7. 淖毛湖凹陷

淖毛湖凹陷位于中央坳陷带的东南端北部，面积约760km²，近东西向分布，主要发育石炭系、三叠系、侏罗系、白垩系，中—新生界最厚达2000m。凹陷西深东浅，东部侏罗系出露地表。该凹陷可分为北部淖毛湖向斜和南部和尔赛构造带两部分。

8. 苇北凸起

苇北凸起位于淖毛湖凹陷与苏鲁克凹陷之间，西端与方方梁凸起相接，面积约620km²，近东西向分布，主要受两侧相向倾斜的东西向断裂控制，构成断凸，地层缺失严重，第四系厚约400m，直接覆盖在石炭系之上。凸起内发育一系列受断裂控制的断背斜和断鼻构造。

9. 苏鲁克凹陷

苏鲁克凹陷位于中央坳陷带的东南端，面积约770km²，近东西向分布，是一个隆起背景上的浅凹陷，中—新生界最大厚度仅1200m。发育近东西向和北东向两组逆冲断层。北部的苏鲁克构造带位于向斜北翼斜坡带，是受近东西向逆冲断层控制的断褶带，沿断层走向在其南侧，发育多个鼻状构造高点。位于凹陷带东端的苏南构造带，则是受北东向逆冲断层控制的断褶带，发育断背斜构造。

第三节　断裂发育特征

三塘湖盆地以逆冲基底断裂为边界，西南缘和东北部边界断裂走向以北西—南东向为主，西北边缘边界断裂为东西走向。边界断裂上盘即周围山系出露地层多为泥盆系；下盘为北部冲断隆起带或南部逆冲推覆带。总体上，盆地边界断裂距中央坳陷带较远，盆内地震测线很少覆盖或没有较好覆盖盆缘部位及边界断裂，因此不再赘述。

相对而言，中央坳陷带及其附近的断裂落实程度普遍较高。

石炭纪—二叠纪拉张时期断层以东西走向为主，火山岩依附这些断裂带状分布，中二叠世古断陷控制断裂规模较大；这些断裂在三叠纪以来的挤压应力环境下有不同程度的活动，除中二叠世古断陷控制断裂外，多数受火山岩系强烈非均质性影响，延伸距离一般较短，走向较为曲折或者断续，一般影响构造带的展布。三叠纪以来北东—南西方向持续挤压，形成了大量以北西—南东走向为主的断裂带，其中的深大断裂夹持了中央坳陷带呈北西—南东向狭长条状展布；同时，也是改造控制中央坳陷带凹、凸相间格局的重要影响因素（鲁海鸥等，2012）。

中央坳陷带及其附近较大规模的断裂有约30条（图3-3-6）。

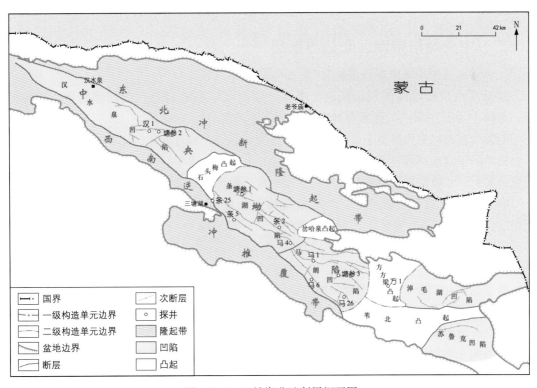

图 3-3-6　三塘湖盆地断层纲要图

一、盆地内断裂展布特征

三塘湖盆地内部主要发育北西、东西及北东向三组断裂。

1. 北西—南东走向断裂

规模较大的走向断裂有黑山、下湖、白依山、汉水泉北、红北1号、兔北、红中1号、红北2号、沙河坝东、石板墩1、石板墩2、石板墩3号、盐池等13条断层。倾角一般40°~70°，兔北断层倾角最大（60°~75°），盐池断层最小（40°~50°）；延伸长度13~96km，红北1号延伸长度最大，盐池断层延伸最短；白依山断裂最大，垂直断距达4500m，红中1号断裂最小，断距仅20m。黑山、下湖、白依山等断裂是中央坳陷带与西南逆冲推覆带的分界断层。

2. 东西走向断裂

东西向断层多发育于凹陷东部。主要有：红中2号、红中3号、岔哈泉、牛圈湖、马5、马7、塘参3、槽水泉、淖毛湖、和尔赛、苏北等11条断层。断面倾角一般40°~75°，延伸长度7~38km。其中，和尔赛断层延伸长度达38km，垂直断距达3000~4000m；红中2号断层断面倾角达70°~75°。淖毛湖和槽水泉断层是中央坳陷带与东北逆冲推覆带的分界断层。

3. 北东—南西走向断裂

该走向断层有6条，分别为汉南、沙河坝、石头梅、条西1号、条西2号、岔哈泉东断层。倾角40°~70°，延伸长度13~28km。其中，石头梅断层延伸最远，断距100~2500m。石头梅、条西1号断层控制了石头梅凸起；岔哈泉东断层控制了岔哈泉凸起。

二、中央坳陷带南、北边界断裂

1. 中央坳陷带南缘滑脱推覆断裂

包括汉水泉凹陷南缘黑山断裂、条湖凹陷南缘下湖断裂与马朗凹陷南缘白依山断裂，总体上为石炭系—二叠系逆冲断裂，断裂东西延伸达280km。

断裂带在布格重力异常上表现为密集的重力梯级带，梯度变化达3.5×10^{-5}（m/s^2）/km，从中央坳陷带到南部推覆带重力异常上升约40×10^{-5}m/s^2。西段上盘最老地层为泥盆系，下盘见石炭系、二叠系与侏罗系等露头；东段上盘一般为下石炭统，总体反映逆冲规模大。

中东部石板墩—黑墩一带，断裂推覆特点明显，与下盘的石板墩、黑墩等断褶构造组合为叠瓦式。推覆带东西延伸长度95km，断面倾角40°~55°；剖面上上陡下缓呈"犁"状，上盘地层仍反映出连续性较好的反射，根部断面在石炭系低角度长距离延伸。

据盆地演化与断裂地层组合分析，该断裂在三叠纪初形成，并持续发育，晚燕山期及喜马拉雅期构造运动又继承性强烈活动。

2. 中央坳陷带北缘基底逆冲断裂

自西向东包括汉水泉断裂、兔北断裂、槽水泉断裂、淖毛湖断裂，为一组高角度冲断层，东西延伸190km，走向总体为北西—南东，基本与主要坳陷带南缘断裂一致，为北部冲断隆起与中央坳陷带的边界断裂。

断裂北侧隆起区大范围抬升，上石炭统—白垩系剥蚀殆尽。

虽然中央坳陷带石炭系—二叠系构造层具有向北部隆起剥蚀减薄的特点，但是，侏罗系—白垩系原始沉积厚度向北不具有明显减薄的特点，相反，多数还体现为向北加厚，只是由于晚燕山期、喜马拉雅期构造运动使北部抬升，大量侏罗系—白垩系遭受剥蚀。因此，中央坳陷带北缘断裂主要的形成时期应为晚燕山期—喜马拉雅期。

三、中央坳陷带凸起控制断裂

1. 石头梅断裂与条西断裂

石头梅、条西1号及岔哈泉东断层，是在南北向挤压作用下形成的断层走向与挤压应力方向之间的夹角较小方向的断裂，表现为压扭性。

2. 和尔赛断裂与苏北断裂

苇北凸起南以苏北断裂作为与苏鲁克凹陷的共同边界，北以和尔赛断裂作为与淖毛湖凹陷的共同边界，主要呈东西走向。苇北凸起地层缺失严重，主要是第四系与石炭系不整合接触；从西山窑组沉积开始，凸起南、北出现淖毛湖、苏鲁克两个沉积厚度中心，推测两条断裂开始形成于中侏罗世早期。

第四节　局部构造与构造区带

三塘湖盆地是一个海陆过渡相弧后拉张断陷湖盆与类前陆湖盆的叠合型盆地，经历海西、印支、燕山、喜马拉雅期等多期构造运动，形成了丰富的构造形态和构造样式。

一、局部构造

经历了叠合型盆地多期构造运动控制，形成多种样式的局部构造，如背斜、向斜、单斜、断鼻、断块等，为不同类型油气藏的形成提供了圈闭条件（图3-3-7）。

1. 局部构造类型

1）挤压背斜

地层受到顺层挤压作用发生弯曲形成的背斜。这类背斜形态简单，走向与区域主压应力方向垂直，在盆地内呈北西向展布，如牛圈湖、石板墩、盐池等背斜构造。

2）鼻隆背斜

主要受基底古隆起区控制，上覆沉积物披覆在古构造背景之上，形成一定的背斜形态。此类构造在火山岩地层广泛分布，形成火山岩体控制的风化壳油藏，如牛东、牛圈湖和马中火山岩油藏。

3）压扭背斜

挤压应力作用方向与断层斜交，地层在受挤压作用时又受剪切作用，经常与走滑断层伴生，背斜轴与断层走向斜交。此类构造多分布于凸起之上。

4）向斜构造

向斜构造与背斜相对，这种构造对于常规油气藏是不利的，但往往又是烃源岩及一些特殊岩性的有利发育区，是非常规油气藏形成的重要领域。三塘湖盆地中二叠统存在两种类型的致密油，如像ML2井致密油藏，因此向斜构造也是有资源潜力的领域。

5）单斜构造

向斜与背斜的转换区。由于盆地储层非均质性强，往往在构造斜坡岩性上倾尖灭或者物性差异形成构造—岩性圈闭、岩性圈闭。因此单斜构造区也具有一定的资源潜力。

6）断鼻构造

断裂在平面上不同部位位移量或断距大小不一时形成的构造。盆地多发育逆断层，在剖面上褶皱层与断层倾向一致，形成上倾方向逆断层遮挡的断鼻圈闭。如西峡沟、条东构造、马 17 断鼻等。

7）断块构造

倾斜层在上倾方向被两条或多条断层交叉切割，断层间所夹持的断块称为墙角式断块。例如牛圈湖构造带上马 46 西山窑组断块构造。

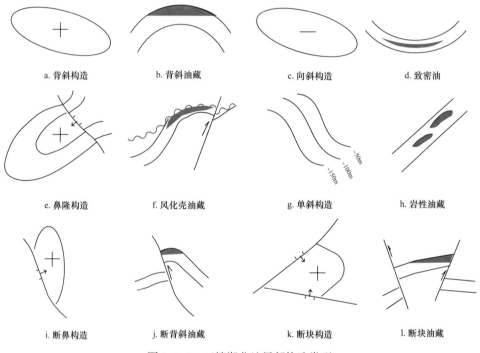

a. 背斜构造　　　b. 背斜油藏　　　c. 向斜构造　　　d. 致密油

e. 鼻隆构造　　　f. 风化壳油藏　　　g. 单斜构造　　　h. 岩性油藏

i. 断鼻构造　　　j. 断背斜油藏　　　k. 断块构造　　　l. 断块油藏

图 3-3-7　三塘湖盆地局部构造类型

2. 局部构造分布

背斜型构造多分布于凹陷北部斜坡、凹陷中央的构造带上。如牛圈湖构造带牛圈湖背斜、马中构造带马中 1 号断背斜、北小湖构造带北小湖背斜；南缘冲断带也有背斜分布。背斜成因以挤压—牵引形成为主，多呈不对称型。

向斜构造主要分布于凹陷的中央，向斜区是盆地演化过程中相对最稳定的沉降沉积区域，烃源岩稳定分布，同时火山活动期火山灰的主要沉积区域，具备形成致密油的地质条件。如 ML1（马芦 1）块、条 34 块芦草沟组凝灰岩致密油以及芦 101 块与芦 10 块条湖组凝灰岩致密油均分布于向斜构造。

单斜构造主要分布于凹陷北部、东部的斜坡部位，单斜区往往与辫状河三角洲前缘水下分流河道砂体叠置，可形成上倾、侧向尖灭的构造—岩性、岩性圈闭。如牛圈湖背斜东南翼低部位马 61 西山窑组构造—岩性油藏、马 56 块条湖组凝灰岩致密油（岩性油藏）。

断鼻、断块构造多分布于凹陷南缘冲断带、北部斜坡区和凸起区。如石板墩、西峡沟构造带等。

二、构造带划分

三塘湖盆地是构造活动强烈的狭长条带状盆地，在中央坳陷带南、北边界逆冲断层及其派生断层、坳陷内凸起边界断层，以及石炭纪—二叠纪火山喷发通道断层的影响下，在中央坳陷带大致形成了三种不同类型的 22 个构造带。

1. 中央坳陷边界断裂控制的构造带

中央坳陷带南、北边界断裂规模大，影响凹陷内形成一系列走向一致的断褶构造带，其中靠近主边界断裂，易形成逆冲叠瓦状构造带。在坳陷带南部，由于盖层厚度大，往往还形成滑脱冲断构造带（欧阳征健等，2006）。

这种类型的构造带有 9 个，盆地自西向东汉水泉凹陷北侧的红西构造带、红沙山构造带、沙河坝构造带，南侧的黑山构造带、红砂河构造带；石头梅凸起南缘的下湖构造带；条湖凹陷北缘的兔子滩构造带，南缘的石板墩构造带；马朗凹陷南缘的黑墩构造带等。

2. 凸起边界断层控制的构造带

中央坳陷带凸起边界断裂规模较大，在控制凸起形成的同时，也控制了凸起上二级构造带的形成，并影响了邻近凹陷构造带的形成演化。

这种类型的构造带有 6 个，自西向东有石头梅凸起东、西主控断裂控制的条西构造带、石头梅构造带；岔哈泉凸起边界断层控制的条东构造带、西峡沟构造带；受苇北凸起南、北边界断裂控制的苏鲁克构造带与和尔赛构造带。

3. 古生代断裂相关的构造带

这类构造带与石炭纪—二叠纪大量的火山喷发对应发育一系列的断裂，地震剖面上这类断裂一般延伸距离短、断距小。马朗凹陷火山岩展布研究表明，断裂为东西走向，虽然规模小，但在三叠纪以来的挤压运动中，破裂面成为挤压应力优先释放的部位，可形成规模不等的构造区带，规模较大的如马朗凹陷牛圈湖、牛东、马东构造带，方方梁凸起的盐池构造带，均呈东西走向，与北西—南东区域构造走向不一致；马中、马东构造带主要靠东西走向的接力断层组控制，总体为平缓的鼻状构造带。另外，条湖凹陷的北小湖构造带、兔南构造带，苏鲁克凹陷的苏南构造带，主要呈南北走向，整体属于条湖凹陷北部斜坡上的窄陡鼻状构造带，但主控基底断裂延伸距离很短。马朗凹陷马中构造、塘参 3 构造均有规模极小的基底断裂控制。

三、典型构造带特点

1. 牛圈湖构造带

牛圈湖构造带位于马朗凹陷中北部，近东西向展布，北界受近东西向断裂控制的大型鼻状构造带，向西倾没于马朗凹陷沉降主体与有效生烃区，石炭系、二叠系、侏罗系叠置含油。构造带东西长 35km，南北宽 6km，面积约 216km²，西低东高，侏罗系高差约 1300m。

构造带西宽东窄，中生界，西倾没端为构造宽缓、闭合幅度较小、圈闭面积较大的牛圈湖背斜；中东部相对收窄，局部构造变小，重点构造有马8块小背斜、马北断块、马17块断鼻等，西山窑组是主要目的层，其次是头屯河组、齐古组。西山窑组顶界埋深600～1800m。

上古生界与中生界的构造—地层格架明显不同。条湖组、芦草沟组、卡拉岗组向东依次遭受剥蚀，西端牛圈湖构造残余少量条湖组，芦草沟组在中部马17井东完全剥蚀，东端卡拉岗组剥蚀殆尽，因此，古生界东西段高差更大，卡拉岗组底界高差达3000m，埋深700～3700m。构造带不同部位含油气层有明显差别，西段牛圈湖构造古生界自上而下包括条湖组、芦草沟组、卡拉岗组、哈尔加乌组，芦草沟组湖相灰云岩含油性最好，其次为条湖组火山岩；中东部卡拉岗组含油性最好，其次是哈尔加乌组，卡拉岗组发育火山岩风化壳地层—岩性圈闭，哈尔加乌组则发育火山喷发间歇期的与火山岩构造—岩性圈闭。

牛圈湖构造带控制断裂是上古生代火山喷发时的重要通道，在三叠纪初的南北向挤压构造运动中，马朗凹陷北部整体抬升为斜坡，同时该断裂是挤压应力释放的重要部位，形成了牛圈湖低幅度背斜和鼻状构造带雏形。燕山期该断裂持续活动，且具有同生逆断层的性质。喜马拉雅期断裂不断向东延伸，东部抬升幅度总体较大，形成大型鼻状构造带。

除北界主控断层外，构造带还发育北西向与北西西向、北东向与北东东向两组断层，这些断层在将牛圈湖二叠系构造分割成多个断块，也为裂缝的发育创造了条件。

牛圈湖西山窑组为一受南北两组断层夹持的不规则背斜构造，高点在马1井附近，东以较长的鞍部与马8小背斜构造相接；背斜闭合幅度160m，总闭合面积27.2km²，高点埋深1520m；马17断鼻是牛东油田最大的圈闭，构造北高南低，北界受控于北西向断层，卡拉岗组圈闭面积30.4km²，闭合幅度450m，高点埋深约1300m。

2. 石板墩—黑墩构造带

构造带包含黑墩和石板墩两个二级构造带。

黑墩构造带位于马朗凹陷南缘，为典型的褶皱—冲断带，呈北西南东走向，东西长32km，南北宽8km，面积约256km²。构造带由南向北由两个断阶组成。第一断阶位于白依山断层以南，地层主要由石炭系褶皱推覆体和浅层新生界组成；第二断阶夹持于白依山断层和黑墩1号断层之间，是黑墩构造带的主体，地层由石炭系、二叠系褶皱推覆体和保存不完整的中新生界构成。构造带在东西方向具有明显的分段性，以黑墩1号弧形断层为界，分为西、中、东三段。中段黑墩1号断层活动强烈，推覆距离大，目的层埋藏较浅，有利于勘探。西段和东段构造特点类似，主要以褶皱为主，断层断距小。

石板墩构造带位于条湖凹陷南部逆冲推覆构造上，由于受北东、南西向挤压应力的作用，整体呈近北西、南东走向，长约24km，宽约10km，面积约360km²。构造带受近东西向两条大断裂控制，由南向北划分为三个断阶，断阶结构与黑墩构造带相似。第二断阶是构造带的主体。受断裂控制构造成带分布。近东西向控制断裂规模较大，断面倾角50°～80°，有些断层由于构造应力作用较强，在地层内部形成滑脱断层，延伸长度达15km以上，控制着构造形态。

3. 西峡沟构造带

西峡沟构造带位于马朗、条湖凹陷转换带，长约18km，宽约5.5km。构造带形成始于晚石炭世—早二叠世的火山喷发期，中二叠世开始接受沉积，到中二叠世晚期进入填平补齐阶段。由于燕山运动和喜马拉雅运动的强烈作用，不同时期发生沉积间断，导致地层间的不整合。燕山运动中期，该区构造基本定型。西峡沟整体上为断层切割的断鼻构造，西山窑组、三叠系、二叠系均为岩性构造复合型圈闭，圈闭面积约34km²；构造南北两侧受背冲逆断裂夹持，中间被一些斜交的走滑断层切割成东西两块，即西侧马201块和东侧马2块，马201块略高于马2块，为近东西向的宽缓断块，圈闭面积18.3km²，高点埋深550m，闭合幅度680m。

4. 北小湖构造带

北小湖构造带位于条湖凹陷北部西坡，呈北东—南西走向，长15km，宽7km，面积约78km²。构造形态为鼻状构造带，自南向北依次发育4个局部构造，除南部的背斜外，其余3个为受南倾断层控制的断鼻，断层断距较小，规模及延伸范围有限。南部北小湖低幅度背斜面积最大，又被南北向断层分割成3个小断块。

第五节　构造与油气分布关系

三塘湖盆地垂向上具有三期不同原型盆地，并被高度改造成东西狭长条带状，大地构造环境和构造活动对基本油气分布及油气地质要素具有重要的控制作用。

一、成盆机制控制烃源岩分布

在石炭纪—二叠纪时期，湖盆结构为弧后拉张大地构造环境，三塘湖地块为非主体沉降区，南面为大黑山裂谷，因此地块南部边缘靠近裂谷区是沉降及烃源岩发育相对有利区，向地块腹地方向烃源岩条件变差，中央坳陷带南部是烃源岩有利相带。

中二叠世，在弧后拉张背景下，地层充填具有拉张构造环境下断陷充填特点，因此烃源岩主要分布于马朗、条湖两个断陷，已基本证实马朗、条湖两个断陷的范围，并重点围绕断陷有利烃源岩区开展成藏体系研究与勘探。

中三叠世以来的前陆坳陷鼎盛时期，晚三叠世至早—中侏罗世在山前坳陷主体沉降区发育两套烃源岩，上三叠统烃源岩在条湖凹陷为有效烃源岩，其他凹陷未进入生烃门限；中—下侏罗统水西沟群烃源岩在全盆地未进入生烃门限，为无效烃源岩。

总之，三塘湖盆地具有前陆盆地的典型结构，即中—新生代前陆坳陷构造层和古生代"大陆陆缘"（地块边缘）构造层，两大构造层和三种"成盆"机制决定了烃源岩的分布和油气的分布。

二、火山活动促进了油气形成与聚集

在石炭纪—二叠纪弧后拉张构造环境中，三塘湖地块南部边缘靠近裂谷区处于海陆过渡环境，但由于火山活动活跃，影响了油气地质要素。

一方面，水体相火山岩体分割了暗色泥岩等烃源岩，使烃源岩分布不均，但是岩浆喷发又带来了营养物质，促进植物的繁盛，并且岩浆活动突发事件使有机体快速死亡与埋藏，因此对有机质的沉积有重要影响。

另一方面，火山岩自身作为特殊的储层，使水体火山岩相具有自生自储的有利成藏条件。上石炭同广泛分布的巨厚火山岩系，意味着其中的非风化壳火山岩蕴含着大规模强非均质性低渗油气藏，只要查明有利相带和目标，就可能有效开展非常规油气藏的勘探与发现。

再者，火山活动伴生一系列的断层，这些断层在后期挤压应力作用下，继续活动，扮演油气运移的通道，或者促使构造区带的形成，使油气从源岩层运移或者从非常规油气藏层系调整到上覆圈闭中。

第四章　烃源岩

　　三塘湖盆地发育上石炭统、中二叠统、中一上三叠统及侏罗系水西沟群等四套烃源岩，其中侏罗系水西沟群多数未进入生烃门限，大部分地区的水西沟群为无效烃源岩。

第一节　烃源岩分布特征

一、上石炭统烃源岩

　　上石炭统发育哈尔加乌组和卡拉岗组两套烃源岩，哈尔加乌组烃源岩是盆地主力烃源岩之一，岩性为两期火山喷发间歇期形成的湖相碳质泥岩、凝灰质泥岩，在盆地分布较广，多呈"鸡窝"状发育，厚度普遍较小，沉积中心在100～160m之间（图3-4-1）。

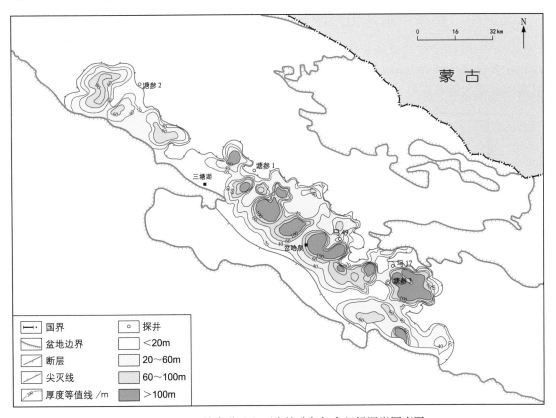

图 3-4-1　三塘湖盆地上石炭统哈尔加乌组烃源岩厚度图

　　卡拉岗组烃源岩零星分布发育，岩性以灰质泥岩或碳质泥岩为主，沉积中心区厚度在100～150m之间（图3-4-2）。

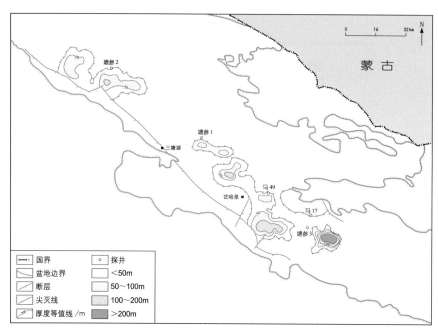

图 3-4-2　三塘湖盆地上石炭统卡拉岗组烃源岩厚度图

二、中二叠统芦草沟组烃源岩

芦草沟组烃源岩是盆地主力烃源岩之一，岩性以咸湖相沉积的白云质沉凝灰岩为主，主要分布于条湖凹陷、马朗凹陷以及汉水泉凹陷的南缘，厚度一般为100～200m，具南厚北薄的分布趋势（图3-4-3）。

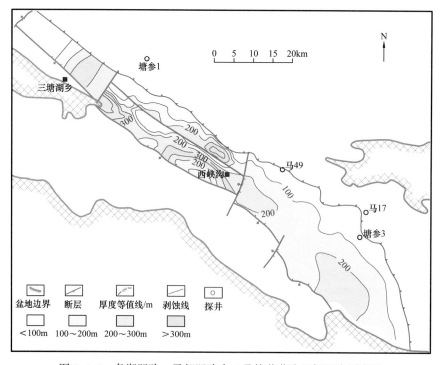

图 3-4-3　条湖凹陷—马朗凹陷中二叠统芦草沟组烃源岩厚度图

三、中一上三叠统小泉沟群烃源岩

中—上三叠统小泉沟群烃源岩为次要烃源岩，岩性以暗色泥岩和碳质泥岩为主夹少量煤。平面上主要分布于条湖凹陷和汉水泉凹陷，厚度一般100～200m。马朗凹陷和淖毛湖凹陷仅有少量残余地层分布，烃源岩不发育（图3-4-4）。

三套烃源岩平面分布具明显的差异性。其中，上石炭统哈尔加乌组烃源岩主要分布于马朗凹陷和条湖凹陷的中央区带；中二叠统芦草沟组烃源岩则分布于马朗凹陷中南部和条湖凹陷南部；中—上三叠统小泉沟群烃源岩主要分布于条湖凹陷和汉水泉凹陷。

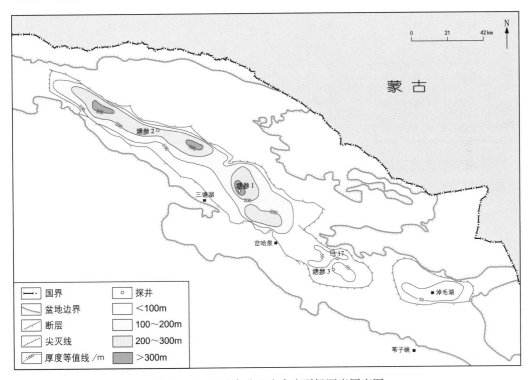

图3-4-4 三塘湖盆地小泉沟群烃源岩厚度图

第二节 烃源岩地球化学特征

烃源岩的地球化学特征主要从有机质丰度、类型、热演化程度三个方面综合评价生烃能力，并结合层系烃源岩抽提物生物标志化合物特征的差异，判断母质的沉积环境及成烃特征。

一、有机质丰度

上石炭统哈尔加乌组和卡拉岗组两套烃源岩钻孔揭示主要集中于马朗凹陷，条湖凹陷较少。哈尔加乌组烃源岩有机质丰度很高，马朗凹陷和条湖凹陷均评价为极好烃源岩（表3-4-1）。卡拉岗组烃源岩在马朗凹陷评价为极好烃源岩；条湖凹陷评价为非烃源岩，但代表性不足。

表 3-4-1 三塘湖盆地各层系烃源岩有机质丰度评价表

层位	凹陷	有机碳 TOC/%	氯仿沥青 "A" 含量/%	总烃（HC）含量/μg/g	生烃潜量（S_1+S_2）/mg/g	有机质丰度评价
中—上三叠统	马朗	1.82	0.0198	133	1.66	好
	条湖	1.75	0.0385	208	2.82	好
	汉水泉	1.8	0.0371	211	5.4	好
芦草沟组	马朗	3.87	0.4146	2597	26.23	极好
	条湖	2.21	0.1068	709	10.45	极好
卡拉岗组	马朗	2.38	0.1322	922	12.26	极好
	条湖	0.22				非
哈尔加乌组	马朗	6.75	0.7973	3645	26.17	极好
	条湖	3.87			8.23	极好

芦草沟组烃源岩主要发育于芦二段。结合露头与探井分析数据，有机质丰度高，马朗凹陷评价为极好烃源岩；条湖凹陷也属极好烃源岩，但相对于马朗凹陷有机质丰度略低。

中—上三叠统小泉沟群烃源岩钻孔揭示多，马朗、条湖和汉水泉凹陷均评价为好烃源岩。

二、有机质类型

烃源岩有机质类型研究方法较多，主要采用岩石热解参数、干酪根元素和显微组分等判识方法，划分标准采用四类三分法（SY/T 5735—2019《烃源岩地球化学评价方法》）。

1. 干酪根元素

根据干酪根元素分析结果，烃源岩有机质类型上石炭统以 II_1 为主，中二叠统为 I—II_1 型，中—上三叠统以 II_2 型为主（图 3-4-5）。

2. 显微组分

上石炭统烃源岩在马朗凹陷腐泥组含量高，有机质类型为 II_2 型，而在条湖凹陷镜质组含量丰富，有机质类型为 III 型。中二叠统芦草沟组烃源岩在条湖凹陷和马朗凹陷均富含腐泥组，有机质类型以 I—II_1 型为主。中—上三叠统烃源岩有机质类型以 II_2 型为主，少量为 III 型（表 3-4-2）。

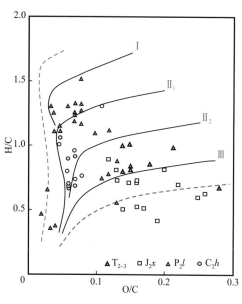

图 3-4-5 三塘湖盆地烃源岩干酪根 H/C—O/C 原子比关系与分类图

表 3-4-2　三塘湖盆地烃源岩显微组分特征表

凹陷	层位	干酪根显微组分 /%				有机质类型
		腐泥组	壳质组	镜质组	惰质组	
汉水泉	上三叠统	55.48	18.84	31.44	12.27	Ⅱ₁
	中三叠统	4	51	30	15	Ⅱ₂—Ⅲ
条湖	中—上三叠统	54.33	少见	36.33	9.33	Ⅱ₂
	芦草沟组	75.74	6.31	13.76	4.19	Ⅱ₁
	哈尔加乌组	20	0	67	13	Ⅲ
马朗	中—上三叠统	54.1	10.25	35.11	4.5	Ⅱ₂
	芦草沟组	70.34	4.07	14.2	20.23	Ⅱ₁
	哈尔加乌组	63.81	6.16	18.92	13.7	Ⅱ₂

3. 岩石热解参数

岩石热解的氢指数（HI）是判别烃源岩有机母质类型快速而实用的指标。上石炭统卡拉岗组和哈尔加乌组烃源岩均以腐殖腐泥型（Ⅱ₁型）为主，部分为腐泥腐殖型（Ⅱ₂型）；中二叠统芦草沟组以腐泥型（Ⅰ型）为主，部分为腐殖腐泥型（Ⅱ₁型）；中—上三叠统烃源岩以腐殖型（Ⅲ型）为主，部分岩样属腐泥腐殖型（Ⅱ₂型）（图 3-4-6）。

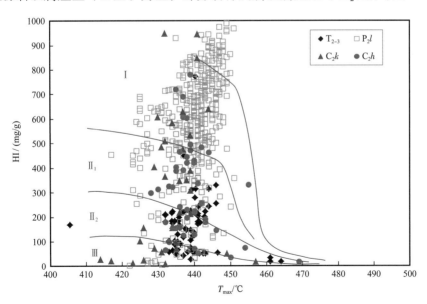

图 3-4-6　三塘湖盆地烃源岩 T_{max}—HI 关系与类型划分图

综上所述，三塘湖盆地上石炭统烃源岩有机质类型以Ⅱ型为主，但哈尔加乌组略优于卡拉岗组；中二叠统芦草沟组烃源岩有机质类型以Ⅰ型为主，部分为Ⅱ₁型；中—上三叠统烃源岩有机质类型以Ⅱ型为主。

三、烃源岩热演化程度

在三塘湖盆地，石炭系、二叠系、三叠系的烃源岩进入了热演化成熟阶段，但分布范围不一。

1. 汉水泉凹陷

汉水泉凹陷塘参 2 井，埋深 1300m 以浅的西山窑组上部烃源岩处于未成熟阶段；1300～1525m 西山窑组中—下部及三叠系顶部烃源岩处于低成熟阶段；三叠系烃源岩主体处于成熟阶段（图 3-4-7）。推测向凹陷中心区三叠系烃源岩可达成熟—高成熟阶段。结合其他探井资料，汉水泉凹陷烃源岩成熟门限在 1300～1800m 之间。

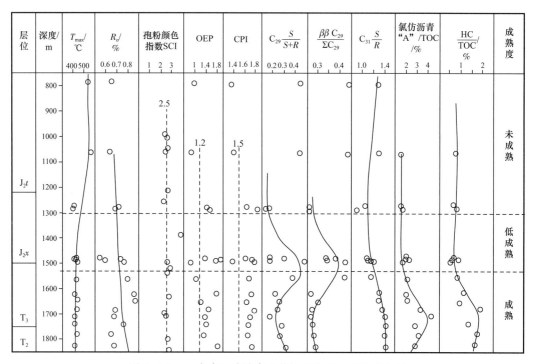

图 3-4-7　汉水泉凹陷塘参 2 井烃源岩有机质热演化图

2. 条湖凹陷

塘参 1 井 2000m 以浅，中侏罗统西山窑组烃源岩处于未成熟阶段；2000～2500m 下侏罗统及上三叠统中—上部烃源岩处于低成熟阶段；2500m 以深的中—上三叠统下部烃源岩处于成熟阶段，石炭系烃源岩已接近高成熟阶段（图 3-4-8）。结合其他探井资料，条湖凹陷烃源岩成熟门限在 1350～2000m 之间。

3. 马朗凹陷

塘参 3 井分析数据，埋深 1600m 以浅，中侏罗统西山窑组烃源岩处于未成熟阶段；1600～1970m，三叠系及中二叠统芦草沟组的中—上部烃源岩处于低成熟阶段；1970m 以深的中二叠统芦草沟组底部烃源岩以及上石炭统烃源岩处于成熟阶段（图 3-4-9）。结合其他探井资料，马朗凹陷烃源岩成熟门限在 1300～1900m 之间。

平面上，侏罗系未进入生烃门限，三叠系处于进入门限的低成熟阶段。中二叠统芦草沟组烃源岩在凹陷北部处于低成熟阶段，凹陷主体处于成熟阶段。石炭系烃源岩主体处于成熟阶段，南缘局部推测进入高成熟阶段。

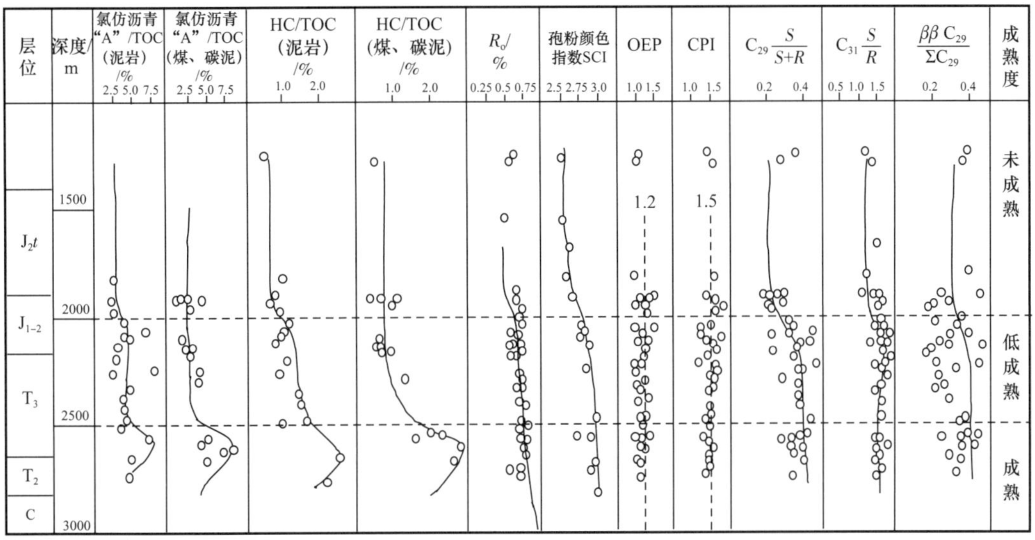

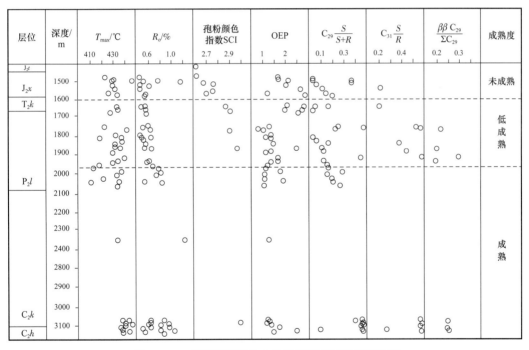

图 3-4-8　条湖凹陷塘参 1 井烃源岩有机质热演化图

图 3-4-9　马朗凹陷塘参 3 井烃源岩有机质热演化图

四、烃源岩抽提物地球化学特征

不同层系烃源岩由于其沉积环境、原始母质构成及热演化程度不同，其生物标志化合物的分布及组成特征也有明显的差异。因此，识别不同层系烃源岩生物标志化合物特征的差异，对确定油气源及判定母质的沉积环境和成烃特征都具有重要意义。

1. 上石炭统

1）哈尔加乌组

哈尔加乌组烃源岩正构烷烃一般呈单峰形分布，主峰碳为 nC_{25} 或 nC_{27}，表现出较多高等植物输入的特征；而类异戊二烯烃类组成中 β– 胡萝卜烷含量较低或缺失，姥植比较高，一般略高于 2.0；萜类化合物组成中主要富含五环三萜类，三环萜含量较低，且多呈 $C_{19} < C_{20} < C_{21}$ 系列分布，C_{24} 四环萜烷与 C_{26} 三环萜烷的含量大致接近；五环三萜烷中伽马蜡烷丰度很低，伽马蜡烷指数多小于 0.1（图 3-4-10）。

甾烷组成中 C_{29} 甾烷的含量仍占优势（40%～50%），但 C_{27} 甾烷含量较高（20%～30%），C_{27}、C_{28} 和 C_{29}20R 三个异构体构成不对称的"V"形。烃源岩正构烷烃碳同位素组成较轻，分布在 –28‰～–30‰ 之间，显示出藻类有一定贡献。

2）卡拉岗组

卡拉岗组烃源岩正构烷烃含量很低，C_{30} 左右的支链烷烃为主峰，表现出成熟度较低的特征；而类异戊二烯烃类组成中 β– 胡萝卜烷含量较低，姥植比很低，一般低于 1.0；萜类化合物组成中主要富含五环三萜类，三环萜含量较低，且多呈 $C_{19} > C_{20} > C_{21}$ 系列分布，C_{24} 四环萜烷较富集，与 C_{26} 三环萜烷的比值常大于 5；五环三萜烷中伽马蜡烷丰度较高，伽马蜡烷指数多高于 0.1（图 3-4-10）。

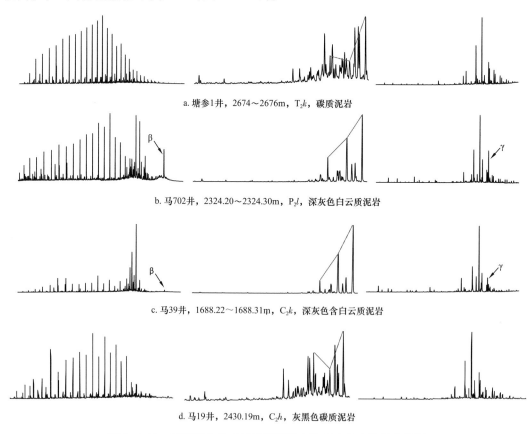

a. 塘参1井，2674～2676m，T_2k，碳质泥岩

b. 马702井，2324.20～2324.30m，P_2l，深灰色白云质泥岩

c. 马39井，1688.22～1688.31m，C_2k，深灰色含白云质泥岩

d. 马19井，2430.19m，C_2h，灰黑色碳质泥岩

图 3-4-10　三塘湖盆地各层系烃源岩生物标志化合物分布特征

甾烷组成中 C_{29} 甾烷的含量仍占优势（40%～50%），C_{27} 甾烷含量较低（10%～20%），C_{28} 甾烷较高（相对含量 30%～40%），C_{27}、C_{28} 和 C_{29}20R 三个异构体构成上升型为特征，

孕甾烷、升孕甾烷也相对较高。烃源岩正构烷烃碳同位素组成较轻，分布在 –30‰～–32‰之间，显示出藻类贡献为主的特征。

卡拉岗组烃源岩无论是岩性或生物标志化合物总体特征类似于中二叠统芦草沟组烃源岩，以伽马蜡烷丰度明显低于芦草沟组作为主要区别。

2. 中二叠统芦草沟组

芦草沟组烃源岩正构烷烃一般呈单峰形分布，主峰碳为 nC_{23} 或 nC_{25}，表现出既有高等植物也有浮游生物输入的特征；而类异戊二烯烃类组成中 β– 胡萝卜烷含量较高，姥植比较低，一般在 1.0 左右；萜类化合物组成中三环萜含量较高，且多呈 $C_{19} < C_{20} < C_{21}$ 系列分布，C_{24} 四环萜烷含量较低，与 C_{26} 三环萜烷大致相当；五环三萜烷中伽马蜡烷丰度较高，伽马蜡烷指数多处于 0.4～0.5 之间（图 3-4–10）。

甾烷组成中 C_{29} 甾烷的含量仍占优势（40%～50%），C_{27} 甾烷含量较低（10%～20%），C_{28} 甾烷较高（相对含量 30%～40%），C_{27}、C_{28} 和 C_{29}20R 三个异构体构成上升型为特征，孕甾烷、升孕甾烷也相对较高。烃源岩正构烷烃碳同位素组成较轻，分布在 –30‰～–32‰之间，显示出藻类贡献为主的特征。

芦草沟组烃源岩中检测出明显的 25– 降藿烷分布（包建平，1996），同时细菌微生物生源标志化合物丰富，全岩显微组分鉴定原生成因的矿物沥青基质具有优势分布。综合分析这些特殊表现，芦草沟组烃源岩可能在沉积和早期成岩阶段，藿烷系列化合物的生物先质（藿烷醇、藿酸等）被介入烃源岩的微生物强烈降解改造，其后演化而形成 25– 降藿烷化合物（杜宏宇等，2004）。

3. 中—上三叠统烃源岩

中—上三叠统烃源岩正构烷烃一般呈单峰形分布，主峰碳为 nC_{25} 或 nC_{27}，呈现出高等植物输入为主的特征；而类异戊二烯烃类组成中 β– 胡萝卜烷含量基本无，姥植比较高，一般高于 3.0；萜类化合物组成中主要富含倍半萜类和五环三萜类，三环萜类含量较低，且多呈 $C_{19} > C_{20} > C_{21} > C_{23}$ 系列分布，C_{24} 四环萜烷异常富集，与 C_{26} 三环萜烷的比值常大于 5；五环三萜烷中升藿烷类含量较高，而伽马蜡烷丰度很低，伽马蜡烷指数多小于 0.1（图 3-4–10）。

甾烷组成中明显以富集高含量的 C_{29} 甾烷为特征，含量一般高于 60%，C_{27} 和 C_{28} 甾烷含量较低（10%～20%），C_{27}、C_{28} 和 C_{29}20R 三个异构体构成不对称"V"形为特征，孕甾烷、升孕甾烷相对较低。烃源岩正构烷烃碳同位素组成较重，一般重于 –26‰，显示出以高等植物贡献为主的特征。

第三节　油　源　对　比

油、气源对比就是通过原油（天然气）与可能烃源岩之间，在尽可能考虑到油气生成、演化及运移过程中所发生变异的前提下，进行有机母源输入成分的地球化学特征对比，从而追溯其间的亲缘关系，找到油气的母岩。

一、原油性质与地球化学特征

三塘湖盆地的原油物理性质差异小，以正常原油和黑油为主，个别井为轻质油，少量稠油。而不同的原油物性往往也代表其具有不同的地球化学特征及不同来源。

1. 原油物性

颜色：原油颜色较单一，大多为不透明黑色，极个别为褐色或深棕色。

密度：地面原油密度分布范围较大，一般在 0.777~0.988g/cm³ 之间，主频分布在 0.85~0.90g/cm³ 之间，以黑油为主。在层系上轻质油和正常原油主要分布于石炭系，而黑油主要分布在侏罗系，密度高于 0.9g/cm³ 原油主要分布于二叠系条湖组和芦草沟组。从平面来看，条湖凹陷原油密度略低于马朗凹陷。

黏度：原油黏度普遍较高，其中石炭系相对较低，50℃时一般低于 50mPa·s，而二叠系和侏罗系原油黏度相对较高，50℃时处于 100~1000mPa·s 之间；平面上条湖凹陷原油黏度略低于马朗凹陷原油黏度。

含蜡量：原油含蜡量分布范围较大，平均为 19.9%，主频分布在 20%~30% 之间，占总样品数的 25.09%，以高蜡油为主。层系上无论是侏罗系、二叠系或石炭系表现出相似的特征，均以高蜡油为主。

凝固点：原油的凝固点分布范围较广，从 −23~38℃均有分布，但主要分布在 5~15℃之间，属于中凝油。原油凝固点较高，可能与普遍较高的含蜡量有关。

总之，三塘湖盆地石炭系原油具有颜色深、密度相对较低、黏度高、高含蜡和中等凝固点的特点；而其他层系原油具有颜色深、密度较高、黏度高和中等凝固点等特点。

2. 原油组成特征

族组分：各层系原油族组分分布差距不明显（图 3-4-11），而平面上同一层系原油在马朗凹陷、条湖凹陷有比较大的差距。石炭系原油饱和烃分布范围 60%~75%，芳香烃 15%~20%，非烃 + 沥青质 10%~15%，在各层系原油中相对较轻。二叠系、三叠

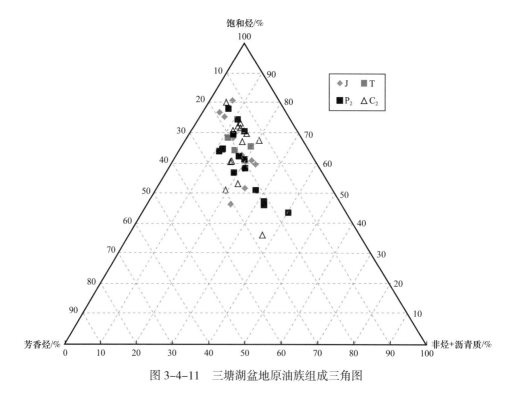

图 3-4-11　三塘湖盆地原油族组成三角图

系、侏罗系原油表现出相似的特点，在马朗凹陷饱和烃分布在60%以下，而条湖凹陷饱和烃多在70%以上。这不仅与油源有关，而且与原油成熟度相关。

饱和烃是原油的重要组成部分，蕴涵着母质类型、成熟度、油源等诸多信息。塘参1井侏罗系原油饱和烃形态完整，主峰碳偏重，姥植比高，以高等植物输入为主的特征。芦草沟组原油主峰碳偏重，姥植比低，β-胡萝卜烷含量较高，反映低熟湖相浮游生物输入的特征。石炭系原油主峰碳偏轻，姥植比较高，β-胡萝卜烷含量低或无，反映成熟—高成熟湖相浮游生物输入的特征（图3-4-12）。

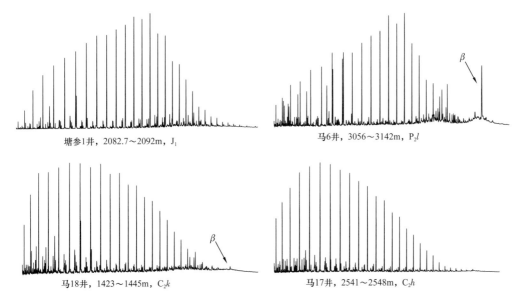

塘参1井，2082.7～2092m，J_1

马6井，3056～3142m，P_2l

马18井，1423～1445m，C_2k

马17井，2541～2548m，C_2h

图3-4-12　三塘湖盆地原油饱和烃色谱图

3. 原油碳同位素组成特征

原油是有机母质在自然条件下成烃演化的产物，因此原油的碳同位素组成与母质类型、沉积环境等因素密切相关。

根据原油族组分的碳同位素组成（$\delta^{13}C$值）分布将原油分为三大类（图3-4-13），即侏罗系（马朗凹陷），二叠系原油为一类，为轻碳同位素组成特征，反映原油母质类型较好，以浮游生物或菌藻类输入为主；第二类以石炭系卡拉岗组原油为代表，为较重

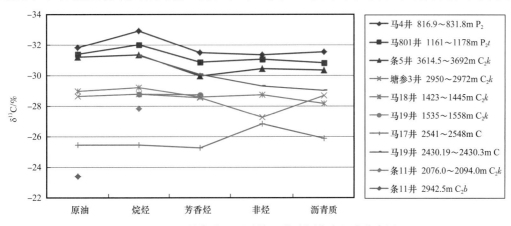

图3-4-13　三塘湖盆地原油族组分碳同位素组成分布图

碳同位素组成特征，反映原油母质类型较差，有较多高等植物输入；第三类原油仅发现个别样品，以马17井哈尔加乌组原油为代表，为重碳同位素组成特征，反映原油母质类型较差，有以高等植物输入为主的特点。

　　4. 原油生物标志化合物特征

　　1）甾、萜烷化合物特征

　　生物标志化合物散点图将原油大致分为四种类型（图3-4-14和图3-4-15）。

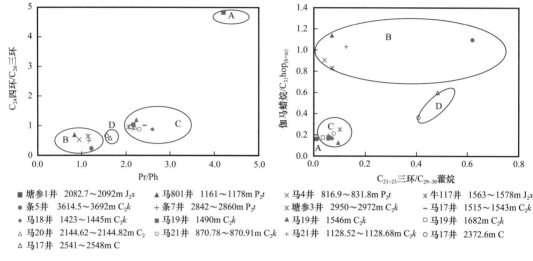

■ 塘参1井　2082.7～2092m J₂x　　▲ 马801井　1161～1178m P₂t　　× 马4井　816.9～831.8m P₂t　　※ 牛117井　1563～1578m J₂x
● 条5井　3614.5～3692m C₂k　　+ 条7井　2842～2860m P₂t　　※ 塘参3井　2950～2972m C₂k　　- 马17井　1515～1543m C₂k
◆ 马18井　1423～1445m C₂k　　■ 马19井　1490m C₂k　　▲ 马19井　1546m C₂k　　□ 马19井　1682m C₂k
△ 马20井　2144.62～2144.82m C₂　　○ 马21井　870.78～870.91m C₂k　　+ 马21井　1128.52～1128.68m C₂k　　○ 马17井　2372.6m C
△ 马17井　2541～2548m C

图 3-4-14　三塘湖盆地原油生物标志化合物组成关系图

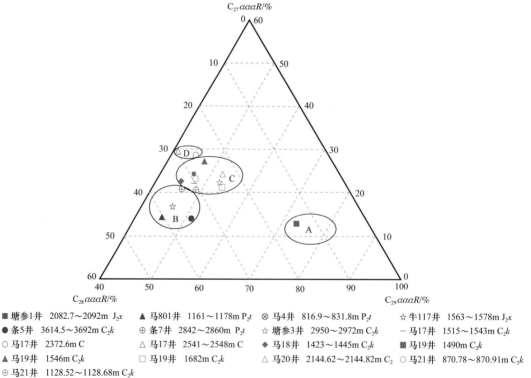

■ 塘参1井　2082.7～2092m J₂x　　▲ 马801井　1161～1178m P₂t　　⊗ 马4井　816.9～831.8m P₂t　　☆ 牛117井　1563～1578m J₂x
● 条5井　3614.5～3692m C₂k　　⊕ 条7井　2842～2860m P₂t　　☆ 塘参3井　2950～2972m C₂k　　- 马17井　1515～1543m C₂k
○ 马17井　2372.6m C　　△ 马17井　2541～2548m C　　◆ 马18井　1423～1445m C₂k　　■ 马19井　1490m C₂k
▲ 马19井　1546m C₂k　　□ 马19井　1682m C₂k　　△ 马20井　2144.62～2144.82m C₂　　○ 马21井　870.78～870.91m C₂k
⊕ 马21井　1128.52～1128.68m C₂k

图 3-4-15　三塘湖盆地原油规则甾烷三角图

A 类为条湖凹陷北小湖油田产出原油。属正常原油，以相对较重的碳同位素组成、高姥植比（Pr/Ph＞3.0）、高 C_{29} 甾烷含量为特征，反映陆源高等植物来源为主的特征。萜烷类组成上，升藿烷类含量相对富集，三环萜、伽马蜡烷含量极低，三环萜/藿烷类多小于 0.1，伽马蜡烷指数小于 0.1，C_{24} 四环萜烷含量丰富，远高于 C_{26} 三环萜烷。

B 类为马朗、条湖凹陷侏罗系、中二叠统条湖组和芦草沟组产出原油。密度较高（以黑油为主，少量稠油），以轻碳同位素组成、低姥植比（Pr/Ph＜1.5）、富含 C_{28} 甾烷为主要特征；萜烷类组成上，三环萜类、伽马蜡烷含量高，总体反映湖相、咸水还原沉积环境，母质中以水生生物为主的特点。

C 类为马朗、条湖凹陷石炭系卡拉岗组和哈尔加乌组产出原油。密度较低，以正常原油为主，碳同位素组成较轻，类异戊二烯烃类组成中 β- 胡萝卜烷含量较低或缺失，姥植比较高，一般略高于 2.0；甾烷组成中 C_{29} 甾烷的含量仍占优势，但 C_{27} 甾烷含量较高，C_{27}、C_{28} 和 C_{29}20R 三个异构体构成不对称的"V"形。萜类化合物组成中主要富含五环三萜类，三环萜含量较低，且多呈 C_{19}＜C_{20}＜C_{21} 系列分布，C_{24} 四环萜烷与 C_{26} 三环萜烷的含量大致接近；五环三萜烷中伽马蜡烷丰度很低，伽马蜡烷指数多小于 0.1，总体反映湖相、淡水、弱氧化沉积环境，母质中既有高等植物输入，也有水生生物输入的特点。

D 类是马朗凹陷石炭系深层产出原油。以轻质油为主，普遍成熟度较高，以相对较重的碳同位素组成，相对富集 C_{27} 甾烷、较高伽马蜡烷为典型特征，而区别于其他原油。原油姥植比一般低于 2.0、β- 胡萝卜烷低或无。从生物标志化合物特征来看，原油母质处于弱氧化—弱还原、咸化湖相的沉积环境，反映母质中有较多水生生物来源特点。

2）原油成熟度

甲基菲指数是计算原油成熟度的经典指标。条湖凹陷北小湖油田侏罗系原油处于中等成熟度，对应镜质组反射率 R_o 值为 0.73%。芦草沟组原油成熟度在马朗和条湖凹陷有差异，马朗凹陷较低，对应 R_o 值为 0.6%～0.8%；条湖凹陷相对高，对应 R_o 值为 0.8%～1.0% 之间。石炭系原油成熟度普遍处于中等，对应 R_o 值为 0.7%～1.0%，个别井原油对应 R_o 值大于 2.0%（王志勇等，2011）。

甾类化合物组成中，$C_{29}\alpha\alpha\alpha S/（S+R）$ 参数与热演化程度具有良好的对应关系，不同凹陷、不同层系产出的原油差异较大。条湖凹陷北小湖油田侏罗系原油 $C_{29}\alpha\alpha\alpha S/（S+R）$ 值为 0.54，为成熟原油。马朗凹陷侏罗系、二叠系原油 $C_{29}\alpha\alpha\alpha S/（S+R）$ 有一定跨度，既有 0.3～0.4 的低成熟油，也有 0.4～0.5 的成熟油；而条湖凹陷同一层系原油的成熟度相对略高，基本无低成熟油，条 5 井原油为 0.51，明显高于马朗凹陷。石炭系原油成熟度指标跨度相对二叠系更大，$C_{29}\alpha\alpha\alpha S/（S+R）$ 值分布范围 0.22～0.61，既有低成熟油、成熟油，也有高成熟油。

三塘湖盆地原油无论是侏罗系、二叠系还是石炭系，其原油成熟度的两个指标 $C_{29}\alpha\alpha\alpha S/（S+R）$ 与 $C_{29}\beta\beta/（\beta\beta+\alpha\alpha）$ 呈现明显的线性相关，也就是说三塘湖盆地原油都是短距离垂向运移成藏，未发现长距离运移成藏的证据。

二、油源对比

1. 北小湖油田油源

条湖凹陷北小湖油田侏罗系原油（A类）与中、上三叠统小泉沟群泥岩关系密切。

北小湖油田原油与中—上三叠统小泉沟群烃源岩生物标志化合物组成具有极高的相似性（图3-4-16、表3-4-3），与侏罗系烃源岩差异较大。三叠系烃源岩包括煤、碳质泥岩、暗色泥岩三类，无论是反映沉积环境的姥植比，还是反映生源的重排甾烷含量、藿烷/甾烷，以及反映成熟度的 $\beta\beta C_{29}$ 甾烷/ΣC_{29} 甾烷等各项指标均与北小湖油田原油具有较高的相似性，而与煤差距较大，说明原油主要来自小泉沟群暗色泥岩，而与侏罗系煤无关。

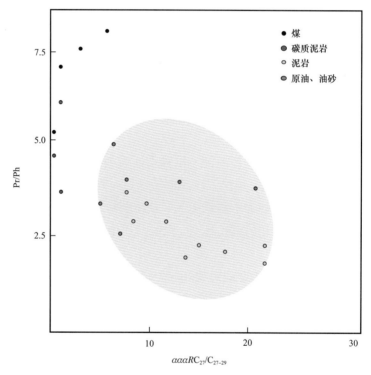

图3-4-16　条湖凹陷塘参1井原油与小泉沟群烃源岩对比图

2. 二叠系、侏罗系油藏油源

条湖凹陷、马朗凹陷二叠系原油和三塘湖油田侏罗系原油（B类）一般呈单峰形分布，主峰碳为 nC_{23} 或 nC_{25}，类异戊二烯烃类组成中 β-胡萝卜烷含量较高，姥植比较低，一般在1.0左右；萜类化合物组成中三环萜含量较高，且多呈 $C_{19} < C_{20} < C_{21}$ 系列分布，C_{24} 四环萜烷含量较低，与 C_{26} 三环萜烷大致相当；五环三萜烷中伽马蜡烷丰度较高，伽马蜡烷指数多处于0.4~0.5之间（图3-4-17）。甾烷组成中 C_{29} 甾烷的含量仍占优势（40%~50%），C_{27} 甾烷含量较低（10%~20%），C_{28} 甾烷较高（相对含量30%~40%），C_{27}、C_{28} 和 C_{29}20R 三个异构体构成上升型为特征，孕甾烷、升孕甾烷也相对较高。烃源岩正构烷烃碳同位素组成较轻，分布在 -32‰~-30‰ 之间，显示出藻类贡献为主的特征。

表 3-4-3　条湖凹陷塘参 1 井油源甾、萜对比参数表

样品类别	井深 / m	层位	Σ4- 甲基甾烷 / 5α-C_{29}（R）甾烷	C_{29} 重排甾烷 / ΣC_{29} 规则甾烷	ββC_{29} 甾烷 / ΣC_{29} 甾烷	藿烷 / 甾烷
深灰色泥岩	1975～1976	J_2x	0.23	0.18	0.17	4.7
煤	2105～2108	J_1	0.21	0.21	0.29	4.1
碳质泥岩	2144.06	J_1	0.19	0.12	0.22	6.1
原油	2082.7～2087	J_1	0.83	0.69	0.55	26.2
原油	2127～2137.6	J_1	0.82	0.59	0.47	43.8
油砂	2237.24	T_3	1.54	0.54	0.47	25.0
煤	2296～2297	T_3	0.35	0.22	0.23	32.8
深灰色泥岩	2481.47	T_3	0.57	0.71	0.37	40.9

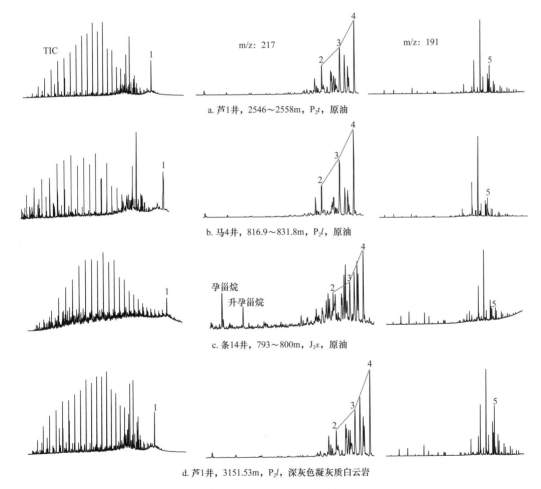

a. 芦1井，2546～2558m，P_2t，原油

b. 马4井，816.9～831.8m，P_2l，原油

c. 条14井，793～800m，J_2x，原油

d. 芦1井，3151.53m，P_2l，深灰色凝灰质白云岩

图 3-4-17　三塘湖盆地侏罗系与二叠系原油与芦草沟组烃源岩生物标志化合物对比图

1—β- 胡萝卜烷；2—20R-5α（H），14α（H），17α（H）- 胆甾烷；3—20R-24- 甲基 -5α（H），14α（H），17α（H）- 胆甾烷；4—20R-24- 乙基 -5α（H），14α（H），17α（H）- 胆甾烷；5—γ- 蜡烷

从生物标志化合物特征综合来看，条湖凹陷、马朗凹陷二叠系原油和三塘湖油田侏罗系原油均来自于二叠系芦草沟组烃源岩。

3. 石炭系原油油源

条湖凹陷、马朗凹陷石炭系原油主要来自于上石炭统哈尔加乌组烃源岩，马33井区上石炭统卡拉岗组原油来源于卡拉岗组烃源岩，部分轻质原油可能来源于石炭系深层烃源岩。

马33井区卡拉岗组原油具有较高姥植比（Pr/Ph=2.14）、较高β-胡萝卜烷、规则甾烷呈上升型、低伽马蜡烷、低成熟度（$\alpha\alpha\alpha C_{29}S/S+R$仅为0.27）以及三环萜中呈$C_{19}$<$C_{20}$<$C_{21}$系列分布，$C_{24}$四环萜烷含量明显高于$C_{26}$三环萜的特征。其生物标志化合物特征与哈尔加乌烃源岩、芦草沟组烃源岩均有较大差异，且原油成熟度较低，与卡拉岗组烃源岩成熟度大致相当，推测原油来源于卡拉岗组烃源岩。

以马18井为代表的条湖凹陷、马朗凹陷石炭系原油（C类）具有较高姥植比（Pr/Ph>2.0），β-胡萝卜烷丰度较低或缺失，C_{27}—C_{29}规则甾烷中C_{27}甾烷丰度较高，呈"V"形分布，伽马蜡烷低或无，三环萜中呈C_{19}<C_{20}<C_{21}分布特征，C_{24}四环萜烷含量明显高于C_{26}三环萜的特征；有较重（大于-30‰）的碳同位素组成特征，成熟度适中（$\alpha\alpha\alpha C_{29}S/S+R$大多在0.5左右）。这些特征与哈尔加乌组烃源岩极其相似（图3-4-18），成熟度也大致相当，反映该类原油均来源于哈尔加乌组烃源岩。

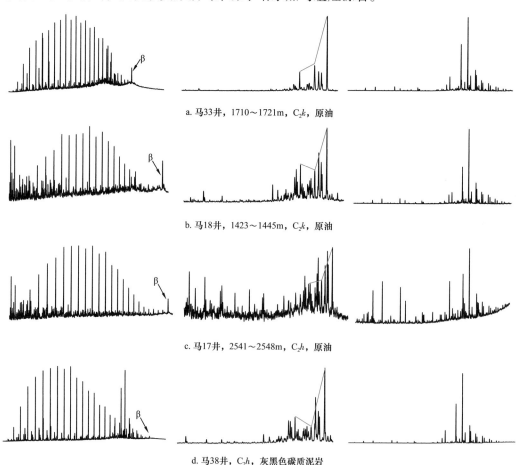

a. 马33井，1710～1721m，C_2k，原油

b. 马18井，1423～1445m，C_2k，原油

c. 马17井，2541～2548m，C_2h，原油

d. 马38井，C_2h，灰黑色碳质泥岩

图3-4-18 三塘湖盆地石炭系油源对比

以马 17 井 2541～2548m 井段产原油（D 类）为代表的马朗凹陷石炭系深层原油，密度多低于 0.8g/cm^3，以重碳同位素组成、相对富集 C_{27} 甾烷、较高伽马蜡烷为典型特征，而区别于其他原油。原油姥植比一般低于 2.0、β– 胡萝卜烷低或无，反映母质中有较多水生生物来源。而成熟度指标 $\alpha\alpha\alpha C_{29}S/(S+R)$ 大于 0.55，表现为高成熟特征，加上与之伴生的天然气计算成熟度 R_o 为 1.7%，因此推测该类原油应来自于石炭系深层烃源岩，但因未钻遇该套烃源岩而缺乏直接证据。

第五章　沉积相与储层

三塘湖盆地在前上古生界基底上，接受了上古生界火山喷发、火山碎屑岩沉积和中—新生界湖泊、河流相沉积，沉积盖层由石炭系、二叠系、三叠系、侏罗系、白垩系、古近系—新近系、第四系组成。发育火山岩相、冲积扇、扇三角洲、辫状河三角洲、湖泊等五种沉积相类型。在石炭系—二叠系火山岩、火山碎屑岩、混积岩及三叠系—侏罗系碎屑岩储层中获油气发现，其中，上石炭统哈尔加乌组以火山角砾岩、火山碎屑岩储层为主，卡拉岗组以火山岩风化壳型储层为主；中二叠统芦草沟组以石灰岩、白云岩、凝灰岩等复杂岩性为储层，条湖组以晶屑—玻屑凝灰岩储层为主；中—下侏罗统以碎屑岩为储层。

第一节　沉积环境与沉积相类型

一、沉积环境及演化

盆地沉积盖层除下三叠统、上白垩统有缺失外，其余地层发育较齐全。石炭系—二叠系发育火成岩，三叠系—第四系发育碎屑沉积岩。盆地经历了四大构造演化阶段，即晚石炭世—早二叠世裂谷板缘发育阶段、中二叠世裂谷边缘拉张断陷发育阶段、三叠纪—白垩纪前陆盆地发育阶段及古近纪—第四纪类前陆盆地发育阶段。自早海西构造运动以来，共经历了六次构造运动，其中海西晚期和燕山晚期规模最大，影响范围波及整个三塘湖地区（表 3-5-1）。

晚石炭世裂谷板缘阶段沉积范围较广，主要发育陆相火山喷发岩及火山碎屑岩沉积，上石炭统哈尔加乌组、卡拉岗组总体以陆相火山喷发岩及火山碎屑岩为主。

中二叠世，进入裂谷边缘拉张断陷湖盆地阶段，从东北到西南发育三个一级构造带，分别为东北冲断隆起带、中央坳陷带和西南逆冲推覆带（刘学锋等，1998）。晚二叠世火山岩分布局限，表现为板内玄武岩特征（林克湘等，1997）。中二叠统芦草沟组发育浅—半深湖相沉积，在条湖凹陷与马朗凹陷分布较广，钻孔揭示厚度 150～500m，南厚北薄，预测局部最厚达 1000m，是主要烃源岩层和含油气层系之一；中二叠统条湖组为两套火山岩夹碎屑岩组成的三段式组合，碎屑岩为河流—沼泽相沉积，火山岩以中基性喷发相为主，火山活动自东而西逐渐增强。

晚二叠世末，盆地整体抬升剥蚀，但隆起幅度存在差异，石头梅凸起、岔哈泉凸起、马朗凹陷东部以及盆地北部抬升幅度最大，石头梅凸起、岔哈泉凸起顶部地层被剥蚀殆尽，而马朗凹陷以东地区上二叠统至上石炭统均被剥蚀，仅在淖毛湖凹陷残留很薄的上二叠统（何登发等，1999；韩玉玲，2000）。南缘逆冲带由于断层活动，使上覆很薄的上二叠统也剥蚀殆尽，东北冲断隆起带仅苏海图地区残留近千米的二叠系及石炭系。全盆地剥蚀一直持续到早三叠世晚期，使盆地缺失了仓房沟群。

表 3-5-1　三塘湖盆地沉积充填与构造演化阶段

地质时代			地层	海相	海陆过渡相	陆相	构造旋回	盆地类型	
代	纪	世	组/群	深 —— 浅			构造旋回阶段		
新生代	第四纪	全新世—更新世					喜马拉雅期Ⅱ 喜马拉雅期Ⅰ	类前陆盆地	萎缩期
	新近纪	中新世—上新世							
	古近纪	古新世—渐新世					燕山运动Ⅲ		
	白垩纪	早白垩世	吐谷鲁群				燕山运动Ⅱ		
	侏罗纪	晚侏罗世	齐古组				燕山运动Ⅰ		
		中侏罗世	头屯河组 西山窑组						
		早侏罗世	三工河组 八道湾组				印支运动Ⅱ		
	三叠纪	中—晚三叠世	小泉沟群						
晚古生代	二叠纪	中二叠世	条湖组 芦草沟组				印支运动Ⅰ 海西运动Ⅳ 海西运动Ⅲ	裂谷边缘断陷	
	石炭纪	上石炭世	卡拉岗组 哈尔加乌组 巴塔玛依内山组					裂谷边缘	
		下石炭世	姜巴斯套组 东古鲁巴斯套组						

中三叠世至白垩纪前陆盆地阶段，构造格局历经三次变化，沉降中心由汉水泉、条湖两凹陷北部向南部迁移，燕山运动末基本形成了现今构造格局（新疆维吾尔自治区地质矿产局，1999；李永安，2000）。中—上三叠统克拉玛依组为扇三角洲到湖沼相碎屑岩沉积，条湖凹陷沉积较厚，一般在200m以上，马朗凹陷相对较薄，厚100m左右，汉水泉凹陷也有发育；三叠统黄山街组—郝家沟组主要以湖相沉积为主。

侏罗纪前陆盆地阶段经历了四个演化过程。早侏罗世八道湾期—三工河期发育滨浅湖相—河流沼泽相的含煤碎屑岩建造，条湖凹陷厚度约200m，马朗凹陷厚度一般大于100m。中侏罗世西山窑期发育滨浅湖—河流沼泽相的含煤碎屑岩建造，分布范围较广，厚度一般150～350m，马朗凹陷厚约200m，条湖凹陷厚约150m；中侏罗世头屯河期为滨浅湖亚相—辫状河三角洲前缘亚相沉积，分布范围较广，马朗凹陷厚约450m，条湖凹陷厚约250m。晚侏罗世齐古期气候更加干旱，基本继承了头屯河组上部的沉积环境，湖水范围缩小，为河流、三角洲相的红色粗碎屑沉积，分布范围小于头屯河组，厚度一般小于500m，条湖凹陷厚度300～400m，马朗凹陷厚度200～400m。

白垩纪发育下白垩统吐谷鲁群沉积，整体缺失上白垩统。吐谷鲁群以河流、湖泊相红色粗碎屑岩建造为主，下部为冲积扇—辫状河相粗碎屑岩沉积，上部为滨浅湖亚相细碎屑岩沉积。主要分布于条湖凹陷和马朗凹陷，条湖凹陷最厚达 1400m，马朗凹陷最厚达 1000m。

古近纪—第四纪整体为半干旱—干旱氧化沉积环境下沉积的山前冲—洪积相的粗碎屑岩，钻孔揭示最厚 510m。第四系为冲积相类磨拉石建造，厚度小，广泛分布于山前和山间凹地，坳陷主体厚度有 100 多米。

二、沉积相类型

据沉积物岩石类型、岩性组合、沉积特征等将盆地沉积相划分为 5 种相（表 3-5-2）。分别为冲积扇相、辫状河三角洲相、扇三角洲相、湖泊相、火山岩相，上石炭统以火山岩相为主，包括爆发亚相、溢流亚相、火山沉积亚相；中二叠统主要发育湖泊相；三叠系—侏罗系主要发育冲积扇、扇三角洲和辫状河三角洲相。

表 3-5-2　三塘湖盆地典型沉积相类型划分表

沉积相	亚相	微相	基本特征
冲积扇		扇根	具有块状层理及明显冲刷面
		扇中	砾石具叠瓦状构造、砂岩发育交错层理，泥岩具有干裂、雨痕等
		扇端	具水平纹理和块状层理，粉砂岩中发育沙纹层理，见较多生物扰动和虫穴构造
辫状河三角洲	辫状河三角洲平原	分流河道	发育侧积交错层理及冲刷面构造，见平行层理、大中型板状和槽状交错层理
		天然堤、河道间	水平层理、小型波状层理、爬升层理
	辫状河三角洲前缘	水下分流河道	侧积交错层理极发育、交错层理、冲刷面构造亦常见
		河口坝	见反韵律、平行层理及中型交错层理
		远沙坝	内部见小型沙纹层理、砂泥薄互层交互出现
	前三角洲		水平层理
扇三角洲	扇三角洲平原		底部具冲刷面、发育大型交错层理、平行层理、波状层理等
	扇三角洲前缘		发育有多种交错层理
湖泊	滨湖		棕色粉砂质泥岩，泥质粉砂岩
	浅湖		暗棕、棕色泥岩，粉砂质泥岩
	深湖—半深湖		灰、深灰色泥岩
火山岩	爆发亚相		火山集块岩、火山角砾岩、凝灰岩、熔结角砾岩或凝灰岩
	溢流亚相		玄武岩、安山岩、火山碎屑熔岩岩流、岩被产出，有气孔或杏仁构造
	火山沉积亚相		凝灰质砂砾岩、沉（角砾）凝灰岩，层状、透镜状

1. 火山岩相类型

1）爆发亚相

爆发亚相由火山强烈爆发形成的火山碎屑岩在地表堆集而成，岩性成分不定，但以含挥发分多、黏度大的岩浆常见，尤以中酸性、碱性更有利于爆发，可形成于各个时期，但以早期及高潮时最发育。火山爆发所产生的各种火山碎屑物在不同的环境下，经成岩作用形成的各类火山碎屑岩，一般粗火山碎屑岩分布在火山口附近，而细火山碎屑岩远离火山口而大面积分布，主要包括崩落堆积和空降堆积两种类型。

崩落堆积表现为火山碎屑物从集块（大于64mm）、火山角砾（2～64mm）到火山灰（小于2mm）并存，大小混杂，分选极差（李溪滨，1994）。火山碎屑（集块、角砾）呈不规则棱角状，成分复杂（主要是火山喷发时，包括早期凝固所形成熔岩壳或地壳深部的岩石碎块和火山通道的围岩），以熔结或压紧胶结方式成岩为主。碎屑物大小在平面形态上呈圆形或不规则环状分布。岩性表现为熔结程度不等的集块岩、角砾岩、角砾凝灰岩等，属近火山口带或过渡带产物。

空降堆积表现为火山灰（含少量粒度细小的角砾岩和晶体碎屑），平面上多呈带状、扇状或不规则状分布，且比较稳定，主要岩性包括凝灰岩和熔结程度低的角砾凝灰岩，属远火山口带或偏离火山口带的过渡带产物。

爆发亚相可形成于火山作用的不同阶段，尤以早期和高潮时最发育，也可位于一个韵律的底部。即火山喷发可先由爆发亚相到溢流亚相，喷发强度由强到弱，也可位于一个韵律的上部，由溢流亚相到爆发亚相，喷发强度由弱到强（图3-5-1）。

2）溢流亚相

溢流亚相的岩性从超基性到酸性皆有，以中基性最发育，多形成于强烈爆发之后。溢流亚相具有流动性强、黏滞性低、产状平缓、厚度较为稳定的特点。哈尔加乌组玄武岩、安山岩中气孔、杏仁构造较上覆卡拉岗组欠发育，杏仁一般呈稀少的椭球或卵圆形，反映岩浆流动较缓慢，为水下喷发环境所致。岩石以斑状、半晶质、玻璃质玄武岩、安山质玄武岩和安山岩为主，厚层至块状，呈岩流、岩被、块状熔岩产出。熔岩在流动—凝结过程中自碎作用明显，熔岩层中常见局部角砾状或角砾状玄武岩，火山碎屑岩不发育。岩石多呈层状分布，一般单层厚2～5m，个别厚者可达十几米。当结壳熔岩层较厚时，可发育有多个亚相带，从上至下为表皮亚相、上部过渡亚相、内部亚相、底部亚相。整体上以内部亚相厚度最大，过渡亚相次之，顶、底部亚相最小。

3）火山沉积亚相

火山沉积亚相主要发育于火山岩的顶面，以火山喷发的低潮期—间隙期最为发育，是火山物质与沉积物共存的一种岩相，可形成于陆地，也可形成于水体中，与正常沉积岩组成沉积—火山碎屑岩，多半分布在离火山口较远处。火山沉积亚相构造类型单一，粒序和层理发育，可见生物化石或植物碎片及钙质条带。岩石碎屑成分以火山岩岩屑和凝灰质碎屑为主，中厚层状，主要组分为各种矿物晶屑、玻屑及各种岩屑及陆源碎屑的混杂。

2. 沉积相类型

三塘湖地块经历不同的沉降演化阶段，在石炭纪—二叠纪主要发育海陆过渡相火山岩相、火山碎屑岩相、深湖和半深湖相；三叠纪到第四纪发育近物源、短水流的河流、湖泊相沉积。

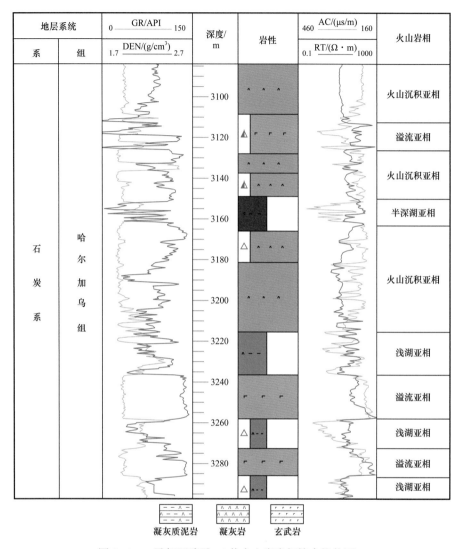

图 3-5-1　马朗凹陷马 36 井火山岩岩相综合柱状图

1）冲积扇相

冲积扇是由山间河流所携带的粗粒碎屑物质在坡度由较陡突变为较缓的山前地带堆积而成（王良忱等，1996），三塘湖盆地主要发育扇根、扇中和扇缘亚相，多分布在头屯河组下段和下白垩统吐谷鲁群。

扇根由灰绿色块状砾岩或砂砾岩组成的河道充填沉积物组成，厚度变化较大，从一米到几十米不等。以马 1 井为例，砾石成分主要由凝灰岩、火山岩、砂岩组成，一般为次棱角状至次圆状，分选差，多以粉砂和黏土构成基质支撑，横向变化迅速，具近源堆积的特征；扇中亚相主要由砾质辫状河道、砂质辫状河道和砂质或砂砾质坝微相组成。砾质辫状河道和砾质坝多见叠瓦状构造和平行层理；砂质河道与砂质坝常发育大型板—槽状交错层理（图 3-5-2）。

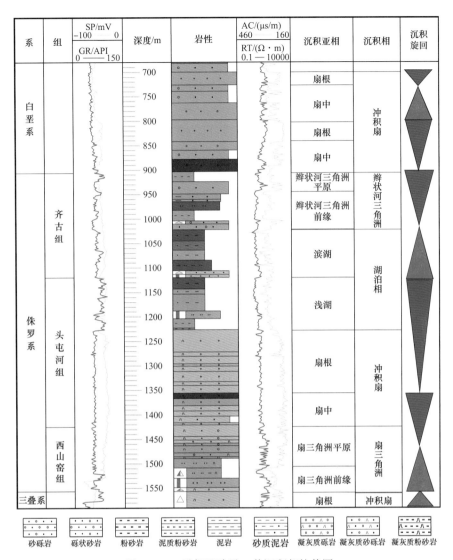

系	组	SP/mV −100 ─ 0 GR/API 0 ─ 150	深度/m	岩性	AC/(μs/m) 460 ─ 160 RT/(Ω·m) 0.1 ─ 10000	沉积亚相	沉积相	沉积旋回
白垩系			700 750 800 850 900			扇根	冲积扇	
						扇中		
						扇根		
						扇中		
	齐古组		900 950 1000			辫状河三角洲平原	辫状河三角洲	
						辫状河三角洲前缘		
侏罗系			1050 1100 1150 1200			滨湖	湖泊相	
						浅湖		
	头屯河组		1250 1300 1350 1400			扇根	冲积扇	
						扇中		
	西山窑组		1450 1500 1550			扇三角洲平原	扇三角洲	
						扇三角洲前缘		
三叠系						扇根	冲积扇	

砂砾岩	砾状砂岩	粉砂岩	泥质粉砂岩	泥岩	砂质泥岩	凝灰质砂砾岩	凝灰质砂砾岩	凝灰质粉砂岩

图 3-5-2　马朗凹陷马 1 井沉积相柱状图

2）扇三角洲相

扇三角洲是冲积扇直接入湖在沿岸带形成的扇形沉积体，发育于湖盆的陡岸，是一种特殊的三角洲类型（孙永传，1986）。主要分布于条湖—马朗凹陷中—上三叠统以及西山窑组上段、头屯河组下段，以扇三角洲平原和前缘亚相为主，发育水下分流河道和水下分流河道间微相沉积。

扇三角洲发育在盆地北部坡度较陡的地区，离物源区近，沉积区与物源区之间缺失辫状河和曲流河等陆上环境，是一个相带发育不完整的沉积相。形成扇三角洲的山区河流流程短，常呈辫状水道形式进入湖盆，所以河流携带的大量碎屑物质快速堆积下来，使得其沉积物粒度较粗，结构及矿物成熟度均很低，且矿物成分与物源成分密切相关；扇三角洲发育各种沉积构造，包括大型板状及槽状交错层理、平行层理、小型交错层理及冲刷面构造；由于水体距物源区近，地形坡度陡，扇三角洲平原面积一般较小，因而该相带不发育。由于水下分流河道不固定，常常侵蚀下伏沉积物，所以不利于河口坝发育，而造成剖面上河道沙坝频繁交替。

3）辫状河三角洲相

辫状河三角洲沉积主要分布在条湖凹陷北部八道湾组—头屯河组和马朗凹陷南部的西山窑组、北部的西山窑组及头屯河组上段。辫状河三角洲垂向沉积序列主要表现为进积型，反旋回序列。由下向上依次为前三角洲亚相、辫状河三角洲前缘亚相、辫状河三角洲平原亚相，于是沉积物粒度呈现出从细到粗的变化特点。

辫状河三角洲可细分为平原亚相、前缘亚相及前三角洲亚相。

三角洲平原亚相主要分布于马朗凹陷外围靠近物源的地区，纵向上主要分布于齐古组和西山窑组及头屯河组上段；其微相包括分流河道、天然堤、河道间。岩石由灰色块状中砾岩，灰色厚层状含砾粗砂岩，灰色、灰绿色厚层—块状杂砂岩，与灰绿色粉砂岩，紫红色、棕色含粉砂质泥岩和泥岩组成若干套正韵律层。

三角洲前缘亚相是马朗凹陷西山窑组下段、牛圈湖地区齐古组和头屯河组上段的主要沉积相类型，微相包括水下分流河道、河口坝及远沙坝等。辫状河三角洲前缘水下分流河道的电测曲线为箱形—钟形—指形组合，包络线类型为水进式的正粒序组合，具备较低的成分成熟度和中等结构成熟度，沉积构造较为丰富，可见平行层理、板状交错层理、波状交错层理、变形层理、冲刷面、叠瓦构造等，粒度概率图为由跳跃和悬浮总体构成的两段式，垂向上为多个向上粒度变细的正旋回构成的复合体。其中，河口坝微相位于三角洲沉积水动力强且复杂的地区，河水与湖水相互作用提高了沉积物的结构成熟度，沉积物分选变好，河口坝细粒砂岩中发育槽状和楔状交错层理，底部常发育含泥砾砂岩或碳质纹层砂岩（朱筱敏，1998）；远沙坝沉积物主要为粉砂岩，并有少量泥岩和细砂岩，一般由粉砂及黏土组成的结构纹层和由植物炭屑构成的炭屑纹层为典型特征，在沉积层序上，位于河口坝之下，前三角洲泥质沉积之上，形成下细上粗的垂向沉积序列。

前三角洲亚相以深灰色泥岩为主，夹灰、浅灰色中—薄层状泥质粉砂岩、粉砂岩，主要发育水平层理，局部见滑塌构造。

4）湖泊相

湖泊相沉积包括滨湖、浅湖、半深湖—深湖亚相。条湖凹陷和马朗凹陷侏罗系广泛分布，下侏罗统八道湾组到中侏罗统头屯河组主要发育还原性湖泊沉积，上侏罗统齐古组主要发育氧化性湖泊沉积。

八道湾组沉积期和西山窑组沉积期是主要的成煤时期，主要由灰黑色的碳质泥岩和煤层组成。煤层底板由滨浅湖的灰色、泥质粉砂岩或泥岩组成；顶板为浅湖环境的灰色泥岩。滨湖和砂质浅湖位于湖盆边缘，距岸最近，接受来自湖岸的粗碎屑沉积，一般由灰白色细砂岩、灰色粉砂岩、粉砂质泥岩、泥岩组成。砂岩经历波浪的冲刷、簸选和淘洗，碎屑物成熟度增高，分选、磨圆度好，在砂岩中见双向交错层理。泥质浅湖由灰色粉砂质泥岩、泥岩组成，泥岩一般以块状为主，发育水平层理及季节性韵律层理，滨浅湖中生物扰动，虫孔较为常见。半深湖和深湖不易区分，将二者合并为半深湖—深湖亚相，主要由深灰色、黑灰色、灰黑色泥岩组成，泥岩质纯、性脆，其中发育块状层理和水平层理。半深湖泥岩中往往夹有远源浊积岩，表现为条带状薄层粉砂岩或细砂岩夹于暗色泥岩之中。

第二节　沉　积　相

一、石炭系、二叠系沉积相

1.哈尔加乌组

哈尔加乌组火山岩相呈朵叶状—短轴条带状分布，具有以中心式喷发为主的特点，分布范围较广，厚度较大。分为爆发亚相、溢流亚相和火山沉积亚相三种岩相，以溢流亚相为主，其次为爆发亚相。火山喷发间歇期多发育火山沉积亚相和湖沼相。

哈尔加乌组纵向上分为两段，由下至上分为四套沉积体系。下段火山岩系、火山沉积岩系，上段火山岩系和火山沉积岩系。火山岩系以溢流亚相的玄武岩、安山岩为主，夹爆发亚相的凝灰岩和少量火山角砾岩；火山沉积岩系以火山沉积亚相的泥岩、凝灰岩为主，夹少量玄武岩和火山角砾岩。下段火山喷发期火山喷发强度较大，岩性组合为火山熔岩夹火山碎屑岩；下段火山喷发间歇期，伴随短暂小规模较弱的火山喷发，岩性组合主要为灰黑色碳质泥岩、凝灰质泥岩与凝灰岩互层，夹薄层火山熔岩。上段火山喷发活动期持续时间长，全区分布较厚的火山岩，整体喷发强度较下段喷发期强度大，局部地区厚度可达1000m以上，岩性组合为厚层火山熔岩夹薄层火山角砾岩和凝灰岩；上段火山喷发间歇期，火山活动强度减弱，在距火山口中—远距离的低洼部位沉积厚层烃源岩夹薄层凝灰岩，以马71、马73井区为代表；在火山岩体之上也会披覆薄层的火山沉积岩，岩性组合为厚层火山岩夹薄层泥岩，以马36、牛东201井区为代表（图3-5-3）。

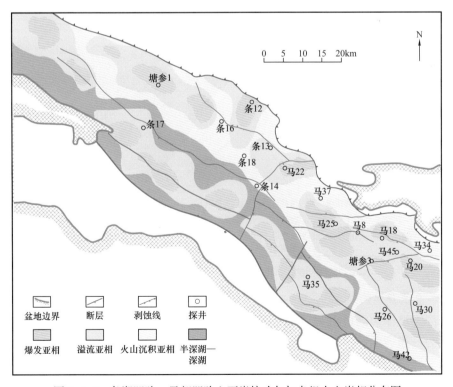

图 3-5-3　条湖凹陷—马朗凹陷上石炭统哈尔加乌组火山岩相分布图

2. 卡拉岗组

卡拉岗组火山岩相呈条带状分布，具有典型裂隙式喷发的特点（梁浩等，2009）。在盆地内分布范围较广，分为爆发亚相、溢流亚相和火山沉积亚相三种，以相对宁静的溢流亚相为主，其次为强烈的爆发亚相，火山沉积亚相仅在局部地区发育。溢流亚相分布广泛，爆发亚相主要发育于马朗凹陷牛圈湖地区，火山沉积亚相主要发育于马29井—马33井一带，以含火山灰的沉积岩最为发育，厚度200～600m。

卡拉岗组火山岩系主要为中基性火山喷出岩，夹火山喷发间歇期过渡相的浅水火山岩沉积，局部发育火山洼地湖相沉积，岩性以基性玄武岩为主，次为中性安山岩、凝灰岩与火山角砾岩，少量过渡相岩类。卡拉岗组下段以凝灰岩和凝灰质泥岩为主，夹少量泥岩、粉砂岩，沉积相以浅湖—半深湖为主；上段以白云质泥岩、泥岩为主，凝灰岩发育较少，沉积相以半深湖—浅湖为主（图3-5-4）。

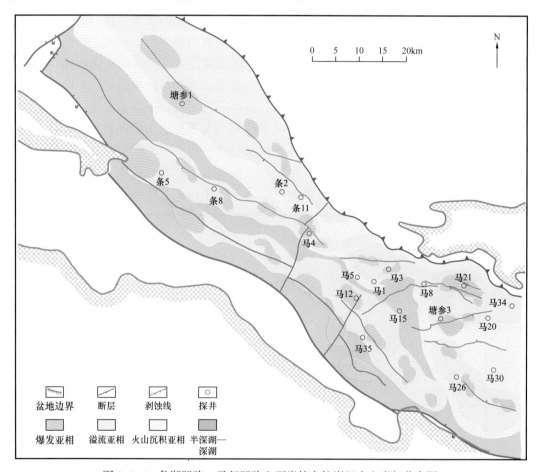

图 3-5-4　条湖凹陷—马朗凹陷上石炭统卡拉岗组火山岩相分布图

3. 中二叠统芦草沟组

芦草沟组整体为湖侵沉积，早期和晚期湖盆范围和湖盆中心有所不同，条湖凹陷和马朗凹陷为一连通的整体湖盆。纵向上分为三段，芦一段沉积期湖盆范围广，湖泊呈一喇叭状向东开口，主要由滨浅湖和辫状河三角洲相沉积体系组成。条湖凹陷东部和马朗凹陷东北部为滨浅湖沉积区，向东水体加深。条湖凹陷南北两侧为辫状河三角洲环境下形成的砾岩、含砾砂岩等粗碎屑岩，主要分布在条湖凹陷条 14 井—马 19 井和马朗凹陷马 9 井—马 11 井一带，为前缘亚相和前辫状河三角洲亚相沉积。芦二段、芦三段沉积期湖盆范围进一步扩大，条湖—马朗凹陷基本全为湖泊相，条 4 井以东为半深湖区，与早期相比，半深湖范围不仅扩大，而且向西迁移。条 7 井—条 5 井—条 22 井以西为滨浅湖区，在条 19—条 20 井区发育滨湖沙坝沉积体系（图 3-5-5），沉积期发育多期次火山喷发，沉积岩中夹中基性火山岩及火山碎屑岩。

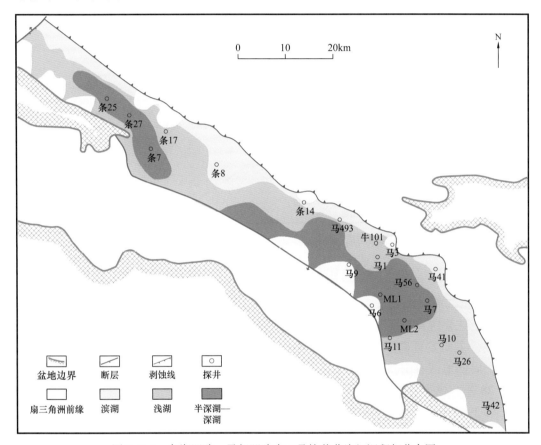

图 3-5-5　条湖凹陷—马朗凹陷中二叠统芦草沟组沉积相分布图

4. 中二叠统条湖组

条湖组自下而上分为三段，条一段沉积期，盆地处于张性伸展环境，火山作用频繁，发育众多的火山活动带，沉积了一套中基性火山喷发岩，局部地区有辉绿岩侵入；条二段以火山间歇期泥岩及凝灰岩沉积为主，发育多套沉凝灰岩，分布范围广，条二段沉积期湖盆水体较深，主要发育半深湖亚相，湖盆中心有深湖亚相，东侧发育小范围的浅湖亚相，湖盆东南边缘发育扇三角洲沉积，岩性组合为大套凝灰岩和泥岩；条三段沉积期火山再一次活动，沉积了一套火山喷发岩，分布较为局限（图 3-5-6）。

已发现的凝灰岩致密油储层主要分布在条二段，位于火山活动带两侧的沉积洼地。马朗凹陷西北部受河流携带的陆源碎屑影响，主要发育凝灰质粉砂岩；凹陷西南部受南部山麓物源影响发育凝灰质砂砾岩，凝灰岩分布均与火山活动带有关。晶屑玻屑凝灰岩主要分布在距离火山口最近的地方，玻屑凝灰岩主要分布在与火山口有一定距离的火山活动带两侧的沉积洼地，而凝灰质泥岩或泥质凝灰岩则分布在湖盆水体较深的地方。

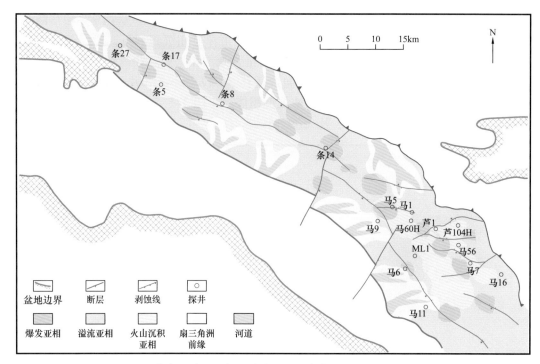

图 3-5-6 条湖凹陷—马朗凹陷中二叠统条湖组二段火山岩相分布图

二、三叠系、侏罗系沉积相

1. 中—上三叠统及下侏罗统

中—上三叠统克拉玛依组沉积期是前陆盆地的初始阶段,沉积以填平补齐为特征,水体较浅,主要发育扇三角洲前缘亚相、前扇三角洲亚相沉积,夹滨浅湖沙坝、席状砂沉积;局部地区有滨浅湖亚相沉积。物源方向在塘浅 1 井—条 12 井和马 51 井—马 8 井—马 28 井一线为北物源沉积;条 5 井—条 26 井和马 15 井—马 13 井一线为西南物源沉积;马 29 井—马 20 井一线为东南物源沉积。

上三叠统郝家沟组—黄山街组下部沉积时,湖盆发生大规模水退,面积缩小,沉积物快速入湖,以扇三角洲分流河道、河口坝、席状砂及滨浅湖沉积为主。条湖凹陷南、北斜坡塘参 1 井—条 6 井区和条 27 井区,发育扇三角洲前缘亚相沉积;马朗凹陷马 25 井—马 21 井区和马 16 井区发育扇三角洲前缘亚相,微相以水下分流河道、河口坝及席状砂为主;滨浅湖主要分布于马朗凹陷中部塘参 3 井、马 20 井、马 40 井和马 36 井一带(图 3-5-7)。

三叠纪末期,湖盆发生大规模水进,湖盆面积扩大,以滨浅湖沉积为主。

下侏罗统八道湾组、三工河组仅在条湖凹陷分布,八道湾组以滨湖亚相—沼泽相为主,三工河组主要为浅湖亚相沉积。

2. 西山窑组

西山窑组沉积时期水体变浅,湖平面明显下降,发育三角洲前缘亚相,三角洲朵叶变化小,低位域时期,在盆地南、北缘发育多个朵状辫状河三角洲沉积体系;高位域时期,湖平面上升,古气候变得温暖湿润,三角洲朵叶体减小,整个盆地为滨湖沉积体系，形成了大面积滨湖沼泽。沉积体系发育于盆地短轴方向，南、北双向供源，南物源补给形成的辫状河三角洲沉积体规模较小，北物源形成的辫状河三角洲分布范围较大，不同的辫状河三角洲体连片状分布。盆地中央为滨浅湖沉积。

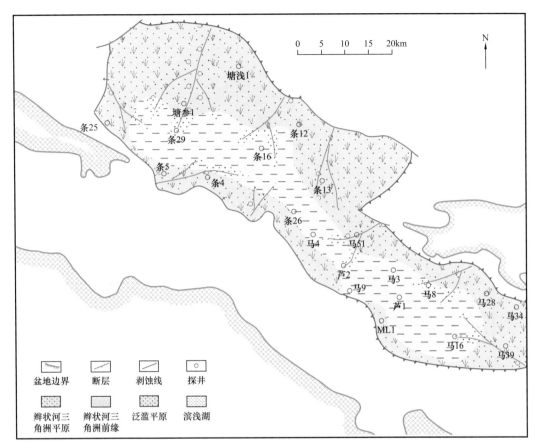

图3-5-7 条湖凹陷—马朗凹陷上三叠统沉积相分布图

辫状河三角洲相细分为平原亚相、前缘亚相及前三角洲亚相。其中平原亚相主要分布于马朗凹陷外围近物源区；前缘亚相是马朗凹陷西山窑组下段的主要相类型，微相有水下分流河道、水下分流间湾、河口坝及水下天然堤等。

辫状河三角洲平原亚相主要分布于马朗凹陷外围靠近物源的地区；辫状河三角洲前缘亚相是马朗凹陷西山窑组下段的主要沉积相类型，其微相有水下分流河道、水下分流间湾、河口坝等。湖泊相主要发育于条湖、马朗凹陷中心（图3-5-8）。

3. 头屯河组、齐古组

头屯河组分上、下两段。头下段沉积时期水体较浅，不发育湖泊，沉积相类型主要为冲积扇及辫状河。受盆地南缘逆冲带的影响，冲积扇、扇三角洲主要分布在南缘逆冲带附近，呈一系列的朵状伸向滨浅湖中，湖水分布范围缩小；北部物源补给形成较大的辫状河三角洲沉积，并连片分布，马朗凹陷牛圈湖地区形成大面积的朵状冲积扇。头上段沉积时期，水体进一步加深，冲积扇规模逐渐减小，演化为典型的扇三角洲平原亚相、前缘亚相沉积，而条湖凹陷南缘则演化为典型的辫状河三角洲平原、前缘亚相。

齐古组呈上、下两段结构。齐下段沉积时期，基本延续了头屯河组上段沉积末期的格局，以滨浅湖沉积为主，牛圈湖区块为辫状河三角洲沉积。齐上段沉积时，湖盆水退，面积缩小，沉积物快速入湖，沉积相以辫状河三角洲沉积为主（图3-5-9）。

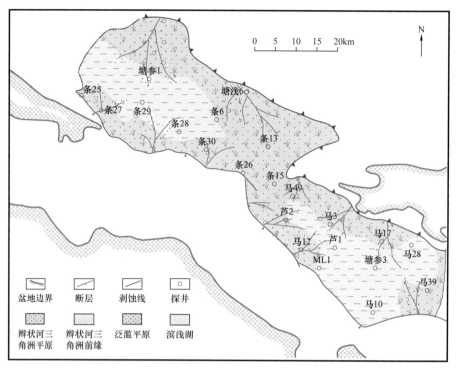

图 3-5-8 条湖凹陷—马朗凹陷中侏罗统西山窑组沉积相分布图

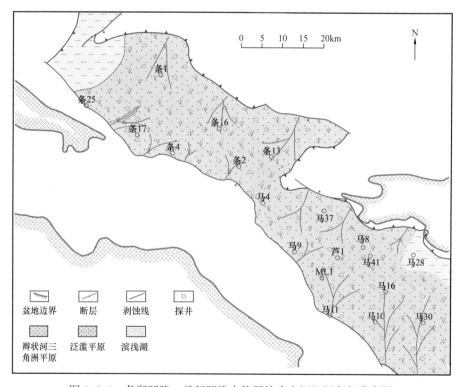

图 3-5-9 条湖凹陷—马朗凹陷中侏罗统头屯河组沉积相分布图

综上所述，三塘湖盆地发育石炭系、二叠系、三叠系、侏罗系、白垩系、古近系—第四系，据沉积环境及演化特点，划分为火山岩相、冲积扇相、扇三角洲相、辫状河三角洲相及湖泊相5种沉积相。独特的沉积环境和地质条件，为盆地低压砂岩油藏、火山岩油藏和致密油藏的形成奠定了储集条件。

第三节 储 层

三塘湖盆地发育多套储层。石炭系储层以火山岩为主（主要岩性为玄武岩、安山岩），发育风化壳和裂缝型两类储层，气孔、溶孔和裂缝为主要的储集空间，储集性能较好；二叠系条湖组、芦草沟组储层以玄武岩、凝灰岩、碳酸盐岩类为主；侏罗系储层为砂岩，储集性能较好。

一、上石炭统

1. 储层特征

1) 岩石学特征

上石炭统以中基性火山岩为主，包括玄武质粗安岩、粗安岩、玄武质安山岩、安山岩和碱玄质响岩等，约占到86%。其次为基性火山岩，包括玄武岩和粗面玄武岩，约占11%（图3-5-10）。火山岩系岩性主要有熔岩、火山碎屑岩及正常沉积岩三大类，以熔岩为主，约占65%，其次为火山碎屑岩，约占30%，沉积岩最少，约占5%。熔岩以玄武岩为主，其次为安山岩；火山碎屑岩主要包括凝灰岩、火山角砾岩等；沉积岩主要为泥岩、碳质泥岩。

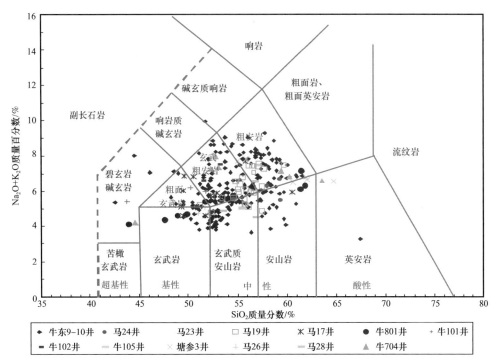

图 3-5-10 三塘湖盆地上石炭统火山岩 TAS 投影图

哈尔加乌组火山岩以基性—中基性的碱性—钙碱性系列岩石组合类型为主，火山岩划分为熔岩、火山碎屑岩熔岩、火山碎屑岩和沉火山碎屑岩四类。熔岩主要包括玄武岩、安山岩和粗面岩；火山碎屑岩熔岩主要为玄武质火山角砾熔岩；火山碎屑岩主要见有玄武质火山角砾岩，其次为凝灰岩（主要为晶屑凝灰岩和岩屑凝灰岩）；沉火山碎屑岩以沉凝灰岩为主。火山岩中交代、蚀变现象较为普遍。

卡拉岗组火山岩主要为玄武岩、安山岩及其向酸性岩过渡岩性为主的中基性火山熔岩，并且夹有火山碎屑岩及少量沉火山碎屑岩。油气储层岩石类型主要为自碎角砾安山岩、自碎角砾玄武岩、气孔杏仁安山岩、气孔杏仁玄武岩，其次为火山角砾岩。岩石成分中暗色矿物含量较高，稳定性差，极易蚀变。橄榄石蚀变为伊丁石、褐铁矿；辉石、角闪石蚀变为绿泥石、磁铁矿；基性斜长石多钠长石化或蚀变为高岭石、绿泥石，个别蚀变为浊沸石和碳酸盐矿物（梁浩等，2011）。

2）储集空间类型

哈尔加乌组储集空间类型分为两大类：一类为孔洞类，主要有钠沸石未完全充填或溶蚀扩大的气孔、杏仁体溶蚀孔、黏土矿物及葡萄石杏仁收缩孔、基质溶孔，以及火山玻璃、斜长石、火山碎屑颗粒微孔；另一类为裂缝类，主要为未被钠沸石及绿泥石完全充填或溶孔扩大的火山岩自碎缝、收缩缝、构造缝、缝内及杏仁体内充填物的收缩缝。

卡拉岗组储集空间类型与哈尔加乌组相似，也分为两类（图3-5-11），包括孔隙

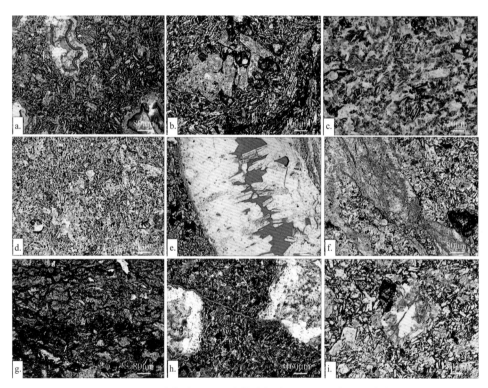

图 3-5-11　三塘湖盆地上石炭统卡拉岗组火山岩储层孔隙类型

a. 牛东 9-10 井，1387.94m，玄武岩，杏仁体内孔；b. 牛东 9-10 井，1384.5m，玄武岩，斑晶溶孔；c. 牛东 9-10 井，1416.05m，凝灰岩，晶屑溶孔；d. 牛东 9-10 井，1395.32m，玄武岩，基质溶孔；e. 牛东 9-10 井，1435.56m，玄武岩，沸石脉晶间孔；f. 牛东 9-10 井，1434.57m，玄武岩，半充填—沸石脉；g. 牛东 9-10 井，11423.48m，角砾凝灰岩，构造缝；h. 牛东 9-10 井，1384.99m，玄武岩，构造缝；i. 牛东 9-10 井，1500.49m，玄武岩，杏仁收缩缝

及裂缝型，原生储集空间类型有原生气孔、残余气孔、斑晶间孔、晶间孔、杏仁体内孔、收缩孔、粒间孔和原生裂缝（冷凝收缩缝、收缩节理、砾间裂缝），次生孔隙有斑晶溶蚀孔、斑晶与基质间溶孔、基质溶蚀孔、脱玻化溶蚀孔、杏仁体溶蚀孔、蚀变物溶蚀孔、孔隙充填再溶孔、交代物溶蚀孔隙；裂缝主要类型有构造裂缝、风化裂缝、粒边缝等。

3）物性与孔喉结构特征

卡拉岗组储层物性以中孔低渗为主，孔隙度3.0%～16.0%，平均8.3%（图3-5-12）；渗透率大部分小于0.05mD，平均0.86mD。不同岩性孔隙发育程度有差异，以安山岩类最好，玄武岩类次之，凝灰岩类最差；岩相以溢流亚相上部亚相最好。在构造运动所形成的断裂带及风化壳上，次生孔隙发育，储层物性较好。

哈尔加乌组火山岩储层物性较差，孔隙度2.0%～9.0%之间，平均6.4%（图3-5-12）；渗透率大部分小于0.05mD，平均0.92mD。安山岩最好，孔隙度2.7%～24.4%，平均9.0%，渗透率0.05～46.90mD；玄武岩次之，孔隙度0.7%～25.1%，平均7.7%，渗透率0.05～19.71mD；凝灰岩最差，孔隙度3.4%～18.3%，平均11.7%，渗透率0.05～2.28mD。溢流亚相顶部气孔（杏仁）安山岩和玄武岩物性较好，其原因与冷凝收缩形成大量收缩孔及风化淋滤、溶蚀作用改造有关。

上石炭统火山岩整体为分选中等偏差、细歪度的微细孔喉型储层，排驱压力4.5MPa、饱和度中值压力13.5MPa、分选系数3.8、平均孔喉半径0.04μm。杏仁状气孔发育的安山岩和玄武岩孔喉半径均值较大。

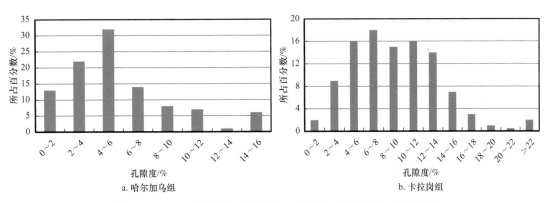

图3-5-12 三塘湖盆地上石炭统火山岩储层孔隙度分布直方图

2.储层物性影响因素

火山岩储层的好坏主要决定于岩性、溶蚀与造缝作用。有利岩性发育与所处喷发韵律的部位、喷发方式与喷发环境、岩相组合关系密切，相对有利火山岩储层形成的要素主要有岩性、岩相组合、喷发类型与喷发环境、后期构造与溶蚀改造。

1）岩性因素

有利岩性为气孔和沸石类半充填杏仁发育的熔岩及自碎角砾熔岩，尤其是此类岩性的安山质岩类，其次是安山质的火山角砾岩与杏仁不发育而裂缝发育的火山熔岩，爆发亚相的凝灰岩由于以基质微孔为主，裂缝发育条件相比熔岩要差，因此是较差的火山岩储层，但早期形成的熔岩在后期火山爆发时，被炸碎的火山角砾岩或异地火山角砾岩，其成岩机理类似于沉积碎屑岩，在压实与胶结作用不强时，可形成较好储层。

2）喷发方式与喷发环境因素

陆上裂隙式溢流喷发，有利于杏仁状熔岩和自碎角砾熔岩的形成与喷发间期溶蚀作用的发生。卡拉岗组喷发旋回裂隙式泛流喷发与层状、席状、朵状火山岩体的分布及多期喷发间期的存在，为大面积风化淋滤火山岩储层的发育创造了良好条件。哈尔加乌组的火山喷发既有裂隙式特征，又具中心式火山机构，具陆上和水下喷发的双重特征。凹陷北部地势较高，出露水面的火山岩体发育优质的风化溶蚀型火山岩储层。

3）必要溶蚀与裂缝贯通

由于火山岩的原始气孔连通性差，若没有裂缝改造，很难相互沟通而变为有效储集空间，同时当气孔被析出的矿物充填后，没有经过溶蚀过程，也不能形成有效储层，但溶蚀作用往往需裂缝起输导作用，因此相对优质储层的形成还需必要的溶蚀与裂缝的改造。溶蚀作用主要发育在不整合面或喷发间期面。另外，哈尔加乌组本身烃源岩发育，且烃源岩已达到热成熟阶段，其产生的有机酸，可对就近的熔岩或沿沟通该烃源岩的裂缝系统进行溶蚀，而形成溶蚀孔隙和溶蚀裂隙型储层，但溶蚀规模总体较小。

4）矿物充填使储层物性变差

火山岩气孔充填矿物主要为沸石和绿泥石，还有部分为方解石、葡萄石和硅质充填。其中绿泥石和沸石类矿物充填较早，在岩浆喷出地表的冷凝、熔压和压结过程中即可形成，并构成杏仁的主体，使原生气孔减少，但沸石类充填的气孔在后期淋滤期可溶蚀形成次生孔洞，哈尔加乌组的优势孔隙即为此类孔隙，绿泥石充填的气孔难以形成次生孔隙；方解石和硅质充填一般较晚，为后期裂缝充填物或埋藏成岩过程中，进一步充填前期未充满的气孔，使储层进一步变差，而此类充填物溶蚀现象少见，因此不利于优质储层的形成。

二、中二叠统芦草沟组

1. 储层特征

1）岩石学特征

岩性以碳酸盐岩类和凝灰岩类为主，其矿物成分主要为石英、钾长石、斜长石、方解石、白云石、铁白云石和黏土等。碳酸盐岩类主要由泥晶灰岩、白云岩及凝灰质灰岩组成；凝灰岩类根据成分差异，可分为流纹质凝灰岩、英安质凝灰岩、玄武质凝灰岩等，根据结构构造及显微特征差异，可分为玻屑凝灰岩、火山灰凝灰岩等。碎屑岩颗粒粒度变化大，但粒度较细。

2）储集空间类型

储层原生孔较少，次生孔较多。孔隙类型主要有粒内溶孔、粒间溶孔、晶间孔、晶内孔、有机质孔。储层裂缝发育，主要有构造缝、溶蚀缝、层间缝和成岩缝（图3-5-13）。以芦1井为例，主要分无机矿物孔及有机质孔，无机孔为晶间孔、晶内溶孔、粒间孔、局部裂缝溶蚀孔。无机晶间孔与有机孔是主要孔隙类型。晶间孔普遍发育，孔隙半径范围50～300nm，凹陷以泥晶白云石晶间孔为主，斜坡部位以微晶—亮晶白云石晶间孔为主，此外可见少量方解石晶间孔、自生石英晶间孔；储层中常发育有机孔，其大小不一、分布不均，但多数有机质体均可见到，以近圆形气孔为主，孔隙半径10～1000nm；晶内孔常常发育在白云石、长石、石英、方沸石等晶体内局部微溶蚀，孔隙半径普遍较小，以10～50nm为主，样品中较少见，其连通性一般较差，属于储层中的次要孔隙；粒间孔主要发育在陆源碎屑较发育的盆地边缘及斜坡区，凹陷内部亦有少量发育，孔隙半径大小不一，铸体薄片可见，孔隙半径1～1000μm；裂缝及裂缝溶蚀孔在全区均有分布，但分布不均，多数裂缝被充填。

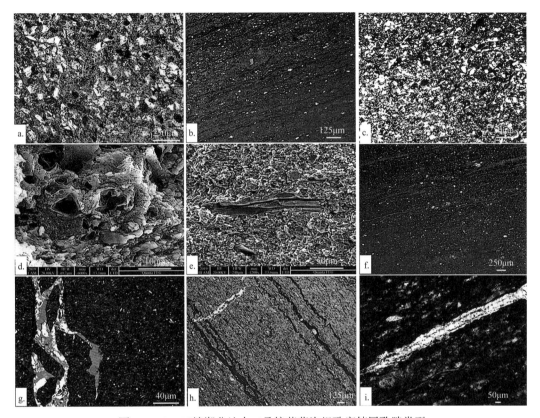

图3-5-13　三塘湖盆地中二叠统芦草沟组致密储层孔隙类型

a.条3402H井，3227.72m，蚀变火山尘晶屑凝灰岩，溶孔；b.芦1井，3144.38m，泥晶灰质白云岩，晶间溶孔；
c.条3402H井，3226.97m，蚀变晶屑火山尘凝灰岩，火山尘溶孔、晶屑溶孔、粒间孔；d.ML1井，3552.13m，
凝灰质白云岩，有机孔、溶蚀孔；e.ML1井，3587.5m，凝灰质白云岩，溶蚀孔，见生物碎屑及有机质；f.芦1井，
3164.63m，泥质泥晶灰岩，层间缝；g.条34井，3287.11m，含凝灰泥晶白云岩，溶蚀裂缝；h.芦1井，3126.05m，
泥质泥晶白云岩，石英脉晶间孔、构造缝；i.马6井，3128.95m，含砂屑泥晶白云岩，构造、方解石脉

3）物性与孔喉结构特征

有利储层以芦草沟组二段为主，孔隙度1.2%～18.1%，以小于7.1%为主，渗透率0.05～79.26mD，以小于1mD为主（图3-5-14）。除个别样品受微裂缝影响物性较好外，其余均属于特低孔特低渗，尤其是渗透率极低，属于特低孔特低渗储层。储层物性主要与后期溶蚀作用有关，溶蚀作用较弱，储层物性较差，溶蚀作用较强，储层物性较好。储层岩石基质孔喉极其微小，孔隙结构总体为小孔微喉、中—差分选、中歪度，微裂缝发育的特征；基质孔喉半径的分布为明显的双峰型，其中孔喉半径小于4μm的为基质孔隙，占总孔隙体积的82.5%～97.4%，大于4μm是微裂缝，占总孔隙体积的2.6%～17.5%；储层有效孔隙仅占整个孔喉体积的7.6%～24.4%，孔喉结构极差。

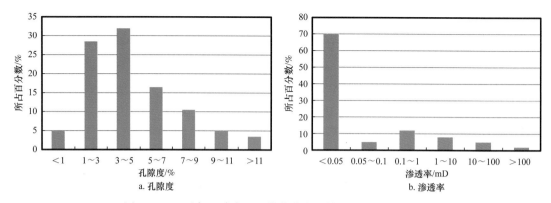

图 3-5-14　马朗凹陷中二叠统芦草沟组储层物性分布直方图

4）裂缝发育特征

芦草沟组裂缝较为发育，主要发育于碳酸盐岩、凝灰岩、火山岩和钙质泥岩等脆性含量较高的地层中，以碳酸盐岩类裂缝最发育，其次为凝灰岩。平面上主要分布于断层附近、构造变形强烈和地层倾角突变区。

芦草沟组裂缝以中小型构造裂缝为主。总体表现为裂缝类型多、宽度较大、线密度大和延伸距离短等特点。岩心上既可见破碎带，又可见大裂缝，还发育微裂缝。同时裂面上普遍含油，有气泡顶出和油斑外渗现象。微裂缝主要分为高角度裂缝、斜交缝、层间缝、不规则缝四类，以斜交缝和层间缝最发育，占总裂缝的 80% 以上。缝宽主要分布于 0.5～20.1μm 之间，占裂缝总数的 52.3%（表 3-5-3），微裂缝被方解石充填成为无效缝，未被充填的裂缝既是油气的主要储集空间，也是主要的渗流通道，还可沟通晶间孔、溶蚀孔等，使部分无效孔隙成为有效孔隙，对改变特低渗透性储层的渗流能力极为重要。

表 3-5-3　马朗凹陷中二叠统芦草沟组岩心裂缝统计

井号	井段 / m	含油裂缝数 / 裂缝总数 / 条				裂缝宽度 / μm	有效缝（总缝） / 条	缝密度 / （条 /m）	
		高角度缝	斜交缝	层间缝	不规则缝			有效缝	总缝
马 6	3077.6～3141.3	20/20	45/113	62/113	0/38	1.1～13.2	206（269）	6.7	8.8
	3242.0～3356.4	0/19	0/56	2/28	0/12	1.1～13.1	74（138）	7.8	12.7
马 7	2060.7～2078.6	20/20/	5/37	0/49	0/25	0.5～12.3	10（113）	0.7	7.9
	2204.4～2226.0	0/8	29/56	12/24	0/13	0.5～12.4	93（111）	7.6	11.8
马 702	2310.0～2328.2	3/15	4/13	3/13	0/7	0.5～2.8	18（30）	2.9	3.7
牛 101	1991.0～2034.4	18/38	4/47	0/210	0/52	0.5～13.3	67（345）	2.6	13.4
马 3	1738.4～1809.1	27	21	13	0	0.5～11.4	53（62）	2.5	2.9
马 1	2235.3～2278.0	0	35	47	0	0.5～1.2	35（82）	6.1	14.5
马 6	2786.8～2881.6	7	>35	>15	>13	0.5～20.1	65（70）	1.3	1.4

2. 储层物性影响因素

储层在埋藏过程中经历了压实、胶结、溶蚀、交代作用等。储层物性（尤其是基质孔隙度和渗透率）是沉积相和成岩作用综合作用的结果。马朗凹陷及条湖凹陷埋藏较深，成岩作用对储层物性的影响很大，沉积相对储层物性的影响相对较小。而中浅层储层的物性主要受沉积相的影响，受成岩作用的影响较小。

沉积相对储层物性具有较明显的控制作用，水动力强的沉积环境中储层物性较好。高能滨湖亚相、浅湖亚相、半深湖亚相、深湖亚相的孔隙度依次减小。常见的成岩作用包括压实作用、胶结作用和溶蚀作用。压实和胶结作用是破坏性成岩作用，使储层的物性变差；溶蚀作用和交代作用属于建设性成岩作用，可以改善储层的物性和储集性能。随着埋深的增加，上覆地层压力的增加，在机械压实的作用下，物性变差，储层的孔隙度和渗透率总体上随埋深的增加而减小。

三、中二叠统条湖组

1. 储层特征

条一段岩性主要为火山熔岩，条二段岩性主要为火山碎屑岩，条三段在马朗凹陷基本被剥蚀完。条湖组二段底部的凝灰岩是致密储层发育的主要层段。条一段、条三段火山岩储层特征与上石炭统卡拉岗组基本相似，在此不再赘述。

1）岩石学特征

凝灰岩储层可分为玻屑凝灰岩、玻屑晶屑凝灰岩以及属于过渡类型的凝灰质粉砂岩和凝灰熔岩。玻屑凝灰岩以玻屑成分为主，晶屑主要是石英、钠长石和钾长石玻屑晶屑凝灰岩，其以玻屑成分为主，玻屑含量大于 50%，玻屑成分主要是长英质，其次晶屑含量也可达到 10% 以上。凝灰质粉砂岩则是以粉砂质成分为主，含有少量凝灰质成分，散布于粉砂颗粒之间。凝灰熔岩是以熔岩为主，局部含有一些火山灰成分，也可能是早期沉积的凝灰岩被后期熔岩交代熔融的结果。

2）储集空间类型

凝灰岩储集空间类型可以分为原生孔隙、次生孔隙和裂缝三大类。原生孔隙主要是火山灰（玻屑、晶屑、岩屑）粒间孔、晶屑内熔孔；次生孔隙主要有晶屑溶孔、岩屑溶孔、有机质生烃残留孔、蚀变矿物溶蚀孔、黏土矿物基质孔；裂缝包括充填缝，半充填缝和溶蚀缝（图 3-5-15）。

3）物性与孔喉结构特征

凝灰岩储层具有中高孔特低渗的特点。孔隙度 6.1%～25.2%，空气渗透率大都小于 1.0mD，主要分布在 0.01～0.5mD（图 3-5-16）。

储层中高孔特低渗特征的形成与含沉积有机质凝灰岩脱玻化作用有关，单个脱玻化形成的粒间孔体积小，但数量巨大，造成了凝灰岩总孔隙度较高，平均孔喉半径主要分布在 0.03～0.12μm，平均喉道半径与渗透率呈正相关关系，喉道半径小导致渗透率很低。凝灰岩储层孔隙度和渗透率之间有一定的正相关性，即孔隙度越大，渗透率也越大。储层孔喉微细，但孔喉分选好，进汞饱和度高。致密油储层排驱压力中—高，分布在 0.7～11.0MPa，平均孔喉半径较低，一般 0.05～0.16μm，最大连通孔喉半径绝大部分样品小于 1μm；孔喉分选系数变化较大，一般为 0.05～1.12，进汞饱和度在 90% 以上，退汞效率普遍小于 30%。

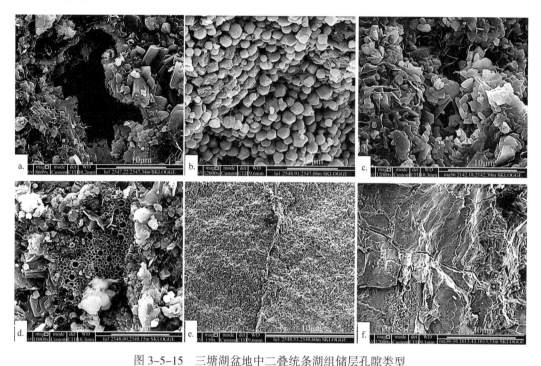

图 3-5-15 三塘湖盆地中二叠统条湖组储层孔隙类型

a. 芦 1 井，2547.22m，凝灰岩，溶孔；b. 芦 1 井，2546.91m，凝灰岩，黄铁矿晶间微孔；c. 马 56 井，2142.18m，
凝灰岩，粒间孔；d. 芦 1 井，2548.15m，凝灰岩，有机孔；e. 芦 1 井，2548.53m，凝灰岩，裂缝，充填有机质；
f. 马 36-16 井，1613.43m，凝灰岩，微裂缝

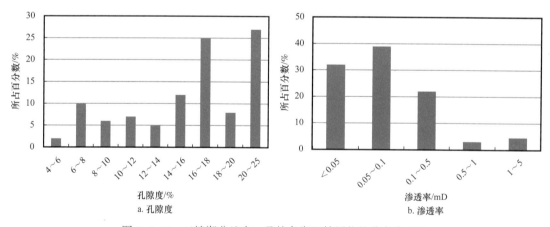

图 3-5-16 三塘湖盆地中二叠统条湖组储层物性分布直方图

2. 储层物性影响因素

凝灰岩致密储层微观孔隙发育，主要是脱玻化孔，脱玻化作用是脱玻化孔形成的主要机制。储层中高孔特低渗的形成主要受火山灰的性质与成分、脱玻化程度和黏土矿物含量控制。中酸性火山玻璃比中基性火山玻璃更容易发生脱玻化，中酸性凝灰岩比中基性凝灰岩更容易发生脱玻化作用，因而更容易产生脱玻化孔，从而形成较有利的储层类

型。黏土矿物含量对凝灰岩储层质量也具有重要的影响，一般认为黏土矿物容易堵塞孔隙，从而使储层物性变差。条湖组储层黏土矿物总量与孔隙度整体上具有一定的负相关关系，高含量的黏土矿物对应较低的储层孔隙度。

四、中—上三叠统

1. 储层特征

1）岩石学特征

储层以细砂以上粒级岩性为主，主要为细砂岩、中砂岩、粗砂岩和砂砾岩。上三叠统岩性以砂砾岩为主，占统计样品的57.2%，其次为粗砂岩和中砂岩；中三叠统以中粗砂岩为主，占统计样品的70%，其次为砂砾岩。石英含量1.8%～11.6%，长石含量2.0%～12.0%，岩屑含量超过80%。岩屑组成以熔岩、凝灰岩岩屑为主，其次是石英质岩屑，含少量千枚岩、云母和泥岩岩屑。碎屑岩杂基为泥质、絮凝粒，含量0.5%～20%，平均3.4%，胶结物以高岭石、硅质和凌铁矿为主，含量0.5%～9.2%，平均2.8%，泥质含量3.0%～4.0%，泥杂基及其转化的高岭石多以充填孔隙式胶结，极大降低了砂岩的孔隙度和渗透率。

2）储集空间类型

储层主要发育剩余粒间孔隙、颗粒溶蚀孔隙、微孔隙或晶间孔、粒间溶孔及微裂缝，其中颗粒溶蚀孔隙主要分布在0.1%～0.5%，微裂逢主要类型为构造微裂缝及因颗粒之间挤压而发育于碎屑颗粒内部压碎微缝。微裂缝面孔率平均0.1%。

3）物性与孔喉结构特征

储层物性普遍较差，上三叠统孔隙度1.1%～14.9%，渗透率0.002～1.3mD；中—上三叠统孔隙度4.9%～14.6%，渗透率0.1～6.4mD（图3-5-17），属低孔、低渗特低渗型储层。

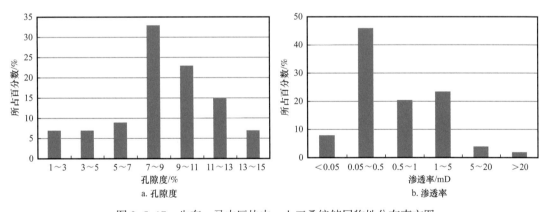

图3-5-17 牛东—马中区块中—上三叠统储层物性分布直方图

储层物性较差与碎屑岩分选差、泥质含量高等因素有关。砂岩孔喉偏细，最大孔喉半径0.03～5.33μm，孔喉半径中值0.01～0.06μm；排驱压力较大，为0.3～23.6MPa；最大进汞饱和度较低，为45%～80%；退汞效率差，为29%～49%，整体上三叠系砂岩孔喉分选差，喉道偏细，压汞曲线无明显平台，孔隙类型多为小孔隙。

2. 储层物性影响因素

储层宏观裂缝和微裂隙均不发育，构造和断裂作用对储层影响小。储层物性主要受沉积作用和成岩作用的影响。沉积作用主要包括沉积微相、砂岩粒径、分选和泥质含量，成岩作用主要包括压实与压溶作用、胶结作用、溶蚀作用等。胶结作用和溶蚀作用总体较弱，而沉积微相对储层性质的控制，一定程度上反映在砂岩的粒径上，因此控制储层的关键因素是砂岩粒径、泥质含量和胶结方式及压实作用。

五、下侏罗统八道湾组

盆地八道湾组分布局限，平面上条湖凹陷比马朗凹陷分布广，发现的北小湖油田储层属于该组。

1. 储层特征

1）岩石学特征

储层岩性为中—薄层的中、细砂岩、含砾砂岩。岩石类型以长石岩屑砂岩为主，石英含量24.0%～32.9%，长石含量为22.0%～30.2%，岩屑含量为32.0%～62.0%。岩屑成分较复杂，包括喷出岩、凝灰岩、变质岩以及花岗岩岩屑；黏土矿物主要为高岭石，其次为伊利石；碎屑颗粒分选中等—好，磨圆度呈次圆—次棱角状；胶结物以泥质为主，孔隙式胶结；颗粒接触以线接触为主，其次为点—线接触。

2）储集空间类型

储集空间以粒间溶孔为主，含少量长石和岩屑内溶孔、颗粒型裂缝、高岭石晶间微孔及微裂缝等，其中颗粒溶蚀孔隙主要分布在0.2%～0.4%，发育北北东向高角度裂缝及斜交缝。

3）物性与孔喉结构特征

储层物性以低孔、低渗为特点。岩心分析孔隙度为3.7%～15.7%，平均11.22%，渗透率0.01～84.2mD，平均20.82mD。平面上，西北向东南储层岩性由含砾砂岩变化为中砂岩、细砂岩，物性逐渐变好；纵向上，下部砂层泥质含量高，上部砂层泥质含量低，上部砂层物性较下部砂层好。孔隙结构具"中细喉道、粗歪度和中等分选性"特点，最大孔喉半径1.01～16.5μm，进汞饱和度62%～91.2%，退汞效率较低。

2. 储层物性影响因素

储层物性主要受沉积作用和成岩作用的影响。沉积作用主要包括沉积微相、砂岩粒径、分选和泥质含量，成岩作用主要包括压实与压溶作用、胶结作用、溶蚀作用等。其中沉积微相对储层性质的影响较大，一定程度上反映在砂岩的粒径上，因此控制储层的关键因素是砂岩粒径、泥质含量和胶结方式及压实作用。

六、中侏罗统西山窑组

1. 储层特征

1）岩石学特征

储层集中分布于一段，岩性为粉砂岩、细砂岩、中砂岩、粗砂岩和砂砾岩；成分成熟度低，石英含量16.8%～33.9%，长石含量16.3%～27%，岩屑含量32.6%～75.2%，岩石类型以长石岩屑砂岩为主，其次是岩屑砂岩；颗粒分选中等—好，磨圆度呈次棱角—次圆状；颗粒接触以点、线接触为主，少量为凹凸和缝合线接触。牛圈湖—马中区块岩屑砂岩的比例远低于马北区块及西峡沟区块。砂岩中杂基主要以泥质为主，含量

1%～3%，平面上马北、牛东、马中及西峡沟区块杂基含量较高，以大于 2% 为主，牛圈湖区块含量较低，以小于 3% 为主。胶结物有方解石、高岭石、菱铁矿及黄铁矿，以高岭石和方解石为主，高岭石含量 2%～5%，方解石含量 1%～3%（图 3-5-18）。

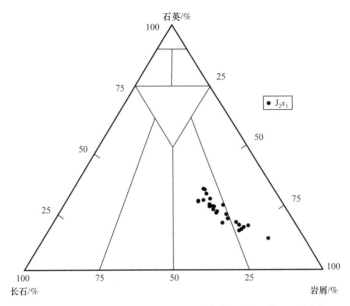

图 3-5-18　三塘湖盆地中侏罗统西山窑组岩石类型三角图

2）储集空间类型

孔隙类型包括原生粒间孔隙和次生溶蚀孔隙。原生粒间孔隙主要包括完整粒间孔隙、剩余粒间孔隙、缝状粒间孔隙；溶蚀孔隙包括溶蚀粒间孔隙、溶蚀粒内孔隙（长石溶蚀孔隙、岩屑溶蚀孔隙）、溶蚀填隙物内孔隙（高岭石溶蚀孔隙、方沸石溶蚀孔隙、绿泥石溶蚀孔隙和伊/蒙混层溶蚀孔隙）（图 3-5-19）。

受压实作用和自生胶结物的双重影响，剩余粒间孔隙形态多样，有三角形、四角形、多角形等。剩余原生粒间孔孔隙大、喉道粗，但连通性较差，在储层中呈分散状、斑点状分布。埋藏浅的马北区块和西峡沟区块剩余粒间孔较发育，主要介于 2.3%～4.1% 之间，埋藏较深的牛圈湖区块和牛东—马中区块次之，剩余粒间孔 1.3%～3.4%。晶间孔常见的是高岭石晶间孔，呈斑点状或蜂窝状，孔隙细小，一般小于 0.01mm；其次有少量次生石英之晶间孔。高岭石胶结物普遍遭受不同程度的溶蚀，形态多呈不规则状（马羚等，2019）。长石与火山岩岩屑不同程度溶蚀形成粒内孤立溶孔、粒内蜂窝状溶孔。不同区块裂缝发育程度差异大，裂缝宽度介于 0.01～0.04mm 之间。

3）物性与孔喉结构特征

西山窑组储层物性相对较好，孔隙度一般 2.7%～28.6%，平均 13.5%；渗透率一般 0.01～201.5mD，平均 6.5mD（图 3-5-20），属中低孔、低渗特低渗型储层。马北区块的储层物性相对最好，孔隙度一般 12.4%～20.6%，平均 15.2%，渗透率一般 0.01～105.7mD，平均 14.4mD。牛圈湖区块、牛东区块和西峡沟区块物性分布范围相近，但牛东区块和西峡沟区块孔隙度稍好，牛圈湖区块稍差；渗透率西峡沟区块分布较集中并偏低。

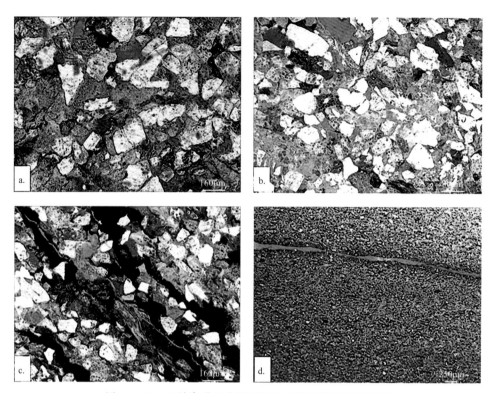

图 3-5-19 三塘湖盆地中侏罗统西山窑组孔隙类型特征

a. 湖 220 井，1494.44m，细中粒长石岩屑砂岩，粒间孔、溶蚀孔；b. 马 205 井，815.52m，
粗粒长石岩屑砂岩，剩余粒间孔、溶蚀粒内孔；c. 马 205 井，818.4m，细粒长石岩屑砂岩，构造缝；
d. 湖 228 井，1275.93m，泥质粉砂岩，构造缝

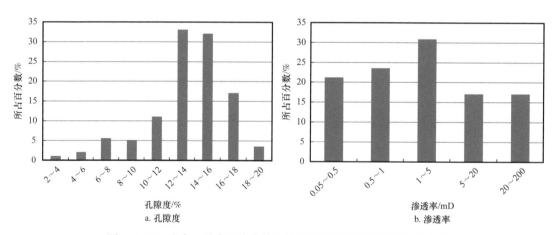

图 3-5-20　牛东—马中区块中侏罗统西山窑组储层物性分布直方图

　　孔喉相对偏细，最大孔喉半径 $0.5\sim10.1\mu m$，孔喉半径中值 $0.03\sim0.22\mu m$；排驱压力较大，一般 $0.3\sim1.8MPa$；最大进汞饱和度较低，一般 $60\%\sim80\%$；退汞效率差，多为 $30\%\sim45\%$。整体上孔喉分选差，喉道偏细，孔隙类型多为小孔隙。

　　2. 储层物性影响因素

　　储层物性主要受沉积作用与成岩作用的影响。关键影响因素是压实作用、碳酸盐胶结作用与沉积微相。

1）粒径影响

储层物性粗砂岩最好，中砂岩相对较好，不等粒砂岩、砂砾岩中等，细砂岩较差，极细砂岩最差（图 3-5-21）。不等粒砂岩与砂砾岩的成分成熟度低、分选差、泥质含量较高而导致物性偏差，细砂岩、极细砂岩主要是孔隙结构差造成物性差。

2）埋深影响

西峡沟区块与马北区块埋藏深度较牛东区块浅 200～300m，较牛圈湖区块浅 700～800m。因而西峡沟和马北区块储层孔隙度最高，其次为牛东区块，牛圈湖区块最差。埋藏深度是影响马朗凹陷西山窑组下段各区块储层孔隙度好坏的主要原因。

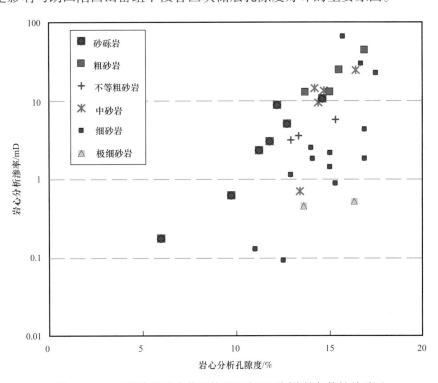

图 3-5-21　三塘湖盆地中侏罗统西山窑组不同岩性与物性关系图

3）沉积微相影响

不同沉积微相砂体储层物性从好到差的排列依次为分流河道—河口—河道间—河道顶底的钙质砂岩段。各区块分流河道砂体物性也有差异，其中西峡沟区块最好，孔隙度 13%～18%，但渗透率多小于 5mD；牛圈湖东部区块、牛东区块及马北区块次之，孔隙度 12%～16%，渗透率比西峡沟区块好，一般 2～30mD，这主要与西峡沟区块粒级较细有关；牛圈湖区块与马中区块分较差，孔隙度 11%～14%，渗透率 0.5～10mD。各区块河口坝砂体物性分布也具有上述特征。

4）成岩作用影响

压实作用减孔量远大于胶结减孔量，压实减孔量一般 15%～25%，平均 19.8%，胶结减孔量一般小 7.5%。胶结物主要为高岭石、硅质和菱铁矿，胶结物总量一般小于 5%，且以斑块状胶结为主，胶结作用强度总体较弱，对储层渗透性影响也总体较弱（图 3-5-22）。

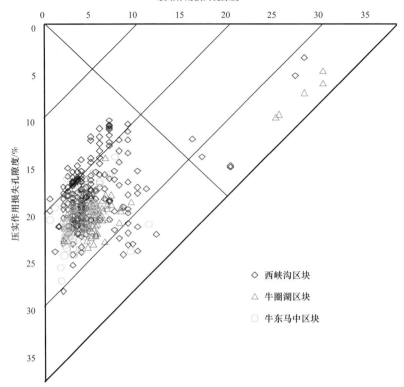

图 3-5-22　三塘湖盆地中侏罗统西山窑组砂岩压实与胶结作用降孔评价图

七、中一上侏罗统头屯河组—齐古组

1. 储层特征

1）岩石学特征

岩性主要以细砂岩、中砂岩为主，局部层段为砂砾岩，泥质含量一般 1%～5%，个别井如马 16 井和湖 33-11 井含量较高，可达 10% 以上；胶结物主要为方解石、黄铁矿、片沸石和浊沸石。

2）储集空间类型

储集空间类型以剩余粒间孔、颗粒溶孔、晶间孔为主；剩余粒间一般大于 6%，其中牛东区块、牛圈湖区块的头屯河组和牛东区块齐古组剩余粒间孔最为发育，一般大于 10%；粒内孔较发育，牛东区块和牛圈湖区块平均为 0.8% 和 0.5%。孔隙组合类型有三种，即剩余原生粒间孔型，颗粒溶孔、黏土微孔—剩余粒间孔型，黏土微孔—颗粒溶孔（图 3-5-23）。

3）物性与孔喉结构特征

齐古组上段储层物性较好，为中孔中渗储层。其中牛东区块物性最好，孔隙度平均达 20%，渗透率平均 203.4mD；牛圈湖区块次之，孔隙度平均 16.6%，渗透率平均 40.0mD；西峡沟区块物性较差，孔隙度平均 12.8%，渗透率平均 3.25mD。头屯河组上段储层物性分布差异小，孔隙度平均 21%，渗透率平均 200mD，属中孔—中渗型储层（表 3-5-4）。

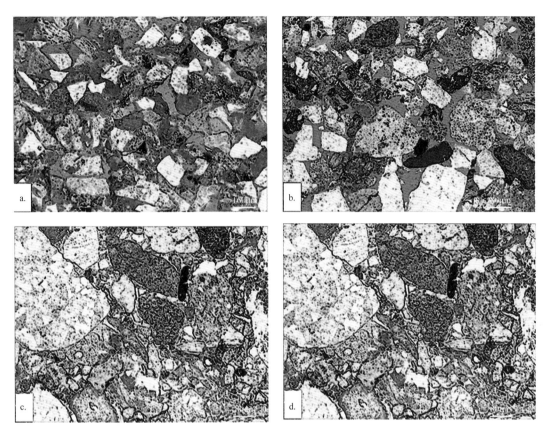

图 3-5-23　三塘湖盆地侏罗系头屯河组—齐古组储层孔隙类型

a. 湖 33-11 井，1148.82m，J_2t，细中粒长石岩屑砂岩，粒间孔、溶蚀粒内孔；b. 湖 33-11 井，1234.15m，J_2t，
粗粒岩屑砂岩，粒间孔；c. 湖 33-11 井，1106.53m，J_3q，中粒岩屑砂岩，溶孔、方解石充填孔隙；d. 湖 33-11 井，
1108.55m，J_3q，粗粒岩屑砂岩，粒间孔、溶孔

表 3-5-4　三塘湖盆地侏罗系头屯河组—齐古组储层物性数据表

区块	层位	井号	孔隙度 /%				水平渗透率 /mD			
			最小值	最大值	平均值	样品数	最小值	最大值	平均值	样品数
牛东	J_3q_2	马 16	21.5	21.5	21.5	1	681.2	681.2	681.2	1
		马 21	17.3	19.7	18.5	2	0.1	0.2	0.15	2
		马 801	20.6	23.8	22.4	12	41.8	614.1	203.3	12
	J_2t_2	马 801	11.7	24.8	21.3	16	0.2	555.0	183.7	13
	J_2t_1	马 16	7.8	10.1	8.9	4	0.05	3.2	1.9	3
		马 17	4.2	28.8	26.7	29	89.7	1300.0	481.7	24
		马 8	8.6	20.2	12.6	3	1.4	400.0	321.3	15
牛圈湖	J_3q_2	湖 33-11	12.2	22.1	15.8	15	1.2	79.2	10.0	13
		牛 102	5.4	20.4	15.2	85	0.3	194	38.09	64

区块	层位	井号	孔隙度 /%				水平渗透率 /mD			
			最小值	最大值	平均值	样品数	最小值	最大值	平均值	样品数
牛圈湖	J_3q_1	湖 33-11	6.2	22.7	17.3	149	0.1	693.3	50.4	143
		牛 101	9.6	22.6	17.8	35	0.1	378.5	108.8	35
		牛 102	5.8	19.9	16.6	67	0.1	53.2	14.1	66
		牛 107	11.6	19.4	16.1	25	0.3	67.2	9.0	22
	J_2t_2	湖 33-11	5.6	23.1	19.4	241	0.1	258.1	45.9	240
		牛 101	20.7	23.7	22.0	15	36.3	530.5	212.2	15
		牛 107	10.1	18.4	16.2	9	2.3	23	9.5	8
	J_2t_1	湖 33-11	6.1	24.7	20.0	20	0.1	3975.4	582.6	19
		马 15	6.6	6.6	6.6	1	0.2	100.3	47.3	12
		牛 103	4.3	22.1	17.9	25	0.4	233	83.62	13
西峡沟	J_3q_1	条 14	9.4	14.8	12.7	7	0.1	7.1	3.2	10
	J_2t_2	条 14	15.6	19.9	18.5	7	21	392	214.2	7

储层以中—粗喉道为主，分选中等，压汞曲线有明显平台。孔喉较粗，最大孔喉半径平均大于 6μm，孔喉中值大于 0.5μm；排驱压力相对较低，平均小于 0.2MPa，中值压力 4～10MPa；最大进汞饱和度较高，平均 60%～90%；退汞效率低，均小于 20%。平面上，各区块压汞特征参数有一定差异，牛东区块最大进汞饱和度较高，多大于90%，牛圈湖区块和西峡沟区块稍低，为 60%～70%。

2. 储层物性影响因素

储层宏观裂缝和微裂隙均不发育，构造和断裂作用对储层影响小。储层物性主要受沉积作用和成岩作用的影响。胶结作用和溶蚀作用总体较弱，交接方式和压实作用有一定影响，沉积微相是影响储层物性的关键因素，具体反映在粒径、泥质含量。

第六章　油气藏形成与分布

三塘湖盆地历经古生代石炭纪—二叠纪裂谷边缘、裂谷边缘断陷和中—新生代三叠纪—第四纪挤压类前陆盆地的沉降演化历史，盆地沉积盖层包括火成岩、碳酸盐岩和碎屑岩等多种类型，造就了发育多种盆地类型、多种烃源岩类型、多种储集岩系，奠定了盆地形成火山岩油气藏、碳酸盐岩与凝灰岩致密油藏、常规砂岩油藏的叠合盆地石油地质条件。

第一节　油气藏形成条件

三塘湖盆地发育石炭系、二叠系、三叠系三套有效烃源岩，以这三套烃源岩为成藏油气来源，具有三套油气成藏组合，分别为下部油气成藏组合、中部油气成藏组合及上部油气成藏组合（图 3-6-1）。

下部成藏组合以石炭系为烃源岩层系，并主要在石炭系中成藏；中部成藏组合以中二叠统为烃源岩层系，可在二叠系、三叠系、侏罗系中成藏；上部成藏组合仅在条湖凹陷发现，以上三叠统为烃源岩层系，在下侏罗统八道湾组成藏。

一、烃源条件

三塘湖盆地多套层系烃源岩，总体以陆相烃源岩为主。主要包括上石炭统、中二叠统、中—上三叠统及侏罗系水西沟群，水西沟群尚未进入生烃门限，为无效烃源岩。其余三套烃源岩处于低成熟—成熟的生油气的演化阶段，其中二叠统芦草沟组是盆地最主要烃源岩层。

上石炭统发育哈尔加乌组和卡拉岗组烃源岩。哈尔加乌组为主力烃源岩之一，以碳质泥岩和凝灰质泥岩为主，受不同期次火山活动的影响，纵向及平面分布较广，围绕火山活动带，多呈环状分布于条湖—马朗凹陷中心，厚度较小，沉积中心厚度 $100\sim160m$。卡拉岗组烃源岩零星发育，以灰质泥岩或碳质泥岩为主，沉积中心区厚度 $100\sim150m$，探井钻遇集中于马朗凹陷，条湖凹陷较少，母质类型以 II_1 型为主，烃源岩镜质组反射率为 $1.0\%\sim1.3\%$，属成熟—高成熟演化阶段。上石炭统烃源岩是盆地轻质油气的主要贡献者。

芦草沟组以咸湖相沉积的混积岩为主，主要分布于马朗凹陷、条湖凹陷以及汉水泉凹陷的中南部，厚度一般 $100\sim200m$，向南厚度呈增加趋势（图 3-2-5），汉水泉凹陷烃源岩成熟度较低，是否为有效烃源岩，还需证实。生烃中心分布在条湖—马朗凹陷，其中，暗色泥岩在马朗凹陷及条湖凹陷分布广；钙质泥岩、碳酸盐岩分布范围较广，厚度大，预测最厚部位在马朗凹陷靠近南缘推覆带，其变化趋势与暗色泥岩变化趋势一致。

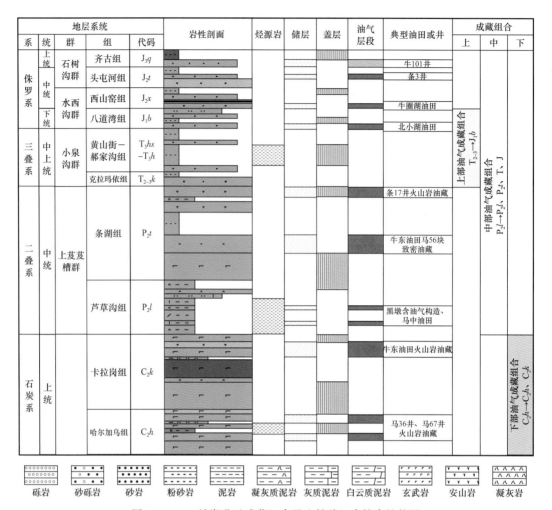

地层系统					岩性剖面	烃源岩	储层	盖层	油气层段	典型油田或井	成藏组合		
系	统	群	组	代码							上	中	下
侏罗系	上统	石树沟群	齐古组	J_3q						牛101井			
	中统	石树沟群	头屯河组	J_2t						条3井			
	中统	水西沟群	西山窑组	J_2x						牛圈湖油田			
	下统	水西沟群	八道湾组	J_1b						北小湖油田	上部油气成藏组合 $T_{2-3}—J_1b$		
三叠系	中上统	小泉沟群	黄山街—郝家沟组	T_3hs-T_3h									
	中上统	小泉沟群	克拉玛依组	$T_{2-3}k$						条17井火山岩油藏		中部油气成藏组合 $P_2l—P_2t$、T、J	
二叠系	中统	上芨芨槽群	条湖组	P_2t						牛东油田马56块致密油藏			
	中统	上芨芨槽群	芦草沟组	P_2l						黑墩含油气构造、马中油田			
石炭系	上统		卡拉岗组	C_2k						牛东油田火山岩油藏			下部油气成藏组合 $C_2h—C_2k$、C_2k
	上统		哈尔加乌组	C_2h						马36井、马67井火山岩油藏			

砾岩　砂砾岩　砂岩　粉砂岩　泥岩　凝灰质泥岩　灰质泥岩　白云质泥岩　玄武岩　安山岩　凝灰岩

图 3-6-1　三塘湖盆地成藏组合及生储盖组合综合柱状图

暗色泥岩为高丰度，显微组分为富含腐泥组，母质类型以 I—II₁ 型为主，烃源岩成熟度 R_o 为 0.8%～1.1%，属于成熟演化阶段。生烃期在中晚燕山期，条湖凹陷和马朗凹陷中南部是主要的生烃区，是盆地主要油气源。

三叠系烃源岩发育于中—上三叠统小泉沟群，岩性以暗色泥岩和碳质泥岩为主夹少量煤。平面上主要分布于条湖凹陷和汉水泉凹陷，厚度一般 100～200m。马朗凹陷和淖毛湖凹陷仅有少量残余地层分布，有机质类型以 II₂ 型为主，烃源岩的镜质组反射率值为 0.8% 左右，属于低成熟演化阶段，北小湖油田的油气来自该套烃源岩。

二、储盖组合

三塘湖盆地上石炭统—中二叠统火山岩、火山碎屑岩极为发育，中二叠统还有碳酸盐岩沉积，侏罗系则为碎屑岩，上石炭统、中二叠统、侏罗系中发育多套储盖组合并具有明显不同的特点。

1. 上石炭统储盖组合

储层主要是风化壳型火山岩储层，储集空间以风化淋滤溶蚀作用形成的溶蚀孔、微裂缝为主，主要分布在凹陷北部的火山岩风化带。盖层以覆盖在储层上面的致密火山岩和火山喷发间歇期的泥岩、凝灰岩为主，在凹陷北部火山岩风化壳、剥蚀带盖层以覆盖其上的二叠系碳酸盐岩、三叠系泥岩为主。该组合分布于条湖凹陷、马朗凹陷。

2. 中二叠统储盖组合

储层主要是芦草沟组的石灰岩、白云岩、凝灰岩和条湖组的晶屑—玻屑凝灰岩。芦草沟组储层主要以晶间孔、溶蚀孔和裂缝为主，分布广泛、源储共生；基质孔渗虽然较低，但"甜点段"溶蚀孔、裂缝发育，物性变好，含油饱和度高，黏土含量低、脆性指数高，"甜点"在平面上主要分布于古环境的环洼带。条湖组晶屑—玻屑凝灰岩储集空间主要以脱玻化微孔为主，黏土含量低、脆性指数高，主要分布于火山机构之间的洼地，比较局限。盖层以覆盖在储层之上的致密碳酸盐岩、泥岩和致密火山岩。该套组合主要分布在马朗凹陷，其次为条湖凹陷。

3. 侏罗系储盖组合

储层主要以中—下侏罗统八道湾组和西山窑组下部中粗粒砂岩为主，储集空间以剩余粒间孔、溶蚀孔为主，为中低孔低渗储层。盖层以上覆泥岩、碳质泥岩为主。八道湾组储盖组合分布于条湖凹陷；西山窑组储盖组合分布广泛，以马朗凹陷最为发育。

三、圈闭条件

圈闭是油气藏形成的基本地质条件之一。通常，圈闭的有效性由圈闭大小、圈闭形成时间、圈闭保存条件、与烃源岩生排烃期的匹配等因素决定。

三塘湖盆地经历了多期次构造运动，存在多种类型圈闭，主要发育在盆地的隆起区、斜坡区及西南逆冲推覆带的石炭系、二叠系、三叠系—白垩系，包括构造圈闭、岩性圈闭、地层圈闭以及复合型圈闭等，不同层系圈闭的形成及类型与多期次构造运动密不可分。盆地演化是在古生代洋盆闭合陆块碰撞造山基础之上的晚古生代、中新生代复合改造而成，基底形成于前二叠系，从二叠纪开始，进入陆相沉积盆地发育期。主要反映两方面特征：一是早—中期盆地北部古构造背景及持续抬升，控制构造带、地层剥蚀带形成，是构造圈闭和复合型圈闭形成的主控因素，构造及圈闭继承发育，纵向上多套层系叠置；二是晚期南北向强烈挤压，控制南缘冲断带及相应圈闭形成，临洼低台阶、中间二台阶是以断层为主控因素圈闭的主要分布区带。

1. 石炭系—二叠系圈闭发育特征

主要由海相的火山—沉积岩系组成，石炭系构造变形、改造强烈，岩浆侵入作用显著，多发育岩性及复合型圈闭；二叠系经历中海西期伸展断陷—坳陷的成盆过程，发育河流相粗碎屑、湖相碎屑岩、火山岩组合，并遭受晚海西期区域挤压背景的冲断、褶皱变形，多发育岩性、地层及复合型圈闭。

中二叠统条湖组与芦草沟组具有相似的构造背景，纵向上，条一段沉积期，盆地处于张性伸展环境，火山作用频繁，发育的正断层作为岩浆喷发通道，形成众多的火山活动带，并在盆地沉积了一套中基性火山喷发岩；条三段为另一火山喷发旋回，仅在局部存在；条二段以火山间歇期泥岩及沉凝灰岩沉积为主，发育多套凝灰岩，底部数十米厚的玻屑晶屑沉凝灰岩，分布范围广，是凝灰岩致密油的主力层，油气藏分布受火山口和古地形的控制。

此外，马朗凹陷南部的黑墩构造带属于与中央坳陷带南缘大断裂大致平行的断褶构造带，逆冲断层与主断层组合成叠瓦状冲断褶皱带，是构造、复合型圈闭的发育区；条湖凹陷南部的下湖构造带和石板墩构造带，是与中央坳陷带的南缘大断裂紧密邻接、大致平行分布的断褶构造带，也是石炭系—二叠系圈闭发育的有利区。

2. 中生界圈闭发育特征

受晚燕山期—喜马拉雅期区域挤压—走滑变形作用的改造，发育构造、复合型圈闭，已经在条湖、马朗凹陷发现了多类型的油气藏及其含油气构造。

马朗凹陷呈北西向分布，主体亦呈一复式向斜，由一系列次级穹隆、盆状或短轴状宽缓褶皱组成。如三塘湖油田中的牛圈湖构造带总体显示为一近东西向鼻状构造背景上，发育一系列次级褶皱，构成一鼻状复式背斜构造，西峡沟构造带为断块、断鼻等圈闭发育；马中构造带位于牛圈湖构造带的南侧，亦呈近东西向分布，为一受东西向断裂影响的小型鼻状构造区块；马东构造带位于马朗凹陷的东南部，构造带明显受北西向和北东向两组断裂控制，并形成三个断鼻构造高点。

条湖凹陷总体为一复式向斜，轴迹北西，枢纽起伏，同时发育一系列与轴迹平行或斜交的次级逆冲断层，是油气垂向运移的通道。在此背景下，凹陷内发育一系列不同方向、不同特征的次级构造带，形成不同类型的圈闭。

3. 新生界圈闭发育特征

在喜马拉雅期的冲断推覆构造背景下，在冲断坳陷带发育巨厚粗碎屑沉积，多发育岩性、构造圈闭，但属于无效圈闭。

总之，三塘湖盆地的油气勘探集中在条湖凹陷和马朗凹陷，不论从时间上还是空间上，西南逆冲推覆带和中央坳陷带，均发育多种类型的圈闭，利于油气大规模会聚成藏。

四、油气运移条件

1. 输导体系与油气运移

三塘湖盆地已发现油气藏主要分布在石炭系、二叠系及侏罗系。油源对比，石炭系卡拉岗组、哈尔加乌组油气藏油源来自石炭系；二叠系、三叠系、侏罗系油气藏油气源均来自中二叠统芦草沟组；只有条湖凹陷北小湖油田下侏罗统八道湾组油藏油源来自中—上三叠统小泉沟群。油气从烃源岩到圈闭聚集，除芦草沟组致密油藏自生自储和部分哈尔加乌组内幕型油藏源储一体外，其他层系油藏均为下生上储型，油气主要通过断裂输导体系从烃源岩到圈闭垂向运移成藏。

海西晚期形成的盆地西南缘的逆冲推覆断裂，一直延续到印支期，且燕山晚期和喜马拉雅期又再次活动，是西南逆冲推覆带油气运移的主要通道；此外，海西晚期形成，燕山晚期和喜马拉雅期又再次活动的控制盆地中央坳陷带二级构造单元的北东向及近东西向断裂，是坳陷主体油藏的主要运移通道。

二叠系、三叠系与侏罗系呈区域不整合接触，油气沿着断层运移至不整合面，横向运移至圈闭，且侏罗系发育大型辫状河三角洲，储层的横向运移也是主要方式。石炭系的油气主要通过断裂垂向运移是主要的运移方式，侧向沿着火山岩风化剥蚀面横向运移。

2. 油气运移有利方向

盆地的中央坳陷带北部斜坡区及西南逆冲推覆带的石炭系、二叠系、三叠系—侏罗系—白垩系是油气聚集成藏的有利指向区，其中，北湖凸起、条山凸起前缘北斜坡鼻状隆起带、西南逆冲推覆带分布及其火山活动间歇期所形成的烃源岩生烃洼地，是油气富集的主要区域，紧邻生烃中心，处于油气运移的优势路径上，断裂、断层发育，圈闭类型多，已发现的油气多分布在这些区域。

五、油气盖层条件

油气藏形成过程中与形成以后的保存条件主要与盆地区域盖层条件、构造运动条件等因素有关。三塘湖盆地盖层十分发育，其岩性有泥岩、碳质泥岩、泥灰岩、钙质泥岩、油页岩和凝灰岩等。

根据盖层分布讲盖层划分为三套区域盖层和三套局部盖层。此外，覆盖在储层上面的致密火山岩和火山喷发间歇期的泥岩、凝灰岩均可作为良好的盖层。

第一套区域盖层为上二叠统芦草沟组的泥岩、泥灰岩、钙质泥岩、油页岩和凝灰岩组合，沉积厚度较大；第二套区域盖层是上侏罗统的大套红色和灰色泥岩，全区分布广泛，厚度较大，是最稳定的盖层之一；第三套区域盖层是中侏罗统西山窑组中—上部的暗色泥岩，分布范围广，岩相变化快，厚度变化大。

第一套局部盖层为晚三叠世的黄山街—郝家沟组的黑色、深灰色泥岩和碳质泥岩，主要发育在条湖凹陷内，封盖能力较好；第二套局部盖层是下侏罗统八道湾组的暗色泥岩，其分布范围较小；第三套局部盖层是下白垩统上部的红色泥岩。

第二节　油气藏类型

三塘湖盆地两大构造层叠合型盆地发育三套油气成藏组合，已发现油气藏储层均为特殊类型，即低渗低压砂岩储层、火山岩储层、凝灰岩致密储层以及复杂白云质岩类致密储层，各种储层类型油气藏独具特色。油气藏类型以复合型为主，油气藏形成与分布主要受烃源岩分布、继承性发育正向构造背景、纵向断裂与裂隙油气源输导体系、以复合型为主的多类型圈闭、三大岩类构成的有效储盖组合等因素控制，纵向上往往多套油气藏叠置发育。

由于对圈闭成因认识的不同，不同学者按照圈闭的成因提出了不同的分类方案。基于科学性和实用性的原则，本次选用 A.I. 莱复生为代表的圈闭形态分类法，按油气藏的圈闭形态分为构造、地层及混合型三大类。参照前人对油气藏分类原则，结合三塘湖盆地沉积、构造特征和已知油气藏，按照圈闭成因、形态、类型及油气封堵条件，将已发现的油气藏分为构造型、岩性型、地层型和复合型四大类，再细分为背斜、断背斜、断鼻、断块、岩性—构造、构造—岩性、构造—地层和岩性、地层共九个亚类（图 3-6-2）。

三塘湖盆地经历多期构造运动与叠合演化，存在褶皱、断裂、不整合等多种构造表现形式。盆地内发育多种岩石类型，多种岩相，奠定了多种油气藏类型形成的基础。盆地西南逆冲推覆带褶断、冲断作用强烈，构造变形复杂，属多类与构造相关油气藏发育区，多形成断块、断鼻型和岩性—构造、构造—岩性、构造—地层油气藏。东北冲断隆起带沿着北湖凸起、条山凸起前缘斜坡鼻状隆起带基底断裂多期演化，火山活动频繁，古生界多套地层抬升剥蚀，古生界与中新生界区域不整合接触，不整合面之上构造叠覆，是背斜、不整合、岩性及构造相关的复合型油气藏发育区，油气藏类型主要以复合型油气藏为主。

类	亚类	典型模式		油（气）藏特征	实例
		平面图	剖面图		
构造型油气藏	背斜型	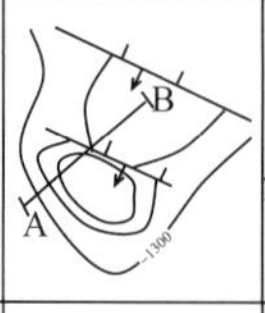	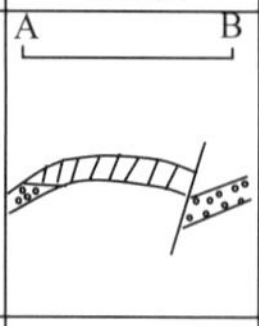	背斜控制油气	北小湖构造 J_1b 油藏
	断背斜型	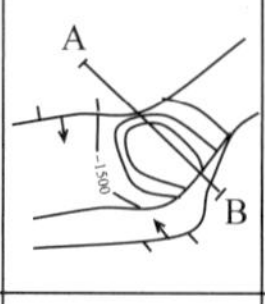	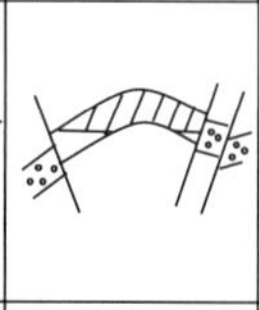	断层相夹形成圈闭，背斜控制油气	马中构造马7块 P_2l 油藏
	断块型	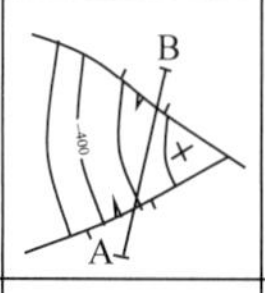	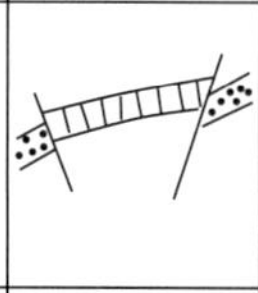	① 断层相夹形成圈闭；② 断层具独立的油气界面	马北构造马46块 J_2x 油藏
	断鼻型	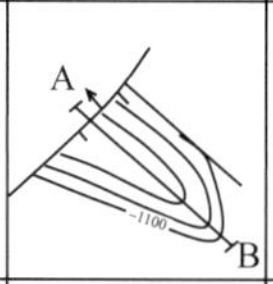	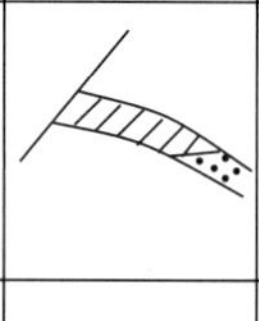	断层明显控制油气	西峡沟构造马49块 J_2x 油藏
地层型油气藏	不整合型	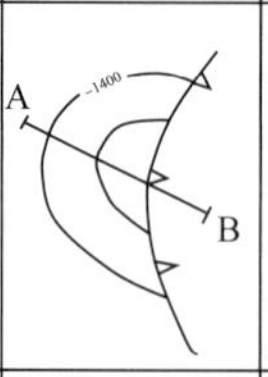		油气受不整合面上下致密层或自身因素封盖	牛东构造马50块 C_2k 油藏
岩性型油气藏	岩性侧变型	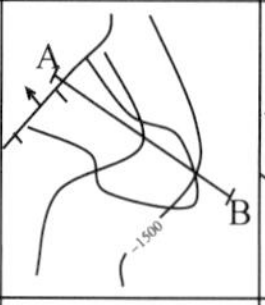	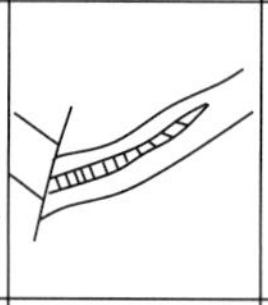	油气分布主要受岩性控制	马56块 P_2t 油藏
复合型油气藏	构造—岩性型	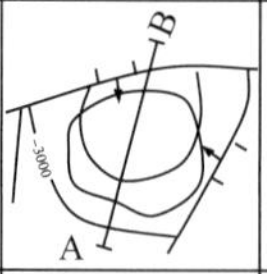	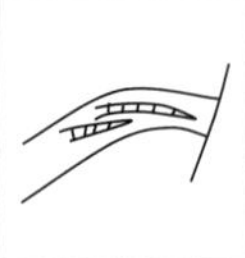	油气分布受构造弯曲及火山岩岩性双重控制，纵向含多层油藏	牛东构造马36块 C_2h 油藏
	岩性—构造型	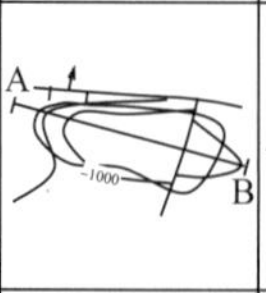	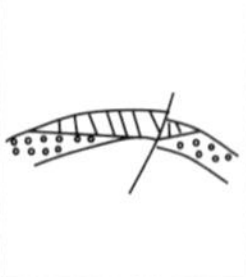	① 油气分布受构造、岩性双重因素控制；② 油藏变化大	牛圈湖构造 J_2x 油藏
	构造—地层型	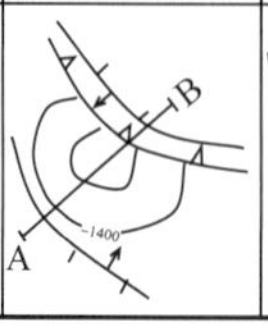	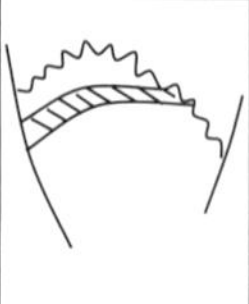	油气分布受构造弯曲及不整合面下风化淋滤的黏土层封盖	牛东构造马17块 C_2k 油藏，石板墩构造带条17块 P_2l 油藏

图 3-6-2　三塘湖盆地油气藏类型示意图

一、构造型油气藏

构造型油气藏其圈闭主要受构造活动如褶皱、断裂和底辟等作用而形成，包括背斜、断背斜、断鼻和断层圈闭所形成的油气藏。已发现的30多个油气藏中，构造型油气藏较少，约占油气藏总数的16%，约占探明石油地质储量的5.1%（截至2018年底）。

1. 背斜型油气藏

背斜型油气藏的特点是背斜闭合幅度控制油气分布，具有统一的油（气）水界面、统一的流体压力系统，油气分布可呈层状或块状。北小湖下侏罗统八道湾组油藏属此种类型，是一个发育于由北向南倾伏的鼻状隆起构造背景上，依附于东西走向逆断层的低幅度背斜构造，油气分布背斜构造。

2. 断背斜型油气藏

此类油气藏早期一般为背斜圈闭，后期被断层切割成断背斜，断背斜油气藏的油气水关系变化较大，如马中构造马7块中二叠统芦草沟组油藏。

3. 断鼻型油气藏

断鼻型油气藏圈闭是由于断层中间断距大，向两侧变小，导致断层中段地层位移较大，地层发生挠曲而形成圈闭。油气受断鼻闭合高度和断层遮挡条件控制，断鼻内具统一的油气水界面。如西峡沟构造东翼低部位马49块中侏罗统西山窑组油藏。

4. 断块型油气藏

这类油气藏分布受断层侧向封堵条件控制，每个断块各具独立的油水系统，如马北构造马46块中侏罗统西山窑组油藏。

二、地层型油气藏

该类油气藏主要是地层不整合面上下致密层或自身因素封盖所形成的油气藏。主要依赖地层剥蚀线与地层构造线相交构成的圈闭条件。此类油气藏约占已发现油气藏总数的3%，探明石油地质储量约占4.5%。马50块上石炭统卡拉岗组油藏属于地层不整合油气藏。

三、岩性型油气藏

岩性型油气藏主要受岩性控制，平面分布完全不受构造控制。此类油气藏约占已发现油气藏总数的9.3%，探明石油地质储量约占17.8%。牛东油田中二叠统条湖组凝灰岩致密油藏、卡拉岗组油气藏、条中1、2号构造卡拉岗组油藏属于此类。

四、复合型油气藏

1. 岩性—构造型油气藏

岩性—构造复合型油气藏以构造圈闭为主，岩性又使圈闭复杂化，往往造成油水或油气边界不在同一等高线上。牛圈湖构造、西峡沟构造西山窑组油藏属此类，此类油气藏约占已发现油气藏总数的51.4%，探明石油地质储量约占33.5%。

比较典型的是牛圈湖构造西山窑组油藏，该油藏构造为一不规则背斜，存在南北两个高点，整体为近东西向展布的宽缓背斜，南北两侧受背冲逆断裂夹持，向北油层受边界断层控制，向南、向东含油边界受岩性及储层物性控制，含油范围部分超出背斜闭合线。

2. 构造—岩性型油气藏

构造—岩性复合型油气藏是指在一定构造背景上，以岩性遮挡为主的圈闭中形成的油气藏。牛东构造马36块哈尔加乌组火山岩油气藏属于此类。该油藏分布于哈尔加乌组下段烃源岩与火山岩接触面附近，平面上含油范围与构造形态不一致，断裂及其诱发的裂缝改善了储层的渗流条件，平面上高产井均分布于断裂—裂缝发育带，存在明显的断控特性。此类油气藏占比少。

3. 构造—地层型油气藏

构造—地层复合型油气藏是在一定构造背景上，以地层为主的圈闭中形成的油气藏。以地层圈闭为主，侧向受地层尖灭、地层削蚀等控制，油气分布受构造弯曲及不整合面之上泥质岩、碳酸盐岩盖层封盖，以及不整合面下风化淋滤的黏土层封盖。此类油气藏约占已发现油气藏总数的19.3%，探明石油地质储量约占38.4%。如牛东油田卡拉岗组火山岩油藏，石板墩构造带条17块条湖组火山岩油藏等。

牛东油田卡拉岗组火山岩油气藏，是在牛东鼻状构造背景上，卡拉岗组溢流亚相和爆发亚相火山岩长期抬升遭受剥蚀，并形成风化淋滤带成为油气储集体，其上覆的芦草沟组及西山窑组的碳酸盐岩、泥岩作为盖层，多因素作用共同控制的构造—地层复合型油气藏。

三塘湖叠合盆地由于沉积的复杂性、火山岩系十分发育和构造运动的多期性，所形成的油气藏往往不是单一因素控制的，而是以某一种控制因素为主的多因素的复合型油气藏为主要特征。

第三节　典型油气田（藏）成藏期次与过程

油气成藏形成期次与过程研究包括油气生成、油气运移、油源对比、构造活动、圈闭形成、圈闭内油气驱替聚集、油气散失等多种因素，从而建立含油气盆地、含油气区带油气藏的形成模式，查明油气藏分布规律。

在一个盆地中，尤其是叠合盆地，油气成藏往往不是一次完成的，而是多次、多期成藏的结果，成藏模式多种多样。随着石油地质和相关学科的发展，油气成藏模式、成藏过程的研究在不断深入。通过油气藏成藏期的研究，可以了解含油气盆地油气藏形成的历史，与沉积、构造、热演化史等相结合，进而预测盆地的油气资源潜力和有利勘探目标区。

油气成藏期的实质是烃类流体运聚成藏的时限，对于一个油气系统，其关键时刻就是烃源岩生排烃期和成藏期。根据各种研究方法的原理和研究对象的不同，归纳起来，油气成藏期的研究方法主要有构造演化史法、烃源岩演化史法、油气藏饱和压力特征法、油气藏地球化学法等。针对三塘湖盆地具体地质特点，主要从构造演化、流体包裹体、烃源岩演化、油气地球化学特征和储层成岩作用等方面分析油气成藏期次与动态成藏过程。

三塘湖盆地发育三套油气成藏组合，据源储配置关系，选取北小湖油田（上部成藏组合）、三塘湖油田牛圈湖区块（中部成藏组合）、牛东油田马56块二叠系条湖组凝灰岩致密油藏（中部成藏组合）、牛东油田卡拉岗组火山岩油藏（下部成藏组合）分析成藏期次与过程。

一、北小湖油田

1. 基本石油地质条件

北小湖油田位于条湖凹陷西北部的北小湖构造带上。北小湖构造为依附于东西走向逆断层的低幅度背斜构造，构造北缓南陡，发育两组主要断层，一组为近东西走向的继承性断层，另一组为近南北走向的平移断层。含油层是下侏罗统八道湾组，油气藏类型为背斜型，油气来自下伏三叠系，下侏罗统八道湾组砂、泥岩为主要的储盖组合，储层岩石类型以长石岩屑砂岩为主，储集空间以粒间溶孔为主，为低孔特低渗储层。

2. 成藏期次与形成演化

1）成藏期次

构造形成于中二叠统条湖组沉积末期，北小湖及其以北地区以抬升为主，早期沉积的芦草沟组和条湖组遭受剥蚀；其后，南部由于构造挤压作用有所抬升外，凹陷整体以沉降为主，北小湖以北沉积幅度最大。早侏罗世末期，受北部掀斜及南部挤压作用影响，导致凹陷南、北部靠近边缘部位的三叠系和下侏罗统遭受剥蚀，此后，继承性下沉，直到中侏罗统头屯河组沉积末期，北部掀斜作用进一步加强，地层抬升遭受剥蚀。到齐古组沉积期，沉降与沉积中心已迁移到北小湖以南区域。

整个构造演化过程中北小湖地区一直处于斜坡部位，鼻状构造在侏罗纪末期已见雏形，白垩纪末期已形成明显鼻状背斜构造形态，一直持续至今。因此，从构造演化与圈闭的形成时间分析，白垩纪已具备油气运聚条件。

油源对比，北小湖油田的油气来自三叠系，根据条湖凹陷烃源岩演化（图3-6-3），上三叠统烃源岩于侏罗纪晚期—白垩纪早期进入生油门限，白垩纪中期烃源岩下部开始进入成熟阶段，现今处于成熟阶段。所以，早白垩世是烃源岩生烃的主要时期，而晚白垩世地层抬升时期是油气运移、聚集成藏的主要时期。

北1井包裹体可分为两期成岩：Ⅰ期贴近石英黏土膜生长的微小包裹体以无机盐水、CO_2等群体包裹体为主；Ⅱ期在次生石英加大边和裂缝中产出，大小为2～6μm，气液相，呈无色，气液比7%，共生褐黑色烃类液相、气态包裹体，个体小（为1～4μm），其多分布在石英破裂愈合缝中。Ⅱ期包裹体中，盐水包裹体均一化温度介于59～75℃之间。结合地层沉积埋藏史、地温史，油气运移时期主要在燕山晚期—喜马拉雅早期。

2）油藏形成与演化过程

油气成藏过程与构造演化、烃源岩演化、圈闭演化等因素关系密切。根据北小湖附近上三叠统烃源岩演化、构造演化与圈闭形成分析，八道湾组油气藏在侏罗纪末因烃源岩刚达到生油门限，还未大量生烃，此时虽有构造雏形，但未开始成藏。白垩纪时期，随着构造演化与圈闭逐渐形成，烃源岩开始大量生排烃，油气逐渐开始沿砂层横向运移，沿断层垂向运移，最终到达北小湖有效圈闭中聚集成藏。白垩纪晚期油气藏基本形成，喜马拉雅期主要处于调整期。在整个成藏过程中有效圈闭的存在至关重要。

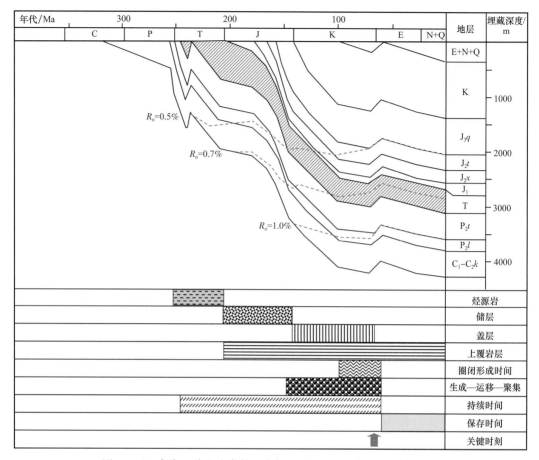

图 3-6-3　条湖凹陷北小湖构造南部地层埋藏史和烃源岩演化史图

二、牛圈湖区块

1. 基本石油地质条件

三塘湖油田牛圈湖区块位于马朗凹陷牛圈湖构造带上，该构造带位于马朗凹陷北部，为一背斜构造带，其主力油气藏为中侏罗统西山窑组油气藏。受多期次构造运动作用，局部构造复杂，圈闭类型以背斜、断背斜、断鼻、断块圈闭为主，局部受断层控制，构造走向受控于断层走向，平面分布具有分区性，主要分布在较大断裂上升盘，其中圈闭较大的牛圈湖宽缓背斜近东西向展布，构造北东翼较缓，南西翼较陡。油气来自下伏中二叠统芦草沟组，西山窑组储集砂体平面分布稳定，储层砂岩粒级分布以中细粒为主，储层属低孔、特低渗储层，平面上非均质性较强，油气藏纵向发育在西山窑组底部，油层呈层状分布，具有较好的连续性。储层含油性平面上受沉积微相、构造双重控制。

2. 成藏期次与形成演化

1) 成藏期次

构造形成演化继承性强，芦草沟组沉积时期北高南低，牛圈湖构造位置处于斜坡部位，为鼻状构造背景，一直持续至今。条湖组沉积末期，北部构造掀斜抬升，条湖组遭受部分剥蚀。三叠纪开始，构造所属中央沉降带整体沉降接受沉积，中二叠统乃至上石炭统统北高南低的构造格局基本没有变化，这一过程持续至侏罗纪末期。在此过程中，南部挤压作用仍在继续，但强度较小；白垩纪继承了这一特征，但白垩纪晚期，南部挤压作用和北部掀斜作用增强，凹陷南部与北部边缘遭受一定剥蚀，形成局部白垩系与上覆古近系、新近系—第四系不整合接触。与此同时，断裂产生并明显活动，控制侏罗系等层位圈闭形成，是油气成藏的重要时期。整个喜马拉雅期，南部挤压作用继续，凹陷沉降幅度总体较小，沉积了较薄的古近系、新近系—第四系，圈闭基本形态无明显变化。

油源对比，牛圈湖区块油气来自二叠系芦草沟组，据马5井烃源岩演化史（图3-6-4），芦草沟组底部烃源岩在二叠纪末期—三叠纪早期进入生油门限；由于三叠纪—早侏罗世沉积速率缓慢，甚至遭受过剥蚀，顶部烃源岩直到侏罗纪末期才进入生油门限，此时底部烃源岩仍处于低成熟阶段，所以，此前烃源岩生成的油气有限，虽然在芦草沟组烃源岩内部可以早期成藏，但上覆储层基本没有大规模运移聚集。早白垩世沉积速率明显加快，底部烃源岩也于早白垩世中期进入成熟阶段，这一时期是镜质组反射率值增大最快的时期，也是生油气较多的时期。白垩纪末期燕山构造运动，形成断层与裂缝产生，油气开始较大规模运移，所以，晚燕山期是牛圈湖区块油气成藏的重要时期。

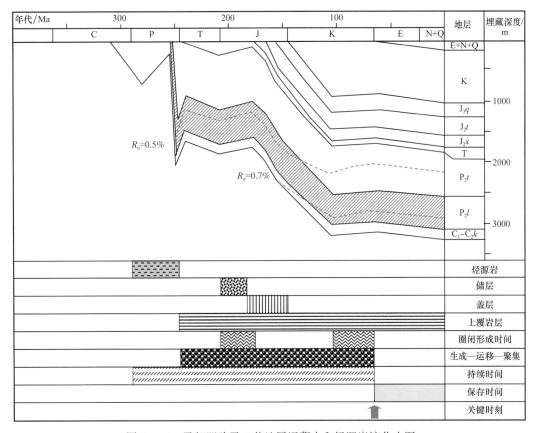

图3-6-4　马朗凹陷马5井地层埋藏史和烃源岩演化史图

马1井包裹体可分为两期成岩：Ⅰ期贴近石英黏土膜生长的微小包裹体，以无机盐水、CO_2等群体包裹体为主；Ⅱ期在次生石英加大边和裂缝中产出，气液相，无色为主，伴生有机气液烃类包裹体，在荧光下呈亮黄色、黄色、中等强度发光，1～6μm，多分布于石英破裂愈合缝和加大边中。Ⅱ期盐水包裹体均一温度主要介于 72～78℃之间。与地层沉积埋藏史、地温史相结合，西山窑组油气成藏的主要时期为燕山中晚期。

2）油藏形成与演化过程

牛圈湖区块附近烃源岩在三叠纪进入生烃门限，但此时生烃量有限，还未开始大量运移成藏。到侏罗纪末期，烃源岩生烃量逐渐增加，油气开始运移，主要在芦草沟组和条湖组早期小规模运移、聚集，成藏规模小。到白垩纪末期，烃源岩演化程度基本达到最高，是油气运移、聚集成藏的主要时期。由于断裂沟通了芦草沟组烃源岩与侏罗系储层，油气优先沿断层向上部运移，进入断层顶部侏罗系聚集成藏。新生代主要是油气的调整、保存期。

三、牛东油田马 56 块中二叠统条湖组致密油藏

1. 基本石油地质条件

马 56 块中二叠统条湖组致密油藏位于马朗凹陷马中构造带上，处于马东鼻状隆起带的前缘，局部构造为一南东向北西倾伏的单斜，东部受马东鼻状隆起带后期抬升影响遭受剥蚀。马 56 块条二段发育东北—南西向、近东西向和近南北向三组断裂。油气主要来自下伏中二叠统芦草沟组，致密油储层埋藏深度 1750～4250m，单层厚度较大，连续分布。条二段自下而上依次发育空落水下沉积的凝灰岩、凝灰质砂岩等沉积岩，厚度 14.6～375.7m；凝灰岩厚度与岩相分布范围差异较大，主要受火山口和古地形的控制，距火山机构越远，沉积的凝灰岩厚度越大、物性越好，受多个火山机构控制，凝灰岩储层较为发育，储集空间类型多，发育基质微孔、脱玻化晶间微孔、溶蚀微孔（微洞）、微缝。

2. 致密油藏形成机理

条湖组致密储层的典型特征是中高孔特低渗，油源对比致密油非近源成藏，油源主要来自下伏芦草沟组二段烃源岩，一般被认为油气充注阻力较大，油气难于进入致密储层，但大量岩心分析含油饱和度高，下生上储式的特殊成藏机理是致密油形成的主要原因。

1）充注动力与阻力

含氮化合物实验及凝灰岩中原油成熟度参数分析，平面上参数的变化规律性不强，无明显的侧向运移迹象，反映了油气充注具有多个充注点的特征，这种充注方式成就了凝灰岩的大面积成藏。

马 56 块条湖组凝灰岩段致密油层含油饱和度大都在 50% 以上，本地区地层超压不发育，下部油气向上运移过程中，浮力是其最主要的动力，需要克服的阻力主要是孔喉大小差异引起的毛细管力。

以马 56 井为例，芦草沟组二段烃源岩与条湖组二段底部凝灰岩之间厚度差 475m，油气浮力按实际资料计算，$\rho_w=1.0\times10^3g/m^3$，$\rho_o=0.9\times10^3g/m^3$，最大 $F_垂=（\rho_w-\rho_o）gh=0.475MPa$；地层倾角取 $\alpha=15°$，则油气充注时浮力的最大侧向分量 $F_侧=F_垂\times\sin15°=0.12MPa$。由凝灰岩储层压汞样品可知，孔隙喉道半径 0.05～0.15μm，地层条件下油水界面张力为 0.0145N/m，所以由公式 $p_c=2\sigma\cos\theta/r$［式中：σ 表示液体的表面张力，N/m；θ 表示弯月面与毛细管之间的夹角，（°）；r 表示毛细管半径，m；p_c 表示毛细管力］可知，

凝灰岩的最大毛细管力为0.19~0.58MPa。因此，从理论上分析油气仅靠自身的浮力难以克服毛细管力阻力进入储层，而事实是油气不但进入了凝灰岩致密储层，而且含油饱和度高，那就只有一种可能是 θ 比较大，即岩石亲水性减弱，从而使润湿性改变，毛细管阻力大大降低。

2）润湿性改变与原油充注作用

首先，条湖组凝灰岩存在润湿性改变的物质基础。由于凝灰岩含有一定量的有机质，且有机质丰度一般为0.5%~2.0%，并且大部分地区的镜质组反射率值大于0.5%，可以生成一定量的油气，热模拟凝灰岩确实具有一定的生烃潜量，按照生烃量测算，含油饱和度理论上最大值不超过18.0%，而实际分析致密油层的含油饱和度一般50.0%~90%（图3-6-5）。虽然凝灰岩生成的原油不是致密油藏中原油的主要来源，但这些原油在孔隙中形成油膜，对自身岩石起到了润湿作用，改变了岩石原有的润湿性，即亲水性减弱、亲油性增强，从而使后来油气进入储层的阻力大大降低。

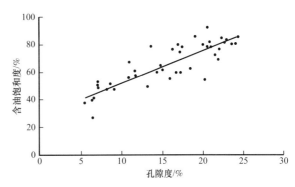

图 3-6-5　马朗凹陷中二叠统条湖组凝灰岩孔隙度与含油饱和度关系图

其次，通过对含油与不含油凝灰岩的水润湿角测定，发现含油凝灰岩的润湿角确实比不含油情况下的润湿角大得多，洗油处理后的凝灰岩润湿角明显降低，说明含油时亲油性增强，亲水性明显减弱，这样能够使外源油气进入储层时，毛细管阻力降低。

由于凝灰岩本身含油，抽提后凝灰岩的润湿角会明显降低，在储层含油以前，地层中饱含水的岩石是亲水的，随着凝灰岩自身生成少量的液态烃，会在孔隙表面形成油膜，此后，与地层岩石表面发生物理化学作用，使原油中的一些成分吸附在岩石孔隙表面上，使地层的润湿性逐渐向油湿方向转化。润湿角与含油饱和度之间具有一定的正相关性，说明了水湿性越弱，油气充注阻力越低，外来油气进入储层越容易，从而使储层充满度越高。

3）原油充注时间与脱玻化时间关系

通过对凝灰岩的包裹体薄片观察，发现烃类的荧光显示比较强，但由于凝灰岩的矿物颗粒多为脱玻化的产物，大多数颗粒细小，并且表面不够清晰，所以包裹体的形态不清楚，发荧光的也可能是孔隙中的吸附烃类。适合测温的是裂缝方解石脉中的包裹体，形态清晰，大小合适。裂缝方解石中发育发黄白色荧光的含油包裹体，单偏光下透明—黑色，伴生有次生盐水包裹体，数量不多。

马56井2142.18~2142.30m凝灰岩裂缝方解石中与烃类包裹体伴生的盐水包裹体大小为2~5μm，气液比5%~10%，均一化温度90~100℃，结合该井的埋藏史和生烃史，判断油气成藏期在白垩纪末期（图3-6-6）。该时期芦草沟组烃源岩达到成熟阶段，开始大量生排烃，燕山末期的构造运动为油气向上运移提供了良好的通道。

凝灰岩热演化埋深1600m左右，成熟度镜质组反射率值达到0.5%，地层温度为80℃左右，此阶段前后有大量的有机酸生成，利于凝灰岩脱玻化。结合地层的埋藏史，凝灰岩在侏罗纪晚期—白垩纪都是脱玻化的主要时期，脱玻化时间早于原油充注时间。白垩纪末期埋深最大，但地层温度并不高，仍然是有机酸大量生成时期，这为脱玻化过程提供了有利的条件，即白垩纪末成藏时期脱玻化孔隙已经或正在形成，所以成藏时凝灰岩具良好的储集空间。

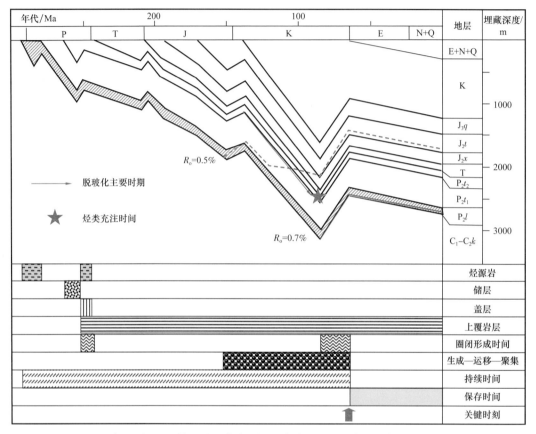

图 3-6-6　马朗凹陷马 56 井地层埋藏史、烃源岩演化史及烃类充注与脱玻化时期关系图

四、牛东油田上石炭统卡拉岗组火山岩油藏

1. 基本石油地质条件

牛东油田位于牛东构造带东段的牛东 2 号构造上，卡拉岗组油藏以马 17 块为主，构造北高南低，北界受控于一条北西向断层，西面受一条北东向断层控制，东面由一条近南北向断层控制，西南翼主要受油水界面和岩性控制，圈闭东高西低，油气来自下伏哈尔加乌组，储层为火山喷发间歇期受侵蚀形成的风化壳，岩性以玄武岩和安山岩为主，储集空间为原生孔隙、溶蚀孔隙及裂缝。

2. 成藏期次与形成演化

1）成藏期次

牛东 2 号构造为凹陷北部斜坡背景上的继承性鼻状隆起构造，上石炭统与上覆地层之间为区域性角度不整合接触。中晚三叠世在挤压构造环境下形成局部隆起，自三叠纪至侏罗纪，马朗凹陷东部处于长期稳定的低幅度隆起，上石炭统卡拉岗组中基性火山岩受物理化学风化作用，形成风化壳储层。同时，火山岩体中气孔及杏仁构造均利于横向、纵向上的风化淋滤作用发生。

卡拉岗组火山岩经历了两期风化淋滤作用，最终形成风化壳储层。第一期风化淋滤作用是火山喷发休眠期每期火山岩顶部沉积了薄层沉积岩（细砂岩和泥质粉砂岩、泥岩等），伴随沉积岩而来的淡水（成岩前向下渗滤和成岩过程中压实排水渗滤）对顶部火山岩产生淋滤作用，形成次生溶蚀孔隙。第二期是古生界厚层火山岩堆积后，区域性地层抬升，使得古生界火山岩长期暴露地表，遭受风化林滤作用而形成风化壳储层。

伴随多期构造运动，断层较为发育且形成时间早，在海西运动时，断层大多已经形成，后期多期构造运动时，早期断层重新活化，形成现今断层格局。断层总体上延伸距离长，断面陡。

油源对比卡拉岗组油藏的油气来自上石炭统哈尔加乌组，马36井埋藏史及生烃史研究（图3-6-7），在二叠纪中晚期，由于地层的快速沉降，使下伏哈尔加乌组顶部碳质泥岩进入生烃门限，烃源岩进入低成熟阶段。二叠纪末的印支运动，盆地挤压并被抬升，使得生烃作用缓慢。三叠纪—早白垩世再次持续沉降，使得下伏哈尔加乌组碳质泥岩进入生油窗，并开始大量生烃，现今仍处于生油窗，因此，晚燕山期是该区油气成藏的重要时期。

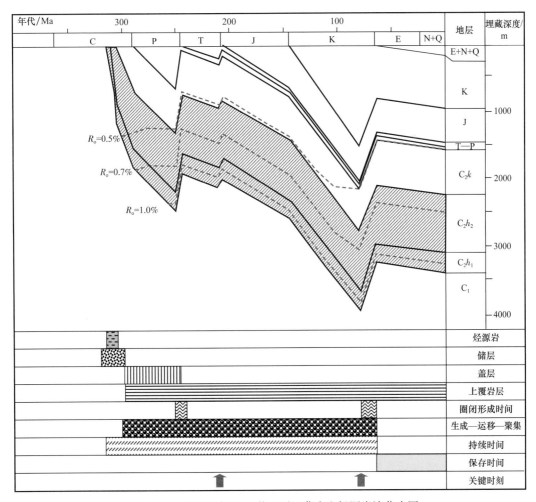

图 3-6-7　马朗凹陷马36井地层埋藏史和烃源岩演化史图

油气藏储层包裹体研究，上石炭统—中二叠统火山岩油气成藏可划分为3个成藏期：第一期发生在二叠纪末期—三叠纪早期的海西印支期；第二期发生在侏罗纪末期的燕山期；第三期发生在白垩纪晚期—第四纪的喜马拉雅期。第一期呈狭长带状分布于南缘逆冲推覆带以北的马6—条8—条5井区，该期油气成藏的油源来自于上石炭统，油气充注局限；第二期主要分布于马6—马7—马8井区，油气成藏范围扩大；第三期分布于马7—马801—马17—马19—牛101井区，是第二期主力成藏的延续和再调整，该期油气从南部生烃凹陷中心向北部构造带运移。因此，牛东油田卡拉岗组油气藏成藏期主要发生在白垩纪晚期。

2）油藏形成与演化过程

牛东油田附近哈尔加乌组烃源岩在三叠纪—早白垩世大量生排烃，是油气运移、聚集成藏的主要时期，卡拉岗组火山岩油藏油气主要赋存于古风化壳储层中。根据成藏条件的分析，围绕牛东鼻状隆起带发育的断层、不整合面构成了油气运移的主要通道，继承性发育的古鼻状隆起背景控制了油气的运移和聚集。

第四节　油气藏分布特征与富集因素

三塘湖盆地经历了多期次构造运动，从晚古生代拉张应力的强烈火山活动，到三叠纪以来强烈的挤压所形成的盆地北部斜坡背景上的大型继承型鼻状隆起带和盆地南缘逆冲带，这些大型正向构造背景紧邻生烃中心，为油气运移聚集提供构造和圈闭条件。正向构造背景上叠置发育的火山岩风化淋滤带以及火山喷发间歇期溶蚀孔隙带储集体、中生代辫状河三角洲相砂岩储集体为油气提供了储存空间。中二叠统芦草沟组与烃源岩相伴生的混积岩类致密储层以及条湖组凝灰岩致密储层甜点区带，也与正向构造背景区叠置发育。这些优越的地质条件奠定了盆地马朗凹陷北部条山凸起前缘鼻状隆起带、条湖凹陷北部北湖凸起前缘鼻状隆起带和条湖凹陷、马朗凹陷南缘石板墩、黑墩冲断带的大型油气富集区带形成的基础。

一、油气藏分布特征

截至2018年底，三塘湖盆地在石炭系、二叠系、三叠系和侏罗系获得工业油气流，发现了三塘湖、北小湖、牛东三个油田和黑墩、石板墩等一批含油气构造（图3-6-8）。已发现的油气藏集中分布在条湖凹陷、马朗凹陷的南北区带。沿北斜坡条山凸起前缘鼻状隆起带、北湖凸起前缘鼻状隆起带、西南逆冲推覆带及火山活动期的生烃洼地分布，总体呈现南北分带、东西分块的格局。其中马朗凹陷油气最为富集，条山凸起前缘鼻状隆起带的牛圈湖构造带是多层系叠置的复式油气聚集带。

1. 北斜坡鼻状隆起带油气藏分布

盆地已发现油田及含油气构造集中分布于条山凸起前缘和北湖凸起前缘鼻状隆起带，包括三塘湖油田、牛东油田及北小湖油田等，含油层系包括侏罗系、二叠系和石炭系等，油气藏类型包括常规和非常规。受东北冲断隆起带从印支期—喜马拉雅期构造运动的差异持续隆升的影响，在中央坳陷带的马朗凹陷、条湖凹陷北部斜坡形成了北高南低的鼻状隆起带，其倾末端伸入生烃中央区带，构成了油气运聚的优势方向。

1）侏罗系砂岩油气藏

马朗凹陷北斜坡条山凸起前缘鼻状隆起带是侏罗系砂岩油藏最主要分布区，包括了西峡沟、牛圈湖、马北和马中四个含油区块，含油层以西山窑组为主，头屯河组和齐古组也有小型油气藏，鼻状隆起带上分布着牛圈湖、马中和西峡沟构造带，这些构造带发育背斜、断背斜、断鼻等局部圈闭。西山窑组辫状河三角洲砂岩体以及头屯河组砂岩体、齐古组砂岩体与构造带叠置分布，砂体展布及其物性变化对油气分布有一定的影响，构成了鼻状隆起带岩性—构造型油气藏分布区。鼻状隆起带侏罗系砂岩油藏成藏模式是下生上储、垂向运移聚集。即以中二叠统芦草沟组烃源岩为油源，中燕山运动以来控制构造带形成与演化的主断层是油气垂向运移的主要通道，背斜、断背斜、断鼻圈闭和以西山窑组为主的储盖组合为油气聚集的空间。如牛圈湖区块西山窑组油藏，构造为近东西向展布的宽缓背斜，南北两侧受背冲逆断裂夹持，构造高部位发育三个局部高点，埋藏深度南高北低，东西方向上油层一直向下倾部位延伸，向北油层受边界断层控制，向南受断层及岩性控制。

条湖凹陷北部斜坡北湖凸起前缘北小湖构造带上的北小湖油田与三塘湖油田牛圈湖区块有相似构造背景和油气成藏地质条件。

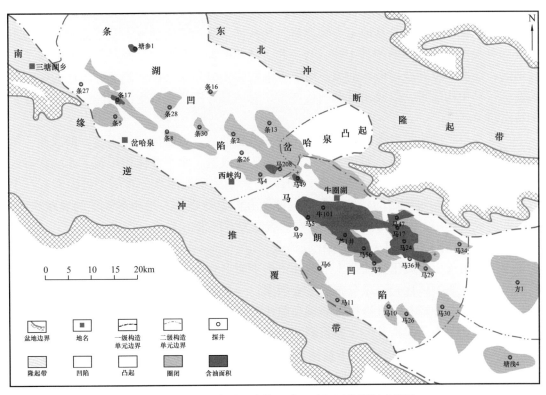

图 3-6-8　三塘湖盆地条湖凹陷—马朗凹陷勘探成果图

2）中二叠统条湖组凝灰岩致密油藏

致密油勘探与地质认识程度相对较低，已发现条湖组凝灰岩致密油藏主要分布于条山凸起前缘鼻状隆起带东部的马中构造带上，纵向上发育三套油藏，第一套是主力油藏，分布面积较大，马56块、芦101块、芦104块即属于这套油藏；第二套和第三套油藏面积小，局限于马7块，马7块西北方向三套油藏叠置分布。油层在空间的分布具有南厚北薄、西厚东薄的特点。

条湖组凝灰岩油藏为"非典型"下生上储式致密油藏，具有"自源润湿、混源充注、断—缝输导、大面积成藏、甜点富集"的成藏模式。根据成藏地质条件和控藏要素初步评价，将条湖组凝灰岩致密油藏分布区分为好、中、差三类，平面上成环带状分布。

马朗凹陷Ⅰ类有利区分布在牛圈湖构造带—马中构造带，该区沉积水体适中，玻屑凝灰岩发育，且孔隙度大，下伏芦草沟组烃源岩厚度大、质量好，垂向断裂—裂隙输导体系发育，是最为有利的勘探开发区；Ⅱ类较有利区分布于Ⅰ类有利区外缘，玻屑凝灰岩或凝灰质粉砂岩发育，孔隙度较大，下伏芦草沟组优质烃源岩厚度较大，是较有利勘探区；Ⅲ类区呈长条状分布于Ⅱ类较有利区外缘，该区域凝灰岩厚度和孔隙度较前两类有利区小，为资源潜在区。

条湖凹陷Ⅰ类有利区分布于凹陷南部深凹带，内环Ⅰ类有利区位于已获得发现的条34井区域，有利条件也是玻屑凝灰岩发育，孔隙度大，下伏芦草沟组优质烃源岩厚度大，断缝输导体系发育，是近期勘探的重要领域；中环Ⅱ类较有利区成藏条件较好，是近期扩展勘探的领域；外环Ⅲ类区成藏条件较差，是资源潜在区。

3）中二叠统芦草沟组混积岩致密油藏

中二叠统芦草沟组是盆地主力烃源岩，钻孔油气显示非常活跃，几乎揭示芦草沟组的井都有显示，马朗凹陷的马1井、马7井、马50P井、马6井以及马芦1井获得了工业油流，还有一批井获得低产油流。所发现油藏主要分布于马朗凹陷北斜坡区的牛圈湖构造带、马中构造带，以及南缘黑墩构造带，总体具有围绕芦草沟组深洼区环带状分布的特点。

芦草沟组二段混积岩类储层油藏是典型的致密油藏。致密油特征明显，即源储一体自生自储，连续稳定分布，甜点区油层需井筒工艺改造（水平井体积压裂）才能获得工业油气流（李新宁等，2015；陈旋等，2019）。影响致密油甜点分布的关键因素有三个方面：一是古岩相带控制的较纯凝灰岩与原生孔隙发育带；二是相对较浅的埋藏深度，即较弱的成岩作用；三是受构造活动影响的裂缝发育区带。

4）上石炭统卡拉岗组火山岩风化壳油藏

卡拉岗组火山岩风化壳油藏（牛东油田）平面上分布于条山凸起前缘东翼的牛圈湖构造带东段，影响风化壳油藏分布的主要因素：一是哈尔加乌组牛东地区"鸡窝"状烃源岩的分布；二是晚石炭世沿拉张断裂裂隙式喷发所形成的近火山口溢流岩相带；三是在三叠纪伴随条山凸起抬升，二叠系剥蚀殆尽，上石炭统部分遭受剥蚀，中侏罗统煤地层覆盖其上，不整合面之下的卡拉岗组火山岩形成了200～300m厚的风化淋滤带。

牛东区块卡拉岗组火山岩纵向上划分为四大期次的火山喷发旋回，油层主要分布于Ⅱ、Ⅲ旋回，Ⅰ旋回火山岩在构造高部位大部分被剥蚀，油层分布于构造南翼，而第Ⅳ旋回油层主要分布于剥蚀量较大的东北部。油藏储层厚度呈现北厚南薄的变化态势。

2. 南缘冲断带油气藏分布

南缘冲断带是指条湖凹陷石板墩构造带和马朗凹陷黑墩构造带。两个带构造多以逆掩推覆构造为主，发育在白依山断裂下盘，上盘二叠系多期次剥蚀殆尽，主要为石炭系。受构造强烈挤压的影响，断裂非常发育，逆冲推覆带的形成，主要受控于晚海西运动和晚燕山运动。逆掩推覆带下盘发育石板墩、黑墩两个构造带。

逆掩带地震资料品质较差，构造落实程度较低，勘探难度大。黑墩构造带发现中二叠统芦草沟组油藏、石板墩构造带发现中二叠统条湖组和侏罗系油藏。油气源、构造、岩性、裂缝和火山岩体等条件控制了油气藏的形成与分布。

两个冲断带紧邻条湖、马朗凹陷两大生烃凹陷的芦草沟组主力生烃中心，烃源条件好，已发现的油气均来源于芦草沟组。南缘冲断带经历了发育断层型、复合型圈闭，圈闭面积较大，埋藏相对较浅；推覆山体之上发育中生界及古生界构造，具有一定的资源潜力。

油气经烃源断层、渗透性储层、不整合面作垂向和短距离侧向运移，距离生烃中心越远，油气赋存层位越高。冲断带断裂体系发育，南倾石板墩断裂、黑墩断裂将南缘冲断带与中央坳陷带分隔开，这两条断裂垂直断距500～800m，与白依山断裂一起控制了二级构造带、局部构造的形成与分布，其间发育的二级断层起着沟通烃源岩层与储层、分隔局部构造的作用。

3. 洼地火山岩油气藏分布

上石炭统、中二叠统火山活动频繁，火山岩与碎屑岩间互分布。两个层系已发现油藏的油气主要来自芦草沟组、哈尔加乌组、局部来自卡拉岗组烃源岩，油气藏分布明显受控于烃源岩的分布。

芦草沟组二段烃源岩岩性为灰质、白云质和凝灰质泥岩，评价为好烃源岩；优质烃源岩分布以马朗凹陷最为发育，厚度最大可达120m，芦草沟组烃源岩热演化程度高，生烃中心位于凹陷的中南部；哈尔加乌组下段发育多个生烃洼陷（图3-4-1）。受火山岩储层非均质性强的影响，油气以近源短距离侧向运聚成藏为主，马朗凹陷已发现的马芦1井芦草沟组油藏、马36块哈尔加乌组油藏，条湖凹陷条16块哈尔加乌组油藏，均位于生烃洼陷，由于水下喷发的火山岩易形成冷凝收缩缝，受烃源岩热成熟作用形成有机酸的溶蚀改造，在火山活动间歇期形成了相对较为发育的淋滤溶蚀孔隙发育带，从而改善了储层性能，利于油气的聚集成藏。

此外，由于火山岩储层的非均质性强，原生及次生孔隙在没有裂缝沟通的情况下，难以形成有效储层，在构造挤压应力下，裂缝的发育及其对孔隙的沟通成为优质储层的关键控制因素，并影响油气的富集。构造作用下的断裂及诱发的裂缝可连接孤立的气孔，使之变为有效孔隙，同时断裂是热流体活动的有利通道，促进溶解作用的发生与次生孔隙的形成。因此，火山活动低洼古环境烃源岩区控制油气分布，断裂影响油气富集。

二、油气藏富集因素

油气藏的形成与油气的富集，是成藏要素的集成匹配，即生、储、盖、圈、运、保条件在空间、时间的良好匹配。砂岩油气藏、致密油藏和火山岩油藏各要素及匹配有差异。

1. 侏罗系低压砂岩油气藏

1）芦草沟组提供丰富的油气源

三塘湖油田（包括西峡沟、牛圈湖、马北等含油区块）西山窑组油气藏油气均来自芦草沟组烃源岩。烃源岩主要分布于马朗凹陷、条湖凹陷的中南部，生烃中心靠近西南逆冲推覆带一侧，烃源岩最大厚度 300～400m。烃源岩有机质类型为 I—II₁ 型，暗色泥岩有机碳含量 3.84%，氯仿沥青 "A" 0.2543%；泥灰岩有机碳含量 4.58%，氯仿沥青 "A" 0.5545%；镜质组反射率为 0.8%～1.1%。芦草沟组烃源岩厚度大、分布稳定、生烃潜力大，为侏罗系低压砂岩油气藏形成奠定了坚实的物质基础。

2）三角洲前缘砂体形成良好的储层

马朗凹陷西山窑组下段发育南北两大物源沉积体系，以北物源为主；三塘湖油田区砂岩以北物源辫状河三角洲前缘分流河道沉积为主。水下分流河道微相砂体厚度大，分布较为稳定，岩性成熟度和结构成熟度相对较高，岩性主要为中细砂岩。由于狭窄型盆地水流搬运距离短，母源区多为火成岩，岩石碎屑颗粒中火山岩屑含量高，机械压实作用强，储层物性以低孔低渗为特征。储集空间类型为残余原生粒间孔、颗粒溶孔以及微孔隙，杂基为泥和泥质转化的高岭石，以散乱状充填于孔隙中，降低砂岩的渗透性。储层物性受埋藏深度影响大，埋藏浅的西峡沟区块、马北区块储层物性相对较好，埋藏较深的牛圈湖、马中区块储层物性较差。

储集体的横向连通性对油气运移、聚集成藏有重要影响，储集体相互连通、储集性质好，易于油气运聚。由于西山窑组发育辫状河三角洲砂体横向连续性好，与正向构造背景所形成的大型岩性—构造圈闭为油气短距离侧向运移提供了通道，使得油气在圈闭中聚集成藏。

在砂体发育、分布稳定、水下分流河道砂体储层物性好，且处于构造高部位的区块，油气富集程度高；反之，砂体发育程度低、河口坝砂体储层物性差、油气富集程度低。

3）正向构造背景与断裂控制油气运聚

三塘湖油田区从燕山期—喜马拉雅期伴随着北部条山凸起的持续抬升，一直处于正向构造背景上，加之发育多个南北走向的鼻状构造倾末于生烃中心区域，构成了油气运聚的优势方向。西山窑组油藏以上古生界为烃源岩层的下生上储式成藏模式，断裂是油气垂向运移的通道（图 3-6-9）。各含油区块油气藏的分布多与大型断裂密切相关，如西峡沟断鼻发育的贯穿烃源岩—油藏的北东—南西方向的平移大断层，以及其北部发育的东西向边界断层，皆有可能是油气纵向运移的通道；牛圈湖背斜北面发育的边界大断层、马中断背斜北东—南西向断层等，是油气垂向运移的主要通道。因此，中生界油气藏的形成与纵深大断裂的发育有密切关系。

2. 中二叠统条湖组凝灰岩致密油藏

1）芦草沟组提供丰富的油源

条湖组致密凝灰岩油藏具有"自源润湿、混源充注"的特点。其一，条湖组二段暗色泥岩和沉凝灰岩具有较好的生烃能力，可能为自身提供一定比例的油源，但其重要意义是提升了致密储层的亲油性；其二，油源对比，条湖组致密油来自下伏的芦草沟二段烃源岩，芦二段烃源岩分布范围广，有机质丰度高，有机质类型好，处于低成熟—成熟阶段，是盆地主力烃源岩，与上覆储层形成了良好的配置关系。

2）古岩相控制储层展布，脱玻化和溶蚀控制储层甜点

火山岩相发育规模和火山灰空降成因不同，决定了条湖组凝灰岩的类型。随着断裂

系统级次的不同、火山喷发能量大小及火山灰空降到湖盆的沉积方式，影响凝灰岩类型呈规律性变化，距离火山口的远近，形成不同类型的凝灰岩，晶屑玻屑凝灰岩通常形成于火山口相，越远，玻屑含量越高，形成玻屑凝灰岩，即玻屑凝灰岩平面上主要分布在较远的火山岩相沉积环境。此外，火山灰颗粒经空中漂移后直接落入水体，避免了遭受风化搬运可能造成的成分流失，由于火山灰颗粒极细，以粉砂级、泥级为主，在陆源输入及水动力较强的滨湖地带不易保存，不利于形成连续、稳定分布的储层。已钻遇的凝灰岩普遍发育波状层理或粒序层理，证实了其形成时期水动力较弱。有效的凝灰岩致密油储层的形成环境为浅湖—半深湖相（焦立新等，2014）。同时，由于马朗凹陷条湖组沉积时期，坡度相对较缓的凹陷北部浅湖—半深湖区域，发育多个局部低洼部位，也为大面积连续性凝灰岩致密油储层的形成和保存提供了有利场所。

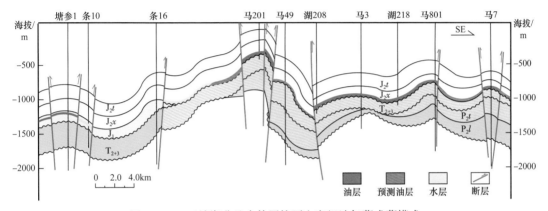

图 3-6-9　三塘湖盆地中侏罗统西山窑组油气藏成藏模式

条湖组致密凝灰岩储层发育火山灰粒间微孔、脱玻化微孔及晶屑溶蚀微孔三类微孔隙及微缝（马剑等，2016）。其中脱玻化微孔是主要的储集空间。扫描电镜和电子探针分析，条湖组凝灰岩呈中酸性，长英质含量高，玻屑脱玻化常形成碱性长石（钾长石、钠长石）、石英微晶及少量绿泥石黏土矿物，同时由于体积变小，释放出大量的微孔隙。条湖组沉积时期，湖盆中有机质丰富，凝灰岩层段的上部和下部均发育富有机质的泥岩，且已处于低成熟至中成熟阶段，在热演化过程中释放出的有机酸对玻屑、长石质晶屑及早期脱玻化形成的长石溶蚀，形成次生溶蚀孔隙，有效地改善了储层储集空间，形成了中高孔隙度、特低渗透率的致密油储层。

3）断缝输导、稳定盖层控制油气聚集

断裂和风化壳是油气运移的主要输导通道。首先中晚燕山期的活动断裂石油气垂向运移的主要通道；其次马朗凹陷条一段火山岩，在沉积末期区域抬升遭受风化淋滤，凹陷北部形成区域型风化壳，构成油气纵横向运移的重要通道；断裂和风化壳裂隙是芦草沟组主力烃源岩生成油气垂向运移到条湖组凝灰岩储层中输导体系。条湖组上部发育一套厚度 20～300m 的沉凝灰质泥岩、泥岩区域性良好盖层，是油气成藏的主要遮挡条件。古近纪—第四纪盆地坳陷演化极端构造运动相对较弱，油藏未经历大的破坏。

4）自源润湿、它源成藏促使油气聚集

油气自下向上运移在微孔特低渗致密储层聚集成藏，油气运移成藏地层不存在超压现象，运移动力主要靠油气的浮力，且要克服来自微细孔喉的毛细管阻力，实际资料计算毛细管阻力大于油气浮力，这种状态下能够成藏，且高含油饱和度，是致密储层的亲油性发挥了关键作用。条湖组凝灰岩富含有机质，具一定的生烃能力，演化程度达到低成熟—成熟阶段，生成的原油在孔隙中形成油膜，对凝灰岩起到了润湿作用，改变了岩石原有的润湿性，亲水性减弱，亲油性增强，有效地降低了油气进入储层的毛细管阻力，随着凝灰岩生成少量的液态烃，孔隙表面形成了油膜，与岩石表面发生物理化学作用，使原油中的一些成分吸附在岩石孔隙表面上，使地层的润湿性逐渐向油湿方向转化，从而促使油气聚集成藏（黄志龙等，2016）。

5）多因素共同作用，形成特殊类型的致密油藏

条湖组凝灰岩油藏具有"自源润湿、它源充注、断—缝输导、大面积成藏、甜点富集"的成藏模式（图3-6-10）。印支—燕山期构造运动产生了大量断裂和裂缝，为油气垂向输导提供了通道；凝灰岩储层含有丰富有机质，可生成少量的液态烃，改变了岩石矿物的润湿性，减小了毛细管阻力，使油气能够进入微孔发育的致密储层聚集成藏；脱玻化和溶蚀作用有效提升了储集空间；火山岩相及火山灰空落为玻屑凝灰岩的发育创造了条件，凝灰岩之上的凝灰质泥岩和泥岩，为油气聚集提供了好的封盖条件（梁浩等，2014；陈旋等，2018）。

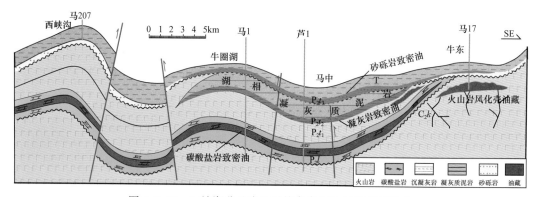

图3-6-10　三塘湖盆地中二叠统条湖组油气藏成藏模式

3. 中二叠统芦草沟组混积岩致密油藏

1）源储一体自生自储

芦草沟组致密混积岩油藏纵向上分布于芦二段，芦二段既是储油层，也是生油层。其岩性为灰质、白云质和凝灰质泥岩，厚度50～250m；烃源岩有机碳含量2.0%～14.0%，热解生烃潜量20～140mg/g，属好烃源岩；烃源岩类型为II₁—I型，以生油为主，且伽马蜡烷含量高，为咸化还原水介质环境沉积，利于有机质保存。含油段集中于生烃条件好的泥灰岩和灰质泥岩段，氯仿沥青"A"含量高。优质烃源岩分布于马朗、条湖凹陷，马朗凹陷最为发育，最大厚度达120m，条湖凹陷一般为60m；烃源岩热演化程度处于低成熟—成熟阶段，镜质组反射率值0.7%～1.3%。受烃源岩分布和热演化程度的控制，氯仿沥青"A"含量高值区分布于厚度大、成熟度高的叠加区域，源岩控藏作用明显。

2）环洼古相带控制储层分布，构造活动控制储层甜点

芦草沟组致密油藏连布平面上存在一定差异。如马1井碳酸盐岩储层到马7井相变

为以凝灰质泥岩为主的储层，马6井碎屑岩或鲕粒灰岩储层并不多见，这些现象说明古环境及物源对储层分布的影响很大。马朗凹陷牛东—马中地区中二叠世沉积前古构造具有缓坡结构，由北向南围绕洼陷依次呈现三个台阶带（图3-6-11），高台阶带小规模三角洲及湖湾沉积，发育碳酸盐岩、碎屑岩储层，但后期基本被剥蚀；中间台阶带环境稳定，物源供给不足，但具有一定水动力条件，发育亮晶—粒屑级碳酸盐岩、白云岩储层；洼陷低台阶区域由于物源供给不足，主要以凝灰质泥岩与碳酸盐岩互层为主。

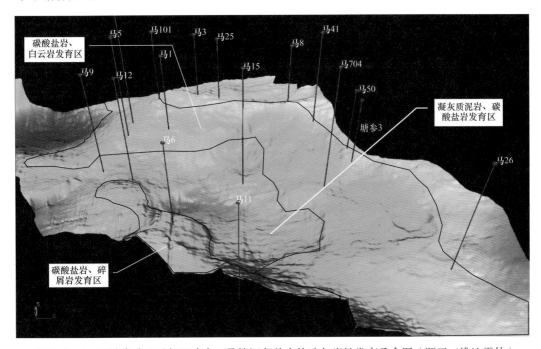

图3-6-11　三塘湖盆地马朗凹陷中二叠统沉积前古构造与岩性发育叠合图（源于三维地震体）

发现的牛圈湖马1块、马中马7块、南缘黑墩含油构造致密油藏，岩相古地理均处于古环洼碳酸盐岩、凝灰岩岩相带，原生微孔隙较为发育；后期位于正向构造高部位，且又为构造活动最为活跃区域，断裂和裂缝十分发育，既为油气运移提供通道，又有效的沟通了基质孔隙，改善了渗流条件，使得致密油储层"甜点"区具有裂缝—孔隙双重介质特征。因而古岩相带、后期构造活动构成了芦二段致密油储层"甜点"的特定条件。

4. 上石炭统卡拉岗组火山岩风化壳油藏

1）火山活动洼地烃源岩分布区控制油气分布

晚石炭世火山活动洼地沉积形成的"鸡窝状"烃源岩是控制油气分布的主要因素，油气以垂向和短距离侧向运移为主，离生烃洼陷越远，油气显示越差。上石炭统原油来自两套烃源岩，一套是来自哈尔加乌组烃源岩，其原油中的规则甾烷呈不对称"V"形分布；姥植比略高，Pr/Ph大于2；伽马蜡烷丰度很低，成熟度较高，镜质组反射率值0.8%～1.0%；碳同位素值－30‰～－28‰。另一套是来自哈尔加乌组以下烃源岩，其原油中的规则甾烷呈不对称"V"形分布；姥植比较低，Pr/Ph在1.6左右，伽马蜡烷丰度稍低，成熟度高，镜质组反射率值高于1.3%，碳同位素值低于－30‰。油源对比上石炭统卡拉岗组原油主要来自哈尔加乌组，烃源岩沉积中心控制着原油分布。哈尔加乌组烃源岩欠发育的井油气显示差，烃源岩厚度大的井油气显示厚度也大，如马203、马205井卡拉岗组较好的油气显示，证明了油气具有近源聚集，且以垂向和短距离侧向运移为主的特点。

2）火山岩剥蚀淋滤带控制风化壳储层分布

火山岩储层物性的好坏，除受原生孔隙控制外，次生裂隙及溶洞是关键因素。碱性富钙介质环境及水解作用造成火山岩气孔、裂缝被方解石和绿泥石、浊沸石充填或半充填。在未经受后期改造的情况下，均为非有效储层。火山岩有效储层的形成，主要是在火山旋回的顶部，形成自碎火山角砾岩，以及溢流亚相、近火山口爆发亚相形成的火山岩，在构造运动作用下抬升剥蚀，遭受风化淋滤，形成风化壳储层，储层遭受矿物蚀变、淋滤溶蚀作用改造后，储层物性明显改善。原生孔隙发育状况是爆发亚相火山角砾岩好于溢流亚相玄武岩、安山岩；次生孔隙是在储层遭受淋滤溶蚀后，各种溶蚀孔、溶蚀缝和破裂缝发育，储层孔隙喉道明显增大，物性明显改善，同一种岩性蚀变程度越高，物性越好，改造后的储层是油气聚集的主要空间（刘俊田，2009；侯连华等，2011）。

卡拉岗组储层经历了两期风化淋滤作用，影响有效储层的分布。其一是各火山喷发休眠期，火山岩之上沉积了碎屑岩，沉积岩带来的淡水对火山岩表面产生淋滤作用；其二是古生界火山岩系沉积后，区域性地层抬升，使火山岩长期暴露地表遭受风化林滤，并形成了中生界与古生界的区域性不整合（图3-6-12）。

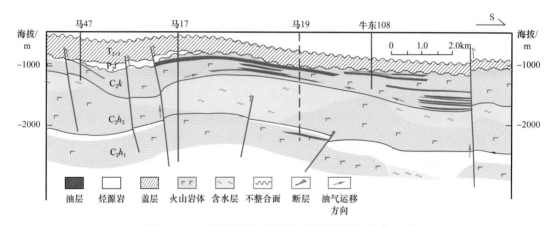

图3-6-12　马朗凹陷牛东地区上石炭统油藏成藏模式

3）正向构造背景与断裂活动带控制油气运聚

鼻状隆起构造带是火山岩油气富集的重要构造背景。牛东鼻状隆起带长期处于较高的构造位置，不仅控制油气运聚方向，而且构造位置的高低对油气分布也起控制作用。如在牛东2号构造上较低位置的马801井和马23井试油以产水为主，含少量油花。裂缝发育程度控制储层的产液能力。牛东油田卡拉岗组火山岩油藏富集高产区位于高部位断鼻控制断层的附近，构造裂缝发育，油气产量高。

5.上石炭统哈尔加乌组火山岩双重介质油藏

1）火山活动洼地烃源岩区控制油气分布

哈尔加乌组下段为主要的烃源岩，发育多个生烃中心，油气以近源短距离侧向运聚成藏为主，已发现的马朗凹陷马 36 块油气藏（图 3-6-12）、条湖凹陷条 16 块油气藏，均位于哈尔加乌组生烃洼陷，而远离生烃洼陷所钻探的井，均未成藏，说明烃源岩分布区控制油气分布。

2）正向构造背景和断裂控制双重介质储层分布

哈尔加乌组油藏集中于构造高和较高部位，断裂发育。由于火山岩储层的非均质性，原生及次生孔隙若没有裂缝沟通，难以形成有效储层。在挤压正向构造背景下，裂缝发育及对孔隙的沟通是形成有效储层的关键因素，并决定油气的富集程度。活动断裂及其诱发的裂缝，可有效改善孔缝的连通条件，尤其是气孔发育的储层中，裂缝可串通多个孤立的气孔，使之变为有效孔隙；同时断裂是热流体活动的有利通道，促进溶解作用的发生与次生孔隙的形成，高产层分布在玄武岩微裂缝及溶蚀孔洞发育段，平面上高产井均分布于断裂—裂缝发育带内，存在明显的断控特性。

3）火山岩体和正向构造背景控制油气运聚

哈尔加乌组油藏集中于正向构造背景和火山岩与烃源岩接触面附近，控制因素主要有两个方面：其一是烃源岩与火山岩接触面附近，由于水下喷发的火山岩易形成冷凝收缩缝；其二是受烃源岩热成熟产生的有机酸的溶蚀改造，在火山活动间歇期形成了相对发育的淋滤溶蚀孔隙带，利于油气的聚集。

4）有利相带控制油气富集

哈尔加乌组沉积时期，盆地主体沉积环境为陆相，发育滨湖沼泽及浅湖两种沉积亚相，发育碳质泥岩，烃源岩厚度较大；同时火山活动多期次喷发，在滨浅湖斜坡区，发育凝灰质泥岩、玄武岩互层沉积，烃源岩与储层匹配良好。多期构造和断裂活动在斜坡区形成的裂缝，成为沟通玄武岩储集空间的重要渗流通道，平面上近滨湖沼泽亚相及浅湖亚相成为油气聚集成藏的有利部位。

第七章　油气田各论

截至 2018 年底，三塘湖盆地已发现北小湖、三塘湖、牛东三个油田及石板墩、黑墩等含油气构造，主要分布在条湖凹陷和马朗凹陷，探明石油地质储量 $1.6 \times 10^8 t$，资源探明率 15.4%。盆地整体勘探程度不均，主要集于马朗凹陷。盆地发育三种岩类非常规油藏类型，三塘湖油田为侏罗系低压砂岩油藏，牛东油田为上石炭统火山岩油藏和中二叠统致密油藏，北小湖油田为下侏罗统砂岩油藏（图 3-7-1）。

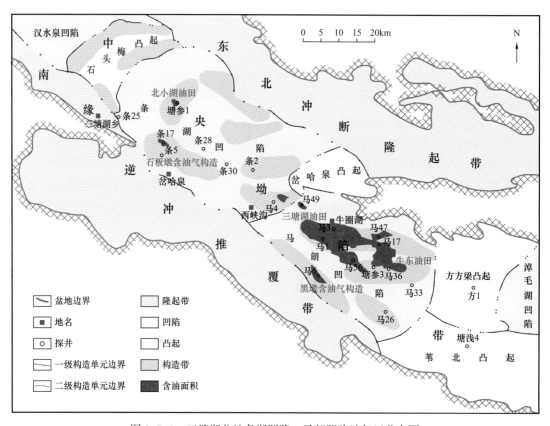

图 3-7-1　三塘湖盆地条湖凹陷—马朗凹陷油气田分布图

第一节　三塘湖油田

一、油田概况

三塘湖油田位于哈密地区巴里坤县三塘湖乡以东 75km 处，距巴里坤县 150km。油田平面上包括西峡沟、牛圈湖、马北三个区块；纵向上含油气层系以西山窑组为主，头屯河组、齐古组以及三叠系也有小型油气藏发现。

牛圈湖区块于1997年8月发现，2007年实施产能建设，第一个实施超前注水开发试验区块。截至2018年底，牛圈湖区块共开井361口，其中油井230口，水井131口，平均单井产油2.1t/d，区块累计生产原油106.78×10⁴t；西峡沟区块共开油井21口，平均单井产油2.9t/d，区块累计生产原油3.75×10⁴t。

二、构造特征

油田构造整体位于马朗凹陷条山鼻状隆起前缘，包含牛圈湖、西峡沟两个构造带。局部构造牛圈湖为背斜，马北为断块，西峡沟为断鼻（图3-7-2）。

牛圈湖背斜南北两翼受背冲逆断裂夹持，北翼逆断层垂直断距约200m，延伸长度30km，控制牛圈湖构造的形成演化；喜马拉雅期形成近北东—南西向的走滑断层，断面较陡，断距较小，延伸距离10km。经过多期构造活动的叠加作用，构造上次级断层发育。

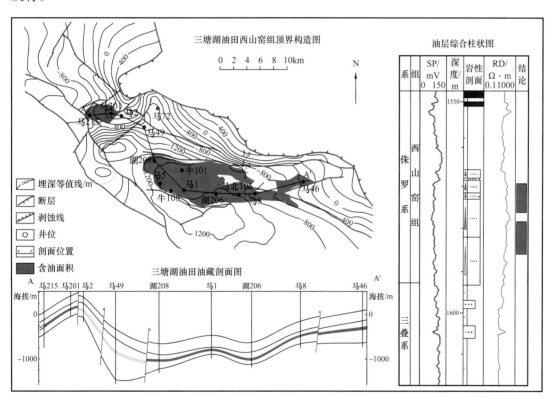

图3-7-2 三塘湖油田中侏罗统西山窑组油藏综合图

马北断块位于条山鼻隆构造北翼，发育马北1号、马北2号、马北3号断块，其中，马北1号在马北区块西北部，圈闭面积2.22km²，构造走向南东东，地层倾向南东；马北2号在马北区块中北部，圈闭面积1.40km²，构造走向北东，地层倾向西南；马北3号在马北区块东北部，圈闭面积7.24km²，构造走向北东，地层倾向西南。

西峡沟断鼻发育三条主要断层，北西西向南倾逆断层垂直断距约200m，延伸长度30km以上，控制西峡沟构造的形成演化；北东—南西向两条走滑断层，垂直断距

$50\sim300m$，延伸距离 $7\sim25km$。

油田构造受多期次构造运动持续作用，古生界与中新生界构造层叠加，受北部条山凸起向南的挤压主应力推挤，构造较为复杂。局部圈闭类型以背斜、断背斜、断鼻、断块为主；构造走向受断层控制，沿断层分布具有方向和条带性，断层发育带即是构造发育带；构造平面分布具有分区性，主要分布在较大断裂的上升盘，单个圈闭面积差别较大（表 3-7-1），其中面积较大的牛圈湖构造整体为近东西向展布的宽缓背斜，构造北东翼较缓，南西翼较陡。

表 3-7-1　三塘湖油田中侏罗统西山窑组油藏地质综合数据表

区块	岩性	油层厚度/m	圈闭面积/km²	中部埋深/m	油柱高度/m	孔隙度/%	渗透率/mD	原油密度/g/cm³	地层水矿化度/mg/L	水型	油藏类型
牛圈湖	砂岩	13.5	53	1733	400	13.87	3.28	0.870	4240	NaHCO₃	岩性—构造型
西峡沟		10.8	20	1104	190	16.90	6.85	0.886	9315		

三、储层特征

西山窑组沉积相主要发育扇三角洲、辫状河三角洲和湖泊相三种，砂岩体沉积微相包括前缘水下分流河道、分流间湾和河口坝等。具有南北供源的特征，牛圈湖主体区和西峡沟以北物源为主，牛圈湖南翼有南物源沉积。

主要油层分布于西一段下部，岩性为细砂岩、含砾砂岩、粗砂岩。西一段油层组分3 个小层。自上而下，1 号、2 号小层为正旋回，3 号小层为反旋回。主力油层为 1 号、2 号小层，3 号小层物性较差，多数含油性较差或不含油。储层微相属辫状河三角洲水下分流河道、河口坝，岩性为灰色、浅灰色砂岩。

西一段储集砂体平面分布稳定，砂岩粒级以中细粒为主，泥质含量中等；岩石类型为长石岩屑砂岩，碎屑颗粒以岩屑为主，其次为石英和长石；岩屑成分主要为凝灰岩、流纹岩、花岗岩等，填隙物多为泥质杂基，分选中等，碎屑颗粒磨圆度呈次圆—次棱角状，孔隙型胶结，点—线接触，颗粒型支撑，储集空间以粒间孔隙为主，成分成熟度较低，储层物性属低孔、特低渗（盛军等，2016），平面上非均质性较强，各区块间有差异，牛圈湖区块平均孔隙度 13.87%、渗透率 3.28mD；马北区块平均孔隙度 13.75%、渗透率 11.1mD；西峡沟区块平均孔隙度 16.9%、渗透率 6.85mD。

四、油藏类型及流体性质

油层纵向上呈层状分布，具较好的连续性和对比性。含油性平面上受沉积微相、构造双重因素控制。油藏埋深 $600\sim1900m$，油藏压力 $10.48\sim12.53MPa$，压力系数 $0.75\sim$ 0.83，油层温度在 45℃左右，地温梯度为 2.17℃/100m，属异常低压低温系统，油藏类型以岩性—构造型为主，其次为断鼻、断块型。

原油性质在平面上有差异。牛圈湖区块地面原油密度 $0.848\sim0.898g/cm^3$，50℃时的原油黏度 $27.84\sim135mPa \cdot s$，凝固点 $5\sim16℃$，含蜡量 $11.9\%\sim19.49\%$，为中密度、中黏度、中凝固点、中含蜡量和低非烃含量正常原油，品质较好。

马北区块西山窑油藏地面原油性质具有南北分区的特点。南部马13等井区地面原油密度小于0.87g/cm³，一般0.8205～0.8547g/cm³，凝固点2～5℃，初馏点76～99℃，50℃时的原油黏度1.9mPa·s，汽油含量23.3%～23.7%，含蜡量1.6%～12.03%，属轻质常规原油；北部湖218等井区以北，地面原油密度大于0.87g/cm³，一般0.8716～0.9164g/cm³，凝固点7～30℃，初馏点91～101℃，50℃时的原油黏度67～24431.9mPa·s，汽油含量4%～27.1%，含蜡量5.0%～28.07%，属中质普通稠油。总之，马北区块原油体现密度大、黏度大的特点，属于"低压、低渗、低流度"油藏。

西峡沟区块地面原油密度0.873～0.901g/cm³，50℃时原油黏度30.05～80.61mPa·s，凝固点-4～12℃，含蜡量5.58%～15.61%，沥青质含量0.09%～1.59%；为中密度、中黏度、低凝固点、中含蜡量和低非烃含量正常原油。

天然气相对密度0.74～0.93；甲烷含量66.26%～86.73%、乙烷含量3.66%～6.36%、丙烷含量0.26%～4.96%，含氮量0.23%～17.87%，二氧化碳含量0.26%～12.24%。

区块地层水虽然水型皆为NaHCO₃型，平面上离子含量存在差异。牛圈湖区块总矿化度为4240mg/L（表3-7-2），马北区块总矿化度9261mg/L，西峡沟区块总矿化度9315mg/L。

表3-7-2　三塘湖油田中侏罗统西山窑组地层水分析数据表

井号	井段/m	试油结论	地层水离子含量/（mg/L）							总矿化度/mg/L	水型	pH值
			阳离子			阴离子						
			K⁺+Na⁺	Ca²⁺	Mg²⁺	Cl⁻	SO₄²⁻	HCO₃⁻	CO₃²⁻			
马5	1746.0～1757.0	低产油层	1389	105	48	2047	268	383	0	4240	NaHCO₃	6.0
马201	648.0～667.0	低产油层	3104	251	27	4340	271	1322	0	9315	NaHCO₃	7.5
马46	766.0～779.0	油层	3114	161	55	4080	574	1277	0	9261	NaHCO₃	6.0

第二节　牛东油田

牛东油田西南距新疆哈密地区巴里坤县城112km，北距老爷庙口岸103km，东南距伊吾县城68km，位于马朗凹陷北坡条山凸起前缘的牛东构造带，西面紧邻三塘湖油田牛圈湖区块。纵向上发育上石炭统卡拉岗组火山岩油藏及中二叠统条湖组凝灰岩致密油藏。

一、石炭系火山岩油藏

1.油田概况

2006年，在牛东构造带上钻探马17井获24.1t/d的工业油气流，发现牛东油田卡拉岗组油藏（图3-7-3），油藏类型为构造—地层型油藏（又称火山岩风化壳油藏）；2007

年，马 19 井在哈尔加乌组获低产油流。2008 年，马 36 井在哈尔加乌组获工业油流，发现牛东 2 号构造哈尔加乌组火山岩油藏，油藏类型为构造—岩性油藏（又称内幕型火山岩油藏），火山岩储层与暗色泥质沉积岩间互分布。卡拉岗组油藏以马 17 块为主，以及马 27 块、牛东 101 块（平移断层以东块），含油面积 35.3km^2，采用直井和水平井方式，衰竭式和注水试验开发。

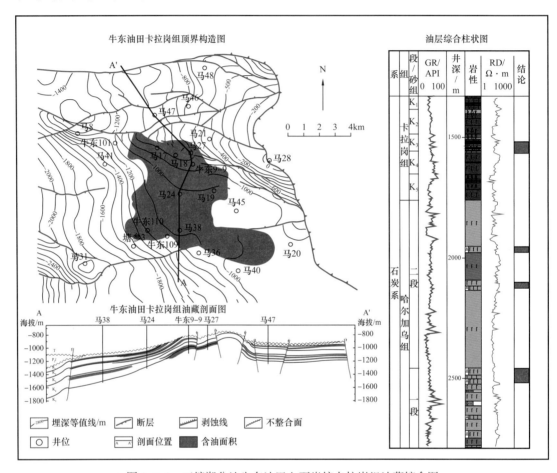

图 3-7-3　三塘湖盆地牛东油田上石炭统卡拉岗组油藏综合图

截至 2018 年 12 月，牛东油田针对卡拉岗组油藏开发，共开油井 122 口，平均单井产油 2.7t/d，累计生产原油 118.48×10^{4}t；针对哈尔加乌组油藏开发，共开油井 8 口，平均单井产油 1.0t/d，累计生产原油 2.60×10^{4}t。

2. 构造特征

马 17 块火山岩油藏，构造为北高南低的断鼻，北界受控于一条北西向断层，西面受一条北东向断层控制，东面由一条近南北向断层控制。断鼻高部位地层较陡，南翼较为宽缓。

马 27 块为马 17 断鼻北侧的断夹块，南面由马 17 断鼻北界断层控制，北面以一条北西走向断层为界，西面受控于一条南倾北东向断层，断夹块北高南低；牛东 101 块位于马 17 块东南边界断层以东，构造背景是向东北抬升的宽缓斜坡，含油边界受控于地层岩性。

哈尔加乌组也发育一些小型油藏，如马 36 块等。

3. 储层特征

1）火山旋回

卡拉岗组火山岩纵向上划分 I、II、III、IV 四个喷发旋回，四套火山岩在地震剖面上呈现平缓的丘状反射特征，结构清晰，便于追踪对比。

各喷发期次间发育薄层火山碎屑岩，岩性为沉凝灰岩或凝灰质粉细砂岩，厚度一般 2～20m。火山喷发旋回的韵律性比较清晰，一般从下部的火山熔岩到上部的爆发亚相火山角砾岩、凝灰岩为一个韵律，每个期次由多个韵律组成，各个期次之间以代表火山休眠的沉凝灰岩或沉积岩为标志。而火山喷发旋回又由几个次级火山喷发期次组成，纵向上可划分为 I_1、II_1、II_2、III_1、III_2、III_3、IV_1、IV_2 八个火山岩喷发期次，对应卡拉岗组 K_8、K_7、K_6、K_5、K_4、K_3、K_2、K_1 八个油层组（罗权生等，2009），钻井揭示 K_2、K_3、K_4 是主要的含油层组，K_7、K_8 未钻遇油层（表 3-7-3）。

表 3-7-3　牛东油田上石炭统卡拉岗组火山岩沉积旋回与油层组对应表

地层系统			火山喷发旋回	火山喷发期次	油层组
系	统	组			
石炭系	上统	卡拉岗组	IV	IV_2	K_1
				IV_1	K_2
			III	III_3	K_3
				III_2	K_4
				III_1	K_5
			II	II_2	K_6
				II_1	K_7
			I	I_1	K_8

2）火山岩相

火山岩相是指火山岩的形成条件及该条件下形成的火山岩岩性特征的总和。根据火山岩形成条件、火山作用机理、产出状态和形态等，将卡拉岗组火山岩岩相划分为爆发亚相、溢流亚相及喷发沉积亚相三大类，尤其以溢流亚相最为发育（表 3-7-4）。

表 3-7-4　牛东油田上石炭统卡拉岗组主要岩相类型表

岩相	主要岩石类型	产出状态、构造特征	备注
爆发亚相	火山集块岩、火山角砾岩、凝灰岩、熔结角砾岩或凝灰岩	碎屑流块状堆积	火山爆发产物
溢流亚相	玄武岩、安山岩、火山碎屑熔岩	岩流、岩被产出，有气孔或杏仁构造	火山喷溢、泛流产物
喷发沉积亚相	凝灰质砂砾岩、沉（角砾）凝灰岩	层状、透镜状	火山喷发过程或低潮期的产物

3）物性特征

牛东油田发育以玄武岩、安山岩及其向酸性岩过渡岩性为主的中基性火山熔岩，并且夹有火山碎屑岩及少量沉火山碎屑岩四种岩石类型（表3-7-5），孔隙及裂缝型两类储集空间类型，储层孔隙度4.2%～15.8%，平均孔隙度9.16%；渗透率大部分小于0.05mD，渗透率值较低（林潼等，2009）。

表3-7-5　火山岩储集空间类型与成因

储集空间类型		成因	主要发育岩类
裂隙	构造直劈缝	构造应力作用	安山岩、玄武岩
	斜交缝、微裂缝		火山角砾岩
	收缩缝	风化壳	安山岩、玄武岩、火山角砾岩
溶蚀孔隙	斑晶溶孔	溶解、交代作用	玄武岩、安山岩
	基质溶孔		火山角砾岩、凝灰岩
	粒内溶孔		凝灰岩、火山角砾岩、砂砾岩
原生孔隙	气孔、半充填杏仁	岩浆冷凝	安山岩、玄武岩
	粒间孔、砾间孔	火山爆发、沉积	凝灰岩、火山角砾岩、砂砾岩

4. 油藏类型及流体性质

1）油藏类型

卡拉岗组火山岩油藏是受牛东鼻状隆起构造背景和岩相、岩性及后期风化淋滤作用共同控制的构造—地层型油气藏，以马17块为代表（表3-7-6），哈尔加乌组油藏为构造背景上的构造—岩性型油气藏。

表3-7-6　牛东油田上石炭统卡拉岗组油藏地质综合数据表

代表区块	岩性	油层厚度/m	圈闭面积/km²	孔隙度/%	渗透率/mD	原油密度/g/cm³	地层水矿化度/mg/L	水型	油藏类型
马17块	火山岩	40.1	43.9	10.2	0.41	0.854	3000～3500	CaCl₂	构造—地层型

2）流体性质

（1）原油性质。卡拉岗组油藏属于常规油质的油藏。地面原油密度0.8405～0.8692g/cm³，平均为0.8536g/cm³；凝固点4～13℃，平均7.5℃；初馏点51～72℃，平均56℃；汽油含量22%～35%，平均24.7%；含蜡量7.2%～15.5%，平均12.1%；50℃时原油黏度6.33～87.05mPa·s，平均26.72mPa·s；原油族组分中烷烃含量58.68%、芳香烃含量17.30%、胶质+沥青质含量2.68%。

（2）地层水性质。卡拉岗组地层水为CaCl₂型，总矿化度2756～4482mg/L。地层水性质在平面上的变化特点是向东北矿化度逐渐增高，向西南矿化度逐渐降低，在马17井块主体部位，地层水矿化度3000～3500mg/L（表3-7-7）。

表 3-7-7　牛东油田上石炭统卡拉岗组地层水分析数据表

井号	井段 /m	试油结论	地层水离子含量 / (mg/L)							总矿化度 mg/L	水型	pH 值
			阳离子			阴离子						
			$K^+ + Na^+$	Ca^{2+}	Mg^{2+}	Cl^-	SO_4^{2-}	HCO_3^-	CO_3^{2-}			
牛东 106	1882.0~1897.0	水层	466	448	16	1065	223	566	0	2784	$CaCl_2$	6.5
			471	446	16	1082	204	566	0	2785	$CaCl_2$	6.5
			492	409	24	1099	183	549	0	2756	$CaCl_2$	6
			517	407	32	1099	219	598	0	2872	$CaCl_2$	6
牛东 107	1842.0~1860.0	含油水层	1077	324	151	0	477	317	0	4482	$CaCl_2$	6
			1077	324	151	2136	477	317	0	4482	$CaCl_2$	6
			1009	354	122	2055	471	231	0	4242	$CaCl_2$	6
牛东 78–9	1730.0~1742.0	水层	944	344	6	1536	382	452	0	3664	$CaCl_2$	7
			912	342	9	1484	401	444	0	3592	$CaCl_2$	7

二、二叠系凝灰岩致密油油藏

1. 油田概况

牛东油田条湖组凝灰岩致密油藏（图 3-7-4）位于哈密市伊吾县境内，井区西南距巴里坤县城 100km，北距老爷庙口岸 90km，东南距伊吾县城 75km，构造位于三塘湖盆地中部马朗凹陷腹地斜坡区。

2012 年，盆地开展以马朗凹陷二叠系为主要目标的致密油勘探。2013 年 4 月，芦 1 井在条湖组火山碎屑岩储层中压裂试油，获得 13.5t/d 的工业油流；开展致密油水平井体积压裂工艺技术攻关获得突破，马 56、马 57H、马 58H 等井相继获高产油流，试采保持较长期稳产。围绕马 56 块向西、东南、北三个方向扩展，发现芦 101 块、马 706 块、芦 104 块。截至 2018 年底，累计探明条湖组凝灰岩致密油藏含油面积 24.6km²，探明石油地质储量 3698.35×10⁴t，建成产能 25.6×10⁴t，共开井 111 口，其中油井 108 口，水井 3 口。平均单井产油 6.6t/d，累计生产原油 62.53×10⁴t。

2. 构造特征

二叠系条湖组致密油藏分布区整体构造面貌为北东高、西南低的西坡；西北部和东南部被北东—南西走向的断层夹持。条湖组发育 3 套"纵向部分叠置、平面上叠合连片"的凝灰岩致密油藏。平面上，致密油藏分布于构造特征迥异的三个区带，即中部马 56 单斜区，西部芦 101—芦 104 凹槽区，东部马 7 鼻状构造区，中西部为 I 油藏分布区，东部为 II、III 油藏分布区。

中部马 56 单斜区构造较为简单，构造走向近南北向，东高西低，东西两端以断层转折过度。

西部 101—芦 104 凹槽区构造非常复杂，断层或火山通道发育。西北边界发育的西北倾的压扭性走滑逆断层，东北—西南方向延伸 13.8km，控制了下盘向斜构造的形成演化；凹槽东南缘发育一组走向与西界大断层大致平行压扭性走滑断层，芦 104 块东侧东南倾断层延伸 5.1km，芦 101 块东侧芦 102 井附近断层可能为火山通道，芦 101 块与芦 104 块之间发育断层或者火山通道，使构造复杂化，这些断层或火山通道形成期早，影响了岩相古地理环境，对致密油层的沉积发育有一定的控制作用。

东部马 7 鼻状构造区块东南以压扭性区域断层为边界，在鼻状构造区发育 3 条不同方向的较大规模断层，将东部鼻状构造区切割成四个断块；马 7 主体构造区近东西向断层断距较小，对油层分布无明显的控制作用。

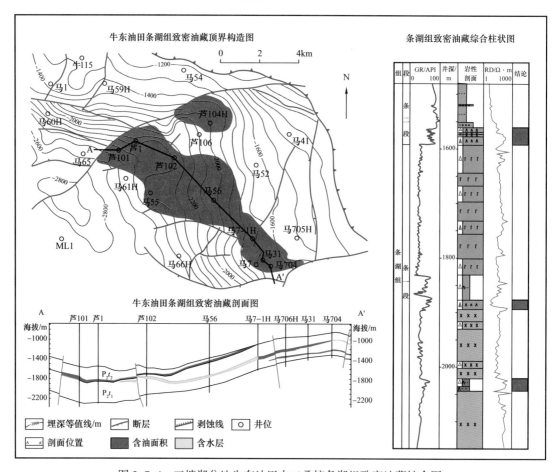

图 3-7-4　三塘湖盆地牛东油田中二叠统条湖组致密油藏综合图

3. 储层特征

条湖组致密油储层与常规储层相比具有以下特征。

岩性：致密油储层是凝灰岩。凝灰岩储层的形成主要受早期火山活动带及火山洼地控制，是在火山喷发后期火山灰"空降"洼地水体沉积而成，分布稳定，连续性好。凝灰岩储层可分为玻屑凝灰岩、玻屑晶屑凝灰岩以及属于过渡类型的凝灰质粉砂岩。玻屑凝灰岩以玻屑成分为主，晶屑主要是石英、钠长石和钾长石玻屑晶屑凝灰岩，其以玻屑成分为主，玻屑含量大于 50%，玻屑成分主要是长英质，其次晶屑含量也可达 10%以上；凝灰质粉砂岩则是以粉砂质成分为主，含有少量凝灰质成分，散布于粉砂颗粒之间。

电性：凝灰岩储层电性特征明显区别于上、下的泥岩、凝灰质泥岩和火山岩，表现为中高伽玛、中高声波时差、低密度、高中子、中高电阻；而上覆泥岩、凝灰质泥岩以低电阻、高伽马、高声波时差为特征，下浮火山岩以高电阻、低伽马为特征（焦立新等，2015）。

储集空间与物性：凝灰岩储层储集空间类型分为原生孔隙、次生孔隙和裂缝三大类（图 3-5-15），储层渗透率 0.01～0.5mD，平均 0.342mD，孔隙度 10.1%～25.2%，平均 15.5%。

烃源岩与含油性：条湖组深灰色、灰色凝灰岩、凝灰质泥岩、泥岩含有较高的有机碳，热演化已达到生烃门限，具有较强的生烃能力，一方面为自生自储提供部分油源，另一方面凝灰岩中的有机质极性组分极高，在极性物质的作用下使致密储层转变为偏亲油性，降低石油充注阻力，提升了致密储层的含油性；条湖组凝灰岩致密油油源主要来自其下伏的芦草沟烃源岩，这与一般致密油自生自储不同，其特点是"自源润湿、它源充注"。凝灰岩致密油储层物性属中高孔、特低渗，加之其油亲油性，造就了高含油饱和度特征，岩性分析原始含油饱和度 40%～90%，平均 60%。

脆性与地应力：岩石矿物成分石英的含量决定岩石脆性指数，石英含量越高，岩石脆性指数越大，岩石脆性强（脆度 0.31～0.54），最大与最小地应力差小（6～8MPa），体积压裂易于形成复杂缝网；地层最大主应力于构造走向基本垂直，水平井眼轨迹与构造走向（最小主应力方向）平行或者夹角小于 45°，实施水平井体积压裂改造，即可实现最大化改造体积目的或满足复杂构造区水平井钻井、工艺改造工程条件和增产效果。

综合评价条湖组凝灰岩致密油储层属中高孔、特低渗、高含油饱和度、脆性矿物含量高、脆度高、最大与最小地应力差小，水平井体积压裂可形成复杂缝网。有效储层下限孔隙度≥8.0%，渗透率≥0.01mD，含油饱和度≥50%（表 3-7-8）。

表 3-7-8　马朗凹陷马 56 块中二叠统条湖组凝灰岩有效储层下限标准

区块	岩性	物性		含油性	电性			烃源岩特性				脆性	地应力各向异性	
		孔隙度 /%	渗透率 /mD	岩心含油级别	电阻率 /Ω·m	声波 /μs/m	含油饱和度 /%	烃源岩厚度 /m	有机质丰度 /%	镜质组反射率 /%	有机质类型	岩石矿物脆性指数 /%	应力方向	应力差 /MPa
马 56 块	凝灰岩	≥8.0	≥0.01	荧光	≥30	≥226	≥50	≥50	≥1	≥0.6	Ⅰ—Ⅱ	≥30	北东—南西向	6.0～8.8

4. 油藏类型及流体性质

1）油藏类型

条湖组凝灰岩致密油平面分布不受构造控制，主体油藏较大面积连续稳定分布，油层"甜点"主要受古岩相控制；油藏类型为较大面积稳定分布的凝灰岩致密油藏；含油性不受构造高低控制，主要受火山岩相控制（表 3-7-9）。

表 3-7-9　牛东油田马 56 块中二叠统条湖组油藏地质综合数据表

代表区块	层位	油层厚度 / m	圈闭面积 / km²	孔隙度 / %	渗透率 / mD	原油密度 / g/cm³	地层水矿化度 / mg/L	水型	油藏类型
马 56 块	P_2t	17.1	19.19	15.5	0.005	0.899	10106	NaHCO₃	岩性型

2）流体性质

（1）原油性质。地面原油密度 0.882～0.910g/cm³，平均值为 0.899g/cm³。50℃时原油黏度为 79.9～195.1mPa·s，平均 136.5mPa·s；凝固点平均 –3～25℃，初馏点 72～146℃，汽油含量 4.3%～13.5%，含蜡量 12.5%～33.3%；属于中质、高黏、高蜡、中凝、普通稠油油藏。

（2）地层水性质。条湖组未获取代表性地层水样，同区块相邻层位芦草沟组水样分析，地层水总矿化度平均为 10106mg/L，水型为 NaHCO₃ 型。

第三节　北小湖油田

一、油田概况

北小湖油田位于哈密市巴里坤县境内，西南距巴里坤县城 90km，东北距老爷庙口岸约 60km，西南距三塘湖乡约 22km。构造位于条湖凹陷北部斜坡的北小湖构造带上。1993 年，北小湖构造上的塘参 1 井，对下侏罗统 2082.7～2087.0m 井段压裂试油，获 16.0t/d 的工业油流，发现北小湖油田。2000 年建成产能 1.2×10⁴t，衰竭式开采，截至 2018 年底，探明油气地质储量 152.5×10⁴t，共开井 9 口，平均单井产油 1.0t/d，累计生产原油 8.62×10⁴t。

二、构造特征

北小湖构造整体为大型的鼻状构造，鼻状构造上发育两组断裂。一组为北西—南东向挤压性逆断层，一组为北东—南西向压扭性平移断层，两组断裂规模都较小，对构造的形成和分割有一定的控制作用。北小湖油田处于鼻状构造中部低幅度平台区，为依附于北西—南东向逆断层上盘的低幅度断背斜构造，构造北缓南陡，闭合幅度 50m，圈闭面积 2.2km²，高点埋深 2050m（图 3-7-5）。

三、储层特征

八道湾组厚度约 280m，分上、下两段。八一段厚度约 130m，为滨浅湖—沼泽相沉积的黑色、深灰色煤、碳质泥岩夹薄层砂岩的煤系地层。八二段厚度约 150m，为水下扇三角洲、滨浅湖相沉积的杂色砂岩与泥岩互层的岩性组合，是含油层段；八二段划分为三个砂层组，顶部一砂层组是主力油层段。储层岩石类型以长石岩屑砂岩为主；储集空间以粒间溶孔为主，储层物性以低孔、低渗为特点。岩心分析平均孔隙度 11.22%，平均渗透率 20.82mD。平面上由西北往东南，储层岩性由含砾砂岩变化为中、细砂岩，物性逐渐变好；纵向上，二、三砂层组砂岩泥质含量高，一砂层组砂岩泥质含量低，储层物性上好下差（王允霞等，2012）。

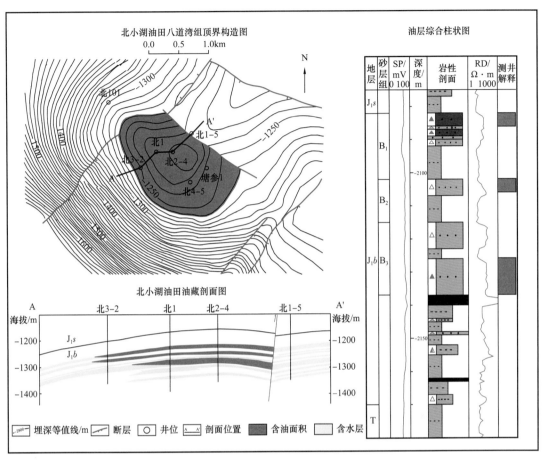

图 3-7-5 三塘湖盆地北小湖油田下侏罗统八道湾组油藏综合图

四、油藏类型及流体性质

1. 油藏类型

油气分布受岩性、构造双重控制，三个油层组构成三个独立的受边底水控制岩性—构造成藏。其中，Ⅰ油藏埋深 2055～2107m，油水界面海拔 –1261m，油柱高度 52m，为边水层状构造油藏；Ⅱ油藏南北两边受岩性控制，东西两侧受构造控制，油藏埋深2074～2127m，油水界面海拔 –1282m，油柱高度 48m，为边水层状构造—岩性复合型油藏；Ⅲ油藏油层主要分布于砂岩的顶部，油层呈块状分布，西北侧局部受岩性控制，油藏埋深 2117～2132m，油水界面 –1293m，油柱高度 27m，为底水块状岩性—构造油藏。

2. 压力与温度

地层压力 18.45MPa，压力系数 0.877，属正常偏低压力系统；地层温度 66.67℃，地温梯度 2.4℃/100m（表 3-7-10）。

3. 流体性质

地面原油性质具有低密度、低黏度、低汽油含量、低胶质与低沥青质含量、高含蜡量、高凝固点的"五低两高"常规轻质油特征。原油密度 0.843g/cm³，黏度 9.85mPa·s（50℃），凝固点 38℃，汽油含量 7.75%，原油含蜡量 29.01%，沥青质含量 0.16%，胶质含量 3.12%。

地层水为 NaHCO₃ 型，总矿化度 2508～8240mg/L，其中 $K^+ + Na^+$ 含量 457～2501mg/L，Ca^{2+} 含量 6.0～184mg/L，Cl^- 含量 471～2062mg/L，HCO_3^- 含量 439～4359mg/L（表 3-7-11）。

表 3-7-10 北小湖油田地质综合数据表

岩性	埋藏深度 / m	有效厚度 / m	含油面积 / km²	孔隙度 / %	渗透率 / mD	油层压力 / MPa	原油密度 / g/cm³	天然气甲烷含量 / %	地层水矿化度 / mg/L	水型	油藏类型
砂岩	2103	6.3	2.20	11.22	13.63	18.45	0.84	72.50～79.49	7679	NaHCO₃	构造型

表 3-7-11 北小湖油田地层水分析数据表

井号	井段 /m	试油结论	地层水离子含量 /（mg/L）							总矿化度 / mg/L	水型	pH 值
			阳离子			阴离子						
			$K^+ + Na^+$	Ca^{2+}	Mg^{2+}	Cl^-	SO_4^{2-}	HCO_3^-	CO_3^{2-}			
北 3-2	2099.4～2106.8	油层	1459	9	2	923	412	1506	0	4450	NaHCO₃	9

第八章　典型油气勘探案例

三塘湖盆地油气资源较为丰富，油气藏类型复杂多样，油气勘探取得了低压砂岩油藏、火山岩油藏、致密油藏三个方面的重要突破，每项勘探成果从地质认识到勘探开发技术独具特色。

第一节　侏罗系低压砂岩油藏勘探

对于油气的勘探与开发，低压往往被看作是不利因素或成藏条件欠佳。侏罗系低压砂岩油藏勘探历经了初期的失望和困惑。但随着观念转变和技术创新，超前注水增压提升产量，盘活了难动用储量，也促进了勘探的持续扩展，按照大型构造岩性油藏的认识部署勘探，含油区块和储量规模不断扩大，构成多个构造含油连片的态势。尽管低压的机理仍然不是很明确，但是低压由难以开发的劣势变为规模成藏的"优势"，值得回味与重视。

一、低压砂岩油藏概况

侏罗系砂岩油藏分布于马朗凹陷与条湖凹陷（图 3-8-1），主要包括牛圈湖、西峡沟、北小湖三个鼻状构造带，大多具有异常低压的特点。

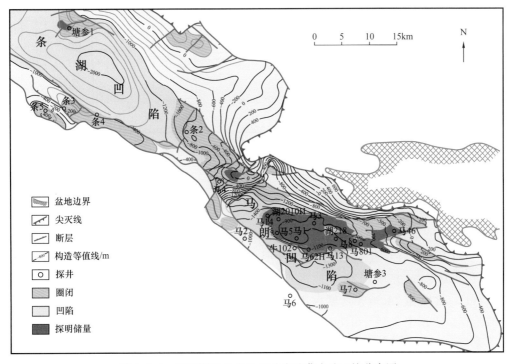

图 3-8-1　三塘湖盆地中生界砂岩油藏含油区块分布图

1993 年，盆地第一口探井——条湖凹陷塘参 1 井在下侏罗统获得工业油流，发现北小湖油田，测试压力系数为 0.770～0.877，油源对比其源来自三叠系。条湖凹陷南缘冲断带条 3 井中侏罗统压裂后产少量油，测试压力系数 0.816。

1997 年，马朗凹陷牛圈湖背斜马 1 井西山窑组压后抽汲产油 2.4t/d，发现牛圈湖油田，油源对比其源来自中二叠统芦草沟组，油藏压力系数 0.617。至此基本明确了侏罗系油藏普遍具有异常低压的特点。

西山窑组低压砂岩油藏的储层在平面上稳定分布，砂体以辫状河三角洲前缘水下分流河道沉积为主，物性低孔低渗，被称为低渗、低压、低流度的"三低"油藏，单井自然产量低（单井稳定产油量小于 1.0t/d）。

2000 年对牛圈湖区块低压油藏实施勘探开发一体化，超前注水增压提高产量效果较好。2005 年，按照大型构造岩性油气藏模式，实施风险勘探，牛圈湖背斜低压油藏含油范围向斜东、西两翼扩展，截至 2006 年底，西山窑组低压砂岩油藏探明石油地质储量 $4021.86 \times 10^4 t$。

随后，低压砂岩油藏勘探不断甩开和扩展。

截至 2018 年底，在马朗凹陷及条湖凹陷，已发现西山窑组低压砂岩油藏，自东向西包括马中、马北、牛圈湖、西峡沟、条东五个含油区块，主要分布于牛圈湖—马北鼻状隆起带、条东—西峡沟鼻状隆起带及马中背斜构造带，包括鼻状隆起带上的背斜、断鼻主体及鼻状隆起带倾伏部位（图 3-8-2），探明石油地质储量 $5911.38 \times 10^4 t$。第四次资源评价西山窑组石油地质资源量为 $1.95 \times 10^8 t$，探明率 30%，整体处于中低勘探程度，投入开发的有牛圈湖区块、西峡沟区块马 201 块、马北区块湖 218 块等区块。

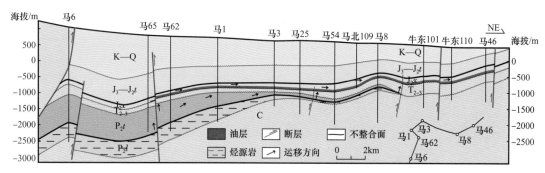

图 3-8-2　马朗凹陷中侏罗统西山窑组低压油藏剖面示意图

二、低压砂岩油藏勘探实践

1. 早期勘探发现中生界地层压力普遍低

1993 年，三塘湖盆地开始油气钻探，首选中生界主体沉降区条湖凹陷。第一口探井——塘参 1 井在中生界、古生界发现良好油气显示，完井后对下侏罗统八道湾组 2082.7～2087.0m 井段压裂后抽汲产油 16.0t/d，发现北小湖油田，地面原油密度 $0.835g/cm^3$，含蜡量 24.36%。塘参 1 井测试地层压力系数为 0.770～0.877，地层温度 66.7℃，测试渗透率 2.35～6.18mD。

其后于 1994 年加大了勘探工作量。一方面解剖条湖凹陷，部署 3 口深探井（条 1 井、条 2 井、条 3 井）和 2 口浅井（塘浅 1 井、塘浅 2 井）；另一方面在汉水泉凹陷和马朗凹陷部署钻探 2 口参数井（塘参 2 井、塘参 3 井），但未获突破。

汉水泉凹陷塘参 2 井以及条湖凹陷北西高部位的塘浅 1 井、塘浅 2 井未见油气显示。

马朗凹陷塘参 3 井发现二叠系烃源岩，从石炭系—侏罗系 1632～3277m 井段见油气显示，但试油结果不理想。条湖组、芦草沟组试油见油（含油水层），地面原油密度 0.901～0.919g/cm^3，黏度 151～496.8mPa·s。

在北小湖油田内钻探条 1 井，含油气情况不及塘参 3 井。

条湖凹陷北坡东部钻探条 2 井，古生界—中生界油气显示井段长，其中，古生界火山岩油气显示井段跨度 737m，但试油为水层，仅顶部层位见少量油花，地层压力系数 0.642～0.850；侏罗系 1521.0～1513.0m 井段试油，压裂后抽汲、正替累计产油 1.75m^3，累计产水 40.44m^3，为含油水层，原油密度 0.875g/cm^3，地层压力系数 0.620，地层温度 48.9℃（1492m）。

在条湖凹陷南缘冲断带上的条 3 井，1994 年 10 月 8 日—1995 年 4 月 8 日，对中侏罗统头屯河组 1162～1170m 井段试油，压裂后累计产油 0.6m^3，地面原油密度 0.891g/cm^3，黏度 131mPa·s，含蜡量 10.34%；压力系数 0.816，地层温度 35.1℃（1150m），测试渗透率 1.39mD。

至此，条湖凹陷、马朗凹陷钻探的深井，每口井均有油气显示，且多数井油气显示井段跨度大，累计显示层数多，厚度大，但除发现北小湖小油田外，其他领域的井试油均未获得工业油流，大部分为水层或者仅见油花，原油密度普遍偏高，地层压力普遍异常低压。面对大量的油气显示和极少数的油层，两者形成了强烈的反差；加之普遍的"三低"储层和较高原油密度、黏度，开始有了三塘湖盆地"低渗、低压、油源不足"的认识，长井段的油气显示也倾向于被解读为油气显示分散或者油气藏的破坏散失，较高原油密度似乎意味着残余油，资源量计算由 9.45×10^{8}t 急剧降为 4.37×10^{8}t（李溪滨等，1997）。

2. 牛圈湖西山窑组低压砂岩油藏的发现

随着油气钻探未获得实质性突破和大的进展，1995 年开始，勘探工作量明显减少，马朗凹陷、条湖凹陷之间的西峡沟上钻塘浅 3 井，马朗凹陷东面方方梁凸起上钻塘浅 4 井，两口井均见油气显示，未试油。

塘参 1 井发现后，油气勘探在马朗凹陷和条湖凹陷部署一批二维地震，随之在两个凹陷的北部和西南逆冲推覆带新落实一批面积较大、类型较好的构造圈闭，包括牛圈湖大背斜、西峡沟大断鼻、石板墩 1 号背斜构造等，勘探的思路也由地面、浅层构造为主的勘探转变到临洼的中深层大构造上。1996 年，在这三个构造上同时部署马 1 井、马 2 井、条 4 井，期待获得实质性突破，开创勘探新局面。

西峡沟高幅度鼻状构造脊线部位的马 2 井首先于 4 月 23 日开钻，5 月 17 日完钻，完钻井深 966m，在 662～933m 井段的侏罗系砂岩和古生界火山岩见到大量油气显示。对 651～670m 井段油浸级显示段进行中途测试，结果未见油，地层不供液，实测地层温度 30.7℃，压力系数 0.787，计算渗透率 0.003mD。对 830～872m 古生界油浸显示火山岩段进行中途测试，仅回收油 0.002m^3。两层中途测试均定性为干层，勘探再一次遇到挫折。

马 2 井见到良好显示之时，条湖凹陷南缘冲断带石板墩 1 号构造上的条 4 井于 5 月 3 日开钻，于 8 月 5 日完钻。与邻井条 3 井相比，该井油气显示明显较多，显示层位包括侏罗系、三叠系、古生界，但显示级别最高为油斑，不如条 3 井富含油级别的油气显示，显示累计厚度远不如条 2、马 2 等井。鉴于条 3 井试油仅产少量原油，条 4 井完井后没有试油。

位于马朗凹陷北部牛圈湖大背斜构造上的马 1 井。结合已钻塘参 3 井揭示的芦草沟组烃源条件，认为牛圈湖背斜具备圈闭、烃源两方面的优越条件。该井于 9 月 1 日完钻。钻井过程中油气显示优于同一凹陷的塘参 3 井：一是侏罗系见到大量油气显示，其中西山窑组 1521.0～1556.9m 中途测试产混油钻井液 0.754m³；二是芦草沟组烃源岩层系厚度比塘参 3 井大，并且中部的泥灰岩厚度较大，显示多。通过反复测井解释讨论、优选，决定在芦草沟组试油三层，西山窑组试油一层；精心策划试油测试方案、改造工艺措施，对芦草沟组试油层实施压裂、酸化改造，对普遍低压的西山窑组实施油基压裂，从 9 月 20 日至次年 9 月 23 日，试油施工历时一年有余。

第一层芦草沟组 2300.0～2322.0m 井段在经过酸化、压裂后，2.5mm 油嘴自喷产油 4.8t/d，压力系数 1.198，原油密度 0.859g/cm³，黏度 12mPa·s，含蜡量 8.34%。马 1 井获得成功！

西山窑组试油从 1997 年 8 月 1 日开始，1530.0～1555.0m 井段油基压裂后，抽汲产油 5.6t/d，累计产油 84.4t，原油密度 0.877g/cm³，含蜡量 11.62%，黏度 23.4mPa·s；压裂前地层测试渗透率 0.166mD，压力系数 0.617，地层温度 46℃。牛圈湖油田获得发现。

马 1 井在二叠系、侏罗系均获得突破，牛圈湖背斜两套层系预测石油地质储量 6337×10⁴t。发现了牛圈湖西山窑组低压砂岩油藏，同时也揭示芦草沟组的压力系数高达 1.198，两套地层压力系数形成强烈反差。表明低压并非全盆地、全层系，由此改变了盆地低能量、烃源不足的认识。

为了评价探明牛圈湖背斜的储量，在马 1 井芦草沟组获得突破后，立即部署马 3 井，完井后，西山窑组 1480.0～1502.0m 井段的试油几乎与马 1 井同步进行，同样采用油基压裂，抽汲产油 2.4t/d；1998 年牛圈湖西山窑组油藏控制石油地质储量 3819×10⁴t。1998 年在背斜南翼较低部位部署钻探马 5 井，1999 年 4 月 25 日—6 月 9 日，对西山窑组 1746.0～1757.0m 井段采用油基压裂，抽汲产油 2.7t/d，产油量同样较低。同时，马 3 井、马 5 井的芦草沟组试油为低产含油水层或者干层，而之前的马 1 井试油为油层。

总体上，牛圈湖油田的初步钻井评价表明，芦草沟组油藏规模大大缩小；西山窑组低压油藏自然产能小于 1t/d 或多不出油，采用油基压裂后，总体低产，无法升级探明储量和实现有效的开发动用。

3. 超前注水实现低压油藏有效动用

1999 年，吐哈油田分公司获得三塘湖盆地探矿权。

2000 年，吐哈油田分公司调整勘探开发节奏，实施勘探开发一体化战略，开发提前介入。

首先是钻水平井。2000 年 8 月 2 日—9 月 9 日，牛 102 井在 1696.96～2007.00m 试油，气举产油 5.0t/d，抽汲产油 3.1t/d，且不能连续生产，表明水平井仍然无法有效解决低压油藏的低产难题，增产效果不理想。

至此，油基压裂、水平井、气举、抽汲，多种措施并举，虽对低压油藏有一定的增产，但无法达到储量升级与开发建产的要求。借鉴长庆油田低压低渗油田超前注水开发的经验，2004年牛圈湖西山窑组油藏正式开始超前注水提压试验。

第一个试验区采用五点法井网，200m注采井距，利用2口探井，新钻开发井5口形成了4注3采的注采井网，经过5个月的超前注水试验，牛103井压后自喷产油8.7t/d，且产量稳定。之后为试验和优选合理井型、井距，确定有效的开发井网，又相继部署了水平井试验区和菱形井网试验区。三个试验区共有油水井52口，其中油井34口（水平井4口），注水井18口（水平井3口）。

试验表明，超前注水在直井上取得成功，油藏压力系数从0.75提升至1.1左右，压裂投产11口，均能稳定生产，直井平均产油5.8t/d；其中自喷生产井8口，有4口井产油量达5.0t/d以上，试验证明超前注水开发，能够实现西山窑组低压油藏的经济开发。

此外，为了评价牛圈湖区块西山窑组油藏的储量规模和储层特征，投入大量的评价工作量，先后完钻评价井26口，新增试油井5口，基本落实了西山窑组油藏的储量规模。

同时，通过初期的开发，又发现了新的问题：初期高强度注水，水线推进速度快，含水上升快；压力恢复、见效见水方向不均衡；油干层是注水渗流主要通道，油层动用程度低，油藏整体动用效果差。为此，调整超前快速注水为温和注水等试验，总结出超前温和注水、小井距小规模压裂投产的低压砂岩油藏主体开发技术路线，实现了牛圈湖南区、东区直井的效益开发。

4. 以大型岩性油藏的思路扩展勘探获新进展

开发方式的转变盘活了牛圈湖西山窑组低压油藏资源。如何寻找和扩展侏罗系低压油藏？

西山窑组厚度是北厚南薄，具有南物源特点，马朗凹陷还具有向东减薄直至尖灭的特点；同时马朗凹陷构造趋势总体上向北部、东部抬升。因此，马朗凹陷西山窑组砂体应具有向北上倾尖灭、向东上超尖灭的特点，具有大型岩性油气藏形成的良好条件，2004年对牛圈湖三维地震资料精细解释与属性分析，开展西山窑组砂体分布特征的研究，按照大型岩性油藏的思路实施风险勘探。

2005年在牛圈湖背斜的东、西两翼较低部位部署风险探井马13、马14井，并先后上钻湖201井等12口评价井，西山窑组均钻遇良好的油气显示。

地质研究表明，西山窑组低压油藏具有良好的成藏条件。

（1）油源相对充足：西山窑组油气来自芦草沟组，其暗色泥岩、泥灰岩烃源岩厚度300～400m，有机质类型主要为Ⅰ—Ⅱ$_1$型，有机碳含量3.84%～4.58%，镜质组反射率R_o值0.4%～1.3%，具备较好的生烃能力；同时芦草沟组地层压力偏异常高压，为油气藏的形成提供较好的物质基础。

（2）储层分布稳定：储层属于辫状河三角洲前缘砂体，微相以分流河道为主，主要分布在牛东、牛圈湖和西峡沟区块的北部，平面上叠置连片；储层岩石成分成熟度低，储集空间类型为残余原生粒间孔、颗粒溶孔以及微孔隙，杂基为泥和泥质转化的高岭石，以散乱状充填于孔隙中，降低砂岩的渗透性。物性呈低孔低渗特征，孔隙度

$11\%\sim14\%$，渗透率 $2\sim8mD$。

（3）盖层条件好：油层分布于西山窑组下段，上段盖层岩性为灰色、深灰色泥岩、碳质泥岩、泥质粉砂岩夹薄层煤层；加之上侏罗统齐古组为一套紫红、棕红、灰绿色泥岩、粉砂质泥岩，构成了油藏良好的封堵条件。

（4）断裂沟通烃源岩：牛圈湖背斜北面发育边界大断层、马中断背斜发育北东—南西断层、西峡沟断鼻发育北东—南西方向的中央平移大断层和北部边界断层等，这些控制构造形成发育的深大断层，沟通上古生界烃源岩与中生界圈闭，是油气垂向运移的主要通道。

在清楚了西山窑组成藏的良好条件和控藏要素后，低压油藏勘探不断获得新发现。

2007—2010年持续开展滚动扩展。从牛圈湖向东，马801、湖218、马46等一批探井、评价井获得成功，马北区块探明石油地质储量 2900.01×10^4t；马中构造带上的马704井也获得工业油流；西峡沟区块勘探开发一体化，实施蒸汽吞吐、注水开发试验取得一定效果，探明石油地质储量 302.14×10^4t；2014年，牛圈湖东南扩边部署马61H井，西山窑组获 $8.0t/d$ 工业油流，马62H井获得 $16.9t/d$ 工业油流。

5. 水平井体积压裂实现低效区块效益动用

随着条湖组凝灰岩致密油的勘探开发，水平井和大型体积压裂技术应用日趋成熟，已成为有效提高油井单井产量，实现效益开发非常规油藏的主体技术。

西山窑组低压砂岩油藏，储层低孔低渗，非均质性强，富集高产受储层甜点控制，其特点与致密油具有一定的相似性。2015年，进一步深化油藏认识，精细小层划分对比、沉积微相研究及储层甜点预测，在牛圈湖东南翼扩展油藏规模、探索效益动用新技术部署马6201H井。该井于5月31日开钻，水平段长800m，油层钻遇率100%，7月31日对该井 $1842\sim2554m$ 水平井段进行8级24簇大型体积压裂，入井总液量 $5827.6m^3$，总砂量 $581.6m^3$，8月14日开始求产，8月19日返排率2.33%时开始见油，试油期间最高产油量33.8t/d，稳产30t/d左右。截至2017年底，该井生产830天，平均产油量17.2t/d，累计产油18363t。水平井+大型体积压裂技术在牛圈湖低压砂岩油藏效益动用上获成功。

2016年，针对牛圈湖区块北Ⅲ区未动用低效储量，先后部署湖2010H井、湖2011H井均取得较好效果。湖2010H井水平段长994m，油层钻遇率100%；实施10级30簇大型体积压裂，入井总液量 $6367.3m^3$，入井总砂量 $722.7m^3$，试油最高产油量43.8t/d，生产424天，平均产油量21.0t/d，累计产油8887t。湖2011H井水平段长1099m，油层钻遇率100%，压裂后最高产油量42.4t/d。

水平井体积压裂技术实现了低压砂岩油藏低品位储量的有效动用，为油田开发提供了新的技术路线。针对牛圈湖北Ⅲ区和东南翼低品位储量区，开发整体部署水平井51口，截至2017年底完钻28口，投产25口，初期平均单井产油量15.4t/d，盘活探明石油地质储量 1609×10^4t，为低压砂岩油藏稳产奠定了基础。

6. 低压规模油藏成藏条件与特点

西山窑组低压油藏总体规模较大，主要分布于马朗凹陷、条湖凹陷北坡，主体为牛圈湖—马北、西峡沟—条东两大向南倾伏的鼻状隆起构造带，并且两大鼻状隆起构造带充满度都比较高，含油范围还扩展到鼻状隆起南翼斜坡部位，且两大鼻状隆起具有含油连片态势。

西山窑组异常低压成因较多，分析可能与三方面因素关系密切。首先，盆地现今地温梯度2.37℃/100m，属于异常低温，原因是古生代石炭纪—二叠纪大规模的火山岩爆发，古地温梯度较高，因此地温梯度变化趋势总体大幅降低，导致地层压力异常低；其次，盖层条件也可能对油藏低压有影响，西山窑组油藏盖层主要为含煤碳质泥岩、泥岩夹泥质砂岩，分布稳定，但是厚度小（一般约30m），泥岩不纯，导致油气轻组分散失，油藏压力降低；再次，可能与流体动力势场有关，盆地演化过程中自中侏罗世西山窑期至今，气候一直处于干旱环境，盆地南北两边水头区水源补充长期不足，水势偏低，可能导致整个中—新生界地层压力低。

低压对勘探开发具有不利的方面。低压导致油藏产能低，一方面，使油藏认识难度大，勘探研究容易出现偏差；另一方面，油藏压力低，能量低，轻组分已散失导致黏度偏高，使油藏的开发过程复杂，开发成本上升，重要的是采收率降低。

但是，低压也有有利的方面，并且在适当的条件下，低压可能隐含了"额外"的成藏机遇。因为，低压是负压，从势场的角度看，现今的油藏流体"只进不出"；同时，下伏二叠系芦草沟组烃源岩层系压力系数普遍为1.1~1.2，显示了油气不断从芦草沟组向西山窑组运移和补充的态势，这可能是西山窑组能形成规模低压油藏的因素之一，也是主体构造在油源方向一侧的翼部能够形成油藏，以及主体构造之间具有连片含油态势的重要原因；水动力势场不活跃对油藏保存有利。

三、勘探经验与启示

1. 低压油藏勘探前景评估

当开始发现目的层油藏为低压油藏时，可以从整个成藏体系的角度来初步评估低压油藏的扩展潜力。

1）相对的低压与充足的烃源

目的层油藏表现为低压总体而言是不利的，但周围环境不同，其意义有所区别。如果其上、下的地层一样为低压，则表明属于系统的低压；如果相对其上、下的地层表现为相对高压，就表明目的层油藏不会再会聚油气，具有油气散失的趋势；如果相对于其上、下的地层也是表现为异常低压，就意味着当前的保存条件较好，其中，如果是烃源岩层系压力正常或者异常高，就表示目的层还有烃源供给和吸聚油气的态势。

低压如果是由地温降低引起的，同时也意味着对烃源岩持续大量生烃不利，此时，"二次烃源"的作用尤为重要。三塘湖盆地上古生界石炭系—二叠系巨厚的自生自储火山岩含油岩系，在二叠纪末以来长期演化生烃，形成了相当体量的高压非常规低渗含油储集体。即使烃源岩不再继续生烃，蓄积的油气也可通过泄压散失的形式向上部的西山窑组供烃。

除了三塘湖盆地上古生界—中生界，吐哈盆地东部的小草湖洼陷和三堡凹陷的油气藏压力也普遍较低。小草湖洼陷东南边缘的红台地区中侏罗统七克台组—三间房组油气藏压力系数0.84~0.88。研究表明，古地温梯度为3.25℃/100m，现今地温梯度降低为2.94℃/100m；小草湖洼陷侏罗纪末过早抬升，导致生烃减弱；红台地区在侏罗纪末抬升剥蚀厚度大，这些因素导致了七克台组—三间房组压力偏低。但是，其下的中侏罗统西山窑组—下侏罗统烃源岩层位和小草湖洼陷低部位的压力系数普遍为 0.88～0.99，显示了深部烃源岩层系和洼陷低部位的油气向红台七克台组—三间房组调整的流体势场，事实上，在主体构造及下倾方向已经发现了储量可观的不饱和油气藏。

2）相对稳定的构造环境与较好的盖层

大多数低压油藏本身往往意味着烃源的供给相对不足，如果构造活动频繁、幅度较大、断层发育，油气散失或者受到地表水的侵入破坏，低压油藏更为不利。三塘湖盆地中生界层序齐全，凹陷内部受基底支撑的构造比较完整，西山窑组油层之上超过 30m 厚的碳质泥岩—煤层稳定分布，因此西山窑组低压油藏总体保存条件较好。红台油气田虽然侏罗纪末经历了一次较大的构造运动抬升，但其后构造活动一直很弱。

三堡凹陷三叠系至中—下侏罗统油气藏低压异常明显，压力系数 0.76～0.85，低压源于侏罗纪末的整体抬升，上侏罗统剥蚀殆尽，地温降低；由于三叠系至中—下侏罗统油气藏属于自生自储，低压是整体性的。钻探揭示储层特低渗，以天然气为主，表明烃源岩演化程度高；但地温降低导致烃源岩也停止生烃、供排烃，烃源岩层系低压足以说明现今油气藏油气源不足，多年的油气勘探表明，油气显示及油气主要集中在四道沟背斜，但还未能获得工业气流，且油、气、水同出。四道沟构造自侏罗纪末构造运动之后，背斜构造保存一直完整，可进一步深化地质研究，以残余油气藏的思路，选择构造主体、盖层条件好、偏上的储盖组合作为突破口。

3）低渗

多数低压油藏表现为低渗的特点，如果其分布稳定，厚度大或者面积大，资源量大，可以弥补低压的不足。

2. 勘探开发一体化

面对国内外罕见的"三低"油藏，常规的油藏评价方法及开发方案无法有效的升级和动用储量，油气勘探步伐将举步维艰。为解决盆地低压油藏有效开发的难题，加快油气勘探新发现，在三塘湖油田实施勘探开发一体化技术攻关，先后开展了油藏地质综合、钻井工程技术、采油工程技术、地面工程技术研究和经济评价等多项技术攻关，实施油层钻井保护、油藏增压补能、水平井大型体积压裂改造技术，盘活了低品位难采储量，实现了储量升级和部分区块的效益动用，同时也促进了油藏及储量的持续规模发现。

第二节 石炭系火山岩系油藏勘探

三塘湖盆地石炭系—二叠系发育巨厚的火山岩系，在盆地及周围山系广泛分布。火山岩系内部发育暗色泥岩、碳质泥岩等烃源岩，在上覆中新生界沉积作用下叠置沉降，有效生烃，形成火山岩系内部独立的油气成藏组合，已发现火山岩风化壳和火山岩系内幕等形式的油气藏。

一、勘探概况

1993 年，条湖凹陷钻盆地第一口参数井——塘参 1 井，即在石炭系大套火山岩系内部发现了油气显示和碎屑岩。其后，在条湖凹陷、马朗凹陷钻探的条 2、塘参 3、马 1 等井在古生界火山岩系见到大量油气显示。

2000年，南缘冲断带条5井、马6井在上石炭统卡拉岗组火山岩中获得低产油流，为裂缝型油藏，规模小。

直至2006年，马朗凹陷北坡马17井加深钻探至石炭系火山岩风化壳，录井见油气显示11层45m，取心证实为强烈风化的火山岩，富含油，气测全烃最高达100%，完钻测井解释差油层3层62m，完井后对1515.0～1543.0m井段试油，5mm油嘴自喷产油24.1t/d、天然气3912m³/d，石炭系获得重大突破，发现牛东油田火山岩风化壳整装油藏。其后，古生界火山岩系油气勘探与老井复查向整个石炭系、二叠系及马朗凹陷、条湖凹陷全面展开。

2007年7月，牛圈湖构造上马3井卡拉岗组复查试油产油0.4t/d，马25井见良好油气显示，解释有油层；同年8月，牛圈湖构造东北部马8井中二叠统条湖组火山岩风化壳获工业油流；同年11月，牛东构造上马19井发现上石炭统哈尔加乌组火山岩内幕型油藏。2008年8月，西峡沟断鼻构造上，马208井条湖组1211～1249m井段采用氮气欠平衡钻进，中途气举求产，产油24.0t/d，发现西峡沟鼻凸火山岩油气勘探的有利区带；同年10月，马东地区马33井发现火山岩系内部碎屑岩油气藏；同年11月，马36井哈尔加乌组、卡拉岗组获得高产油流，发现马中构造带火山岩含油气区块；2009年，油气勘探扩展至条湖凹陷，在北部斜坡和西南逆冲推覆带，条16井、条17井在火山岩中分别获得低产油流。

至2018年底，在马朗凹陷和条湖凹陷，已在哈尔加乌组、卡拉岗组、条湖组等层位发现火山岩油藏，落实牛圈湖、牛东、马中、西峡沟、石板墩、条东、条中等含油区带，其中卡拉岗组是牛东油田主力开发层系（图3-8-3）。

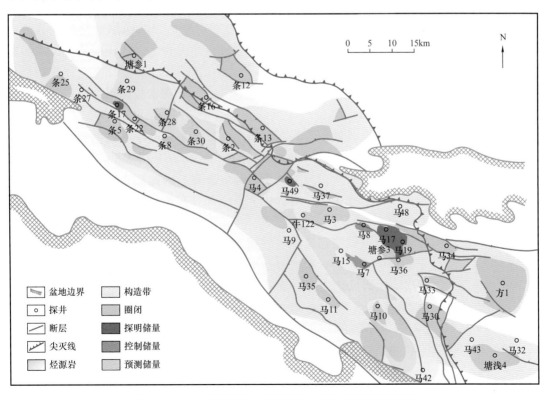

图3-8-3　三塘湖盆地上石炭统火山岩油藏勘探成果图

牛东油田于 2007 年下半年投入开发试采，2008 年开发大规模建产，产油量最高达 936t/d，其后递减；2013 年通过水平井开发，到 2016 年 3 月，产油量回升到 403t/d，先后有 5 口井日产油达到百吨以上，截至 2018 年 12 月，累计生产原油 118.48×10⁴t。

二、火山岩油藏勘探实践

三塘湖盆地火山岩油气勘探经历了长期的疑惑，但贵在一直没有放弃，大胆探索，紧抓基本油气地质条件落实，优选有利领域与区带，终于获得火山岩系油气成藏组合勘探的成功。

1. 古生界巨厚火山岩系勘探艰难探索

三塘湖盆地油气钻探初期就已在古生界火山岩系内部见到油气和烃源岩。

1993 年，塘参 1 井以中生界为主要目的层，兼探古生界。在下侏罗统获得油气，油源为上三叠统。同时，该井自井深 2822m 进入古生界火山岩系，至井底 3845m，揭示厚度 1023m，其中 902m 为大套巨厚安山岩、流纹岩，仅在火山岩系内部的 3251～3372m 井段（厚度 121m）为砂砾岩、砂岩、碳质泥岩、玄武岩互层，其间 3324～3328m 井段细砾岩见油气显示。

1994 年，条 2 井自井深 2108m 进入古生界火山岩系，至井底 3300m（古生界绝大多数为火山岩），其中 2108～2845m 井段见 366m 荧光—油浸级油气显示，火山岩油气显示井段跨度 737m，试油仅见少量油花。与此同时，马朗凹陷塘参 3 井自井深 1727m 进入古生界直至井底 3400m，揭示了 1713m 厚的火山岩系，在火山岩中也见到了大量的油气显示。相对于塘参 1 井、条 2 井，塘参 3 井古生界火山岩系中有了两段明显较多的碎屑岩：一是 1762～2080m 井段芦草沟组，厚度 318m，沉积岩相对集中发育，以砂泥岩、灰质岩为主夹火山岩，其中暗色泥岩为有效烃源岩；二是哈尔加乌组上部，即 3077～3138m 井段，厚度 61m，以深灰色泥岩为主夹碳质泥岩、煤线、凝灰岩，显然具有作为烃源岩的潜力。

2000 年，条湖凹陷南缘冲断带石板墩背斜钻探条 5 井，在卡拉岗组火山岩中获得低产油流，为火山岩裂缝油藏。

总之，初期近八年的勘探，就已经揭示石炭系—二叠系为巨厚的火山岩系，火山岩占比普遍很高，油气显示地层跨度大，但火山岩系仅一口井获得了低产油流，效果不佳；另一方面，部分井点在大套火山岩之间有烃源岩发育，因此初步揭示了火山岩系内部油气成藏组合，但火山岩占比太大，对火山岩系内部具有相当规模、有效的自成体系的油气成藏组合仍然认识不足。

同时，火山岩要作为有效储层需要经过后期改造，而古生界火山岩与中新生界之间存在区域性的角度不整合面，这是火山岩改造形成有效储层的有利条件，因此，古生界火山岩系顶部的条湖组火山岩风化壳也一直是关注的重点。

2. 石炭系火山岩风险勘探实现突破

2005 年 12 月 2 日，吐哈油田分公司在乌鲁木齐召开了三塘湖盆地石炭系—二叠系风险勘探目标研讨会，邀请中国石油天然气股份有限公司以及协作单位有关专家提供指导与建议。

2006 年，正式设立"石炭系—二叠系火山岩系风险勘探"科研项目。首先结合钻井，利用地震资料，整体评价了石炭系—二叠系火山岩系勘探的有利方向，认为马朗凹陷最为有利，理由如下：

（1）地震剖面有明显的层次感，有较连续的强反射波组。因为火山岩系内部如果有烃源岩及常规碎屑岩存在，必然表现为有层次感、强反射波组的地震响应特征；反之，层次感、强反射波组不明显，则反映存在烃源岩、碎屑岩的可能性小。马朗凹陷地震剖面具有明显比条湖、汉水泉和淖毛湖凹陷好得多的层次感和强反射波组（图 3-8-4）。

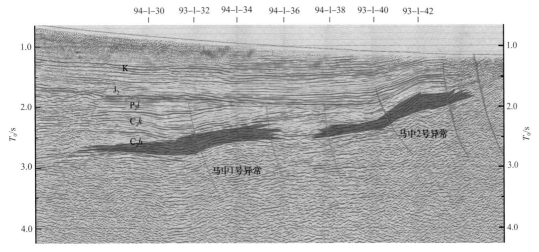

图 3-8-4　三塘湖盆地马朗凹陷南北向地震剖面

（2）马朗凹陷地震异常体多。马朗凹陷中东部石炭系内部穿层强反射波组围限的地震异常体多，初步确定其与火山活动、火山机构有关，只是不明确其火山机构的构成。通过刻划一系列的地震异常体，钻探证实地震异常体与油气勘探有关，结果表明，马中 1 号异常体上的马 36 井发现哈尔加乌组火山岩内幕油藏，马中 2 号异常体上的马 33 井发现火山岩系内部碎屑岩油藏（图 3-8-5）。

（3）马朗凹陷断褶构造成排成带。马朗凹陷主体古生界构造简单，凹陷主体及北部总体为南倾斜坡，区带、圈闭比较缺乏。通过精细刻划，在斜坡上落实一系列北东—南西走向的小断层组，结合小断层组，共划分出北东东—南西西走向的岔哈泉、牛圈湖—牛东、马东、马中、方方梁等断褶鼻状构造带，这些断褶构造带倾没端均指向马朗凹陷沉降主体区，使有利勘探区带明显清晰，后期的勘探已证实了前 4 个含油区带。

（4）马朗凹陷风化壳广泛分布。马朗凹陷北东部位古生界抬升幅度及剥蚀厚度大，古生界火山岩系与中—新生界之间的角度不整合面明显，条湖组、芦草沟组、卡拉岗组、哈尔加乌组的火山岩依次遭受不同程度的剥蚀，发育多个层位的风化壳，大大增加了火山岩风化壳勘探的机会。

因此，马朗凹陷是盆地火山岩系风险勘探的首选方向，最终选取凹陷北东高部位的盐池大背斜作为风险勘探目标。该构造古生界火山岩剥蚀厚度大，风化壳火山岩层位为哈尔加乌组，内部发育多个异常体，同时也是马东、马中断褶构造带的上倾延伸部位。

与此同时，牛东构造带东段高部位的马 17 井率先获得成功。马 17 井主要目的是扩展侏罗系岩性油藏，其次评价石炭系—二叠系的勘探潜力；钻探结果侏罗系油气显示不活跃，但卡拉岗组火山岩风化壳获得高产油流，率先获得突破，发现牛东石炭系火山岩风化壳整装油藏，2008 年探明石油地质储量 4505.14×10^4t。

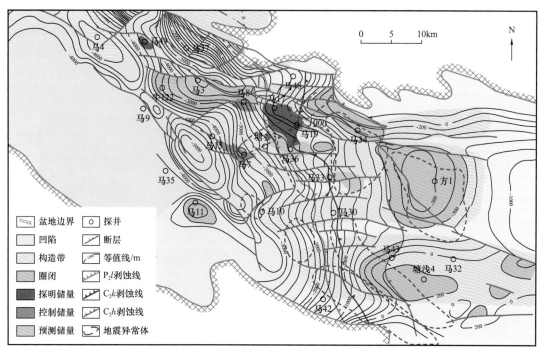

图 3-8-5　三塘湖盆地马朗凹陷上石炭统底界构造图

马 17 井突破被列为中国石油 2006 年陆上八大发现之一。

油源对比表明，卡拉岗组风化壳油藏油源来自于下伏巨厚火山岩系内部的哈尔加乌组烃源岩，明确了火山岩系自身油气成藏组合的有效性和巨大潜力，常规的它源火山岩风化壳油气成藏模式不是惟一的，整个火山岩系及其内部都可成为油气成藏领域。

3. 火山岩系油气成藏组合基本明确

火山岩系油气成藏组合获得突破，古生界火山岩系油气地质条件的认识发生了巨大的转变。

一是原来普遍认为火山岩系内部的烃源岩，一般会因广泛的高温岩浆活动高成熟变质，事实上，盆地周围露头区石炭系—二叠系火山岩系褶皱变质，据此推测盆地内部古生界为"褶皱基底"的认识还言犹在耳。但是事实表明，盆地内大套巨厚火山岩包围下的烃源岩是有效的、潜力大的。

二是三塘湖盆地、吐哈盆地内部的石炭系、二叠系火山岩与盆地周围山系的火山岩虽然同期发育，但是后期演化有明显区别：周围山系的古生界历经造山、构造破碎，有动力变质倾向，同时古生界因剥蚀主要保留下部地层，相应地，因其处于裂谷巨厚沉降区，演化程度高甚至变质；但盆地内部古生界并未卷入造山与形成"褶皱基底"，相反，因周围的古生界造山使盆地形成，盆地内部古生界尤其是上部未变质火山岩系保存比较完整。

这种认识上的巨大转变，使古生界油气勘探的研究范围进一步扩展。2007 年，针对北疆石炭系原型裂谷盆地规模大，海陆过渡相烃源岩与火山岩发育多套生储盖组合，中国石油勘探与生产分公司决策层着眼于北疆火山岩整体勘探，设立"新疆北部石炭系油气地质综合评价及勘探部署"重大研究课题，开展科研生产一体化攻关，统一部署和研究。吐哈油田分公司的石炭系油气勘探研究从三塘湖盆地向吐哈盆地延伸，石炭系—二叠系广泛分布的银额盆地也进行了广泛的调研工作。

三塘湖盆地石炭系—二叠系巨厚火山岩系保存条件好，分布范围广，油气成藏组合勘探潜力大。但火山岩作为盆地古生界充填的主要岩性，意味着烃源岩、火山岩、沉积岩在三维空间上的非均质性极强，基础油气地质条件的研究尤为重要。

2007年，以马朗凹陷为重点，针对火山岩系的非均质性，部署高精度重磁和十字建场测深剖面。建场测深剖面标定清楚反映，多个高阻火山岩体点式分布，高阻火山岩体之间也有低阻反映，结合地震相认为，总体可能具有水体火山岩特点，碎屑岩、烃源岩可能具有"窝"状分布的特点；同时，哈尔加乌组顶部低阻明显且稳定分布，反映其为岩浆活动较弱的时期，沉积岩相对发育，并且是最重要的烃源岩层系。高精度建场测深资料显示，火山岩体具有明显的南北成排、东西成带的分布特点（图3-8-6）。

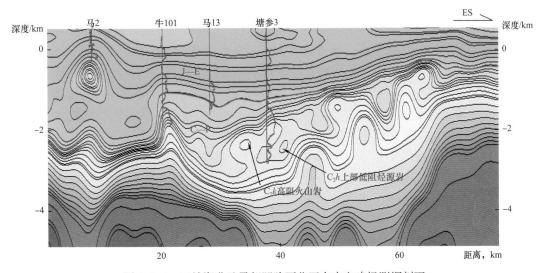

图3-8-6　三塘湖盆地马朗凹陷西北至东南向建场测深剖面

针对巨厚火山岩系，为了进一步精细识别、刻画作为储层的火山岩体的分布、火山机构（有利相带）、构造特点与钻探目标，2007—2009年分步实施约1500km^{2}三维地震，基本覆盖马朗凹陷及邻区，为火山岩系油气立体勘探及火山岩油气成藏组合成藏特点研究提供了重要的基础。

4. 火山岩系油气勘探研究与立体扩展

火山岩系油气成藏组合的确立，使火山岩系的油气勘探全面展开。一方面，在平面上扩展勘探马朗凹陷，甩开勘探条湖凹陷；另一方面，探索整个古生界的潜力和油气藏。

1）主攻条山凸起前缘

马17井突破后，其所处的条山凸起前缘迅速成为主攻区带。其受马朗凹陷北面向西倾伏的条山凸起影响，形成于晚海西—印支期，发育近东西向展布的岔哈泉、牛东、马中等构造带，是一个石炭系、中二叠统、中—上三叠统和中—上侏罗统叠合含油的复式油气聚集带；条山凸起近邻生烃中心，具有显著的古构造背景，是形成火山岩风化壳型油气藏的有利地区，具有较好的勘探前景（杜金虎，2010）。

按岩性—地层风化壳型火山岩油气藏的思路，继续探索和扩展石炭系火山岩油藏，主攻条山"火山岩风化淋滤带"。牛东构造高部位的上石炭统卡拉岗组火山岩风化及溶蚀改造现象较为普遍，油气显示和含油层主要分布在不整合面以下 300m 的厚度；马 17 井、马 19 井产油层属于典型的"风化壳"储层，最大孔隙度高达 35%，而未遭受风化的火山熔岩的孔隙度普遍只有 3%～8%，渗透率多小于 0.05mD。

研究表明，牛东石炭系火山岩风化壳油藏是鼻状隆起构造背景下火山岩相、岩性、后期风化淋滤作用及裂缝系统共同控制的构造—地层、岩性复合型油藏。自二叠纪末以后，牛东断褶构造带向南西倾伏于沉降生烃区，一直是油气运移的长期指向区；印支期构造运动造成马朗凹陷东北部中二叠统芦草沟组、条湖组大规模抬升剥蚀，直至中三叠世开始接受沉积，其间，上石炭统卡拉岗组火山岩遭受风化、淋滤改造后形成优质储层。油层主要发育在溢流亚相的杏仁状熔岩（玄武岩和安山岩）、自碎角砾状熔岩及爆发亚相火山角砾岩中；自上而下可分为 2 个火山旋回、5 个火山期次，油气显示与油层主要分布在不整合面之下的卡拉岗组 K_{1-2} 油层组和火山旋回界面之下的卡拉岗组 K_3 油层组。油层在剖面上交错发育、叠合连片；普遍发育的裂缝系统沟通纵、横向油层，形成了东翼厚度较大的块状油层，和西翼厚度较小、纵向分散分布的层状油层。

2008 年，在马 17 井火山岩油藏扩展探井马 27、牛东 105、牛东 106、牛东 108 井获得工业油流，评价井牛东 101、牛东 102、牛东 103、牛东 104、牛东 105、牛东 107 井获得成功，实现了牛东火山岩油藏的整体探明；同时，产能建设滚动推进，区块总井数达到 126 口，出现了牛东 9-9 井等多口百吨井，当年生产原油 25.5×10^4t，不到两年的时间快速探明石油地质储量 4315×10^4t。

2）深浅兼顾持续勘探，发现哈尔加乌组内幕型火山岩油藏

火山岩风化壳油藏突破后，火山岩系油气藏勘探向更深层系拓展。自塘参 1 井开始，多数探井的钻探兼顾古生界含油气性及其内部烃源岩的落实，深浅兼顾、"源控成藏"思路一直持续，哈尔加乌组主力烃源岩层系的火山岩也是重点关注对象。2008 年，马 36 井在勘探卡拉岗组火山岩风化壳的同时，兼顾深部的哈尔加乌组，完井后，在哈尔加乌组 3113～3128m 井段常规试油，获自喷 31.3t/d 的高产油流，火山岩内幕型油藏获得突破，扩展了火山岩系油气成藏组合的找油领域，成藏组合的认识向前推进了一大步。

马 36 井及邻近的多口井证实，哈尔加乌组主力油层段位于烃源岩与火山岩互层段，为自生自储式的内幕型油藏，其特点是储层与烃源岩间互发育。油气储层多为爆发亚相和溢流亚相，火山岩储层的分布层位及范围明显受火山岩相控制。主力油层段地层形成期火山活动整体较弱，以火山过渡相为主，并发育沉积相，火山熔岩发育程度低，成岩主要为水下环境，后期改造以埋藏淋滤为主。根据岩心观察、铸体和扫描电镜资料以及成像测井综合分析，储层岩性以溢流亚相熔岩为主，其次为火山角砾岩。

硅酸盐岩化学分析表明，哈尔加乌组火山岩以基性—中基性的碱性—钙碱性系列岩石组合类型为主。岩心观察结合岩石薄片鉴定，将火山岩划分为熔岩（61.03%）、火山碎屑岩熔岩（3.93%）、火山碎屑岩（29.3%）和沉火山碎屑岩（5.74%）4 大类。熔岩主

要发育玄武岩、安山岩和粗面岩；火山碎屑岩熔岩主要为玄武质火山角砾熔岩；火山碎屑岩主要见有玄武质火山角砾岩，其次为凝灰岩（主要为晶屑凝灰岩和岩屑凝灰岩）；沉火山碎屑岩以沉凝灰岩为主。火山岩中交代、蚀变现象较为普遍。岩相上存在溢流亚相、爆发亚相、侵出亚相、火山通道亚相和火山沉积亚相，以溢流亚相最为发育。各岩相鉴别特征与中国东部中生代火山岩相似。油气储层多为爆发亚相和溢流亚相，火山岩储层的分布层位及范围明显受火山岩相控制。

哈尔加乌组火山岩储层为裂缝—孔隙双重介质的储集渗流空间，各种孔隙、各种裂缝交织发育，分布不均，具有很强的非均质性。储层物性主要受火山岩岩相、岩性、成岩后生作用等决定；岩心分析孔隙度最大 24.9%、最小 0.9%，主要分布在 2%～9% 之间，占孔隙度分析样品数的 74.3%，平均孔隙度为 6.61%；岩心分析渗透率最大 31.4mD，最小的小于 0.05mD，大部分小于 0.05mD，占总样品数的 77%，平均 0.92mD，渗透率值总体较低。

2015 年 3 月，在马 36 井同一岩体上钻探马 67H 井（直导眼井油气显示活跃，未实施水平井），该井在哈尔加乌组 3286～3294m 井段常规试油，获自喷 51.4t/d 的高产油流，证明了在把握火山岩系内幕型油藏成藏特点的基础上，优选目标，结合钻采工艺可以取得明显的效益。

3）区域甩开勘探，马朗凹陷和条湖凹陷发现多个含油区块

随着火山岩风化壳型、内幕型油藏的突破，加大了石炭系—二叠系火山岩系油气成藏组合的区域甩开勘探力度，同时对火山岩系油藏精细描述方法不断总结和完善，区域油气勘探取得了由点到面、由卡拉岗组到石炭系—二叠系、由马朗凹陷到条湖凹陷直至全盆地的不断扩展，呈现出"多点开花，满凹含油"的特点，新发现马中、西峡沟、条中等含油气区带，奠定了火山岩油藏亿吨级储量规模的勘探场面。

马中构造带马 36 井突破后，2008 年 5 月，上倾部位马 33 井在卡拉岗组 1710～1721m 井段试油，获得油流；随后钻探的马 3301 井及水平井相继获得成功，发现落实了马中油气聚集带。

2012 年 6 月，部署在条湖凹陷条中 1 号构造上的条 28 井，卡拉岗组压裂后产油 34.5t/d，发现条中上石炭统卡拉岗组火山岩油藏；2012 年 10 月 20 日，在条中 2 号构造上钻探的条 30 井卡拉岗组中途测试，产油 16.9t/d。

条山鼻状凸起西倾没端的西峡沟地区，2008 年 10 月，马 208 井条湖组 1211～1249m 井段采用氮气欠平衡钻进，中途气举求产，产油 24.0t/d。

古生界顶部条湖组火山岩风化壳油藏勘探也获得进展。2007 年，牛圈湖马 8 井、马 801 井条湖组复试，火山岩风化壳获工业油流；2010 年 7 月，西峡沟断鼻东翼断层下盘马 49 井条湖组试油，产油 12.8t/d；2009 年 12 月，条湖凹陷南缘条 17 井条湖组试油，产油 9.2t/d。

5. 火山岩系油气藏精细勘探技术的形成

古生界火山岩系油气勘探取得了丰富的成果，同时也发现，其中含油气层位多，甩开探井或者距已发现油井不远的井点，往往会出现新的含油气层位发现，反映出火山岩系中火山岩、烃源岩分布极强的非均质性。平面上含油层位的变化难以把握，规模扩展勘探的效益较低，2012 年以后，古生界火山岩系油气勘探的步伐明显放缓。

然而，广泛分布的古生界巨厚火山岩系无疑有大的勘探潜力，因此，需要总结火山岩系油气成藏组合的特点，准确描述成藏要素，精细刻划目标，以提高钻探成功率，实现效益勘探。

火山岩系油气成藏组合的勘探，除了常规油藏的目标评价方法，重点是对火山岩体、火山岩相、烃源岩空间展布的精确把握（赵国连等，2002；孙淑艳等，2003；徐丽英等，2003；罗海炳等，2006；宋吉杰，2007）。火山岩储层以气孔、溶孔、裂缝、微裂缝作为最主要的储集空间，火山岩的储集物性与岩相、后期改造有一定关系，一般是近火山口岩体构造高部位、裂缝发育带的物性好，储层发育。因此，火山岩精细勘探关键是要解决好火山岩体、有利储集相带识别和含油气性分析。

1）火山口识别

火山岩是深层油气的高产储层，但是火山岩有利储层预测是世界性难题。各国火山岩勘探主要是利用各种勘探技术寻找火山口来研究地下火山岩体分布、岩性、岩相等。

（1）地震剖面反射特征识别。

垂直地震剖面上的基本特征一般表现为以下几个方面：

① 强振幅、低频、断续—较连续反射，亚平行或杂乱反射结构，兼有空白杂乱反射结构，具有明显的顶底反射界面。

② 与沉积岩的区别还表现在火山岩常为丘形低频反射。

③ 火山锥上部常出现披覆构造或具有披覆构造特征，火山构造顶部对应浅部地层可见地堑或定向排列的地堑带。

④ 厚度较大的火山岩体或火山锥侧翼沉积岩常常有超覆现象。

⑤ 多期喷发的火山岩与沉积岩反射波呈"指状"交错，火山岩体下部往往存在基底断裂，且其下部基岩由于岩浆侵染分界，而出现凌乱反射的地震特征。

此外，裂隙式喷发形成的火山岩的地震响应，一般具有楔状外形，亚平行—斜交结构；中心式喷发形成的火山岩的地震响应，一般具有丘形火山锥外形，内部常见空白杂乱反射。

（2）水平切片特征识别。

在水平切片上一般火山岩与沉积岩的表现特征大不相同。火山岩与沉积岩的成因不同，火山岩是岩浆喷出地表形成的，一般经过一段距离的流动冷凝成岩。既然是具有一定黏度的岩浆流动、冷凝而成，其形态自然多变，平面上表现出相变快的特点。而沉积岩往往经过较长距离的搬运、磨圆、分选沉积成岩，一般层次清楚，分布规律性较强，因而火山岩与沉积岩相比，在水平时间切片上具有其独特的特征。水平切片上沉积岩同相轴大体呈现出排列有序的特点，沿层走向方向有一定的延伸长度，且从波峰到波谷变化平稳。

（3）三维可视化技术识别。

可视化显示即是对地震数据的再处理，它是一种计算方法，用图形来描述物理现象，把数学符号转化成几何图形，以直观、形象的方式来表达数据，显示数据中所包含的信息。突出某一类具有"共性"的地震属性，会聚在一起展示出来，仿佛在地震数据体中"透视"搜寻我们感兴趣的目标一样。它不仅可以通过快速扫描可迅速发现错误，综合多方面的信息进行分析，可用于构造解释及错误检查，同时通过三维立体显示全区扫描，在火山岩中搜寻"似环状异常构造"，可初步认为可能与"火山口位置"有关信息。火山岩地震特征与其与围岩的差异，经过"透视"可展现其"火炬状"或"火团状"等异于沉积岩的特征，它对火山口的寻找、火山机构的刻画有很大帮助。

2）火山岩相带识别

（1）井震结合划分岩相。

应用岩心、岩屑观察、薄片鉴定以及测井曲线特征，确定单井岩性的特征，建立单井、连井岩相剖面，研究地层单元定义成优势相态。应用岩石分类统计，编制各类岩石的厚度以及占地层总厚度的百分含量平面等值线图，以研究组成各种岩相的岩石成分变化情况，从而确定钻井揭示的岩相区域分布特征，为地震划相提供标定。通过标定建立地震反射特征与岩相的关系，从而在三维地震工区进行平面岩相的划分。

通常火山通道亚相是火山岩浆从地下岩浆房向上运移到达地表过程中，滞留和回填在火山通道中的火山岩类组合，在地震剖面上，火山通道相具有独特的柱状或漏斗形等反射特征，岩层产状近于直立，通常穿切其他岩层，与围岩呈非整合关系，火山通道亚相反射波连续性明显降低，杂乱反射特征突出，多发育在深断裂带附近。

爆发亚相火山岩岩性复杂、成层性差、横向变化快，在地震反射特征上表现为变振幅—中等振幅、中低频、不连续杂乱反射；溢流亚相火山岩岩石类型多样，横向上岩性分布较稳定，纵向上各种岩性交替出现，表现为中强振幅、中低频、较连续亚平行反射，由于火山岩速度高，在火山岩的接触面上常常可形成较强的反射波；过渡相和沉积相一般表现为中强振幅、中高频、连续平行反射。

（2）地震属性划分火山岩相。

属性提取中应严格按照储层顶底时窗来提取属性，既要尽可能剔除目的层之外的地震信息，又要考虑地震资料固有的分辨率，以保证地震属性包含的信息与测井资料统计的储层特征参数之间的一致性。在实际工作中应遵循的原则是：以地震资料纵向分辨率和研究区块储层单层厚度统计分析为基础，如果地震资料纵向分辨率达到识别单个储层的精度，应以单个储层对应的地震同相轴宽度为时窗大小选择依据；如果地震资料分辨率达不到识别单储层的精度，就应该以可识别的最小储层单元对应的地震同相轴为时窗大小选择依据。可变时窗更适合于地震属性分析研究，也是进行地震属性分析时窗确定的发展趋势。

研究分析表明，振幅、频率属性既能很好地反映丘状火山岩体的分布范围，又能反映近火山口爆发亚相—溢流亚相、远火山口的薄层溢流亚相、火山沉积亚相的分布。通过提取地震属性与钻井资料对比，对火山岩划相中具有一定的参考价值。火山岩亚相与火山岩的岩石物性有较好的对应关系，以火山通道亚相物性最好，侵出亚相和爆发亚相次之，火山沉积亚相最差；火山岩亚相以火山颈物性最好，溢流亚相顶部次之，再搬运最差。因此，利用多种属性分析技术结合火山岩几何形态研究、井震分析技术可为火山岩划相提供依据。

（3）地震相分析。

地震相划分利用神经网络对道形状进行分类，得出与沉积相相对应的地震相图，在研究中对地震波组特征进行分析，并与附近钻井地质录井、测井资料对比研究，从而更详细地解释地震资料波形变化的地质内容，引导地震波形的变化给出比较合理的地质解释或者赋予它地质意义。

火山岩地震相特征清楚，一般火山口地震相呈杂乱反射，向上延伸至丘状体顶部、向下穿过基底向深部延伸（有根），多位于丘状体最厚处；近火山口相地震相呈丘状、透镜状外形，内部反射杂乱；远火山口相地震相呈层状反射、振幅较强。丘状杂乱反射为爆发亚相火山角砾岩特征；层状连续反射为溢流亚相安山岩、玄武岩特征。利用地震相分析技术，可有效识别火山岩体及岩相。

（4）古构造分析。

火山口的识别，对火山岩油气藏的勘探开发具有十分重要的作用。火山口控制着火山岩体的相带分布，而且也常常是火山岩有利储层的发育区，油气的高产区。寻找火山口发育带，在火山岩勘探中显得异常重要。

利用构造趋势面分析技术识别火山口发育带。该技术通过对构造趋势面和古构造发育史的分析，研究局部构造起伏来识别火山口发育情况。地层界面的趋势变化是区域构造背景的反映，而在此背景上由于构造运动、沉积作用、压实作用，以及火山活动等原因造成了地层界面的局部变化，凸起或下凹。可以利用趋势面分析的方法进行火山活动识别。

3）火山岩储层测井评价

火山岩储层的测井评价难点主要有三个方面，即火山岩储层的岩性识别、储集空间有效性评价以及流体性质的准确判别。其主要问题在于火山岩不同于沉积岩，其本身岩性复杂、种类多；储集空间和孔隙结构多样，基质孔隙普遍偏低，多以裂缝、溶蚀孔洞为主，储层类型为裂缝—孔隙型或孔隙—裂缝型，定量评价困难；油气判别方法不成熟，传统的阿尔奇公式已不适用，含油饱和度不易准确计算等。

（1）岩性识别方法。

根据薄片鉴定和 10 口井 324 个全岩分析资料统计，盆地火山岩为钙碱系列，岩性主要为玄武岩、玄武安山岩、安山岩和少量的英安岩和流纹岩，该结论与盆地火山岩成因基本相统一，也为火山岩的岩性划分奠定了岩石学基础（王拥军，2006）。

按成分和结构特征将火山岩及火山碎屑岩分为四大类十二小类，即基性、中性、中酸性和酸性火山岩，再细分为玄武岩、玄武角砾岩、玄武角砾凝灰岩、安山岩、安山角砾岩、安山角砾凝灰岩、英安岩、英安角砾岩、英安角砾凝灰岩、流纹岩、流纹角砾岩、流纹凝灰岩等各种岩性。通过制作的各类测井岩性识别图版，能较好地反映火山岩的岩石物理特征，并依此确定各类岩性的测井响应特征值和判别标准（表 3-8-1）。

（2）裂缝识别方法。

利用双侧向差异法计算裂缝孔隙度最早应用于碳酸盐岩地层中，从三塘湖盆地火山岩裂缝型储层的应用效果看，可作为一种尝试。一般来看，深、浅侧向测井曲线的正负差异和差异大小能够反映裂缝角度的高低和发育状况，高角度裂缝（大于 70°），双侧向测井曲线呈正差异，角度越高、差异性越大；低角度裂缝（小于 40°），双侧向测井曲线呈负差异；倾斜裂缝（40°～70°），双侧向测井曲线基本无差异。储层的裂缝越发育，侧向电阻率值比基质电阻率降低的越多。

表 3-8-1　三塘湖盆地火山岩测井响应特征值

岩性	RD/（Ω·m）	GR/API	密度/（g/cm³）	CNL/%	RD/AC/%
玄武岩	10～200	<40	2.2～2.7	12～26	0.03～1.30
安山岩	>100	30～65	2.3～2.7	12～26	0.21～4.01
凝灰岩	10～90	60～100	2.1～2.5	25～42	0.03～0.25
火山角砾岩	10～80	30～50	2.2～2.5	12～42	0.09～0.38
粗面岩	45～70	30～80	2.3～2.5	12～42	0.15～0.45
流纹岩	500～10000	100～160	2.4～2.7	3～20	2.51～45.12
英安岩	100～600	80～110	2.3～2.7	9～28	0.45～2.72

（3）储层流体识别。

火山岩油水层难于判别是因为电阻率的变化不能反映真实的流体性质，除了基质孔隙而外，还存在裂缝和溶蚀孔洞，由于岩性和钻井液侵入的影响，导电机理变得复杂。因此除了常规技术手段外，还加深了声波和电成像测井资料的研究及应用来开展油水层识别。

电成像测井在井周不同的方位上测量大量的电阻率曲线，可以很好地测量不同点、不同方位的电阻率的变化，有效地反映不同方位储层流体性质的变化。将常规测井视地层水电阻率识别油气层的方法与微电阻率扫描成像测井的特点相结合，就形成了应用电成像测井资料计算视地层水电阻率频谱识别油气层的方法，为岩性变化大、各向异性强火山岩储层流体性质的识别提供了一种新的方法和手段（贾文玉，2000）。

利用声波等非电法的技术手段开展油气判别，能够避免复杂岩性以及裂缝和孔洞的影响。储层中含有油气时，其传播速度都要比含水的低；另外，油气的压缩系数也要大于水的值，而三塘湖盆地二叠系和石炭系的原油属于常规油，还有一定的溶解气含量，依据这些特征，利用阵列声波测井提取和计算纵横波速度比、泊松比及体积压缩系数等参数来判别油水层。

6. 火山岩油藏有效动用

2007 年，牛东油田石炭系火山岩油藏开展产能建设，部署开发井 34 口。28 口井获工业油流，年产原油 9.28×10^4t。2008 年开发大规模钻井，一年半钻井 126 口井，产油量从 20t/d 急速上升到 936t/d。

但是，由于火山岩油藏高产主要依赖于规模裂缝发育区，产量难以稳定，递减快，第一年年递减率大于 50%，预测一次采收率 2.5% 左右。区块生产原油由 2008 年的 1200t/d 很快递减到 2012 年的 62t/d。期间主要调整措施为补层上返、重复压裂及注水驱替试验、高含水井综合治理。

2013 年，为探索火山岩油藏储量有效动用技术，在牛东火山岩实施滑溜水缝网压裂改造后，并未取得产量的大幅提升，转变以水平井压裂改造为主的技术思路，在牛东平 2 井首次采用不动管柱水力喷砂 10 级压裂，压后抽汲投产，初期最高产液 21.46m³/d，其中产油 13.3t/d，含水 28.2%，截至 2016 年底，累计生产原油 4901t，取得了较好的效果。牛东平 2 井大型压裂成功后，又针对储量动用程度较低的构造南翼部署试验井牛东平 6 井、牛东平 10 井、牛东平 12 井，采用大型体积压裂投产后均获得成功，拉开了水平井体积压裂开发火山岩油藏的序幕。

牛东火山岩压裂改造经历了直井常规压裂、水平井常规压裂、水平井体积压裂几个阶段，水平井体积压裂效果好。2013—2014 年牛东火山岩油藏钻水平井 47 口，投产 42 口，2015—2016 年钻水平井 8 口，共动用含油面积 12.97km²，石油地质储量 1102.5×10⁴t。投产后平均单井初期产液 15.6 m³/d，其中产油 11.4t/d，含水 20.3%，产油量是直井的 2.5～3 倍。

利用水平段长度和压裂裂缝半长，统计水平井地质参数，计算火山岩水平井单井控制石油地质储量 20×10⁴t。根据平均单井技术极限产量 0.4978×10⁴t，预测的一次采收率为 2.49%。另外水平井通过大规模体积压裂后，对地层能量有所补充，初期均能自喷，但随着采出量的增加，地层压力系数迅速下降，反映出地层能量不足。

2015 年 10 月起，针对水平井开发过程中地层压力下降快和产量递减快的矛盾，在水平井中开展了注水 / 注氮气吞吐试验，有效提高了单井产量。牛东平 2 井第一轮注水吞吐注入水量 6169m³，初期日增油 6.6t/d，第一轮累计增油 1221t。牛东平 35 井注氮气吞吐注入气量 128×10⁴m³，初期日增油 8.6t，累计增油 707t。马 56-7H 注水 + 压裂吞吐注入水量 8506m³，加砂 71.5 m³，初期日增油 10.7t，累计增油 1396t。截至 2016 年 12 月火山岩油藏已实施吞吐措施 73 井次，其中注水吞吐 62 井次，平均单井初期日增油 6.4t，单井平均增油 516t；氮气吞吐 11 井次，平均单井初期日增油 4.6t，单井平均增油 364t。

牛东火山岩油藏开发经历了四个阶段：第一阶段为快速上产阶段（2007—2008 年），以骨架井网控制、轴部区加密解剖、火山岩储层精细描述为主；第二阶段为产量递减阶段（2009—2013.10），以补层上返、重复压裂及注水驱替试验、高含水井综合治理为主；第三阶段为水平井开发阶段（2013.10—2015.9），以水平井 + 大型体积压裂为主；第四阶段为矿场试验阶段（2015.10—），以注水吞吐 + 驱替、注水 + 压裂、氮气吞吐等矿场实验为主。

从开发效果来看，氮气吞吐初期增油效果好，但复压成本较高，地层能量低，动态表现稳产期短，累计增产量低。为了实现效益开发，需要进一步开展注水 + 注气复合吞吐及优化氮气泡沫吞吐配套技术，持续开展火山岩多井缝洞单元刻画和剩余油研究。

三、勘探经验与启示

三塘湖盆地古生界火山岩系油气成藏组合的勘探与研究还远没有结束，但是，回顾油气勘探过程中遇到的新情况，针对问题的探索性方案，以及取得的效果等，总结出如下勘探经验与启示。

1. 火山岩系油气成藏组合有效性的初期识别

三塘湖盆地马朗凹陷古生界火山岩油气勘探已取得较为丰富的成果，并且含有区带多、出油点多，勘探仍有很大的潜力，这与当初开展风险勘探时就首选马朗凹陷是一致的。当时，在钻井揭示火山岩有良好苗头的区块，主要利用二维地震剖面的层次感（强反射波组）、较强连续性反射，判断火山岩系内部可能发育烃源岩、碎屑岩，优选马朗凹陷作为风险勘探重点地区。当然，强层次感、较强连续性的反射不一定代表烃源岩一定发育，比如方 1 井上石炭统巴塔玛依内山组巨厚火山岩中的多套反射代表多期火山喷发，吐哈盆地红 1 井下二叠统巨厚火山岩的强反射组则是酸性与基性火山喷发间互的反应；但是，没有强层次感、较强连续性的反射，则烃源岩发育的可能性很小。一般来说，水体环境火山岩是火山岩油气成藏组合有效的前提，火山岛被水体包围，可能是重要的古地理面貌，根据地震资料和后期的勘探研究，火山岩体被跨层连续反射波组包围，往往是水体环境火山岩的反映；而大范围连续等时强反射，则往往代表岩浆活动整体较弱的时期，沉积岩或者烃源岩相对发育并广泛分布。

大地电磁测深等电法资料也是判断火山岩系烃源岩发育的有效手段，在马朗凹陷揭示了哈尔加乌组上部低阻稳定连续，表明该时期碎屑岩、烃源岩比较发育，往往是主力的烃源岩。至于其他层位，高阻火山岩之间的相对低阻可能也是碎屑岩或烃源岩相对发育的部位。

区域油气地质研究是认识火山岩系内部烃源岩发育必不可少的重要过程。三塘湖盆地、吐哈盆地石炭系火山岩系均很发育，但厚度明显不如周围山系，周围山系才是石炭系裂谷沉降区，裂谷沉降区海相火山岩与海相碎屑岩、石灰岩伴生；而现今盆地内部在当时不是主体沉降区，以陆相火山岩为主，只是在现今盆地边缘部位，因靠近当时的裂谷沉降区，发育海相或者海陆过渡相火山岩，其中伴生碎屑岩或者烃源岩沉积，奠定了烃源基础。

2. 三维地震可以先行

在火山岩系中见到大量油气显示，并揭示内部发育烃源岩且正处于生烃期之后，就基本明确了火山岩系油气成藏组合的存在，就可以在二维地震评价的基础上部署三维地震，以便及时精确刻画非均质性极强的火山岩体空间展布、岩相变化、烃源岩分布，并明确勘探方向、落实钻探目标。

当然，这并不意味着要使火山岩系油气勘探节奏的全面加快，因为火山岩系油气成藏组合特殊，可借鉴的成熟经验少，利用三维地震的研究技术也还不够完善，因此每钻一口井，需要吃透其录井、测井、试油、分析化验资料，并结合老井，反复认识和解读火山岩系中的地震属性及其含义。

3. 立体勘探减少失利

由于火山岩系中火山岩、烃源岩、沉积岩极强的非均质性，往往导致不同部位的岩相、含油气层位、成藏组合变化很大，并影响了勘探的节奏和效益。立足立体勘探，深、浅兼顾，明显可以减少失利。

三塘湖盆地的构造大部分受到基底断裂的控制。由于古生界火山喷发期次多，火山机构多，与此有关的不同规模的基底断裂自然就比较多；这些断裂在中新生代继承性发育，形成不同规模的中浅层构造，同时也使这些构造沟通了古生界烃源，这是开展立体勘探的有利条件。例如，塘参 1 井所在的北小湖背斜、马 1 井所在的牛圈湖背斜、马 7 井所在的马中断背斜、马 17 井所在的牛东断鼻等，深、浅层均获得重要发现。

立体勘探的另一个含义是，在古生界火山岩中进行油藏勘探的同时，兼顾烃源岩的评价，这是由烃源岩的非均质性与近源火山岩利于成藏的特点所决定的，一方面是找油，另一方面也要注重烃源岩分布等基础油气地质条件的不断落实和完善。例如，马中构造带哈尔加乌组、卡拉岗组火山岩内幕型油藏与局部烃源岩的发育密切相关。

4.有利区带应具备的条件

对于火山岩系油气成藏组合或者火山岩储层，近油源或者油源指向的抬升区是风化壳油藏形成的有利部位。同时，沟通油源的断裂及其控制的断褶构造带，以及这些断褶带指向的风化壳，成功的可能性较大。一方面因为火山岩的非均质性极强，自身油气输导复杂或者不畅，需要断层作为高效运移通道；另一方面，需要断褶构造带及微裂缝系统会聚富集油气。

但是，火山岩系的断层构造有其特殊性。

古生界火山岩的大量发育，与当时的拉张应力环境相关，一些断裂控制二级构造单元，如芦草沟组的局限分布、局部沉降应与断陷有关；很多的点式火山则意味着基底小断层，如现今条湖凹陷、马朗凹陷内部火山机构多，但较大的基底断裂很少，凹陷构造相对简单，这有利于古生界火山岩系的良好保存，但同时也造成了构造区带的不明显。

另外，由于火山岩系岩性的非均质性和火山机构在三维空间此起彼伏的存在，影响了应力薄弱断裂面的延伸距离，复杂化其延伸方向，这也是造成构造特殊和构造区带不明显的因素。例如北小湖鼻状构造发育在条湖凹陷北部完整斜坡上，明显受基底形变支撑，属于基底构造，但鼻状构造很小且比较陡，在斜坡上显得极为突兀，与基底构造一般应比较宽缓的特征不符；类似的构造在马朗凹陷广泛存在，如马7、塘参3井所在的构造等。

在马朗凹陷北东斜坡，存在哈尔加乌组、卡拉岗组、条湖组等多个层系的风化壳，但是断裂带及断褶构造带不明显，在开展风险勘探研究时，主要就是依据断层组来划分出牛东、马中、马东等断褶带，后来这些断褶带的火山岩油气勘探均获得了成功。

5.技术支撑必不可少

作为油气地质基本要素的火山岩体、火山岩相、烃源岩具有强烈的非均质性，常规沉积岩系的油气勘探研究显然难以适应，需要重新建立并不断完善从地质条件描述分析方法、目标刻划到钻采等的系列技术，例如利用三维地震描述和确定火山岩目标及其成藏要素，利用综合识别火山岩储层、油层的系列测井技术，针对火山岩水敏采用氮气欠平衡钻进技术，针对低产采用"水平井＋大型体积压裂"技术提高产能等。

第三节　二叠系条湖组致密油藏勘探

三塘湖盆地中二叠统条湖组凝灰岩致密油是世界首个成功勘探开发的凝灰岩致密油藏，属于非常规油气资源的一种特殊类型。条湖组沉积时火山活动频繁，火山灰落入富含有机质的水体中，在适当的温度压力下，伴随着有机质的成熟，使泥灰岩储层自源润湿提高了亲油性，捕获下伏近源油气聚集在火山灰成岩脱玻化蚀变产生的大量微孔中，形成了它源油气充注的致密油藏。由于属于水体沉积环境，在火山机构控制的有利相带范围内分布比较稳定，于是有利于在较大范围连续成藏。

一、勘探概况

中二叠统条湖组已发现探明的凝灰岩致密油藏位于马朗凹陷北部斜坡，南面倾伏方向为古生界沉降区和主要生烃区，北面、东北面抬升方向为三塘湖油田的牛圈湖—马北区块、牛东油田的石炭系火山岩油藏区块以及马中含油气构造（早期以马7井为代表井，凝灰岩致密油发现后并入牛东油田），构造总体为牛圈湖、牛东、马中三个鼻状构造带向南或者西南方向的倾伏部位（图3-8-7）。因此，构造由北西—南东向并排、近距离、产状较缓的三个鼻状构造组成，西部主体为芦1块，中部为马56块，东部为马7块。

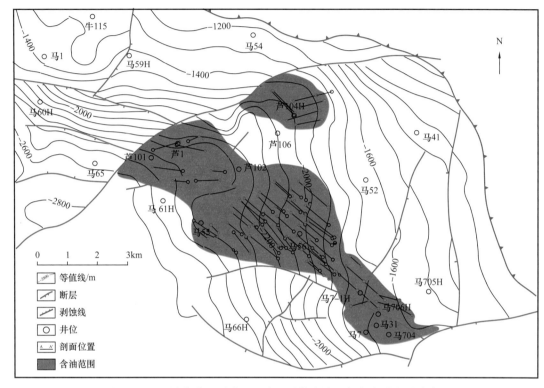

图 3-8-7　三塘湖盆地马中地区中二叠统条湖组凝灰岩致密油分布图

2012年11月，中部马56块马55井在条湖组（P_2t）2278.0～2284.0m井段压裂试油，5mm油嘴，初期产油11.3t/d，试油期间累计产油54.1t。2013年4月，西部芦1井相同层位2546.0～2558.0m井段重复试油，压裂后初期产油13.5t/d，试油期间累计产油114.2t，至此，标志着条湖组凝灰岩油藏的发现。

此后，以水体环境凝灰岩致密油思路，地质与工程一体化，一方面部署水平井提高产能，另一方面在三维地震落实凝灰岩油层分布范围的基础上，向周围扩展钻探。截至2018年底，探明石油地质储量3698.35×10^4t，同时，通过持续钻井与采油增产工艺实践，采用水平井+大规模体积压裂技术，建成了致密油效益开发示范区，累产原油62.53×10^4t。

凝灰岩致密油地质条件评价，马朗凹陷和条湖凹陷是二叠系致密油成藏的有利区，有效勘探面积约3200km^2。其中条湖组致密油在两个凹陷的北斜坡有利面积561km^2，石油资源量1.43×10^8t。

二、条湖组凝灰岩致密油勘探实践

凝灰岩致密油作为一种新类型致密油，其规模发现与理论建立经历了认识上的重大转变，自 2012 年到 2015 年，在岩性识别、储层评价、试油试采特点、油藏类型等方面经历了多次异常现象之后，综合研究形成了"自源润湿、混源充注、断缝输导、甜点聚集"的凝灰岩致密油成藏模式（陈旋等，2019）。

1. 探索芦草沟组致密油效果不佳

三塘湖盆地致密油及页岩油勘探的早期目的层为中二叠统芦草沟组。2010 年以前，常规油气藏勘探在马朗凹陷牛圈湖背斜马 1 井、马中断背斜马 7 井、马 50 地层圈闭马50P 井、南缘黑墩构造马 6 井等已在芦草沟组中段获得工业油流。

芦草沟组属于拉张断陷水体沉积，伴有远火山口火山灰沉积，纵向上分为三段，上段和下段岩性以泥岩为主，中段岩性以泥灰岩、灰质白云岩、灰质/白云质泥岩和凝灰质泥岩为主，厚度一般 100～300m，厚度虽有变化，但岩性稳定；烃源岩有机碳含量多为 2%～6%，生烃母质类型以 II_1—I 型为主，有机质显微组分以腐泥组和壳质组为主，氯仿沥青"A"含量 0.114%～2.228%、生烃潜量 8～64mg/g，为极好烃源岩；镜质组反射率 R_o 值反映烃源岩处于低成熟—成熟热演化阶段；钻井普遍见油气显示；碳酸盐岩和硅质等脆性矿物含量大于 60%；上段和下段岩性为泥岩，中段的良好顶、底板层（梁世君等，2012）。中段源储一体页岩油成藏条件较好，成为页岩油勘探的首选目的层。

随着国内外页岩油（致密油）勘探开发地质理论和工程技术的快速发展，中国石油对非常规油气资源的重视程度越来越高。2010 年 8 月，中国石油天然气集团公司（股份有限公司）就三塘湖盆地芦草沟组页岩油开始对外合作交流。2011 年 7 月 11 日—15 日，在北京召开了招标及资料推介会；2011 年 12 月 15 日，壳牌公司和赫世公司分别向中国石油天然气集团公司提交了关于三塘湖盆地页岩油合作项目的投标书；2012 年 2 月，中国石油宣布：将分别联合赫世公司、壳牌公司对三塘湖马朗凹陷、条湖凹陷芦草沟组页岩油进行整体合作。

合作领域面积共 1815km²。其中，条湖区块拟合作区面积 980km²，马朗区块拟合作区面积 835km²，各合作区芦草沟组分布面积都为 617km²。条湖凹陷和马朗凹陷芦草沟组分布总面积约 1505km²，除合作区分布的 1234km² 外，吐哈油田分公司自营区分布面积 271km²。

赫世公司与中国石油的合作率先进入实质性阶段，于 2012—2014 年钻探了 ML1、ML2（马芦 1、马芦 2）井，开展钻井试采评价，以圈定开发有利区。但两口井试采效果不理想，主要原因是致密储层孔隙度和含油饱和度低，孔隙度一般 1%～8%，主频区3%～5%，可见少量溶蚀孔隙，但不连续；饱和度一般 5%～35%，主频区 10%～15%。

与此同时，吐哈油田分公司在马朗凹陷北部斜坡自营区钻探芦 1 井。自营区靠近三塘湖油田牛圈湖—马北区块、牛东油田石炭系火山岩油藏区，在芦草沟组致密油地质条件与潜力评价基础上，按照致密油"源储一体、大面积连续稳定分布"的思路部署井位，芦 1 井位于牛圈湖背斜和马中断背斜间较低、近洼陷区部位，以求和原先已获得工业油流的马 1 井、马 7 井构成连片含油的规模场面。该井于 2012 年 5 月 22 日开钻，8 月 11 日完钻，自井深 2989m 进入芦草沟组页岩油目的层，至 3400m 完钻（P_2l 未穿），其中 3040.0～3239.26m 连续取心 199.26m，见油斑显示 0.3m，油迹显示 18.32m，荧光显示 160.74m，但试油效果差。其中，3177～3185m 井段单层压裂，压后连续 15天排液求产，产液量 10～20m³/d，累计返排率 44.2%，未见油气；3082.5～3138.0m 井段两层16m分层压裂，连续排液求产23天，产液量25m³/d左右，返排率48.33%，液面见油花。芦1井失利的主要原因是储层非"甜点"，芦2段岩心分析孔隙度一般0.8%～6.5%，平均4.8%，渗透率一般小于0.1mD；连续取心观察含油性好的层段都是"厘米级"，厚度最大的一层只有30cm。

总体上，马朗凹陷腹地向斜主体区芦草沟组页岩油初步勘探效果差。但芦1井条湖组火山岩中的凝灰岩却有良好的油气显示。

2. 层位兼顾发现条湖组凝灰岩油藏

1）录测井解释高孔凝灰岩油层

芦1井条湖组岩性主要为大套凝灰岩，钻进中2545.9～2561.9m井段气测显示良好（图3-8-8），全烃曲线呈箱状背景上的齿状、尖峰状，全烃含量一般为1.65%～3.77%，最大值4.74%；组分齐全，呈"中高甲烷"特征，甲烷相对含量一般为85.26%～89.85%。

见到气测异常后，对井段2546.86～2548.47m钻井取心，并对2546.0～2561.0m井壁取心15颗。油气显示段岩性为灰色、深灰色油斑、荧光凝灰岩，岩心发育水平层理；岩心出筒油气味较浓，裂缝面含油，新鲜断面滴水不渗，浸水见少量豆状气泡、油花占水面5%～10%；荧光直照呈黄色斑块—团块状，荧光面积35%～40%，喷照呈亮黄色，滴照呈亮黄色放射状，浸泡液呈棕黄色，荧光呈乳黄色，系列对比11级。

岩心分析15个样品，储层属中高孔—特低渗型，孔隙度一般16.3%～20.9%，最大24.0%，平均22.4%；渗透率0.016～0.499mD，平均0.119mD；含油饱和度一般54.5%～85.3%，最高92.0%，平均75.7%。

岩心气相色谱分析含油丰度高，总峰面积大，峰形宽，碳数分布较完整，分布范围一般nC_{12}—nC_{36}，主峰碳为nC_{25}，与油样主峰碳nC_{25}一致，总体与邻井马7井、马31井油层段油质相似。

深侧向电阻率126.8Ω·m，声波时差285μs/m，岩性密度2.23g/cm³，测井解释有效孔隙度14.6%，渗透率1.32mD，含水饱和度36%，结论为油层。

综合评价条湖组2546.0～2558.0m井段为高孔凝灰岩油层。

2）常规试油地层不供液

芦1井条湖组解释高孔凝灰岩油层，在芦草沟组页岩油目的层试油之前进行了试油。2012年9月16—19日MFE测射联作，采用二开二关制度，两次开井均未探到液面（探深1800m）。起测射管柱发现液面深度2105m，比原加液垫深度2115m仅升高10m；回收液量1.07m³，扣除液垫1.04m³，高孔储层不供液！

3）马55井直井压裂获工业油流

芦1井条湖组见到良好显示后，即部署了马55井。

马55井位于芦1井东南2.66km。芦1井解释油层位于条湖组一段火山岩体顶部的喷发间歇面部位，地震反射特征为明显的强振幅反射界面，马55井除对应芦1井油层反射特征相似外，其上、下还有两个与油层反射特征相似的火山喷发间歇面，且构造位置较高；同时芦草沟组构造较平缓，适合芦草沟组页岩油和条湖组高孔凝灰岩油藏兼探。

马55井于2012年9月28日开钻，11月3日完钻。对应芦1井的条湖组高孔凝灰岩油层，马55井为2270～2290m井段，也属于喷发间歇面部位的凝灰岩，其油气显示不如芦1井。

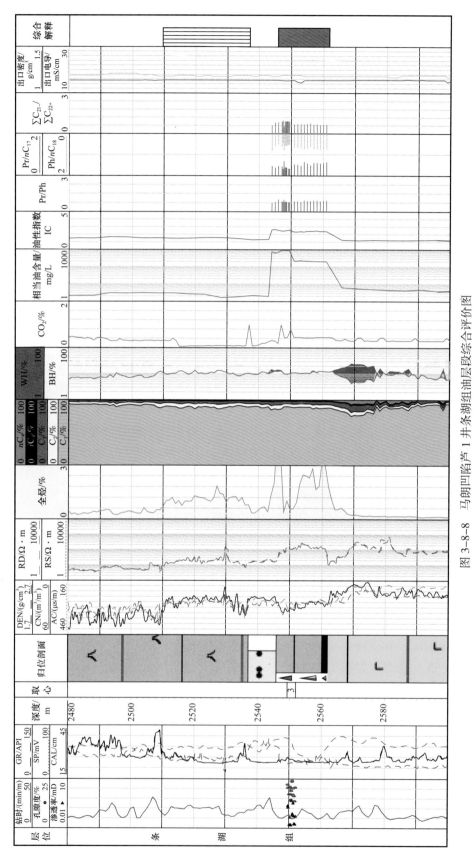

图 3-8-8　马朗凹陷芦 1 井条湖组油层段综合评价图

（1）气测显示差。全烃曲线呈微齿状、齿状，一般 0.11%～0.36%，最大 0.41%。

（2）岩性为灰色油迹、油斑沉凝灰岩、油迹凝灰岩，深灰色荧光沉凝灰岩，荧光系列对比 8～11 级。取心井段 2268.80～2271.38m 油斑级岩心出筒油气味较浓，断面含油，占岩心的 5%～10%，滴水缓渗；但荧光级岩心出筒无油气味，新鲜断面滴水速渗。

（3）岩心分析孔隙度一般 6.5%～10.9%，最大 11.7%，平均值 8.41%；渗透率 0.005～0.309mD，平均 0.061mD；含油饱和度一般 37.2%～60.5%，最高 66.9%，平均 48.6%。储层属低孔特低渗型，明显差于芦 1 井。

（4）气相色谱分析与邻井油层、油水层组分特征相似。

（5）测井解释有效孔隙度 10.4%～12.0%，含水饱和度 60%。

综合解释 2278～2284m 为差油层或含油水层，明显差于芦 1 井对应的高孔隙度油层。

但是，压裂试油获得了工业油流！ 2012 年 11 月 21 日，对 2278～2284m 井段常规压裂，前三天产液量 40m³/d 左右，第 4 天见油，且含油量迅速上升；第 5 天 5mm 油嘴产油量 11.3t/d，原油密度 0.892g/cm³，黏度 96.7mPa·s，含油率达 100%。压裂液返排率仅为 36.96%！此后，至 11 月 29 日，产油量 5.0～8.0t/d。12 月 4 日转抽试采，第 1 天产油 16.5t，含水率达 56%，但含水率迅速降低，第 2～第 4 天含水率 9.8%，第五天之后不含水，至 16 天又开始含水。通过近一个月试采，后期日产油量降至 2.1t/d，含水率稳定在 9.6%，累计产水 154m³，压裂液返排率 47.38%。

压裂液返排率低却出现长时间产纯油或者高含油率的现象，曾被解读为可能由"单井缝洞体"造成，并于 2014 年 7 月进行注水吞吐提高产量试验。

马 55 井直井压裂试油成功后，对芦 1 井油气显示更好的 2546.0～2558.0m 凝灰岩油层进行复试，2013 年 4 月 26 日压裂，6 月 20 日机抽产油 1.7t/d，结论为油层。

3．主攻条湖组凝灰岩致密油藏

1）沉凝灰岩岩性油藏扩展思路

芦 1 井、马 55 井"起死回生"和产层产量的特殊性，使凝灰岩储层受到关注。

马 55 井凝灰岩有两个特点：一是具有层状、条带状构造，含泥质、炭屑，泥质含量 18%～35%，炭屑含量可达 2% 以上；二是火山灰粒级细砂—粉砂级，岩心断面像砂岩，晶屑主要是钾长石，含量 17%～40% 不等，玻屑占比较高，总体为水体环境下的空落火山灰沉积（图 3-8-9），属于沉凝灰岩。这种沉积范围受火山机构岩浆喷发影响的相带控制，在一定范围内分布稳定连片（图 3-8-10），地震资料上容易连续追踪、识别，形成一种特殊的岩性圈闭（尽管当时储层机理研究还不明确），可以在较大范围针对明确的目的层进行勘探评价，是强非均质性火山岩系中比较有利的找油对象。

因此，按照沉凝灰岩岩性油气藏思路，扩展部署马 56 井，位于马 55 井以东 3.3km 处，属同一鼻状构造高部位，构造条件有利。

马 56 井于 2013 年 2 月 22 日开钻，对应的凝灰岩油层段为 2143.0～2151.0m，2013 年 4 月 27 日—5 月 14 日压裂试油，抽汲平均产油量 4.8t/d，原油密度 0.910g/cm³，黏度 418.3mPa·s。马 56 井扩展获得成功。

2）以致密油模式部署水平井

当马 56 井如期揭示凝灰岩油层段良好油气显示后，基本证实凝灰岩油层的稳定分布，三维地震圈定凝灰岩岩性圈闭面积 15.2km²，闭合幅度 700m。虽然油质较稠，油源主要来自下伏非直接接触的芦草沟组，凝灰岩孔隙度高，但是从其他方面看，具有致密油的特点：一是渗透率属特低渗；二是岩石润湿性为亲油；三是常规试油地层不供液，压裂后获得工业油流，初期产量较高，随后快速递减，低产可长期稳产。

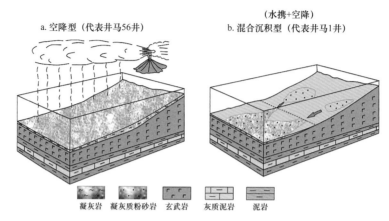

图 3-8-9　马朗凹陷牛东油田中二叠统条湖组沉积模式图

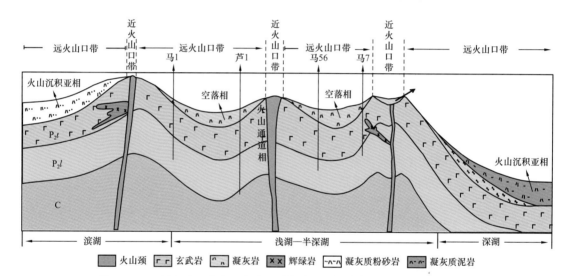

图 3-8-10　马中地区火山口和古地形与中二叠统条湖组凝灰岩岩相分布图

对于致密油，增产措施尤为重要。为评价条湖组凝灰岩"类致密油"地层岩性油藏的潜力和效益，决定部署水平井，并应用体积压裂技术手段，在马56井附近先后钻马57H井、马58H井。同时，在开展致密油储层"七性"关系评价，岩石力学评价脆性矿物石英、长石含量高，岩石脆性强（脆度 0.31～0.54），最大与最小地应力差小（6～8MPa）（表 3-8-2），体积压裂易于形成复杂缝网（图 3-8-11）。

马57H 井于 2013 年 4 月 30 日开钻，目的层水平段长度 457m（2405～2862m），测井解释油层、差油层 396m，油层钻遇率 87%。2013 年 7 月 11 日，对 2405.0～2821.0m 井段采用固井滑套 7 级 21 簇体积压裂，采用大排量、大液量压裂，施工排量 6～12m³/min，其中 1、4、5、6 级压裂参数未达设计要求，入井总液量 6993m³、砂量 345m³；压后定压控液求产，最高产油量 21.9 t/d，稳定产量 13t/d 左右，试油期间累计产油 502.8t。后期试采至 30 个月时，产油量 2.6 t/d，累计产油 5875.2t，产量是直井常规压裂的 7～10 倍。

表 3-8-2　牛东油田中二叠统条湖组致密油脆度试验结果

井号	峰值强度 /MPa	残余强度 /MPa	脆度①①	杨氏模量 /10⁴MPa	泊松比	脆度2②
马 56	33.58	17.9	0.47	3.08	0.22	0.51
马 55	52.30	36.1	0.31	3.05	0.21	0.54
芦 1	47.25	21.89	0.54	2.52	0.23	0.46

① 脆度 1 为根据全应力应变曲线确定；② 脆度 2 为根据动态弹性力学参数确定。

a.马56井　　　　　　　　　　b.马55井　　　　　　　　　　c.芦1井

图 3-8-11　马朗凹陷马 56 区块单轴压缩后岩性破坏形态图

马 58H 井于 2013 年 7 月 21 日开钻，水平段长 818m，钻遇油层 746m，油层钻遇率 91%。采用"速钻桥塞 8 段 24 簇射孔"体积压裂，8 级压裂全部一次成功，施工排量 10m³/min，入井总液量 5012m³、总砂量 602m³；10 月 7 日压后排液求产，4mm 油嘴最高产油量 117.0t/d，3mm 油嘴稳定产量 10～40t/d，自喷期 136 天，自喷期累计产油 2936.9t；试采 27 个月，产油量 9.6t/d，累计产油 11370.8t。

截至 2015 年 11 月 20 日，在马 56 块部署水平井 + 大型体积压裂技术先导试验开发区，钻井 38 口，试验区内投产 31 口井，共计压裂 200 段，采用速钻桥塞 + 分簇压裂主体工艺，满足大排量、大液量、多段大规模体积改造的需求，提高致密油单井产量，试验区块初期平均单井产油量 25.2 t/d，平均单井产油量 5.7t/d，试验区已累计产油 9.86×10⁴t，增产效果良好。

3）长水平段水平井提高产量

马 56 块水平井显著提高凝灰岩致密油产量后，为持续致密油水平井组矿场实验，攻关致密油水平井组大型体积压裂、压裂裂缝监测、水平井产能评价技术，又在芦 1 块部署长水平段水平井，芦 101H 井、芦 1-1H 井水平段长度超过 1000m、入井总液量超过 10000m³。

芦 101H 井于 2014 年 2 月 21 日开钻，目的层水平井段 1097m，钻遇油层 845m，油层钻遇率 77%。5 月 7 日，对 2640.0～3670.0m 井段实施 12 段 36 簇压裂，施工排量 12m³/min，入井总液量 13934m³、总砂量 808m³，4mm 油嘴自喷求产，最高产油量 64.6t/d，一年后稳定产油 12.3t/d（图 3-8-12）。

芦 1-1H 水平段长度 1157m，钻遇油层 890m，油层钻遇率 77%，压裂 13 段 39 簇，总液量 18159m³、总砂量 854 m³，初期最高产油量 47.8t/d，稳定产油量 30t/d 左右。

总体上，马 56 块、芦 1 块的水平井油层压裂改造体积与入井总液量呈正相关，压裂规模越大，油产量越高。这种特点，与一般的致密油完全一致。那么，是否属于致密油，至少还要看油层分布是否不分高低？具体到扩展方向上，就是在三个一线排开的鼻状构造之间低部位是否含油，以及含油范围向油层对应的整个凝灰岩分布区全面扩展。

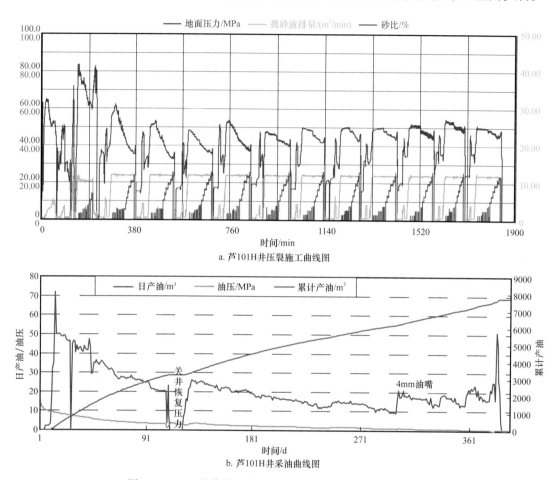

图 3-8-12　三塘湖盆地芦 1 区块芦 101H 井致密油采油曲线

4）凝灰岩致密油扩展连片

（1）向东扩展发现新油藏。

自马 56 块向东南方向的马 7 块，地震资料解释条二段凝灰岩油层逐渐抬高剥蚀或者相变缺失，到马 7 块主体部位已经缺失；但是，通过马 7 块老井复查和地震标定，马 31 井、马 7 井、马 702 井条一段解释油层岩电特征、地震反射特征与马 56 块凝灰岩油层相似。因此在马 7 块部署马 706H 井。

马 706H 井于 2014 年 10 月 28 日开钻，水平段长度 836m，测井解释油层 758.4m，油层钻遇率 90.7%。2015 年 3 月 28 日，对 1974.0～2770.0m 段进行 9 级 27 簇压裂，压后 4mm 油嘴放喷，压裂返排率 16% 时，产油量最高 56.0t/d，发现马 706 块条一段致密油藏，使马 56 块、马 7 块叠合连片。

（2）马 56 块、芦 1 块连片。

为了进一步夯实致密油储量基础，在芦 1—马 56 块之间凹向部位部署评价井芦 103H 井，于 2015 年 3 月 21 日开钻，条湖组油气显示良好。2015 年 7 月 19 日对

2756.0～3394.0m水平段大型体积压裂，3mm油嘴放喷求产，返排率19%时，产油量12.8t/d。芦103H井的成功，落实了芦1块与马56块连片含油。

（3）向北扩展再获成功。

自马56块向北，条湖组凝灰岩油层在地震剖面上一直可以追踪，直至接近马8井时遭受剥蚀，但马8井以西、以南仅800多米的开发井（湖70-3井、湖72-1井、马35-18井、马36-16井及马40-16井等）均钻遇了条二段的含油气凝灰岩储层。因此，向北扩展部署芦104H井，该井南距芦1井4km。

芦104H井于2015年7月25日开钻，在条湖组见良好的油气显示37.5m，其中凝灰岩段连续显示21m。2015年10月，对2228.0～3165.0m水平井段体积压裂，4mm油嘴放喷求产，初期最高产油量112.1t/d。芦104H井获得成功，使条湖组致密油含油面积向北扩大。

至此，条湖组凝灰岩油整体面貌和特点已经查明，水体环境凝灰岩储层连续稳定分布，高孔特低渗，储层亲油且含油饱和度高；油层连续分布于斜坡及凹陷区，油藏油柱高度880m（埋深1840～2725m）；常规试油地层不供液，压裂后出油，压裂规模越大、产油量越高；初期产量高，后期产量降低但长期稳产。总体上，具有致密油的特点。

4.凝灰岩致密油成藏机理的形成

致密油需要储层致密和混源充注两大条件，条湖组凝灰岩在这两方面有其特殊的形成机理（梁世君等，2019）（图3-8-13）。

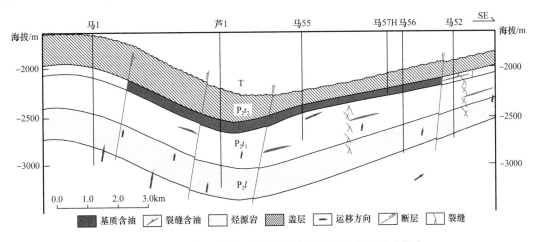

图3-8-13 马朗凹陷中二叠统条湖组凝灰岩致密油形成模式

1）水体环境凝灰岩致密储层形成条件

（1）水体环境凝灰岩。水体凝灰岩储层主要受火山活动带及火山洼地控制，火山洼地区水体环境下，"空落"相凝灰岩储层分布稳定，连续性好，沉积速度快。其中可见大量生物、炭屑有机质。

（2）玻屑凝灰岩脱玻化孔隙发育。凝灰岩火山碎屑中玻屑含量高，玻屑成分主要为中酸性长英质，同时因凝灰岩含有机质，在成岩作用过程中有机质热演化形成的有机酸，有利于玻屑与长石晶屑的大量溶蚀而形成溶蚀微孔或微洞。孔隙类型包含基质微孔、脱玻化晶间微孔、溶蚀微孔（微洞）、微缝，孔隙连通性好，具有中高孔、特低渗特征。

2）油源充注条件

虽然条湖组凝灰岩储层并没有与芦草沟组烃源岩直接接触或互层，以达到油气活塞式充注的有利条件，但在特定的条件下，凝灰岩高孔低渗储层可以得到高效的油气充注。

（1）断缝输导，大面积"高效"充注。由于火山岩裂缝发育，大面积火山岩的微裂缝与断层沟通了芦草沟组烃源岩，对其中的水体环境高孔凝灰岩进行多点大面积充注。

（2）亲油储层降低石油充注阻力。条湖组凝灰岩成藏早期润湿性已具有亲油性。

一是凝灰岩中的有机质可以生烃，其中极性组分极高，这些极性组分首先粘附在储层表面，使充注前偏亲水的致密储层转变成偏亲油的岩石，极性物质的作用下表现为偏亲油性。

二是由于自身生烃消耗水和脱玻化作用耗水作用，凝灰岩中束缚水含量降低，有利于向亲油性转变。

三是有机质生烃形成有机酸，使地层水表现为弱酸性，现今地层水 pH 值约为 6.0，使岩石表面矿物水化能力弱，有利于凝灰岩储层自身向亲油性转变。

总之，条湖组水体环境凝灰岩具有自源润湿的特点，亲油性使成藏时充注阻力降低，这是源储分离型凝灰岩致密储层能够成藏的关键因素。

5. 制定凝灰岩致密油相关技术规范

应用地质储量容积计算法、经济可采储量单井递减累计产量法等评估方法，形成了凝灰岩致密油藏储量计算标准；通过勘探实践，形成了凝灰岩储层分类评价标准，编制了凝灰岩储层评价技术规范、甜点预测技术规范、有效储层识别与分类评价规范、测井评价技术规范及勘探技术手册。

6. 凝灰岩致密油效益动用技术

条湖组凝灰岩致密油藏，受储层致密影响，常规直井产量普遍较低，实施水平井 + 大规模体积压裂技术，产量达到直井的 20 倍，但面临钻井过程中地层产状与厚度变化、安全钻井难度大、可钻性差，钻井周期长、长水平段摩阻扭矩大，井眼轨迹控制、清洁及井壁稳定以及在开发过程中致密储层能量递减快、采收率低等问题。通过水平井钻完井技术攻关、增产矿场试验，转变致密油开发模式，实现了凝灰岩致密油效益动用。

1）致密油水平井低成本、高效钻井技术

实施优化井身结构、全井段个性化钻头序列、全井段钻具组合复配、长水平段工程地质导向、弱凝胶钻井液体系等配套技术，钻井周期缩短，机械钻速提高，钻头用量减少，提速效果明显（表 3-8-3）。

表 3-8-3　牛东油田中二叠统条湖组致密油水平井钻井指标统计

类别	井号	完钻井深 /m	钻井周期 /d	机械钻速 /（m/h）	水平段长 /m	钻头用量 / 只
老井	马 50P	2370	61.2	4.57	301	12
新井	马 58H	3079	40	5.19	804	6
	马 59H	2578	42	4.93	792	8
	马 56-3H	2633	39	4.88	509	11
	马 56-5H	2939	34.8	6.63	769	3
	芦 101H	3712	56.46	5.02	1100	7

2）速钻桥塞＋分簇射孔体积压裂技术

针对致密油自然产能低的特点，通过储层力学特性评价和矿场试验，形成了以国产速钻桥塞＋分簇射孔工艺为核心的"分段多簇、大排量、大液量"水平井体积压裂改造技术，实现了由传统单缝改造到大规模体积改造的转变，实现了非常规油藏的规模有效开发。

3）低伤害低成本复合压裂液技术

针对凝灰岩储层孔喉细小、特低渗透率特点，要求压裂液伤害性能低、低摩阻等，结合储层综合评价与工艺要求，研发高效交联剂以及调整压裂液添加剂，形成了低伤害复合压裂液配方体系，为动用非常规资源提供了技术保障。

4）凝灰岩致密油注水吞吐增产技术

针对衰竭开采导致地层压力低、油井供液能力差、递减快的矛盾问题，开展岩石润湿性及不同介质驱替室内实验。实验表明，压裂液使致密油储层润湿性变为亲水—强亲水，压裂后快速见纯油，水驱采收率最高可达44%，据此确定了以注水吞吐为主补充地层能量的技术方案，通过先导矿场试验，取得了较好效果（表3-8-4）。

表3-8-4 牛东油田中二叠统条湖组致密油藏注水吞吐增产效果统计表

类型	周期结束井次 /井次	有效井次 /井次	有效率 /%	有效期 /d	单井注水 /m³	初期增油 /t/d	单井周期增油 /t
注水吞吐	34	30	88.2	155	10382	6.3	614
增能压裂	16	16	100.0	230	10690	9.5	1154
小计	50	46	92.0	234	10536	7.2	741

5）小井距、增能压裂储量动用技术

实施致密油水平井井网加密，改进压裂工艺，实现了降本增效。开展试井分析、油藏工程计算、生产动态以及人工裂缝监测，通过缩小井距、缩小缝间距，以达到提高采收率的目的，实施效果明显，采收率由2.5%提高至10%。其次，采用速钻桥塞压裂工艺，实现了降本增效，其一为采用大液量（前置清水）、大排量保证改造体积；其二为控制压裂总段数、石英砂替换陶粒、提高滑溜水比例降成本，并增加细砂比例确保大量微缝得以有效支撑，增大泄油范围；其三在保证总孔数不变的前提下，提高单段射孔簇数，细切割使缝网更加复杂，提升了投产效果（表3-8-5）。

表3-8-5 牛东油田中二叠统条湖组致密油藏井网加密前后压裂参数变化及投产效果表

井网类型	水平段长度 /m	压裂段数 /段	段长 /m	段间距 /m	簇间距 /m	入井液量 /m³	石英砂比例 /%	细砂比例 /%	滑溜水比例 /%	施工排量 /m³/min	初期日产油 /t
基础井网	677	6.4	52	40	25	7056	0	0	35	12	14.0
一次加密	883	7.6	77	37	20	11713	40	0	70	14	17.8
整体加密	922	8.5	75	27	13	15283	100	60	>75	14	20.6

6）水驱提高采收率技术

室内实验表明，致密油水驱机理以渗吸交换为主，具有提高采收率的较大潜力。常规注水压力无法建立有效驱替，宜采用高压注水；在水驱过程中，以渗吸为主的油水置换需要一定的渗吸时间，宜采用间歇注水。致密油开发下步技术对策是开展水驱＋吞吐试验，将最终采收率提升至15%。

三、勘探经验与启示

1. 强非均质性火山岩系内部可以形成稳定分布的有利储层

三塘湖盆地古生界火山岩系内幕型的油气藏分布广泛，但是，火山岩系地层以强非均质性为重要特点，勘探效益差。通过凝灰岩致密油的高效评价，揭示了在火山岩系内部是可以形成稳定分布的有利储层。

2. 特殊油藏油气地质与工程一体化

正是认识到了凝灰岩油藏具有致密油的特征，实施地质与工程一体化。做好精细储层评价、准确油藏描述与地质、工程方案设计的结合；做好随钻地质导向与快速安全钻井的结合；做好录测井油层评价、改造方案与工程技术方案的结合；做好实施效果、方案优化的地质与工程评价的结合。通过持续攻关，形成了水平井＋大型体积压裂技术，水平井段越长，压裂规模越大，产量越高，实现了凝灰岩致密油的增产增储和效益开发。

3. 结合致密油储层特性开展提高采收率技术研究

条湖组凝灰岩致密油压裂后快速生产纯油，这和凝灰岩自身特性及其与压裂液结合影响润湿性有关，建立在凝灰岩储层地质、工程力学评价、驱替实验与开发对策研究基础上的注水吞吐、重复压裂、增能压裂等对提高采收率效果良好。

第九章 油气资源潜力与勘探方向

截至 2018 年底，三塘湖盆地已在侏罗系至石炭系多套层系中发现常规油气和致密油资源。在中国石油第四次油气资源评价中，采用新的油气资源评价方法和技术，对油气资源潜力开展评价，为盆地勘探战略决策和规划部署提供科学依据。

第一节 油气资源评价与预测

油气资源预测及评价对一个沉积盆地的油气勘探和开发十分重要，三塘湖盆地发育多套含油气层系及多套成藏组合，油气藏类型复杂多样。中国石油第四次油气资源评价采用多种方法和参数体系，对三塘湖盆地油气资源进行预测和评价。

一、油气资源评价方法与参数体系

1. 方法体系

依据评价对象油气资源的类型、级别、范围、勘探程度、认识程度和油气储量探明程度等多因素综合分析，结合各方法的适用范围，确定不同级别构造单元油气资源的评价方法体系。

盆地凹陷级的常规油气资源评价，采用盆地模拟法和资源丰度类比法；对于勘探程度、认识程度和资源探明程度高的区带，采用以统计法为主，运聚单元法和丰度类比法为辅进行综合评价；勘探程度较低的区带以类比法为主，结合统计法、运聚单元法开展资源评价（李建忠等，2017）。

盆地二叠系发育两套致密油，分别为条湖组凝灰岩近源型致密油和芦草沟组自生自储型致密油，油源均来自芦草沟组烃源岩。因两套致密油的勘探程度、地质认识程度和资料状况存在差异，所以采用的方法也有别。芦草沟组自生自储型致密油，资料较丰富，地质认识较为清晰，选择自建牛圈湖—马中致密油刻度区，采用以小面元法为核心，结合类比法，参考 EUR 法和快速评价法开展资源评价。条湖组凝灰岩近源型致密油，采用以小面元法为核心，参考 EUR 法和快速评价法开展资源评价（表 3-9-1）（郭秋麟等，2013）。

2. 参数体系

常规油气和致密油控藏因素差异较大，因此其资源评价也需采用不同的参数体系。

常规油气资源参数体系主要评价油气成藏的地质条件和控制因素，具体包含烃源岩、圈闭、储层、配套史、保存等五项，以及各项中的子因素共 23 项（表 3-9-2）。五项条件是决定一个区带是否具有油气藏的五个独立事件，缺一项则不能形成油气藏。

致密油参数体系主要包括：烃源岩、储层和保存三项地质条件以及各项中的子因素共 10 项（表 3-9-3）。

表 3-9-1　三塘湖盆地油气资源评价方法与应用对象

资源类型	方法分类	方法名称	应用对象
常规油气	成因法	运聚单元法	凹陷或区带
		盆地模拟法	盆地、坳陷
	统计法	油藏规模预测法	区带
		油藏发现过程法	
		广义帕莱托法	
		探井进尺法	
	类比法	丰度类比法	区带
致密油		小面元法	
		资源丰度类比法	
		EUR 类比法	
		快速评价	

表 3-9-2　三塘湖盆地常规油气资源评价参数体系

参数类型	参数名称	参数类型	参数名称
圈闭条件	圈闭类型	烃源条件	烃源岩厚度 /m
	圈闭面积系数		有机碳含量 /%
	圈闭幅度 /m		有机质类型
盖层条件	盖层厚度 /m		成熟度
	盖层岩性		供烃面积系数
	断裂破坏程度		供烃方式
储层条件	储层沉积相		生烃强度 /（10^6t/km^2）
	储层百分比 /%		生烃高峰时间
	储层孔隙度 /%		运移距离 /km
	储层渗透率 /mD		输导条件
		配套条件	时间匹配
	储层埋深 /m		生储盖配置

表 3-9-3　三塘湖盆地致密油资源评价参数体系

参数类型	参数名称	参数类型	参数名称
烃源岩条件	有效厚度 /m	储集条件	有效储层厚度 /m
	有机碳含量 /%		储层岩性
	成熟度		孔隙度 /%
	有机质类型		渗透率 /mD
保存条件	封隔层岩性	保存条件	封隔层厚度 /m

二、中、上成藏组合生烃量和区带划分

1. 中、上成藏组合生烃量

采用盆地综合模拟系统 BASIMS6.0 对中、上部油气成藏组合开展模拟，各层系烃源岩总生油量 $104.06 \times 10^8 t$，总生气量 $2.91 \times 10^{12} m^3$（表 3-9-4）。主力生烃层系为中二叠统芦草沟组，其次为中—上三叠统小泉沟群，其他层系生烃量极少。

表 3-9-4　三塘湖盆地各层系烃源岩生成石油、天然气总量一览表

层位 油气量	$J_{1-2}sh$	$T_{2-3}xq$	P_2t	P_2l	总计
生油量 $/10^8 t$	4.35	14.16	3.39	82.16	104.06
生气量 $/10^{12} m^3$	0.32	0.62	0.17	1.81	2.91

2. 区带划分

区带是指由一组圈闭或油气田组成的具有共同石油地质成因的、介于含油气盆地与圈闭之间的地质单元。它包括共同的生烃、排烃、运移、聚集史及其构成的同一个油气聚集区，较二级构造单元的内涵更为灵活、广泛，同时又是地区性战略部署规划需要，用于生产实践的评价单元。区带资源评价需在区带划分的基础上进行。

三塘湖叠合型盆地纵向上发育三套成藏组合，含油层系跨度大。因而将常规油评价分为上部成藏组合的西山窑组和下部成藏组合的卡拉岗组两套层系；将中部致密油成藏组合分为芦草沟组和条湖组两个层组（表 3-9-5）。

表 3-9-5　三塘湖盆地评价单元划分表

资源类型	层系	凹陷	区带	区带面积 $/km^2$
常规油	J_2x	条湖凹陷	石板墩—西峡沟带	212.92
		马朗凹陷	牛圈湖—马北带	590.71
	C_2k	条湖凹陷	条中带	162.48
			石板墩带	325.64
		马朗凹陷	牛圈湖—牛东带	500.92
			黑墩带	250.41
致密油	P_2t	条湖凹陷	石板墩	289.18
		马朗凹陷	牛圈湖—马东带	272.45
	P_2l	条湖凹陷	条湖凹陷	846.14
		马朗凹陷	马朗凹陷	830.85

依据油气成藏地质条件、已发现油田的分布以及本次资源评价的特点，选择地质条件较好，油气相对富集的区域进行评价。依据资源类型按层系划分区带，将西山窑组划分 2 个区带、卡拉岗组划分 4 个区带，条湖组、芦草沟组致密油各划分 2 个区带。

三、石油资源预测结果

1. 常规石油

资源评价采用自小而大的方式，即先对评价区带，然后全区汇总盆地资源。

区带资源量估算主要应用类比法，对于勘探程度相对较高、有一定规模油气藏探明的区层还应用了统计法（油藏规模序列法、发现过程法、广义帕莱托法等）和成因法。

以类比法为核心，结合统计法、成因法，应用特尔菲法进行加权平均，盆地常规石油地质总资源量 4.48×10^8t（表3-9-6）。其中，马朗凹陷 3.43×10^8t，占总资源量的76.55%；条湖凹陷 1.05×10^8t，占总资源量的23.45%。层系上中侏罗统西山窑组 1.95×10^8t，占总资源量的43.56%，上石炭统卡拉岗组 2.53×10^8t，占总资源量的56.44%。

截至2018年，盆地只发现零星小规模天然气藏，因此未计算天然气资源量。

表3-9-6 三塘湖盆地常规石油资源量汇总表

二级构造单元	地层	区带	面积 /km²	石油地质资源量 /10⁴t	
				探明储量	资源量
条湖凹陷	西山窑组	石板墩—西峡沟带	212.92	302.14	3244.69
	卡拉岗组	条中带	162.48		3214.79
		石板墩带	325.64		4040.44
	小计			302.14	10499.92
马朗凹陷	西山窑组	牛圈湖—马北带	590.71	5928.52	16213.75
	卡拉岗组	牛圈湖—牛东带	500.92	6435.84	14859.62
		黑墩带	250.41		3197.5
	小计			12364.36	34270.87
合计				12666.50	44770.79

2. 致密油

条湖组致密油采用以小面元容积法为核心，参考快速评价法、EUR 类比法，应用特尔菲法加权平均石油地质资源量为 1.43×10^8t（表3-9-7）。其中，马朗凹陷 1.12×10^8t，占总资源量的78.35%；条湖凹陷 0.31×10^8t，占总资源量的21.65%。

芦草沟组致密油采用以类比法、小面元容积法为核心，参考快速评价法、EUR 类比法，特尔菲法加权平均石油资源量为 3.20×10^8t（表3-9-7）。其中，马朗凹陷 2.51×10^8t，占总资源量的78.37%；条湖凹陷 0.69×10^8t，占总资源量的21.63%（苟红光等，2016）。

中二叠统致密油总资源量 4.63×10^8t。其中，条湖组占30.91%，芦草沟组占69.09%。

表 3-9-7　三塘湖盆地致密油资源量汇总表

评价单元		面积 /km²	石油地质资源量 /10⁴t	
			探明储量	资源量
条湖组 致密油	条湖凹陷	289.18	0.0	3098.07
	马朗凹陷	272.45	2961.9	11214.40
	小计	561.63	2961.9	14312.44
芦草沟组 致密油	条湖凹陷	846.14	0.0	6920.82
	马朗凹陷	830.85	0.0	25070.44
	小计	1676.99	0.0	31991.26
合计		2238.62	2961.9	46303.70

四、历次资源评价结果对比

　　盆地大规模油气勘探始于 1993 年，至 1998 年完成二维地震 1000km，钻探井 19 口，发现北小湖、三塘湖油田，因侏罗系砂岩油藏储层低渗低压，二叠系油藏储层物性差，实施增产措施后产油量低，未投入开发，油气勘探形势未获长足发展，也未曾开展油气资源评价。自 1998 年以来，盆地先后进行过四次油气资源评价（表 3-9-8）。资料基础不断丰富，从早期少量钻井、二维地震格架控制，到探井密度达 7.08 口 /100km²，凹陷大连片三维地震覆盖；评价对象从三次资评的常规油气到现在包括致密油，方法从成因法和类比法到现今统计法、类比法、成因法综合使用，并对致密油应用小面元、EUR 等各种新技术和新方法。总体上，随着勘探程度的提高，地质资料不断丰富，地质认识不断深化，以及资源评价方法的不断完善，对盆地资源潜力的认识也趋近于合理。

表 3-9-8　三塘湖盆地历次油气资源评价方法及结果对比简表

资源评价轮次	完成时间	主要 负责人	石油资源量 / 10⁸t	致密油资源量 / 10⁸t	研究方法
中国石油 第三次资源评价	2002 年	袁明生 王志勇	2.50	—	成因法 类比法
油田资源评价	2008 年	米石云 郭秋麟	8.78	—	成因法 统计法 类比法
全国油气资源 动态评价	2013 年	梁浩 王志勇	4.48	26.97	常规：成因法、统计法、类比法 致密油：氯仿沥青 "A" 法、热解法、体积法
中国石油 第四次资源评价	2015 年	王志勇 苟红光	4.48	4.63	常规：成因法、统计法、类比法 致密油：小面元、类比法、EUR 法、体积法

从历次资源评价方法来看，三次资评以成因法为核心结合类比法，但因当时勘探程度较低，导致评资结果明显偏低。除方法之外，三次资评引入地质资源量概念，即最终可探明油气资源总量，与以往远景资源量存在较大差异，也是影响结果的重要因素。2008年，新层系获得突破，以及侏罗系油藏类型的认识由原来构造成藏变为岩性—构造成藏，使资源量有了较大幅度的增加。自2011年，致密油概念引入盆地勘探后，二叠系资源从常规变为非常规，使常规石油资源量又有较大的降低。同时，2013年致密油资源评价方法尚处于摸索阶段，这是致密油资源评价结果波动的根本原因。

综合来看，勘探思路的转变、新层系的突破，以及新油气资源类型的出现，是历次资源评价结果波动较大的主要原因。

第二节　油气资源潜力分析

三塘湖盆地油气资源较为丰富，平面上集中分布于马朗凹陷及条湖凹陷；纵向上常规油气资源主要分布于石炭系和侏罗系，致密油资源集中分布于二叠系。

一、平面分布与潜力

常规石油地质资源集中分布于条湖凹陷和马朗凹陷（表3-9-9）。平面上资源分布具有明显的不均衡性，马朗凹陷是常规石油资源的主要分布区，石油地质资源量$3.43 \times 10^8 t$，占盆地总资源量的76.55%；条湖凹陷常规石油地质资源量$1.05 \times 10^8 t$，占盆地总资源量的23.45%。

表3-9-9　三塘湖盆地石油资源分布表

资源类型	二级构造单元	面积/km²	探明储量/10⁴t	地质资源量/10⁴t	剩余资源量/10⁴t	探明率/%
常规石油	条湖凹陷	1649.18	302.14	10499.92	10197.78	2.88
	马朗凹陷	1142.19	12364.36	34270.87	21906.51	36.08
	总计	2791.37	12666.50	44770.78	32104.28	28.29
致密油	条湖凹陷	1649.18	0.00	10018.89	10018.89	0.00
	马朗凹陷	1142.19	2961.90	36284.84	33322.94	8.16
	总计	2791.37	2961.90	46303.70	43341.80	6.40

从常规石油资源探明率来看，盆地总资源量$4.48 \times 10^8 t$，截至2018年底探明石油地质储量$1.27 \times 10^8 t$，探明率28.29%。探明储量集中分布于马朗凹陷，为$1.24 \times 10^8 t$，探明率36.08%；而条湖凹陷仅探明石油地质储量$0.03 \times 10^8 t$，探明率2.88%，有待于进一步勘探。

从石油剩余资源的角度来看，马朗凹陷虽然探明率高，但剩余资源潜力仍然最大，剩余常规石油地质资源量$2.19 \times 10^8 t$，占盆地的68.24%；而条湖凹陷剩余常规石油地质资源量$1.02 \times 10^8 t$，占盆地的31.76%。马朗凹陷常规石油资源依然是未来中长期勘探的主要领域。

二叠系致密油是近几年增储上产的主要领域。致密油资源同样集中分布于条湖凹陷和马朗凹陷。在平面上分布也具有明显的不均衡性，马朗凹陷是致密油资源的主要分布区，致密油资源量 3.63×10^8t，占盆地的 78.36%；条湖凹陷致密油资源量 1.00×10^8t，占盆地的 21.64%。

从致密油资源探明率来看，盆地总资源量 4.63×10^8t，截至 2018 年底，仅在马朗凹陷探明致密油地质储量 0.30×10^8t，探明率 6.40%。条湖凹陷尚未有探明石油地质储量。

二叠系致密油地质资源量较大，马朗凹陷是未来中长期勘探的主要领域，条湖凹陷致密油地质资源量 1.00×10^8t，值得加强勘探力度。

二、层系分布与潜力

常规石油地质资源分布于侏罗系和石炭系。其中，侏罗系 1.95×10^8t，占 43.46%，石炭系 2.53×10^8t，占 56.54%。致密油地质资源量分布于中二叠统，其中条湖组 1.43×10^8t，占 30.91%，芦草沟组 3.20×10^8t，占 69.09%（表 3-9-10）。

表 3-9-10　三塘湖盆地层系石油资源分布表

资源类型	层系	石油地质资源量 /10⁴t			
		探明储量	资源量	剩余资源量	探明率 /%
常规油	J	6230.66	19458.44	13227.78	32.02
	C	6435.84	25312.35	18876.51	25.43
	总计	12666.5	44770.79	32104.29	28.29
致密油	P_2t	2961.9	14312.47	11350.57	20.69
	P_2l	0.00	31991.26	31991.26	0.00
	总计	2961.9	46303.73	43341.83	6.40

从探明率来看，常规石油资源探明率中侏罗系相对较高，为 32.02%，石炭系探明率相对较低，为 25.43%。致密油资源受地质认识和工程技术制约，油气显示井和出油井较多，平面分布范围较广，但截至 2018 年底，仅马朗凹陷牛东油田条湖组凝灰岩致密油实现探明开发，探明率为 20.69%，芦草沟组尚无探明。

从剩余资源来看，常规石油资源中侏罗统剩余相对较低，为 1.32×10^8t，占 41.20%；石炭系剩余相对较高，为 1.89×10^8t，占 58.80%，两个层系都有较大的资源潜力。二叠系致密油剩余资源量大，尤其是芦草沟组，这与致密油勘探难度大，经济效益低，在低油价下难以有效开发。从长远来看，随着技术进步，致密油将是三塘湖盆地的重要接替领域。

三、区带优选评价

区带是指由一组圈闭或油气田所组成的地质单元、具有共同的成藏地质条件，包括生排烃、运移、储集和聚集史。盆地中—上部油气成藏组合所在层系划分为 2 个评价区带，下部油气成藏组合所在层系划分为 4 个区带（表 3-9-11）。区带优选评价主要包括两个方面：一是区带地质风险评价，二是剩余未探明石油地质资源总量。

表 3-9-11 三塘湖盆地区带综合评价排队表

区带名称	层系	剩余资源量 /10⁴t	地质评价值	综合评价值	综合排队	有利区类型
牛圈湖—马北带	J_2x	9291.88	0.17	0.92	1	I
牛圈湖—牛东带	C_2k	10544.48	0.13	0.83	2	
石板墩—西峡沟带	J_2x	2942.55	0.11	0.43	3	II
石板墩带	C_2k	4040.44	0.06	0.37	4	
条中带	C_2k	3214.79	0.07	0.36	5	
黑墩带	C_2k	3197.50	0.05	0.30	6	III

地质评价值以油气成藏五大项 26 小项打分综合加权获得，并经过归一化获得地质评价系数 a；资源评价系数 b 以区带内剩余未探明资源量归一化获得。

综合评价系数通过计算取得如下公式：

$$R= \left[(1-a)^2 + (1-b)^2 \right]^{1/2} \tag{3-9-1}$$

式中 R——综合评价系数；

　　　　a——地质评价系数；

　　　　b——资源评价系数。

按综合评价系数 $R>0.6$、$0.3<R \leqslant 0.6$、$R \leqslant 0.3$ 将区带划分为 I、II、III 三类有利区带。其中，I 类有利区带 2 个，II 类有利区带 3 个，III 类有利区带 1 个。

I 类有利区带：中部油气成藏组合的牛圈湖—马北带和下部油气成藏组合的牛圈湖—牛东带。这两个区带均有相对规模的油气藏发现；同时，经过较长期的勘探，对油气成藏控制因素较为清楚，地质风险较低，评价值在 0.13 以上；结合较大的剩余石油地质资源量，其综合评价值在 0.6 以上，是盆地中长期的有利勘探目标区。

II 类有利区带：依次是中部油气成藏组合的石板墩—西峡沟带，下部油气成藏组合的石板墩带和条中带。这三个带剩余待探明油气资源总量较丰富，在 $0.30 \times 10^8 \sim 0.40 \times 10^8 t$ 之间，地质评价值 $0.06 \sim 0.11$。相对 I 类区带剩余待探明油气资源总量较小，探井密度相对较低，地质评价偏低，油气成藏控制因素尚不十分清楚，但已有油气田发现，是较有利的勘探区，具有一定的资源量和勘探潜力。

III 类有利区带：下部油气成藏组合的黑墩带剩余待探明油气资源量较丰富，在 $0.3 \times 10^8 t$ 以上，但地质评价值较低，为 0.05，虽然相对 II 类有利区带剩余石油地质资源量并不低，但探井密度低，已发现油气储量少，油气成藏控制因素尚不清楚，地质评价低，是盆地油气勘探的远景区。

第三节　重点勘探领域与方向

三塘湖盆地油气藏类型丰富，油气分布在侏罗系、三叠系、二叠系和石炭系等多套层系中，已发现有常规油和致密油等多种类型（王昌桂等，2002），下面从有利层系和有利区带等方面分析下一步勘探的领域、目标和方向。

一、盆地油气勘探方向

常规石油资源分布于中部和下部油气成藏组合，致密油资源分布于中部成藏组合中的中二叠统的条湖组和芦草沟组两套亚成藏组合。石油资源较为丰富，类型多元。根据综合地质评价和油气剩余资源的分布，油气勘探主要有两个方向。

1. 二叠系致密油

1）条湖组致密油

条湖组致密油具有"自源润湿、它源充注、断—缝输导、大面积成藏、甜点富集"的成藏特点。资源评价致密油剩余地质资源量 1.1351×10^8 t，致密油面积资源量丰度 41.2×10^4 t/km^2，具有资源丰度高、探明率低、剩余资源量较大的特点。同时，致密油还具有埋藏深度较浅，凝灰岩储层中高孔特低渗、高含油饱和度，岩石脆性矿物含量高脆度强等特点。

自 2013 年发现致密油以来，通过持续技术攻关和方案优化，形成了"水平井 + 体积压裂 + 控压排采 + 注水增能提高采收率"的勘探开发主体工艺技术，水平井单井产油量 25～120t/d，并能保持较长时间的稳产，实现了条湖组凝灰岩致密油的效益开发。

马朗凹陷以及条湖凹陷条湖组致密油是盆地近期重要勘探领域和勘探方向，是快速上产增储的重要层系。

2）芦草沟组致密油

芦草沟组致密油纵向上分布于芦二段，为自生自储型致密油，平面上主要分布在条湖凹陷、马朗凹陷，总面积 1821.76km^2。芦二段高丰度烃源岩提供了充足的油源，致密油储层具厚度大、连续分布特点，岩性以细粒沉积物为主，包括泥灰岩、白云岩、凝灰岩及它们的过渡岩性。孔隙和裂缝的发育程度是形成优质储层的关键因素。

资源评价结果芦草沟组致密油地质资源量 3.2×10^8 t，资源量丰度 17.56×10^4 t/km^2，具有资源量大、资源丰度高、勘探潜力大的特点。钻探证实芦草沟组致密油成藏条件较好，无论构造位置高低，均有油层发育，反映连续含油、连片分布的特点；在马朗凹陷环状斜坡区已有多口井获得工业油流，发现了牛圈湖、马中、黑墩等致密油藏，储量规模超过 5000×10^4 t。

芦草沟致密油控藏要素和"甜点"分布规律有待深化研究认识，增产工艺技术和效益勘探开发技术体系需要持续攻关。因此，马朗凹陷和条湖凹陷芦草沟组致密油是盆地中长期的重要勘探领域和方向。

2. 石炭系火山岩系油气藏

石炭系火山岩系油气藏以上石炭统哈尔加乌组为主要油源，发育卡拉岗组火山岩风化壳油藏和哈尔加乌组源储共存的内幕型油藏。烃源岩分布控制油气聚集，油气以垂向和短距离侧向运移为主。卡拉岗组火山岩有效储层主要发育于火山爆发亚相、溢流亚相的中基性角砾岩、玄武岩和安山岩，由于地层抬升剥蚀遭受风化淋滤作用形成风化壳储层，风化淋滤带厚度一般 150～200m，储层遭受矿物蚀变、淋滤溶蚀作用改造后，物性改善明显，是油气聚集的主要空间。哈尔加乌组有效储层主要是烃源岩层接触面附近火山岩，储层多为孔缝双重介质，其成因主要是水下火山岩冷凝收缩缝和烃源岩有机酸的溶蚀改造形成，同时构造与断裂活动对储层有明显的改造作用，有效储层多发育于正向构造张性区域和断裂附近。

资源评价石炭系常规石油地质资源量 $2.5312 \times 10^8 t$，截至 2018 年底探明石油地质储量 $0.6436 \times 10^8 t$，剩余石油地质资源量 $1.8876 \times 10^8 t$。其中马朗凹陷 $1.1621 \times 10^8 t$，占比 61.57%，是未来油气勘探的重点领域。哈尔加乌组油源充足，卡拉岗组、哈尔加乌组两套主力储层，油藏油质轻，单井产量高，剩余预测储量多，马朗凹陷马 47、马 36、马 38、马 67 井等多个出油点储量有待升级探明，条湖凹陷北部斜坡条 16 区块和腹部的条 28、条 30 区块油藏有待探明。已发现油藏从马朗凹陷马中构造带到条湖凹陷北小湖构造带有大连片的趋势，资源潜力大，是进一步深化勘探和扩展的重点领域。

二、重点勘探领域与有利区带

依据区带地质评价和剩余未探明资源两项参数，综合评价区带和优选排队，确定未来的重点勘探领域和区带。优选评价出 I 类有利区带两个，分别为中部油气成藏组合中的牛圈湖—马北带和下部油气成藏组合中的牛圈湖—牛东带。

中新生界构造层牛圈湖—马北带是马朗凹陷条山凸起前缘已知油气富集区，区带面积 $591 km^2$，石油地质资源量 $1.6214 \times 10^8 t$。截至 2018 年底，探明石油地质储量 $5928.52 \times 10^4 t$，剩余石油地质资源量 $1.0285 \times 10^8 t$，区带油气资源丰度 $27.45 \times 10^4 t/km^2$，为中部油气成藏组合最高。

牛圈湖—马北区带已发现油藏含油层段主要是中侏罗统西山窑组底部。油藏原油性质为中密度、中黏度、中凝固点、中含蜡量和低非烃含量的正常原油；圈闭类型以背斜、断背斜、断鼻、断块为主；储层以北物源辫状河三角洲水下分流河道、河口坝砂体为主，砂体平面上分布稳定，岩石成分成熟度低、物性呈低孔低渗，非均质性强，储层含油性平面上受构造及沉积微相双重控制；油藏类型以岩性构造复合型为主，地层压力系数 0.75～0.83，地温梯度 $2.17℃/100m$，属异常低压低温系统。根据沉积相与储层反演、构造背景与油源断层等控藏要素研究，条山凸起前缘牛圈湖、西峡沟主体构造两翼及北斜坡区是牛圈湖—马北带砂岩油藏扩展勘探的主要领域。其中牛圈湖背斜东南翼—马中断背斜西斜坡区、西峡沟断鼻东翼—马北斜坡带是近期扩展勘探、增储建产的有利地区（图 3-9-1）。

上古生界构造层牛圈湖—牛东带位于马朗凹陷北部斜坡油气富集区内，区带面积 $501 km^2$，石油地质资源量 $1.4860 \times 10^8 t$，截至 2018 年底探明石油地质储量 $6435.84 \times 10^4 t$，剩余石油地质资源量 $8423.78 \times 10^4 t$，区带油气资源丰度 $29.66 \times 10^4 t/km^2$，是盆地所有区带中最高的（图 3-9-2）。

区带已发现油藏集中在牛东隆起带，主力油层分布于卡拉岗组上部的分化淋滤带，其次是哈尔加乌组火山岩与烃源岩共生的内幕型油藏。油藏原油性质为低密度（$0.85g/cm^3$）、中—低黏度、高含蜡量的正常原油。已发现油藏受牛东鼻隆构造背景、火山岩岩相、岩性及后期风化淋滤作用控制的构造—地层复合型油藏。控藏要素是火山喷发间歇期洼地烃源岩分布，火山岩抬升剥蚀风化淋滤带的形成，以及构造背景与断裂活动发育带共同控制油气运聚。从牛圈湖—牛东斜坡区是持续火山岩系油气勘探的重要领域。

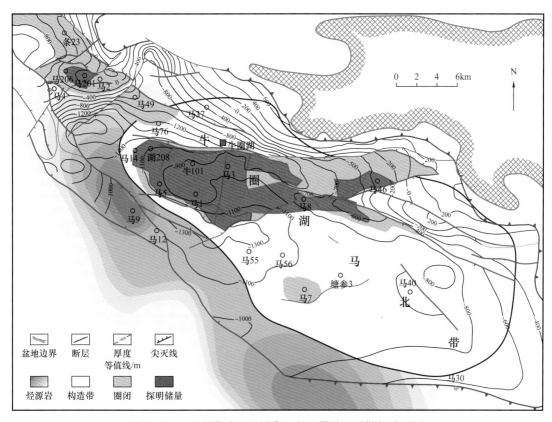

图 3-9-1 三塘湖盆地牛圈湖—马北带侏罗系勘探成果图

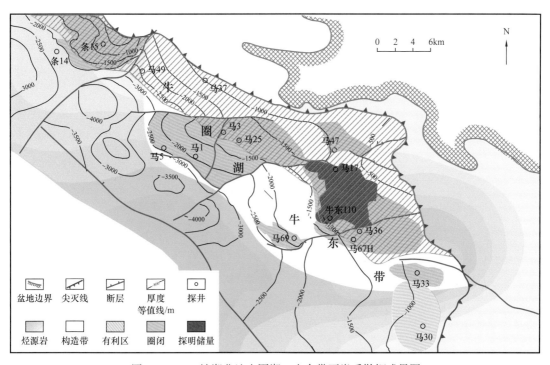

图 3-9-2 三塘湖盆地牛圈湖—牛东带石炭系勘探成果图

第四篇
外围盆地

第一章 民 和 盆 地

民和盆地是一个中—新生界中小型山间陆相断陷盆地，历经侏罗纪—白垩纪的张性断陷沉降和白垩纪末以后的挤压褶皱作用，具有巴州凹陷、永登凹陷两个主要的沉降区，沉积地层包括侏罗系、白垩系、古近系、新近系及第四系，烃源岩主要分布于中侏罗统。因地表条件复杂导致地震资料品质差，构造地层格架把握难度大，勘探程度较低，主要在巴州凹陷发现少量油气，油气勘探前景和潜力较大。

第一节 概 况

民和盆地是发育在祁连古生界褶皱系东端的一个山间断陷盆地，地形复杂，勘探难度大，虽历经长期勘探，但勘探程度低。

一、地理概况

民和盆地地处甘、青两省交界地带，位于东经 102°20′～104°00′、北纬 35°40′～36°50′ 之间，行政区划隶属甘、青两省管辖（图 4-1-1），西起青海省乐都县，东至兰州市皋兰县，南望永靖县，北达永登县。盆地周围界山包括南面的拉脊山—雾宿山、东面与北面的马牙雪山、西面的天王山，盆地范围呈"枫叶"形，东西长约 120km，南北宽约 100km，面积 11200km²，是祁连褶皱带东端的一个山间断陷盆地。

民和盆地海拔较高，为 1560～4000m，受水系发达影响，地形错综复杂，表现为沟壑纵横的山地、丘陵、黄土塬地貌。盆地水系属黄河上游水系，主要河流有流经盆地南缘的黄河，东西向纵贯盆地中部的湟水河，在盆地西北部流经连城、窑街并在享堂峡口与湟水河汇交的大通河，源起马牙雪山流经永登并在河口注入黄河的庄浪河。

区内气候属大陆性、季节性气候，年平均气温 7.9～8.1℃，最高气温 37℃（7月下旬），最低气温 –23℃，冻土层厚 1.5m 左右，光照充足，无霜期 170～200 天，年降水量 350～650mm，春季多风，属于干旱—半干旱气候带。

盆地位于兰州与西宁之间，人口比较集中，居民以汉族为主，另有回族、藏族、土乡族和东乡族等，主要从事农牧业。兰州市工业较发达，主要有兰州炼化总厂、兰州石油通用机械厂、兰州化工厂、兰州钢厂、永登水泥厂、连城铝厂等大中型企业，另有刘家峡、八盘峡、盐锅峡等水电站，盆缘有炭山岭、窑街、阿干镇等多家煤矿。

区内交通比较发达，铁路以兰州为中心，形成兰天、兰新、兰青、包兰等干线与全国铁路网相连；公路已形成市、县、区、镇、乡、村的公路网；兰州中川机场距兰州市以北约 60km 处，位于盆地东部。

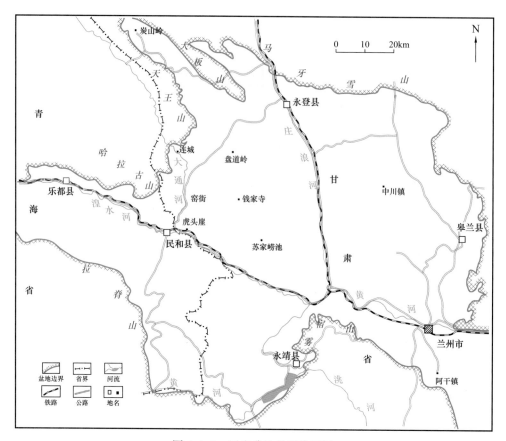

图 4-1-1　民和盆地地理位置图

二、勘探概况

民和盆地油气勘探研究开始时间早，盆地西缘窑街一带，自明代以来就有煤窑；1935年，中国煤油探矿公司成立，民和盆地是其工作的范围之一；在中华人民共和国成立初期也是油气勘探的重点地区之一，并发现虎头崖小油田。但是，民和盆地勘探研究难度大，历经了多个断续勘探研究阶段，勘探程度仍然很低，仅在西缘斜坡探明虎头崖小油田（图4-1-2）。

1.勘探工作量及勘探程度

民和盆地勘探历程长，1949年以前进行了零星的路线地质调查。自1952年至今，先后由西北石油管理局、青海石油管理局、玉门石油管理局、西北地质研究所、中原石油勘探局、吐哈油田公司等单位开展了地面地质调查、重力、磁力、电法测量、航空物化探、钻井及综合研究工作（表4-1-1）。

1996年以前，盆地共完成石油钻井63口，主要集中于盆地西缘的虎头崖、海石湾一带；盆地西北部窑街—炭山岭一带有煤田钻孔和地质浅井，东部皋兰隆起上有4口浅井钻至基岩；地震勘探主要集中于巴州地区和永登地区的青寺堡一带，共完成二维地震905.52km。

自1999年吐哈油田分公司登记探矿权勘探以来，针对地形地貌复杂、勘探难度大的问题，主要开展了山地二维地震攻关，重点区块三维地震攻关和有利目标钻探等油气综合勘探工作。截至 2018 年，完成二维地震 100 条 2649.5km，在永登凹陷孙家地区完成三维地震 73km²。二维地震勘探测网密度 1km×2km～4km×8km，其中盆地中西部地区测网密度 4km×4km，局部测网密度 1km×2km；盆地东部测网密度 4km×8km。地震资料分布及品质受地形限制，资料品质差异大，在地形相对规整的巴州凹陷攻关效果较好，地质现象较为清晰，资料品质达到 II 类，有二维测线 36 条 1329.5km；永登凹陷攻关效果较差，为 III 类资料区，不能完全满足构造解释，有二维测线 63 条 1320km。

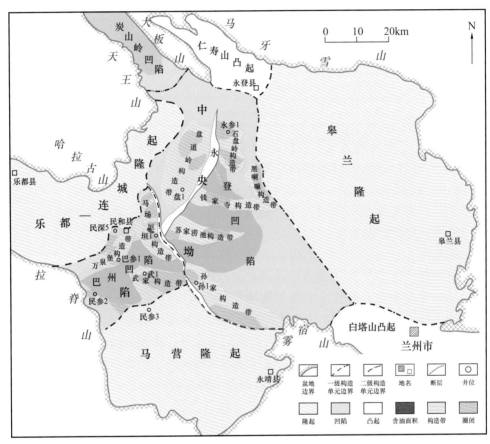

图 4-1-2 民和盆地侏罗系构造单元划分图

表 4-1-1 民和盆地完成勘探工作量统计表

项目	工作量	区块
地质普查（1：200000）	全覆盖	全盆地
地质详查（1：10000～1：100000）	3088km²	巴州、周家台西
地质填图（1：50000）	2210km²	巴州地区
重磁普查（1：500000）	12000km²	全盆地
重磁详查（1：100000）	4342km²	巴州、周家台
磁力详查（1：50000）	全覆盖	全盆地
重力详查（1：50000）	466km²	巴州、永登

项目		工作量	区块
电法		1469km	全盆地
航空石油物化探		7298.5km²	全盆地
综合化探		500km²	永登、周家台
二维地震	模拟	175km	
	数字	3380.02km	主要在巴州、永登
三维地震		73km²	永登
石油钻井	浅井	51 口	进尺 73568.25m	巴州、周家台
	深井	20 口		巴州、永登

截至 2018 年，全盆地共有石油钻井 71 口，总进尺 73568.25m。其中，石油预探井 20 口，总进尺 52523.09m；吐哈油田分公司完成的预探井有 8 口（盘 1 井、武 1 井、武 2 井、孙 1 井、民探 2 井、垣 1 井、庄 1 井、永参 1 井），总进尺 25645m。

总体上，民和盆地地表条件复杂，地震资料品质差，油气勘探研究难度大，探井少，油气勘探研究认识程度低。

2. 勘探历程

民和盆地是我国最早开展石油地质调查和勘探的地区之一。从 1935 年侯德封、孙健初等地质前辈在皋兰、河口、永登等地进行石油地质调查，至今已有 80 多年的勘探史。这期间进行了多工种、多方法的油气勘探工作，积累了大量、丰富的资料；因受技术条件和复杂地形的限制，大部分资料为地面地质调查，地震资料受限且品质差，所钻探井、评价井大多因事故完钻而没有完成预期的地质任务，造成石油勘探几上几下，久攻不克。纵观盆地勘探、研究史，大体可以划分为两个阶段。

1）地面地质调查、浅井钻探阶段（1935—1993 年）

1935—1950 年，由侯德封、孙健初、杨中键、王尚文等人在皋兰、河口、永登、窑街、享堂、下旋子、马场垣一带进行了路线地质调查。中华人民共和国成立初期，西北石油管理局、玉门石油管理局等单位相继进行了地质调查，发现了 70 余处油苗，并完成 1：200000 地质普查；20 世纪 60—70 年代，完成 1：10000～1：100000 地质详查，巴州凹陷完成 1：50000 地质填图；20 世纪 80 年代，149 煤田勘探队完成窑街—天祝、窑街—阿干镇煤矿区 1：50000 地质测量。

1952—1960 年期间，青海石油管理局、玉门石油管理局先后组建勘探队伍，沿湟水谷进行了地面地质调查、重力测量、钻井、试油等综合勘探工作，发现了虎头崖油田及海石湾单斜含油显示区块。共钻井 46 口，总进尺 25082m。与此同时，煤炭工业部地质勘探队伍亦在本区进行了大量煤田地质勘探工作。

1969—1977 年，地质部一普、青海石油管理局研究所东部勘探队、甘肃省石油地质研究所等单位相继在民和盆地进行了石油地质普查、局部构造详查、地球物理勘探及综合研究工作，在巴州凹陷钻探深井，并在永登凹陷完成 1：100000 的重力详查工作。

1980年以后，甘肃省煤田地质勘探公司149队在民和盆地开展了大面积普查勘探工作，发现海石湾新煤田和侏罗系含油砂岩多层。

1981—1993年，主要由西北石油地质研究所主持，再次开展盆地物化探、地震勘探和综合研究工作，对盆地进行了二次资源评价（1993），系统评价了民和盆地的成藏地质条件，获得了较为全面的地质认识。

2）地震攻关及盆地综合勘探阶段（1993年至今）

20世纪90年代，物探局和中原油田在盆地东部施工完成二维地震12条239.95km，在盆地北部及海石湾地区完成1∶50000重力细测，全盆地采集MT（大地电磁测深）17条1269km。依据二维地震构造解释结果及MT研究成果，在巴州凹陷万泉堡断鼻构造上部署钻探巴参1井，完钻井深3800m。该井在下白垩统大通河组3173.02～3335.02m井段获原油0.75m³/d，上侏罗统享堂组3535.1～3560.8m井段获原油1.46m³/d、天然气1720m³/d，并选择了100km²的区块进行商业勘探。

自1999年以来，吐哈油田分公司勘探开发研究院对盆地石油地质条件进行了系统评价，认为勘探难以突破的主要原因：（1）复杂的地表条件，使地震施工难度大，地震资料品质差，影响了对盆地地层分布和构造格局等方面的认识。（2）盆地内深浅层构造不叠合，地面地质和重力资料确定的构造难以准确反映目的层的构造形态。（3）盆地内部勘探研究程度不均，巴州凹陷地质结构、地层分布、生烃条件、优势运聚方向及有利区带等基本明确，但构造带和圈闭的细节把握不准，储层物性较差，构造活动强、油气保存条件差；而永登凹陷地表、地下更为复杂，地震资料品质差、钻孔少、中侏罗统—下白垩统目的层埋藏深，油气地质条件认识不清，致使整个盆地的油气勘探停滞不前。

鉴于资料品质制约了对盆地的地质研究与勘探，吐哈油田分公司开展了以地震为主的技术攻关，至2018年，共完成二维地震2649.5km。其中，2001年在苏家涝池—青寺堡完成CEMAP 8条200km，完成化探300km²；2005年，依据二维地震攻关成果，在永登凹陷西北缘乐都—连城隆起前缘发现了盘道岭构造带，首选落实程度较高的盘道岭1号构造部署钻探盘1井，在下白垩统、中—上侏罗统及元古宇风化壳见到良好的油气显示，享堂组试油为含油水层，获得了少量原油。

3. 勘探认识与成果

民和盆地油气勘探始于20世纪30年代，1942年发现了油气苗；1953—1960年，石油工业部所属的青海石油管理局、玉门石油管理局等单位在盆地西缘湟水河谷地带进行了石油钻探工作，共完成浅井46口，发现了虎头崖油田及海石湾含油区，油气显示主要分布在上侏罗统享堂组和下白垩统大通河组、河口组，油气藏主要发育在上侏罗统享堂组和下白垩统大通河组。1999年，吐哈油田分公司获得民和盆地油气探矿权，对全盆地持续开展地震攻关及油气综合勘探研究工作。

经过多年的勘探研究，取得了以下主要认识和勘探成果：

（1）民和盆地是印支运动之后在祁连古生界褶皱系东端发育的一个陆相山间断陷盆地，属于中新生代陆相含煤、含油气盆地（郭巍等，2006），巴州凹陷、永登凹陷为主体沉降区，充填发育了侏罗系—第四系，最大残余沉积厚度达7000m；受复杂的地表条件限制，地震勘探难度大，地震资料品质差，对盆地地质结构和地层分布认识不准。

（2）民和盆地主要受印支、中晚燕山和喜马拉雅期构造运动影响，经历了侏罗纪—

早白垩世断陷沉降和晚白垩世—第四纪挤压萎缩，侏罗系—下白垩统是圈闭发育的主要构造层。

（3）中侏罗统窑街组暗色泥岩、页岩为主要烃源岩，最大厚度可达200m，有机质丰度高，成熟度和热演化适中，为油气藏的形成提供了较充足的油源，估算石油资源量0.81×10^8t，具有较大的勘探潜力。

（4）中—上侏罗统、下白垩统发育多套储盖组合，储层主要为辫状河三角洲、扇三角洲砂体，含油气层系主要为上侏罗统享堂组（J_3x）和下白垩统大通河组（K_1d），以燕山期、喜马拉雅期形成的圈闭最为有利。

（5）2008年，吐哈油田分公司与民和县民营公司合作开发虎头崖油田，探明石油地质储量114×10^4t，年生产原油约4000t。

第二节 地　　层

民和盆地位于祁连褶皱山系内部。祁连褶皱山系于三叠纪印支末挤压运动中最终定型（张虎权等，1996），古生界、元古宇等普遍变质，同时三叠系广泛缺失；侏罗纪开始，祁连褶皱系东端内部发育的民和盆地属于山间断陷盆地，在古老变质岩之上充填了中—新生界。据盆地周缘露头、地震、非地震、钻井、古生物等资料对比证实，盆地自下而上发育了侏罗系、白垩系、古近系、新近系及第四系（图4-1-3）。

一、侏罗系

民和盆地除皋兰隆起外均有侏罗系分布，地表出露于周缘的阿干镇、窑街、仁寿山、海石湾、炭山岭及漫水滩一带；地层厚度一般为600～2000m，最厚2200m，有巴州凹陷、永登凹陷两个厚度中心。侏罗系自下而上分为下侏罗统炭洞沟组、中侏罗统窑街组、红沟组和上侏罗统享堂组。

下侏罗统炭洞沟组（J_1t）：分布比较局限，为印支运动后"填平补齐"式的河湖相沉积，地表零星分布于炭山岭、窑街、仁寿山及阿干镇一带，井下民深2、民深3、民深5等少量井钻遇。其岩性上部为灰绿色、紫红色砂泥岩夹黄绿色砾状砂岩；中部为灰黑色、紫红色泥岩与灰绿色砂砾岩、粗砂岩不等厚互层，夹薄层碳质泥岩、煤线；下部为灰白色砾状砂岩、粗砂岩。厚度40～400m，与下伏元古宇角度不整合接触，与上覆窑街组平行不整合接触。窑街炭洞沟剖面植物群化石为 *Neocalamites—Cladophlebis* 组合，孢粉化石自下而上为 *Cyathidies—Dictyophyllidites—Cycadopites* 组合、*Marattisporites—Chasmatosprites—Schizoporis* 组合和 *Classopollis—Apiculatisporites—Cingulatisporites* 组合，两类生物组合面貌共同反映时代为早侏罗世晚期。

中侏罗统窑街组（J_2y）：为潮湿气候条件下湖盆扩张时期形成的河沼、湖沼相含煤建造，沉积范围较广，盆地除周围隆起区和中央坳陷带北端外，广泛钻遇（图4-1-4）；地表出露于盆地周缘的炭山岭、仁寿山、窑街红沟、黑林子、喇嘛沟、下旋子等地；厚度70～450m，盆地中心厚度较大；与上覆享堂组呈平行不整合接触，是盆内唯一烃源岩发育层系。

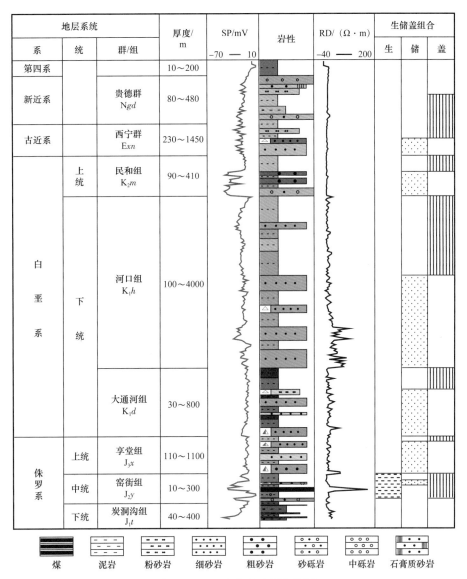

地层系统			厚度/m	SP/mV −70 — 10	岩性	RD/(Ω·m) −40 — 200	生储盖组合		
系	统	群/组					生	储	盖
第四系			10～200						
新近系		贵德群 Ngd	80～480						
古近系		西宁群 Exn	230～1450						
白垩系	上统	民和组 K₂m	90～410						
	下统	河口组 K₁h	100～4000						
		大通河组 K₁d	30～800						
侏罗系	上统	享堂组 J₃x	110～1100						
	中统	窑街组 J₂y	10～300						
	下统	炭洞沟组 J₁t	40～400						

煤	泥岩	粉砂岩	细砂岩	粗砂岩	砂砾岩	中砾岩	石膏质砂岩

图 4-1-3　民和盆地地层柱状图

　　窑街组岩性底部为灰白色石英质砾岩，厚度一般 10～30m；下部为黑色泥质页岩、中细粒砂岩夹煤层，厚度一般数十米，最厚（窑街）120m；中部为灰褐色、黑色泥岩、油页岩及碳质泥岩夹薄层中细砂岩和煤层；上部为一套杂色的细砂岩和粉砂质泥岩、泥岩的交互层。在窑街红沟剖面产 *Coniopteris spectabilis–Phoenicopsis* 植物群组合分子和 *Cyathidites–Quadraeculina–Cycadopites* 孢粉组合，并产有 *Paruinala*（介形类）、*Hybodus Clavus*（鱼）化石；植物组合显示出与世界各地中侏罗世早期植物群相似的面貌，产有 *Equisetites lateralis*、*Coniopteris burejensis*、*C.hymenophyllioides*、*C.simplex*、*Ginkgoites digitata*、*Phoenicopsis angustifolia* 等分子。中侏罗统红沟组（J₂h）为半潮湿—半干旱气候条件下的湖相沉积，下部为灰黑色、灰褐色泥灰岩、油页岩和砂泥岩，上部为杂色砂泥岩夹薄层泥灰岩；该套地层较薄，一般为 30～130m，与下伏窑街组呈整合接触，地层分界不明显，地震相位很难标定追踪，在勘探研究中将红沟组归入窑街组。

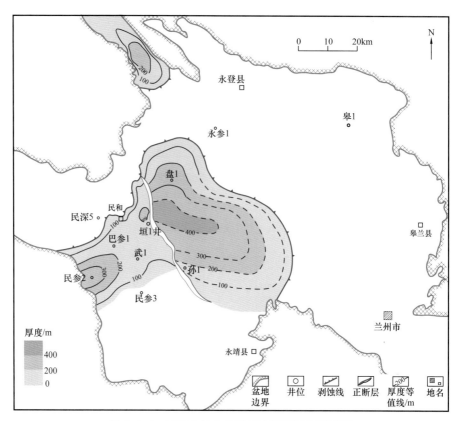

图 4-1-4　民和盆地中侏罗统窑街组地层厚度图

上侏罗统享堂组（J₃x）：该组沉积时期湖盆进一步扩张，分布范围进一步扩大，除皋兰隆起外全盆地普遍分布，以干旱气候条件下形成的红色碎屑岩沉积为主，厚度为 200～1100m，与上覆大通河组平行不整合或微角度不整合接触。其岩性上部为棕红色泥岩夹杂色含砾砂岩，中部过渡为红、绿相间的泥岩、砂岩、含砾砂岩互层；下部为黄绿、灰黄色砂岩、细砂岩、中粗砂岩，常具"下绿、中杂、上红"的颜色变化特征。享堂组化石相对较少，窑街南部海石湾韩家户沟在上部红色岩层中产脊椎动物化石 *Mamencbisaurus hechuanensi*、*Sunosuchusmiaoi*；享堂东及喇嘛沟在下部绿色岩层段中产轮藻、介形类，轮藻有 *Aclistochara yunnanensis*、*A. nuguishansis*、*A. cf. nuguishanensis*、*A. cf. lufengensis*、*A. stipita*、*A. cf. hungarica*、*Obtusochara* sp.，介形类有 *Darwinula* sp.；永登仁寿山产叶肢介 *Bairdestheria* sp.（赵应成，2003）。

二、白垩系

白垩系在盆地内分布广泛，是厚度最大、分布最广的一套沉积盖层，沉积厚度一般 2000～3500m，沉积沉降中心位于苏家峡一带，最厚可达 5400m，永登凹陷中南部大范围抬升出露。白垩系自下而上可划分为下白垩统大通河组、河口组和上白垩统民和组，白垩系与下伏地层呈微角度不整合—假整合接触，上白垩统与下白垩统之间呈区域性不整合接触。

大通河组（K₁d）：出露于大通河、湟水河沿岸，巴州、永登凹陷探井均有钻遇，是一套河流—滨浅湖相为主的沉积。除了底部有厚度不大的灰绿色底砾岩外，主要以紫红色泥岩和砖红色石英砂岩为主，表现为下粗上细的正旋回特征，颜色上部偏红、中—下部偏杂，厚度30～800m，与下伏享堂组平行不整合接触，与上覆河口组整合或局部为不整合接触。主要产介形类、轮藻、孢粉及叶肢介化石，其中，介形虫、轮藻化石丰富；介形虫化石集中产在大通河组中部，可概括为 *Minheella Minheensis-Jingguella hutouyaiensis-Damonella huangshuiensis-Prolimocythere pingu* 组合（郝诒纯，1983）；孢粉为 *Classopollis-Cicatricosisporites* 组合，其中 *Classopollis* 占绝对优势，典型的侏罗纪分子极少，出现白垩纪典型的 *Pterisisprotes*（凤尾蕨孢）和 *Cicatricosisporites*，反映时代为早白垩世。

河口组（K_1h）：是盆地早白垩世最大湖泛期的产物，除皋兰隆起外均有分布，厚度一般为1100～2700m。其岩性在中、下部为下粗上细的红色砂岩与灰绿色、棕色泥岩不等厚互层；上部为冲积扇相砂砾岩与红色泥岩互层，大部分区域遭受剥蚀。根据岩性、岩相、古生物特征，该套地层自下而上可划分为七个岩性段，分别为浅紫色砂砾岩段、棕红色砂泥岩互层段、杂色韵律层段、褐棕色砂泥岩段、红色砂岩段、紫红色泥岩段和紫红色砂砾岩段。盆地内出露的主要是一到四段，与下伏大通河组呈平行不整合接触，或超覆不整合于侏罗系或更老地层之上，与上覆民和组呈角度不整合接触。享堂峡口剖面产介形类 *Cypridea-Rhinocypris-Lycopterocypris-Djungarica* 组合、轮藻 *Flabellochara-Mesochara-Aclistochara* 组合和孢粉 *Lygodiumsporites-Contignisporites-Classopollis-Calliasporites* 组合。

民和组（K_2m）：巴州凹陷各钻孔均有钻遇，在永登凹陷中南部大范围被剥蚀，在湟水河、大通河沿岸零星出露。厚度100～400m，与下伏河口组呈角度不整合接触，与上覆古近系西宁群整合接触或平行不整合接触。其岩性底部为棕色砾岩；下部为棕色中—细砾岩、砂砾岩及细砂岩夹粉砂质泥岩、泥岩；上部为棕红、褐棕色泥岩及粉砂质泥岩夹灰绿色粉细砂岩，含石膏及膏质泥岩。产介形类 *Talicypridea*（类女星介）-*Cristocypridea*（冠女星介）-*Cypridea* 组合、轮藻 *Latochara-Gyrogona-Charites-Grambastichara* 组合和孢粉 *Pterisisporites-Schizeeoisporites-Piceaepollenites* 组合。

三、古近系—第四系

古近系—新近系在盆地内广泛分布，沉积中心位于巴州凹陷中西部，最大厚度1800m，在永登凹陷中南部缺失。

古近系（E）：主要出露于湟水河南岸、巴州沟口至隆治沟、河口西、西果园、兰州以南及钱家寺以北的广大区域内，巴州凹陷钻孔均有钻遇，为河流、湖泊相红色碎屑岩及石膏岩沉积。厚度为230～1450m，与上覆新近系整合接触，与下伏民和组平行不整合或整合接触，或超覆于老地层之上。根据岩性、岩相可分上、下两段：下段即碎屑岩段，下粗上细，下部为浅红棕色、黄棕色砂岩、砂砾岩夹棕褐色泥岩、粉砂质泥岩，上部为褐棕色、深棕色、紫红色泥岩；上段为含石膏段，主要为棕红色、橘红色砂岩、泥岩夹浅棕色、浅黄灰色粉砂岩、细砂岩、膏质砂岩及石膏。

新近系（N）：主要分布于巴州凹陷、永登凹陷的咸水河、野狐城及兰州沙井驿等地。厚度90～470m，与下伏古近系整合接触，与上覆第四系呈角度不整合接触。岩性以黄褐色、棕红色砂质泥岩、黏土为主，底部为灰白色砂砾岩。在巴州凹陷，钻井揭示岩性可分为上、下两段，下段为浅棕色、黄色、黄棕色泥岩、粉砂质泥岩夹黄棕色、浅灰绿色粉细砂岩、膏质砂岩；上段为黄色泥岩夹砂岩。

第四系（Q）：主要分布在巴州凹陷西南部和皋兰隆起，岩性下部为浅灰黄色、灰褐色、紫红色底砾岩；上部为疏松的风成黄土。厚度为10～210m，与下伏新近系角度不整合接触。

第三节　构　造

民和盆地早期为张性断陷盆地，后期在挤压应力作用下受到改造，构造比较复杂。

一、盆地格架与形成演化

民和盆地基底以元古宇、古生界变质岩为主，由时代不同、类型各异的白云岩、白云质大理岩、石英片岩、片麻岩和混合岩等变质岩系组成；盆地属于祁连造山带基础上发育的山间断陷盆地。祁连造山带在三叠纪的印支运动中最终形成，元古宇、古生界广泛褶皱变质；侏罗纪，造山带内局部地区由于伸展作用形成断陷盆地，民和盆地即是其一。民和盆地历经了侏罗纪断陷雏形、早白垩世快速沉降充填、晚白垩世—第四纪挤压回返消亡三个主要演化阶段（图4-1-5）。

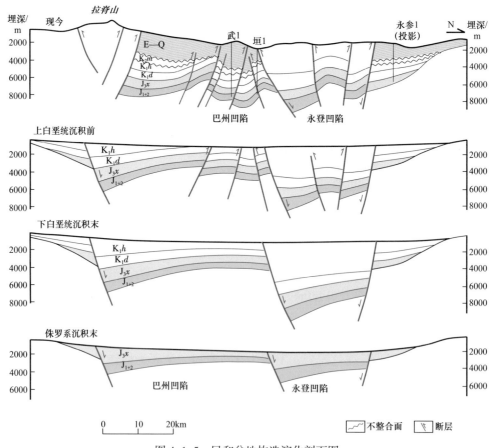

图 4-1-5　民和盆地构造演化剖面图

侏罗纪断陷雏形阶段：盆地主体呈多断陷格局，西北部为炭山岭凹陷，中部为永登凹陷，南为巴州凹陷，永登、巴州两个断陷的主控断裂均在南部，断陷均具有南高北低，东高西低的特点。早侏罗世时，属于断陷早期，地形凹凸不平，水域较窄，沉积范围小，充填式沉积浅水红色粗碎屑，盆地内钻井只有民深1、民深2、民深3、民深5等井钻遇，永登县西南部的露头也见该套地层。中侏罗世统窑街组沉积时期，同生正断裂断距逐渐增大，箕状断陷湖盆水域扩大，断陷区沉积了含煤的暗色细碎屑岩，永参1井钻探缺失窑街组反映了在永登凹陷与炭山岭凹陷之间存在牌楼低凸。上侏罗统享堂组沉积时期，湖盆水系域宽广，三个凹陷连为一体，形成中央坳陷带，沉积了以砂岩、泥岩为主的碎屑岩；上侏罗统是盆地主要含油层系。

早白垩世断陷快速沉降、充填阶段：早白垩世，永登凹陷西南缘的马场垣东同生正断裂和凹陷东部黑喇嘛同生正断裂断距持续加大，形成了东西双断的沉积格局，断陷快速沉降，沉积速度加快，广泛沉积了以红色碎屑砂、泥岩建造为主的巨厚楔形体，地层整体呈现南、北两边地层较薄，中间巨厚的分布势态，马场垣东同生断裂断距巨大，其下降盘部位为下白垩统的沉积中心，最大沉积厚度大于4000m。下白垩统是盆地的含油层位之一。

晚白垩世—第四纪挤压回返消亡阶段：晚白垩世开始，由于受盆地西南部拉脊山隆升及周围山系（拉脊山、大板山）的挤压，先期的张性断裂开始回返，其中，马场垣东断裂回返幅度最大并一直持续至今，导致永登凹陷先期沉积沉降主体（即永登凹陷南部）大范围抬升，并缺失上白垩统—第四系沉积。受此影响，该抬升区以南的巴州凹陷和以北的永登凹陷北部成为主要的沉积沉降区，晚白垩世沉积了红色陆相粗碎屑岩，古近纪主要在中央坳陷带西南沉积了含石膏和芒硝层的红色粗碎岩，厚约1500m。新近纪末喜马拉雅早期，在区域侧向推挤力的作用下，盆地范围缩小，并沉积了棕黄色为主的碎屑岩，厚约500m，同时，大范围先期沉积地层发生强烈的褶皱、抬升和断裂活动。至第四纪，盆地受挤压进一步萎缩与抬升，进入坳陷消亡时期，第四系沉积进一步向盆地西南部和北部萎缩，盆地内部大部分地区受多条外流水系流过和纵横切割，形成大小丘陵及山峦地形。

二、断裂特征

对民和盆地的沉积格局和断裂系统影响最大的是燕山、喜马拉雅期构造运动。侏罗纪—早白垩世，盆地整体受伸展作用，主要形成控制盆地断陷沉积格局的北东、北西向两组同生断裂；早白垩世末的晚燕山构造运动和新近纪末的喜马拉雅期Ⅱ幕构造运动产生的压扭应力，一方面使早期的同生断裂逆冲回返，但这些回返断裂仍然是控制现今构造格局的主要因素，另一方面，新产生一组近东西向断裂，控制着盆地的构造带展布（图4-1-5）。

早、中燕山期形成的北西、北东向同生断裂：其中北西向展布的有马场垣东、黑喇嘛同沉积断裂等，北东向展布的主要为盘道岭南缘同生断裂等，两个方向的断裂共同控制着巴州、永登、炭山岭凹陷侏罗纪和早白垩世的沉积格局。早、中燕山期盆地表现为伸展应力场，北西向的马场垣东同生断裂在侏罗纪末期已初具规模，至早白垩世河口期沉积末期，同生沉降作用持续加剧，断距持续加大，垂直断距可达3000m，沉积了巨厚的下白垩统红色碎屑建造，控制着永登凹陷整体北西向延伸的构造格局。晚白垩世—新生代，受周围山系隆升的影响，该组断裂强烈逆冲回返，其中马场垣东同生断裂垂直断距至少回返了1500m，导致断层上盘地层严重剥蚀，使永登凹陷下白垩统河口组大面积裸露地表，同时沿该断裂派生出一系列北西—北北西向的逆断层，控制着局部构造带的发育，如马场垣构造带、窑街构造带、孙家构造带等。而北东向展布的盘道岭南缘同生断裂，垂直断距约2000m，控制着盘道岭构造带的形成与展布，盘1井的钻探揭示中侏罗统窑街组厚度仅为196m，下侏罗统缺失，表明该断裂也是永登凹陷北部的控盆断裂，与北西向的同沉积断裂同期；喜马拉雅期该断裂逆冲回返，形成了沿乐都隆起前缘北东向展布的盘道岭构造带、万泉堡构造带。

喜马拉雅期形成的近东西向断裂：在喜马拉雅期压扭应力的作用下，盆地西南缘拉脊山向北逆冲推覆，在盆地内形成一系列的近东西向展布的断裂，控制着盆地内近东西向构造带展布，包括武家构造带、苏家涝池构造带、钱家寺构造带和石盘岭构造带。

三、构造单元划分与区带特征

1. 构造单元划分

依据民和盆地构造的演化特征及构造发育特点，可将盆地整体划分为4个一级构造单元、5个二级构造单元、9个构造带（图4-1-2）。

一级构造单元为三隆一坳，即乐都—连城隆起、马营隆起、皋兰隆起、中央坳陷；中央坳陷进一步划分为巴州凹陷、永登凹陷、炭山岭凹陷和白塔山凸起、仁寿山凸起；永登凹陷、巴州凹陷是盆地侏罗系、白垩系的主体沉降区，早白垩世永登凹陷的沉降幅度最大。

中央坳陷面积4950km²，巴州凹陷面积820km²，永登凹陷面积2780km²。

在永登凹陷、巴州凹陷已落实了武家、孙家、万泉堡、马场垣、盘道岭、苏家涝池、钱家寺、黑喇嘛和石盘岭构造带等9个构造带，主要分布在凹陷边缘靠近隆起部位，除盘道岭构造带为背斜构造带，其他主要为鼻状构造带。

2. 区带特征

1）马场垣构造带

该构造带整体为一南低北高、北西向展布的鼻状隆起构造带，北西部位靠近乐都—连城隆起前缘，南部向巴州凹陷倾伏。构造带主要受盆地西缘乐都—连城隆起隆升和马场垣东同生正断层及其回返逆冲的双重因素控制，形成于中、晚燕山期，喜马拉雅期强烈改造定型；主要发育北西—北北西向和近东西向两组断裂，圈闭类型主要为断鼻、断块、断背斜。

马场垣构造带被虎头崖南界逆断层分为上、下盘两个区块。

虎头崖逆断层以北的上盘抬升幅度大，埋藏较浅，被北东向断裂切割为众多的断背斜、断鼻、断块圈闭，剖面上以逆掩叠瓦状组合形式展布，自南向北依次为虎头崖油田、海石湾单斜油藏区和海石湾井田含油区，统称海石湾油田区块。其中虎头崖油田圈闭类型为断背斜，单斜区为断鼻，井田区为断块。该区块油层主要分布在大通河组的底部和享堂组的中—下部的河道砂体，油藏受构造、岩性双重因素控制。

虎头崖逆断层以南发育马场垣1号断背斜，该圈闭受控于马场垣东断层，同时被虎头崖南界断层强烈逆掩，圈闭较为完整，落实程度较高。其中享堂组圈闭面积为 23.2km²，闭合幅度 500m，高点埋深 2500m；大通河组圈闭面积 18.9km²，闭合幅度 700m，高点埋深 1600m。2009 年在该圈闭上钻探垣 1 井，在虎头崖断裂上盘的享堂组和窑街组见到油气显示 53m/12 层，在断层下盘的马场垣 1 号断背斜的享堂组、窑街组见荧光级显示 65m/15 层，预示马场垣构造带具较好的勘探前景。

2）万泉堡构造带

该构造带位于巴州凹陷西缘斜坡部位，整体为向南西倾伏的宽缓鼻状构造带，紧靠西面的乐都—连城隆起。构造带形成于喜马拉雅期，受古隆起隆升的影响，北东—南西向断裂呈弧形展布，圈闭为依附于断裂发育的断鼻群，落实圈闭总面积 20km²。在构造带南东低部位钻探的民参 1 井和巴参 1 井在白垩系、上侏罗统见到良好的油气显示。其中，巴参 1 井在上侏罗统享堂组—下白垩统河口组见油气显示 589m/19 层；试油 3 层，其中油层 1 层、含油水层 2 层。在享堂组 3535.10～3561.80m 井段，常规测试 3mm 油嘴产原油 1.46m³/d、天然气 1720m³/d，压裂后产原油 7.54m³/d、天然气 1562m³/d；大通河组 3226.82～3335.02m 井段试油，产水 5.0m³/d，见气泡；大通河组 3173.02～3335.02m 井段试油，产油 0.75m³/d、产水 7.97m³/d。万泉堡构造带是巴州凹陷西部斜坡部位值得勘探的有利区带。

3）武家构造带

武家构造带位于巴州凹陷东南斜坡部位，整体为向西倾伏的鼻隆，背靠东南方向的马营隆起前缘；主要受马营隆起抬升和马场垣东同生正断层及其回返逆冲控制形成，从晚燕山早期开始发育，燕山晚期强烈逆冲回返形成一系列的逆断层，喜马拉雅期改造定型。构造带北以武家北逆断层为界，南以马营隆起前缘正断层为界；自西向东构造落差超过 1500m，依次发育武家 1 号、武家 2 号和武家 3 号断鼻，中侏罗统窑街组圈闭总面积为 78km²。

武家构造带地震资料反射品质较好，2003 年在武家 1 号钻探武 1 井，在中、上侏罗统及下白垩统大通河组底部见到良好的油气显示；在大通河组底部 3051～3057.6m 和 3068.6～3085m 井段，常规试油产油 0.47m³/d、天然气 1769m³/d，压裂改造后产水 4.6m³/d、天然气 2113m³/d，试油结论为含气水层。2010 年在武家 2 号钻探武 2 井，在河口组、大通河组、享堂组及元古宇风化壳见到良好的油气显示；对元古宇 2908.6～2958m 井段常规试油，见油花，产水 12m³/d。综合评价认为，武家构造带是巴州凹陷东南斜坡部位油气勘探的最有利区带。

4）盘道岭构造带

盘道岭构造带位于永登凹陷西部，整体为北北东向展布的背斜构造带，背靠西面的乐都—连城隆起，东界为盘道岭同生断层，该断裂东即为永登凹陷沉降主体区。盘道岭断裂断面东倾，在侏罗纪—早白垩世时为正断层，西部上升盘靠近断裂一线即形成盘道岭构造带雏形；晚白垩世—第四纪，在挤压应力作用下，先期的正断层回返逆冲，盘道岭构造带整体的背斜幅度变大。

该构造带面积 281km²，自南向北发育盘道岭 1 号断背斜，盘道岭 2 号断鼻和盘道岭 3 号断背斜，前两个构造落实程度较高。盘道岭 1 号构造上钻探的盘 1 井，井深 2200m，揭示了第四系、下白垩统、中—上侏罗统和元古宇，在中—上侏罗统和元古宇基底花岗岩（1586～2057m）中见荧光—油浸级显示33.09m/13层；窑街组试油为含油水层，获低产油流。

盘道岭构造带区带类型好，油源条件优越，是永登凹陷油气勘探的有利区带。

5）孙家构造带

该构造带位于永登凹陷南缘，受马场垣东同生断裂控制，整体为依附于该断裂发育的鼻状构造；构造带形成于早白垩世，喜马拉雅期受马场垣东同生正断裂回返逆冲而定型。

构造带上落实程度较高的圈闭主要为孙家1号断背斜，目的层河口组圈闭面积38.5km²，闭合幅度600m，高点埋深2100m；大通河组圈闭面积37.0km²，闭合幅度800m，高点埋深2604m；窑街组圈闭面积19.1km²，闭合幅度800m，高点埋深3120m。

孙家1号北翼的民深6井，在河口组见到良好的气测显示，全井段见气测异常55m/6层，其中1675.50～1678.60m气测全烃2.74%，重烃1.74%；1807.50～1812.25m井段气测全烃70%，停钻129天后钻前冲孔时槽面发现大量气泡，点火试验火焰高30cm。2011年在孙家1号构造钻孙1井，完钻井深3990m，在河口组和中侏罗统窑街组见荧光油气显示，但明显不如相邻的民深6井、武1井、武2井，究其原因一是构造位置比民深6井低近300m，二是侏罗系、白垩系目的层砂层少而薄，储层致密。

6）黑喇嘛构造带

该构造带位于永登凹陷东北斜坡边缘，整体为向西倾伏的鼻状构造，背靠东面的皋兰隆起；受北北西向的黑喇嘛同生断层控制，构造带形成于喜马拉雅期断裂回返逆冲阶段。构造带面积53km²，区带二维地震测网4km×4km～4km×8km，构造落实程度低。构造带上的黑喇嘛断鼻在窑街组圈闭面积23.9km²，闭合幅度300m，高点埋深4060m；大通河组底界圈闭面积22.8km²，闭合幅度200m，高点埋深3130m。

构造带紧邻永登凹陷生烃中心，受控于皋兰隆起三角洲沉积体系，近源沉积，储集砂体密集发育，尤其是控盆边界断层一线是厚层块状砂体发育区。根据断陷盆地洼槽控油、近源聚集的成藏模式，黑喇嘛构造带是东部斜坡带探索构造—岩性油气藏的有利区带。

7）苏家涝池构造带

该构造带位于永登凹陷的中南部，南、北被苏家涝池、张家川断裂夹持，近东西向展布，西端至马场垣构造带同生断裂；构造带形成于喜马拉雅期，区带总面积118km²。依附于构造带南、北边界断裂，发育苏家涝池1号断鼻和苏家涝池2号断背斜。苏家涝池1号断鼻窑街组圈闭面积20.8km²，闭合幅度100m，高点埋深4900 m；苏家涝池2号断背斜窑街组圈闭面积25.5km²，闭合幅度200m，高点埋深4800m。

构造带位于凹陷生烃中心，油源条件优越，是油气聚集的有利区带；该带断裂发育，地表地层比较破碎，地震资料反射品质较差，地表构造与地下构造的形态差异较大，需进一步深化地震攻关，提高地震资料品质，为构造落实、区带评价和目标论证提供资料基础。

8）石盘岭构造带

该构造带位于永登凹陷北部牌楼低凸，整体为向南倾伏于永登凹陷的鼻状构造带，东、西两边被北北西向黑喇嘛同生断层、北北东向盘道岭同沉积正断层夹持，区带面积98km²；构造带形成于晚燕山期，喜马拉雅期改造定型。二维地震测网密度

$4km \times 4km \sim 4km \times 8km$，勘探程度低。

构造带被喜马拉雅期形成的东—北西走向逆断层切割，形成局部构造，由北向南包括石盘岭 1 号断块，石盘岭 2 号断鼻。其中，石盘岭 1 号窑街组底界圈闭面积 $14.8km^2$，闭合幅度 400m，高点埋深 330m；石盘岭 2 号享堂组底界圈闭面积 $19.9km^2$，闭合幅度 400m，高点埋深 4100m。2013 年，在石盘岭 1 号构造上钻探永参 1 井，完钻井深 4000m，井底为元古宇的白云岩，缺失窑街组煤系及烃源岩，揭示了石盘岭构造带所在的牌楼低凸。

9）钱家寺构造带

该构造带位于永登凹陷中部偏北，受东西走向横贯整个凹陷中央的钱家寺断裂控制，主要受喜马拉雅期南北挤压应力作用形成，区带面积 $86km^2$。构造带上初步落实两个依附于钱家寺断裂的断鼻、断块，其中，西部的钱家寺 1 号断鼻窑街组圈闭面积为 $16.8km^2$，闭合幅度 400m。

该构造带位于生烃凹陷中心，油源条件优越，是油气聚集的有利场所，但受地震资料的限制，构造的落实程度低。

第四节　烃　源　岩

民和盆地主要烃源岩为在中侏罗世断陷沉降期沉积的窑街组湖相暗色泥岩、页岩及煤层等，热演化达到成熟—高成熟阶段。

一、烃源岩展布

中侏罗统窑街组沉积时，盆地进入伸展断陷期，发育湖相、湖沼相沉积的烃源岩，其沉积范围较广，除皋兰隆起、马营隆起和一些低凸起外，巴州凹陷、永登凹陷和炭山岭凹陷均有分布（图 4-1-6）。

据露头及钻井揭示，窑街组发育暗色泥岩、碳质泥岩、煤和油页岩四种类型的烃源岩。其中，煤、碳质泥岩多发育于窑街组下部，煤层厚度一般为 5～20m，局部可达 30m；湖相泥岩和油页岩分布于上部，湖相泥岩分布广泛且稳定，厚度一般 20～100m，沉积中心可达 200m 左右；油页岩分布不稳定，厚度变化大，仅海石湾地区的浅井钻遇，多见于巴州凹陷、炭山岭凹陷，厚度一般 10～30m。

窑街组烃源岩总体北厚南薄，巴州凹陷最大厚度 100m 左右，根据盆地的演化特点，推测永登凹陷最大厚度可达 200m 以上。

二、烃源岩地球化学特征

中侏罗统油页岩、暗色泥岩为民和盆地主要烃源岩，有机碳含量较高，有机质类型主要为 Ⅰ—Ⅱ$_2$ 型，盆地主体中侏罗统烃源岩热演化程度达到成熟—高成熟阶段。

1. 有机质丰度

野外地质调查和钻孔取样，获得了较为丰富的地球化学分析数据。

据盆地周缘露头及钻探井分析数据统计，暗色泥岩有机碳平均含量为 4.44%，其中 45.7% 的样品有机碳含量大于 2.0%，77.1% 的样品有机碳含量大于 1.0%。碳质泥岩有机碳的平均含量为 5.88%，其中 94.74% 的样品的有机碳含量大于 2.0%。油页岩具高丰度特征，有机碳平均含量为 9.61%，其中 33.3% 的样品有机碳含量大于 10.0%。煤丰度指标较低，有机碳平均含量为 35.7%（表 4-1-2）。

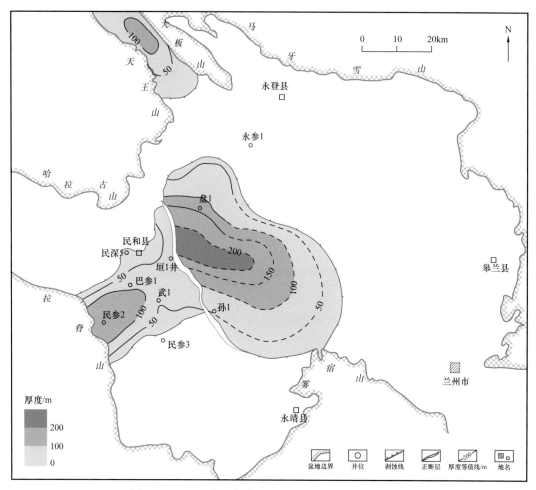

图 4-1-6　民和盆地中侏罗统窑街组烃源岩残余厚度图

表 4-1-2　民和盆地窑街组烃源岩有机质丰度统计表

岩性	有机碳含量 /%	氯仿沥青 "A" 含量 /%	总烃含量 /（μg/g）	生烃潜量 /（mg/g）	评价
暗色泥岩	4.44	0.0585	385	15.64	好
碳质泥岩	5.88	0.2887	1609	43.34	好
油页岩	9.61	0.2742	1632	26.61	好
煤	35.71	0.7289	3182	58.26	差

结合氯仿沥青 "A"、总烃、生烃潜量及烃源岩的分布特征，综合评价认为暗色泥岩、碳质泥岩及油页岩为民和盆地的主要烃源岩。

2. 有机质类型

根据 SY/T 5735—1995《烃源岩地球化学评价方法》及资料状况，主要采用显微组分和有机元素划分窑街组烃源岩类型。

1）显微组分

窑街组暗色泥岩、油页岩干酪根主要由大量利于成烃的腐泥组组成，其他显微组分较少，有机质为Ⅰ—Ⅱ₂型干酪根，具有较高的生油气潜力；煤和碳质泥岩镜质组和惰质组含量较高，有机质为Ⅲ型干酪根（表4-1-3）。

表4-1-3　民和盆地中侏罗统烃源岩显微组分统计表

岩性	显微组分含量 /%				类型	岩性	显微组分含量 /%				类型
	镜质组	惰质组	壳质组	腐泥组			镜质组	惰质组	壳质组	腐泥组	
油页岩	0.5	1	0	98.5	Ⅰ	湖相泥岩	18.3	56.3	0	25.4	Ⅲ
	0.5	0.5	0	99.0	Ⅰ		7.2	8.7	7.2	76.9	Ⅰ
	0.5	0	0	99.5	Ⅰ		7.1	10.9	5.8	76.2	Ⅰ
	1.0	0	0	99.0	Ⅰ		11.4	38.5	0	50.0	Ⅱ₂
碳质泥岩	20.6	77.1	2.3		Ⅲ		12.4	9.8	7.3	70.5	Ⅰ
	4.3	95.0	0.67		Ⅲ		9.9	12.4	4.2	73.5	Ⅰ
煤	94.4	1.1	4.5		Ⅲ		14.1	14.2	4.8	66.9	Ⅱ₁
	97.9	1.4	0.7		Ⅲ		31.2	23.3	0	45.5	Ⅲ
	95.8	1.5	1.9	0.8	Ⅲ		8.6	11.2	3.8	76.4	Ⅰ
	46.1	52.1	1.8		Ⅲ		7.3	92.0	0.7		Ⅲ
	58.0	40.4	1.6		Ⅲ		10.3	89.0	0.7		Ⅲ
	77.0	13.0	0	10.0	Ⅲ		8.6	90.3	1.1		Ⅲ

2）有机元素组成

油页岩的 H/C 原子比一般大于 1，最高可达 1.44，表明其成烃母质中含有较高的富氢组分，生烃潜量较大，类型属Ⅰ型或Ⅱ₁型；暗色泥岩 H/C 原子比变化范围较大，一般为 0.6～1.5，有机质类型以Ⅱ型为主；煤、高碳泥岩 H/C 原子比在 0.55～0.80 之间，属Ⅱ₂型或Ⅲ型有机质（图4-1-7）。

综合显微组分和元素分析，民和盆地烃源岩成烃母质类型以油页岩最佳，为Ⅰ型或Ⅱ₁型；暗色泥岩次之，以Ⅱ型为主；煤、高碳泥岩生烃能力较差，多为Ⅲ型有机质。

3. 有机质热演化

盆地周缘露头烃源岩的有机质成熟度镜质组反射率 R_o 值为 0.32%～0.86%，岩石热解最高温度 T_{max} 为 426～437℃，表明处于低成熟热演化阶段。

巴州凹陷巴参 1 井窑街组烃源岩埋深为 3600～3700m，其镜质组反射率 R_o 值为 1.31%～1.33%，处于高成熟阶段；武 1 井中侏罗统烃源岩埋深在 3500m 左右，其镜质组反射率 R_o 值在 1.20%～1.28% 之间，T_{max} 集中在 453～463℃，烃源岩处于生烃高峰阶段。

永登凹陷的盘 1 井烃源岩埋深 1800m 左右，热演化程度较低，镜质组反射率 R_o 值为 0.54%～0.71%，处于低成熟热演化阶段。

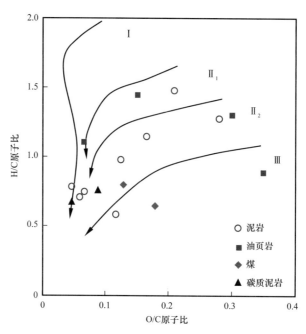

图 4-1-7　民和盆地中侏罗统烃源岩干酪根元素组成图

结合热史分析，盆地主体中侏罗统烃源岩现今已达到成熟—高成熟阶段。其中，巴州凹陷镜质组反射率 R_o 值为 0.70%～1.30%，沉积中心区热演化程度已达到高成熟阶段；永登凹陷埋深较大，推测热演化程度略高于巴州凹陷，沉积中心镜质组反射率 R_o 值超过 1.50%（图 4-1-8）。

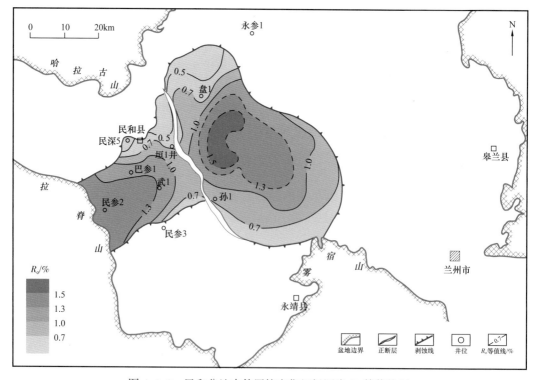

图 4-1-8　民和盆地中侏罗统窑街组烃源岩 R_o 等值线图

三、油源对比

民和盆地已在侏罗系、白垩系等多套地层获得油流，通过原油与可能烃源岩之间地球化学特征对比，油源主要来自于窑街组的暗色泥岩与油页岩。

1. 原油性质

民和盆地历经多年勘探，在海石湾地区发现了虎头崖油田，在盘道岭和武家地区发现了含油气构造。其中，在永登凹陷北缘钻探的盘 1 井见到油花，在巴州凹陷钻探的武 1 井获低产油流，武 2 井见到油花。纵向上，油藏主要分布在上侏罗统享堂组和下白垩统大通河组。地面原油密度在 $0.8552\sim0.8724\mathrm{g/cm^3}$ 之间，平均为 $0.8587\mathrm{g/cm^3}$，属于轻质原油；黏度 $5.00\sim20.10\mathrm{mPa\cdot s}$，除武 1 井属于低黏度油之外，其余均属于高黏度油；凝固点 $12\sim27℃$，含蜡量 $17.59\%\sim33.75\%$，属于中凝高蜡油（表 4-1-4）。

表 4-1-4 民和盆地原油物性分析数据表

凹陷	井号	井段 /m	层位	密度 / $\mathrm{g/cm^3}$	黏度 / $\mathrm{mPa\cdot s}$	蜡含量 /%	凝固点 /℃
永登	盘 1	1588.7～1591.7	J_3x	0.8639	18.71	30.1	26
		1790～1796	J_2y	0.8640	20.10	33.75	27
		2046～2068	Pt	0.8589	18.91	33.21	26
巴州	武 1	3051～3085	K_1d	0.8724	5.00	22.92	27
	武 2	2919～2958	Pt	0.8329	13.69	30.10	12
	海 14	345	K_1d	0.8552		17.59	21.5
	海 11	760	J_2y	0.8640			

2. 油源对比

民和盆地仅发育中侏罗统窑街组一套烃源岩，油源对比的目的是通过各种生物标志化合物的特征确定原油与烃源岩的亲缘关系。

油源对比发现，原油与窑街组暗色泥岩和油页岩的生物标志化合物的特征有极好的相似性，而与煤、碳质泥岩的相关性较低。原油饱和烃色谱特征表现为单峰型，主峰碳一般为 $n\mathrm{C_{15}}$，轻重比接近 2.23，显示其母质以水生生物为主；原油姥植比最高 3.33，与油页岩和暗色泥岩相似，与煤、碳质泥岩关系不密切（图 4-1-9）。

民和盆地原油、泥岩、油页岩的饱和烃色质均以富含 C_{27}、C_{28} 为特征（图 4-1-10），表明原油主要来源于水生生物输入丰富的泥岩、油页岩。煤和碳质泥岩以富含 C_{29} 规则甾烷为特征，其高等植物输入占优势，与原油和泥岩、油页岩生物标志化合物特征有明显差异。除此之外，原油的伽马蜡烷指数大多高于 0.5、三环萜及重排甾烷的含量较高，这与暗色泥岩、油页岩的特征类似，而与煤、碳质泥岩具有较大差异。

综合上述各项生物标志化合物特征，民和盆地已发现的原油来源于中侏罗统窑街组暗色泥岩与油页岩，而与煤、碳质泥岩的关系不密切。

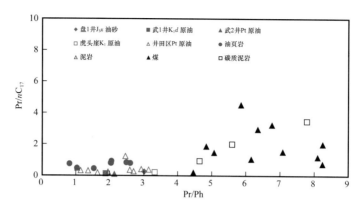

图 4-1-9　民和盆地原油与烃源岩 Pr/Ph—Pr/nC$_{17}$ 关系图

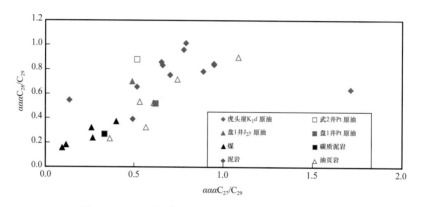

图 4-1-10　民和盆地原油与烃源岩规则甾烷关系图

第五节　沉积相与储层

民和盆地为陆相沉积盆地，侏罗系、白垩系沉积范围广，沉积厚度大。含油层主要是窑街组、上侏罗统享堂组、下白垩统大通河组和河口组砂岩储层，储层沉积相主要为辫状河三角洲、扇三角洲，储层物性以低孔、低渗为主。

一、沉积相

民和盆地在侏罗纪、白垩纪主要沉降时期为湖盆环境，对应于盆地周缘的三大隆起，具有西、北东、南东三大物源方向，沉积相发育有冲积扇、辫状河、辫状河三角洲、扇三角洲和湖泊相等。

1. 中侏罗统窑街组

中侏罗世窑街组沉积时期，盆地进入伸展断陷湖盆期。由下而上各层均具超覆现象，沉积过程水体不断扩大，永登、巴州两个凹陷组成北东—南西走向的主体沉降区，沉积物主要来源于南东和北西两个方向，除皋兰隆起、马营隆起和永登凹陷北部的牌楼低凸外，均有沉积；自边缘向湖盆内部依次发育冲积扇、河流、湖泊沉积。在窑街组残留分布区，沉降鼎盛时期主要为冲积平原亚相、滨浅湖亚相与半深湖亚相（图 4-1-11）。

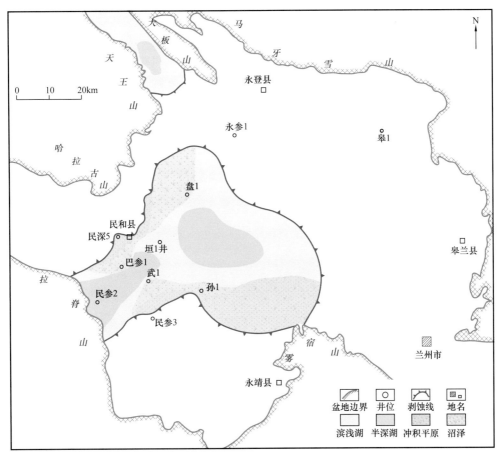

图 4-1-11　民和盆地中侏罗统窑街组沉积相平面图

　　窑街组沉积早期，沉降区周围发育冲积扇—河流相沉积，在北西海石湾地区，窑街组底部普遍为灰白色块状砂砾岩，厚度为 10～30m，剖面上呈透镜体，底部具侵蚀面，砂岩分选、磨圆度差，无层理构造，反映沉积区离物源较近，供给充足，沉积速率快。窑街组沉积中期，盆地进一步沉降，水体范围扩大，边缘发育冲积平原，主体沉降区为滨浅湖—半深湖亚相沉积；由于气候温暖潮湿，滨湖、冲积平原环境普遍沼泽化，煤层发育并与泥岩、砂岩互层，南东部位的武 1 井与北西部位的海石湾、盘 1 井等比较典型；浅湖、半深湖环境则以发育黑色页岩为特点。窑街组沉积后期，地形变缓，水体变浅，主要发育河流、滨湖相沉积，岩性组合表现为灰白色砂岩夹黄绿色、浅棕色泥岩。

　　2. 上侏罗统享堂组

　　晚侏罗世享堂组沉积时期，湖盆进入断陷扩张期，沉积范围较前期扩大，盆地西北角的炭山岭凹陷与永登凹陷、巴州凹陷沉积连片，同时，气候变为半潮湿—干旱，享堂组总体为河流—三角洲—湖泊沉积环境（图 4-1-12），砂岩与泥岩互层，但岩性总体为下粗上细的正旋回沉积，后期湖泊沉积范围变大，利于形成储盖组合。

　　巴州凹陷与永登凹陷水域连为一体，周围发育多个三角洲，包括巴参 1 井、虎头崖油田（民深 4 井）、盘 1 井、武 1 井等分别所在的三角洲。巴参 1 井享堂组中部为三角洲沉积，岩性为砂岩与深灰色泥岩、碳质泥岩互层。虎头崖油田钻井较多，北西—南东走向的辫状河三角洲前缘分支河道砂体发育。盘 1 井享堂组发育三角洲前缘—滨浅湖沉积，其下部为滨浅湖沉积，岩性为紫红色泥岩、灰绿色泥岩夹灰黄色泥质粉砂岩、灰白色粉砂质泥岩；中部为三角洲前缘水下分流河道沉积，岩性为灰褐色细砂岩夹粉砂岩，粒度概率曲线为二段式，分选中等，发育低角度交错层理和冲刷面构造；中—上部为三角洲平原河道间沉积，岩性为紫红色泥岩夹紫红色含砾泥岩、灰白色粉砂岩；上部为滨浅湖沉积（图4-1-13）。

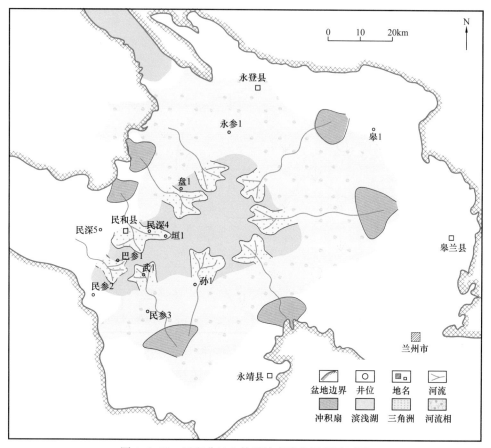

图4-1-12 民和盆地上侏罗统享堂组沉积平面图

盆地周缘主要为河流相沉积。在巴州凹陷西缘万泉堡构造带高部位，民深1井、民深2井、民深3井、民深4井、民深5井享堂组下部岩性为砾状砂岩、中细砂岩与泥岩互层，分选差，磨圆度呈次圆—次棱角状，表现为辫状河沉积特点；中部为长石石英砂岩与泥岩互层，砂岩分选中等—较差，砂层粒度具有向上变细的正韵律，其测井曲线组合形态为钟形，视电阻率曲线为锯齿状中高阻，自然电位曲线为较平滑负异常，表现为曲流河相沉积特点。永登凹陷北部的永参1井享堂组岩性为褐色、灰褐色泥岩、粉砂质泥岩夹灰色泥岩、灰褐色泥质粉砂岩，表现为曲流河泛滥平原沉积特点。

总之，享堂组总体为盆地构造背景日趋稳定、沉积范围不断扩大的湖泊相、辫状河三角洲相及河流相沉积体系，是盆地的主要含油层系之一。

3. 下白垩统大通河组

早白垩世初大通河期，燕山中期运动使盆地再一次快速沉降，盆地与周围高差增大，沉积体系为半干旱—干旱条件下的扇三角洲相—河流相—湖相正旋回沉积。岩性下部以杂色砂岩、含砾砂岩为主，中—上部以棕红色泥岩、粉砂岩为主，砂岩与砂质泥岩多呈透镜状分布，砂岩发育交错层理，具典型的河流相沉积特点。

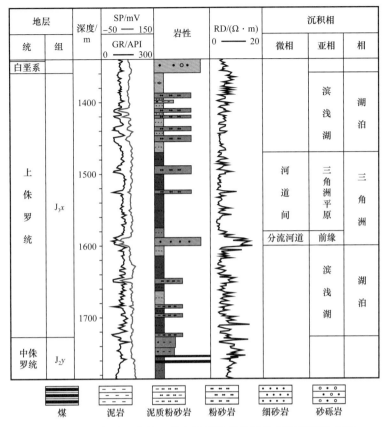

图 4-1-13　永登凹陷盘 1 井上侏罗统享堂组单井沉积相柱状图

永登凹陷—巴州凹陷中部以滨浅湖亚相沉积为主，在过永登凹陷腹部的二维地震剖面上，其反射波组连续性较强，地层成层性好。皋兰隆起无沉积。

盆地周缘钻井揭示主要为冲积扇、扇三角洲、河流相沉积。巴州凹陷西部的民参 1 井、巴参 1 井区域，早期属于曲流河沉积，岩性为含砾砂岩、中细砂岩与泥岩、泥质粉砂岩互层；向西远离凹陷，至民深 2 井、民深 3 井、民深 5 井区主要属于冲积扇—河流相沉积，岩性为砾岩、砂砾岩；再往西，凹陷边缘的民深 7 井为典型的冲积扇扇根沉积，岩性为砾岩。在盆地南缘，民深 2 井大通河组底部属于典型的辫状河沉积，岩性为砾岩、含砾砂岩、中细砂岩互层；附近的民参 3 井也属于辫状河沉积，为棕红色砂岩、泥质粉砂岩与棕红色泥岩互层。西北缘盘 1 井属于典型的扇三角洲分流河道沉积，岩性下粗上细，岩性为杂色砂砾岩、紫红色泥质粉砂岩、棕红色泥岩，发育洪积层理，分选差，有一定的磨圆度，而且砾石具定向排列特点。北缘的永参 1 井为曲流河沉积，岩性为褐色泥岩、粉砂质泥岩夹褐色泥质粉砂岩。东南部民深 6 井属于半干旱气候条件下的扇三角洲辫状河道沉积，岩性组合为厚层状灰色、灰绿色、灰褐色砂岩夹薄层棕褐色泥岩。

4. 下白垩统河口组

下白垩统河口组沉积时期，民和盆地再一次快速沉降，盆地与周边高大，沉积体系为扇三角洲相—河流相—三角洲相—湖相的正旋回沉积，沉积范围几乎覆盖全盆地。该时期是断陷湖盆的鼎盛发育期，差异沉降尤其明显，其中，马场垣东同生正断裂断距大，控制永登凹陷大幅沉降，使永登凹陷河口组最大厚度可达3000m左右；相对而言，早期东部为沉降中心，晚期西部沉积厚度大。

盆地周缘以冲积扇沉积为主，河流入湖处发育三角洲沉积，盆地中央则以滨浅湖沉积为主；早期湖泊面积小，主要分布在永登、周家台地区，晚期湖泊范围扩大。

在盆地西缘，民深2井、民深3井、民深5井一线为辫状河—曲流河—三角洲—河漫滩的沉积组合；向凹陷内部方向，民深1井—民深4井（上部明显遭受剥蚀）一线为辫状河—曲流河—三角洲相的沉积组合，民参1井、巴参1井、民参2井、民深8井为河流相—三角洲相—滨湖亚相的沉积组合。南缘民参3井、民探2井、庄1井一线为辫状河—曲流河—辫状河—三角洲相的沉积组合，但以河流沉积为主；东南缘民深6井为辫状河三角相沉积；北缘永参1井、西北缘盘1井为冲积扇沉积。

二、储层特征

民和盆地从元古宇、中生界到新生界共发育七套储层层系，以上侏罗统享堂组、下白垩统大通河组为盆地油气主力储层。享堂组储层主要为辫状河三角洲砂体；大通河组主要为扇三角洲、河道、滨浅湖砂体。另外，武2井在元古宇基底见白云石大理岩裂缝储层。

1. 岩石学特征

享堂组砂岩石英含量为30.1%～97.0%，西部与南东物源区差别大，西部物源区石英含量高，如盘1井（表4-1-5），其母岩为石英岩，岩屑含量多低于18%，岩石类型主要为岩屑石英砂岩；南东物源区岩石类型主要为长石岩屑砂岩、岩屑长石砂岩。砂岩胶结物成分主要为方解石、铁方解石和少量铁白云石；自生黏土矿物分布普遍，平均含量为1.6%，最高可达16%；石英次生加大比较明显，颗粒之间多呈线接触；岩石结构成熟度普遍较低，磨圆度呈棱角—次棱角状，总体表现出近物源的特征。

表4-1-5 民和盆地武1、盘1井砂岩成分统计表

井名	井段/m	层位	成分含量（范围值/平均值）/%						孔隙结构
			碎屑				杂基		
			石英	长石	岩屑	云母	泥质		
武1井	2722.50～3054.38	K₁d	$\frac{35.4～53.2}{45.5}$	$\frac{28.6～34}{30.6}$	$\frac{12.8～34.2}{22.9}$	$\frac{1.1～3.3}{1.9}$	$\frac{0.5～2.0}{1.1}$		溶蚀粒间孔、剩余粒间孔
	3478.69～3483.85	J₃x	$\frac{30.1～51.7}{43.2}$	$\frac{21.5～33}{27.4}$	$\frac{21.1～48.4}{29.3}$	$\frac{2.5～5.0}{4.5}$	$\frac{1.0～5.0}{2.6}$		溶蚀粒间孔、剩余粒间孔
盘1井	1587.33～1594.80	J₃x	$\frac{88.5～93.4}{91.5}$	$\frac{1.1～2.3}{1.4}$	$\frac{2.2～4.6}{3.4}$	$\frac{2.2～5.9}{3.7}$	$\frac{2.0～10}{3.4}$		溶蚀粒间孔、剩余粒间孔
	1801.52～1829.66	J₂y	$\frac{69～94.4}{83.9}$	$\frac{1.1～7.4}{3.1}$	$\frac{3.3～28.7}{12.2}$	$\frac{1.1～1.2}{1.1}$	$\frac{1.0～8.0}{2.9}$		溶蚀粒间孔、剩余粒间孔，偶见裂缝

大通河组砂岩岩石类型主要为岩屑长石砂岩。西部石英平均含量为 60.3%，长石平均含量 25.5%，岩屑平均含量 14.2%。岩屑成分为流纹岩、凝灰岩及少量黑云母、白云母和绿泥石；填隙物以方解石为主，最高含量为 11%，其次为自生黏土矿物伊利石和绿泥石，杂基平均含量 6%；颗粒之间以点—线接触为主，孔隙型胶结；分选较好。类似于享堂组，南东部位的石英含量明显低于西部，如武 1 井石英平均含量 45%。

2. 孔隙结构

上侏罗统—下白垩统砂岩孔隙类型主要为溶蚀孔隙，其次为残留的原始粒间孔隙，此外，还有晶间孔和裂缝。

粒间溶孔形态呈港湾状、长条状和不规则状，在粒间溶孔中偶见绿泥石、高岭石等残留物。长石内溶孔常沿解理缝发育，形成网格状、蜂窝状、筛状；岩屑内溶孔常沿微裂缝发育，形成不规则状；晶间孔一般孔隙细小；部分杂基溶蚀后的残留物为"手风琴状"高岭石和鳞片状绿泥石黏土，呈网状分布。裂缝包括成岩收缩缝、构造裂缝等，如民探 2 井在享堂组和大通河组就普遍发育构造裂缝，并且因进一步溶蚀，形态不规则。

享堂组和大通河组储层压汞曲线普遍表现出曲线平台不明显，排驱压力高，喉道均值小等特征，说明孔隙结构具有非均质性强、喉道分布范围广的特点。

3. 物性特征

上侏罗统—下白垩统砂岩储层物性普遍较差。享堂组储层平均孔隙度为 3.5%～14.2%，平均渗透率为 0.10～13.40mD；大通河组储层平均孔隙度为 2.5%～13.9%，平均渗透率为 0.05～5.90mD。

平面上，埋藏较深的地区储层物性最差，埋藏浅的海石湾地区储层物性相对较好（表 4-1-6）。

表 4-1-6　民和盆地探井储层物性统计表

井号	层位	储层物性（范围值/平均值）		井号	层位	储层物性（范围值/平均值）	
		孔隙度/%	渗透率/mD			孔隙度/%	渗透率/mD
巴参1	K_1d	$\frac{3.7～6.6}{5.1}$	$\frac{0.01～6.50}{0.74}$	盘1	J_3x	$\frac{3.2～18.7}{14.2}$	$\frac{0.10～80.50}{13.40}$
	J_3x	$\frac{6.0～16.6}{10.5}$		海石2	J_3x	$\frac{6.15～13.0}{9.8}$	$\frac{0.07～7.00}{1.68}$
武1	K_1d	$\frac{1.6～5.6}{4.3}$	$\frac{0.06～0.44}{0.14}$	HTY-1	J_3x	$\frac{2.7～4.0}{3.5}$	
	J_3x	$\frac{3.7～8.3}{5.6}$	$\frac{0.05～0.14}{0.10}$	民深4	K_1d	$\frac{12.16～15.4}{13.9}$	$\frac{0.22～8.34}{3.73}$
庄1	J_3x	$\frac{3.5～6.4}{5.1}$	$\frac{0.1～0.40}{0.27}$	民探2	K_1d	$\frac{1.5～3.5}{2.5}$	<0.05

巴州凹陷中部巴参 1 井大通河组平均孔隙度为 5.1%，平均渗透率为 0.74mD；武 1 井最大孔隙度只有 5.6%，最大渗透率也仅 0.44mD；民探 2 井孔隙度最大值 3.5%，渗透

率小于 0.05mD。

虎头崖油田享堂组储层孔隙度为 3.2%～17.3%，平均 11.9%；渗透率为 0.06～27.57mD，平均为 6.19mD。大通河组储层孔隙度为 11.0%～20.0%，渗透率为 0.1～66.3mD。

总体上，上侏罗统—下白垩统储层以低孔、低渗和低孔、特低渗（Ⅲ、Ⅳ类）为主，在斜坡区及古隆起区局部属中孔、中渗（Ⅱ类）储层。

第六节　油气藏形成与分布

民和盆地中侏罗统烃源岩在早白垩世晚期进入生烃门限，早白垩世末期和第四纪是构造形成和油气运聚的关键期。油气以控盆断裂和连通性好的砂体为主要运移通道，形成下生上储、自生自储和新生古储等类型的油气藏，已经在盆地周缘发现虎头崖油田和盘道岭、武家等含油气构造。

一、油气藏形成条件

1.烃源岩条件优越

中侏罗世断陷湖盆沉积的富有机质泥岩、页岩等是成油的物质基础。

中侏罗统窑街组是盆地唯一的烃源岩层，巴州凹陷、永登凹陷广泛发育湖沼相的暗色泥岩、油页岩、碳质泥岩和煤，烃源岩地球化学综合评价和油源对比，暗色泥岩、油页岩、碳质泥岩是主力烃源岩。烃源岩分布较为稳定，最大厚度 100～200m。

主力烃源岩有机质丰度高、类型好、生烃潜量大、热演化适中的优越条件。油页岩有机碳平均含量 9.61%，氯仿沥青"A"平均含量 0.27%，生烃潜量平均 26.61mg/g，总烃含量平均 1632μg/g，是好烃源岩；暗色泥岩有机碳平均含量 4.44%，氯仿沥青"A"平均含量 0.0585%，生烃潜量平均 15.64 mg/g，总烃含量平均 385μg/g，是好烃源岩。

中侏罗统烃源岩沉积后，在上侏罗统、下白垩统和上白垩统连续多期沉积埋藏下，在早白垩世末，烃源岩进入生烃高峰，现今中侏罗统在主体凹陷最大埋深大于 7000m，推测镜质组反射率 R_o 值可达 1.5% 以上，可生成轻质油和天然气，为油气成藏奠定了物质基础。

2.多套储盖组合配置良好

民和盆地发育砂岩孔隙型储层和变质岩裂缝—孔隙双重介质型储层；盖层岩性主要为泥岩、油页岩以及膏岩等。

上侏罗统—古近系发育六大套区域性储盖组合，中侏罗统窑街组、下白垩统河口组为两大断陷高峰时期的正旋回沉积，加之上侏罗统享堂组、下白垩统大通河组、上白垩统民和组、古近系西宁群四套正旋回沉积，构成了以河流相、辫状河、扇三角洲相砂岩为储层和以湖相泥质岩、膏岩为盖层的六套储盖组合。除窑街组为自生自储型，其他五套均为下生上储型。

在六套盖层中，有三套区域性盖层厚度大、分布范围广。自下而上，第一套位于窑街组，包括下部的煤系和中上部的铝质泥岩、油页岩及泥岩，厚度一般为 20～60m；第二套区域性盖层为河口组中部的暗色泥岩、页岩，厚度一般为 70~300m；第三套区域性盖层为古近系西宁群的泥岩、泥膏岩和薄层石膏层，厚度一般为 50~150m。这三套湖相泥岩、页岩、膏盐具有很好的封盖能力。

另外，作为盆地基底的元古宇变质岩潜山，因发育裂缝或在盆地形成前作为风化壳，可以成为有效储层，加之上覆中侏罗统泥岩盖层和侧翼窑街组烃源岩，构成了新生古储式生储盖组合。

盆地已发现油气藏主要分布于上侏罗统享堂组和下白垩统大通河组，中侏罗统窑街组和元古宇基底潜山也发现较为丰富的油气显示。

3. 多类型构造带和圈闭较发育

民和盆地为多期发育的改造型盆地，历经中燕山期、晚燕山期、喜马拉雅构造运动，从张性断陷到挤压回返，从盆地产生、发展到消减萎缩，使盆地结构、构造产生了复杂的变化，多期构造运动控制形成了多种类型的构造区带和圈闭，进而影响形成不同类型的含油气区带和油气藏。

张性断陷时期的上升盘往往形成古凸起背景上构造带，如盘道岭背斜构造带、马场垣鼻状构造带；下降盘往往形成同沉积构造带，经过后期的回返可能改造为鼻状构造带，如孙家构造带。盆地从张性断陷到挤压回返，可以形成一系列挤压断褶构造带，如钱家寺构造带、苏家涝池构造带。喜马拉雅期，盆地消减萎缩，在盆地边缘形成斜坡背景上的鼻状构造带，如万泉堡、武家构造带等。

局部圈闭以断背斜、断鼻、断块最为发育，基岩古潜山圈闭也有一定程度的发育。油气勘探主要集中在盆地边缘，已在马场垣、万泉堡、武家等鼻状构造带发现断背斜、断鼻、断块型油气田（藏），以及潜山型含油气构造等。

4. 油气成藏时空配置良好

民和盆地烃源岩分布与构造区带位置、烃源岩热演化生烃与构造的形成在空间、时间上都有较好的配置。

首先，烃源岩分布与构造区带占位配置关系良好。已发现的 9 个构造带构造带有 6 个处在烃源岩分布区内，这 6 个构造带或位于生烃凹陷中央（钱家寺、苏家涝池构造带）、或以鼻状构造样式倾伏于生烃中心区（万泉堡、武家构造带）、或位于两个洼陷之间高部位及凹陷边缘高部位（马场垣、盘道岭构造带），已钻探 4 个构造带均已发现油气藏或见到油气显示；另外 3 个构造带虽然位于烃源岩分布区的边缘或者之外，但距离烃源岩分布区都很近。

其次，烃源岩成熟生烃与构造的形成演化匹配关系良好。窑街组烃源岩在早白垩世晚期进入生烃高峰，新生代处于成熟—高成熟演化阶段，因此，早白垩世末—第四纪（112—2Ma）是油气运移、成藏的阶段（图 4-1-14）。在第一个生烃高峰期，恰逢早白垩世末张性断陷受挤压回返和一系列断褶构造带形成，已生成的油气伴随构造活动运移聚集成藏，而且与中晚侏罗世、早白垩世张性断陷有关的古凸起型潜山、同沉积型构造带已经在烃源岩大量生排烃之前形成，可优先捕获油气成藏。在晚白垩世末，中—上侏罗统、下白垩统和元古宇的多套储盖组合均具有成藏条件。喜马拉雅期，盆地边缘的构造区带形成，盆地内部早期形成的构造区带受到不同程度的改造，两期构造运动形成的构造带及圈闭均可捕获第二生烃高峰期生成的油气。新近纪末，构造活动及其改造作用南强北弱，巴州凹陷南缘油藏受改造影响大，部分油气向上运移至上白垩统、古近系、新近系成藏；永登凹陷主体沉积和保留有较厚的白垩系盖层，是寻找燕山期古构造控制油藏的有利地区。

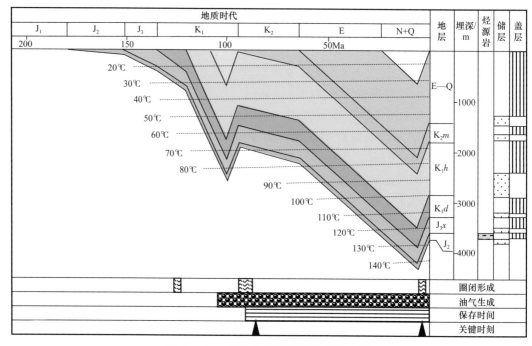

图 4-1-14　民和盆地巴州凹陷埋藏史图

二、油气藏特点

民和盆地发现油气藏及含油气构造主要围绕两大隆起前缘分布。其一是依附于乐都—连城隆起前缘分布的海石湾油田区、巴参1井油藏及盘道岭含油气构造；其二是依附于马营隆起前缘分布的武家含油气构造和孙家含油气构造。海石湾油田区虎头崖油田上侏罗统油藏已探明。

海石湾油田区位于民和盆地西缘，包括虎头崖油田、北部单斜油藏区和井田区（图 4-1-15 和图 4-1-16），构造位置居于马场垣构造带的上倾部位。以虎头崖油田南翼逆断层为界，由南向北逐渐抬升，构造由断背斜逐渐变为断鼻、断块。海石湾油田区油层在纵向上主要分布于上侏罗统享堂组和下白垩统大通河组，中侏罗统窑街组和下白垩统河口组有零星分布。油藏平面分布受构造和辫状河三角洲河道砂体双重因素控制。民和油田油井产量总体都比较低，试采统计初期产量往往较高，后期产量降低很快，主要原因是油藏规模小、储层物性差。

1. 虎头崖油田

民和盆地西缘海石湾地区煤层发现利用早，在早期钻探浅井和煤田钻孔普见油气显示，于20世纪50年代在下白垩统获得油流，发现虎头崖油田，至2002年，虎头崖油田先后有9口井衰竭式生产，累计产油 1.2×10^4t，平均产油 2t/d 左右，计算储量为 85×10^4t。2005年下半年开始在油田滚动扩边钻探，2008年探明享堂组油藏含油面积 1.07km^2，石油地质储量 114×10^4t（图 4-1-17）。

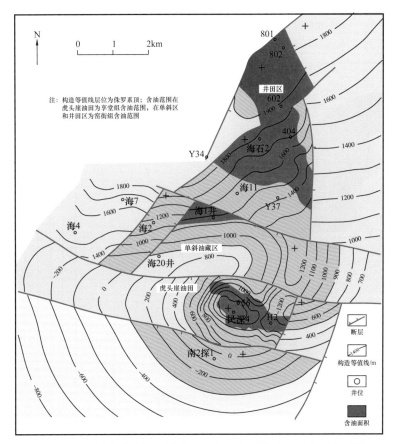

图 4-1-15　民和盆地海石湾油田区中—上侏罗统油气分布平面图

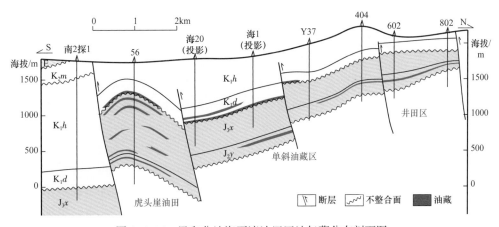

图 4-1-16　民和盆地海石湾油田区油气藏分布剖面图

虎头崖油田是海石湾油田区的主力产油区块。单斜区指海 20 井—海 1 井之间的东西向展布的区块，圈闭类型为断鼻、断块，区块内共有钻井 14 口，除海 6 井大通河组试油获得 4.65m³/d 的工业油流外，海 1 井、海 3 井、海 6 井享堂组试油均见油花，油藏类型为构造—岩性型。而海 1 井以北的井田区主要为煤田钻孔，圈闭类型为断块，有试油资料的只有海石 2 井，海石 2 井在享堂组及窑街组合试求产，仅出油 0.01m³，试油结论为低产水层。

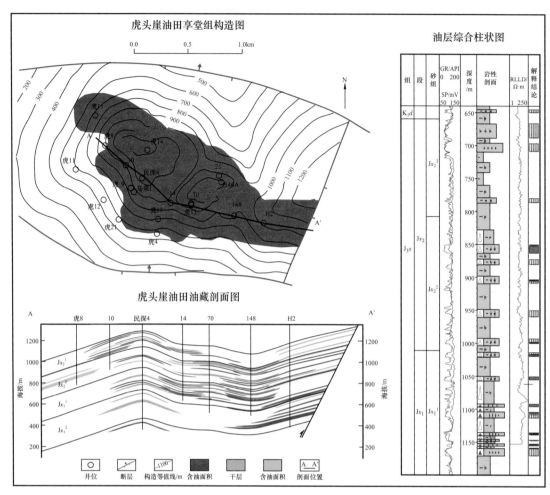

图 4-1-17 民和盆地虎头崖油田上侏罗统享堂组油藏综合图

1）构造特征

海石湾油田区构造总体特征是鼻状构造带背景上由断鼻、断块构成的圈闭群，构造整体由两组断裂控制：一组是燕山晚期马场垣同生断裂回返的派生断裂，北西向展布；另一组是喜马拉雅期构造逆冲形成的逆断裂，北东向展布，与早期的北西向断裂相互切割。

虎头崖油田构造为三条逆断层夹持的断块圈闭，圈闭形态相对较为完整，近东西向展布，发育东西两个局部构造高点，西高点为背斜形态，东高点局部呈断鼻形态。油藏受构造、岩性双重因素控制，享堂组油藏叠合含油面积 1.07km²，大通河组油藏叠合含油总面积 0.13km²。

2）储层特征

虎头崖油田储层层位主要为享堂组，享堂组地层真厚度可达 860m，岩性为细砂岩、粉砂岩与砂质泥岩、泥岩互层，储层主要为其中的细砂岩，在纵向上分布较为分散。

享堂组沉积相带属于辫状河三角洲前缘亚相，物源方向来自西北部，砂体沉积微相多为水下分支河道，与泥岩互层的砂层多达 29 个，单砂层厚度 4～30m，砂层累计厚度30～90m，砂地比 20%～50%。自北西向南东，为顺河道方向，砂体连续性较强，并逐渐减薄尖灭；垂直河道方向，砂体厚度变化快、连续性差。因此，砂体主砂带自北西向南东方向呈指状展布，但总体上，多期砂体具有叠置连片的特点。

享堂组砂岩岩石学类型为石英含量较高的长石砂岩，石英含量44%～72%，平均51.3%；长石含量平均19.5%；岩屑含量3%～12%，平均5.4%。颗粒磨圆度呈次圆—次棱角状；颗粒之间以点—线接触为主；胶结物为方解石、泥质。

储层孔隙度3.2%～17.3%，平均11.9%；渗透率0.06～27.57mD，平均6.19mD，整体属低孔、低渗类储层。

3）油藏特征

（1）油藏类型及分布特点。

享堂组油层在上、下两段的4个砂层组均有分布，含油层段长约900m，油藏以层状分布为特点，其间无明显的水层，物性好者为油层，物性差者为干层。平面上，油藏均分布于构造高部位，主控因素是构造，但含油边界多受岩性砂体或物性变化控制。

剖面上，单砂体油层在侧向连通性差或不连通，受沉积微相、储层物性控制明显，受辫状河三角洲分支河道影响，单砂体油层主要自北西向南东展布，向北东、南西两侧很快尖灭，另外，还有泥质含量高的大量砂层为干层。多个单砂体油层在平面上叠合连片，其中，上段油藏主要分布在构造主体部位，如虎15、H2井区油层较为发育；下段油藏主要分布在构造主体部位的东侧，即H2井区及148井区一线。

享堂组上、下段油藏总体为构造背景控制下的岩性—构造油藏，油藏埋深450～1510m。

（2）气藏温度、压力系统。

享堂组油藏地层温度为28.4～40.8℃；地层压力为5.34～10.85MPa，压力系数为1.02～1.26，属正常压力系统。

（3）流体性质及分布。

地面原油密度0.822～0.846g/cm³，平均地面原油密度0.834 g/cm³；黏度6.01～10.83mPa·s，凝固点11～30℃，初馏点47～81℃，汽油含量18.1%～25%，含蜡量15.89%～29.48%，属常规原油。

享堂组油藏地层水总矿化度为32025～42753mg/L，水型属$CaCl_2$型。

2．盘道岭含油气构造带

盘道岭含油气构造带位于永登凹陷西部，居于紧靠永登断陷主体的低凸上，背靠乐都—连城隆起前缘带；永登断陷埋深大，成熟度高，平均有机碳含量7.2%，窑街组烃源岩进入大量生气阶段，因此，盘道岭构造带烃源条件好，利于形成中、上侏罗统、白垩系岩性—构造油气藏和元古宇、古生界潜山型油气藏（图4-1-18）。

盘1井钻探揭示油气显示集中在元古宇变质岩、中侏罗统窑街组和上侏罗统享堂组，其中元古宇变质岩见荧光显示12m/3层，窑街组见显示11.39m/5层，享堂组见显示9.7m/5层，显示最好的层段位于享堂组和窑街组中部。在元古宇2042.0～2068.0m井段试油，抽汲出水0.15m³/d，含油花，压裂也只见油花，结论为干层；在窑街组1806.4～1815.4m井段试油，抽汲产水9.4m³/d；在窑街组1790.0～1796.0m井段测试，一开井产水8.3～9.9m³/d，出油0.02 m³，压裂后产油0.09m³/d，结论为含油水层；在享堂组1589～1591m井段测试，三开抽汲产水5.02～6.95m³/d，含油花，结论为含油水层。

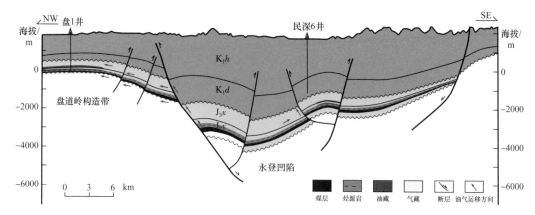

图 4-1-18　民和盆地永登凹陷盘道岭构造油气运聚模式图

盘 1 井丰富的油气显示证实盘道岭构造带具备基本油气成藏条件，失利的因素可能有两个方面：一是二维地震测网稀且资料品质较差，圈闭的落实程度低，井处于圈闭的低部位或之外；二是盘道岭构造带处于隆起前缘，喜马拉雅晚期构造活动强烈，圈闭保存条件差，早期形成的油气藏遭到破坏或调整改造。因而，强化地震技术攻关，改善资料品质，准确落实圈闭，该油气显示构造带具有一定的勘探潜力。

第七节　油气资源潜力与勘探前景

民和盆地是一个被后期挤压改造的山间断陷盆地，中侏罗统烃源岩发育较好，其热演化程度适中，但因地震资料品质差，勘探程度还很低，仍具有较大的油气资源潜力和勘探前景。

一、资源潜力

根据中国石油天然气集团公司第四次油气资源评价结果，民和盆地采用以类比法为核心，结合成因法进行资源量计算，巴州凹陷石油地质资源量期望值为 $0.22 \times 10^8 t$，天然气地质资源量期望值为 $75.32 \times 10^8 m^3$；永登凹陷石油地质资源量期望值为 $0.59 \times 10^8 t$，天然气地质资源量期望值为 $195.10 \times 10^8 m^3$。民和盆地石油地质资源量期望值为 $0.81 \times 10^8 t$，天然气地质资源量期望值为 $270.43 \times 10^8 m^3$（表 4-1-7 和表 4-1-8）。

表 4-1-7　民和盆地石油地质资源量汇总表

概率	巴州凹陷石油地质资源量 /10⁴t			永登凹陷石油地质资源量 /10⁴t			石油地质资源量合计 /10⁴t		
	J	K	小计	J	K	小计	J	K	总计
5%	2170.9	835.92	3006.77	6190.4	2578.4	8768.82	8361.3	3414.3	11776
50%	1506.8	580.21	2086.99	4129.9	1720.1	5849.97	5636.6	2300.3	7937
95%	1086.3	418.3	1504.61	2889.8	1203.6	4093.4	3976.1	1621.9	5598
期望值	1557.2	599.63	2156.85	4196.1	1747.7	5943.74	5753.3	2347.3	8100.6

表 4-1-8　民和盆地天然气地质资源量汇总表

概率	巴州凹陷天然气地质资源量 / 10^8m^3			永登凹陷天然气地质资源量 / 10^8m^3			天然气地质资源量合计 / 10^8m^3		
	J	K	小计	J	K	小计	J	K	总计
5%	59.06	22.74	81.8	149.58	62.3	211.88	208.65	85.05	293.7
50%	54.06	20.82	74.88	136.92	57.03	193.95	190.98	77.85	268.83
95%	45.12	17.38	62.5	114.28	47.6	161.88	159.4	64.97	224.37
期望值	54.38	20.94	75.32	137.73	57.37	195.1	192.12	78.31	270.43

从层系来看，常规油气资源主要分布于上侏罗统享堂组和下白垩统大通河组，其中侏罗系占 71.02%，白垩系占 28.98%。

二、勘探前景

通过油气地质条件评价，盆地西缘和凹陷中央构造带是有利的勘探领域。

盆地西缘位于生烃凹陷西北侧，以马场垣东同生断裂和盘道岭前缘同生断裂为界与凹陷主体相接，背靠乐都—连城隆起，并受乐都—连城隆起影响，长期处于盆地西部较高部位，也是晚白垩世晚期开始逆冲回返的继承性油气运聚单元；自南向北发育有万泉堡、马场垣、盘道岭 3 个构造带，构造整体西高东低；早期浅埋，储层物性较好。已发现海石湾油田区、巴参 1 井油藏、盘道岭含油构造，其中，虎头崖油田至今仍有产出，巴参 1 井获得工业油流，盘 1 井获少量油流，垣 1 井油气显示丰富，展示出该区带整体含油气性好，是进一步勘探的有利区带。

在永登凹陷中央，受晚白垩世—新生代的逆冲回返作用的影响，在凹陷中央形成断背斜、断鼻样式的构造带，包括钱家寺和苏家涝池两个构造带。两个构造带均位于生烃凹陷中心，处于隆起前缘与凹陷结合部位，喜马拉雅期构造运动早期形成的构造带，与喜马拉雅期油气运聚期相匹配，是油气运聚的优势构造单元。其中，钱家寺构造带位于永登凹陷中部偏北，受东西走向横贯于整个永登凹陷中央的钱家寺断裂控制，由 2 个依附于钱家寺断裂展布的断鼻、断块构造构成，区带面积 86km²；苏家涝池构造带位于永登凹陷的中南部，西端与马场垣构造带相邻，南北分别被苏家涝池断裂和张家川断裂所夹持，呈东西向展布，圈闭类型主要为断鼻，区带面积 118km²。两个构造带地表条件十分复杂，地震资料品质普遍较差，地表构造与地下构造形态差异大，构造落实难度大，是在深化地震技术攻关基础上有望获得勘探突破的有利勘探领域。

综上所述，民和盆地具有油气勘探前景的区域，首选盆地西缘构造带，紧邻巴州、永登凹陷主体生烃区，油源充足，又有烃源断层输导沟通，埋藏较浅，是油气勘探的有利的区带；其次是永登凹陷的中央构造带，位于生烃中心，油源条件优越，是油气勘探前景较大的区域。

第二章 银额盆地与总口子盆地

银额盆地与总口子盆地相邻，两个盆地性质、沉积演化特征及其区域构造背景相似，勘探主要目的层为白垩系和侏罗系。

第一节 概 况

银额盆地和总口子盆地属于北山造山带内部发育的中—新生界盆地，由一系列白垩系、侏罗系小型断陷组成，地表以荒漠为主，油气勘探研究程度低，近年在少量断陷中有油气发现和突破。

一、地理概况

银额盆地、总口子盆地主要位于内蒙古西部，两盆地均在西南角有少部分区域跨入甘肃省（图4-2-1），银额盆地面积$12.13 \times 10^4 km^2$，总口子盆地$5300 km^2$。行政区划隶属内蒙古自治区西部额济纳旗、阿拉善左旗、阿拉善右旗、杭锦后旗和甘肃省金塔县、肃北蒙古自治县。东以狼山为界，西临北山，南抵北大山和雅布赖山，北至中蒙边境及洪格尔吉山、蒙根乌拉山（图4-2-1）。

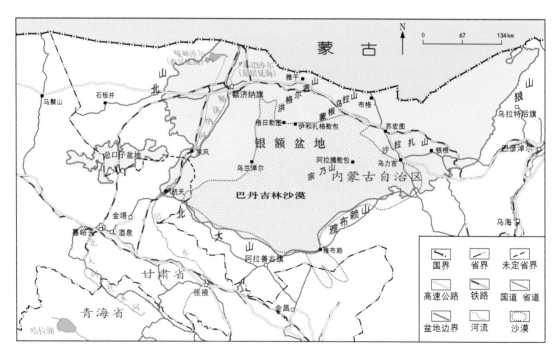

图4-2-1 银额盆地、总口子盆地地理交通图

该区属于典型的北温带大陆型干旱—极干旱荒漠气候，气候条件恶劣，夏季酷热少雨，冬季寒冷干燥。降水量远小于蒸发量，一般年降水量20～40mm，蒸发量3800～4000mm。年温差、日温差大，每年6～8月份为高温季节，最高气温达42.5℃，元月份最寒冷，最低气温达 −36.4℃。大风与沙暴日数较多，尤以春冬季节盛行，全年8级以上大风有60多天，沙暴日数一般30多天，最多达41天，风速最高可达24m/s。区内地表河流及地下水均不发育，西部黑河（季节性河流）自南向北流经湖西新村、额济纳旗贯穿本区，形成著名的额济纳旗绿洲，现存胡杨林3万公顷，被列为国家级自然保护区，是世界仅存三处胡杨林区之一。

银额盆地地势西部为南高北低，东部为北高南低，地形复杂。四周山脉海拔一般为1700m左右；盆地内东、西部地表主要为沙地、软戈壁滩和戈壁地貌，海拔一般在900～1200m之间。中部为巴丹吉林沙漠（约$4.82 \times 10^4 km^2$），是我国第三大、世界第四大沙漠，风景秀美，为一系列近北东向沙丘组成的中低沙山，海拔为1300～1800m，沙漠中有100多个小型湖泊。盆地东部银根地区中部为宗乃山、沙拉扎山老地层出露区，海拔为1300～1600m。总口子盆地紧邻银额盆地，位于其西面，区内地势起伏较大，海拔1500～2000m，大部分为戈壁滩。

两盆地区内人烟稀少，居民有汉族、蒙古族、回族、藏族等民族，以畜牧业为主。著名的酒泉卫星发射中心位于盆地西南部。区内交通较为便捷，南侧有河西走廊的兰新铁路和连霍G30高速公路；西北部有临哈铁路、酒额铁路、嘉策铁路，金塔—额济纳旗公路和金塔—石板井—黑鹰山公路向北延伸穿越该区；新开通的京新G7高速东西向横穿银额盆地北部；额济纳旗机场有通往西安、阿拉善左旗等航班。区内矿产资源丰富，主要矿种有金、银、铜、铁、钼、煤炭等。

二、勘探概况

1. 油气勘探工作量

银额盆地与总口子盆地石油地质勘探始于20世纪50年代，初期在银额盆地东部开展地质调查，在总口子盆地钻浅井；1965年起逐步开展了本区1∶200000地质普查和重、磁、电普查（卫平生等，2006）；1986年起开始二维地震勘探；1995年起开始电磁勘探。

截至2018年底，1∶200000重力普查覆盖全盆地；银额盆地西部完成1∶50000航磁普查，中、东部完成1∶100000航磁普查；银额盆地西端和东部完成1∶200000垂向电测深勘探3块，面积35382km²；大地电磁测深剖面31条，剖面总长3376.07km，控制了盆地主要凹陷。

截至2018年底，银额盆地共完成二维地震351条20213.94km，三维地震1670km²。地震勘探程度极不均衡（图4-2-2），天草、哈日和查干凹陷二维地震测网密度达到1km×2km，有利部位完成了三维覆盖；建国营、居东、乌力吉凹陷测网密度达到2km×2km；哨马营、白云凹陷测网密度2km×4km；路井、格朗乌苏、乌西凹陷测网密度4km×8km；其余均为地震概查区。总口子盆地完成二维地震55条1385.36km，分布于黑帐房和南泉两个主体凹陷，测网密度达1km×2km，主体凹陷之外无地震勘探。

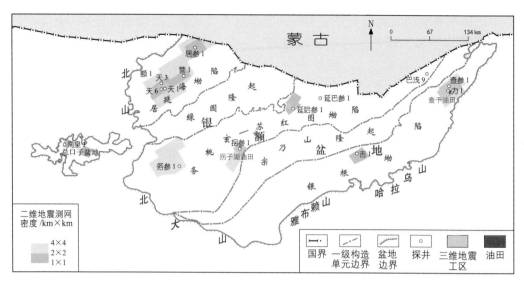

图 4-2-2　银额盆地、总口子盆地勘探程度图

银额盆地共完成石油探井 47 口，油页岩浅井 14 口分布于查干、拐子湖、路井、居东、天草、建国营、哈日、乌力吉、巴北、托莱和哨马营等凹陷。总口子盆地完成探井 5 口，黑帐房和南泉凹陷均有探井。

2. 油气勘探历程

两盆地经历较长时间勘探，有多家油气田企业投入勘探，但一直没有获得大的油气突破，勘探程度低，勘探历程大致划分为两个阶段。

1）地质普查阶段（1955—1992 年）

20 世纪 50 年代中后期，西北石油地质总局在银根地区开展过石油地质调查。

20 世纪 60 年代，内蒙古地质局普查六队在银根、乌力吉一带开展 1∶200000 的重、磁、电及石油地质普查工作。

20 世纪 70 年代，甘肃、宁夏、内蒙古地矿局区测队完成了全区 1∶200000 地质填图；1978—1980 年，地矿部航空物探大队完成了乌力吉和额济纳旗北部地区 1∶50000 航磁普查。

20 世纪 80 年代，勘探工作量有了一定增加。1983 年，物探局五处在盆地东部银根地区进行了野外地质调查，实测剖面 6 条 4197.22m，编写了"内蒙古阿拉善地区石油地质调查报告"，并从该年至 1987 年在银额盆地完成 1∶200000 重力和电法勘探。

1986—1992 年是以地震为主要手段的普查阶段。先后有长庆石油勘探局、石油物探局、玉门石油管理局等单位投入一定量的地震勘探和地质研究，同期，地矿部在额济纳旗地区进行了遥感、地震、物化探及石油地质研究工作，共完成二维地震 3612.15km。1991 年地矿部石油地质大队相继完成了"巴丹吉林地区中新生代地层及含油气前景讨论""巴丹吉林—腾格里地区遥感区域地质石油地质研究"和"额济纳旗坳陷含油气前景初步评价研究"报告。

2）钻探发现阶段（1993 年至今）

该阶段通过区域油气地质研究，对盆地开展了综合评价，对大量的局部沉降区进行优选，择优钻探，已在 5 个凹陷获得了工业油气流。

（1）定凹选带勘探发现查干油田。

1993 年由西北侏罗系油气勘探项目经理部组织实施勘探。为加速盆地油气勘探，1994 年初成立了银根—额济纳旗勘探项目经理部，开展综合评价，综合应用物化探、地震、钻井等多种勘探手段，盆地的油气勘探进入快速发展阶段。

1993 年，物探局四处在苏红图坳陷、银根坳陷完成二维地震测线 55 条 3216.6km，使查干凹陷的测网密度达到了 2km×2km。1994—1996 年，物探局四处在居延海坳陷、务桃核—苏红图坳陷、银根坳陷完成二维地震测线 139 条 5960.95km；中原物探公司在苏红图坳陷和银根坳陷完成二维地震测线 43 条 1243.35km；物探局五处完成盆地重力勘探和查干凹陷油气地球化学勘探。同期完成多项地质研究，西安石油学院开展野外露头地质调查，西北地质研究所开展全盆地石油地质综合评价，经研究初步确定盆地的隆坳格局和凹陷结构特征。1995 年中原钻井三公司在查干凹陷完成盆地第一口石油探井查参 1 井，该井试油获得 0.42m³/d 的低产油流。

1995 年地矿部在路井凹陷钻探的额 1 井，对二叠系花岗岩风化壳测试获工业油气流，从而发现了额 1 井二叠系潜山型含油气构造，其后，香港坤祥公司钻探的祥探 5 井、祥探 8 井、祥探 10 井也在二叠系获得低产油流。由于产量低、地面配套设施差，长期未开发动用。

1997 年，勘探进入重点凹陷预探和研究深化阶段。新区勘探项目部根据普查结果，在银额盆地众多凹陷中，优选出具有勘探前景的天草、查干凹陷进行重点侦查，中原钻井三公司在天草、查干凹陷分别完成天 1 井区域探井、毛 2 井地质浅井，华北钻井三公司在查干凹陷完成毛 1 井、巴 1 井两口预探井，毛 1 井获低产油流；完成了查干凹陷的定凹选带工作。1999—2008 年中原油田接管查干凹陷勘探，相继钻探毛 3 井、毛 4 井、毛 5 井和力 1 井 4 口探井，毛 3 井、力 1 井获低产油流；区带评价结果表明，该区仍为有利区带，但未找到好储层。2009 年毛 1 井苏二段、力 1 井巴一段老井试油均获工业油流，发现了查干油田，盆地石油勘探取得突破；2010 年力平 1 井巴二段获得工业油流；2012 年意 9 井在查干凹陷深凹北边巴二段获得油流，祥 6 井在查干凹陷深凹南边巴二段获得油流，通过随后的评价勘探，查干油田探明石油地质储量 645.95×10⁴t。

（2）勘探突破阶段。

2000 年吐哈油田分公司获得银额盆地探矿权，先后登记了 10 个勘查区块，累计登记面积 45776km²。2004—2007 年，东方地球物理公司吐哈物探公司先后在锡勒—苃苃海子地区、天草凹陷、乌力吉凹陷、锡勒—因格井地区完成二维地震测线 1548.98km；2008 年在总口子盆地完成二维地震测线 382.14km。2005 年 4 月，吐哈钻井公司 30548 钻井队在天草凹陷钻探天 2 井，该井获低产油气流；7 月在哈日凹陷钻探苏 1 井。2007 年 8 月在乌力吉凹陷钻探吉 1 井，在下白垩统银根组见多层油气显示。2012 年 2 月在托莱凹陷钻探托莱 1 井，于井深 1250m 进入古生界，没有钻遇烃源岩及油气显示。总体上勘探未获突破。

2007 年中国地质调查局西安地质调查中心启动了"银额盆地及其邻区石炭系、二叠系油气远景调查"项目，首次开展了以石炭系、二叠系为目的层的油气基础地质调查。

2013 年底，中国石化中原油田分公司取得了银根苏木、苃苃海子和务桃亥等 3 个区块的探矿权；延长石油（集团）有限责任公司取得了温图高勒苏木、额济纳旗南部和苏红图北部3个区块的探矿权。多家单位增大了银额盆地勘探力度，多个凹陷陆续获得工业油气流，勘探进入多点开花的突破阶段。延长石油集团公司于2014—2015年在温图高勒苏木和苏红图北两勘查区完成二维地震测线2541km；2015年在哈日凹陷钻探延哈参1井，获得工业气流，哈日凹陷油气勘探获突破。中原油田分公司于2014年在芨芨海子和务桃亥勘查区完成二维地震1096km；2016年在拐子湖凹陷钻探拐参1井，压裂后求产获得原油51.67m³/d、天然气7290m³/d的高产油气流，拐子湖凹陷油气勘探获得突破。2016年，中国石油吐哈油田分公司在天草凹陷钻探天6井，压裂后获得原油20.31m³/d、天然气4080m³/d，天草凹陷勘探取得突破；2017年在总口子盆地南泉凹陷钻探南泉1井，见到良好油气显示。

3. 主要勘探成果

经过多家单位长期不懈的投入，银额盆地油气勘探与研究取得了以下认识和成果：

（1）银额盆地为北山古生界造山带内发育的中—新生代山间盆地，受北东—南西走向剪切断层，发育大量主要呈北东—南西走向的断陷，已发现29个断陷，断陷分隔性强。少量自侏罗纪开始发育断陷，多数以白垩纪为断陷主要发育期和主要沉降时期，沉积厚度1800～6000m。

（2）烃源岩主要为侏罗系和下白垩统巴音戈壁组半深湖—深湖暗色泥岩，巴音戈壁组在多数断陷普遍分布，是最重要的烃源岩。

（3）银额盆地主要有白垩系、侏罗系两套储层，作为褶皱基底的古生界发现了二叠系火山岩风化壳储层。白垩系、侏罗系储层主要为扇三角洲砂体；碎屑岩储层物性普遍差，主要为特低孔、特低渗至低孔、低渗，白垩系储层物性好于侏罗系。

（4）下白垩统巴音戈壁组分布广泛，纵向上发育三个扇三角洲—湖泊正旋回沉积，利于形成多套区域性的储盖组合，加之该组内部发育盆地最重要的烃源岩，是盆地的主要的含油层系。已发现的油藏类型有构造型、构造—岩性复合型、潜山型等，多数油藏处于薄砂体发育的扇三角洲前缘、前扇三角洲相带与断层、构造结合的复合圈闭有利区。

（5）截至2018年底，已在路井、查干、哈日、拐子湖和天草等5个凹陷获得了工业油气流突破，查干凹陷查干油田在白垩系已探明石油地质储量695.05×10⁴t、拐子湖凹陷拐子湖油田在白垩系探明石油地质储量461.25×10⁴t。在查干油田，中原油田分公司有开发井400余口，采油井200余口，平均日产原油230t。

第二节　地　层

银额盆地与总口子盆地是古生界造山带内部发育的侏罗系、白垩系断陷群山间盆地。古生界为褶皱基底，古生界发育的环境为与古亚洲洋有关的北山海盆，石炭系、二叠系以海相为主的沉积范围广，厚度大，尽管已褶皱造山，但其残留范围仍较大（卢进才等，2012），包括银额盆地与总口子盆地在内的整个北山地区广泛分布，已开展了大量的石油地质调查。银额盆地与总口子盆地充填侏罗系—第四系，以白垩系为主。

一、侏罗系

侏罗系地表分布极为零星，出露很不完整。根据钻井与地震资料解释，总口子盆地侏罗系厚度较大，分布较广；在银额盆地分布于少量凹陷，如居延海坳陷的居东凹陷、路井凹陷以及银根坳陷的锡勒凹陷和托莱凹陷等，居东凹陷侏罗系发育齐全，托莱凹陷托莱1井仅揭示厚度较小的中侏罗统。侏罗系自下而上分为下侏罗统芨芨沟组、中侏罗统青土井组和上侏罗统沙枣河组（图4-2-3）。

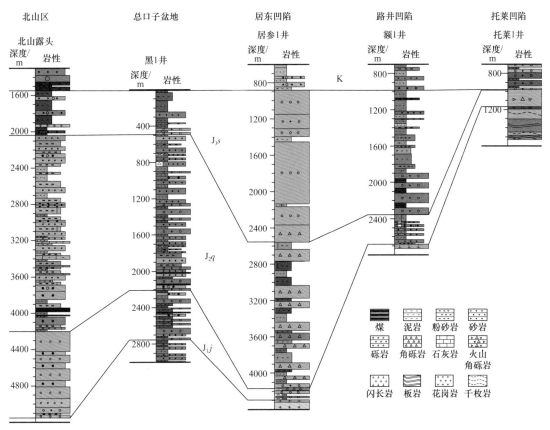

图 4-2-3　银额盆地与邻区侏罗系对比图

1. 下侏罗统芨芨沟组（J_1j）

芨芨沟组为一套灰白色夹紫色河湖相碎屑岩系（夹煤线），底部为灰、紫色砾岩及砂砾岩；角度不整合于古生界或前古生界变质岩系之上，与上覆中侏罗统呈不整合接触。

芨芨沟组主要分布在总口子盆地和居延海坳陷的居东凹陷、路井凹陷及银根坳陷的锡勒凹陷，厚度变化很大，为0～880m，各地岩石类型、岩性组合、化石群落种类也有明显不同。总口子盆地钻井揭示岩性为深灰色、黑色泥岩夹碳质泥岩和少量薄层劣质煤层。居东凹陷钻井揭示厚度80m左右，岩性主要为深灰色砾岩夹泥岩；孢粉主要发育苏铁粉属（Cycadopites）—宽沟粉属（Chasmatosporites）组合，苏铁杉粉属偶见，苏铁粉属为主的单沟类花粉占显著优势，宽沟粉属在组合中占较大比重，基本显示了早侏罗世特点。

2. 中侏罗统青土井组（J_2q）

在银额盆地东缘、西缘的青土井组露头剖面，沉积岩性有所不同。西缘青土井组为一套陆源碎屑岩，代表剖面为额济纳旗野马泉剖面和北山煤矿剖面，下部岩性主要为含砾粗砂岩、砂岩、粉砂岩及深灰色、黑色泥岩夹煤层；上部岩性为砂岩、粉砂岩及灰绿色泥岩、紫红色泥岩和黄褐色泥质粉砂岩不等厚互层，并夹有含膏泥岩，砂岩多成透镜体或夹层，分布广泛。东缘主要是一套陆源碎屑岩及火山碎屑岩。露头剖面的厚度都不大，均未发现厚煤。与上覆沙枣河群为假整合或角度不整合接触关系。

钻井揭示，银额盆地内部的青土井组为一套杂色角砾岩、砂砾岩、砾岩与紫色、紫红色泥岩、砂质泥岩、含砾泥岩不等厚互层，为炎热气候条件下的近源河流相沉积。总口子盆地青土井组广泛分布于各凹陷中，厚度大于1500m，钻井主要岩性灰色、深灰色泥岩、灰色细砂岩夹灰黑色碳质泥岩及薄层砾岩、煤层。

孢粉化石中，蕨类孢子甚少，偶见拟桫椤孢属、光面三缝孢属、刺面单缝孢属、拟套环孢属；裸子花粉含量也不高，占据优势的为克拉梭粉属和单沟类的苏铁粉属、宽沟粉属，四字粉属、脑形粉属、皱球粉属、周壁粉属等侏罗纪分子可零星见及。时代属中侏罗世中、晚期。

3. 上侏罗统沙枣河组（J_3s）

沙枣河组分布在银额盆地局部地区及北山地区的总口子盆地西部的金庙沟与公婆泉盆地的炭窑井等地，总体为一套杂色不含煤的粗碎屑岩，与上覆地层呈不整合接触。

银额盆地居东凹陷钻井揭示沙枣河组岩性为大套杂色砾岩、砂砾岩和角砾岩，局部夹薄层棕红色泥岩，为山麓—洪积相堆积。本组化石依然稀少、含量低，产周壁粉属（*Perinopollenites*）—原始松柏粉属（*Protoconiferus*）—云杉粉属（*Piceaepollenites*）组合，较连续分布的主要有原始松柏粉属、周壁粉属、罗汉松粉属、拟云杉粉属、云杉粉属、克拉梭粉属、脑形粉属和苏铁粉属，零星可见二连粉属、蛟河粉属，不见被子植物花粉和典型的白垩纪分子；蕨类孢子为零星可见的紫萁孢属、三角粒面孢属、有孔孢属、拟套环孢属等。总体反映了侏罗纪晚期的特征。

总口子盆地上侏罗统主要为灰褐色长石砂岩、含砾粗砂岩、粉砂岩与灰绿色、杂色泥岩不等厚互层或成韵律旋回层，主要为湖盆萎缩期氧化环境形成的碎屑沉积地层，区内分布比较局限，露头见于炭窑井东、金庙沟、红柳大泉，其中炭窑井东厚达1276.18m，金庙沟734.64m。

二、白垩系

白垩系是银额盆地充填的主要地层，发育了盆地最主要的烃源岩和生储盖组合，其中以下白垩统广泛分布，上白垩统分布局限。白垩系自下而上划分为下统巴音戈壁组、苏红图组、银根组和上统乌兰苏海组（图4-2-4），主要为河流相—湖相碎屑岩沉积，厚度一般为2000～3000m，最厚可达4000m以上。

白垩系在坳陷边缘有出露，在坳陷内部大面积分布，坳陷内以凹陷为沉积单元（图4-2-5）。

1. 下白垩统巴音戈壁组（K_1b）

巴音戈壁组分布十分广泛，在各凹陷中均有分布，厚度一般为500～1500m。岩性（图4-2-6）主要为河流相、扇三角洲、辫状河三角洲、湖相砂砾岩、泥岩及钙质泥岩。巴一段（K_1b_1）为杂色砂砾岩、灰色砂砾岩夹深灰色、灰色泥岩，产有 *Perinopollenites*—

Protoconiferus—*Classopollis* 孢粉组合；巴二段（K_1b_2）为深灰色湖相泥岩夹薄层浅灰色砂岩，化石产介形类 *Cypridea unicostata*、*C. diminuta*，孢粉有 *Classopollis*、*Cicatrieosisporites*、*Klukisporites* 等；巴三段（K_1b_3）为厚层杂色、棕红色砂砾岩与泥岩不等厚互层。与下伏侏罗系或古生界不整合接触，与上覆白垩系不整合接触。

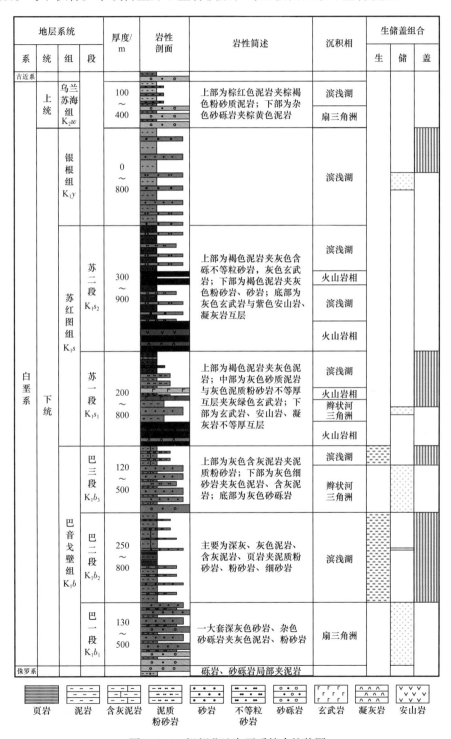

地层系统				厚度/m	岩性剖面	岩性简述	沉积相	生储盖组合		
系	统	组	段					生	储	盖
古近系										
白垩系	上统	乌兰苏海组 K_2w		100～400		上部为棕红色泥岩夹棕褐色粉砂质泥岩；下部为杂色砂砾岩夹棕黄色泥岩	滨浅湖 / 扇三角洲			
白垩系	下统	银根组 K_1y		0～800			滨浅湖			
白垩系	下统	苏红图组 K_1s	苏二段 K_1s_2	300～900		上部为褐色泥岩夹灰色含砾不等粒砂岩，灰色玄武岩；下部为褐色泥岩夹灰色粉砂岩、砂岩；底部为灰色玄武岩与紫色安山岩、凝灰岩互层	滨浅湖 / 火山岩相 / 滨浅湖 / 火山岩相			
白垩系	下统	苏红图组 K_1s	苏一段 K_1s_1	200～800		上部为褐色泥岩夹灰色泥岩；中部为灰色砂质泥岩与灰色泥质粉砂岩不等厚互层夹灰绿色玄武岩；下部为玄武岩、安山岩、凝灰岩不等厚互层	滨浅湖 / 火山岩相 / 辫状河三角洲 / 火山岩相			
白垩系	下统	巴音戈壁组 K_1b	巴三段 K_1b_3	120～500		上部为灰色含灰泥岩夹泥质粉砂岩；下部为灰色细砂岩夹灰色泥岩、含灰泥岩；底部为灰色砂砾岩	滨浅湖 / 辫状河三角洲			
白垩系	下统	巴音戈壁组 K_1b	巴二段 K_1b_2	250～800		主要为深灰、灰色泥岩、含灰泥岩、页岩夹泥质粉砂岩、粉砂岩、细砂岩	滨浅湖			
白垩系	下统	巴音戈壁组 K_1b	巴一段 K_1b_1	130～500		一大套深灰色砂岩、杂色砂砾岩夹灰色泥岩、粉砂岩	扇三角洲			
侏罗系						砾岩、砂砾岩局部夹泥岩				

页岩	泥岩	含灰泥岩	泥质粉砂岩	砂岩	不等粒砂岩	砂砾岩	玄武岩	凝灰岩	安山岩

图 4-2-4　银额盆地白垩系综合柱状图

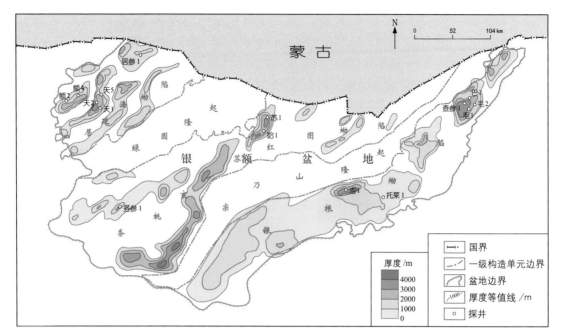

图 4-2-5　银额盆地白垩系残余厚度图

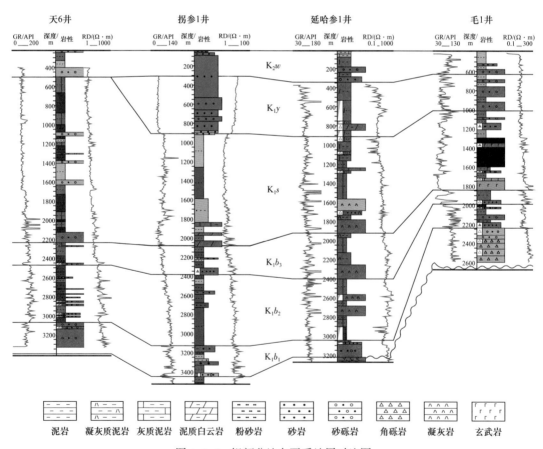

图 4-2-6　银额盆地白垩系地层对比图

2. 下白垩统苏红图组（K_1s）

苏红图组分布比较稳定，分布范围与巴音戈壁组极其相似，除托莱凹陷外，各凹陷均有分布，厚度比巴音戈壁组略薄，一般为 500～1000m。其中，居延海坳陷以天草凹陷最为发育，最大厚度超过 1500m。苏一段（K_1s_1）以褐色与紫红色泥岩互层为主，夹薄层砂砾岩，产有 *Concavissimisporites–Densoisporites–Classopollis* 孢粉组合。苏二段（K_1s_2）上部以灰色泥岩、褐色泥岩互层为主，见少量棕红色泥岩和灰色粉砂岩；下部以杂色砂砾岩、褐色泥岩、棕红色泥岩互层为主，见少量灰色泥岩，产有 *Classopollis–Piceaepollenites* 孢粉组合和大量的轮藻、介形虫化石。与上覆银根组、古近系不整合接触。

3. 下白垩统银根组（K_1y）

银根组只发育在银额盆地中东部，西部居延海坳陷缺失。下部为灰、深灰色泥岩、砂质泥岩，夹含砾砂岩、砂岩、泥质粉砂岩、碳质页岩；上部岩性为暗褐、褐灰、灰色泥岩、砂质泥岩与砂岩、砂砾岩不等厚互层。产有 *Laevigatosporites–Cicatricosisporites–Piceaepollenites* 孢粉组合。与上覆乌兰苏海组、古近系不整合接触。

4. 下白垩统赤金堡组（K_1c）

总口子盆地的下白垩统划分为赤金堡组。

该组广泛分布于总口子盆地及其所在的北山地区，1951 年最初由王尚文命名为"赤金堡系"，时代为晚侏罗世，20 世纪 90 年代内蒙古、甘肃地层统层时先后划为早白垩世。2015 年付超等（2016）认为赤金堡组位于巴音戈壁组之上。总口子盆地周缘赤金堡组岩性以黄绿、灰绿、灰色砂、泥岩为主，夹碳质泥岩及泥灰岩、石膏层，并夹有薄层煤及油页岩，有较厚的生烃岩系，厚度变化较大，从几十米到数百米不等。2017 年张金龙等（2017）在该套地层中发现了大量的双壳类、腹足类、介形类、苏铁类、银杏类及大型爬行动物类等生物化石。

5. 上白垩统乌兰苏海组（K_2w）

乌兰苏海组在银额盆地内三个坳陷均有分布，岩性上以红层比较发育为典型特征。岩性除盆地边缘粗粒沉积外，以粒度不等的砖红、橘红色的砂岩和泥岩为主。剖面以阿拉善左旗乌力吉苏木北乌兰苏海剖面为代表，产恐龙化石 *Protoceratops* sp.、*Bactosaurus* sp.、*Ceratopsidae* sp.、*Tyrannosauridae*、*Ankylosaurus* 及恐龙蛋 *Oolithes elongates*。天草凹陷钻井揭示该层，分布局限在凹陷中部，厚度相对较薄，一般在 100m 左右，岩性为棕黄色、褐色泥岩夹少量细砂岩。

三、古近系、新近系、第四系

银额盆地古近系、新近系、第四系广泛分布，厚度薄，钻井揭示在 0～350m 之间。岩性为棕色泥岩与杂色砂砾岩互层，地表多为洪积、风积等松散堆积物。

总口子盆地古近系分布局限，新近系主要发育上新统，岩性为橘红色粉砂质泥岩夹薄层细砂岩，深灰、黄色泥岩夹薄层细砂岩，杂色砂砾岩，厚度大于 247m，区内岩性稳定，地表出露一般不大于 100m。第四系主要以洪积物、风积物、低山丘陵坡积物及河湖堆积物和低洼沼泽沉积物组成。

第三节 构 造

银额盆地与总口子盆地形成于古生界褶皱带（王新民等，1997）上，属于山间断陷盆地，侏罗纪、白垩纪为主要断陷沉降期，发育大量的小型断陷，一般呈北东—南西走向展布。

一、盆地格架与形成演化

北山地区处于华北—塔里木板块中北部边缘，在早古生代受古亚洲洋影响，属于被动陆缘环境，主要发育台地相碳酸盐岩沉积；晚古生代受古亚洲洋俯冲影响，处于弧后拉张地区主动陆缘环境，泥盆纪—二叠纪以海相为主的沉积巨厚，并广泛发育火山岩。晚二叠世以后，随古亚洲洋关闭，华北—塔里木板块与哈萨克斯坦板块、西伯利亚板块发生陆—陆碰撞，北山地区古生界巨厚沉积回返形成近东西走向的北山褶皱山系。自侏罗纪开始，在隆起的北山褶皱山系内部，由于局部拉张和下陷，以及南侧北东—南西走向的阿尔金走滑断裂的影响，在造山带内部形成一系列断陷，银额盆地由大量的中新生代断陷组成，这些断陷具有北西—南东走向成排成带展布的特点。

1. 银额盆地的形成与演化

银额盆地大致经历了侏罗纪—早白垩世拉张断陷盆地演化阶段和晚白垩世—第四纪坳陷演化阶段（图4-2-7）。

1）侏罗纪拉张盆地开始形成阶段

侏罗纪早期，北部受阿尔金左行走滑断裂的控制，形成拉张性质明显的断陷群；南部盆地受阿尔金左行走滑断裂及其分支断裂的控制，形成了拉张性质不明显、张扭性的断陷群。这一阶段断陷的数量较少，且比较分散。

2）早白垩世拉张盆地全面发展阶段

早白垩世，全区应力场发生改变，由燕山Ⅲ幕构造运动挤压状态转化为扭张应力状态，盆地进入扭张、拉张为主的深陷阶段，断陷数量大量增加。到早白垩世晚期，受燕山Ⅳ幕构造运动的影响，整个盆地发生差异抬升作用，下白垩统遭到不同程度的剥蚀。

3）晚白垩世—第四纪坳陷阶段

晚白垩世盆地整体坳陷沉积，沿阿尔金主断裂带及狼山西走滑断裂构造活动幅度较大，盆地不同部位沉积幅度不同，居延海坳陷处于抬升隆起状态。古近纪—新近纪盆地总体表现为挤压抬升，盆地内古近系、新近系发育不全，局部分布；第四纪沉积广泛分布于盆地各坳陷。

2. 总口子盆地的形成与演化

根据总口子盆地内侏罗系、白垩系地层展布特征，以及南泉凹陷和黑账房凹陷结构形态，明显反映总口子盆地为侏罗系—白垩系断陷盆地（图4-2-8）。早侏罗世早期为盆地初断阶段，充填一套厚度较大的粗碎屑沉积，湖水较浅，含煤线和碳质泥岩；中侏罗世为盆地的强断陷阶段，湖盆水体扩大，补偿迅速，形成厚度较大的湖相沉积；晚侏罗世，盆地抬升，遭受剥蚀；早白垩世，盆地进入新的断陷发育期，沉积了下白垩统；白亚纪末期的燕山运动和古近纪早期的喜马拉雅期构造运动，本区处于长期隆升和剥蚀状态，缺失上白垩统和古近系。因此，总口子盆地为中生代残留断陷盆地，地表为侏罗系或下白垩统出露。

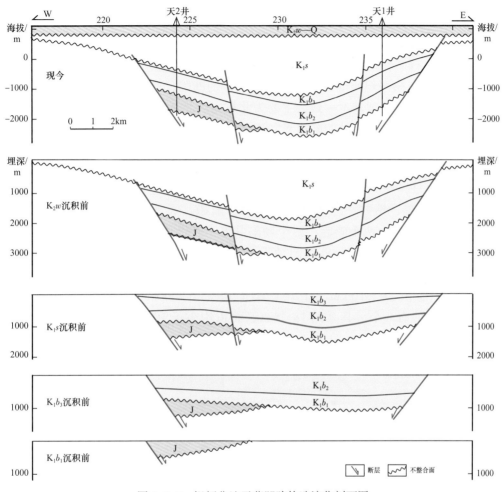

图 4-2-7　银额盆地天草凹陷构造演化剖面图

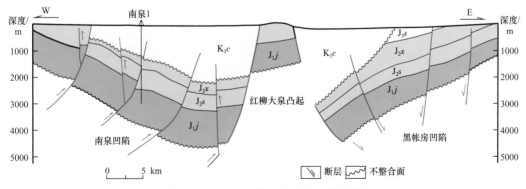

图 4-2-8　总口子盆地东西向地质剖面图

现今所见侏罗系，只是原型盆地的残留部分，原型盆地比现今盆地要大得多，侏罗系与上覆地层有一定的继承和变异关系，原型盆地侏罗系在凹陷边缘隆起区剥蚀较多。

二、断裂特征

银额盆地、总口子盆地及其所在的北山古生界褶皱带，其古生代、中—新生代断裂数量众多。其中，对盆地沉降和构造起主要控制作用的中新生代断裂可分为一级断裂、二级断裂和三级断裂。

一级断裂规模较大，以北东向基底大断裂为主，在侏罗纪开始形成，主要对盆地隆—坳格局起着控制作用。二级断裂也属于基底断裂，对盆地内凹、凸的形成及演化起控制作用，主要在白垩纪时期形成，控制了大量的断陷，这些断裂多表现为张扭性质，其走向大多数与一级断裂基本一致，主要为北东向、北东东向和北北东向，也有北西向和近东西向。三级断裂是指较凹陷边界断裂次一级的较大断裂，控制了凹陷内部构造区带，有些同生三级正断裂对凹陷沉积有一定的控制作用。

三、构造单元划分

综合根据地震、钻井、地面露头、重力、航磁、大地电磁测深、卫星照片等资料，银额盆地可划分为两个隆起、三个坳陷共五个一级构造单元（图 4-2-9），即居延海坳陷、绿园隆起、务桃亥—苏红图坳陷、宗乃山隆起、银根坳陷，坳、隆相间，均以北东走向为主。坳陷内进一步划分了 29 个凹陷（表 4-2-1），以北东向长条状展布为主，凹陷总面积 $2.9 \times 10^4 \mathrm{km}^2$。其中凹陷面积大于 $2000\mathrm{km}^2$ 的有 3 个，凹陷面积在 $1000 \sim 2000\mathrm{km}^2$ 的有 8 个，其余的 18 个凹陷面积均小于 $1000\mathrm{km}^2$。基底最大埋深小于

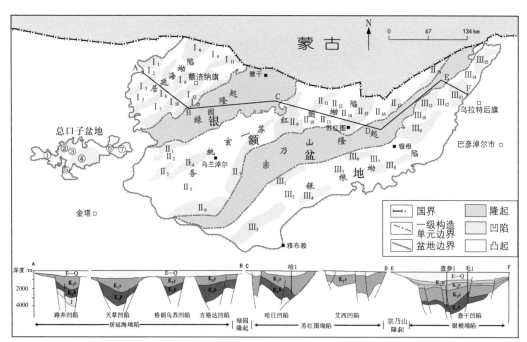

居延海坳陷：I₁—乌珠尔凹陷；I₂—路井凸起；I₃—路井凹陷；I₄—居东凹陷；I₅—散根达莱凸起；I₆—天草凹陷；I₇—乌家井凸起；I₈—建国营凹陷；I₉—布亚图凸起；I₁₀—格朗乌苏凹陷；I₁₁—毛仁陶勒盖凹陷；I₁₂—保都格凸起；I₁₃—吉格达凹陷；务桃亥—苏图坳陷：II₁—湖西新村凹陷；II₂—鱼脊山凸起；II₃—梭梭头凸起；II₄—哨马营凹陷；II₅—特北凸起；II₆—芨芨海子凹陷；II₇—拐子湖凹陷；II₈—拐子凸起；II₉—哈日凹陷；II₁₀—巴布拉因凸起；II₁₁—巴北凹陷；II₁₂—巴北凸起；II₁₃—乌兰凹陷；II₁₄—乌兰凸起；II₁₅—艾西凹陷；II₁₆—艾勒凸起；苏红图坳陷：III₁—达摩凹陷；III₂—勒东凸起；III₃—锡林凸起；宗乃山隆起：III₄—乌力吉凹陷；III₅—巴彦凸起；III₆—托莱凹陷；III9—莫林凹陷；III₇—莫北凸起；III₈—红果凹陷；III₉—西尼凸起；III₁₀—查干凹陷；III₁₁—楚干凸起；III₁₂—白云凹陷；总口子盆地：①—金庙沟凹陷；②—南泉凹陷；③—红柳大泉凸起；④—黑账房凹陷；⑤—煤窑西山凹陷；⑥—月牙泉凹陷；⑦—黑石山凸起

图 4-2-9 银额盆地构造单元划分图

3000m 仅有 6 个凹陷，其余 23 个凹陷基底最大埋深均大于 3000m，对油气成藏较为有利。各凹陷之间分隔性强。

总口子盆地划分为五凹两凸 7 个构造单元，其中南泉凹陷和黑帐房凹陷是盆地的主要凹陷。

表 4-2-1　银额盆地凹陷统计表

一级构造单元	二级构造单元	面积 /km²	基底最大埋深 /m	一级构造单元	二级构造单元	面积 /km²	基底最大埋深 /m
居延海坳陷（20363km²）	乌珠尔凹陷	688	2000	务桃亥—苏红图坳陷（30914km²）	乌兰凹陷	243	2800
	路井凹陷	1007	6000		艾西凹陷	1942	3500
	天草凹陷	1401	4500		艾东凹陷	400	3500
	格郎乌苏凹陷	720	3500		迈马凹陷	387	3000
	吉格达凹陷	1280	4000	银根坳陷（32362km²）	锡勒凹陷	2224	6000
	建国营凹陷	601	4000		勒东凹陷	755	5000
	居东凹陷	1416	5500		因格井凹陷	822	3800
	毛仁陶勒盖凹陷	807	3000		乌西凹陷	114	2500
务桃亥—苏红图坳陷（30914km²）	湖西新村凹陷	729	3500		乌力吉凹陷	657	4000
	哨马营凹陷	1890	5000		托莱凹陷	793	4000
	梭梭头凹陷	493	4000		莫林凹陷	2344	3500
	芨芨海子凹陷	1330	5500		红果凹陷	914	1800
	拐子湖凹陷	2171	3800		查干凹陷	1066	5000
	哈日凹陷	843	3500		白云凹陷	817	2500
	巴北凹陷	622	2400				

四、凹陷结构和区带特征

1. 凹陷结构

银额盆地的凹陷是受张扭性正断层控制发育的深而窄的断陷，与凸起相间，总体呈北东—南西向雁行状展布。从凹陷结构的角度，银额盆地的凹陷可分为单断型、双断型和复合型三种类型。

单断型凹陷主要是被单边主断裂控制发育的半地堑断陷，一般靠近坳陷或隆起边缘，如哈日、拐子湖、乌力吉、因格井、哨马营、湖西新村、艾西、艾东等 8 个凹陷。单断型凹陷可再分为单断箕状型和单断断槽型。单断箕状型即简单的半地堑凹陷，其发展演化主要受陡侧边界主断裂控制，湖盆发育的全过程均保持断超结构，发育特点是洼槽呈继承性发育，沉降中心一直位于边界主断裂根部，同一套地层由陡坡带向缓坡带方向逐渐减薄（图 4-2-10a）。单断断槽型凹陷的显著特点是在缓坡发育一条与边界断裂倾向相反的二级生长正断层，与边界断裂共同控制断槽的发育，其断槽既是主沉积洼槽，又是沉降中心。

双断型凹陷主要受两侧发育的边界断裂控制（图 4-2-10b），因断裂发育程度的差异，可再分为双断对称型、双断不对称型和双断断槽型凹陷。双断型凹陷主要发育于坳陷中央，近凹构造带是油气聚集的有利区带。路井、乌珠尔、居东、格朗乌苏、巴北、吉格达、芨芨海子、锡勒、勒东、莫林、查干等 11 个凹陷均为双断型凹陷。

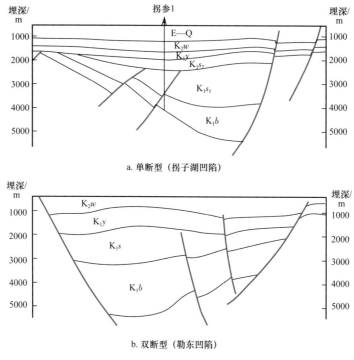

图 4-2-10　银额盆地凹陷结构分类图

复合型凹陷是指凹陷结构纵向和平面上变化大，难以归类，主要发育于居延海坳陷中央，仅有天草、建国营凹陷为复合型凹陷。天草凹陷平面上分段性强，发育三个洼槽，南洼槽为单断箕状断陷，中洼槽为双断断槽型断陷，北洼槽为不对称型双断断陷，因此天草凹陷整体来看应属于复合型凹陷。

2. 区带特征

在银额盆地，每个凹陷就是一个沉积单元，单个凹陷一般可划分为陡坡带、缓坡带、洼陷带等，由于各构造带所处的构造位置、沉积条件及凹陷演化的差异，决定了缓坡带、陡坡带和洼槽带的局部构造特征的差异。

1）缓坡带

处于居延海坳陷中部的天草凹陷是一个发育比较完善、结构相对简单的凹陷，分为陡坡带、缓坡带和洼槽带（图 4-2-11）。缓坡带发育两级断阶，控洼断裂走向与凹陷边缘断裂一致（图 4-2-12）。东部边界断裂 F_1 与控洼断裂 F_2 之间为一级断阶，断阶内部发育较多北东走向的正断层，形成一系列阶梯式断块，断阶内巴一段为大套厚层砂砾岩，巴二段也以砂砾岩为主岩性较粗，远离有效生烃区，未获得油气突破。控洼断裂 F_2 与洼槽区之间为二级断阶，向凹陷方向发育 2~3 级断块，有利于构造—岩性油藏的形成，该级断阶上已钻探 5 口井，其中 4 口井获得工业油流，此级断阶砂体粒度较细、砂层较薄、横向变化快。

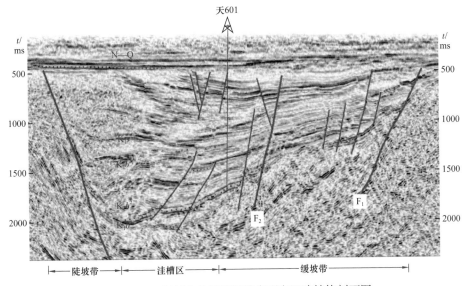

图 4-2-11　银额盆地天草凹陷东西向凹陷结构剖面图

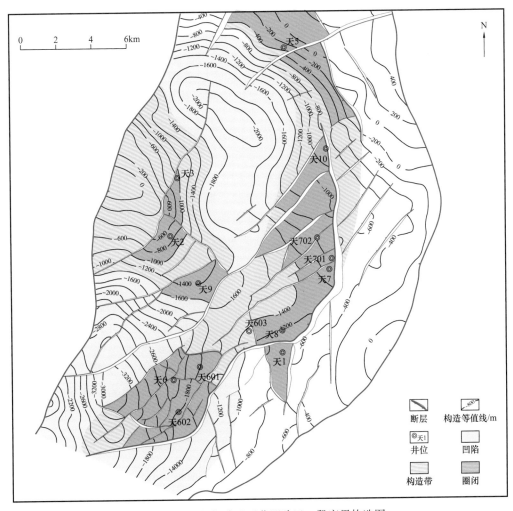

图 4-2-12　银额盆地天草凹陷巴二段底界构造图

2）陡坡带

天草凹陷西部为陡坡带，陡坡带构造发育较少，以天 2 井区为中心发育一个古鼻隆，将洼槽区分为南、北两个次凹。古鼻隆上断裂较为发育，以正向断裂为主，也发育一些反转构造，形成断块、断鼻等次级构造。古鼻隆上巴音戈壁组剥蚀严重，巴三段缺失，苏红图组直接覆盖在巴二段下部地层之上。古鼻隆临近两次凹生烃中心，具有双向油源供给条件，有利油气成藏，天 2 井获得低产油流；古鼻隆两翼巴音戈壁组砂体发育区，是形成构造岩性油藏的有利区带。

第四节 烃源岩

银额盆地中新生界烃源岩发育于侏罗系和白垩系，白垩系烃源岩纵向上发育于下白垩统巴音戈壁组、苏红图组、银根组及上白垩统乌兰苏海组四个层组（郝银全等，2006），勘探实践及油源对比结果证明，主要烃源岩发育在侏罗系及下白垩统巴音戈壁组。苏红图组、银根组及乌拉苏海组由于烃源岩埋深浅，处于未成熟—低熟阶段，其生烃量有限，仅作为潜在烃源岩，可能在个别凹陷达到成熟演化阶段，并聚集成藏，需持续勘探研究。

总口子盆地发育侏罗系、下白垩统两套烃源岩（仁和爱等，2005），侏罗系为主要生烃层系，下白垩统生烃层在本区发育较差，其底层沉积厚度小于 1500m，且埋藏浅，烃源岩一般未成熟，局部地区为低成熟，在盆地成藏过程中可作为盆地储层或盖层。

一、烃源岩及分布

1. 侏罗系烃源岩

侏罗系烃源岩发育局限，纵向上主要发育于中侏罗统青土井组及下侏罗统芨芨沟组，岩性为深灰、灰黑色泥岩与浅灰色粉、细、中砂岩略等厚互层，为一套半深湖—深湖相为主的暗色泥岩沉积。平面上主要分布于居延海坳陷西部的路井凹陷、天草凹陷、居东凹陷以及银根坳陷南部的锡勒凹陷、勒东凹陷和托莱凹陷的六个凹陷中（图 4-2-13）。截至 2018 年，路井凹陷、居东凹陷以及托莱凹陷侏罗系被探井证实，受资料所限，侏罗系烃源岩展布落实程度整体不高。

居东凹陷居参 1 井仅在中侏罗统的底部和下侏罗统钻遇少量烃源岩，累计厚度64m。路井凹陷靠近沉积中心的额 4 井，钻遇侏罗系烃源岩厚度为 125 m。托莱凹陷托莱 1 井仅在下侏罗统芨芨沟组顶部钻遇 4.05m 碳质泥岩和含砾泥岩。

总口子盆地主要生烃层是中—下侏罗统，烃源岩在盆地内广泛发育，纵向上主要发育在下侏罗统芨芨沟组，岩性以灰黑色泥岩、页岩，灰黑色碳质页岩、深灰色粉砂质泥岩为主，夹煤层及煤线。平面上以南泉凹陷泥岩最发育，厚度一般 500～1800m，与银额盆地相似，烃源岩分布特征表现出断陷湖盆特点。

2. 白垩系烃源岩

白垩系巴音戈壁组烃源岩在盆地内广泛发育，是盆地最重要的烃源岩。纵向上主要发育在巴音戈壁组二段，岩性主要为泥岩、含灰泥岩、砂质泥岩等，为浅湖—半深湖相沉积（张代生等，2003）。平面上该套烃源岩总体以凹陷为单元分隔性分布（图 4-2-14），各凹陷烃源岩厚度差别较大。烃源岩最厚大于500m的一类凹陷包括天草、居东、建国营、拐子湖、哈日、查干和莫林等，一般厚度为104～844m，最大厚度逾1000m；烃源岩最厚为100～500m之间的二类凹陷有乌珠尔、路井、格朗乌苏、吉格达、毛仁陶勒盖、湖西新村、梭梭头、哨马营、芨芨海子、巴北、艾西、艾东、迈马、乌力吉、乌西、因格井、锡勒和勒东等；烃源岩最厚小于100m的三类凹陷有白云、乌兰、红果和托莱等。

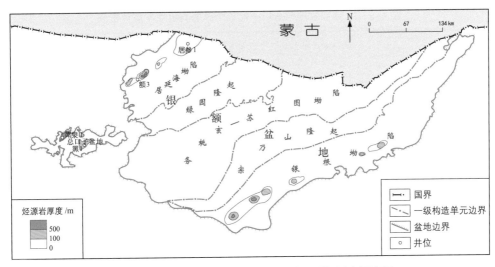

图 4-2-13　银额盆地、总口子盆地侏罗系烃源岩厚度图

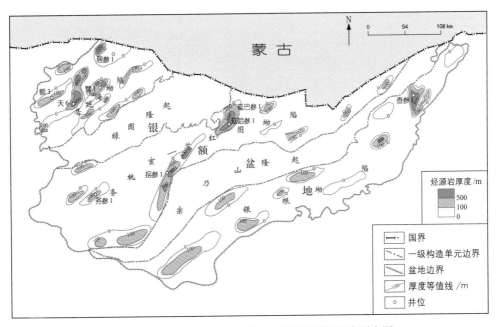

图 4-2-14　银额盆地下白垩统巴音戈壁组烃源岩厚度图

二、烃源岩地球化学特征

1. 有机质丰度

银额盆地侏罗系的烃源岩中，下侏罗统芨芨沟组烃源岩的丰度较高（表4-2-2），居

东凹陷居参1井的有机碳含量平均1.96%，综合评价达到"好"烃源岩标准，托莱1井为"非"烃源岩。中侏罗统青土井组烃源岩在居东凹陷和路井凹陷，烃源岩有机质丰度较高，居参1井仅在青土井组底部钻遇少量深灰色泥岩，综合评价达到"较好"烃源岩标准；路井凹陷以祥探9井为代表的烃源岩有机质丰度最高，有机碳含量平均为1.76%，综合评价达到"好"烃源岩标准。

表 4-2-2　银额盆地与总口子盆地烃源岩有机质丰度评价表

盆地	层位	凹陷	有机碳含量 /%	生烃潜量 /mg/g	氯仿沥青"A"含量 /%	总烃含量 /μg/g	评价
银额	J₂q	居东	0.79（6）	0.14			较好
		路井	1.76		0.086	944	好
	J₁j	居东	1.96	0.44	0.0916	359	好
		托莱	0.38	0.73	0.0139	43	非
	K₁b₂	居东	0.57		0.0034		非
		天草	1.71	6.12	0.34	2659.95	好
		建国营	0.26	2.49	0.03	166.33	非
		哈日	0.37	3.58			非
		乌力吉	0.26	0.31	0.0310	256	非
		查干	0.75	1.23	0.0800	682	较好
总口子	J₂s	南泉	0.81	0.22	0.11（2）	705.6	中等
	J₁j		1.78	1.28			好
	J₂s	黑帐房	0.51	1.44	0.02	83.8	差
	J₁j		1.62	0.45	0.01	25.59	好

总口子盆地下侏罗统芨芨沟组烃源岩有机质丰度高，中侏罗统沙婆泉组烃源岩有机质丰度中等。南泉凹陷南泉1井芨芨沟组烃源岩有机碳含量平均1.78%，综合评价达到"好"烃源岩标准；沙婆泉组烃源岩达到中等烃源岩标准。黑帐房凹陷黑1井芨芨沟组烃源岩有机碳平均1.62%，综合评价为好烃源岩；沙婆泉组为差烃源岩。

银额盆地下白垩统巴音戈壁组二段烃源岩丰度较高，平面上天草凹陷和查干凹陷丰度最高，天601井巴二段烃源岩，达到"好"烃源岩标准，查参1井巴二段烃源岩为"较好"烃源岩。居东凹陷居参1井、建国营凹陷营1井、哈日凹陷哈1井、乌力吉凹陷吉1井巴二段烃源岩为"非"烃源岩。

2. 有机质类型

1）侏罗系烃源岩有机质类型

总口子盆地沙婆泉组、芨芨沟组烃源岩母质富集惰质组（图4-2-15a），以Ⅲ型干酪根为主，类型较差。纵向上芨芨沟组烃源岩有少部分Ⅱ型干酪根，较沙婆泉组类型稍好，平面上南泉凹陷侏罗系烃源岩类型好于黑帐房凹陷。

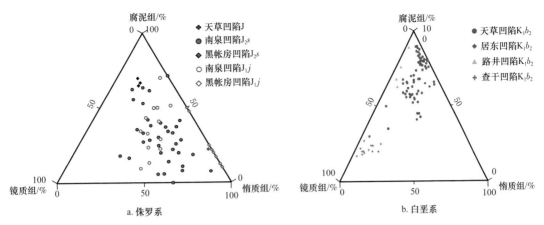

图 4-2-15　银额盆地与总口子盆地烃源岩显微组分组成三角图

银额盆地居延海坳陷侏罗系烃源岩母质在不同凹陷差异明显，路井凹陷好于居东凹陷。路井凹陷以祥探 9 井为代表，其干酪根碳同位素值平均 –27.66‰，干酪根类型以 I —II$_1$ 型为主（卢进才等，2012）。居东凹陷居参 1 井侏罗系烃源岩显微组分中"腐泥组 + 壳质组"含量平均 67.33%，干酪根类型以 II$_2$ 型为主。

2）白垩系烃源岩有机质类型

银额盆地巴音戈壁组二段烃源岩母质富集"腐泥组 + 壳质组"，天草凹陷类型最好，居东、路井和查干等凹陷次之。天草凹陷巴二段烃源岩中"腐泥组 + 壳质组"含量平均 70%（图 4-2-15b），有机质类型以 II$_1$—II$_2$ 型为主。居东凹陷和路井凹陷巴二段烃源岩母质"腐泥组 + 壳质组"含量平均分别为 64%、74%，有机质类型以 II$_2$ 型为主。查干凹陷巴二段烃源岩母质"腐泥组 + 壳质组"含量达到 65%～80%，有机质类型以 II$_2$—III 型为主。

3. 有机质成熟度

根据镜质组反射率 R_o 资料分析认为，银额盆地巴音戈壁组烃源岩在天草凹陷成熟门限深度在 800m 左右。天 6 井巴音戈壁组烃源岩 R_o 处于 0.97%～1.5% 之间（图 4-2-16a），烃源岩热演化程度处于成熟—高成熟阶段。居东凹陷巴音戈壁组烃源岩成熟门限 <500m，R_o 在 0.81%～0.95% 之间，处于成熟阶段；侏罗系烃源岩 R_o 在 1.18%～2.15% 之间，主体处于高成熟阶段，与下伏的二叠系侵入岩烘烤有直接关系。哨马营凹陷务参 1 井巴音戈壁组烃源岩 R_o 在 1.53%～1.68% 之间，处于高成熟阶段。哈日凹陷哈 1 井苏红图组烃源岩 R_o 为 0.56%～0.78%，处于低成熟—成熟阶段，按照趋势推算，该井的生烃门限深度为 700m 左右，在 1300m 左右进入大量生烃阶段。乌力吉凹陷吉 1 井巴音戈壁组烃源岩 R_o 分布于 0.81%～1.11% 之间，处于成熟阶段。查干凹陷下白垩统巴音戈壁组烃源岩 R_o 为 0.7%～1.9%，主体分布于 1.32%～1.9% 之间，处于高成熟阶段（图 4-2-16b）。总之，银额盆地下白垩统巴音戈壁组主体处于成熟阶段，底部可能进入高成熟阶段；侏罗系烃源岩普遍处于成熟阶段。

总口子盆地侏罗系烃源岩处于生烃高峰的成熟—高成熟阶段。南泉凹陷的南泉 1 井侏罗系烃源岩 R_o 在 0.6%～1.1% 之间，处于成熟阶段（图 4-2-16c），黑帐房凹陷的侏罗系烃源岩 R_o 在 1.2%～1.8% 之间，处于成熟—高成熟阶段，底部烃源岩部分达到高成熟阶段，较南泉凹陷侏罗系烃源岩热演化程度稍高。

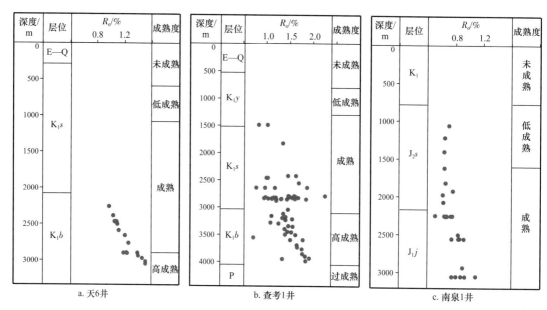

图 4-2-16 银额盆地与总口子盆地烃源岩 R_o 随深度变化关系图

三、油气源对比

银额盆地已在路井、天草、哈日、查干和拐子湖等凹陷获得油气发现，原油密度为 $0.809\sim0.893\mathrm{g/cm^3}$。总口子盆地于 1960 年在西北缘油砂山钻浅井获得 $0.5\sim4\mathrm{kg}$ 的稠油。通过原油与烃源岩的饱和烃生物标志化合物特征对比表明，天草凹陷原油来源于巴二段烃源岩；居东凹陷和路井凹陷原油来源于侏罗系烃源岩；建国营凹陷的油砂物标志物特征差异明显，揭示可能来源不同层系（白垩系和侏罗系）；总口子盆地原油主要来源于中—下侏罗统湖相烃源岩。

1. 油源对比

天草凹陷巴音戈壁组原油、烃源岩生物标志化合物特征均表现为姥植比在 1 左右，规则甾烷 C_{27} 与 γ- 蜡烷含量较高，有一定三环萜含量，表明原油母质处于水生生物输入丰富的微咸—半咸水环境（朱扬明等，1997），但中洼漕南次凹与北次凹的原油、烃源岩生物标志化合物特征有一定差异，说明其原油分别来自本地巴音戈壁组深洼烃源岩，原油横向运移距离短。

建国营凹陷的营 1 井油砂、烃源岩生物标志化合物特征表现为：姥植比 0.8 左右，β- 胡萝卜烷、三环萜和 γ- 蜡烷含量高（图 4-2-17），与邻近巴音戈壁组泥岩 $2600\sim2630\mathrm{m}$ 生物标志化合物特征极为相似，表明此油砂来源于本地巴音戈壁组烃源岩。

路井凹陷额 1 井、祥探 8 井侏罗系原油、烃源岩饱和烃生物标志化合物特征表现为：姥植比低（<1），γ- 蜡烷含量高，C_{24} 四环萜峰高与 C_{26} 三环萜峰高相当，规则甾烷 C_{28} 丰度较高，热演化参数 $C_{29}S/(S+R)$ 为 0.54（图 4-2-18），达到高成熟阶段，表明其原油母质处于还原性的浅水湖相环境，有机质为水生生物与高等植物共同输入特征。额 1 井原油生物标志化合物特征与祥探 9 井侏罗系烃源岩相似，表明其来源于本地侏罗系烃源岩。

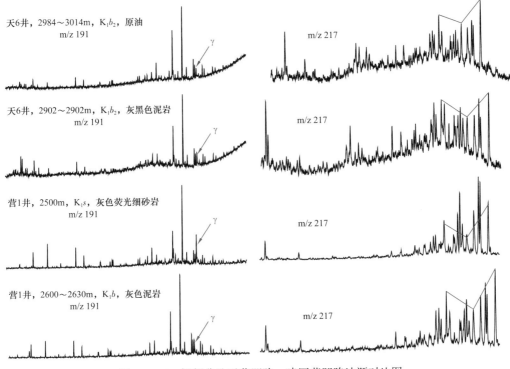

图 4-2-17　银额盆地天草凹陷、建国营凹陷油源对比图

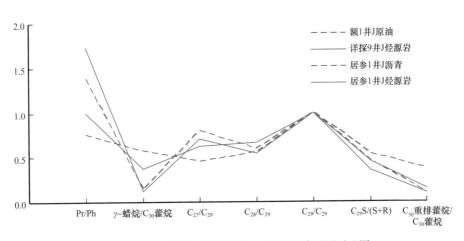

图 4-2-18　银额盆地路井凹陷、居东凹陷油源对比图

居东凹陷居参 1 井侏罗系中—下侏罗统沥青与邻近深度暗色泥岩有亲缘关系，其生物标志化合物特征表现为规则甾烷 C_{27} 丰度高，有一定 γ- 蜡烷含量，表明原油母质处于水生生物输入丰富的微咸水湖相环境。

南泉 1 井在沙婆泉组、芨芨沟组见到了丰富的油气显示，沙婆泉组油砂及烃源岩的生物标志化合物特征均表现为：姥植比低（<1），β- 胡萝卜烷、γ- 蜡烷、三环萜含量高，规则甾烷 C_{27} 含量高（图 4-2-19），表明其沙婆泉组油气来源于沙婆泉组烃源岩，原油母质处于水生生物输入丰度的咸水湖相环境，且油气显示均来源于临近深度烃源岩。

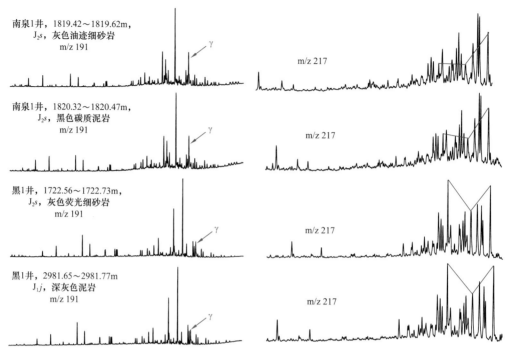

南泉1井，1819.42～1819.62m，
J_2s，灰色油迹细砂岩
m/z 191

m/z 217

南泉1井，1820.32～1820.47m，
J_2s，黑色碳质泥岩
m/z 191

m/z 217

黑1井，1722.56～1722.73m，
J_2s，灰色荧光细砂岩
m/z 191

m/z 217

黑1井，2981.65～2981.77m，
J_1j，深灰色泥岩
m/z 191

m/z 217

图 4-2-19　总口子盆地油源对比图

黑 1 井沙婆泉组油砂来源于下侏罗统下部水体较深热演化程度较高的烃源岩。沙婆泉组油砂与芨芨沟组烃源岩生物标志化合物特征一致，表现为：姥植比低（<1），γ-蜡烷峰高与 C_{31} 藿烷相当，三环萜、规则甾烷 C_{27} 含量高，热演化程度处于成熟阶段。表明黑 1 井沙婆泉组油气来源于芨芨沟组烃源岩。

2. 气源对比

银额盆地油气井所产天然气均为油藏溶解气。天然气干燥系数均小于 0.95，为湿气。其中天 6 井天然气干燥系数较大，这可能与巴二段烃源岩热演化程度较高有关。天然气碳同位素组成具有甲烷<乙烷<丙烷的特点，甲烷碳同位素分布在 –46‰～–41.2‰ 之间（表 4-2-3），平均值 –43.6‰；乙烷碳同位素组成分布在 –33.9‰～–32.2‰ 之间，平均值 –33.5‰，属于油型气。

表 4-2-3　银额盆地原油及天然气碳同位素数据表

凹陷	井号	层位	原油碳同位素 $\delta^{13}C_{PDB}$ /‰	天然气碳同位素 $\delta^{13}C_{PDB}$ /‰		
				CH_4	C_2H_6	C_3H_8
天草	天 6	K_1b_2		–46	–33.9	–31.5
路井	额 1	J	–31.53	–41.2	–32.2	–29.6

一般认为，腐泥型母质形成的天然气乙烷碳同位素组成相对较轻，在 –45‰～–29‰ 之间（SnowdonL R，1982），银额盆地天然气样品乙烷碳同位素皆轻于 –30‰，主体属于腐泥型有机质形成的天然气。

按照刘文汇等（1999）提出的我国煤型气甲烷碳同位素组成二阶模式判识，银额盆地内天然气相应烃源岩的热演化程度镜质组反射率 R_o 在 0.75%～1.25% 之间，其主体属于成熟阶段热解气及高成熟阶段裂解气。

结合银额盆地发育两套烃源岩的类型特征以及热演化程度，综合判断其天然气主体来源于白垩系巴音戈壁组及侏罗系烃源岩。

综上所述，根据已有的勘探实践分析，从烃源岩方面看，银额盆地有利的生烃凹陷内需要具备优质烃源岩分布，且烃源岩古埋深需大于 2000m，其热演化程度处于生烃高峰阶段。从这两方面来评价，巴音戈壁组有利的生烃凹陷为天草、查干、乌力吉等凹陷，侏罗系有利的生烃凹陷为路井凹陷及居东凹陷。总口子盆地烃源岩要达到生烃高峰，古埋深需大于 3000m，从优质烃源岩分布和烃源岩埋深两方面评价，总口子盆地最有利的生烃凹陷为南泉凹陷，其次为黑帐房凹陷。

第五节　沉积相与储层

银额盆地储油层系主要为白垩系和侏罗系，白垩系在下白垩统巴音戈壁组、苏红图组、银根组均发育碎屑岩储层。总口子盆地储层层位主要为侏罗系。

一、沉积相

1. 侏罗系

银额盆地钻遇侏罗系储层的井主要分布于路井凹陷和居东凹陷，岩性主要为杂色中砾岩、杂色细砾岩、杂色角砾岩、浅灰色砂砾岩、细砂岩夹灰色泥岩；砂地比高，额 1 井、路 1 井、居参 1 井砂地比分别为 45%、67%、74%，砂层累计厚 327.5～2523.0m，单砂层最厚可达 660m；主要为扇三角洲平原和前缘沉积。路井凹陷的路 1 井砂砾岩单砂层厚度一般在 10.0～41.0m，为扇三角洲前缘沉积。居参 1 井上侏罗统为杂色厚层块状中砾岩，累计厚度 1659.5m，沉积环境为扇三角洲平原；中—下侏罗统为杂色角砾岩和紫色粉砂质泥岩、紫红色泥岩互层，为扇三角洲平原沉积。

2. 下白垩统巴音戈壁组

巴音戈壁组是盆地最主要储油层系。巴一段以厚层块状灰色砂砾岩为主（图 4-2-20），在其顶部普遍发育一套厚度 2～10m 的含砾砂岩、粗砂岩，主要为扇三角洲前缘分支河道沉积。巴二段为湖泊水体较深环境下的扇三角洲—湖泊沉积，岩性较细，以厚层灰黑色、深灰色泥岩为主，夹薄层灰色砂砾岩，砂砾岩厚度一般 2～16m，砂砾岩层理以块状层理和递变层理为主，砂体主要为扇三角洲前缘分支河道和前缘滑塌浊积扇（图 4-2-21）。巴三段主要为灰色砂砾岩和泥岩互层，湖盆边缘砂砾岩较发育，砂地比较高（19.3%～79.8%），湖盆中心砂地比低（3.2%），泥岩较发育，砂体主要为扇三角洲前缘分支河道沉积。总体上巴二段到巴三段为湖水逐渐变浅的退积过程，巴三段砂体一般较巴二段发育。

3. 下白垩统苏红图组

苏红图组岩性主要为厚层灰色、褐色含灰泥岩、泥岩夹薄层杂色砂砾岩、灰色泥质粉砂岩。凹陷边缘为厚层杂色砂砾岩夹薄层棕黄色、灰色泥岩。苏红图组沉积相以滨浅湖亚相为主，局部发育冲积扇相。

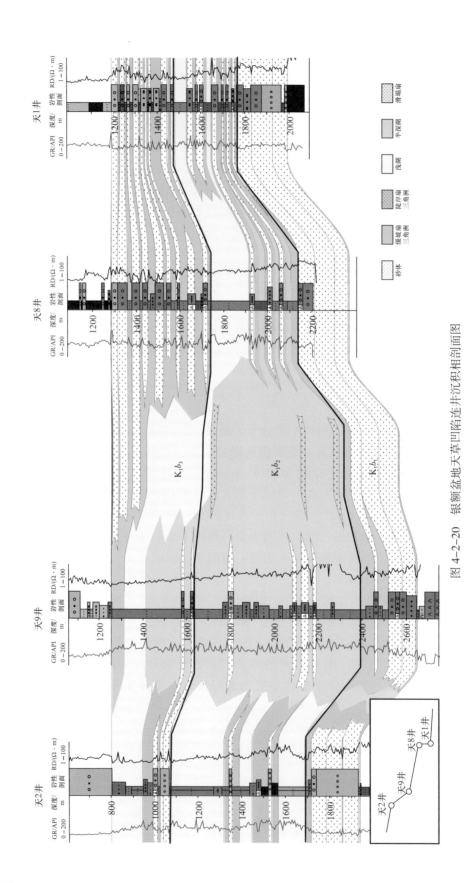

图 4-2-20　银额盆地天草凹陷连井沉积相剖面图

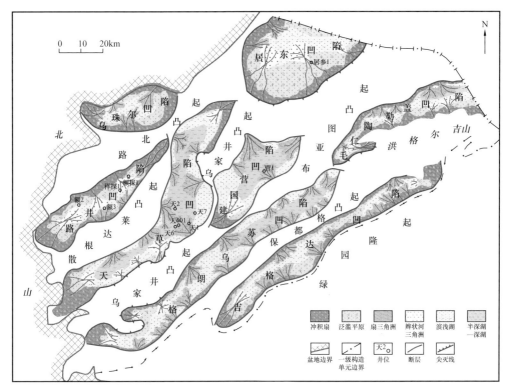

图 4-2-21 银额盆地居延海坳陷下白垩统巴音戈壁组二段沉积相平面图

二、生储盖组合

银额盆地成熟烃源岩主要为下白垩统巴音戈壁组暗色泥岩和侏罗系暗色泥岩，这些烃源岩与就近的前中生界基岩储层、侏罗系—下白垩统碎屑岩储层一般具有较好的生储配置关系。侏罗系—下白垩统具有多旋回沉积特点，可形成多套储盖组合（图 4-2-22）。

1. 二叠系"新生古储"生储盖组合

由于前中生界基岩储层裂缝—孔隙型储集空间较为发育，其上大多被侏罗系及下白垩统泥岩所覆盖，具备良好的储盖组合关系。侏罗系及下白垩统成熟烃源岩可为基岩储层供烃，从而构成一套"新生古储"式潜山型生储盖组合，路井凹陷的额 1 井、祥探 8 井即是侏罗系烃源岩生油，古生界花岗岩、闪长岩双重孔隙介质为储层，其上覆中—下侏罗统厚层泥岩为盖层的新生古储生储盖组合。

2. 侏罗系生储盖组合

侏罗系发育河流、湖泊、冲积扇、扇三角洲等沉积体系，在凹陷边缘向中心过渡带，扇三角洲前缘分流水道微相和分支坝微相、水下扇扇中辫状水道微相等砂砂、砾岩储层与作为盖层和烃源岩的湖相泥岩互层叠置，构成较好的生储盖配置关系，是侏罗系生储盖配置最有利的部位。该生储盖组合主要见于路井凹陷、居东凹陷及总口子盆地的南泉凹陷和黑账房凹陷。

3. 下白垩统生储盖组合

银额盆地下白垩统分布稳定，每个凹陷均有发育，砂、泥岩互层构成五套主要的储盖组合。

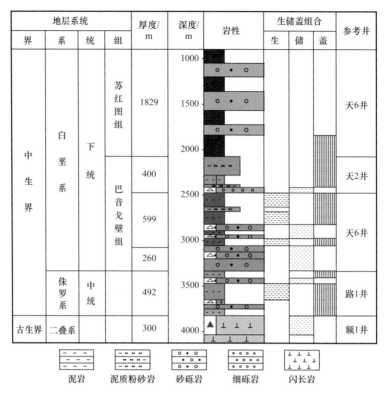

地层系统				厚度/m	深度/m	岩性	生储盖组合			参考井
界	系	统	组				生	储	盖	
中生界	白垩系	下统	苏红图组	1829						天6井
			巴音戈壁组	400						天2井
				599						天6井
				260						
	侏罗系	中统		492						路1井
古生界	二叠系			300						额1井

泥岩	泥质粉砂岩	砂砾岩	细砾岩	闪长岩

图 4-2-22　银额盆地居延海坳陷生储盖组合综合图

在居延海坳陷、苏红图—务桃亥坳陷，下白垩统巴音戈壁组粗—细沉积旋回可分为三个下粗上细的次级旋回，从而形成了三套储盖组合：第一套是巴音戈壁组一段为储层、巴音戈壁组二段为烃源岩和盖层的下生上储型生储盖组合；第二套是巴音戈壁组二段的自生自储型生储盖组合；第三套是以巴音戈壁组三段为储层和盖层的下生上储型生储盖组合。这些储盖组合以天草凹陷、哈日凹陷和拐子湖凹陷最为典型。

在查干凹陷，下白垩统苏红图组和银根组发育的两套储盖组合（图 4-2-4）含油。

三、储层特征

银额盆地下白垩统、侏罗系碎屑岩储层岩性主要为砂岩、砂砾岩、砾岩。

1. 岩石学特征

银额盆地侏罗系、白垩系碎屑岩储层的岩石学特征在不同凹陷及不同层系具有不同的特点（于兴河，2008），但总体表现为低成分成熟度、低结构成熟度、高岩屑含量、多填隙物组分、多胶结类型等特点，具有近物源、快速堆积、岩性多变的成因特点。

中—下侏罗统碎屑岩储层主要见于路井凹陷、居东凹陷，按成分分类主要为岩屑砂岩、岩屑长石砂岩和长石岩屑砂岩（图 4-2-23a）。上侏罗统碎屑岩储层主要见于居东凹陷和北山地区的炭窑井东露头，岩石类型在居参 1 井主要为岩屑砂砾岩，而在炭窑井东露头则主要为长石粉砂岩、岩屑长石细—中砂岩。

下白垩统巴音戈壁组碎屑岩储层在查干凹陷、梭梭头凹陷、天草凹陷、哈日凹陷、拐子湖凹陷均有不同厚度的钻遇，露头则广见于塔布陶勒盖、乌拉特后旗、恩根陶来和巴隆乌拉等地区，岩石类型在不同部位有所不同，总体上以岩屑砂砾岩、岩屑长石砂岩为主（图4-2-23b）。下白垩统苏红图组储层主要见于查干凹陷、梭梭头凹陷、天草凹陷、拐子湖凹陷和苏红图等地（岳伏生，2002；卢进才，2012），在居东凹陷较薄，岩石类型主要为长石岩屑砂岩、岩屑砂岩、岩屑长石砂岩（图4-2-23c）。

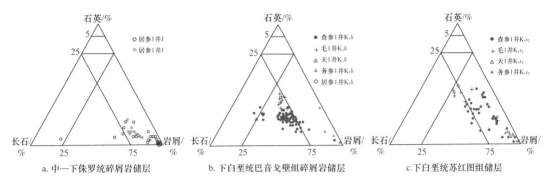

a. 中—下侏罗统碎屑岩储层　　b. 下白垩统巴音戈壁组碎屑岩储层　　c. 下白垩统苏红图组储层

图4-2-23　银额盆地中生界碎屑岩储层组分分类图

2. 孔隙结构

侏罗系、白垩系储层的孔隙类型分为原生孔隙、次生孔隙及裂缝三种。侏罗系碎屑岩储层孔隙类型总体表现为裂缝和次生孔隙发育，构造作用和次生溶蚀作用是其发育的主要因素。巴音戈壁组储层孔隙类型总体上以原生粒间孔隙发育为特征，粒间溶孔、粒内溶孔及微孔隙是其主要的存在形式（图4-2-24）。苏红图组储层孔隙类型总体以次生孔隙类型为主，粒间溶孔、粒内溶孔和微孔隙发育，不稳定组分岩屑、胶结物和填隙物的溶蚀是次生孔隙发育的主要因素。

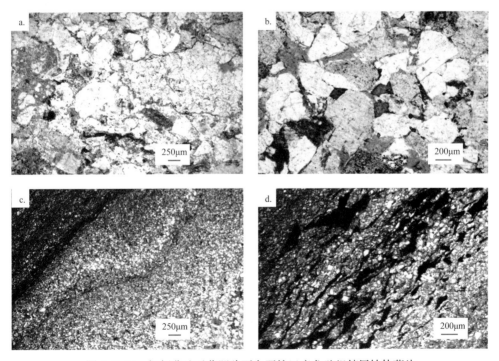

图4-2-24　银额盆地天草凹陷下白垩统巴音戈壁组储层铸体薄片
a. 天6井，2471.91～2471.98m，砂砾岩；b. 天602井，2108.45～2108.7m，粗粒岩屑长石砂岩；c. 天6井，2894.5m，含泥灰质粉砂岩；d. 天701井，1555.48～1555.57m，含灰砂质泥岩

总体上，中生界碎屑岩储层在孔隙结构上表现为三少三多的特征，即原生孔隙少、次生孔隙多，大孔隙少、微孔隙多，泥质杂充填发育的孔隙少而碳酸盐胶结物发育的孔隙多。

侏罗系—下白垩统碎屑岩储层的孔喉结构大多为微细喉型，少数样品属细喉型，其喉道半径均值一般 1~4μm，最大仅 19.76μm。

3. 物性特征

银额盆地碎屑岩储层物性普遍较差（表4-2-4）。侏罗系储层属于特低孔、特低渗储层；下白垩统巴音戈壁组储层主要属于低孔、低渗，苏红图组储层属于特低孔—低孔、特低渗。纵向上，随着层系的变浅，储层物性总体变好。

表 4-2-4 银额盆地中生界碎屑岩储层物性统计表

层位	井号	孔隙度 / %	平均孔隙度 / %	渗透率 / mD	平均渗透率 / mD
K_1s_1	查参 1	2.8~10.1	6.4	0.01~6.02	0.25
	毛 1	1.4~16.3	8.0	0.01~101.00	5.63
	天 1	13.2	13.2		
	哈 1	4.1~7.9	6.1	0.01~9.06	1.04
K_1b	查参 1	1.2~2.1	1.7	0.01~0.02	0.01
	毛 1	2.1~12.8	5.8	0.01~7.86	1.13
	天 1	1.4~21.7	8.4	0.01~75.20	127.30
	天 601	1.7~15.0	6.6	0.005~41.20	3.61
	天 7	5.6~18.1	12.2	0.07~6.49	337.70
	哈 1	4.1~7.9	6.1	0.01~0.24	0.02
J_3	居参 1	1.1~7.9	4.0	0.01~12.20	1.73
J_{1-2}	居参 1	0.1~8.3	1.5	0.01~1.45	0.11

第六节 油气藏类型与分布

银额盆地和总口子盆地油气藏类型、分布特点应与断陷盆地地质条件有关，但由于油气勘探程度较低，发现的油气藏数量少，油气藏类型与分布特点需待进一步勘探落实，已发现的油藏以下白垩统巴音戈壁组扇三角洲前缘相带的构造—岩性油藏为主。

一、油气藏类型与特征

银额盆地已发现的油气藏类型按圈闭成因可划分为三大类，即地层型油藏、构造型油气藏及构造—岩性型复合油气藏。

1. 地层型（潜山）油藏

路井凹陷额 1 井、祥探 8 井产油层为二叠系石英闪长岩、斜长花岗岩，油藏类型为基岩潜山型。该潜山型油藏储层为二叠系花岗岩缝洞型储层，油气来源于侧向相接的中侏罗统成熟烃源岩，并沿侏罗系与二叠系不整合面及油源断裂运聚，其上被不渗透性泥质岩覆盖，从而形成油气藏（图 4-2-25）。

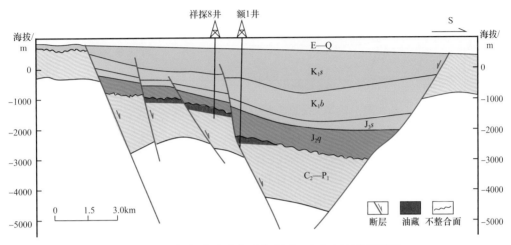

图 4-2-25　银额盆地路井凹陷北西—南东向油藏剖面图

2. 构造型（断鼻、断块）油气藏

天草凹陷天 2 块油气藏为断鼻型构造油气藏，西部受控边沉积断层控制，为一个北西—南东向大型鼻隆构造深入凹陷内，油气聚集在鼻状构造高部位，形成断鼻型油藏。该鼻状构造是天草凹陷内最大的鼻隆构造，在巴二段沉积前即隆升并遭受部分剥蚀，对巴三段及苏红图组沉积具有明显的分割作用。天 2 井油层主要发育在巴三段底界砂砾岩中，油层之上为苏红图组 150～200m 的不渗透泥岩盖层，油藏埋深 1000～1032m；储层物性差，平均孔隙度 7.5%，平均渗透率 0.35mD；对 1027～1032m 井段压后日产原油 1.13m³，累计产原油 11.53m³。原油密度 0.873g/cm³，黏度 32.07mPa·s（30℃），属于中等密度、中等黏度的正常原油；原油凝固点为 24～28℃，含蜡量 29.31%～32.42%，属于高蜡原油。

3. 构造—岩性型复合油气藏

天草凹陷天 6 块油藏是受构造背景控制的构造—岩性油气藏，由于储层的上倾部位被沉积正断层遮挡造成封闭，下倾方向油层边界受砂体尖灭点控制，形成凹陷缓坡带的构造—岩性型油气藏（图 4-2-26）。精细的油层对比表明，相距仅 1.6km 的天 6 井、天 601 井巴二段中部油层纵向上位置相当，但平面上油层不连通。该区块巴二段油层单层厚度一般为 1～5m，累计厚 5～8m，油藏埋深在 2560～2980m 之间，试油均获工业油流，单井日产原油为 3.06～24.2m³。油层孔隙度一般在 8.6%～11.1% 之间，渗透率一般在 6.13～20.0mD 之间，油层物性中—好，属于低孔、低渗性储层。原油密度 0.783～0.829g/cm³，黏度 3.43～9.26mPa·s（30℃），属于低密度、低黏度的轻质油藏；原油凝固点为 18～23℃，含蜡量 11.9%～44.3%，属于高蜡原油。地层压力系数为 1.07～1.28，为正常—高压系统。

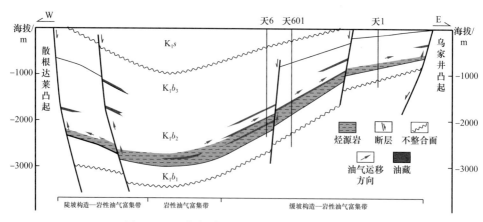

图 4-2-26 银额盆地天草凹陷油气成藏模式图

4.穿刺型油气藏

查干凹陷毛敦火山岩侵入体西缘的吉祥油藏受火山岩侵入体控制（王新民等，2000）。一方面，由于晚期的岩浆活动有利于巴二段烃源岩成熟生排烃；另一方面，火山岩侵入体对侧翼碎屑岩储层中的油气侧向封堵，在巴音戈壁组、苏红图组、银根组形成火山岩穿刺型油藏。

二、油气藏分布

银额盆地是典型的断陷盆地，包括 29 个小断陷，已发现的油气藏均位于断陷内。

平面上，油藏主要位于凹陷的高成熟烃源岩发育区内，源控特征明显；从油气藏在凹陷的位置来看，主要位于凹陷缓坡带，陡坡带发育油藏较少，这和相邻的二连盆地油气藏发育规律相同。从源控的角度来看，不对称断陷的缓坡带有机质供应充足，水体稳定，有效烃源岩主要分布在缓坡带邻近深洼区，而陡坡带水体动荡，变化频繁，有机质发育差，这也决定了油气藏的平面分布特征。

纵向上，油气藏主要发育在巴音戈壁组、苏红图组和银根组，有少部分以潜山型油藏发育在二叠系风化壳储层中，源控特征依然明显。油源对比表明，已发现的油气主要是以下白垩统巴音戈壁组为主要烃源岩，如查干油田、天草凹陷的天 6 块油藏、拐子湖凹陷的拐参 1 块油藏、哈日凹陷的延哈参 1 井等，油气藏主要位于巴音戈壁组中。路井凹陷的额 1 井含油气构造油藏主要发育在二叠系风化壳储层中，其上方和侧翼为侏罗系烃源岩层系。

第七节　油气资源潜力与勘探前景

2013—2015 年中国石油第四次油气资源评价，吐哈油田分公司完成了银额盆地的油气资源评价。

一、油气资源预测

1.计算方法

银额盆地已在天草、哈日、查干、拐子湖等多个凹陷获得油气流，但总体来说勘探程度较低，大多数凹陷缺乏开展资源评价的基础。中国石油第四次油气资源评价仅对有一定资料基础的天草、路井、居东、建国营、哈日、查干、白云、乌力吉、锡勒、勒东和芨芨海子共11个凹陷开展了油气资源量的预测。银额盆地、总口子盆地油气资源量预测选择类比法和成因法两大类方法。类比法以面积丰度类比法为主，二连盆地阿南凹陷刻度区作为类比刻度区。成因法中以氯仿沥青"A"法为主。应用特尔菲法进行加权平均后，获得盆地的油气地质资源量、可采资源量。

2. 参数选取

1）相似系数

根据银额盆地各凹陷地质条件的差异以及地质认识结果，按照凹陷地质评价评分取值标准，对凹陷进行烃源岩条件、储层条件、圈闭条件、保存条件、配套条件共五大类27项参数进行打分评价，从而得到各凹陷与阿南刻度区的相似系数和石油面积资源丰度（表4-2-5），为类比法计算油气资源量提供了重要参数和依据。

表4-2-5　银额盆地主要凹陷关键参数表

序号	凹陷	面积 /km²	相似系数	石油资源丰度 /（10⁴t/km²）	运聚系数 /%
1	天草	1038	0.4290	3.0327	3.70
2	路井	1058.46	0.1951	1.3796	3.50
3	居东	1828.46	0.0998	0.7054	1.80
4	建国营	601.32	0.3289	2.3251	3.60
5	哈日	2004.51	0.1559	1.1023	2.50
6	查干	1620.52	0.4816	3.4049	3.85
7	白云	1259.94	0.0681	0.4813	2.00
8	乌力吉	700.65	0.1377	0.9738	2.94
9	锡勒	3091.72	0.1434	1.0139	3.30
10	勒东	1208.43	0.2065	1.4602	3.30
11	芨芨海子	5401.67	0.1205	0.8519	3.00

2）油气运聚系数

根据油气运聚系数的取值标准和银额盆地各凹陷成藏条件综合分析，结合与二连盆地阿南凹陷刻度区类比结果，确定盆地各凹陷的油气运聚系数，其中天草凹陷、路井凹陷较大，其次为查干凹陷、锡勒凹陷（表4-2-5）。总口子盆地运聚系数为2.0%。

3. 测算结果及资源分布

采用热压模拟法、氯仿沥青"A"法、面积丰度类比法计算银额盆地石油地质资源量为 $2.51 \times 10^8 t$，天然气地质资源量为 $170.57 \times 10^8 m^3$（表4-2-6），具有一定的勘探潜力。

从层系来看，油、气资源分布在白垩系和侏罗系，其中下白垩统资源占比75.98%，侏罗系占24.02%，因此下白垩统是银额盆地的主要勘探层系；而从资源丰度来看，银额盆地侏罗系也是值得勘探的重点层系。

表 4-2-6 银额盆地各凹陷资源量汇总表

序号	凹陷	石油地质资源量 / 10^4t	天然气地质资源量 / 10^8m^3	序号	凹陷	石油地质资源量 / 10^4t	天然气地质资源量 / 10^8m^3
1	天草	3171.36	16.27	7	白云	553.41	1.71
2	路井	1440.03	3.61	8	乌力吉	711.41	2.86
3	居东	1226.63	9.09	9	锡勒	3012.85	22.08
4	建国营	1395	6.18	10	勒东	1698.71	15.92
5	哈日	2126.18	10.64	11	芨芨海子	4636.72	15.80
6	查干	5169.19	66.41		合计	25141.50	170.57

总口子盆地采用类比法中的面积丰度类比法和成因法中的氯仿沥青"A"法来评价。石油地质总资源量期望值为 0.3937×10^8t，主要分布于南泉凹陷和黑账房凹陷。

二、重点勘探方向

银额盆地石油地质条件较好，油气资源优厚，找油找气有较大的潜力。已找到的地质储量与总资源量相比，还相差甚大，盆地油气勘探程度低，因此具有良好的勘探前景。近年来的勘探实践表明，围绕近源高成熟有效烃源岩发育区，针对储层物性好、厚度大的三角洲前缘砂体钻探，容易获得新的油气发现。随着资料的丰富、勘探的深入和地质认识的深化，有希望能取得越来越多的发现，但是，经历不同构造演化和充填历史的沉积凹陷，其资源勘探主要目的层、资源潜力和有利区带类型差异明显，应针对性地研究分析。

1. 银额盆地

从凹陷平均资源丰度来看，查干、天草等凹陷资源丰度最高，最具有勘探潜力；其次为建国营、勒东、路井、哈日和锡勒等凹陷，勘探潜力中等，值得进一步勘探投入和深化认识评价；其余的乌力吉、芨芨海子、居东、白云等凹陷资源丰度较低，勘探风险较大。结合油气资源评价和油气勘探研究，勘探主攻方向主要为天草、查干、拐子湖、路井、勒东和建国营等凹陷。

天草凹陷主要目的层为下白垩统巴音戈壁组，平面上分为北、中、南三个洼槽，南洼槽油气资源匮乏；中洼槽钻井 8 口，在巴音戈壁组已获得工业油气流，油气资源分布和聚集规律初步明朗，是勘探发现的现实领域；北洼漕发育巴音戈壁组成熟烃源岩，可能还发育侏罗系烃源岩，具有勘探层系多，油气资源丰富的优越条件，是油气勘探的有利方向。路井凹陷侏罗系油气显示活跃，3 口探井获得低产油气流，也钻遇侏罗系优质烃源岩。勒东凹陷与天草凹陷北洼槽类似，具有白垩系和侏罗系两套成熟烃源岩。查干凹陷已在巴音戈壁组、苏红图组、银根组获得油流并建成油田，资源潜力大。这些凹陷油气资源丰度较高，是最具勘探潜力的凹陷。

建国营凹陷勘探程度低，已钻井 1 口，在侏罗系见到油气显示，是潜在的含油气凹陷，需深化地质条件评价。该凹陷具有与天草凹陷相似的基本石油地质条件，其洼漕生烃中心周缘及近邻断阶带是油气聚集的有利区带，是油气有利勘探方向。

2. 总口子盆地

总口子盆地发现 1 处油苗，并在 3 口地质浅井和南泉 1 井的侏罗系见到较好的油气显示，并揭示侏罗系烃源岩分布广泛，盆地具有油气生成的地质条件。南泉 1 井由于储层物性差，未获油气突破。下步工作是优选储层条件较好的有利区带，明确主攻方向，实现油气勘探突破。

参 考 文 献

白寿彝，1999. 中国通史第十二卷近代后编（1919—1949）［M］. 上海：上海人民出版社.

包建平，1996. 未降解原油和生油岩中的25-降藿烷系列［J］. 科学通报，41（20）：1875-1878.

曹荣龙，1994. 新疆北部蛇绿岩及基性-超基性杂岩［J］. 新疆地质，12（1）：26-31.

陈丕基，沈炎彬，1985. 叶肢介化石［M］. 北京：科学出版社.

陈文，孙枢，张彦，2005. 新疆东天山秋格明塔什—黄山韧性剪切带40Ar/39Ar年代学研究［J］. 地质学报，79（6）：790-803.

陈旋，李杰，梁浩，等，2014. 三塘湖盆地条湖组沉凝灰岩致密油藏成藏特征［J］. 新疆石油地质，35（4）：386-390.

陈旋，刘俊田，冯亚琴，等，2018. 三塘湖盆地条湖组火山湖相沉凝灰岩致密油形成条件与富集因素［J］. 新疆地质，36（2）：246-251.

陈旋，刘俊田，龙飞，等，2019. 三塘湖盆地二叠系凝灰岩致密油勘探开发实践及认识［J］. 中国石油勘探，24（6）：771-780.

陈旋，刘小琦，王雪纯，等，2019. 三塘湖盆地芦草沟组页岩油储层形成机理及分布特征［J］. 天然气地球科学，30（8）：1180-1189.

程克明，1994. 吐哈盆地油气生成［M］. 北京：石油工业出版社

程克明，赵长毅，苏爱国，等，1997. 吐哈盆地煤成油气的地质地球化学研究［J］. 勘探家，2（2）：5-10+19.

戴金星，1992. 各类烷烃气的鉴别［J］. 中国科学B，（2）：187-193.

戴金星，1993. 天然气碳氢同位素特征和各类天然气鉴别［J］. 天然气地球科学，4（2-3）：1-40.

戴金星，1999. 中国煤成气研究二十年的重大进展［J］. 石油勘探与开发，26（3）：1-10.

邓胜徽，卢远征，樊茹，等，2010. 新疆北部的侏罗系［M］. 合肥：中国科学技术大学出版社.

邓胜徽，姚益民，叶得泉，等，2003. 中国北方侏罗系［M］. 北京：石油工业出版社.

邓胜徽，赖星蓉，1993. 吐哈盆地中侏罗世非海相介形类化石的发现及其地层意义［J］. 石油勘探与开发，20（增刊）：117-120.

董明倬，崔思朋，2015. 中瑞西北科学考察团1927年内蒙古考察线路分析［J］. 中国科技纵横，2015（1）：253-256.

杜宏宇，王铁冠，胡剑梨，等，2004. 三塘湖盆地上二叠统烃源岩中的25-降藿烷系列与微生物改造作用［J］. 石油勘探与开发，31（1）：42-44.

杜金虎，2010. 新疆北部石炭系火山岩油气勘探［M］. 北京：石油工业出版社.

冯增昭，1993. 沉积岩石学［M］. 北京：石油工业出版社.

付超，李俊建，唐文龙，等，2016. 中蒙边界中西段地层划分与对比［J］. 地质通报，35（4）：503-518.

傅家谟，刘德汉，盛国英，1990. 煤成烃地球化学［M］. 北京：科学出版社.

高金汉，王训练，付国斌，等，2003. 腕足动物群落取代与海平面变化——以吐哈盆地南缘雅满苏石炭系西大沟为例［J］. 现代地质，17（3）：243-250.

苟红光，2015. 吐哈盆地鲁克沁—玉北地区二叠系油气成藏规律研究［J］. 石油天然气学报（江汉石油学院学报），37（5+6）：1-5.

苟红光，赵莉莉，梁桂宾，等，2016.EUR 分级类比法在致密油资源评价中的应用—以三塘湖盆地芦草沟组为例［J］.岩性油气藏，28（3）：27-33.

郭秋麟，陈宁生，刘成林，等，2015.油气资源评价方法研究进展与新一代评价软件系统［J］.石油学报，36（10）：1305-1314.

郭秋麟，陈宁生，吴晓智，等，2013.致密油资源评价方法研究［J］.中国石油勘探，18（2）：67-76.

郭秋麟，米石云，胡素云，等，2006.盆地模拟技术在油气资源评价中的作用［J］.中国石油勘探，2006（3）：50-55+7.

郭绍辉，李术元，陈志伟，等，2000.低熟烃源岩的超强混合溶剂抽提及其地球化学意义［J］.石油大学学报（自然科学版），24（3）：50-53+5.

郭巍，李成博，宋玉勤，等，2006.民和盆地炭山岭油页岩特征及成矿控制因素分析［J］.吉林大学学报（地球科学版），36（6）：923-927+932.

韩玉玲，2000.新疆二叠纪古地理［J］.新疆地质，18（4）：330-334.

郝诒纯，阮培华，周修高，等，1983.西宁、民和盆地中侏罗世—第三纪地层及介形虫、轮藻化石［J］.地球科学，（2）：98.

郝银全，林卫东，董伟宏，等，2006.银额盆地与二连盆地成藏条件对比及有利勘探区带［J］.新疆石油地质，27（6）：664-666.

何登发，贾承造，童晓光，等，2004.叠合盆地概念辨析［J］.石油勘探与开发，31（1）：1-7.

何登发，赵文智，1999.中国西北地区沉积盆地动力学演化与含油气系统旋回［M］.北京：石油工业出版社.

洪友崇，梁世君，胡亭，等，1995.新疆吐哈盆地地质古生物组合研究［J］.现代地质，9（4）：426-440.

侯连华，王京红，邹才能，等，2011.火山岩风化体储层控制因素研究——以三塘湖盆地石炭系卡拉岗组为例［J］.地质学报，85（4）：557-568.

胡社荣，蔺丽娜，黄灿，等，2011.超厚煤层分布与成因模式［J］.中国煤炭地质，23（1）：1-5.

黄本宏，丁秋红，1998.中国北方安加拉植物群［J］.地球学报，19（1）：97-104.

黄第藩，华阿新，王铁冠，等，1992.煤成油地球化学新进展［M］.北京：石油工业出版社.

黄第藩，李晋超，张大江，1984.干酪根的类型及其分类参数的有效性、局限性和相关性［J］.沉积学报，2（3）：18-33.

黄第藩，秦匡宗，王铁冠，等，1995.煤成油的形成和成烃机理［M］.北京：石油工业出版社.

黄嫔，2003.新疆三塘湖盆地奎苏煤矿中侏罗世西山窑组孢粉组合［J］.微体古生物学报，20（4）：425-434.

黄志龙，马剑，梁世君，等，2016.源—储分离型凝灰岩致密油藏形成机理与成藏模式［J］.石油学报，37（8）：975-985.

霍多特，宋大钊等，译.1966.煤与瓦斯突出［M］.北京：煤炭工业出版社.

贾文玉，2000.成像测井技术与应用［M］.北京：石油工业出版社.

焦立新，刘俊田，李留中，2015.三塘湖盆地沉凝灰岩致密油藏测井评价技术与应用［J］.岩性油气藏，27（2）：83-91.

焦立新，刘俊田，张宏，2014.三塘湖盆地沉凝灰岩致密储集层特征及其形成条件［J］.天然气地球科学，25（11）：1697-1705.

烙岑几，2011.杨拯陆：将门虎女献身石油［J］.中国石油石化，（19）：74-76.

李成明，倪联斌，宋学良，等，2005.七克台—温吉桑—丘东滑脱构造体系演化［J］.新疆石油地质，26（4）：377-379.

李建忠，吴晓智，郑民，等，2017.第四次油气评价方法体系与关键技术［J］.中国石油企业，（5）：30-33+2.

李锦轶，肖序常，汤耀庆，等，1990.新疆东准噶尔卡拉麦里地区晚古生代板块构造的基本特征［J］.地质论评，36（4）：305-316.

李伟，梁世君，姜均伟，等，2006.吐鲁番坳陷鲁克沁稠油油藏形成及演化特征［J］.石油学报，27（6）：14-18.

李伟，刘济民，陈晓红，1994.吐鲁番坳陷油田水地化特征及其石油地质意义［J］.石油勘探与开发，21（5）：12-18.

李伟，赵文智，刘宗诚，等，1997.中国西北挤压型盆地超压泥岩与油气运聚关系研究［J］.石油勘探与开发，24（5）：15-19.

李伟，赵文智，牛嘉玉，等，1997.吐哈盆地煤系地层中烃类的独特运聚风格初探［J］.石油学报，18（2）：8-12.

李溪滨，1994.三塘湖盆地石油地质特征与勘探建议［J］.新疆石油地质，15（2）：110-115.

李溪滨，魏新善，1997.三塘湖盆地勘探历程［J］.勘探家，2（2）：48-51.

李新宁，马强，梁辉，等，2015.三塘湖盆地二叠系芦草沟组二段混积岩致密油地质特征及勘探潜力［J］.石油勘探与开发，42（6）：763-771.

李永安，2000.新疆三叠纪古地理［J］.新疆地质，18（4）：335-338.

梁浩，苟红光，2009.三塘湖盆地卡拉岗组火山岩岩石化学特征及构造环境［J］.西安石油大学学报（自然科学版），24（5）：23-28.

梁浩，李新宁，马强，等，2014.三塘湖盆地条湖组致密油地质特征及勘探潜力［J］.石油勘探与开发，41（5）：563-572.

梁浩，罗权生，孔宏伟，等，2011.三塘湖盆地火山岩中沸石的成因及其储层意义［J］.沉积学报，29（3）：537-543.

梁世君，黄志龙，柳波，等，2012.马朗凹陷芦草沟组页岩油形成机理与富集条件［J］.石油学报，33（4）：588-594.

梁世君，罗劝生，王瑞，等，2019.三塘湖盆地二叠系非常规石油地质特征与勘探实践［J］.中国石油勘探，24（5）：624-634.

廖卓庭，刘陆军，张维，1999.博格达山西南缘早二叠世磨拉石相沉积组合—桃西沟群［J］.地层学杂志，23（3）：190-196.

廖卓庭，吴国干，1998.新疆三塘湖盆地含油气地层［M］.南京：东南大学出版社.

林克湘，李艺斌，龚文平，等，1997.新疆三塘湖盆地晚古生代火山岩地球化学特征及构造环境［J］.高校地质学报，3（2）：202-211.

林潼，焦贵浩，孙平，等，2009.三塘湖盆地石炭系火山岩储层特征及其影响因素分析［J］.天然气地球科学，20（4）：513-517.

刘德汉，孙永革，申家贵，等，1996.吐哈盆地及二连盆地侏罗系煤微类脂组分的共聚焦激光扫描显微镜（CLSM）研究及油气意义.地球化学，25（4）：309-315.

刘凤鸣，2017.库泰盆地石油地质特征与油气资源评价［D］.中国石油大学（北京）.

刘俊田，2009.三塘湖盆地牛东地区石炭系卡拉岗组火山岩风化壳模式与识别［J］.天然气地球科学，20（1）：57-62.

刘文汇，徐永昌，1999.煤型气碳同位素演化二阶段分馏模式及机理［J］.地球化学，28（4）：359-366.

刘学锋，张或丹，袁誉琴，1998.三塘湖盆地北西向构造变形带的正演［J］.西安石油学院学报，13（1）：15-18

刘兆生，2000.吐哈盆地北缘二叠系与三叠系界线［J］.地层学杂志，24（4）：310-315.

柳益群，李红，朱玉双，等，2010.白云岩成因探讨：新疆三塘湖盆地发现二叠系湖相喷流型热水白云岩［J］.沉积学报，28（5）：861-867.

卢进才，陈高潮，李玉宏，等，2012.银额盆地及邻区石炭系—二叠系油气地质条件与资源前景［M］.北京：地质出版社.

卢进才，魏仙样，李玉宏，等，2012.内蒙古西部额济纳旗祥探9井石炭系—二叠系烃源岩地球化学特征［J］.地质通报，31（10）：1628-1638.

鲁海鸥，袁炳强，李玉宏，等，2012.三塘湖盆地断裂构造特征［J］.新疆石油地质，33（3）：293-296.

罗海炳，付秋萍，2006.辽河滩海燕南潜山带中生界火成岩储层预测及勘探潜力初探［J］.海相油气地质，11（1）：35-39.

罗权生，聂朝强，文川江，等，2009.新疆三塘湖盆地牛东地区卡拉岗组火山旋回和期次的划分与对比［J］.现代地质，23（3）：515-522.

马剑，黄志龙，钟大康，等，2016.三塘湖盆地马朗凹陷二叠系条湖组凝灰岩致密储集层形成与分布［J］.石油勘探与开发，43（5）：714-722.

马羚，李杰，徐胜林，等，2019.三塘湖盆地马朗凹陷西山窑组储层成岩作用类型及特征［J］.石油实验地质，41（4）：508-515.

马兴祥，1988.贵州水城晚二叠世主采煤层的岩石学研究及煤相.北京：中国矿业大学博士学位论文.

欧阳征健，周鼎武，冯娟萍，等，2006.三塘湖盆地中央拗陷南缘构造特征与油气勘探［J］.西北大学学报（自然科学版），36（2）：285-289.

秦匡宗，郭绍辉，李术元，1998.煤结构的新概念与煤成油机理的再认识［J］.科学通报，43（18）：1912-1918.

仁和爱，李刚，2005.北山地区总口子盆地油气勘探方向［J］.海洋地质动态，21（4）：24-27.

任纪舜，谢广连，1989.黄汲清与中国石油、天然气的普查勘探［J］.石油与天然气地质，10（8）：233-246.

商平，付国斌，侯全政，等，1999.新疆吐哈盆地中侏罗世植物化石［J］.现代地质，13（4）：403-407.

申晨，袁炳强，李玉宏，等，2012.吐哈盆地重力场与断裂构造特征［J］.断块油气田，19（4）：445-449.

盛军，孙卫，段宝虹，等，2016.新疆三塘湖盆地牛圈湖区块中侏罗统西山窑组储层特征及储层控制因素［J］.地质论评，62（3）：722-734.

宋吉杰，2007.松辽盆地北部兴城地区火山岩地震预测［J］.石油地球物理勘探，42（3）：315-317.

孙淑艳，李艳菊，2003.火成岩地震识别及构造描述方法研究［J］.特种油气藏，10（1）：47-50.

孙永传，李蕙生，1986.碎屑岩沉积相和沉积环境［M］.北京：地质出版社.

孙自明，熊保贤，李永林，等，2001.三塘湖盆地构造特征与有利勘探方向［J］.石油实验地质，23（1）：23-26.

谭卓，2017.澳大利亚南缘湖相及煤系烃源岩发育特征与勘探潜力［J］.大庆石油地质与开发，36（6）：64-74.

唐祥华，1999.吐哈盆地托克逊地区二叠系—侏罗系分布概况及古生态古气候初探［J］.新疆石油地质，20（1）：40-44

陶明信，2010.论新疆吐哈盆地的两种构造单元体系［J］.地质通报，29（2-3）：297-304.

汪筱林，蒋顺兴，2016.中国的翼龙化石新发现与研究进展［J］.科学，68（4）：10-15.

王昌桂，2000a.中国西北部侏罗系油气成藏分布规律［J］.新疆石油地质，21［5］：357-360.

王昌桂，2000b.中国西北侏罗系油气成藏特征［J］.地学前缘，7（4）：487-495.

王昌桂，程克明，徐永昌，等，1998.吐哈盆地侏罗系煤成烃地球化学［M］.北京：科学出版社.

王昌桂，杨飚，2002.三塘湖盆地油气勘探前景［J］.新疆石油地质，23（2）：92-94

王昌桂，杨飚，2004.吐哈盆地二叠系油气勘探潜力［J］.新疆石油地质，25（1）：17-18.

王忱，2005.高尚者的墓志铭［M］.北京：中国文联出版社.

王大锐，2016.功在当代 利在千秋——为纪念科学探索井项目实践30周年专访赵文智院士［J］.石油知识，（2）：8-11.

王大锐，董爱正，蔡笛，1997.吐哈盆地侏罗系原油单体烃系列碳同位素研究［J］.石油勘探与开发，24（2）：19-21.

王国强，李向民，徐学义，2016.甘蒙北山志留纪公婆泉群火山岩的地球化学及其对岩石成因和构造环境的制约［J］.地质学报，90（10）：2603-2616.

王建荣，张达景，赵文智，等，1997.吐哈盆地古水动力条件与油气聚集规律［J］.石油与天然气地质，18（1）：28-33.

王良忱，张金亮，1996.沉积环境和沉积相［M］.北京：石油工业出版社.

王武和，张世焕，1999.吐哈盆地中下侏罗统煤成烃的形成与富集规律［J］.新疆地质，17（1）：27-32.

王新民，李天顺，2000.查干构造型凹陷下白垩统储层及油气分布特征［J］.石油与天然气地质，21（1）：65-70.

王新民，苏醒，1997，甘肃西部及邻区区域地质特征与油气勘探方向［J］.甘肃地质学报，6（2）：69-76.

王拥军，2006.火山岩岩性识别新技术［J］.断块油气田，13（3）：86-88.

王允霞，施尚明，尚小峰，2012.北小湖油田八道湾组储层四性关系研究［J］.科学技术与工程，12（30）：8016-8021.

王志勇，杜宏宇，靳振家，等，2007.吐哈盆地二叠系稠油成因、成藏研究［J］.沉积学报，25（5）：787-794.

王志勇，金颖，梁桂宾，等，2004.台北凹陷煤成烃刻度区的建立［J］.吐哈油气，9（4）：305-308+395.

王志勇，郑建京，杜宏宇，等，2011.东疆地区原油芳烃地球化学特征及其意义［J］.沉积学报，29（1）：

184-191.

卫平生,张虎权,陈启林,等,2006.银根—额济纳旗盆地油气地质特征及勘探前景[M].北京:石油工业出版社.

卫延召,戴金星,赵长毅,2001.吐哈盆地台北凹陷西部油源浅析[J].石油实验地质,23(2):191-194.

魏景明,1982.新疆晚二叠世—中、新生代软体双壳类动物群化石组合序列及其对地层时代划分、对比和古气候的意义[J].新疆石油地质,(1):1-58.

翁文灏,1919.中国矿产志略[M].北京:农商部地质调查所印行.

吴舜卿,周汉忠,1986.天山东部早侏罗世早期植物化石[J].古生物学报,25(6):637-645.

吴涛,张世焕,王武和,1996.吐鲁番—哈密成煤盆地构造特征与油气聚集[J].石油学报,17(3):12-17.

吴涛,赵文智,1997.吐哈盆地煤系油气田形成和分布[M].北京:石油工业出版社.

向洪,王志平,谌勇,2019.三塘湖盆地致密油加密井体积压裂技术研究与实践[J].中国石油勘探,24(2):260-266.

谢春林,杨建国,王立社,2009.甘肃北山地区古亚洲南缘古生代岛弧带位置的讨论[J].地质学报,83(11):1584-1599.

新疆维吾尔自治区地质矿产局,1999.新疆维吾尔自治区区域地质志[M].北京:石油工业出版社.

新疆维吾尔自治区区域地层表编写组,1981.西北地区区域地层表[M].北京:地质出版社.

新疆油气区石油地质志(下册)编写组,1995.中国石油地质志卷十五新疆油气区(下册)[M].北京:石油工业出版社.

邢秀娟,周鼎武,柳益群,等,2004.吐—哈盆地及周缘早二叠世火山岩地球化学特征及大地构造环境探讨[J].新疆地质,22(1):50-55.

徐丽英,陈振岩,2003.地震技术在辽河油田黄沙坨地区火山岩油藏勘探中的应用[J].特种油气藏,10(1):36-39.

徐永昌,1994.天然气成因理论及应用[M].北京:科学出版社.

徐永昌,沈平,刘文汇,等,2001.未熟—低熟油的同位素组成特征及判识标志[J].科学通报,46(10):867-872.

薛毅,2005.翁文灏与近代中国石油工业[J].中国石油大学学报(社会科学版),21(1):28-33.

闫玉魁,杨斌,何维国,2010.三塘湖盆地石炭系火山岩综合评价与改造技术[J].中国石油勘探,15(3):38-44.

杨智,2014.我国新疆哈密地区发现翼龙及其卵化石[J].科学,66(4):7.

姚素平,张景荣,金奎励,等,1997.新疆侏罗系煤基质镜质组的岩石学特征及成烃性[J].煤田地质与勘探,25(3):16-23.

于兴河,2008.碎屑岩系油气储层沉积学[M].北京:石油工业出版社.

袁明生,梁世君,徐永昌,等,2011.低熟气及我国的低熟气区——吐哈油气区[M].北京:科学出版社.

袁明生,梁世君,燕列灿,等,2002.吐哈盆地油气地质与勘探实践[M].北京:石油工业出版社.

岳伏生,马龙,李天顺,等,2002.查干凹陷下白垩统碎屑岩储层成岩演化与油气成藏[J].沉积学报,20(4):644-664.

臧遇时,杨高学,赵金凤,2013.蛇绿岩的定义、分类及其发展[J].西北地质,46(2):12-17.

翟光明，1996.我国油气资源和油气发展前景［J］.勘探家，1（2）：1-5.

翟光明，1997.我国油气资源及石油地质和油气勘探的几个问题［J］.世界科技研究与发展，19（1）：42-48.

翟光明，2014.西部石油开发往事［J］.能源，（8）：104-107.

翟光明，胡见义，赵文智，等，2016.科学探索井历程、成效及意义——纪念科学探索井项目实践30周年［J］.石油勘探与开发，43（2）：153-165.

张代生，付国斌，秦恩鹏，等，2002.新疆吐哈盆地侏罗纪古植被与古气候及古环境的探讨［J］.现代地质，16（2）：147-152.

张代生，李光云，罗肇，等，2003.银根—额济纳旗盆地油气地质条件［J］.新疆石油地质，24（2）：130-132.

张虎权，杨中轩，1996.民和盆地的构造特征［J］.石油实验地质，（3）：283-288.

张金龙，潘志龙，陈超，等，2017.内蒙古北山地区三道明水一带早白垩世赤金堡组沉积特征及时代厘定［J］.地质调查与研究，40（1）：29-34.

张恺，1993.新疆三塘湖盆地板块构造演化特征及其含油气远景评价［J］.新疆石油地质，14（1）：1-12.

张强，吕福亮，毛超林，等，2012.印度尼西亚库泰盆地油气地质特征及勘探方向［J］.海相油气地质，17（4）：8-15.

张义纲，1992.天然气的生成聚集和保存［M］.南京：河海大学出版社.

赵澄林，朱筱敏，2000.沉积岩石学［M］.北京：石油工业出版社.

赵国连，张岳桥，2002.大庆火山岩地震反射特征与综合预测技术［J］.石油勘探与开发，29（5）：44-46.

赵师庆，1991.实用煤岩学［M］.北京：地质出版社.

赵文智，程克明，邹才能，等,1995.吐哈盆地煤系油气聚集特征与勘探对策［J］.天然气工业，15（4）：13-17.

赵文智，李伟，张研，1998.吐哈盆地鲁克沁稠油藏成藏过程初探与勘探意义［J］.石油勘探与开发，25（2）：1-3.

赵喜进，1980.新疆北部中生代脊椎动物化石地层［M］.北京：科学出版社.

赵应成，巍东涛，马志强，等，2003.中国北方侏罗系（IV）祁连地层区［M］.北京：石油工业出版社.

赵长毅，何忠华，程克明，等，1994.吐—哈盆地煤中基质镜质体生烃潜力与特征［J］.科学通报，39（21）：1979-1981.

赵长毅，全奎励，高文泰，1996.煤和源岩显微组分荧光机理及其在吐哈盆地油气勘探中的应用［M］.北京：煤炭工业出版社.

赵长毅，程克明，王飞宇，1997a.吐哈盆地煤成烃主要贡献组分剖析［J］.沉积学报，15（2）：95-99.

赵长毅，程克明，1997b.煤成油排驱主要制约因素［J］.科学通报，42（16）：1755-1758.

钟宁宁，王铁冠，熊波，等,1995.煤系低熟油形成机制及其意义［J］.江汉石油学院学报,17（1）：1-7.

朱如凯，邹才能，吴松涛，等，2019.中国陆相致密油形成机理与富集规律［J］.石油与天然气地质，40（6）：1168-1184.

朱祥根，1994.新疆北部侏罗、白垩纪非海相腹足类［J］.古生物学报，33（1）：85-104.

朱筱敏，康安，王贵文，等，1998.三塘湖盆地侏罗系辫状河三角洲沉积特征［J］.石油大学学报（自然科学版），22（1）：14-17.

朱扬明，梅博文，傅家谟，等,1997.塔里木原油生物标志物分布特征［J］.江汉石油学院学报,19（3）：24−29.

邹才能，侯连华，王京红，等，2011.火山岩风化壳地层型油气藏评价预测方法研究——以新疆北部石炭系为例［J］.地球物理学报，54（2）：388−399.

B.Horsfield，K.L.Yordy，J.C.Crelling，1988.Determing the petroleum generating potential of coal using organic geochemistry and organic petrology［J］.Organic geochemistry，13（1−3）：121−129.

Dong zhiming，1997.Sino−Japanese Silk Road Dinosaur Expedition.China Ocean Press.

E.W.Tegelaar，R.M.Matthezing，J.B.H.Jansen，et al，1989.Possible origin of nalkanes in high−wax crude oils［J］.Nature，342：529−531.

Frish W，Meschede M，Blakey R，2011.Plate Tectonics：Continental Drift and Mountain Building［D］.Heidelberg：Sprnger.

G.K.Guennel，1981.Oil from pollen and spores［M］.In Brooks J.（ed.）：Organic Maturation Studies and Fossil Fuel Exploration，303−318. Academic Press，London.

Gorbaty M L，Wright F J，Lyon R K，et al，1979.Coal science：basic research opportunities［J］.Science，206：4422.

J.Brooks，G.Shaw,1978. Sporopollenin：A review of its chemistry.Palaeobiochemistry and Geochemistry［J］.Grana，17（2）：91−97.

J.L.Clayton，D.D.Rice，G.E.Michael，1991.Oil−generating coals of San Juan Basin，New Mexico and Colorado，U.S.A.［J］.Organic Geochemistry，17（6）：735−742.

Leythaeuser D，schaefer RG，C. Cornford ，et al，1979. Generation and migration of light hydrocarbon （C2−C7）in sedimentary basin.Organic geochemistry，1（4）：191−204.

M.Nip，E.W.Tegelaar，H.Brinkhuis，et al，1986.Analysis of modern and fossil plant cuticles by Curie piont PY−GC−MS：recognition of a new，highly aliphatic and resistant biopolymer［J］.Organic Geochemistry，10（4−6）：769−778.

M.Teichmüller，1982.Application of coal petrological methods in petrology including oil and gas prospecting.In Stach E.（ed.）：Textbook of Coal Petrology，381−413.

P.H.Given，1984.An essay on the organic geochemistry of coal［J］. Coal Science，3：65−135.

SnowdonL R，1982.Immature oil and condensate−modification of hydrocarbon generation model for terrestrial oganic matter［J］.AAPG Bullitin，66（6）：775−788.

Teichmuller M.，1974，Generation of petroleum−like substances in coal seams as seen under the microscopy..In B.Tissot and F.Bienner（eds.）：Advances in Organic Geochemistry，1973，Paris，Technip.379−408.

Teichmuller M.，1982，Application of coal petrological methods in petrology including oil and gas prospecting.In Stach E.（ed）：Textbook of Coal Petrology，381−413.

Teichmuller M.et al.，1977，Application of fluorescence microscopy in coal petrology and oil exploration.Joural of Microscopy，49−73.

Wang X L，Kellner A W A，jiang S X，et al，2014.Sexually dimorphic tridimensionally preserved pterosaurs and their eggs from China.Curr Biol，24（14）：1323−1330.

附录　大事记

1892 年

是年　俄国地质学家开展祁连山、天山地质调查，进行地质填图。

1927 年

是年　中国—瑞典西北科学考察团开展内蒙古西部、准噶尔盆地和天山北麓矿产资源地质调查。考察活动至 1933 年结束。

1935 年

是年　中国及苏联地质学家对东疆盆地进行多学科地质勘察。至 1942 年结束。

1942 年

9 月　国民政府经济部西北工业考察团深入西北五省考察，期间曾考察吐鲁番和哈密的资源、水利、交通等，认为"西北地下资源之最丰富者为石油"。考察工作至 1943 年结束。

1946 年

是年　新疆鄯善县七克台乡民发现地表渗出原油，土法挖井 5 口，提捞日产油 50kg，当作润滑油、燃料和治疗皮肤病的药物使用。

1953 年

是年　石油工业部所属的西北石油管理局、青海石油管理局、玉门石油管理局开始在民和盆地西缘湟水河谷地带进行石油钻探。至 1960 年共完成浅钻井 46 口，发现虎头崖油田及海石湾含油区。

1954 年

3 月　燃料工业部石油管理总局地质局组建吐鲁番地质大队，进入盆地工作，对中央褶皱带、北部山麓带和西部可尔街地区进行普查填图，对七克台、红山地区进行地质详查填图，对雁木西、盐山口构造细测填图，在吐鲁番盆地北部进行重磁力面积详查。

4 月　中苏石油股份公司对盆地进行踏勘。

1955 年

5 月　新疆石油管理局接收吐鲁番地质大队，开展盆地油气勘探工作。

1958 年

3 月　玉门矿务局组建吐鲁番勘探大队，接替新疆石油管理局承担吐鲁番盆地石油勘探工作。

4—12 月　在七克台油砂附近钻生产浅井 33 口，其中，31 口浅井共捞油 54t，平均日产油 257kg。

9 月 25 日　新疆石油管理局 117 地质队队长杨拯陆（著名爱国将领杨虎城之女）在三塘湖盆地进行地质调查时，遭遇暴风雪突袭，因公殉职，年仅 22 岁。

11 月　吐鲁番勘探大队在火焰山背斜带钻预探井——胜 4 井，获得 15.1t/d 的工业油流，发现胜金口油田。

是月　吐鲁番勘探大队升格为吐鲁番勘探处。

1959 年

3 月　玉门石油管理局成立吐鲁番矿务局。

1960 年

2 月 15 日　玉门石油管理局吐鲁番矿务局部署的台北凹陷潜伏背斜（即今鄯善背斜）参数井——台北 1 井开钻。

1961 年

2 月 28 日　台北 1 井完钻，井深 3122m。钻井中见到油气显示，取出含油岩心，未试油。

8 月　玉门石油管理局撤销吐鲁番矿务局，恢复为吐鲁番勘探处。

1963 年

是年　钻探台北凹陷丘陵背斜参数井——丘 1 井，井深 3000m，裸眼测试未获油气流。

1964 年

3—8 月　钻探台北凹陷丘东背斜探井——丘 2 井，井深 3000m，裸眼测试未获油气流。

12 月　石油工业部决定吐鲁番盆地石油勘探工作移交新疆石油管理局；由于克拉玛依油田和大庆油田的蓬勃发展，需要大批力量支援建设，吐鲁番盆地的勘探开发暂停。

1965 年

1 月　玉门石油管理局撤销吐鲁番勘探处。

1983 年

8 月　石油工业部召开西北地区石油勘探会议，会议作出重新开展吐鲁番—哈密盆地石油勘探的重大部署。

1984 年

是年　石油工业部地球物理勘探局（以下简称物探局）地质调查三处进入吐鲁番—哈密盆地，开展区域地震概查和部分地区的普查、详查，开展重力普查及电法勘探。

1986 年

10 月　石油工业部指示玉门石油管理局立即开展吐鲁番—哈密盆地的油气勘探工作，责成北京石油勘探开发科学研究院（以下简称北京研究院）、物探局、玉门石油管理局共同承担吐鲁番—哈密盆地的油气资源及勘探方向研究。

是年　玉门石油管理局地质调查处进入吐鲁番—哈密盆地开展地震勘探。

1987 年

9 月 22 日　石油工业部北京研究院、物探局、玉门石油管理局联合研究设计的吐哈盆地首口科学探索井——台参 1 井开钻。

1988 年

8 月 31 日　中国石油天然气总公司决定成立吐鲁番一哈密（盆地）石油勘探项目组，对外称为"新东石油勘探公司"，玉门石油管理局为吐鲁番—哈密（盆地）石油勘探项目组的依托单位。

9 月 18 日　哈密坳陷首口参数井——哈参 1 井开钻。

10 月 15 日　托克逊凹陷首口区域探井——托参 1 井开钻。

1989 年

1 月 5 日　台参 1 井在中侏罗统三间房组试油获 24.2t/d 工业油流，发现鄯善油田。

7 月 21 日　撤销吐鲁番—哈密（盆地）石油勘探项目组、新东石油勘探公司，成立玉门石油管理局新东石油勘探开发前线指挥部。

8 月 18 日　托参 1 井在三叠系试油获工业油气流，产油量 33.7t/d、产气量 4776m³/d，在托克逊凹陷发现伊拉湖油田。

1990 年

3 月 23 日　玉门石油管理局新东石油勘探开发前线指挥部在驻地鄯善县空军场站会议室，召开誓师动员大会。

4 月 20 日—5 月 10 日　中国石油天然气总公司召开关于组织吐鲁番盆地勘探开发会战会议，明确了评价鄯善、丘陵、伊拉湖含油气构造，预探伊拉湖、丘陵、神泉、火焰山等构造带，展开盆地区域勘探。

7 月 13 日　丘陵背斜预探井陵 3 井试油获工业油气流，产油量 95.5t/d、产气量 $1.692 \times 10^4 m^3/d$，发现丘陵油田。

7 月 21 日　吐鲁番石油勘探开发指挥部成立。

12 月 30 日　鄯善油田首车原油公路东运。

1991 年

2 月 25 日　吐鲁番—哈密石油勘探开发会战指挥部（以下简称吐哈石油会战指挥部）在鄯善成立，由玉门石油管理局为主体，玉门石油管理局、华北石油管理局、地球物理勘探局、北京石油勘探开发研究院等单位组成。

3 月 3 日　吐哈石油会战指挥部召开第一次指挥会议，确定了实行"两新两高"（新体制、新技术，高水平、高效益）的工作方针。

3 月 20 日　温吉桑 1 号背斜预探井温 1 井测试获高产油气流，发现温吉桑油田。

10 月 1 日　丘东背斜预探井丘东 3 井试油获工业油气流，发现丘东气田。

10 月 11 日　柯柯亚构造预探井柯 7 井试油获工业油气流，发现柯柯亚油气田（后更名为巴喀油田）。

11 月 20 日　吐哈油田首列原油铁路外运剪彩仪式在鄯善油库举行。

1992 年

4 月 8 日　米登构造米 1 井获工业油气流，发现米登油田（后与温吉桑油田合并为温米油田）。

6 月 15 日　北部山前带鄯勒构造勒 1 井获工业油气流，发现鄯勒油田。

8 月 28 日　国务院副总理邹家华视察吐哈油田，新疆维吾尔自治区党委书记宋汉良、副主席王乐泉、中国石油天然气总公司副总经理邱中建及总经济师周庆祖等陪同，邹家华题词："为把吐哈油田建成现代化石油基地而努力奋斗"。

是年　北京研究院对鄯善弧形带原油进行油—油、油—岩对比，认为原油具有煤成烃特征。

1993 年

2 月 16 日　红台构造带红台 2 号构造红台 2 井获工业油气流，发现红台油气田。

5 月 23 日　新疆三塘湖盆地石油勘探项目经理部成立，由中国石油天然气总公司勘探局新区事业部、河南石油管理局及新疆石油管理局等单位共同组建。

7 月 8 日　吐哈石油会战指挥部召开重大科研攻关课题"吐哈盆地煤成烃研究项目"招标会，中国矿业大学研究生部、中科院广州地质所、石油大学研究生部、中科院兰州地质所分别中标。

10 月　新疆三塘湖盆地石油勘探项目经理部部署的三塘湖盆地第一口参数井——塘参 1 井，在下侏罗统八道湾组压裂抽汲试油，获 19.1 m³/d 的工业油流，发现北小湖油田。

10 月 13 日　台北凹陷西部葡北构造带葡北 1 号背斜葡北 1 井试油获工业油气流，发现葡北油田。

12 月　台北凹陷西部神泉构造带神泉背斜神 1 井获工业油气流，发现神泉油田。

1994 年

8 月 28 日　中共中央政治局常委、全国政协主席李瑞环视察吐哈油田。

9 月 16 日　红连构造带红南 2 号构造红南 2 井，在中侏罗统七克台组中途测试获工业油气流，发现红南油田。

10 月 29 日　七泉湖构造带玉果 1 号构造果 1 井，在中侏罗统三间房组中途测试获高产油气流，次年 3 月试油获得工业油气流，产原油 64.2t/d、天然气 24700m³/d，发现玉果油田。

11 月 5 日　神泉构造带胜南 2 号构造胜南 2 井获高产油气流，发现吐鲁番油田。

1995 年

3 月 3 日　胜北构造带胜北 3 号背斜胜北 3 井，在上侏罗统喀拉扎组试油获工业油气流，发现胜北油田。

4 月 4 日　在台南鲁克沁构造带艾参 1 井首次在三叠系发现稠油显示，在二叠系钻遇生油岩。

6 月 25 日　吐哈油田召开干部大会，吐哈石油勘探开发公司宣告成立。

7月15日　红连构造带连木沁2号构造连2井老井复试，在白垩系获工业油流，发现连木沁油田，吐哈盆地首次发现侏罗系之上的浅层油藏，揭开了浅层油气勘探的序幕。

8月25日　中国石油天然气总公司批准吐哈石油勘探开发公司更名为吐哈石油勘探开发指挥部。

9月11日　中共中央政治局常委、国务院副总理朱镕基视察吐哈油田。

1996年

4—5月　新疆三塘湖盆地石油勘探项目经理部部署在三塘湖盆地西峡沟构造带西峡沟构造的马2井，在二叠系火山岩和侏罗系发现大量油气显示。

6月27日　鲁克沁构造带玉东构造玉东1井，在三叠系试油气举获19.6m³/d的稠油工业油流，发现鲁克沁稠油油田。

8月28—29日　国务院副总理吴邦国视察吐哈油田。

9月　新疆三塘湖盆地石油勘探项目经理部部署在三塘湖盆地马朗凹陷牛圈湖背斜的马1井，在二叠系芦草沟组和侏罗系西山窑组获得工业油流，发现牛圈湖油田。

12月11日　吐哈油田首次进入柴窝堡盆地的第一口参数井——坂参1井开钻。

1997年

8月　鲁克沁油田东部马1井，在二叠系录井见大量稠油显示，吐哈盆地二叠系获得重要发现。

是年　吐哈石油勘探开发指挥部生产原油300.08×10⁴t，原油产量达到峰值。

是年　中国石油天然气总公司新区勘探项目部，在银额盆地众多凹陷中，优选天草、查干凹陷重点侦查，查干凹陷毛1获低产油流。

1998年

5月10日　吐哈盆地深层第一口科学探索井——鄯科1井开钻，该井设计井深5500m，主探中—上三叠统，兼探下侏罗统。

12月　神泉构造带雁木西构造雁6井在白垩系和古近系获工业油气流，发现雁木西油田。

1999年

6月21日　中国石油天然气集团公司批复吐哈油田重组方案，核心业务和非核心业务分离，核心业务部分成立吐哈油田公司，非核心业务部分沿用吐哈石油勘探开发指挥部。

9月9日　鄯科1井在三叠系获11.3m³/d的工业油流，发现鄯善油田三叠系油藏，突破了台北凹陷前侏罗系稀油油流关。

9—10月　三塘湖盆地马朗凹陷马中构造带马7井，在中二叠统芦草沟组获工业油流，发现马中含油构造。

10月31日　马朗凹陷南缘黑墩构造带马6井，在中二叠统芦草沟组获28.62m³/d的工业油流，发现黑墩含油构造。

是年　吐哈油田公司获得三塘湖盆地和民和盆地的油气探矿权。

是年 吐哈油田年产油气当量 395×10^4t，达到峰值。

2000 年

11 月 鄯勒油田勒 10 井在古近系和新近系获工业气流，首次在吐哈盆地浅层发现干气藏。

是年 吐哈油田分公司获得银额盆地油气探矿权。

2001 年

6 月 8 日 中共中央政治局常委、国家副主席胡锦涛视察吐哈油田。

2002 年

5 月 1 日 吐哈油田分公司在民和盆地的第一口探井——民探 2 井开钻。

7 月 12 日 红台 6 井在中侏罗统三间房组大型压裂试油，天然气产量由压裂前的日产 0.7×10^4m³ 增加到日产 5.3×10^4m³，小草湖洼陷下洼勘探构造—岩性气藏获得成功。

11 月 18 日 三塘湖盆地条湖凹陷南缘石板墩构造带条 5 井，在石炭系卡拉岗组压裂试油获 15.24t/d 的工业油流，发现石板墩含油构造。

2003 年

是年 立足吐哈盆地，油气并举，精细勘探侏罗系，大力突破二叠系，加快准备民和等外围新区盆地。

2004 年

是年 在三塘湖盆地，对牛圈湖油田西山窑低压油藏开始实施先期注水开发试验。

2005 年

4 月 三塘湖盆地马朗凹陷，以西山窑组大型构造—岩性油藏思路实施风险勘探，在牛圈湖油田背斜构造的东、西两翼较低部位分别部署风险井马 13 井、马 14 井。

8 月 13 日 牛圈湖油田评价井牛 101 井，在中侏罗系统头屯河组获工业气流，首次在三塘湖盆地发现天然气藏。

2006 年

7 月 16 日 连木沁地区连 4-s 井在上二叠统 4966.6～4971.6m 井段测试，管柱回收稠油 0.78m³，鲁克沁大型鼻状凸起二叠系含油范围向北扩展。

8 月 24 日 马朗凹陷牛东构造带牛东 2 号构造预探井——马 17 井，在上石炭统卡拉岗组火山岩储层试油，获自喷产油 27.7m³/d、产气 4046m³/d 的工业油气流，发现牛东油田。盆地首次发现火山岩风化壳油藏，打开了石炭系火山岩油藏的勘探局面。

12 月 9 日 七泉湖构造带七泉湖 2 号构造泉 2 井，在中侏罗统三间房组获工业油气流，发现七泉湖油田。

2007 年

3 月 连 4-s 井东面的连东鼻状构造连 23 井在上二叠统获得低产稠油，落实了连木沁地区二叠系找油领域。

10 月 16 日 丘陵构造带巴喀油田柯 19 井，在下侏罗统八道湾组厚层块状致密砂岩储层试油获工业气流，揭开了吐哈盆地水西沟群致密砂岩气的勘探序幕。

12 月 29 日　根据集团公司党组决定，吐哈油田分公司与吐哈石油勘探开发指挥部实施重组整合，成立新的吐哈油田分公司。

12 月 31 日　吐哈油田分公司年度生产原油 $198 \times 10^4 t$，天然气 $16.7 \times 10^8 m^3$，天然气年产量达到峰值。

2008 年

8 月 17 日　三塘湖盆地马 208 井获工业油流，该井首次在二叠系条湖组火山岩获得发现。

9 月 24 日　马中构造带东部马 33 井在上石炭统卡拉岗组获 $7.2 m^3/d$ 的工业油流，首次在石炭系碎屑岩中获得发现。

是年　吐哈油田分公司与（民和县）民营公司合作开发虎头崖油田。

2009 年

11 月 25 日　三塘湖盆地条湖凹陷南缘石板礅构造带条 17 井，在上二叠统条湖组火山岩风化壳储层获得工业油流，发现条 17 含油区块。

2010 年

11 月　丘东洼陷南斜坡致密油气风险探井——吉深 1 井，在水西沟群直井两次四级斯伦贝谢 TAP 分压合采，获产油 $12.01 m^3/d$、产气 $1.64 \times 10^4 m^3/d$ 的工业油气流，致密砂岩油气勘探取得重要进展，该项成果获股份公司 2010 年度油气勘探重大成果一等奖。

2011 年

2 月 21 日　马朗凹陷马中构造带重点探井马 52 井在上二叠统条湖组火山角砾岩获工业油流。

10 月 10 日　丘东洼陷南斜坡水西沟群致密砂岩气扩展勘探获重要进展，吉 3 井在下侏罗统三工河组直井两段分压合采获高产油气流。

2012 年

5 月 2 日　条湖凹陷腹部预探井条 28 在，在上石炭统卡拉岗组压裂试油获工业油流，拓展了条湖凹陷勘探新领域。

5 月 28 日　马朗凹陷北部斜坡区芦草沟组致密油探井——芦 1 井开钻。

12 月　马中构造带马 55 井对条湖组 2278.0～2288.0m 井段凝灰岩储层常规压裂，获得 $3.05 m^3/d$ 的工业油流，揭开了盆地凝灰岩致密油勘探序幕。

2013 年

1 月 13 日　玉北构造带玉北 1 号构造玉北 1 井，在二叠系采用掺稀油试油工艺，获自喷稠油工业油流，鲁克沁油田北西方向勘探扩展获得突破，打开了二叠系油气勘探新局面。

7 月　温吉桑构造带温吉桑 1 号构造温 13 井在原西山窑组气藏之下试油获工业油气流，发现西山窑组下成藏组合油气藏，推动了水西沟群低饱和度油气藏勘探。

是月　部署于马中构造带勘探条湖组凝灰岩致密油的马 56 井获得成功。随之部署的凝灰岩致密油预探水平井——马 57H、马 58H 井体积压裂获高产油流。其中，水马

58H 井速钻桥塞大规模体积压裂压，初期最高产油量 131.0m³/d，试采长期稳产，凝灰岩致密油勘探取得重大进展，也为致密油效益动用探索出了技术路线。

11 月 4 日　小草湖洼陷红台构造带红台 23 井在中侏罗统西山窑组获工业气流，发现红台 23 块油气藏。

2014 年

是年　攻关评价致密油，规模扩展稠油、精细勘探稀油。

2015 年

4 月 9 日　马 60H 井芦草沟组经六级体积压裂后，获 27.36t/d 工业油流，马朗凹陷芦草沟组致密油勘探获新进展。

2016 年

11 月 18 日　银额盆地天草凹陷天 6 井在白垩系压裂后获得工业油气流，产原油 20.31m³/d、天然气 4080m³/d，新区勘探取得突破。

2017 年

5 月 29 日　在台北凹陷南缘的连北 5 井，对七克台组二段 3676～3690m 井段直井压裂掺稀排采，日产油 0.5t，累计产油 653.6t，胜北洼陷七克台组源内岩性油藏获新突破。

8 月 7 日　银额盆地天草凹陷天 601 井，在白垩系压裂后抽汲日产油 19.9t、气 1560m³，新区勘探储量规模进一步扩大。

10 月 3—18 日　台北凹陷西缘部署钻探的葡北 25 井在三间房组试油获得日产原油 21.3t、天然气 8064m³，展现出西部古弧形带沿构造脊线有望连片含油。

2018 年

9 月 20 日　三塘湖条湖凹陷条 3401H 井试油获得日产 38.0t 的工业油流，发现芦草沟组页岩油藏。

《中国石油地质志》

（第二版）

编辑出版组

总　策　划：周家尧

组　　　长：章卫兵

副　组　长：庞奇伟　　马新福　　李　中

责任编辑：孙　宇　　林庆咸　　冉毅凤　　孙　娟　　方代煊

　　　　　王金凤　　金平阳　　何　莉　　崔淑红　　刘俊妍

　　　　　别涵宇　　邹杨格　　潘玉全　　张　贺　　张　倩

　　　　　王　瑞　　王长会　　沈瞳瞳　　常泽军　　何丽萍

　　　　　申公晁　　李熹蓉　　吴英敏　　张旭东　　白云雪

　　　　　陈益卉　　张新冉　　王　凯　　邢　蕊　　陈　莹

特邀编辑：马　纪　　谭忠心　　马金华　　郭建强　　鲜德清

　　　　　王焕弟　　李　欣